Hartmut Schwandt

Parallele Numerik

Hartmut Schwandt

Parallele Numerik

Eine Einführung

B. G. Teubner Stuttgart · Leipzig · Wiesbaden

Bibliografische Information der Deutschen Bibliothek
Die Deutsche Bibliothek verzeichnet diese Publikation in der Deutschen Nationalbibliographie; detaillierte bibliografische Daten sind im Internet über <http://dnb.ddb.de> abrufbar.

Prof. Dr. Hartmut Schwandt
Geboren 1953 in Berlin. Von 1973 bis 1977 Studium der Mathematik. 1981 Promotion, 1987 Habilitation an der Technischen Universität Berlin. Seit 1988 apl. Professor für Mathematik, Arbeitsgebiet Numerische Mathematik, an der TU Berlin. Leiter des EDV-Bereichs am Institut für Mathematik der TU Berlin.

1. Auflage Oktober 2003

Umschlaggestaltung: Ulrike Weigel, www.CorporateDesignGroup.de
Gedruckt auf säurefreiem und chlorfrei gebleichtem Papier.

ISBN-13: 978-3-519-00379-3   e-ISBN-13: 978-3-322-80041-1
DOI: 10.1007/ 978-3-322-80041-1

Vorwort

Das vorliegende Buch ist aus einem Skript zu einer Vorlesung über Parallele Numerik entstanden, die vom Autor seit Ende der achtziger Jahre regelmäßig am Fachbereich Mathematik der Technischen Universität für Mathematiker, Informatiker sowie Studenten der Natur- und Ingenieurwissenschaften durchgeführt wurde.

Schon kurz nachdem Anfang bis Mitte der achtziger Jahre die ersten Vektorrechner für Universitäten zugänglich wurden, zeigte sich eine Lücke zwischen der klassischen Ausbildung in der Numerischen Mathematik, in der parallele Anwendungen sehr häufig als reines Programmierproblem angesehen wurden, und der Benutzerausbildung durch die Betreiber derartiger Rechner, die sich fast ausschließlich auf programmiertechnische Probleme beschränkte. Im Laufe der Zeit wurde eine Vielzahl von parallelen Verfahren und Algorithmen für die unterschiedlichsten Anwendungen entwickelt. Angesichts der Verfügbarkeit immer besserer Software sowohl im Bereich der Compiler als auch der Anwendungen trifft man heute häufig auf die Meinung, dass die effiziente Nutzung von Parallelität auf entsprechenden Rechnern im Wesentlichen mühelos und "per Knopfdruck" durch die Nutzung von fertigen Bibliotheksroutinen oder automatisch parallelisierenden und vektorisierenden Compilern erfolgen kann. Mit dem vorliegenden Buch wird beabsichtigt, dem Leser ein geschärftes diesbezügliches Problembewußtsein aus dem Blickwinkel der Numerischen Mathematik zu vermitteln.

Jede praxisorientierte parallele Anwendung ist stark von Hard- und Software der verwendeten Rechnerumgebung abhängig und ohne diese nicht sinnvoll zu bearbeiten. In diesem Buch wird daher versucht, zunächst eine Einführung zumindest in diejenigen Gesichtspunkte der Technologie von Parallel- und Vektorrechnern und in die Softwarekonzepte zur Unterstützung der Erkennung und Umsetzung paralleler Strukturen zu geben, die für parallele numerische Anwendungen unverzichtbar sind. Anhand grundlegender numerischer Probleme und Verfahren werden dann wesentliche Strategien und Konzepte der Parallelen Numerik beschrieben. Dabei ergibt sich zwangsläufig eine Beschränkung auf ausgewählte Themen. Mancher Leser wird ein von ihm als wichtig erachtetes Thema gar nicht vorfinden oder als nicht ausreichend gewürdigt ansehen. Dieses Buch kann und will weder in Konkurrenz zu den inzwischen recht zahlreichen Büchern über parallele Rechnertechnologien treten, noch eine in sich geschlossene Einführung in die Numerische Mathematik ersetzen. Die vorliegende Einführung in die Parallele Numerik soll die wesentlichen Grundlagen vermitteln und Anregungen für eine weitergehende Vertiefung im Einzelfall liefern. Insbesondere setzt dieses Buch in großen Teilen keine speziellen Kenntnisse voraus. Mit steigendem Schwierigkeitsgrad der mathematischen Verfahren in den Kapiteln 5 bis 7 sind Kenntnisse der Numerischen Mathematik und die Bereitschaft von Nutzen, sich in Verfahren einzuarbeiten, die über die Grundkenntnisse hinausgehen und hier nur knapp dargestellt werden können.

Die Komplexität und die Heterogenität des Themengebietes macht es oft unmöglich, im Einzelfall konkrete und allgemein verbindliche Wertungen der Güte von Verfahren und Algorithmen unter dem Gesichtspunkt der Parallelen Numerik zu geben. Dem Leser dieses Buches sei dringend angeraten, die Lektüre durch eigene praktische Erfahrungen zu ergänzen.

Ausdrücklich danken möchte ich Herrn Prof. Dr. R.-D. Grigorieff, Frau Dipl.-Math. Annette Jäkel sowie Studenten meiner Vorlesung, deren kritische Durchsicht des Manuskripts zu vielen Verbesserungen geführt haben. Nicht zuletzt möchte ich dem Teubner-Verlag für die tatkräftige Unterstützung bei der Realisierung dieses Buchprojektes danken.

Berlin, im Juli 2003   Hartmut Schwandt

Inhalt

1	**Einleitung**	**11**
2	**Einführende Beispiele und grundlegende Begriffe**	**18**
2.1	Einführende Beispiele	18
2.2	Parallele Strukturen in Algorithmen	31
2.3	Parallelitätsbegriff	32
3	**Parallelität in Rechnerarchitekturen und Softwarewerkzeuge zur Beschreibung paralleler Strukturen**	**35**
3.1	Parallele Strukturen in Rechnerarchitekturen	35
3.1.1	Basiskomponenten einer Rechnerarchitektur	36
3.1.2	Sequentielle Rechner	42
3.1.3	Vektorrechner	44
3.1.3.1	Arithmetische und logische Einheiten	45
3.1.3.2	Aspekte der Speicherstruktur	51
3.1.3.3	Optimale Nutzung der Vektorprozessor-Architektur	54
3.1.4	Mikroprozessoren	60
3.1.4.1	Merkmale von RISC-Architekturen	60
3.1.4.2	Aspekte der Speicherstruktur	63
3.1.5	Parallelrechner	68
3.1.5.1	Prozessoren	69
3.1.5.2	Speichertopologie	69
3.1.5.3	Prozessorkopplung und Kommunikation	73
3.1.5.4	Besondere Parallelrechnerformen	77
3.1.6	Kontrollfluss und Programmiermodell als Klassifikationsmerkmal	84
3.1.7	Beispiele für Rechnerarchitekturen	84
3.1.7.1	Vektorrechner	85
3.1.7.2	Parallelrechner	94
3.1.7.3	Cluster	117
3.2	Unterstützende Software zur Parallelisierung, Vektorisierung und Optimierung	122
3.2.1	Parallele Programmiersprachen	122
3.2.2	Erweiterungen gängiger Programmiersprachen	123
3.2.3	Automatische Erkennung paralleler oder vektorieller Konstrukte und automatische Optimierung	125
3.2.4	Steuerung durch Direktiven	138
3.2.5	Unterprogramm-Bibliotheken zur Kommunikation und Synchronisation	141
3.2.6	Bibliotheken für Elementaralgorithmen	153
3.2.7	Softwarewerkzeuge zur Analyse	155
3.3	Einflüsse der Rechnerarchitektur auf die Entwicklung paralleler Anwendungen	155
3.3.1	Verfahrensauswahl	156

3.3.2	Algorithmenentwicklung	157
3.3.3	Programmentwicklung	162
3.4	Zeit, Leistung und Geschwindigkeit	170
3.4.1	Maßzahlen zur Leistungsbeschreibung	170
3.4.2	Zeitmessung	171
3.4.3	Leistungskriterien für Rechner	176
3.4.4	Leistungskriterien für numerische Anwendungen	186
3.4.5	Amdahls Gesetz	187
4	**Basisalgorithmen der linearen Algebra**	**192**
4.1	Reduktionsoperationen	192
4.2	Vektor-Vektor-Operationen und Skalarprodukt	212
4.3	Matrix-Vektor-Operationen	214
4.3.1	Matrix-Vektor-Multiplikation für vollbesetzte Matrizen	214
4.3.2	Matrix-Vektor-Multiplikation für dünnbesetzte Matrizen und Bandmatrizen	223
4.4	Matrix-Matrix-Operationen	227
4.4.1	Grundformen der Matrix-Multiplikation	228
4.4.2	Blockalgorithmen zur Matrix-Multiplikation	236
4.4.3	Beispiel zur Einzelprozessor-Optimierung	241
4.5	Rekurrente Relationen und Differenzengleichungen	244
4.5.1	Allgemeine rekurrente Relationen	244
4.5.2	Lineare rekurrente Relationen und lineare Differenzengleichungen	246
4.5.2.1	Algorithmen für lineare rekurrente Relationen m–ter Ordnung	248
4.5.2.2	Algorithmen für lineare rekurrente Relationen niedriger Ordnung	253
5	**Lineare Gleichungssysteme**	**258**
5.1	Direkte Verfahren	259
5.1.1	Vollbesetzte Matrizen	259
5.1.1.1	Sequentieller Gauß-Algorithmus	259
5.1.1.2	Gauß-Algorithmus ohne Pivotsuche	263
5.1.1.3	Gauß-Algorithmus mit Pivotsuche	279
5.1.1.4	Gauß-Algorithmus ohne Pivotsuche für mehrere Systeme	288
5.1.1.5	Block-Gauß-Algorithmus	291
5.1.2	Dreieckssysteme	293
5.1.3	Allgemeine Bandmatrizen	294
5.1.3.1	Gauß-Algorithmus	294
5.1.3.2	Verallgemeinertes Verfahren von Wang	295
5.1.4	Tridiagonalmatrizen	299
5.1.4.1	Gauß-Algorithmus	300
5.1.4.2	Zyklische Reduktion	301
5.1.4.3	Kombination von Gauß-Algorithmus und Zyklischer Reduktion	311
5.1.4.4	Blockzerlegung – Verfahren von Wang und Modifikation von Johnsson	312
5.1.4.5	Schur-Komplement-Verfahren	316
5.1.4.6	Vergleich	323
5.1.5	Blocktridiagonalmatrizen	324
5.1.5.1	Blockzyklische Reduktion	327

5.1.5.2 Buneman-Algorithmus 329
5.1.5.3 Eigenwert-Eigenvektor-Zerlegung 341
5.1.5.4 FACR(l)-Algorithmus 344
5.1.5.5 Vergleich 344

5.2 Iterative Verfahren 345
5.2.1 Parallele Iterationsverfahren und Abbruchkriterien 347
5.2.2 Iterationsverfahren für lineare Gleichungssysteme 350
5.2.2.1 Zerlegungsverfahren 350
5.2.2.1.1 Relaxationsverfahren 353
5.2.2.1.2 Blockverfahren 360
5.2.2.1.3 Mehrfachzerlegungen 363
5.2.2.2 Verfahren der konjugierten Gradienten (CG-Verfahren) 367
5.2.2.3 Mehrgitterverfahren 375
5.2.3 Asynchrone Iterationsverfahren 384

6 Schnelle Fourier-Transformation **393**
6.1 Problemstellung 393
6.2 Sequentielle Algorithmen 394
6.3 Vektorielle Algorithmen 402
6.4 Parallele Algorithmen 407
6.5 Mehrdimensionale FFT 412
6.6 Bemerkungen zu weiteren Algorithmen 414
6.7 Zahlentheoretische Transformation 416

7 Gebietszerlegung **417**
7.1 Aufgabenstellung 417
7.2 Gebietszerlegung mit zwei Teilgebieten 418
7.3 Schur-Komplement-Verfahren 422
7.4 Schwarzsche Alternierende Prozedur und Multisplitting-Verfahren 435

A Anhang **443**
A.1 Bezeichnungen 443
A.2 Definitionen und Hilfsergebnisse 443

Literaturverzeichnis **447**

Sachverzeichnis **455**

1 Einleitung

Die Parallele Numerik ist ein Teilgebiet der Numerischen Mathematik, das die Entwicklung schneller Verfahren und Algorithmen für numerische Aufgaben durch Nutzung paralleler Strukturen zum Gegenstand hat. Es werden Verfahren entwickelt, die zur Bildung voneinander unabhängiger Teilaufgaben führen sollen, die parallel zueinander und damit gleichzeitig ausgeführt werden können. Die Unabhängigkeit gestattet die Formulierung *verteilter Anwendungen*, in denen auf der Basis unabhängiger Teilaufgaben eine im jeweiligen Kontext sinnvolle Arbeitsteilung vorgenommen wird. Dadurch können Probleme behandelt werden, die ohne Arbeitsteilung aufgrund ihres Umfangs praktisch nicht lösbar wären. Diese Form der Arbeitsteilung kann aber auch zur Beschleunigung der Problemlösung genutzt werden.

In der Parallelen Numerik werden beide Ansätze verwendet, wobei die Beschleunigung durch Parallelisierung unter Wahrung aller notwendigen mathematischen Eigenschaften im Vordergrund steht. Dabei ist weniger die Betrachtung abstrakter paralleler Strukturen als die Entwicklung konkreter rechnergestützter Verfahren von Interesse, die entscheidend vom jeweils aktuellen Entwicklungsstand der Rechnertechnologie beeinflusst wird. Es existiert eine Vielzahl von Problemen, deren Lösung nur mittels umfangreicher Rechnerkapazitäten möglich ist. In der Numerischen Mathematik zählt hierzu sehr häufig die numerische Lösung partieller Differentialgleichungen, die letztlich im Wesentlichen auf die numerische Behandlung großer Gleichungssysteme zurückgeführt werden kann. Extrem aufwendige Aufgaben wie viele strömungsmechanische Probleme, beispielsweise aus dem Gebiet der Turbulenzmodellierung, oder die Modellierung von Erdöllagerstätten liefern mehrdimensionale, zeitabhängige und nichtlineare Probleme, die bei realistischer Diskretisierung zu riesigen Gleichungssystemen führen. Heutzutage können Probleme mit einem Hauptspeicherbedarf im Bereich von bis zu einigen Hundert Gigabyte mit einer Geschwindigkeit bis in den Bereich von Billionen Gleitkomma-Operationen pro Sekunde (Teraflop/s) gelöst werden. Trotzdem überfordert die Komplexität vieler Anwendungen weiterhin sowohl die Kapazität heute verfügbarer Computer als auch die Leistungsfähigkeit der bekannten numerischen Methoden um Größenordnungen.

Die Nutzung von Parallelität ist nicht auf die Behandlung extrem komplexer Aufgaben beschränkt. Die wachsende Verbreitung von Parallelität in der Rechnertechnologie bis in den Bereich der Arbeitsplatzrechner ermöglicht es, schon bei Aufgaben bescheidenerer Größenordnung Ergebnisse in wesentlich kürzerer Zeit als in einer sequentiellen Umgebung zu erzielen. Die ständig weiterentwickelte Technologie kann nur dann sinnvoll eingesetzt werden, wenn die zu bearbeitenden Probleme eine hinreichend parallele Struktur aufweisen. Die Parallele Numerik stellt mit Anwendungen in Technik und Naturwissenschaften, aber auch aus der Wirtschaft, ein wichtiges Arbeitsgebiet dar. In engem Zusammenhang mit dem aktuellen Stand der Rechnertechnologie müssen effiziente numerische Verfahren und Algorithmen bereitgestellt werden.

Rechnertechnologie Die Technologie herkömmlicher Rechner, die auf das sequentielle Prinzip des abstrakten *von Neumann-Rechners* zurückgeführt werden kann, ist seit längerer Zeit soweit ausgereift, dass eine weitere Leistungssteigerung schon aufgrund physikalischer Gegebenheiten nur begrenzt möglich ist. Nennenswerte Verbesserungen sind nur noch über neuartige Architekturen zu erzielen. Ein möglicher Ansatz besteht in der Vergrößerung der Prozessorleistung durch eine spezielle Ausrichtung der Funktionalität. Die ersten derartigen Entwicklungen führten Mitte der siebziger Jahre zur Einführung der *Vektorrechner* mit einer im Vergleich zu den damals vorherrschenden klassischen Großrechnern zehn- bis hundertfach höheren Rechenleistung. Im Bereich von Anwendungen, die höchste Rechenleistungen erfordern, wurden in den achtziger Jahren die Großrechner von Vektorrechnern verdrängt. *Vektorprozessoren* nutzen die Parallelität durch eine zeitlich überlappende Ausführung gleichartiger Operationen im Zusammenspiel mit einer adäquaten Hauptspeicherstruktur. Ähnliche Techniken wurden ansatzweise schon vorher zur Verbesserung der klassischen von Neumann-Architektur verwendet. *Parallelrechner* verfügen über mehr als einen Prozessor. Im Laufe der letzten zwanzig Jahre sind die unterschiedlichsten Architekturen mit zwei bis hin zu einigen zehntausend Prozessoren entwickelt worden. Auf Parallelrechnern kann eine beschleunigte Bearbeitung von Anwendungen erreicht werden, wenn diese in voneinander unabhängige Teilaufgaben zerlegt werden können, die dann zur – zumindest theoretisch – gleichzeitigen Bearbeitung auf eine geeigete Anzahl von Prozessoren verteilt werden. Parallelrechner spielten in Ermangelung gleichzeitig preisgünstiger und leistungsfähiger Prozessoren sowie schneller Kopplungsnetzwerke, die die unabdingbare schnelle Kommunikation zwischen den Prozessoren ermöglicht hätten, lange Zeit eine untergeordnete Rolle.

Dies erklärt auch das scheinbare Paradoxon, dass sich ausgerechnet zu Beginn der achtziger Jahre mit der Einführung der Personal Computer am anderen Ende des Leistungsspektrums die Entwicklung von Parallelrechnern schlagartig beschleunigte. Seit etwa 1990 hat sich die ursprünglich für Arbeitsplatzrechner entwickelte Mikroprozessortechnik bei Rechnern jeder Leistungsklasse weit verbreitet. Bei Workstations und Parallelrechnern hat sich vor allem die *RISC-Technik (Reduced Instruction Set Computer)* verbreitet. Diese wurde in Anlehnung an die Konzepte entwickelt, die von Vektorprozessoren bekannt sind. Sie hat zunächst zu einem starken Leistungsschub im Bereich der Arbeitsplatzrechner geführt. Heutige Personal Computer und Workstations mit RISC-Prozessoren gelangen in Leistungsbereiche, die noch vor wenigen Jahren teuren Höchstleistungsrechnern vorbehalten waren. Handelsübliche Personal Computer überschreiten heute die Leistung der ersten Generation von Vektorrechnern, deren Anschaffungspreis Anfang der achtziger Jahre im Bereich von mehreren Millionen Euro lag.

Die Entwicklung schneller und preisgünstiger Prozessoren und die inzwischen großen Fortschritte hinsichtlich ausgereifter Speichertechnologien, effizienter Kommunikationstechnologien und auch Software ermöglichten erstmals die Konstruktion leistungsfähiger Parallelrechner für den Höchstleistungsbereich, insbesondere *massivparalleler (MPP-)Systeme* mit einer größeren Anzahl von Prozessoren. Es werden weiter Vektorrechner im Bereich des Höchstleistungsrechnens angeboten. Sie werden jedoch zunehmend von (massiv-)parallelen Systemen sowie bei kleineren Anwendungen von Hochleistungsworkstations mit einem in der Regel besseren Preis-Leistungs-Verhältnis verdrängt. Aber auch am anderen Ende des Hardwarespektrums im Bereich der Personal Computer und Workstations beginnt der Parallelitätsgedanke durch die Verwendung des Vektorprinzips in handelsüblichen Mikroprozessoren und in Gestalt von Mehrprozessoranlagen Einzug zu halten. Das bis Mitte der achtziger Jahre vorherrschende "Großrechner"-Konzept mit einem zentralen Rechner und Terminals als Arbeitsplätzen wurde im Zuge der Einführung der Personal Computer und später auch der Workstations durch Konzepte mit vernetzten Arbeitsplatzrechnern und spezialisierten Servern ersetzt. Diese Form der weitgehenden Dezentralisierung hat letztlich zur Bildung weltweiter Computernetze geführt. Die Verfügbarkeit schneller Datenverbindungen legt den Gedanken nahe, unterschiedliche Rechner gemeinsam, das heißt parallel, zur Lösung eines Anwendungsproblems, einzusetzen. Der Idee der *verteilten Anwendungen* liegt die Erkenntnis zugrunde, dass schon in überschaubaren Einheiten wie einzelnen Abteilungen eines Unternehmungen viele dezentral eingesetzte Rechner nur während eines Bruchteils der zur Verfügung stehenden Zeit genutzt werden und somit anderswo benötigte Kapazität unnötig brachliegt. Diese Vorgehensweise kann zwar nicht annähernd die Leistung eines echten Parallelrechners ersetzen, besitzt jedoch den Vorteil, dass die benötigte Hardware vielerorts praktisch kostenlos zur Verfügung steht. Benötigt wird nur eine Softwareunterstützung für den Datentransport zwischen den Rechnern und die Koordination des Ablaufs.

Die heutige Situation ist somit gekennzeichnet durch die Existenz einer großen Vielfalt sehr unterschiedlicher Konzepte: ausgehend von teilweise sehr leistungsfähigen Workstations und Personal Computern, die über Mikroprozessoren verfügen und zunehmend auch als Mehrprozessoranlagen angeboten werden, über parallel nutzbare Cluster von vernetzten Workstations bis hin zu Höchstleistungsrechnern wie Vektor- und vor allem auch Parallelrechnern unterschiedlichster Architektur. Wie sich in späteren Kapiteln zeigen wird, sind diese Aspekte keinesfalls ein rein "außermathematisches" Problem. Sie führen vielmehr in vielen Fällen zu einer eigentlich ungewollten Diversifizierung numerischer Verfahren und Algorithmen. Allerdings setzen heute die meisten Anbieter im gesamten Produktspektrum vom einfachen Arbeitsplatzrechner über Hochleistungsworkstations, Abteilungsrechner bis hin zu massivparallelen Systemen eine grundsätzlich einheitliche mikroprozessorbasierte Technologie ein. Innerhalb einer homogenen Hardwareumgebung, beispielsweise bei Einsatz gleicher oder zumindest gleichartiger Prozessoren, wird bei gleichzeitiger Bereitstellung einer entsprechend homogenen Softwareumgebung die Algorithmenentwicklung sehr vereinfacht.

Eine parallele Rechnerumgebung kann nur dann effizient genutzt werden, wenn eine Softwareunterstützung zur Nutzung der parallelen Strukturen in der Hardware zur Verfügung steht. Hierzu zählen neben einem entsprechend konzipierten Betriebssystem und anderer systemnaher Software unter anderem parallele Programmiersprachen, Spracherweiterungen, parallelisierende Compiler, spezielle Softwarebibliotheken (beispielsweise mit Routinen für den Datentransport zwischen dezentralen Speichern oder für die Synchronisation von Prozessen auf unterschiedlichen Prozessoren), aber auch unterstützende Analysewerkzeuge und Entwicklungsumgebungen.

Parallele Numerik Die Fortschritte in der Rechnertechnologie führen nicht zwangsläufig zu einer ebenso großen Beschleunigung bei der Lösung von Anwendungsproblemen. Als scheinbar naheliegendste Vorgehensweise bietet sich an, vorhandene Software für bekannte numerische Verfahren auf einem Parallelrechner *automatisch parallelisieren* zu lassen. In der Regel verfügen Parallel- und Vektorrechner über Compiler oder Präprozessoren, die Optimierungen im Hinblick auf die konkreten Eigenschaften der jeweils verwendeten Hardware, vor allem Speicherstruktur und Prozessortyp, vornehmen und die parallele Strukturen in einem Programm in gewissem Rahmen erkennen und umsetzen können. Mit einem derartigen Automatismus werden in der Regel nicht alle für ein Programm relevanten Informationen erkannt. Daher ist eine zusätzliche *Optimierung* und insbesondere manuelle *Parallelisierung* durch konkrete Programmiermaßnahmen sinnvoll oder notwendig, deren Erfolg natürlich wesentlich von den Fähigkeiten des Programmierers abhängt. Bei dieser Art der Diskussion wird jedoch vollkommen vergessen, dass eine automatische "Parallelisierung" die Existenz paralleler Strukturen in der Anwendung bereits voraussetzt. Bestenfalls kann in einfachen Fällen durch formale Umordnungen in einem Programm lokal begrenzte Parallelität geschaffen werden. In einer sequentiellen Struktur kann jedoch problembedingte Parallelität nicht automatisch erzeugt werden. Programmiertechnische Aspekte stellen die letzten Schritte in der Entwicklung einer parallelen Anwendung dar.

Die Aufgabe der Parallelen Numerik besteht darin, *parallele Verfahren* bereitzustellen, auf denen aufbauend effiziente parallele Algorithmen entwickelt werden können. Die Bandbreite möglicher Problemstellungen reicht von einfachsten Algorithmen aus der Linearen Algebra bis hin zur numerischen Lösung umfangreicher Systeme von partiellen Differentialgleichungen. Viele – insbesondere sehr einfache – Aufgabenstellungen wie etwa die Addition oder die Multiplikation zweier Matrizen besitzen bereits eine parallele Struktur. Aber schon im Falle der Multiplikation erfordert die Entwicklung effizienter paralleler Algorithmen umfangreiche Überlegungen im Hinblick auf die Optimierung des Zusammenspiels der jeweiligen Prozessortechnik, der Datenspeicher und des Datenaustauschs mehrerer Prozessoren untereinander. Als zweites Beispiel sei die Lösung tridiagonaler Gleichungssysteme genannt. Der Gaußsche Algorithmus wird in der Numerischen Mathematik als das effizienteste Verfahren für Tridiagonalsysteme, die gewissen, recht allgemeinen Voraussetzungen genügen, behandelt. Er besitzt jedoch eine vollständig sequentielle Struktur, die nicht "parallelisiert" werden kann. Zur Entwicklung paralleler Verfahren müssen somit andere Wege beschritten werden. Viele parallele Verfahren beruhen auf Variationen teils alter Verfahren, die in der klassischen sequentiellen Arbeitsweise aus Effizienzgründen verworfen wurden.

Die hierzu behandelten Beispiele zeigen den grundsätzlichen Unterschied in den Arbeitsweisen der "herkömmlichen" sequentiellen und der Parallelen Numerik. In der klassischen Numerischen Mathematik wird die Effizienz hinsichtlich der Lösungsgeschwindigkeit im Wesentlichen mit einer möglichst geringen arithmetischen Komplexität gleichgesetzt. Werden Zwischenergebnisse sofort weiterverwendet, so kann gleichzeitig der Speicherplatzbedarf minimiert werden. Diese Denkweise führt automatisch zu sequentiellen Strukturen. Die schnelle Verwendung von Zwischenergebnissen führt zu Abhängigkeiten, die eine unabhängige – und damit auch eine parallele – Bearbeitung verhindert. Die Minimierung der arithmetischen Komplexität berücksichtigt nicht, dass bei einer Aufgabenaufteilung auf mehrere Prozessoren zwar Teilaufgaben oft doppelt ausgeführt werden müssen, die Arbeitsteilung jedoch insgesamt zu einer Beschleunigung führen kann.

Während in der herkömmlichen Numerischen Mathematik die rechnergestützte numerische Lösung mathematischer Probleme als fast ausschließlich arithmetisches Problem gesehen wird, spielen in der Parallelen Numerik aufgrund der Aufgabenaufteilung Datenstrukturen und Datenflüsse eine entscheidende Rolle. Die Arbeitsweise der Parallelen Numerik lässt sich sehr einprägsam am Beispiel der *Gebietszerlegung* in der Numerik partieller Differentialgleichungen aufzeigen. Bei der numerischen Lösung eines elliptischen Randwertproblems wird üblicherweise auf dem Integrationsgebiet diskretisiert und für das dann entstandene Gleichungssystem ein geeignetes, im günstigsten Fall paralleles Lösungsverfahren ausgewählt. Bei Anwendung des Prinzips der Gebietszerlegung, das vor mehr als einhundert Jahren für konstruktive Existenzbeweise in der Theorie der elliptischen partiellen Differentialgleichungen eingeführt wurde, wird zunächst das Integrationsgebiet in Teilgebiete unterteilt. Auf jedem dieser Teilgebiete werden Teilprobleme formuliert, die vom gleichen Typ wie das Ausgangsproblem sind. Diese Vorgehensweise gestattet unterschiedliche Lösungsverfahren auf unterschiedlichen Teilgebieten, bietet aber auch unmittelbar den Ansatz für die parallele Problemlösung: Jede Teilaufgabe kann einem Prozessor zugeordnet werden. In der Regel bleiben zwar Kopplungen zwischen den Teilaufgaben bestehen, diese führen jedoch meist zu geringeren Abhängigkeiten als bei der Parallelisierung eines diskretisierten Gesamtproblems. Bei der Gebietszerlegung werden schon beim kontinuierlichen Ausgangsproblem, also vor der numerischen Behandlung, parallele Strukturen geschaffen.

In der bisherigen Entwicklung hat der Fortschritt bei Verfahren zu einer ähnlich großen Leistungssteigerung bei der Lösung numerischer Probleme wie derjenige in der Rechnertechnologie geführt. Erschwerend wirken dabei die sehr unterschiedlichen Rechnerarchitekturen, da diese unter Effizienzgesichtspunkten einen sehr weit gehenden Einfluss auf die Methodik ausüben. Die ständige Weiterentwicklung der Rechnertechnologie und ihre wachsende Komplexität erfordern eine angepasste und stetige Weiterentwicklung von numerischen Algorithmen und Verfahren. Eine numerische Anwendung durchläuft bis zur Lösung die folgenden grundlegenden Schritte:

* Modellbildung
* Formulierung des mathematischen Problems
* Entwicklung oder Auswahl eines numerischen Lösungsverfahrens
* Formulierung eines Lösungsalgorithmus
* Umsetzung in ein Programm
* Erzeugung eines ausführbaren Codes.

Der erste Schritt erfordert mathematische Überlegungen eher theoretischer Natur. In der Regel werden zunächst die mathematischen Eigenschaften kontinuierlicher Probleme untersucht. Die Rolle der klassischen Numerischen Mathematik beschränkt sich häufig auf den zweiten Schritt. Die Entwicklung konkreter Algorithmen muss allerdings bei vielen numerischen Überlegungen miteinbezogen werden. Spätestens mit dem dritten Schritt ist die mathematische Behandlung eines Anwendungsproblems für die nachfolgende praktische Lösung auf einem Rechner abgeschlossen. Die Umsetzung eines Algorithmus in ein Programm mittels einer höheren Programmiersprache ist kein mathematisches Problem mehr. Die Erzeugung eines ausführbaren Codes für einen konkreten Rechner, also die Umsetzung des Anwendungsprogramms in ein maschinennahes Programm, welches die spezifischen Eigenschaften eines Rechners nutzt, ist schließlich grundsätzlich eine Aufgabenstellung der Informatik. Diese Vorgehensweise beschreibt eine naheliegende Arbeitsteilung, bei der in jedem Schritt nur die jeweils relevanten Aspekte berücksichtigt werden. Ein mathematisches Problem wird soweit aufbereitet, dass es durch eine Folge von ausführbaren Schritten, also einen Algorithmus, beschrieben werden kann. Die Erstellung eines Programms in einer höheren Programmiersprache stellt das Bindeglied zwischen einer Aufgabenstellung dar, die zumindest grundsätzlich mit beliebigen Hilfsmitteln, hier in einer beliebigen Programmiersprache auf einem beliebigen Rechner bearbeitet werden kann, und einem Rechner, der grundsätzlich Aufgabenstellungen unterschiedlichster Art bewältigen kann. Das Anwendungsprogramm wird in ein maschinennahes Programm und letztlich einen ausführbaren Code umgewandelt. Dabei werden Anweisungen durch elementare Instruktionen ersetzt, die auf die Architektur und die konkrete Konfiguration des zu nutzenden Rechners zugeschnitten sind.

Diese eigentlich sinnvolle Arbeitsteilung wird in der Parallelen Numerik durchbrochen. Entsprechend der Zielsetzung, nicht nur parallele Strukturen zu erkennen und zu beschreiben, sondern effiziente, praktisch anwendbare Verfahren zu entwickeln, spielen spezifische Aspekte von Rechnerarchitekturen zwangsläufig eine herausragende Rolle. Dies bedeutet nicht, dass in der Parallelen Numerik maschinennahe Programme geschrieben oder ausführbare Codes untersucht werden müssen. Die Kenntnis der Funktionsweise konkreter Rechnerarchitekturen und rechnerspezifischer Optimierungstechniken besitzt jedoch einen starken Einfluss auf die Algorithmenentwicklung. Der den einzelnen Schritten des geschilderten Ablaufschemas jeweils zugrunde liegende Abstraktionsgrad kann in der Parallelen Numerik häufig nicht durchgehalten werden.

Zielsetzung dieses Buches Das vorliegenden Buch soll eine Einführung in die Arbeits- und Denkweisen der Parallelen Numerik unter Betonung praktischer Aspekte geben. Es werden grundlegende Konzepte und Vorgehensweisen beim Entwurf von Algorithmen mit parallelen Strukturen vorgestellt und nachfolgend wichtige Verfahren der Parallelen Numerik zusammengestellt. Die Literaturangaben im Anhang zeigen exemplarisch, dass diverse klassische Verfahren und insbesondere die Basisalgorithmen der Linearen Algebra schon seit vielen Jahren immer wieder unter Parallelitätsgesichtspunkten mit wechselndem Abstraktionsgrad untersucht worden sind, zum Teil lange, bevor eine entsprechende Rechnertechnologie tatsächlich zur Verfügung gestanden hat. Viele grundlegende parallele Verfahren sind daher schon seit Jahrzehnten bekannt. Die Vielfalt der Architekturen und die überaus starke Dynamik der technischen Entwicklung setzt jedoch dem Abstraktionsgrad bei der Diskussion von Konzepten, Verfahren und Algorithmen gewisse Grenzen. Ein zu hoher Grad von Allgemeingültigkeit verhindert die Vermittlung eines ausreichenden Überblicks über die praktischen Auswirkungen paralleler Konzepte und Verfahren. Gerade in diesem Arbeitsgebiet kann die Bedeutung des "praktischen Rechnens" nicht hoch genug eingeschätzt werden. Die Leistung eines Rechners kann bestenfalls nur annähernd und dies oft auch nur unter intensiver Beachtung der besonderen Eigenschaften der jeweiligen Architektur in einem konkreten Programm für eine bestimmte Anwendung ausgenutzt werden. Daher muss häufig der Einfluss aktuell vorherrschender Architekturrichtungen auf die Entwicklung von Algorithmen berücksichtigt werden. Angesichts der sehr dynamischen Entwicklung auf diesem Gebiet scheint dies zwar vordergründig die Gefahr eines schnellen Verlustes an Aktualität in sich zu bergen. Diese Gefahr besteht jedoch sicherlich nur in Bezug auf die Anpassung an konkrete Rechnerumgebungen und daraus resultierende absolute Leistungsmerkmale, jedoch in wesentlich geringerem Maße in Bezug auf allgemeine Vorgehensweisen.

Die Qualität numerischer Verfahren und Algorithmen wird anhand der Genauigkeit der Ergebnisse und der Zeit, in der diese erreicht werden, beurteilt. Die bei der Anwendung numerischer Verfahren auftretenden Fehler sind entweder verfahrensbedingt oder werden durch die Ausführung auf einem Rechner verursacht. Zur ersten Kategorie gehören beispielsweise Fehler, die durch die diskrete Beschreibung kontinuierlicher mathematischer Probleme oder die Anwendung von Näherungsverfahren entstehen. Die zweite Kategorie hat ihre Ursache in der nur endlichen Zahlendarstellung auf Rechnern. Letztere führt dazu, dass nur eine endliche Menge von (rationalen) Zahlen mit einer beschränkten Stellenanzahl auf einem Rechner korrekt dargestellt werden kann. In der Konsequenz müssen auch bei der Ausführung (insbesondere gleitpunkt-)arithmetischer Operationen zwangsläufig Kompromisse eingegangen werden, die zu Rundungsfehlern führen. Die Problematik der Untersuchung und Behandlung von Fehlern ist ein zentrales Problem der

Numerischen Mathematik und wird in diesem Buch nicht gesondert behandelt. Die Parallele Numerik baut zu einem großen Teil auf herkömmlichen numerischen Verfahren auf. Diese werden im Wesentlichen als bekannt vorausgesetzt und daher nur kurz beschrieben. Andererseits kann dieses Buch keine umfassende Einführung in die Technologie von Parallelrechnern, paralleler Programmiersprachen oder parallelisierender Software geben. Diese gehören zum Aufgabengebiet der Informatik. Die Architektur von Parallel- und Vektorrechnern sowie Mikroprozessoren und die Problematik geeigneter Programmiersprachen und Compiler wird anhand von Beispielen nur in dem hier für das Verständnis erforderlichen Umfang behandelt.

Das Buch ist wie folgt gegliedert. Nach einigen einführenden Beispielen zur Problematik der Parallelität in der Numerischen Mathematik in Kapitel 2 werden in Kapitel 3 grundlegende Architekturmerkmale von Parallel- und Vektorrechnern sowie RISC-Prozessoren umrissen. Zur Untermauerung der Betrachtung werden einige Beispiele konkret verfügbarer Rechnerarchitekturen skizziert. Ferner betrachten wir die Softwareunterstützung bei der Formulierung paralleler Programme wie die grundsätzliche Arbeitsweise parallelisierender oder vektorisierender Compiler, Ergänzungen zu Programmiersprachen oder spezielle Programmbibliotheken etwa zur Unterstützung der Kommunikation. Aufgrund der auch in diesem Bereich herrschenden Vielfalt einerseits und der für alle einschlägigen Softwareprodukte – meist sogar im Internet verfügbaren – ausführlichen Dokumentation andererseits beschränken wir uns auch hier auf eine knappe und eher beispielhafte Darstellung. Kriterien zur Leistungsbewertung von Rechnern und Algorithmen stellen einen weiteren wichtigen Aspekt auch für die Parallele Numerik dar. Nach diesen Vorbereitungen werden im Kapitel 4 Basisalgorithmen der linearen Algebra behandelt. Diese bilden auf unterer Ebene den Hauptbestandteil der meisten parallelen numerischen Anwendungen. Ihre Optimierung, sowohl im Hinblick auf spezielle Prozessoreigenschaften als gegebenenfalls auch auf die Ausnutzung paralleler Strukturen, ist von größter Bedeutung für die Effizienz vieler paralleler numerischer Algorithmen. So ist es nicht verwunderlich, dass die wichtigsten Techniken und Vorgehensweisen zur Optimierung und zur Parallelisierung von numerischen Algorithmen am Beispiel dieser Elementaralgorithmen eingeführt werden können. Auf der nächsthöheren Ebene steht die in Kapitel 5 ausführlich behandelte Lösung linearer Gleichungssysteme, die aufbauend auf den Basisalgorithmen Kernpunkt vieler numerischer Anwendungen ist. Dementsprechend reichhaltig ist die Auswahl an direkten und iterativen Verfahren unterschiedlichster Art. Bei der Auswahl eines geeigneten Verfahrens für eine konkrete Aufgabe steht hier neben der Beachtung der mathematischen Eigenschaften die Beurteilung und Nutzung eventueller paralleler Strukturen im Vordergrund. Kapitel 6 befasst sich mit der numerischen Behandlung von Transformationen, hier beschränkt auf diskrete Varianten der Fourier-Transformation. Deren herausragende Bedeutung für viele physikalische Probleme schlägt sich auch in der Numerik nieder. Einerseits stellt sich das Problem der numerischen Behandlung der Fourier-Transformation nach der Diskretisierung entsprechender Aufgabenstellungen. Andererseits wird die diskrete Fourier-Transformation auch dafür verwendet, numerische Aufgaben wie etwa lineare Gleichungssysteme in eine für die numerische Lösung im Einzelfall geeignete Gestalt zu transformieren. In Kapitel 7 wird die Idee der Gebietszerlegung anhand zweier einfacher Techniken eingeführt.

2 Einführende Beispiele und grundlegende Begriffe

2.1 Einführende Beispiele

Mittels elementarer Beispiele werden zunächst aus algorithmischer Sicht der Begriff der Parallelität sowie andere grundlegende Begriffe und Konzepte eingeführt.

Bsp. 2.1.1. *Funktionsauswertung*

Funktionsauswertung $f: \mathbf{R} \to \mathbf{R}$ an vorgegebenen Stellen x_i, $0 \le i \le N+1$, mit unterschiedlichen Argumentkonstellationen (jeweils für $1 \le i \le N$):

a) $y_i := f(x_i)$ b) $y_i := f(x_{i-1}, x_i, x_{i+1})$ c) $x_i := f(x_i)$ d) $x_i := f(x_{i-1}, x_i)$.   ♦

Im Fall a) hängt jede Komponente y_i nur von der entsprechenden Komponente x_i ab. Alle Komponenten können vollkommen unabhängig voneinander, also parallel berechnet werden. Dies gilt auch im Fall b). Jede Komponente y_i hängt zwar sowohl von x_i als auch von x_{i-1} und x_{i+1} ab. Da die Komponenten des Vektors $\mathbf{x} = (x_1,...,x_N)$ jedoch nicht verändert werden, bleibt die Unabhängigkeit der Berechnung jeder Komponente y_i von allen anderen Komponenten des Vektors $\mathbf{y} = (y_1,...,y_N)$ erhalten. In Beispiel c) wird zwar der Vektor $\mathbf{x}$ überschrieben, jedoch wird zur Neuberechnung einer Komponente x_i nur deren aktueller Wert verwendet, der laut Vorschrift danach nicht mehr benötigt wird. Auch hier bleibt die Unabhängigkeit erhalten. In Beispiel d) hingegen werden zur Neuberechnung einer Komponente x_i sowohl deren aktueller Wert als auch derjenige der Komponente x_{i-1} benötigt. Hier geht die Unabhängigkeit verloren, da bei unabhängiger, "gleichzeitiger" Neuberechnung von x_{i-1} und x_i nicht vorhergesagt werden kann, ob zur Aktualisierung von x_i korrekterweise der alte Wert von x_{i-1} oder schon der aktualisierte Wert von x_{i-1} verwendet wird. Das Beispiel 2.1.1 steht stellvertretend für einen beliebig komplexen funktionalen Zusammenhang, in dem die Unabhängigkeit von Teilberechnungen anhand der Art des Zugriffs auf Ein- und Ausgabedaten ermittelt werden.

Parallelität bedeutet, dass verschiedene Objekte unabhängig voneinander berechnet werden können, ohne dass sich das Ergebnis ändert, also gleichgültig, ob die Berechnung tatsächlich gleichzeitig – was schon aus technischen Gründen in der Praxis kaum vorkommt – oder in irgendeiner zeitlichen Reihenfolge erfolgt. Hier zeigt sich ein erster Aspekt paralleler Strukturen, der für die üblichen Vorgehensweisen in der Numerik in der Regel irrelevant ist: Art und zeitliche Abfolge des Zugriffs auf Daten sind von entscheidender Bedeutung:

- Werden Daten nur verwendet ("gelesen") oder auch verändert ("geschrieben")?
- Wann erfolgen Veränderungen? Werden Daten verändert, deren ursprünglicher Wert zur "gleichen" Zeit anderswo benötigt wird, so dass Abhängigkeiten entstehen, die zu einer zwingenden Reihenfolge der Berechnung führen?

Eine grundlegende Regel lässt sich aus den obigen Betrachtungen leicht herleiten:

> *Die Voraussetzung für die parallele Ausführbarkeit eines Algorithmus, das heißt die Aufteilung in unabhängige Teilalgorithmen, besteht in der Unabhängigkeit der Veränderung von Daten vom zeitlichen Ablauf der Ausführung der Teilalgorithmen. Daten, die in einem Teilalgorithmus verändert werden, dürfen in keinem der anderen Teilalgorithmen gleichzeitig verwendet, also weder zum Zweck der Veränderung anderer Daten benutzt noch selbst verändert werden.*

Abhängigkeiten, die die unabhängige Ausführung und damit die Parallelisierung eines (Teil-)Algorithmus verhindern, können nur bei Daten auftreten, die in dem betreffenden (Teil-)Algorithmus sowohl gelesen als auch verändert, das heißt überschrieben werden. Ein wesentlicher Teil des Entwurfs paralleler Algorithmen besteht daher in der Analyse von *Datenabhängigkeiten*. Bei einfachen Algorithmen kann man sich diese Abhängigkeiten durch *Datenflussgraphen* veranschaulichen. Abhängigkeiten zwischen Daten werden durch senkrechte Anordnung gekennzeichnet. Voneinander unabhängige Daten werden horizontal angeordnet. Die Breite des Graphen liefert somit ein Maß für den Grad der Parallelität eines Algorithmus. Da die Parallelität in Algorithmen über die Parallelität von Operationen oder ausführbaren Schritten erklärt wird, bietet es sich oft an, in Diagramme auch die auszuführenden Operationen einzubeziehen. Beim Algorithmenentwurf steht jedoch meist das Erkennen von Datenabhängigkeiten im Vordergrund. Hierzu reichen einfachere Datenabhängigkeitsdiagramme wie in Abb. 2.1.1.

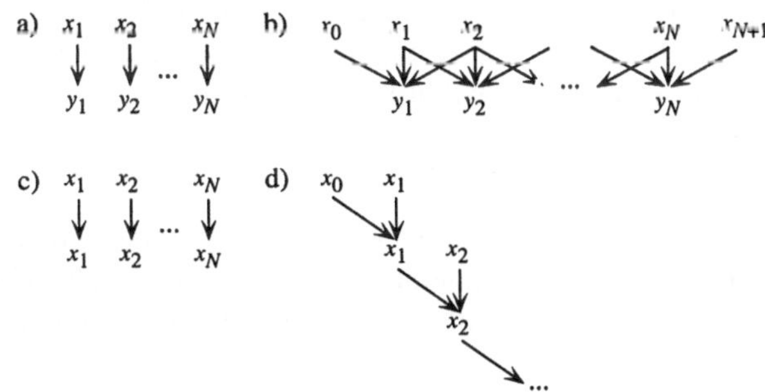

Abb. 2.1.1
Datenabhängigkeiten in Bsp. 2.1.1

Im Gegensatz zum Beispiel 2.1.1 wird in den folgenden Beispielen 2.1.2 und 2.1.3 die Funktionsvorschrift f, das heißt der auszuführende Algorithmus genau spezifiziert.

Bsp. 2.1.2. *Addition zweier Vektoren*

$$c_i := a_i + b_i, \ 1 \leq i \leq N, \quad \text{bzw.} \quad \mathbb{c} := \mathbb{a} + \mathbb{b} \quad \text{in Vektorschreibweise} \qquad \blacklozenge$$

Die *Datenabhängigkeiten* in Bsp. 2.1.2 entsprechen im Wesentlichen dem Beispiel 2.1.1.a: Alle Komponenten können unabhängig voneinander berechnet werden: Es besteht vollständige Parallelität. Darüber hinaus ist Bsp. 2.1.2 das erste Beispiel für eine *Vektoroperation*: Es werden gleichartige arithmetische Elementaroperationen auf allen Komponenten von "Vektoren" – programmiertechnisch Feldkomponenten mit konstantem Indexabstand – ausgeführt. Diese spezielle Struktur ist Voraussetzung für die Nutzung von *Vektorrechnern*, spielt aber auch eine Rolle bei der Programmoptimierung auf anderen Rechnern, etwa solchen mit *RISC-Prozessoren*.

Bsp. 2.1.3. *komplexe Operationen auf Vektoren*

$$i := 1(1)N: \qquad c_i := a_i + \alpha * (b_i + d_i) \quad \text{bzw.} \quad \mathbb{c} := \mathbb{a} + \alpha * (\mathbb{b} + \mathbb{d})$$
$$e_i := c_i / e_i + f_i \qquad\qquad\qquad \mathbb{e} := \mathbb{c}/\mathbb{e} + \mathbb{f} \qquad\qquad \blacklozenge$$

Bei sequentieller Ausführung von Bsp. 2.1.3 wird eine Komponente c_i vollständig berechnet. Es folgt die dazugehörige Komponente e_i, bevor mit der Bearbeitung der nächsten Komponente c_{i+1} und danach e_{i+1} begonnen wird. Bei paralleler Ausführung werden alle Komponentenpaare c_i, e_i parallel zueinander berechnet, wobei bei der Berechnung jedes einzelnen Paars die notwendigen arithmetischen Operationen nacheinander, also sequentiell abgearbeitet werden. Die vollständige Parallelität bezüglich des Komponentenindex i ist offensichtlich. Die naheliegende parallele Ausführungsreihenfolge der Berechnung würde lauten

    for $i := 1$ **to** N **do parallel**
        $c_i := a_i + \alpha * (b_i + d_i)$
        $e_i := c_i / e_i + f_i.$

Dieses Beispiel eröffnet jedoch eine weitere Möglichkeit in Gestalt einer vektoriellen Interpretation. Die Berechnungsreihenfolge wird so umgeordnet, dass nicht jede Komponente vollständig berechnet wird, bevor die nächste bearbeitet wird, sondern dass jede arithmetische Operation zunächst für alle Komponenten durchgeführt wird, bevor zur nächsten arithmetischen (Vektor-) Operation, ebenfalls für alle Komponenten, übergegangen wird. In vektorieller Schreibweise erhalten wir die geänderte Ausführungsreihenfolge

$$\mathbb{c} := \mathbb{b} + \mathbb{d}; \quad \mathbb{c} := \alpha * \mathbb{c}; \quad \mathbb{c} := \mathbb{a} + \mathbb{c}; \quad \mathbb{e} := \mathbb{c}/\mathbb{e}; \quad \mathbb{e} := \mathbb{e} + \mathbb{f}. \qquad\qquad (2.1.1)$$

Vektoroperationen sind komponentenweise zu verstehen (etwa die Vektor-Division $\mathbb{c}/\mathbb{e}$). Dies entspricht der üblichen mathematischen Notation. Unterschiedliche arithmetische Operationen werden sequentiell abgearbeitet, jedoch parallel für jeweils alle Komponenten (Abb. 2.1.2). Die

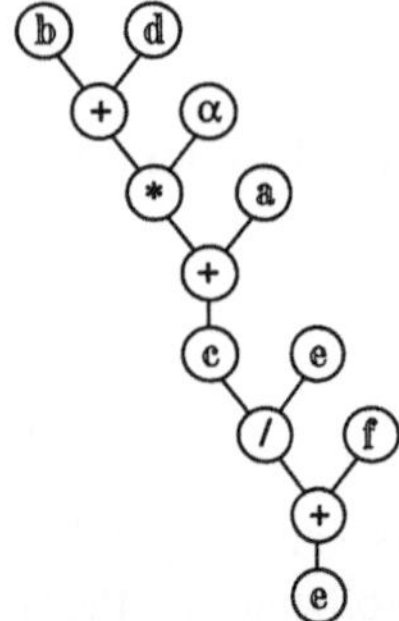

Abb. 2.1.2
Ablaufdiagramm für das Beispiel 2.1.1

Parallelität bezüglich der Komponenten wird also hier schon auf der Ebene einzelner (Vektor-) Operationen ausgenutzt. Ersetzt man in Abb. 2.1.2 Vektoren durch Komponenten, so erhält man den sequentiellen Ablauf bei der Berechnung einer einzelnen Komponente. Dieses Beispiel zeigt den grundsätzlichen Unterschied zwischen sequentieller, paralleler und vektorieller Arbeitsweise, der zu unterschiedlichen Verfahren oder Algorithmen führen kann.

Bsp. 2.1.4a. *Operationen auf Vektoren mit Abhängigkeiten*

$$x_i := a_{i-1} * x_{i-1} + b_{i-1} * x_{i-2},\ 3 \le i \le N. \qquad\qquad \blacklozenge$$

Bsp. 2.1.4a zeigt eine in numerischen Berechnungen sehr häufig auftretende Situation. Jede Ergebniskomponente hängt hier von ihren beiden unmittelbaren Vorgängern ab. Dies kommt zwar der in der Numerik üblichen sequentiellen Denkweise entgegen, Zwischenergebnisse unmittelbar weiterzuverwenden und bei praktischen Rechnungen damit auch Speicherplatzbedarf für Zwischenergebnisse zu vermeiden. Eine unabhängige Auswertung ist hier jedoch nicht möglich. Der Index $i-1$ bei den Vektoren a und b spielt bei der Abhängigkeitsbetrachtung übrigens keine Rolle, da diese Vektoren nicht verändert werden.

Bsp. 2.1.4b. *Operationen auf Vektoren mit Pseudo-Abhängigkeiten*

$$x_{3i} := a_{3i-1} * x_{3i-1} + b_{3i-1} * x_{3i-2},\ 1 \le i \le N/3. \qquad\qquad \blacklozenge$$

In Bsp. 2.1.4b sei N durch 3 teilbar. Wieder hängt die Berechnung jeder Komponente von Vorgängern ab. Es wird jedoch nur jede dritte Komponente berechnet, wobei jeweils ausschließlich die beiden unmittelbaren Vorgänger verwendet werden, die nicht verändert werden. Bsp. 2.1.4b kann trotz einer scheinbaren formalen Abhängigkeit vollständig parallel berechnet werden.

Die Zielsetzung der bisherigen Betrachtungen bestand im Erkennen und Beschreiben von Parallelität in elementaren Beispielen. Für die Herleitung und die praktische Umsetzung paralleler Algorithmen ist die Unterstützung durch geeignete Software entscheidend. Für die obigen Beispiele bieten sich in den gängigen Programmiersprachen Felder als Datenstrukturen und Operationen auf Feldern oder Zählschleifen zur Ablaufsteuerung an, etwa im Bsp. 2.1.4a und 2.1.4b:

$$\textbf{for } i := 3 \textbf{ to } N \textbf{ do }\ \ x_i := a_{i-1} * x_{i-1} + b_{i-1} * x_{i-2}$$

und

$$\textbf{for } i := 1 \textbf{ to } N/3 \textbf{ do }\ \ x_{3i} := a_{3i-1} * x_{3i-1} + b_{3i-1} * x_{3i-2}.$$

Felder sind grundsätzlich sehr gut zur Darstellung paralleler Datenstrukturen geeignet. Konstrukte wie Zählschleifen jedoch legen eindeutig eine sequentielle Berechnungsreihenfolge fest. Verschiedene Programmiersprachen wie etwa FORTRAN 95 bieten zumindest Operationen auf Feldern an, mit deren Hilfe eine parallele oder vektorielle Struktur angedeutet werden kann. Bsp. 2.1.3 kann mittels Operationen auf Feldern unmittelbar in der vektoriellen Form (2.1.1) programmiert werden. Bei Verwendung von Zählschleifen schreibt man (2.1.1) als

$$\textbf{for } i := 1 \textbf{ to } N \textbf{ do }\ \ c_i := b_i + d_i$$
$$\textbf{for } i := 1 \textbf{ to } N \textbf{ do }\ \ c_i := \alpha * c_i$$
$$\textbf{for } i := 1 \textbf{ to } N \textbf{ do }\ \ c_i := a_i + c_i$$
$$\textbf{for } i := 1 \textbf{ to } N \textbf{ do }\ \ e_i := c_i / e_i$$
$$\textbf{for } i := 1 \textbf{ to } N \textbf{ do }\ \ e_i := e_i + f_i.$$

Beide Schreibweisen sind zwar formal korrekt. Wie wir später sehen werden, beschreibt dieses Codestück die Arbeitsweise von Vektorprozessoren jedoch nur unvollständig, da auf diesen weitere Optimierungen vorgenommen werden, die sich weder durch einen mathematischen Algorithmus noch in einer höheren Programmiersprache vollständig ausdrücken lassen. Dies ist meist nur indirekt möglich. Das ebenfalls elementare Bsp. 2.1.4 bereitet dagegen schon erhebliche Schwierigkeiten bei der Darstellung mittels Operationen auf Feldern. Die Abhängigkeiten in a) und die Parallelität in b) sind durch eine Array-Syntax ähnlich wie in FORTRAN 95

$$x[3..N] = a[2..N-1] * x[2..N-1] + b[2..N-1] * x[1..N-2]$$

und

$$x[3..N:3] = a[2..N-1:3] * x[2..N-1:3] + b[2..N-1:3] * x[1..N-2:3]$$

nur schwer zu vermitteln. Diese simplen Beispiele deuten an, dass Parallelität in herkömmlichen Programmiersprachen schon in einfachen Fällen nicht hinreichend ausgedrückt werden kann.

Die Algorithmen 2.1.1-2.1.3 bestehen aus N voneinander formal vollkommen unabhängigen Teilschritten, die sich zumindest theoretisch vollständig parallel ausführen lassen. Unterstellt man, dass für die Berechnung jedes Teilschrittes der gleiche Zeitaufwand erforderlich ist, so wird die Ausführungszeit bei Verfügbarkeit von N Prozessoren formal um den Faktor N vermindert. Diese abstrakte Betrachtungsweise ist jedoch von eher theoretischem Wert. In realen Anwendungen ist der auf einem konkreten Rechner tatsächlich erreichbare Zeitgewinn von Interesse. Zusätzlich zu den bisherigen Betrachtungen müsste nun noch genauer spezifiziert werden, in welchem Umfang und in welcher Weise die theoretisch vorhandene Parallelität auf einer konkreten Rechnerarchitektur ausgenutzt werden kann. Oft kann auch die Berücksichtigung von scheinbar unwichtigen oder komplizierten Architektur-, das heißt Hardwaredetails bei der Verfahrensauswahl und dem Algorithmen- und Programmentwurf zu signifikanten Auswirkungen führen. Dieser Gesichtspunkt begrenzt die Möglichkeiten zur Formulierung allgemeingültiger Aussagen und Konzepte, darf jedoch nicht vernachlässigt werden.

Die Möglichkeiten der Parallelen Numerik erschöpfen sich nicht im Erkennen und Umsetzen von Parallelität in gegebenen Verfahren und Algorithmen. Die eigentliche Zielsetzung besteht vielmehr in der Schaffung geeigneter paralleler Strukturen dort, wo dies möglich ist.

Bsp. 2.1.5. *Summation der Elemente eines Vektors - sequentielle Version*

Formel: $$s = \sum_{i=1}^{N} a_i$$

Algorithmus: $sum := 0;$ **for** $i := 1$ **to** N **do** $sum := sum + a_i$ ◆

Im Gegensatz zu den Bsp. 2.1.1-2.1.3 wird in 2.1.5 wie in 2.1.4a ein vollständig sequentieller Algorithmus beschrieben. Jedes Zwischenergebnis baut unmittelbar auf dem vorangehenden auf. In dieser Form besteht keine Möglichkeit, Teilergebnisse unabhängig voneinander zu berechnen. In einem entsprechenden Datenflussgraphen stehen in keiner Zeile Daten für mehr als ein Teilergebnis. Analog würde ein Ablaufdiagramm zeigen, dass keine Operation (Addition oder Zuweisung) parallel zu einer anderen ausgeführt werden kann. Im Gegensatz zum Bsp. 2.1.4 lässt sich dieses Problem durch einen anderen Algorithmus einfach umgehen. Der parallele Algorithmus in Bsp. 2.1.6 beruht auf der parallelen Erzeugung mehrerer Zwischenergebnisse in jedem einer Folge von Schritten. Zur Vereinfachung gelte $N = 2^m$. Dabei wird unterstellt, dass der Vektor a der Eingabedaten nicht überschrieben werden darf. Dieser Algorithmus ist nicht vollständig parallel, da gewisse Abhängigkeiten nicht zu vermeiden sind.

Bsp. 2.1.6. *Summation der Elemente eines Vektors – parallelisierte Version*

> **for** $i := 1$ **to** (N **div** 2) **do parallel** $hilf_i := a_{2i} + a_{2i-1}$
> **for** $l := 2$ **to** m **do**
> **for** $i := 1$ **to** (N **div** 2^l) **do parallel** $hilf_i := hilf_{2i} + hilf_{2i-1}$
> $sum := hilf_1$ ◆

Das Abhängigkeitsdiagramm (Abb. 2.1.3) zeigt aber, dass die Parallelität im l-ten Schritt , $1 \leq l \leq m = \log_2 N$, immerhin $N/2^l$ beträgt. Falls $N/2$ Prozessoren verfügbar sind, kann der Algorithmus theoretisch in $m = \log_2 N$ statt in N Zeitschritten wie im sequentiellen Fall durchgeführt werden. Für $m = 10$, also $N = 1024$, erhält man eine theoretische Beschleunigung um etwa den Faktor 100, allerdings unter Einsatz von 512 Prozessoren. Aufgrund der von Schritt zu Schritt abnehmenden Parallelität werden diese sehr unterschiedlich ausgelastet: Im ersten Schritt werden 512, im zweiten 256, im letzten Schritt wird schließlich nur noch ein Prozessor benötigt. Die Parallelität geht einher mit der Erzeugung voneinander unabhängiger Zwischenergebnisse, die zeitweise gespeichert werden müssen. Dies kann zu einem erhöhten Speicherplatzbedarf (hier in Gestalt des Hilfsvektors hilf) führen, einer oft anzutreffenden Eigenschaft paralleler Algorithmen, während Sequentialität in der Regel speicherplatzsparend wirkt.

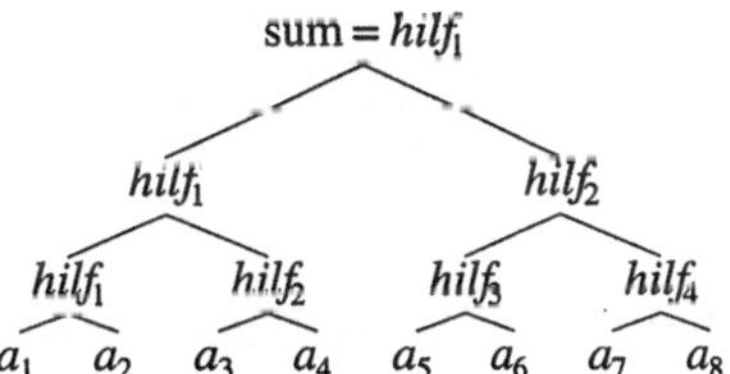

Abb. 2.1.3
Datenabhängigkeiten im Beispiel 2.1.6

In Bsp. 2.1.6 wurde das *Divide and Conquer-Prinzip* zur Erzeugung von Parallelität angewendet. Dieses Prinzip wird im Rahmen dieses Buches für die unterschiedlichsten Aufgabenstellungen angewendet. Allgemein lässt es sich wie folgt beschreiben.

<u>Divide and Conquer-Prinzip</u>   (2.1.2)

Aufteilung:

1) Eine Aufgabe $A_0 \equiv T_1^0$ der Größe N lässt sich in zwei unabhängige Teilaufgaben T_1^1, T_2^1 zerlegen, die die Struktur des Ausgangsproblems und jeweils etwa dessen halbe Größe besitzen.

2) T_1^1 und T_2^1 lassen sich selbst beide in jeweils zwei Teilaufgaben mit den in 1) genannten Eigenschaften zerlegen.

3) Bei rekursiver Anwendung entstehen nach m Schritten elementare Teilaufgaben, deren weitere Aufteilung nicht mehr möglich oder nicht mehr sinnvoll ist. In jedem Schritt l, $l = 0,...,m$, wird A_0 somit in 2^l gleichartige, voneinander unabhängige Teilaufgaben aufgeteilt:

$$A_0 \equiv T_1^0 = \bigotimes_{i=1}^{2^l} T_i^l .$$

Ausführung:

1) T_i^m, $1 \le i \le 2^m$, auf der untersten Ebene $l = m$.

2) T_i^l, $1 \le i \le 2^l$, auf jeder Ebene $l := m-1\,(-1)\,0$, unter Nutzung der Ergebnisse von T_{2i-1}^{l+1} und T_{2i}^{l+1} auf der vorangehenden Ebene $l+1$.

3) Endergebnis der Gesamtaufgabe A_0. auf der obersten Ebene $l = 0$.   ◆

Divide and Conquer, das oft auch als *Rekursives Doppeln* bezeichnet wird, führt zu einer hierarchischen Aufgabenverteilung mit der Struktur eines binären Baumes (Abb. 2.1.4).

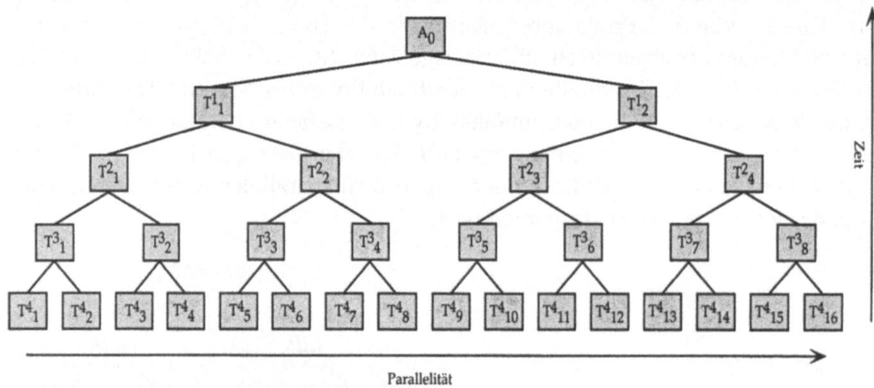

Abb. 2.1.4 Divide and Conquer für $m = 4$ (A_0: Ausgangsproblem, T_j^i:Teilaufgaben)

Eine Anwendung des Divide and Conquer-Prinzips ist nicht mit der hierarchischen Aufteilung in Teilaufgaben und der Ausführung der Aufgaben auf der untersten Ebene beendet. Auf jeder erzeugten Ebene sind Aufgaben zu bearbeiten, wobei mit Ausnahme der untersten Ebene zur Bearbeitung einer Teilaufgabe die Ergebnisse der dieser Aufgabe zugeordneten Aufgaben der nächstniedrigeren Ebene verwendet werden. Formal erhält man folgenden Algorithmus:

$$\textbf{for } i := 1 \textbf{ to } 2^m \textbf{ do} \text{ bearbeite } T_i^m \qquad\qquad (2.1.3)$$
$$\textbf{for } l := m-1 \textbf{ step } -1 \textbf{ to } 0 \textbf{ do}$$
$$\qquad \textbf{for } i := 1 \textbf{ to } 2^l \textbf{ do} \text{ bearbeite } T_i^l \text{ mittels } T_{2i-1}^{l+1}, T_{2i}^{l+1}.$$

(2.1.3) erfordert maximal $m+1$, $m \le \log_2 N$, Zeitschritte, besitzt also logarithmische anstelle linearer Zeitkomplexität. Die Parallelität beträgt 2^l in jedem Zeitschritt $0 \le l \le m$. Grundsätzlich ist natürlich auch eine Aufteilung gemäß der Struktur allgemeinerer *t-ärer Bäume* möglich. Im Beispiel 2.1.6 ist die Komplexität der Teilaufgaben auf allen Ebenen gleich. Dies muss jedoch beim allgemeinen Prinzip des Divide and Conquer nicht notwendig der Fall sein.

Das folgende Bsp. 2.1.7 illustriert, dass die Ausführungszeit paralleler Algorithmen nicht annähernd proportional zur Anzahl der arithmetischen Operationen sein muss. Die Anzahl der Zeitschritte wird hier mittels des Distributivgesetzes verringert. Dabei wächst die Anzahl der arith-

Bsp. 2.1.7. *Parallelisierung eines arithmetischen Ausdrucks*

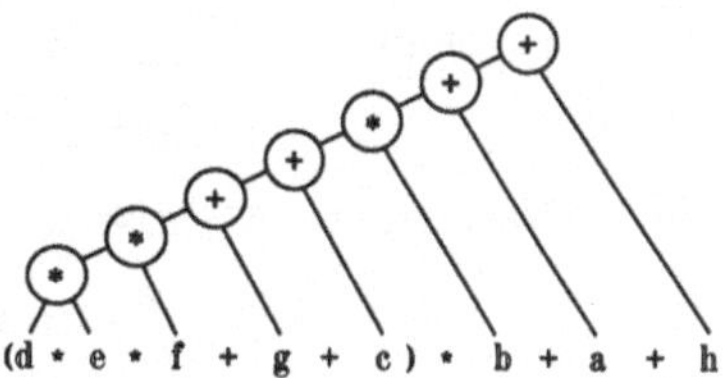

Abb. 2.1.5a
$p = 1$ Prozessor, Zeitbedarf $t = 7$ Schritte

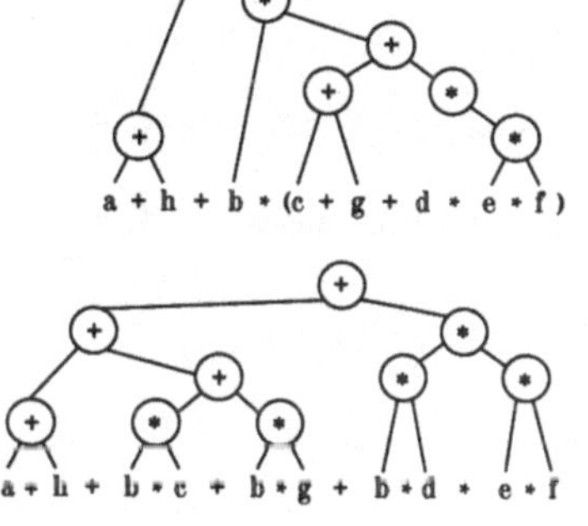

Abb. 2.1.5b
$p = 2$ Prozessoren, Zeitbedarf $t = 5$ Schritte

Abb. 2.1.5c
$p = 3$ Prozessoren, Zeitbedarf $t = 4$ Schritte ◆

metischen Operationen. Da diese jedoch zum Teil parallel auf verschiedenen Prozessoren ausgeführt werden, ist ihre Anzahl kein Maßstab für die Zeitkomplexität des Algorithmus. Das Beispiel zeigt ferner, dass in jedem Schritt nur die dem Grad der Parallelität in diesem Schritt entsprechende Anzahl von Prozessoren sinnvoll eingesetzt werden kann. Zum einen müssen hinreichend viele Prozessoren verfügbar sein, um die Parallelität vollständig ausnutzen zu können. Zum anderen ist es nicht sinnvoll, mehr Prozessoren einzusetzen, als der Grad der Parallelität im jeweiligen Schritt ermöglicht. Dieses Beispiel führt zum Problem der *Auslastung von Prozessoren*. Anhand von Bsp. 2.1.7 lässt sich ferner ein anderes Problem illustrieren, das häufig bei der Entwicklung paralleler Algorithmen auftritt: Die obige Diskussion wurde ausschließlich unter Effizienzgesichtspunkten geführt, während mathematische Eigenschaften vernachlässigt wurden. Unterschiede in der Fortpflanzung von Rundungsfehlern, die aufgrund der andersartigen Berechnung entstehen können, etwa durch die Anwendung des Distributivgesetzes, wurden in keiner Weise berücksichtigt. Diese einseitige Vorgehensweise birgt die Gefahr in sich, dass im Sinne der Geschwindigkeit effiziente Algorithmen und Verfahren entwickelt werden, deren Ergebnis jedoch anderen Anforderungen wie der Genauigkeit nicht in ausreichendem Maße genügt.

In den bisherigen Beispielen ist die Parallelität sofort einsichtig. Aber schon bei nur wenig komplizierteren Aufgaben kann sich die Identifizierung paralleler oder sequentieller Anteile als schwierig erweisen. Wir betrachten hierzu ein Verfahren, das in keinem Grundkurs zur Numerischen Mathematik fehlt: den Gauß-Algorithmus zur Lösung eines vollbesetzten linearen Gleichungssystems $Ax = b$ mit nichtsingulärer Koeffizientenmatrix A. Wir nehmen an, dass keine Pivotsuche erforderlich ist. Die Unterscheidung zwischen Verfahren und Algorithmus in Bsp. 2.1.8 erscheint etwas künstlich; jedoch gibt der Algorithmus den Ausführungsablauf genauer wieder.

Bsp. 2.1.8. *Gauß-Algorithmus für vollbesetzte quadratische Matrizen (ohne Pivotsuche)*

Problem: $Ax = b$; $A = \left(a_{i,j}\right)_{i,j=1}^{N}$; $b = \left(b_i\right)_{i=1}^{N}$; $x = \left(x_i\right)_{i=1}^{N}$; A invertierbar; keine Pivotsuche. Zu berechnen: $x = A^{-1}b$.

Verfahren: $k := 1(1)N{-}1$:

$$i := k{+}1(1)N: \quad b_i := b_i - \frac{a_{i,k}}{a_{k,k}}\, b_k$$

$$j := k{+}1(1)N: \quad a_{i,j} := a_{i,j} - \frac{a_{i,k}}{a_{k,k}}\, a_{k,j}$$

$$k := N\,(-1)1: \quad x_k := \frac{b_k - \displaystyle\sum_{i=k+1}^{N} a_{k,i}\, x_i}{a_{k,k}}$$

Algorithmus:

```
for k := 1 to N-1 do
   for i := k+1 to N do
      c  := a_{i,k}/a_{k,k}
      b_i := b_i - c b_k
      for j := k+1 to N do  a_{i,j} := a_{i,j} - c a_{k,j}

   for k := N step -1 to 1 do
      for i := k+1 to N do  b_k := b_k - a_{k,i} x_i
      x_k := b_k/a_{k,k}
```

◆

Eine Parallelisierung auf der Basis eines gegebenen, oft unübersichtlichen und unter sequentiellen Gesichtspunkten entwickelten Algorithmus wie in Bsp. 2.1.8 ist meist aufwendig und reduziert die Gestaltungsmöglichkeiten auf die Nutzung vorhandener paralleler Strukturen. Ein Diagramm der Datenabhängigkeiten gestattet in beschränktem Rahmen die Beurteilung der Parallelität. Schon in dem in Abb. 2.1.6 betrachteten Spezialfall $N = 4$ wird ein Diagramm sehr aufwendig. Wir formulieren das Diagramm daher zum Teil durch Angabe der Abhängigkeiten zwischen Zeilen der Matrix A. Es bezeichne dabei a_i den jeweils benötigten Teil der i-ten Zeile von A und b_i sowie x_i die i-te Komponente von b beziehungsweise x. Offensichtlich weist der Gauß-Algorithmus für vollbesetzte Matrizen ohne Pivotsuche in der obigen Formulierung in verschiedenen Schritten eine Parallelität unterschiedlichen Umfangs auf. Es ist jedoch wesentlich sinnvoller, einen Algorithmus von vornherein unter Parallelitätsgesichtspunkten herzuleiten, um ein optimales Maß an Parallelität zu erreichen. Der Gauß-Algorithmus wird später ausführlich behandelt.

Der Gauß-Algorithmus für Tridiagonalsysteme illustriert eine in der Parallelen Numerik häufig anzutreffende Problematik: Zu lösen ist ein lineares Gleichungssystem mit einer dünn und regelmäßig besetzten Koeffizientenmatrix. Diese Eigenschaft gestattet die Entwicklung effizienter sequentieller Algorithmen, indem gemäß der vorgegebenen Struktur nur die unbedingt erforderlichen Operationen ausgeführt und hinsichtlich des Speicherplatzbedarfs auch nur die nicht verschwindenden Koeffizienten berücksichtigt werden. Diese an sich vorteilhafte Eigenschaft stellt die Parallele Numerik vor große Probleme. Die dünne Besetzung und die regelmäßige Struktur erzeugen Kopplungen, die die Formulierung paralleler Strukturen behindern oder sogar verhin-

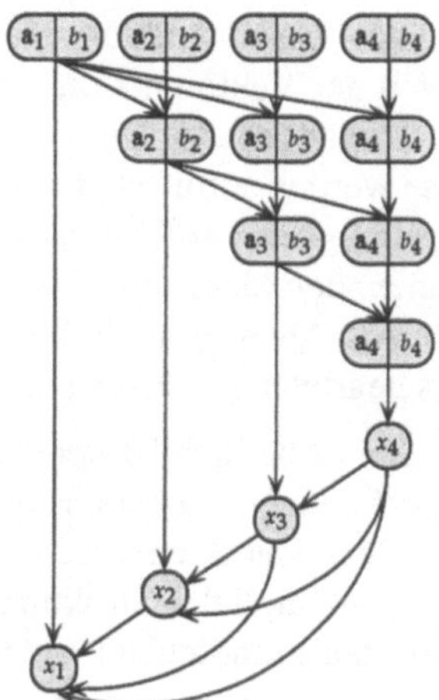

Abb. 2.1.6
Abhängigkeiten im Gauß-Algorithmus für $N = 4$

dern. Weitere mögliche Folgen sind verlangsamte Speicherzugriffe aufgrund zu großer Abstände der Operanden bei aufeinanderfolgenden Zugriffen oder die Behinderung der Optimierung der Prozessornutzung aufgrund einer zu geringen Anzahl von Operationen pro Kontrollstruktur.

Bsp. 2.1.9. *Gauß-Algorithmus für Tridiagonalmatrizen (ohne Pivotsuche)*

Problem:
$$A\mathbf{x} = \mathbf{y}; \ \mathbf{x} = (x_i)_{i=1}^N; \ \mathbf{y} = (y_i)_{i=1}^N, \ A = \begin{pmatrix} a_1 & c_1 & & & & 0 \\ b_1 & a_2 & c_2 & & & \\ & b_2 & a_3 & c_3 & & \\ & & \ddots & \ddots & \ddots & \\ & & & b_{N-2} & a_{N-1} & c_{N-1} \\ 0 & & & & b_{N-1} & a_N \end{pmatrix}$$

A ist streng diagonaldominant:

$|a_1| > |c_1|; \ |a_N| > |b_{N-1}|; \ |a_i| > |b_{i-1}| + |c_i|, \ 2 \le i \le N-1.$

Zu berechnen: $\mathbf{x} = A^{-1}\mathbf{y}$.

Verfahren:
$$k := 1(1)N{-}1: \quad y_{k+1} := y_{k+1} - \frac{b_k}{a_k} y_k; \ a_{k+1} := a_{k+1} - \frac{b_k}{a_k} c_k$$

$$x_N := y_N / a_N$$

$$k := N-1(-1)1: \quad x_k := \frac{y_k - c_k\, x_{k+1}}{a_k}$$

Algorithmus:
```
for k := 1 to N–1 do  z    := b_k/a_k
                      y_{k+1} := y_{k+1} – z y_k
                      a_{k+1} := a_{k+1} – z c_k
x_N := y_N/a_N
for k := N–1 step –1 to 1 do x_k := (y_k – c_k x_{k+1})/a_k
```
♦

Die Matrix A ist nichtsingulär. Es ist keine Pivotsuche erforderlich. In Bsp 2.1.9 wird man mit einer völlig anderen Situation als in Bsp. 2.1.8 konfrontiert. Aufgrund der einfachen und regelmäßigen Matrixstruktur vereinfacht sich der Algorithmus stark. Bei der Berechnung der Komponenten der Vektoren a, x, y tritt jeweils nur eine Abhängigkeit vom unmittelbar zuvor berechneten Vorgänger auf. Dies kommt wieder dem "sequentiellen" Denken entgegen: Zwischenergebnisse werden sofort weiterverwendet. Ferner besitzt der Algorithmus die bei diesem Problem geringstmögliche arithmetische Komplexität. Eine parallele Struktur ist jedoch nicht mehr zu erkennen, der Algorithmus ist vollständig sequentiell. Eine effiziente Parallelisierung ist nicht möglich. Als Ausweg bleibt hier nur die Entwicklung von parallelen Algorithmen, die auf völlig anders gearteten Ansätzen beruhen. Dies wird in einem späteren Kapitel ausführlich behandelt.

Bei den bisherigen Beispielen handelt es sich um einfachste Anwendungen geringer Komplexität, die auf dem Niveau von Elementaroperationen parallelisiert wurden, die jedoch zur Beschreibung grundlegender Sachverhalte gut geeignet sind. Im Hinblick auf praxisnahe Anwendungen ist die Nutzung paralleler Strukturen auch für sehr aufwendige Aufgabenstellungen von größtem Interesse, die grundlegend andere Vorgehensweisen erfordern. Wir erwähnen das Prinzip der Gebietszerlegung, in dem schon auf dem Niveau eines kontinuierlichen Anwendungsproblems parallele Strukturen geschaffen werden, bevor ein numerisches Lösungsverfahren ausgewählt oder ein Algorithmus formuliert wird. Wir betrachten die folgende Aufgabe.

Gegeben sei eine *Poisson-Gleichung*   (2.1.4)

$$-\Delta u = f \quad \text{auf} \quad \Omega := (0,1) \times (0,1)$$
$$u \quad = r \quad \text{auf} \quad \partial\Omega \text{ (Rand von } \Omega\text{)}$$

Gesucht wird die Funktion u.

Die *Poisson-Gleichung* ist ein häufig verwendetes Modellproblem in der Numerik partieller Differentialgleichungen, für welches die verschiedensten Lösungsverfahren bekannt sind. Statt (2.1.4) zu diskretisieren und für diese Diskretisierung ein bekanntes Verfahren auszuwählen und

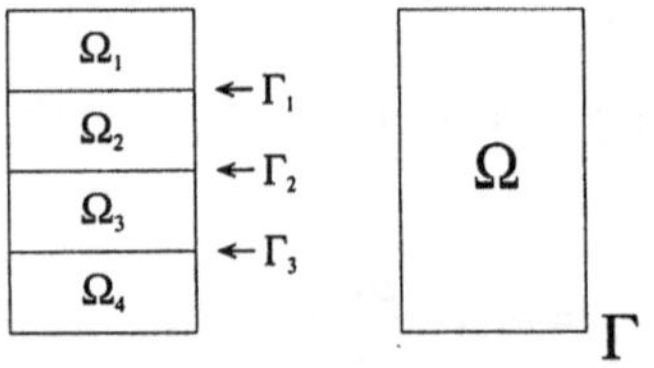

Abb. 2.1.7
Rechteck mit Zerlegung in vier Streifen

zu parallelisieren, betrachten wir zunächst das obige kontinuierliche Ausgangsproblem. Das Integrationsgebiet, also das Rechteck Ω, wird streifenförmig in Teilgebiete zerlegt, beispielsweise in vier Rechtecke Ω_i, $1 \leq i \leq 4$, wie in Abb. 2.1.7. Hierbei entstehen 3 künstliche Ränder Γ_i. Das Ausgangsproblem wird nun in vier gleichartige Teilprobleme zerlegt, die formal wieder Aufgabenstellungen mit der Struktur des Ausgangsproblems darstellen: elliptische Randwertprobleme mit Dirichlet-Randbedingungen auf einem Rechteck. Diese werden in Bsp. 2.1.10 parallel bearbeitet. Die Gebietszerlegung führt jedoch durch die Einführung von Teilgebieten an deren Grenzen, den *künstlichen Rändern*, zur Zerstörung von Kopplungen im Ausgangsproblem.

Bsp. 2.1.10. *Gebietszerlegung*

$$\left.\begin{array}{llll} -\Delta u^{i} & = f & \text{auf} & \Omega_{i} \\ u^{i} & = r & \text{auf} & \partial\Omega_{i} \cap \partial\Omega \\ u^{i} & = u^{i-1}\big|_{\Gamma_{i-1}} & \text{auf} & \Gamma_{i-1} \quad (i \neq 1) \\ u^{i} & = u^{i+1}\big|_{\Gamma_{i}} & \text{auf} & \Gamma_{i} \quad (i \neq 4) \end{array}\right\}, \quad 1 \leq i \leq 4.$$

$\blacklozenge$

Die künstlichen Ränder Γ_i gehören im Ausgangsproblem zum inneren Teil des Gebietes Ω. Die Werte von u auf diesen Rändern sind folglich Bestandteil der zu berechnenden Lösung und müssen daher als Randwerte vor einer parallelen Lösung der Teilprobleme bekannt sein. Die Gesamtlösung setzt sich dann aus den Teillösungen zusammen, im Beispiel

$$u = \left(u\big|_{\Omega_1}, u\big|_{\Gamma_1}, u\big|_{\Omega_2}, u\big|_{\Gamma_2}, u\big|_{\Omega_3}, u\big|_{\Gamma_3}, u\big|_{\Omega_4}\right).$$

Später werden Verfahren vorgestellt, die zunächst die Lösung u auf den künstlichen Rändern Γ_i berechnen und dann parallel die (hier vier) Teilprobleme lösen. Es kann nicht erwartet werden, dass durch die Zerlegung des Rechtecks in Teilgebiete ein im Allgemeinen nicht gänzlich paralleles Problem vollständig parallel wird. In der Regel bestehen Kopplungen zwischen den neugebildeten Teilproblemen. Diesem Umstand kann im obigen Beispiel dadurch Rechnung getragen werden, dass man geeignete Kopplungsgleichungen aufstellt. Deren Lösung führt dann zu einer Entkopplung der Teilprobleme. Ein anderer Ansatz führt zu Iterationsverfahren mit parallelen Iterationen auf den einzelnen Teilgebieten. Bemerkenswert an diesem Beispiel ist, dass bis zu diesem Punkt weder eine Diskretisierung noch ein konkretes numerisches Lösungsverfahren angegeben werden. Die Parallelisierung erfolgt hier ausgehend vom kontinuierlichen Problem, während in den vorangehenden Beispielen ein vorgegebener Algorithmus parallelisiert wurde. Hier wird zunächst das Problem parallelisiert und dann ein geeignetes Lösungsverfahren gesucht, wobei auf den einzelnen Teilgebieten unterschiedliche Verfahren zur Anwendung kommen können. Dies ist vor allem bei komplexen Anwendungen von Interesse, die in verschiedenartige Teilprobleme zerlegt werden. Als Beispiel seien Strömungsberechnungen an Flugzeugen genannt. Durch Aufteilung etwa in Tragflächen, Rumpf, Bug, Heck usw. kann berücksichtigt werden, dass die Aufgabenstellung sehr inhomogen ist. So werden an Bug und Tragflächen meist erheblich höhere Genauigkeitsanforderungen als am restlichen Rumpf gestellt, was sich unter anderem in einer lokal unterschiedlichen Diskretisierung und auch unterschiedlichen Lösungsverfahren äußern kann. Als weitere typische Beispiele dieser Art seien globale Wetterprognosemodelle genannt, deren Ziel in einer Vorhersage für einen möglichst langen Zeitraum besteht. Derzeit ist eine Vorhersage für einige Tage üblich. Mathematisch besteht das Modell aus einem komplizierten System gekoppelter partieller Differentialgleichungen. Als Lösungsgebiet wird die Erdoberfläche sowie in Raumrichtung eine Schicht der Erdatmosphäre mit einer gewissen Höhe gewählt. Die praktische Behandlung resultiert in extrem großen Programmsystemen mit sehr hohem Kapazitätsbedarf und einem hohen Grad an Parallelität. Letzterer ist unabdingbar, da die jeweils leistungsfähigsten – also derzeit massivparallele – Rechner eingesetzt werden müssen. Zur Parallelisierung kann bei naiver Vorgehensweise die Erdoberfläche beispielsweise in diejenige der Nord- und der Südhalbkugel geteilt werden. Weitere Aufteilungen erfolgen in Abhängigkeit von der zur Verfügung stehenden Prozessoranzahl längs geeigneter Längen- oder auch Breitengrade sowie in Raumrichtung durch Unterteilung der Atmosphäre in Schichten. Wind- oder Wasserströmungen machen nicht an den künstlichen Rändern der Teilgebiete halt: Das Wettergeschehen ist ein *globales* Phänomen, die einzelnen Teilsysteme sind nicht unabhängig voneinander zu lösen. An den künstlichen Rändern der Teilgebiete bestehen schon durch die Aufgabenstellung begründete und daher zu berücksichtigende *Kopplungen* zwischen den Teilsystemen.

Im Beispiel der Wettermodellierung kann ein großer Teil der Berechnungen parallel erfolgen. Vollständig parallele Algorithmen müssen jedoch als Ausnahme angesehen werden. In den meisten Anwendungen benötigen Prozesse von Zeit zu Zeit Zwischenergebnisse, die von anderen Prozessen erzeugt worden sind. Durch zeitliche Abstimmung (*Synchronisation*) der beteiligten Prozesse muss sichergestellt werden, dass die benötigten Daten zur Verfügung stehen. Dies erfordert – je nach zu verwendender Speicherarchitektur – die zeitliche Regelung des Zugriffs verschiedener Prozesse auf den gleichen Datenbestand (Speicherbereich) oder den Transport von Daten zwischen verschiedenen Prozessen. Der Austausch von Nachrichten und Daten zwischen Prozessen wird als *Kommunikation* bezeichnet. Die Problematik der Kommunikation ist von großer praktischer Relevanz, da der hierfür benötigte Zeitaufwand in vielen Anwendungen nicht vernachlässigt werden darf. Auch hier zeigt sich wieder ein für die Parallele Numerik wichtiger Gesichtspunkt, der nicht Bestandteil der in der Numerischen Mathematik üblichen Denkweise ist. Von entscheidender Bedeutung für parallele Algorithmen sind nicht nur Art, Anzahl, Anordnung und Genauigkeit der arithmetischen Operationen, sondern Fragen wie

- Welche Daten werden an welchem Ort zu welchem Zeitpunkt benötigt ?
- Liegen die Daten dort, wo sie benötigt werden ?
- Woher müssen sie andernfalls geholt werden ?
- Wie erfolgt gegebenenfalls der Transport ?
- Wie kann der Zugriff mehrerer Prozessoren auf einen Speicher koordiniert werden ?

Für die Koordination von Teilaufgaben ist ferner deren *Granularität* ("Grobkörnigkeit") von Bedeutung. Unter der Granularität eines (Teil-) Algorithmus versteht man seine zeitliche Komplexität, das heißt den zu seiner Durchführung erforderlichen Zeitaufwand. Je größer die Granularität eines Teilalgorithmus ist, desto geringer wird der Einfluss der für Kommunikation und Synchronisation erforderlichen Zeit sein.

Parallel auszuführende Teilalgorithmen werden in den seltensten Fällen exakt den gleichen Zeitaufwand erfordern. Vielmehr sind häufig Teilalgorithmen sehr unterschiedlicher Zeitkomplexität parallel abzuarbeiten. Die Gesamtbearbeitungszeit wird bei gleichzeitigem Start durch den langsamsten Teilalgorithmus bestimmt. Daher sollte eine möglichst gleichmäßige *Lastverteilung* auf die beteiligten Prozessoren erfolgen. Wir betrachten hierzu das abstrakte Beispiel in Abb. 2.1.8.

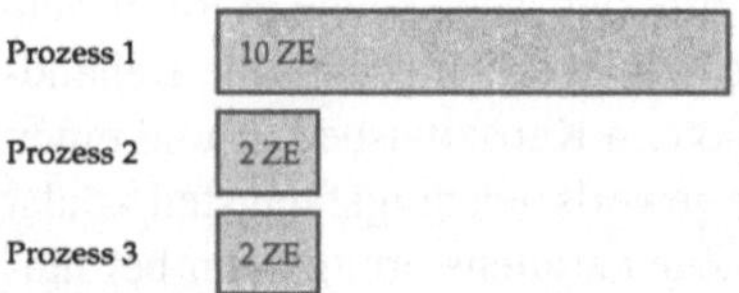

Abb. 2.1.8
Lastverteilung (ZE: Zeiteinheit)

Bei gleichzeitigem Start beträgt die Ausführungszeit 10 Zeiteinheiten. Der Prozessor mit der zeitlich umfangreichsten Aufgabe bestimmt die Gesamtzeit. Der aus der sequentiellen Gesamtzeit von 14 Zeiteinheiten resultierende Beschleunigungsfaktor von 1,4 ist jedoch weit entfernt vom Maximalfaktor 3. Es liegt eine ungleiche Lastverteilung vor. Die notwendige Synchronisation von Prozessen erzeugt *Stillstandszeiten* von Prozessen, in denen trotz freier Kapazität aufgrund des Mangels an erforderlichen Daten nicht gearbeitet werden kann. In Abb. 2.1.9 wird der in der

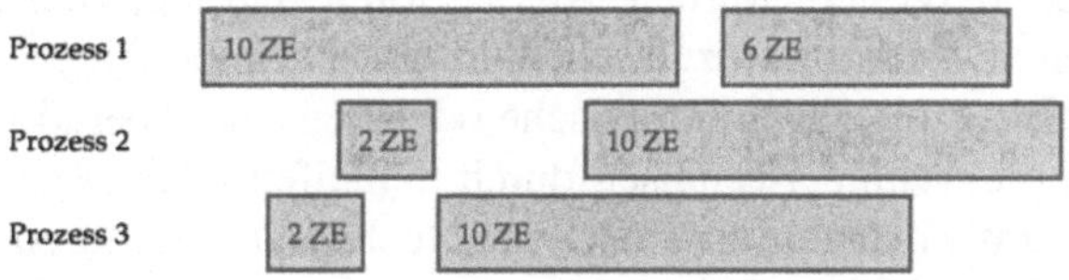

Abb. 2.1.9
Lastverteilung und Stillstandszeiten
(ZE: Zeiteinheit)

praktischen Anwendung häufigste Fall – ungleiche Lastverteilung bei unregelmäßig anfallenden Stillstandszeiten – skizziert. Die Prozesse 2 und 3 müssen insgesamt den gleichen Arbeitsaufwand bewältigen. Durch unterschiedliche Anfangs- und Stillstandszeiten kann Prozess 3 seine Arbeit früher beenden. Prozess 1 hat mit 16 Zeiteinheiten die umfangreichste Aufgabe erhalten. Aufgrund geringerer Stillstandszeiten wird er jedoch noch vor Prozess 2 fertig. Neben einer *gleichmäßigen Lastverteilung* muss somit eine *Minimierung der Stillstandszeiten* erreicht werden. Während das erste Problem oftmals durch eine Abschätzung des arithmetischen Aufwandes jedes Prozesses zumindest in grober Näherung bewältigt werden kann, ist das zweite Problem – wenn überhaupt – nur durch eine nachträgliche rechnergestützte Analyse von Ausführungszeiten bei konkreter Durchführung auf einem Rechner zugänglich. Anders als bei sequentiellen Algorithmen lässt sich bei parallelen Algorithmen aus der Analyse des arithmetischen Aufwandes keinerlei Schluss auf die zur Durchführung benötigte Zeit ziehen. Zu den durch einen Algorithmus bedingten Stillstandszeiten treten bei der praktischen Rechnung auch solche, die durch den Einfluss fremder (insbesondere Betriebssystem-) Prozesse verursacht werden. Dieser Einfluss kann zwar in praktischen Rechnungen gemessen werden, ist aber nicht Gegenstand der Parallelen Numerik.

2.2 Parallele Strukturen in Algorithmen

Die einführenden Beispiele deuten an, dass in der Parallelen Numerik Algorithmen und Verfahren sehr unterschiedlicher Natur behandelt werden. Das Arbeiten mit parallelen und vektoriellen Algorithmen erfordert zum Teil ein erhebliches Umdenken. Üblicherweise wird der Begriff des Algorithmus als eine Folge von Arbeitsschritten eingeführt, die in einer wohldefinierten und eindeutigen Reihenfolge ausgeführt werden. Der "gesunde Menschenverstand" versteht hierunter die *sequentielle Ausführung*: Ein Schritt wird nach dem anderen ausgeführt. Der klassische *serielle* oder *sequentielle Rechner* mit einem Prozessor trägt dieser Arbeitsweise Rechnung. In auf den von Neumann-Rechner zurückgehenden Architekturen ist die Ausführungszeit eines sequentiellen Algorithmus grundsätzlich proportional zur arithmetischen Komplexität. Derartige Architekturen sind heute in ihrer ursprünglichen Form nicht mehr vertreten.

Ein *paralleler Algorithmus* kann in mehrere unabhängige Teilalgorithmen zerlegt werden, die theoretisch gleichzeitig ausgeführt werden können. Die Parallelität kann nur ausgenutzt werden, wenn mindestens zwei parallel nutzbare Prozessoren zur Verfügung stehen. Art und Umfang oder andere spezielle Eigenschaften sind kein Merkmal für die Parallelität eines Teilalgorithmus.

Dieser kann beispielsweise sequentieller Natur sein oder der Kategorie der vektoriellen Algorithmen angehören. *Vektorielle Algorithmen* stellen einen Spezialfall paralleler Algorithmen dar. Sie sind charakterisiert durch *Vektorinstruktionen*. Als Datenobjekte, auf diese ausgeführt werden, sind nur Folgen von Datenobjekten gleichen Typs zulässig, die als *Vektoren* bezeichnet und durch Felder dargestellt werden. Als Vektoren sind nicht nur ganze, sondern auch Teilfelder mit einer bestimmten Struktur zulässig. Auf allen Komponenten eines Vektors wird bei einer Vektoroperation die gleiche arithmetische oder logische Operation ausgeführt. Vektorinstruktionen lassen sich programmiertechnisch durch Schleifen oder spezielle Feldkonstrukte ausdrücken. Letztere sind im Hinblick auf moderne Rechnerarchitekturen in Sprachstandards (beispielsweise für FORTRAN 95) enthalten oder zumindest als Spracherweiterungen einzelner Hersteller verfügbar. *Algorithmen für Mikroprozessoren*, speziell für *RISC-Prozessoren*, die am weitesten verbreiteten "Nachfolger" von sequentiellen Prozessoren, lassen sich nur bedingt in diese Klassifikation einordnen. Algorithmen für RISC-Prozessoren sind unter zweierlei Gesichtspunkt von Interesse. Für ihre optimale Nutzung ist eine sehr sorgfältige Optimierung von Algorithmen und Programmcodes erforderlich, bei der aus der Parallelisierung und Vektorisierung bekannte Techniken in modifizierter Form angewendet werden. Ferner sind optimale Codes entscheidend bei der Entwicklung effizienter Algorithmen auf Parallelrechnern mit RISC-Prozessoren.

Rein sequentielle, parallele oder vektorielle Algorithmen treten in der Praxis selten auf. Bsp. 2.1.2 und 2.1.3 stellen sowohl parallele als auch vektorielle Algorithmen dar, wie die vektoriellen Schreibweisen $c := a + b$ oder $c := c + \alpha * (b + d)$, $e := c / e + f$ andeuten. In Bsp. 2.1.3 werden in der komponentenweisen Schreibweise die Operationen beider Anweisungen zu einer Schleife zusammengefasst. Bsp. 2.1.1a,c stellen parallele Algorithmen dar. Die Komponenten $y_i := f(x_i)$ bzw. $x_i := f(x_i)$ können völlig unabhängig voneinander berechnet werden. Ob hier auch vektorielle Algorithmen vorliegen, hängt davon ab, ob sich die Funktionsvorschrift für f mittels Vektoroperationen definieren lässt. Hierüber haben wir jedoch keine Angaben gemacht. Im Beispiel 2.1.1b hängt jede Komponente y_i von mehreren x_i ab. Dies führt jedoch theoretisch zu keinem Einfluss auf die Parallelität, da der Vektor nur gelesen wird. Die Algorithmen in Bsp. 2.1.1d, 2.1.4a, 2.1.5 und 2.1.9 sind vollständig sequentiell. Bsp. 2.1.6 besteht aus einer Folge von Doppelschleifen. Die äußeren Schleifendurchläufe (Laufindex l) müssen in der angegebenen Reihenfolge $l :=$ $2(1)m$ nach den Einzelschleifen nacheinander ausgeführt werden. Die inneren Schleifen (Laufindex i) sowie die Einzelschleife sind, jede für sich betrachtet, vollständig parallelisierbar. Der Grad der Parallelität, das heißt die Anzahl der parallel durchführbaren Operationen, nimmt dabei von Schritt zu Schritt ab. Dies zeigt auch das Abhängigkeitsdiagramm. Der Gauß-Algorithmus in Bsp. 2.1.8 führt zu einer etwas komplizierteren Situation. Er enthält sowohl sequentielle als auch vektorielle (damit auch parallele) Anteile. Der Grad der Parallelität schwankt dabei von Schritt zu Schritt. Bsp. 2.1.10 zeigt einen wesentlich komplexeren Algorithmus, der auf der direkten Parallelisierung des Ausgangsproblems beruht. Die erzeugten Teilaufgaben können mittels geeigneter sequentieller, paralleler oder auch vektorieller Verfahren und Algorithmen behandelt werden.

2.3   Parallelitätsbegriff

In den obigen Beispielen wird Parallelität als Eigenschaft von Algorithmen betrachtet, die zu einer beschleunigten Ausführung durch Aufteilung und unabhängige Bearbeitung führen soll.

Der Parallelitätsbegriff ist jedoch umfassender. Es gibt verschiedene Ansätze zur Klassifikation paralleler Strukturen. Ohne Anspruch auf eine vollständige Systematik kann man folgende Ebenen unterscheiden. In einem *Algorithmus* können parallele Strukturen auf jeder Ebene zwischen einzelnen Anweisungen und beliebig komplexen Teilalgorithmen auftreten. In einem *Programm* als Umsetzung eines Algorithmus auf einem Rechner sind parallele Strukturen auf der Ebene einzelner Anweisungen, Blöcke, Unterprogramme oder Hierarchien von Unterprogrammen denkbar. Aus einer *betriebsorientierten Sicht* sind folgende softwareseitigen Ebenen von Bedeutung:

Job Dieser Begriff wird im *Batch-* oder *Stapelbetrieb* gebraucht, der auf Rechnern mit Serverfunktionen üblich ist, um die Abarbeitung von konkurrierenden Aufgaben mehrerer Benutzer ohne deren interaktiven Eingriff zu steuern. Programme werden mit allen zu ihrer Bearbeitung und Ausführung erforderlichen Arbeitsschritten wie unter anderem Übersetzung, Laden, Ausführung, Dateimanagement zu einem *Job* zusammengefasst und dessen Bearbeitung, vereinfacht gesagt, vollständig dem Rechner übergeben. Der Benutzer hat während der Ausführung praktisch keine Einflussmöglichkeit mehr. In der Regel stehen mehrere Jobs von unterschiedlichen Benutzern zur Ausführung an. Diese werden über Warteschlangen verwaltet. In einem typischen Server- oder Rechenzentrumsbetrieb können Rechner mit mehreren Prozessoren auch zur *Erhöhung des Durchsatzes*, das heißt zur *besseren Auslastung des Rechners* und damit auch *Verminderung der Durchlaufzeiten* von Jobs, so genutzt werden, dass im einfachsten Fall auf jedem Prozessor ein vollständiger Job unabhängig von den anderen Prozessoren und Jobs abgearbeitet wird.

Prozess Die obige Arbeitsweise kann verfeinert werden. Die einzelnen Arbeitsschritte werden durch Aufruf geeigneter Programme ausgeführt. Neben dem auszuführenden Anwendungsprogramm (dies können auch mehrere sein) gehören hierzu zumindest ein Compiler und ein Ladeprogramm. Der Aufruf eines zur Bearbeitung eines Jobs benötigten Programms erzeugt jeweils einen Prozess. In Betriebssystemen wie UNIX, die das Prozesskonzept unterstützen, können nun anstelle vollständiger Jobs einzelne Prozesse um Prozessorkapazität konkurrieren. Durch die Aufteilung in kleinere und damit flexiblere Teilaufgaben kann der Durchsatz bei paralleler Ausführung einzelner Prozesse auf verschiedenen Prozessoren nochmals verbessert werden.

Programm Der Benutzer ist nicht an der Verbesserung der Auslastung des Rechners, sondern an der beschleunigten Ausführung seines Anwendungsprogramms interessiert. Für die Parallele Numerik ist ausschließlich die Betrachtung von Parallelität *in* Programmen, das heißt zwischen Teilen von Programmen relevant. Die parallele Ausführung von Teilaufgaben aus einem Programm auf mehreren Prozessoren soll eine entsprechende *Verringerung der Verweilzeit* dieses konkreten Programms im Rechner erbringen. Diese isolierte Betrachtungsweise ist aus Sicht des Anwenders und der Parallelen Numerik angemessen. Bei der praktischen Umsetzung auf einem (Parallel-) Rechner kommen jedoch, für den Anwender mehr oder weniger versteckt, wieder Mechanismen der oben erwähnten Art zum Tragen. So werden beispielsweise parallele Teilaufgaben aus Anwendungsprogrammen häufig durch Prozesse realisiert: Für jede Teilaufgabe wird ein Prozess erzeugt. Dies ist unter anderem typisch für Parallelrechner, die mit dem Betriebssystem UNIX betrieben werden. Im Idealfall wird für jeden Prozess ein Prozessor bereitgestellt. Es gibt aber auch Systeme, in denen aus parallel zu bearbeitenden Teilaufgaben resultierende Prozesse auf einem Rechner mit allen anderen Prozessen beliebiger Art um Prozessoren konkurrieren.

Befehl Nahe der Maschinenebene kann eine mögliche Parallelität zwischen Operationen oder

(Teil-) Instruktionen zur beschleunigten Ausführung einzelner Befehle durch überlappende oder parallele Ausführung von Teilinstruktionen genutzt werden. Dieses Prinzip wird seit langem auf seriellen Rechnern angewendet. Durch seine systematische Nutzung konnten die sehr großen Leistungssteigerungen bei Vektor- und RISC-Prozessoren erzielt werden. Die Parallelität auf Befehlsebene wird vor allem von Compilern genutzt und ist durch den Anwender oft nur indirekt durch Programmierung in Kenntnis von Optimierungsstrategien der Compiler ansprechbar.

Bit-Ebene Das Augenmerk liegt hier auf der parallelen Behandlung von *Maschinenworten* als elementaren, aus einer festen Anzahl von Bits gebildeten Informationseinheiten. Unter *wort-paralleler, bit-serieller* Arbeitsweise versteht man die parallele Bearbeitung ganzer Worte, während auf unterster Ebene die Verarbeitung der einzelnen Bits innerhalb eines Wortes seriell erfolgt. Sie spielt beispielsweise bei der (hardwaremäßigen) Umsetzung der Parallelität auf Befehls- oder Instruktionsebene eine große Rolle. Bei *wort-serieller, bit-paralleler* Arbeitsweise werden Worte nacheinander, jedoch die einzelnen Bits eines Wortes parallel bearbeitet. Die typische Anwendung liefert die Signal- und Bildverarbeitung, in der die Bildinformationen in einzelne Punkte (Pixel) unterteilt werden. Jedes Pixel enthält in einer gewissen Anzahl von Bits Informationen über einen Bildpunkt, etwa Angaben zu Farben oder Graustufen, die parallel verarbeitet werden können. Diese Form der Parallelität ist für numerische Anwendungen kaum von Bedeutung. Die Parallelität auf Bit-Ebene könnte zur Verbesserung der hardwaremäßigen Realisierung der Arithmetik genutzt werden, was bisher in der Praxis noch nicht genutzt wurde.

Auch unter dem Gesichtspunkt der Hardware kann der Parallelitätsbegriff differenziert werden.

Pipelining Hierunter versteht man die hardwaremäßige Segmentierung von Operationen und deren Abarbeitung in Pipelinetechnik. Unterschiedliche Spielarten dieser Form von Parallelität sind typisch für Vektor- und RISC-Prozessoren, aber auch für die eher dem CISC(*complex instruction set computer*)-Prinzip zugehörigen Intel Pentium- und AMD Athlon-Prozessoren.

Funktionale Einheiten Auch diese Form von Parallelität ist vor allem charakteristisch für Vektor- und Mikroprozessoren. Üblich sind hardwaremäßige Vorkehrungen für die parallele oder überlappte Nutzung unterschiedlicher arithmetischer oder logischer Einheiten innerhalb eines Prozessors wie etwa Gleitpunkt- oder Fixpunkt-Addierer oder -Multiplizierer. Häufig werden auch gleichartige Einheiten mehrfach ausgelegt. So verfügen beispielsweise leistungsfähige RISC-Prozessoren oft über zwei Addierer und zwei Multiplizierer. Bei Vektorrechnern ist dieses Prinzip schon länger üblich.

Prozessoren Mehrere Prozessoren stehen zur parallelen Ausführung unabhängiger Aufgaben zur Verfügung. Dies ist die allgemeinste Beschreibung eines Parallelrechners und schließt auch die parallele Nutzung mehrerer Rechner in einem Rechnernetz ein.

Bit-Ebene Die Nutzung paralleler Strukturen auf der sehr niedrig angesiedelten Bit-Ebene ist grundsätzlich sowohl software- als auch hardwareseitig möglich.

3 Parallelität in Rechnerarchitekturen und Softwarewerkzeuge zur Beschreibung paralleler Strukturen

Bei der Lösung numerischer Anwendungsprobleme mit parallelen Verfahren sind im Hinblick auf die zu nutzende Rechnerumgebung drei wesentliche Gesichtspunkte von Bedeutung:

- Parallelität in der Rechnerarchitektur
- Softwarewerkzeuge zur Beschreibung paralleler Strukturen
- Softwarewerkzeuge zur Leistungsmessung.

Parallelität wird in *Rechnerarchitekturen* unter den verschiedensten Gesichtspunkten zur Beschleunigung des Arbeitsablaufs ausgenutzt. In Anwendungen ist Effizienz nicht allein durch die Umsetzung abstrakter paralleler Strukturen erreichbar: Die Kenntnis zumindest der wichtigsten Merkmale der jeweils verwendeten Rechnerarchitektur zur Auswahl oder Entwicklung paralleler Verfahren und Algorithmen ist unabdingbar. Letztere können nur dann in ein ausführbares paralleles Programm umgesetzt werden, wenn entsprechende *Softwarewerkzeuge* zur Verfügung stehen. Aufgrund der Vielfalt der heute verfügbaren Rechnerarchitekturen gibt es sehr unterschiedliche Hilfsmittel. Zur Beurteilung der durch Parallelität erzielbaren Leistungsverbesserung werden Mechanismen zur *Messung der Leistung* einer Rechnerarchitektur oder einer Software sowie Kennzahlen zu deren Beurteilung benötigt. Eine wichtige Rolle spielt dabei die *Zeitmessung*.

3.1 Parallele Strukturen in Rechnerarchitekturen

Die Geschwindigkeit moderner Rechner wird durch die unabhängige und damit potentiell parallele Ausführung von Arbeitsschritten in vielen Komponenten erhöht. Dieses Prinzip wurde schon bei frühen Rechnerkonzepten angewendet. Zunächst wurde eine Beschleunigung durch die parallele Nutzung der CPU und der Eingabe-Ausgabe-Einheiten durch Überlagerung von Rechenoperationen mit Ein- oder Ausgabeaktivitäten erreicht. In der weiteren Entwicklung ist Parallelität als Mittel zur Beschleunigung auch auf der Anwendungsebene verfügbar geworden.

Im folgenden werden typische Komponenten einer Rechnerarchitektur im Hinblick auf die mögliche Nutzung paralleler Strukturen in Anwendungen skizziert. Aus dem Blickwinkel der Parallelen Numerik stehen dabei das parallele Rechnen sowie der hierfür notwendige Datenzugriff im Vordergrund. Die klassische Sichtweise numerischer Algorithmen als Berechnungsvorschriften sieht diese ausschließlich als Folge von arithmetischen Operationen. Die Effizienz wird anhand der erreichbaren Genauigkeit und der Geschwindigkeit bewertet, wobei für letztere vor allem die Anzahl der arithmetischen (genauer Gleitpunkt-)Operationen pro Zeiteinheit als Maßstab gewählt wird. Im günstigsten Fall wird noch der benötigte Speicherplatz berücksichtigt. Dies ist für serielle Rechner zulässig, trifft jedoch auf keine der modernen Rechnerarchitekturen mehr zu. Der herkömmlichen, sequentiellen Betrachtungsweise liegt die Annahme zugrunde, dass auf einem Rechner zu einem gegebenen Zeitpunkt nur eine arithmetische Operation ausgeführt wird. Auf älteren Architekturen wurde dafür soviel Zeit benötigt, dass auf die rechtzeitige Bereitstellung der Operanden und die Speicherung der Ergebnisse nicht geachtet werden musste.

Moderne Rechner verfügen über hoch getaktete und daher schnelle Prozessoren, die oft mehr als eine Operation pro Takt ausführen können, während die Zugriffsgeschwindigkeit auf den Hauptspeicher nicht in einem adäquaten Maße mitgewachsen ist. Auf Parallelrechnern kommt der Daten- oder Nachrichtenaustausch zwischen Prozessoren hinzu. Die Schnelligkeit der Datenversorgung hat sich zu einem bestimmenden Faktor entwickelt, dessen Einfluss bis in die Herleitung von Verfahren und Algorithmen reicht. Im Laufe der Zeit wurde eine Vielzahl von Rechner- und Vernetzungskonzepten entwickelt. Insbesondere in der Prozessortechnologie für Parallelrechner hat es sehr unterschiedliche Entwicklungen gegeben. In den achtziger Jahren wurden teils sehr spezialisierte Prozessoren entwickelt. Als bekannte Beispiele seien Transputer [WS95], der DAP-Feldrechner von ICL [HoJe88], die Connection Machine CM-2 und CM-5 von Thinking Machines [HoJe88], [WS95] genannt. Aufgrund wirtschaftlicher Überlegungen setzen heute fast alle Hersteller handelsübliche Prozessoren ein, die in unterschiedlich leistungsfähigen Ausführungen für ein breites Rechnerspektrum, oft vom einfachen Arbeitsplatzrechner bis zum Höchstleistungsrechner, geeignet sind. Ausgehend vom abstrakten Modell des vollständig seriellen von Neumann-Rechners wird die nachfolgende Diskussion auf die kurze Vorstellung der für die Parallele Numerik relevanten Merkmale der derzeit vorherrschenden Technologien

- Vektorprozessoren und -rechner
- Mikro-, speziell RISC-Prozessoren
- Parallelrechner

beschränkt. Die Nutzung von Rechnernetzen für verteilte Anwendungen wird als spezielle Form eines Parallelrechners behandelt.

3.1.1   Basiskomponenten einer Rechnerarchitektur

Abb. 3.1.1 zeigt in starker Vereinfachung die für die weitere Diskussion relevanten Komponenten einer Rechnerarchitektur aus Sicht eines einzelnen Prozessors. Dieser führt die (hier vor allem Rechen-) Operationen des Anwendungsprogramms aus. Die (Rechen-)Leistung des Prozessors ist nur dann effizient nutzbar, wenn eine schnelle Datenversorgung gewährleistet ist. Hierzu ist ein schneller Zugriff auf den eigenen Hauptspeicher, in einem Parallelrechner mit verteiltem Speicher auch ein effizienter Datentransport zum Speicher anderer Prozessoren erforderlich.

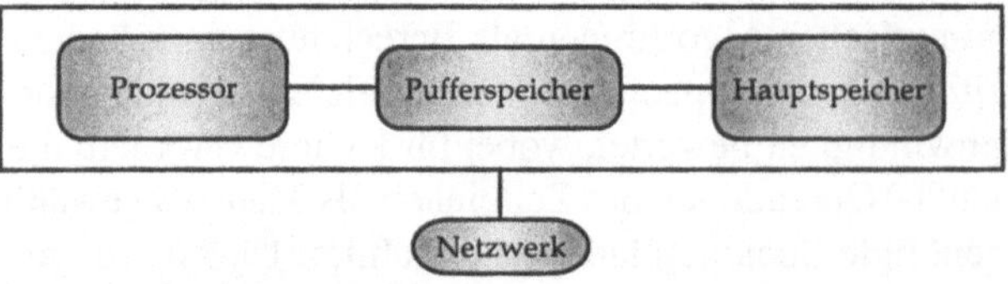

Abb. 3.1.1   Basiskomponenten einer Rechnerarchitektur

Datenformate – Die Basisinformationseinheit auf jedem Rechner ist das *Bit* mit den möglichen Werten 0 und 1. Jeweils 8 Bit werden zu einem *Byte* zusammengefasst. Mehrere Bytes, abhängig von der jeweiligen Rechnerarchitektur, üblicherweise 4 oder 8, bilden ein *(Speicher-)Wort*.

Prozessor Auf jedem Rechner ist die Kenntnis der grundlegenden Funktionsweise der verwendeten Prozessoren für die Entwicklung effizienter Algorithmen unabdingbar. Dies gilt insbesondere auch für Parallelrechner. Es reicht nicht aus, die durch die Anzahl der Prozessoren bedingte Parallelität auszunutzen. Mindestens ebenso wichtig ist die Entwicklung oder Auswahl effizienter Algorithmen oder Verfahren für die Teilaufgaben auf den einzelnen Prozessoren. Nur das Zusammenspiel von globaler Parallelisierung und Optimierung auf den Einzelprozessoren führt zu einer insgesamt effizienten Lösung. Im Folgenden wird ein allgemeines Prozessormodell zugrunde gelegt, das die wesentlichen Komponenten handelsüblicher Rechner widerspiegelt.

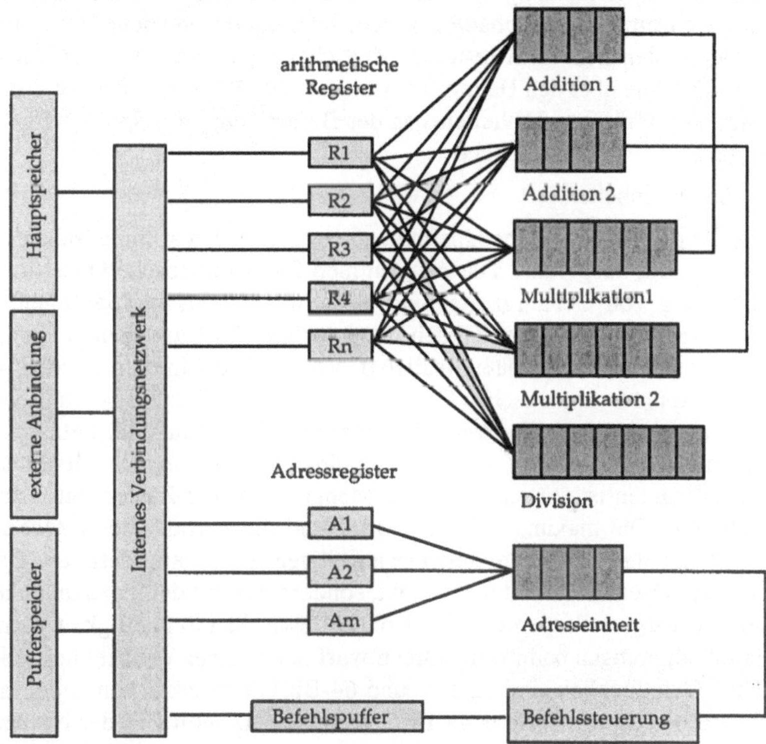

Abb. 3.1.2   Ausschnitt aus einer Prozessorarchitektur

Abb. 3.1.2 zeigt beispielhaft und in stark vereinfachter Form den Kernbereich einer fiktiven Prozessorarchitektur. Dieses Beispiel ist zwangsläufig unvollständig; Schaltbilder real existierender Prozessoren sind um ein Vielfaches komplexer. Abb. 3.1.2 deutet auch an, dass die Funktionalität eines Prozessors nicht nur durch Art und Anzahl der Komponenten bestimmt wird, sondern auch dadurch, welche Komponenten in welcher Form miteinander verknüpft sind.

<u>Funktionale Einheiten</u>: Die *Arithmetischen und Logischen Einheiten* (engl. ALU – arithmetical and logical units) bilden den Kern jedes Prozessors. In ihnen werden die eigentlichen "Rechen"-Operationen – arithmetische und logische Operationen – ausgeführt. Ein Prozessor verfügt meist über mehrere Einheiten. Üblich sind

- Addierer, Multiplizierer, Divisions- oder damit verwandte Einheiten,
- Logische Einheiten, die zum Teil mit Fixpunkteinheiten zusammengefasst werden.

Bei den arithmetischen Einheiten wird in der Regel nach

- Fixpunkt- und Gleitpunkteinheiten

unterschieden. Moderne Prozessoren verfügen häufig über *mehrfach ausgelegte Funktionale Einheiten*, etwa über zwei Gleitpunkt-Addierer oder zwei Gleitpunkt-Multiplizierer. Es gibt Vektorprozessoren mit bis zu vier gleichartigen Einheiten. Viele Prozessorkonzepte sehen die *parallele* oder *überlappte* Nutzung von Funktionalen Einheiten vor: Im ersten Fall führen mehrere Einheiten gleichzeitig und unabhängig voneinander unterschiedliche Instruktionen aus. Im zweiten Fall werden später nicht mehr benötigte Zwischenergebnisse von einer Einheit an eine andere weitergereicht, ohne über den Hauptspeicher oder über Register zu gehen. Zur Entlastung der arithmetischen und logischen Einheiten von der Berechnung von Speicheradressen bei der Befehlsbearbeitung gibt es oft zusätzliche

- Adresseinheiten.

Arithmetik: Arithmetische Operationen werden in den arithmetischen Einheiten, dem klassischen *Rechenwerk*, ausgeführt. Die Algorithmen für arithmetische Operationen werden unter Berücksichtigung von Genauigkeits- und Geschwindigkeitsanforderungen sowie Erfordernissen des Hardwarekonzepts (physikalische und technische Randbedingungen, Platinenlayout, Kosten) überwiegend hardwaremäßig realisiert. Vor allem die in numerischen Anwendungen dominierenden gleitpunktarithmetischen Operationen müssen schnell ausgeführt werden, allerdings unter der Voraussetzung, dass die Ergebnisse hinreichend genau sind. Letzteres wird dadurch erschwert, dass auf jedem Rechner nur ein beschränkter Zahlenbereich darstellbar ist. Aus der Menge der reellen Zahlen ist nur eine endliche Menge rationaler Zahlen mit fester, endlicher Stellenanzahl verfügbar. Die maximale Stellenanzahl und die Anzahl dieser *Maschinenzahlen* ist durch die Wortlänge und Zahldarstellung der jeweiligen Architektur definiert. Daher kann auch das Ergebnis einer Operation meist nicht exakt, sondern nur mit der maximal zulässigen Stellenzahl berechnet und dargestellt werden. Der Konflikt zwischen Schnelligkeit, Genauigkeit und technischen Randbedingungen beim Hardwareentwurf hat zu einer Vielzahl herstellerspezifischer Ansätze geführt. Gebräuchlich sind 32-Bit- und 64-Bit-Gleitpunktarithmetiken mit einer Genauigkeit von etwa 6 beziehungsweise etwa 15 Dezimalstellen, wobei in der Numerischen Mathematik überwiegend 64-Bit-Darstellungen verwendet werden. Trotz der fortgeschrittenen Standardisierung von Rechnerarithmetiken – die IEEE-Standards des *Institute of Electrical and Electronic Engineers* [IEEE85] zur Zahldarstellung und zur Genauigkeit arithmetischer Operationen sind inzwischen weitgehend anerkannt – bleibt ein Spielraum bei der Realisierung. Nicht nur wegen der Koexistenz von 32-Bit- und 64-Bit-Arithmetiken erhält man auch bei Einhaltung der Standards auf unterschiedlichen Rechnern in der Regel unterschiedliche Ergebnisse. Die Problematik der Rechnerarithmetik wird im folgenden nicht behandelt. Vergleiche hierzu etwa [Kul89].

Befehlssteuerung: Die Steuerung der Befehlsabfolge im Prozessor bei der Codeausführung (Holen von Befehlen, Dekodieren, Steuerung der Ausführung) erfolgt hardwaremässig getrennt von den arithmetischen und logischen Operationen. Hierzu verfügt ein Prozessor über eine gesonderte Steuereinheit mit eigenen Datenpfaden zum Hauptspeicher und eigenen Puffern.

<u>getaktete Arbeitsweise</u>: Die Ablaufsteuerung wird durch eine interne Uhr unterstützt, die hardwaremäßig einen *Maschinentakt* oder *-zyklus* vorgibt. Alle Betriebsabläufe in einem Rechner werden mittels dieser Uhr synchronisiert. Die Taktrate (in MHz oder GHz) wird häufig – allerdings in (zu) grober Vereinfachung – als eines der grundlegenden Leistungsmerkmale eines Prozessors angegeben.

<u>Segmentierung</u>: Die Mehrzahl der in einem Rechner ablaufenden Aktivitäten, von der Befehlssteuerung über die Adressrechnung bis zu den in arithmetischen und logischen Einheiten auszuführenden Instruktionen, lässt sich in elementare Teilschritte zerlegen. Bei einer Gleitpunktaddition addiert man beispielsweise die Mantissen, führt dabei notwendige Anpassungen der Exponenten durch, rundet und überprüft das Ergebnis auf Zugehörigkeit zur Menge der Maschinenzahlen. Diese logische Aufteilung wird mittels einer entsprechenden Segmentierung der Hardware ausgenutzt. Die Segmentierung ermöglicht einen zeitlich verdichteten Ablauf. Für die arithmetischen und logischen Einheiten bedeutet dies, dass in jedem Segment ein bestimmter Teilschritt in einem Maschinentakt ausgeführt wird.

<u>Register</u>: Für die Datenversorgung der Funktionalen Einheiten werden *Register* eingesetzt, spezielle Pufferspeicher, durch die die Verarbeitung eines Operanden in den Einheiten von Lese- und Schreibzugriffen auf den Hauptspeicher oder Zwischenspeicher entkoppelt wird. Jedes Register kann grundsätzlich einen Operanden enthalten. Die Größe eines Registers ist oft durch den Typ der jeweiligen Einheit bestimmt, vielfach sind Register jedoch auch allgemeiner einsetzbar. Art und Anzahl von Registern sind prozessorspezifisch.

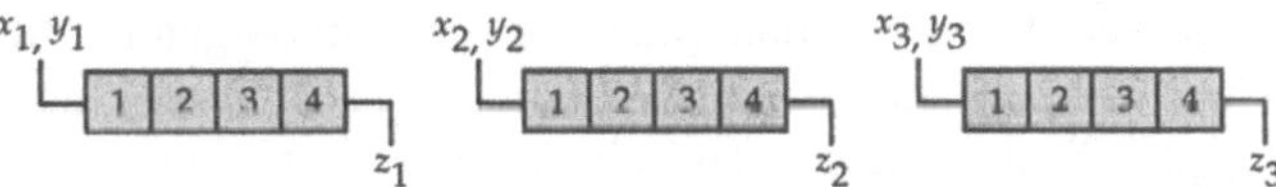

Abb. 3.1.3a   Sequentielle Abarbeitung einer Addition mit 4 Segmenten: Ein Ergebnis nach 4 Takten

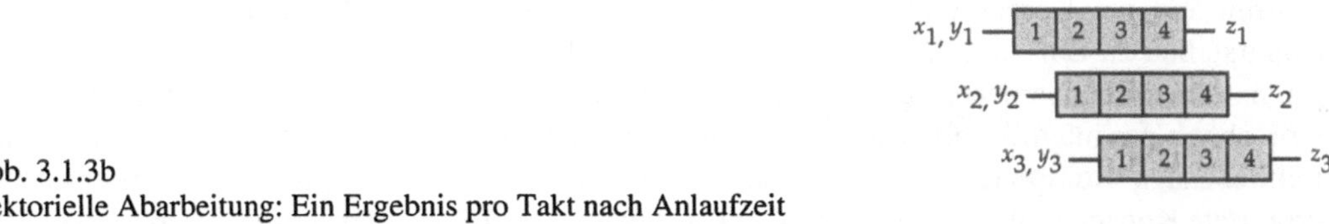

Abb. 3.1.3b
Vektorielle Abarbeitung: Ein Ergebnis pro Takt nach Anlaufzeit

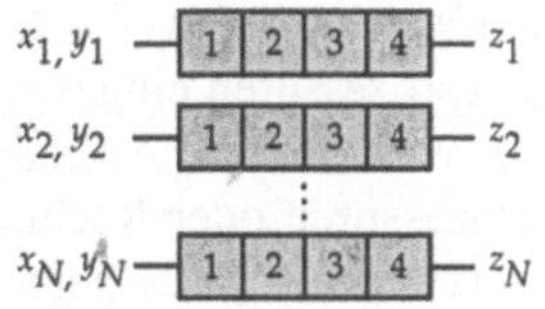

Abb. 3.1.3c
Parallele Abarbeitung in *N* Einheiten mit 4 Segmenten:
N Ergebnisse nach 4 Takten

Getaktete Arbeitsweise und Segmentierung sind ein Merkmal aller modernen Rechnerarchitekturen. In Abb. 3.1.2a-c wird die unterschiedliche Funktionsweise von Algorithmen auf sequentiellen und Vektorprozessoren sowie Parallelrechnern anhand eines einfachen Beispiels, der Berechnungsphase von Additionen $z_i := x_i + y_i$, $i = 1,..,N$, auf den Komponenten eines Feldes in einer fiktiven Additionseinheit, in der jede Addition in vier Teilschritten ausgeführt wird, skizziert.

In einem *seriellen Prozessor* (Abb. 3.1.3a) werden für jede Addition nacheinander alle vier Segmente durchlaufen, bevor die nächste Addition begonnen wird. Für das Ergebnis jeder Addition werden somit genau 4 Takte benötigt. In einem *Vektorprozessor* (Abb. 3.1.3b) wird mit der zweiten Addition unmittelbar begonnen, wenn nach einem Takt die erste Addition das erste Segment verlassen hat. In jedem Takt rücken weitere Additionen nach, bis im günstigsten Fall alle Segmente an (unterschiedlichen) Additionen arbeiten. Dies bezeichnet man als Pipelineprinzip: Wie durch eine Pipeline werden Operanden durch die jeweilige Einheit geschoben. Die Additionen werden nicht vollständig parallel abgearbeitet. Vielmehr befinden sich mehrere Additionen gleichzeitig in verschiedenen Stadien der Bearbeitung. Der erreichbare Beschleunigungsfaktor in jeder Einheit ist durch die Anzahl ihrer Segmente beschränkt. Die Realisierung dieses Prinzips erfordert eine spezialisierte Hardware und spezielle Optimierungsstrategien. Die nach dem Pipelineprinzip arbeitenden Funktionalen Einheiten werden auch als *Pipelines* bezeichnet.

Auch *RISC-Prozessoren* basieren auf einer getakteten und segmentierten Arbeitsweise. Im Gegensatz zum Vektorprozessor beschreibt das Pipelineprinzip eines RISC-Prozessors die verdichtete (getaktete) Ausführung der Teilinstruktionen (wie Lesen eines Befehls, Dekodieren des Befehls, Holen der für die Operation benötigten Operanden, Ausführen des Befehls, Wegschreiben des Ergebnisses) einer Folge von gegebenenfalls unterschiedlichen Operationen, etwa in einem Codeblock $z := x + y$; $i := j + k$; $a := b*c + z*x$; $l := i*j + k$; $y := \sin(c*e**z)$. Es soll jedoch ebenfalls mindestens ein Ergebnis pro Takt erzeugt werden. Auf einem *Parallelrechner* werden im Beispiel der Abb. 3.1.3c alle Zuweisungen $z_i := x_i + y_i$ parallel zueinander ausgeführt, sofern hinreichend viele Prozessoren zur Verfügung stehen und sofern der Verwaltungsaufwand im Vergleich zu den sehr kleinen Teilaufgaben zu vernachlässigen ist. Im günstigsten Fall beträgt der Gesamtzeitaufwand genau 4 Takte, also die zur Ausführung einer Addition erforderliche Zeit. Dieses Beispiel illustriert nur einen Teilaspekt der Funktion von Parallelrechnern, da für die meisten Parallelrechner die Granularität der Teilaufgaben mit je einer Operation viel zu gering ist.

Internes Verbindungsnetzwerk Der Prozessor ist über ein schnelles internes Verbindungsnetzwerk mit anderen Komponenten wie dem Hauptspeicher oder den Verbindungen nach außen (Schnittstellen zu Ein- und Ausgabegeräten, Magnetplatten, externen Speichern, anderen Rechnern, externen Rechnernetzen usw.) gekoppelt. Die Effizienz eines Rechners hängt entscheidend davon ab, ob das interne Verbindungsnetzwerk der Leistungsfähigkeit und Struktur der daran anzuschließenden Komponenten, insbesondere von Prozessor und Hauptspeicher, angepasst ist. Verbreitete Konzepte für interne Verbindungsnetzwerke sind *Busstrukturen* und *Crossbars*.

Hilfsprozessoren Zur Entlastung des eigentlichen Rechenwerks werden häufig spezialisierte Zusatzprozessoren eingesetzt. Gemeinsames Merkmal ist die Steuerung von Schnittstellen zu jeder Art von Ein- und Ausgabegeräten, externen Speichermedien, Netzwerkverbindungen zu anderen Prozessoren oder Rechnern usw. Als Beispiele seien Plattencontroller, Grafikprozessoren und Netzwerkcontroller genannt. Funktion und Programmierung dieser Zusatzprozessoren sind nicht Gegenstand numerischer Anwendungen.

Speicherhierarchie Schnelle Funktionale Einheiten können nur dann optimal ausgenutzt werden, wenn die benötigten Operanden sie rechtzeitig erreichen und wenn die erzeugten Ergebnisse sie ohne Zeitverzug wieder verlassen können, um ihnen die Ausführung neuer Operationen zu ermöglichen. Insbesondere müssen Ergebnisse schnellstmöglich abgespeichert oder an andere Prozessoren versandt werden. Moderne Rechnerarchitekturen enthalten eine durch die sich widersprechenden Gesichtspunkte Geschwindigkeit und Größe bedingte Speicherhierarchie. Die auf der letzten Hierarchiestufe stehenden Magnetplatten (oder auch andere externe Speichermedien) sind um Größenordnungen langsamer als die anderen Ebenen der Speicherhierarchie und daher für die schnelle Versorgung der Prozessoren mit Daten ungeeignet. Sie spielen bei der Entwicklung effizienter paralleler oder vektorieller numerischer Algorithmen keine Rolle.

Abb. 3.1.4   Speicherhierarchie

<u>Hauptspeicher</u>: Ein grundsätzliches Problem moderner Prozessorarchitekturen besteht darin, dass die Zugriffsgeschwindigkeit auf den Hauptspeicher mit der Verarbeitungsgeschwindigkeit der Prozessoren nicht Schritt halten kann. Sowohl die weitaus geringere Taktung als auch logische Aspekte der Speicherverwaltung führen dazu, dass ohne zusätzliche Maßnahmen eine ausreichend schnelle Datenversorgung des Prozessors nicht gewährleistet werden kann. Jeder Speicherplatz wird durch einen Lese- oder Schreibvorgang für eine gewisse Anzahl von Takten blockiert. Der langsame Zugriff auf den Hauptspeicher wird durch eine Segmentierung abgemildert. Der Hauptspeicher wird in eine gewisse Zahl (häufig eine Zweierpotenz) von zusammenhängenden Speicherbereichen, so genannten *Speicherbänken*, unterteilt. Während in einem nicht unterteilten Speicher zwischen zwei Zugriffen eine Wartezeit von mehreren Takten unvermeidbar ist, trifft dies in einem Speicherbankkonzept nur bei aufeinanderfolgenden Zugriffen auf dieselbe Speicherbank zu. In diesem Fall ist zumindest die Ausführung eines weiteren Zugriffs auf eine andere Speicherbank möglich, sofern diese nicht schon mit der Bearbeitung eines Zugriffs befasst ist. Im Idealfall tritt keine Wartezeit auf, da in aufeinander folgenden Maschinentakten unterschiedliche Zugriffe auf unterschiedliche Speicherbänke ausgeführt werden können. Die Struktur des Hauptspeichers scheint auf den ersten Blick ein rein technischer Gesichtspunkt zu sein, der keinen Bezug zur Entwicklung numerischer Algorithmen besitzt. Dies ist bei sequentieller Arbeitsweise im Wesentlichen richtig, trifft jedoch bei vektorieller und paralleler Arbeitsweise nicht mehr zu. Konflikte beim Hauptspeicherzugriff sind zwar innerhalb höherer Programmiersprachen beherrschbar. Ihre Vermeidung oder Bewältigung erfordert jedoch Maßnahmen, deren Wirkung weit in die Entwicklung effizienter numerischer Algorithmen und auch Verfahren reicht.

<u>Pufferspeicher</u>: Die Segmentierung des Hauptspeichers hat sich als nicht ausreichend für eine kontinuierliche Datenversorgung moderner Prozessoren erwiesen. Sie wird durch spezielle Pufferspeicher ergänzt, die zwischen Hauptspeicher und Prozessor geschaltet werden (Abb. 3.1.1, Abb. 3.1.4). Hierunter sind nicht herkömmliche Einwort-Register zu verstehen, die der unmittelbaren Datenversorgung von Funktionalen Einheiten dienen. Es handelt sich vielmehr um zusätzliche, vergleichsweise kleine, dafür aber sehr schnelle Speicher, die einerseits den Prozessor versorgen, andererseits Zugriffe auf den Hauptspeicher bündeln. Es gibt hierfür unterschiedliche Konzepte, die unter anderem von der Funktionsweise der verwendeten Prozessoren abhängig sind. Dies gilt insbesondere für die Positionierung der Pufferspeicher. Abb. 3.1.2 ist diesbezüglich nur exemplarisch zu verstehen. Die stark maschinenabhängige Optimierung der Nutzung von Pufferspeichern ist eher eine Domäne von Compilern oder internen Hilfsprogrammen. Es gibt in

begrenztem Rahmen auch algorithmische Möglichkeiten, die jedoch aufgrund der Maschinenabhängigkeit sehr flexibel gehandhabt werden müssen: Nachhaltige Effekte lassen sich nur durch Berücksichtigung von Art, Funktionsweise und Größe des Pufferspeichers erzielen, was die Entwicklung allgemein verwendbarer Algorithmen erschwert.

Netzwerk Die Nutzung mehrerer Prozessoren eines Parallelrechners oder mehrerer Rechner in einem Rechnernetzwerk wie beispielsweise einem Cluster von Arbeitsplatzrechnern wirft die Frage nach der Struktur der Kopplung zwischen den Prozessoren beziehungsweise Rechnern auf (in Abb. 3.1.1 als "Netzwerk" gekennzeichnet). Diese Problematik stellt sich unter sehr unterschiedlichen Gesichtspunkten. Ein Parallelrechnerkonzept kann den Anschluss aller Prozessoren an ein internes Verbindungsnetzwerk vorsehen. In diesem Falle nutzen alle Prozessoren gemeinsam die daran angeschlossenen Ressourcen wie etwa den Hauptspeicher. Bei Anbindung jeweils nur eines Prozessors an ein internes Verbindungsnetzwerk verfügt jeder Prozessor über einen eigenen, lokalen Hauptspeicher. Die Kopplung zu anderen Prozessoren erfolgt dann über eine Schnittstelle am internen Verbindungsnetzwerk zu einem *externen Netzwerk*. Vielfach ist es auch üblich, eine gewisse Anzahl von Rechnern in einer vernetzten Rechnerumgebung für parallele Anwendungen zu nutzen. Ein typisches Beispiel hierfür sind Cluster von Arbeitsplatzrechnern. In diesem Fall ist das Netzwerk nicht speziell für parallele Anwendungen, sondern für die allgemeine Kommunikation zwischen den Rechnern ausgelegt und dementsprechend langsam.

Die Leistungsfähigkeit des Netzwerks zwischen Prozessoren stellt einen wesentlichen Einflussfaktor für die Nutzung eines parallelen Systems dar. Bei der Entwicklung von Parallelrechnern hat sich, vor allem im Höchstleistungsbereich, das Verbindungsnetzwerk zwischen den Prozessoren angesichts immer schnellerer Prozessoren zu einem Engpass und damit bestimmenden Faktor für die Leistungsfähigkeit des Gesamtsystems entwickelt. Die mit hoher Geschwindigkeit auf einzelnen Prozessoren erzeugten Daten müssen, wenn ein Datenaustausch erforderlich wird, schnell und zeitlich abgestimmt zwischen Prozessoren transportiert werden. Die räumliche und logische Anordnung von Prozessoren, Art und Funktionsweise der Kopplung der Prozessoren, die Geschwindigkeit und die Bandbreite des Netzwerks sind einige der Aspekte, die berücksichtigt werden müssen. Dies führt nicht nur zu einer anderen Programmiertechnik, sondern oft auch zur Entwicklung und Anwendung völlig anderer Verfahren und Algorithmen als auf sequentiellen oder Vektorrechnern. Hinzu kommt die Existenz äußerst unterschiedlicher Parallelrechnerkonzepte, die ihrerseits grundsätzlich unterschiedliche Vorgehensweisen nach sich zieht.

3.1.2   Sequentielle Rechner

Über viele Jahre wurden praktisch alle Rechner auf der Basis des abstrakten *von Neumann-Rechners* konstruiert. Dieser ist durch eine strikt *sequentielle* (auch als *seriell* bezeichnete) Ausführung aller Operationen gekennzeichnet. Er verfügt über ein Rechenwerk mit einem Addierer und gegebenenfalls einem Multiplizierer, über einen Speicher, eine Eingabe- und eine Ausgabeschnittstelle sowie eine Einheit zur Steuerung aller Abläufe. Jede arithmetische Operation wird nach dem Prinzip Eingabe-Berechnung-Ausgabe durchgeführt. Weitere Operationen warten jeweils auf die Beendigung der vorangehenden Operation. Schon sehr frühzeitig wurde das ursprüngliche Prinzip des von Neumann-Rechners auf verschiedene Art und Weise durchbrochen. Es wurden zusätzliche Hardwarefunktionen hinzugefügt, beispielsweise

- spezialisierte Funktionale Einheiten, besonders arithmetische und logische Einheiten,
- *E/A-Prozessoren*: zur Entlastung des Prozessors von der Ein- und Ausgabesteuerung.

Das Hinzufügen spezialisierter Hardware ermöglichte es erstmals, die Leistung durch die Ausnutzung von Parallelität durch überlappte oder parallele Nutzung bestimmter Funktionen wie Ein- und Ausgabe mit Arithmetik und Logik oder verschiedener arithmetischer oder logischer Einheiten untereinander zu erhöhen. Die Vorteile einer getakteten Steuerung und der Segmentierung von bestimmten Funktionen und Abläufen wurde ebenfalls bald erkannt. Die Taktung wurde dabei zunächst eher zur besseren Synchronisation von Abläufen als zur Beschleunigung genutzt. Auf Betriebssystemebene setzten sich Konzepte zur *Erhöhung des Durchsatzes* oder der *Verringerung der Umlaufzeiten einzelner Prozesse* durch. Als Beispiele seien *Multiprocessing, Multiprogramming* und *Timesharing* genannt: Prozesse, Jobs oder Teile davon werden scheinbar gleichzeitig zur Ausführung zugelassen. Da ein Prozessor real nur von jeweils einem Prozess zur gleichen Zeit belegt werden kann, werden die Prozesse oder Jobs über Warteschlangen verwaltet. Nach einer festgelegten Strategie wird jedem Prozess der Prozessor für jeweils eine gewisse Zeiteinheit zugeordnet. Im Timesharing-Betrieb erfolgt dies nur für sehr kurze Zeiten, so dass Prozesse meist nicht nacheinander vollständig abgearbeitet werden, sondern sich mehrere Prozesse gleichzeitig in einem teilweise bearbeiteten Zustand befinden. Es gab bereits in den sechziger und siebziger Jahren auch *Großrechner* (engl. *mainframes*) mit mehreren Prozessoren. Dabei stand jedoch meist die Parallelität auf Jobebene zur Erhöhung des Gesamtdurchsatzes im Vordergrund. Die Durchlaufzeit, das heißt die Gesamtbearbeitungszeit, einer einzelnen Anwendung konnte dadurch verringert werden, jedoch nicht die Rechenzeit. Die parallele oder überlappte Ausführung einzelner Funktionen führte zwar zu einer teils erheblichen Beschleunigung im Durchsatz im Vergleich zum klassischen von Neumann-Rechner, jedoch herrschte insgesamt das sequentielle Prinzip weiter vor. Beispielsweise wurden bei arithmetischen oder logischen Operationen auf Vektoren die Komponenten eines Vektors weiter einzeln nacheinander berechnet.

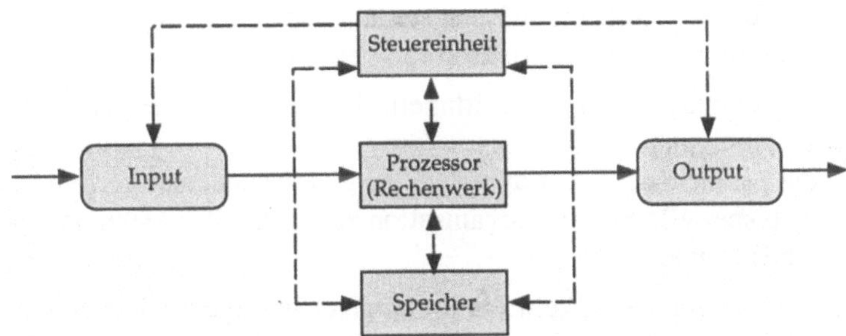

Abb. 3.1.5		Prinzip des von Neumann-Rechners

Eine einfache arithmetische Operation mit nachfolgender Zuweisung wurde grundsätzlich wie folgt ausgeführt (Abb. 3.1.6):

- Lade den Operanden x aus dem Hauptspeicher in ein Register A.
- Lade den Operanden y aus dem Hauptspeicher in ein Register B.
- Führe die Operation auf x und y aus und lege das Ergebnis in einem Register C ab.
- Speichere das Ergebnis z aus Register C in den Hauptspeicher.

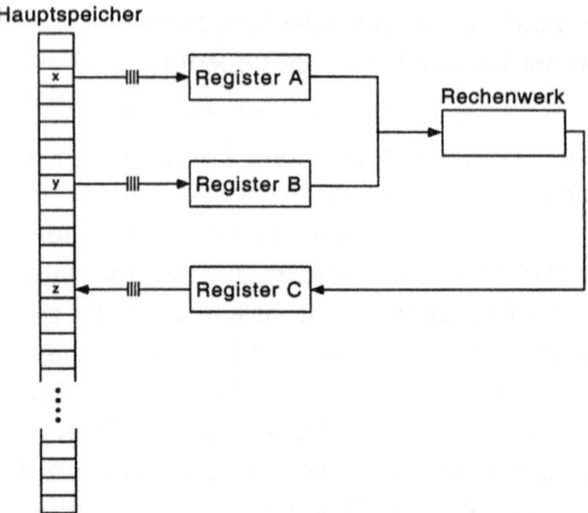

Abb. 3.1.6   Sequentielle Ausführung einer arithmetischen Operation

In diesem Beispiel kann unter Umständen das Laden beider Operanden parallel oder das Laden neuer Operanden x, y in die Register A und B parallel zum Herausschreiben des Ergebnisses z aus dem Register C in den Hauptspeicher erfolgen. In einer arithmetischen Einheit wird jedoch auch im Falle einer Segmentierung nur eine Operation zu einem Zeitpunkt durchgeführt.

3.1.3   Vektorrechner

Vektorrechner waren die ersten kommerziell erfolgreichen Rechner, bei denen Parallelität zur Verringerung der Rechenzeit von Programmen systematisch ausgenutzt wurde. Ein Vektorrechner ist gekennzeichnet durch eine Ausrichtung sowohl der Hardware als auch der Software, insbesondere der Compiler, auf eine starke Beschleunigung der arithmetischen, logischen und Speicheroperationen. Charakteristisch für Vektorrechner sind

- die Segmentierung von arithmetischen und logischen Einheiten und deren Nutzung zur Beschleunigung
- die parallele oder überlappte Nutzung verschiedenartiger Funktionaler Einheiten
- eine spezielle Speicherorganisation zum schnellen Datentransport von und zu den Funktionalen Einheiten.

Ein Vektorrechner ist kein Parallelrechner im eigentlichen Sinne. Gewisse parallele Strukturen sowohl in der Hardware als auch der Software werden ausgenutzt. Dies erfolgt jedoch innerhalb eines Prozessors. Das Vektorprinzip lässt sich grob durch eine starke zeitliche Verdichtung verschiedener Abläufe charakterisieren. Die Technologie der *Vektorprozessoren* ist sehr ausgereift. Leistungssprünge um Größenordnungen sind kaum mehr zu erzielen. Folgerichtig werden heute wesentliche Leistungsgewinne durch die Vergrößerung der Prozessoranzahl erzielt. Diese Parallel-Vektorrechner stellen einen Spezialfall von Parallelrechnern dar. Üblich sind Vektorrechner mit 1-32 Prozessoren. Da Vektorprozessoren früher meist teure Hochleistungsprozessoren waren, war eine größere Prozessoranzahl neben der später diskutierten Speicherorganisation auch eine Frage des Kaufpreises. Vektorielle Techniken werden auch in RISC-Prozessoren eingesetzt.

3.1.3.1 Arithmetische und logische Einheiten

Vektorprozessoren verfügen über Funktionale Einheiten, deren Anzahl und Spezialisierung zum Teil über das von anderen Architekturen gewohnte Maß hinausgehen. Grundlage des Konzepts eines Vektorprozessors ist die Verarbeitung von Vektoren, das heißt die Ausführung jeweils eines Operationstyps auf einer Menge von Operanden, die im Hauptspeicher in einem zusammenhängenden Bereich oder zumindest in einem konstanten Abstand zueinander abgelegt sind. Nicht alle Operationen lassen sich zu Vektoroperationen zusammenfassen. Um für Vektoroperationen vorgesehene Funktionale Einheiten nicht durch Operationen zu belasten, die einzeln, also nicht nach dem Pipelineprinzip, auszuführen sind, verfügen Vektorprozessoren neben *vektoriellen* auch über *skalare Funktionale Einheiten*, die jeweils eine isolierte Operation, eine so genannte *skalare* Operation, ausführen. Typische Beispiele für *vektorielle* Einheiten sind:

- Gleitpunkteinheiten: Addition
  Multiplikation
  Division oder Reziproke Approximation
  Quadratwurzel
- Bitmanipulation: logische Einheit(en)
  Shift
- Fixpunkteinheiten: Addition
  Multiplikation.

In einigen Vektorrechnern werden *vektorielle* und *skalare Funktionale Einheiten* in getrennten *Vektor-* und *Skalarprozessoren* zusammengefasst. Ferner gibt es oft weitere *skalare* Funktionseinheiten für die ganzzahlig auszuführenden Adressrechnungen (Schleifenverwaltung, Speicheradressen usw.). In diesem Fall können skalare Operationen und alle Adressrechnungen parallel zu Vektoroperationen ausgeführt werden.

Bei der *Segmentierung der arithmetischen und logischen Einheiten* wird konsequent ausgenutzt, dass arithmetische oder logische Operationen aus mehreren Teiloperationen bestehen. Eine Gleitpunkt-Addition etwa kann man in folgende Einzelschritte zerlegen:

- Negation des zweiten Operanden bei Subtraktion
- Bestimmung der Exponentendifferenz
- Addition der Mantissen
- Runden
- Exponentenanpassung
- Test auf Über- oder Unterlauf.

Die Additionseinheit kann bei dieser Segmentierung gleichzeitig 6 Additionen durchführen. Diese werden jedoch nicht vollständig parallel ausgeführt. Vielmehr werden gleichzeitig jeweils verschiedene Teilschritte von bis zu 6 Additionen durchgeführt.

Als Beispiel sei die Segmentierung der – hier vereinfachten – Additionseinheit einer CYBER 205, einem der ersten kommerziell erfolgreichen Vektorrechner Anfang der achtziger Jahre, mit 7 Schritten angeführt. Jeder Teilschritt einer arithmetischen Operation benötigt einen Maschinentakt. Nach jedem Takt werden die Operanden jeweils in das nächste Segment transportiert. Wenn alle Segmente besetzt sind, verlässt nach jedem Takt ein Ergebnis das Additionswerk. Sobald das erste Segment frei wird, werden neue Operanden dorthin transportiert. Im Gegensatz zur sequentiellen Ausführung (Abb. 3.1.6) befinden sich nun in einer arithmetischen oder logischen Einheit mehrere gleichartige Operationen gleichzeitig in der Ausführung, allerdings jede in einem anderen Stadium. Die obige Arbeitsweise setzt voraus, dass auf einer gewissen Anzahl von Operanden die gleiche Operation unabhängig ausgeführt wird und dass die Berechnung aller Komponenten ohne Unterbrechung erfolgt. Bei Vektoroperationen muss die Berechnung sämtlicher Komponenten als Einheit begriffen werden.

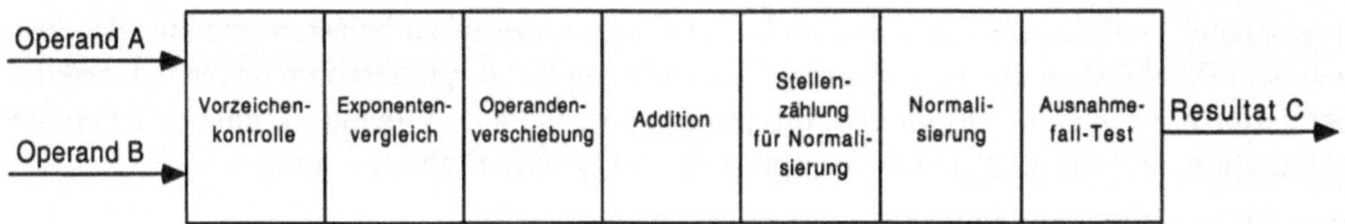

Abb. 3.1.7   Segmentierung einer Funktionalen Einheit

Abb. 3.1.8 illustriert nochmals das Pipelineprinzip am Beispiel einer Vektoraddition und einer Additionseinheit mit 4 Segmenten. Eine Vektoroperation kann nicht nach der Berechnung einer gewissen Anzahl von Komponenten abgebrochen werden, um zunächst eine andere Instruktion auszuführen und dann die Berechnung der restlichen Komponenten weiterzuführen. Es befinden

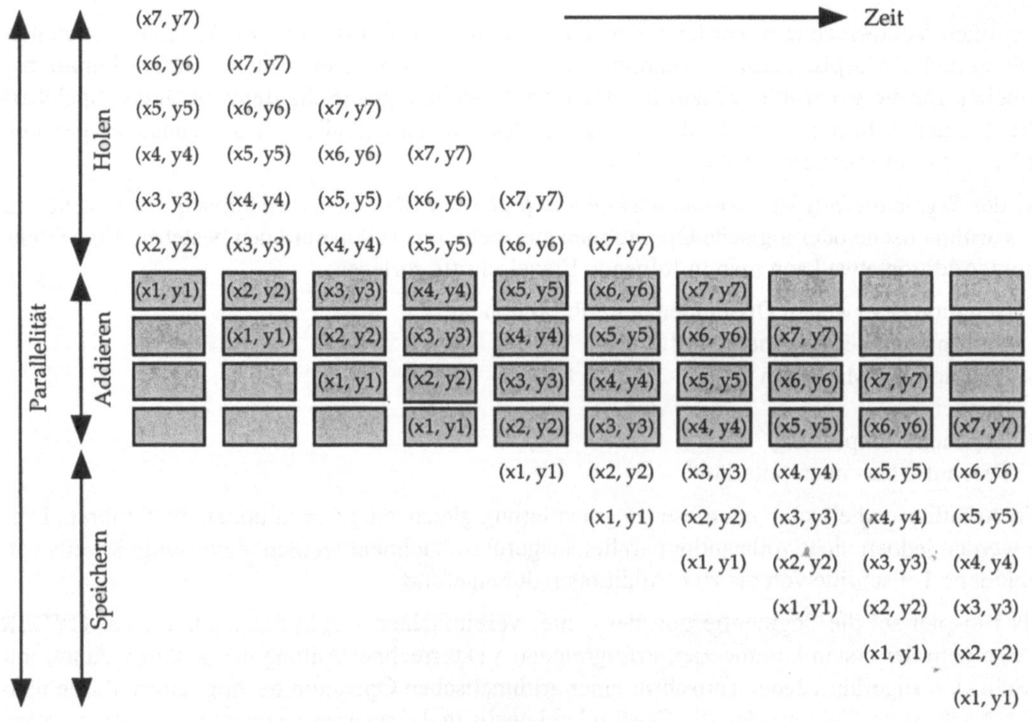

Abb. 3.1.8   Das Pipelineprinzip für eine Vektoraddition

sich in diesem Fall noch verschiedene Additionen in unterschiedlichen Stadien der Ausführung. Sprünge in der Instruktionsfolge (Verzweigungen, Unterprogrammaufrufe, also auch Ein- und Ausgabe, Sprünge) widersprechen daher grundsätzlich dem Vektorprinzip. Da sich gleichzeitig verschiedene Komponenten von Operanden- und Resultatvektoren in der Einheit befinden, darf außerdem bei der Berechnung der Komponenten eines Vektors während einer Vektoroperation nicht beliebig auf andere Komponenten desselben Vektors zugegriffen werden. Diese sind zum Teil überhaupt nicht zugänglich, da sie sich an einer beliebigen Stelle im Datenfluss vor, in oder hinter der Addiereinheit befinden. Beim Zugriff auf Elemente von Feldern müssen daher Abhängigkeiten (siehe Abschnitt 2) vermieden werden. Ein serieller Rechner kennt dieses Problem nicht, da trotz der auch dort vorhandenen Segmentierung von Funktionalen Einheiten nicht mehr als eine Operation zu einem Zeitpunkt in jeder Einheit ausgeführt wird.

Nach dem obigen Prinzip funktionieren auch alle Vektoreinheiten, deren Art und Anzahl von Rechner zu Rechner verschieden sind. Allen gemeinsam ist jedoch die Ausrichtung auf eine Maximalrate von einem Ergebnis je Takt und Pipeline. Um die Funktion einer Pipeline – wie in Abb. 3.1.8 illustriert – gewährleisten zu können und die Ausführung von Vektoroperationen zu unterstützen, werden Operanden und Ergebnisse in Form von (Teil-) Vektoren in speziellen Registern abgelegt. Zur Illustration betrachten wir folgende, in vektorieller Form notierte Schleife:

$$c := a + 2 * (b + d/c)$$
$$c := a * c + b/c .$$

Der serielle Prozessor führt bei jedem Durchgang nacheinander alle Operationen in der Schleife für den jeweiligen Laufindex i aus.

$$c_1 := a_1 + 2*(b_1 + d_1/c_1)$$
$$c_1 := a_1 * c_1 + b_1/c_1$$
$$c_2 := a_2 + 2*(b_2 + d_2/c_2)$$
$$c_2 := a_2 * c_2 + b_2/c_2$$
$$...$$
$$c_n := a_n + 2*(b_n + d_n/c_n)$$
$$c_n := a_n * c_n + b_n/c_n.$$

Dabei wird jeder Operand und jedes Zwischenergebnis in einem Skalarregister Ri mit einer Kapazität von einem Wort abgelegt. In einem Pseudo-Assemblercode kann die Umsetzung der Berechnung der ersten Komponente wie folgt lauten:

```
LOAD    R0      ←   d_1
LOAD    R1      ←   c_1
DIV     R0, R1  →   R2
LOAD    R3      ←   b_1
ADD     R3, R2  →   R4
MUL     R4, 2.0 →   R5
LOAD    R0      ←   a_1
ADD     R0, R5  →   R2
```

```
STORE   R2        →   c₁
MUL     R2, R0    →   R6
DIV     R3, R2    →   R3
ADD     R3, R6    →   R3
STORE   R3        →   c₁.
```

Auf einem Vektorprozessor werden dagegen Vektoroperationen ausgeführt:

$$\begin{pmatrix} c_1 \\ c_2 \\ \ldots \\ c_n \end{pmatrix} := \begin{pmatrix} a_1 \\ a_2 \\ \ldots \\ a_n \end{pmatrix} + 2 * \left\{ \left(\begin{pmatrix} b_1 \\ b_2 \\ \ldots \\ b_n \end{pmatrix} + \begin{pmatrix} d_1 \\ d_2 \\ \ldots \\ d_n \end{pmatrix} \middle/ \begin{pmatrix} c_1 \\ c_2 \\ \ldots \\ c_n \end{pmatrix} \right) \right\}; \quad \begin{pmatrix} c_1 \\ c_2 \\ \ldots \\ c_n \end{pmatrix} := \begin{pmatrix} a_1 \\ a_2 \\ \ldots \\ a_n \end{pmatrix} * \begin{pmatrix} c_1 \\ c_2 \\ \ldots \\ c_n \end{pmatrix} + \begin{pmatrix} b_1 \\ b_2 \\ \ldots \\ b_n \end{pmatrix} \middle/ \begin{pmatrix} c_1 \\ c_2 \\ \ldots \\ c_n \end{pmatrix}.$$

Diese sind im Gegensatz zur mathematischen Schreibweise komponentenweise zu interpretieren. Ein Pseudo-Assemblercode verdeutlicht den Ablauf:

```
LOAD    VR0        ←   d
LOAD    VR1        ←   c
DIV     VR0, VR1   →   VR2
LOAD    VR3        ←   b
ADD     VR3, VR2   →   VR4
MUL     VR4, 2.0   →   VR5
LOAD    VR0        ←   a
ADD     VR0, VR5   →   VR2
STORE   VR2        →   c
MUL     VR2, VR0   →   VR6
DIV     VR3, VR2   →   VR3
ADD     VR3, VR6   →   VR3
STORE   VR3        →   c.
```

Anstelle von skalaren Einwortregistern Ri werden Vektorregister VRi verwendet, die eine gewisse Anzahl der Komponenten eines Vektors aufnehmen können. Der Vektorprozessor löst die Schleifenstruktur auf, indem er die Operationen zu Vektoroperationen zusammenfasst und jede Operation in der Schleife für alle $i = 1,\ldots,N$ ausführt, ehe er die nächste beginnt. Formal ähnelt der Pseudo-Assemblercode für die vektorielle Variante demjenigen des sequentiellen Falles. Da es sich jedoch um Vektoroperationen handelt, ändert sich die Reihenfolge der einzelnen Operationen. Daher können auch von der Programmlogik her echte Abhängigkeiten in Vektoroperationen nicht zulässig sein. Die zulässige Änderung der Reihenfolge von Operationen kann bei Gleitpunktrechnungen zu einer veränderten Fortpflanzung von Rundungsfehlern führen.

Operationsfolgen, die Verzweigungen enthalten oder in denen mit nichtkonstanten Schrittweiten auf Felder zugegriffen wird, sind aufgrund der unregelmäßigen Sprünge in der Ausführungsreihenfolge und dem Speicherzugriff grundsätzlich nicht vektorisierbar. Durch Ersatzoperationen unter Nutzung logischer Einheiten und spezieller Register kann jedoch in vielen Fällen eine Vektorisierung erreicht werden. Aufgrund der zusätzlichen Operationen wird die Geschwindigkeit regulärer Vektoroperationen jedoch nicht erreicht. Als Beispiel betrachten wir die Schleife

$$\textbf{for } i := 1 \textbf{ to } N \textbf{ do} \qquad\qquad\qquad (3.1.1)$$
$$\textbf{if } a_i \geq b_i \quad \textbf{then} \quad c_i := 2*a_i$$
$$\textbf{else} \quad c_i := 3*b_i.$$

In einer Assembler-Sprache lässt sich eine vektorielle Ausführung etwa wie folgt ausdrücken:

$$\text{VM} \;\leftarrow\; a_i - b_i \geq 0, \qquad i = 1,...,N$$
$$\text{VR1} \leftarrow 2*a_i \qquad\qquad i = 1,...,N$$
$$\text{VR2} \leftarrow 3*b_i \qquad\qquad i = 1,...,N$$
$$c_i := \text{VR1}_i \vee \text{VR2}_i \,|\, \text{VM}_i, \quad i = 1,...,N.$$

Es werden alle Komponenten der logischen Bedingung sowie beide Zweige ausgewertet. Danach erfolgt in einem *"conditional vector merge"* die Zuordnung an c, wobei unter Nutzung zweier logischer Einheiten in Abhängigkeit von dem im Vektormaskenregister VM abgelegten Wahrheitswert ($\text{VM}_i = 1$, falls $a_i - b_i \geq 0$, sonst $\text{VM}_i = 0$) für die Komponente i entweder das i-te Zwischenergebnis aus dem **if**- oder dem **else**-Zweig gewählt wird.

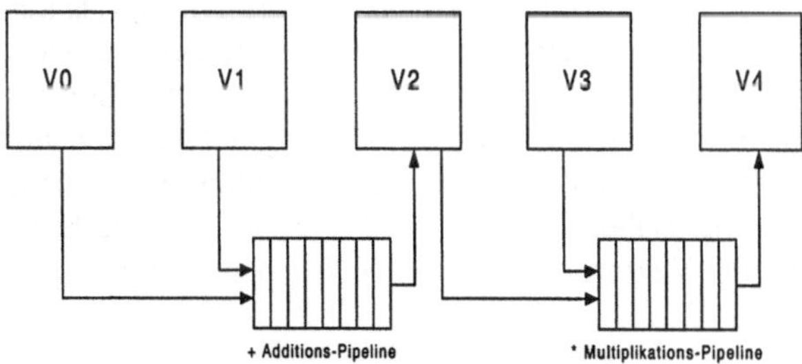

Abb. 3.1.9a   Abhängige Addition-Multiplikation ohne Verkettung

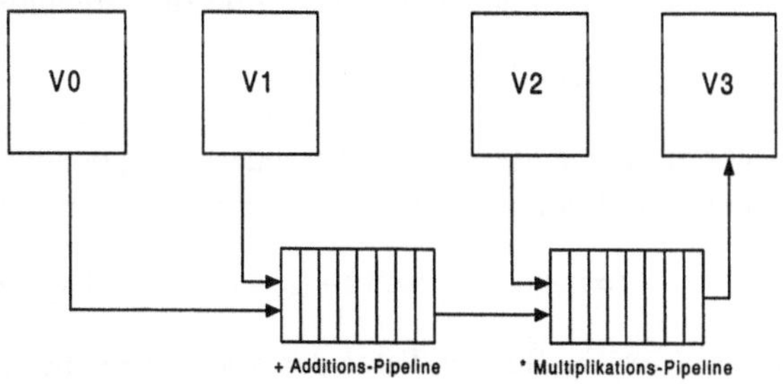

Abb. 3.1.9b   Abhängige Addition-Multiplikation mit Verkettung

Zusätzlich zur Vektorisierung kann eine weitere Beschleunigung durch ein geeignetes Zusammenwirken der Funktionalen Einheiten erzielt werden. Sind in einem Codestück, meist einem Schleifenrumpf, verschiedenartige Vektoroperationen wie beispielsweise eine Addition und eine Multiplikation unabhängig voneinander auszuführen, so kann dies parallel in den entsprechenden

Funktionseinheiten (hier Additions- und Multiplikationseinheit) erfolgen. In diesem Fall können bis zu 2 Ergebnisse je Takt erzeugt werden. Die *parallele Nutzung* verschiedener Funktionaler Einheiten unterliegt herstellerabhängig gewissen Einschränkungen. Es gibt Rechner, die diese Möglichkeit gar nicht vorsehen. Auf den meisten Rechnern können nur bestimmte Einheiten parallel zueinander genutzt werden. Auch vektorielle Lese- und Schreiboperationen auf dem Hauptspeicher können teilweise parallel zu Vektoroperationen ausgeführt werden. Neben der parallelen Nutzung können verschiedene *Funktionale Einheiten* auch *überlappt* eingesetzt werden. Bei der Berechnung etwa von x * (y+z) gehen die Zwischenergebnisse aus der Addition unmittelbar als Operanden in die Multiplikation ein. Für diese Situation verfügen viele Vektorprozessoren über die Möglichkeit der *Verkettung* (engl. *chaining*) von Operationen. Hierfür steht eine direkte Verbindung zwischen zwei Funktionseinheiten zur Verfügung. Anstatt die Zwischenergebnisse zunächst in die Vektorregister zu legen oder sogar im Hauptspeicher abzuspeichern, werden sie ohne Umweg über die Vektorregister direkt von einer Einheit in die andere, im obigen Beispiel von der Additions- in die Multiplikationseinheit, transportiert. Häufig sind wichtige Funktionale Einheiten wie die Gleitpunkt-Addition oder -Multiplikation *mehrfach* ausgelegt, auf die jeweils eine Vektoroperation gleichmäßig verteilt werden kann.

Die Funktion der arithmetischen und logischen Einheiten von Vektorprozessoren lässt sich durch ein einfaches Zeitmodell beschreiben. Wir setzen voraus, dass die Funktionalen Einheiten (Pipelines) in der erforderlichen Geschwindigkeit mit Daten versorgt und dass Ergebnisse hinreichend schnell aus den Einheiten herausgeschrieben werden. Jede Funktionale Einheit benötigt eine gewisse Anlaufzeit ("Startup-Zeit"). Diese umfasst einige Takte v zur Vorbereitung einer Vektoroperation – etwa für die Berechnung der Anfangsadresse und der Länge der Vektoroperanden, unter Umständen auch für die Feststellung der Verfügbarkeit der Pipeline – und die Länge l der Pipeline. Daher vergehen $v+l$ Takte, bis die erste Ergebniskomponente eine Pipeline verlässt. Die für eine Vektoroperation mit N Komponenten benötigte Zeit lässt sich somit durch die Formel

$$t = (v+l-1+N)\,\tau = (s+N)\,\tau \tag{3.1.2}$$

beschreiben, wobei $s=v+l-1$ die Anzahl der Startup-Takte -1 und τ den Maschinentakt bezeichnen. Im Vergleich hierzu wird für die sequentielle Ausführung die Zeit

$$t = (s+1)N\,\tau \tag{3.1.3}$$

benötigt, da die Startup-Zeit bei jeder Komponente erneut anfällt. Bei *paralleler Nutzung* zweier vektorieller Funktionseinheiten benötigt man für die $2N$ Ergebnisse anstelle von

$$t = t_1 + t_2 = (s_1+N)\,\tau + (s_2+N)\,\tau = (s_1+s_2+2N)\,\tau, \tag{3.1.4}$$

wobei s_1, s_2 die Startup-Takte der beiden Pipelines bezeichnen, nur

$$t = \max(t_1+t_2) = \left(\max(s_1+s_2)+N\right)\tau. \tag{3.1.5}$$

Für großes N verdoppelt sich die Geschwindigkeit im Wesentlichen. Bei *verketteter Ausführung* (*"chaining"*) wirken die beiden Pipelines wie eine, allerdings entsprechend längere Pipeline. Anstelle von (3.1.3) beziehungsweise (3.1.4) erhält man für $2N$ Ergebnisse

$$t = (s_1 + s_2 + N)\,\tau. \tag{3.1.6}$$

Bei paralleler oder verketteter Nutzung von mehr als zwei Pipelines sind (3.1.5), (3.1.6) entsprechend anzupassen. Die Startup-Zeit spielt gerade bei geringen oder mittleren Vektorlängen eine Rolle. Die Ausnutzung des Pipelineprinzips und der parallelen oder verketteten Ausführung von Operationen werden durch Vektorcompiler weitgehend erkannt und sind durch Programmierung kaum zu beeinflussen. In jeder Pipeline wird maximal ein Resultat je Takt erzeugt. Durch verkettete und parallele Nutzung von zum Teil mehrfachen Einheiten oder auch unterschiedlichen Vektor- und Skalarprozessoren können in einem Vektorprozessor mehrere Ergebnisse pro Takt erzeugt werden, wozu eine entsprechende Anzahl von Operanden benötigt wird. Dies verschärft aber auch das Problem des Datentransports zwischen Prozessor und Hauptspeicher.

3.1.3.2   Aspekte der Speicherstruktur

Ein Vektorrechner besitzt im Allgemeinen eine weitgehend statische Speicherstruktur. Bei der Verarbeitung von Vektoren ist der Verwaltungsaufwand stark reduziert: Mit einem Befehl wird jeweils die gleiche Operation auf allen Komponenten einer Datenstruktur ausgeführt. Die Anzahl der Komponenten ist vorher bekannt. Ihre Positionierung im Hauptspeicher erfolgt nach einem statischen und regelmäßigen Adressmuster. Daher ist anstelle einer vollständigen Neuberechnung der Adresse einer jeden Komponente nur eine Inkrementierung erforderlich. Der schnelle Datentransport zwischen dem Hauptspeicher und den Funktionalen Einheiten bildet einen Kernpunkt jeder Vektorarchitektur. Die angestrebte Rate von einem Ergebnis je Takt in jeder der arithmetischen und logischen Einheiten wird nur dann erreicht, wenn einerseits Operanden rechtzeitig aus dem Speicher gelesen und in der betroffenen Funktionalen Einheit bereitgestellt werden und andererseits alle Ergebnisse rechtzeitig weitertransportiert und in den Hauptspeicher geschrieben werden. Im Falle dyadischer Operationen mit zwei Operanden und einem Ergebnis wie einer Addition bedeutet dies, dass in jedem Takt zwei Operanden aus dem Hauptspeicher gelesen werden und ein Ergebnis in diesen geschrieben wird. Jeder Speicherzugriff benötigt für sich genommen

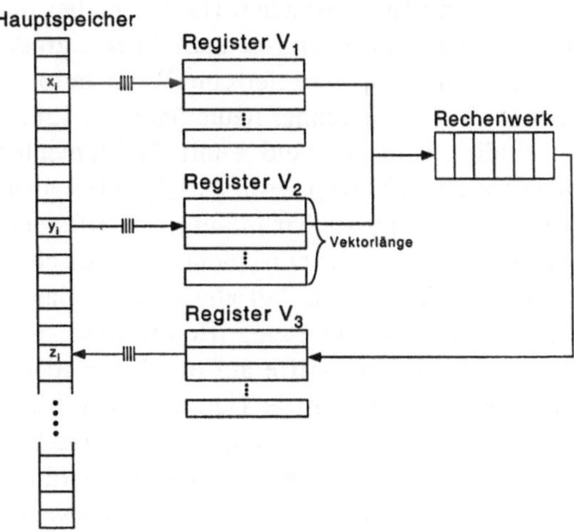

Abb. 3.1.10
Vektorielle Ausführung einer
arithmetischen Vektoroperation

einige Takte. Bei seriellen Rechnern spielt dieser Aspekt keine dominierende Rolle, da ja auch die arithmetischen und logischen Operationen jeweils einige Takte dauern. Daher reichen auf seriellen Rechnern einfache Register als Puffer zwischen Hauptspeicher und den Funktionalen Einheiten im Rechenwerk. Auf Vektorrechnern werden die herkömmlichen Einwort-Register oft als *Skalarregister* bezeichnet. Diese Register werden ausschließlich bei der sequentiellen Ausführung zur Aufnahme *skalarer* (also einzelner) *Operanden* bei der sequentiellen Ausführung von einzelnen Operationen in skalaren Einheiten oder zur Aufnahme skalarer Operanden in Vektoroperationen des Typs "Vektor + Konstante*Vektor" oder vergleichbarer Art eingesetzt. Operanden für Vektoroperationen werden in *Vektorregistern* gepuffert. Hierunter versteht man Register, die eine beschränkte Anzahl von Operanden und Ergebnissen aufnehmen können. Üblich sind Größen von 32, 64, 128 bis zu 2048 Worten pro Vektorregister. Neben dem Registercharakter haben Vektorregister auch die Funktion eines Pufferspeichers (Abb. 3.1.1, Abb. 3.1.10). Sie sind entfernt mit Cachespeichern vergleichbar, da sie eine größere Anzahl an Daten aufnehmen und Funktionale Einheiten schnell mit Daten versorgen können. Ihre Funktion ist jedoch auf die Verarbeitung von Vektoroperanden für Vektoroperationen beschränkt. Cachespeicher sind flexibler und universeller einsetzbar, aber wesentlich schwieriger zu verwalten. Ihre Funktionsweise widerspricht dem eher statischen Prinzip von Vektorprozessoren. In Vektorrechnern, die über separate Skalarprozessoren verfügen, ist jedoch letzteren meist ein Cache vorgeschaltet.

Bank 1	Bank 2	Bank 3	Bank 4	Bank 5	Bank 6	Bank 7	Bank 8
x_1	x_2	x_3	x_4	x_5	x_6	x_7	x_8
x_9	x_{10}	x_{11}	x_{12}	x_{13}	x_{14}	x_{15}	x_{16}
x_{17}	x_{18}	x_{19}	x_{20}	x_{21}	x_{22}	x_{23}	x_{24}

Abb. 3.1.11   Verteilung eines Vektors auf Speicherbänke

Auch der Datenaustausch zwischen den Vektorregistern und dem Hauptspeicher muss erheblich beschleunigt werden. Bei Zugriffen auf Vektorregister muss in vergleichsweise kurzer Zeit eine große Datenmenge zwischen Hauptspeicher und Register ausgetauscht werden. Daher sind die Hauptspeicher von Vektorrechnern in eine große Anzahl von Speicherbänken unterteilt. Während ein Personal Computer oder eine Workstation meist zwei, vier oder acht Speicherbänke besitzt, verfügt ein Vektorrechner heute über 64, 128, 256 oder mehr Speicherbänke. Abb. 3.1.11 zeigt ein eindimensionales Feld x mit 24 Elementen, das in einen in 8 Speicherbänke unterteilten Hauptspeicher abgelegt wird. Aufeinanderfolgende Komponenten x_i eines Vektors $x = (x_1,...,x_N)^T$ werden im Hauptspeicher in aufeinanderfolgenden, also verschiedenen Bänken gespeichert. Bei einem Speicherzugriff wird nicht automatisch der gesamte Speicher, sondern nur die jeweils betroffene Bank gesperrt. Auf alle anderen Bänke kann − sofern diese nicht aus anderen Gründen gesperrt sind − weiter zugegriffen werden. Somit können in diesem Modell im günstigsten Fall Lese- und Schreibzugriffe auf den Hauptspeicher für Vektoren mit einer Geschwindigkeit von mindestens einem Wort je Takt durchgeführt werden. Wenn entsprechend leistungsfähige Verbindungswege zwischen Hauptspeicher und Rechenwerk bestehen, kann auch mehr als ein Wort pro Takt transportiert werden. Genauer wird die Leistungsfähigkeit durch die Anzahl, die Funktion und die Bandbreite der Verbindungswege zwischen Hauptspeicher und Vektorregistern einerseits und Vektorregistern und Funktionalen Einheiten andererseits bestimmt. Diese Wege sind in den Abb. 3.1.1, 3.1.3 und 3.1.10 nur grob angedeutet. Vektorprozessor-Architekturen unterscheiden sich diesbezüglich zum Teil erheblich.

Den Vektorregistern kommt beim Datentransport eine wichtige Pufferfunktion zu. Sie werden auch zur Erhöhung der Flexibilität der Datenzugriffe genutzt. Vektoren sind nicht auf die Form $\mathbf{x} = (x_1,...,x_N)^T$ beschränkt, sondern können aus Komponenten bestehen, die nicht in aufeinanderfolgenden Plätzen im Speicher stehen. Im Gegensatz zum mathematischen Begriff des Vektors versteht man auf einem Vektorprozessor unter einem Vektor eine Folge von Feldelementen, wobei die Indizierung der Feldelemente die relative Lage der Elemente im Speicher wiedergibt:

a) $\left(x_{11}, x_{12}, x_{13}, x_{14}, x_{15}, x_{16}, x_{17}, x_{18}\right)^T$

b) $\left(x_{11}, x_{15}, x_{19}, x_{23}, x_{27}, x_{31}, x_{35}, x_{39}\right)^T$

c) $\left(x_{1,1}, x_{2,1}, x_{3,1}, x_{4,1}, x_{5,1}, x_{6,1}, x_{7,1}, x_{8,1}\right)^T$

d) $\left(x_{1,1}, x_{1,2}, x_{1,3}, x_{1,4}, x_{1,5}, x_{1,6}, x_{1,7}, x_{1,8}\right)^T$

e) $\left(x_1, x_7, x_{19}, x_{21}, x_{31}, x_{104}, x_{105}, x_{106}\right)^T$

f) $\left(x_{i(1)}, x_{i(5)}, x_{i(9)}, x_{i(13)}, x_{i(17)}, x_{i(21)}, x_{i(25)}, x_{i(29)}\right)^T$.

Offensichtlich ist a) ein Vektor. Im Gegensatz zum mathematischen Begriff stellen aber auch Folgen von Feldelementen mit konstantem Abstand wie in b) Vektoren dar. Vorausgesetzt wird eine *lineare Adressierung*: Der Index der i-ten Komponente eines Vektors lässt sich in der Form $a + i{*}b$ mit Konstanten a, b darstellen. Hierzu gehören auch Zugriffe auf Zeilen oder Spalten von

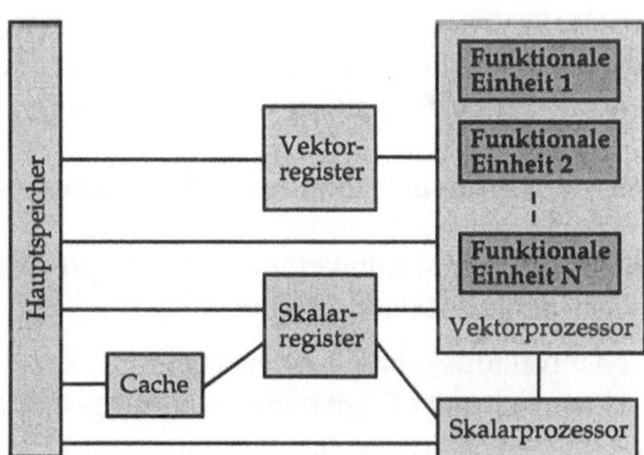

Abb. 3.1.12
Datenfluss in einer
Vektorprozessor-Architektur

Matrizen wie in c) und d). Mehrdimensionale Felder werden im Speicher linear, also eindimensional abgelegt. Die Reihenfolge der Dimensionen hängt dabei von der verwendeten Programmiersprache ab. In FORTRAN (C, C++) werden Matrizen im Hauptspeicher spaltenweise (zeilenweise) abgelegt: Das Element (i,j) einer $N \times M$-Matrix erhält im Hauptspeicher den linearen Index $i+(j-1)N$, in C und C++ den Index $j+(i-1)M$. Höherdimensionale Felder werden analog behandelt. Die Fälle e) der *nichtlinearen* und f) der *indirekten Adressierung* sind etwas anders gelagert. Grundsätzlich verhindern diese eine Vektorisierung. Letztere ist jedoch unter Nutzung zusätzlicher spezieller Instruktionen oder auch Hardware möglich, mit deren Hilfe und unter Einsatz von Vektorregistern Vektoren im Sinne von a) – d) mit Inkrement 1 oder zumindest linear indizierte Hilfsvektoren erzeugt werden. Der Zugriff auf unmittelbar benachbarte Speicherworte geht wesentlich schneller vonstatten als auf weiter entfernt liegende, das heißt auf solche, deren Indexdifferenz größer als 1 ist. Durch das Puffern in Vektorregistern wird der langsame Zugriff auf eine Folge von voneinander entfernten Speicherplätzen beschleunigt oder sogar überdeckt. Auch können Zwischenergebnisse flexibler verarbeitet werden. Oft werden diese kurzfristig wieder benötigt. Statt sie aufwendig in den Speicher zu schreiben und nach kurzer Zeit wieder zu lesen, werden sie möglichst lange in Vektorregistern gehalten. Anzahl und Länge dieser Register sind rechnerabhängig. Abb. 3.1.12 zeigt die typische Struktur einer Vektorrechner-Architektur.

Virtuelle Speicher und eine dynamische Speicherverwaltung sind mit dem Funktionsprinzip von Vektorprozessoren nur schwer vereinbar. Deren Geschwindigkeit beruht maßgeblich auf der schnellen Verarbeitung und dem schnellen Transport möglichst großer Mengen gleichartiger Daten, wodurch insbesondere der Verwaltungsaufwand drastisch vereinfacht wird. Dies wird durch einen statischen Charakter von Speicherverwaltung und -organisation maßgeblich unterstützt, die eine zeitlich effiziente Optimierung der Speicherzugriffe ermöglichen. Die relativ hohe Prozessorleistung kann nur dann erfolgreich genutzt werden, wenn Speicherzugriffe mit einer der Prozessorleistung angepassten Geschwindigkeit erfolgen. Dies ist bei einer dynamischen Verwaltung kaum möglich. Für den Benutzer bedeutet dies unter anderem, dass zwar einerseits der von einem Programm beanspruchte Speicherplatz vor der Programmausführung im Wesentlichen feststehen muss und durch die Größe des Hauptspeichers begrenzt ist, dass dafür aber eine etwa gleichbleibend hohe Leistung garantiert wird. Eine virtuelle Speicherverwaltung wird daher in Rechnern mit Vektorprozessoren nur selten verwendet. Die Vektorprozessoren der bekannten Hersteller wie Cray oder der japanischen Hersteller NEC, Fujitsu und Hitachi verfügen über eine statische Speicherstruktur. Auch schnelle Pufferspeicher wie etwa Cachespeicher sind zumindest in dem zur Vektorverarbeitung genutzten Teil der Hardware dieser Hersteller nicht vorhanden. Die Rolle der Pufferspeicher wird von Vektorregistern übernommen.

3.1.3.3   Optimale Nutzung der Vektorprozessor-Architektur

Die Arbeitsgeschwindigkeit eines Vektorprozessors kann vor allem durch die folgenden beiden Gesichtspunkte beeinträchtigt werden:

*   Nichtvektorisierbare Anweisungen
*   Unzureichender Datentransport von und zu den Funktionalen Einheiten.

Nach dem Start einer Vektoroperation werden alle Komponenten eines Vektors völlig unabhängig voneinander berechnet. Die Bezeichnung *Pipelineprinzip* drückt schon anschaulich aus, dass dieser Prozess nicht unterbrochen werden kann. Insbesondere kann bei der Berechnung einer Komponente nicht auf vorher in derselben Vektoroperation berechnete Komponenten zurückgegriffen werden. Derartige *Abhängigkeiten* verhindern eine Vektorisierung. Ferner können Sprünge, Verzweigungen, Unterprogrammaufrufe und Ein- und Ausgabeanweisungen erst nach Berechnung der letzten Komponente ausgeführt werden. Sie müssen vermieden oder zumindest verlagert werden. Andernfalls werden die entsprechenden Teile des Programms sequentiell, also mit *skalaren Operationen* abgearbeitet. Damit wird die Vektorarchitektur nicht ausgenutzt und somit die Arbeitsgeschwindigkeit stark verringert. Ein zu langsamer Datentransport von und zu der Funktionalen Einheiten hat seinen Ursprung entweder in einer unzureichenden Kapazität der Verbindungswege zwischen Hauptspeicher, Vektorregistern und Funktionalen Einheiten oder in Konflikten beim Zugriff auf den Hauptspeicher. Folgende Konflikte treten häufig auf.

Speicherbank-Konflikte Speicherbank-Konflikte können in jedem Hauptspeicher auftreten, der in Bänke unterteilt ist. In Vektorrechnern können sich diese Konflikte besonders nachhaltig auswirken, da Caches oder eine virtuelle Speicherverwaltung, deren Effekte die Bankkonflikte zumindest teilweise überdecken könnten, meist fehlen. Es werde angenommen, dass mit einer Geschwindigkeit von maximal einem Wort je Takt aus dem Hauptspeicher gelesen oder dorthin geschrieben werden kann. Dies ist möglich, wenn in jedem Takt auf eine andere Bank zugegriffen wird. Jede Bank bleibt nach einem Zugriff allerdings für einige Takte gesperrt. Dies hat keine Konsequenzen, falls der entsprechende Vektor so definiert ist, dass auf im Speicher unmittelbar benachbarte Feldelemente (also mit Inkrement 1) zugegriffen wird. Bankkonflikte entstehen, wenn innerhalb der Sperrzeit einer Bank erneut auf diese zugegriffen wird. Der Zugriff und alle

Tab. 3.1.1 Indexinkremente und Speicherbank-Konflikte

Inkrement	Konflikte	Zugriff auf dieselbe Bank
1 2	nein	nach 4 bzw. 8 Takten
3 5 7 9 ...	nein	nach mehr als 8 Takten
4 8 12 16 ...	ja	nach 1 bzw. 2 Takten; Verlangsamung um den Faktor 2 bzw. 4

damit zusammenhängenden Operationen werden bis zum Ende der Sperrzeit zurückgestellt. Dies ist unter anderem bei Zugriffen auf Feldelemente mit bestimmten Inkrementen, die größer als 1 sind, der Fall. Vergleiche Abb. 3.1.11 bei einer Sperrzeit von 4 Takten. In der Schleife

$$\textbf{for } i := 1 \textbf{ step } inc \textbf{ to } N \textbf{ do } x_i := \ldots \quad \text{oder} \quad \textbf{for } i := 1 \textbf{ to } N \textbf{ do } x_{inc*i} := \ldots$$

- wird bei einem Inkrement $inc = 1$ in Takt i auf x_i in Bank i, $1 \leq i \leq 8$ zugegriffen. Erst in Takt 9, also nach Ablauf der Sperrzeit, wird x_9 in Bank 1 gelesen.
- Bei $inc = 2$ wird in Takt 1 auf x_1 in Bank 1, in Takt 2 auf x_3 in Bank 3 usw. zugegriffen. Erst in Takt 5, also genau nach Ablauf der Sperrzeit, wird x_9 in Bank 1 gelesen.
- Bei $inc = 5$ wird in Takt 1 auf x_1 in Bank 1, in Takt 2 auf x_6 in Bank 6, in Takt 3 auf x_{11} in Bank 3 usw. zugegriffen. Erst in Takt 9 wird x_{41} in Bank 1 gelesen.
- Bei einem Inkrement $inc = 4$ hingegen wird in Takt 1 auf x_1 in Bank 1, in Takt 2 auf x_5 in Bank 5, in Takt 3 auf x_9 in Bank 1, also nach zwei Takten wieder auf Bank 1 zugegriffen. Diese bleibt jedoch vier Takte gesperrt, so dass sich der Zugriff und damit auch die Rechengeschwindigkeit um den Faktor zwei verlangsamen, da die entsprechenden Operationen nur bei Verfügbarkeit der benötigten Daten ausgeführt werden können.

Einen weiteren Anlass zu Konflikten bieten bestimmte Zugriffe auf mehrdimensionale Felder. In FORTRAN führt aufgrund des spaltenweisen Abspeicherns von Matrizen der zeilenweise Zugriff (analog bei höherdimensionalen Feldern der Zugriff auf jede Dimension mit Ausnahme der letzten) zu einem Zugriff auf nicht benachbarte Speicherplätze:

mögliche Konflikte:	DO I = 1,N	keine Konflikte:	DO J = 1,N
	DO J = 1,N		DO I = 1,N
	A(I,J) = 299		A(I,J) = 299
	ENDDO		ENDDO.

In diesem Beispiel entstehen Konflikte unter anderem bei Vielfachen von 4 als Spaltenlänge (= Zeilenanzahl). Bei 8 Bänken führt der zeilenweise Zugriff auf eine 4×4 - Matrix schon mit dem Inkrement 1 dazu, dass nach 2 Takten auf dieselbe Bank zugegriffen wird. Die Geschwindigkeit wird halbiert, da die Sperrzeit vier Takte beträgt (Abb. 3.1.13a). Für C, C++ gilt die gleiche Überlegung bei spaltenweisem Zugriff auf eine zeilenweise gespeicherte Matrix.

Bank 1	Bank 2	Bank 3	Bank 4	Bank 5	Bank 6	Bank 7	Bank 8
A(1,1)	A(2,1)	A(3,1)	A(4,1)	A(1,2)	A(2,2)	A(3,2)	A(4,2)
A(1,3)	A(2,3)	A(3,3)	A(4,3)	A(1,4)	A(2,4)	A(3,4)	A(4,4)

Abb. 3.1.13a   spaltenweises Speicherschema für eine 4×4-Matrix auf 8 Bänken

Bank 1	Bank 2	Bank 3	Bank 4	Bank 5	Bank 6	Bank 7	Bank 8
A(1,1)	A(2,1)	A(3,1)	A(4,1)	**A(5,1)**	A(1,2)	A(2,2)	A(3,2)
A(4,2)	**A(5,2)**	A(1,3)	A(2,3)	A(3,3)	A(4,3)	**A(5,3)**	A(1,4)
A(2,4)	A(3,4)	A(4,4)	**A(5,4)**				

Abb. 3.1.13b   Konfliktfreie Speicherung einer 4×4 - Matrix in FORTRAN als 5×4 - Feld bei zeilenweisem Zugriff auf einem Vektorrechner mit 8 Bänken

Bankkonflikte hängen somit von der Anzahl der Bänke und der Art des Zugriffs ab. Letzterer ist bedingt durch die Dimensionierung von Feldern, durch die Reihenfolge, in der geschachtelte Schleifen angelegt werden, und durch die Schrittweite (Inkrement) in den Schleifen. Daher sind derartige Konflikte vielfach durch algorithmische und programmiertechnische Maßnahmen zu beheben: Abänderung der Inkremente durch Umordnung, geeignete Dimensionierung von Feldern – etwa ungerade Spaltenlänge (Zeilenanzahl) in FORTRAN (Abb. 3.1.13b).

Auf den meisten Vektorprozessoren ist die Anzahl der Speicherbänke eine Zweierpotenz, da dies der internen binären Adressierung entgegenkommt. Aber auch viele Algorithmen verwenden gerade Felddimensionen und Inkremente, häufig sogar Zweierpotenzen. Im Falle des zeilenweisen (in FORTRAN) oder spaltenweisen (in C) Zugriffs auf Matrizen mit Zweierpotenzen als Indexinkrementen treten auch bei ungerader Dimensionierung der Felder Bankkonflikte auf. Daher soll ten derartige Inkremente vermieden werden. Das Risiko von Bankkonflikten wird durch eine Erhöhung der Bankanzahl vermindert, kann dadurch jedoch nicht vollständig beseitigt werden. Versuche mit ungeraden Anzahlen von Speicherbänken waren, insbesondere bei Primzahlen, aufgrund der höheren Komplexität der Adressierung nicht erfolgreich.

Anzahl der Zugriffspfade zum Hauptspeicher Die Anzahl und die Bandbreite der Übertragungswege zwischen Hauptspeicher und Vektorregistern, auch als *Load/Store-Pipelines* bezeichnet, reicht häufig nicht aus, um die notwendigen Datentransportraten zu erreichen. Ferner kann ihre Kapazität oft nicht vollständig genutzt werden, da auf vielen Vektorrechnern zugunsten einer einfachen und damit schnellen Verwaltung Einschränkungen bestehen. Wir betrachten zunächst $z := a * x + y$, eine als *Triade* bezeichnete Operationsfolge Vektor = Skalar * Vektor + Vektor. Unter der Annahme, dass Addition und Multiplikation verkettet werden können, erwartet man ein optimales Ergebnis. Falls jedoch wie im Beispiel der CRAY-1, einem der ersten Vektorrechner, nur eine Load/Store-Pipeline, also nur ein Weg zum Speicher, mit einer Bandbreite von einem Wort zur Verfügung steht, kann entweder nur das Laden oder das Speichern eines Vektors, nicht jedoch beides mit einer arithmetischen Operation verkettet werden. Insbesondere müssen die bei-

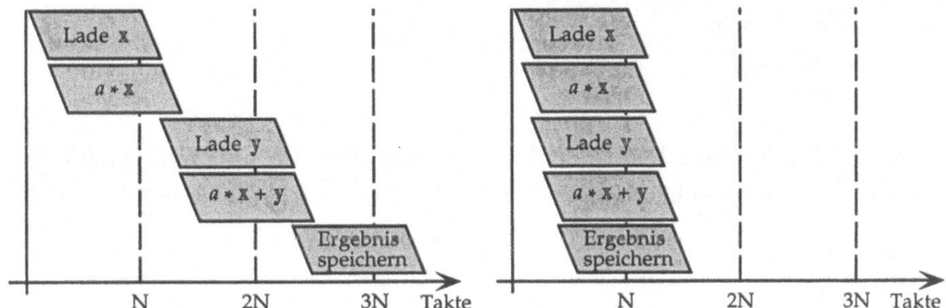

Abb. 3.1.14a,b Ausführung einer Triade bei einer bzw. zwei Load/Store-Pipelines

den Leseoperationen nacheinander ausgeführt werden. Die Addition kann nach einer kurzen Anlaufzeit (Verfügbarkeit der ersten Komponente von $a * x$) mit dem Laden von y aus dem Hauptspeicher überlappt werden. Das Speichern (Store) kann erst nach der vollständigen Beendigung der zweiten Ladeoperation begonnen werden. Die Additionseinheit könnte zwar für große N etwa ein Ergebnis je Takt liefern. Die Speicherzugriffe führen jedoch dazu, dass insgesamt statt etwa N Takten ungefähr $3N$ Takte benötigt werden. Anstelle der erwarteten 2 Operationen je Takt werden durchschnittlich nur 2 Operationen in 3 Takten ausgeführt (Abb. 3.1.14a). Der Ablauf wird hier vollständig durch den Speicherzugriff dominiert, "neben" dem die arithmetischen Operationen ausgeführt werden.

Bei paralleler Nutzung Funktionaler Einheiten werden mehrere Ergebnisse je Takt berechnet. Dies führt jedoch nur dann zu einem entsprechenden Geschwindigkeitsgewinn, wenn nur eines dieser Ergebnisse sofort in den Hauptspeicher geschrieben werden muss und alle anderen noch in den Vektorregistern gehalten werden können. Stehen wie im Beispiel der CRAY Y-MP, einem der Nachfolgemodelle der CRAY-1, zwei Load-Pipelines und eine Store-Pipeline zur Verfügung und können Lade-, Speicher- und arithmetische Operationen verkettet werden, so erhält man das wesentlich günstigere Zeitdiagramm aus Abb. 3.1.14b: Es werden etwa N Zyklen für N Ergebnisse benötigt. In dem etwas komplizierteren Fall

```
for i := 2 to N do
    x_i := a_i * b_i + c_i * d_{i-1}
    y_i := abs(x_i)
```

erhalten wir folgenden Ablauf bei vektorieller Ausführung. Der Einfachheit halber wird eine Vektorlänge von 65 unterstellt.

```
LOAD    VR0              ←    d_{1..64}
LOAD    VR1              ←    c_{2..65}
MUL     VR0, VR1         →    VR2
LOAD    VR3              ←    b_{2..65}
LOAD    VR4              ←    a_{2..65}
MUL     VR3, VR4         →    VR5
ADD     VR2, VR5         →    VR6
ABS     VR6              →    VR7
STORE   VR6              →    x_{2..65}
STORE   VR7              →    y_{2..65}.
```

Die Abb. 3.1.15a,b veranschaulichen den zeitlichen Ablauf bei vektorieller Ausführung. Wieder wird diese im Falle nur einer Load/Store-Pipeline durch den Speicherzugriff dominiert. Zumin-

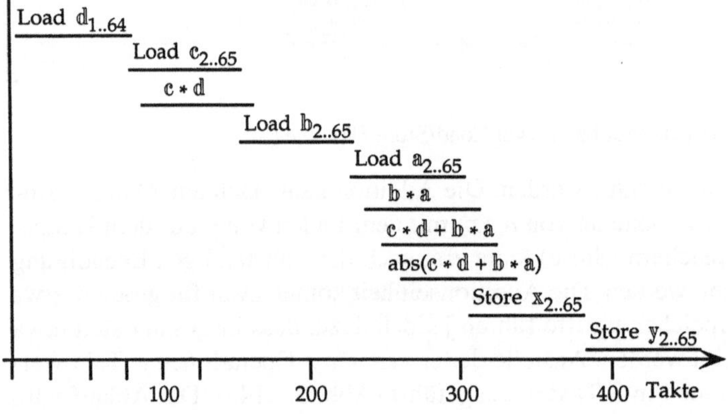

Abb. 3.1.15a   Verkettung bei einer Load/Store-Pipeline

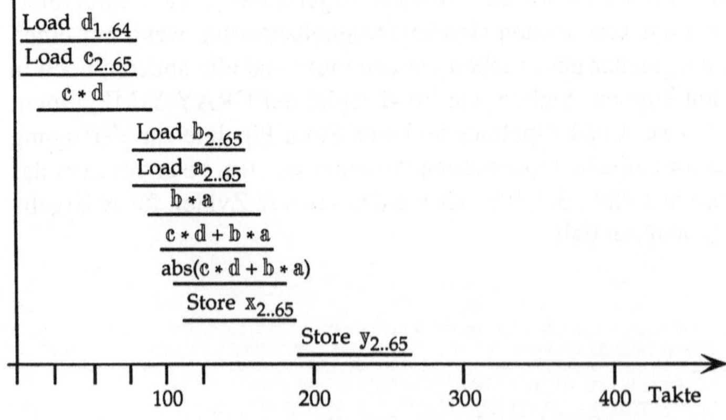

Abb. 3.1.15b   Verkettung bei zwei Load- und einer Store-Pipeline

dest können eine Multiplikation, eine Addition und die Bildung des Absolutbetrages untereinander und mit Lade-Operationen überlappt werden. Im Fall zweier Load- und einer Store-Pipeline erzielt man einen signifikanten Zeitgewinn: Die drei Pipelines können miteinander und zusätzlich mit Addition und Multiplikation verkettet werden. Die beiden Store-Befehle können allerdings nicht überlappt werden, da nur eine Store-Pipeline zur Verfügung steht (Abb. 3.1.15b).

Ein anderes Beispiel von Wegkonflikten kann bei der Nutzung mehrfach ausgelegter Pipelines auftreten. Verfügt ein Vektorprozessor beispielsweise über 4 Gleitpunkt-Additionseinheiten, so werden auf diese meist nicht vier verschiedene Vektor-Additionen verteilt, sondern es werden die Komponenten einer Vektor-Addition aufgeteilt. Die häufigste Verteilungsstrategie wird am Beispiel einer Vektor-Addition der Länge $N = 40$ in Abb. 3.1.16 demonstriert. Mit dieser Strategie wird eine zeitaufwendige Verwaltung mehrerer Vektoroperationen auf unterschiedlichen Pipelines und der dazugehörigen Speicherzugriffe vermieden: Es sind nur noch die einzelnen Komponentenoperationen einer Vektoroperation nach einem festen Indexschema zu verwalten.

1	5	9	13	17	21	25	29	33	37	$\longrightarrow$	Addierer 1
2	6	10	14	18	22	26	30	34	38	$\longrightarrow$	Addierer 2
3	7	11	15	19	23	27	31	35	39	$\longrightarrow$	Addierer 3
4	8	12	16	20	24	28	32	36	40	$\longrightarrow$	Addierer 4

Abb. 3.1.16
Auslastung mehrfacher Pipelines am Beispiel
einer Vierfachpipeline

Der Effizienzgewinn wird allerdings damit erkauft, dass eine kontinuierliche Auslastung der Pipelines nur schwer zu bewerkstelligen ist. Eine optimale Nutzung wird bei Operationen auf Vektoren mit dem Indexinkrement 1 erzielt: Alle vier Pipelines arbeiten an der Ausführung der Vektoroperation. Im vereinfachten Zeitmodell lässt sich dies durch

$$t = (s_v + s_a + N/4)\,\tau$$

beschreiben, wobei zur Startup-Zeit s_a jeder Einheit noch eine Zeit s_v für die Verteilung der Operanden auf die vier Einheiten und das Zusammenfassen der Ergebnisse hinzukommt. Aber schon bei einem Inkrement 2 stehen zwei Pipelines leer, bei einem Inkrement 4 oder einem Vielfachen von 4 sogar drei Pipelines, da nur noch Pipeline 1 genutzt wird.

Gruppenkonflikte Im Falle mehrerer Verbindungswege (Load/Store-Pipelines) werden die Speicherbänke häufig zu Gruppen zusammengefasst. Jedem Verbindungsweg wird eine Gruppe zugeordnet, auf die auf diesem Wege bevorzugt zugegriffen werden kann. Erfolgt über einen Weg ein Zugriff auf eine Bank, die nicht in der zugeordneten Gruppe liegt, entsteht ein Konflikt, der jedoch nur eine geringfügige Verzögerung von meist einem Takt verursacht.

Die obigen Beispiele erheben keinen Anspruch auf Vollständigkeit. Die Funktionalen Einheiten in Vektorprozessoren arbeiten wesentlich schneller als der Zugriff auf den Hauptspeicher erfolgen kann. Das Pipelineprinzip besagt jedoch, dass die Geschwindigkeit durch die Leistungsfähigkeit der schwächsten Stelle einer Pipeline bestimmt wird. Diese liegt in der Regel im Zugriff auf den Hauptspeicher und in den Verbindungswegen dorthin, insbesondere beim Auftreten von Speicherbank-Konflikten. Gruppenkonflikte werden durch maschinennahe Software verwaltet und sind von der Anwenderseite her kaum zu beeinflussen. Wegkonflikte, die bei der Nutzung mehrerer Einheiten unterschiedlichen Typs auftreten, sind auf der Ebene der höheren Programmiersprachen, also durch den Anwender, im günstigsten Fall indirekt zu beeinflussen. Wegkonflikte bei der Nutzung mehrfach ausgelegter Einheiten lassen sich algorithmisch oder programmiertechnisch reduzieren, falls Inkremente ungleich 1 vermieden werden können.

3.1.4 Mikroprozessoren

Viele der heutigen Rechner verdanken ihre Leistungsfähigkeit vor allem den Mikroprozessoren. Bei diesen steht der Gesichtspunkt der Parallelität nicht im Vordergrund. Trotzdem ist es sinnvoll, Mikroprozessoren im vorliegenden Zusammenhang zu betrachten:

- Mikroprozessoren werden in allen Personal Computern und Workstations eingesetzt. Aber auch viele Parallelrechner verwenden handelsübliche Mikro- (meist RISC-) Prozessoren. Cluster von Arbeitsplatzrechnern werden oft wie ein Parallelrechner genutzt: unabhängige Rechner, die über ein schnelles Netz gekoppelt sind, werden zur parallelen Lösung von Aufgaben eingesetzt. Ferner geht auch bei Workstations die Entwicklung hin zu Mehrprozessormaschinen, so dass die Grenzen fließend werden.

- Um die Leistung von Rechnern mit Mikroprozessoren tatsächlich ausnutzen zu können, müssen Programme und Algorithmen – ähnlich wie auf Parallel- und Vektorrechnern – optimiert werden, wobei verwandte Optimierungsprinzipien und oft auch ähnliche Verfahren Verwendung finden. Insbesondere auf Parallelrechnern kann eine effiziente Problemlösung nur dann erreicht werden, wenn neben der Parallelisierung, das heißt der Arbeitsaufteilung auf die Prozessoren, auch die Teilaufgaben auf den einzelnen Prozessoren unter Berücksichtigung ihrer Architektur optimiert werden.

- Das Konstruktionsprinzip der RISC-Prozessoren beruht zum Teil auf Konzepten, die aus Erfahrungen bei der Entwicklung von Vektorprozessoren entstanden sind.

3.1.4.1 Merkmale von RISC-Architekturen

RISC steht für "reduced instruction set computer". Bei früheren Prozessorgenerationen, die dem CISC-Prinzip (complex instruction set computer) zuzuordnen sind, stand die Überlegung im Vordergrund, die Leistungsfähigkeit durch die hardwaremäßige Realisierung von möglichst vielen Befehlen zu erhöhen. In einer CISC-Architektur steht ein breites Spektrum an Assemblerinstruktionen unterschiedlichster Komplexität zur Verfügung. Befehlslängen zwischen 8 Bit und über 100 Bit sind üblich. Unter anderem gibt es häufig unterschiedliche Instruktionen für den Datenzugriff über Register, den Cache oder den Hauptspeicher. Grundsätzlich lässt sich jede *Instruktion* (auch *Maschinenbefehl* genannt) in folgende Einzelschritte zerlegen:

Holen	Lesen des Befehls aus dem Befehlscache
Dekodieren	Dekodieren des Befehls
Lesen	Holen der für die Operation benötigten Operanden
Ausführung	Ausführen des Befehls (bspw. Gleitpunktoperation)
Schreiben	Wegschreiben des Ergebnisses.

Ein *CISC-Prozessor* verfügt in der Regel über einen so genannten *Mikroprogrammspeicher*, der für jede Instruktion die zugehörige Folge vom Mikroinstruktionen enthält. Eine Instruktion wird ausgeführt, indem die hierfür notwendigen Mikroinstruktionen ausgeführt werden. *RISC-Prozes-*

soren basieren auf der umgekehrten Überlegung. Durchschnittlich etwa 80% aller Befehle werden äußerst selten benutzt. Indem nur die wichtigsten Befehle hardwaremäßig realisiert werden, entsteht ein sehr kompakter Prozessor. Der Mikroprogrammspeicher wird durch ein fest verdrahtetes Steuerwerk ersetzt. Typisch ist auch eine einheitliche Instruktionslänge. Insbesondere wird die oft komplexe Adressierung der CISC-Prozessoren vermieden. RISC-Prozessoren greifen auf den Hauptspeicher nur noch über explizite Load- und Store-Befehle zu. Alle anderen Instruktionen, wie etwa die arithmetischen Operationen, holen ihre Operanden ausschließlich aus Registern und schreiben analog Ergebnisse ausschließlich in Register. Hierzu ist die Anzahl der Register im Vergleich zu CISC-Prozessoren deutlich erhöht. Im Gegensatz zu Vektorprozessoren sind dies jedoch keine Vektorregister. Sie können jeweils nur ein Zwischenergebnis aufnehmen. Komplizierte Adressierungen bei Instruktionen werden somit vermieden. Bekannte RISC-Prozessorfamilien sind Power PC bei Motorola, Apple und IBM, Power bei IBM, Sparc bei Sun, Precision Architecture bei Hewlett Packard, Alpha bei DEC/HP/Compaq/Cray, MIPS bei Silicon Graphics. Die bekanntesten Beispiele für CISC-Prozessoren sind Intel Pentium und Celeron, AMD Athlon und Duron sowie früher die Intel-Prozessoren 80x86 und Motorola 680x0. Wir beschränken uns auf die Betrachtung von RISC-Prozessoren, wobei die meisten Überlegungen grundsätzlich auch auf neuere CISC-Prozessoren wie Pentium oder Athlon zutreffen. Mit der Einführung der 64 Bit-Prozessoren Intel Itanium und AMD Opteron beginnen die Unterschiede zwischen RISC- und CISC-Architekturen zu verschwimmen.

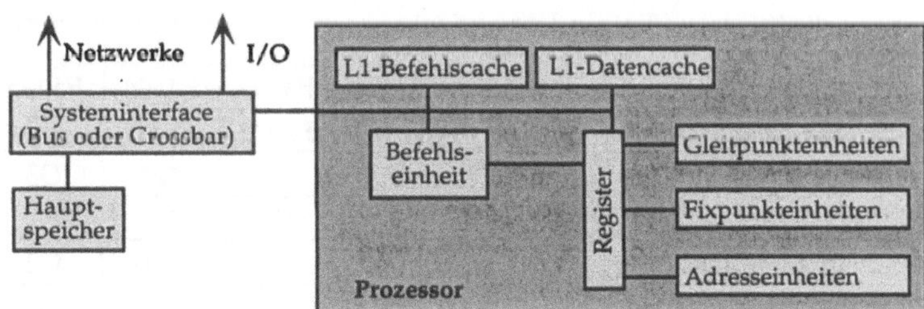

Abb. 3.1.17   Typische Merkmale einer RISC-Architektur (ohne L2- oder L3-Cache)

RISC-Prozessoren besitzen die in Abb. 3.1.17 skizzierte Grundstruktur mit zwei- oder dreistufigen Caches: L(evel)1-Cache auf dem Prozessorchip, L2- oder auch L3-Cache außerhalb des Chips. L2- und L3-Cache sind in Abb. 3.1.17 nicht dargestellt, da es für deren Anbindung sehr unterschiedliche Konzepte gibt. Hierzu sei auf die später angeführten Beispiele verwiesen. Auch ein RISC-Prozessor arbeitet nach einem Pipelineprinzip. In einem Vektorprozessor besteht eine Pipeline aus den Segmenten einer Einheit, etwa eines Gleitpunkt-Addierers. Folglich wird eine Instruktion in ihre Teilschritte zerlegt, die dann für alle Komponenten einer Vektorinstruktion nach dem Fließbandprinzip abgearbeitet werden. Im Gegensatz dazu besteht eine Pipeline in einem RISC-Prozessor aus mehreren, miteinander festverdrahteten Einheiten, von denen jede eine Teilinstruktion komplett ausführt. Die unterschiedlichen Gleitpunkteinheiten werden insbesondere in Mikroprozessoren zu einer Einheit (engl. *floating point unit – FPU*) zusammengefasst. In diesem Fall gibt es dann auch eine universelle Fixpunkteinheit (engl. *fixed point unit – FXU*). Als vereinfachtes Beispiel betrachten wir eine aus fünf Segmenten bestehende Pipeline (Abb. 3.1.18), die die typischen Teilschritte einer Instruktion (Holen, Dekodieren, Lesen der Operanden, Ausführen, Wegschreiben des Ergebnisses) repräsentieren. Jedem der Teilschritte entspricht eine

Zyklus	1	2	3	4	5	6
Instruktion Holen	I1	I2	I3	I4	I5	I6
Instruktion Dekodieren		I1	I2	I3	I4	I5
Daten Lesen			I1	I2	I3	I4
Instruktion Ausführung				I1	I2	I3
Daten Wegschreiben					I1	I2

Abb. 3.1.18   Pipelining bei RISC-Prozessoren

Hardwareeinheit. In jedem Maschinenzyklus wird in jedem Segment der Pipeline auf den jeweiligen Operanden ein Teilschritt einer Instruktion Ij ausgeführt. Nach jedem Takt reicht jedes Segment die Operanden an das Nachbarsegment weiter. In jedem Takt wird im Idealfall im ersten Segment die Ausführung einer Instruktion begonnen, während das Ergebnis einer anderen Instruktion die Pipeline verlässt. Nach fünf Schritten ist die Pipeline gefüllt, asymptotisch kann eine Beschleunigung um den Faktor fünf, also ein Ergebnis je Takt, erreicht werden. Dies ist jedoch nur möglich, wenn keine Abhängigkeiten zwischen den Instruktionen auftreten. Abhängigkeiten führen ähnlich wie bei Vektorprozessoren zu Wartezeiten, die durch den Compiler, algorithmische oder programmiertechnische Maßnahmen minimiert werden müssen.

Zyklus	1	2	3	4	5	6
Instruktion Holen	F1,G1	F2,G2	F3,G3	F4,G4	F5,G5	F6,G6
Instruktion Dekodieren		F1,G1	F2,G2	F3,G3	F4,G4	F5,G5
GP-Daten Lesen			G1	G2	G3	G4
FP-Daten Lesen			F1	F2	F3	F4
GP-Instruktion Ausführung				G1	G2	G3
FP-Instruktion Ausführung				F1	F2	F3
GP-Daten Wegschreiben					G1	G2
FP-Daten Wegschreiben					F1	F2

Abb. 3.1.19   superskalare Architektur bei RISC-Prozessoren

Mehr als ein Ergebnis pro Takt ist nur durch die Vergrößerung der Anzahl Funktionaler Einheiten und überlappte oder parallele Arbeitsweise zu erreichen. Die parallele Nutzung von Pipelines unterschiedlichen Typs wird als *superskalare Architektur* bezeichnet. Es ist üblich, dass etwa eine Fixpunkt- parallel zu einer Gleitpunktpipeline arbeitet, dass Lese- und Schreibpipelines parallel zu anderen Pipelines arbeiten oder dass Gleitpunktpipelines wie Addition und Multiplikation parallel zueinander und zu anderen Pipelines verwendet werden können. In Abb. 3.1.19 arbeiten eine Fixpunkt-, eine Gleitpunkteinheit, die Befehlssteuerung und die Load/Store-Pipeline parallel zueinander. Nach einer Anlaufzeit werden in jedem Takt 8 verschiedene Teilschritte von zehn Operationen gleichzeitig bearbeitet, während zwei Ergebnisse die Pipeline verlassen. Dies ist nur möglich, wenn pro Takt zwei Instruktionen geholt und dekodiert werden können.

Pipelines werden oft mehrfach ausgelegt. Zwei oder vier Additions- und/oder Multiplikationseinheiten oder zwei oder vier allgemeine Gleitpunkt- oder Fixpunkteinheiten, die unterschiedliche Instruktionstypen ausführen können, sind üblich. Für doppelt ausgelegte Gleitpunkteinheiten erhält man beispielsweise ein zu Abb. 3.1.19 analoges Ablaufschema: Es wird jeweils eine Operation behandelt, deren Daten bei der Ausführung der eigentlichen (hier Gleitpunkt-) Instruktion auf die gleichartigen Pipelines verteilt werden (Abb. 3.1.20). Die Load/Store-Pipeline muss ebenfalls doppelt ausgelegt sein, um eine entsprechende Datenversorgung zu gewährleisten.

Zyklus	1	2	3	4	5	6
Instruktion Holen	G1	G2	G3	G4	G5	G6
Instruktion Dekodieren		G1	G2	G3	G4	G5
Daten Lesen			G1a,G1b	G2a,G2b	G3a,G3b	G4a,G4b
Instruktion Ausführung				G1a,G1b	G2a,G2b	G3a,G3b
Daten Wegschreiben					G1a,G1b	G2a,G2b

Abb. 3.1.20   Mehrfach-Pipelines bei RISC-Prozessoren

Das Beispiel der RISC-Prozessoren untermauert noch einmal deutlich, dass die Zeitkomplexität rechnergestützter Lösungen numerischer Probleme nur in Ausnahmefällen proportional zur arithmetischen Komplexität sein kann, zumal unter letzterer in der Numerik stillschweigend die Komplexität von Gleitpunktoperationen verstanden wird. Die Zeitkomplexität wird von allen bei der Ausführung auftretenden Aktivitäten beeinflusst. Neben Gleitpunktoperationen sind dies zumindest auch Fixpunktoperationen sowie die Befehlsbearbeitung und die Speicherzugriffe. Die durch superskalare Architektur theoretisch möglichen Ergebnisraten werden in der Realität nicht immer erreicht. Die erzielte Beschleunigung beruht auf dem paarweisen Auftreten von Fixpunkt- und Gleitpunktoperationen oder dem paarweisen Auftreten gleichartiger Operationen. Da dies jedoch nicht den Regelfall darstellt, sind Leerzeiten in den Pipelines nicht immer zu vermeiden. Voraussetzung ist das Vorliegen einer geeigneten Operationsfolge und geeigneter Datenstrukturen. Abhängigkeiten – wenn etwa auf ein noch nicht errechnetes Ergebnis gewartet werden muss – führen zu zusätzlichen Wartezeiten. Die Optimierung von Programmen für RISC-Prozessoren ist mühselig und auf der Ebene der höheren Programmiersprachen nur eingeschränkt möglich. Wie später gezeigt wird, kann jedoch bei Befolgung einiger Grundregeln schon bei der Entwicklung von Algorithmen ein Effizienzgewinn erreicht werden. Die Feinsteuerung ist hingegen maschinenabhängig, so dass der Anwender letztlich auf die Leistungsfähigkeit von Compilern oder Präprozessoren oder die Nutzung speziell optimierter Bibliotheken angewiesen ist.

3.1.4.2   Aspekte der Speicherstruktur

Ähnlich wie bei Vektorprozessoren wird für Architekturen mit Mikroprozessoren und Caches die rechtzeitige Bereitstellung der benötigten Daten mit wachsender Prozessorleistung immer mehr zum bestimmenden Faktor. Die hohe Leistung heutiger Mikroprozessoren kann ohne eineOptimierung von Speicherzugriffen gar nicht ausgenutzt werden. Wie bei Vektorprozessoren wird die Diskrepanz zwischen der Arbeitsgeschwindigkeit des Prozessors und der Zugriffsgeschwindigkeit auf den Speicher hardware- und softwareseitig durch geeignete Pufferung und eine ausgeklügelte Zugriffsstrategie überbrückt. Die im folgenden diskutierten Konzepte werden nicht nur in RISC-, sondern auch in anderen cachebasierten Architekturen verwendet.

Hauptspeicher Der Hauptspeicher wird in Speicherbänke unterteilt, deren Anzahl von seiner Größe abhängig, oft aber geringer als bei Vektorprozessoren ist. Auf Workstations und Personal Computern sind 2-8 Bänke bei Speichergrößen von 128 MB bis zu einigen Gigabyte üblich.

Pufferspeicher Die meisten Rechner verfügen heute über mindestens einen *Cache*, einen kleinen, aber dafür schnellen Pufferspeicher zwischen Hauptspeicher und den Registern (Abb. 3.1.4). In der Regel gibt es getrennte Instruktions- und Datencaches. Das Laufzeitsystem enthält einen Scheduling-Algorithmus, dessen Aufgabe es ist zu gewährleisten, dass im Rechenwerk jeweils gerade benötigte Instruktionen beziehungsweise Daten möglichst im Cache und nicht im relativ langsamen Hauptspeicher bereitstehen. Es gibt sehr unterschiedliche Konzepte für Caches. Allen gemeinsam ist, dass ein Cache den Prozessor schnellstmöglich mit Daten zu versorgen hat. Dies wird durch die vergleichsweise geringe Größe und einschränkende Vereinfachungen im Zugriff erreicht. Die meisten Systeme besitzen heute mehrstufige Caches mit zusätzlichem externen Level-Zwei-(L2-) Cache oder auch L3-Cache. Übliche Cachegrößen liegen im Bereich 8 KB-32 MB, wobei grundsätzlich Primärcaches (L1) kleiner und schneller als Sekundärcaches (L2 oder L3) sind. Ein Cache ist in *Cache Lines* unterteilt. Übliche Größen von Cache Lines sind, abhängig von der Cachegröße, 64-1024 Byte. Grundsätzlich lässt sich die Arbeitsweise eines Caches wie folgt beschreiben. Befindet sich ein für eine Operation benötigter Operand nicht schon in einem geeigneten Register, so wird zunächst überprüft, ob er im Cache liegt. Im Erfolgsfalle wird dieser in ein Register geladen. Andernfalls tritt ein *Cache Miss* auf, und der Hauptspeicher muss durchsucht werden. Wenn der Operand im Hauptspeicher gefunden worden ist, so wird dieser nicht allein geholt. Vielmehr wird ein Speicherbereich, der den Operanden enthält, im Umfang einer vollständigen Cache Line in den Cache geladen. Falls keine freie Cache Line mehr vorhanden ist, muss der Inhalt einer anderen Cache Line, deren Daten vom Algorithmus voraussichtlich zunächst nicht mehr benötigt werden, in den Hauptspeicher zurückgelegt werden. Cache Lines werden zwischen Hauptspeicher und Cache immer nur vollständig ausgetauscht, um die Anzahl der Speicherverwaltungsbefehle zu reduzieren und um Zeit bei der Adressierung zu sparen. Bei ineffizienten Algorithmen kann es im Extremfall geschehen, dass von jeder nachgeladenen Cache Line nur jeweils ein Wort (also 4 oder 8 Byte) benötigt wird. Cache Misses sind vor allem dann unangenehm, wenn Datenfelder mehrfach benötigt und oder sogar mehrfach zwischen Hauptspeicher und einem Cache hin- und hergeschrieben werden.

Diese Problematik ist für alle Rechner mit Cache typisch. Ein maschineninterner Scheduling-Algorithmus steuert die Verwaltung eines Caches, insbesondere das Füllen von Cache Lines und die Auswahl geeigneter Cache Lines, deren Inhalt in den Hauptspeicher zurückgespeichert werden muss, um Platz für aktuell benötigte Daten zu schaffen. Die konkrete Struktur eines Caches, seine Zugriffsmechanismen, seine Größe und die Schedulingstrategien des Betriebssystems zu seiner Verwaltung stellen maschinennahe Aspekte dar, die mit der Bearbeitung eines Anwendungsproblems grundsätzlich nichts gemein haben. Im Allgemeinen muss sich der Anwender auf die Optimierungsstrategien verlassen, die Compiler oder andere maschinennahe Programme im Wesentlichen automatisch durchführen. Da die Verwaltung eines Caches außerordentlich kompliziert ist, kann keine automatische Strategie allen denkbaren Zugriffskonstellationen gerecht werden. In Anwendungsprogrammen tritt oft der Fall auf, dass der erzeugte Code die Möglichkeiten des Caches nur sehr schlecht nutzt, was zu dramatischen Geschwindigkeitsverlusten führen kann.

Der Anwender kann diesem Problem algorithmisch durch eine besondere Optimierungsstrategie begegnen: Zugriffe auf Felder werden schon auf algorithmischer oder auf Programmebene in Blöcke aufgeteilt, deren Größe sich an der Größe der Komponenten in der Speicherhierarchie wie der Cachegröße oder der Länge und Anzahl der Cache Lines orientiert. Andererseits muss in einem Programm auf die relative Lage verschiedener Felder zueinander im Hinblick auf die Zuordnung bestimmter Hauptspeicherbereiche zu bestimmten Cache Lines geachtet werden. Bei den heute üblichen zwei- oder dreistufigen Cachehierarchien ist eine Optimierung auf Anwendungsebene mit einem sehr hohen Aufwand verbunden. Außerdem gehen die Allgemeingültigkeit des Algorithmus und die Portabilität des daraus resultierenden Programms um so mehr verloren, je intensiver man diese Art der Optimierung betreibt. Trotzdem ist bei RISC- und auch CISC-Prozessoren eine Optimierung unabdingbar, da andernfalls die Prozessorleistung in der Regel auch nicht annähernd ausgenutzt werden kann. Viele Compiler werden durch Präprozessoren unterstützt, die diese Art der Optimierung durchführen. Ferner stehen im Allgemeinen für Standardalgorithmen wie beispielsweise eine Matrix-Multiplikation kommerzielle, maschinenabhängige Bibliotheken zur Verfügung, die einer manuellen Optimierung meist deutlich überlegen sind. Es verbleiben jedoch viele Fälle, in denen letztere explizit vorgenommen werden muss.

Virtueller Speicher und Paging Cachespeicher trifft man praktisch immer in Verbindung mit einem *virtuellen Speicher* an. Dieser gestattet, in einem einzelnen Programm wesentlich mehr Speicher zu adressieren, als physikalischer Hauptspeicher zur Verfügung steht. Dieses Konzept wurde schon auf den Großrechnern der sechziger und siebziger Jahre realisiert. Der Speicherbedarf eines Programms ist nicht mehr durch die Größe des Hauptspeichers, sondern durch diejenige des virtuellen Speichers begrenzt. Alle Daten, die nicht in den Hauptspeicher passen, müssen auf einem physikalisch verfügbaren externen Speichermedium, meist Magnetplatten, abgelegt werden. Die Größe des virtuellen Speichers ist somit durch die Größe der externen Speichermedien begrenzt, meist jedoch durch kleinere, vom Betriebssystem vorgegebene Adressbereiche. Bei Hauptspeichergrößen von 32 MB bis zu mehreren Gigabyte gestattet ein virtueller Speicher die Nutzung von Datenbereichen weit darüber hinausgehender Größenordnungen. Ein virtueller Speicher erfordert ein kompliziertes Zugriffsmanagement, vor allem dann, wenn eine mehrstufige Cachehierarchie hinzukommt. Die Bequemlichkeit des erweiterten Adressraums wird durch einen stark erhöhten Zeitbedarf für den Zugriff erkauft. Analog zur Funktionsweise des Cachespeichers erfolgt der Datenaustausch zwischen Hauptspeicher und den für den virtuellen Speicher ausgewiesenen Bereichen auf externen Speichermedien nur in größeren Dateneinheiten.

Hierzu werden der virtuelle Speicher und der Hauptspeicher in *Speicherseiten* (engl. *pages*) als Einheit aufgeteilt. Typische Seitengrößen liegen im Bereich von 0.5 KB bis 8 KB. Befinden sich die gerade benötigten Daten nicht im Hauptspeicher, tritt ein *Page Fault* auf. Von einem externen Speicher wird diejenige Seite komplett in den Hauptspeicher geholt, die die benötigten Daten enthält. Der hierfür gegebenenfalls erforderliche Platz im Hauptspeicher wird dadurch geschaffen, dass im Austausch eine andere Speicherseite, deren Daten vom Programm vorerst voraussichtlich nicht mehr benötigt werden, auf das externe Speichermedium ausgelagert wird. Diese als *Paging* bezeichnete Prozedur ist aufwendig. Mittels verschiedener Tafeln, die Adressen von Speicherseiten verwalten, werden Scheduling-Strategien unterstützt. Oft findet man zum Beispiel einen *Table Lookaside Buffer* (TLB) und eine *Page Frame Table* (PFT). Der TLB enthält die Adressen einer gewissen Anzahl von Speicherseiten, die sich im Hauptspeicher befinden und auf die "kürzlich" zugegriffen wurde. Aus der PFT können die Adressen sämtlicher von einer Anwendung genutzten Speicherseiten abgelesen werden, die sich gerade im Hauptspeicher befinden. Wird auch in der PFT die benötigte Adresse nicht gefunden, so muss sich die gesuchte Seite auf einem externen Medium befinden: Ein Page Fault ist eingetreten. Häufig werden dann in Analogie zur Verwaltung von Cache Lines bei einem notwendigen Austausch von Speicherseiten zwischen Hauptspeicher und virtuellem Speicher diejenigen Speicherseiten bevorzugt auf externe Medien ausgelagert, die längere Zeit nicht benutzt worden sind, was als Kriterium dafür gewertet wird, dass dies in absehbarer Zeit auch nicht wahrscheinlich ist.

Auch beim Paging treten in ungünstigen Fällen unnötige Datenzugriffe durch mehrfachen Austausch derselben Daten zwischen Hauptspeicher und externem Speicher oder durch den Transport von Speicherseiten, von denen nur wenige Daten benötigt werden, auf. Obwohl in numerischen Anwendungen fast immer implizit vorausgesetzt wird, dass alle benötigten Daten in den Hauptspeicher passen, sind dennoch Pagingaktivitäten in gewissen Situationen zu berücksichtigen. Selbst wenn alle Daten einer Anwendung im Hauptspeicher liegen, wird beim Paging bei jedem Zugriff auf den Hauptspeicher kontrolliert, ob dies auch wirklich der Fall ist. Liegen zum Beispiel zwei nacheinander benötigte Daten auf verschiedenen Speicherseiten im Hauptspeicher, so hat dies in der Regel zwar keinen Datenaustausch mit externen Speichermedien, jedoch Änderungen in den Einträgen der Tafeln, die die Adressen der Speicherseiten verwalten, zur Folge, etwa den Austausch von Einträgen zwischen TLB und PFT. Eine Optimierung in einem in einer höheren Programmiersprache geschriebenen Programm ist auch hier grundsätzlich bis zu einem gewissen Grad möglich, jedoch sehr aufwendig und natürlich maschinenabhängig. Es wird dabei die gleiche Strategie wie bei der Cacheoptimierung angewendet, wobei als Einheit nunmehr die Größe einer Speicherseite zugrunde gelegt wird. Aufeinanderfolgende Hauptspeicherzugriffe sollten möglichst auf derselben Speicherseite erfolgen. Das Gegenteil tritt beispielsweise mit Sicherheit ein, wenn auf ein Feld mit einem Inkrement zugegriffen wird, das größer als die Seitengröße ist. Bei der Vereinbarung von Feldern muss auf die relative Lage der Feldelemente zueinander im Hinblick auf die Grenzen von Speicherseiten geachtet werden.

Das Zusammenwirken von virtuellem Speicher, Hauptspeicher, Caches sowie Funktionalen Einheiten und Registern sei anhand des Beispiels in Abb. 3.1.21 illustriert. Die Gleitpunkteinheit (FPU) verfüge über hier nicht näher spezifizierte Register. Zur Vereinfachung sei nur ein einstufiger (L1-) Cache der Größe 64 KB vorgesehen. Abb. 3.1.21 zeigt die Konfiguration eines *4-Wege-assoziativen Caches*. Der Cache ist einerseits in 512 Cache Lines der Länge 128 Bytes, andererseits in 4 Kongruenzklassen der Größe 16 KB unterteilt. Analog ist der Hauptspeicher von 64 MB in 4096 Kongruenzklassen zu je 16 KB und diese wiederum in Einheiten von 128 Bytes unterteilt. Im Hinblick auf die Adressierung des virtuellen Speichers erfolgt zusätzlich eine Aufteilung des Hauptspeichers in 128 Speicherseiten der Größe 512 KB. Als virtueller Speicher, der physikalisch auf externen Speichermedien residiert, seien 4 GB adressierbar, unterteilt in Einheiten von 512 KB. Jede Einheit besitzt somit genau die Größe einer Speicherseite. Zugriffe auf die Komponenten der Speicherhierarchie werden nicht für jedes einzelne Datum, sondern in möglichst großen Einheiten ausgeführt, um den Verwaltungsaufwand, das heißt die Anzahl der zur Speicherverwaltung notwendigen Befehle, zu reduzieren und die Adressierung zu vereinfachen. Ein Speicherzugriff läuft wie folgt ab. Benötigt eine Einheit in der FPU einen Operanden x, so wird zunächst kontrolliert, ob der Operand schon in einem geeigneten Register bereitsteht.

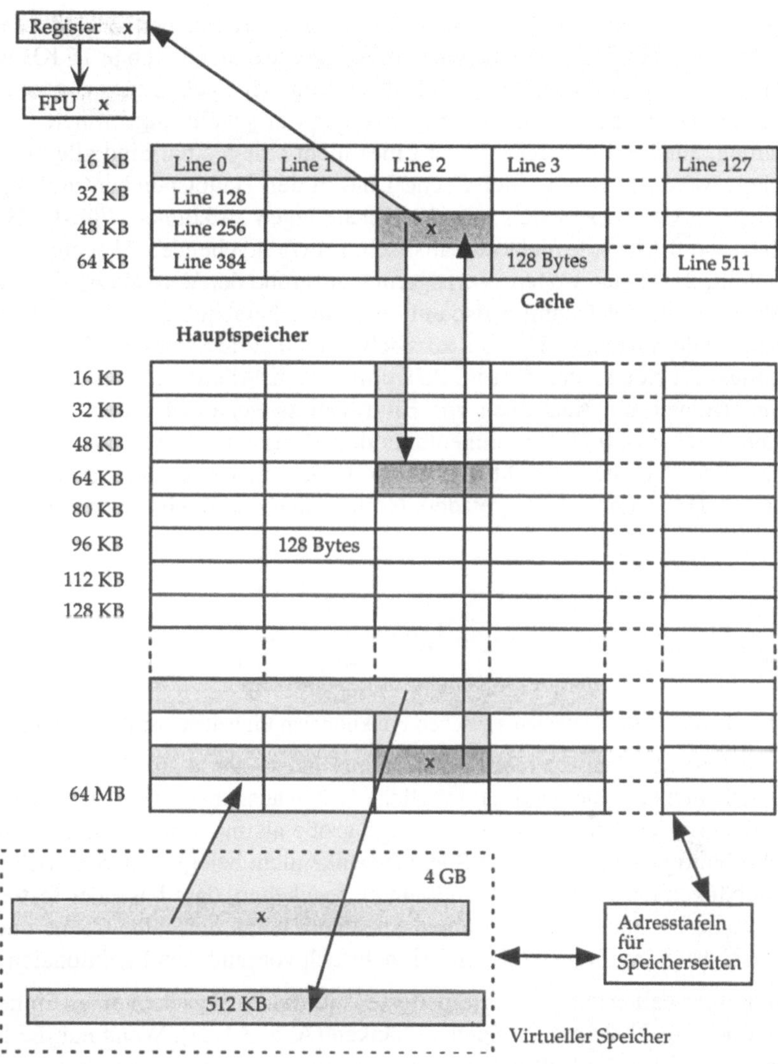

Abb. 3.1.21   Beispiel einer Speicherhierarchie

Falls nicht, so wird im Cache gesucht. Im Erfolgsfall wird der benötigte Operand in ein Register geladen und steht der FPU innerhalb von 1-3 Takten zur Verfügung. Findet sich der Operand x nicht im Cache, so tritt ein *Cache Miss* auf. Der benötigte Operand x wird nun im Hauptspeicher gesucht. Anstatt diesen einzeln in den Cache zu laden, werden diejenigen 128 Bytes entsprechend der eben geschilderten Unterteilung aus dem Hauptspeicher in den Cache geladen, die x enthalten. Es wird also eine ganze Cache Line gefüllt, auch wenn eventuell die anderen in den 128 Bytes enthaltenen Daten gar nicht benötigt werden.

Im vorliegenden Modell unterliegt der Cachezugriff einer weiteren Einschränkung, die den Verwaltungsaufwand, vor allem die Adressierung, vereinfachen soll. Mit der Einteilung sowohl des Caches als auch des Hauptspeichers in Kongruenzklassen von je 16 KB wird erzwungen, dass jeder Hauptspeichereinheit von 128 Bytes genau vier Cache Lines zugeordnet werden. Beim Laden aus dem Hauptspeicher kann nur in eine der vier jeweils zugeordneten Caches Lines geschrieben werden, auch wenn andere Cache Lines nicht belegt sind. Sind alle vier zulässigen Cache Lines belegt, wird der Inhalt einer Cache Line in den Hauptspeicher zurückgespeichert, um die 128 Bytes mit dem Operanden x in den Cache legen zu können. Für die Bewältigung eines Cache Miss sind 8-12 Takte nicht unrealistisch. Im vorangehenden Abschnitt wurde stillschweigend unterstellt, dass keine weitere Verzögerung aufgrund der Verwaltung der Adresstafeln für Speicherseiten eintritt, das Datum x also auf einer Speicherseite liegt, die nicht nur im Hauptspeicher präsent, sondern auch im TLB als kürzlich referenzierte Seite verzeichnet ist. Ist dies nicht der Fall, so muss die Seite zumindest im PFT notiert sein. Allerdings muss dann nicht nur ein Cache Miss, sondern auch ein Austausch von Einträgen zwischen PFT und TLB abgewartet werden. Dies kann durchaus 30-60 Maschinentakte dauern. Liegt x auch nicht im Hauptspeicher, wird es im virtuellen Speicher gesucht. Die virtuelle Speicherseite, die x enthält, wird komplett (hier 512 KB) in den Hauptspeicher geladen. Notfalls muss dafür eine andere Seite ausgeladen werden.

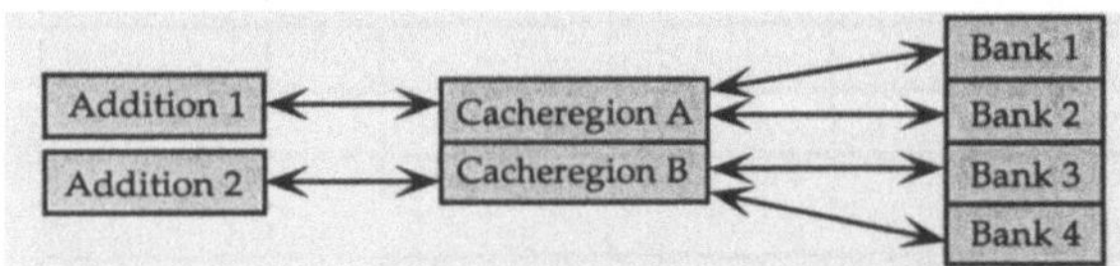

Abb. 3.1.22:   Zuordnungen zwischen Funktionalen Einheiten und der Speicherhierarchie

Häufig ist der Hauptspeicher aus Kostengründen oder mangels eines entsprechenden Kapazitätsbedarfs nicht auf die maximal mögliche Größe ausgebaut. Um einen zukünftigen Ausbau nicht zu behindern, werden zudem eher wenige große als mehrere kleine Speicherchips eingesetzt. Dies führt häufig dazu, dass ganze Speicherbänke nicht belegt sind. Sind beispielsweise von vier Speicherbänken nur zwei belegt, so kann es geschehen, dass bei einer festen Zuordnung bestimmter Bereiche im Cache zu bestimmten Speicherbänken der halbe Cache dauerhaft ungenutzt bleibt. Verschärft wird dieses Problem bei mehrfach vorhandenen Funktionalen Einheiten.

In diesem Fall erfolgt häufig eine feste Zuordnung zwischen einer Einheit, einem festen Bereich im Cache und bestimmten Speicherbänken (Abb. 3.1.22). Wenn nur die Hälfte der Speicherbänke belegt ist, kann die Hälfte des Prozessors nicht genutzt werden. Bei vielen Rechnerarchitekturen ist es daher günstig, Speicherbänke zumindest paarweise oder sogar alle Speicherbänke zu belegen. Dieses Problem kann offensichtlich nicht durch einen Anwendungsalgorithmus oder -programm gelöst werden, sollte jedoch bedacht werden.

3.1.5   Parallelrechner

Im Bereich der Parallelrechner-Architekturen herrscht eine große Vielfalt. Die einzige Gemeinsamkeit aller Parallelrechner besteht darin, dass sie über mehr als einen Prozessor verfügen und dass alle Prozessoren in Anwendungsprogrammen parallel genutzt werden können. Die wesentlichen Unterscheidungsmerkmale sind gegeben durch

- Anzahl der Prozessoren
- Leistung und Struktur der einzelnen Prozessoren
- logische und physikalische Anordnung der Prozessoren
- Kommunikation zwischen den Prozessoren
- Speicherorganisation.

Die Eigenschaften der einzelnen Prozessoren und ihr Zusammenwirken charakterisieren die Architektur eines Parallelrechners und bestimmen entscheidend die Nutzungsweise.

3.1.5.1 Prozessoren

Die Anzahl der Prozessoren bildet eine theoretische Obergrenze für den auf einem Parallelrechner erreichbaren Grad der Parallelität. Leistung und Funktionsumfang der Prozessoren bestimmen den Rahmen für die mögliche Effizienz der durch Parallelisierung entstehenden Teilaufgaben. In Parallelrechnern werden die verschiedensten Prozessorarchitekturen eingesetzt:

- CISC-Prozessoren
- RISC-Prozessoren
- Vektorprozessoren
- Feldprozessoren
- herstellerspezifische Spezialprozessoren.

CISC-, RISC- und Vektorprozessoren sind in gewissem Sinne Universalprozessoren. Eine andere Entwicklungsrichtung setzt auf hochspezialisierte Prozessoren. Durch Einschränkung des Funktionsumfangs werden die Hardwarestruktur und damit auch die Systemsoftware drastisch vereinfacht. Die meisten Parallelrechner verwenden heute handelsübliche RISC-Mikroprozessoren wie Power, Power PC, HP Precision Architecture, Sun Sparc, DEC Alpha, aber auch CISC-Prozessoren wie Intel Pentium und Itanium und AMD Athlon und Opteron. Oft werden besonders leistungsfähige Servervarianten dieser Prozessoren eingesetzt. Parallelrechner mit Vektorprozessoren werden von einigen Herstellern wie Cray oder NEC weiter angeboten. Die Bedeutung von Spezialprozessoren, die individuell für eine bestimmte Parallelrechnerarchitektur entwickelt werden, hat sehr abgenommen, da ihre Entwicklung meist mit unvertretbar hohen Kosten verbunden ist und der begrenzte Funktionsumfang sowie die oft mangelnde Kompatibilität mit anderen Architekturen die Einsatzmöglichkeiten stark einschränken. Angesichts der rasant fortschreitenden Entwicklung ist bei der Prozessortechnologie weiterhin mit großen Veränderungen zu rechnen.

3.1.5.2 Speichertopologie

In einer ersten Grobeinteilung kann man Parallelrechner mit *globalem*, also *gemeinsamem,* und solche mit *verteiltem Speicher* unterscheiden, in denen jeder Prozessor einen eigenen, *lokalen Speicher* besitzt (Abb. 3.1.23). Dieses Merkmal besitzt einen erheblichen Einfluss auf die Entwicklung von Algorithmen und Programmen.

Globaler Speicher Alle Prozessoren greifen auf einen gemeinsamen Speicher zu. Dies erfordert hardwareseitig die Bereitstellung geeigneter Zugriffswege von jedem der Prozessoren zum globalen Speicher und eines Steuerungsmechanismus zur Kontrolle und Synchronisation der Zugriffe. Die Steuerung kann über eine gesonderte Steuereinheit, die mit allen Prozessoren verbunden ist, aber auch durch Nachrichtenaustausch zwischen den Prozessoren erfolgen.

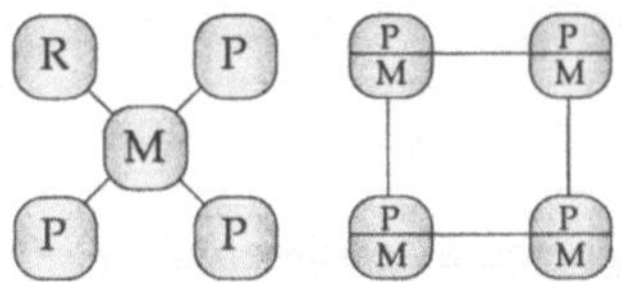

Abb. 3.1.23
Parallelrechner mit gemeinsamem und verteiltem Speicher
(P: Prozessor, M: Speicher (engl. *memory*))

Der Datenaustausch zwischen Prozessen, die auf verschiedenen Prozessoren ablaufen, gestaltet sich grundsätzlich verhältnismäßig einfach, da alle betroffenen Prozesse auf dieselben Daten in denselben Speicherbereichen zugreifen können. Ein gleichzeitiger Zugriff verschiedener Prozessoren auf dieselben Speicherbereiche führt jedoch zu zeitlichen Zugriffskonflikten, die systemseitig durch ein geeignetes Scheduling auf der Basis der vorhandenen Hardware zu lösen sind. Der synchronisierte Zugriff auf einen globalen Speicher kann nur für eine begrenzte Anzahl von Prozessoren effizient gesteuert werden. Bei großen Prozessoranzahlen kommt das konstruktive Problem hinzu, eine ausreichende Anzahl von Zugriffswegen physikalisch bereitzustellen. Der gleichzeitige Zugriff mehrerer Prozessoren auf dieselben Speicherbereiche resultiert aus Datenabhängigkeiten. Diese müssen durch geeignete algorithmische Maßnahmen möglichst verhindert werden, wobei zumindest eine Synchronisation der aus den Datenabhängigkeiten resultierenden funktionalen Abhängigkeiten vorgenommen werden muss. Dabei wird ausschließlich die nebenläufige Ausführung von Teilalgorithmen synchronisiert. Aufgrund des globalen Speicherzugriffs muss nicht explizit für die Verfügbarkeit der Daten in bestimmten Prozessoren gesorgt werden. Parallelrechner mit gemeinsamem Speicher wurden schon frühzeitig von bekannten Herstellern von Vektorrechnern wie Cray, NEC, Fujitsu oder Hitachi als Parallelrechner mit Vektorprozessoren angeboten. Diese Rechner werden häufig als *PVP-Rechner (parallel vector processors)* bezeichnet. Durch die Kopplung von wenigen, aber sehr leistungsfähigen (und damit teuren) Vektorprozessoren konnte die Leistung der ursprünglichen Einprozessor-Vektorrechner vervielfacht werden. Die im Allgemeinen sehr hohe Leistung von Vektorprozessoren erfordert eine enge und schnelle Kopplung der Prozessoren. Die Komplexität des Verbindungsnetzes und damit auch die Anzahl der Prozessoren werden durch diese Bedingung entscheidend beschränkt. Durch einen gemeinsamen Speicher wird ein aufwendiger Transport großer Datenmengen zwischen Prozessoren vermieden. Die unvermeidbaren Speicherzugriffs-Konflikte sind bei einer verhältnismäßig geringen Prozessoranzahl (bis etwa 64) kontrollierbar. Für den Anwender ist bei Vektor-Parallelrechnern neben den aus der Architektur resultierenden Bedingungen für die Softwareentwicklung die Möglichkeit der gleichzeitigen Vektorisierung und Parallelisierung von Bedeutung.

Vektor-Parallelrechner sind nur ein Beispiel für Parallelrechner mit gemeinsamem Speicher. Weit verbreitet sind Parallelrechner mit RISC-Prozessoren. Als Beispiel mit gemeinsamem Speicher sei die Sun Starfire [/www/Sun] mit bis zu 64 UltraSPARC-Prozessoren genannt. Auch am anderen Ende des Leistungsspektrums setzt bei verschiedenen Herstellern verstärkt die Entwicklung von Mehrprozessorrechnern im Bereich der Arbeitsplatzrechner oder kleinerer Server ein. Als Beispiele seien Workstation(-server) wie Sun Fire mit bis zu 8 UltraSPARC-Prozessoren oder Silicon Graphics Octane mit ein oder zwei MIPS R12000 oder R14000A-Prozessoren [/www/SGI], IBM RS 6000 Modell 270 mit bis zu vier Prozessoren und verschiedene Servermodelle der IBM RS/6000-Reihe mit zwei bis acht Prozessoren [/www/IBM], aber auch Personal

Computer mit zwei bis vier Intel Pentium (Xeon)-oder auch AMD Athlon-, also CISC-Prozesso-ren genannt. Diese Rechner sind aber primär nicht als Parallelrechner im eigentlichen Sinne kon-zipiert. Bei den Zweiprozessor-Maschinen steht die Aufteilung unterschiedlicher Aufgaben, etwa die Trennung von anwendungs- und systemnahen Prozessen oder die parallele Ausführung nume-rischer Rechnungen und Grafikanwendungen im Vordergrund, bei Servermodellen die Erhöhung des Durchsatzes für eine größere Anzahl von Jobs. Eine Nutzung als Parallelrechner ist grund-sätzlich möglich, wenn dies durch das Betriebssystem unterstützt wird und Software zur Be-schreibung paralleler Prozesse zur Verfügung steht. Mehrprozessor-Rechner mit gemeinsamem Speicher werden in diesem Fall auch als *SMP-Rechner (symmetric multiprocessing)* bezeichnet.

Verteilter Speicher Das Konzept des *verteilten Speichers*, bei dem jeder Prozessor über einen eigenen, lokalen Speicher verfügt, findet bei Parallelrechnern jeder Größenordnung Anwendung. Es ist zwar vor allem durch die kaum beherrschbaren Zugriffsprobleme auf einen globalen Spei-cher bei großen Prozessoranzahlen motiviert, wird aber auch bei Parallelrechnern mit wenigen Prozessoren verwendet. Wie im Falle eines globalen Speichers bedeutet eine Parallelisierung zu-nächst, dass Daten- und funktionale Abhängigkeiten entweder beseitigt oder geeignet synchroni-siert werden. Da nun jeder Prozessor nur noch auf seinen eigenen Speicher zugreifen kann, füh-ren Datenabhängigkeiten zur Notwendigkeit expliziter Datentransporte zwischen den lokalen Speichern unterschiedlicher Prozessoren. Die Synchronisation erfolgt oft automatisch durch das Warten auf die Beendigung der entsprechenden Sende- und Empfangsoperationen. Der explizite Datenaustausch führt sowohl für den Anwender als auch auf der Systemebene zu einer erhebli-chen, aber unvermeidbaren Erhöhung des Arbeitsaufwandes. Auf der Programmebene werden in beinahe jedem Fall grundlegende Änderungen oder sogar vollständig neue Programme erforder-lich. Auch größeren Änderungen im algorithmischen Konzept oder sogar hinsichtlich der Aus-wahl von Verfahren können notwendig werden. Angesichts der hohen Kosten sehr leistungsfähi-ger Vektorrechner und der weitgehend ausgereizten Vektorprozessor-Technologie geht die Ent-wicklung vor allem im Bereich der so genannten Höchstleistungsrechner dahin, große Leistungs-steigerungen vor allem durch Parallelrechner mit verteiltem Speicher und einer möglichst großen Prozessoranzahl zu erreichen. Dabei werden meist handelsübliche und damit leistungsfähige, aber relativ preisgünstige Mikroprozessoren verwendet. Auch beim Hauptspeicher kommt in der Regel marktüblicher Speicher zum Einsatz. Damit sind die Hinderungsgründe früherer Jahre für die Herstellung kommerziell erfolgreicher Parallelrechner mit vielen Prozessoren beseitigt.

Virtuell gemeinsamer Speicher Ein *virtuell gemeinsamer Speicher (VSM, virtual shared me-mory)* nutzt die sich widersprechenden Merkmale eines gemeinsamen Speichers (einfachere Nut-zung und Verwaltung, aber Beschränkungen hinsichtlich der Vergrößerung der Anzahl der Pro-zessoren) und eines verteilten Speichers (einfachere Leistungsvergrößerung durch Erhöhung der Anzahl der Prozessoren, aber kompliziertere Nutzung und Verwaltung) aus. Der Hauptspeicher ist physikalisch verteilt. Logisch stellt er sich durch einen globalen, einheitlichen Adressraum dar und kann somit formal wie ein gemeinsamer Speicher genutzt werden. Dieses Konzept setzt eine Unterstützung durch das Betriebssystem und Software zur Formulierung paralleler Programme für einen gemeinsamen Speicher voraus. Durch die formale Vereinfachung der Programmierung ist jedoch das Problem des physikalisch verteilten Speichers nicht gelöst: Die Daten liegen oft nicht in dem lokalen Speicher, in dem sie benötigt werden. Während der Ausführung eines Pro-gramms ändert sich zudem oft der Ort, an dem bestimmte Daten benötigt werden, so dass explizite Datentransporte erforderlich werden. VSM-Systeme enthalten Mechanismen zur automatischen Datenverteilung, um die Anwendungsebene von einer expliziten Datenverteilung zu entlasten. Diese sind jedoch häufig ineffizient, da sie spezifische Details einer Anwendung nicht immer erkennen können. Deshalb erfordert die effiziente Nutzung eines VSM oft ein explizites Datenmanagement auf Anwendungsebene. Softwaresysteme für VSM bieten zusätzliche Konstrukte für eine Datenverteilung im Vereinbarungsteil eines Programms. Oft kann die Datenverteilung während der Ausführung durch entsprechende Deklarationen geändert werden. Der Vorteil des virtuellen gemeinsamen Speichers wird durch die Notwendigkeit expliziter Eingriffe allerdings relativiert. Ein virtuell gemeinsamer Speicher kann bei Verfügbarkeit entsprechender Software grundsätzlich auf jedes System mit verteiltem Speicher aufgesetzt werden. Als Beispiel seien der CRAFT-FORTRAN-Compiler auf der Cray T3E und (High Performance FORTRAN) genannt. Einige Architekturen, beispielsweise die Origin-Serie von Silicon Graphics, besitzen einen physikalisch verteilten Speicher, der einen hardwareseitig unterstützten globalen Adressraum als Grundlage verwendet. Dieses Konzept wird als *distributed shared memory (DSM)* bezeichnet.

In Parallelrechnern mit physikalisch gemeinsamem Speicher greifen alle Prozessoren grundsätzlich mit derselben Geschwindigkeit auf diesen zu. Auf Parallelrechnern mit virtuell gemeinsamem und physikalisch verteiltem Speicher trifft dies nicht mehr zu. Der Adressraum ist zwar global, jedoch muss bei jedem Zugriff durch einen Prozessor unterschieden werden, ob es sich um einen Zugriff auf den lokalen Speicher des Prozessors oder über das Verbindungsnetzwerk auf denjenigen eines anderen Prozessors handelt. Ein lokaler Zugriff erfolgt direkt unter der Kontrolle des Prozessors und ist damit schneller als ein entfernter Zugriff, bei dem die Kontrolle auf das Netzwerk und dessen Steuerungshardware übergeht. Vor allem bei Parallelrechnern mit sehr vielen Prozessoren können Zugriffe entfernungsabhängig sein: Zugriffe auf weit entfernte Speicher erfolgen gegebenenfalls über mehrere Zwischenstationen wie Hubs, Router oder ähnliche Geräte.

Mehrstufige und inhomogene Speicherkonzepte Das Problem der Kopplung großer Anzahlen von Prozessoren und deren Speichern wird bei einigen Herstellern durch mehrstufige Konzepte bewältigt. In einer hierarchischen Ordnung werden Vernetzungskonzepte mit unterschiedlicher Geschwindigkeit oder unterschiedlicher Struktur verwendet. Verschiedene Hersteller verwenden folgende zweistufige Hierarchie. Jeweils eine kleinere Anzahl von Prozessoren und ein gemeinsamer Speicher werden als sogenannter SMP-Knoten zusammengefasst. Auf einer zweiten Stufe werden dann mehrere SMP-Knoten über ein Verbindungsnetzwerk gekoppelt. Als Beispiel sei der Vektor-Parallel-(PVP-) Rechner SX-6 von NEC und Cray [/www/Cray] genannt. In gewissem Sinne lässt sich auch die später diskutierte Origin 2000 und ihr Nachfolger Origin 3000 von Silicon Graphics [/www/SGI] diesem Merkmal zuordnen. Architekturen mit mehrstufigen, inhomogenen Hauptspeicherhierarchien werden als *NUMA-Architekturen (non uniform memory access)* bezeichnet. In *ccNUMA-Architekturen (cache coherent nonuniform memory access)* wird ein weiteres Problem berücksichtigt, das sich aus der komplexen Speicherstruktur ergibt. Auf jeden lokalen Speicher erfolgen Zugriffe sowohl durch den eigenen als auch durch andere Prozessoren. Bei Schreibzugriffen durch andere Prozessoren wird zunächst der Inhalt eines Speicherbereichs verändert, ohne dass die mit letzterem verbundenen Cache Lines ebenfalls aktualisiert werden. Um derartige Inkonsistenzen zu vermeiden, wird ein Kohärenzprotokoll geführt. Diese Tafel enthält für jeden Speicherblock einen Eintrag mit einer Statusinformation. Insbesondere wird darin festgehalten, welche Caches eine Kopie des jeweiligen Blocks erhalten haben und ob sich der Inhalt eines dieser Caches von demjenigen des zugehörigen Hauptspeicherbereichs unterscheidet. Damit wird sichergestellt, dass systemweit nur die jeweils aktuellen Daten verwendet werden. Man spricht dann von der Erhaltung der *Cache-Kohärenz* [WS95].

3.1.5.3 Prozessorkopplung und Kommunikation

Bei der Entwicklung von Parallelrechnern hat sich schon frühzeitig herausgestellt, dass neben der Leistung der Prozessoren die Kapazität und Geschwindigkeit der Kommunikation, des Datentransports zwischen den Prozessoren, einen wesentlichen Einfluss auf die Gesamtleistung eines Parallelrechners besitzt und häufig den entscheidenden Engpass darstellt. Während bei Rechnern mit gemeinsamem Speicher "nur" ein Synchronisationsproblem beim Zugriff auf diesen auftritt, spielt bei Rechnern mit verteiltem Speicher die Kopplung der Prozessoren, insbesondere Art, Anzahl und Kapazität der für Datentransporte zwischen den lokalen Speichern der Prozessoren zur Verfügung stehenden Wege, eine entscheidende Rolle. Da auch parallele Anwendungen nur in Sonderfällen zu vollständig parallelen Teilaufgaben führen, tritt in beinahe jeder Anwendung häufig das Problem auf, dass ein Prozessor Daten benötigt, die nicht in seinem Speicher, sondern in dem eines anderen Prozessors liegen. Die Daten müssen somit von einem lokalen Speicher in einen anderen transportiert werden. Hierzu wird eine physikalische Verbindung benötigt. Grundsätzlich wäre es wünschenswert, dass jeder Prozessor mit jedem anderen direkt über eine eigene Verbindung gekoppelt wäre. Bei großen Prozessoranzahlen können jedoch schon aus technischen Gründen direkte physikalische Verbindungen, also Datenleitungen, nicht mehr von jedem Prozessor zu allen anderen geschaffen werden. Bei p Prozessoren würde die Gesamtzahl aller Verbindungen $p(p-1)/2$ betragen. Daher müssen Art und Anzahl der Verbindungen sinnvoll beschränkt werden. Hierfür gibt es grundsätzlich zwei Möglichkeiten:

- Es werden nur noch bestimmte Prozessoren direkt miteinander verbunden.
- Jeder Prozessor ist über wenige Kommunikationswege mit einem Schaltnetzwerk verbunden, das die Verbindung zu anderen Prozessoren durch Zusammenschaltung der entsprechenden Leitungen herstellt.

Im ersten Fall muss für die Kommunikation zweier nicht direkt miteinander gekoppelter Prozessoren ein optimaler Verbindungsweg gefunden werden, der Kopplungen zwischen an dem jeweiligen Datenaustausch eigentlich nicht beteiligten Prozessoren mitbenutzt. Dies wird als *Routing*-Problem bezeichnet. Der räumlich kürzeste Weg muss nicht der zeitlich kürzeste Weg sein, da weitere Prozessoren durch die Kommunikation mitbelastet und auch "fremde" Kommunikationswege mitbenutzt werden, die gegebenenfalls schon durch andere Datentransporte belegt sind. Üblich sind sowohl *statische Strategien*, bei denen ein Kommunikationsweg bis zum Abschluss eines Datentransports fest reserviert wird (Leitungsvermittlung), als auch *dynamische Strategien*, bei denen größere Nachrichten in *Pakete* zerlegt werden, die nach Maßgabe freier Kapazitäten einzeln transportiert werden (Paketvermittlung). Die Prozessoren der meisten modernen Parallelrechner verfügen über spezielle Hardware zur Steuerung der Kommunikation bis hin zu gesonderten Kommunikations-Prozessoren, damit durch die oft aufwendigen Datentransporte nicht zuviel Kapazität abgeschöpft wird, die für die eigentliche Arbeit dann nicht mehr zur Verfügung stehen würde. Im zweiten Fall verfügt jeder Prozessor nur über eine geringe Anzahl von Kommunikationswegen, im Extremfall einen. Die von allen Prozessoren ausgehenden Wege werden über

Schalter verbunden, die bei jeder Kommunikation entsprechend geschaltet werden.

Die Leistungsfähigkeit einzelner Verbindungen oder eines ganzen Netzwerkes beschreibt man vor allem durch den Begriff der *Bandbreite*, die die Datenmenge angibt, die pro Zeiteinheit auf einer Verbindung oder in einem Netzwerk transportiert werden kann. Jeder Datentransport verursacht einen gewissen Verwaltungsaufwand. Der dadurch entstehende zusätzliche Zeitbedarf ist in vielen Fällen nicht zu vernachlässigen. Die Latenzzeit eines Kommunikations-Netzwerkes gibt die Zeit von der Auslösung einer Kommunikation bis zum Beginn der Übertragung an den Zielprozessor an. Durch spezielle Routingmechanismen oder gesonderte Kommunikations-Prozessoren wird versucht, die Latenzzeit oder sogar die gesamte Kommunikationszeit durch andere Operationen zu überdecken. Die Leistungsfähigkeit eines Parallelrechners wird auch durch den Grad seiner *Skalierbarkeit* bestimmt. Hierunter versteht man die Eigenschaft, dass im weitesten Sinne die Leistungsparameter proportional zur Prozessoranzahl sind. Dies erfordert, dass mit wachsender Prozessoranzahl alle Komponenten in gleicher Weise mitwachsen. Dies gilt insbesondere für den Hauptspeicher, aber auch die Synchronisationszeiten und die Bandbreite, das heißt die Kapazität der Verbindungen zwischen den Prozessoren, damit die Kommunikationsleistung je Prozessor konstant bleibt.

Die eingeschränkte Kopplung der Prozessoren führt zwangsläufig zu einer Vielzahl spezieller physikalischer Anordnungen von Prozessoren und Netzwerken unterschiedlicher Funktionalität und Effizienz. In Abb. 3.1.23 ist das Problem der Kopplung der Prozessoren willkürlich gelöst. Im Folgenden werden verschiedene gängige Schemata vorgestellt.

Bus In vielen Rechnern ist der Prozessor über einen *Bus*, eine interne Datenleitung, mit anderen Komponenten wie Hauptspeicher, Grafik- und Netzwerkkarten verbunden. Theoretisch liegt es nahe, an den Bus weitere Prozessoren samt ihren Speichern anzuschließen. Da alle Informationen dann über den Bus laufen, wäre eine einfache Kopplung aller Prozessoren über den Bus erreicht. Trotzdem ist dies kaum praktikabel, da Busse nicht in der Lage sind, die Anforderungen an die Datentransportkapazität auch nur annähernd zu erfüllen. Eine ausreichende Bemessung der Bandbreite würde schon aus technischen Gründen auf ein ähnliches unlösbares Problem wie bei der direkten Verbindung jedes Prozessors mit jedem anderen mit jeweils einer eigenen Datenleitung führen, da sie einer Erhöhung der Prozessoranzahl entsprechend vergrößert werden müsste.

Schaltnetzwerke Durch *schaltende Verbindungsnetzwerke* kann die Anzahl der physikalischen Verbindungen verringert werden. Jeder lokale Speicher ist durch eine Datenleitung mit einem Switch, einer zusätzlichen Hardwareeinheit, mit einem Schaltnetzwerk verbunden [WS95]. Die Anzahl der Datenleitungen wird von $p(p-1)/2$ auf p reduziert. Innerhalb des Switches wird die Kommunikation der Prozessoren untereinander über logische Schalter realisiert. Das bekannteste Beispiel ist der *Crossbar-Switch*. Dieser verfügt an jeder Kreuzung zwischen der von einem Prozessor ausgehenden Datenleitung und der von einem lokalen Speicher ausgehenden Leitung über einen Schalter. Somit kann jeder Prozessor auf den Speicher jedes anderen Prozessors in einem Schritt zugreifen. Insgesamt werden also p^2 Schalter benötigt. Dies ist immer noch recht aufwendig. Es gibt eine Vielzahl an Konzepten für schaltende Netzwerke. Als Parameter gehen unter anderem die Anzahl der Schalter und die Maximalanzahl an Schaltschritten zur Herstellung einer Verbindung ein. Es gibt mehrstufige Switches, in denen die Anzahl der Schalter auf $p/\log_2 p$ reduziert ist. Dann werden allerdings $\log_2 p$ Schritte zur Herstellung einer Verbindung benötigt.

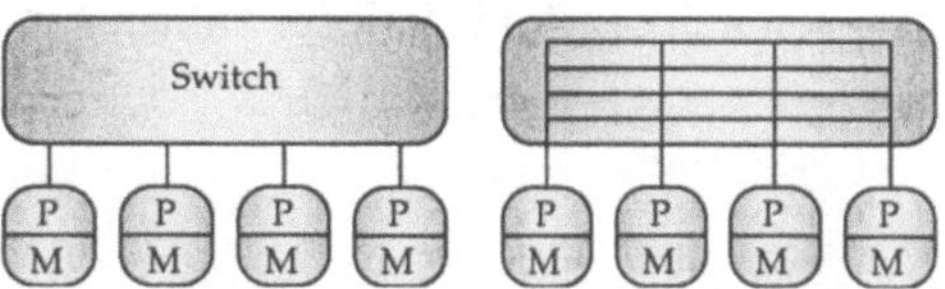

Abb. 3.1.24
Parallelrechner mit (a) Switch (b) speziell
Crossbar-Switch

Hypercube *Hypercubes* können als Verallgemeinerung der einfachen *Nächste-Nachbarn-Struktur* angesehen werden. Sie wurden von verschiedenen Herstellern (unter anderem Intel, Ncube) verwendet. Der Hypercube ist logisch ein p-dimensionaler Würfel, an dessen 2^p Ecken sich die Prozessoren befinden. Jeder Prozessor ist direkt mit p Nachbarn verbunden. Zwei Prozessoren sind benachbart, wenn sich die Binärdarstellung ihrer Adresse (Nummer) in genau einem Bit unterscheidet. Die maximale Kommunikationslänge beträgt $\log_2 p$. Reine Hypercube-Architekturen werden heute kaum noch verwendet, da bei allen bekannten Realisierungen mit wachsender Prozessoranzahl keine ausreichende *Bandbreite* des Netzwerks, das heißt Kapazität der Datenleitungen zwischen Prozessoren, erreicht werden konnte.

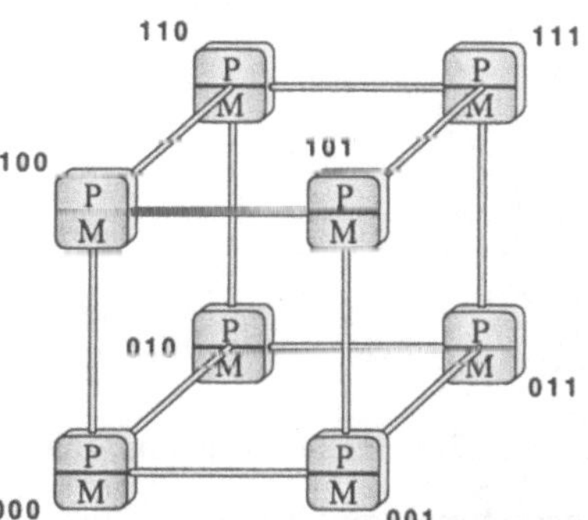

Abb. 3.1.25
Parallelrechner mit Hypercube-Architektur

Gitterstrukturen Die Abb. 3.1.26-Abb. 3.1.27 zeigen einige mögliche Anordnungen. Abb. 3.1.26(a) zeigt eine *Nächste-Nachbarn*-Verbindung bei zweidimensionaler Anordnung in Matrixform. Jeder Prozessor kann direkt nur mit seinen 4 unmittelbaren Nachbarn kommunizieren. Durch zusätzliche Verbindungen vom jeweils letzten zum jeweils ersten Prozessor in jeder Zeile und Spalte kann eine Ringstruktur in jeder Spalte und Zeile geschaffen werden. Damit wird die durchschnittliche Kommunikationslänge verringert. Dieses Prinzip wird auch dreidimensional angewendet: die Prozessoren werden würfelförmig angeordnet, gegebenenfalls werden in jeder Dimension zusätzlich die entsprechenden Randprozessoren miteinander gekoppelt. Abb. 3.1.26(b) zeigt eine *lineare Ringstruktur*. Die zusätzlichen, redundanten Verbindungen dienen der Umgehung defekter Prozessoren. Die Ausfallsicherheit spielt eine große Rolle bei der Konstruktion von Parallelrechnern. Es ist auch durchaus üblich, einige zusätzliche Prozessoren vorzusehen, die im Falle eines Defektes von Prozessoren einspringen. Für die Programmentwicklung hat dies jedoch grundsätzlich keine Bedeutung. Abb. 3.1.27 zeigt eine *Baumstruktur*. Ring- und Baumstrukturen haben sich aufgrund der eingeschränkten Anzahl und der speziellen Anordnung der Kommunikationswege als im Allgemeinen ungünstig herausgestellt. Derzeit tendieren die meisten Hersteller zu Nächste-Nachbarn-Strukturen, wobei zwei- und zunehmend dreidimensionale

Gitter zur Anwendung kommen. Häufig werden zusätzlich die jeweils ersten und letzten Prozessoren in jeder Reihe in jeder Dimension miteinander gekoppelt.

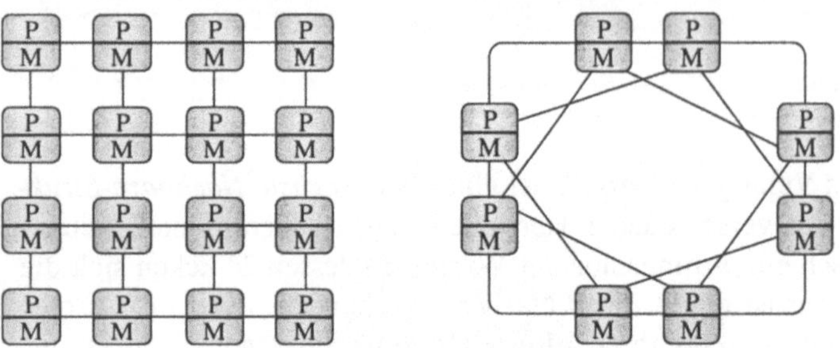

Abb. 3.1.26   Parallelrechner mit (a) Gittertopologie (Nächste-Nachbarn-Verbindungen) und mit (b) Ringtopologie und redundanten Verbindungen

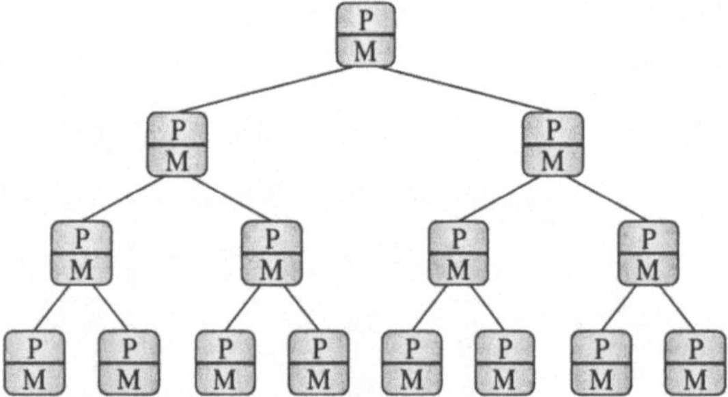

Abb. 3.1.27   Parallelrechner mit Baumtopologie

Clustertopologie In einem *Cluster* ("Haufen")-Konzept werden Prozessoren zu Gruppen zusammengefasst. Die Prozessoren einer Gruppe sind untereinander gemäß einem beliebigen Schema gekoppelt. Auf einer zweiten Ebene sind die Cluster untereinander ebenfalls nach einem beliebigen Schema gekoppelt. In diesem Konzept erfolgt sowohl lokale Kommunikation zwischen den Prozessoren innerhalb eines Clusters als auch globale Kommunikation zwischen Clustern beziehungsweise Prozessoren verschiedener Cluster. Der Kommunikationsaufwand soll dadurch verringert werden, dass ein möglichst großer Teil der Kommunikation innerhalb der Cluster, also lokal in kleineren Einheiten erfolgt, und nur in Ausnahmefällen globale und damit langsamere Kommunikation zwischen verschiedenen Clustern erforderlich wird. Dieses Ziel ist nur teilweise durch systemnahe Software zu erreichen und verlangt auch vom Anwender algorithmische Maßnahmen. Ein bekanntes Beispiel hierfür waren die Rechner KSR-1 und KSR-2 der Firma Kendall Square Research [KSR92]. Diese waren zwar flexibel zu programmieren, jedoch konnte auf Systemebene aufgrund des mit dieser Flexibilität verbundenen erhöhten Verwaltungsaufwandes keine ausreichende Leistung erreicht werden.

Logische Prozessortopologien Die physikalische Anordnung der Prozessoren in einem Parallelrechner und die dadurch bestimmte Struktur der Verbindungswege entspricht nicht immer den Erfordernissen einer Anwendung. Für verschiedene Architekturen ist herstellerspezifische oder auch herstellerunabhängige Software verfügbar, die es gestattet, auf vorhandenen Prozessortopologien andere, für den konkreten Algorithmus geeignetere Topologien zu simulieren. Dies bedeutet, dass neben der physikalischen Anordnung der Prozessoren auch logische Anordnungen eine Rolle spielen. Als einfaches Beispiel sei eine Ringstruktur auf einer Nächste-Nachbarn-Architektur genannt. Dabei werden nur bestimmte Kommunikationswege aufgegeben (Abb. 3.1.28).

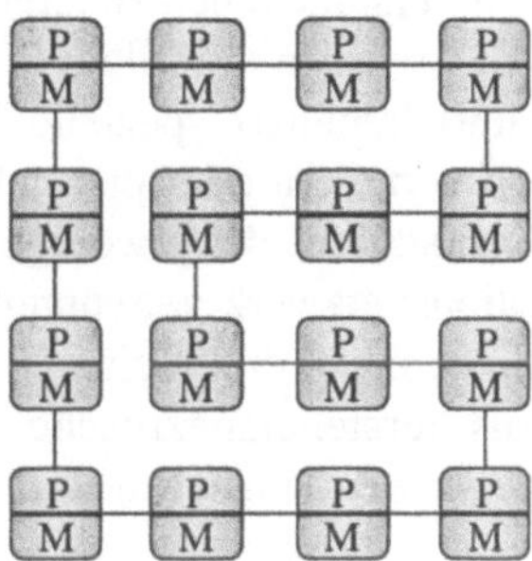

Abb. 3.1.28   Ringtopologie auf einer Nächste-Nachbarn-Topologie

3.1.5.4   Besondere Parallelrechnerformen

Rechner-Cluster Mit diesem Begriff bezeichnet man eine Anzahl von vollständigen, vernetzten Rechnern. Die mögliche Nutzung für verteilte oder parallele Anwendungen resultiert aus der Existenz einer Vernetzung, stellt jedoch nicht den vorrangigen Einsatzzweck dar. Die beteiligten Rechner sind keine speziell konzipierten Komponenten eines Parallelrechners, sondern eigenständige Rechner wie etwa Arbeitsplatzrechner mit eigenem Hauptspeicher, eigener Peripherie, oder eigenem Betriebssystem. In einem Cluster kann die Gesamtkapazität der beteiligten Rechner, meist Prozessorleistung und Hauptspeicher, gemeinsam und einheitlich genutzt werden. Voraussetzung ist die Verfügbarkeit von Kommunikationssoftware. Cluster von vernetzten Rechnern weisen die Merkmale einer parallelen Architektur mit verteiltem Speicher auf. Wie auf einem Parallelrechner können unabhängige Teilaufgaben zur parallelen Bearbeitung auf unterschiedliche Rechner verteilt werden. Grundsätzlich können Rechner verschiedener Hersteller und unterschiedlicher Leistung in einem Netz parallel genutzt werden. Der Engpass liegt in der Kommunikationsleistung, die oft um Größenordnungen schlechter ist als auf einem echten Parallelrechner. Unter dem abstrakten Begriff *Cluster* lassen sich sehr unterschiedliche Konzepte in Abhängigkeit der Spezifikation der beteiligten Komponenten einordnen.

Institutionen wie Universitäten, Forschungsinstitute oder Unternehmen verfügen über Rechnernetze mit einer mehr oder minder großen Anzahl von Arbeitsplatzrechnern. Typisch für solche Netze ist, dass einerseits oft ein Mangel an zentraler Kapazität für Aufgaben mit hohen Leistungsanforderungen hinsichtlich Speicherplatz und Rechenleistung besteht und dass andererseits die Kapazität der dezentralen Arbeitsplatzrechner überwiegend brachliegt. Es liegt daher nahe, diese Kapazitäten geeignet zu nutzen, zumal heutige Workstations und Personal Computer eine hohe Prozessorleistung und einen großen Hauptspeicher besitzen. Kommunikationssoftware, die die verteilte und speziell die parallele Nutzung von räumlich getrennten Rechnern unterstützt, ist als Public Domain-Software, aber auch in kommerziellen, für bestimmte Architekturen optimierten Versionen verfügbar. Häufig wird derartige Software mit gleicher Benutzerschnittstelle auch für Parallelrechner angeboten, so dass Programme zwischen Clustern und Parallelrechnern portabel sind. Die Vernetzung ist primär zur allgemeinen Kommunikation zwischen dezentralen Arbeitsplatzrechnern und nicht für die speziellen Anforderungen des Hochleistungsrechnens ausgelegt. Der Vorteil von Clustern von Arbeitsplatzrechnern liegt jedoch auf der Hand: Sie stehen mit der Existenz eines Netzwerkes automatisch zur Verfügung.

Von verschiedenen Herstellern, insbesondere UNIX-basierter RISC-Workstations wie IBM oder DEC, wurden vor allem in den neunziger Jahren als Alternative zu oder Vorläufer von (teuren) Parallelrechnern spezielle Cluster angeboten, deren vorrangiger Einsatzzweck die Durchführung von verteilten oder parallelen Anwendungen war. Diese Cluster bestanden aus handelsüblichen Workstations des jeweiligen Herstellers, die mit einer zusätzlichen, vom öffentlichen Kommunikationsnetzwerk getrennten Vernetzung versehen waren. Eine hohe Kommunikationsbandbreite wurde meist durch eine Glasfaserverkabelung mit Switches unter Verwendung leistungsfähiger, teils herstellerspezifischer Protokolle und architekturoptimierter Kommunikationssoftware für die Anwendungsebene sichergestellt.

Mit der inzwischen weitgehenden Akzeptanz der frei verfügbaren UNIX-Variante Linux haben *Linux-Cluster* eine immer größere Verbreitung erfahren. Hinter dieser Bezeichung verbergen sich die verschiedensten Konzepte, kostengünstige Parallelrechner durch weitgehende Verwendung handelsüblicher und damit preiswerter Hardware (insbesondere aus der PC-Welt) zu realisieren, die unter Linux sowie weiterer betriebssystemnaher Public Domain-Software betrieben werden. Die Rechner eines *Linux-Cluster* sind mit eigenem Speicher, eigenem Betriebssystem, eigener Platte vollständige Rechner, jedoch keine Arbeitsplatzrechner. Sie werden meist als kompakte Einschübe etwa in 19"-Schränken mit der Zielsetzung der Konstruktion eines (möglichst Massiv-) Parallelrechners mit verteiltem Speicher konzentriert. Insbesondere erfolgt die Kopplung der Rechner über ein lokales Netzwerk, das ausschließlich für parallele Anwendungen genutzt wird. Die Kommunikation erfolgt im Allgemeinen über explizite Datentransfers mittels Message Passing, wofür vorwiegend verschiedene frei verfügbare Implementierungen von MPI oder PVM eingesetzt werden (Abschnitt 3.2). Linux-Cluster enthalten meist zusätzliche Systemrechner für die parallele Steuerung der eigentlichen "Rechner", Netzwerksteuerung oder Datenhaltung, um die "Rechner" von Verwaltungsaufgaben weitestgehend zu entlasten. Hinter der Bezeichnung *Beowulf* [/www/Beo] verbirgt sich die bekannteste Initiative für derartige Cluster, wobei ein Beowulf kein konkretes Produkt, sondern eher eine Konzeptbeschreibung ist, die im Wesentlichen den obigen allgemeinen Vorgaben entspricht. Neben Linux sind auch andere Public Domain-UNIX-Varianten wie FreeBSD [/www/FBSD] zugelassen. Ein Beowulf-Cluster ist ausschließlich durch eine parallele Nutzung zur Geschwindigkeitserhöhung gekennzeichnet. Cluster mit allgemeineren verteilten Anwendungen, bei denen die Geschwindigkeit nicht im Vordergrund steht, werden nicht als Beowulf bezeichnet. Inzwischen sind Linux-Cluster Bestandteil der Angebotspalette vieler namhafter Hersteller. Im Gegensatz zu "Eigenkonstruktionen", in denen alle Hardware- und Softwarekomponenten einzeln beschafft und aufeinander abgestimmt werden müssen, bieten kommerzielle Cluster von vornherein eine vollständige und in der Regel in sich stimmige Gesamtlösung mit oft hochwertigen Komponenten wie etwa Intel Xeon- oder Itanium-Prozessoren. Kommerzielle Linux-Cluster sind naturgemäß deutlich teurer als die häufig vor allem unter Kostengesichtspunkten aus marktüblichen Standardkomponenten individuell zusammengestellten Eigenlösungen. Der Preisvorteil eines Linux-Clusters gegenüber einem "echten" Parallelrechner wird mit einem ebenso deutlichen Mehraufwand in der Systemverwaltung erkauft, da de facto ein Netz von eigenständigen Rechnern zu verwalten ist, die alle ihr eigenes Betriebssystem und eigene Software besitzen.

Am oberen Ende des Leistungsspektrums stehen Cluster von mehreren Hochleistungsrechnern. In vielen Rechenzentren, die über mehrere Parallel- oder Vektorrechner verfügen, werden diese untereinander über eine spezielle Vernetzung gekoppelt, die ausschließlich dem Datentransport in verteilten Anwendungen dient. Diese Clusterbildung wird von verschiedenen großen Herstellern, unter anderem IBM, Cray, Silicon Graphics hardware- und softwareseitig unterstützt.

Der Einsatz von Clustern für parallele oder verteilte Anwendungen erfolgt überwiegend innerhalb eines örtlich zusammenhängenden Netzes, eines *local area networks (LAN)*. Im Gegensatz dazu verbindet ein *wide area network (WAN)* weit entfernte Rechner, etwa Hochleistungsrechner in Rechenzentren in verschiedenen Städten. Im Extremfall werden sogar über mehrere Länder verteilte Rechner für eine gemeinsame verteilte oder parallele Anwendung eingesetzt. Unter dem Begriff *Metacomputing* fasst man Versuche zusammen, für extrem große Anwendungen Höchstleistungsrechner in den USA und Europa über Satellitenverbindungen gemeinsam zu nutzen. Anders als bei den hier vorwiegend diskutierten Clustern von Arbeitsplatzrechnern werden hierfür sehr spezielle Übertragungsprotokolle und -techniken verwendet.

Für Rechnercluster sind folgende Aspekte von entscheidender Bedeutung, wobei die Vernetzung noch mehr als die Prozessorkopplung in einem Parallelrechner im Vordergrund steht:

- Art, Anzahl und Leistung der beteiligten Rechner
- Topologie und Vernetzung des Clusters, insbesondere Art, Anzahl und Geschwindigkeit der Verbindungswege
- Datenübertragungsprotokolle und Kommunikationssoftware
- Hardwarekomponenten: Netzwerkinterface (Netzwerkkarte) in den Rechnern, Netzwerkgeräte, Verkabelung
- Nutzungskonzept der Netzwerks.

Art, Anzahl und Leistung der beteiligten Rechner bestimmen die Definition paralleler Teilaufgaben, vor allem die Lastverteilung und die vorzunehmende Optimierung der Teilaufgaben. Aspekte der Parallelisierungssoftware werden im Abschnitt 3.2 behandelt. Die Topologie eines Clusters, das heißt die Anordnung der Rechner, wird im Wesentlichen durch ihre Vernetzung bestimmt. Diese wird über die beteiligten Hardwarekomponenten (Art der Verkabelung, Netzwerkinterfaces, Netzwerkgeräte) und die zur Datenübertragung verwendete Software, die *Datenübertragungsprotokolle*, festgelegt. Die sich aus dem Verkabelungstyp und dem verwendeten Protokoll ergebende maximale Bandbreite der Datenübertragung wird jedoch kaum erreicht. Zum einen ist das Passieren jeder der erwähnten Hardwarekomponenten mit einem Verwaltungsaufwand verbunden, der sich in einer Reduktion der Bandbreite niederschlägt. Weiterer Aufwand wird durch die zur Datenübertragung verwendete Software verursacht, die meist aus einem vielschichtigen Modell besteht. Auf der obersten Ebene derartiger Modelle steht Kommunikationssoftware, die in Anwendungsprogrammen genutzt werden kann, wobei mit zunehmendem Komfort und wachsender Allgemeingültigkeit der Zeitaufwand steigt. Die Effizienz eines Clusters vernetzter Arbeitsplatzrechner für parallele Anwendungen hängt ferner wesentlich vom Nutzungskonzept des Netzes ab. Steht das Rechnernetz ausschließlich für die parallele Bearbeitung einer Anwendung zur Verfügung (*dedizierter Betrieb*), so wirken sich nur diejenigen Einschränkungen aus, die daraus resultieren, dass Hardware – Rechner und Vernetzung – und systemnahe Software nicht speziell für den Einsatz als Parallelrechner konzipiert sind. Dieser Fall liegt zum Beispiel bei der exklusiven Nutzung eines Netzes außerhalb des regulären Betriebes, etwa nachts, oder in einem Cluster mit gesonderter Vernetzung zum Zweck der Parallelisierung vor.

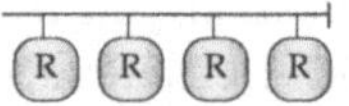

Abb. 3.1.29
Cluster mit linearer Vernetzung

Wird ein Cluster jedoch unter den Bedingungen des regulären Netzbetriebes, insbesondere zu den normalen Nutzungszeiten, für parallele Anwendungen eingesetzt, so ist nur in Ausnahmefällen eine Beschleunigung zu erzielen. In diesem Fall konkurriert die Anwendung mit – eventuell vielen – anderen Nutzern im Netz, so dass keine ausreichenden Kapazitäten für aufwendige Datentransporte zur Verfügung stehen. Abb. 3.1.29-Abb. 3.1.32 zeigen einige typische Clusterkonfigurationen. Abb. 3.1.29 skizziert das Modell eines linearen Netzes. Diesem Modell entspricht die über lange Zeit wichtigste Vernetzungstechnik, das *Ethernet* auf der Basis einer Kupferverkabelung, zunächst mit einem "dicken" Kabel (*Thick Ethernet*), später meist mit einem "dünnen" (Koaxial-)Kabel (*Thin Ethernet*), mit einer Bandbreite von maximal 10 MBit/s. Abb. 3.1.29 zeigt einen *Strang* eines solchen Netzes, an dem eine begrenzte Anzahl von Rechnern angeschlossen werden kann. Alle Rechner an einem Strang teilen sich die Bandbreite. Je mehr Rechner in dieses Netz integriert werden, um so weniger verbleibt von der Bandbreite für den einzelnen Rechner. Ein Ethernet besitzt selten die in Abb. 3.1.29 gezeigte einfache Gestalt. Große Ethernets bestehen aus einer Vielzahl einzelner Stränge, die untereinander durch spezielle *Netzgeräte* gekoppelt werden. Diese steuern den Datentransport zwischen den einzelnen Strängen. Dabei teilen sich grundsätzlich alle Stränge weiterhin die gemeinsame Bandbreite. Abb. 3.1.30 zeigt ein Modell mit drei Strängen. Es gibt Netzgeräte unterschiedlicher Art wie *Repeater*, *Brücken* (engl. *bridges*), *Router*, *Switches* usw. Netzgeräte können beispielsweise dazu dienen, Datentransporte zwischen Rechnern eines Strangs lokal zu halten, so dass andere Stränge eines Netzes nicht unnötigerweise belastet werden. Umgekehrt erhöht jedes Netzgerät den Zeitaufwand für Datentransporte, der sich insbesondere auf Transporte zwischen Rechnern in unterschiedlichen Strängen auswirkt und mit der Anzahl der bei einem Transport insgesamt durchlaufenen Netzgeräte merklich ansteigen kann. Somit kann jeder Rechner in diesem Netz grundsätzlich mit jedem anderen kommunizieren, wobei die Kommunikationsgeschwindigkeit von der Netzleistung und vor allem der Netzauslastung abhängt. Das lineare Ethernet wird immer mehr von einem Ethernet mit sternförmiger

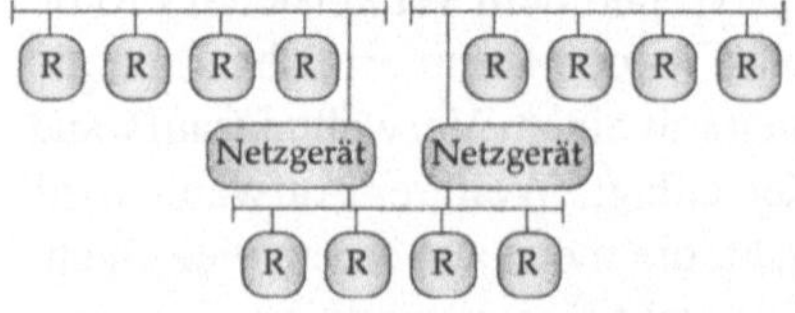

Abb. 3.1.30
Ethernet mit drei Strängen

Vernetzung und *Twisted Pair*-Verkabelung und einer maximalen Bandbreite von 10 MBit/s, 100 MBit/s oder 1 GBit/s abgelöst (Abb. 3.1.31). Im Gegensatz zum klassischen Ethernet erhält jeder beteiligte Rechner eine eigene Verbindung, so dass sich nicht mehr alle Rechner die Bandbreite des Netzes teilen müssen, sondern dass jedem Rechner grundsätzlich die volle Bandbreite des

Netzes zur Verfügung steht. In einem Netzgerät im Zentrum eines sternförmigen Netzes laufen alle Verbindungen zusammen. Je nach Funktion werden *Switches*, *Hubs* oder *Switching Hubs* eingesetzt. Kapazität und Funktion dieser Netzgeräte beeinflussen wesentlich die Leistungsfähigkeit des Netzes und können der Ort möglicher Engpässe sein. Als Beispiel für eine *ringförmige Vernetzung* wie in Abb. 3.1.32(a) sei die herstellerspezifische – von IBM und Hewlett Packard als Alternative zum Ethernet propagierte – Token Ring-Vernetzung mit einer Bandbreite von 12 oder 16 Mbit/s erwähnt, die sich jedoch gegen das Ethernet nicht hat durchsetzen können.

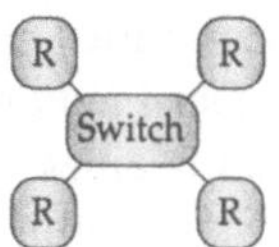

Abb. 3.1.31
Cluster mit sternförmiger Vernetzung

Gleiches gilt für das früher auf ringförmigen lokalen Glasfasernetzen eingesetzte FDDI-Protokoll mit maximal 100 Mbit/s. Ringförmige Vernetzungen findet man häufig bei komplexeren Netzstrukturen, etwa als Vernetzung der Einzelnetze mehrerer Gebäude ("*backbone*") untereinander. Abb. 3.1.32(b) zeigt eine Vernetzung mit direkten Punkt-zu-Punkt-Verbindungen. Diese ist jedoch offensichtlich nur für Cluster mit wenigen Rechnern geeignet. Als Beispiel sei das Anfang der neunziger Jahre als Vorläufer für einen Parallelrechner von IBM angebotene Workstationcluster-Konzept genannt, in dem mehrere Hochleistungsworkstations speziell für verteilte Anwendungen gemäß Abb. 3.1.32(b) vernetzt wurden. Hierzu gehörte auch eine nach damaligen Maßstäben leistungsfähige Vernetzung mit Glasfaserkabeln, speziellen Netzwerkadaptern und einem speziellen Protokoll, dem *Serial Optimal Channel Converter (SOCC)* mit einer maximalen Bandbreite von 220 Mbit/s. Cluster mit mehr als fünf Rechnern erforderten allerdings einen Switch, also eine Topologie gemäß Abb. 3.1.31. Der Einsatz eines Clusters für parallele Anwendungen beschränkt sich in den meisten Fällen auf eine begrenzte Anzahl von Rechnern aus einem (Teil-) Netz mit einer der in den Abb. 3.1.29-Abb. 3.1.32 gezeigten einfachen Topologien. Für umfangreiche Anwendungen mit einem vergleichsweise geringen Kommunikationsbedarf kann es jedoch sinnvoll sein, eine größere Anzahl von Rechnern in einem komplexeren Netzwerk einzusetzen. Typisch für heutige Netzwerke ist eine vielstufige Kommunikationsstruktur, in der kein

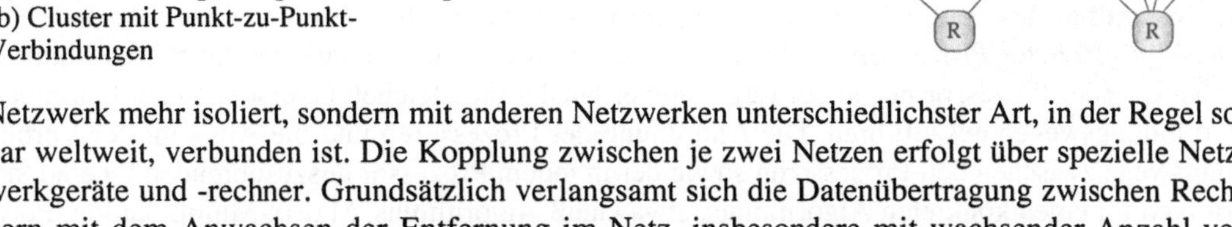

Abb. 3.1.32
(a) Cluster mit ringförmiger Vernetzung
(b) Cluster mit Punkt-zu-Punkt-
Verbindungen

Netzwerk mehr isoliert, sondern mit anderen Netzwerken unterschiedlichster Art, in der Regel sogar weltweit, verbunden ist. Die Kopplung zwischen je zwei Netzen erfolgt über spezielle Netzwerkgeräte und -rechner. Grundsätzlich verlangsamt sich die Datenübertragung zwischen Rechnern mit dem Anwachsen der Entfernung im Netz, insbesondere mit wachsender Anzahl von Netzgeräten, die bei einem Transport durchlaufen werden müssen. Hinzu kommt der Zeitaufwand für eventuell notwendige Konvertierungen zwischen verschiedenen Datenübertragungsprotokollen. Die sich zunehmend verbreitenden Funknetze (*WLAN – wireless local area networks*) mit nominell 11 MBit/s oder 54 MBit/s sind bisher für verteilte Anwendungen nur bedingt, für zeitkritische parallele Anwendungen noch nicht sinnvoll nutzbar.

Ob durch die parallele Durchführung einer Anwendung auf einem Cluster eine Beschleunigung erzielt wird, hängt von der Art der Anwendung, dem Netzwerk und den verwendeten Rechnern ab. Vor allem für Anwendungen mit sehr grober Granularität, das heißt deren Teilaufgaben im Vergleich zum Kommunikationsaufwand einen hohem Rechenaufwand erfordern, können Cluster sinnvoll eingesetzt werden. Ein sehr hoher Speicherplatzbedarf stellt den häufigsten Grund für eine verteilte Anwendung auf einem Cluster dar.

Feldrechner *Array-* oder *Feldrechner* enthalten Prozessoren mit einer sehr einfachen Architektur. Der Funktionsumfang der Prozessoren ist auf ein Minimum beschränkt. Abb. 3.1.33 zeigt das Schema eines Feldrechners. Jeder Prozessor (processing element, PE) kann bestimmte Operationen ausführen und ist hierfür mit der notwendigen Hardware ausgestattet (Funktionale Einheit(en), Speicher, Register usw.), die Steuerung erfolgt jedoch in einer zentralen Steuereinheit. Im Extremfall kann jedes PE jeweils nur eine Instruktion ausführen oder nur einzelne Bits als Datenobjekte verarbeiten. Als bekannte Beispiele aus den achtziger Jahren seien der ICL DAP [HoJe88] mit 4096 und die Connection Machine von Thinking Machines mit 65 536 1-Bit PE's genannt [HoJe88], [WS95]. Die Einschränkung der Funktion der Prozessorelemente erlaubt die Konstruktion eines Rechners mit einer großen Anzahl von Prozessoren, deren Hardware nur wenig Aufwand erfordert. Die Ablaufsteuerung wird ebenfalls vereinfacht, da jeweils nur ein Instruktionsstrom verarbeitet wird. Ähnlich wie bei einem Vektorrechner wird zu einem Zeitpunkt eine Anzahl gleichartiger Operationen, etwa Additionen, bearbeitet, im einfachsten Fall in jedem PE genau eine Addition. Dies entspricht der in Abbildung 3.1.2c skizzierten Arbeitsweise. Durch die Ausführung nur eines Instruktionsstroms zu einem Zeitpunkt wird Parallelität nur auf einer Ebene ausgenutzt. Dies hat sich als starke Einschränkung der Einsatzmöglichkeiten erwiesen und dazu geführt, dass sich Feldrechner nicht haben durchsetzen können.

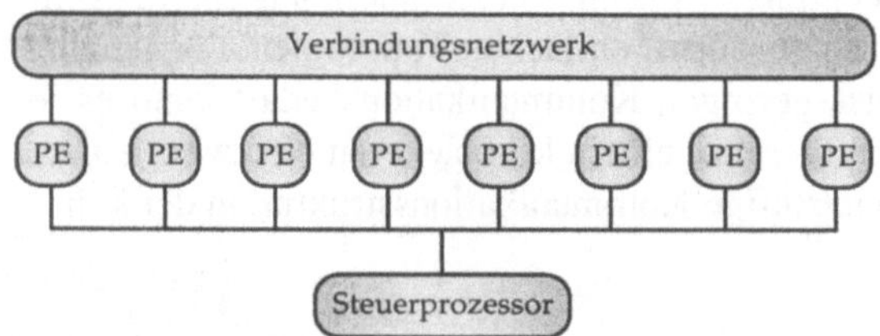

Abb. 3.1.33   Schematische Darstellung eines Feldrechners

Als Spezialfall des Feldrechners sei das *systolische Feld* erwähnt. Hierunter versteht man eine Anzahl einfachster Prozessoren, die sehr wenige ausgewählte Operationen ausführen können. Dabei ist jeder Prozessor nur in der Lage, immer wieder die gleichen Operationen auf denselben Verbindungswegen auszuführen. Die Anordnung der Prozessoren und die Auswahl der Verbindungswege zwischen den Prozessoren sowie der in jedem Prozessor auszuführenden Operationen erfolgen für einen konkreten Algorithmus, etwa Gauß-Algorithmus, Matrix-Multiplikation, Polynomauswertung, Schnelle Fourier-Transformation. Da ständig derselbe Algorithmus ausgeführt wird, liegen auch die Verbindungswege und -operationen fest. Die Daten durchlaufen mit einer festen Taktrate das Prozessorfeld. In jedem Takt erhält jeder Prozessor auf den zu ihm führenden Verbindungswegen die Operanden, die er für die durch ihn auszuführenden Operationen benö-

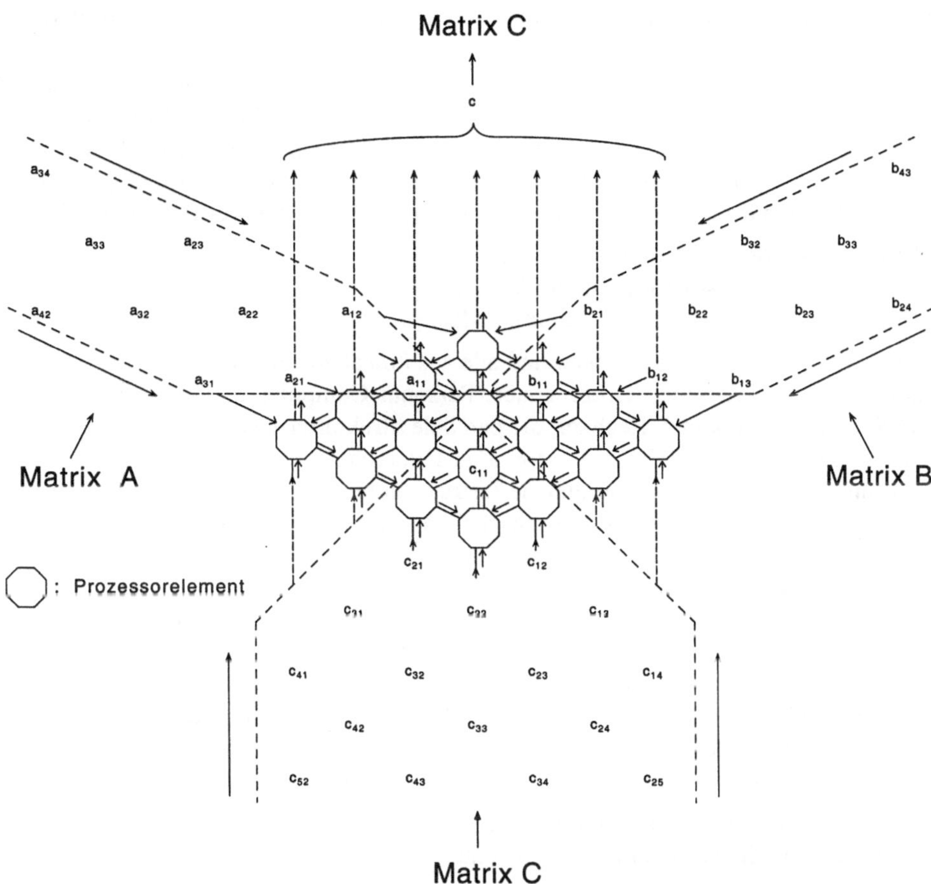

Abb. 3.1.34   Systolisches Feld für die Matrix-Multiplikation

tigt. Nach jedem Takt reicht jeder Prozessor Daten auf den vorbestimmten Wegen an einen seiner
Nachbarprozessoren weiter. Eine günstige Anordnung für eine (speziell Band-) Matrix-Multiplikation zeigt Abb. 3.1.34. Die Koeffizienten der Operandenmatrizen A und B durchlaufen das Prozessorfeld in südwestlicher beziehungsweise südöstlicher Richtung. In jedem Prozessor treffen in
jedem Takt zwei Operanden zusammen. Ein Zwischenergebnis (Produkt oder Teilsumme eines
Skalarproduktes) verlässt den Prozessor in vertikaler Richtung. Auch die Operanden werden weitergereicht. Jeder Prozessor verfügt über 6 Verbindungen. Er führt eine Multiplikation und eine
Addition durch und besitzt eine Speicherzelle zum Zwischenspeichern. Die Spezialisierung auf
eine Anwendung erlaubt die Verwendung extrem einfach strukturierter Prozessoren und eine sehr
hohe Geschwindigkeit. Sie ermöglichen die hardwaremäßige Realisierung von Standardalgorithmen und können als "höhere" Funktionale Einheiten oder spezialisierte Zusatzprozessoren angesehen werden. Das Modell des Systolischen Feldes besitzt bisher einen eher theoretischen Wert.
Allenfalls Realisierungen der Schnellen Fourier-Transformation in Computertomographen oder
allgemein in der Bildverarbeitung können als praktische Beispiele genannt werden.

3.1.6   Kontrollfluss und Programmiermodell als Klassifikationsmerkmal

Angesichts der Vielfalt der Konzepte ist eine eindeutige Klassifikation von Parallelrechner-Architekturen kaum möglich. Ergänzend erwähnen wir zwei verbreitete Modelle. Auch diese berücksichtigen nur bestimmte Gesichtspunkte. Sie sind aber insofern hilfreich, als sich die Algorithmen- und Programmentwicklung auf den genannten Kategorien grundlegend unterscheidet. Die Klassifikation nach Flynn unterscheidet nach der Art des Kontrollflusses [Fly72]:

- SISD   single instruction - single data
- SIMD   single instruction - multiple data
- MIMD   multiple instruction - multiple data.

Der abstrakte von Neumann-Rechner und alle aus ihm abgeleiteten Rechner mit sequentieller Arbeitsweise wie "klassische" Großrechner, Personal Computer und Workstations werden den SISD-Rechnern zugeordnet. Rechner, die parallele Strukturen ausnutzen, sind durch das Merkmal "multiple data" gekennzeichnet. Vektor- und Feldrechner werden als typische SIMD-Rechner eingeordnet. Auf diesen wird die gleiche Instruktion parallel auf unterschiedlichen Daten ausgeführt. Dies kann in einem Prozessor geschehen, aber auch auf mehreren Prozessoren, die die gleiche, eng begrenzte Teilaufgabe durchführen, wobei die Parallelisierung nur durch Aufteilung der Daten erfolgt. Auf MIMD-Rechnern werden im Allgemeinen unterschiedliche Instruktionen auf unterschiedlichen Daten ausgeführt. Hierzu gehören vor allem Parallelrechner mit "universell" einsetzbaren Prozessoren, auf denen völlig unterschiedliche Teilaufgaben parallel ausgeführt werden, insbesondere massivparallele (MPP-) Systeme wie die Cray T3E, IBM SP, aber auch Vektor-Parallelrechner (PVP) wie Fujitsu VPP700, NEC SX-6 und SMP-Systeme wie die Sun Starfire. Für die von der Systematik her fehlende Klasse MISD ist kein Beispiel bekannt. In einer anderen Klassifikation unterscheidet man die unterstützten Programmiermodelle:

- SPMD   single program - multiple data
- MPMD   multiple program - multiple data.

Im MPMD-Modell können auf unterschiedlichen Prozessoren unterschiedliche Programme mit jeweils eigenen Daten ausgeführt werden. Somit können auch verschiedenartige Aufgaben verteilt werden. Auf Systemen mit einer größeren Anzahl an Prozessoren ist es jedoch kaum möglich, dass in einer Anwendung jeder Prozessor ein individuelles Teilprogramm erhält. Master-Slave-Konzepte mit einem "Hauptprogramm", das weitere Prozesse mit den eigentlichen Teilaufgaben startet und verwaltet, lassen sich in diese Kategorie einordnen. Dieses Modell geht von einer *Funktionsparallelität* aus. Im Gegensatz dazu stellt das SPMD-Konzept ein *datenparalleles* Modell dar. Die Daten einer Anwendung werden auf die Prozessoren verteilt. Alle Prozessoren führen das gleiche Programm aus, jeder jedoch mit unterschiedlichen Daten. Feldrechner sind typische Architekturen, die dieses Modell hardwareseitig unterstützen oder vorschreiben.

3.1.7   Beispiele für Rechnerarchitekturen

Zur Illustration der vorangehenden Abschnitte werden im Folgenden einige konkrete Architekturen aus der Sicht numerischer Anwendungen kurz skizziert. Dabei kann keine Vollständigkeit angestrebt werden. Zum einen sprengt die Vielzahl der heute realisierten Konzepte den Rahmen einer Einführung in die Parallele Numerik. Andererseits ist jede Auswahl von Beispielen schon im Moment der Drucklegung überholt, da in immer kürzeren Abständen nicht nur neue Generationen von Prozessoren und Rechnern auf den Markt kommen, sondern sich auch der Anbieterkreis immer wieder ändert. Eine ausführlichere Darstellung findet man beispielsweise in [WS95]. Wir beschränken uns auf einige wenige Architekturen, die einen grundsätzlichen Einblick in verbreitete Konstruktionsprinzipien vermitteln. Ein quantitativer (Leistungs-)Vergleich wird dabei nicht durchgeführt. Auf den Webseiten der Hersteller kann der Entwicklungsstand verfolgt werden. Neben aktuellen Beispielen werden auch ältere Architekturen skizziert, da diese einfacher strukturiert und wesentliche Konzepte somit übersichtlicher darzustellen sind. Dabei zeigt sich, dass einerseits in den letzten zwanzig Jahren enorme Leistungssteigerungen und vielfältige Neuerungen zu verzeichnen sind, dass sich aber andererseits einige grundlegende Konzepte wie ein roter Faden durch alle Entwicklungen ziehen. Dieser Gesichtspunkt ist für die Entwicklung von Verfahren, Algorithmen und Programmen von Interesse, da trotz der Notwendigkeit regelmäßiger Anpassungen eine gewisse Kontinuität gewahrt werden kann.

In den folgenden Beispielen werden unter dem Blickwinkel der Parallelen Numerik die Prozessorarchitektur, das Speicherkonzept und bei Parallelrechnern zusätzlich die Prozessoranzahl und -anordnung sowie die Kommunikationsstruktur auszugsweise skizziert. Zur Grobeinordnung in das Leistungsspektrum wird ferner die in der Numerik vor allem interessierende Leistung bei Gleitpunktrechnung angegeben, die man in Gleitpunktoperationen pro Sekunde ausdrückt. In diesem Abschnitt werden nur theoretische Maximalleistungen angegeben. Die Diskussion ist etwas willkürlich auf drei Abschnitte verteilt: Vektorrechner, Parallelrechner, Cluster von Arbeitsplatzrechnern. Diese Untergliederung beruht aufgrund der auftretenden Überschneidungen weniger auf einer Architektursystematik, sondern berücksichtigt unterschiedliche Nutzungskonzepte. Das Konzept des Vektorrechners stützt sich auf seine spezielle Prozessortechnologie, die Parallelität auf einer sehr niedrigen Ebene ausnutzt. Die ersten Vektorrechner waren Einprozessorrechner und wurden daher von den Parallelrechnern unterschieden, deren wesentliches Merkmal die Anzahl der Prozessoren ist. Dabei kann grundsätzlich jede Prozessorarchitektur eingesetzt werden. Der mögliche Grad der Parallelität in Anwendungen wird durch die Prozessoranzahl wesentlich mitbestimmt, wobei die Nutzung der Parallelität in unterschiedlichen Architekturen auf sehr unterschiedlichen Ebenen erfolgen kann. Auch Vektorrechner werden heute fast nur noch als Mehrprozessoranlagen angeboten und müssen daher eigentlich den Parallelrechnern zugeordnet werden. Aufgrund der im Vergleich zu massivparallelen Systemen begrenzten Prozessoranzahl müssen Anwendungen jedoch meist so angelegt werden, dass der Geschwindigkeitsgewinn zum größten Teil durch vektorielle Strukturen erreicht wird. Cluster von Arbeitsplatzrechnern können als spezielle Form eines Parallelrechners angesehen werden.

3.1.7.1 Vektorrechner

Die Mehrzahl der Vektorrechner ist dem Bereich des "Höchstleistungsrechnens" oder "Supercomputing" zuzuordnen. Meist handelt es sich um viele Millionen Euro teure Anlagen, die in zentralen oder regionalen Rechenzentren installiert werden. Die bekanntesten Hersteller sind die inzwischen zu Silicon Graphics gehörige amerikanische Firma Cray sowie die japanischen Firmen NEC, Hitachi und Fujitsu. Bis in die achtziger Jahre waren verschiedene andere Anbieter am

Markt, unter anderem der ehemals nach IBM zweitgrößte, mit dem Niedergang der Großrechner vom Markt verschwundene EDV-Hersteller Control Data mit seinen Vektorrechnern Cyber 205 und ETA, aber auch Anbieter kleinerer Vektorrechner wie die inzwischen von Hewlett Packard übernommene Firma Convex oder die ebenfalls vom Markt verschwundene Firma Alliant. Zu erwähnen sind ferner die Vektorzusatzprozessoren für IBM-Großrechner in den achtziger Jahren oder auch die zeitweise angebotenen Vektorprozessoren der Firma Weitek für Personal Computer und die Velocity Engine der Apple Power Mac G4, einer Vektoreinheit, die jedoch überwiegend im Multimediabereich genutzt wird. Wie auch bei anderen Prozessortechnologien ist eine stetige Weiterentwicklung zu verzeichnen, wobei aufgrund der sehr ausgereiften Technologie wesentliche Leistungssprünge nicht erwartet werden können. Daher ging der Trend auch bei Vektorrechnern schon frühzeitig zu Mehrprozessoranlagen.

Cray Y-MP Die ab 1988 gebaute Cray Y-MP stellt mit ihren Vorgängern 1S, 1M, X-MP und ihren Nachfolgemodellen C90, J90, T90 die bisher erfolgreichste Vektorrechnerfamilie dar. Die Architektur wurde im Laufe der Jahre ständig weiterentwickelt. Ihre wesentlichen Komponenten sind über alle Modellwechsel hinweg weitgehend erhalten geblieben. Die Cray Y-MP steht stellvertretend für eine der älteren Architekturen (Abb. 3.1.35). Sie verfügt über acht Vektorregister. Die Vektorlänge ist nicht beschränkt. Vektoren werden in Einheiten von maximal 64 Elementen automatisch aus dem Hauptspeicher nachgeladen. Der Hauptspeicher von 256 MB-1024 MB ist in 128-512 Speicherbänke unterteilt. Die Cray Y-MP besitzt keine getrennten Skalar- und Vektorprozessoren. Sowohl die Registersätze als auch die Funktionalen Einheiten sind in einen Adressteil, einen Skalar- und einen Vektorteil aufgeteilt. Ein weiterer Bereich dient der Befehlsbehandlung. Somit kann die Adress- und Befehlsbehandlung parallel zu reinen Rechneroperationen erfolgen. Die arithmetischen (Skalar- und Vektor-)Einheiten sind unterteilt in Gleitpunkt- und Fixpunkt- sowie logische Einheiten. Die Gleitpunkteinheiten sind jeweils nur einmal vorhan-

Tab. 3.1.2 Charakteristische Merkmale der Cray Y-MP

Architekturtyp	PVP, SIMD, SMP
Baujahr:	1988-1992
Prozessorarchitektur	Vektor
Prozessoranzahl	1 - 8
Speicher	256 MB – 1024 MB gemeinsamer Speicher
Bänke	128 - 512
Register (je Prozessor)	8 Vektorregister zu je 64 64-Bit-Worten 8 + 64 64-Bit-Skalarregister (zweistufig) 8 + 64 64-Bit-Adressregister (zweistufig)
Speicherzugriff	1 Load- , 2 Load-Store-Pipelines (Breite 8 B) je Proz.
Cache	–
CPU-Zykluszeit	6 ns (166 MHz)
Speicherzykluszeit	24 ns (4 Takte)
Maximalleistung	333 Mflop/s (1 Prozessor) 2.667 Mflop/s (8 Prozessoren)

Tab. 3.1.3 Latenzzeiten und Wiederholungsraten einiger Operationen auf dem Cray Y-MP

Einheit	Operation	Takte	Zeit (ns)
Adress	Fixpunkt-Addition	2	12
Adress	Fixpunkt-Multiplikation	6	36
Skalar	Fixpunkt-Addition	3	18
Skalar	Shift	2-3	12/18
Skalar	Logisch	1	6
Gleitpunkt	Addition	6	36
Gleitpunkt	Multiplikation	7	42
Gleitpunkt	Reziproke Approximation	14	84
Vektor	Fixpunkt-Addition	3	18
Vektor	Shift	4	24
Vektor	Logisch	2	12
Load/Store	Laden eines Skalarregisters	11	66
Load/Store	Laden eines Vektorregisters	7	42

den und werden sowohl für Skalar- als auch für Vektoroperationen genutzt. Somit können skalare und vektorielle Gleitpunktoperationen nicht gleichzeitig ausgeführt werden. Divisionen werden nicht in einer Divisionseinheit, sondern mittels eines speziellen Newton-Verfahrens in vier Schritten ausgeführt. Für eine Division x/y wird eine Approximation für $1/y$ in einer *Reziproken Einheit* errechnet. Alle weiteren Schritte erfolgen in der Multiplikationseinheit. Aufgrund der speziellen Division sowie eines fehlenden Rundungsbits bei der Addition genügt diese Arithmetik nicht dem IEEE-Standard. Bei bestimmten Subtraktionen treten relative Rundungsfehler von bis zu 100 % auf. Parallelbetrieb und Verkettung von bis zu drei verschiedenen Funktionalen Einheiten sind möglich. Multiplikations- und die Reziproke Einheit können nicht verkettet werden. Lade- und Speicheroperationen wirken zeitlich wie arithmetische Vektoroperationen und können mit letzteren verkettet oder parallel ausgeführt werden. Jeder Prozessor besitzt zwei Load-Pfade und einen Load/Store-Pfad (sowie einen I/O-Pfad). Außerdem können Lese- und Schreibbefehle auf den Hauptspeicher überlappt oder parallel zueinander ausgeführt werden, sofern dem nicht logische Abhängigkeiten entgegenstehen. Da zwei logische Einheiten verfügbar sind, sind *gather /scatter*-Instruktionen für indirekt oder nichtlinear indizierte Vektoren hardwaremäßig realisiert. Eine Vektoroperation auf derartigen Vektoren bleibt dennoch deutlich zeitaufwendiger als eine reguläre Vektoroperation. Für die Cray Y-MP sind detaillierte Angaben zu Startup-Zeiten und damit der Länge einzelner Pipelines verfügbar. Die Taktanzahlen in Tab. 3.1.3 entsprechen der Zahl l im Zeitmodell aus dem Abschnitt 3.1.3.1, das heißt der Anzahl der Segmente der Funktionalen Einheiten. Bei Skalareinheiten gibt l die Anzahl der Takte von der Bereitstellung des Befehls bis zu derjenigen des Ergebnisses an. Bei Vektoreinheiten sind zusätzlich erforderlich:

1 Takt: Transport der Operanden vom Vektorregister zum Beginn der Pipeline
1 Takt: Transport des Ergebnisses vom Ende der Pipeline zu einem Vektorregister.

Eine Vektoroperation mit N Elementen (Register-Register) benötigt somit eine Gesamtzeit von $t = (l+2+N)\tau$. Wegen $t = (s+l-1+N)\tau$ folgt $s = 3$ für die Bereitstellungszeit einer Pipeline.

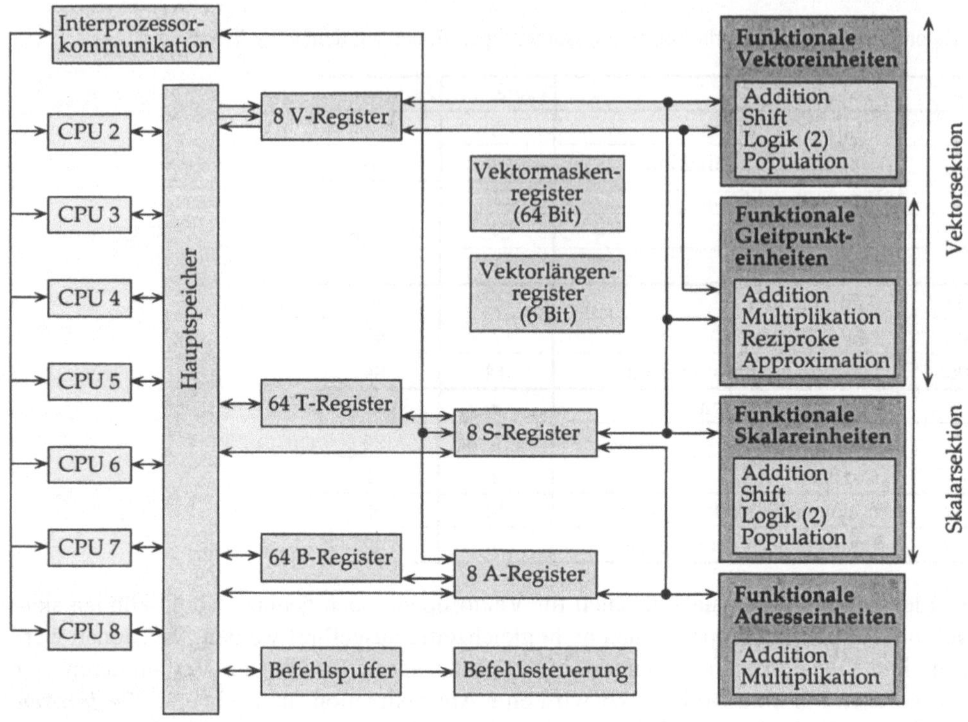

Abb. 3.1.35   Architektur der Cray Y-MP (vereinfacht)

Bei Mehrprozessoranlagen sind die (baugleichen) Prozessoren um den Hauptspeicher angeordnet.
Die Synchronisation der Prozessoren erfolgt über spezielle Register (1-Bit-Semaphor-, Skalar-,
Adressregister). Der gleichzeitige Zugriff mehrerer Prozessoren auf gleiche Speicherbereiche
(insbesondere Bänke) führt zu Konflikten, die vom Anwender nicht beeinflusst werden können,
vor allem dann nicht, wenn mehrere Programme gleichzeitig auf verschiedenen Prozessoren ablaufen. Speicherzugriffs-Konflikte, insbesondere Bankkonflikte durch Zugriff unterschiedlicher
Prozessoren, werden auf Systemebene aufgelöst. Hardwaremäßig werden die Speicherbänke in
Gruppen eingeteilt, die jeweils einem Prozessor zugeordnet werden und mit diesem direkt durch
3+1-Speicherpfade verbunden sind, wobei der Zugriff auf die jeweils eigene Gruppe Priorität besitzt. Zugriffe auf fremde Gruppen erfolgen über zusätzliche "Über-Kreuz-Verbindungen" (Abb.
3.1.36) mit einer Verzögerung von 1 Takt, falls keine Konflikte auftreten. Die hardwaremäßige
Konfliktauflösung verhindert jedoch nicht die eintretenden Verzögerungen. Die Cray Y-MP enthält keinen Cache, die Speicherverwaltung erfolgt statisch, es wird kein virtueller Speicher verwendet. Wie ihre Vorgänger konnte die Cray Y-MP neben dem Hauptspeicher mit einem langsameren, aber größeren (bis zu 2 GB) Sekundärspeicher versehen werden. Die Y-MP wurde zunächst unter einem Cray-eigenen Betriebssystem COS betrieben. Später wurde eine UNIX-Variante UNICOS eingeführt, die seither in allen Cray-Systemen verwendet und ständig weiterentwickelt wird. Die Konzeption der Y-MP-Serie ist im Wesentlichen bei den Nachfolgemodellen

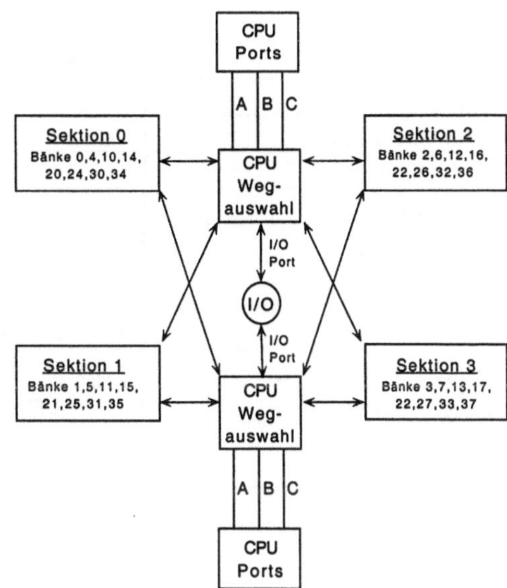

Abb. 3.1.36
Gruppierung der Speicherbänke in
einer Cray Y-MP mit 2 Prozessoren

C90, dann J90 und T90, übernommen worden. Während die Y-MP über einen sehr schnellen, aber damit teuren und zwangsläufig relativ kleinen Speicher verfügte, wurde zusätzlich eine Baureihe mit preiswerterem und langsamerem CMOS-Speicher mit einer Größe von bis zu 32 GB angeboten. Die J90-Serie verfügt gleichzeitig über langsamere, dafür preisgünstigere Prozessoren. Auf der anderen Seite der Leistungsskala bietet die T90-Serie bis zu 32 Prozessoren mit einer theoretischen Spitzenleistung von 1,8 Gflop/s je Prozessor. Im Vergleich zur Y-MP wurde eine Vielzahl an Verbesserungen vorgenommen, unter anderem:

- verdreifachte Taktrate
- schnellerer und größerer Speicher
- verbreiterte Datenpfade zum Hauptspeicher
- 18 Funktionseinheiten, von denen bis zu 16 parallel arbeiten können
- größere Vektorregister
- Vektorpipelines inklusive Load/Store-Pipelines doppelt ausgelegt
- erstmalige Verwendung einer IEEE-konformen Arithmetik [IEEE85].

NEC SX-6 [/www/CRAY], [/www/NEC] Aus einem gemeinsamen Entwicklungsprogramm der drei japanischen Firmen Fujitsu, NEC und Hitachi sind drei Rechnerfamilien mit ähnlichen Architekturen in Konkurrenz zu den amerikanischen Herstellern entstanden. Als derzeitiger Stand der Entwicklung ist die Modellreihe NEC SX-6 anzusehen, die auch von der Firma Cray vertrieben wird. Im Vergleich zu den vorher genannten Architekturen besitzt die SX-6 eine komplexe dreistufige Architektur. Abb. 3.1.37 zeigt die maximale Ausbaustufe. Grundbaustein ist ein Vektorprozessor mit einer Taktrate von 500 MHz. Wie bei früheren japanischen Vektorprozessoren gibt es getrennte Vektor- und Skalareinheiten. Diese sind achtfach ausgelegt und können gemäß dem Schema aus Abb. 3.1.16 genutzt werden. Alle Daten werden über eine achtfache Load/Store-Pipeline geladen. Mit einer Bandbreite von 8×64 Bit/Takt kann nur ein Operand pro Takt

Tab. 3.1.4 Charakteristische Merkmale der Cray / NEC SX-6

Architekturtyp	PVP, SIMD+MIMD, SMP, NUMA, MPP
Baujahr:	ab 2002
Prozessorarchitektur	Vektor
CPU-Zykluszeit	2 ns (500 MHz)
Knotenanzahl	1 - 128
Prozessoranzahl	1 - 1024
Vektoreinheiten	8×5 (je Prozessor)
Skalareinheiten	8×1 (je Prozessor)
Speicher je SMP-Knoten	4 GB - 64 GB
Speicher gesamt	4 GB - 8 TB
Register (je Prozessor)	8 Vektorregister je 256 64-Bit-Worte 8 Skalarregister je 128 64-Bit-Worte
Cache	nur Skalarcache
max. Gleitpunktleistung	8 Gflop/s (1 Prozessor) 64 Gflop/s (1 Knoten) 8 Tflop/s (128 Knoten)
Speicherzugriff (je Prozessor)	8×1 Load/Store-Pipeline (Breite 8×64 Bit) = 32 GB/s
Punkt-zu-Punkt-Speicherzugriff zwischen 2 Knoten	1 GB/s

und Pipelinesatz geladen oder geschrieben werden. Die Gesamtbandbreite in einer CPU beträgt
somit 32 GB/s. Skalaroperationen werden in der Vektoreinheit erkannt und an die Skalareinheit
weitergereicht. Letztere enthält einen vierfach-superskalaren 500 MHz Skalarprozessor mit einer
Leistung von bis zu 1 Gflop/s und über bis zu 8×128 64-Bit-(Skalar-)Register und einen (Acht-
fach-)Cache. Die Vektoreinheit besitzt 8 Vektorregister mit je 256 64-Bit-Worten und Maskenre-
gister für logische Operationen und insbesondere Verzweigungen sowie nichtlineare Adressierung. Es gibt bis zu 8×5 Vektorpipelines (auch eine Divisionseinheit). Multiplikationen (jedoch
nicht Divisionen) und Additionen können parallel oder verkettet verarbeitet werden, so dass je
Prozessor eine maximale Gleitpunktleistung von $8 \times 2 \times 0{,}5$ Gflop/s = 8 Gflop/s errechnet werden
kann. Jeweils bis zu 8 Prozessoren bilden einen *SMP-Knoten (node)* mit gemeinsamem Hauptspeicher (derzeit bis zu 64 GB DDR-RAM) und eigenen I/O-Prozessoren. Die Prozessoren eines
Knotens sind über einen einstufigen Crossbar Switch mit der Bandbreite von 32 GB/s pro Port
gekoppelt. Bis zu 128 Knoten können über einen Crossbar Switch gekoppelt werden, so dass in
der maximalen Ausbaustufe ein System mit 1024 Prozessoren, 8 TB Hauptspeicher und 8 Tflop/s
theoretischer Gleitpunktleistung konfiguriert werden kann. Die maximale Datenbandbreite einer
unidirektionalen Punkt-zu-Punkt-Verbindung zwischen zwei Knoten über den Switch beträgt 1
GB/s. Die SX-6 läuft unter der UNIX-Variante SUPER/UX von NEC.

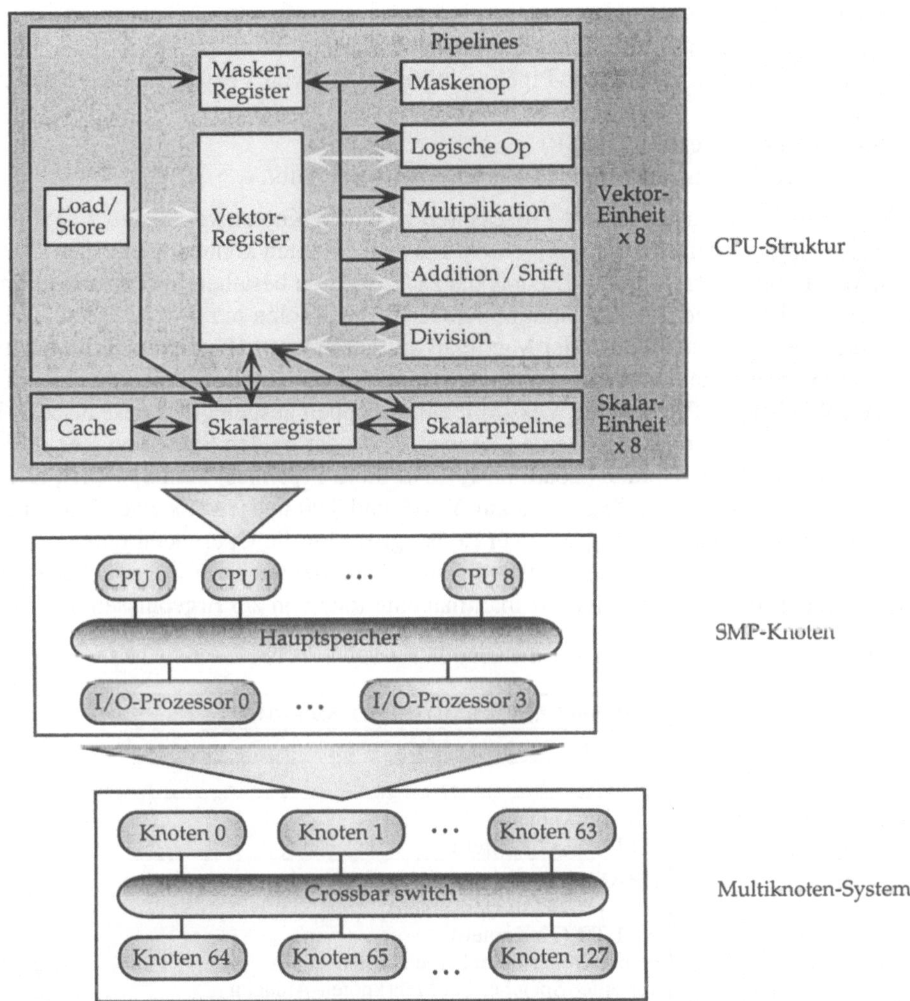

Abb. 3.1.37   Architektur der Cray / NEC SX-6

Cray SV1 [/www/CRAY] Die SV1 stellt das erste Modell einer neuen Baureihe von Vektor-Parallelrechnern nach Übernahme von Cray durch Silicon Graphics im Jahre 1996 dar. Sie baut grundsätzlich auf dem Konzept der J90-Baureihe auf, das jedoch in verschiedenen Komponenten modifiziert und erweitert wurde:

- zweistufige Architektur:
    SMP-Knoten mit bis zu 32 Vektorprozessoren mit gemeinsamem Speicher
    MIMD-Konfiguration mit bis zu 32 Knoten und lokalem Speicher in jedem Knoten
- verdreifachte Taktrate
- mehr Prozessoren
- größerer Speicher

- doppelt ausgelegte Vektoreinheiten
- getrennte skalare und vektorielle Gleitpunkteinheiten
- eine Load- und eine Load/Store-Pipeline in jedem Satz von Vektoreinheiten eines Prozessors
- Cache
- Multi-Stream-Prozessoren (MSP)
- 64-Bit-Cray-Arithmetik: keine IEEE-konforme Arithmetik.

Die SV1 kann mit Boards von je 4 Prozessoren zu einem Knoten von bis zu 32 Prozessoren und gemeinsamem Speicher konfiguriert werden. Bis zu 32 Knoten können über einen Cray GigaRing (2 × 600 MB/s) vernetzt werden. Die aus bis zu 32 Knoten bestehende Gesamtkonfiguration bildet einen Parallelrechner mit verteiltem Speicher. Jeder Knoten mit jeweils bis zu 32 Prozessoren stellt einen SMP-Rechner dar. In der Maximalkonfiguration erhält man einen Parallelrechner mit 1024 Vektorprozessoren, mehr als 1 Tflop/s akkumulierter Gleitpunktleistung und 1 TB Gesamtspeicher. Wie bei der T90 sind die Vektorpipelines doppelt ausgelegt, so dass bis zu 4 Ergebnisse pro Takt und Prozessor erzeugt werden können. Jeder der beiden Sätze von Vektoreinheiten besitzt zwar eigene Zugriffspfade (Load- bzw. Load/Store-Pipelines) zum Speicher, allerdings ähnlich wie bei der J90 und im Gegensatz zur Y-MP und T90 nur jeweils zwei. Da bei jeder dyadischen Operation wie einer Addition zwei Lesezugriffe für die Operanden und ein Schreibzugriff für das Resultat auf den Speicher notwendig sind, kann bei nur zwei Zugriffspfaden anstelle von einem Ergebnis pro Takt und Pipeline maximal eine Rate von 2/3 Ergebnissen pro Takt erreicht

Tab. 3.1.5   Charakteristische Merkmale der Cray SV1

Architekturtyp:	PVP, ccNUMA, MIMD+SIMD, SMP+MPP
Baujahr:	ab 1999
Prozessorarchitektur	Vektor
Prozessoranzahl	1-32 (je Knoten) bis 1024 (32 Knoten)
Speicher	DRAM 2 GB - 1024 GB (je Knoten) bis 1 TB (32 Knoten) gemeinsamer Speicher je Knoten verteilter Speicher bei Mehrknoten-Anlagen
Bänke	64-1024 (je Knoten)
Register (je Prozessor)	8 Vektorregister zu je 128 64-Bit-Worten 8 + 64 64-Bit-Skalarregister (zweistufig) 8 + 64 64-Bit-Adressregister (zweistufig)
Speicherzugriff	1 Load- und 1 Load/Store-Pipeline (Breite 128 Bit) je Prozessor
Cache	256 KB Datencache (skalar und vektoriell)
Speicherzykluszeit	160 ns (48 Takte)
CPU-Zykluszeit	3,33 ns (300 MHz)
Maximalleistung	1,2 Gflop/s (1 Prozessor) 38,4 Gflop/s (1 Knoten mit 32 Prozessoren) 1,23 Tflop/s (32 Knoten mit 32 Prozessoren)

werden (Abschnitt 3.1.3.3). Die SV1 verfügt über die gleiche Hauptspeicherstruktur wie die J90, insbesondere die gleiche Speicherbandbreite. Jedes Board mit 4 Prozessoren ist über ein Speicherinterface mit dem Hauptspeicher verbunden. Die Bandbreite dieser Interfaces von jeweils einem Wort pro Takt reicht allein nicht zur Versorgung von vier Prozessoren mit jeweils doppelten Pipelines aus. Hinzu kommt der angesichts einer im Vergleich zur J90 verdreifachten Taktrate von 300 MHz relativ langsame Speicher. Diesem Engpass wird hardwareseitig durch zwei Maßnahmen begegnet. Im Gegensatz zur J90 und fast allen anderen Vektorrechnern gibt es in jedem Prozessor einen 256 KB Datencache, der sowohl Skalar- als auch Vektoreinheiten bedient. Die Länge einer Cache Line beträgt ein Wort zu 64 Bit für Vektoren und 8 Worte für skalare Daten.

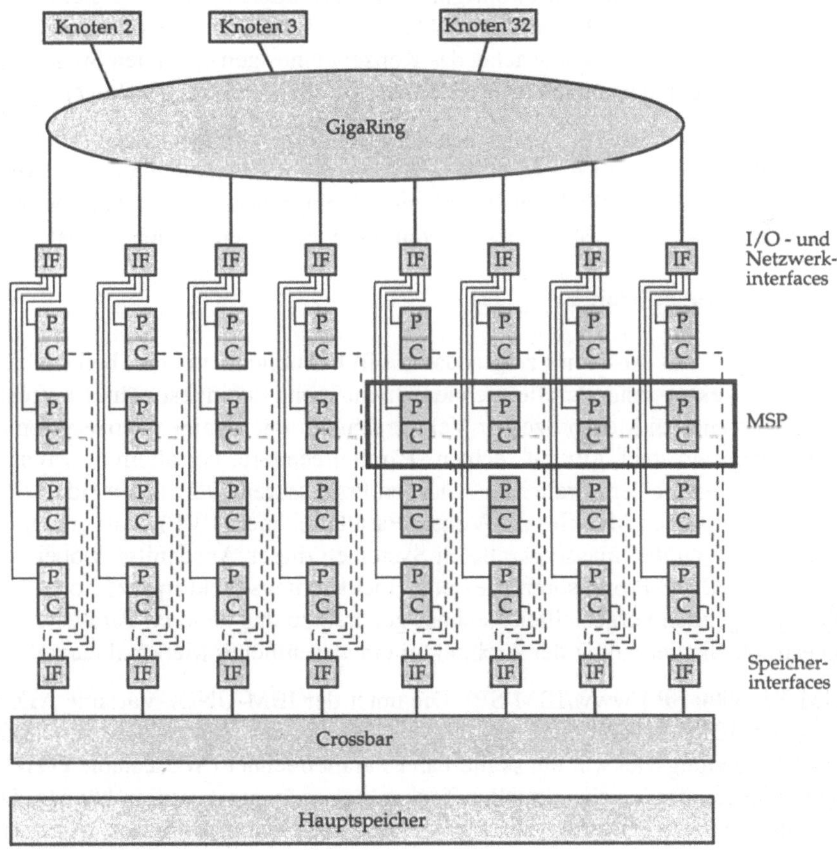

Abb. 3.1.38   Vereinfachte Architektur der Cray SV1 (P: Prozessor, C: Cache)

Eine optimale Versorgung der vier Prozessoren eines Boards kann nur erfolgen, wenn Daten aus dem jeweiligen Cache möglichst oft wiederverwendet werden können. Die Entwicklung von Codes oder auch nur Algorithmen, die gleichzeitig den Prinzipien der Optimierung der Nutzung eines Cache und eines Vektorprozessors genügen, ist kompliziert und führt sehr schnell zu Konflikten. Die zweite Maßnahme besteht in der Einführung der so genannten MSP-Prozessoren (multi stream processors): jeweils Prozessoren aus vier unterschiedlichen, benachbarten Prozessorboards (Abb. 3.1.38) können softwareseitig zu einem MSP-Prozessor zusammengeschlossen werden. In einem MSP-Prozessor kann eine Vektoroperation auf die 4×2 Pipelinesätze aufgeteilt werden: Der MSP-Prozessor wirkt wie ein Prozessor mit Achtfach-Pipelines, wobei die Speicherbandbreite von vier unterschiedlichen Prozessorboards genutzt werden kann. Die theoretische maximale Gleitpunktleistung eines MSP-Prozessors beträgt somit bei paralleler Ausführung einer Addition und einer Multiplikation $8 \times 2 \times 300$ Mflop/s = 4.8 Gflop/s. Pro Knoten können maximal 6 MSP konfiguriert werden. Dabei teilen sich allerdings je drei MSP die Speicherbandbreite jedes Prozessorboards. Hinzu kommt, dass MSP nicht durch den Anwender, sondern nur mit einem Systemneustart konfiguriert werden können. Die SV1 stellt eine Herausforderung für den Anwender dar. Bei der Entwicklung von Anwendungen sind gleichzeitig die Vektorprozessor-Architektur, der Datencache, das Konzept eines gemeinsamen Speichers und bei mehreren Knoten auch noch dasjenige eines verteilten Speichers zu berücksichtigen.

Cray X1 [/www/CRAY] Die neueste Entwicklung der Firma Cray (2003) ist ein skalierbarer MPP-Vektorrechner mit bis zu 4096 von Cray neu entwickelten Vektorprozessoren (800 MHz) in einer modifizierten 3D-Torus-Topologie mit einer theoretischen Gleitpunktleistung von bis zu 52,4 Tflop/s und einem Hauptspeicher von bis zu 64 TB und großer globaler Bandbreite.

3.1.7.2 Parallelrechner

Der vorangehende Abschnitt zeigt, dass die früher übliche und hier beibehaltene Unterscheidung zwischen Vektor- und Parallelrechnern nicht mehr uneingeschränkt aufrechterhalten werden kann. Während bei Mehrprozessor-Vektorrechnern mit wenigen Prozessoren die Vektorisierung im Vordergrund steht, gilt auf "echten" Parallelrechnern, vor allem massivparallelen Systemen, das Hauptinteresse der Parallelität zwischen Prozessoren. Die zu den Höchstleistungsrechnern zu zählenden größeren Modelle der Vektor-Parallelrechner (PVP) des vorangehenden Abschnittes gehören eher zu den massivparallelen Systemen dieses Abschnitts, wobei statt handelsüblicher RISC- oder CISC-Prozessoren spezielle Hochleistungs-Vektorprozessoren Verwendung finden. Die im folgenden vorgestellten Rechner gehören zu den neueren Parallelrechnern, bei denen die angestrebte Skalierbarkeit der Architektur ein wesentliches Merkmal darstellt.

IBM RS/6000 SP [/www/IBM-SP] Die unter der IBM-UNIX-Variante AIX betriebenen Parallelrechner IBM RS/6000 SP1 und SP2 basieren auf der Technologie der RS/6000-Workstations. Das Entwicklungsziel war ein skalierbarer Parallelrechner (SP: scalable POWERparallel), dessen Komponenten der jeweils aktuellen Technologie angepasst werden können. Die SP1 wurde ausgehend vom Konzept eines Clusters von RS/6000-Workstations konstruiert und seit 1994 mehrfach weiterentwickelt. Neben immer schnelleren Prozessoren wurde insbesondere die Kopplung der Prozessoren ständig verbessert. Die ersten Modelle boten unter anderem noch die Möglichkeit der Kopplung über Vernetzungstechniken wie FDDI oder sogar Ethernet, was eher dem Charakter eines Workstationclusters entsprach. Von Anfang an wurde jedoch die Kopplung über eine leistungsfähige Switch-Technologie favorisiert. Grundeinheit der SP sind so genannte Frames, die bis zu 16 Nodes enthalten können. Je nach Prozessortyp besteht ein Knoten aus 1-4 Prozessoren. Jeder Frame enthält einen so genannten High Performance Switch (HPS). Der HPS in der SP1 stellte einen 4×4-bidirektionalen Crossbar mit einer Bandbreite von 40 MB/s pro Weg und

Richtung dar. Entsprechend der Maximalgröße jedes Frames verfügt der Switch jeder Untereinheit über 16 Datenleitungen zu den Prozessoren der Einheit. Innerhalb jedes Switches sind Leitungen zur Kopplung jedes Prozessors mit jedem anderen vorgesehen. Jeder Switch verfügt ferner über 16 Ausgänge für Verbindungen zu den Switches anderer Einheiten. Bis zu vier Frames mit insgesamt 64 Nodes können direkt durch Kopplung der integrierten Switches konfiguriert werden. In Abb. 3.1.39 ist dies für 4 Einheiten mit insgesamt 64 Prozessoren dargestellt. Alle Prozessoren sind miteinander über den Switch verbunden. Das Verbindungsnetzwerk ist darüber hinaus redundant ausgelegt: Zwischen je zwei Prozessoren gibt es mindestens vier mögliche Verbindungen. Der SP Switch erreicht eine Bandbreite von 150 MB/s pro Weg und Richtung, der SP Switch2 in der SP2 500 MB/s. Bei mehr als 4 Frames müssen mehrstufige Switches eingesetzt werden. Hierzu werden zusätzliche Switchboards in einer separaten Hardwareeinheit konfiguriert, die die integrierten Switches miteinander koppeln. Auch der zweistufige Switch weist die gleiche Kommunikationsleistung auf. Das Vernetzungskonzept ist so ausgelegt, dass mit zunehmender Prozessor-. und damit auch Verbindungsanzahl jede Verbindung die oben genannte Leistungscharakteristik im Wesentlichen erhält: Die Kommunikationsleistung soll weitgehend unabhängig von der Prozessoranzahl bleiben. Jeder Prozessor ist mit seinem Switch über den Microchannel, einen IBM-spezifischen Bus, gekoppelt. Über das Verbindungsnetzwerk ist daher

Tab. 3.1.6 Charakteristische Merkmale der IBM SP1 und SP2

Architekturtyp:	MIMD, ccNUMA: MPP + SMP	
Baujahr:	ab 1993	
Prozessorarchitektur	RISC	
Prozessortyp	Power2 (1994), Power2SC (1997), Power3 (1999), Power3-II (2001)	
Prozessoranzahl	2-512 Nodes 1-4 Prozessoren je SMP-Knoten je nach Prozessortyp	
Speicher	SDRAM 128 MB-2 TB verteilt zwischen Knoten, gemeinsam in SMP-Knoten	
Bänke	8 (je Knoten)	
Speicherzugriff	1 Load-, 1 Load/Store-Pipeline (je 16 B) je Prozessor	
Cache	64 KB-256 KB Datencache je Prozessor	
CPU-Zykluszeit	15 ns (66.7 Mhz, 1994) - 2,22 ns (450 MHz, 2001)	
Maximalleistung	Power2 (66.7 MHz):	264 Mflop/s (1 Prozessor) 135 Gflop/s (512 Prozessoren)
	Power3 (200 MHz):	800 Mflop/s (1 Prozessor) 410 Gflop/s (512 Prozessoren)
	Power3-II (375 MHz):	1.5 Gflop/s (1 Prozessor) 768 Gflop/s (512 Prozessoren)
	Power3-II (450 MHz):	1.8 Gflop/s (1 Prozessor) 922 Gflop/s (512 Prozessoren)
Netzwerkbandbreite (unidirektional)	HPS SP Switch (1998) SP Switch2 (2000)	40 MB/s je Verbindung 150 MB/s je Verbindung 500 MB/s je Verbindung

kein direkter Zugriff auf den Hauptspeicher möglich. Nachteilig ist, das damit die Prozessoren nicht vollständig von Kommunikation entlastet sind.

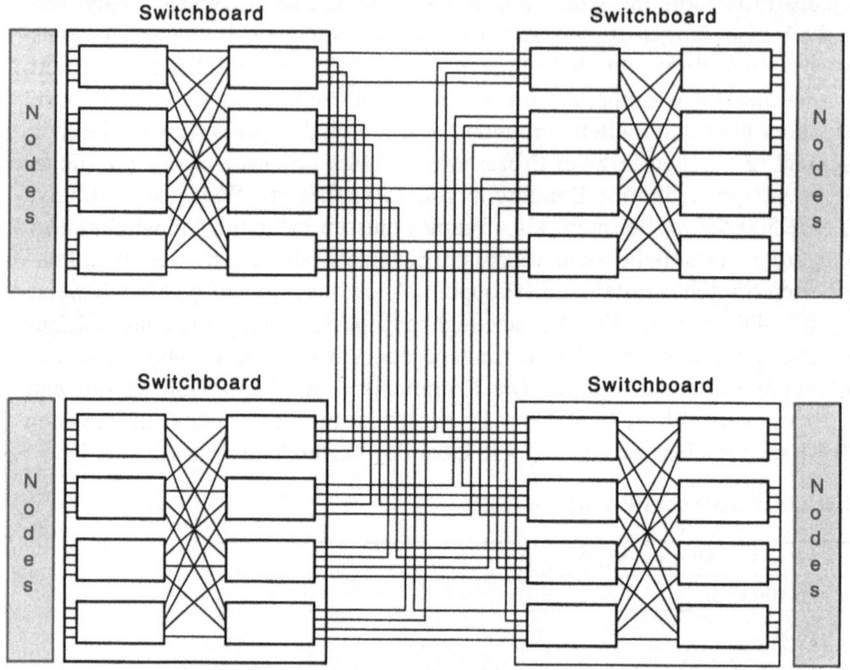

Abb. 3.1.39   High-Performance Switch der IBM SP

Die SP kann mit verschiedenen Prozessormodellen konfiguriert werden, die sämtlich auch in Workstations und Servern der RS 6000-Serie Verwendung finden. Hierzu zählen die auf hohe Gleitpunktleistung ausgelegten 32-Bit-Prozessoren der Reihe Power2 (bis 1998), deren Weiterentwicklung Power2SC (ab 1997) sowie als erster 64-Bit-Prozessor bei IBM der aus der PowerPC-Technologie abgeleitete Power3-Prozessor (1999) und Power3-II-Prozessor (2001). Für kommerzielle Anwendungen werden auch SP-Konfigurationen angeboten, in denen die von Arbeitsplatzrechnern (Workstations und Personal Computer), aber auch Servern her bekannten PowerPC-Prozessoren (zuletzt PowerPC 604e) eingesetzt werden. Bei Verwendung von Power2 oder PowerSC-Prozessoren stellt jeder Prozessor einen Knoten dar. PowerPC- und Power3-Prozessoren werden als SMP-Knoten mit jeweils bis zu 4 Prozessoren konfiguriert. Neben unterschiedlichen Technologien werden unterschiedliche Taktraten (Tab. 3.1.6) verwendet. Ferner wird zwischen sogenannten Thin and Wide Nodes unterschieden. "Weite Knoten" zeichnen sich durch eine im Vergleich zu "Schmalen Knoten" doppelte Cachegröße und doppelte Speicherbandbreite aus. Allerdings können pro Frame maximal 8 Wide Nodes oder 16 Thin Nodes konfiguriert werden. Thin Nodes und Wide Nodes können gemischt in einer SP eingesetzt werden. Als Beispiel betrachten wir den Power2-Prozessor (Wide Node). Abb. 3.1.40 zeigt in vereinfachter Darstellung den Aufbau dieses RISC-Prozessors, Abb. 3.1.42 detaillierter den Aufbau der (doppelten) Gleitpunkteinheit. Diese Abbildung illustriert auch die komplexen Zusammenhänge mit der Instruktionsverwaltung einschließlich der Zugriffswege zu den Registern. Ferner ist das angewendete Pipelineprinzip zu erkennen. Instruktionen werden vom Hauptspeicher in den Befehlscache geladen. Die Befehlseinheit mit Befehlscache und die Fixpunkteinheiten werden für Befehlsdekodierung, logische und ganzzahlige Operationen sowie Adressrechnungen verwendet. Jede der beiden Gleitpunkteinheiten enthält eine Additions- und eine Multiplikationseinheit, eine Divisionseinheit gibt es nicht. Divisionen werden mit Hilfe der anderen Einheiten ausgeführt. Auch hier ist die Gleitpunkt-Division sehr aufwendig und sollte vermieden werden. Eine Besonderheit besteht in der möglichen Kombination von Addition und Multiplikation. Bei Operationen wie etwa $a * x + y$, x, y Vektoren, a Skalar, wird zunächst die Multiplikation ausgeführt. Das Zwischenergebnis wird nur für die folgende Addition benötigt. Analog zur Verkettung auf Vektorprozessoren wird in einem Takt die Multiplikation ausgeführt und im nächsten die Addition, ohne dass das Zwischenergebnis in den Cache oder gar den Hauptspeicher gespeichert werden muss. Im zweiten Takt kann eine weitere Multiplikation ausgeführt werden. Für die verkettete Multiplikation und Addition wird vom Compiler eine spezielle Maschineninstruktion (FMA – floating point multiply and add) erzeugt. Diese Instruktion gibt es auch bei anderen Herstellern, etwa in der Precision-Architektur von Hewlett Packard [/www/HP]. Die Gleitpunkteinheiten erhalten ihre Operanden nur über den Datencache und schreiben Ergebnisse wieder dorthin. Sie kommunizieren nicht direkt mit dem Hauptspeicher. Zwischen Hauptspeicher und Cache gibt es einen 256 Bit breiten Bus. Bei jedem Zugriff des Caches werden somit pro Takt 8 (4) zusammenhängende 32 (64) Bit-Worte aus dem Hauptspeicher geladen, unabhängig davon, wie viele davon wirklich benötigt werden. Der Cache selbst hat eine Kapazität von bis zu 256 KB, aufgeteilt in *Cache Lines* zu je 128 oder 256 Byte. In Abschnitt 3.1.4.2 wurde das Funktionsprinzip eines Caches und des virtuellen Speichers am Beispiel der Power1-Architektur illustriert.

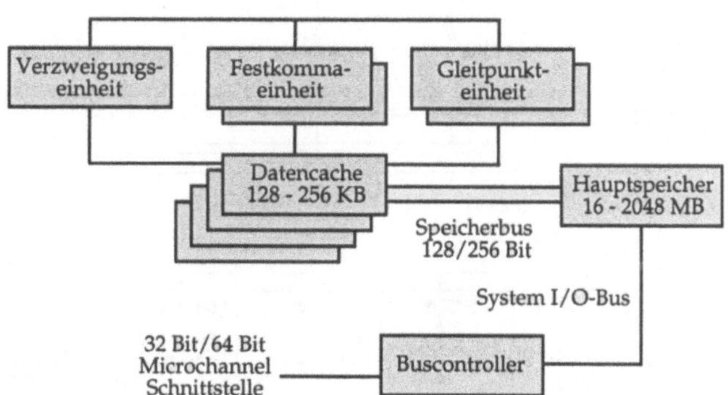

Abb. 3.1.40   Architektur des IBM Power2-Prozessors (vereinfacht)

Der Power2-RISC-Prozessor stellt eine Weiterentwicklung des Power1-Prozessors dar. Neben der Verbreiterung des Busses und der Vergrößerung des Caches ist vor allem die Verdoppelung der Gleitpunkt- und der Fixpunkteinheit zu erwähnen. Der Power2-Prozessor kann bis zu 8 Instruktionen (davon 4 Gleitpunktoperationen) pro Zyklus ausführen: eine Verzweigungsinstruktion, eine Bedingung-Register-Instruktion, 2 Fixpunktoperationen, 4 Gleitpunktoperationen (2 Additionen, 2 Multiplikationen). Die theoretische Gleitpunkt-Maximalleistung beträgt somit $4 \times 66{,}7$ Mflop/s bei 66.7 MHz, also etwa 266 Mflop/s und bei 77 MHz 308 Mflop/s.

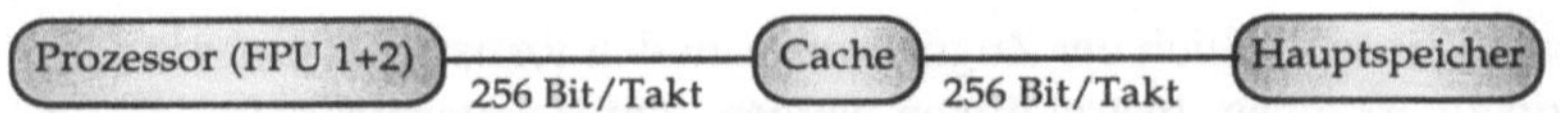

Abb. 3.1.41   Speicherbandbreite beim IBM Power2- Prozessors (Wide Node)

Abb. 3.1.41 zeigt auch die ausgewogene Dimensionierung der Speicherzugriffspfade des "Weiten Knotens". Grundsätzlich können 4 Worte zu 64 Bit pro Takt zwischen Hauptspeicher und Prozessor transportiert werden. Durch die feste Zuordnung jeder der beiden Gleitpunkteinheiten zu zwei der vier Cachebereiche und jeweils einer der beiden Speicherbänke auf jeder der vier Speicherkarten erfordert dies jedoch, dass alle acht Speichersteckplätze tatsächlich mit Hauptspeicher belegt sind. Voraussetzung für die Ausnutzung dieser Bandbreite ist die superskalare, also parallele Nutzung beider Gleitpunkteinheiten in einer Operationsfolge. Ähnlich wie bei vielen Vektorrechnern bleibt das Problem, dass zu jeder Gleitpunkteinheit zwei Load/Store-Pipelines führen. Durch Überlappung mit anderen Instruktionen (Fixpunkt, Verzweigung, Gleitpunkt) kann jedoch in vielen Fällen trotzdem eine ausreichende Datenversorgung der Funktionalen Einheiten erreicht werden. Hinsichtlich der Verbindung zwischen Cache und Hauptspeicher ist zu berücksichtigen, dass nur ganze Cache Lines (hier mit einer Länge von 256 Byte oder 32 Worten zu 64 Bit) transportiert werden. Abb. 3.1.42 zeigt die doppelte Gleitpunkteinheit eines Power2-Prozessors. Gut zu erkennen ist die fünfstufige Pipeline sowie die im Vergleich zu einem Vektorrechner unterschiedliche Anwendung des Pipelineprinzips.

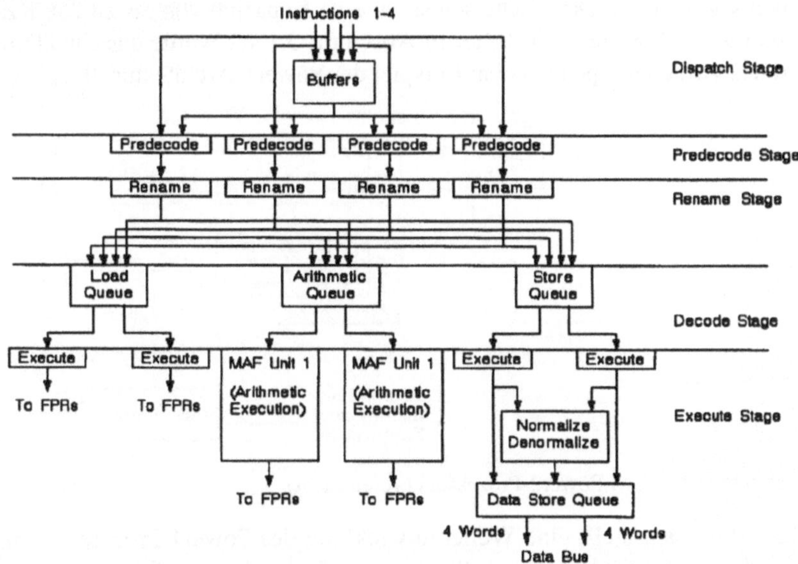

Abb. 3.1.42   Gleitpunkteinheit des IBM Power2-Prozessors

Die Technologie der ab 1999 verfügbaren Power3-Prozessoren basiert auf derjenigen der PowerPC-Architektur. Wieder sind sowohl weite als auch schmale Knoten verfügbar. Zusätzlich zu einem L1-Datencache mit 64 KB enthält diese Architektur auch einen L2-Cache mit einer Größe von 4 MB. Neben zwei Gleitpunkteinheiten, zwei Load/Store-Pipelines verfügt der

Power3-Prozessor über drei Fixpunkteinheiten, von denen eine für kompliziertere Operationen wie Fixpunkt-Multiplikation und -Division reserviert ist. Seit Ende 2000 wird der Power3-II-Prozessor mit 375 MHz oder 450 MHz mit einem 8 MB L2-Cache in *Thin Nodes* und *Wide Nodes* mit 2 oder 4 Prozessoren oder *High Nodes* mit 4, 8 oder 16 Prozessoren eingesetzt.

IBM p690 [/www/IBM1], [/www/IBM2] Seit 2002 werden unter dem Namen *pseries* UNIX-Mehrprozessorserver unterschiedlicher Leistung angeboten. Vor allem das leistungsfähigste Modell p690 bildet den Baustein für größere Parallelrechner, die die SP-Reihe ablösen. Die Rechner der *pseries* werden ebenfalls unter der IBM-Variante AIX von UNIX betrieben. Die p690-Architektur ist, wie auch bei anderen Herstellern üblich, mehrstufig:

- 64-Bit-RISC-Prozessor *Power4* (1,1 GHz, 1,3 GHz) oder Power4+ (1,45 GHz, 1,7 GHz)
- *Power4-Prozessorchip* mit 1 oder 2 Prozessoren mit gemeinsamem L2-Cache
- L3-Cache für jeden Prozessorchip auf externem Chip
- *Multi Chip Module (MCM)* mit 4 Prozessorchips (4 oder 8 Prozessoren) und bis zu 32 GB gemeinsamem Hauptspeicher
- bis zu 8 MCM je p690, SMP-Architektur mit bis zu 32 Prozessoren, 256 GB Hauptspeicher
- Kopplung über einen Switch von derzeit bis zu 16 (dann als Knoten bezeichneten) p690 zu einem Parallelrechner mit 512 Prozessoren und bis zu 2 TB Hauptspeicher.

Ein Mehrknotensystem besitzt einen auf die Knoten verteilten Hauptspeicher. Jeder Knoten ist ein SMP-System mit einem für die Prozessoren des jeweiligen Knotens gemeinsamen Speicher.

Der Power4-Prozessor ist ein 64-Bit-RISC-Prozessor (Abb. 3.1.43) mit 8 Funktionalen Einheiten: 2 × Gleitpunkt (FP1, FP2), 2 × Fixpunkt (FX1, FX2), 2 × Load (LD1, LD2), je 1 × Verzweigung und Logik (BR, CR). Die Gleitpunkteinheiten sind baugleich und können mit Additionen verkettete Multiplikationen (FMA) ausführen. Eine gesonderte Divisionseinheit gibt es nicht. Die sehr komplexen Divisionen und Quadratwurzeln (Funktion *sqrt*) werden nicht in einer Pipeline ausgeführt und sind daher viel zeitaufwendiger als andere Gleitpunktoperationen. Die Load-Einheiten können auch Adressrechnungen durchführen. Die 8 Einheiten werden paarweise über Warteschlangen (*queues*) versorgt (BR/CR, FX1/LD1, FX2/LD2, FP1/FP2), von denen es je nach Funktion unterschiedliche Anzahlen unterschiedlicher Länge gibt. Die Load-Einheiten holen über je eine eigene Verbindung 8 Byte/Takt Daten aus dem L1-Daten-Cache der Größe 64 KB. Das Schreiben von Daten in den L1-Daten-Cache erfolgt über eine gemeinsame *store queue* mit 1 × 8 Byte/Takt. Instruktionen werden mit 32 Byte/Takt in den L1-Instruktions-Cache geholt. Der Prozessor verfügt über mehr als 200 Register (in Abb. 3.1.43 nicht dargestellt).

Das Pipelinemodell genügt nicht mehr dem einfachen Schema von Abb. 3.1.18-Abb. 3.1.20. Die Leistung der Power4-Prozessoren wird mit vielstufigen Pipelines erreicht, was zu einem Leerlauf durch Wartezeiten bei isolierter Ausführung einzelner Instruktionen führen kann. Pro Takt können bis zu 8 Instruktionen gestartet und dauerhaft bis zu 5 Instruktionen pro Takt abgeschlossen werden. Um diese Geschwindigkeit zu erreichen, wird immer eine größere Anzahl von Instruktionen im Hinblick auf eine Optimierung der Instruktionsreihenfolge untersucht und diese mit einer als *out of order processing* bezeichneten Strategie entsprechend abgeändert. Bei Verzweigungen können Anweisungen *spekulativ* ausgeführt werden: Sofern freie und anders nicht nutzbare Kapazität verfügbar ist, werden Instruktionen ausgeführt, bei denen noch nicht klar ist, ob sie im weiteren konkreten Ablauf tatsächlich ausgeführt werden müssen. Der Power4-Prozes-

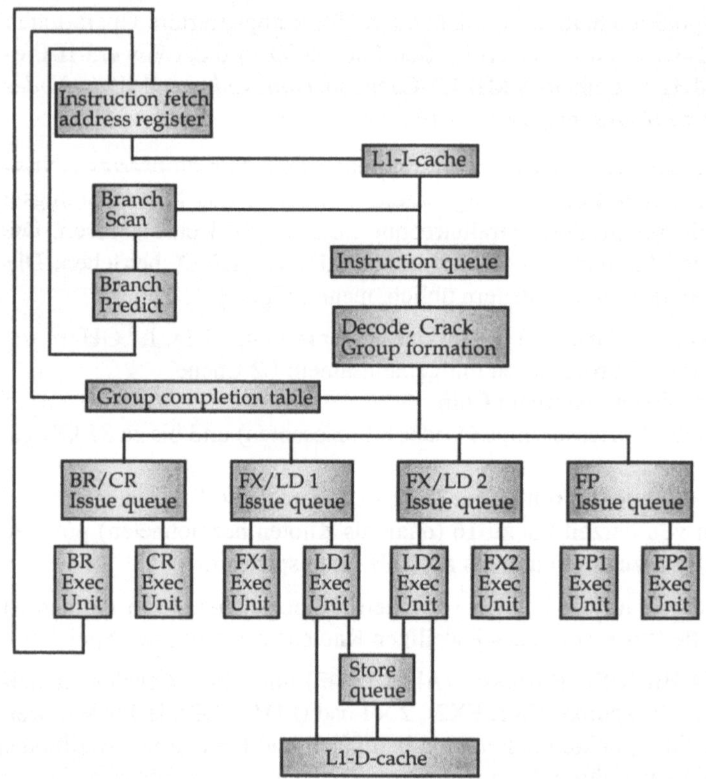

Abb. 3.1.43   IBM Power4-Prozessor-Struktur

sor kann zu jedem Zeitpunkt Folgen von bis zu 200 Instruktionen gleichzeitig hinsichtlich einer Optimierung verwalten. Die Optimierung der Ausführungsreihenfolge wird durch Hardware unterstützt (obere Hälfte von Abb. 3.1.43), Abb. 3.1.44 zeigt eine Skizze der vielstufigen Pipelines.

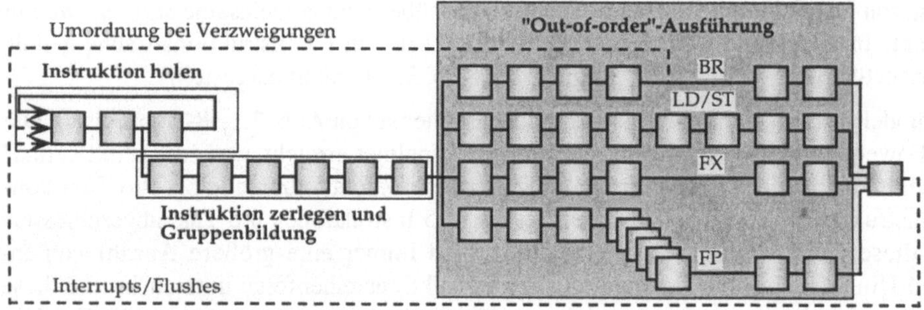

Abb. 3.1.44   IBM Power4-Pipelinestruktur

Jedes Quadrat entspricht einem Takt. Für die Ausführung der reinen Rechenanteile einer Gleitpunktinstruktion in einer der beiden FP-Einheiten werden sechs Takte benötigt.

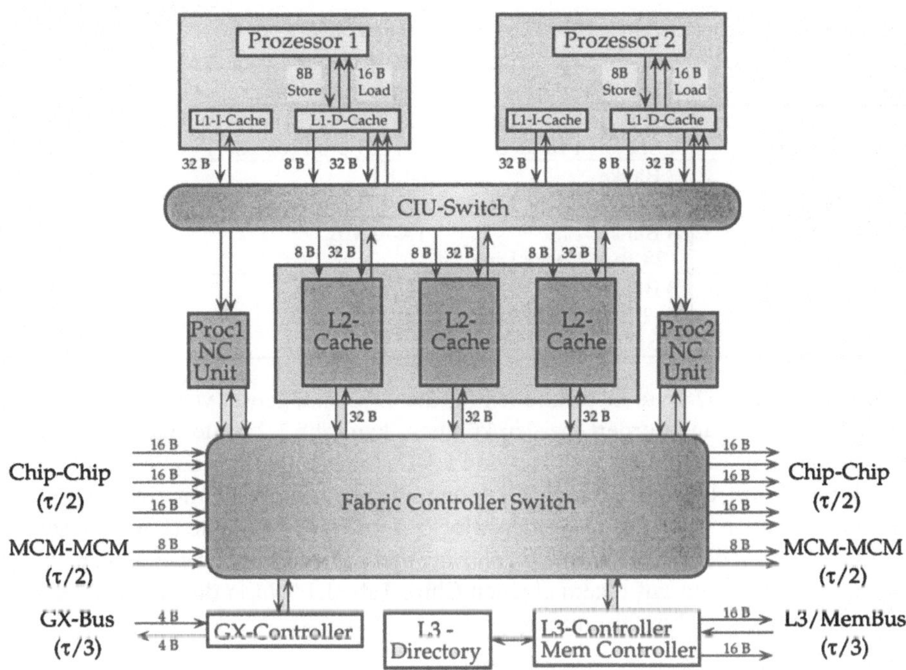

Abb. 3.1.45   IBM Power4-Prozessorchip

Auf einem Power4-Prozessorchip (Abb. 3.1.45) befinden sich im Wesentlichen ein oder zwei Prozessoren, der L2-Cache, den sich bei zwei Prozessoren beide teilen, der L3-Cache-Controller und das L3-Directory sowie der GX-Controller zur Anbindung von Ein- und Ausgabeeinheiten oder auch der Kopplung von p690-Knoten. Ein Switch (*CIU – core interface unit*) verbindet die Prozessoren mit dem L2-Cache, der aus drei unabhängigen L2-Cache-Controllern zu je 480 KB und zwei N(on)C(acheable) Units für Einzelinstruktionen und die Verwaltung der Instruktionsreihenfolge besteht. Der L2-Cache wiederum ist mit dem *Fabric Controller* verbunden, einem (Crossbar-) Switch, der auf der anderen Seite Verbindung zu anderen Prozessorchips auf demselben MCM, zu anderen MCM's oder p690-Knoten sowie zu I/O-Komponenten herstellt. Zu jedem Prozessorchip gehört ein L3-Cache, der sich auf einem gesonderten Chip befindet. Der CIU-Switch verbindet L1- und L2-Cache, wobei der L2-Cache im Gegensatz zum L1-Cache als Universalcache konzipiert ist, in dem gleichzeitig Daten, Instruktionen und auch diverse Tafeleinträge wie TLB gepuffert werden. Die Cachekohärenz wird auf der Ebene des L2-Caches hergestellt. Dies bedeutet auch, dass alle Daten, die sich aktuell im L1-Cache befinden, gleichzeitig mit dem aktuellen Datenwert auch im L2-Cache abgelegt werden. Während Cache Lines der Länge 128 Byte für den L1-Cache aus dem L2-Cache nachgeladen werden können, werden aktuelle Datenänderungen durch einen Prozessor nicht nur im L1-Cache berücksichtigt, sondern gleichzeitig mit einem gesonderten Store-Bus von 8 Byte/Takt über die CIU sofort auch an den L2-Cache weitergereicht. Jeder der drei L2-Controller kann pro Takt 32 Byte liefern, der L2-Cache also insgesamt 96 Byte/Takt. Auf der Seite der L1-Caches könnten in jedem Prozessor 32 Byte Daten

Tab. 3.1.7 Speicherhierarchie eines IBM Power4-Prozessorchips

Cache	Struktur	Größe pro Chip
L1 Instruktionscache	128 Byte Cache Line 4 Sektoren zu 32 Byte	128 KB (64 KB pro Prozessor)
L1 Datencache	2 Bänke 128 Byte Cache Line	64 KB (32 KB pro Prozessor)
L2	8 Bänke 128 Byte Cache Line	1,440 MB
L3	8 Bänke 512 Byte Cache Line 4 Sektoren zu 128 Byte	32 MB

für den I-Cache und 32 Byte Instruktionen für den D-Cache geholt werden: Während auf der L1-Seite 128 Byte/Takt angefordert werden könnten, kann die L2-Seite maximal 96 Byte/Takt liefern. Der Datenaustausch zwischen L2- und L3-Cache erfolgt über den Fabric-Controller auf einer Verbindung mit 16 Byte Breite je Richtung, die allerdings nur mit einem Drittel der Prozessortaktrate betrieben wird. Dabei werden Blöcke der Größe 512 Byte (= 4 L2-Cache Lines) ausgetauscht. Der zu jedem Prozessorchip gehörige und aus zwei Speichermodulen zu je 16 MB bestehende L3-Cache liegt auf einem eigenen Chip. Tab. 3.1.7 fasst die Kennzahlen der Cachehierarchie eines Prozessorchips zusammen.

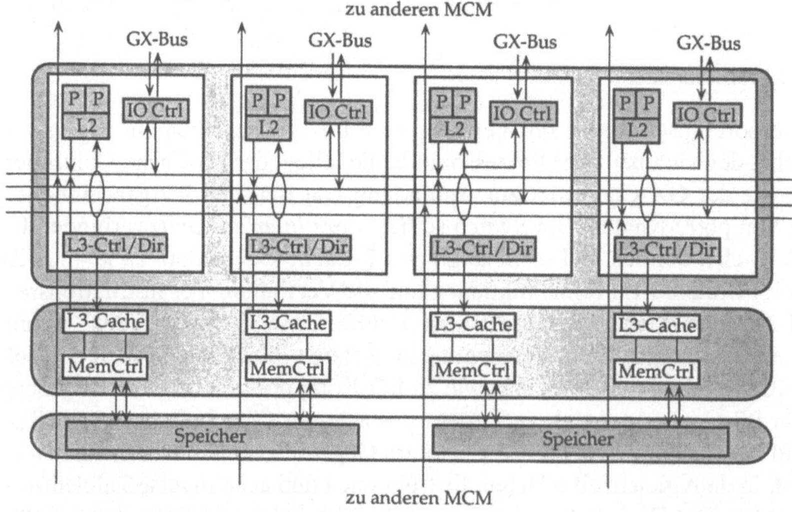

Abb. 3.1.46   Struktur eines MCM

Vier Prozessorchips bilden ein MCM (Abb. 3.1.46). Sie kommunizieren über den *Fabric Controller*-Switch, der aus Sicht jedes Chips wie ein Bussystem arbeitet. Für die Verbindung zu den anderen Chips desselben MCM verfügt der Fabric Controller in jedem Schritt physikalisch über

6 Verbindungen (3 × Input, 3 × Output) mit je 16 Byte Breite (logisch vier Verbindungen), die mit der halben Prozessortaktrate betrieben werden. Jeder der vier Prozessorchips verfügt ferner über zwei Verbindungen (1 × Input, 1 × Output) mit je 8 Byte Breite zu anderen MCM einer p690, die ebenfalls mit der halben Taktrate betrieben werden (Abb. 3.1.45, Abb. 3.1.46).

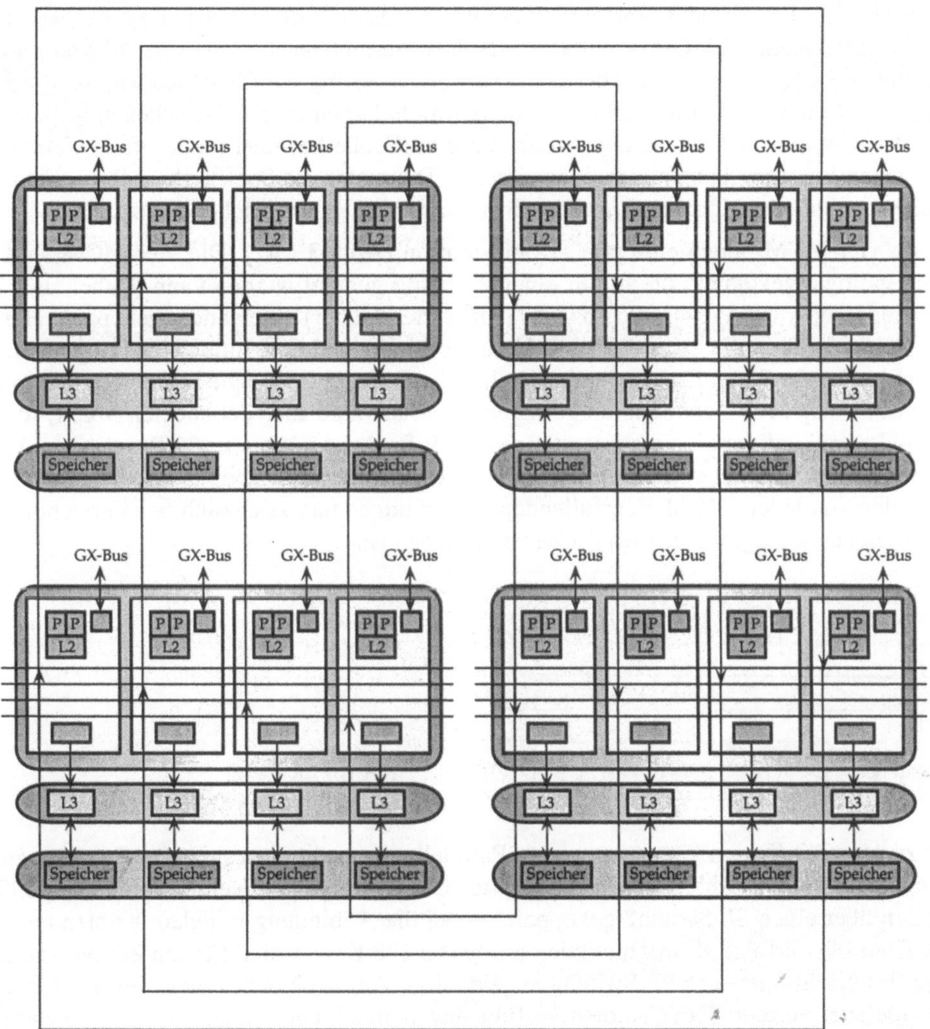

Abb. 3.1.47   Maximalkonfiguration einer p690

Jedes MCM besitzt physikalisch einen eigenen Hauptspeicher mit ein oder zwei Speicherkarten einer Größe von derzeit 4 GB, 8 GB, 16 GB oder 32 GB mit 400 MHz DDR-DIMM's, also einer Maximalkapazität von 64 GB. Der Memory-Controller jedes der vier Prozessorchips eines MCM ist mit je 16 Byte Breite pro Richtung mit dem dazugehörigen L3-Cache verbunden. Diese Verbindungen werden mit einem Drittel des Prozessortaktes betrieben. Jeder Memory-Controller verfügt ferner über ein (bei 4 GB, 8 GB Speicherkarten) oder zwei (bei 16 GB, 32 GB Speicherkarten) bidirektionale Verbindungen (*ports*) zu je 4×4 Byte zum Hauptspeicher. Die Speicheradressen in einem MCM werden in Blöcken von 512 Byte zyklisch auf die vier Memory Controller beziehungsweise L3 Controller verteilt, so dass jeder Memory Controller bis zu 16 GB verwaltet. Durch die vierfache Verschränkung der Adressen wirken die vier L3-Caches zu 32 MB als ein gemeinsamer L3-Cache mit 128 MB. Der Gesamtspeicher eines MCM von maximal 64 GB wird als gemeinsamer Speicher genutzt. Voraussetzung hierfür ist jedoch, dass jedes MCM mit zwei Speicherkarten bestückt wird (andernfalls liegen zwei L3-Caches und zwei Memory Controller brach) und dass diese Karten dieselbe Größe besitzen (andernfalls werden aus der vierfachen Verschränkung nur zwei zweifache). Die maximale Speicherbrandbreite ist nur zu erreichen, wenn jeder Memory Controller zwei Ports zum Hauptspeicher besitzt.

Bis zu vier MCM bilden eine p690-Konfiguration (Abb. 3.1.47). Die vier MCM sind in einer Ringtopologie gekoppelt, die in nur einer Richtung genutzt werden kann. Dabei sind in jedem von vier Ringen vier Prozessorchips (aus jedem MCM einer) miteinander gekoppelt. Hierzu werden in jedem Chip die zwei 8 Byte breiten Verbindungen ($1 \times$ Input, $1 \times$ Output) zu anderen MCM im Fabric Controller verwendet (Abb. 3.1.45). Jeder L3-Cache bearbeitet nicht nur Anfragen aus seinem MCM, sondern mit geringem Mehraufwand auch der anderen MCM, so dass eine p690-Gesamtkonfiguration insgesamt einen SMP-Rechner mit bis zu 32 Prozessoren und einem gemeinsamen Speicher von bis zu 256 GB darstellt, wobei die maximale Speicherbandbreite nur unter den von jedem MCM zu erfüllenden Bedingungen und zusätzlich bei Verwendung derselben Speicherkartengröße in allen MCM zu erreichen ist.

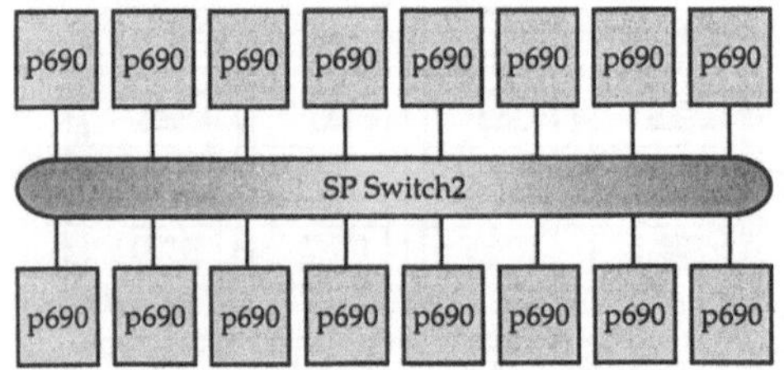

Abb. 3.1.48
Cluster mit 16 p690-Knoten

Bis zu 16 p690-Knoten können zu einem Parallelrechner mit insgesamt 512 Prozessoren zusammengefasst werden (Abb. 3.1.48), der auch als Cluster aufgefasst werden kann. Die p690-Knoten werden über einen SP Switch2 gekoppelt, wobei die Anbindung in jedem Knoten an einem der GX-Controller erfolgt. Konfigurationen mit bis zu 128 Knoten sind für den Zeitpunkt der Einführung des Nachfolgers des SP Switch2 angekündigt. Auf der Ebene eines Mehrknotensystems ist der Speicher verteilt: Jeder Knoten verfügt physikalisch über einen lokalen Speicher, so dass man insgesamt ein mehrstufiges System mit verteiltem Speicher auf der obersten Ebene und SMP-Eigenschaft innerhalb jedes Knotens erhält.

Wie bei allen modernen Architekturen spielt der Datenfluss durch die Speicherhierarchie eine entscheidende Rolle für die Geschwindigkeit des Gesamtsystems. Tab. 3.1.8 zeigt die unterschiedlichen theoretischen Datenübertragungsraten auf je einer Verbindung in den verschiedenen Komponenten einer p690-(Mehrknoten-) Konfiguration. Angesichts der sehr komplexen Struktur der p690 bedürfen diese Angaben einer genaueren Interpretation, die jedoch den Rahmen dieser Einführung sprengen würde [/www/IBM1], [/www/IBM2]. Zumindest ein typisches Merkmal mehrstufiger Architekturen ist zu erkennen: Die Datenflussraten nehmen auf höheren Hierarchie-

Tab. 3.1.8 Ergebnis- und Übertragungsraten pro Verbindung in der p690-Speicherhierarchie

Komponente	Operationsrate	Gflop/s (bei 1,3 GHz)
ein Prozessor (FP-Operationen)	4 Flop/Takt	5,2
Komponente	Datenrate	GB/s (bei 1,3 GHz)
ein Prozessor (FP-Ergebnisse)	2 × 8 Byte/Takt	20,8
L1 –> ein Prozessor (Load)	2 × 8 Byte/Takt	20,8
ein Prozessor –> L1 (Store)	1 × 8 Byte/Takt	10,4
L2 –> L1	2 × 16 Byte/Takt	41,6
ein Prozessor [–> L1] –> L2 (Store)	1 × 8 Byte/Takt	10,4
L3 –> L2	1 × 16 Byte/(Takt/3)	6,9
L2 –> L3	1 × 16 Byte/(Takt/3)	6,9
L3 –> MemCtrl (je Port)	1 × 16 Byte/(Takt/3)	6,9
MemCtrl –> L3 (je Port)	1 × 16 Byte/(Takt/3)	6,9
MemCtrl –> Mem (je Port)	4 × 4 Byte (400 MHz)	6,4
Mem–> MemCtrl (je Port)	4 × 4 Byte (400 MHz)	6,4
PChip <–> PChip (je unidir. Bus)	1 × 16 Byte/(Takt/2)	10,4
MCM <–> MCM (je unidir. Bus)	1 × 8 Byte/(Takt/2)	5,2
p690-Knoten <–> p690-Knoten (GX-Bus je Richtung)	1 × 4 Byte/(Takt/3)	1,7
SP Switch2 (je unidir. Verbindung)		0,5

stufen, also mit wachsender Entfernung von der Prozessorebene ab. Auch die hier nicht aufgeführten Latenzzeiten wachsen an. Bei bestimmten Anwendungen, insbesondere vielen numerischen Anwendungen, die eine maximale Datenflussrate benötigen, kann sich der gemeinsame L2-Cache für zwei Prozessoren auf einem Prozessorchip als Engpass des gesamten Systems erweisen. Daher werden spezielle p690-Modelle mit einem HPC (High Performance Computing)-Feature angeboten. Diese besitzen nur einen Prozessor je Prozessorchip, so dass ersterem der gesamte L2-Cache und damit auch die volle Datenbandbreite zur Verfügung steht. Jeder p690-Knoten kann dann nur mit der Hälfte der maximal möglichen Prozessoranzahl, also 16, ausgestattet werden. Tab. 3.1.9 fasst die wesentlichen Parameter dieser Architektur zusammen.

Tab. 3.1.9 Charakteristische Merkmale eines IBM p690 (Mehrknoten-) Systems

Architekturtyp:	MIMD, ccNUMA (MPP + SMP)
Baujahr:	ab 2002
Prozessorarchitektur	RISC
Prozessortyp	Power4 (1,1 GHZ, 1,3 GHz) Power4+ (1,45 GHz, 1,7 GHz)
Prozessoranzahl	1 - 512 1 - 16 Knoten 1 - 4 MCM je Knoten 1 - 4 MCM Prozessorchips je MCM 1 oder 2 Prozessoren je Prozessorchip
Speicher	DDR-DIMM's (400 MHz) verteilter Speicher in Mehrknotensystemen gemeinsamer Speicher in jedem SMP-Knoten 4 GB - 256 GB (je p690) bis 4 TB (Gesamtsystem)
Speicherbandbreite	bis 204,8 GB/s (je p690)
Speicherzugriff	2 Load-, 1 Load/Store-Pipeline (Breite je 8 B) je Proz.
Cache	L1: 64 KB Instruktionscache (je Prozessor) L1: 32 KB Datencache (je Prozessor) L2: 1,44 MB Universalcache (je Prozessorchip) L3: 32 MB Universalcache (je Prozessorchip)
Cachebandbreite	L2 (1,3 GHz): 124,8 GB/s (je Prozessorchip) L3 (1,3 GHz): 13,9 GB/s (je Prozessorchip)
Maximalleistung	Power4 (1,3 GHz): 5,2 Gflop/s (1 Prozessor) 164,4 Gflop/s (32 Prozessoren) 2.662,4 Gflop/s (512 Prozessoren)
Netzwerkbandbreite	SP Switch2 500 MB/s je unidir. Verbindung

Cray T3E [/www/CRAY] Die T3E ist ein massivparalleler Rechner, der seit 1995 mehrfach
verbessert wurde. Aktuell ist das Modell 1350 erhältlich. Die T3E wird unter der UNIX-Variante
UNICOS von Cray betrieben. Wie die IBM SP deckt die Cray T3E ein breites Leistungsspektrum
ab, wobei die vorrangige Zielrichtung im Bereich des Höchstleistungsrechnens liegt. Der Speicher ist verteilt, jedoch wird eine globale Adressierung einschließlich einer Cache-Kohärenz
hardwaremäßig unterstützt. Letzteres gestattet auch dem Anwender, sowohl Programmiermodelle
für verteilten Speicher (etwa MPI, MPI-2, PVM, shmem) als auch implizit für gemeinsamen
Speicher in High Performance FORTRAN (HPF) oder dem Cray-eigenen CRAFT-Modell
[/www/CRAY] zu nutzen (Abschnitt 3.2). Die T3E ist als dreidimensionaler Würfel mit Nächste-
Nachbarn-Verbindungen konfiguriert. Jeder Knoten ist mit seinen 6 unmittelbaren Nachbarn (2
in jeder Raumdimension) direkt verbunden. In jeder Dimension sind die am Rande gelegenen
Knoten zyklisch mit den am jeweiligen gegenüberliegenden Rand gelegenen Knoten gekoppelt.
Daher ist in jeder Dimension jeder Prozessor über ringförmige Verbindungen zu erreichen. Die
T3E bildet einen dreidimensionalen Torus, also ein ringförmig geschlossenes, dreidimensionales
Gitter. Neben den so genannten Anwendungsprozessoren, auf denen die Anwendungsprozesse

laufen, verfügt jede T3E über eine kleine Anzahl von Systemprozessoren (einer für je 8 Anwendungsprozessoren) für die Systemverwaltung. Somit werden die Anwendungsprozessoren fast vollständig von Systemaktivitäten entlastet. Das Vorgängermodell T3D benötigte noch einen oder mehrere Vektorprozessoren etwa vom Typ Y-MP als Vorrechner. Die Systemprozessoren können für unterschiedliche Aufgaben konfiguriert werden: Betriebssystem, Ausführung von Benutzerkommandos, Konfiguration als redundante Anwendungsprozessoren bei Ausfällen.

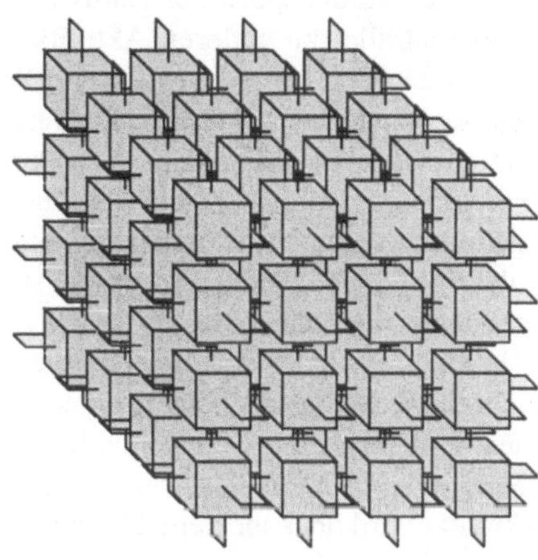

Abb. 3.1.49
Konfiguration der Cray T3E

Die Außenanbindung einer Cray T3E kann über alle bekannten Netzwerkprotokolle erfolgen. Zusätzlich können mehrere Cray-Rechner über einen sogenannten GigaRing mit einer Bandbreite von je 650 MB/s in beiden Richtungen gekoppelt werden. Dies wird zwar vorrangig für I/O-Aufgaben genutzt, kann aber prinzipiell auch zur parallelen Nutzung mehrerer Cray-Parallel- und

Tab. 3.1.10   Charakteristische Merkmale der Cray T3E (-1350)

Architekturtyp:	MIMD, MPP, NUMA
Baujahr:	ab 1995
Prozessorarchitektur	64 Bit RISC
Prozessortyp	DEC Alpha 21164A EV5.6 (675 MHz)
Prozessoranzahl	40-2176
Speicher	SDRAM 256 MB - 512 MB (je Prozessor) 10 GB - 4 TB (Gesamtsystem) verteilter Speicher
Speicherzugriff	1 Load-, 1 Load/Store-Pipeline (Breite 8 B) je Proz.
Cache	8 KB L1-Instruktionscache 8 KB L1-Datencache 96 KB L2-Cache (Daten und Instruktionen)
Maximalleistung	1,35 Gflop/s (1 Prozessor) 3 Tflop/s (2176 Prozessoren)
Netzwerkbandbreite	2 × 650 MB/s je Verbindung

Vektorrechner als Cluster eingesetzt werden. Leistungsfähige Prozessoren und eine ebenso leistungsfähige Kopplung der Prozessoren bilden die Grundvoraussetzungen für ein erfolgreiches Parallelrechnerkonzept. Die T3E ist so ausgelegt, dass an keiner Stelle im System ein konstruktionsbedingter Engpass vorhanden ist. Alle Komponenten, das heißt vorrangig die Arbeitsgeschwindigkeit der Prozessoren, die Geschwindigkeit der Speicherzugriffe und die Kapazität der Datentransportwege, sind eng aufeinander abgestimmt, vor allem mit einer hohen Taktrate synchronisiert. Mittels spezieller Hardware und Software wird erreicht, dass die Kommunikation teilweise parallel zu anderen Aktivitäten ablaufen kann. Vor allem können Latenzzeiten zu einem großen Teil überdeckt werden. Die dreidimensionale Torusstruktur erlaubt kurze Verbindungswege zwischen entfernten Prozessoren, wobei immer mehrere Wege möglich sind. Die Kommunikation zwischen entfernten Prozessoren verläuft meist über mehrere dazwischenliegende Prozessoren. Durch spezielle Routingmechanismen wird erreicht, dass auch bei den weitesten Wegen nur wenige Takte zusätzlich benötigt werden. Diese Erhöhung der Latenzzeit kann vernachlässigt werden. Jeder Prozessor ist über einen eigenen *Netzwerkrouter* in den T3E-Torus eingebunden. Der Router ist als Crossbar Switch mit je einem bidirektionalen Kanal zum Prozessor, je einem in jeder der drei Koordinatenrichtungen und einem E/A-Kanal ausgestattet. Die Bandbreite jedes Kanals beträgt in jeder Richtung nominal 650 MB/s. Der interne Prozessorbus hat auf 4 Kanälen zu je 32 Bit eine Datenbreite von 128 Bit und eine Bandbreite von 4×32 Bit $\times$ 75 MHz = 1.200 MB/s. Das Zusammenspiel vor allem von Prozessor, Hauptspeicher und Netzwerkrouter wird über spezielle Hardware gesteuert, hier als Steuereinheit bezeichnet.

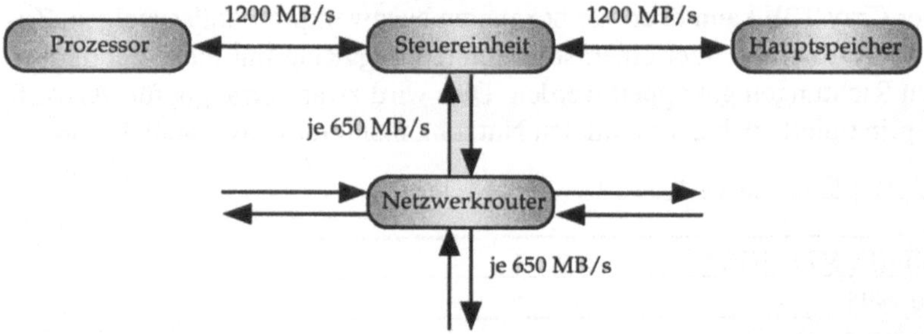

Abb. 3.1.50   Netzwerkanbindung eines Prozessors in der Cray T3E-1350

Die Cray T3E verwendet 64-Bit-Prozessoren des Typs DEC Alpha, die auch in Workstations eingesetzt werden, derzeit Alpha EV5.6 (21164A) mit 675 MHz. Grundsätzlich können Prozessoren unterschiedlicher Taktraten in einer T3E eingesetzt werden. Der Alpha-Prozessor besitzt eine superskalare Architektur mit 4 Pipelines:

1 Gleitpunkt-Additions- und Gleitpunkt-Divisionseinheit
1 Gleitpunkt-Multiplikationseinheit
2 Fixpunkt- und Logikeinheiten (einschließlich Load/Store).

Gleitpunkt- und Fixpunkteinheiten werden zu einer Floating Point Execution Unit und einer Integer Execution Unit mit jeweils eigenem Registersatz zusammengefasst. Die Fixpunkteinheiten können Integer- und logische, aber auch Load- und Store-Instruktionen ausführen. Beide Einheiten unterscheiden sich im Typ der ausführbaren Instruktionen. Lediglich einige wenige Instruktionen sind auf beiden ausführbar, unter anderem die Fixpunkt-Addition und die Ladeinstruktion. Die Pipelines können parallel genutzt werden, so dass 4 Instruktionen je Takt erreicht werden können. In einem Maschinenzyklus können zwei Gleitpunktoperationen sowie eine Lade- und eine Speicheroperation oder zwei Fixpunkt- oder Logik-Operationen ausgeführt werden.

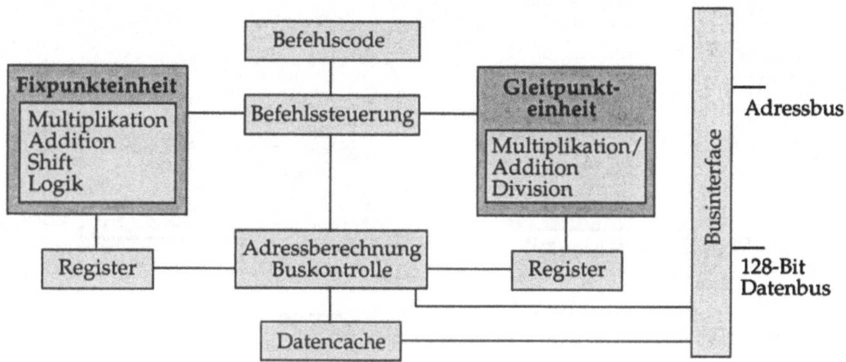

Abb. 3.1.51   Architektur des Prozessors DEC Alpha 21164 EV 5 (vereinfacht)

Die Gleitpunkt-Division ist in die Gleitpunkt-Additionseinheit integriert. Die zweite Einheit ist auf die Gleitpunkt-Multiplikation spezialisiert. Abb. 3.1.51 zeigt den Vorgänger Alpha 21164 EV5. Anders als auf IBM- oder HP-Prozessoren werden in diesem abhängige Gleitpunkt-Additionen und -Multiplikationen nicht verkettet. Wie auch auf anderen Prozessoren bleibt die Gleitpunkt-Division um ein Mehrfaches aufwendiger als die Addition oder die Multiplikation. Der Alpha-Prozessor verwendet eine 64-Bit-Arithmetik, die dem IEEE-Standard genügt.

In der Speicherhierarchie folgt auf die Register ein zweistufiger Cache auf dem Prozessorboard:

* 8 KB L1-Datencache (Dcache) in 256 Cache Lines zu je vier 64-Bit-Worten
* 8 KB L1-Instruktionscache (Icache)
* 96 KB L2-Cache (Scache) in 3 Sektionen zu je 512 Cache Lines zu je acht 64-Bit-Worten.

Die Adresseinheit einschließlich verschiedener Puffer und Tafeln wird hier nicht dargestellt. Auf den L1-Datencache kann mit zwei Loads oder einem Store pro Takt zugegriffen werden. Im Gegensatz zu den Power-Prozessoren von IBM verfügt der Alpha-Prozessor nur über einen sehr kleinen Datencache von 8 KB, also 1024 Worte zu 64 Bit, angeordnet in 256 Cache Lines zu je 4 Worten. Dies wird durch eine hohe Taktrate ausgeglichen. Der Scache versorgt sowohl den L1-Datencache als auch den L1-Instruktionscache. Der Hauptspeicher ist in 8 Bänke je Prozessor unterteilt. Verwendet werden handelsübliche SDRAM-Chips. Die Zugriffskontrolle erfolgt über vier Speicherkontrollchips, wobei ein Chip jeweils zwei Bänke überwacht.

Der Datenfluss in einem Rechenknoten wird durch weitere Hardware im Bereich der Steuereinheit außerhalb des Prozessors weiter beschleunigt: *Stream Buffer* und *E-Register*. Auf dem Zugriffspfad Hauptspeicher-Scache-Dcache-Funktionale Einheiten können sich die Caches beim Transport größerer Datenmengen zum Engpass entwickeln, wenn zu häufig mit unterschiedlichen Daten auf dieselben Cache Lines zugegriffen wird und diese somit zu oft ausgetauscht werden müssen. Aus diesem Grunde sind in der externen Steuereinheit anstelle eines dritten großen,

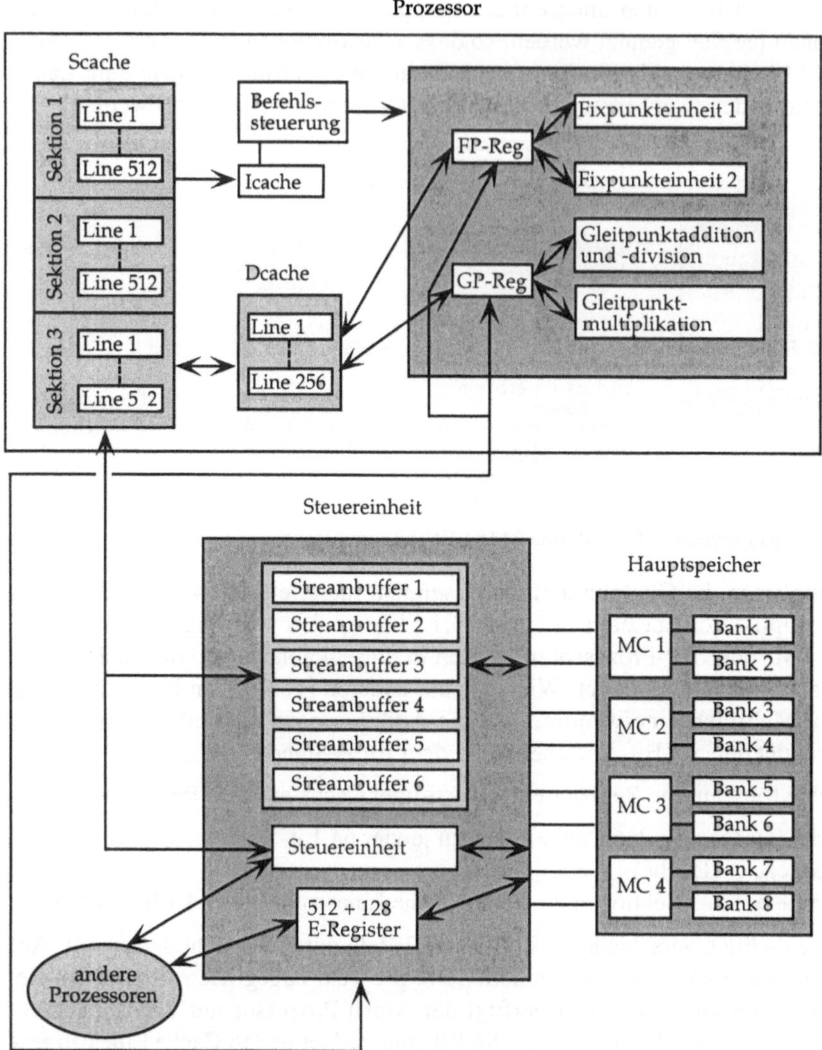

Abb. 3.1.52   Datenfluss in einem T3E-Knoten (vereinfacht)

aber inflexiblen Caches weitere Puffer vorgesehen: 6 *Stream Buffer* mit je zwei Puffern zu 8 Worten zu 64 Bit. Mittels dazugehöriger Steuerungshardware werden einerseits Speicherzugriffe des Prozessors, andererseits die Adressen der jeweils acht letzten Cache Line-Zugriffe überwacht. Werden ausstehende Speicherzugriffe bezüglich örtlich benachbarter Cache Lines entdeckt, wobei die Zugriffe zeitlich nicht zusammenhängen müssen, so können in den Stream Buffers bis zu sechs *Streams* – Datenströme – zum späteren Weitertransport in den Scache zwischengepuffert werden. Jeder *Stream* kann den Inhalt zweier Cache Lines aufnehmen. Diese Puffer gestatten es, große Mengen von zusammenhängenden Daten, insbesondere Feldzugriffe mit Inkrement 1 oder zumindest kleinem Inkrement effizient in die Caches zu leiten und vorrangig im Scache Cache Misses zu vermeiden. Bei Nutzung der Stream Buffer werden vektorielle Strukturen genutzt. Daher kann auf der T3E vektorisierter Code besonders effizient ablaufen. Die Problematik von Speicherbank-Konflikten bleibt davon jedoch unberührt.

Die *E-Register* stellen ein weiteres Element der Speicherhierarchie zur Überlappung von Kommunikationszeiten dar. Die E(xternen)-Register liegen ebenfalls außerhalb des Prozessors. Jeder Prozessor verfügt über 512 Anwendungs- und 128 System-E-Register, die mehrere Aufgaben erfüllen. Jeder Prozessor kann auf einen entfernten Speicher über die beteiligten Netzwerkrouter und die E-Register des entfernten Speichers unmittelbar zugreifen. Ferner kann über die E-Register unter Umgehung der Caches direkt auf die Funktionalen Einheiten beziehungsweise deren Register zugegriffen werden. Insbesondere können beliebige Zugriffe in Einheiten von 8 Worten zusammengefasst und dem Prozessor als Vektor präsentiert werden. Dies ermöglicht die effiziente Ausführung von indirekter oder nichtlinearer Adressierung, des zeilenweisen Zugriffs auf spaltenweise gespeicherte Matrizen oder gather/scatter auf entfernte Prozessoren.

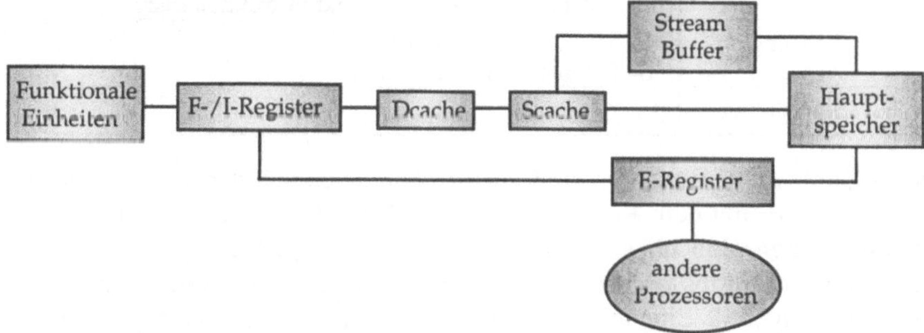

Abb. 3.1.53   schematischer Datenfluss in einem T3E-Knoten (vereinfacht)

Abb. 3.1.53 illustriert nochmals mögliche Datenflüsse in einem Knoten. Das Beispiel der Cray T3E dokumentiert, dass – allerdings mit erheblichem Hardwareaufwand – Datenflüsse optimiert und insbesondere Teile der Kommunikation mit anderen Aktivitäten überlappt werden können.

Silicon Graphics Origin [/www/SGI2] Der für seine Grafikworkstations bekannte Hersteller Silicon Graphics bietet seit einigen Jahren auch Parallelrechner an. Im Jahre 1996 wurde die Origin-Baureihe eingeführt. Bei dieser handelt es sich um eine ccNUMA-Architektur. Zunächst wurde das Modell 2000 mit 1-128 Prozessoren angeboten [/www/SGI2]. In einem mehrstufigen Verbindungsnetzwerk werden die physikalisch verteilten Speicher über einen globalen Adressraum verwaltet. Grundbaustein ist ein SMP-Knoten, das *Nodeboard*, mit 1-2 Prozessoren, dem für zwei Prozessoren gemeinsamen Hauptspeicher, einer Schnittstelle für I/O und Grafik sowie einem *Hub*. Über letzteren sind die genannten Komponenten untereinander sowie mit einem Router verbunden, der die Kopplung zu anderen Nodeboards herstellt (Abb. 3.1.54). Der Hub ist als Crossbar mit 4 bidirektionalen Eingängen mit einer Bandbreite von nominell 780 MB/s in jeder Richtung ausgelegt. Die beiden Prozessoren eines Nodeboards teilen sich einen dieser vier Eingänge. Jedes Nodeboard enthält einen Hauptspeicher mit einer Größe zwischen 64 MB und 4 GB. Aufgrund des globalen Adressraums hat jeder Prozessor Zugriff auf den Hauptspeicher in

Tab. 3.1.11   Charakteristische Merkmale der Silicon Graphics Origin 2000

Architekturtyp:	MIMD, ccNUMA (MPP + SMP)
Baujahr:	1996-2000
Prozessorarchitektur	RISC
Prozessortyp	MIPS R10000 (250 MHz)
Prozessoranzahl	1 - 128 (1 - 2) je Knoten)
Speicher	SDRAM 64 MB - 256 GB bis 1 TB (32 Knoten) verteilter Speicher, aber globaler Adressraum gemeinsamer Speicher in Knoten
Bänke (je Knoten)	8
Speicherzugriff	1 Load- und 1 Load/Store-Pipeline (Breite 16 B) je Proz.
Cache (je Prozessor)	L1: 32 KB Datencache, 32 KB Instruktionscache, L2: 1 MB oder 4 MB Daten- und Instruktionscache
Maximalleistung	500 Mflop/s (1 Prozessor) 64 Gflop/s (128 Prozessoren)
Netzwerkbandbreite	2 × 780 MB/s je Verbindung

jedem Knoten. Zur Erhaltung der Cache-Kohärenz enthält der Speicher jedes Knotens einen *Directoryspeicher* mit dem Kohärenzprotokoll, das jedem Prozessor zugänglich ist. Jeder Knoten ist über seinen Hub über einen bidirektionalen Zugriffsweg mit einem Router verbunden. Ähnlich wie die Hubs sind auch die Router als Crossbar ausgebildet, allerdings mit 6 bidirektionalen Eingängen: 2 Eingänge sind jeweils mit einem Nodeboard verbunden, die 4 restlichen Eingänge können zur Kopplung zu anderen Routern verwendet werden (Abb. 3.1.55).

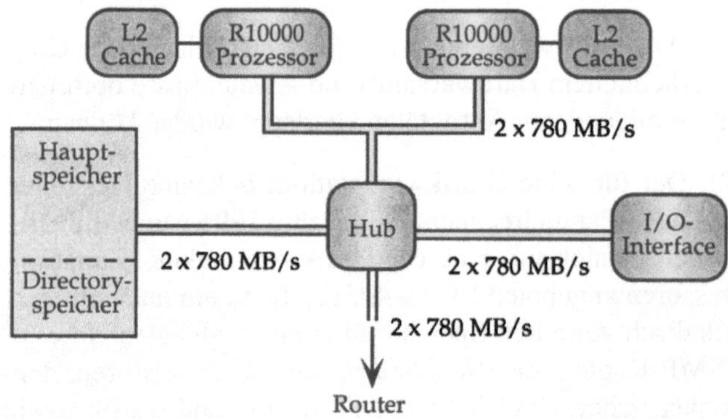

Abb. 3.1.54   Nodeboard einer Silicon Graphics Origin 2000

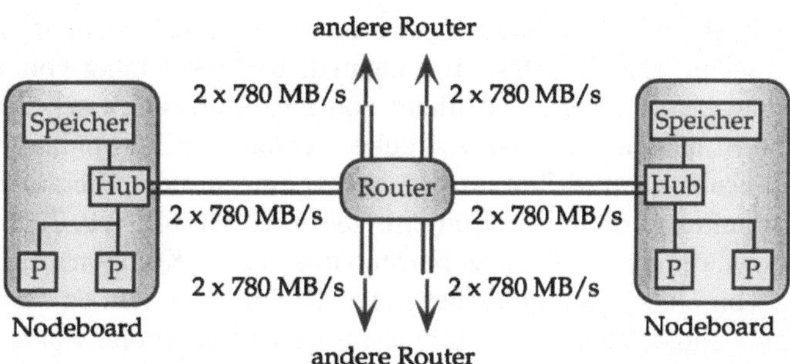

Abb. 3.1.55   Routerstruktur in der Silicon Graphics Origin 2000

In der Gesamtansicht stellt die Origin einen Hypercube dar. Eine Ecke (ein Knoten) des Hypercubes besteht allerdings nicht gemäß der herkömmlichen Art und Weise aus jeweils einem Prozessor. Er wird vielmehr durch einen Router mit jeweils zwei Nodeboards (in Abb. 3.1.56 - Abb. 3.1.57 als Fahnen gekennzeichnet) und damit bis zu vier Prozessoren gebildet. Abb. 3.1.56 und

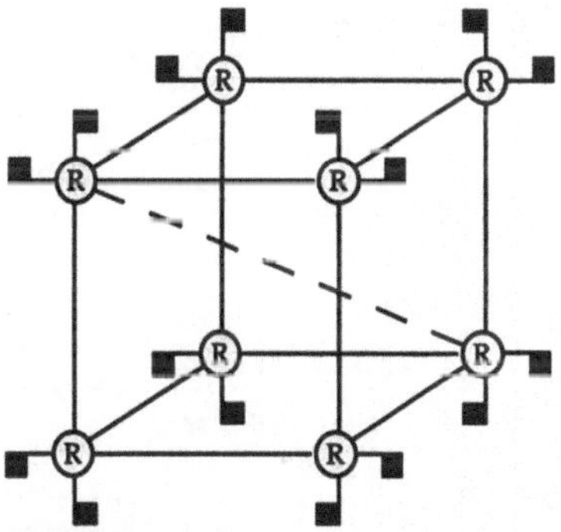

Abb. 3.1.56   32-Prozessor-Konfiguration der Silicon
               Graphics Origin 2000

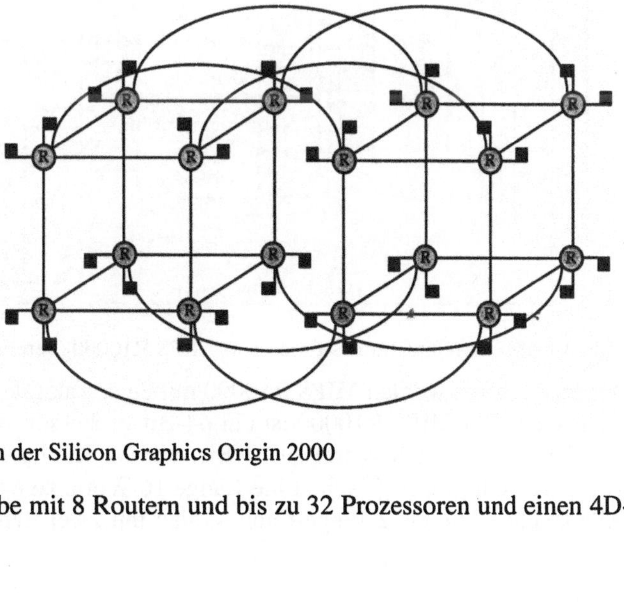

Abb. 3.1.57   64-Prozessor-Konfiguration der Silicon Graphics Origin 2000

Abb. 3.1.57 zeigen einen 3D-Hypercube mit 8 Routern und bis zu 32 Prozessoren und einen 4D-

Hypercube mit 16 Routern und bis zu 64 Prozessoren. Im 3D-Hypercube werden von den 6 Verbindungen jedes Routers nur 5 genutzt. In Abweichung vom reinen Hybercubemodell kann die
sechste Verbindung zur Bildung von *Expresslinks* zwischen sich diagonal gegenüberliegenden
Routern dienen. Im 4D-Hybercube werden alle Verbindungen genutzt (Abb. 3.1.57). Ein 5D-
Hybercube mit 128 Prozessoren besitzt eine weitere Hierarchieebene mit einem *Metarouter* mit
der Funktion von 8 Einzelroutern. Die Abb. 3.1.54 - Abb. 3.1.55 zeigen, dass sowohl alle Verbindungen, die innerhalb eines Nodeboards dessen Komponenten über den Hub verbinden, als auch
alle von einem Router ausgehenden Kopplungen zu den Hubs der beiden zugeordneten Nodeboards und zu anderen Routern jeweils eine Bandbreite von nominell 2×780 MB/s besitzen und
einen dauerhaften Durchsatz von etwa 650-700 MB/s gewährleisten. Das Verbindungsnetzwerk
ist so ausgelegt, dass für jeden Speicherzugriff, auch von entfernten Speichern, eine Verbindung
mit der maximalen Bandbreite zur Verfügung steht. Ein Zugriff auf einen entfernten Speicher
kann über verschiedene Wege erfolgen (Abb. 3.1.57), wobei mit wachsender Entfernung die Anzahl der zu passierenden Router ansteigt. Der Datentransport über das Netzwerk erfolgt in Einheiten einer L2-Cache Line (16 Worte zu 64 Bit).

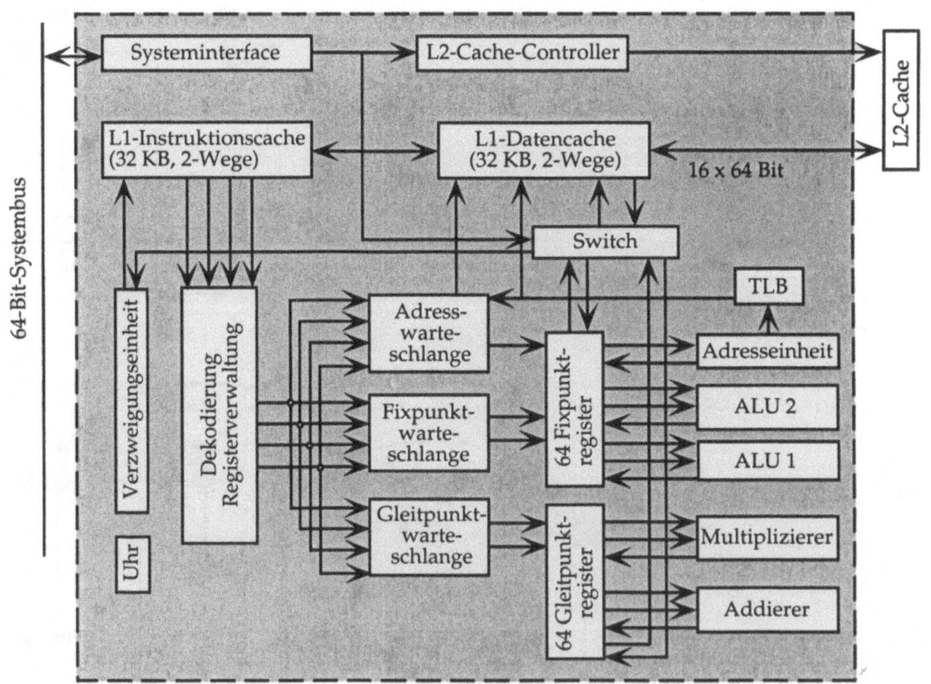

Abb. 3.1.58   Architektur des Prozessors MIPS R10000 (vereinfacht)

Als Prozessoren wurden MIPS R10000 mit einer Taktrate von zuletzt 250 MHz, ab 1999 R12000
eingesetzt. Der MIPS R10000 ist ein 64-Bit-Prozessor, der neben einem 32 KB L1-Datencache
(Cache Line-Länge 8 Worte zu 64 Bit) und 32 KB L1-Instruktionscache über einen L2-Cache
von 1 MB oder 4 MB (Cache Line-Länge 16 Worte zu 64 Bit) außerhalb des Prozessors verfügt.
Alle Caches sind als 2-Wege-Caches, also mit zwei Bänken, ausgelegt. Der Prozessor ist vier-

fach superskalar, da pro Takt bis zu vier Instruktionen über die drei Warteschlangen für Adressbehandlung, logische und Fixpunkt- sowie Gleitpunktoperationen gestartet werden können.

In der Gleitpunkteinheit können Addierer und Multiplizierer parallel genutzt werden, so dass maximal 2×250 Mflop/s = 500 Mflop/s erreicht werden. Der Zugriff auf den Hauptspeicher erfolgt über den 64-Bit-Systembus (Abb. 3.1.58). Für den R10000-Prozessor sind konkrete Daten bezüglich des Zeitbedarfs verschiedener Operationen bekannt. Tab. 3.1.12 zeigt die Latenzzeiten (Startup- oder Vorbereitungszeiten vom Start eines Speicherzugriffs zur Versorgung einer Funktionalen Einheit eines Prozessors bis zum Eintreffen des ersten Datums) sowie die Wiederholungsrate (Mindestanzahl der Takte bis zum Start der Ausführung einer weiteren Operation in derselben Pipeline). Dieses Beispiel zeigt den – auch für andere Prozessoren typischen – zum Teil sehr unterschiedlichen Zeitbedarf verschiedenartiger Operationen. Gleitpunkt-Additionen und -Multiplikationen liefern nach einer kurzen Anlaufzeit ein Ergebnis pro Takt, bei paralleler Ausführung sogar zwei Ergebnisse pro Takt. Die wesentlich kompliziertere Division sowie die verwandte Quadratwurzel, zu deren Ausführung andere Pipelines genutzt werden, benötigen erheblich größere Startzeiten und können insgesamt nicht gemäß dem Pipelineprinzip ausgeführt werden, da jede neue derartige Operation erst nach Ablauf einer vollen Vorbereitungszeit gestartet werden kann.

Tab. 3.1.12   Latenzzeiten und Wiederholungsraten einiger ausgewählter Operationen auf dem MIPS R10000 (Angaben in Maschinentakten)

	Operation	Latenz	Wdhl.
Fixpunkt	Addition, Subtraktion, logische Operationen, Verzweigung	1	1
	Load/Store (aus L1-Cache)	2	1
	Multiplikation (einfach genau)	5-6	6
	Multiplikation (doppelt genau)	9-10	10
	Division	66-67	67
	Konvertierung Fixpunkt zu Gleitpunkt	4	1
Gleitpunkt	Addition/Subtraktion	2	1
	Load/Store	3	1
	Multiplikation	2	1
	Multiplikation + Addition (MAF)	4	1
	Division	18	18
	Quadratwurzel	32	32

Unter Berücksichtigung der Taktrate von 250 MHz erreicht man bei Gleitpunktrechnung im günstigsten Fall 500 Mflop/s bei einer mit einer Addition verketteten Multiplikation, während eine Gleitpunktdivision oder eine Quadratwurzel nur noch mit 250/18 Mflop/s = 13,9 Mflop/s und 250/32 Mflop/s = 7,8 Mflop/s ausgeführt werden können. Diese Werte gelten nur bei ausreichender Datenversorgung, die von der Rechnerumgebung abhängig ist, in der der R10000 eingesetzt wird. Schon um für einfache Gleitpunktadditionen ein Ergebnis pro Takt zu erreichen, werden pro Takt zwei Operanden benötigt, während ein Ergebnis gespeichert werden muss. Die Bandbreite der L1-Caches beträgt ein Wort pro Takt. Über den 64-Bit-Systembus des R10000 kann ebenfalls maximal nur ein Wort pro Takt transportiert werden. Dies entspricht $250\,\text{MHz} \times 8\,\text{B} = 2\,\text{GB/s}$. Im Verbindungsnetzwerk der Origin 2000 können hiervon jedoch nur maximal 780 MB/s pro Verbindung ausgenutzt werden. Dies entspricht nur rund 0,4 Worten pro Takt und Verbindung. Ferner teilen sich je zwei Prozessoren eine bidirektionale Verbindung mit 2×780 MB/s zum Hub und damit zu allen Speichern. Über diese Verbindungen können allenfalls beide Prozessoren gleichzeitig jeweils ein Wort laden, oder ein Prozessor kann laden, während der andere schreibt. Das Problem der Datenversorgung wird mit wachsenden Taktraten der Prozessoren verschärft. Abb. 3.1.59 zeigt nochmals die unterschiedlichen Bandbreiten in der Origin 2000. Neben den Bandbreiten, die die erreichbare Transportgeschwindigkeit ausdrücken, spielen die Latenz-

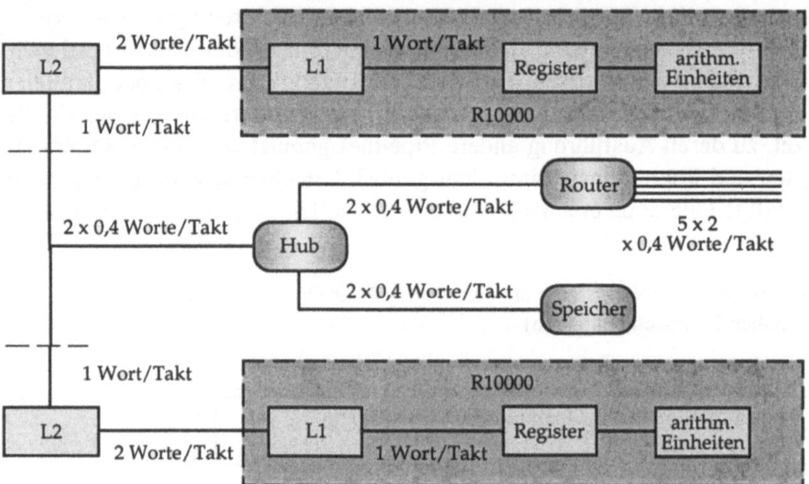

Abb. 3.1.59   Datentransport-Bandbreiten in der Origin 2000 (in 64-Bit-Worten pro Takt)

zeiten eines Transportvorgangs eine wichtige Rolle. Die Latenzzeit ist abhängig von der Entfernung zwischen dem betroffenen Prozessor und dem Ort, an dem die benötigten Daten liegen. Mit der Anzahl der Zwischenstationen wächst die Latenzzeit. Tab. 3.1.13 zeigt die wesentlichen Zahlen für die Origin 2000 nach Herstellerangaben. Die obige Diskussion scheint aufgrund des globalen Adressraums für die Anwendungsebene keine Bedeutung zu besitzen. Für die Effizienz von Anwendungen spielt jedoch die Frage, wo benötigte Daten physikalisch liegen, wegen des je nach Lage unterschiedlichen Aufwandes für den Datentransport eine erhebliche Rolle. Die Daten werden vom Betriebssystem grundsätzlich wie folgt verwaltet. Eine Speicherseite (zwischen 4 KB und 64 KB, standardmäßig 16 KB) mit Anwendungsdaten wird nach dem Start der Ausführung eines Anwendungsprogramms in den Speicher desjenigen Nodeboards abgelegt, auf dem einer der beiden Prozessoren erstmalig einen Page Fault für diese Seite ausgelöst hat. Zu jeder Speicherseite wird ein Zähler für die Anzahl der Zugriffe während der Ausführung geführt. Bei häufigen Zugriffen von Prozessoren entfernter Nodeboards auf eine Seite wird, falls es sich nur um Lesezugriffe handelt, eine Kopie dieser Seite an das entfernte Nodeboard versandt. Bei Schreibzugriffen wird die entsprechende Seite ohne Kopie in den Speicher des entfernten Nodeboards transportiert. Diese automatische Strategie auf der Ebene des Betriebssystems ist zwar bequem, kann jedoch in vielen Fällen den speziellen Gegebenheiten einer Anwendung nicht gerecht werden. Daher gibt es auch auf der Programmierebene Möglichkeiten zur expliziten Datenverteilung in einer Anwendung.

Tab. 3.1.13   durchschnittliche Latenzzeiten für Datenzugriffe auf der Origin 2000
(Angaben in Maschinentakten)

Register	0
L1-Cache	1-3
L2-Cache	10-11
lokaler Speicher	61
ein Router entfernt	117
zwei Router entfernt	137
drei Router entfernt	151
vier Router entfernt	169
fünf Router entfernt	184

Die Origin 2000 wurde durch die Origin 3000-Modellreihe abgelöst [/www/SGI1]. Diese besitzt ebenfalls eine mehrstufige Architektur: SMP-Knoten mit bis zu 16 Prozessoren MIPS R14000A (600 MHz, maximal 1,2 Gflop/s) [/www/R14] und 32 GB Speicher, bis zu 8 Knoten im Modell 3900 und Konfigurationen mit bis zu 512 Prozessoren mit logisch globalem Adressraum.

3.1.7.3   Cluster

Cluster von vernetzten Arbeitsplatzrechnern – Workstations oder Personal Computern – für verteilte oder parallele Anwendungen sind weit verbreitet, da sie sich mit geringem Aufwand unter Nutzung einer vorhandenen Vernetzung und geeigneter Kommunikations-Software realisieren lassen. Meist wird eine begrenzte Anzahl von Arbeitsplatzrechnern, etwa in einem Raum, unter Verwendung der vorhandenen Vernetzung als Cluster genutzt. Die am weitesten verbreitete Vernetzung ist das Ethernet, wobei das lineare Ethernet mit Koaxialkabel (10 MBit/s) gemäß Abb. 3.1.29 weitestgehend durch ein sternförmiges Ethernet mit Twisted Pair-Verkabelung (meist 10 MBit/s oder 100 MBit/s, teils auch schon 1 GBit/s) gemäß Abb. 3.1.31 abgelöst worden ist. Als Datenübertragungsprotokoll wird für den normalen Netzwerkverkehr üblicherweise TCP/IP [Po80-1], [Po80-2] oder UDP [Po80-3] verwendet. Im einfachsten Fall wird für die Nutzung von vernetzten Arbeitsplatzrechnern als Cluster auf Programmebene lediglich Kommunikationssoftware für explizite Datentransporte zwischen Rechnern benötigt. Als de facto-Standard hat sich zunächst die Public Domain-Software PVM und inzwischen ihr Nachfolger MPI (Abschnitt 3.2.5) durchgesetzt, für die auf TCP/IP oder UDP basierende Implementierungen für praktisch alle gängigen Architekturen und Betriebssysteme verfügbar sind. Unter dieser Voraussetzung erhält man portablen Code für *heterogene Cluster* von Rechnern unterschiedlichster Architekturen, Betriebssysteme und Hersteller. Die Portabilität unter TCP/IP oder UDP als kleinstem gemeinsamem Nenner erkauft man jedoch damit, dass die Kapazität der beteiligten Hardware im Allgemeinen nicht ausgenutzt wird. Abgesehen von möglichen "Kommunikationsproblemen" zwischen Netzwerkkarten unterschiedlicher Systeme müssen beim Datentransport durch MPI oder PVM häufig unterschiedliche interne Datenformate der beteiligten Rechner wechselseitig konvertiert werden, was mit nennenswertem Aufwand verbunden sein kann. Letzterer entfällt bei *homogenen Clustern* mit Rechnern einheitlicher Architektur und demselben Betriebssystem.

Die programmiertechnisch vergleichsweise einfache Realisierung einer verteilten oder parallelen Anwendung auf einem derartigen Cluster stößt jedoch schnell an technische Grenzen. Da die Kommunikation dieser Anwendung innerhalb des regulären Netzwerkverkehrs stattfindet, steht nur ein Teil der Bandbreite zur Verfügung, dessen Umfang zudem in Abhängigkeit von der allgemeinen Netzlast ständig wechselt. Umgekehrt können verteilte Anwendungen mit einem großen Kommunikationsbedarf, insbesondere bei einer großen Anzahl beteiligter Rechner, den Netzverkehr empfindlich beeinträchtigen. Dieser Effekt nimmt bei mehrstufigen Netzwerken (Abb. 3.1.30) mit Netzwerkgeräten auf unterschiedlichen Ebenen zu. Für zeitkritische parallele numerische Anwendungen sind Cluster unter diesen Bedingungen kaum sinnvoll nutzbar. Die Mindestanforderung hierfür ist ein *dedizierter Betrieb*, in dem der Cluster der parallelen Anwendung in vollem Umfang und ausschließlich zur Verfügung steht. Diese Situation ist nur außerhalb regulärer Betriebszeiten denkbar. Ferner sind ein homogener Cluster und eine möglichst höchstens einstufige Vernetzung sowie eine überschaubare Anzahl von Rechnern wünschenswert. Selbst in diesem Idealfall werden der Unterschied zu einem "echten" Parallelrechner und die überragende Bedeutung der Kommunikationsbandbreite sehr schnell klar. Unterstellt man als Rechner Personal Computer, deren Prozessoren Taktraten über 2 GHz besitzen, so ist eine numerische Anwendung mit 100 Mflop/s und 100 Millionen 64-Bit-Ergebnissen pro Sekunde nicht abwegig. Hierfür werden in der Regel 200 Millionen Operanden pro Sekunde benötigt. Auf einem Ethernet mit maximal 10 MBit/s, von denen real kaum mehr als 8 MBit/s erreichbar sind, werden jedoch zwischen zwei Rechnern höchstens 10 MBit/s = 10 485 760 Bit/s = 1 310 720 Byte/s = 163 840 Worte/s transportiert. Sobald also eine Kommunikation zwischen zwei Rechnern erforderlich wird, erfolgt der Datentransport mit weniger als einem Tausendstel der Datenrate in den Prozessoren. Auch in einem Netz mit 100 MBit/s oder 1 GBit/s bleibt bei Ausnutzung von weniger als 5% der theoretischen Prozessorleistung ein Unterschied von mehr als einer Größenordnung. Ein derartiger Cluster ist somit auch im Idealfall für numerische Anwendungen nur dann effizient nutzbar, wenn Kommunikation auf absolute Ausnahmefälle beschränkt bleibt. Diese schon überaus starke Einschränkung tritt bereits bei der Kommunikation zwischen nur zwei Prozessoren auf. In einem linearen Netzwerk wie in Abb. 3.1.29 teilen sich alle beteiligten Prozessoren die Bandbreite. Schon bei wenigen Prozessoren ist die verbleibende Bandbreite pro Prozessor so gering, dass die Kommunikation zum Erliegen kommen kann. In einem sternförmigen Netz gemäß Abb. 3.1.31c wird dieser Effekt insbesondere bei höherer nomineller Bandbreite abgemildert, bleibt jedoch grundsätzlich bestehen, da die tatsächlich benötigte Gesamtbandbreite nun in vollem Umfang im Switch zu bewältigen ist.

Abb. 3.1.60 zeigt einen homogenen Cluster aus UNIX-Workstations IBM RS/6000, der an einem Mathematischen Institut als Cluster für numerische Anwendungen eingesetzt wurde, wobei die einzelnen Server gleichzeitig als Arbeitsplatzrechner zur Verfügung standen. Im Gegensatz zu den oben genannten Clustern ist dieser vorrangig als preisgünstigerer Ersatz für einen Parallelrechner konzipiert. Dieser Cluster entstand im Zeitraum von 1992-1996 in mehreren Beschaffungen bei gleicher Funktionalität wie ein Komplettsystem. Aufgrund des langen Beschaffungszeitraums bestand der Cluster aus unterschiedlichen (damals Hochleistungs-) Workstations mit unterschiedlicher Prozessorleistung und Speicherausstattung bei grundsätzlich gleicher Architektur

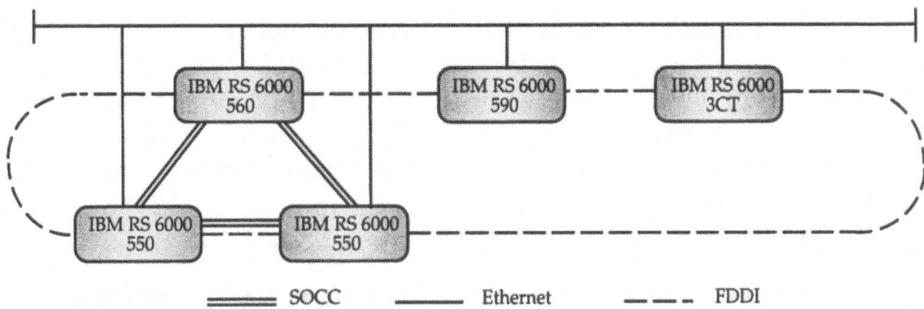

Abb. 3.1.60   IBM RS /6000-Workstation-Cluster

(Power1, Power2) und gleichem Betriebssystem. Dies wirkte sich jedoch nur insofern aus, als der unterschiedlichen Ausstattung durch eine entsprechend angepasste Lastverteilung Rechnung getragen werden musste. Für den allgemeinen Netzverkehr waren alle fünf Workstations an ein Ethernet angeschlossen (10 MBit/s, Thin Ethernet gemäß Abb. 3.1.29). Für numerische Anwendungen waren alle fünf Rechner an den FDDI-Ring (Glasfaser, Abb. 3.1.32(a)) eines Forschungsnetzes von insgesamt 30 Workstations unterschiedlicher Hersteller angebunden. Im FDDI-Netz teilten sich ebenfalls alle jeweils aktiven Workstations die allerdings größere Bandbreite von nominell 100 Mbit/s. Da dieses Netz nur zu Forschungszwecken genutzt wurde, konnte meist ein im Wesentlichen dedizierter Betrieb für parallele Anwendungen gewährleistet werden. Drei der Rechner waren zusätzlich in einem weiteren, isolierten Glasfasernetz mit Punkt-zu-Punkt-Verbindungen über SOCC-Adapter (serial optical channel converter) gekoppelt. SOCC ist ein IBM-spezifisches, inzwischen nicht mehr angebotenes Protokoll mit einem Durchsatz von maximal 220 Mbit/s. Als Kommunikationssoftware standen Implementierungen von PVM und MPI (Abschnitt 3.2) zur Verfügung, die speziell für das FDDI- und SOCC-Protokoll geschrieben und insbesondere an die IBM-Hardware angepasst waren. Bei ausreichender Granularität und angesichts der kleinen Rechneranzahl konnte dieser Cluster sinnvoll für viele numerische Anwendungen eingesetzt werden. Der Vergleich zu den Bandbreiten von echten Parallelrechnern wie IBM SP, Cray T3E oder auch Silicon Graphics Origin 2000, die im Bereich von Hunderten von MB pro Verbindung liegen, zeigt die anders gesetzten Prioritäten in Workstationclustern.

Linux-Cluster existieren inzwischen in großer Anzahl. In vielen Forschungseinrichtungen sind nichtkommerzielle, aus handelsüblichen Komponenten selbst zusammengestellte Cluster im Einsatz. Als ein willkürlich herausgegriffenes Beispiel sei die Installation an der TU Chemnitz [/www/CLiC] genannt. Der Cluster verfügt über 528 Rechenknoten und zwei Server-Knoten, alle als Einschübe in 19"-Schränken und ausgestattet mit Intel Pentium III-Prozessoren (800 MHz) mit jeweils eigenem Betriebssystem, 512 MB Hauptspeicher, einer 20 GB-Magnetplatte und einer Grafikkarte. Die Kopplung erfolgt über zwei getrennte Netzwerke (für Interprozessor-Kommunikation, also Datentransporte in parallelen Anwendungen, durch Fast Ethernet mit 100 MBit/s, und ein Administrations-Netzwerk) mit jeweils eigenen Switches. Die Server-Knoten sind mit je 1 GBit/s an den Switch des Interprozessor-Netzwerks angebunden. Ferner existiert eine Anbindung an das Universitätsnetz über den Switch des Administrationsnetzwerks. Der Cluster wird unter der Linux-Variante Red Hat betrieben. Als Message Passing-Software stehen verschiedene Implementierungen von PVM und MPI zur Verfügung. Für numerische Anwendungen werden die BLAS-Bibliothek der Basisalgorithmen und die LAPACK-Bibliothek mit Standardalgorithmen der linearen Algebra bereitgestellt. Dieser Cluster besitzt eine theoretische akkumulierte Gesamtleistung von 528×800 Mflop/s = 4.224 Gflop/s. Mit dem Linpack-Benchmark für verteilten Speicher (Abschnitt 3.2) wurden 224,9 Gflop/s erreicht. Vergleiche hierzu [/www/CLiC] und [/www/TOP]. In [/www/TOP] finden sich Testergebnisse für diverse andere, auch sehr viel größere Linux-Cluster. Als Beispiel eines kommerziellen Linux-Clusters betrachten wir folgenden Cluster.

IBM eServer Cluster 1350 [/www/IBM3], [/www/IBM-LC] Dieser Cluster besteht aus bis zu 512 Rechenknoten. Zur ihrer Entlastung von Verwaltungsarbeiten verfügt jeder Cluster über einen Frontend-Knoten zur Steuerung des Gesamtsystems sowie optional über einen zusätzlichen Management- und bis zu 32 Speicherknoten. Als Knotenrechner werden Intel-basierte Server IBM xSeries 335 (Rechenknoten) und 345 (Verwaltungsknoten) mit Intel Xeon-Prozessoren, zwei Ultra SCSI 320- oder IDE-Platten als 19"-Einschübe eingesetzt. Alle Rechner verfügen standardmäßig über zwei Gigabit Ethernet-Anschlüsse. Verteilte oder parallele Anwendungen und Verwaltungsaufgaben werden auf getrennten Netzwerken mit eigenen Switches ausgeführt, wobei verschiedene handelsüblichen Techniken zum Einsatz kommen können. Für das "Rechnernetz" (Interprozess-Kommunikation) kann das Myrinet der Firma Myricom [/www/Myr] eingesetzt werden. Der Myrinet-Switch liefert bei einer von der Anzahl der Verbindungen unabhängigen Latenzzeit von 6-8 ms einen Durchsatz pro Verbindung und Richtung von 200 MB/s. Im Verwaltungs- und I/O-Netzwerk, welches auch die Anbindung an öffentliche Netze und Arbeitsplätze sicherstellt, werden handelsübliche Ethernet-Switches mit 10/100/1000 MBit/s verwendet.

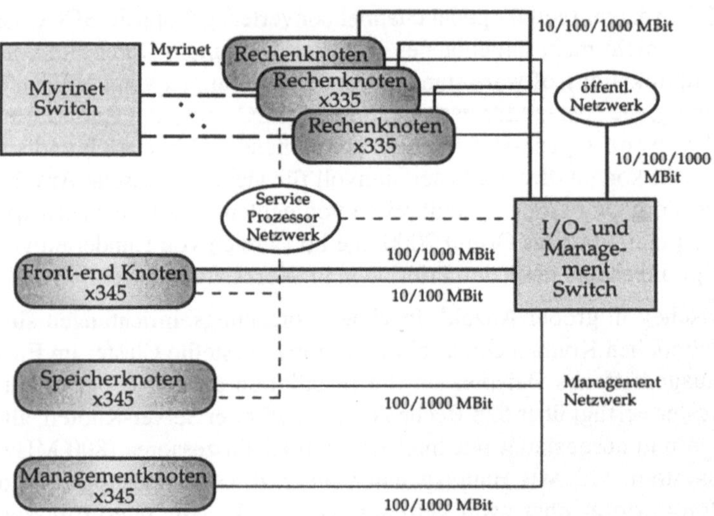

Abb. 3.1.61   Beispielkonfiguration eines Linux-Clusters IBM 1350

Neben einer der Linux-Distributionen als Betriebssystem verfügt der Cluster über eine *Cluster System Management-Software*, die erst die Administration des Gesamtsystems möglich macht. Für verteilte und parallele Anwendungen stehen unter anderem verschiedene Implementierungen von MPI und PVM sowie parallele Versionen mathematischer Standardbibliotheken (etwa der

BLAS- oder der IBM-Numerikbibliothek ESSL) zur Verfügung.

Tab. 3.1.14   Charakteristische Merkmale des IBM @server Cluster 1350

Architekturtyp:	Linux-Cluster, MPP	
Baujahr:	ab 2002	
Prozessorarchitektur	CISC	
Hauptspeicher	verteilt, SDRAM 512 MB-8 GB je Rechner bis 4 TB insgesamt	
Betriebssystem	Linux (Red Hat, SuSE)	
Prozessortyp	Intel Xeon (2 GHz-2,8 GHz)	
L2-Cache (je Proz.)	512 KB	
	Verwaltungsrechner	Rechenknoten
Rechnertyp	IBM eServer xSeries 345	IBM eServer xSeries 335
Rechneranzahl	1 Frontendknoten 0 - 1 Managementknoten 0 - 32 Speicherknoten	4 - 512
Prozessoren je Rechner	1 - 2	1 - 2
Netzadapter	2 Schnittstellen 10/100/1000 MBit/s Ethernet (Standard)	2 Schnittstellen 10/100/1000 MBit/s Ethernet (Standard) oder Myrinet 2000 oder SCI o.a.
Magnetplatten	18 GB-440 GB SCSI	18 GB - 147 GB SCSI 40 GB - 240 GB IDE
Maximalleistung		2,8 Gflop/s (1 Proz, 2,8 GHz) 1,4 Tflop/s (512 Proz, 2,8 GHz)

IBM eServer Cluster 1600 [/www/IBM3] Unter dieser Bezeichnung werden Cluster auf der Basis von Servern mit Power-Prozessoren angeboten, die unter der UNIX-Variante AIX betrieben werden. Im Gegensatz zum Linux-Cluster 1350 werden als Knoten mittlere bis große Mehrprozessor-UNIX-Server eingesetzt: Als Knoten können – auch unterschiedliche – Server der pSeries (Modellreihe 6xx) sowie einzelne Knoten des SP-Parallelrechners verwendet werden, wobei Power4-, Power3-II sowie die eher für kommerzielle Anwendungen interessanten RS 64 III- und RS 64 IV-Prozessoren zum Einsatz kommen. Insgesamt können Cluster von bis zu 128 Knoten mit jeweils 1-32 Prozessoren gebildet werden, wobei jedoch die Serveranzahl modellabhängig gewissen Einschränkungen unterworfen ist. Im Grunde handelt es sich bei einem Cluster 1600 um einen Cluster von Parallelrechnern. Ein Beispiel haben wir bereits in Abb. 3.1.48 kennen gelernt, in dem 16 Server p690 mit je 32 Prozessoren zusammengefasst werden. Die Vernetzung der Knoten(-rechner) kann über Gigabit-Ethernet erfolgen. Interessanter für parallele Anwendungen ist die Kopplung über den SP Switch2 wie im genannten Beispiel. Zu einem Cluster 1600 gehört eine umfangreiche Ausstattung mit Cluster-Verwaltungssoftware, eine parallele Entwicklungsumgebung, unter anderem mit Message Passing-Routinen (MPI) und einer parallelen Version der numerischen Standardbibliothek ESSL von IBM. Mit dem Konzept des Cluster 1600 können Parallelrechner höchster Leistung gebildet werden.

3.2 Unterstützende Software zur Parallelisierung, Vektorisierung und Optimierung

Die Effizienz paralleler Algorithmen hängt auch wesentlich davon ab, welche Software zur Umsetzung paralleler Strukturen in Programmen in der jeweils genutzten Rechnerumgebung verfügbar ist. In den gängigen höheren Programmiersprachen sind entsprechende Konzepte entweder gar nicht oder nur in Ansätzen enthalten. Auf Mikroprozessoren stellt sich das Problem des Erkennens oder der Formulierung paralleler oder vektorieller Strukturen grundsätzlich nicht. Jedoch ist ein intensiver Optimierungsprozess unabdingbar, um die Leistung der recht komplexen Prozessorarchitektur hinreichend ausnutzen zu können. Diese Optimierung wird auf formal sequentielle Programme angewendet. Gerade vektorielle oder parallele Strukturen können vielfach auch auf Mikroprozessoren besonders effizient umgesetzt werden. Zur Unterstützung derartiger Strukturen sowie zur Codeoptimierung bieten sich mehrere Möglichkeiten an:

- parallele Programmiersprachen
- Erweiterungen gängiger Programmiersprachen
- Automatische Erkennung paralleler oder vektorieller Konstrukte und Optimierung durch Compiler oder Präprozessoren
- Steuerung der Parallelisierung, Vektorisierung oder Optimierung durch Kommandozeilen-Direktiven in Anwendungsprogrammen
- Bibliotheken mit Kommunikationsroutinen
- Bibliotheken für Elementaralgorithmen
- Softwarewerkzeuge zur Analyse.

Hierbei herrscht eine ähnliche Vielfalt wie bei der Hardware. Auch die Softwareentwicklung ist einem ständigen Wandel unterworfen. Eine umfassende Beschreibung der verfügbaren Software sprengt den Rahmen des vorliegenden Buches. Zudem ist die verfügbare Software in der Regel gut dokumentiert. Wir beschränken uns daher im Folgenden darauf, anhand der obigen Gliederung die grundlegenden Konzepte zu skizzieren.

3.2.1 Parallele Programmiersprachen

Da die bekannten Programmiersprachen parallele oder vektorielle Strukturen grundsätzlich nicht unterstützen, liegt die Forderung nach parallelen Programmiersprachen nahe. Hierzu gibt es eine Fülle von Konzepten, die jedoch weitestgehend den Bereich der Forschung nicht verlassen haben. Als ein Beispiel einer kommerziellen parallelen Programmiersprache aus den achtziger Jahren sei OCCAM [/www/TP] genannt. Diese Sprache wurde speziell für Parallelrechner mit Transputern [/www/TP] als Prozessoren entwickelt. Transputer zeichneten sich insbesondere durch eine für den Einsatz in Parallelrechnern konzipierte Kommunikationshardware aus, die durch OCCAM direkt unterstützt wurde. Diese Technologie hat sich jedoch kommerziell nicht behaupten können. Ein aktuelleres Beispiel stellte die Programmiersprache TAO dar, die für die Quadrics-Parallelrechner der Firma Alenia konzipiert wurde. Diese Rechner waren Feldrechner mit einfachen Prozessoren, die nur wenige Typen von Operationen ausführen konnten. Das Anwendungsgebiet lag überwiegend in der Hochenergie- und Teilchenphysik. TAO war für diese Architektur "maßgeschneidert" und nur auf dieser einsetzbar. Ein Grund für das Fehlen kommerziell erfolgreicher paralleler Programmiersprachen ist die mangelnde Portabilität der erzeugten Software. Die Nutzer von Parallel- oder Vektorrechnern verfügen oft in erheblichem Umfang über in einer gängigen Programmiersprache geschriebene Anwendungssoftware, deren Umstellung auf eine neue Programmiersprache mit einem unvertretbar hohen Aufwand verbunden wäre. Außerdem erfolgen sowohl die Entwicklung als auch die Anwendung von Software meist in einer vernetzten Rechnerumgebung. Dies führt zu der Forderung, dass Anwendungssoftware in diesen Fällen auf unterschiedlichen Architekturen vom Hochleistungs-Parallelrechner bis zum einfachen Arbeitsplatzrechner lauffähig sein muss oder zumindest mit einem vertretbaren Aufwand angepasst werden kann. Andererseits scheitert schon die Entwicklung einer gleichzeitig universellen und effizienten parallelen Programmiersprache an den sehr unterschiedlichen Architekturprinzipien wie parallel-vektoriell, verteilter und gemeinsamer Speicher, Spezialprozessoren.

3.2.2 Erweiterungen gängiger Programmiersprachen

Erweiterungen gängiger Programmiersprachen durch zusätzliche Elemente hat es schon frühzeitig gegeben. Sie waren jedoch meist herstellerspezifisch und daher nicht portabel. FORTRAN 90 und seine Weiterentwicklung FORTRAN 95 [/www/F95] enthalten als erste weitverbreitete höhere Programmiersprache eine Syntax, die Operationen auf Feldern unterstützt. Eine ähnliche Syntax haben wir in den vorangehenden Abschnitten intuitiv verwendet. Durch Operationen auf Feldern können Schleifen vermieden werden. Dies erhöht die Übersichtlichkeit und ermöglicht, Algorithmen mit Sprachkonstrukten zu formulieren, die ihrer Struktur angemessen sind. Durch Feldoperationen wird vor allem die Darstellung vektorieller und auf niedriger Ebene auch paralleler Algorithmen erleichtert. Feldoperationen weichen von den mathematischen Operationen auf Vektoren und Matrizen unter anderem dadurch ab, dass sie Schrittweiten, also auch die Behandlung nicht notwendig zusammenhängender Teile von Feldern, zulassen – beispielsweise in FORTRAN A(1:N:2), das heißt A(1), A(3), A(5) ... – und dass Grundoperationen wie Additionen, Divisionen, Multiplikationen oder logische Operationen auf Feldern komponentenweise erklärt werden können. Beispielsweise setzt die Anweisung C = A*B für zweidimensionale Felder A(1:N,1:N), B(1:N,1:N), C(1:N,1:N) nicht die übliche Matrix-Multiplikation, sondern das komponentenweise Produkt $c_{i,j} := a_{i,j} * b_{i,j}$, $i,j = 1,...,N$, zweier quadratischer Matrizen um. Als weiteres Beispiel betrachten wir in FORTRAN:

```
        DO 100 J = 2,N,2
        DO 100 I = 1, N
            A(J, I) = B(I) *C(J, I+1) + 2 * D(J, I)
100     CONTINUE.
```

In FORTRAN 90/95 ist dies äquivalent zu

$$A(2:N:2, 1:N) = B(1:N) * C(2:N:2, 2:N+1) + 2 * D(2:N:2, 1:N).$$

Die Array-Syntax von FORTRAN 90 und 95 unterstützt die Beschreibung paralleler Strukturen,

insbesondere in der Linearen Algebra, leistet jedoch keine automatische Parallelisierung oder
Vektorisierung. Diese erfordert einen entsprechenden Compiler. Im Gegensatz dazu ist *High
Performance FORTRAN (HPF)* eine standardisierte Programmiersprache, die explizit die Programmierung auf Parallel- und Vektorrechnern durch entsprechende Sprachelemente unterstützt.
HPF stellt eine Erweiterung von FORTRAN 90 durch einige parallele Konstrukte, Direktiven
und spezielle Bibliotheksroutinen dar [/www/HPF]. HPF bietet insbesondere parallele Erweiterungen für das datenparallele SPMD-Programmiermodell: Alle Prozessoren führen dasselbe Programm aus, jedoch auf unterschiedlichen Daten. Hierzu dient neben der aus FORTRAN 90 bekannten Array-Syntax das **forall**-Konstrukt für parallele Zählschleifen. Die Schleife

        FORALL (I = 2:N-1)
            A(I) = A(I-1) + A(I) + A(I+1)

wird parallel ausgeführt, wobei die offensichtlichen Abhängigkeiten dadurch beseitigt werden,
dass vor der ersten Zuweisung alle alten Werte von A gesichert werden. In diesem einfachen Fall
erhält man mittels der Array-Syntax eine äquivalente Formulierung

        A(2:N-1) = A(1:N-2) + A(2:N-1) + A(3:N).

Die **forall**-Schleife beziehungsweise ihr Äquivalent sind zu unterscheiden von der Datenabhängigkeiten enthaltenden und sequentiell ausgeführten **do**-Schleife

        DO I = 2:N-1
            A(I) = A(I-1) + A(I) + A(I+1)
        ENDDO.

HPF verfügt ferner über eine große Anzahl von parallelen arithmetischen und logischen Bibliotheksroutinen. Zur Unterstützung des Compilers stehen Kommandozeilen-Direktiven (siehe unten) zur Verfügung. Auf Rechnern mit verteiltem Speicher stellt sich aus Effizienzgründen auch
in Virtual-Shared-Memory-Modellen mit globalem Adressraum das Problem der expliziten Datenverteilung, die ebenfalls über Direktiven erfolgen kann. Als weit weniger verbreitete Gegen-
stücke zu HPF in der C-Welt können das UPC (*Unified Parallel C*)-Projekt [/www/UPC] oder
auch der Data Parallel C (DPC)-Standard [/www/PSRV] angesehen werden. UPC stellt eine Erweiterung von C für Parallelrechner mit gemeinsamem Speicher sowie für Virtual-Shared-
Memory-Modelle (beispielsweise für Cray T3D und T3E) dar. Die Spezifikation von UPC beruht
auf den Erfahrungen mit HPF und enthält daher ähnliche Konstrukte, die ebenfalls aus Spracherweiterungen und (hier **#pragma**-) Direktiven bestehen.

Spracherweiterungen wie die eben genannten beschränken die Umsetzung paralleler Strukturen
auf die vergleichsweise niedrige Ebene von Feldstrukturen und damit von einfach strukturierten
Zählschleifen für Vektorprozessoren oder Parallelrechner mit gemeinsamem Speicher sowie in
Einzelfällen auf Konzepte des virtuellen gemeinsamen Speichers auf Parallelrechnern mit verteiltem Speicher. Die Kommunikation durch explizite Datentransporte (*Message Passing*) ist weder
in HPF, UPC noch anderen Programmiersprachen oder deren Erweiterungen vorgesehen. Message Passing wird mit speziellen Kommunikations-Bibliotheken realisiert (Abschnitt 3.2.5).

3.2.3 Automatische Erkennung paralleler oder vektorieller Konstrukte und automatische Optimierung

Programme für Parallel- und Vektorrechner werden überwiegend in gängigen Programmiersprachen (vorwiegend FORTRAN, C, C++) geschrieben. Compiler für Parallel- und Vektorrechner verfügen neben den für jeden Compiler unabdingbaren Optimierungsfunktionen in beschränktem Rahmen über Möglichkeiten zur automatischen Erkennung und Umsetzung vektorieller oder paralleler Strukturen. Aufgrund der ständige Weiterentwicklung der Hardware und unterschiedlicher Hardwarekonfigurationen schon innerhalb des Produktspektrums eines Herstellers hat sich in vielen Fällen ein mehrstufiger Übersetzungsprozess als zweckmäßig erwiesen, in dem vor dem eigentlichen Übersetzungsvorgang, also dem Compileraufruf, *Präprozessoren* eingesetzt werden. Präprozessoren sind eigenständige Programme, die entweder automatisch oder explizit zur Codetransformation für verschiedene Einsatzzwecke aufgerufen werden. Präprozessoren sind unter anderem von C-Entwicklungssystemen her bekannt. Im Hinblick auf Parallelisierung, Vektorisierung und prozessorspezifische Optimierung wirken Präprozessoren auf verschiedene Weise:

- Codemodifikation durch Umstellungen oder Ersatz von Daten und Anweisungen,
- Ersetzung von Pseudo-Compilerdirektiven durch den entsprechenden Code,
- Modifikation des Programmcodes oder Ersetzung von Pseudocompiler-Direktiven durch Aufruf geeigneter Bibliotheks- oder Systemroutinen.

Die konkrete Abgrenzung zwischen Compilern und Präprozessoren ist nicht zwingend vorgegeben, sondern vom in der jeweiligen Rechnerarchitektur verfolgten Softwarekonzept abhängig. Als Beispiele für Präprozessoren seien genannt:

cpp, fpp: Unter diesen Namen sind Präprozessoren für C- beziehungsweise FORTRAN-Compiler verschiedenster Anbieter (wie unter anderem Sun, Intel und Cray oder der Public Domain-Software von GNU) verfügbar. Meist handelt es sich um allgemeine codeoptimierende Präprozessoren. Auf Cray-Vektorrechnern war fpp Bestandteil der cf77-Entwicklungsumgebung für FORTRAN und diente der Erzeugung oder Optimierung von vektorisierbarem Code, insbesondere durch eine Abhängigkeitsanalyse.

fmp: FORTRAN-Präprozessor auf Cray-Mehrprozessor-Vektorrechnern zur Erzeugung von parallelisierbarem Code im Autotasking-System für gemeinsamen Speicher.

VAST: Unter diesem Namen bietet die Firma Pacific Sierra Research [/www/PSRV] verschiedene FORTRAN- und C/C++ - Präprozessoren und -Compiler für diverse Plattformen und Architekturtypen an (Linux auf Intel-, PowerPC- und Alpha-Prozessoren, Mac OS X auf PowerPC, Windows NT und UNIX-Systeme wie IBM RS/6000 und SP2, DEC Alpha unter UNIX, Sun unter Solaris, SGI unter IRIX, Hewlett Packard unter HP-UX), unter anderem:

- *VAST-F/Parallel* und *VAST-C/Parallel*: Automatische Parallelisierung auf der Basis des OpenMP-Standards für Mehrprozessorrechner
- *VAST-F/Superscalar, VAST-C/Superscalar*: Optimierender Präprozessor für superskalare Architekturen
- *VAST-F/Altivec, VAST-F/Superscalar*: Vektorisierender Präprozessor für die Altivec-Vektoreinheit der PowerPC-G4-Prozessoren
- *VAST-77to90, VAST-77toHPF*: Präprozessor für die Transformation von FORTRAN 77 in

FORTRAN 90 bzw. HPF-Code.

KAP: Kuck & Assoc. [/www/KAI] bieten ein ähnliches Produktspektrum wie VAST an: optimie-rende, vektorisierende oder parallelisierende FORTRAN- und C/C++ - Präprozessoren und Ent-wicklungsumgebungen für Vektorrechner, Parallelrechner und cachebasierte Einprozessor-Archi-tekturen, unter anderem für IBM RS/6000, Sun Sparc, Intel Pentium und Itanium, Compaq Alpha, Hewlett Packard 9000, Silicon Graphics MIPS. Die automatische Parallelisierung setzt ebenfalls den OpenMP-Standard um.

KAP- und VAST-Präprozessoren spielten schon in den achtziger Jahren auf Vektorrechnern ver-schiedener Hersteller wie Cray oder Control Data eine wesentliche Rolle bei der Vektorisierung, vor allem bei der Datenabhängigkeitsanalyse. Die dabei gewonnenen Erfahrungen wurden zu Produkten für RISC-Prozessoren und schließlich zur jetzigen Angebotspalette weiterentwickelt.

Automatische Mechanismen können nur in einem eingeschränkten Umfeld, das heißt innerhalb von Codeblöcken und damit auf einer niedrigen Ebene, eingesetzt werden. Hierbei spielen vor allem Zählschleifen eine wichtige Rolle, die mittels einer Analyse von Datenabhängigkeiten un-tersucht werden. Nicht alle parallelen oder vektoriellen Konstrukte können automatisch erkannt und verarbeitet werden. Allgemein erwartet man etwa den folgenden Leistungsumfang:

Parallelisierung:
* Erkennen parallelisierbarer (Zähl-) Schleifen
* Parallelisierung äußerer Schleifen in geschachtelten Schleifen
* Parallelisierung mit automatischer Anpassung an die Anzahl und die Anordnung der jeweils verfügbaren Prozessoren
* Automatische Synchronisation zu Beginn und am Ende paralleler Teilaufgaben (vor allem Schleifen) bei virtuell gemeinsamem Speicher
* Automatische Datenverteilung bei virtuell gemeinsamem Speicher.

Vektorisierung:
* Erkennen von arithmetischen und logischen Vektoroperationen in Zählschleifen
* Ersatz von Verzweigungen in Zählschleifen durch Vektorkonstrukte
* Behandlung von Zugriffen auf Feldelemente mit regelmäßigen Schrittweiten (gleiche Schritt-weite in jedem Durchlauf) auch größer als Eins
* Behandlung nichtlinearer (Beispiel: a[i**2]) oder indirekter (Beispiel: a[i[j]]) Indizierung.

Unabhängig von der Erkennung paralleler Strukturen führt jeder Compiler eine Optimierung für die jeweilige Prozessorarchitektur durch. Wie bereits erwähnt, beeinflusst diese Optimierung ins-besondere bei Parallelrechnern gleichberechtigt mit der Parallelisierung entscheidend die Effizi-enz eines Codes. Wir beschränken uns auf die Erwähnung der wichtigsten Gesichtspunkte.

Optimierung:
* allgemeine Codeoptimierung (Entfernung von redundantem oder überflüssigem Code, Vereinfachung von Indizierungen, Herausziehen invarianten Codes aus Schleifen usw.)
* arithmetische Optimierung (Ersetzen von Divisionen oder Exponentiation durch Multiplika-tionen, gegebenenfalls von Multiplikationen durch Additionen usw.)
* Schleifenoptimierung (insbesondere verkettete oder parallele Nutzung der Funktionalen Ein-heiten, Befehlsverarbeitung)

- Optimierung der Speichernutzung (Registernutzung, Speicher- und Cachezugriffe, insbesondere in Speicherhierarchien).

Diese Punkte sind in unterschiedlichem Maße realisiert. Grundsätzlich gilt, dass die Güte einer automatischen Vektorisierung, Parallelisierung oder Optimierung wesentlich von der Struktur des jeweiligen Programmcodes mitbestimmt wird. Innerhalb längerer Teilalgorithmen müssen parallele oder vektorielle Strukturen oft mittels entsprechender Direktiven ausdrücklich gekennzeichnet oder unterstützende Hinweise zur Optimierung gegeben werden.

Eine automatische Parallelisierung setzt in der Regel ein Programmiermodell mit globalem Adressraum, also für einen gemeinsamen oder zumindest virtuell gemeinsamen Speicher, voraus, da ein Programmiermodell mit lokalem Adressraum eine gänzlich andere Programmstruktur erfordert, die nur sehr schwer automatisch erzeugt werden kann: Jeder Prozessor erhält einen eigenen Code für eine abgegrenzte Teilaufgabe auf lokalen Daten (Abschnitt 3.3.3). Der Datenaustausch mit anderen Teilaufgaben erfolgt über explizite Datentransporte (*Message Passing*). Hierzu stehen auf Programmebene spezielle Bibliotheken mit Kommunikationsroutinen zur Verfügung, die wie Unterprogramme aufgerufen werden. In einem Programmiermodell mit gemeinsamem Adressraum werden Teilaufgaben durch Verteilung von Arbeit definiert. Es muss lediglich der Zugriff auf gemeinsam genutzte Daten synchronisiert werden. Dies kann im Allgemeinen automatisiert werden. Bei virtuell gemeinsamem Speicher stellt sich zusätzlich das Problem der expliziten Datenverteilung auf physikalisch verteilte Speicher. Entsprechend der Philosophie des virtuell gemeinsamen Speichers soll dies weitgehend vor dem Nutzer verborgen bleiben, der mit einem einheitlichen, globalen Adressraum arbeitet. Dies setzt voraus, dass die in der Realität erforderlichen Datentransporte automatisiert werden. Unter Effizienzgesichtspunkten bleiben explizite Eingriffe auf Programmebene häufig dennoch unvermeidbar.

Wir illustrieren nun einige Möglichkeiten der Autoparallelisierung und -vektorisierung unter Verwendung einer in Anlehnung an gängige Programmiersprachen formulierten Syntax. Am anschaulichsten ist die Behandlung einfacher (Zähl-)Schleifen:

$$\textbf{for } i := 1 \textbf{ to } n \textbf{ do} \qquad\qquad\qquad\qquad\qquad\qquad\qquad (3.2.1)$$
$$c_i := a_i + 2 * \left(b_i + d_i / c_i\right)$$
$$c_i := a_i * c_i + b_i / c_i$$

oder gleichwertig, falls alle Felder mit dem Indexbereich $1,...,n$ vereinbart sind:

$$\text{c} := \text{a} + 2*(\text{b} + \text{d}/\text{c}); \; \text{c} := \text{a}*\text{c} + \text{b}/\text{c}. \qquad\qquad\qquad\qquad (3.2.2)$$

Diese Schleife kann sowohl vektorisiert als auch parallelisiert werden, da alle Komponenten unabhängig voneinander berechnet werden können. Die Abhängigkeitsanalyse ist hier aufgrund der einfachen Indizierung trivial. Im folgenden Beispiel bestehen offensichtliche Abhängigkeiten.

$$\textbf{for } i := 2 \textbf{ to } n \textbf{ do } \; a_i := 2 * a_{i-2} + a_i + a_{i-1}. \qquad\qquad\qquad (3.2.3)$$

Die Initialisierung $a_i := i, \, 0 \le i \le n$, liefert bei sequentieller Rechnung das korrekte Ergebnis

$$
\begin{aligned}
a_2 &:= 2*a_0+a_2+a_1 &:= 2*0+2+1 &:= 3 \\
a_3 &:= 2*a_1+a_3+a_2 &:= 2*1+3+3 &:= 8 \\
a_4 &:= 2*a_2+a_4+a_3 &:= 2*3+4+8 &:= 18.
\end{aligned}
$$

Falls eine Vektorisierung trotz der Abhängigkeiten erzwungen wird, führt dies zu Fehlermeldungen des Compilers, oder es werden falsche Ergebnisse erzeugt: Drei Teilvektoren von $a[1..n]$ würden wegen des dreimaligen Lesezugriffs in verschiedene Vektorregister geladen. Das Ergebnis würde in einem weiteren Vektorregister abgelegt, dessen Inhalt nach Beendigung der Rechnung den Vektor a im Hauptspeicher erst am Schluss wieder überschreibt. Beginnend mit

$$
VR0 = \begin{pmatrix} a_0 \\ a_1 \\ a_2 \end{pmatrix} = \begin{pmatrix} 0 \\ 1 \\ 2 \end{pmatrix} \quad VR1 = \begin{pmatrix} a_2 \\ a_3 \\ a_4 \end{pmatrix} = \begin{pmatrix} 2 \\ 3 \\ 4 \end{pmatrix} \quad VR2 = \begin{pmatrix} a_1 \\ a_2 \\ a_3 \end{pmatrix} = \begin{pmatrix} 1 \\ 2 \\ 3 \end{pmatrix}
$$

erhielte man das falsche Ergebnis

$$
VR0 = 2 * VR0 = \begin{pmatrix} 0 \\ 2 \\ 4 \end{pmatrix}; \quad VR3 = VR1 + VR2 = \begin{pmatrix} 3 \\ 5 \\ 7 \end{pmatrix}; \quad a = VR3 = VR0 + VR3 = \begin{pmatrix} 3 \\ 7 \\ 11 \end{pmatrix}.
$$

Bei erzwungener Parallelisierung auf einem Rechner mit gemeinsamem Speicher sind die Ergebnisse nichtdeterministisch, da nicht vorhersehbar ist, in welcher Reihenfolge die Komponenten von a überschrieben werden. Im Beispiel (3.2.4) tritt eine sogenannte *Pseudo-Abhängigkeit* auf:

$$
\textbf{for } i := 2 \textbf{ step } 2 \textbf{ to } n \textbf{ do } a_i := a_{i-1}+a_{i+1}. \tag{3.2.4}
$$

Bei der Berechnung von a_i wird zwar auf eine Komponente a_{i-1} mit kleinerem Index zugegriffen. Diese wird aufgrund des Schleifeninkrements 2 nicht überschrieben. Einer Vektorisierung (oder Parallelisierung) steht somit nichts im Wege. Insbesondere in komplizierteren Situationen werden jedoch derartige Pseudo-Abhängigkeiten nicht immer automatisch erkannt. Im Beispiel (3.2.5) sind alle $n*m$ Koeffizienten des Feldes $a[1..n, 1..m]$ voneinander unabhängig:

$$
\begin{aligned}
&\textbf{for } i := 1 \textbf{ to } n \textbf{ do} \\
&\quad \textbf{for } j := 1 \textbf{ to } m \textbf{ do } a_{i,j} := x_{i-1} * a_{i,j}+y_{i+1}.
\end{aligned} \tag{3.2.5}
$$

Eine mathematisch äquivalente Formulierung lautet

$$
\begin{aligned}
&\textbf{for } j := 1 \textbf{ to } m \textbf{ do} \\
&\quad \textbf{for } i := 1 \textbf{ to } n \textbf{ do } a_{i,j} := x_{i-1} * a_{i,j}+y_{i+1}.
\end{aligned} \tag{3.2.6}
$$

Die Wahl zwischen diesen beiden Alternativen erfolgt im Hinblick auf eine Optimierung unter den Gesichtspunkten einer gegebenenfalls unterschiedlichen Größe von m und n oder des Zeilen- und Spaltenzugriffs auf a. Ein parallelisierender Compiler würde in beiden Fällen zumindest die äußere Schleife parallelisieren, ein vektorisierender die innere vektorisieren. Aufgrund der Unabhängigkeit der Berechnung aller Komponenten könnte die Doppelschleife als Einheit mit der Parallelität $n*m$ parallelisiert werden. Schleifentausch und Zusammenfassung werden von einigen

Compilern erkannt, oft ist jedoch ein Präprozessor vorzuschalten. Eine Vektorisierung mit der Vektorlänge $n*m$ scheitert daran, dass dann zwar aufgrund der (hier spaltenweisen) linearen Abspeicherung das Feld a durch eine formale Zuordnung

$$a_k \cong a_{i,j}, \; k = (j-1)*n + i, \; i = 1,...,n, \; j = 1,...,m,$$

wie ein eindimensionales Feld behandelt werden könnte, dass aber andererseits der Zugriff auf das bereits in der Ausgangsversion eindimensionale Feld x nun unregelmäßig erfolgen würde:

$$\textbf{for } k := 1 \textbf{ to } n*m \textbf{ do} \quad a_k := x_{(k \bmod n) - 1} * a_k + y_{(k \bmod n) - 1}. \tag{3.2.7}$$

Die Auswertung der Modulo-Funktion ist überaus aufwendig und verhindert eine Vektorisierung. Entsprechend kompliziert gestaltet sich der Zugriff auf x beziehungsweise seine Verteilung bei einer Parallelisierung. Im Beispiel (3.2.8) kann aufgrund der Abhängigkeit in der j -Schleife diese nicht vektorisiert oder parallelisiert werden, wohl aber die i-Schleife:

$$\begin{aligned}&\textbf{for } i := 1 \textbf{ to } n \textbf{ do} \\ &\quad \textbf{for } j := 1 \textbf{ to } m \textbf{ do} \; a_{i,j} := x_{i-1} * a_{i,j-1} + y_{i+1}.\end{aligned} \tag{3.2.8}$$

In (3.2.9) kann die äußere Schleife vollständig parallelisiert werden, da die Aufrufe der hier nicht spezifizierten Funktion *skalarprodukt* unabhängig voneinander sind. Voraussetzung hierfür ist allerdings, dass innerhalb des Funktionsprogramms keine Seiteneffekte auftreten. Eine direkte Vektorisierung der inneren Schleife ist aufgrund der Unterprogrammaufrufe nicht möglich.

$$\begin{aligned}&\textbf{for } j := 1 \textbf{ to } n \textbf{ do} \\ &\quad \textbf{for } i := 1 \textbf{ to } n \textbf{ do} \; c_{i,j} := skalarprodukt(a_{i,1...n}, b_{1...n,j}) \\ &\quad \text{wobei } \; \textbf{function } skalarprodukt \; (a,b: vektor).\end{aligned} \tag{3.2.9}$$

Compiler oder Präprozessoren sind meist in der Lage, mittels einer entsprechenden Option oder Direktive den Code einer im Programm definierten Funktion wie *skalarprodukt* an der Aufrufstelle zu expandieren (*inlining*), um den Aufwand für die Funktionsaufrufe einzusparen und gegebenenfalls weitere Codeoptimierungen oder eine Vektorisierung durchführen zu können:

$$\begin{aligned}&\textbf{for } j := 1 \textbf{ to } n \textbf{ do} \\ &\quad \textbf{for } i := 1 \textbf{ to } n \textbf{ do} \\ &\qquad c_{i,j} := 0 \\ &\qquad \textbf{for } k := 1 \textbf{ to } n \textbf{ do} \; c_{i,j} := c_{i,j} + a_{i,k} * b_{k,j}.\end{aligned} \tag{3.2.10}$$

Setzt man andererseits den konkreten Fall (3.2.10) voraus, so erkennt ein guter Präprozessor, dass es sich hier in der innersten Schleife um ein Skalarprodukt, vielleicht sogar, dass es sich insgesamt um eine Matrix-Multiplikation handelt. Wenn für den jeweiligen Prozessor optimierte Bibliotheksroutinen verfügbar sind, wird (3.2.10) umgekehrt formal durch eine Konstruktion wie (3.2.9) und diese schließlich durch einen speziell optimierten Code ersetzt. Präprozessoren wie *fpp* auf Cray-Vektorrechnern oder *Vast* auf IBM RS/6000-Workstations setzen in diesem Beispiel formal den Aufruf einer BLAS-Routine zur Matrix-Multiplikation

CALL DGEMM('N', 'N', N, N, N, 1.0, A, N, B, N, 0.0, C, N)   (3.2.11)

ein, deren Code in für die jeweilige Architektur optimierter Form expandiert wird. Als zweites Beispiel erwähnen wir eine einfache Summation:

$$sum := 0; \textbf{ for } i := 1 \textbf{ to } n \textbf{ do } sum = sum + a_i. \tag{3.2.12}$$

Diese und ähnliche Operationen auf Feldern mit skalarem Ergebnis, sogenannte Reduktionen, werden häufig erkannt und, sofern verfügbar, durch einen optimalen Code ersetzt. Schon diese einfachen Beispiele zeigen, dass die automatische Analyse von Abhängigkeiten eine Fülle von Möglichkeiten berücksichtigen muss. Insbesondere bei komplizierteren Schleifen wird die Situation auch für einen optimierenden Compiler sehr unübersichtlich.

Schleifen, die Verzweigungen enthalten oder in denen mit nichtkonstanten Schrittweiten auf Felder zugegriffen wird, sind zwar bei Unabhängigkeit der einzelnen Schleifendurchläufe meist parallelisierbar, jedoch grundsätzlich nicht unmittelbar vektorisierbar. Die Vektorisierbarkeit kann durch Ersatzoperationen erreicht werden, sofern die Hardware über logische Funktionseinheiten verfügt. In Abschnitt 3.1.3.1 wurde die *Maskenmethode* zur Vektorisierung von **if-then(-else)**-Konstrukten vorgestellt. Der Vorteil dieser Vorgehensweise besteht in der – fast – vollständigen Vektorisierbarkeit. Nachteilig – vor allem bei einfachen **if**-Verzweigungen – ist die Auswertung aller Komponenten in allen Zweigen. Dies geschieht auch dann, wenn die logische Bedingung nur für wenige Komponenten erfüllt ist. Eine weitere Methode besteht in der Anwendung von **gather/scatter**-*Instruktionen*. Zunächst wird die logische Bedingung ausgewertet. Danach werden in jedem der Zweige nur diejenigen Komponenten ausgewählt, deren zugehöriger Index in der logischen Bedingung den Wert "wahr" (im **if**-Zweig) oder "falsch" (im **else**-Zweig) aufweist. In beiden Zweigen werden jeweils die derart markierten Komponenten zu Hilfsvektoren zusammengefasst ("gather"), und es werden die dazugehörigen Anweisungen ausgeführt. Danach werden die behandelten Komponenten wieder entsprechend ihrem Index in einen Ergebnisvektor der ursprünglichen Länge einsortiert ("scatter"). Bei einer **if-then-else**-Verzweigung werden somit für jeden Index nur die Anweisungen im "richtigen" Zweig ausgeführt; bei einfachen **if**-Verzweigungen werden nur die Anweisung zu Indizes ausgeführt, zu denen ein Wahrheitswert "wahr" gehört. Bei der Maskenmethode werden alle Anweisungen in beiden Zweigen zu allen Indizes ausgeführt. Andererseits kosten auch **gather**- und **scatter**-Operationen Zeit. Allgemein kann nicht vorhergesagt werden, welche der beiden Methoden im konkreten Einzelfall effizienter ist. Japanische Vektorrechner wie etwa Fujitsu verwenden noch eine weitere Methode, die auf der Führung expliziter Indexlisten beruht. Die Auswahl – falls möglich – der Methode trifft kontextabhängig der Compiler. **gather/ scatter** finden auch beider indirekten und nichtlinearen Indizierung auf Vektorrechnern Anwendung. In der Schleife

$$\textbf{for } i := 1 \textbf{ to } n \textbf{ do } \; x_{i*_i*_i} := a_{i*_i} + b_{j(i)} \tag{3.2.13}$$

mit einem **integer**-Feld j werden zunächst die nichtlinearen Feldreferenzen $a_1, a_4, a_9,..., x_1, x_8,...$ und die indirekten Referenzen $b_{j(1)}, b_{j(2)},..., b_{j(n)}$ in jeweils einem Hilfsvektor mittels **gather** so abgelegt, dass die Zugriffe den für Vektoroperationen vorgeschriebenen Konventionen genügen (Inkrement 1 oder linear-regelmäßig). Das Ergebnis wird analog in einem Hilfsvektor abgelegt und anschließend mit einem **scatter** in die "richtigen" Komponenten 1, 8, 27 ... des Feldes x umgespeichert. Dies kann wie folgt simuliert werden:

$$\textbf{for } i := 1 \textbf{ to } n \textbf{ do} \quad h1_i := a_{i*i}; \ h2_i := b_{j(i)} \qquad \text{"gather"} \qquad (3.2.14)$$

$$\textbf{for } i := 1 \textbf{ to } n \textbf{ do} \quad h1_i := h1_i + h2_i$$

$$\textbf{for } i := 1 \textbf{ to } n \textbf{ do} \quad x_{i*i*i} := h1_i \qquad \text{"scatter"}.$$

Eine formal vektorisierbare Anweisung mit nichtlinearen Indizes ist wesentlich langsamer als eine solche mit ausschließlich linearer Indizierung. Im Beispiel (3.2.14) ist die mittlere Schleife aufgrund der linearen Indizierung vollständig vektorisierbar. Das Auslesen der nichtlinear beziehungsweise indirekt indizierten Operandenvektoren aus dem Hauptspeicher und die Übertragung als zusammenhängende Datenbereiche – hier durch Hilfsvektoren in einer höheren Programmiersprache simuliert – führt zu unregelmäßigen Speicherzugriffen, gegebenenfalls zu Zugriffskonflikten, und erfordert auch eine aufwendige Adressrechnung. Gleiches gilt für den Ergebnisvektor. In jedem Falle sind die Ersatzoperationen – in (3.2.14) durch die erste und die dritte Schleife simuliert – sehr zeitaufwendig. Im Vergleich zu einer Schleife

$$\textbf{for } i := 1 \textbf{ to } n \textbf{ do} \quad x_i := a_i + b_i$$

muss durchaus mit mindestens dem fünffachen oder einem sogar noch höheren Zeitaufwand für die Ausführung von (3.2.13) gerechnet werden.

Die obigen Beispiele beruhen sämtlich auf der Betrachtung einzelner oder geschachtelter Schleifen. Mittels einer Analyse des Schleifenrumpfes wird die Unabhängigkeit der darin enthaltenen Anweisungen überprüft. Die Anzahl der Schleifendurchläufe gibt die maximal erreichbare Parallelität an. Je komplexer der Schleifenrumpf ist, desto komplizierter wird die Abhängigkeitsanalyse. Während die Vektorisierbarkeit ausschließlich auf der Ebene einzelner Zählschleifen wie (3.2.1) oder (3.2.8), (3.2.9) analysiert werden kann, stellen diese Beispiele nur den einfachsten Fall eines parallelisierbaren Codebereichs dar. Die Möglichkeiten der automatischen Erkennung paralleler Strukturen nehmen mit wachsender Komplexität der Teilaufgaben zwangsläufig ab.

In dem für eine *automatische Parallelisierung* im Allgemeinen vorauszusetzenden Modell des globalen Adressraums können innerhalb eines parallel auszuführenden Codeabschnitts zwischen zwei Synchronisationspunkten sehr unterschiedliche Aktionen auftreten:

- parallele Ausführung von Anweisungen auf globalen Daten durch alle Prozessoren
- parallele Ausführung von Anweisungen auf globalen Daten durch eine eingeschränkte Anzahl von Prozessoren
- Ausführung von Anweisungen auf globalen Daten durch genau einen Prozessor
- unabhängige Ausführung von Anweisungen auf lokalen Daten eines Prozessors.

Zur ersten Kategorie gehören Zählschleifen wie in den obigen Beispielen, allerdings nicht nur geschachtelte Schleifen, sondern auch nacheinander auszuführende Schleifen, aber auch Einzeloperationen, die nicht getrennt synchronisiert werden müssen. Die zweite Kategorie tritt beispielsweise bei ungleicher Lastverteilung auf, wenn gewisse Prozessoren an der Bearbeitung einer Teilaufgabe nicht mehr beteiligt sind. Die Aktualisierung globaler Zählvariablen, etwa der Schrittzahl oder des Konvergenzkriteriums stellen Beispiele für den dritten Fall dar. Operationen auf lokalen Daten müssen überhaupt nicht synchronisiert werden.

Der Begriff der *Optimierung* umfasst einerseits eine *allgemeine Codeoptimierung*, durch die ineffizienter Code modifiziert wird, der unter dem Gesichtspunkt der Übersichtlichkeit oder der Bequemlichkeit formuliert worden ist. Andererseits wird eine Optimierung hinsichtlich der Nutzung der jeweils genutzten Hardware durchgeführt. Hierzu betrachten wir das folgende Beispiel:

$$\textbf{for } i := 1 \textbf{ to } n \textbf{ do} \qquad\qquad\qquad\qquad\qquad (3.2.15)$$
$$c_i := a_i + 2 * (x+y) * \left(b_i * a_i + d_i / c_i\right)$$
$$c_i := a_i * c_i + \left(b_i * a_i\right) / \left(c_i + d_i\right) / e_i ** 2 \; \cdot$$

Zu einer allgemeinen Optimierung gehören beispielsweise folgende Schritte. Die Konstante $2 * (x+y)$ ist unabhängig vom Laufindex i und kann daher außerhalb der Schleife berechnet werden. Geschachtelte Divisionen $x/y/z/w$ werden effizienter durch Multiplikationen ersetzt: $x/(y*z*w)$. Anstatt das Quadrat $e_i ** 2$ mittels der Exponentialfunktion zu berechnen, erhält man mit der Multiplikation $e_i * e_i$ das Ergebnis wesentlich schneller und auch genauer. $b_i * a_i$ wird zweimal benötigt, muss aber nur einmal berechnet werden und kann dann in einem Register gehalten werden. Das Zwischenergebnis der ersten Zeile wird zwar in der zweiten Zeile benötigt, dort aber überschrieben. In der Formulierung (3.2.15) führt die daher überflüssige Zuweisung an c_i zu unnötigen Speicherzugriffen. Durch Zuweisung an eine Hilfsvariable u in (3.2.16) wird simuliert, dass das Ergebnis der ersten Zeile in einem Register gehalten wird, ohne dass das Ergebnis in den Hauptspeicher geschrieben wird. Auf einem Vektorrechner wird dies durch die scheinbar sinnlose Zuweisung des auf der jeweiligen rechten Seite erzeugten Vektorausdrucks an die skalaren Variable u erzwungen. Auf Architekturen mit Einwortregistern wie RISC-Prozessoren sollte dies der Compiler automatisch erkennen, sonst müsste ein Assemblercode geschrieben werden.

$$h := 2 * (x+y) \qquad\qquad\qquad\qquad\qquad (3.2.16)$$
$$\textbf{for } i := 1 \textbf{ to } n \textbf{ do}$$
$$v := b_i * a_i$$
$$u := a_i + h * \left(v + d_i / c_i\right) \qquad\qquad \cdot$$
$$c_i := a_i * u + v / \left(\left(u + d_i\right) / \left(e_i * e_i\right)\right)$$

Eine weiter gehende automatische Optimierung für die verwendete Hardware berücksichtigt – in dem durch den Compiler erzeugten Assemblercode – die parallele oder verkettete Nutzung Funktionaler Einheiten (etwa Addition und Multiplikation), überlappt mit dem Laden und Speichern der Felder a, b, c, d. Ferner müssen diese Felder nur einmal geladen werden, was ebenfalls durch automatisch erzeugte Assemblerinstruktionen erreicht wird. Wenn bei der Ausführung arithmetischer Operationen in Systemen mit Cache gerade kein Cachezugriff erforderlich ist, wird oftmals dennoch auf Cache Lines zugegriffen (*Cache Line Touching*), obwohl diese noch gar nicht benötigt wird. Dadurch können unter Umständen spätere Cache Misses vermieden werden.

Auch bei der *Befehlsverarbeitung* wird eine Optimierung vorgenommen. Analog zur Datenverarbeitung wird ein Befehl nicht isoliert aus dem Speicher geholt und abgearbeitet. Vielmehr werden entsprechend der Struktur des Befehlspuffers oder, bei cachebasierten Systemen, der Länge der Cache Lines im Befehlscache Gruppen von Befehlen aus dem Speicher geholt, um den Puffer oder Cache immer gefüllt zu halten und dadurch eine kontinuierliche Versorgung mit Befehlen anzustreben. Bei Sprüngen im Prozessablauf kann es zwar geschehen, dass Befehle unnötig oder die falschen Befehle geholt werden. Im Allgemeinen ist die Wahrscheinlichkeit jedoch hoch, dass im Puffer der jeweils nächste auszuführende Befehl enthalten ist.

Eine wichtige Technik zur Vermeidung unnötiger Speicherzugriffe stellt die *Blockbildung* (*blocking, strip mining*) dar. Ihr Ziel besteht darin, möglichst viele Operationen auf den Elementen eines Feldes auszuführen, ohne dass diese zwischenzeitlich, gegebenenfalls sogar mehrfach, in den Speicher zurückgeschrieben und wieder aus diesem gelesen werden müssen. Hierzu müssen die Feldelemente hinreichend lange in Pufferspeichern gehalten werden. Die Felder werden in Blöcke unterteilt, deren Größe sich an Parametern des jeweiligen Pufferspeichers orientiert. Auf Vektorprozessoren können eindimensionale Blöcke der Länge eines Vektorregisters verwendet werden, während sich auf cachebasierten Architekturen mehrdimensionale Blöcke anbieten, wobei eine der Dimensionen die Länge einer Cache Line besitzt. Der Programmcode wird auf der Ebene von (geschachtelten) Zählschleifen durch Einfügen einer weiteren Schleife so modifiziert, dass möglichst alle der auf den Elementen eines Blocks auszuführenden Operationen zusammengefasst werden. Die Blockbildung kann zu den Aufgaben eines Präprozessors gehören, stellt aber gleichzeitig eine Programmiertechnik und ein grundsätzliches Konzept des Algorithmenentwurfs dar. Wir illustrieren die Blockbildung anhand von (3.2.17):

$$\textbf{real } \text{a}[800,160], \text{b}[800,160], \text{c}[800,160]. \tag{3.2.17}$$

$$\textbf{for } j := 1 \textbf{ to } 160 \textbf{ do}$$
$$\quad \textbf{for } i := 1 \textbf{ to } 800 \textbf{ do} \quad c_{i,j} := c_{i,j} + a_{i,j} * b_{i,j}.$$

Im Falle eines FORTRAN-Programms wird optimal, nämlich spaltenweise auf alle drei Felder zugegriffen. Alle Daten werden nur einmal benötigt. Auf einem Vektorprozessor mit Vektorregistern mit einer Länge von 16 Worten wird diese Schleife wie folgt ausgeführt:

$$\textbf{for } j := 1 \textbf{ to } 160 \textbf{ do} \tag{3.2.18}$$
$$\quad \textbf{for } ii := 1 \textbf{ step } 16 \textbf{ to } 785 \textbf{ do}$$
$$\quad\quad \textbf{for } i := ii \textbf{ to } ii{+}15 \textbf{ do} \quad c_{i,j} := c_{i,j} + a_{i,j} * b_{i,j}.$$

Das Nachladen der Register nach je 16 Worten stellt eine eindimensionale Blockbildung dar, die vor der Programmebene verborgen automatisch erfolgt. Der damit verbundene Aufwand kann jedoch, vor allem bei größeren Vektorlängen, vernachlässigt werden. In einer cachebasierten Architektur mit einer Cache Line-Länge von 16 Worten (128 Byte) und einer Speicherseitengröße von 2048 Worten (16 KB) werden jeweils 16 Worte von a, b, c in eine Cache Line geladen. Nach 16 Worten tritt ein Cache Miss, alle 2048 Worte ein Page Fault auf. Das Modell (3.2.18) ist somit auch bei Cache Misses anwendbar; Page Faults wirken wie eine zusätzliche Schleifenebene.

$$\textbf{for } j := 1 \textbf{ to } 160 \textbf{ do} \tag{3.2.19}$$
$$\quad \textbf{for } i := 1 \textbf{ to } 800 \textbf{ do} \quad c_{i,j} := c_{i,j} + a_{i,j} * b_{j,i}.$$

In (3.2.19) wird im Falle eines FORTRAN-Programms weiter optimal auf a und c zugegriffen. Hingegen wird b zeilenweise genutzt, was hier zu einem Inkrement von 800 führt. Da in dieser Schleife sowohl zeilen- als auch spaltenweise auf Matrizen zugegriffen wird, gibt es auf Vektorprozessoren außer der ungeradzahligen Dimensionierung der Zeilendimension keine weitere Möglichkeit zur Vermeidung von Bankkonflikten. In einer cachebasierten Architektur werden mit $b_{j,i}$ auch $b_{j+1,i},\dots,b_{j+15,i}$ in eine Cache Line geladen. Da $b_{j+1,i}$ erst nach 800 Schleifendurchläufen benötigt wird, ist zu diesem Zeitpunkt die Cache Line meist schon mit anderen Komponenten gefüllt. Bei jedem Zugriff auf ein Element von b muss daher eine ganze Cache Line geladen werden, so dass jedes Mal ein Cache Miss auftritt. Für je 3×16 Elemente, also 16 Durchläufe durch die i-Schleife, müssen 2+16 Cache Lines anstelle von 3 geladen werden. Hätte b mehr als 2048 Zeilen anstelle von 800, so würde bei jedem einzelnen Zugriff sogar ein Page Fault auftreten. Dies kann durch Blockbildung vermieden werden, indem die dem Index j entsprechende Dimension in Blöcke zu 16 Zeilen beziehungsweise Spalten unterteilt wird. In (3.2.20) werden je 16 Durchläufe der äußeren Schleife zu einer Gruppe zusammengefasst:

$$\begin{aligned}
&\textbf{for } jj := 1 \textbf{ step } 16 \textbf{ to } 160 \textbf{ do} && (3.2.20)\\
&\quad \textbf{for } i := 1 \textbf{ to } 800 \textbf{ do}\\
&\qquad \textbf{for } j := jj \textbf{ to } jj\text{+}15 \textbf{ do} \quad c_{i,j} := c_{i,j} + a_{i,j} * b_{j,i}.
\end{aligned}$$

Für jedes jj werden für $i=1$, $j=jj$ zunächst die jeweils ersten 16 Elemente $a_{i,jj}$, $c_{i,jj}$, $i=1,16$, der j-ten Spalten von a und c sowie $b_{j,i}$, $j=jj,jj\text{+}15$, der i-ten Spalte von b in insgesamt drei Cache Lines geladen. In den weiteren Durchläufen durch die j-Schleife folgen $a_{i,j}$, $c_{i,j}$, $i=1,16$, $j=jj\text{+}1$, $jj\text{+}15$, in 2×15 weiteren Cache Lines. Jedes der für $i=1$ geladenen 16 Elemente von b wird in einem der 16 Durchläufe für $i=1$ durch die j-Schleife benötigt. Bei a und c trifft dies für $i=1$ zunächst nur auf das jeweils erste Element zu. In jedem der nächsten 15 Durchläufe durch die i-Schleife werden für $j=jj$ wieder jeweils 16 Elemente der i-ten Spalte von b in eine Cache Line geladen und unmittelbar darauf in der j-Schleife genutzt. Die nun benötigten Elemente von a und c, die jeweils i-ten Komponenten der Spalten jj bis $jj\text{+}15$, sind bereits geladen. Nach 16 Durchläufen durch die i-Schleife ist von jedem der drei Felder a, b, c ein 16×16-Block in den Cache geladen worden, wofür insgesamt 3×16 Cache Lines benötigt werden. Anders als in (3.2.19) werden die betreffenden Daten nur einmal geladen, da sie nach 16 Durchläufen durch die i-Schleife nicht mehr benötigt werden. Cache Misses bezüglich dieser Komponenten treten daher nicht auf. Während für jeweils 16 Durchläufe durch die i- und die j-Schleife in (3.2.19) insgesamt $16\times(2\text{+}16)$ Cache Lines gefüllt werden müssen, ist diese Zahl in (3.2.20) auf 3×16 reduziert: Die Anzahl der durch Zugriffe auf b verursachten Cache Misses wird um den Faktor 16 reduziert. Analog wird für alle jj und i verfahren. Abb. 3.2.1 illustriert die Blockbildung für 4×4-Blöcke. Zwar wird nun scheinbar ungünstig zeilenweise auf a und c zugegriffen: Für $i=1$ wird bei jedem Durchlauf durch die j-Schleife eine ganze Cache Line geladen, aber jeweils nur das erste Element genutzt. Bis zum Ende des vierten Durchlaufs durch die i-Schleife werden jedoch genau die jeweils geladenen 4 Elemente von a und c benötigt, so dass keine weiteren Elemente nachgeladen werden müssen. Auch die ersten 16 Elemente von b werden nur einmal geladen: Für den jeweils i-ten Durchlauf durch die i-Schleife wird die i-te Spalte benötigt, aus der für jedes j das j-te Element verwendet wird. Dies gilt sinngemäß für alle weiteren Blöcke.

Zu den gebräuchlichen Techniken der Optimierung der *Speichernutzung* gehört auch das *Abrollen von Schleifen*. Dieses wird meist durch Compiler oder optimierende Präprozessoren ausgeführt, muss aber manchmal auch explizit in einem Anwendungsprogramm verwendet werden. Das Abrollen von Schleifen innerhalb von geschachtelten Schleifen wird vor allem mit einer der beiden folgenden Zielsetzungen eingesetzt:

- Erhöhung der Anzahl der Anweisungen in einem Schleifenrumpf, um die Optimierung hinsichtlich der Befehlsbearbeitung, der Registernutzung und vor allem der effizienten Nutzung der Funktionalen Einheiten indirekt zu unterstützen
- Verringerung des Aufwandes für Speicherzugriffe im Vergleich zum arithmetischen Aufwand in einer Schleife.

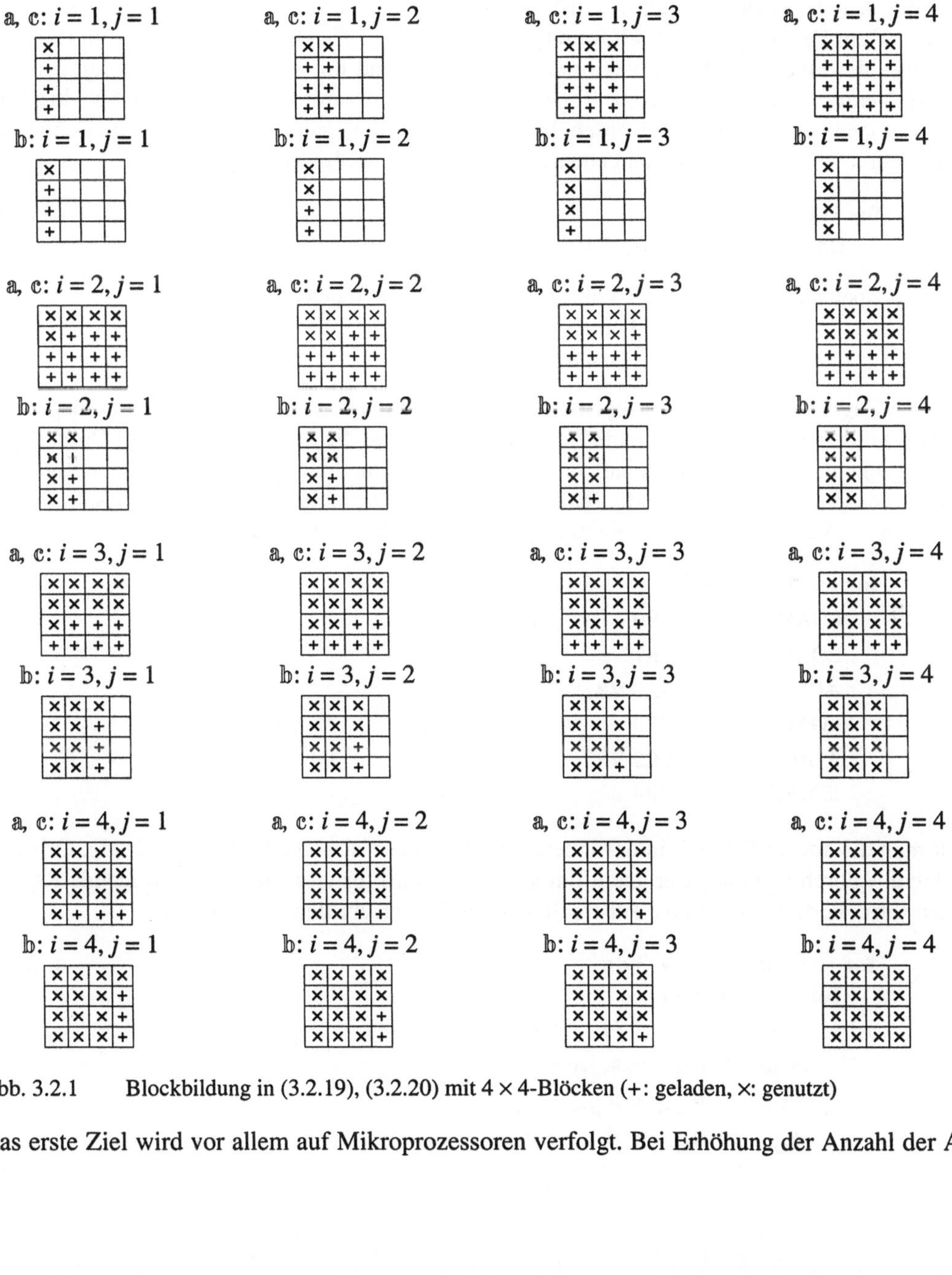

$a, c: i = 1, j = 1$ $a, c: i = 1, j = 2$ $a, c: i = 1, j = 3$ $a, c: i = 1, j = 4$

$b: i = 1, j = 1$ $b: i = 1, j = 2$ $b: i = 1, j = 3$ $b: i = 1, j = 4$

$a, c: i = 2, j = 1$ $a, c: i = 2, j = 2$ $a, c: i = 2, j = 3$ $a, c: i = 2, j = 4$

$b: i = 2, j = 1$ $b: i = 2, j = 2$ $b: i = 2, j = 3$ $b: i = 2, j = 4$

$a, c: i = 3, j = 1$ $a, c: i = 3, j = 2$ $a, c: i = 3, j = 3$ $a, c: i = 3, j = 4$

$b: i = 3, j = 1$ $b: i = 3, j = 2$ $b: i = 3, j = 3$ $b: i = 3, j = 4$

$a, c: i = 4, j = 1$ $a, c: i = 4, j = 2$ $a, c: i = 4, j = 3$ $a, c: i = 4, j = 4$

$b: i = 4, j = 1$ $b: i = 4, j = 2$ $b: i = 4, j = 3$ $b: i = 4, j = 4$

Abb. 3.2.1   Blockbildung in (3.2.19), (3.2.20) mit 4×4-Blöcken ($+$: geladen, $\times$: genutzt)

Das erste Ziel wird vor allem auf Mikroprozessoren verfolgt. Bei Erhöhung der Anzahl der Anweisungen enthält der Schleifenrumpf eine erhöhte Anzahl von Operationen, die den Spielraum für die Optimierung durch Compiler oder Präprozessoren vergrößern: Je mehr Anweisungen als Einheit zu betrachten sind, desto mehr Möglichkeiten zur Umordnung der Ausführung von Instruktionen bestehen, um möglichst viele Funktionale Einheiten zeitoptimal zu nutzen. Der zweite Aspekt ist vor allem für Vektorprozessoren von Bedeutung. Während in einer cachebasierten Architektur bei jedem einzelnen Datenzugriff überprüft wird, ob sich die jeweilige Datenkomponente im Cache befindet, wird auf einem Vektorprozessor in einer vektorisierbaren Schleife jeder Zugriff auf ein Feld bezüglich des Laufindex als Vektorzugriff betrachtet. Dies führt in (3.2.20) dazu, dass die innerste Schleife vektoriell interpretiert und bei jedem Durchlauf durch die i-Schleife Vektoren $a[i, jj..jj+15]$, $c[i, jj..jj+15]$ der Länge 16 mit dem Inkrement 800 in FORTRAN geladen oder geschrieben werden. In (3.2.21) führt der spaltenweise Zugriff im Schleifenrumpf zu drei vektoriellen Lese- und einem vektoriellen Schreibzugriff der Länge N.

$$\textbf{for } j := 1 \textbf{ to } N \textbf{ do} \hspace{8cm} (3.2.21)$$
$$\textbf{for } i := 1 \textbf{ to } N \textbf{ do } \quad u_{i,j} := u_{i,j-1} + u_{i,j} + u_{i,j+1}$$

Speicherzugriffe: 3 Vektor-Lesezugriffe der Länge N
                                    1 Vektor-Schreibzugriff der Länge N
                                    insgesamt: $4\,N$ Zugriffe.

Für jeden Zugriff wird ein Vektorregister reserviert. Spaltenweise Abspeicherung vorausgesetzt, erfolgen auf den ersten Blick optimale Zugriffe. Jedoch wird die j-te Spalte von u im Durchlauf j-1 als Argument "$u_{i,j+1}$", im Durchlauf j als "$u_{i,j}$" und im Durchlauf $j+1$ als "$u_{i,j-1}$" benötigt, also dreimal geladen, analog die $(j+1)$-te Spalte. Ein Pseudo-Assemblercode hat folgendes Aussehen, wenn man zur Vereinfachung eine Vektorregisterlänge $VRL \geq N$ voraussetzt:

$$\textbf{for } j := 1 \textbf{ to } N \textbf{ do} \hspace{8cm} (3.2.22)$$

```
LOAD      VR0        ←     u_{1..N,j-1}
LOAD      VR1        ←     u_{1..N,j}
ADD       VR0,VR1    →     VR2
LOAD      VR3        ←     u_{1..N,j+1}
ADD       VR2,VR3    →     VR4
STORE     VR4        →     u_{1..N,j}.
```

Rollt man die äußere Schleife in der inneren ab (hier viermal), so erhält man (3.2.23). O.B.d.A. sei dabei N durch 4 teilbar. Der auszuführende Code wird für vier aufeinander folgende Komponenten formuliert, dafür wird die äußere Schleife in Viererschritten durchlaufen.

$$\textbf{for } j := 1 \textbf{ step } 4 \textbf{ to } N{-}3 \textbf{ do} \hspace{6cm} (3.2.23)$$
$$\textbf{for } i := 1 \textbf{ to } N \textbf{ do}$$
$$u_{i,j} \quad := u_{i,j-1} + u_{i,j} \quad + u_{i,j+1}$$
$$u_{i,j+1} := u_{i,j} \quad + u_{i,j+1} + u_{i,j+2}$$
$$u_{i,j+2} := u_{i,j+1} + u_{i,j+2} + u_{i,j+3}$$
$$u_{i,j+3} := u_{i,j+2} + u_{i,j+3} + u_{i,j+4}$$

Speicherzugriffe: 6 Vektor-Lesezugriffe der Länge $N/4$
       4 Vektor-Schreibzugriffe der Länge $N/4$
       insgesamt: 2,5 N Zugriffe.

In (3.2.23) werden die j-te, $(j+1)$-te, $(j+2)$-te und $(j+3)$-te Spalte von u jeweils nur einmal geladen, so dass insgesamt in jedem Durchlauf durch die j-Schleife 6 Vektor-Ladevorgänge eingespart werden (fett markiert). Anstelle von (3.2.22) erhält man nun:

for $j := 1$ **step** 4 **to** N-3 **do** $\qquad\qquad\qquad\qquad\qquad\qquad\qquad\qquad\qquad$ (3.2.24)

LOAD	VR0	$\leftarrow$	$u_{1..N,j-1}$
LOAD	VR1	$\leftarrow$	$u_{1..N,j}$
ADD	VR0,VR1	$\rightarrow$	VR2
LOAD	VR3	$\leftarrow$	$u_{1..N,j+1}$
ADD	VR2,VR3	$\rightarrow$	VR4
STORE	VR4	$\rightarrow$	$u_{1..N,j}$
LOAD	VR5	$\leftarrow$	$u_{1..N,j+2}$
ADD	VR1,VR5	$\rightarrow$	VR6
ADD	VR3,VR6	$\rightarrow$	VR7
STORE	VR7	$\rightarrow$	$u_{1..N,j+1}$
LOAD	VR8	$\leftarrow$	$u_{1..N,j+3}$
ADD	VR3,VR8	$\rightarrow$	VR0
ADD	VR0,VR5	$\rightarrow$	VR1
STORE	VR1	$\rightarrow$	$u_{1..N,j+2}$
LOAD	VR2	$\leftarrow$	$u_{1..N,j+4}$
ADD	VR2,VR5	$\rightarrow$	VR3
ADD	VR3,VR8	$\rightarrow$	VR4
STORE	VR4	$\rightarrow$	$u_{1..N,j+3}\cdot$

Die Gesamtzahl der vektoriellen Speicherzugriffe wird auf $6*N/4 = 1{,}5\ N$ Lese- und $4*N/4 = N$ Schreibzugriffe reduziert. Die Abrolltiefe einer Schleife wird von der Anzahl der benötigten Vektorregister – in (3.2.23) sechs für die Spalten $j-1$ bis $j+4$ – bestimmt. Stehen weniger zur Verfügung, so müssen im Gegensatz zum Ziel des Abrollens einige Spalten mehrfach aus dem Hauptspeicher geladen werden. Um dies zu verhindern, muss die Abrolltiefe verringert werden. Das Abrollen von Schleifen ist nur sinnvoll, wenn die Größe eines Ladevorgangs die Länge eines Vektorregisters nicht überschreitet. Andernfalls sind zusätzliche Nachladeoperationen erforderlich, die das Ziel des Abrollens ins Gegenteil verkehren. Dies kann durch Blockbildung vermieden werden.

Bei statischer Speicherverwaltung bestimmt die Deklaration von Feldern ihre Position im Hauptspeicher und damit auch die Zuordnung zu Speicherbänken oder auch zu bestimmten Bereichen in Caches (Abb. 3.1.21). *Array Padding* bezeichnet die Einführung zusätzlicher Feldelemente oder Felder im Deklarationsteil eines Programms, auf die im Programmablauf nicht zugegriffen wird, deren Existenz jedoch die relative Position anderer Feldelemente im Speicher so verschiebt, dass Konflikte vermieden werden können. Array Padding kann als Programmiertechnik genutzt werden, gehört aber oft auch zum Repertoire von Präprozessoren. Es entspricht der Technik der Neudimensionierung von Feldern zur Vermeidung von Speicherbank-Konflikten auf Vektorprozessoren. In Abschnitt 3.1.3.3, Abb. 3.1.13b, wurde ein Beispiel dafür angegeben, wie durch eine geänderte Felddimensionierung mögliche Bankkonflikte bei zeilenweisem Zugriff auf eine Matrix in FORTRAN vermieden werden können. In einem System mit Cache kann ein solcher Zugriff zu Konflikten bei der Nutzung von Cache Lines und damit zu unnötigen Cache Misses führen. Wir betrachten ein Beispiel in FORTRAN für die in Abb. 3.1.21 gegebene Situation (Cache mit Kongruenzklassen der Größe 16 KB oder 2048 Worten zu 64 Bit).

```
COMMON /x/ a(2048), b(2048), c(2048), d(2048), e(2048), f(2048)          (3.2.25)
REAL a, b, c, d, e, f
DO i := 1, 2048
    a(i) := a(i) + b(i) + c(i) + d(i) + e(i) + f(i)
ENDDO
```

Die sechs Felder liegen zusammenhängend in der angegebenen Reihenfolge im Speicher. Dies ist grundsätzlich – auch in C – wahrscheinlich, wird aber in FORTRAN77 durch die Verwendung eines **COMMON**-Blocks explizit erzwungen. Da jedes Feld genau die Größe einer Kongruenzklasse (16 KB) besitzt, stehen im Beispiel aus Abb. 3.1.21 für die sechs Cachezugriffe in jedem Schleifendurchlauf nur vier verschiedene Cache Lines zur Verfügung, was zu jeweils zwei Cache Misses führt. Diese können durch eine geänderte Dimensionierung

```
COMMON /x/   a(2048+m), b(2048+m), c(2048+m), d(2048+m), e(2048+m), f(2048+m)
```

vermieden werden, wobei beispielsweise $m = 16$ gewählt werden kann. Grundsätzlich wird das Risiko für Cache Misses gesenkt, wenn die erste (in FORTRAN) beziehungsweise letzte (in C, C++) Dimension kein Vielfaches einer großen Zweierpotenz ist.

3.2.4   Steuerung durch Direktiven

Compiler und Präprozessoren können nicht in allen Fällen parallele oder vektorielle Strukturen erkennen oder geeignet verarbeiten. Dies gilt analog für die Optimierung. Durch so genannte *Direktiven* können im Programm vor Unterprogrammen, Schleifen oder auch einzelnen Anweisungen zusätzliche Informationen oder explizite Anweisungen für Compiler oder Präprozessoren gegeben werden. Direktiven dienen beispielsweise

- dem Erzwingen oder der Steuerung der Parallelisierung/Vektorisierung
- dem Ausschalten der Parallelisierung/Vektorisierung zu Testzwecken
- der Übergabe nicht automatisch erkennbarer Informationen
  (Schleifenhöchst- und -mindestlängen, Ausschluss von Sondersituationen, wie Division durch 0 in Vektor-Divisionen, Behandlung von Verzweigungen, Parallelisierung usw.)
- Ausführung spezieller Routinen im Rahmen der Parallelisierung (Prozesssteuerung, Synchronisation usw.).

Direktiven werden meist in der Syntax eines Kommentars geschrieben, so dass der ursprüngliche, meist sequentielle Programmcode nicht verändert wird und damit auch die Portabilität erhalten bleibt. Insbesondere kann, vor der Anwendungsebene verborgen, die Ausführung architekturspezifischer Routinen etwa zur Erzeugung von parallelen Prozessen oder zu deren Synchronisation ausgelöst werden. Im Beispiel (3.2.4) kann man die Vektorisierung erzwingen, falls sie nicht automatisch erkannt wird. Ein entsprechender FORTRAN-Code wird beispielsweise auf Cray- oder Fujitsu-Vektorrechnern wie folgt optimiert (IVDEP: Ignore Vector Dependencies, VOCL: Vector Optimization Control Line, NOVREC: No Vector Recurrence):

```
Cray:                              Fujitsu-VP:
CDIR$  IVDEP                       *VOCL   LOOP,NOVREC
       DO 1 I = 1,N,2                     DO 1 I = 1,N,2
         A(I) = A(I-1)+A(I+1)               A(I) = A(I-1)+A(I+1)
1      CONTINUE                    1       CONTINUE.
```

Auch die Parallelisierung auf Cray-Mehrprozessor-Rechnern wird mittels eines Präprozessors realisiert, der Direktiven in Form von Pseudokommentaren interpretiert. Vor der Einführung von High Performance FORTRAN wurde das *Autotasking-System* verwendet. Der Präprozessor transformiert durch Direktiven entsprechend gekennzeichnete Codeblöcke in parallel oder sequentiell auszuführende Prozesse. Wir betrachten folgendes Beispiel:

```
CMIC$  DO ALL SHARED (L,M,N,A,B,C) PRIVATE(I,J,K)                     (3.2.26)
       DO 1 K = 1, L-1
         DO 2 I = 1, N-1
CDIR$  IVDEP
           DO 3 J = 1, M-1, 2
             A(I, J, K) = B(I, J-1, K) * C(I, J, K)
3          CONTINUE
2        CONTINUE
1      CONTINUE.
```

Die k-Schleife wird parallelisiert. Jeder Prozessor erhält eine Kopie des Codes, wobei Daten und Arbeit entsprechend der Aufteilung der k-Schleife verteilt werden. Als SHARED gekennzeichnete Variablen stehen im gemeinsamen Speicher global allen Prozessoren zur Verfügung, als PRIVATE gekennzeichnete Variablen werden ausschließlich lokal von einem einzelnen Prozessor genutzt. "private" bedeutet, dass jeder Prozessor über eine eigene Kopie der jeweiligen Variablen im gemeinsamen Speicher verfügt. Die k-Schleife wird auch ohne explizite Kennzeichnung durch eine Direktive parallelisiert. Die Aufteilung in globale und lokale Daten kann grundsätzlich ebenfalls automatisch erfolgen. Jedoch gilt auch hier, dass dies nicht immer das gewünschte Resultat erzeugt. Die notwendige Synchronisation erfolgt in beiden Fällen automatisch am Schleifenende und wird durch den Präprozessor realisiert. Auf jedem Prozessor wird im obigen Beispiel jeweils die innere Schleife vektorisiert.

Auch die allgemeineren *parallelen Regionen* lassen sich mittels Direktiven realisieren. Hierunter versteht man ein Codesegment mit einer Folge von Anweisungen unterschiedlicher Art, auch Einzelanweisungen und (Zähl-) Schleifen, die parallel auf einer gegebenen Anzahl von Prozessoren ausgeführt werden soll. Eine parallele Region kann sowohl verteilten Code enthalten, der (auch) auf globalen Daten ausgeführt wird, als auch redundanten Code, der durch alle beteiligten

Prozessoren ausschließlich auf lokalen Daten ausgeführt wird. Eine parallele Region verallgemeinert somit parallelisierbare Zählschleifen. Eine Direktive zur Kennzeichnung einer parallelen Region hat mindestens folgende Gestalt. CPP bezeichne einen geeigneten Präprozessor.

```
CPP    PARALLEL GLOBAL(variablenliste) LOCAL(variablenliste)
       <Codeblock>
CPP END.
```

Wie im Spezialfall einer zu parallelisierenden Zählschleife sollten lokale und globale Daten explizit gekennzeichnet werden. Zur parallelen Ausführung von Sequenzen mit unterschiedlichem Code gibt es das **case**-Konstrukt, das innerhalb einer parallelen Region angewendet werden kann. Als Beispiel betrachten wir wieder die Syntax des Cray-Microtasking:

```
CMIC$ PARALLEL                                                      (3.2.27)
CMIC$ CASE
      <Codeblock 1>
CMIC$ CASE
      <Codeblock 2>
CMIC$ CASE
      <Codeblock 3>
CMIC$ END CASE
CMIC$ END PARALLEL.
```

Dies ist ein typisches Beispiel für herstellerspezifische, nicht portable Software. Seit einigen Jahren gibt es Ansätze für eine Standardisierung. Zum einen wird High Performance FORTRAN (HPF) inzwischen für praktisch alle Parallelrechner mit globalem Adressraum, also mit gemeinsamem oder virtuell gemeinsamem Speicher, angeboten. Abgesehen vom **forall**-Konstrukt beruhen die meisten Elemente von HPF auf Direktiven. So kennzeichnet beispielsweise die **independent**-Direktive eine DO-Schleife als parallel ausführbar:

```
!HPF$   INDEPENDENT
        DO 3 J = 1, M-1, 2
          A(J) = A(J-1) * A(J)
3       CONTINUE.
```

Auch für die explizite Verteilung von Daten auf Prozessoren auf Parallelrechnern mit virtuell gemeinsamem Speicher enthält HPF eine Reihe von Direktiven zur Anwendung im Vereinbarungsteil eines Programms. Im folgenden Beispiel werden zwei Felder X und Y in zusammenhängenden Blöcken auf die Speicher der 32 Prozessoren des Prozessorfeldes P verteilt:

```
        REAL, DIMENSION(1000) :: X,Y
!HPF$   PROCESSORS P(32)
!HPF$   DISTRIBUTE (BLOCK) ONTO P :: X,Y.
```

Durch weitere Direktiven im ausführbaren Teil können zusätzliche Zuordnungen zwischen Daten und bestimmten Teilaufgaben vorgenommen werden.

Das OpenMP-Forum [/www/OP] bildet eine weitere bekannte Initiative für einen Standard für die Programmierung auf Parallelrechnern mit (virtuell) gemeinsamem Speicher. Als Beispiel betrachten wir die einfache Summation (3.2.12), deren Parallelisierung in OpenMP für FORTRAN

90 durch eine Direktive erzwungen werden kann:

```
             SUM := 0.0                                              (3.2.28)
      !$OMP  PARALLEL DO REDUCTION(+: SUM)
             DO I =1,N
                 SUM = SUM + A(I)
             ENDDO
      !$OMP  PARALLEL DO.
```

Auch OpenMP wird von praktisch allen namhaften Herstellern unterstützt. Wie HPF kann
OpenMP sowohl auf kleineren SMP-Workstations als auch auf Großrechnern wie Mehrprozessor-Vektorrechnern oder massivparallelen Rechnern wie Cray T3E und Silicon Graphics Origin
eingesetzt werden. Der OpenMP-Standard stellt ebenfalls eine Erweiterung von FORTRAN 77
oder FORTRAN 90 dar, die das SPMD-Programmiermodell durch Direktiven, spezielle Bibliotheksroutinen und Umgebungsvariablen unterstützt, im Gegensatz zu HPF jedoch auf gesonderte
parallele Sprachelemente verzichtet, um eine weitgehende Portabilität zu erhalten.

3.2.5 Unterprogramm-Bibliotheken zur Kommunikation und Synchronisation

Eine weitere Möglichkeit der Unterstützung der Parallelisierung bieten Unterprogramm-Bibliotheken mit Kommunikations- und Synchronisationsroutinen. Insbesondere bei der Programmerstellung für Parallelrechner mit verteiltem Speicher sind Kommunikationsroutinen für die expliziten Datentransporte auf Programmebene durch Message Passing unabdingbar, falls nicht ein
Virtual Shared Memory-System genutzt wird. Schon das Betriebssystem UNIX bietet beschränkte Möglichkeiten der Parallelisierung auf Systemebene durch Kommandos zur Verzweigung von
Prozessoren oder auch Kommandos wie *rpc* (remote procedure call). Die Realisierung ist jedoch
in einer höheren Programmiersprache äußerst aufwendig und in einem Anwendungsprogramm
kaum effizient zu programmieren. Als Beispiel sei ein Code angeführt, der in unabhängige Teilprozesse verzweigt wird, die nach ihrer Abarbeitung wieder zusammengeführt werden:

```
      <Codeblock 0>                                               (3.2.29)
      fork
      <Codeblock 1>
      fork
      <Codeblock 2>
      fork
      <Codeblock 3>
      join
      <Codeblock 4>.
```

Dies entspricht dem folgenden Ablaufdiagramm:

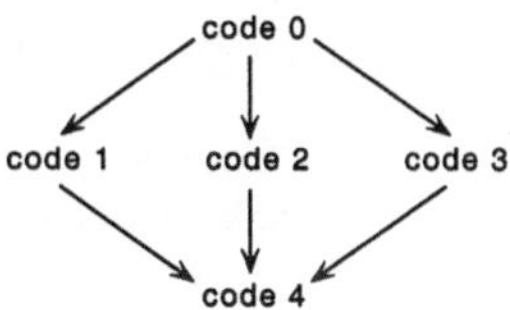

Auf Parallelrechnern mit *gemeinsamem Speicher* wird ausschließlich die zu verteilende Arbeit, also der ausführbare Teil eines Programmcodes, parallelisiert. Es ist keine explizite Verteilung von Daten, sondern durch Unterscheidung globaler und lokaler Daten eine Zuordnung vorzunehmen. Auf jedem Prozessor wird ein Prozess ausgeführt, der jeweils eine Teilaufgabe bearbeitet. Die *Synchronisation* der einzelnen Prozesse kann über *Ereignisse* gesteuert werden. Hierunter sind Funktionen zu verstehen, die auf logischen oder ganzzahligen Variablen operieren, auf die alle betroffenen Prozessoren Zugriff haben. Durch Setzen dieser Variablen kommunizieren die Prozessoren hinsichtlich der Synchronisation ihrer Arbeit. Die Namensgebung ist nicht standardisiert. Im einfachsten Fall wird die Synchronisation mittels zweier Routinen

$$\textbf{post } (\textit{ereignis}) \qquad \textbf{wait } (\textit{ereignis})$$

durchgeführt. Beim Erreichen eines **wait**-Aufrufes wird ein Prozess in den Wartezustand versetzt, indem eine logische Variable *ereignis* den Wert "falsch" erhält. Der Prozess wird erst dann wieder an der Aufrufstelle fortgesetzt, wenn ein anderer Prozess die Ereignisvariable *ereignis* durch einen **post**-Aufruf auf "wahr" setzt. Dieses Konzept ist für eine größere Anzahl von Prozessoren nicht praktikabel. Stattdessen werden **barriers** (Schranken) eingeführt. An einem Synchronisationspunkt rufen alle betroffenen Prozessoren eine **barrier**-Routine auf. Diese verwaltet eine Integer-Variable, die als Wert die Anzahl der zu synchronisierenden Prozessoren erhält. Jeder Aufruf der Funktion in einem Prozessor führt dazu, dass diese Variable um 1 heruntergezählt wird. Alle Prozessoren bleiben an der jeweiligen Aufrufstelle blockiert, bis der letzte Prozessor die Schranke erreicht und die Variable den Wert Null erhalten hat. Als Beispiel betrachten wir eine Situation mit 4 Prozessen. Zu Beginn startet der erste Prozess die drei anderen Prozesse. Alle Prozesse warten, bis der erste Prozess eine Initialisierung, etwa zur Belegung gewisser globaler Variablen, durchlaufen hat.

Prozess 1	Prozess 2	Prozess 3	Prozess 4	(3.2.30)
start $(\textit{task}(i), i = 2,4)$				
barrier $(\textit{zaehler})$	**barrier** $(\textit{zaehler})$	**barrier** $(\textit{zaehler})$	**barrier** $(\textit{zaehler})$	
<Code>	<Code>	<Code>	<Code>	
barrier $(\textit{zaehler})$	**barrier** $(\textit{zaehler})$	**barrier** $(\textit{zaehler})$	**barrier** $(\textit{zaehler})$	
<Code>	<Code>	<Code>	<Code>	
stop $(\textit{task}(i), i = 2,4)$	**leave** $(\textit{task}(2))$	**leave** $(\textit{task}(3))$	**leave** $(\textit{task}(4))$	
end	**end**	**end**	**end**.	

Eine weitere Synchronisation erfolgt zwischen den beiden in jedem Prozess auszuführenden Codeabschnitten in der Annahme, dass die Berechnung von gegenseitig benötigten Zwischenergebnissen abgewartet werden muss. Der erste Prozess beendet schließlich die anderen Prozesse. Häufig dürfen Codesegmente zu einem gegebenen Zeitpunkt nur von einem Prozessor ausgeführt werden. Dann muss sichergestellt werden, dass alle anderen Prozessoren mit der Ausführung dieses Codesegment warten. Auch hier kann man mit logischen Variablen arbeiten:

<Code> $\hfill$ (3.2.31)
lockon (*lockvariable*)
<Code>
lockoff (*lockvariable*).

Der erste Prozessor, der den Aufruf von **lockon** erreicht, setzt *lockvariable* auf "falsch". Nach Erreichen von **lockoff** wird *lockvariable* auf "wahr" gesetzt. Solange *lockvariable* = "falsch" gilt, darf kein anderer Prozessor das zweite Codesegment ausführen.

Die ereignisgesteuerte Parallelisierung wurde zunächst auf der Basis von als Tasks bezeichneten separaten Programmen und einer Bibliothek mit Synchronisationsroutinen eingeführt und war beispielsweise auf Mehrprozessor-Vektorrechnern von Cray und NEC als *Macrotasking* verfügbar. Sowohl die Beschränkung auf grobkörnige Parallelität als auch die speziellen Anforderungen an die Programmgestaltung (separate Programme für separate Tasks) engen die Möglichkeiten ein. Auf Cray-Mehrprozessor-Vektorrechnern wurde das Macrotasking zum Autotasking weiterentwickelt. Dieses und neuere Entwicklungen wie HPF oder OpenMP gestatten eine kleine Granularität (auf der Ebene von Zählschleifen oder parallelen Regionen). In Standardsituationen wie zu parallelisierenden Schleifen wird die Synchronisation häufig automatisch durch einen parallelisierenden Compiler oder Präprozessor durchgeführt, gegebenenfalls durch Unterstützung mittels entsprechender Sprachelemente wie dem **forall**-Konstrukt in HPF oder Präprozessor-Direktiven wie in (3.2.26). Die explizite Synchronisation durch den Aufruf von Routinen oder spezielle Sprachelemente schränkt die Portabilität der Programme ein, die besser durch Direktiven gewährleistet werden kann. Häufig stehen sowohl spezielle Routinen als auch Direktiven zur Verfügung. Dies gilt beispielsweise für das Cray-Autotasking. Letztlich werden sowohl Sprachelemente als auch Direktiven in maschinennahe Äquivalente der obigen Routinen umgesetzt.

Auf Rechnern mit *verteiltem Speicher* spielt die Kommunikation, insbesondere der explizite Datentransfer zwischen den Prozessoren, eine entscheidende Rolle. Die Kommunikation wird dort entweder implizit mittels eines virtuellen gemeinsamen Speichers oder explizit mittels Message Passing realisiert, wobei ersteres meist über Direktiven im Programm gesteuert wird und letzteres im Allgemeinen in Form einer Unterprogramm-Bibliothek implementiert ist, deren Routinen explizit im Programm in Gestalt von Unterprogrammaufrufen zu nutzen sind. Message Passing-Systeme verfügen über eine Vielzahl von Funktionen, wobei die wichtigsten Routinen diejenigen für den expliziten Datentransfer zwischen Prozessoren sind. In der Regel enthalten derartige Bibliotheken Routinen aus folgenden Bereichen

- Prozesssteuerung und -verwaltung
- Punkt-zu-Punkt-Kommunikation (einseitig, zweiseitig)
- kollektive Kommunikation
- kollektive Reduktion
- Test- und Abfragefunktionen

sowie ein Datentypkonzept und die Definition einer Anbindung an höhere Programmiersprachen, meist C/C++ und FORTRAN. Wir beschränken uns in diesem Zusammenhang auf einige Bemerkungen zu wichtigen Kommunikationsroutinen. Anzahl, Leistungsumfang, Spezifikation und Benennung der Routinen variieren von System zu System. Das oben für ein System mit gemeinsamem Speicher skizzierte Beispiel könnte auf einem System mit verteiltem Speicher unter Message Passing für drei Prozessoren folgendes Aussehen besitzen. Dabei wird angenommen, dass jeder Prozess zu Beginn das Message Passing-System durch Aufruf einer Routine **initiate** aktiviert, sich damit dem System als Kommunikationspartner bekannt macht und die Kommunikation durch Aufruf einer Routine **leave** wieder verlässt sowie, dass an jedem Kommunikationspunkt alle Prozessoren mit Prozessor P(1) Daten austauschen.

Prozessor 1	Prozessor 2	Prozessor 3	(3.2.32)
initiate (P(1))	**initiate** (P(2))	**initiate** (P(3))	
broadcast(*daten*)	**broadcast**(*daten*)	**broadcast**(*daten*)	
from P(1)	**from** P(1)	**from** P(1)	
<Code>	<Code>	<Code>	
	send(*daten*) **to** P(1)	**send**(*daten*) **to** P(1)	
receive(*daten*) **from** P(2)			
receive(*daten*) **from** P(3)			
broadcast(*daten*)	**broadcast**(*daten*)	**broadcast**(*daten*)	
from P(1)	**from** P(1)	**from** P(1)	
<Code>	<Code>	<Code>	
	send(*daten*) **to** P(1)	**send**(*daten*) **to** P(1)	
receive(*daten*) **from** P(2)			
receive(*daten*) **from** P(3)			
leave	**leave**	**leave**	
end	**end**	**end**.	

Natürlich ist jede Form der Kommunikation denkbar, beispielsweise, dass jeweils nur ganz bestimmte Prozessoren miteinander kommunizieren. Auch gibt es verschiedene Programmiermodelle. Allen gemeinsam ist, dass jeder Prozessor ein eigenes Programm ausführt, wobei gegebenenfalls mehrere oder alle Prozessoren Kopien desselben Programms auf unterschiedlichen Daten ausführen, und dass auf jedem Prozessor unter Umständen auch mehrere Prozesse gestartet werden. In grundsätzlich jeder Kommunikationsbibliothek gibt es Routinen

$$\textbf{send}(\textit{daten})\ \textbf{to}\ \text{P}(\textit{receiver}) \qquad \textbf{receive}(\textit{daten})\ \textbf{from}\ \text{P}(\textit{sender}),$$

zur *zweiseitigen Punkt-zu-Punkt-Kommunikation*: Zwei Prozessoren kommunizieren miteinander, wobei zu jeder **send**-Operation beim sendenden Prozessor eine **receive**-Operation beim empfangenden Prozessor ausgeführt werden muss. Daneben ist auch eine *einseitige Punkt-zu-Punkt-Kommunikation* gebräuchlich, deren wichtigste Routinen meist als

$$\textbf{get}(\textit{daten})\ \textbf{from}\ \text{P}(\textit{sender}) \qquad \textbf{put}\ (\textit{daten})\ \textbf{to}\ \text{P}(\textit{receiver})$$

bezeichnet werden. Bei der einseitigen Kommunikation ruft nur ein Prozessor eine Kommunikationsroutine auf, während der andere die Nachricht weder quittiert noch akzeptieren oder ablehnen kann. Beim Aufruf von **get** durch den Empfänger werden Daten aus einem fremden Speicher geholt, ohne dass es des Aufrufs einer Sende-Routine bedarf. Umgekehrt veranlasst der Aufruf von **put** durch den Sender den Transport von Daten in einen fremden Speicher, ohne dass es des Aufrufs einer Empfangs-Routine bedarf. Diese Funktionen gestatten eine asynchrone Datenkommunikation, die beispielsweise in der Parallelen Numerik in asynchronen Iterationsverfahren angewendet werden kann. Diese Art der Kommunikation ist im Allgemeinen schneller. Sie muss aber vollständig durch das Anwendungsprogramm gesteuert werden. Vor allem auf Architekturen mit Cache muss das nicht synchronisierte Schreiben in einen fremden Speicher mit dem Inhalt der Caches auf dem fremden Prozessor abgeglichen werden, was automatisch erfolgen sollte.

Routinen zur *kollektiven Kommunikation* beschreiben Datentransporte, an denen mehr als zwei Prozessoren beteiligt sind. Die bekannteste dieser Routinen ist **broadcast**. Ihre effiziente Implementierung ist als wichtigstes Beispiel der kollektiven Kommunikation von weit reichender Bedeutung für viele parallele Algorithmen und soll daher im folgenden etwas genauer diskutiert werden. Die Funktion **broadcast** ermöglicht den Transport einer Datenmenge *daten* von einem Prozessor *root* an alle Prozessoren, die in einer Liste *prozessorliste* angegeben sind:

> **broadcast(***daten***) from** *root* **to** *prozessorliste*.

Bei jeder Implementierung von **broadcast** besitzen sämtliche Nachrichten dieselbe Länge, die durch den Umfang der zu versendenden Daten vorgegeben ist. Die naheliegende Realisierung für das Beispiel *root* := P(1), *prozessorliste* := (P(2),...,P(p)), $p \in \mathbf{N}$, lautet

$$\textbf{if } me = 1 \quad \textbf{then} \quad \textbf{for } i := 2 \text{ to } p \textbf{ do send}(daten\_\text{P}(1)) \textbf{ to } \text{P}(i) \qquad (3.2.33)$$
$$\textbf{else} \quad \textbf{receive } (daten\_\text{P}(me)) \textbf{ from } \text{P}(1).$$

Dabei bezeichnet *daten*_P(1) auf *root* = P(1) die Variable, die die zu sendenden Daten beschreibt, sowie *daten*_P(*me*) diejenige auf den empfangenden Prozessoren P(*me*), *me* = 2,...,*p*. (3.2.33) ist sehr unökonomisch, da P(1) nacheinander $p-1$ Nachrichten verschickt, während alle anderen Prozessoren jeweils auf den Empfang genau einer Nachricht warten. Insgesamt werden also $p-1$ Kommunikationsschritte benötigt, wobei P(1) den möglichen Engpass darstellt. **broadcast** wird deshalb meist, für den Anwender verborgen, mittels einer baumartigen Kommunikationsstruktur implementiert, die Algorithmen mit einer Komplexität von O($\log_2 p$) liefert. Im Unterschied zu (3.2.33) sind außer *root* auch andere Prozessoren am (Weiter-) Versand der Daten beteiligt. Es bleibt der konkreten Implementierung überlassen, welche dies sind. Formal sind dies alle Prozessoren aus der Liste *prozessorliste*, wobei *root* = P(1) häufig selbst in dieser Liste enthalten ist. Die **broadcast**-Routine wird in jedem beteiligten Prozess aufgerufen:

$$\text{P}(root): \qquad \textbf{broadcast[-send]}(daten\_root) \textbf{ from } root \textbf{ to } prozessorliste \qquad (3.2.34)$$
$$\text{P}(me),\ me \textbf{ in } prozessorliste,\ me \neq root:$$
$$\textbf{broadcast[-recv]}(daten\_me) \textbf{ from } root \textbf{ to } prozessorliste.$$

Oft ist es nützlich, formal den Aufruf im – eigentlich sendenden – Ausgangsprozess *root* von denen in den – eigentlich empfangenden – Zielprozessen deutlich zu unterscheiden. Im Gegensatz zu der üblichen Syntax kennzeichnen wir die Aufrufe zusätzlich durch **–send** oder **–recv**. Als Beispiel betrachten wir den Algorithmus (3.2.36), der durch Abb. 3.2.2 illustriert wird. O.B.d.A. sei $p = 2^m$, $m \in \mathbf{N}$. Abb. 3.2.2 beruht auf der Annahme, dass die Rechnertopologie – Prozessoranordnung, Struktur der Verbindungswege – nicht berücksichtigt werden muss. t_i gibt den Zeitschritt an, in dem ein Prozessor eine Nachricht erhält. Beginnend mit P(1) im ersten Zeitschritt t_1 ist in jedem Zeitschritt t_i, $i = 1,...,m$, eine unterschiedliche Anzahl Prozessoren an der Kommunikation beteiligt. Entscheidend ist, dass in jedem Zeitschritt jeder Prozessor höchstens eine Nachricht absendet und höchstens eine Nachricht empfängt. In (3.2.36) lässt sich die Indizierung der sendenden und empfangenden Prozessoren durch die Zuordnung

$$l := 1\,(1)\,m \qquad\qquad\qquad\qquad\qquad\qquad\qquad\qquad (3.2.35)$$
$$i := 0\,(1)\,2^{l-1}-1: \quad \text{P}(i\,2^{m+1-l}+1) \rightarrow \text{P}((2i+1)\,2^{m-l}+1)$$

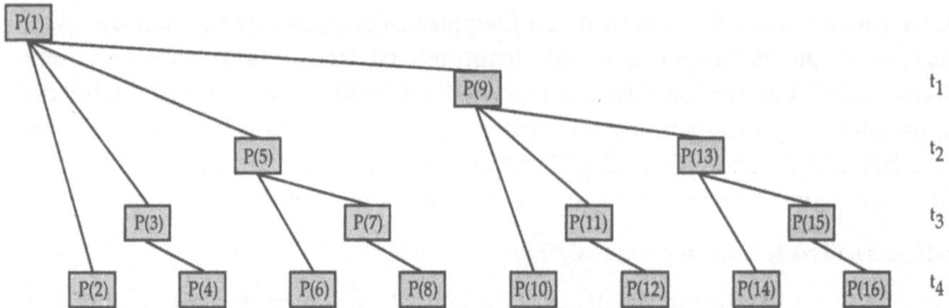

Abb. 3.2.2   Realisierung von broadcast für $p = 2^m$, $m = 4$

beschreiben. Beginnend mit P(1) wird ein Prozessor P(me) dadurch aktiviert, dass er eine Nachricht erhält. Dabei müssen nicht nur die Daten, sondern auch der Index ll des aktuellen Kommunikationsschrittes, jedoch nicht die Identität des sendenden Prozessors, mitgeteilt werden. Der empfangende Prozessor bleibt dann in allen weiteren Schritten $l = ll,...,m$ aktiv. Mittels (3.2.35) und des eigenen Prozessindex me werden die Indizes derjenigen Prozessoren ermittelt, an die P(me) seinerseits sendet. (3.2.36) beschreibt den Algorithmus auf Prozessor P(me). (3.2.36) besitzt einen teilweise asynchronen Charakter, da alle zu einem Zeitpunkt aktiven Prozessoren unabhängig voneinander Nachrichten versenden (und damit insbesondere auch weitere Prozessoren "unkoordiniert" aktivieren). (3.2.33) besitzt, wie oben erläutert, mit p–1 Schritten auf den ersten Blick die größte mögliche Komplexität. (3.2.36) liefert mit $\log_2 p$ Schritten formal eine deutliche Verbesserung.

$$\textbf{if } me = 1 \quad \textbf{then } ll := 1 \textbf{ else receive } (daten\_P(me), ll) \qquad\qquad (3.2.36)$$
$$\textbf{for } l := ll \textbf{ to } m \textbf{ do}$$
$$\quad i := (me-1)/2^{m+1-l}$$
$$\quad \textbf{send } (daten\_P(me), l+1) \textbf{ to } P((2i+1)\,2^{m-l}+1).$$

Ob diese real eintritt, hängt von der Leistungsfähigkeit des verwendeten Netzwerks ab. Während in (3.2.33) je Zeitschritt nur eine Nachricht versandt wird, sind dies in Abb. 3.2.2 formal bis zu $p/2$ Nachrichten. Bei weniger leistungsfähigen Netzwerken kann eine wachsende Anzahl von Nachrichten pro Zeiteinheit aber zu einer Netzüberlastung führen.

Die Abb. 3.2.3 zeigen das Zeitverhalten von **broadcast** unter MPI auf einem Parallelrechner mit verteiltem Speicher Cray T3D: An 4, 8, 16 und 32 Prozessoren werden eine REAL-Zahl (Abb. 3.2.3a), ein Vektor von 1000 REAL-Zahlen (Abb. 3.2.3b) und eine 1000×1000-Matrix mit REAL-Elementen (Abb. 3.2.3c) verschickt. Dabei werden Zeiten für ein sequentielles **broadcast** (3.2.33), für eine FORTRAN-Implementierung des baumartigen Algorithmus (3.2.36) und für die MPI-Routine MPI–BCAST angegeben. Abb. 3.2.3b und Abb. 3.2.3c zeigen den Vorteil des kaskadenartigen Versendens, wobei sich mit wachsender Nachrichtenlänge die Effizienz des "von Hand" programmierten FORTRAN-Codes immer mehr derjenigen der MPI-Routine annähert. Für $N = 1$ überwiegt der von der Nachrichtenlänge unabhängige Aufwand. Tab. 3.2.1 zeigt den Zeitaufwand für das Versenden einer $N = 1000\times1000$-Matrix (a) komponentenweise als 10^6 einzelne 8 Byte REAL-Zahlen, (b) als 1000 Vektoren der Länge 1000 sowie (c) als ein Feld der Länge 10^6 an 4 und 32 Prozessoren. Dieses Beispiel zeigt den oft dominanten Einfluss der Kommunikation in parallelen Algorithmen. Die Daten bestätigen zunächst die Regel, möglichst wenige, aber dafür lange Nachrichten zu versenden. Beim Übergang vom Versenden von 1000 Vektoren der Länge 1000 zum Versenden der Gesamtmatrix in einer Nachricht ist immerhin etwa eine Halbierung der Kommunikationszeit zu erreichen. Das komponentenweise Versenden der Matrix

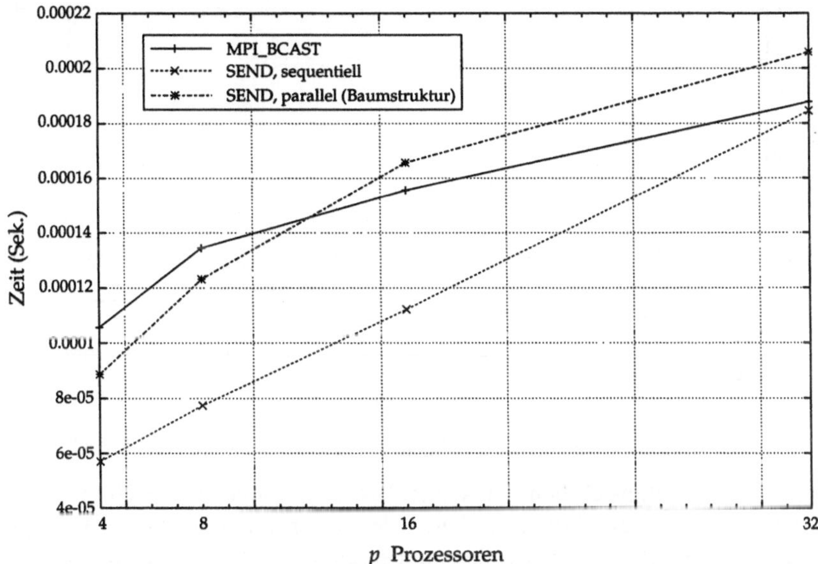

Abb. 3.2.3a **broadcast** für Nachrichtenlänge $N = 1$ (8 Byte-REAL)

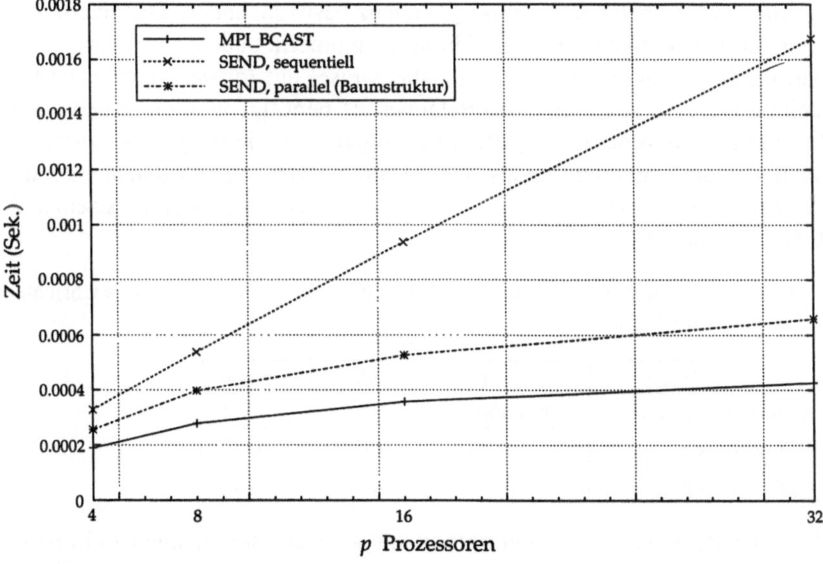

Abb. 3.2.3b **broadcast** für Nachrichtenlänge $N = 1000$ (8 Byte-REAL)

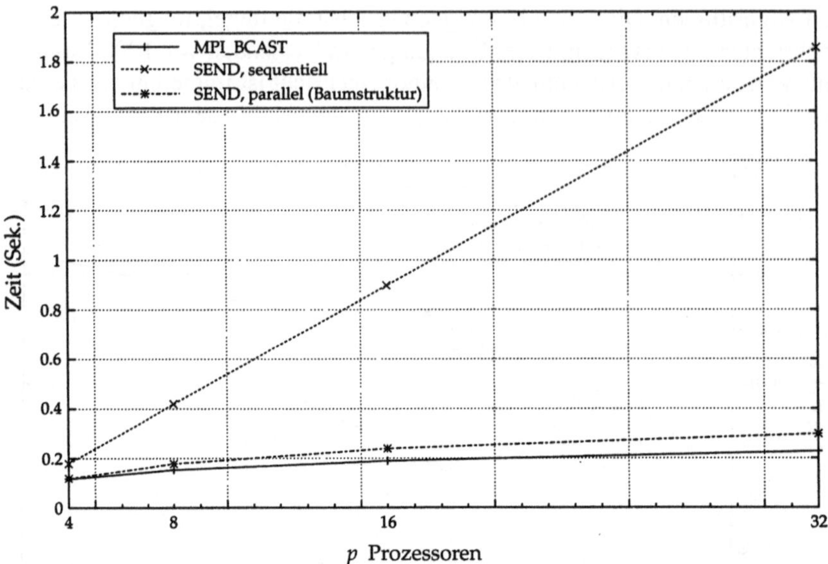

Abb. 3.2.3c **broadcast** für Nachrichtenlänge $N = 1000 \times 1000$ (8 Byte-REAL)

verbietet sich offensichtlich von selbst. Dieses Problem stellt sich in vielen Algorithmen für Parallelrechner mit verteiltem Speicher: Jeder Algorithmus setzt eine Anfangsverteilung der Eingabedaten auf die Prozessoren voraus und erzeugt eine Verteilung der Ausgabedaten. Wird ein Algorithmus innerhalb eines anderen Algorithmus ausgeführt, so ist die notwendige Verteilung der Eingabe- beziehungsweise Ausgabedaten vorgegeben. Oft genug setzen jedoch Teilalgorithmen, die für sich gesehen eine optimale Effizienz besitzen, andere Datenverteilungen voraus, als im jeweiligen Kontext gegeben sind. Ein in der Numerik häufig auftretendes Problem stellen Matrizen dar, die im Kontext zeilenweise (spaltenweise) auf lokale Speicher verteilt sind, aber in einem Teilalgorithmus spaltenweise (zeilenweise) benötigt werden. Auch im Teilalgorithmus selbst kann eine Änderung der Zugriffsart erfolgen. Wie die obigen Beispiele zu **broadcast** andeuten, kann sich die Umverteilung als so aufwendig erweisen, , dass man eher auf einen abgesehen von der Kommunikation optimalen Algorithmus verzichtet, als eine extrem aufwendige Kommunikation auszuführen.

Tab. 3.2.1 Zeitaufwand für **broadcast** (MPI_BCAST) für verschiedene Nachrichtenlängen in Sek. auf einer Cray T3D

Nachrichtenlänge	1	1000	1 000 000
Nachrichtenanzahl	1 000 000	1000	1
4 Prozessoren	106	0,19	0,12
8 Prozessoren	188	0,43	0,23

Mit **broadcast** verwandt sind **gather** und **scatter**. Bei **gather** ist ein Feld *daten*$[1..p]$ mit Komponenten beliebigen Typs komponentenweise auf p Prozessoren verteilt. Beim Aufruf

$$\text{\textbf{gather}}(daten[1..p];\ daten\_loc)\ \textbf{from}\ (P(1),\ldots,P(p))\ \textbf{to}\ P(1)$$

sendet jeder Prozessor $P(i)$, $1 \le i \le p$, seine Komponente $daten\_loc \equiv daten(i)$ an einen Prozessor, hier o.B.d.A. $P(1)$. **gather** ist somit äquivalent zu folgendem Code:

$$\textbf{if}\ me \ne 1\ \ \textbf{then}\ \ \textbf{send}(daten\_loc)\ \textbf{to}\ P(1) \qquad\qquad (3.2.37)$$
$$\textbf{else}\ \ \ daten(1) := daten\_loc$$
$$\textbf{for}\ i := 2\ \textbf{to}\ p\ \textbf{do receive}\ (daten(i))\ \textbf{from}\ P(i).$$

Bei **scatter**, der Umkehrung dieser Funktion, verteilt ein Prozessor, hier $P(1)$, ein Feld mit p Elementen komponentenweise auf p Prozessoren. Der Aufruf

$$\text{\textbf{scatter}}(daten\_loc;\ daten[1..p])\ \textbf{from}\ P(1)\ \textbf{to}\ (P(1),\ldots,P(p))$$

entspricht

$$\textbf{if}\ me \ne 1\ \ \textbf{then}\ \ \textbf{receive}(daten\_loc)\ \textbf{from}\ P(1) \qquad\qquad (3.2.38)$$
$$\textbf{else}\ \ \ daten\_loc := daten(1);\ \textbf{for}\ i := 2\ \textbf{to}\ p\ \textbf{do send}\ (daten(i))\ \textbf{to}\ P(i).$$

In beiden Fällen wird unterstellt, dass $P(1)$ über $daten(1)$ verfügt und diese Komponente behält. Wie bei **broadcast** ist $P(1)$ häufig selbst formal in der Prozessorliste enthalten, und wir verwenden in Analogie gelegentlich die Schreibweise

gather[-send/-recv], scatter[-send/-recv].

Wie bei **broadcast** wäre eine Implementierung auf der Basis der sequentiellen Codes (3.2.37) oder (3.2.38) sehr ineffizient. Üblicherweise werden auch **gather** und **scatter** mit einer Baum-

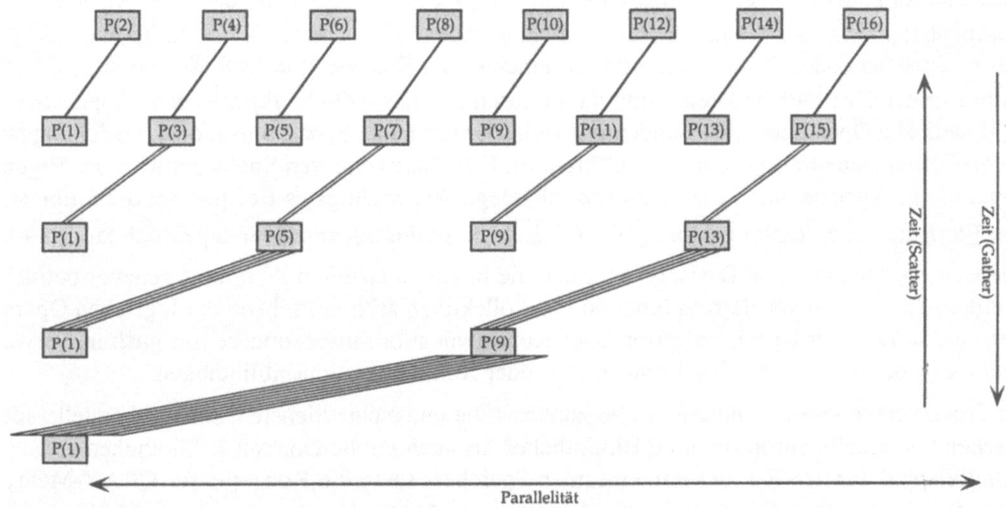

Abb. 3.2.4   Realisierung von **gather** beziehungsweise **scatter** für $p = 2^m$, $m = 4$

struktur realisiert. Bei **scatter** verschickt jeder sendende Prozessor die Hälfte der Komponenten des zu versendenden Feldes, über die er im jeweiligen Schritt verfügt. Bei **gather** werden alle auf dem jeweils sendenden Prozessor vorhandenen Feldkomponenten geholt. Wie bei der in Abb. 3.2.2 für die **broadcast**-Funktion skizzierten Strategie wird dabei angestrebt, die Anzahl der Nachrichten pro Prozessor durch Verlagerung auf andere Prozessoren zu reduzieren. Während durch die **broadcast**-Funktion eine Kopie der zu transportierenden Daten, etwa eine Zahl oder auch ein ganzes Feld, an alle anderen Prozessoren verschickt wird, werden bei **gather** und **scatter** jeweils $p–1$ Komponenten eines Feldes nach Definition einzeln verschickt. Bei Realisierung einer Baumstruktur nimmt die Anzahl der zu transportierenden Daten, also die Nachrichtenlänge, mit Annäherung an die Wurzel des Baums bei **gather** und **scatter** zu, während bei **broadcast** die Nachrichtenlänge gleich bleibt. Maßgeblich bleibt jedoch im Allgemeinen die Minimierung der Anzahl der von einem Prozessor zu versendenden oder zu empfangenden Nachrichten. Sowohl bei **broadcast** als auch bei **gather/scatter** werden die meisten Nachrichten von oder an P(1) versandt. Grundsätzlich können beliebige *t-äre Baumstrukturen* verwendet werden. Die minimale Nachrichtenanzahl wird jedoch in beiden Fällen mit $\log_2 p$ (Abb. 3.2.2, Abb. 3.2.4) bei einem binären Baum erreicht. Die Anwendung dieses Kriteriums setzt wieder voraus, dass alle Prozessoren uneingeschränkt auf gleichberechtigten Verbindungen gleicher Kapazität miteinander kommunizieren, dass also keine besonderen Eigenschaften von Rechner- oder Vernetzungstopologie berücksichtigt werden müssen.

Im Zusammenhang mit der kollektiven Kommunikation sind auch *Reduktionsfunktionen*

> **reduce**(*operation, datenfeld, ergebnis*) **on** *prozessorliste* [**to** *root*].

zu erwähnen. *Reduktionen* dienen der Ausführung *kollektiver Operationen*. Alle Komponenten eines Feldes *datenfeld*[1..*p*] mit beliebigem Datentyp werden mit einer auf letzterem definierten Verknüpfung (einer arithmetischen oder logischen Operation) *operation* $(+, –, *, /, \wedge, \vee)$ versehen, die <u>ein</u> Ergebnis *ergebnis* des Grunddatentyps erzeugt. Dabei ist das Feld *datenfeld*[1..*p*] komponentenweise auf die in *prozessorliste* angegebenen Prozessoren P(1),...,P(*p*) verteilt (verteilter Speicher) oder diesen zugeordnet (gemeinsamer Speicher): *datenfeld*(*i*) $\rightarrow$ P(*i*), $1 \leq i \leq p$. Somit sind auf verteilten Daten – und damit durch unterschiedliche Prozessoren – logische oder arithmetische Operationen, verbunden mit zwischenzeitlichen Synchronisationen beziehungsweise expliziten Datentransporten, auszuführen. Im Fall eines verteilten Speichers wird das Ergebnis *ergebnis* im Speicher des Prozessors *root* abgelegt. Als wichtigstes Beispiel sei die Summation der Elemente eines Zahlenvektors genannt: $\sum_{i=1}^{p} a_i$. Reduktionen zählen eigentlich zu den arithmetischen oder logischen Basisalgorithmen, die in einem späteren Abschnitt genauer betrachtet werden. Sie sind jedoch als Kombination von kollektiven arithmetischen oder logischen Operationen und kollektiver Synchronisation oder Kommunikation, insbesondere mit **gather**, verwandt und meist Bestandteil von Synchronisations- oder Kommunikationsbibliotheken.

In Ermangelung eines Standards waren zunächst die unterschiedlichsten, sowohl herstellerspezifischen und architekturoptimierten Bibliotheken als auch Public Domain-Bibliotheken verfügbar. Als Beispiele für den Fall des gemeinsamen Speichers seien die Konzepte für CRAY-Mehrprozessor-Vektorrechner (Macrotasking, Microtasking, Autotasking), sowie der CRAFT-Compiler für Programmiermodelle mit virtuell gemeinsamem Speicher auf den Parallelrechnern CRAY

T3D erwähnt. Bekannte herstellerspezifische Message Passing-Bibliotheken waren beispielsweise MPL (message passing library) auf IBM SP oder NX auf Intel Paragon. Unter der Vielzahl herstellerunabhängiger Public Domain-Bibliotheken seien P4, Linda, Express genannt. Mit zunehmender Bedeutung und Verbreitung von Parallelrechnern haben sich de facto-Standards durchgesetzt. Für (virtuell) gemeinsamen Speicher sind dies vor allem HPF oder auch OpenMP. Diese Konzepte beruhen, wie schon erwähnt, überwiegend auf der Nutzung von Direktiven anstelle des expliziten Aufrufs von Unterprogrammen. Die Direktiven stellen ausschließlich eine normierte Schnittstelle dar, deren Implementierung im Rahmen der gegebenen Spezifikation architektur- und herstellerabhängig ist.

Unter den Message Passing-Standards hat zunächst PVM (parallel virtual machine) [/www/PVM] eine weite Verbreitung gefunden. Inzwischen hat sich die Nachfolgeentwicklung MPI (message passing interface) [/www/MPI] durchgesetzt. MPI ist wie PVM im Wissenschaftsbereich entstanden, wird aber von allen namhaften Herstellern und einschlägigen Forschungsinstitutionen unterstützt. Auch PVM und MPI definieren zunächst nur Standards für einheitliche Benutzerschnittstellen in Gestalt von Unterprogrammaufrufen und eine Spezifikation der Funktionalität von C- und FORTRAN-Unterprogrammen zur Verwaltung von Prozessen, zur Kommunikation, insbesondere zum Versenden von Daten verschiedenster Typen, aber auch Routinen zur Synchronisation. Die tatsächlich verfügbaren Bibliotheken sind individuelle Implementierungen. PVM und MPI sind auf jedem Rechner mit C-Compiler und einem unter den Protokollen UDP oder TCP/IP betriebenen Netzanschluss lauffähig. Somit können sie beispielsweise auf mittels Ethernet vernetzten UNIX-Workstations oder Linux-PC's unter C und FORTRAN eingesetzt werden, was die große Verbreitung erklärt. Inzwischen ist MPI auf praktisch jedem Parallelrechner verfügbar. Neben frei erhältlicher Public Domain-Software bieten die namhaften Hersteller auch Versionen von MPI an, die speziell für die eigene Hardware optimiert sind, also beispielsweise TCP umgehen und auf unterster Ebene an die jeweils verwendeten eigenen Protokolle angepasst werden. Diese proprietären Versionen sind leistungsfähiger als die Standardversion von MPI. Die Benutzerschnittstelle ändert sich in der Regel nicht. Meist werden nur einige Ergänzungen angeboten.

Alle Message Passing-Systeme weisen einen unvermeidbaren Nachteil auf: Die Programmierung unterscheidet sich grundsätzlich von der auf sequentiellen Rechnern. Zum einen steigt der Programmieraufwand durch die Verwendung von externen Unterprogrammen zur Kommunikation stark an, zum anderen sind die Programme damit nur noch sehr eingeschränkt portabel. Dies gilt vor allem für Programmiermodelle wie das Host-Node-Modell im Beispiel (3.2.30) für 4 Prozesse, in dem einerseits ein Hauptprogramm auf einem Prozessor, andererseits ein oder mehrere sich vom Hauptprogramm unterscheidende Knotenprogramme auf den anderen Prozessoren gestartet werden. Message Passing ist jedoch auf Rechnern mit verteiltem Speicher unverzichtbar.

Das weit verbreitete MPI bietet über 100 verschiedene Funktionen für FORTRAN und C/C++. Die folgenden, in FORTRAN-Syntax notierten Beispiele stellen einige häufig benötigte Funktionen dar, die auch in anderen Systemen unter ähnlichen Namen vorhanden sind. Die C-Version verwendet, bei angepasster Syntax, grundsätzlich dieselbe Namensgebung.

     Start MPI: MPI_INIT(*err*)

     Beendigung MPI: MPI_FINALIZE(*err*)

Prozessindexbestimmung:	MPI_COMM_RANK(*comm, pid, err*)
Sendeoperation:	MPI_SEND(*buf, count, type, dest, tag, comm, err*)
Empfangsoperation:	MPI_RECV(*buf, count, type, dest, tag, comm, status, err*)
Reduktionsoperation:	MPI_REDUCE(*inbuf, outbuf, count, type, op, root,*
	comm, status, err)
Broadcast:	MPI_BCAST(*buf, count, type, root, comm, err*)
Gather:	MPI_GATHER(*sendbuf, sendcount, sendtype, recvbuf,*
	recvcount, recvtype, root, comm, err)
Scatter:	MPI_SCATTER(*sendbuf, sendcount, sendtype, recvbuf,*
	recvcount, recvtype, root, comm, err)
Schranke:	MPI_BARRIER(*comm, err*).

Die angegebenen Parameter besitzen folgende Bedeutung:

comm:	communicator – Integer-Parameter für Bildung von Prozess-gruppen
err:	Integer-Parameter für Fehlerstatus in der FORTRAN-Version
pid:	Prozess-Identifikationsnummer
buf, inbuf, outbuf, sendbuf, recvbuf:	Variablenname geeigneten Typs, in dem die zu sendenden Daten abgespeichert sind bzw. die empfangenen Daten abzulegen sind
type, sendtype, recvtype:	Datentyp der zu übertragenden Datenelemente
tag:	Identifikationsnummer der Nachricht
dest:	Identifikationsnummer des sendenden bzw. empfangenden Prozesses
count, sendcount, recvcount:	Anzahl der zu übertragenden Datenelemente
root:	Identifikationsnummer des ausführenden Prozesses bei Reduktionsoperationen und kollektiver Kommunikation
op:	Operationstyp bei Reduktionsoperationen.

INIT und FINALIZE werden zum Start und der Beendigung von MPI in einem Anwendungspro-gramm benötigt. SEND und RECV sind Sende- und Empfangsroutinen, zu denen es verschiedene Varianten gibt, REDUCE beschreibt eine Reduktionsfunktion: Alle durch den Gruppenparameter *comm* beschriebenen Prozessoren liefern im Puffer *inbuf* eine Folge von *count* Argumenten des Datentyps *type*. Auf diesen wird elementweise die Operation *op* ausgeführt. Das Ergebnis oder die Ergebnisfolge wird im Puffer *outbuf* auf dem Prozessor *root* abgelegt. Für den Operationstyp *op* stehen in MPI vordefinierte Operationen MPI_SUM, MPI_PROD, MPI_MIN, MPI_MAX, MPI_MINLOC, MPI_MAXLOC, MPI_LAND, MPI_LOR zur Verfügung.

Synchronisationsroutinen wie die bei gemeinsamem Speicher häufig gebrauchte **barrier**-Funkti-on werden auch bei Message Passing in gewissen Fällen benötigt. Bei der kollektiven Kommuni-kation und bei Reduktionen kann nicht davon ausgegangen werden, dass zwangsläufig eine auto-matische Synchronisation stattfindet. In MPI beispielsweise sieht der Standard letztere nicht vor, lässt jedoch einen entsprechenden Spielraum für konkrete Implementierungen.

Einseitige Kommunikation wird zum Beispiel auf Parallelrechnern von Cray und Silicon Graphics in Form der herstellereigenen *shmem*-Bibliothek zur architekturoptimierten Implementierung von Message Passing-Bibliotheken wie PVM und MPI, aber auch des Virtual Shared Memory-Systems CRAFT benutzt. Die Grundfunktionen heißen dort SHMEM_GET und SHMEM_PUT. Zu diesen gibt es eine Vielzahl von Varianten. Die *shmem*-Bibliothek steht auch auf Anwendungsebene in FORTRAN und C/C++ zur Verfügung und gestattet eine schnelle, aber nicht portable Kommunikation. Inzwischen ist die einseitige Kommunikation auch in den MPI 2-Standard aufgenommen worden. Die Grundroutinen lauten MPI_GET und MPI_PUT.

3.2.6 Bibliotheken für Elementaralgorithmen

Schon die wenigen Beispiele zur architekturabhängigen Optimierung zu Beginn von Abschnitt 3.2 deuten an, dass eine hohe Effizienz nur durch einen erheblichen Aufwand erreicht werden kann. Die Leistungsfähigkeit einer Architektur kann nur dann hinreichend ausgenutzt werden, wenn ihre Eigenschaften (Anzahl, Art und Funktionsweise funktionaler Einheiten, arithmetische Besonderheiten, Struktur und Größe von Hauptspeicher und Pufferspeichern usw.) bis ins Detail berücksichtigt werden. In umfangreichen Programmen ist dies vom Aufwand her unmöglich. Auch die Portabilität des Programms nimmt mit wachsender Effizienz oft ab, da auf unterschiedlichen Prozessoren unterschiedlich optimiert werden muss oder sich der Zwang zu Änderungen bei Einführung neuer Compilerversionen ergibt. Andererseits wird eine detaillierte Optimierung im Allgemeinen auf einer sehr niedrigen Ebene, meist von Schleifen, durchgeführt. Auf dieser Erkenntnis fußt der BLAS-Standard (basic linear algebra subprograms) [/www/BLAS], [DDHH87], [LHKK79]. Dieser inzwischen allgemein anerkannte Standard spezifiziert für eine große Anzahl von Elementaralgorithmen für Operationen auf Vektoren und Matrizen die Funktionalität und die Benutzerschnittstelle (Name und Parameter) unabhängig von der verwendeten Architektur für die Programmiersprachen FORTRAN und C. Auf der anderen Seite stellen praktisch alle namhaften Hersteller BLAS-Bibliotheken mit hochoptimiertem Code zur Verfügung, die meist zusammen mit Compilern und Präprozessoren bereitgestellt werden. Beim Aufruf von BLAS-Routinen (vergleiche (3.2.11)) wird der optimierte Code bei entsprechender Optimierungsstufe während des Übersetzungsvorgangs oder durch einen Präprozessor automatisch oder zumindest mittels einer entsprechenden Option an der Aufrufstelle expandiert. Für die Grundbausteine vieler numerischer Algorithmen ist somit hochoptimierter Code verfügbar, der einer meist mühsamen "Handoptimierung" überlegen ist und über standardisierte Schnittstellen nutzbar ist. Diese Vorgehensweise gestattet die Formulierung portabler Quellcodes, die dennoch in sehr effiziente ausführbare Codes überführt werden können. Die BLAS-Routinen werden unterteilt in

- BLAS 1: Vektor-Vektor-Operationen
- BLAS 2: Matrix-Vektor-Operationen
- BLAS 3: Matrix-Matrix-Operationen

Zu den *BLAS 1*-Routinen zählen unter anderem einfache Vektoroperationen, Skalarprodukte und einige Vektornormen. Eine effiziente Optimierung ist allerdings schon für Vektorprozessoren erst ab der Ebene der Matrix-Vektor-Operationen von BLAS 2 möglich. Blockalgorithmen setzen die

Matrix-Matrix-Operationen von BLAS 3 voraus. *BLAS 2* umfasst folgende Operationen:

Matrix-Vektor-Produkte: $\qquad\qquad\qquad\qquad\qquad\qquad\qquad\qquad\qquad$ (3.2.39)

$$y \leftarrow \alpha A x + \beta y \qquad y \leftarrow \alpha A^T x + \beta y \qquad y \leftarrow \alpha \bar{A}^T x + \beta y$$

$$x \leftarrow T x \qquad\qquad x \leftarrow T^T x \qquad\qquad x \leftarrow \bar{T}^T x$$

Rang 1 und Rang 2-Updates:

$$A \leftarrow \alpha x y^T + \beta A \qquad\qquad A \leftarrow \alpha x^T y + \beta A, \qquad\qquad (\alpha, \beta \text{ reell})$$

$$H \leftarrow \alpha x x^T + \beta H \qquad\qquad H \leftarrow \alpha x y^T + \bar{\alpha} y x^T + \beta H \qquad (\beta \text{ reell})$$

Lösung von Dreieckssystemen:

$$x \leftarrow T^{-1} x \qquad x \leftarrow T^{-T} x \qquad x \leftarrow \bar{T}^{-T} x$$

BLAS 3 umfasst

Matrix-Matrix-Additions- und -Multiplikations-Operationen: $\qquad\qquad\quad$ (3.2.40)

$$C \leftarrow \alpha A B + \beta C \qquad\qquad C \leftarrow \alpha A B^T + \beta C$$

$$C \leftarrow \alpha A^T B^T + \beta C \qquad\qquad C \leftarrow \alpha A^T B + \beta C$$

einschließlich Rang k-Updates allgemeiner Matrizen.

Rang k- und Rang $2k$-Updates symmetrischer Matrizen:

$$C \leftarrow \alpha A A^T + \beta C \qquad\qquad\qquad C \leftarrow \alpha A^T A + \beta C,$$

$$C \leftarrow \alpha A B^T + \alpha B A^T + \beta C \qquad C \leftarrow \alpha A^T B + \alpha B^T A + \beta C \qquad (\alpha, \beta \text{ reell})$$

$$C \leftarrow \alpha A A^H + \beta C \qquad\qquad\qquad C \leftarrow \alpha A^H A + \beta C \qquad\qquad (\alpha, \beta \text{ reell})$$

$$C \leftarrow \alpha A B^H + \bar{\alpha} B A^H + \beta C \qquad C \leftarrow \alpha A^H B + \bar{\alpha} B^H A + \beta C \qquad (\beta \text{ reell})$$

Produkt allgemeine Matrix $\times$ Dreiecksmatrix

$$B \leftarrow \alpha T B \qquad B \leftarrow \alpha B T \qquad B \leftarrow \alpha T^T B \qquad B \leftarrow \alpha B T^T$$

Dreieckssysteme mit mehrfachen rechten Seiten

$$B \leftarrow \alpha T^{-1} B \qquad B \leftarrow \alpha B T^{-1} \qquad B \leftarrow \alpha T^{-T} B \qquad B \leftarrow \alpha B T^{-T}.$$

Dabei bezeichnen α, β Skalare, x, y Vektoren, A, B, C Matrizen, T obere oder untere Dreiecksmatrizen, H hermitesche Matrizen. Soweit dies sinnvoll ist, wird zwischen Versionen für

* reelle und komplexe Arithmetik
* einfache und doppelte Genauigkeit
* rechteckige und quadratische Matrizen
* allgemeine Matrizen, allgemeine Bandmatrizen
* hermitesche Matrizen, hermitesche Bandmatrizen
* obere und untere Dreiecksmatrizen
* symmetrische Matrizen
* transponierte und konjugiert-transponierte Matrizen

unterschieden. Die BLAS-Routinen bilden die Grundlage für numerische Unterprogramm-Bibliotheken. Die LAPACK-Bibliothek [/www/LPK01] enthält Unterprogramme für Matrix-Transformationen, die Lösung linearer Gleichungssysteme und die Behandlung von Eigenwert- und Singulärwertproblemen für Einzelprozessoren, Vektorrechner und Parallelrechner mit gemeinsamem Speicher. Die SCALAPACK-Bibliothek [/www/SPK] enthält die entsprechenden Routinen für Parallelrechner mit verteiltem Speicher. Die Unterprogramme dieser Bibliotheken werden mit BLAS-Routinen formuliert und sind entsprechend hochoptimiert. Unterprogramme, die dem Standard von (SCA)LAPACK entsprechen, sind auch Bestandteil bekannter Numerik-Bibliotheken wie der NAG-Bibliothek [/www/NAG] und anderer kommerzieller Bibliotheken.

Auch an dieser Stelle sind Routinen für Reduktionsoperationen zu erwähnen. Diese sind einerseits Bestandteil von Bibliotheken für Kommunikationsroutinen für Parallelrechner mit verteiltem Speicher, aber auch über Quelltextdirektiven für Parallelrechner mit gemeinsamem oder virtuell gemeinsamem Speicher verfügbar oder werden in einfachen Fällen sogar durch Compiler oder Präprozessoren – etwa für Vektorprozessoren – automatisch erkannt und durch einen jeweils optimalen Code ersetzt. Üblicherweise sind Routinen für die folgenden Fälle verfügbar. Dabei bezeichnen w, w_i logische Variablen und a, a_i Zahlen. Vielfach können auch weitere Grundoperationen auf Programmebene mittels expliziter Funktionsunterprogramme definiert werden, sofern letztere keine Seiteneffekte besitzen.

$$a = \sum_{i=1}^{p} a_i, \; a = \prod_{i=1}^{p} a_i, \; a = \min_{i=1}^{p} a_i, \; a = \max_{i=1}^{p} a_i, \; a = \min_{i=1}^{p} |a_i|, \; a = \max_{i=1}^{p} |a_i|, \qquad (3.2.41)$$

$$w = \bigwedge_{i=1}^{p} w_i, \; w = \bigvee_{i=1}^{p} w_i,$$

bestimme $i \in \{1,\dots,p\}$ mit $a_i = \max\{a_j \,|\, 1 \le j \le p\}$ oder $a_i = \min\{a_j \,|\, 1 \le j \le p\}$
oder $a_i = \max\{|a_j| \,|\, 1 \le j \le p\}$ oder $a_i = \min\{|a_j| \,|\, 1 \le j \le p\}$.

3.2.7 Softwarewerkzeuge zur Analyse

Analysewerkzeuge sind bei der Entwicklung effizienter Algorithmen unverzichtbar. Neben den in jeder Entwicklungsumgebung vorhandenen Debuggern gibt es weitere Hilfsmittel zur Unterstützung der Parallelisierung. Bei komplexen Algorithmen reicht die reine Zeitmessung und die Zählung arithmetischer Operationen nicht mehr aus. Typische Werkzeuge helfen beispielsweise bei der Analyse von Abhängigkeiten, der Unterstützung der Erkennung paralleler oder vektorieller Strukturen, der Schätzung des Anteils bestimmter Codeblöcke am Gesamtaufwand, der Analyse von Speicherzugriffen oder des Kommunikationsaufwandes. Diese Analysehilfsmittel sind jedoch nicht Gegenstand der Parallelen Numerik und werden daher hier nicht weiter behandelt.

3.3 Einflüsse der Rechnerarchitektur auf die Entwicklung paralleler Anwendungen

Die Vielfalt der Rechnerarchitekturen und ständige Neuentwicklungen machen es nahezu unmöglich, gleichzeitig portable und effiziente Algorithmen zu entwickeln. Die großen Leistungssteigerungen moderner Architekturen in den letzten Jahren sind zu einem großen Teil mit einer wachsenden Komplexität der Hardware einhergegangen. Wie die vorangehenden Abschnitte beispielhaft gezeigt haben, ist die Entwicklung effizienter Algorithmen, Programme und auch Verfahren in immer größerem Ausmaß von architekturbedingten Anpassungen abhängig. Diese bewegen sich zwar vordergründig eher auf der programmiertechnischen Ebene, haben jedoch in der Regel auch weiter gehende Auswirkungen. Aus der Diskussion in den vorangehenden Abschnitten lassen sich grundlegende Gesichtspunkte und Strategien für die Berücksichtigung des Einflusses der Rechnerarchitektur auf Entwicklungen in der Parallelen Numerik ableiten, die im folgenden nochmals zusammengefasst werden. In der Numerischen Mathematik werden grundsätzlich Lösungsverfahren entwickelt, die in möglichst kurzer Zeit hinreichend genaue Ergebnisse liefern sollen. Vor dem Aufkommen der Parallel- und Vektorrechner spielten nur sequentielle Überlegungen eine Rolle, die in eine rein funktionsorientierte Vorgehensweise mündeten. Dem Geschwindigkeitsaspekt wurde im Wesentlichen durch eine Minimierung des arithmetischen Aufwandes unter Berücksichtigung der früher sehr beschränkten Speicherkapazitäten Rechnung getragen. Auch die Entwicklung paralleler Anwendungen erfolgt im Allgemeinen zunächst unter funktionsorientierten Gesichtspunkten. Grundsätzlich muss ein parallelisierbares Problem vorliegen, da ohne entsprechende Struktur auch der leistungsfähigste Parallelrechner zu keiner Beschleunigung führt. Der Grad der Parallelität bestimmt die Obergrenze der durch Parallelisierung erreichbaren Beschleunigung. Parallelität bedeutet, dass eine Anwendung, wo immer dies möglich ist, in voneinander unabhängige Teilaufgaben zerlegt wird. Bei der Ausnutzung beziehungsweise Schaffung paralleler Strukturen sind jedoch funktionale Zusammenhänge in Operationsfolgen oder in (Teil-) Algorithmen nicht von den Beziehungen zwischen den bei der Ausführung benötigten oder erzeugten Daten zu trennen. Die Planung der Verteilung der Daten und Steuerung von Datenflüssen stellen einen entscheidenden Bestandteil bei der Entwicklung paralleler Algorithmen und Programme dar. Die drei wesentlichen Gesichtspunkte sind somit

- Arbeitsaufteilung
- Datenverteilung
- Datentransporte und Aufgabensynchronisation.

Die vorangehenden Abschnitte zeigen, dass das Leistungsvermögen moderner Rechner zum einen auf immer schnelleren Hardwarekomponenten beruht, was sich zum Beispiel an den immer höheren Taktraten der Prozessoren zeigt. Zudem werden Leistungssteigerungen zunehmend durch eine Optimierung des Zusammenwirkens von Hardwarekomponenten erreicht. Ein grundsätzliches Problem bei den im Folgenden genannten Gesichtspunkten besteht darin, dass mit wachsender Maschinennähe die Portabilität leidet und dass sehr maschinennahe Aspekte nur mit äußerst großem Aufwand und tief gehenden Kenntnissen der verwendeten Hardware berücksichtigt werden können. Hinzu kommt, dass die bekannten höheren Programmiersprachen keine ausreichende Möglichkeiten zur Umsetzung maschinenspezifischer Eigenschaften bieten.

3.3.1   Verfahrensauswahl

Der Einfluss der Rechnerarchitektur beginnt weit oberhalb der programmiertechnischen Ebene bei der Entwicklung oder Auswahl geeigneter *Verfahren*. Schon der Architekturtyp schränkt die Auswahl häufig ein. Ein Gebietszerlegungsverfahren zum Beispiel bietet Parallelität auf einer hohen Ebene. Die parallel auszuführenden Teilaufgaben bestehen aus komplexen Teilalgorithmen. Derartige Verfahren sind sehr gut geeignet für Parallelrechner mit leistungsfähigen Prozessoren, und zwar sowohl mit verteiltem als auch gemeinsamem Speicher, jedoch nicht als reine vektorielle Anwendung auf einem klassischen Einprozessor-Vektorrechner oder einem Feldrechner. Umgekehrt gibt es Verfahren wie den später behandelten Buneman-Algorithmus, ein direktes Verfahren zur Lösung spezieller blocktridiagonaler Gleichungssysteme, das ursprünglich aufgrund seiner geringen arithmetischen Komplexität und seines geringen Speicherplatzbedarfs als effizientes sequentielles Verfahren entwickelt wurde. Für dieses Verfahren können aufgrund seiner regelmäßigen Struktur vektorielle Versionen angegeben werden. Da deren Parallelität sich auf einer vergleichsweise niedrigen Ebene von Operationen auf Feldern bewegt und im Verfahrensablauf stark wechselt, ist zwar eine Anwendung auf gewissen Typen von Feldrechnern denkbar, jedoch auf Parallelrechnern allgemeineren Typs kaum sinnvoll. Weiterentwicklungen dieses Verfahrens sind gut geeignet für Vektorprozessoren, aber auch Parallelrechner mit gemeinsamem Speicher. Da innerhalb des Verfahrens die Reihenfolge des Zugriffs auf die Dimensionen von Feldern gewechselt wird, ist eine effiziente Anwendung auf Parallelrechnern mit verteiltem Speicher so gut wie ausgeschlossen. Auch für Aufgaben mit vergleichsweise geringem Aufwand wie beispielsweise die Lösung tridiagonaler Gleichungssysteme gibt es unterschiedliche Verfahren für sequentielle, parallele und vektorielle Rechner.

3.3.2   Algorithmenentwicklung

Auf die Auswahl eines Verfahrens für eine gegebene Anwendung folgt die Formulierung konkreter Algorithmen, die die Eigenschaften der zu nutzenden Rechnerarchitektur berücksichtigen.

Arbeitsteilung Unter Verteilung der Arbeit auf einem Parallelrechner verstehen wir die Aufteilung einer Problemstellung in möglichst unabhängige Teilaufgaben. Unter dem Leistungsgesichtspunkt bedeutet dies im Wesentlichen die Verteilung des arithmetischen Aufwandes. Bei der Entwicklung paralleler Anwendungen, verkürzt und eigentlich ungenau als *Parallelisierung* bezeichnet, geht man bei den meisten Programmiermodellen davon aus, dass jeder Teilaufgaben ein Prozessor zugeordnet wird. Bei der Aufteilung der Arbeit ist eine *gleichmäßige Lastverteilung* im Hinblick auf den Zeitbedarf und den zeitlichen Ablauf anzustreben. Dabei ist auch die Leistungsfähigkeit der Prozessoren (ausreichender Speicherplatz, gegebenenfalls unterschiedliche Prozessoren) zu berücksichtigen. Die *Granularität* der Teilalgorithmen wird vom architektur- oder auch softwarebedingten Aufwand für die Verwaltung der Parallelität mitbestimmt. Die Anzahl der benötigten Prozessoren, die Granularität der Teilaufgaben und auch die Lastverteilung sind Merkmale der *Optimierung* für eine konkrete Rechnerumgebung. Sie gehen als Parameter in einen Algorithmus ein und beeinträchtigen in der Regel nicht die Portabilität. Neben der Parallelisierung muss eine *Optimierung* der Teilaufgaben für den jeweiligen Prozessortyp erfolgen. Ein wesentlicher Gesichtspunkt bei algorithmischen Überlegungen besteht in der Abwägung, in welchem Umfang eine Leistungssteigerung durch die Parallelisierung beziehungsweise durch die Optimierung der Teilaufgaben bezüglich der Einzelprozessoren erreicht werden kann. Auf Parallelrechnern mit Vektorprozessoren konkurrieren zwei Prinzipien: die Vektorisierung auf der Ebene von elementaren Vektoroperationen und die Parallelisierung hinsichtlich einer möglichst großen Granularität der Teilalgorithmen. Die Parallelisierung führt nur zu einer Beschleunigung relativ zur ausgenutzten Prozessorleistung. Zur Optimierung der absoluten Durchlaufzeit muss auf den einzelnen Prozessoren je nach Anwendung und Architektur entweder der Algorithmus oder das Programm optimiert werden, falls nicht schon bei der Verfahrenswahl entsprechende Festlegungen getroffen worden sind. Unter funktionalen Gesichtspunkten sind das Pipelineprinzip sowie die eventuelle parallele oder verkettete Arbeitsweise Funktionaler Einheiten in Mikro- und in anderer Form auch in Vektorprozessoren zu berücksichtigen. Diese spezielle Form der Parallelität zeigt sich auf einer sehr maschinennahen Ebene. Optimiert werden die Art, Anzahl und Anordnung der arithmetischen und logischen Operationen in einzelnen Codeblöcken wie beispielsweise den Rümpfen von Schleifen. Sie stellt eher ein programmiertechnisches Problem dar. In der Algorithmenentwicklung bieten sich Einflussmöglichkeiten auf der Ebene von Elementaralgorithmen. Bedeutsam ist vor allem die auf vielen Architekturen mögliche Verkettung von Gleitpunkt-Additionen und -Multiplikationen der Gestalt $x+a*y$ oder die parallele Ausführung unabhängiger Additionen und Multiplikationen. In sequentiellen Algorithmen wird meist nur die Gesamtzahl an Operationen minimiert. Auf fast allen modernen Architekturen benötigen jedoch Divisionen einen viel höheren Zeitaufwand als Additionen und Multiplikationen. Grundsätzlich sind daher Divisionen zu vermeiden, sofern dies unter Genauigkeitsgesichtspunkten zu rechtfertigen ist. Dabei ist zu beachten, dass bei numerischer Rechnung im Allgemeinen $x/y \neq x * 1/y$ gilt.

Vektorprozessoren stellen aufgrund ihrer speziellen Architektur einen Sonderfall dar. Diese Architektur basiert auf der Verarbeitung von Vektoren, genauer der Ausführung von Vektoroperationen auf Feldern. Sie bildet insbesondere regelmäßige Strukturen der Linearen Algebra ab. Daher sind für Vektorprozessoren Algorithmen geeignet, die möglichst regelmäßig auf Felder zugreifen und auf diesen möglichst oft gleichartige Operationen durchführen. Datenabhängigkeiten und mit unregelmäßigen Datenzugriffen verbundene Sprünge oder Verzweigungen sind grundsätzlich zu vermeiden. Parallelität wird auf der Ebene von Schleifen genutzt. Feldrechner bilden einen weiteren Sonderfall. Ihr Architekturprinzip basiert von vornherein auf der Ausführung gleichartiger Operationen oder Folgen von Operationen auf allen Prozessoren unter zentraler Steuerung. Sie besitzen eine dementsprechend einfache Struktur, die kaum einen Anlass zur Optimierung auf der Ebene einzelner Prozessoren bietet.

Datenverteilung und Datentransporte Mit wachsender Arbeitsgeschwindigkeit der Prozessoren muss zwangsläufig auch die Datenversorgung beschleunigt werden. Moderne Prozessoren verfügen über ausgeklügelte Speicherhierarchien, deren Geschwindigkeit zu einem großen Teil auf einschränkenden Eigenschaften beruht. Auf Parallelrechnern stellt die Struktur des Verbindungsnetzwerks zwischen den Prozessoren einen zusätzlichen, entscheidenden Faktor dar. Art, Umfang, Häufigkeit und zeitliche Reihenfolge von Datenzugriffen oder Datentransporten müssen in einer Anwendung an die Eigenschaften der verwendeten Rechnerarchitektur angepasst werden. Vor allem die Berücksichtigung der Datenversorgung unterscheidet die Parallele Numerik von den Denkweisen der herkömmlichen Numerischen Mathematik. Speicherzugriffe und Datentransporte können durch verschiedene Maßnahmen gesteuert und optimiert werden. Grundsätzlich gilt, dass die Geschwindigkeit der Datenversorgung mit wachsender Entfernung in der Speicherhierarchie abnimmt. Daher sind zwei elementare Regeln zu befolgen:

• Daten sollten dort abgelegt werden, wo sie benötigt werden;
• Daten, auf die an einem Ort mehrmals oder sogar häufig zugegriffen wird, sollten solange wie möglich in dessen unmittelbarer Nähe gehalten werden.

Hieraus lassen sich einige grundlegende Strategien ableiten:

- Vermeidung von unnötigen Datenzugriffen
- Verminderung der Anzahl von Datenzugriffen zugunsten eines größeren Umfangs der einzelnen Zugriffe
- Verkürzung von Transportwegen
- Vermeidung von Verzögerungen aufgrund von konkurrierenden oder von für die jeweilige Hardware ineffizienten oder ungeeigneten Zugriffen
- Optimierung des Verhältnisses von Anzahl und Umfang von Speicherzugriffen zu Anzahl und Umfang der auf diesen Daten ausgeführten Operationen.

In der Kette möglicher Komponenten einer Speicherhierarchie (Register, Vektorregister - Cache - lokale Hauptspeicher - entfernte Hauptspeicher) bieten sich unterschiedliche Einflussmöglichkeiten. Die langsamen externen Speichermedien wie Platten, CD ROM, DVD, Bänder werden hier nicht betrachtet. Die folgenden Bemerkungen zeigen, dass beim Algorithmenentwurf für Mikro-, insbesondere RISC-Prozessoren ähnliche Strukturen wie bei Vektorprozessoren verwendet werden. Allerdings sind Vektoralgorithmen nicht notwendig auch für Mikroprozessoren optimal geeignet, da Vektoren bei letzteren nicht die grundlegende Datenstruktur darstellen.

Register, Vektorregister: Diese versorgen unmittelbar die funktionalen Einheiten und ermöglichen somit den schnellsten Zugriff auf Daten. Unnötige Speicherzugriffe können vermieden werden, indem möglichst viele Operationen auf einmal aus einem Cache in ein Register oder dem Speicher in den Cache geladenen Daten ausgeführt werden, ehe auf andere Daten zugegriffen wird. Vor allem das mehrfache Laden und Speichern derselben Daten sollte vermieden werden. Hierzu sollten Daten entsprechend lange in Registern gehalten werden. Die algorithmischen Einflussmöglichkeiten sind begrenzt und indirekter Art, indem Elementaralgorithmen bevorzugt werden, in denen möglichst viele Operationen zusammengefasst werden, die auf denselben Daten auszuführen sind. Ein analoges Vorgehen ist bei Vektorregistern in Vektorprozessoren sinnvoll.

Cache: Diese Puffer bilden, sofern vorhanden, die nächstlangsamere Stufe in der Speicherhierarchie. Caches sind Bestandteil der meisten modernen Architekturen, weil der Zugriff auf den Hauptspeicher um Größenordnungen zu langsam ist, um die überaus schnellen Funktionalen Einheiten ausreichend mit Daten zu versorgen. Analog zu einem Vektorregister werden ganze Datenblöcke zwischen dem Cache und einem zusammenhängenden Speicherbereich transportiert. Während ein Vektorregister genau einen Datenblock in Gestalt eines Teilfeldes aufnehmen kann, besteht ein Cache aus einer gewissen Anzahl von Cache Lines, die jeweils einen Datenblock enthalten, wobei unterschiedliche Datenblöcke im Allgemeinen unterschiedlichen Feldern entstammen. Eine effiziente Nutzung von Caches kann, wieder auf der Ebene von Elementaralgorithmen, durch Blockalgorithmen erreicht werden. Die Arbeitsschritte in Elementaralgorithmen, insbesondere Schleifen, werden entsprechend dieser Blockstruktur untergliedert. Das Ziel besteht auch hier wieder darin, möglichst viele Operationen auf Daten auszuführen, solange diese im Cache liegen und insbesondere bei mehrfacher Nutzung derselben Daten unnötige Transporte zwischen Hauptspeicher und Cache zu vermeiden. Dieses Prinzip stellt einen zentralen Punkt in der Optimierung der Nutzung aller Architekturen mit Cachespeichern dar. Entsprechende Maßnahmen können bereits bei der Algorithmenentwicklung, also einer recht hoch angesiedelten Abstraktionsebene, getroffen werden. Andererseits ist die Gewährleistung einer ausreichenden Portabilität oft schwierig, da sich Caches nicht nur in der Größe, der Anzahl und Länge der Cache Lines, der Bandbreite des Zugriffs, sondern auch in den Zugriffsmechanismen, der Zuordnung zu bestimmten Hauptspeicherbereichen und anderen Gesichtspunkten unterscheiden. Kompliziert gestaltet sich die Optimierung bei Hierarchien mit L1-, L2- oder auch L3-Caches.

<u>Hauptspeicher:</u> Die Vermeidung von *Speicherzugriffs-Konflikten* ist eine wichtige Aufgabe der *Optimierung*, die beim Algorithmen- und im Programmentwurf umfassend berücksichtigt werden muss. Die Optimierungsmöglichkeiten bestehen einerseits in der Gestaltung der zu verarbeitenden Datenstrukturen, insbesondere der Art der Abspeicherung. Dies ist eher Gegenstand programmiertechnischer Überlegungen. Andererseits kann der Zugriff auf die Daten optimiert werden. Auf Architekturen ohne Cache, etwa auf vielen Vektorprozessoren, treten vorrangig *Speicherbank-Konflikte* auf. Um dort die mitunter langen Sperrzeiten einer Speicherbank zu umgehen, sollten Algorithmen bevorzugt werden, in denen aufeinander folgende Operationen auf zusammenhängende Datenbereiche, das heißt entweder auf dieselben oder unmittelbar aufeinander folgende Daten, zugreifen. Bei Kenntnis der Sperrzeiten der Bänke kann berechnet werden, ob ein Zugriff mit einem bestimmten Inkrement zu einem Konflikt führt oder nicht. Grundsätzlich sollten Felder als Datenstrukturen verwendet werden. Für diese bedeutet die obige Forderung den Zugriff vorzugsweise mit dem Inkrement 1. Wenn dies nicht möglich ist, sollten zumindest nur konstante (also keine nichtlinearen oder indirekten Zugriffe) und möglichst kleine Inkremente auftreten, wobei die Prioritätenreihenfolge lautet: Primzahlen, ungerade Zahlen, gerade Zahlen. Gerade Zahlen und insbesondere Zweierpotenzen sollten vermieden werden. Insbesondere letztere führen auf beinahe allen modernen Architekturen zu erheblichen Geschwindigkeitsverlusten. Die Hauptspeicher von Workstations, Personal Computern, aber auch die lokalen Speicher von massivparallelen Rechnern sind im Gegensatz zu großen Vektor- oder Parallelrechnern mit gemeinsamem Hauptspeicher meist nur in wenige Speicherbänke unterteilt. Jedoch werden Speicherbank-Konflikte häufig durch Cache Misses oder Page Faults überdeckt. Da Datentransporte zwischen Hauptspeicher und Cache oder zwischen zwei Caches (zwischen L1- und L2- oder L2- und L3-Cache) ebenfalls in Einheiten von zusammenhängenden Speicherbereichen (Cache Lines) erfolgen, sind die für die Vermeidung von Bankkonflikten genannten Strategien auch auf diesen Fall übertragbar, wobei die Forderung nach dem Inkrement 1 eine verstärkte Bedeutung erhält. Neben möglichen Bankkonflikten spielt die *Speicherbandbreite*, das heißt die Art, Anzahl und Breite der Zugriffspfade zum Hauptspeicher eine wesentliche Rolle. Analoge Überlegungen gelten auch für Architekturen mit Caches. Zwar dominiert zunächst die Cachebandbreite die Arbeitsgeschwindigkeit. Allerdings kann häufig der Idealfall der Wiederverwendung von Cachedaten nicht gewährleistet werden. In diesem Fall kommt die Speicherbandbreite ins Spiel. Ein Maßstab dafür, ob Daten optimal genutzt werden, bietet das Verhältnis der Anzahl der (arithmetischen) Operationen zur Anzahl der Speicherzugriffe. Sinnvollerweise bestimmt man dieses für einzelne Codeblöcke, in der Regel Schleifenrümpfe, innerhalb von Elementaralgorithmen. Je mehr Operationen auf Daten ohne zwischenzeitliche Speicheroperationen ausgeführt werden, desto besser werden diese Daten genutzt. Man spricht in Analogie zu den arithmetischen Pipelines auch von *Load/Store-Pipelines*, deren Zeitverhalten demjenigen der arithmetischen Pipelines gleicht: Lade- und Speicher-Operationen folgen dem Pipeline-Prinzip ebenso wie arithmetische Operationen.

<u>Paging:</u> In virtuellen Speichersystemen werden bei Zugriffen auf Daten, die physikalisch nicht

im Hauptspeicher liegen, ganze Speicherseiten mit einem externen Speichermedium wie beispielsweise einer Magnetplatte ausgetauscht. Diese als Paging bezeichnete, überaus zeitaufwendige Prozedur ist grundsätzlich nicht Gegenstand der Entwicklung numerischer Algorithmen. Im diesem Buch wird davon ausgegangen, dass sich alle in einem Algorithmus benötigten Daten physikalisch im Hauptspeicher befinden. Obwohl in diesem Falle keine Seiten zwischen Hauptspeicher und externen Speichern ausgetauscht werden (sollten), kann Paging dennoch einen Einfluss auf das Zeitverhalten besitzen. Der Grund liegt in der zum Paging gehörigen Verwaltung aller Speicherseiten über spezielle Adresstafeln wie TLB oder PFT (Abschnitt 3.1.4.2), die entsprechend dem Ablauf der Programmausführung ständig aktualisiert werden. Jede Aktualisierung kann einige Dutzend Maschinentakte dauern und damit den Ablauf empfindlich verzögern. Auch hier kann das Blockkonzept eine algorithmische Abhilfe bieten. Zusätzlich zu den Maßnahmen zur Optimierung von Cachezugriffen wird eine weitere Blockebene auf der Basis der Größe einer Speicherseite eingeführt. Diese Art der Optimierung ist jedoch sehr maschinenspezifisch. Der dafür erforderliche Aufwand ist nur bei vielgenutzten Basisalgorithmen, etwa in maschinenoptimierten numerischen Standardbibliotheken, zu rechtfertigen. Ein bekanntes Beispiel hierfür stellen architekturspezifische Implementierungen der BLAS-Routinen dar. In konkreten Anwendungen kann aber bereits ein allgemeines Blockkonzept mit einer Parametrisierung hilfreich sein, ohne dass die optimalen Blockgrößen für die verwendete Architektur bekannt sein müssen.

<u>Entfernte Speicher und Netzwerk:</u> In einem Parallelrechner müssen mehrere oder sogar viele Prozessoren mit Daten versorgt werden. Mit Ausnahme sehr weniger, spezieller Aufgabenstellungen ist in einer parallelen Anwendung jede Teilaufgabe auch auf Daten angewiesen, die von anderen Teilaufgaben erzeugt werden. Diese Daten müssen zum jeweils richtigen Zeitpunkt zur Verfügung stehen. In Algorithmen für Parallelrechner mit *gemeinsamem Speicher* müssen im Gegensatz zu einem Rechner mit verteiltem Speicher die Daten zwar nicht explizit verteilt werden. Zur Steuerung des Ablaufs müssen jedoch jeder Teilaufgabe die benötigten Daten formal zugeordnet werden, wobei nach *lokalen* und *globalen* Daten unterschieden wird. Auf Parallelrechnern mit *gemeinsamem Speicher* sind konkurrierende Zugriffe mehrerer Prozessoren auf globale Daten zu *synchronisieren*, um eine korrekte Abfolge bei der Modifikation von Daten zu gewährleisten. Ein wesentlicher Gesichtspunkt beim Algorithmenentwurf ist daher die Minimierung der Anzahl der Aufgabenabschnitte und damit der Synchronisationspunkte und eine möglichst gleichmäßige Lastverteilung. Algorithmen und Programme für Parallelrechner mit gemeinsamem Speicher sind in der Regel einfacher zu entwickeln als solche für Rechner mit *verteiltem Speicher*. Auf letzteren müssen die Daten vollständig auf die einzelnen Speicher verteilt werden. Auch hier wird nach lokalen und globalen Daten unterschieden. Lokale Daten liegen in einem Hauptspeicher, der einem Prozessor als eigener oder einer Gruppe von Prozessoren als gemeinsamer Speicher zugeordnet ist, und die von diesem Prozessor allein oder der zugeordneten Gruppe gemeinsam verwendet werden. Globale Daten werden von mehreren Prozessoren benötigt. In diesem Falle werden explizite Datentransporte zwischen Prozessoren erforderlich. Die *Kommunikation* zwischen den Teilaufgaben einer Anwendung auf einem Parallelrechner mit verteiltem Speicher kann einen wesentlichen Teil der Gesamtbearbeitungszeit beanspruchen. Dieser Aufwand ist weitestgehend auf Datentransporte zurückzuführen. Eine explizite Synchronisation der auszuführenden Teilschritte ist im Allgemeinen nicht erforderlich, da die meisten Kommunikations-Mechanismen diese automatisch vornehmen. Der Datentransfer zwischen Prozessoren, genauer zwischen ent-

fernten Speichern oder einem Speicher und einem entfernten Prozessor, sollte grundsätzlich auf
ein Mindestmaß reduziert werden, indem möglichst oft nur auf lokale Daten zugegriffen wird
(Prinzip der *Datenlokalität*) und indem die Anzahl der Nachrichten zugunsten der Länge verringert wird. Falls im konkreten Einzelfall auch die Entfernung von Datentransporten eine nicht zu
vernachlässigende Rolle spielt, muss dementsprechend zusätzlich auf kurze Kommunikationswege geachtet werden. Es hängt sehr stark vom jeweiligen Rechner ab, ob und in welchem Umfang
die Auswirkungen der Prozessoranordnung sowie die Art und die Leistungsfähigkeit der Kommunikationswege beeinflusst werden können. Die Kopplungsstruktur und Netzwerktopologie bestimmt häufig die möglichen Anwendungen und Verfahren. Der zeitliche Aufwand für die Kommunikation kann auch die Lastverteilung erheblich beeinflussen. Insbesondere muss darauf geachtet werden, dass – architekturabhängig – bei den Teilaufgaben hinsichtlich der arithmetischen
Komplexität eine gewisse Mindestgröße (Mindest-*Granularität*) eingehalten wird. Diese ist so
zu bemessen, dass die zeitliche Komplexität der auf den einzelnen Prozessoren auszuführenden
Teilaufgaben die Kommunikationszeit deutlich dominiert. Anzustreben ist, dass die Kommunikationszeit gegenüber der "Rechenzeit" vernachlässigt werden kann. Die mit der Kommunikationsstruktur eines Parallelrechners zusammenhängenden Probleme sollten grundsätzlich, für den
Anwender verborgen, auf Systemebene gelöst werden. Trotzdem gilt auch hier, dass für eine effiziente Bearbeitung von Anwendungen die Berücksichtigung von speziellen Systemeigenschaften,
in diesem Fall der Kommunikation, oft unabdingbar ist.

<u>Virtuell gemeinsamer Speicher:</u> Dieses Speicherkonzept verbindet die Vorteile der vereinfachten
Anwendungsentwicklung für einen gemeinsamen Speicher mit den technischen Vorteilen eines
verteilten Speichers. In einem Parallelrechner mit verteiltem Speicher ist die physikalische Datenverteilung aufgrund expliziter Datentransporte auf Programmebene bekannt. Der explizite Datenaustausch und eine grundsätzlich andere Algorithmen- und Programmstruktur verursachen einen
erheblichen Entwicklungsmehraufwand, der bei einem System mit gemeinsamem Speicher aufgrund des globalen Adressraums entfällt. In einem System mit virtuell gemeinsamem, aber physikalisch verteiltem Speicher (VSM) werden, vor der Anwendung verborgen, Datentransporte
durchgeführt. Hierzu werden systemseitig Scheduling-Algorithmen eingesetzt, die auf allgemeinen Prinzipien basieren und daher nur eingeschränkt den speziellen Erfordernissen einer konkreten Anwendung Rechnung tragen können. Um einen – oft erheblichen – Effizienzverlust zu vermeiden, ist es daher meist unabdingbar, zusätzlich zur Arbeitsaufteilung, vor allem der expliziten
Synchronisation von Teilaufgaben, eine möglichst optimale Zuordnung der Daten zu einzelnen
Teilaufgaben vorzunehmen und diese durch programmiertechnische Maßnahmen kenntlich zu
machen. Die Cache-Kohärenz wird in den meisten VSM-Systemen automatisch sichergestellt.

3.3.3   Programmentwicklung

Eine strikte Abgrenzung der Algorithmenentwicklung von der Programmentwicklung ist schwierig und insbesondere bei Elementaralgorithmen mit wachsender Maschinennähe kaum möglich.
Grundsätzlich dient die Programmentwicklung der Umsetzung eines Algorithmus in eine für
einen Computer geeignete Form. In der Parallelen Numerik wird hierunter die Umsetzung mittels
einer höheren Programmiersprache, gegebenenfalls unter Nutzung von Spracherweiterungen oder
anderer ergänzender Hilfsmittel zur Darstellung paralleler Strukturen, verstanden.

Strukturelle Gesichtspunkte Im Vordergrund steht zunächst die Kennzeichung *paralleler* oder *vektorieller Strukturen*. Die bei der Umsetzung von Anwendungsprogrammen in ausführbare Maschinenprogramme verwendete systemnahe Software (Compiler, Präprozessoren, automatische Parallelisierer, Vektorisierer) ist oft nicht in der Lage, die in einem Algorithmus enthaltene Parallelität automatisch zu erkennen. Durch Verwendung von Spracherweiterungen für parallele Konstrukte, spezielle Programmiertechniken oder zusätzliche Direktiven zur Parallelisierung, Vektorisierung oder Optimierung kann hier Abhilfe geschaffen werden. Schon die Struktur von Algorithmen und Programmen für Parallelrechner mit gemeinsamem Speicher unterscheidet sich grundsätzlich von der für Parallelrechner mit verteiltem Speicher.

Da auf einem *Parallelrechner mit gemeinsamem Speicher* nur die Arbeit verteilt wird, benötigt man auf diesen nur *einen* Algorithmus beziehungsweise *ein* Programm, in welchem sämtliche Daten für alle Prozessoren über einen globalen Adressraum zugänglich sind. Die Arbeitsverteilung erfolgt an den entsprechenden Stellen im ausführbaren Teil des Programms. Systemseitig wird dies als Verzweigungsprozess umgesetzt. Auf der Programmebene wird die Arbeit durch Bildung von Schleifen oder Verzweigungen verteilt. Lokale und globale Daten müssen, sofern dies nicht automatisch korrekt erkannt wird, als solche gekennzeichnet werden. Parallel ausgeführte Schleifen oder parallelisierte Verzweigungen von Codeblöcken werden meist am Ende automatisch synchronisiert. Verschiedentlich ist jedoch eine zusätzliche, explizite Synchronisation erforderlich. Dies ist beispielsweise innerhalb von Iterationsverfahren bei jeder Überprüfung des Konvergenzkriteriums der Fall. Auf einem *Parallelrechner mit verteiltem Speicher* erhält jeder Prozessor nur den Code für seinen eigenen Arbeitsanteil und kennt auch nur die hierfür benötigten Daten. Die Struktur der Daten und der Programmcode unterscheiden sich daher grundlegend von denen für das Modell eines gemeinsamen Speichers. Die Daten werden entweder lokal, also für die anderen Prozessoren nicht automatisch zugänglich, erzeugt, oder sie werden durch Datenaustausch von anderen Prozessoren explizit geholt. Die einzelnen Teilprozesse müssen gestartet und ihr Zusammenwirken gesteuert werden. Bei einem *virtuell gemeinsamen Speicher* wird das Programmiermodell für einen gemeinsamen Speicher, das heißt einen globalen Adressraum, verwendet. Es sind jedoch weitere Optimierungen im Hinblick auf den physikalisch verteilten Speicher erforderlich.

Die automatische Erkennung vektorieller Strukturen auf *Vektorprozessoren* ist sehr ausgereift und erfordert nur in Einzelfällen, etwa bei der Analyse spezieller Datenabhängigkeiten, einen Eingriff auf der Anwendungsebene durch spezielle Direktiven. Die *Vektorisierung* besteht im Wesentlichen aus der Vermeidung von Abhängigkeiten und anderen, zum Teil programmiertechnisch bedingten Ausschlussfällen wie Unterprogrammaufrufen oder Sprüngen in Schleifen. Vektoroperationen werden von Compilern oder Präprozessoren innerhalb von Zählschleifen oder bei Verwendung von Feldkonstrukten wie in FORTRAN 90/95 erkannt. Schleifen werden nur dann vektorisiert, wenn ihr Rumpf ausschließlich Operationen enthält, die auf dem jeweiligen Rechner hardwaremäßig als Vektoroperationen unterstützt werden, oder wenn diese Voraussetzung nach geeigneten Modifikationen erfüllt wird.

Optimierung unter Effizienzgesichtspunkten Das Problem der Optimierung unter Effizienzgesichtspunkten tritt auf allen Ebenen auf und erfordert dementsprechend unterschiedliche Vorgehensweisen. Die Berücksichtigung sehr maschinennaher Aspekte kann häufig in einer höheren Programmiersprache nicht ausgedrückt werden und ist grundsätzlich kein Gegenstand der Parallelen Numerik. Auf der Ebene höherer Programmiersprachen bleiben derartige Optimierungen meist einem Compiler oder Präprozessoren vorbehalten. Es besteht nur eine indirekte Einflussmöglichkeit durch spezielle Anordnung von Instruktionen in Kenntnis der Grundlagen des Hardwarekonzepts und der intern verwendeten Optimierungstechniken. In vielen Fällen bietet sich eine Assemblerprogrammierung an. Diese Möglichkeit soll hier nicht vertieft werden.

Die Nutzung von *Registern* und *Vektorregistern* sowie das *Zusammenwirken* der *Funktionalen Einheiten* fallen in die zuletzt genannte Kategorie der maschinennahen Aspekte. Über die oben genannten indirekten algorithmischen Maßnahmen hinaus kann die Nutzung von Registern explizit in einem Assemblerprogramm kontrolliert werden. Das Halten von Daten in Registern oder Vektorregistern kann auf der Ebene höherer Programmiersprachen teilweise durch zusätzliche Zuweisungen an Hilfsvariablen erreicht werden. Auf Vektorrechnern werden beispielsweise *temporäre Skalare* verwendet, skalare Variable, denen in einer Zuweisung ein ganzer Vektor zugewiesen wird und die in einer nachfolgenden Anweisung weiterverwendet, auf die jedoch außerhalb der Schleife nicht mehr zugegriffen wird.

> **for** $i := 1$ **to** n **do**
> $$s \quad := a_i * b_{2i} + c_{3i}$$
> $$c_i \quad := d_{3i+4} - s$$
> $$\vdots$$
> $$f_i \quad := c_i * s.$$

Da die Zuweisung eines Vektors an eine skalare Variable nicht möglich ist, ist dies ein Zeichen für den Compiler, den Vektor in einem Vektorregister zu halten. Die Zuweisung an eine Vektorkomponente s_i würde automatisch einen Hauptspeicherzugriff nach sich ziehen.

Auch auf RISC-Prozessoren kann es sinnvoll sein, temporäre Skalare zu verwenden, um den Compiler explizit anzuweisen, Zwischenergebnisse in einem Register zu halten. In diesem Fall handelt es sich ebenfalls um skalare Variable, die außerhalb der Schleife nicht verwendet werden. Die hardwareseitig unterstützte Verkettung verschiedener Operationen gehört zum Konstruktionsprinzip von Vektorprozessoren, ist aber auch auf verschiedenen RISC-Prozessoren verfügbar. Grundsätzlich gilt, dass die nicht portable, aufwendige und anwendungsferne Assemblerprogrammierung nur in speziellen Fällen zur Realisierung oft benötigter Basisalgorithmen, vorwiegend in Standardbibliotheken, gerechtfertigt ist. Aber selbst Assemblerprogrammierung bietet häufig keine vollständige Kontrolle. Auf den meisten modernen Prozessoren werden systemseitig weiter gehende Optimierungen vorgenommen, die beispielsweise die Reihenfolge von Operationen ändern, um Funktionale Einheiten, Register und Caches optimal zu nutzen.

Zur Optimierung der *Cachenutzung* und auch der Auswirkungen des *Pagings* können – wie oben angedeutet – verschiedene algorithmische Maßnahmen ergriffen werden. Weiter gehende Einflussmöglichkeiten bietet eine Assemblerprogrammierung, wobei auch hier mit nachfolgenden, nicht direkt beeinflussbaren systemseitigen Optimierungen zu rechnen ist. Beim Zugriff auf den *Hauptspeicher* müssen vor allem mögliche *Speicherbank-Konflikte* vermieden werden. Dieses Problem steht vor allem bei Rechnern ohne Datencache im Vordergrund. Handelt es sich um Konflikte aufgrund von Zugriffen eines Prozesses, bringen zunächst die schon erwähnten algorithmischen Maßnahmen bezüglich der Inkrementierung Abhilfe. Bei mehrdimensionalen Feldern kommen auch programmtechnische Aspekte ins Spiel. Mehrdimensionale Felder werden im Hauptspeicher linear (eindimensional) abgelegt, wobei in der Reihenfolge der Dimensionen Unterschiede zwischen den Programmiersprachen bestehen. In FORTRAN werden Felder beginnend mit der höchsten Dimension, in C und C++ beginnend mit der niedrigsten Dimension im Hauptspeicher abgelegt. Für Matrizen bedeutet dies spaltenweises Abspeichern in FORTRAN und zeilenweises Abspeichern in C/C++. Beim Zugriff in einer "falschen" Reihenfolge treten große Inkremente auf, nämlich Vielfache oder sogar Produkte von Dimensionslängen. Daher sollte auf Felder immer in der Reihenfolge der Abspeicherung der Dimensionen zugegriffen werden. Speicherbank-Konflikte können auch durch eine geeignete ungeradzahlige Dimensionierung einzelner Felddimensionen vermindert oder reduziert werden.

Die Strategie des Zugriffs auf möglichst zusammenhängende Datenbereiche stellt auf Vektorprozessoren eine unabdingbare Vorgehensweise dar, ist aber auch in Architekturen mit Caches von großem Vorteil. In letzteren führt sie insbesondere dazu, dass ein größerer Teil der in Einheiten ganzer Cache Lines zwischen Hauptspeicher und Caches transportierten Daten tatsächlich auch benötigt wird. Somit werden unnötige Cache Misses, aber auch Page Faults, zu einem gewissen Anteil vermieden. Auch auf Rechnern mit Caches hat die statische Anordnung von Daten im Hauptspeicher aufgrund der im Vereinbarungsteil eines Programms definierten Datenstrukturen erhebliche Auswirkungen auf die Effizienz des ausführbaren Codes, da in der Regel Zuordnungen zwischen bestimmten Speicherbereichen und Cachebereichen, zum Teil sogar auch zu bestimmten Funktionalen Einheiten, bestehen. In Kenntnis der Speicher- und Cachestruktur und der Anforderungen der aktuellen Anwendung können durch geeignete Vereinbarung von Datenstrukturen (meist Feldern) bestimmte Speicherzugriffs-Konflikte wie Caches Misses von vornherein zumindest teilweise – beispielsweise durch *Array Padding* – vermieden werden. Auf Parallelrechnern mit gemeinsamem Speicher können zusätzlich Speicherbank-Konflikte aufgrund des Zugriffs mehrerer Teilaufgaben auf jeweils denselben Speicherbereich auftreten. Da die zu den Teilaufgaben gehörigen Prozesse vom Laufzeitsystem verwaltet werden, besteht im Allgemeinen keine Einflussmöglichkeit auf der Anwendungsebene.

Bei Nutzung eines virtuell gemeinsamen Speichers hängt die Effizienz von Anwendungen entscheidend davon ab, ob die Daten physikalisch dort abgelegt sind, wo sie tatsächlich benötigt werden. Zwar werden im Allgemeinen automatisch Datenverteilungen vorgenommen, die jedoch den speziellen Gegebenheiten in einer konkreten Anwendung nicht immer gerecht werden. Auf VSM-Systemen können Spracherweiterungen, Direktiven oder auch spezielle, aber standardisierte Sprachvarianten wie HPF (High Performance FORTRAN) genutzt werden, um im Vereinbarungsteil eines Programms eine Zuordnung von Anwendungsdaten zu bestimmten Prozessoren und damit deren lokalen Speichern entsprechend der Aufteilung der Teilaufgaben vorzunehmen. Eine eindeutige und damit optimale Zuordnung ist oft nicht möglich, wenn Daten von mehreren Prozessoren benötigt werden. Man denke etwa an Zeilen oder Spalten von Matrizen bei der Matrix-Multiplikation. Vielfach ändert sich während des Programmablaufs der Ort, an dem bestimmte Daten benötigt werden. Für diesen Fall stehen Direktiven zur expliziten (aber zeitaufwendigen) Verlagerung von Daten zur Verfügung.

In Parallelrechnern mit verteiltem Speicher sind explizite Datentransporte durchzuführen. Hierfür werden meist Message Passing-Bibliotheken eingesetzt. Zu den programmiertechnischen Maßnahmen zur Optimierung der Transporte gehören die Zusammenfassung von Transporten zu größeren Einheiten, gegebenenfalls zusätzliche Synchronisationsmaßnahmen. In Parallelrechnern wie der Cray T3E, die jeweils mehrere Kommunikationswege für einen Transport bieten, kann der tatsächliche Weg nicht direkt beeinflusst werden. Bei zweiseitiger Kommunikation muss gewährleistet werden, dass zu jeder Sende- auch eine Empfangsoperation ausgeführt und dass die korrekte Reihenfolge von Datentransporten eingehalten wird. Bei einseitiger Kommunikation, das heißt Empfangs- oder insbesondere Sendeoperationen ohne Quittierung durch die "Gegenseite", muss gegebenenfalls der Zugriff zusätzlich geeignet synchronisiert werden.

Beispiel: Die Auswirkungen verschiedener Programmiermodelle lassen sich anhand eines einfachen Beispiels illustrieren. Wir betrachten die Matrix-Multiplikation $C = A*B$ zweier $n \times n$- Matrizen. Als Berechnungsalgorithmus wählen wir die *jki*-Form (Abschnitt 4.4), in der die Matrix-Multiplikation spaltenweise erfolgt:

$$c := 0 \qquad\qquad (3.3.1)$$
$$\textbf{for } j := 1 \textbf{ to } n \textbf{ do}$$
$$\quad \textbf{for } k := 1 \textbf{ to } n \textbf{ do}$$
$$\qquad \textbf{for } i := 1 \textbf{ to } n \textbf{ do } c_{i,j} := c_{i,j} + a_{i,k} * b_{k,j}.$$

Mikroprozessor: Auf einem Mikroprozessor stellt sich nur das Problem der Optimierung, das hier nicht diskutiert werden soll.

Vektorprozessor: Die Erzeugung vektorieller Strukturen steht im Vordergrund. In diesem Beispiel wird das Vektorkonstrukt "Spalte = Spalte + Spalte*Konstante" verwendet.

$$\textbf{real } a[1..n, 1..n], b[1..n,1..n], c[1..n,1..n] \qquad\qquad (3.3.2)$$
$$c := 0$$
$$\textbf{for } j := 1 \textbf{ to } n \textbf{ do}$$
$$\quad \textbf{for } k := 1 \textbf{ to } n \textbf{ do } \; c_{1..n,j} := c_{1..n,j} + a_{1..n,k} * b_{k,j}.$$

Parallelrechner mit gemeinsamem Speicher: Es wird <u>ein</u> Programm mit einem gemeinsamen Adressraum für alle Prozessoren ausgeführt. Die Arbeitsverteilung erfolgt durch Parallelisierung (mindestens) einer der drei Schleifen, gekennzeichnet durch ein **for..parallel**-Konstrukt. Je nach den Möglichkeiten des tatsächlich eingesetzten Präprozessors oder Compilers kann dies ein echtes Sprachelement wie das **forall**-Konstrukt in HPF oder auch eine Kommandozeilen-Direktive wie in OpenMP sein. Der Einfachheit halber sei n durch die Anzahl *proc* der Prozessoren ohne Rest teilbar. Jedem Prozessor wird im Beispiel ein zusammenhängender Block von Spalten der Matrix C zur Bearbeitung zugeteilt. Die Synchronisation der Teilaufgaben erfolgt automatisch am Ende der äußeren Schleife. Zur Unterstützung der Synchronisation wird dem – hier fiktiven Compiler oder Präprozessor CPP – über eine Direktive mitgeteilt, welche Daten in der Schleife global und welche lokal sind. Der Zugriff auf globale Daten wird synchronisiert. Von lokalen Variablen wird für jeden Prozessor eine lokale Kopie angelegt. Die Zählvariable p der zu parallelisierenden Schleife ist systemabhängig als globale oder lokale Variable definiert.

$$\textbf{real } a[1..n, 1..n], b[1..n,1..n], c[1..n,1..n] \qquad\qquad (3.3.3)$$
$$\qquad m = n/proc$$
$$\text{CPP} \quad \textbf{global}(a,b,c,n,m,p,proc), \textbf{local}(j,k)$$

$$\textbf{for } p := 1 \textbf{ to } proc \textbf{ do parallel}$$
$$\quad \textbf{for } j := (p\text{-}1)\text{*}m\text{+}1 \textbf{ to } p\text{*}m \textbf{ do}$$
$$\quad\quad c_{1..n,\,j} := 0$$
$$\quad\quad \textbf{for } k := 1 \textbf{ to } n \textbf{ do } c_{1..n,\,j} := c_{1..n,j} + a_{1..n,k} * b_{kj}.$$

Virtuell gemeinsamer Speicher: (3.3.3) kann grundsätzlich übernommen werden. Will man sich nicht auf automatische Mechanismen des Compilers oder Präprozessors bezüglich der Aufteilung der Daten auf die physikalisch verteilten Speicher der *proc* Prozessoren verlassen, muss im Vereinbarungsteil eine entsprechende Direktive hinzugefügt werden.

> CPP **processors** *pr*(*proc*)
> CPP **distribute** a[*,*block*], b[*,*block*], c[*,*block*] **onto** *pr* .

Bei Verteilung der Arbeit in Spaltenblöcken von $\mathbb{C}$ sollte diese Matrix ebenso wie $\mathbb{B}$ in Blöcken von *n/proc* Spalten auf die lokalen Speicher verteilt werden. Die Matrix $\mathbb{A}$ wird in diesem Algorithmus von allen Prozessoren vollständig benötigt. In Ermangelung eines optimalen Algorithmus an dieser Stelle wird auch diese Matrix analog zu den anderen beiden in Spaltenblöcken verteilt. Dies bedeutet allerdings, dass während der Programmausführung Zeilen der Matrix $\mathbb{A}$ vor der Programmebene verborgen transportiert werden. In der obigen, HPF-ähnlichen Schreibweise bedeutet das Argument [*,*block*], dass eine Matrix in zusammenhängende Blöcke von vollständigen Spalten aufgeteilt wird.

Parallelrechner mit verteiltem Speicher – Message Passing: Die Arbeitsverteilung erfolgt wie in dem Modell für einen gemeinsamen Speicher. Jeder Prozessor führt sein eigenes Programm aus. Die Kommunikation erfolgt mittels Message Passing. Da in diesem Beispiel gleichartige Teilaufgaben verteilt werden, bieten sich zwei Programmiermodelle an. In einem Master-Slave-Modell übernimmt ein Hauptprogramm auf einem Prozessor die Ablaufsteuerung und die Initialisierung globaler Daten. Die eigentlichen Teilaufgaben – die Berechnung jeweils eines Spaltenblocks von $\mathbb{C}$ – werden auf weiteren Prozessoren parallel ausgeführt. In jeder Teilaufgabe sind nur die zu ihrer Bearbeitung notwendigen Daten bekannt. Nach Abschluss der Teilaufgaben erfolgt die Weiterbearbeitung der vollständigen Ergebnismatrix $\mathbb{C}$ durch den Prozessor, der das Hauptprogramm ausführt. Im zweiten Modell wird formal ein SPMD-Modell erzeugt, indem zwar jeder Prozessor ein eigenes Programm ausführt, dieses jedoch für alle Prozessoren gleich ist. In einer Verzweigung wird zwischen den Aufgaben des Hauptprogramms und den Teilaufgaben unterschieden. Im folgenden wird das zweite Modell verwendet. Jeder Prozessor $P(me)$, $1 \leq me \leq proc$, $n = m * proc$, kenne den Index *me* seines Teilprozesses. Im gewählten *jki*-Modell benötigt jeder Prozessor die Matrix $\mathbb{A}$ und die ihm zugeteilten Spalten von $\mathbb{B}$

$$\mathbb{b}^{j}, \; j = (me-1)*m\text{+}1,\dots,me*m, \text{ also } \mathbb{b}[1..n,(me-1)*m+1..me*m].$$

Berechnet werden die Spalten $\mathbb{c}^{j}$ von $\mathbb{C}$ mit denselben Indizes. Aufgrund der lokalen Datenverteilung kennt jeder Prozessor anders als in (3.3.3) nur Felder der von ihm benötigten Größe

$$\textbf{real } \mathbb{a}[1..n,\ 1..n],\ \mathbb{b}[1..n,1..m],\ \mathbb{c}[1..n,1..m]$$

und somit nicht die Position der von ihm bearbeiteten Matrixelemente im Gesamtproblem. Es muss ferner bekannt sein, wo sich die für jede Teilaufgabe erforderlichen Daten befinden und wo die erzeugten Ergebnisse benötigt werden. Im Hinblick auf das *jki*-Modell unterstellen wir, dass zumindest B spaltenweise verfügbar ist und C spaltenweise weiterverwendet wird. Eine Matrix-Multiplikation ist meist ein Teilproblem einer größeren Aufgabe, so dass sogar angenommen werden kann, dass A, B und C vollständig auf einem Prozessor liegen oder dort vollständig benötigt werden. O.B.d.A. sei dies hier P(1). Es ist ferner nicht unrealistisch, dass die Gesamtproblemgröße n und die Spaltenanzahl m für die Teilprobleme erst zur Laufzeit feststehen und somit von P(1) den anderen Prozessoren mitgeteilt werden müssen. Mit diesen Informationen kann folgender Algorithmus angegeben werden, der auf jedem Prozessor P(*me*) ausgeführt wird. In (3.3.4) werden die Parameter m und n getrennt von A und den jeweils benötigten Spalten von B versandt, um dem betroffenen Prozessor P(*p*) zu ermöglichen, vor Empfang dieser Daten Felder $a[1..n, 1..n]$, $b[1..n,1..m]$, $c[1..n,1..m]$ dynamisch zu vereinbaren, wie dies in C mit der *malloc*-Routine möglich ist. In einem FORTRAN-Programm erfordert die statische (FORTRAN 77) oder halbdynamische (FORTRAN 90/95) Speicherverwaltung statische Feldgrenzen. Daher muss in FORTRAN für P(1) eventuell doch ein separater Code vorgesehen werden.

<u>Initialisierung</u>   (3.3.4)

$m = n/proc$

if *me* $= 1$ **then**
    allocate ($a[1..n,1..n]$, $b[1..n,1..n]$, $c[1..n,1..n]$)
    for $p := 2$ **to** *proc* **do**
        $p1 = (p-1)*m+1; p2 = p*m$
        send (m, n) **to** P(*p*)
        send ($a[1..n,1..n]$, $b[1..n,p1..p2]$) **to** P(*p*)
else
    receive (m, n) **from** P(1)
    allocate ($a[1..n,1..n]$, $b[1..n,1..m]$, $c[1..n,1..m]$)
    receive ($a[1..n,1..n]$, $b[1..n,1..m]$) **from** P(1)
endif

<u>Ausführung</u>

$c = 0$
for $j := 1$ **to** m **do**
    for $k := 1$ **to** n **do** $c_{1..n,j} := c_{1..n,j} + a_{1..n,k} * b_{k,j}$

<u>Ergebnisversand</u>

if *me* $= 1$ **then**
    for $p := 2$ **to** *proc* **do**
        receive (p_id) **from** *any_P*
        $p1 = (p\_id-1)*m+1; p2 = p\_id*m$
        receive ($c[1..n,p1..p2]$) **from** P(p_id)
else
    send (*me*) **to** P(1)
    send ($c[1..n,1..m]$) **to** P(1)
endif.

Nach Abschluss der Berechnungen werden alle Teilergebnisse an P(1) gesandt. Um eine Blockade von P(1) durch einen "langsamen" Prozessor zu vermeiden, akzeptiert P(1) Sendungen in beliebiger Reihenfolge. P(1) erhält von einem beliebigen Prozessor any_P zunächst dessen Prozessnummer p_id, mit deren Hilfe er dann die Indizes der von $any\_P := P(p\_id)$ berechneten Spalten ermitteln kann, um die im folgenden Datentransport von P(p_id) übermittelten Daten korrekt in die Globalmatrix $\mathbb{C}$ einordnen zu können. Verzichtet man auf die separate Übersendung von p_id, so muss auf P(1) ein Hilfsfeld bereitgestellt werden. Die Datenverteilung zu Beginn und nach Beendigung einer Teilaufgabe stellt einen wesentlichen Gesichtspunkt bei Algorithmen und Programmen für Parallelrechner mit verteiltem Speicher dar. Im (3.3.4) wurde willkürlich die jki-Form der Matrix-Multiplikation ausgewählt und angenommen, dass die dafür erforderliche Datenverteilung vor und nach der Berechnung auch zutrifft. Dies entspricht häufig nicht der Realität. Es reicht nicht aus, einen Algorithmus auf der Basis der größtmöglichen Effizienz während der eigentlichen Ausführungs- ("Berechnungs"-)Phase auszuwählen. Liegen die Eingangsdaten nicht in dem für den gewählten Algorithmus erforderlichen lokalen Speicher vor, oder werden die Ergebnisse in einer anderen Form als in der durch die Teilaufgaben erzeugten benötigt, so müssen unter Umständen aufwendige zusätzliche Datentransporte vorgenommen werden. Wenn etwa in (3.3.4) die Matrizen $\mathbb{A}$ oder $\mathbb{B}$ zeilenweise auf verschiedene Prozessoren verteilt sind oder eine zeilenweise Verteilung der Ergebnismatrix $\mathbb{C}$ auf mehrere Prozessoren benötigt wird, so müssen Matrizen komponentenweise umverteilt werden. Oft besitzen die zusätzlichen Transporte relativ zum Gesamtaufwand der Teilaufgabe einen so hohen Zeitbedarf, dass es sinnvoller ist, den Algorithmus der gegebenen Datenaufteilung anzupassen. Im genannten Beispiel kann es sinnvoll sein, zur mathematisch äquivalenten ikj-Form

$$\mathbb{C} := 0 \qquad\qquad (3.3.5)$$
$$\textbf{for } i := 1 \textbf{ to } n \textbf{ do}$$
$$\quad \textbf{for } k := 1 \textbf{ to } n \textbf{ do}$$
$$\qquad \textbf{for } j := 1 \textbf{ to } n \textbf{ do} \quad c_{i,j} := c_{i,j} + a_{i,k} * b_{k,j}$$

mit zeilenweiser Berechnung überzugehen. Die geschickte gegenseitige Anpassung von Datenverteilung und Algorithmus besitzt einen maßgeblichen, oft entscheidenden Anteil an der Entwicklung effizienter paralleler Algorithmen für Parallelrechner mit verteiltem Speicher.

Der Wechsel von einem globalen zu einem lokalen Speichermodell und von einer Arbeitsteilung in einem globalen Programm zu einer ausschließlich lokalen Sichtweise machen sich somit im Wesentlichen wie folgt bemerkbar:

- explizite Kommunikation anstelle von reiner Synchronisation
- Neudeklaration von lokalen Daten aus Teilmengen ehemals globaler Daten, insbesondere Umindizierung oder Ersetzung ehemals globaler Felder
- Neuformulierung der Teilaufgaben als lokale Aufgaben
- spezielle Programmiermodelle wie Master-/Slave- oder andere.

Die obigen Beispielfragmente zeigen die formal unterschiedlichen Programmiermodelle, die sowohl eine automatische Parallelisierung von Algorithmen als auch die Erstellung portabler Programme erschweren oder unmöglich machen. Ferner zeigt sich, dass die Grenzen zwischen Algorithmen- und Programmentwicklung fließend sein können. Insbesondere im Falle eines verteilten und häufig auch eines virtuell gemeinsamen Speichers muss eine explizite Festlegung der Datenverteilung vorgenommen werden, die ihrerseits in unmittelbarem Zusammenhang mit der Auswahl eines optimalen Algorithmus steht.

3.4   Zeit, Leistung und Geschwindigkeit

In den vorangehenden Abschnitten wurde bereits mehrfach erwähnt, dass auf modernen Architekturen, insbesondere auf Parallelrechnern, die *"Rechenzeit"* in der Regel die wichtigste, oft einzige verlässliche Grundlage zur Beurteilung und zum Vergleich des *Aufwandes numerischer Algorithmen* darstellt. Zunächst muss der hier zu verwendende Zeitbegriff konkretisiert werden. Der Begriff der "Rechenzeit" ist zu unscharf. Für die praktische Anwendung wird eine geeignete *Zeitmessung* benötigt. Aus der Messung von Zeit und Aufwand werden Kriterien für den Vergleich der Leistung von Algorithmen und Programmen, insbesondere *Geschwindigkeiten*, abgeleitet. Aber auch die Kenntnis von Leistungsdaten von Rechnern ist nützlich, um die Geschwindigkeit von Anwendungsprogrammen bezüglich des jeweils verwendeten Rechners einordnen zu können. Auf rein seriellen Rechnern ist die Minimierung der "Rechenzeit" vor allem durch die Minimierung des arithmetischen Aufwandes zu erreichen, zu dem die "Rechenzeit" dort im Wesentlichen proportional ist. Auf Vektor- und Parallelrechnern besteht diese Proportionalität nicht einmal annähernd. Vielmehr spielt dort die Parallelität eine bestimmende Rolle. Die *Parallelität eines Algorithmus* wird formal durch die Anzahl der voneinander unabhängigen arithmetischen Operationen (das heißt der parallel oder im Spezialfall vektoriell ausführbaren Operationen) in jedem Schritt des Algorithmus oder – besser – durch den Vergleich der zeitlichen Komplexität von in jeweils bestimmten Zeiträumen unabhängig voneinander ausführbaren Teilalgorithmen ausgedrückt. Die Parallelität kann von Schritt zu Schritt variieren. Die vorangehenden Abschnitte haben gezeigt, dass die für einen Algorithmus benötigte Zeit auch durch andere Einflussgrößen bestimmt wird. Unter anderem sei an Kommunikationszeiten oder durch Speicherzugriffs-Konflikte entstandene Zeiten oder Stillstandszeiten von Prozessoren aufgrund ungleicher Lastverteilung erinnert. Es gibt eine Vielzahl von Ansätzen, die Leistungsfähigkeit von Rechnern und speziellen Anwendungsprogrammen zu beschreiben. Neben reinen Zeitmessungen gehören hierzu Leistungsangaben, die in der Parallelen Numerik meist in Form von Angaben über den in einer Zeiteinheit bewältigten arithmetischen Aufwand erfolgen.

3.4.1   Maßzahlen zur Leistungsbeschreibung

Die in diesem Buch verwendeten Leistungsmerkmale beruhen auf folgenden Parametern:

* Zeit
* Anzahl arithmetischer Gleitpunktoperationen
* Datenmengen.

Verfahren der Numerischen Mathematik bestehen im Wesentlichen aus Gleitpunktoperationen. Der Anteil von Fixpunkt- und logischen Operationen kann meist vernachlässigt werden. Im Einzelfall ist zu entscheiden, ob die verschiedenen Operationen entsprechend ihrem Aufwand unterschiedlich gewichtet werden. Im Allgemeinen erfolgt jedoch die einfachere Gleichgewichtung.

Datenmengen und Speichergrößen werden – wie bereits in den vorangehenden Abschnitten geschehen – in der Einheit Byte (1 Byte = 8 Bit) angegeben:

1 KB	Kilobyte	$2^{10} = 1.024$ Byte
1 MB	Megabyte	$2^{20} = 1.048.576$ Byte
1 GB	Gigabyte	$2^{30} \approx 1{,}07 * 10^9$ Byte
1 TB	Terabyte	$2^{40} \approx 1{,}01 * 10^{12}$ Byte.

Die Einheit Bit mit den entsprechend größeren Einheiten KBit, MBit, GBit wird vorwiegend zur Beschreibung von Netzwerkparametern verwendet. Auch das Speicherwort ist eine gebräuchliche Einheit, wobei dessen Größe angegeben werden muss. Für Fixpunkt- und Gleitpunktdaten werden in der Regel Speicherworte zu 32 Bit (4 Byte) oder 64 Bit (8 Byte) verwendet. Die gebräuchliche Maßeinheit für die Gleitpunktleistung sind die schon erwähnten *flop/s* (*floating point operations per second*) sowie entsprechend größere Einheiten:

1 Mflop/s:	Megaflop/s	1 Million Gleitpunktoperationen pro Sekunde
1 Gflop/s:	Gigaflop/s	1 Milliarde Gleitpunktoperationen pro Sekunde
1 Tflop/s:	Teraflop/s	1 Billion Gleitpunktoperationen pro Sekunde.

Angaben in Mflop/s (Glop/s, Tflop/s) sind für numerische Rechnungen, die überwiegend aus Gleitpunktoperationen bestehen, ein relativ guter Vergleichsmaßstab. Sie geben die Anzahl der Gleitpunktoperationen pro Zeiteinheit an, die in einer konkreten Anwendung erreichbar sind. Die Bezugszeit beinhaltet dabei realistischerweise nicht nur die Zeit für die Arithmetik, sondern auch alle Zeiten für Speicherzugriffe, Datentransporte oder andere nicht durch die Arithmetik bedingten Zeiten. Für Programme mit überwiegend logischen oder ganzzahligen Operationen sind Angaben in flop/s naturgemäß nicht geeignet. Auf Parallelrechnern muss zusätzlich der Synchronisations- und Kommunikationsaufwand berücksichtigt werden. Für letzteren werden neben Zeitangaben etwa für Latenzzeiten auch Durchsatzgrößen wie die Bandbreite von Verbindungen in Megabit und Gigabit pro Sekunde (MBit/s, Gbit/s) oder in Megabyte und Gigabyte pro Sekunde (MB/s, GB/s) angegeben. Auf der Basis der obigen und anderer Grundeinheiten können die verschiedensten Kennzahlen zur Beschreibung von Merkmalen von Anwendungen und Rechnerumgebungen sowie deren einzelnen Komponenten definiert werden.

3.4.2   Zeitmessung

Man unterscheidet grundsätzlich die *Realzeit* oder *Verweilzeit* ("wall clock time", "real time") und die *CPU-Zeit* oder "Rechenzeit" eines Programms. Auf Einprozessorrechnern ist es üblich, die "Rechenzeit" eines Programms in Gestalt der *CPU-Zeit* zu ermitteln. Diese gibt die Zeit an, die der Prozessor insgesamt für die Behandlung dieses <u>einen</u> Programms (oder Teilen davon) verwendet hat. Dabei sind diejenigen Zeiten nicht eingeschlossen, in denen das Programm gerade nicht in Ausführung befindlich ist, sondern die CPU anderen Programmen überlassen muss, oder in denen der Prozessor mit Systemaktivitäten ausgelastet ist, die nicht im Zusammenhang mit dem Programm stehen. Andererseits umfasst die CPU-Zeit nicht nur die reine Rechenzeit. Sie gibt die Gesamtzeit an, die in der CPU für dieses konkrete Programm verwendet wurde, also nicht nur für die Ausführung, sondern auch für Betriebssystem-Aktivitäten aller Art (Interrupts, Ein-/Ausgabe, Swappen des Programms im Timesharing usw.). Bei numerischen Programmen kann man meist unterstellen, dass die Ausführung des Programms, insbesondere die Ausführung der arithmetischen Arbeit, vorherrschend ist und dass die zuletzt genannten Aktivitäten zwar zu auslastungsbedingten Schwankungen der CPU-Zeit führen, diese sich jedoch mit Ausnahme von Programmen mit sehr kurzen Laufzeiten in Grenzen halten. Im Gegensatz dazu gibt die *Realzeit* die von einem Programm tatsächlich im Rechner verbrachte (Verweil-) Zeit an. Die meisten Rechner arbeiten mit einem Timesharing-System, in dem verschiedene laufende Programme (Prozesse) miteinander um die CPU konkurrieren. Dabei wird ein Programm meist nicht vollständig abgearbeitet, sondern alle konkurrierenden Programme erhalten umschichtig die CPU für einen kurzen Zeitraum und werden dann unterbrochen. Dann besitzt die Verweilzeit eines Jobs in der Regel keinerlei Aussagekraft bezüglich der Effizienz eines Algorithmus, da die CPU während der Verweilzeit eines Programms auch mit der Ausführung anderer Programme beschäftigt sein kann. Die CPU-Zeit ist auf Einprozessorrechnern die einzige aussagekräftige Zeitangabe. Bei der Messung von CPU-Zeiten auf Rechnern mit virtuellem Speichersystem können allerdings Speicheraktivitäten die Zeitmessungen stark verfälschen. Viele Arbeitsplatzrechner – Personal Computer, aber auch Workstations – bieten nur eine Realzeit-Messung, also keine CPU-Zeit-Messung, weil entweder gar keine Möglichkeit besteht, mehr als ein Programm zu derselben Zeit auszuführen, oder weil grundsätzlich unterstellt wird, dass genau ein Benutzer aktiv ist, der genau ein Programm zu einem Zeitpunkt ausführen lassen kann. Dies entspricht nicht immer der Realität. Man muss sich vergewissern, dass der unterstellte Zustand bei der Messung auch zutrifft. Man spricht von einem *dedizierten Betrieb*, wenn eine Anwendung auf einem Rechner vollständig bearbeitet werden kann, ohne dass diese sich während der Ausführung den Rechner mit einer anderen Anwendung teilen muss. Auf Parallelrechnern ist die Realzeit der einzig sinnvolle Zeitmaßstab. Parallele Codesegmente können durchaus zu beliebigen Zeiten beginnen oder enden, entweder weil durch Abhängigkeiten bestimmte Codesegmente auf Daten anderer Segmente warten müssen oder weil sie eine unterschiedliche zeitliche Länge besitzen. Aufgrund der dadurch entstehenden Stillstandszeiten einzelner Prozessoren kann die CPU-Zeit gar kein Maßstab mehr für die Leistungsfähigkeit eines Programms sein. Vergleiche Abb. 2.1.8, Abb. 2.1.9 und die daran anschließende Diskussion. Auf einem Parallelrechner ist somit nur die Realzeit ein Maßstab für den Aufwand, aber auch nur dann, wenn das Programm im dedizierten Betrieb ausgeführt wird. Zusammenfassend bieten folgende Größen einen weitgehend verlässlichen Maßstab für Zeitmessungen in Anwendungsprogrammen:

- Einprozessorrechner mit CPU-Zeitmessung: CPU-Zeit
- Einprozessorrechner ohne CPU-Zeitmessung: Realzeit im dedizierten Betrieb
- Parallelrechner: Realzeit im dedizierten Betrieb.

Die Messung von "Rechenzeiten" von Anwendungen stellt grundsätzlich ein nichttriviales Problem dar, das sehr stark maschinenabhängig ist. Die Zeitmessung erfolgt in jedem Rechner mittels einer internen Uhr durch Zählung von Maschinentakten. Dabei ist die für die Anwendungsebene zugängliche Auflösung, das heißt die Feinheit der Zeitmessung, sehr unterschiedlich. Auf den meisten Personal Computern und Workstations sind Zeitmessungen nur in Einheiten von 1/60 oder 1/100 Sekunde möglich. Cray-Vektor- und Parallelrechner bieten beispielsweise eine Auflösung von einem Maschinentakt, also 2,22 ns auf einer Cray T90 oder einer Cray T3E mit 450 MHz-Prozessoren. Zeitmessungen können durch Aufruf spezieller, mehr oder weniger systemnaher Routinen durchgeführt werden. Häufig gibt es mehrere Ebenen von Zeitmessungsroutinen, im Extremfall von einer sehr maschinennahen Routine zum Auslesen des internen Takts bis hin zu einer standardisierten, für den Benutzer architekturunabhängigen Schnittstellenroutine in einer Programmiersprache. Mit wachsendem Abstraktionsgrad wächst allerdings auch der Zeitaufwand für den Aufruf einer Zeitmessungsroutine selbst. Ferner wird die tatsächliche Architekturabhängigkeit verdeckt. Eine standardisierte Routine in einer Programmiersprache, die etwa Zeiten mit einer Auflösung von einer Mikrosekunde oder Nanosekunde ausgibt, kann nicht genauer sein als die aus der konkret verwendeten Hardware verfügbare Genauigkeit, etwa 1/60 Sekunde bei vielen PC's. Zeitroutinen sind leider häufig schlecht dokumentiert. Im Regelfall sind weder die zugängliche Auflösung noch die Namensgebung noch die genaue Spezifikation, nicht einmal die Datentypen standardisiert. Wir beschränken uns daher auf einige Beispiele. Üblich sind Namen wie "clock", "second", "time" und davon abgeleitete Namen.

Unter dem Betriebssystem UNIX stehen – je nach Variante – unterschiedliche Routinen zur Zeitmessung zur Verfügung. Am häufigsten wird interaktiv

> **/bin/time**

zur Messung der für die Ausführung eines UNIX-Befehls, also auch eines ausführbaren Programms, benötigten Zeit verwendet. Wenn etwa ein Programm namens "gauss" ausgeführt werden soll, so erzeugt der Aufruf **/bin/time** gauss die Ausgabe

$$\text{real: } 100.6 \text{ s} \qquad \text{user: } 22.4 \text{ s} \qquad \text{sys: } 0.6 \, .$$

Die Verweilzeit beträgt 100,6 Sekunden, wovon 22,4 Sekunden mit der eigentlichen Ausführung des Programms verbracht wurden und 0,6 Sekunden Systemzeit sind. Letztere wird durch mit der Programmausführung in Zusammenhang stehenden Betriebssystemaktivitäten verursacht. Die Trennung von user- und sys-Zeiten ist nicht einheitlich geregelt. Zur Ermittlung einer CPU-Zeit sollten beide addiert werden. Die Routine **time** ermöglicht die Messung der Zeit für das Gesamtprogramm, jedoch nicht individuelle Messungen einzelner Abschnitte aus dem Programm heraus. Hierzu stehen aus C oder FORTRAN heraus aufrufbare Routinen in Gestalt von Prozeduren oder Funktionen zur Verfügung. Die meisten dieser Routinen liefern eine Zeitangabe relativ zu einem Bezugspunkt, etwa dem letzten Systemstart. Durch Differenzbildung kann man die Zeit messen, die eine Codesequenz während ihrer Ausführung in einem Rechner verbracht hat. Zur Realzeit-Messung steht beispielsweise unter UNIX die C-Routine **gettimeofday** zur Verfügung, die die aktuelle Uhrzeit mit einer Genauigkeit von Mikrosekunden (10^{-6} Sekunden) angibt. Diese Genauigkeit ist durch die Spezifikation der Routine festgelegt, setzt jedoch nicht die tatsächliche Auflösung der internen Uhr des jeweiligen Rechners außer Kraft. Das Resultat von **gettimeofday** erhält man als Datenstruktur mit zwei Elementen, aus denen durch Differenzbildung die Verweilzeit für ein Codestück berechnet werden kann. Als Beispiel sei die Einbindung in ein FORTRAN-Programm angegeben. Hierzu sind die Vereinbarungen

```
REAL*8      rtkorr, zeit
INTEGER*4   tp(2),tzp(2)
EXTERNAL    gettimeofday
```

erforderlich. Jede Zeitmessung ist aufgrund der mit ihr verbundenen Unterprogrammaufrufe, der Ausführung der darunterliegenden Systembefehle und gegebenenfalls Datentypkonvertierungen selbst mit einem Zeitaufwand im Mikro- oder sogar Millisekundenbereich verbunden, der insbesondere bei Messungen im Bereich der Meßgenauigkeit zu Verfälschungen führen kann. Daher empfiehlt es sich, am Programmbeginn durch Messung eines "leeren" Codeabschnitts einen – zumindest groben – Korrekturwert zu ermitteln, im Beispiel von **gettimeofday** durch

$$CALL\ \mathbf{gettimeofday}(tp1,tzp1)$$
$$CALL\ \mathbf{gettimeofday}(tp2,tzp2)$$
$$rtkorr = DBLE(tp1(1)) + DBLE(tp1(2))$$
$$rtkorr = (DBLE(tp2(1)) + DBLE(tp2(2)) - rtkorr) / 1.0D6.$$

Die Berechnung der Korrektur kann bei einer guten Auflösung der internen Uhr problematisch sein. Aufrufe der internen Uhr führen auf einer niedrigen Ebene des Systems zu Interrupts, die in der Priorität hinter grundlegenden Systemaktivitäten stehen. Die Korrekturkonstante sollte daher als Mittelwert einer Reihe von Messungen ermittelt werden. Die Korrektur wird bei vor allem bei Messungen sehr kurzer Zeiten im Programm von der ermittelten (hier Verweil-) Zeit abgezogen:

$$CALL\ \mathbf{gettimeofday}(tp,tzp)$$
$$zeit = DBLE(tp(1)) + DBLE(tp(2)) / 1.0D6$$
$$<Code>$$
$$CALL\ \mathbf{gettimeofday}(tp,tzp)$$
$$zeit = DBLE(tp(1)) + DBLE(tp(2)) / 1.0D6 - zeit - rtkorr.$$

Als Beispiel zur CPU-Zeitmessung sei die INTEGER-Funktion **mclock** unter der UNIX-Variante AIX von IBM genannt. **mclock** besitzt eine Auflösung von einer 1/100-Sekunde. Auf Cray-Vektorrechnern steht in FORTRAN zur CPU-Zeitmessung eine Routine **second** – ebenfalls als (REAL-) Funktion (64 Bit) oder auch als Prozedur – zur Verfügung, die die CPU-Zeit in Sekunden ab Programmstart mit einer Auflösung von einem Maschinentakt angibt.

INTEGER*4 **mclock**, *korr*	REAL **second**, *ckorr,zeit*
REAL*8 *zeit t*	
korr = **mclock**( )	*ckorr* = **second**( )
korr = **mclock**( ) – *korr*	*ckorr* = **second**( ) – *ckorr*
...	...
zeit = **mclock**( )	*zeit* = **second**( )
<Code>	<Code>
zeit = (**mclock**( ) – *zeit* – *korr*) / 100.0	*zeit* = **second**( ) – *zeit* – *ckorr*.

In den folgenden Beispielen werden die Korrekturen für Kurzzeitmessungen nicht mehr angegeben. Zur Messung der Realzeit auf Cray-Vektor- und Parallelrechnern gibt es eine Systemroutine **timef** (in FORTRAN als Funktion und als Prozedur), die die Realzeit ab Programmstart in Millisekunden angibt. Die Funktion **timef** nutzt ihrerseits die interne Uhr, die mittels der Funktion **irtc** abgefragt werden kann. **irtc** gibt die Anzahl der Takte ab einem gewissen Referenzzeitpunkt (Programmstart) an. Da in einer Cray T3E Prozessoren unterschiedlicher Taktrate – beispielsweise 450 MHz und 600 MHz – nebeneinander eingesetzt werden können, wird anstelle des nicht eindeutig bestimmten realen Maschinentaktes ein Verrechnungstakt – im Beispiel 75 MHz – verwendet. Der jeweils aktuelle Verrechnungswert wird von der Integer-Funktion **irtc_rate** gelie-fert. Die durch **irtc** ermittelte Taktzahl ist somit durch **irtc_rate** (hier $75 * 10^6$) zu dividieren, um eine Realzeitangabe in Sekunden zu erhalten. **irtc** bietet fast die bestmögliche Genauigkeit:

REAL **timef**, *zeit*	INTEGER **irtc**, **irtc_rate**
	REAL *zeit*
...	...
zeit = **timef**( )	*zeit* = **irtc**( )
<Code>	<Code>
zeit = (**timef**( ) – *zeit*) / 1000.0	*zeit* = (**irtc**( ) – *zeit* / **irtc_rate**().

Auf Silicon Graphics-Parallelrechnern misst die Funktion **secnds** die Realzeit. Sie liefert bei Aufruf von **secnds**(0.0) die Realzeit ab Nullstellung der internen Uhr.

REAL **secnds**, *zeit*

...

zeit = **secnds**(0.0)
<Code>
zeit = **secnds**(0.0) – *zeit*.

In der Programmiersprache FORTRAN 95 ist die Routine

SUBROUTINE **cpu_time**(*zeit*)
REAL::*zeit*

vorgesehen, die die aktuelle Systemzeit als 32 Bit-REAL ausgibt. Durch Differenzbildung erhält man die Realzeit in Sekunden:

CALL **cpu_time**(*zeit1*)
<Code>
CALL **cpu_time**(*zeit2*)
zeit = *zeit2* – *zeit1*

Die tatsächliche Realisierung dieser Routine ist implementierungs- und insbesondere architektur-abhängig. Dabei wird intern eine maschinenabhängige Routine aus einer niedrigeren Ebene auf-gerufen. Ein ähnliches Beispiel liefert die Routine

REAL FUNCTION **MPI_WTIME**(*zeit*)
REAL*8 *zeit*

aus dem Message Passing-Standard MPI, die ebenfalls die aktuelle Systemzeit liefert, allerdings in FORTRAN als 64 Bit-REAL (analog in C als *double*)

zeit1 = **MPI_WTIME**()
<Code>
zeit2 = **MPI_WTIME**()
zeit = *zeit2* – *zeit1*.

Diese Beispiele zeigen die unterschiedlichen Eigenschaften der Zeitmessung auf verschiedenen Rechnern, die sich im Namen, der Auflösung und auch den Datentypen unterscheiden.

3.4.3   Leistungskriterien für Rechner

Wir betrachten die *Leistung* von Rechnern ausschließlich, um die Effizienz eines Algorithmus im Hinblick auf den jeweils verwendeten Rechner beurteilen zu können. Die Leistung kann unter verschiedenen Gesichtspunkten beschrieben werden. Es gibt keine Maßzahl, die die Leistung eines Rechners vollständig ausdrückt. Anwendungen nutzen die Komponenten eines Rechners in sehr unterschiedlicher Form und stellen verschiedenartige Anforderungen. Im Laufe der Zeit ist eine Vielzahl von Kennzahlen entwickelt worden. Bei seriellen Rechnern waren über lange Zeit Angaben über MIPS (Millionen Instruktionen pro Sekunde)-Raten üblich. Diese Angaben sind aufgrund der schlechten Vergleichbarkeit fragwürdig, da verschiedene Rechner in der Regel auch völlig verschiedene Instruktionssätze aufweisen. Auf Parallel- und Vektorrechnern besitzen MIPS-Raten überhaupt keine Aussagekraft, da mit einer Instruktion oft eine große Anzahl von Operationen ausgeführt wird. Als weiterer, oft auch einziger Maßstab wurde die reine Gleitpunktleistung eines Rechners angesehen. Diese grobe Vereinfachung ist heute einer differenzierteren Betrachtungsweise gewichen. Es gibt eine Vielzahl von Maßzahlen aus speziellen Anwendungsgebieten. Bei reiner Datenverarbeitung im Sinne von Datenbankanwendungen werden Transaktionen pro Zeiteinheit angegeben. Bei Peripheriegeräten wie externen Platten wird der Datendurchsatz je Zeiteinheit gemessen. Die Grafikleistung kann beispielsweise in Pixel pro Sekunde ausgedrückt werden. Bei ganzzahligen Anwendungen wird man sich für die Anzahl der auszuführenden Fixpunktoperationen interessieren. Diese Liste lässt sich beinahe beliebig fortsetzen. Bei den hier zu untersuchenden numerischen Anwendungen befassen wir uns ausschließlich mit der Gleitpunktleistung sowie mit Datenübertragungsraten im Hinblick auf die Nutzung von Speicherhierarchien und der Kommunikation in parallelen Umgebungen. Die Leistungsfähigkeit einer Rechnerumgebung wird nicht nur durch die Leistung der einzelnen Komponenten, sondern durch deren Zusammenwirken bestimmt. Daher wird häufig versucht, eine begrenzte Anzahl unterschiedlicher Testanwendungen für einen bestimmten Einsatzzweck zu einem *Benchmark* zusammenzustellen und die verschiedenen Testergebnisse zu einer gemeinsamen Maßzahl zusammenzufassen. So gibt es unter anderem verschiedene numerische Benchmarks, die unter unterschiedlichen Gesichtspunkten typische numerische Anwendungen enthalten und summarisch bewerten. Zur Beschreibung der "Rechenleistung", das heißt hier der Gleitpunktleistung, eines Rechners, wird gern der LINPACK-Test [/www/LPK01], [/www/LIN] verwendet. Bei diesem wird die Rechenleistung durch die Anzahl der Gleitpunktoperationen pro Sekunde für eine einzige elementare Anwendung, die Gauß-Elimination ohne Pivotsuche für eine vollbesetzte Matrix, ausgedrückt. Der LINPACK-Test wurde vor allem von verschiedenen Versionen der *specmark benchmarks*, einer Sammlung elementarer numerischer Kernanwendungen, abgelöst [/www/SPEC]. Bei *specfp* stehen Gleitpunktoperationen im Vordergrund, bei *specint* Fixpunktoperationen. Andere bekannte Tests wie *dhrystones* oder *whetstones* bestehen aus einer Mischung unterschiedlicher Elementaralgorithmen zur Gleitpunkt- und Fixpunktrechnung, Ein- und Ausgabeoperationen, Plattenzugriffen usw. Diesen Tests ist die Eigenschaft gemeinsam, dass die resultierenden Leistungsangaben nur Teilaspekte einer Rechnerarchitektur widerspiegeln. Für die

Parallele Numerik sind derartige Maßzahlen von Interesse, da sie zumindest die Einordnung eines Rechners in eine gewisse Leistungsklasse ermöglichen, die wiederum die Auswahl von Verfahren und Algorithmen beeinflusst. [/www/BEN] enthält eine Übersicht gängiger Benchmarks.

Tab. 3.4.1 Ermittlung der maximalen Mflop/s-Raten für ausgewählte Rechner

		Takt (MHz)	Taktzeit (ns)	Gleitpunkt-operationen /Takt	verkettete/ parallele Op. (Mflop/s)	Division (Mflop/s)
Cray Y-MP	Vektor	166	6	2	333	56
Siemens S400	Vektor	312.5	3.2	8	2500	104
IBM RS/6000-590	RISC	66.7	15.0	4	266	4.2

Hersteller geben oft maximale Mflop-Raten an, um die Leistung ihrer Rechner zu charakterisieren. Diese beziehen sich jedoch auf Spezialfälle wie verkettete Operationen bei sehr hohen Vektorlängen, die in der Praxis nicht charakteristisch für ganze Programme sind. Tab. 3.4.1 zeigt für eine asymptotische Geschwindigkeit von einem Ergebnis pro Takt und Pipeline ermittelte Werte für drei typische, noch relativ einfache Architekturen der achtziger und neunziger Jahre.

<u>Cray Y-MP:</u> 1 Addition und 1 Multiplikation können verkettet oder parallel ausgeführt werden (2*166 Mflop/s). Bei der Division wird die reziproke Approximation mit der ersten Operation in der Multiplikationseinheit verkettet, danach erfolgen zwei weitere Multiplikationen: Es werden mindestens 3 Takte je Ergebnis benötigt (166 Mflop/s / 3).

<u>Siemens S400:</u> Die zwei Multifunktionseinheiten sind doppelt ausgelegt. Maximal vier Additionen und vier Multiplikationen können verkettet pro Takt ausgeführt werden ((4 + 4)*312,5 Mflop/s). Die Division benötigt mindestens 3 Takte je Ergebnis (312,5 Mflop/s / 3).

<u>IBM SP-2:</u> In beiden Gleitpunkteinheiten können je eine Addition und eine Multiplikation verkettet werden ((2+2)*66,7 Mflop/s ≈ 266 Mflop/s). Die Division erfordert mindestens 16 Takte (66.7 Mflop/s / 16 ≈ 4,2 Mflop/s).

Divisionen sind in allen drei Fällen besonders aufwendig. Aus dem Vergleich von Cray Y-MP und Siemens S400 kann nicht geschlossen werden, dass letztere fast achtmal schneller ist. Der Wert für die S400 ist nur erreichbar, wenn acht Operationen pro Takt auszuführen sind, was nicht den Regelfall darstellt. Bei der Angabe von maximalen flop/s-Raten werden Probleme, die sich aus der Speicherorganisation ergeben, ebensowenig berücksichtigt wie die Tatsache, dass bei stark segmentierten Pipelines entsprechend hohe Startup-Zeiten anfallen, die sich bei kleinen und mittleren Vektorlängen auswirken. Bei Parallelrechnern wird oft die Maximalleistung eines Prozessors mit der Anzahl der Prozessoren multipliziert, beispielsweise:

$$\text{IBM p690-Cluster (512 Proz., 1,3 GHz)}: \quad 512 \times 5,20 \text{ Gflop/s} = 2,66 \text{ Tflop/s}$$
$$\text{Cray T3E (2176 Proz., 675 MHz)}: \quad 2176 \times 1,35 \text{ Gflop/s} = 2,94 \text{ Tflop/s}.$$

Ist schon die Maximalleistung pro Prozessor nur bei isolierten Einzeloperationen erreichbar, so ist die akkumulierte Gesamtleistung erst recht unrealistisch, da die aus der Parallelisierung resultierenden Probleme überhaupt nicht berücksichtigt werden. Auf Parallelrechnern kommt ider Einfluss der Kommunikations- und Synchronisationszeiten hinzu. Tab. 3.4.2a, b fasst LINPACK-

Tab. 3.4.2a   LINPACK-Benchmark ($N = 100$, $N = 1000$) in Mflop/s

Rechner	Proz.	Jahr	$N = 100$	$N =1000$
Großrechner				
CDC 6500	1	1973	0.12	
CDC 180-860	1	1987	1.5	
Vektorrechner				
Cray-1 M	1	1983	27	110
Cray Y-MP/832	1	1988	161	324
Siemens S400/40	1	1993	205	2 110
Fujitsu VPP-5000	1	2001	1 156	8 784
Parallel-Vektorrechner				
Cray Y-MP/832	8	1988	275	2 144
Cray C90	16	1993	479	10 780
NEC SX-3/44	4	1993		15 120
Cray T932	1 32	1998	1.129	5.735 29 360
NEC SX-6	1 8	2003	1.161	7.575 41 520
Personal Computer				
IBM PC AT	1	1985	0.1	
Compaq Deskpro (486/33)	1	1993	1.3	
Apple PowerMac 6100/60	1	1994	9.6	
Pentium Pro 200	1	1997	38	
AMD Athlon 1.2 GHz	1	2001	578	1 944
Intel Pentium 4 (2,8 GHz)	1	2003	1.317	2.444
Workstations und RISC-Server				
Apollo DN 3000	1	1986	0.12	
Sony NWS-3860	1	1989	3.2	
IBM RS 6000-550	1	1991	25	70
IBM RS 6000-397	1	1998	315	332
IBM RS/6000 270 (375 Mhz)	1 4	2000 2000	426	1 109 3 879
IBM eServer p650 (1,45 GHz)	1 8	2003	1.220	3.245 19.930
HP rx5670 (Intel Itanium 2 1 GHz)	1 4	2003	1.102	3.534 11.430

Ergebnisse für ausgewählte Rechner aus [/www/LPK01] zusammen. Diese Tabelle illustriert die rasante und vielfältige Entwicklung der letzten Jahre und gestattet zumindest die Einordnung eines Rechners hinsichtlich der Größenordnung seiner Gleitpunktleistung. Dabei werden drei Tests für FORTRAN-Programme in 64-Bit-Arithmetik verwendet:

$N = 100$:	100×100-System, vorgegebener Code, keine Optimierung
$N = 1000$:	1000×1000-System, beliebig optimierter Code
N unbegrenzt:	für Parallelrechner; Optimierung, N und Prozessoranzahl beliebig

LINPACK 100 ist für ältere Rechner von Interesse. Bei *LINPACK 1000* werden die Möglichkeiten moderner Rechner berücksichtigt, die weitgehende Optimierungen zulassen und ihre Leistungsfähigkeit erst bei größeren Anwendungen ausnutzen. *LINPACK unbegrenzt* ist für Parallelrechner konzipiert, bei denen die Aufteilung eines 1000×1000-Systems nicht sinnvoll ist. Es kann diejenige Systemgröße N frei gewählt werden, für die die größte Leistung erreichbar ist.

Tab. 3.4.2b   LINPACK-Benchmark (*N* unbegrenzt) in Mflop/s

Parallelrechner	Proz.	Jahr	N	*Mflop/s*
IBM SP-2	64	1994		12.100
Cray T3D	1024	1994		100.500
Intel Paragon XP/S MP	6788	1994		281.100
Cray T3E-1200E	1488	1998	148 800	1 127.000
IBM SP2 (Power 3, 375 MHz)	3328	2001	371 712	3 052 000
IBM p690 Cluster (Power 4, 1,3 GHz)	1200	2003	300 000	3 210 000
Linux-Cluster	Proz.	Jahr	N	*Mflop/s*
U Chemnitz (Pentium 3 800 MHz, Gigabit Ethernet)	528	2001	176 640	221.600
IBM 1350 (Xeon 2,4 GHz, Quadrics QsNet)	1920	2003	425 000	6 586 000
NetworX (Xeon 2,4 GHz, Quadrics QsNet)	2304	2003	350 000	7 634 000

Tab. 3.4.3 und Tab. 3.4.4 illustrieren den Unterschied zwischen Maximalleistung und Leistung in einer Anwendung, vor allem bei Nutzung mehrerer Prozessoren, die Bedeutung des Testumfangs (LINPACK 100/ 1000) und den Unterschied zwischen skalarer und vektorieller Rechnung am Beispiel der Siemens S400 mit getrennten Skalar- und Vektorprozessoren. Tab. 3.4.5 zeigt, dass die Taktrate des Prozessors kein verlässlicher Leistungsmaßstab ist. Bei diesen IBM-Workstations spielen eine unterschiedliche Busbreite und Cachegröße eine entscheidende Rolle, die bei sonst gleicher Ausstattung im Modell 390 nur halb so groß wie beim Modell 590 sind.

Tab. 3.4.3   Leistung der Cray Y-MP in Mflop/s

	1 Prozessor	8 Prozessoren
Maximalleistung	333	2667
LINPACK 100	161	275
LINPACK 1000	324	2144

Tab. 3.4.4   Leistung der Siemens S 400/40 (ein Prozessor) in Mflop/s

Maximalleistung Skalarprozessor	37,5
Maximalleistung Vektorprozessor	2500
LINPACK 100	205
LINPACK 1000	2110

Tab. 3.4.5   Leistung verschiedener IBM RS 6000- Workstations

	RS/6000-590	RS/6000-390
Prozessor	Power2	Power2
Taktrate	66.7 MHz	66.7 MHz
Maximalleistung	266 Mflop/s	266 Mflop/s
LINPACK 100	130 Mflop/s	55 Mflop/s
LINPACK 1000	236 Mflop/s	183 Mflop/s

Auch aus Messungen für elementare Operationen lassen sich Erkenntnisse gewinnen. Abb. 3.4.1 skizziert die typische Leistungskurve einer Vektoroperation in Abhängigkeit von der Vektorlänge mittels des linearen Zeitmodells $t(n) = b + \tau n$, b Pipelinelänge + Startup-Zeit–1, τ Maschinentakt, n Vektorlänge. Vergleiche (3.1.2). Aufgrund der Startup-Zeiten nähert sich die Geschwin-

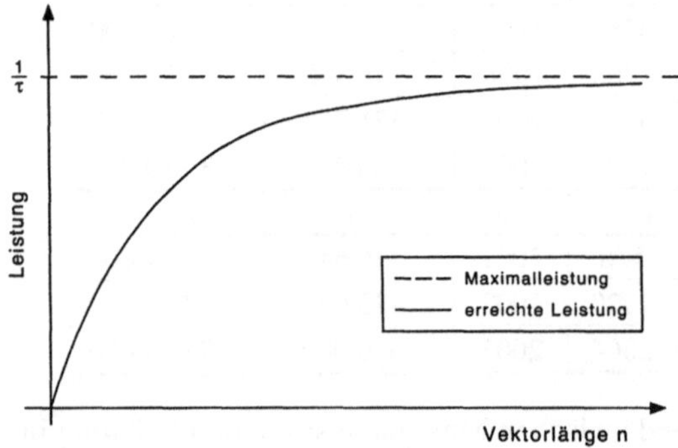

Abb. 3.4.1   Geschwindigkeit von Vektoroperationen in Abhängigkeit von der Vektorlänge

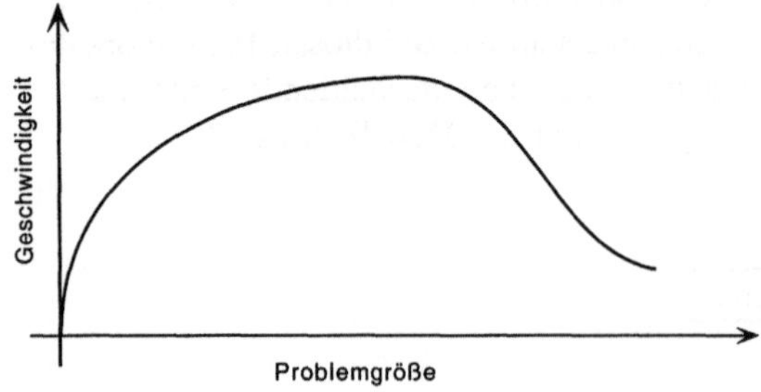

Abb. 3.4.2   Geschwindigkeitsentwicklung bei nichtmonotonem Zeitverhalten

digkeit mit wachsender Vektorlänge dem Maximum nur asymptotisch. Für kleine und mittlere Vektorlängen verbleibt eine spürbare Abhängigkeit von den Startup-Zeiten. Bei großen Längen tritt ein Sättigungseffekt ein. Eine weitere Erhöhung der Vektorlänge bringt nur noch geringe Leistungssteigerungen. Das Abb. 3.4.1 zugrunde liegende Modell beschreibt nur das Zeitverhalten einzelner oder auch verketteter oder paralleler Pipelines. Die Speicherzugriffsproblematik wird nicht berücksichtigt. Vergleichbare Informationen sind für viele Rechner verfügbar. Sie bieten bei isolierter Betrachtung keinen Anhaltspunkt bei der Algorithmen- und Programmentwicklung. Ihre Kenntnis ermöglicht jedoch, die Wirkung bestimmter Operationen zu berücksichtigen. In Abb. 3.4.1 steigt die Geschwindigkeit mit wachsender Problemgröße aufgrund der Abnahme des problemgrößenunabhängigen Zeitanteils an. Auf cachebasierten Architekturen beobachtet man jedoch häufig einen Verlauf der in Abb. 3.4.2 skizzierten Gestalt. Schlecht optimierte Codes führen dort bei wachsender Problemgröße verstärkt zu Speicher- und Cachekonflikten. Bei der Messung von Kommunikations-Geschwindigkeiten können in Abhängigkeit von der Prozessortopologie und dem Kommunikationsmodell noch unregelmäßigere Verläufe auftreten.

Als etwas differenzierterer Maßstab zur Leistungsmessung vor allem von Vektorrechnern wurde von Hockney [HoJe88] das Zahlenpaar $(n_{1/2}, r_\infty)$ eingeführt. Dabei bezeichnet

$n_{1/2}$: Vektorlänge, bei der bezüglich einer Operation die halbe Leistung erreicht wird.

r_∞ : Kehrwert des Maschinentaktes $1/\tau$ = asymptotische Maximalgeschwindigkeit.

r_∞ kann als Maßstab für die Leistung der verwendeten Rechnertechnologie angesehen werden, während $n_{1/2}$ den erreichten Grad der Parallelität ausdrücken soll. Die Definition von $n_{1/2}$ ist durch das in Abb. 3.4.1 skizzierte Zeitverhalten motiviert. Diese Zahl stellt einen groben Maßstab dafür dar, wie schnell eine bestimmte Geschwindigkeit in Abhängigkeit von n erreicht wird. Die Definition dieser Größen führt zu verschiedenen Zeitmodellen bei unterschiedlichen Rechnermodellen. Die Aussagekraft der bei paralleler Ausführung einer Vektoroperation erreichten Geschwindigkeit ist jedoch für die meisten Parallelrechner sehr begrenzt, da dieser spezielle Operationstyp deren Leistungsvermögen in der Regel nicht annähernd beschreibt.

<u>Serielle Rechner:</u> Da grundsätzlich jede arithmetische Operation individuell ausgeführt wird, fallen Bereitstellungszeiten bei jeder Operation erneut an. Bezeichnet l die Anzahl der Takte vom Laden der Operanden bis zur Bereitstellung des Ergebnisses in einem Register, so erhält man als Gesamtzeit $t(n)$ für eine Vektoroperation mit n Komponenten:

$$t(n) = nl\tau.$$

Die Leistung $n/t(n)$ beträgt somit

$$r_\infty = 1/l\tau.$$

Da die Leistung konstant bleibt, hat ein serieller Rechner seine Maximalleistung – und damit auch die halbe Maximalleistung – sofort erreicht:

$$n_{1/2} = 0.$$

Dieses idealisierte Zeitmodell gilt schon für Mikroprozessoren nicht mehr.

<u>Vektorprozessor:</u> Dem Vektorrechner liegt das schon in Abschnitt 2.4.2.3 erwähnte Modell zugrunde, dass nach einer Anlaufzeit nach jedem Takt ein Ergebnis erzeugt wird.

$$t(n) = b + \tau n, \quad b = (s+l-1)\tau.$$

Die asymptotische Leistung beträgt hier (Abb. 3.4.1)

$$r_\infty = \lim_{n \to \infty} \frac{n}{t(n)} = \lim_{n \to \infty} \frac{1}{\dfrac{(s+l-1)\tau}{n} + \tau} = \frac{1}{\tau}.$$

Je kleiner die Startup-Zeit $(s+l-1)\tau$, also insbesondere je geringer die Segmentierungstiefe der Funktionalen Einheiten ist, desto größer ist der Bereich der Vektorlängen, für die hohe Leistungen erzielt werden. Bei mehrfach ausgelegten arithmetischen Einheiten vervielfacht sich r_∞ entsprechend. Die halbe Maximalleistung entspricht genau der Startup-Zeit:

$$\frac{r_\infty}{2} = \frac{1}{2\tau} = \frac{n_{1/2}}{(s+l-1)\tau + \tau\, n_{1/2}} \;\Rightarrow\; n_{1/2} = s+l-1.$$

Konkrete Werte für $n_{1/2}$ gelten natürlich nur für eine bestimmte Operation. Auf Vektorrechnern wie der Cray Y-MP bewegen sich die Werte beispielsweise in der Größenordnung von $n_{1/2} \approx 10$. Bei unverketteter Ausführung von m Vektoroperationen der Länge n beträgt die Gesamtzeit

$$t(n) = \sum_{i=1}^{m} (s_i + l_i + (n-1))\tau$$

und bei verketteter Ausführung

$$t(n) = \sum_{i=1}^{m} (s_i + l_i)\tau + (n-1)\tau.$$

Dies entspricht einer Pipeline, die durch Verkettung aller beteiligten Funktionalen Einheiten entsteht und somit die Länge

$$\sum_{i=1}^{m} (s_i + l_i), \;\text{ also }\; n_{1/2} = \sum_{i=1}^{m} (s_i + l_i) - 1$$

besitzt. Unter der (theoretischen) Annahme, dass alle Pipelines gleich lang sind, tritt dieser Effekt noch deutlicher zutage:

$$n_{1/2} = m(s+l) - 1.$$

Da eine Verkettung wie eine Verlängerung einer Pipeline wirkt, wächst die zum Erreichen der halben Maximalleistung erforderliche Vektorlänge.

<u>Parallelrechner mit p Prozessoren:</u>

a) $\underline{p \geq n}$: In diesem Fall sind immer ausreichend viele Prozessoren vorhanden. Dies entspricht dem theoretischen Modell unendlich vieler Prozessoren. Die halbe Maximalleistung wird nie erreicht. Ist l die Anzahl der Takte von der Bereitstellung der Operanden in einem Prozessor bis zur Bereitstellung des Ergebnisses für eine parallel auszuführende Operation, so wird diese unabhängig von der Vektorlänge in $l\,\tau$ Takten ausgeführt, folglich gilt

$$t(n) = l\,\tau \qquad\qquad n_{1/2} = \infty \qquad\qquad \frac{r_\infty}{n_{1/2}} = \frac{1}{l\tau}.$$

b) $\underline{p \leq n}$: Ein unter Umständen mehrfaches Nachladen der Prozessoren ist erforderlich. Die Zeitfunktion ändert sich in Sprüngen von $[n/p]$. Dabei bezeichne $[x]$ die kleinste ganze Zahl, die größer oder gleich x ist. Die Werte für $n_{1/2}$ und r_∞ sind daher als Durchschnittswerte anzusehen.

$$t(n) = \left\lceil \frac{n}{p} \right\rceil (l\,\tau) \qquad\qquad n_{1/2} = p/2 \qquad\qquad r_\infty = \frac{p}{l\tau}.$$

Dieses Zeitmodell besitzt für die meisten Parallelrechner eine geringe Aussagekraft. Es illustriert nur die Arbeitsweise eines Parallelrechners bei einer einzelnen Vektoroperation im Vergleich zu einem Vektorrechner und einem seriellen Rechner.

Wie schon mehrfach erwähnt, hat die für Kommunikation benötigte Zeit bei Parallelrechnern mit verteiltem Speicher häufig einen bestimmenden Einfluss auf die für ein Programm benötigte (Verweil-) Zeit. Leider gibt es kein allgemeingültiges Zeitmodell. Eine Formel der Gestalt $t(n) = a + b*n$ gilt für Kommunikationszeiten nur sehr selten. Meist hängen sowohl die *Bandbreite b* als auch die *Latenzzeit a* sowohl von der *Nachrichtenlänge n* als auch von anderen Parametern wie *Weglänge, Anzahl der Prozessoren p* usw. ab. Es gelten dann Zeitmodelle wie beispielsweise

$$t(n) = a(n, p) + b\,(n, p)*n$$

mit oft unbekannten Funktionen a, b. Trotzdem sind in Einzelfällen Aussagen möglich. Abb. 3.4.3 zeigt Ergebnisse aus einem *Ping-Pong-Test*. Zwischen zwei mit Ethernet (10 MBit/s) vernetzten Workstations IBM RS 6000-550 und -560 wurden Nachrichten verschiedener Länge hin- und hergeschickt. Die Latenzzeit ergibt sich als die Hälfte der Zeit, die vom Beginn des Absendens einer Nachricht der Länge 0 von einem Prozessor bis zur Ankunft der Gegennachricht benötigt wird. Die Bandbreite wird ermittelt als Nachrichtenlänge (hier 1 MB) geteilt durch die halbe Zeit vom Aussenden vom ersten Prozessor bis zum Eintreffen der Gegennachricht. Für diesen Test wurde ein FORTRAN-Programm erstellt, in dem die Kommunikation mittels PVM durchgeführt wurde. Abb. 3.4.3 zeigt für zwei verschiedene Versionen von PVM die erreichbare Bandbreite in Abhängigkeit von der Nachrichtenlänge. Vom theoretischen Maximum von 10 MBit/s sind nur etwa 8 MBit/s erreichbar, was auf den Aufwand von PVM und auf Verluste durch Engpässe in der Rechnerhardware zurückzuführen ist. Es ist ferner der Einfluss der Latenzzeit zu erkennen, da die erreichte Bandbreite mit wachsender Nachrichtenlänge größer wird. Interessant für den Vergleich mit anderen Parallelrechnern oder Workstation-Clustern ist analog zu der Zahl $n_{1/2}$ bei Vektorrechnern die Nachrichtenlänge, bei der die halbe Maximalleistung erreicht wird, hier etwa 3200 Byte. Typisch sind auch Einbrüche wie bei der Version PVM 2.4: Die Kommunikationsleistung nimmt bei bestimmten Nachrichtenlängen stark ab. Dies kann am Überlaufen interner Puffer liegen. Ein weiterer Effekt ist in Abb. 3.4.3 nicht dargestellt. Erhöht man die Anzahl der Nachrichten beziehungsweise der miteinander kommunizierenden Prozessoren, dann nimmt die Bandbreite zunächst unterproportional bis proportional, ab einer gewissen Nachrichtenanzahl aber stark überproportional ab, da sich dann die Nachrichten gegenseitig blockieren. Dies veranschaulicht, dass auf einem Ethernet kein auch nur annähernd skalierbares System realisiert werden kann. Abb. 3.4.4 zeigt Ergebnisse des gleichen Tests auf zwei Glasfasernetzen

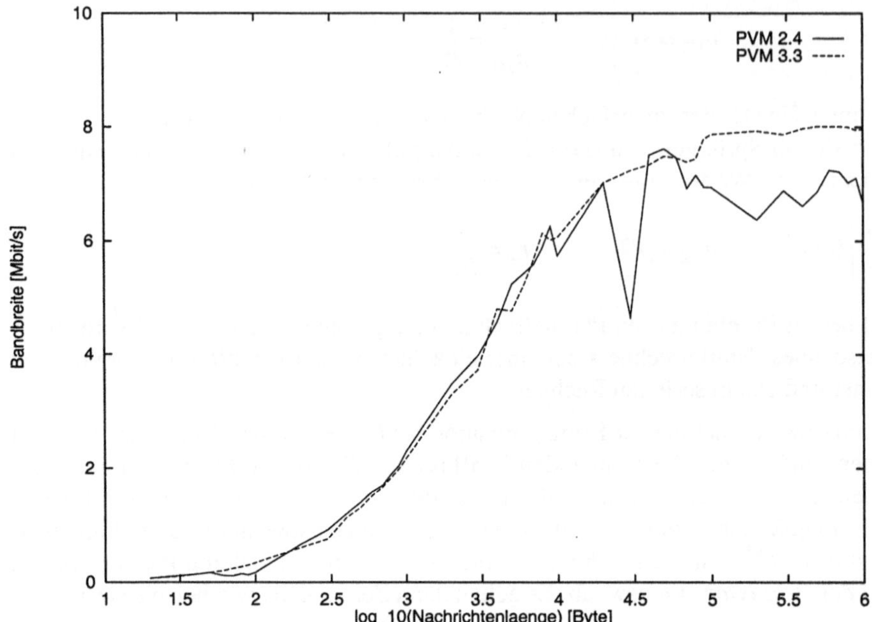

Abb. 3.4.3   Bandbreite: Ping-Pong-Test auf einem Ethernet zwischen zwei IBM RS 6000-Workstations

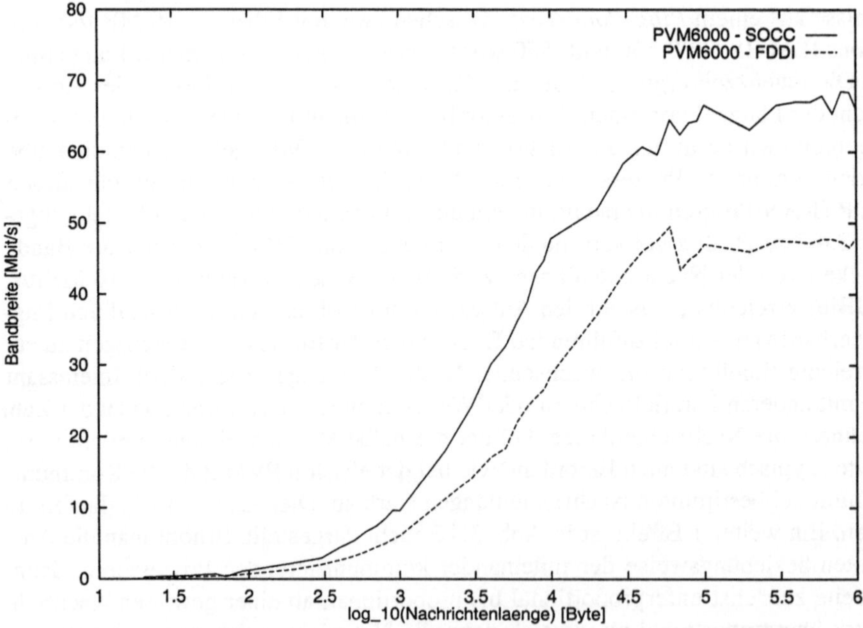

Abb. 3.4.4   Bandbreite: Ping-Pong-Test auf einem FDDI- und einem SOCC-Glasfasernetz zwischen
                zwei IBM RS 6000-Workstations

(FDDI mit nominal 100 MBit/s und IBM SOCC mit nominal 220 MBit/s) zwischen denselben Workstations für zwei speziell von IBM an FDDI und SOCC angepasste PVM-Versionen. Es ist qualitativ das gleiche Verhalten wie in Abb. 3.4.3 zu erkennen, wobei die erreichten Maximalwerte deutlich höher als auf einem Ethernet, jedoch anteilig weiter entfernt vom jeweiligen theoretischen Maximalwert liegen. Die halbe Maximalleistung wird wieder bei etwa 3200 Byte erreicht. Tab. 3.4.6 zeigt Latenzzeiten und maximal erreichte Bandbreiten bei einem Ping-Pong-Test auf einem Workstationcluster und für ausgewählte Parallelrechner mit verteiltem Speicher unter Verwendung verschiedener Message Passing-Bibliotheken. Auch diese Zahlen hängen stark von der hier nicht spezifizierten konkreten Hardware- und Softwareumgebung ab. Diese geben nur die auf <u>einer</u> Verbindung erreichte Leistung wieder und sind daher nur aussagekräftig, wenn

Tab. 3.4.6 Latenzzeiten und maximale Bandbreiten

	Message Passing-Software	Latenzzeit in µs	gemessene maximale Bandbreite in MBit/s
Intel Paragon	NX	65	760
	PVM 3.3	65	416
Cray T3D	Shmem	4	160
	PVM 3	30	90
IBM SP-2	MPL	40	160
IBM WS-Cluster (SOCC)	PVM 6000	570	70

die Leistung nicht von der Anzahl oder Art der Verbindungen abhängt. Zumindest geben diese Werte eine Größenordnung an, deren Kenntnis eine grobe Abschätzung des Kommunikationsaufwandes in einer Anwendung gestattet. Hohe Latenzzeiten bedeuten einen relativ hohen Zeitaufwand je Nachricht unabhängig von deren Länge, hohe Bandbreiten bedeuten eine hohe Übertragungsgeschwindigkeit. Bei Kenntnis der "Rechengeschwindigkeit" kann grob geschätzt werden, ob der Kommunikationsaufwand im Vergleich der auf diesen Daten auszuführenden arithmetischen Operationen gering genug ist, um eine Parallelisierung zu rechtfertigen.

Tab. 3.4.7 Netzparameter im RS 6000-Workstation-Cluster

	Latenzzeit in µs	gemessene maximale Bandbreite in MBit/s	theoretische maximale Bandbreite in MBit/s
Ethernet	1500	8	10
FDDI	1100	50	100
SOCC	570	70	220

Tab. 3.4.7 zeigt Latenzzeiten und Bandbreiten, die zwischen zwei Workstations IBM RS/6000 Modell 550 des in Abb. 3.1.60 beschriebenen Clusters mit verschiedenen Vernetzungen mit dem Ping-Pong-Test erreicht wurden. Diese Zahlen sind im Vergleich zu "echten" Parallelrechnern schlecht. Vergleiche hierzu die Zahlen für die Cray T3D und IBM SP-2 in Tab. 3.4.6.

3.4.4   Leistungskriterien für numerische Anwendungen

Auch für Anwendungen bieten sich Geschwindigkeitsvergleiche unter Angabe von Mflop- oder Gflop-Raten an, sofern die Gleitpunktkomplexität bekannt ist. Analog kann auf Parallelrechnern mit verteiltem Speicher im Einzelfall die Kommunikationsgeschwindigkeit ermittelt werden. Für komplexere Anwendungen sind letztlich nur Zeitvergleiche sinnvoll. Neben absoluten Zeitangaben werden daraus Beschleunigungsfaktoren und Effizienzwerte abgeleitet.

Beschleunigungsfaktoren (Speedup-Faktoren):

Parallelrechner:

a) $\qquad S_{ov}^{(p)} = \dfrac{T_{seq,1}}{T_{par,1}} = \dfrac{\text{Zeit optimaler sequentieller Algorithmus auf einem Prozessor}}{\text{Zeit optimaler paralleler Algorithmus auf einem Prozessor}}$

Algorithmischer Mehraufwand durch die Ersetzung eines optimalen sequentiellen durch einen optimalen parallelen Algorithmus unabhängig von der Hardware auf einem seriellen Prozessor.

b) $\qquad S_{hw}^{(p)} = \dfrac{T_{par,1}}{T_{par,p}} = \dfrac{\text{Zeit optimaler paralleler Algorithmus auf einem Prozessor}}{\text{Zeit optimaler paralleler Algorithmus auf } p \text{ Prozessoren}}$

Beschleunigung durch die Hardware bei der Umsetzung eines optimalen parallelen Algorithmus von einem auf p Prozessoren.

c) $\qquad S^{(p)} = S_{ov}^{(p)} * S_{hw}^{(p)} = \dfrac{T_{seq,1}}{T_{par,p}} = \dfrac{\text{Zeit optimaler sequentieller Algorithmus auf 1 Prozessor}}{\text{Zeit optimaler paralleler Algorithmus auf } p \text{ Prozessoren}}$

Insgesamt durch die Ersetzung eines optimalen sequentiellen Algorithmus auf einem seriellen Prozessor durch einen optimalen parallelen Algorithmus auf einem Parallelrechner mit p Prozessoren zu erzielende Beschleunigung.

Vektorprozessor: Da der Vergleich eines vektoriellen und eines sequentiellen Algorithmus nur auf demselben (Vektor-) Prozessor sinnvoll ist, wird im Folgenden unter sequentieller Ausführung eines vektoriellen Algorithmus die Ausführung auf einem Vektorprozessor bei ausgeschalteter Vektorisierung verstanden.

a) $\qquad S_{ov}^{(v)} = \dfrac{T_{seq,ser}}{T_{vek,ser}} = \dfrac{\text{Zeit optimaler sequentieller Algorithmus}}{\text{Zeit optimaler vektorieller Algorithmus ohne Vektorisierung}}$

Durch die Ersetzung eines optimalen sequentiellen Algorithmus durch einen optimalen vektoriellen Algorithmus unabhängig von der Hardware entstandener algorithmischer Mehraufwand.

b) $\qquad S_{hw}^{(v)} = \dfrac{T_{vek,ser}}{T_{vek,vek}} = \dfrac{\text{Zeit optimaler vektorieller Algorithmus ohne Vektorisierung}}{\text{Zeit optimaler vektorieller Algorithmus mit Vektorisierung}}$

Leistungsfähigkeit der Hardware im Hinblick auf einen optimalen vektoriellen Algorithmus mit und ohne Vektorisierung.

c)
$$S^{(v)} = S_{ov}^{(v)} * S_{hw}^{(v)} = \frac{T_{seq,ser}}{T_{vek,vek}} = \frac{\text{Zeit optimaler sequentieller Algorithmus}}{\text{Zeit optimaler vektorieller Algorithmus mit Vektorisierung}}$$

Gesamtbeschleunigung durch Ersetzung eines optimalen sequentiellen Algorithmus durch einen optimalen vektoriellen Algorithmus auf einem Vektorprozessor.

<u>Effizienz (Auslastung der Prozessoren)</u>: Die Effizienz gewichtet Beschleunigungsfaktoren mit der Anzahl der Prozessoren, um damit die Ausnutzung der Parallelität in der Anwendung oder der Hardware auszudrücken.

$$E_p = \frac{S^{(p)}}{p} \qquad \text{oder} \qquad E_p = \frac{S_{hw}^{(p)}}{p} \qquad \text{(bei } p \text{ Prozessoren)}$$

In den obigen Kennzahlen werden immer Verweilzeiten für Zeitangaben für mehrere Prozessoren und grundsätzlich CPU-Zeiten für Zeitangaben auf einem Prozessor verwendet. Zeiten für mehrere Prozessoren sind nur dann aussagekräftig, wenn, abgesehen von Systemaktivitäten, nur das gemessene Programm zum Zeitraum der Messung in Ausführung befindlich ist. Unter dieser Bedingung können auch bei Einprozessormessungen Verweilzeiten benutzt werden.

<u>Skalierbare Anwendungen</u>: Die obigen Kennzahlen vergleichen Zeiten für eine Anwendung fester Größe N, deren Zeitbedarf auf einem Prozessor und nachfolgend auf p Prozessoren gemessen wird. Mit wachsender Prozessoranzahl bei fester Problemgröße wird die Granularität immer kleiner, bis unter Umständen die Mindestgranularität unterschritten wird. Andererseits gibt es viele Anwendungen, deren Größe von der zur Verfügung stehenden Rechnerkapazität, insbesondere der Prozessoranzahl abhängt. Für diesen Fall nehmen wir eine einheitliche Teilproblemgröße N an. Die Größe des Gesamtproblems beträgt dann $p*N$ bei Nutzung von p Prozessoren, wächst also proportional mit der Prozessoranzahl. Eine Anwendung heißt *skalierbar*, wenn unter dieser Voraussetzung der Zeitbedarf $T_{par,p}$ unabhängig von der Prozessoranzahl p ist und konstant bleibt. Je näher der Quotient $T_{par,1}/T_{par,p}$ bei 1 liegt, desto besser skaliert die Anwendung.

3.4.5 Amdahls Gesetz

Da kaum ein Algorithmus vollständig vektorisierbar oder parallelisierbar ist, stellt sich die Frage, wie groß der parallelisierbare oder vektorisierbare Anteil eines Algorithmus sein muss, um einen hinreichenden Beschleunigungsfaktor zu erreichen. Hierzu bietet die folgende, als *Amdahls Gesetz* bekannte Formel (3.4.1) einen Ansatzpunkt. Diese geht von der idealisierenden Annahme aus, dass der zu parallelisierende Teil um den Faktor p beschleunigt werden kann, also keinerlei Kommunikations- und Synchronisationsaufwand erforderlich ist.

<u>Amdahls Gesetz für Parallelrechner</u>   (3.4.1)

p	Prozessoren
T	Gesamtzeit des Algorithmus auf einem Prozessor
f	paralleler Anteil des Algorithmus an der Zeit
$1-f$	sequentieller Anteil des Algorithmus an der Zeit
S_p	Speedup-(Beschleunigungs-) Faktor

$$S_p = \frac{T}{(1-f)T + fT/p} = \frac{1}{1 + (\frac{1}{p} - 1)f}.$$

Die Kommunikationszeit wird im sequentiellen Anteil versteckt. Bezeichnet T_k die bei Ausführung auf p Prozessoren benötigte Kommunikationszeit, so müsste man genauer schreiben:

$$S_p = \frac{T}{(1-f)T + T_k + fT/p}.$$

Anhaltspunkte für ihre Ermittlung bietet neben exakten Messungen auch Abschnitt 3.4.3. Für Vektorrechner kann man die Formel wie folgt interpretieren:

<u>Amdahls Gesetz für Vektorrechner</u>   (3.4.2)

T Gesamtzeit des Algorithmus bei sequentieller Ausführung

f vektorisierbarer Anteil des Algorithmus an der CPU-Zeit

$1-f$ sequentieller Anteil des Algorithmus an der CPU-Zeit

p Beschleunigungsfaktor des vektorisierbaren Anteils
       bei Vektorisierung

S_p Beschleunigungsfaktor vektoriell : sequentiell.

Das Amdahlsche Gesetz beschreibt, dass selbst unter den obigen (unrealistischen) Annahmen schon theoretisch bei großen Prozessoranzahlen und kleinem sequentiellen Anteil nur Beschleugungsfaktoren zu erzielen sind, die weit unterhalb von p liegen. Abb. 3.4.5 und Abb. 3.4.6 illustrieren dies recht eindrucksvoll. Als konkretes Beispiel betrachten wir Tab. 3.4.8. Bei 1000 Prozessoren und nur 1 % sequentiellem Anteil kann schon theoretisch kein Beschleunigungsfaktor über 91 erwartet werden. Mit 500 beziehungsweise 100 Prozessoren erreicht man noch den Faktor 83 beziehungsweise 50. Bei 5 % sequentiellem Anteil ist bei 1000 Prozessoren bestenfalls ein Faktor 20 zu erwarten, der für 500 und 100 Prozessoren gerade auf 19 und 17 sinkt. Die Effizienz E_p drückt dieses auf den ersten Blick überraschende Ergebnis noch deutlicher aus.

Tab. 3.4.8: Amdahls Gesetz für ausgewählte Werte

p	$f = 0.99$		$f = 0.95$	
	S_p	E_p	S_p	E_p
1000	91	0,09	20	0,02
500	83	0,17	19	0,04
100	50	0,50	17	0,17

Abb. 3.4.7 zeigt die Entwicklung von S_p nochmals in grafischer Form. Die Kurve ähnelt der Abbildung 3.4.1. Als Asymptote und damit theoretisch maximale Beschleunigung bei gegebenem f erhält man aus dem Amdahlschen Gesetz den Kehrwert des sequentiellen Zeitanteils:

$$\lim_{p \to \infty} \frac{1}{1 + (\frac{1}{p} - 1)f} = \frac{1}{1-f}.$$

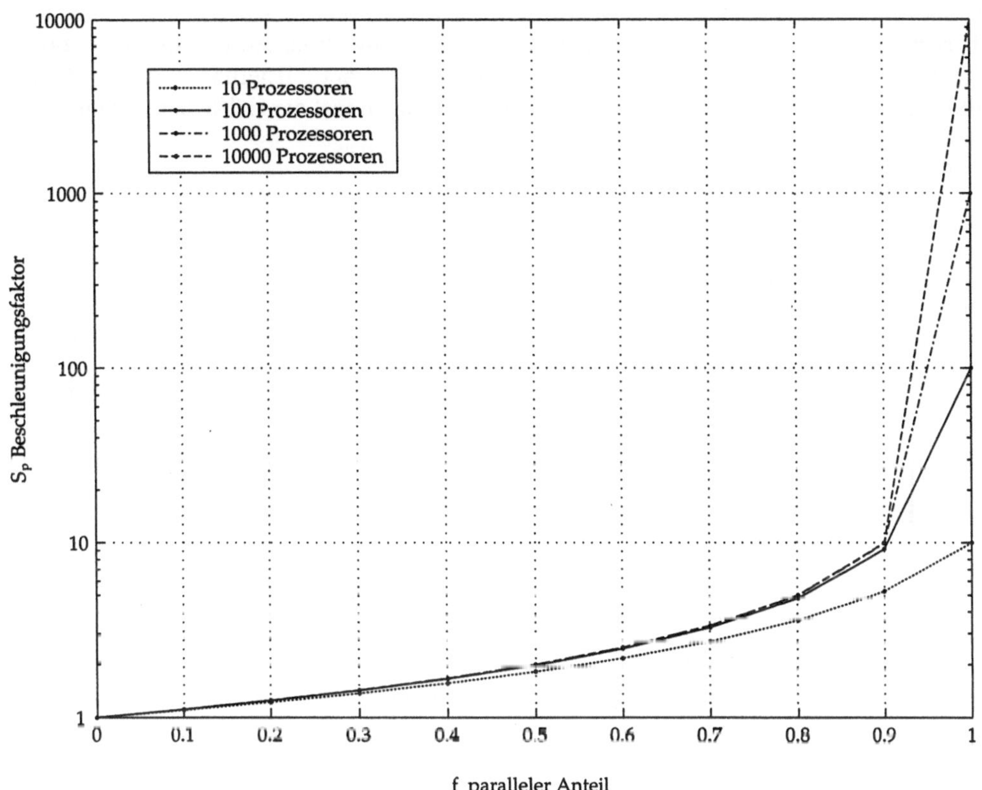

Abb. 3.4.5   Amdahls Gesetz für 10 000 Prozessoren

Selbst diese Faktoren sind praktisch kaum zu erreichen. Kurvenverläufe wie in Abb. 3.4.2 erhält man beispielsweise, wenn sich bei wachsender Prozessoranzahl und fester Problemgröße die abnehmende Granularität bemerkbar macht oder sogar die Mindestgranularität unterschritten wird.

Um Amdahls Gesetz auf Vektorrechner anwenden zu können, muss p als der bei optimaler Vektorisierung zu erreichende Faktor, also etwa die mittlere Anzahl der Segmente in Funktionalen Einheiten interpretiert werden. Dann erhält man Werte für die Beschleunigung vektoriell:sequentiell in Abhängigkeit vom Vektorisierungsgrad. Für realistische Werte wie $p = 5\text{-}6$ erkennt man, dass ein Programm wenigstens zu 90 % vektorisierbar sein muss, um annehmbare Beschleunigungsfaktoren zu erzielen. Diese auf den ersten Blick verblüffenden Ergebnisse haben beispielsweise bei Herstellern von Vektorrechnern zu erheblichen Anstrengungen zur Beschleunigung der vorher meist vernachlässigten Skalareinheiten geführt.

Wie schon mehrfach erwähnt, kann auf Parallelrechnern die Kommunikationszeit eine entscheidende Rolle spielen. Als Beispiel sei eine vollständig parallele Anwendung mit der arithmetischen Komplexität von $N = 10^9$ genannt, die auf $p = 10$ Prozessoren verteilt wird. Bei einer erreichten Prozessorleistung von 100 Mflop/s je Prozessor ergäben sich eine reine Rechenzeit von 10 s auf einem Prozessor, von 1s auf 10 Prozessoren und ein idealer Beschleunigungsfaktor $S_p =$

10. Unterstellt man nun aber, dass dabei eine 1000×1000-Matrix, also 8 MB einmalig auf einem Ethernet zu verschicken ist, so beträgt allein die Kommunikationszeit bei einer Übertragungsgeschwindigkeit von etwa 8 MBit/s etwa $8s$, so dass eine Parallelisierung beinahe sinnlos wird. Selbst bei 80 MBit/s beansprucht die Kommunikation noch fast die Hälfte der Gesamtzeit.

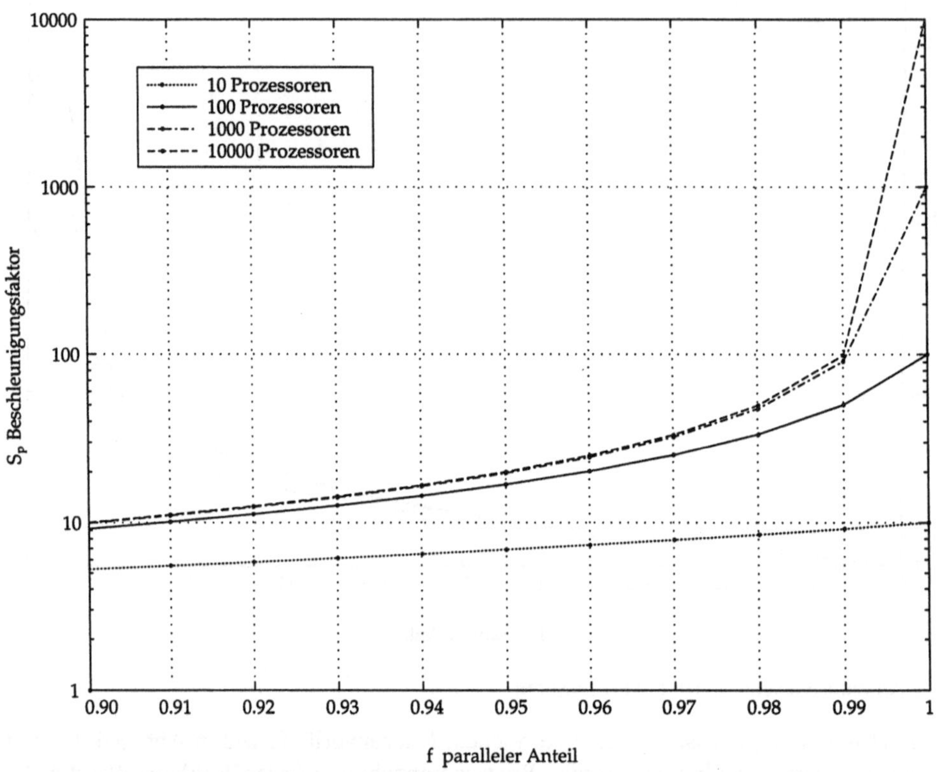

Abb. 3.4.6   Amdahls Gesetz für bis zu 10.000 Prozessoren bei 90%-100% Parallelität

Das Amdahlsche Gesetz ist eine auf den ersten Blick triviale Formel, die jedoch häufig ignoriert wird. Sie kann als grundlegend für das Verständnis von Parallelität angesehen werden. Auf einem Parallelrechner erwartet man automatisch immer einen Beschleunigungsfaktor, der in der Größenordnung der Prozessoranzahl liegt. Diese Erwartungshaltung wird durch leistungsfähige Prozessoren oft noch verstärkt. Das Amdahlsche Gesetz zeigt, welche Beschleunigung theoretisch und völlig unabhängig vom verwendeten Rechner, also allein aufgrund der Parallelität des Algorithmus im günstigsten Fall überhaupt erreichbar ist. Es zeigt insbesondere, dass es mit wachsender Prozessorzahl immer schwieriger ist, sehr hohe Beschleunigungsfaktoren zu erzielen, da scheinbar paradoxerweise der sequentielle Anteil eine immer gewichtigere Rolle spielt.

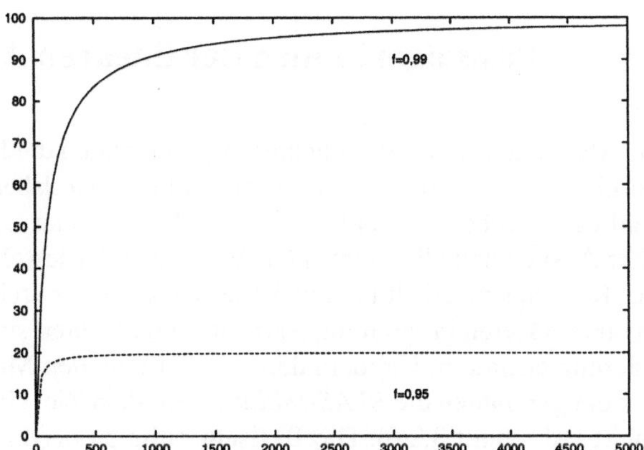

Abb. 3.4.7   Beschleunigung S_p für $f = 0{,}95$, $f = 0{,}99$ in Abhängigkeit von der Prozessorzahl p.

4   Basisalgorithmen der linearen Algebra

Die Basisalgorithmen der linearen Algebra bilden die Elementarbausteine vieler numerischer Algorithmen. Die Effizienz dieser Algorithmen ist daher von entscheidender Bedeutung für Vielzahl numerischer Anwendungen. Ein Maximum an Optimierung ist jedoch nur unter bestmöglicher Ausnutzung aller relevanten Merkmale der jeweils verwendeten Hardware zu erreichen. In der Konsequenz erhält man meist prozessor- oder architekturspezifische Algorithmen, die kaum in einer höheren Programmiersprache zu realisieren sind, sondern eher eine Assembler-Programmierung erfordern. Um dem daraus resultierenden Mangel an Portabilität zu begegnen, hat sich vor einigen Jahren die *BLAS-Initiative* mit dem Ziel einer praxisorientierten Standardisierung formiert (Abschnitt 3.2.6). Die Basisalgorithmen der linearen Algebra weisen natürliche parallele Strukturen auf, die es gestatten, anhand sehr einfacher Aufgabenstellungen zumindest grundlegende Techniken zur Parallelisierung, Vektorisierung und Optimierung einzuführen. Die Basisalgorithmen lassen sich in Anlehnung an die Systematik der BLAS-Routinen entsprechend ihrer Komplexität hierarchisch in mehrere Gruppen gliedern:

- Vektor-Vektor-Operationen
- Matrix-Vektor-Operationen
- Matrix-Matrix-Operationen.

In diesem Zusammenhang betrachten wir auch die sogenannten

- Rekurrenten Relationen,

die jedoch üblicherweise nicht zu den BLAS-Routinen gezählt werden. Während auf Mikroprozessoren die Optimierung bezüglich der Prozessorarchitektur im Vordergrund steht und auf Vektorrechnern die Parallelität elementarer Vektoroperationen ausgenutzt wird, bestimmen auf Parallelrechnern zusätzlich der Grad der Parallelität, die Granularität und die Lastverteilung, ob und in welcher Form Basisalgorithmen effizient parallelisiert werden können. Im Folgenden wird bei der Problemformulierung zur Vereinfachung meist die Indexschrittweite Eins gewählt.

4.1   Reduktionsoperationen

Unter einer *Reduktionsoperation* versteht man formal eine Verknüpfung

$$\mathcal{M} \times \mathcal{M} \times \ldots \times \mathcal{M} \equiv \mathop{\times}_{i=1}^{n} \mathcal{M} \rightarrow \mathcal{M}$$

$$m_1 \otimes m_2 \otimes \ldots \otimes m_n \equiv \bigotimes_{i=1}^{n} m_i \rightarrow m^*$$

$$m_i, m^* \in \mathcal{M},\ 1 \le i \le n,\ n \in \mathbf{N},$$

der Komponenten $m_1, \ldots, m_n$ eines Vektors mit einem Ergebnis m^*, die sämtlich einer Menge $\mathcal{M}$ angehören, auf der die Verknüpfung $\otimes$ definiert ist. Letztere

- muss *assoziativ* sein, um eine Aufteilung in unabhängige Teilaufgaben zu ermöglichen;
- sollte möglichst *kommutativ* sein, um die Formulierung paralleler Algorithmen nicht durch Probleme der Anordnung von Zwischenergebnissen zu komplizieren.

Bei einer *vollständigen Reduktion* wird nur das Endergebnis m^* ermittelt, während bei einer *partiellen Reduktion* auch alle Teilergebnisse

$$m_k^* = \bigotimes_{i=1}^{k} m_i, \; 1 \le k \le n,$$

benötigt werden. Reduktionsoperationen gehören zu den später behandelten Rekurrenten Relationen. Da sie als Bausteine anderer Elementaralgorithmen benötigt werden, untersuchen wir sie bereits an dieser Stelle. Die einfachsten Beispiele wurden bereits in (3.2.38) genannt: arithmetische Grundoperationen $+$, $-$, $*$, $/$ als Verknüpfungen $\otimes$ auf den ganzen, reellen oder komplexen Zahlen oder logische Operationen $\wedge$, $\vee$ auf Booleschen Variablen. Es sind jedoch auch komplexere Operationen oder auch Operanden denkbar, etwa Vektoren oder Matrizen:

$$\mathsf{s} = \sum_{i=1}^{n} \mathsf{a}_i \quad \text{oder} \quad \mathsf{S} = \sum_{i=1}^{n} \mathsf{A}_i.$$

Wir betrachten im Folgenden stellvertretend die Summation der Komponenten eines Vektors (skalarer) Zahlen

$$s = \sum_{i=1}^{n} a_i, \tag{4.1.1}$$

da diese aufgrund der minimalen Granularität der Teilaufgaben das schwierigste Reduktionsproblem darstellt. Die Algorithmen dieses Abschnittes illustrieren, wie komplex effiziente Algorithmen auch schon für elementare Anwendungen werden können. Der sequentielle Algorithmus

$$s := 0; \; \textbf{for } i := 1 \textbf{ to } n \textbf{ do } \; s := s + a_i \tag{4.1.2}$$

und eine erste parallele Variante für den Spezialfall $n = 2^m$

$$
\begin{aligned}
&\mathsf{h} := \mathsf{a} \\
&\textbf{for } l := 1 \textbf{ to } m \textbf{ do} \\
&\qquad \textbf{for } i := 1 \textbf{ to } (n \textbf{ div } 2^l) \textbf{ do parallel } \; h_i := h_{2i} + h_{2i-1} \\
&s := h_1
\end{aligned}
\tag{4.1.3}
$$

wurden bereits in Kapitel 2 angegeben. Für beliebiges n muss in jedem Schritt nur unterschieden werden, ob eine gerade oder ungerade Anzahl an Summanden vorliegt. In (4.1.3) entfällt die Notwendigkeit für einen Hilfsvektor h, falls a überschrieben werden kann. Bemerkenswert ist, dass dieser Algorithmus die gleiche arithmetische Komplexität wie (4.1.2), aber in gewissen Fällen eine bessere Rundungsfehlerstabilität besitzt und daher auch im sequentiellen Fall geeigneter als (4.1.2) sein kann [Rö83], [Fr90]. Die Algorithmen dieses Abschnitts werden ausschließlich unter dem Gesichtspunkt der Parallelität diskutiert. Wir unterstellen im Folgenden eine ausreichende numerische Genauigkeit, insbesondere nehmen wir an, dass keine schwerwiegenden numerischen *Auslöschungseffekte* auftreten. Falls letztere berücksichtigt werden müssen, sind andere Algorithmen anzuwenden, deren Untersuchung jedoch den Rahmen dieses Buches sprengen würde. Vergleiche zum Beispiel [Kul89], [Vgr83] zu dieser Problematik. Sind als Beispiel für eine partielle Reduktion sämtliche Partialsummen

$$s_k = \sum_{i=1}^{k} a_i, \ 1 \le k \le n, \tag{4.1.4}$$

zu berechnen, so erhält man anstelle von (4.1.2) die Vorschrift

$$s_1 := a_1; \textbf{ for } i := 2 \textbf{ to } n \textbf{ do } \ s_i := s_{i-1} + a_i. \tag{4.1.5}$$

Da aus (4.1.3) die Partialsummen gemäß (4.1.4) nicht errechnet werden können, fällt eine diesbezügliche parallele Modifikation komplizierter aus. O.B.d.A. gelte wieder $n = 2^m$:

$$
\begin{aligned}
&\mathsf{s} := \mathsf{a} \qquad\qquad\qquad\qquad\qquad\qquad\qquad\qquad\qquad (4.1.6)\\
&\textbf{for } l := 1 \textbf{ to } m \textbf{ do}\\
&\qquad \textbf{for } i := 2^l \textbf{ step } 2^l \textbf{ to } n \textbf{ do parallel } \ s_i := s_i + s_{i-2^{l-1}}\\
&\textbf{for } l := m-1 \textbf{ step } -1 \textbf{ to } 1 \textbf{ do}\\
&\qquad \textbf{for } i := 2^l + 2^{l-1} \textbf{ step } 2^l \textbf{ to } n-2^{l-1} \textbf{ do parallel } \ s_i := s_i + s_{i-2^{l-1}}.
\end{aligned}
$$

Abb. 4.1.1 illustriert (4.1.6) für $n = 16$. Vollständig berechnete Partialsummen sind grau unterlegt. (4.1.3) und (4.1.6) werden aufgrund ihrer Struktur auch *Kaskadensummation* oder *Log-Sum-Algorithmus* genannt, können aber ebenso als Spezialfall des *Fan-In-Algorithmus* [Fr90], [HoJe88] angesehen werden. Sie basieren auf dem in Kapitel 2 vorgestellten *Prinzip des Teile und Herrsche (Divide and Conquer)*. Die Zeitkomplexität beträgt $2m-1$ für $n = 2^m$, sowie $2m$, $m = [\log_2 n]$, für beliebiges $n \in \mathbf{N}$, wobei $[x] := \max\{n \mid n \in \mathbf{N}, n < x\}$ für $x \in \mathbf{R}$, $x \ge 0$, sei. Im zweiten Fall erweitert sich der Baum in Abb. 4.1.1 nach rechts. Als Alternative zu (4.1.6) betrachten wir den folgenden Algorithmus. O.B.d.A. sei wieder $n = 2^m$. Es sei $s_i := 0$ für $i \le 0$.

$$
\begin{aligned}
&\mathsf{s} := \mathsf{a} \qquad\qquad\qquad\qquad\qquad\qquad\qquad\qquad\qquad (4.1.7)\\
&\textbf{for } l := 1 \textbf{ to } m \textbf{ do}\\
&\qquad \textbf{for } i := 1 \textbf{ to } n \textbf{ do parallel } \ s_i := s_i + s_{i-2^{l-1}}.
\end{aligned}
$$

In jedem Zeitschritt sind somit formal alle Prozessoren aktiv. Wegen $s_{i-2^{l-1}} = 0$ für $i \le 2^{l-1}$ werden tatsächlich nur maximal $n-2^{l-1}$ Prozessoren im l-ten Schritt benötigt:

$$
\begin{aligned}
&\mathsf{s} := \mathsf{a} \qquad\qquad\qquad\qquad\qquad\qquad\qquad\qquad\qquad (4.1.8)\\
&\textbf{for } l := 1 \textbf{ to } m \textbf{ do}\\
&\qquad \textbf{for } i := 2^{l-1}+1 \textbf{ to } n \textbf{ do parallel } \ s_i := s_i + s_{i-2^{l-1}}.
\end{aligned}
$$

Nach dem l-ten Schritt sind jeweils folgende Zwischenergebnisse verfügbar:

$$s_i = \sum_{j=\max\{1, i-2^l+1\}}^{i} a_j, \ 1 \le i \le n. \tag{4.1.9}$$

Tab. 4.1.1. fasst die Komplexitätseigenschaften der obigen Algorithmen zusammen.

Tab. 4.1.1 Eigenschaften der Algorithmen (4.1.2), (4.1.3), (4.1.5), (4.1.6) für $n = 2^m$

	(4.1.2)	(4.1.3)	(4.1.5)	(4.1.6)	(4.1.8)
arithm. Komplexität	$n-1$	$n-1$	$n-1$	$2(n-1)-m$	$(m-1)n+1$
Zeitkomplexität	$n-1$	m	$n-1$	$2m-1$	m
Parallelität	1	$n/2^l$	1	$n/2^l,\ n/2^l-1$	$n-2^{l-1}$

Die Algorithmen (4.1.3), (4.1.6) und (4.1.8) besitzen den Nachteil, dass elementare Teilaufgaben erzeugt werden, die nur jeweils eine Grundoperation – die Verknüpfung zweier Komponenten – ausführen. Im Beispiel der Summation von Zahlen erhält man mit der Addition zweier reeller Zahlen die kleinste mögliche Granularität. Bei der Summation von Vektoren oder Matrizen ist eine akzeptablen Granularität auch bei nur einer Addition wesentlich eher zu erreichen.

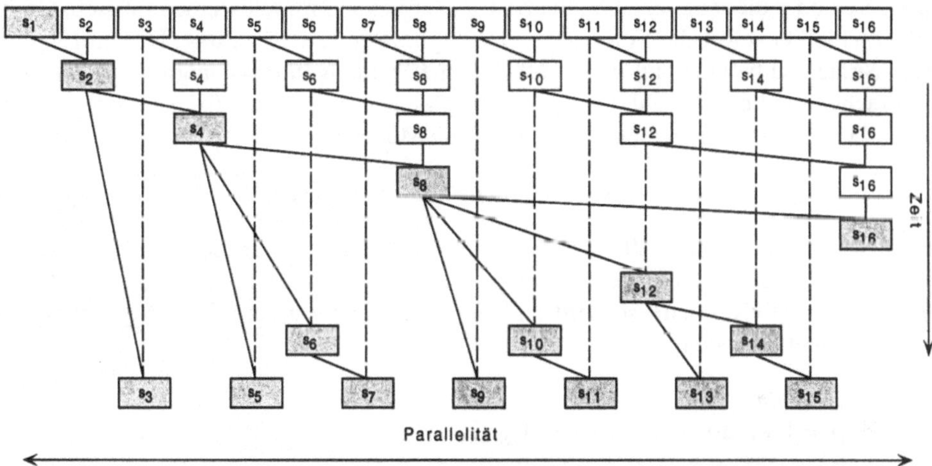

Abb. 4.1.1   Ablaufdiagramm von Algorithmus (4.1.6) für $n = 16$.

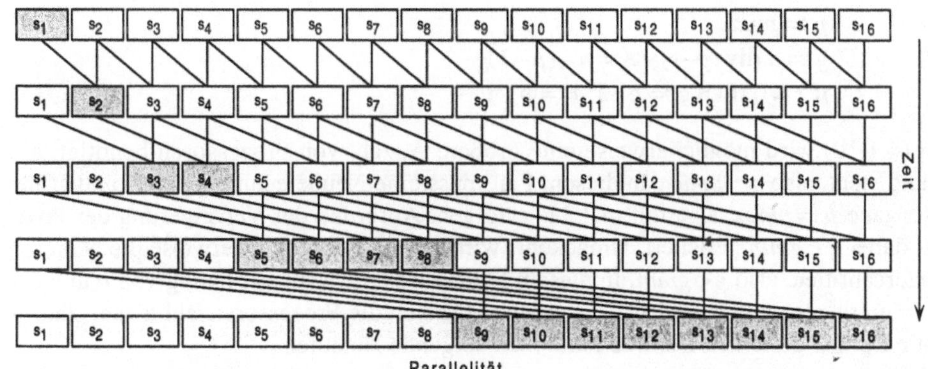

Abb. 4.1.2   Ablaufdiagramm von Algorithmus (4.1.8) für $n = 16$.

Im Folgenden werden am Beispiel der Summation von n reellen Zahlen Strategien für Reduktionsalgorithmen für den Fall (4.1.1) – Berechnung nur des Endergebnisses s – und (4.1.4) – Berechnung aller Partialsummen – für Parallelrechner mit gemeinsamem und mit verteiltem Speicher sowie Vektor- und Mikroprozessoren angegeben. Überlegungen zum Speicherplatzbedarf sind bei dem hier diskutierten einfachen Problem nicht erforderlich. Unter der Voraussetzung mathematischer Korrektheit und ausreichender numerischer Genauigkeit verbleibt die Zeitkomplexität als wesentlicher Gesichtspunkt. Während in den obigen Algorithmen immer die jeweils maximal erreichbare Parallelität ausgenutzt wurde, streben wir in allen folgenden Algorithmen eine größere Granularität an. Außerdem sind in realistischen Anwendungen meist vorgegeben:

- eine Maximalanzahl verfügbarer Prozessoren $p \equiv pmax$
- eine Mindestgranularität $g \equiv gmin$.

Dies hat zur Folge, dass in jedem Teilschritt entweder die Anzahl p der tatsächlich benötigten Prozessoren oder die mögliche Granularität g oder beide ermittelt werden müssen. Grundsätzlich stellt sich hierbei sofort die Frage nach einer optimalen Lastverteilung. Die im folgenden skizzierten Strategien beruhen auf der Annahme einer beliebigen Problemgröße $n \in \mathbf{N}$, wobei n zur Vereinfachung mit der Anzahl der Operanden gleichgesetzt wird. Wir verwenden in verschiedenen parallelen Algorithmen dieses Abschnitts die Modelle

$$n = (p-1)g + r, \ 0 \le r \le g, \ \text{und} \ n = (p-1)g + r, \ 0 \le r \le p-1.$$

Hierbei wird n ganzzahlig mit Rest entweder durch eine vorgegebene Granularität g, oft eine Mindestgranularität $g \equiv gmin$, oder durch $p-1$ bei vorgegebener Prozessoranzahl $p \equiv pmax$ dividiert. Geht die Division auf, so wird r gleich dem Divisor gesetzt. Der Algorithmus für dieses Vorgehen lautet im ersten Fall

$$g \equiv gmin \tag{4.1.10}$$
$$p := 1 + n \ \mathbf{div} \ g; \ \ r := n - (p-1)g$$
$$\mathbf{if} \ r = 0 \ \mathbf{then} \ \ p := p-1; r := g.$$

und im zweiten Fall

$$p := pmax \tag{4.1.11}$$
$$g := n \ \mathbf{div} \ (p-1); \ \ r := n - (p-1)g$$
$$\mathbf{if} \ r = 0 \ \mathbf{then} \ g := g-1; r := p-1.$$

In (4.1.10) wird möglicherweise eine größere Anzahl von Prozessoren benötigt, als zur Verfügung steht, also $p > pmax$. In diesem Fall muss eine Neuberechnung der Granularität g unter der Vorgabe $p := pmax$, also mit (4.1.11) erfolgen. Aufgrund der Verringerung der Prozessoranzahl ist dabei $g \ge gmin$ gesichert. Umgekehrt wird in (4.1.11) möglicherweise die Mindestgranularität unterschritten, also $g < gmin$. In diesem Falle wird eine Neuberechnung von p unter Vorgabe von $g := gmin$, also mit (4.1.11), durchgeführt. Da sich die Prozessoranzahl zwangsläufig verringert, ist $p \le pmax$ gesichert. Damit erhalten wir folgende Abläufe:

Ausführung von (4.1.10) $\hspace{6cm}$ (4.1.12)
$\mathbf{if} \ p > pmax \ \mathbf{then}$ Ausführung von (4.1.11) mit $p := pmax; g \ge gmin$

oder

Ausführung von (4.1.11)

if $g < gmin$ **then** Ausführung von (4.1.10) mit $g := gmin;\ p \leq pmax.$

In diesem Modell erhalten $p{-}1$ Prozessoren eine Teilaufgabe der Größe g, während nur dem letzten Prozessor eine Teilaufgabe abweichender Größe r zugeordnet wird. Damit erreicht man jedoch unter Umständen nur eine ungleichgewichtige Lastverteilung, da etwa für $p \ll g$ und $p \gg g$ zwangsläufig auch $r \ll g$ und $r \gg g$ gilt. Dies zeigen folgende, besonders krasse Beispiele:

$$
\begin{array}{lllll}
(4.1.10): & n = 999 & g = 200 & \Rightarrow & p = 5 \quad r = 199 \\
          & n = 999 & g = 5   & \Rightarrow & p = 200 \quad r = 4 \\
(4.1.11): & n = 995 & p = 7   & \Rightarrow & g = 165 \quad r = 5 \\
          & n = 986 & p = 142 & \Rightarrow & g = 6 \quad r = 140.
\end{array}
$$

Eine für beliebige $n \in \mathbf{N}$ weitestgehend gleichmäßige Lastverteilung lässt sich durch Aufteilung der Prozessoren in zwei Gruppen erreichen. Hierzu wird im Anschluss an (4.1.10) oder (4.1.11) und gegebenenfalls noch (4.1.12) die letzte Teilaufgabe auf die restlichen Prozessoren verteilt, wobei eine um Eins verringerte Prozessoranzahl in Kauf genommen wird. Es bezeichne $g^{(i)}$ die Granularität der Prozessor P(i), $1 \leq i \leq p$, zugeordneten Teilaufgabe.

Nach Ausführung von (4.1.10) oder (4.1.11) (und (4.1.12)): $\qquad\qquad$ (4.1.13)

$\quad$ **if** $(r > 0\ \textbf{and}\ p > 1)$

$\quad$ **then** $\quad p := p - 1;\ s := r\,\mathbf{div}\,p$

$\qquad\quad$ **if** $s > 0$ **then** $g := g + s$

$\qquad\quad$ $t := r - s\,p$

$\qquad\quad$ **if** $t > 0$ **then** $g^{(1)} := \ldots := g^{(t)} := g{+}1;\ g^{(t+1)} := \ldots := g^{(p)} := g.$

In diesem Modell unterscheiden sich die Granularitäten zweier Teilaufgaben maximal um 1. Allerdings führt die Unterscheidung der Zugehörigkeit zu einer der beiden Gruppen zu einer komplizierteren Indizierung. Aus Gründen der Übersichtlichkeit verwenden wir im Folgenden Aufgabenverteilungen auf der Basis von (4.1.10) - (4.1.12), so dass nur die jeweils letzte Teilaufgabe eine abweichende Größe besitzen kann. In den meisten der folgenden Algorithmen muss die Lastverteilung in jedem Schritt erneut überprüft werden. Eine gleichmäßige Lastverteilung ist offenbar schon in einfachsten Fällen kaum durch einen allgemein gültigen Automatismus erreichbar, sondern bedarf einiger Überlegungen und ist insbesondere bei kleinem n häufig mit einem nicht zu vernachlässigenden Aufwand verbunden.

Parallelrechner mit gemeinsamem Speicher <u>Einfache Summation:</u> Wir betrachten (4.1.1) für beliebiges $n \in \mathbf{N}$. Wir nehmen an, dass a überschrieben werden kann. Wir setzen eine Mindestgranularität $g \equiv gmin$ voraus. Das Ergebnis der Summation von g Komponenten ist selbst Summand im jeweils nächsten Schritt. Die Anzahl der Summanden des nächsten Schrittes ist gleich der Anzahl der Prozessoren des aktuellen Schrittes, die noch ermittelt werden muss. In jedem Schritt l, $1 \leq l \leq lmax$, wird daher zunächst die benötigte Prozessoranzahl p_l durch Division mit Rest der Anzahl n_{l-1} der jeweils verbliebenen Summanden durch die Mindestgranularität g ermittelt: $n_{l-1} = (p_l - 1)g + r_l$. Werden beim Ansatz der Mindestgranularität mehr Prozessoren benötigt, als zur

Verfügung stehen, wird die tatsächliche, dann größere Granularität g_l der Teilaufgaben durch Division von n_{l-1} durch p festgelegt: $n_{l-1} = (p-1)g_l + r_l$. Der Fall $p_l > p \equiv pmax$ kann wegen $n_{l+1} = p_l < n_l = p_{l-1}$ nur im ersten Schritt auftreten. Die Anzahl der auszuführenden Schritte $lmax$, $lmax \le [\log_2 n] + 1$, hängt von der Granularität in jedem Schritt ab. Der Algorithmus (4.1.14) und alle folgenden Algorithmen für Parallelrechner mit globalem Adressraum stellen typische Beispiele für einen Code dar, der als *parallele Region* einschließlich der Zuordnung lokaler und globaler Daten formuliert werden kann (vgl. Abschnitt 3.2).

<u>Einfache Summation – Modifikation von (4.1.1)</u>   (4.1.14)

> Daten: **global** $(a[1..n], s, gmin, pmax)$
>   **local** $(g[1..lmax], n[1..n], p[1..lmax], r[1..lmax], h_a,$
> h_n, i, j, k, l, q

$n_0 := n; l := 0; h_n := 1; k := 1$

repeat
    $l := l + 1$
    $g_l := gmin$
    $p_l := 1 + n_{l-1}$ **div** g_l
    $r_l := n_{l-1} - (p_l - 1)\, g_l$
    if $r_l = 0$ **then** $p_l := p_l - 1; r_l := g_l$
    if $l = 1$ **then if** $p_l > pmax$ **then** $p_l := pmax$
                                                $g_l := n_{l-1}$ **div** $(p_l - 1)$
                                                $r_l := n_{l-1} - (p_l - 1)\, g_l$
                                                if $r_l = 0$ **then** $g_l := g_l - 1; r_l := p_l - 1$
    $n_l := p_l; h_a := h_n; h_n := h_n\, g_l$
    if $l > 1$ **then** $k := k\, g_l$
    for $i := 1$ **to** p_l **do parallel on** $P((i-1)k+1)$
        if $i < p_l$ **then** $q := g_l$ **else** $q := r_l$

$$a_{(i-1)\,h_n + 1} := \sum_{j=1}^{q} a_{(i-1)\,h_n + (j-1)h_a + 1}$$

until $p_l \le 1$

if $i = 1$ **then** $s := a_1$.   ◆

In (4.1.14) erfolgt keine über alle Schritte l feste Zuordnung von Daten zu Prozessoren. Die Felder g, n, p, r können durch skalare Variablen g, n, p, r ersetzt werden, da g_l, p_l, n_l, r_l in jedem Schritt überschrieben werden dürfen. Alle Prozessoren verwenden das globale Feld $a = (a_1,...,a_n)$. Die Verteilung der Komponenten von a auf die Teilaufgaben erfolgt hier willkürlich und wird nur aus Gründen der einfacheren Indizierung fortlaufend vorgenommen. Das Zwischenergebnis jeder Teilaufgabe überschreibt die jeweils erste Komponente, so dass das Endergebnis schließlich in a_1 enthalten ist. Abb. 4.1.3 zeigt das Aufteilungsprinzip für $n = 14$, $g = 3$. Grau unterlegte Komponenten werden mit dem Ergebnis einer Teilsummation im jeweiligen Schritt überschrieben und nehmen an der Summation im nächsten Schritt teil. In jedem Schritt l ist nach der paral-

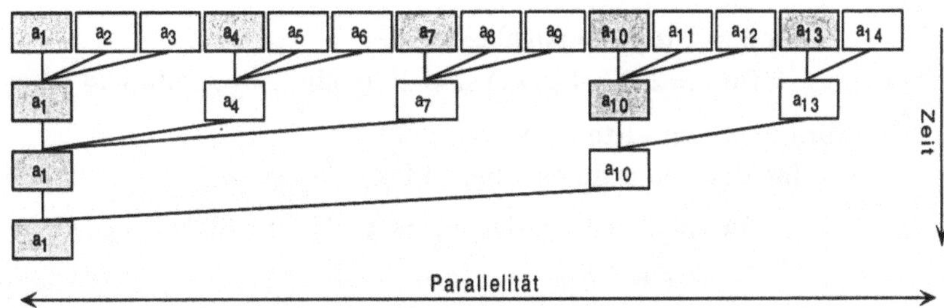

Abb. 4.1.3   Ablaufdiagramm von Algorithmus (4.1.14) für $n = 14$, $g = 3$.

lelen **for**-Schleife eine Synchronisation erforderlich. Einfache Parameter wie die eigentlich globalen Variablen n_l, p_l, r_l, g_l werden meist lokal berechnet, um den im Allgemeinen größeren Aufwand für einen weiteren Synchronisationspunkt einzusparen. Es sei daran erinnert, dass die Zählvariablen zu parallelisierender Schleifen je nach Compiler oder Präprozessor unterschiedlich teils als globale, teils als lokale Variable behandelt werden.

Partialsummen: Wir verallgemeinern zunächst (4.1.6) für beliebige $n \in \mathbf{N}$, indem die zweite l-Schleife formal ab $m = [\log_2 n]$ und die zweite i-Schleife formal bis n ausgeführt wird. Eine Verallgemeinerung mit Anpassung der Granularität und der Prozessoranzahl auf der Basis von (4.1.14) in jedem Schritt l ist grundsätzlich möglich. Aufgrund der Verwendung der Struktur von (4.1.6) ist in jedem Schritt l die verbleibende Teilproblemgröße n_l bekannt.

Partialsummen – Modifikation von (4.1.6)   (4.1.15)

Daten: **global** ($\mathrm{a}[1..n]$, $\mathrm{s}[1..n]$, *gmin*, *m*, *n*, *pmax*)
          local ($\mathrm{g}[1..m]$, $\mathrm{n}[0..m]$, $\mathrm{p}[1..m]$, *i*, *j*, *k*, *l*)

$n_0 := n$; $g_0 := gmin$; $p_0 := 1 + n_0 \,\mathbf{div}\, g_0$
if $n_0 = (p_0 - 1)g_0$ **then** $p_0 := p_0 - 1$
if $p_0 > pmax$ **then** $p_0 := pmax$
$\qquad\qquad\qquad g_0 := n_0 \,\mathbf{div}\, (p_0 - 1)$
$\qquad\qquad\qquad$ **if** $n_0 = (p_0 - 1)g_0$ **then** $p_0 := p_0 - 1$
for $k := 1$ **to** p_0 **do parallel on** P(k)
$\qquad$ **for** $i := (k{-}1)g_0 + 1$ **to** $\min(k\,g_0, n)$ **do** $s_i := a_i$
for $l := 1$ **to** m **do**
$\qquad n_l := n_{l-1} \,\mathbf{div}\, 2$
$\qquad p_l := 1 + n_l \,\mathbf{div}\, gmin$
$\qquad$ **if** $n_l = (p_l - 1)g_l$ **then** $p_l := p_l - 1$
$\qquad$ **if** $p_l \le pmax$ **then** $g_l := gmin$
$\qquad\qquad\qquad$ **else** $p_l := pmax$
$\qquad\qquad\qquad\qquad g_l := n_l \,\mathbf{div}\, (p_l - 1)$
$\qquad\qquad\qquad\qquad$ **if** $n_l = (p_l - 1)g_l$ **then** $p_l := p_l - 1$

for $k := 1$ **to** p_l **do parallel on** $\mathrm{P}(k)$
   for $i := 2^l\,((k{-}1)g_l{+}1)$ **step** 2^l **to** $\min(2^l\,k\,g_l, n)$ **do** $s_i := s_i + s_{i-2^{l-1}}$

for $l := m$ **step** -1 **to** 1 **do**
   for $k := 1$ **to** p_l **do parallel on** $\mathrm{P}(k)$
      for $i := 2^{l-1}{+}2^l\,((k{-}1)g_l{+}1)$ **step** 2^l **to** $\min(2^{l-1}{+}2^l\,k\,g_l, n)$ **do**

        $s_i := s_i + s_{i-2^{l-1}}.$ ◆

In jedem Schritt l werden die Komponenten s_i, $1 \le i \le n_l$, der Anzahl nach auf p_l Prozessoren verteilt. Eine für alle Schritte l feste Zuordnung von Komponenten zu Prozessoren wird auch hier nicht vorgenommen. Dies wäre jedoch durch eine entsprechende Umindizierung der i-Schleifen erreichbar. Anders als in (4.1.14) ist die Schrittanzahl $2m$ ($2m{-}1$ im Spezialfall $n = 2^m$) fest vorgegeben. Durch Anpassung der Granularität g bzw. g_l – und damit auch der Prozessoranzahl p bzw. p_l – kann jedoch die Zeitkomplexität pro Schritt beeinflusst werden. Im Gegensatz zu (4.1.14) ist wegen $n_l = n_{l-1}$ **div** 2 auch für $l > 1$ der Fall $p_l > pmax$ zunächst nicht ausgeschlossen.

In (4.1.15) muss weiterhin nach jedem Durchlauf durch die beiden l-Schleifen synchronisiert werden. Die Anzahl der Synchronisationspunkte kann verringert werden. Hierzu betrachten wir den Spezialfall $n = (p{-}1)b + r$, $r \le b$, $b = 2^t$, $n, p, r, t \in \mathbf{N}$. Jedem von p Prozessoren werden b bzw. r Komponenten a_i und s_i <u>fest</u> für alle Schritte l zugeordnet. Vergleiche Abb. 4.1.1 für diesen Fall.

<u>Partialsummen – Modifikation von (4.1.6) und (4.1.15)</u>   (4.1.16)

Daten:	**global** $(\mathrm{a}[1..n],\, \mathrm{s}[1..n],\, b,\, g,\, p,\, t)$
	local $(i,\, j,\, k,\, l)$

for $k := 1$ **to** p **do parallel on** $\mathrm{P}(k)$
   for $i := (k{-}1)b{+}1$ **to** $\min(kb, n)$ **do** $s_i := a_i$
   for $l := 1$ **to** t **do**
      for $i := 2^l + (k{-}1)b$ **step** 2^l **to** $\min\{k\,b, n\}$ **do** $s_i := s_i + s_{i-2^{l-1}}$

for $l := t{+}1$ **to** m **do**
   for $k := 2^l$ **step** 2^l **to** $(n$ **div** $2^l)\,2^l$ **do parallel on** $\mathrm{P}(k/2^t)$ $\;s_k := s_k + s_{k-2^{l-1}}$

for $l := m$ **step** -1 **to** $t{+}1$ **do**
   for $k := 2^{l-1}{+}2^l$ **step** 2^l **to** $2^{l-1} + ((n - 2^{l-1})$ **div** $2^l)\,2^l$ **do parallel on** $\mathrm{P}(k/2^t)$
      $s_k := s_k + s_{k-2^{l-1}}$

for $k := 1$ **to** p **do parallel on** $\mathrm{P}(k)$
   for $l := t$ **step** -1 **to** 1 **do**
      for $i := 2^{l-1} + \max\{2^l, (k{-}1)b\}$ **step** 2^l **to** $\min\{k\,b, n\}$ **do** $s_i := s_i + s_{i-2^{l-1}}.$ ◆

In den Schritten 1 bis t der ersten l-Schleife können die Teilsummen

$$s_i = \sum_{j = (k-1)b+1}^{i} a_j \ \text{ für } \ i := 2^l + (k{-}1)b \ \ (2^l) \ \ \min\{kb, n\},\ 1 \le l \le t,$$

mit einem beliebigen Algorithmus berechnet werden. In (4.1.16) wird hierzu weiterhin gemäß (4.1.6) verfahren. Die Zwischensummen können unabhängig voneinander berechnet werden, so dass in diesen Schritten keine zwischenzeitliche Synchronisation erforderlich wird. Analog können die in den Schritten t bis 1 der letzten l-Schleife abschließend berechneten s_i unabhängig, also ebenfalls ohne Synchronisation ermittelt werden. Die Granularität im l-ten Schritt beträgt $g_l = b/2^l$ (erste m Schritte) bzw. $g_l = b/2^L{-}1$ (zweite m Schritte). Aufgrund der wechselnden Granularität werden im jeweils l-ten Schritt nicht alle Prozessoren benötigt. Die feste Zuordnung der Komponenten zu Prozessoren gestattet es, die jeweils aktiven Prozessoren genau zu benennen. Letztere sind an einer nichtleeren Laufindexmenge der jeweiligen i-Schleife erkennbar. In den Schritten mit Index $l > t$ sind die k- und die l-Schleifen vertauscht. Nach jedem dieser Schritte muss synchronisiert werden. Für $t \leq l \leq m$ beträgt die Granularität der Teilaufgaben für jeden der dann noch aktiven Prozessoren nur noch 1. Dies wird jedoch dadurch relativiert, dass für hinreichend große l der Aufwand g_l des l-ten Schrittes im Hinblick auf den Gesamtaufwand vernachlässigt werden kann.

(4.1.6) und (4.1.16) beruhen auf der Aufteilung eines Divide and Conquer-Ansatzes in größere Teilaufgaben. Dieser führt auch hier zu einer logarithmischen Schrittanzahl und zu einem arithmetischen Aufwand pro Schritt, der sich, beginnend mit $[n/2]$, im ersten Teil von Schritt zu Schritt in etwa halbiert und im zweiten Teil in etwa verdoppelt. Modifiziert man (4.1.14) auf der Basis von (4.1.8), so erhält man einen Algorithmus mit etwa der halben Schrittzahl, in dem sich der Gesamtaufwand pro Schritt beginnend mit $n-1$ im l-ten Schritt um 2^{l-1} bis auf $n-2^{m-1}$ verringert. In Analogie zu (4.1.16) kann aus (4.1.14) und (4.1.8) ein Algorithmus für beliebiges $n \in \mathbf{N}$ abgeleitet werden, in dem für jeden Schritt l die Granularität g_l der Teilaufgaben und die Prozessoranzahl p_l angepasst werden. Wegen $n-2^{m-1} \geq n/2$ ist es jedoch zu rechtfertigen, vereinfachend mit einer festen Granularität $g_l \equiv g = 2^t$, $t \leq m$, also $n = (p-1)g + r$, zu arbeiten, so dass die Anzahl der im l-ten Schritt tatsächlich benötigten Prozessoren mit wachsendem l sinkt. Jeweils g beziehungsweise r Komponenten werden fest einem Prozessor zugeordnet. Anders als in (4.1.16) muss in beiden Versionen nach jedem Schritt l synchronisiert werden (Abb. 4.1.2).

<u>Partialsummen – Modifikation von (4.1.8) analog (4.1.14)</u>   (4.1.17)

> Daten: **global** $(\mathtt{a}[1..n],\ \mathtt{s}[1..n],\ g,\ m,\ n,\ p)$ **local** $(i,\ k,\ l)$

for $k := 1$ **to** p **do parallel on** $\mathrm{P}(k)$
    for $i := 1 + (k-1)g$ **to** $\min\{k\,g, n\}$ **do** $s_i := a_i$

for $l := 1$ **to** m **do**
    for $k := (2^{l-1} \mathbf{\ div\ } 2^t) + 1$ **to** p **do parallel on** $\mathrm{P}(k)$
        for $i := 1 + \max\{2^{l-1}, (k-1)g\}$ **to** $\min\{k\,g, n\}$ **do** $s_i := s_i + s_{i-2^{l-1}}$.   ◆

Tab. 4.1.2 vermittelt einen etwas detaillierteren Überblick über die Komplexitätseigenschaften der konkurrierenden Algorithmen (4.1.16) und (4.1.17) für den Spezialfall $n = 2^m$. (4.1.17) weist eine deutlich höhere arithmetische Gesamtkomplexität als (4.1.16) auf, die jedoch in (4.1.17) durch eine in den meisten Schritten größere Granularität der Teilaufgaben und – sofern verfügbar – eine größere Anzahl von Prozessoren kompensiert wird. Andererseits benötigt (4.1.17) nur etwa halb so viele Schritte wie (4.1.16). Diese sind jedoch im Gegensatz zu Tab. 4.1.1 aufgrund

Tab. 4.1.2 Eigenschaften der Algorithmen (4.1.16), (4.1.17) für $n = 2^m$

	(4.1.16)	(4.1.17)
arithm. Gesamtkomplexität	$2(n-1)-m$	$(m-1)n+1$
Schrittanzahl	$2m-1$	m
Prozessoren	$n/2^t$ $\quad l=1\,(1)\,t$ $n/2^l$ $\quad l=t+1\,(1)\,m$ $n/2^l-1$ $\; l=m-1\,(1)\,t+1$ $n/2^t-1$ $\; l=t\,(-1)\,1$	$n/2^t$ $\qquad 1\le l\le t$ $(n-2^{l-1})/2^t$ $\; l>t$
arithmetische Gesamt- komplexität pro Schritt	$n/2^l$ $\quad l=1\,(1)\,m$ $n/2^l-1$ $\; l=m-1\,(-1)\,1$	$n-2^{l-1}$
Granularität	2^{t-l} $\quad l=1\,(1)\,t$ $2^{t-l}-1$ $\; l=t\,(-1)\,1$ 1 $\qquad l>t$	2^t
parallele arithmetische Ge- samtkomplexität	$2n-1-2(m-t)-1$	$m\,2^t$
Synchronisationspunkte	$2(m-t)-1$	$m+1$

der für unterschiedliche l unterschiedlichen Komplexität nicht mehr als einheitliche Zeitschritte zu werten. Den in diesem Zusammenhang aussagekräftigsten Maßstab bietet die parallele arithmetische Gesamtkomplexität eines Algorithmus. Diese wird ermittelt, indem in jedem Schritt l das Maximum der arithmetischen Komplexitäten aller jeweils parallel auszuführenden Teilaufgaben berechnet wird und nachfolgend die Maxima für alle Schritte aufsummiert werden. Zusätzlich muss der Aufwand für die Synchronisation berücksichtigt werden, der mit sinkender Problemgröße immer mehr ins Gewicht fällt. Dieser Aufwand wird hier vereinfachend durch die Anzahl der Synchronisationspunkte ausgedrückt. Unter beiden Aspekten ist (4.1.16) für größere Werte von t, genauer für $m < 2(t+1)$, also für im Vergleich zu n große Werte 2^t und damit kleine Prozessoranzahlen $p = 2^{m-t}$, und (4.1.17) für kleinere Werte von t vorteilhafter.

Parallelrechner mit verteiltem Speicher Im Unterschied zu (4.1.14) bearbeitet jeder Prozessor die ihm zugeordnete Teilaufgabe durch Ausführung eines lokalen Codes auf seinen lokalen Daten sowie denjenigen Daten, die er von anderen Prozessoren explizit zugesandt bekommt. Das Ergebnis muss gegebenenfalls an einen anderen Prozessor versandt werden. Die zu summierenden Zahlen werden in einem lokalen Feld $a[1..gmax]$ abgelegt. Anders als bei dem in (4.1.14) globalen Feld a spielt die relative Position jedes Feldelements keine Rolle mehr. Charakteristisch für den Übergang von globalen zu lokalen Daten ist eine – unter Umständen aufwendige – Umindizierung bei Feldzugriffen während der Codeerstellung.

<u>Einfache Summation:</u> Im folgenden Algorithmus wird unterstellt, dass die physikalische Anordnung der Prozessoren keinen Einfluss auf die Kommunikation besitzt. Andernfalls muss letztere entsprechend angepasst werden. Die Aufteilung der Teilaufgaben erfolgt wie in (4.1.14) (Abb. 4.1.3). Insbesondere erhält in jedem Zeitschritt in jeder Gruppe der jeweils erste Prozessor alle Zwischenergebnisse aus seiner Gruppe und bleibt als einziger im nächsten Zeitschritt aktiv. Im jeweils l-ten Schritt sind p_l Prozessoren aktiv, die ihre Daten aus den vorangehenden Schritten

behalten. Die in einem Schritt aktiven Prozessoren werden jeweils in Gruppen von g_l bzw. r_l Prozessoren, entsprechend der Granularität des nächsten Schrittes, unterteilt. Im l-ten Schritt muss dabei schon bekannt sein, ob ein Prozessor auch im $(l+1)$-ten Schritt noch aktiv ist. Daher werden g_l, n_l, p_l, r_l im Gegensatz zu (4.1.14) für alle Schritte l vorab berechnet. Die Berechnung dieser eigentlich globalen Variablen erfolgt auch hier lokal, da es günstiger ist, einige wenige ganzzahlige Werte mehrfach, aber parallel zu berechnen, statt diese auf einem Prozessor sequentiell zu ermitteln und dann mittels p_1-1 kurzen Nachrichten ineffizient an alle anderen Prozessoren zu verschicken. Die tatsächlich benötigte Größe der lokalen Felder g, n, p, r vor allem a, steht somit erst zur Laufzeit fest. Die Größe der Felder g, n, p, r, ist im Wesentlichen gleich der Anzahl der Schritte l und damit sehr klein. Es reicht aus, l durch eine grobe Schranke *lmax* nach oben abzuschätzen. Bei der Berechnung der g_l, n_l, p_l, r_l in Analogie zu (4.4.14) kann der Fall $p_l >$ *pmax* eintreten, der eine Vergrößerung von g_{l+1} im Vergleich zu g_l nach sich zieht. Nach Berechnung aller g_l und r_l, wird daher ihr Maximum berechnet und nachfolgend auf jedem Prozessor ein lokales Feld a[1..*gmax*] dynamisch angelegt, sofern in der verwendeten Programmiersprache eine dynamische Speicherverwaltung möglich ist.

Bei statischer Speicherverwaltung muss eine Schranke für *gmax* bereits bei Programmerstellung bekannt sein. Wir nehmen im folgenden zur Vereinfachung an, dass bereits vor Programmerstellung die Beziehungen $p_1 \leq$ *pmax* und $g_1 \geq$ *gmin* nachprüfbar seien. Falls diese gelten, muss bei Berechnung aller p_l, $l \geq 2$, ausschließlich (4.1.10) mit fester Granularität $g := g_1$ angewendet werden: Es bleibt $g_l = g_1 = g$, $r_l \leq g_1$, für alle l und damit wegen $n_l = p_l$, $l \geq 1$, auch $p_l \leq$ *pmax* gesichert. Wir setzen *gmax* $:= g$. Wir nehmen ferner an, dass die Komponenten des jeweiligen lokalen Feldes a zu Beginn der Rechnung bereits im lokalen Speicher jedes betroffenen Prozessors liegen. Um diese Verteilung bei statischer Speicherverwaltung vorab vornehmen zu können, müssen auch g_1, r_1 bei Programmerstellung bekannt sein. Bei dynamischer Speicherverwaltung muss die obige dynamische Speicherallozierung abgewartet werden, nach der das eigentlich globale Feld a, hinsichtlich dessen Ausgangslage hier keine Annahme getroffen wird, auf die einzelnen Prozessoren P(i) in Gruppen $a_{(i-1)g_1+1}, \ldots, a_{ig_1}$, $1 \leq i \leq p_1-1$, und $a_{(p_1-1)g_1+1}, \ldots, a_n$ verteilt werden kann. Im folgenden Algorithmus beschreiben wir die vereinfachte statische Variante.

<u>Einfache Summation – Prozessor P(*me*), $1 \leq me \leq p$:</u>   (4.1.18)

Daten:	**local**	a[1..*gmax*], g[1..*lmax*], n[0..*lmax*], p[1..*lmax*], r[1..*lmax*], l

$n_0 := n; l := 1; k_1 := 1$

$n_1 := p_1; g := g_1$

repeat

    $l := l+1$

    $p_l := 1 + n_{l-1} \textbf{ div } g$

    $r_l := n_{l-1} - (p_l - 1)g$

    if $r_l = 0$ **then** $p_l := p_l - 1; r_l := g$

    $n_l := p_l; k_l := k_{l-1}g_l$

until $p_l \leq 1$

$p_{l+1} := 0; l := 0$

> **while** $me \le p_{l+1}$ **do**
>
> $l := l+1$
>
>   **if** $me \ne (p_l-1)k_l + 1$ **then** $a_1 := \sum_{j=1}^{g} a_j$ **else** $a_1 := \sum_{j=1}^{r_l} a_j$
>
>   **if** $p_l > 1$ **then**
>
>   **if** me **mod** $k_{l+1} \ne 1$
>
>   **then**   **send** (a_1) **to** $P(1+(\textbf{trunc}((me-0.5))\ \textbf{div}\ k_{l+1})\ k_{l+1})$
>
>   **EXIT**
>
>   **else**   **if** $me = (p_{l+1}-1)k_{l+1} + 1$
>
>   **then** **for** $j := 2$ **to** r_l **do receive**(a_j)
>
>   **else** **for** $j := 2$ **to** g **do receive**(a_j)
>
> **until** $me > p_l$
>
> $s := a_1.$ ◆

Bei den Sendeoperationen in (4.1.18) muss der jeweilige Empfänger ermittelt werden. In (4.1.14) wird dazu der erste Prozessor in jeder Gruppe bestimmt. Bei den Empfangsoperationen wird kein Absender festgestellt, da der Empfänger genau g_l-1 bzw. r_l-1 Zwischenergebnisse erhält, deren Reihenfolge und damit auch deren Index bei Vernachlässigung von Rundungsfehleraspekten irrelevant sind. Dies ist allerdings nur aufgrund der Kommutativität der in diesem Beispiel durchzuführenden Addition möglich. Sendende Prozessoren haben ihre Teilaufgabe beendet. Das Endergebnis befindet sich im Speicher von Prozessor P(1).

Die in (4.1.18) notwendige Kommunikation ist aufwendig. Je g_l Additionen entspricht eine Sende- oder Empfangsoperation. Der hierfür erforderliche Aufwand kann unter Umständen durch Wahl eines hinreichend großen g_l tolerierbar gehalten werden. Unvermeidbar ist jedoch, dass nur Nachrichten der Länge 1 verschickt werden. Nachteilig ist ferner, dass die empfangenden Prozessoren in jedem Schritt jeweils g_l Nachrichten empfangen, auch wenn dies unter Umständen mit Additionen überlappt werden kann. In (4.1.18) bleibt offen, ob das Ergebnis im weiteren Verlauf nur von Prozessor P(1) oder auch von den anderen Prozessoren benötigt wird. Im letzteren Fall muss das Ergebnis mittels einer **broadcast**-Funktion von Prozessor P(1) an alle anderen Prozessoren versandt werden.

<u>Partialsummen:</u> Zur Modifikation von (4.1.16) für Parallelrechner mit verteiltem Speicher betrachten wir Abb. 4.1.1 aus Sicht eines ausgewählten Prozessors. Die Überlagerung des Divide and Conquer-Prinzips mit einer festen Zuordnung von Indexbereichen führt zu einem recht komplizierten Algorithmus mit einer komplexen Kommunikationsstruktur. Abb. 4.1.4 illustriert diese am Beispiel zweier Prozessoren für $n = 16$ und $p = 4$. Der Einfachheit halber untersuchen wir nur den Fall $n = 2^m$, $m \in \mathbf{N}$. Bei der Übertragung des folgenden Algorithmus für allgemeines $n \in \mathbf{N}$ sind in jedem Schritt l zusätzlich aufwendige Fallunterscheidungen erforderlich. In den Schritten $l = 1$ bis $l = t$ des ersten Teils führt jeder Prozessor P(me) unabhängig von allen anderen Prozessoren auf den ihm zugeordneten Komponenten $i = (me-1)2^t+1,\ldots, me\, 2^t$ Teilrechnungen aus. In den Schritten $l = t+1$ bis $l = m$ des ersten Teils sind jeweils nur noch gewisse Prozessoren aktiv. Diese ermittelt man durch Berechnung des letzten Schrittes $l = s \equiv s(me)$, in dem ein Prozessor P(me) im ersten Teil aktiv ist. Nach dem jeweils s-ten Schritt versendet P(me) den aktuellen Wert der letz-

ten der ihm zugeordneten Komponenten an seinen in diesem Schritt unmittelbaren rechten Nachbarn $P(me+2^{l-t})$. Prozessoren, deren letzter zugeordneter Index eine Zweierpotenz ist, versenden zusätzlich an die Prozessoren $P(me+2^r)$, $0 \leq r \leq 1-(t+1)$, $l \geq 1$, die jedoch erst später im zweiten Teil empfangen. In diesem Teil sind zunächst in den Schritten $l = m-1$ bis $l = t+1$ wieder nur ge-

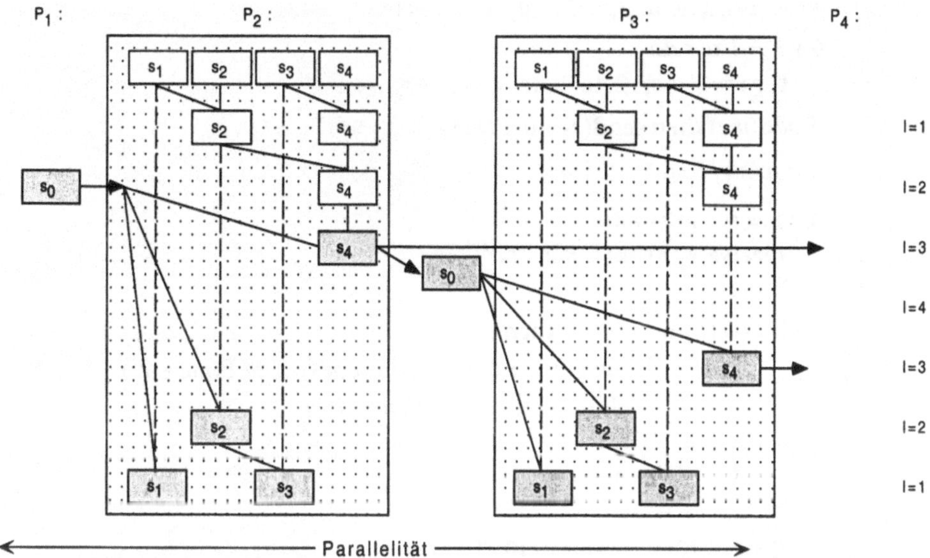

Abb. 4.1.4   Algorithmus (4.1.19) auf zwei ausgewählten Prozessoren für $n = 16$ und $p = 4$.

wisse Prozessoren aktiv, wobei jeder nur in genau einem der genannten Schritte genau eine Komponente – die letzte der ihm zugeordneten – abschließend bearbeitet. Die Indizes der betroffenen Prozessoren und Komponenten lassen sich wieder vorab bestimmen. In diesen Schritten abschließend berechnete Komponenten werden wieder jeweils an teils mehrere rechte Nachbarn versandt. Ist umgekehrt ein Prozessor in einem der Schritte $l = m-1$ bis $l = t+1$ aktiv, so empfängt er in diesem Schritt genau eine Komponente von einem linken Nachbarn und gegebenenfalls eine weitere im Schritt $l = t$. Ist eine der Komponenten eine Zweierpotenz, so wurde diese bereits im ersten Teil des Algorithmus abgesandt. In den Schritten $l = t$ bis $l = 1$ sind wieder alle Prozessoren unabhängig voneinander tätig. Für einen beliebigen Prozessor erhalten wir folgenden Algorithmus. Dabei wird angenommen, dass jedem Prozessor $P(me)$, $me = 2,\dots,p$, von Prozessor $P(1)$ die Parameter m, p, t sowie der jeweilige Teilvektor von a übergeben werden muss.

<u>Partialsummen – Modifikation von (4.1.16), Prozessor $P(me)$, $1 \leq me \leq p = 2^{m-t}$</u>   (4.1.19)

Daten auf $P(1)$:	**local** $a[1..n]$, $s[0..2^t]$, s, i, j, l, t
Daten auf $P(me)$, $me \neq 1$:	**local** $s[0..2^t]$, s, i, j, l

if $me = 1$
then **for** $i := 2$ **to** p **do**
     send $(m, p, t, a[((i-1)2^t+1..i2^t)])$ **from** P(1) **to** P(i)
   $s[1..2^t] := a[1..2^t]$
else **receive**$(m, p, t, s[1..2^t])$ **from** P(1)
for $l := 1$ **to** t **do**
 for $i := 2^l$ **step** 2^l **to** 2^t **do** $s_i := s_i + s_{i-2^{l-1}}$
if odd(me) **then send**(s_{2^t}) **to** P($me+1$)

$s := \max\{j : j \in \mathbf{N}_0, 2^j \,|\, me\}$

for $l := t+1$ **to** $t+s$ **do**
 receive(s_0) **from** P($me - 2^{l-(t+1)}$)
 $s_{2^t} := s_{2^t} + s_0$
 if $l = t+s$ **and** $me < p$ **then**
   if $me = 2^s$ **then** **for** $r := 0$ **to** s **do send**(s_{2^t}) **to** P($me + 2^r$)
      else **send**(s_{2^t}) **to** P($me + 2^{l-t}$)
if me **div** $2^s > 1$ **then**
 receive(s_0) **from** P($me - 2^s$)
 $s_{2^t} := s_{2^t} + s_0$
 if $s = 0$ **then** **send**(s_{2^t}) **to** P($me+1$)
      else **for** $r := 0$ **to** $s-1$ **do send**(s_{2^t}) **to** P($me + 2^r$)
if even(me) **and** $me > 2$ **then receive** (s_0) **from** P($me-1$)
for $l := t$ **step** -1 **to** 1 **do**
 for $i := 2^{l-1} + \max\{2^t - (me-1)2^t, 0\}$ **step** 2^l **to** 2^t **do** $s_i := s_i + s_{i-2^{l-1}}$.   ◆

Nach Abschluss der Berechnung sind die Partialsummen entsprechend der Verteilung der Eingangsdaten a verteilt:

$$s[(i-1)2^t+1..i2^t] \text{ auf } P(i), \ 1 \le i \le p.$$

Diese Aufteilung resultiert aus dem Algorithmus, entspricht jedoch oft nicht der für die weitere Verwendung der Ergebnisse benötigten Verteilung. Dann sind zusätzliche Datentransporte erforderlich: Falls etwa ein ausgewählter Prozessor alle Partialsummen benötigt, ist eine verallgemeinerte **gather**-Operation auszuführen, falls alle Prozessoren alle Partialsummen benötigen, wird eine, oft als **all-to-all** bezeichnete, verallgemeinerte **broadcast**-Operation erforderlich.

Zu Algorithmus (4.1.17) kann ebenfalls eine Variante für Parallelrechner mit verteiltem Speicher angegeben werden. Der Einfachheit halber betrachten wir auch in (4.1.20) nur den Fall $n = 2^m$, $m \in \mathbf{N}$, wobei jeder der p Prozessoren eine Teilaufgabe der Größe $gmax = 2^t$, $t \in \mathbf{N}$, erhält (Abb. 4.1.2 und Abb. 4.1.5 für $n = 16$, $p = 4$ und $t = 2$). Jeder Prozessor ist ab dem ersten Schritt solange aktiv, bis alle ihm zugeordneten Komponenten berechnet sind. Danach werden jedoch seine Daten noch von anderen Prozessoren benötigt. Der Kommunikationsaufwand würde jedoch stark anwachsen. Die Struktur des Algorithmus ist wesentlich einfacher als diejenige von (4.1.19). Mit

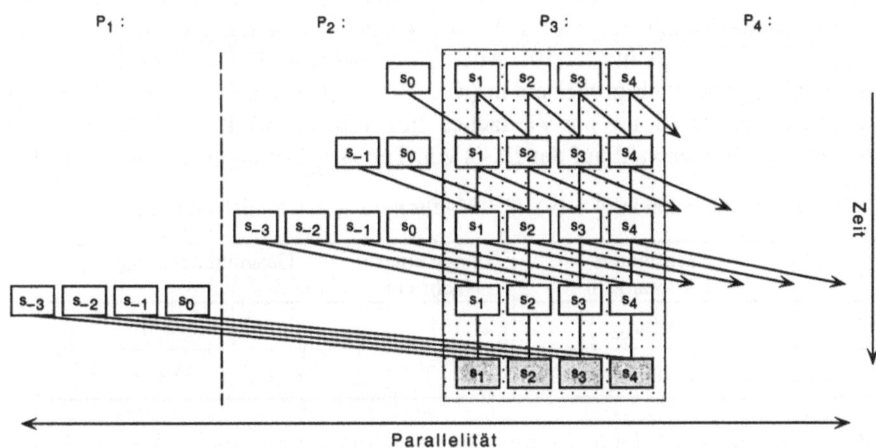

Abb. 4.1.5   Ablaufdiagramm von (4.1.20) auf einem ausgewählten Prozessor für $n = 16$ und $p = 4$.

wachsendem Schrittindex l werden mehr Daten (maximal 2^t) von Prozessoren mit kleinerem Index benötigt, wobei es sich hierbei auch durchaus um dem Index nach weiter entfernt liegende Prozessoren handeln kann. Analoges gilt für den notwendigen Versand von Daten an weiter "rechts" liegende Prozessoren. Abb. 4.1.5 zeigt den Datenfluss für $n = 16$ und $p = 4$ aus Sicht des Prozessors P(3). Schraffierte Felder kennzeichnen wieder vollständig berechnete Partialsummen. Auch (4.1.20) ist aufgrund der Struktur der Partialsummen "rechtslastig": Weiter links stehende Prozessoren beenden früher ihre Berechnungen. Eine zyklische Verteilung der Komponenten, in der jeder Prozessor anstelle eines Blocks jeweils über den gesamten Indexbereich verteilte Komponenten erhält, würde zwar zu einer gleichmäßigeren Lastverteilung, aber auch zu einer komplizierteren Kommunikation, vor allem dem Versand von Einzelkomponenten führen.

Partialsummen – Modifikation von (4.1.17), Prozessor P(me), $1 \le me \le p = 2^{m-t}$ (4.1.20)

> Daten: **local** $s[1-2^t..2^t]$, s, i, j, l

broadcast $(m, p, t, a[1..2^t])$ **from** P(1) **to** (P(2),...,P(p))
$s[1..2^t] := a[1..2^t]$

for $l := 1$ **to** $t+1$ **do**
    if $me > 1$ **then** **receive**$(s_{1-2^{l-1}},...,s_0)$ **from** P($me-1$)
    if $me < p$ **then** **send**$(s_1,...,s_{2^{l-1}})$ **to** P($me+1$)
    for $i := 1$ **to** 2^t **do** $s_i := s_i + s_{i-2^{l-1}}$

for $l := t+2$ **to** m **do**
    if $me > 2^{l-(t+1)}$ **then** **receive**$(s_{1-2^t},...,s_0)$ **from** P($me-2^{l-(t+1)}$)
    if $me < p-2^{l-(t+1)}$ **then** **send**$(s_1,...,s_{2^t})$ **to** P($me-2^{l-(t+1)}$)
    for $i := 1$ **to** 2^t **do** $s_i := s_i + s_{i-2^{l-1}}$.   ◆

Die Angaben der Tab. 4.1.2 zu den Algorithmen (4.1.16) und (4.1.17) können naturgemäß unmittelbar auf (4.1.19) bzw. (4.1.20) übertragen werden. Tab. 4.1.3 enthält Angaben zum Kommunikations-Gesamtaufwand von (4.1.19) und (4.1.20). In (4.1.20) werden grundsätzlich längere Nachrichten versandt als in (4.1.19). Auch die Gesamtanzahl der Nachrichten in (4.1.20) ist mit mehr als $p \log_2 p$ deutlich größer als in (4.1.19) mit etwa $2p$. Folglich ist das gesamte Nachrichtenvolumen von (4.1.20) um ein Vielfaches größer als in (4.1.19). Der Kommunikationsaufwand kann eine Algorithmenwahl auf der Basis von Tab. 4.1.2 zuungunsten von (4.1.20) verschieben.

Tab. 4.1.3 Kommunikation in (4.1.19), (4.1.20) für $n = 2^m$ (ohne Initialisierungen)

	Nachrichten Gesamtanzahl	Länge einer Nachricht	Gesamtdatenmenge
(4.1.19)	$\approx 2p + (\log_2 p)^2$	1	$\approx 2p + (\log_2 p)^2$
(4.1.20)	$\approx p\,\{t{+}3{+}\log_2 p\} - (t{+}1)$	$2^t,\ 2^{l-1}$	$\approx n\,\{\log_2 p - 3\} + (t{+}1)^{t+2}$

Vektorprozessoren <u>Einfache Summation:</u> Zur Ausführung mittels Vektor-Additionen wird das zu summierende Feld in zwei gleich große beziehungsweise um eine Komponente differierende Teilfelder zerlegt, die komponentenweise addiert werden. Der nun entstehende Vektor der Länge $n/2$ bzw. $n/2{+}1$ wird wieder halbiert, beide Teile werden komponentenweise addiert. Dieser Prozess wird fortgesetzt, bis das Endergebnis in der verbleibenden Komponente steht.

$$n_0 := n;\ l := 0 \qquad\qquad (4.1.21)$$

$$\textbf{repeat}$$
$$l := l + 1;\ n_l := n_{l-1}\ \textbf{div}\ 2$$
$$\textbf{for}\ i := 1\ \textbf{to}\ n_l\ \textbf{do}\ \ a_i := a_i + a_{i+n_l}$$
$$\textbf{if odd}\ (n_{l-1})\ \textbf{then}\ \ n_l := n_l + 1;\ a_{n_l} := a_{n_{l-1}}$$
$$\textbf{until}\ n_l = 1$$
$$s := a_1.$$

Im Spezialfall $n = 2^m$ benötigt man m Zeitschritte, wobei die Parallelität $n_l = n/2^l$ in jedem Zeitschritt beträgt. Wegen des Inkrements 1 in den Vektor-Additionen ist das Risiko von Speicherbank-Konflikten minimiert. n_l ist zwar möglicherweise eine Zweierpotenz. Diese kann jedoch höchstens zu Beginn des Ladens der beiden Vektoren zu einem Konflikt führen. Da Vektoroperationen aufgrund der Anlaufzeit für die Pipelines für kleine Vektorlängen entsprechenden Skalaroperationen unterlegen sein können, kann es sinnvoll sein, den Algorithmus unterhalb eines gewissen Wertes (analog der Mindestgranularität) von $n_l > 1$ skalar weiterzuführen.

<u>Partialsummen:</u> Die Formulierung von Vektoralgorithmen für Partialsummen gestaltet sich ungleich schwieriger. Die einfachste Möglichkeit bietet eine Summation nach "Diagonalen":

$$\textbf{for}\ i := 1\ \textbf{to}\ n\ \textbf{do}\ \ s_i := a_i \qquad\qquad (4.1.22)$$
$$\textbf{for}\ l := 2\ \textbf{to}\ n\ \textbf{do}$$
$$\textbf{for}\ i := l\ \textbf{to}\ n\ \textbf{do}\ \ s_i := s_i + a_{i-l+1}.$$

Die Vektorlänge im l-ten Schritt beträgt $n{-}l{+}1$. Jedoch steigt der arithmetische Gesamtaufwand im Vergleich zum sequentiellen Fall von $n{-}1$ auf $n(n{-}1)/2$. Diese Steigerung um den Faktor $n/2$

wird durch (4.1.22) nicht aufgewogen. Eine erste Abhilfe bietet ein zu Divide and Conquer-ähnlicher Ansatz. Wir addieren zunächst jeweils zwei benachbarte Komponenten und dann in mehreren Stufen jeweils zwei benachbarte Zwischenergebnisse. Für $n = 2^m$ erhält man nach m Stufen Zwischensummen $s_i = \sum_{j=i-2^l}^{i} a_j$ für gewisse Werte i und l, unter anderem alle vollständig berechneten Partialsummen s_i für $i = 2^l$, $l = 1,\ldots,m$. Mit Hilfe dieser Partialsummen werden dann in einem zweiten Teil die noch unvollständigen Partialsummen mit geradem Index rekursiv aufgefüllt. Zuletzt werden die Partialsummen mit ungeradem Index vervollständigt, indem zu jeder Partialsumme mit geradem Index a_{i-1} addiert wird.

$$
\begin{aligned}
&s := a && (4.1.23)\\
&\textbf{for } l := 1 \textbf{ to } m \textbf{ do}\\
&\qquad \textbf{for } i := 2^l \textbf{ step } 2^l \textbf{ to } n \textbf{ do } \; s_i := s_i + s_{i-2^{l-1}}\\
&\textbf{for } l := 2 \textbf{ to } m{-}1 \textbf{ do}\\
&\qquad \textbf{for } k := 2^l \textbf{ step } 2^{l+1} \textbf{ to } n{-}2^l \textbf{ do}\\
&\qquad\qquad \textbf{for } i := k{+}2 \textbf{ step } 2 \textbf{ to } k + 2^l - 2 \textbf{ do } \; s_i := s_i + s_k\\
&s_1 := a_1\\
&\textbf{for } i := 3 \textbf{ step } 2 \textbf{ to } n{-}1 \textbf{ do } \; s_i := s_{i-1} + s_i.
\end{aligned}
$$

Abb. 4.1.6 illustriert (4.1.23) für $n = 32$, wobei aus Platzgründen nur die Berechnung der Partialsummen mit geradem Index gezeigt wird. Die arithmetische Komplexität von (4.1.23) beträgt nur noch $(\log_2 n + 3)n/4 - 1$, die Vektorlänge im l-ten Schritt $n/2^l$. Die aufgrund der Zweierpotenz-Inkremente möglichen Speicherbank-Konflikte können weitgehend vermieden werden, indem in der ersten l-Schleife von (4.1.23) keine Komponenten überschrieben werden, sondern bei jeder Neuberechnung ein neuer Index eingeführt wird. Da in jedem Schritt l im zweiten Teil des Algorithmus Zwischenergebnisse aus mehreren vorangehenden Schritten benötigt werden, würde die Beibehaltung der neu eingeführten Indizes zu einer ungeordneten Numerierung führen. Daher muss vor dem zweiten Teil die neue Indizierung durch eine mehrstufige, explizite Rückspeicherung rückgängig gemacht werden. Insgesamt erhält man mit (4.1.24) einen Algorithmus mit derselben arithmetischen Komplexität und denselben Vektorlängen wie in (4.1.23). Es treten aber nur noch Inkremente einer maximalen Größe von 2 auf. Dieser Vorteil wird durch die zusätzlichen Speicheroperationen erkauft. Abb. 4.1.7 zeigt den resultierenden, im übrigen wesentlich einfacheren Algorithmus (4.1.24).

$$
\begin{aligned}
&s := a; \; nn := 0 && (4.1.24)\\
&\textbf{for } l := 1 \textbf{ to } m \textbf{ do}\\
&\qquad a := nn; \; nn := nn + n/2^{l-1}\\
&\qquad \textbf{for } i := 1 \textbf{ to } n/2^l \textbf{ do } \; s_{nn+i} := s_{a+2i} + s_{a+2i-1}\\
&s_{a+2} := s_{nn+1}\\
&\textbf{for } l := m{-}1 \textbf{ step } {-}1 \textbf{ to } 1 \textbf{ do}\\
&\qquad nn := a; \; a := a - n/2^{l-1}\\
&\qquad \textbf{for } i := 1 \textbf{ to } n/2^l{-}1 \textbf{ do } \; s_{a+2i+1} := s_{a+2i+1} + s_{nn+i}\\
&\qquad \textbf{for } i := 1 \textbf{ to } n/2^l \textbf{ do } \; s_{a+2i} := s_{nn+i}
\end{aligned}
$$

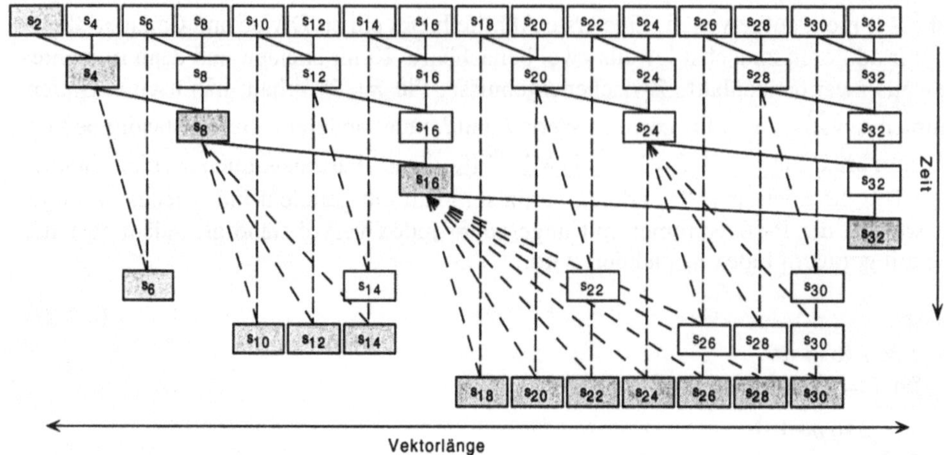

Abb. 4.1.6   Gerade Partialsummen in (4.1.23) für $n = 32$

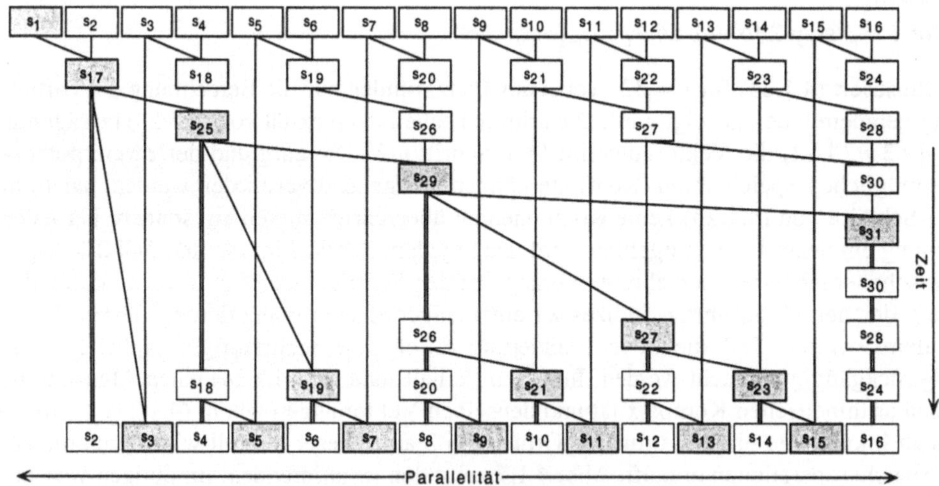

Abb. 4.1.7   (4.1.24) für $n = 16$ (|: Neuberechnung, ||: Umspeichern)

Der Algorithmus (4.1.24) ist den Algorithmen (4.1.23) und (4.1.22) in jedem Falle vorzuziehen. Die mit $O(n^2)$ unvertretbar hohe arithmetische Komplexität von (4.1.22) wird in (4.1.23) auf $O(n \log_2 n)$ gesenkt. Allerdings beeinträchtigen die Speicherbank-Konflikte die Effizienz von (4.1.23) derart, dass bei gleicher arithmetischer Komplexität die zusätzlichen Speicheroperationen in (4.1.24) gerechtfertigt sind. Es bleibt in der jeweiligen Umgebung nur zu ermitteln, ab welcher Problemgröße der Effekt der Vektorisierung den durch sie verursachten Mehraufwand so weit wettmacht, dass ein Vorteil gegenüber der einfachen sequentiellen Berechnung der Partialsummen entsteht. Die schwankenden Vektorlängen in (4.1.22)-(4.1.24) sind unvermeidbar. Tab. 4.1.4 fasst noch einmal die Komplexitätseigenschaften der obigen Algorithmen zusammen.

Tab. 4.1.4 Eigenschaften der Algorithmen (4.1.5), (4.1.22) - (4.1.24) für $n = 2^m$

	(4.1.5)	(4.1.22)	(4.1.23)	(4.1.24)
arithm. Komplexität	$n-1$	$n(n-1)/2$	$\frac{m+3}{4}n - 1$	$\frac{m+3}{4}n - 1$
Indexinkrement	1	1	$2^l,\, 1 \leq l \leq m$	1, 2
Vektorlänge	1	$n-l+1,\, 1 \leq l \leq n$	$n/2^l,\, 2^{l-1}$	$n/2^l,\, n/2^l-1$

Mikroprozessoren Bei einfachen Vektorreduktionen wird eine Optimierung meist bereits durch den Compiler vorgenommen. Dabei können Techniken wie das Abrollen der Schleife angewendet werden. Gleichzeitig für alle Architekturen effiziente Algorithmen lassen sich nicht angeben, da die Feldindizierung, das heißt die Optimierung des Cachezugriffs, eine entscheidende Rolle spielt. Diese Problematik kann nur im Kontext einer konkreten Anwendung behandelt werden, da davon auszugehen ist, dass die Reduktion Bestandteil einer umfassenderen Aufgabe ist.

Schreibweise und Verallgemeinerungen Die obigen Algorithmen können leicht sowohl für beliebige Typen von Reduktionsoperationen als auch für allgemeinere Typen von Operanden angepasst werden. Im Folgenden drücken wir Reduktionen in Algorithmen durch die Schreibweise

reduce(<Operation>, <Ergebnis>; <Operanden>) (4.1.25)
    on <In-Prozessoren> [**to** <Out-Prozessoren>]

oder

op(<Ergebnis>; <Operanden>)
    on <In-Prozessoren> [**to** <Out-Prozessoren>] (4.1.26)

aus. Eine Reduktion des Operationstyps <Operation> bzw. **op** wird auf den Operanden <Operanden> mit dem Ergebnis <Ergebnis> unter Beteiligung der in der Liste <In-Prozessoren> angegebenen Prozessoren ausgeführt. Bei Ausführung auf einem Parallelrechner mit verteiltem Speicher kann zusätzlich angegeben werden, dass das Ergebnis in den lokalen Speichern der in der Liste <Out-Prozessoren> angegebenen Prozessoren gespeichert werden soll. Beispielsweise kennzeichnen wir eine Summation reeller oder komplexer Zahlen auf l Prozessoren formal durch

verteilter Speicher: $\quad \textbf{sum}(s;\ a)\ \textbf{on}\ (P(1),...,P(l))\ [\textbf{to}\ P(j)] \tag{4.1.27}$
gemeinsamer Speicher: $\quad \textbf{sum}(s;\ a_1,...,a_n)\ \textbf{on}\ (P(1),...,P(l)).$

Falls ein Rechner mit verteiltem Speicher eingesetzt wird, verbleibt das Ergebnis auf Prozessor $P(j)$. Auch in diesem Fall ruft jeder der beteiligten Prozessoren die jeweilige Reduktionsroutine auf. Jeder Prozessor kennt allerdings nur seine – lokalen – Variablen $a \in \{a_1,...,a_n\}$. Bei der Reduktion werden daher für jeden Prozessor die jeweiligen lokalen Eingangsdaten a und für den (die) Zielprozessor(en) – hier $P(j)$ – die dort ebenfalls lokalen Ausgangsdaten s angegeben. Falls die Angabe der beteiligten Prozessoren nicht erforderlich ist, verkürzt sich die Notation zu

$$\textbf{sum}(s;\ a)\ \text{bzw.}\ \textbf{sum}(s;\ a_1,...,a_n) \tag{4.1.28}$$

Analog können Reduktionsoperationen auf allgemeineren Datentypen wie Vektoren oder Matrizen gekennzeichnet werden:

$$\mathbf{sum}(s;\, a_1,\ldots,a_n) \text{ on } (P(1),\ldots,P(l)),\quad \mathbf{prod}(S;\, A_1,\ldots,A_n) \text{ on } (P(1),\ldots,P(l)) \qquad (4.1.29)$$

beziehungsweise

$$\mathbf{sum}(s;\, a) \text{ on } (P(1),\ldots,P(l)) \text{ to } P(j),\quad \mathbf{prod}(S;\, A) \text{ on } (P(1),\ldots,P(l)) \text{ to } P(j).$$

Es sei daran erinnert, dass auf den meisten Parallelrechnern optimierte Routinen für verschiedene Reduktionen verfügbar sind, die mittels Quelltextdirektiven, expliziter Unterprogrammaufrufe oder auch automatischer Parallelisierung – genutzt werden können (vgl. Abschnitt 3.2).

4.2 Vektor-Vektor-Operationen und Skalarprodukt

Zur dieser Gruppe, die im BLAS-Konzept als BLAS1 geführt wird, zählen vor die dyadischen Vektoroperationen $V \times V \to V$ wie komponentenweise Vektor-Additionen $c := a + b$, also

$$\mathbf{for}\ i := 1\ \mathbf{to}\ n\ \mathbf{do}\quad c_i := a_i + b_i,$$

analog Vektor-Multiplikationen, -Divisionen, oder *Triaden* der Gestalt $V = V+S*V$ auf skalaren Operanden (Zahlen). Dabei sind allgemeinere lineare Indexinkremente zugelassen. Diese Operationen sind gekennzeichnet durch eine vollständige Parallelität und eine meist geringe Granularität. Für die Vektorarchitektur stellen sie die Grundoperationen dar, die hardwaremäßig umgesetzt werden. Auf Mikroprozessoren geben diese Operationen keinen Anlass zu einer speziellen Optimierung. Auf Parallelrechnern bietet sich höchstens eine Zerlegung der Operation in einzelne Blöcke an. Nur auf Architekturen wie systolischen Feldern, die eine sehr kleine Granularität erlauben, ist eine komponentenweise Parallelisierung von Operationen dieser Gruppe sinnvoll.

Das Skalarprodukt zweier Vektoren mit Zahlen $a_i,\ b_i,\ 1 \le i \le n$, als Komponenten

$$s = (a, b) = \sum_{i=1}^{n} a_i b_i$$

ist als spezielle Summe in vielen numerischen Anwendungen sehr anfällig gegenüber Auslöschungseffekten [Vgr83]. Dieser Gesichtspunkt wird im Folgenden nicht berücksichtigt. Im sequentiellen Fall ist das Skalarprodukt äquivalent zu einer Reduktion

$$s := 0;\ \mathbf{for}\ i := 1\ \mathbf{to}\ n\ \mathbf{do}\ s := s + a_i * b_i. \qquad (4.2.1)$$

Zur Verdeutlichung von Multiplikationen "Skalar * Vektor" $S*V$ und möglicher Verkettungen von Additionen und Multiplikationen schreiben wir im Folgenden letztere häufig explizit als "*". Im vektoriellen Fall kann (4.2.1) als Vektor-Vektor-Operation, gefolgt von einer Vektorreduktion $V \times V \to S$, interpretiert werden. Das Skalarprodukt spielt als Baustein vieler Algorithmen eine ebenso wichtige Rolle wie die Summation. Der parallele Basisalgorithmus lautet

$$\mathbf{for}\ k := 1\ \mathbf{to}\ p\ \mathbf{do\ parallel}\quad s_k = \sum_{i=(k-1)g+1}^{\min\{kg,\,n\}} a_i * b_i \qquad (4.2.2)$$
$$\mathbf{sum}(s;\, s_1,\ldots,s_g)$$

für p Prozessoren und einer (Mindest-)Granularität g für die Vektor-Multiplikation. (4.2.2) führt nach der Parallelisierung wieder auf das Grundproblem in Gestalt von (Teil-)Skalarprodukten zurück. Maximale Parallelität – und damit minimale Granularität – erhält man für $p = n$, $g = 1$:

$$\textbf{for } i := 1 \textbf{ to } n \textbf{ do parallel } \ s_i := a_i{}^*b_i \tag{4.2.3}$$
$$\textbf{sum}(s;\, s_1,...,s_n).$$

Während es (4.2.2) gestattet, die auf vielen Rechnern mögliche Verkettung von Addition und Multiplikation auszunutzen, entfällt diese Möglichkeit im Spezialfall (4.2.3).

Für Vektorprozessoren betrachten wir den *Wagenrad-Algorithmus*. Dieser ermöglicht die Verkettung von Multiplikation und Addition, die Vermeidung von Speicherbank-Konflikten und die Bildung hinreichend großer Vektorlängen. Der arithmetische Gesamtaufwand bleibt dabei unverändert. Es sei $n = (p-1)g + r$, $r \le g$.

$$\textbf{for } i := 1 \textbf{ to } g \textbf{ do } \ s_i := a_i{}^*b_i \tag{4.2.4}$$
$$\textbf{for } j := 2 \textbf{ to } p-1 \textbf{ do}$$
$$\qquad \textbf{for } i := 1 \textbf{ to } g \textbf{ do } \ s_i := s_i + a_{(j-1)g+i}{}^*b_{(j-1)g+i}$$
$$\textbf{for } i := 1 \textbf{ to } r \textbf{ do } \ s_i := s_i + a_{(p-1)g+i}{}^*b_{(p-1)g+i}$$
$$\textbf{sum}(s;\, s_1,...,s_g).$$

Abb. 4.2.1 verdeutlicht den Ablauf. Nach einer Vektor-Multiplikation werden verkettete Vektor-Additionen und -Multiplikationen ausgeführt. Mit Ausnahme eines eventuell verbleibenden Restes beträgt die Vektorlänge durchgehend g. Diese sollte möglichst kleiner oder gleich der Vektorregisterlänge sein. Abschließend muss eine Reduktions-Summation ausgeführt werden.

Für Mikroprozessoren bietet die Zuweisung $s = s + a_i{}^*b_i$ die Möglichkeit, Additionen und Multiplikationen zu verketten, sofern dies von der Hardware unterstützt wird. Allerdings werden beispielsweise auf den Power-Prozessoren in IBM RS/6000-Workstations und -Servern sowie -Parallelrechnern FMA-Instruktionen nur dann ohne Verzögerung ausgeführt, wenn das Ergebnis einer FMA nicht Operand der nachfolgenden FMA ist. Dies ist aber im Ausgangsalgorithmus gerade der Fall. Verschiedene Prozessorarchitekturen unterstützen sogar nur die parallele Ausfüh-

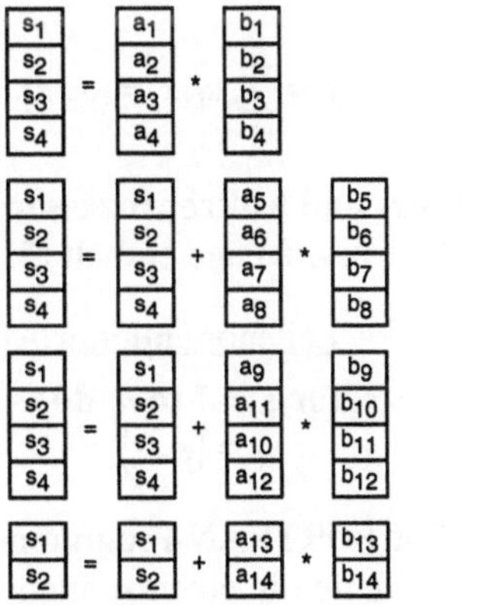

Abb. 4.2.1
Wagenrad-Algorithmus (4.2.4) für $n = 14$ und $g = 4$

$$\begin{bmatrix} s_1 \\ s_2 \\ s_3 \\ s_4 \end{bmatrix} = \begin{bmatrix} a_1 \\ a_2 \\ a_3 \\ a_4 \end{bmatrix} * \begin{bmatrix} b_1 \\ b_2 \\ b_3 \\ b_4 \end{bmatrix}$$

$$\begin{bmatrix} s_1 \\ s_2 \\ s_3 \\ s_4 \end{bmatrix} = \begin{bmatrix} s_1 \\ s_2 \\ s_3 \\ s_4 \end{bmatrix} + \begin{bmatrix} a_5 \\ a_6 \\ a_7 \\ a_8 \end{bmatrix} * \begin{bmatrix} b_5 \\ b_6 \\ b_7 \\ b_8 \end{bmatrix}$$

$$\begin{bmatrix} s_1 \\ s_2 \\ s_3 \\ s_4 \end{bmatrix} = \begin{bmatrix} s_1 \\ s_2 \\ s_3 \\ s_4 \end{bmatrix} + \begin{bmatrix} a_9 \\ a_{11} \\ a_{10} \\ a_{12} \end{bmatrix} * \begin{bmatrix} b_9 \\ b_{10} \\ b_{11} \\ b_{12} \end{bmatrix}$$

$$\begin{bmatrix} s_1 \\ s_2 \end{bmatrix} = \begin{bmatrix} s_1 \\ s_2 \end{bmatrix} + \begin{bmatrix} a_{13} \\ a_{14} \end{bmatrix} * \begin{bmatrix} b_{13} \\ b_{14} \end{bmatrix}$$

$$\boxed{s} = \boxed{s_1} + \boxed{s_2} + \boxed{s_3} + \boxed{s_4}$$

rung voneinander unabhängiger Additionen und Multiplikationen. Auch die Optimierung von Cachezugriffen ist mit der Ursprungsform nicht zu erreichen. (4.2.4) bietet einen Ausgangspunkt für effizientere Algorithmen. Das Abrollen der mittleren und der letzten i-Schleife mit einer geeigneten Tiefe m erzeugt unabhängige Additionen und Multiplikationen beziehungsweise unabhängige FMA's und bildet die Grundlage für die Optimierung von Speicherzugriffen. Dies sei für die mittlere Schleife demonstriert:

$$\textbf{for } j := 2 \textbf{ to } k \textbf{ do} \quad \begin{aligned} s_1 &:= s_1 + a_{(j-1)g+1} {}^* b_{(j-1)g+1} \\ s_2 &:= s_2 + a_{(j-1)g+2} {}^* b_{(j-1)g+2} \\ &\dots \\ s_g &:= s_g + a_{jg} {}^* b_{jg}. \end{aligned}$$

Es sollte m kleiner oder gleich der Cache Line-Länge sein. Je nach Länge der Cache Lines kann es jedoch effizienter sein, g klein zu wählen, um möglichst viele Zwischenergebnisse in Registern zu halten und außerdem den Aufwand für die Reduktions-Summation zu vermindern.

4.3   Matrix-Vektor-Operationen

Als wichtigste der Matrix-Vektor-Operationen $M \times V \rightarrow V$ diskutieren wir die Multplikation

$$y = A\,x, \quad A\ m \times n\text{-Matrix,}$$

mit Zahlen als Komponenten. Häufig treten Zuweisungen $x := A\,x$ auf, in denen die Überschreibung von x zu Abhängigkeiten führt. In diesem Fall sind die folgenden Algorithmen – sofern möglich – entsprechend zu modifizieren, was hier jedoch nicht ausgeführt wird. Im Folgenden bezeichnen wir die Zeilen bzw. Spalten einer $N \times N$-Matrix A durch a_i, $1 \le i \le N$, bzw. a^j, $1 \le j \le N$.

4.3.1   Matrix-Vektor-Multiplikation für vollbesetzte Matrizen

Die mathematische Formulierung für vollbesetzte Matrizen A ist zeilenorientiert:

$$y_i = \sum_{j=1}^{n} a_{i,j} x_j = (a_i, x), \quad 1 \le i \le m. \tag{4.3.1}$$

Vektor- und Mikroprozessoren Der aus (4.3.1) resultierende Algorithmus greift zeilenweise auf die Matrix A zu und enthält Skalarprodukte $S = (V, V)$ zweier Vektoren als Grundoperation:

<u>Zeilenorientierter Algorithmus</u>   (4.3.2)

$$\textbf{for } i := 1 \textbf{ to } m \textbf{ do} \quad \text{oder} \quad \textbf{for } i := 1 \textbf{ to } m \textbf{ do}$$
$$y_i := (a_i, x) \qquad\qquad\qquad\quad y_i := 0; \textbf{ for } j := 1 \textbf{ to } n \textbf{ do } y_i := y_i + a_{i,j}\, x_j. \qquad \blacklozenge$$

Der für FORTRAN-Programme nachteilige zeilenweise Zugriff auf A kann durch Vertauschung der Schleifen in einen spaltenweisen Zugriff verwandelt werden. Als Grundoperation treten nun *Triaden* (häufig auch als *axpy-Operation* bezeichnet) $V = V + S * V$ auf.

<u>Spaltenorientierter Algorithmus</u>   (4.3.3)

$\mathrm{y} := 0$ oder   **for** $i := 1$ **to** m **do** $y_i := 0$

for $j := 1$ **to** n **do**   **for** $j := 1$ **to** n **do**

   $\mathrm{y} := \mathrm{y} + \mathbf{a}^j\, x_j$ **for** $i := 1$ **to** m **do**

$$y_i := y_i + a_{i,j}\, x_j. \qquad\qquad \blacklozenge$$

Beide Algorithmen sind grundsätzlich auf Vektorprozessoren anwendbar und bieten einen Ausgangspunkt für parallele Algorithmen. Auf Vektorprozessoren wird die Initialisierung in (4.3.2) als Vektoroperation $\mathrm{y} := 0$ separat vorgenommen. In (4.3.2) kann jede Komponente y_i solange in einem Skalarregister verbleiben, bis ihre Berechnung vollständig abgeschlossen ist. Diese Möglichkeit ist für Mikroprozessoren von großem Vorteil. In (4.3.3) hängt dies von der Anzahl und Nutzung der Register ab und ist daher bestenfalls für kleine m denkbar. Auf Vektorprozessoren ist es im Allgemeinen vorteilhafter, den zu modifizierenden Vektor y in einem Vektorregister zu halten, was grundsätzlich in (4.3.3), aber nicht in (4.3.2) möglich ist. Bei nichtquadratischen Matrizen ($m \neq n$) kommt das Verhältnis von m zu n als Entscheidungskriterium hinzu. Auf Vektorprozessoren und häufig auch auf Mikroprozessoren ist eine große Vektorlänge (Länge der inneren Schleife) vorteilhaft, um Verwaltungsaufwand bei der Schleifenverwaltung zu überdecken. Die grundlegenden Eigenschaften von (4.3.2) und (4.3.3) sind in Tab. 4.3.1 gegenübergestellt.

Tab. 4.3.1 Eigenschaften der Algorithmen (4.3.2) und (4.3.3)

	(4.3.2)	(4.3.3)
Zugriff auf $\mathbb{A}$	zeilenweise	spaltenweise
Grundoperation	$S = (V, V)$	$V = V + S * V$
Nachladen	x	y
y_i in Skalarregister	ja	nein
y in Vektorregister	nein	ja
Vektorlänge	n	m

In (4.3.2) wird bei jedem Durchlauf durch die i-Schleife der (ausschließlich zu lesende) Vektor x benötigt. In (4.3.3) trifft dies auf den sowohl zu lesenden als auch zu überschreibenden Vektor y bei jedem Durchlauf durch die j-Schleife zu. Falls die Vektorlänge n bzw. m größer als die Vektorregisterlänge vl beziehungsweise die Cache Line-Länge cl ist, so kann das Problem auftreten, dass bei aufeinander folgenden Durchläufen durch die jeweilige äußere Schleife x bzw. y nicht vollständig in diesen gehalten werden können. Dann muss x bzw. y bei jedem Durchlauf durch die äußere Schleife in den Hauptspeicher zurückgeschrieben werden, um im jeweils nächsten Durchlauf erneut gelesen zu werden. Dies wird in (4.3.4) für das Beispiel eines Vektorprozessors für (4.3.3) mit $n = 2$, $m = 192$, $vl = 64$ in einer assemblerähnlichen Schreibweise skizziert. VR_0, VR_1 bezeichnen Vektorregister, R_0 ein Skalarregister, $\leftarrow$ einen Lade- und $\rightarrow$ einen Schreibvorgang. Bei der Umsetzung der inneren Schleife werden alle Zugriffe auf $\mathbb{A}$ und y über jeweils genau ein Vektorregister (hier VR_0 bzw. VR_1) der Länge vl ausgeführt. Das für y reservierte Vektorregister VR_0 wird beim ersten Durchlauf $j = 1$ durch die j-Schleife nacheinander mit Teilvektoren der Länge $vl = 64$ belegt. Nach der Bearbeitung wird jeder Teilblock zurückgeschrieben, um

Platz für den nächsten Teilblock zu schaffen, da nur VR_0 für y zur Verfügung steht. Zu Beginn des zweiten Durchlaufs $j = 2$ werden erneut die ersten vl Komponenten benötigt, die sich jedoch schon längst wieder im Hauptspeicher befinden. Sie müssen daher erneut geladen werden. Dieser Vorgang wiederholt sich bei jedem Durchlauf durch die j-Schleife, so dass y insgesamt n-mal geladen und wieder weggespeichert werden muss. $\mathbb{A}$ wird insgesamt nur einmal geladen. Bei Architekturen mit Cache tritt ein ähnlicher Effekt auf. Der Vektor y wird in Blöcken der Länge cl vom Hauptspeicher in den Cache geladen. Sind alle für den jeweiligen Teilblock zulässigen Cache Lines gefüllt, tritt ein Cache Miss auf: Teilblöcke von y müssen vom Cache in den Speicher zurückgeschrieben werden, obwohl sie später noch – oft mehrfach – benötigt werden.

$$
\begin{array}{llll}
j = 1: & R_0 \leftarrow x_1 & j = 2: \quad R_0 \leftarrow x_2 & (4.3.4) \\[4pt]
& \mathbf{VR_0} \leftarrow \mathbf{y_{1..64}} & \mathbf{VR_0} \leftarrow \mathbf{y_{1..64}} & \\
& VR_1 \leftarrow \mathbb{A}_{1..64,1} & VR_1 \leftarrow \mathbb{A}_{1..64,2} & \\
& VR_0 \leftarrow VR_0 + VR_1 * R_0 & VR_0 \leftarrow VR_0 + VR_1 * R_0 & \\
& \mathbf{VR_0} \rightarrow \mathbf{y_{1..64}} & \mathbf{VR_0} \rightarrow \mathbf{y_{1..64}} & \\[4pt]
& \mathbf{VR_0} \leftarrow \mathbf{y_{65..128}} & \mathbf{VR_0} \leftarrow \mathbf{y_{65..128}} & \\
& VR_1 \leftarrow \mathbb{A}_{65..128,1} & VR_1 \leftarrow \mathbb{A}_{65..128,2} & \\
& VR_0 \leftarrow VR_0 + VR_1 * R_0 & VR_0 \leftarrow VR_0 + VR_1 * R_0 & \\
& \mathbf{VR_0} \rightarrow \mathbf{y_{65..128}} & \mathbf{VR_0} \rightarrow \mathbf{y_{65..128}} & \\[4pt]
& \mathbf{VR_0} \leftarrow \mathbf{y_{129..192}} & \mathbf{VR_0} \leftarrow \mathbf{y_{129..192}} & \\
& VR_1 \leftarrow \mathbb{A}_{129..192,1} & VR_1 \leftarrow \mathbb{A}_{129..192,2} & \\
& VR_0 \leftarrow VR_0 + VR_1 * R_0 & VR_0 \leftarrow VR_0 + VR_1 * R_0 & \\
& \mathbf{VR_0} \rightarrow \mathbf{y_{129..192}} & \mathbf{VR_0} \rightarrow \mathbf{y_{129..192}.} &
\end{array}
$$

Das ineffiziente mehrfache Nachladen in (4.3.2) oder (4.3.3) kann durch Blockbildung vermieden werden. Hierzu wird der nachzuladende Vektor in Teilvektoren der Länge $bl = vl$ oder $bl = cl$ zerlegt. Die Algorithmen werden modifiziert, indem eine äußere Schleife mit dem Blockindex als Laufindex hinzugefügt wird, während in der innersten Schleife nur noch die Komponenten genau eines Blocks bearbeitet werden. Dadurch wird jeder Block vollständig bearbeitet, ohne dass zwischenzeitlich unnötige Lade- und Speichervorgänge auftreten. Im Folgenden sei

$$
\mathbf{y}^{ii} := \left(y_{ii},...,y_{ii+bl_1-1}\right)^{\mathrm{T}}, \; \mathbb{a}_{ii}^{j} := \left(a_{ii,j},...,a_{ii+bl_1-1,j}\right)^{\mathrm{T}}, \; \mathbb{A}_{ii} := \left(\mathbb{a}_{ii}^{1},...,\mathbb{a}_{ii}^{n}\right), \; ii = 1(bl_1)\,m,
$$

sowie

$$
\mathbf{x}^{jj} := \left(x_{jj},...,x_{jj+bl_2-1}\right)^{\mathrm{T}}, \; \mathbb{a}_{i}^{jj} := \left(a_{i,jj},...,a_{i,jj+bl_2-1}\right), \; \mathbb{A}^{jj} := \left(\mathbb{a}_{1}^{jj},...,\mathbb{a}_{m}^{jj}\right)^{\mathrm{T}}, \; jj = 1(bl_2)\,n.
$$

<u>Algorithmus (4.3.2) mit Blockbildung</u>   (4.3.5)

```
y := 0                              oder        y := 0
for ii := 1 step bl₁ to m do                    for ii := 1 step bl₁ to m do
    for j := 1 to n do                              for j := 1 to n do
        yⁱⁱ := yⁱⁱ + aⁱⁱ xⱼ                             for i := ii to ii+bl₁-1 do
                                                            yᵢ := yᵢ + aᵢ,ⱼ xⱼ
```

<u>Algorithmus (4.3.3) mit Blockbildung</u> (4.3.6)

$y := \mathbb{O}$ oder $y := \mathbb{O}$

for $jj := 1$ **step** bl_2 **to** n **do**   **for** $jj := 1$ **step** bl_2 **to** n **do**

     for $i := 1$ **to** m **do**   **for** $i := 1$ **to** m **do**

         $y_i := y_i + \left(\mathbb{a}_i^{jj}, \mathbb{x}^{jj} \right)$ **for** $j := jj$ **to** $jj+bl_2-1$ **do**

             $y^{ii} := y^{ii} + \mathbb{a}_{ii}^{j} x_j.$ ◆

Aufgrund der Blockbildung übernehmen (4.3.5) und (4.3.6) nicht die Eigenschaften ihres jeweiligen Ausgangsalgorithmus, sondern – mit Ausnahme des entfallenden Nachladens – des jeweils anderen Algorithmus:

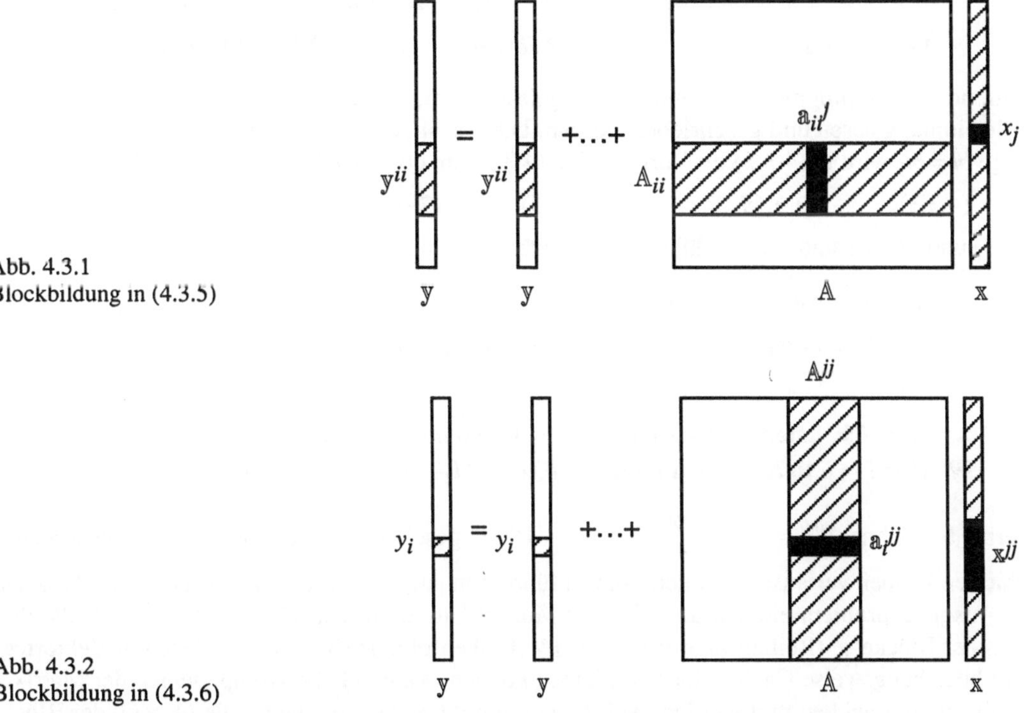

Abb. 4.3.1
Blockbildung in (4.3.5)

Abb. 4.3.2
Blockbildung in (4.3.6)

- (4.3.5) mit Triaden als Grundoperation ist spaltenorientiert; Teilvektoren von y können in Vektorregistern verbleiben (auf Vektorprozessoren); Komponenten y_i von y^{ii} können in Abhängigkeit von der Anzahl in Skalarregistern verbleiben (auf Mikroprozessoren);
- (4.3.6) mit dem Skalarprodukt als Grundoperation ist zeilenorientiert; Komponenten y_i können in Skalarregistern verbleiben (auf Mikroprozessoren).

Unter dem Gesichtspunkt der Spaltenorientierung bietet sich somit als Ersatz für (4.3.3) die Version (4.3.5) an. Anstelle von (4.3.4) erhalten wir nun für (4.3.5):

$$ii = 1: \qquad\qquad ii = 65: \qquad\qquad ii = 129: \qquad\qquad (4.3.7)$$

$$\mathbf{VR_0} \leftarrow \mathbf{y}_{1..64} \qquad \mathbf{VR_0} \leftarrow \mathbf{y}_{65..128} \qquad \mathbf{VR_0} \leftarrow \mathbf{y}_{129..192}$$

$$j = 1: \qquad\qquad j = 1: \qquad\qquad j = 1:$$
$$\quad \mathrm{R_0} \leftarrow x_1 \qquad\qquad \mathrm{R_0} \leftarrow x_1 \qquad\qquad \mathrm{R_0} \leftarrow x_1$$
$$\quad \mathrm{VR_1} \leftarrow \mathbb{A}_{1..64,1} \qquad \mathrm{VR_1} \leftarrow \mathbb{A}_{65..128,1} \qquad \mathrm{VR_1} \leftarrow \mathbb{A}_{129..192,1}$$
$$\quad \mathrm{VR_0} \leftarrow \mathrm{VR_0} + \mathrm{VR_1} * \mathrm{R_0} \qquad \mathrm{VR_0} \leftarrow \mathrm{VR_0} + \mathrm{VR_1} * \mathrm{R_0} \qquad \mathrm{VR_0} \leftarrow \mathrm{VR_0} + \mathrm{VR_1} * \mathrm{R_0}$$

$$j = 2: \qquad\qquad j = 2: \qquad\qquad j = 2:$$
$$\quad \mathrm{R_0} \leftarrow x_2 \qquad\qquad \mathrm{R_0} \leftarrow x_2 \qquad\qquad \mathrm{R_0} \leftarrow x_2$$
$$\quad \mathrm{VR_1} \leftarrow \mathbb{A}_{1..64,2} \qquad \mathrm{VR_1} \leftarrow \mathbb{A}_{65..128,2} \qquad \mathrm{VR_1} \leftarrow \mathbb{A}_{129..192,2}$$
$$\quad \mathrm{VR_0} \leftarrow \mathrm{VR_0} + \mathrm{VR_1} * \mathrm{R_0} \qquad \mathrm{VR_0} \leftarrow \mathrm{VR_0} + \mathrm{VR_1} * \mathrm{R_0} \qquad \mathrm{VR_0} \leftarrow \mathrm{VR_0} + \mathrm{VR_1} * \mathrm{R_0}$$

$$\mathbf{VR_0} \rightarrow \mathbf{y}_{1..64} \qquad\quad \mathbf{VR_0} \rightarrow \mathbf{y}_{65..128} \qquad\quad \mathbf{VR_0} \rightarrow \mathbf{y}_{129..192}.$$

Während $\mathbb{A}$ weiterhin insgesamt nur einmal gelesen wird, muss $\mathbf{y}$ statt jeweils n-mal (hier $n = 2$) nur je einmal gelesen und geschrieben werden. Die Anzahl der Lese- und Schreiboperationen der Länge $bl = bl_1$ wird in (4.3.5) im Vergleich zu (4.3.3) um etwa den Faktor 3 vermindert:

$$(4.3.3) \qquad 3n \; m/vl \qquad\qquad (4.3.5) \qquad (2+n) \; m/vl.$$

(4.3.5) und (4.3.6) sind Spezialfälle einer Blockbildung in beiden Dimensionen:

<u>Zweidimensionale Blockbildung</u> $\qquad\qquad\qquad\qquad\qquad\qquad\qquad\qquad$ (4.3.8)

$\quad$ {**for** $ii := 1$ **step** bl_1 **to** m **do**; **for** $jj := 1$ **step** bl_2 **to** n **do**} $\quad \mathbf{y}^{ii} := \mathbf{y}^{ii} + \mathbb{A}^{ii,jj} \, \mathbf{x}^{jj}$

$\quad$ oder

$\quad$ {**for** $ii := 1$ **step** bl_1 **to** m **do**; **for** $jj := 1$ **step** bl_2 **to** n **do**}
$\quad$ {**for** $i := ii$ **to** $ii+bl_1-1$ **do**; **for** $j := jj$ **to** $jj+bl_2-1$ **do**} $\quad y_i := y_i + a_{i,j}\, x_j.$ $\qquad\qquad$ ◆

Hierbei bezeichne $\mathbb{A}^{ii,jj} := \left(a_{i,j}\right)_{i=ii \quad j=jj}^{ii+bl_1-1 \; jj+bl_2-1}$. Die in geschweifte Klammern eingeschlossenen Schleifen können vertauscht werden. (4.3.8) führt, nun auf Blockebene, in Gestalt von $\mathbb{A}^{ii,jj} \, \mathbf{x}^{jj}$ auf das Ausgangsproblem einer Matrix-Vektor-Multiplikation zurück. (4.3.8) zeigt nochmals, dass entweder Blöcke $\mathbf{y}^{ii}$ (Reihenfolge ii-jj) oder $\mathbf{x}^{jj}$ (Reihenfolge jj-ii) ohne Nachladen in Vektorregistern beziehungsweise Cache Lines verbleiben können, während alle Komponenten der Matrix $\mathbb{A}$ jeweils nur einmal benötigt werden. Auf Rechnern mit Cache kann die Größe $bl_1 \times bl_2$ der Blöcke $\mathbb{A}^{ii,jj}$ so bemessen werden, dass jeder Block als zusammenhängender Datenbereich in hierfür jeweils zulässige Cache Lines geladen werden kann. Die Algorithmen (4.3.5), (4.3.6) und (4.3.8) sind als Muster für das grundsätzliche Vorgehen bei der Blockbildung zu verstehen. In der Realität werden kompliziertere, meist assemblercodierte Algorithmen verwendet. Man kann sich leicht davon überzeugen, dass ein Abrollen der jeweils mittleren Schleife in (4.3.5) und (4.3.6) zu keiner weiteren Verringerung der Anzahl der (Puffer-)Speicherzugriffe führt, wohl aber Verbesserungen der Nutzung der Funktionalen Einheiten erbringen kann. Dies sei am Beispiel von (4.3.6) demonstriert. (4.3.9) erhält man auch aus (4.3.8) mit der Schleifenreihenfolge jj-ii-j-i und $bl_1 = r$ durch Ausschreiben der innersten Schleife. Durch das Abrollen werden in der innersten Schleife

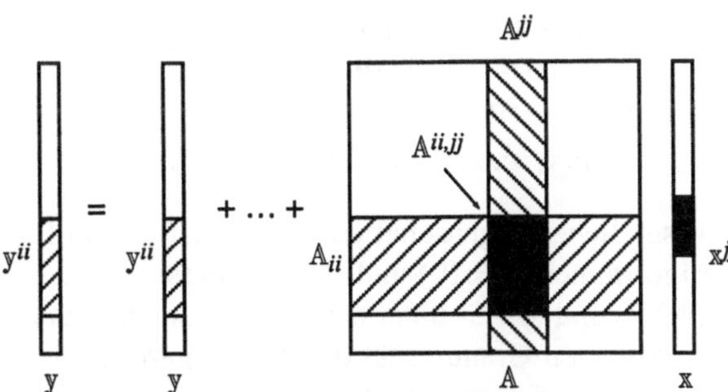

Abb. 4.3.3
Blockbildung in (4.3.8)

unabhängige Verkettungen von Multiplikationen mit Additionen erzeugt. Die Abrolltiefe r muss in einer Analyse des (Assembler-)Codes hinsichtlich der Art, Anzahl und Anordnung der für die jeweilige Prozessorarchitektur verfügbaren Maschineninstruktionen festgelegt werden.

<u>Algorithmus (4.3.6) mit Abrollen und Blockbildung</u>   (4.3.9)

for $jj := 1$ **step** bl_2 **to** n **do**
   for $i := 1$ **step** r **to** m **do**
      for $j := jj$ **to** $jj+bl_2-1$ **do** $y_i \quad := y_i + a_{i,j}\, x_j$
$$y_{i+1} := y_{i+1} + a_{i+1,j}\, x_j$$
$$y_{i+2} := y_{i+2} + a_{i+2,j}\, x_j$$
$$\ldots$$
$$y_{i+r-1} := y_{i+r-1} + a_{i+r-1,j}\, x_j. \qquad \blacklozenge$$

Parallelrechner mit gemeinsamem Speicher Der Algorithmus (4.3.2) lässt sich unmittelbar parallelisieren, da alle Komponenten y_i vollkommen unabhängig voneinander berechnet werden können. Hierzu werden maximal m Prozessoren benötigt.

for $i := 1$ **to** m **do parallel**   oder   **for** $i := 1$ **to** m **do parallel**   (4.3.10)
$$y_i := (a_i, x) \qquad\qquad\qquad y_i := 0;\ \textbf{for}\ j := 1\ \textbf{to}\ n\ \textbf{do}\ y_i := y_i + a_{i,j} x_j.$$

In (4.3.3) ist bei der Parallelisierung der äußeren Schleife eine Synchronisation vorzunehmen:

$$z^j := a^j x_j,\, j := 1,\ldots,n, \quad y := \sum_{j=1}^{n} z^j.$$

Jeder der n Prozessoren berechnet zunächst eine Teilsumme des Gesamtvektors. Die Vektoren z^j müssen über eine Reduktions-Summation – nun auf der Basis von vektoriellen anstelle von skalaren Operanden – zum Gesamtergebnis akkumuliert werden (vgl. Abschnitt 4.1). Die Anzahl der an der Reduktion beteiligten Prozessoren und der Verbleib des Ergebnisses hängen natürlich vom ausgewählten Reduktionsalgorithmus ab. Vor der Reduktion muss synchronisiert werden. Der Aufwand für die Reduktion ist grundsätzlich als Nachteil dieses Algorithmus anzusehen. In (4.3.11) wird nochmals eine explizite Synchronisation durchgeführt, um daran zu erinnern, dass diese bei Reduktionen nicht automatisch erwartet werden kann.

for $j := 1$ **to** n **do parallel** $\qquad\qquad\qquad\qquad\qquad\qquad\qquad\qquad$ (4.3.11)
$\qquad$ **for** $i := 1$ **to** m **do** $z_i^{(j)} := a_{i,j}\, x_j$
$\qquad$ **barrier** $(P(1),...,P(n))$
$\qquad$ **sum**$(y;\ z^1,...,z^n)$ **on** $(P(1),...,P(n))$.

Die wesentlichen Eigenschaften von (4.3.10) und (4.3.11) sind in Tab. 4.3.2 zusammengefasst.
Die Algorithmen (4.3.10) und (4.3.11) entstehen aus der Parallelisierung der Ausgangsalgorith-
men (4.3.2) und (4.3.3) unter dem Gesichtspunkt maximaler Parallelität. Dies führt umgekehrt zu
einer minimalen Granularität der Teilaufgaben, die auf den meisten handelsüblichen Parallelrechnern nicht effizient ist. Daher wird man im Allgemeinen zumindest eine Blockbildung vornehmen und in (4.3.5) beziehungsweise (4.3.6) die jeweils äußere Schleife parallelisieren oder
die allgemeinere Form (4.3.8) zur Grundlage nehmen.

Tab. 4.3.2 Eigenschaften der Algorithmen (4.3.10) und (4.3.11)

	(4.3.10)	(4.3.11)
Zugriff auf A	zeilenweise	spaltenweise
Zugriff auf y	Komponenten	Vektor
Grundoperation	$S = (V, V)$	$V = S*V$
Reduktionsoperation	nein	Summation
Synchronisation	nein	ja
Prozessoren	m	n

Der folgende Algorithmus (4.3.12) beschreibt eine sehr allgemeine Blockbildung und enthält bereits diskutierte Varianten als Spezialfälle. Wir setzen voraus:

- Anzahl der verfügbaren Prozessoren: $p\, q$

- $$\{1,...,m\} = \bigcup_{i=1}^{p} I_i, \quad \{1,...,n\} = \bigcup_{i=1}^{q} J_i.$$

Hierbei gelte

$$I_i \neq \varnothing,\ I_i \cap I_k = \varnothing\ (i \neq k),\ i,k = 1,...,p,\ J_j \neq \varnothing,\ J_j \cap J_l = \varnothing\ (j \neq l),\ j,l = 1,...,q.$$

Jeder Prozessor $P(i,j)$, $i = 1,...,p$, $j = 1,...,q$, berechnet zunächst das Matrix-Vektor-Produkt $A^{i,j}\, x^j$
eines verallgemeinerten Teilblocks $A^{i,j} := (a_{k,l})_{k \in I_i,\, l \in J_j}$ von A und eines Teilvektors $x^j := (x_l)_{l \in J_j}$
von x. Auf der Ebene dieser Teilaufgaben muss gegebenenfalls eine Einzelprozessor-
Optimierung vorgenommen worden. Das jeweilige Zwischenergebnis $z_k^{(j)}$ bildet eine Teilsumme
eines Teilvektors des Ergebnisses y. Es bezeichne $z^{i,j} = (z_k^{(j)})_{k \in I_i}$. Für $1 \leq i \leq m$ wird mittels einer
Reduktions-Summation auf den Prozessoren $P(i,1),...,P(i,q)$ eine Blockzeile $y^i = (y_k)_{k \in I_i}$ berechnet. Hierzu müssen jeweils $P(i,1),...,P(i,q)$ synchronisiert werden. Den Gesamtvektor
$y = (y^1,...,y^m)^T$ erhält man als Ergebnis von p parallelen Reduktions-Summationen.

$$\textbf{for } \{j := 1 \textbf{ to } q, i := 1 \textbf{ to } p\} \textbf{ do parallel on } P(i,j) \qquad (4.3.12)$$

$$\textbf{for } k \in I_i \textbf{ do } z_k^{(j)} := \sum_{l \in J_j} a_{k,l}\, x_l$$

$$\textbf{for } i := 1 \textbf{ to } p \textbf{ do parallel}$$

$$\textbf{barrier } (P(i,1),...,P(i,q))$$

$$\textbf{sum}(\mathrm{y}^i;\, \mathrm{z}^{i,1},...,\mathrm{z}^{i,q}) \textbf{ on } (P(i,1),...,P(i,q)).$$

Aus dieser allgemeinen Form ergibt sich Algorithmus (4.3.10) für $p = m$, $q = 1$, $I_i = \{i\}$, $J_1 \equiv J_j = \{1,...,n\}$, Algorithmus (4.3.11) für $q = n$, $p = 1$, $I_1 \equiv I_i = \{1,...,m\}$, $J_j = \{j\}$. Für den Fall zusammenhängender Indexbereiche illustriert Abb. 4.3.3 auch die Datenverteilung in (4.3.12).

Parallelrechner mit verteiltem Speicher Bei Modifikation von (4.3.10) für verteilte Speicher erhält jeder Prozessor $P(i)$ zu Beginn (mindestens) eine Zeile von $\mathbb{A}$ und den gesamten Vektor x und berechnet mindestens eine Komponente y_i vollständig. Jeder Prozessor $P(i)$ stellt $\mathbb{a}_i$ und y_i mittels lokaler Variablen dar, deren Indizierung und Platzbedarf einzig durch die zu bearbeitende Aufgabe definiert werden. Für jeden Prozessor $P(i)$, $i = 1,...,m$, erhält man den Teilalgorithmus

Prozessor $P(i)$, $i = 1,...,m$: $\qquad\qquad\qquad\qquad\qquad\qquad$ (4.3.13)

Eingabedaten:	Zeile $\mathbb{a} - (a_1,...,a_n) \cong \mathbb{a}_l = (a_{l,1},...,a_{l,n})$, x
Ausgabedaten:	$y \cong y_i$

$$y := (\mathbb{a},\, \mathrm{x}) \qquad \text{oder} \quad y := 0;\ \textbf{for } j := 1 \textbf{ to } n \textbf{ do } y := y + a_j x_j, \qquad\qquad \blacklozenge$$

innerhalb dessen keinerlei Kommunikation erforderlich wird. In (4.3.11) benötigt jeder Prozessor $P(j)$, $j = 1,...,n$, zu Beginn eine Spalte $\mathbb{a}^j$ von $\mathbb{A}$ und eine Komponente x_j des Vektors x. $P(j)$ erzeugt unabhängig von allen anderen Prozessoren einen Summanden $\mathbb{z}^j = \mathbb{a}^j x_j$, der an der zur Berechnung des Vektors y erforderlichen Reduktions-Summation teilnimmt. Wir nehmen willkürlich an, dass am Ende y auf $P(1)$ liegt. Auf $P(j)$, $j = 1,...,n$, erhält man dann folgende Teilaufgabe:

Prozessor $P(j)$, $j = 1,...,n$: $\qquad\qquad\qquad\qquad\qquad\qquad$ (4.3.14)

Eingabedaten:	Spalte $\mathbb{a} = (a_1,...,a_m) \cong \mathbb{a}^j = (a_{1,j},...,a_{m,j})$, $\ x \cong x_j$
Ausgabedaten:	$\mathbb{z} = (z_1,...,z_m) \cong \mathbb{z}^j = (z_1^{(j)},...,z_m^{(j)})$
Ausgabedaten auf $P(1)$:	y

$$\textbf{for } i := 1 \textbf{ to } m \textbf{ do } z_i := a_i x \qquad \text{oder} \qquad \mathbb{z} := x\, \mathbb{a}$$

$$\textbf{sum}(\mathrm{y};\, \mathbb{z}) \textbf{ on } (P(1),...,P(n)) \textbf{ to } P(1). \qquad\qquad\qquad\qquad \blacklozenge$$

Auf der Grundlage des allgemeinen Algorithmus (4.3.12) lässt sich die von jedem Prozessor $P(i,j)$, $i = 1,...,p$, $j = 1,...,q$, zu bearbeitende Teilaufgabe wie folgt formulieren:

$\underline{\text{Prozessor } P(i,j), i = 1,\dots,p, j = 1,\dots,q:}$ (4.3.15)

$$
\begin{array}{ll}
\text{Indexbereiche:} & I \cong I_i, J \cong J_j \\[4pt]
\text{Eingabedaten:} & \mathbb{A} = \left(a_{k,l}\right)_{k=1}^{|I|}{}_{l=1}^{|J|} \cong \mathbb{A}^{i,j} = \left(a_{k,l}\right)_{k \in I_i,\, l \in J_j}, \\[6pt]
 & \mathbb{x} = \left(x_l\right)_{l=1}^{|J|} \cong \mathbb{x}^j = \left(x_l\right)_{l \in J_j} \\[6pt]
\text{Ausgabedaten:} & \mathbb{z} = \left(z_k\right)_{k=1}^{|I|} \cong \mathbb{z}^{i,j} = \left(z_k\right)_{k \in I_i} \\[6pt]
\text{Ausgabedaten auf } P(i,1): & \mathbb{y} = \left(y_k\right)_{k=1}^{|I|} \cong \mathbb{y}^i = \left(y_k\right)_{k \in I_i}
\end{array}
$$

for $k := 1$ **to** $|I|$ **do** $\ z_k := \sum\limits_{l=1}^{|J|} a_{k,l}\, x_l$

$\mathbf{sum}(\mathbb{y};\, \mathbb{z})$ **on** $(P(i,1),\dots,P(i,q))$ **to** $P(i,1)$.   ◆

Bei einfachen Aufgabenstellungen wie der Matrix-Vektor-Multiplikation muss man davon ausgehen, dass diese Teil eines größeren Algorithmus sind und daher die Datenverteilung zu Beginn und am Ende dieser Teilaufgabe schon festgelegt ist. Wenn etwa $\mathbb{A}$ spaltenweise auf die Prozessoren verteilt ist, so muss dies berücksichtigt werden, da das zeilenweise Verschicken von spaltenweise verteilten Matrizen bei einem derart elementaren Algorithmus zu einem völlig unvertretbaren Aufwand führen würde, da das Versenden komponentenweise, also mit $m*n$ Nachrichten der Länge 1 erfolgen müsste. Auf der anderen Seite ist natürlich von Interesse, wo der Ergebnisvektor $\mathbb{y}$ liegt. In (4.3.13) hält jeder Prozessor am Ende eine einzelne Komponente y_i von $\mathbb{y}$. Wird $\mathbb{y}$ jedoch vollständig auf einem Prozessor, etwa P(1) benötigt, so muss jeder Prozessor P(i) seine Komponente y_i an P(1) senden. Dies entspricht einem Aufruf einer **gather**-Routine

$\qquad$ P(i), $1 \le i \le m$: $\quad$ **gather**$(y_1,\dots,y_m;\, y)$ **from** $(P(1),\dots,P(m))$ **to** $P(1)$,

der je nach Implementierung zusätzlich zu

$\qquad \log_2 m$ (maximal m) Nachrichten

führt. Wird $\mathbb{y}$ jedoch auf allen Prozessoren benötigt, so muss jeder Prozessor P(i) seine Komponente an alle anderen Prozessoren verschicken, also eine Broadcast-Operation ausführen:

$\qquad$ P(i), $1 \le i \le m$: $\quad$ **broadcast**(y_i) **from** $P(i)$ **to** $(P(1),\dots,P(m))$.

An **gather** und **broadcast** als kollektiven Operationen nehmen alle beteiligten Prozessoren teil. Im zweiten Fall führt somit jeder der m Prozessoren einen Aufruf von **broadcast** aus. Einschließlich des Versandes vom sendenden Prozessor an sich selbst ist dies äquivalent zu

$\qquad m \log_2 m$ (maximal m^2) Nachrichten.

Im Algorithmus (4.3.14) wird $\mathbb{y}$ in einem Prozessor (hier o.B.d.A. P(1)) akkumuliert. Wird $\mathbb{y}$ auf allen Prozessoren benötigt, so muss P(1) diesen Vektor an alle anderen Prozessoren schicken:

$\qquad$ P(i), $1 \le i \le n$: $\quad$ **broadcast**$(\mathbb{y})$ **from** $P(1)$ **to** $(P(1),\dots,P(n))$.

Dies würde zusätzlich zu insgesamt

$$\log_2 n \text{ (maximal } n\text{) Nachrichten}$$

führen. Unter dem Gesichtspunkt der Kommunikation ist dies für $m = n$ als Befolgung der Regel "möglichst wenige, aber lange Nachrichten" günstiger. Andererseits wird in diesem Algorithmus eine Reduktionsoperation mit zusätzlichem Kommunikationsaufwand ausgeführt.

Wird in (4.3.14) umgekehrt auf jedem Prozessor P(i) genau eine Komponente, etwa y_i, benötigt, so müssen alle Prozessoren an einer **scatter**-Operation teilnehmen, die ein Feld (hier komponentenweise) von P(1) auf alle anderen Prozessoren verteilt. Der Aufruf

$$P(i),\ 1 \le i \le m:\quad \textbf{scatter}(y_i;\ \text{y})\ \textbf{from}\ P(1)\ \textbf{to}\ (P(1),...,P(m))$$

erzeugt zusätzlich

$$\log_2 m \text{ (maximal } m\text{) Nachrichten.}$$

Da in diesem Fall n Prozessoren zur Verfügung stehen, ist dies nur für $m \le n$ möglich. Die Auswahl eines optimalen Algorithmus einschließlich einer eventuellen zusätzlichen Kommunikation wird häufig dadurch kompliziert, dass entweder nur die Datenverteilung zu Beginn oder am Ende des Algorithmus optimiert werden kann. Bei nichtquadratischen Matrizen ($m \ne n$) kommt auch hier das Verhältnis von m zu n als Entscheidungskriterium hinzu, da dieses letztlich den Grad der Parallelität bestimmt. Für andere aus (4.3.12) abzuleitende Varianten, insbesondere diejenigen mit Blockbildung, sind entsprechende Überlegungen anzustellen. Aufgrund der Vielzahl der Einflussgrößen kann keine generelle Empfehlung für einen optimalen Algorithmus gegeben werden. Vielmehr muss immer eine Einzelfallentscheidung getroffen werden, die ganz wesentlich vom Kommunikationsaufwand bestimmt wird.

4.3.2 Matrix-Vektor-Multiplikation für dünnbesetzte Matrizen und Bandmatrizen

Bei Bandmatrizen ist die Anzahl der Koeffizienten und damit der auszuführenden Operationen stark reduziert. In einer Dimension entfällt ein großer Teil der zu berücksichtigenden Indizes.

Tridiagonalmatrizen Als einfachstes Beispiel betrachten wir $\text{y} := \mathbb{A}\,\text{x}$ mit einer $n \times n$-Tridiagonalmatrix $\mathbb{A} = (a_{i-1}, b_i, c_i)$, ausgeschrieben

$$
\begin{aligned}
y_1 &= b_1 x_1 + c_1 x_2 \\
y_i &= a_{i-1} x_{i-1} + b_i x_i + c_i x_{i+1},\quad 2 \le i \le n-1 \\
y_n &= a_{n-1} x_{n-1} + b_n x_n.
\end{aligned}
$$

Für *Vektorprozessoren* ergeben sich aus der mathematischen Formulierung drei Varianten, die eine für die Vektorisierung typische Problematik aufzeigen

$$
\begin{aligned}
&y_1 := b_1 x_1 + c_1 x_2 \\
&\textbf{for } i := 2 \textbf{ to } n-1 \textbf{ do }\ y_i := a_{i-1} x_{i-1} + b_i x_i + c_i x_{i+1} \\
&y_n := a_{n-1} x_{n-1} + b_n x_n
\end{aligned}
\qquad (4.3.16)
$$

$$y_n := b_n x_n \qquad\qquad\qquad\qquad\qquad\qquad\qquad\qquad\qquad\qquad (4.3.17)$$
for $i := 1$ **to** $n{-}1$ **do** $\quad y_i := b_i x_i + c_i x_{i+1}$
for $i := 2$ **to** n **do** $\quad y_i := y_i + a_{i-1} x_{i-1}$

$$x_0 := x_{n+1} := a_0 := c_n := 0 \qquad\qquad\qquad\qquad\qquad\qquad\qquad (4.3.18)$$
for $i := 1$ **to** n **do** $\quad y_i := a_{i-1} x_{i-1} + b_i x_i + c_i x_{i+1}.$

Alle drei Varianten sind mit der Vektorlänge $n{-}2$ bis n vektorisierbar. Die erste und die letzte
Zeile müssen gesondert behandelt werden, da sie einen Koeffizienten weniger als die anderen
Zeilen aufweisen. Dies kann entweder durch das Ausgliedern der entsprechenden Operationen
aus der Schleife wie in (4.3.16) oder durch die Aufteilung in zwei Schleifen (4.3.17) oder die
Einführung von Hilfsgrößen mit Index 0 und $n{+}1$ (4.3.18) erfolgen. In (4.3.16) werden die erste
und letzte Zeile separat und damit sequentiell behandelt. Auf einem Vektorrechner sind einzeln
(skalar) ausgeführte Operationen etwa um Faktoren von 5-15 langsamer als solche innerhalb einer Vektoroperation. Dies kann insbesondere bei kleinen und mittleren Vektorlängen nachteilige
Auswirkungen haben. Auch die Aufteilung in zwei Schleifen in (4.3.17) erfordert die gesonderte
Behandlung einer Zeile. Zudem wird bei Zusammenfassung des Codes zweier kurzer Schleifen in
einer Schleife meist ein effizienterer Code erzeugt. (4.3.18) enthält zwar nur eine Schleife, jedoch
werden hierzu zusätzliche Koeffizienten benötigt. Da Matrix-Vektor-Multiplikationen in der
Regel innerhalb eines größeren Kontextes auszuführen sind, ist die Vereinbarung der benötigten
Felder jedoch meist vorgegeben. Für *Parallelrechner mit gemeinsamem Speicher* lautet eine naheliegende parallele Grundform:

for $i := 1$ **to** n **do parallel** $\qquad\qquad\qquad\qquad\qquad\qquad\qquad\qquad (4.3.19)$
$\quad$ **if** $i = 1$ $\quad$ **then** $\qquad\qquad\quad y_1 := b_1 x_1 + c_1 x_2$
$\qquad\quad$ **else if** $i = n$ $\quad$ **then** $\quad y_n := a_{n-1} x_{n-1} + b_n x_n$
$\qquad\quad$ **else** $\qquad\qquad\qquad\quad\; y_i := a_{i-1} x_{i-1} + b_i x_i + c_i x_{i+1}.$ $\qquad\qquad\qquad$ ◆

Im Allgemeinen muss auch hier die Granularität durch Blockbildung vergrößert werden. Bei *Parallelrechnern mit verteiltem Speicher* muss nur die Datenverteilung berücksichtigt werden; ein
Kommunikationsbedarf besteht während der Ausführung nicht. Der Einfachheit halber nehmen
wir wieder an, dass n Prozessoren eingesetzt werden. Andernfalls ist blockweise vorzugehen. Die
Sonderfälle $i = 0$ und $i = n$ werden nicht explizit erwähnt.

$\quad$ Prozessor $P(i)$: $\quad$ Eingangsdaten: $\quad a \equiv a_{i-1}, b \equiv b_i, c \equiv c_i, x_1 \equiv x_{i-1}, x_2 \equiv x_i, x_3 \equiv x_{i+1}$
$\qquad\qquad\qquad\qquad\quad$ Ausgangsdaten: $\quad y \equiv y_i$
$\qquad\qquad\qquad\qquad\quad$ Berechnung: $\qquad\; y = a x_1 + b x_2 + c x_3.$

Während am Anfang die Matrixkoeffizienten und am Ende y eindeutig verteilt sind, muss der
Vektor x überlappt verteilt werden, da jeder Prozessor $P(i)$ neben x_i auch x_{i-1} und x_{i+1} benötigt.
Analoge Überlegungen können zum Beispiel für Pentadiagonalmatrizen angestellt werden.

Bandmatrizen Eine $n \times n$-*Bandmatrix* der Bandbreite $2m{+}1$ wird durch

$$\hat{\mathbb{A}} = (\hat{a}_{i,j})^n_{i,j=1} = \begin{pmatrix} \hat{a}_{1,1} & \cdots & \hat{a}_{1,m+1} & & & & \\ \vdots & \ddots & & \ddots & & & \\ \hat{a}_{m+1,1} & & \ddots & & \ddots & & \\ & \ddots & & \ddots & & \ddots & \\ & & \hat{a}_{i,i-m} & \cdots & \hat{a}_{i,i} & \cdots & \hat{a}_{i,i+m} & \\ & & & \ddots & & \ddots & & \ddots \\ & & & & \ddots & & \ddots & \hat{a}_{n-m,n} \\ & & & & & \ddots & & \vdots \\ & & & & & \hat{a}_{n,n-m} & \cdots & \hat{a}_{n,n} \end{pmatrix}$$

mit $\hat{a}_{i,j} = 0$ für $|i{-}j| > m$ definiert. Für Tridiagonalmatrizen gilt $m = 1$. Für $m \ll n$ führen Speicherschemata für vollbesetzte Matrizen zu einer enormen Speicherplatzverschwendung. Wie im Spezialfall der Tridiagonalmatrix sollte die Matrix nach Diagonalen gemäß der Vorschrift

$$a_{i,j} := \hat{a}_{i,j-i}, \quad 1 \le i,j \le n, \ |i{-}j| \le m,$$

abgespeichert werden. Man erhält eine $n \times (2m{+}1)$ Rechteckmatrix, in der die Koeffizienten

$$a_{i,j} \text{ für } 1 \le i \le m, \ -m \le j \le -i \text{ sowie für } n{-}m{+}1 \le i \le n, \ n{-}i{+}1 \le j \le m$$

nicht definiert sind. Besetzt man diese Koeffizienten mit Null, so kann grundsätzlich einer der schon vorgestellten Algorithmen – entsprechend umindiziert – auf die $n \times (2m{+}1)$-Matrix $\mathbb{A}$ angewendet werden, und man erhält:

$$y_i = \sum_{j=-m}^{m} a_{i,j} \, x_{i+j}, \quad 1 \le i \le n. \tag{4.3.20}$$

Berücksichtigt man nur die wirklich benötigten Koeffizienten, so muss man schreiben

$$y_i = \sum_{j=\max\{1-i,\,-m\}}^{\min\{n-i,\,m\}} a_{i,j} \, x_{i+j}, \quad 1 \le i \le n. \tag{4.3.21}$$

Hieraus erhält man analog zu (4.3.1) einen zeilenweise orientierten Algorithmus

for $i := 1$ **to** n **do parallel** $\hspace{4cm}$ (4.3.22)
$\quad y_i := 0;$ **for** $j := \max\{1{-}i, -m\}$**to** $\min\{n{-}i, m\}$**do** $\ y_i := y_i + a_{i,j}\, x_{j+i}$

und analog zu (4.3.3) einen spaltenweise orientierten Algorithmus

for $i := 1$ **to** n **do parallel** $\ y_i := 0$ $\hspace{4cm}$ (4.3.23)
for $j := -m$ **to** m **do parallel**
$\quad$ **for** $i := \max\{1{-}j, 1\}$**to** $\min\{n{-}j, n\}$**do** $\ y_i := y_i + a_{i,j}\, x_{j+i}.$

Frühere Bemerkungen hinsichtlich der Vergrößerung der Granularität gelten sinngemäß. Als Beispiel für die Transformation von $\hat{\mathbb{A}}$ zu $\mathbb{A}$ betrachten wir den Fall $n = 9$, $m = 2$:

$$\hat{\mathbb{A}} = \begin{pmatrix} \hat{a}_{1,1}\ \hat{a}_{1,2}\ \hat{a}_{1,3} & & & & & \\ \hat{a}_{2,1}\ \hat{a}_{2,2}\ \hat{a}_{2,3}\ \hat{a}_{2,4} & & & & \\ \hat{a}_{3,1}\ \hat{a}_{3,2}\ \hat{a}_{3,3}\ \hat{a}_{3,4}\ \hat{a}_{3,5} & & & \\ \hat{a}_{4,2}\ \hat{a}_{4,3}\ \hat{a}_{4,4}\ \hat{a}_{4,5}\ \hat{a}_{4,6} & & \\ \hat{a}_{5,3}\ \hat{a}_{5,4}\ \hat{a}_{5,5}\ \hat{a}_{5,6}\ \hat{a}_{5,7} \\ \hat{a}_{6,4}\ \hat{a}_{6,5}\ \hat{a}_{6,6}\ \hat{a}_{6,7}\ \hat{a}_{6,8} \\ \hat{a}_{7,5}\ \hat{a}_{7,6}\ \hat{a}_{7,7}\ \hat{a}_{7,8}\ \hat{a}_{7,9} \\ \hat{a}_{8,6}\ \hat{a}_{8,7}\ \hat{a}_{8,8}\ \hat{a}_{8,9} \\ \hat{a}_{9,7}\ \hat{a}_{9,8}\ \hat{a}_{9,9} \end{pmatrix}, \quad \mathbb{A} = \begin{pmatrix} a_{1,0}\ a_{1,1}\ a_{1,2} \\ a_{2,-1}\ a_{2,0}\ a_{2,1}\ a_{2,2} \\ a_{3,-2}\ a_{3,-1}\ a_{3,0}\ a_{3,1}\ a_{3,2} \\ a_{4,-2}\ a_{4,-1}\ a_{4,0}\ a_{4,1}\ a_{4,2} \\ a_{5,-2}\ a_{5,-1}\ a_{5,0}\ a_{5,1}\ a_{5,2} \\ a_{6,-2}\ a_{6,-1}\ a_{6,0}\ a_{6,1}\ a_{6,2} \\ a_{7,-2}\ a_{7,-1}\ a_{7,0}\ a_{7,1}\ a_{7,2} \\ a_{8,-2}\ a_{8,-1}\ a_{8,0}\ a_{8,1} \\ a_{9,-2}\ a_{9,-1}\ a_{9,0} \end{pmatrix}.$$

Wegen $m < n$, oft sogar $m \ll n$, besitzt (4.3.23) immer die größere Vektorlänge und verwendet außerdem spaltenweisen Zugriff und Triaden, so dass auf *Vektorprozessoren* (4.3.23) in FOR-TRAN in der Regel vorzuziehen ist. Dies gilt auch für FORTRAN-Programme auf *Mikroprozessoren*, da immer auf im Speicher benachbarte Koeffizienten von $\mathbb{A}$ zugegriffen wird und da die Schleifenlänge der i-Schleife in der Regel deutlich größer als die der j-Schleife ist, so dass sich der Vorteil von Skalarprodukten auf Mikroprozessoren – y_i verbleibt in einem Register – nur für relativ großen Bandbreiten m auswirken kann. Dies gilt umgekehrt auch für C/C++-Programme, wo für kleine Werte von m ebenfalls (4.3.23) zu bevorzugen ist. Eine Blockbildung oder das Ab-rollen von Schleifen sind nur bei hinreichend großer Bandbreite m sinnvoll. Eine mögliche Strate-gie wird im Abschnitt 4.5.2.1 für lineare rekurrente Relationen m–ter Ordnung vorgestellt.

Die Parallelität beträgt n in (4.3.22), $2m+1$ in (4.3.23), wobei $2m+1 < n$, häufig sogar $2m+1 \ll n$ gilt. Nach diesem Kriterium wäre auf *Parallelrechnern mit gemeinsamem Speicher* (4.3.22) zu wählen. Andererseits muss die prozessorbezogene Optimierung der inneren Schleife berücksich-tigt werden. Die größere Länge der inneren Schleife und der spaltenweise Zugriff auf $\mathbb{A}$ sprechen hier für (4.3.23). Eine generelle Empfehlung kann daher nicht ausgesprochen werden. Bei *Paral-lelrechnern mit verteiltem Speicher* sind zunächst die für vollbesetzte Matrizen angestellten Be-trachtungen unter dem Aspekt $2m+1 < n$ zu wiederholen. Während in (4.3.13) $\mathbb{x}$ auf allen Prozes-soren benötigt wird, müssen bei (4.3.22) auf jedem Prozessor bis zu $2m + 1$ Komponenten von $\mathbb{x}$ verfügbar sein. Die von einem Prozessor P(i), $1 \le i \le n$, benötigten Indexbereiche überlappen – teilweise vollständig – mit denjenigen von Nachbaraufgaben. Jede Komponente von $\mathbb{x}$ wird in bis zu n Teilaufgaben verwendet:

$$
\begin{aligned}
\text{Eingangsdaten:} \quad & \{a_1,...,a_k\} \equiv \{a_{i,\,\max\{1-i,\,-m\}},...,a_{i,\,\min\{n-i,\,m\}}\}, \\
& \{x_1,...,x_k\} \equiv \{x_{i+\max\{1-i,\,-m\}},...,x_{i+\min\{n-i,\,m\}}\}, \\
& k \equiv k(i) := \min\{n-i,\,m\} - \max\{1-i,\,-m\} + 1 \\
\text{Ausgangsdaten:} \quad & y \equiv y_i.
\end{aligned}
\tag{4.3.24}
$$

Für (4.3.23) gilt entsprechend: Jeder Prozessor benötigt bis zu n Komponenten von $\mathbb{x}$. Die von einem Prozessor P(j), $-m \le j \le m$, (ohne Initialisierung $\mathbb{y} := \mathbb{0}$) benötigten Indexbereiche überlap-pen – teilweise vollständig – mit denjenigen von Nachbaraufgaben. Jede Komponente von $\mathbb{x}$ wird in bis zu $2m + 1$ Teilaufgaben verwendet:

$$\begin{aligned}
\text{Eingangsdaten:} \qquad & \{a_1,...,a_k\} \equiv \{a_{\max\{1-j,\,1\},\,j},...,a_{\min\{n-j,\,n\},\,j}\}, \qquad\qquad (4.3.25)\\
& \{x_1,...,x_k\} \equiv \{x_{j+\max\{1-j,\,1\}},...,x_{j+\min\{n-j,\,n\}}\},\\
& k \equiv k(j) := \min\{n-j,\,n\} - \max\{1-j,\,1\} + 1
\end{aligned}$$

Ausgangsdaten: Zwischensummen von y_k

Ausgangsdaten auf P(1):   y.

In ähnlicher Weise können Blocktridiagonalmatrizen betrachtet werden.

Unregelmäßig dünnbesetzte Matrizen Bei vielen Anwendungen, etwa bei der Lösung von partiellen Differentialgleichungen mit Finite-Element-Verfahren, treten Matrizen auf, in denen relativ zur Gesamtgröße nur wenige Koeffizienten ungleich Null sind, die aber keine regelmäßige Struktur wie Band- oder Blocktridiagonalgestalt besitzen. Es gibt verschiedene Techniken zur Behandlung dieser Matrizen, die auf speziellen Speicherstrategien beruhen wie etwa die Betrachtung als Bandmatrix, wenn die Positionen der nichtverschwindenden Koeffizienten in der Matrix nicht allzu sehr streuen, Verwendung von Indexlisten zur Kennzeichnung der nichtverschwindenden Elemente, indirekte Indizierung, Permutationen zur Reduktion auf eine näherungsweise Bandgestalt, sogenannte "Skyline"-Speicherungen, bei denen in jeder Spalte (oder Zeile) nur eine Teilspalte (Teilzeile) berücksichtigt wird, die jeweils durch das erste und das letzte nichtverschwindende Element in der Spalte (Zeile) definiert wird. Vergleiche etwa [IIRS91]. Diese Techniken führen zu sehr speziellen Algorithmen, die den Rahmen dieser Einführung sprengen, aber prinzipiell mit den hier diskutierten Strategien entwickelt werden können.

4.4   Matrix-Matrix-Operationen

Hierzu gehören die BLAS 3-Routinen, wozu unter anderem einfache komponentenweise Operationen wie $C := A + B$, $C := A - B$, $C := A * B$, $C := A / B$ zählen. Interessanter sind kompliziertere Operationen wie die im Folgenden diskutierte Multiplikation vollbesetzter Matrizen:

$$C := A * B, \quad A\, n \times q, \quad B\, q \times m, \quad C\, n \times m,$$
$$c_{i,j} := \sum_{k=1}^{q} a_{i,k} b_{k,j}, \quad 1 \le i \le n,\, 1 \le j \le m.$$

Diese Definition führt direkt zum Standardalgorithmus für die Matrix-Multiplikation

$$\begin{aligned}
&\textbf{for } i := 1 \textbf{ to } n \textbf{ do} \qquad\qquad\qquad\qquad\qquad\qquad\qquad (4.4.1)\\
&\textbf{for } j := 1 \textbf{ to } m \textbf{ do}\\
&\quad c_{i,j} := 0;\ \ \textbf{for } k := 1 \textbf{ to } q \textbf{ do } c_{i,j} := c_{i,j} + a_{i,k} * b_{k,j}.
\end{aligned}$$

Die Matrix-Multiplikation kann auch als Folge von Matrix-Vektor-Multiplikationen

$$\textbf{for } i := 1 \textbf{ to } n \textbf{ do } \ c_i := a_i\, B \quad \text{oder} \quad \textbf{for } j := 1 \textbf{ to } m \textbf{ do } \ c^j := A\, b^j \qquad (4.4.2)$$

betrachtet werden. Die Fälle $C := C * B$ und $C := A * C$ werden hier nicht gesondert untersucht. Diese erfordern zusätzliche Überlegungen, vor allem zur Synchronisation und Kommunikation.

Die elementare Matrix-Multiplikation bietet die Möglichkeit, eine Vielzahl von Aspekten der Parallelisierung und Vektorisierung numerischer Algorithmen zu studieren. Die Matrix-Vektor-Multiplikation stellt formal einen "zweidimensionalen" Spezialfall der "dreidimensionalen" Matrix-Multiplikation dar, so dass in der Sichtweise (4.4.2) auf den bereits diskutierten Techniken aufgebaut werden kann. Mit der dritten, neu hinzukommenden Dimension wird jedoch ein weiterer Freiheitsgrad eingeführt, der zu vielfältigen Variationsmöglichkeiten führt. Die Matrix-Multiplikation zeigt erneut ein typisches Problem der Entwicklung paralleler Algorithmen auf. Der sequentielle Algorithmus (4.4.1) als Ausgangspunkt einer Vektorisierung oder Parallelisierung bringt eine "eindimensionale" Betrachtungsweise mit sich, die grundsätzliche Einsichten in arithmetischen Aspekte vermittelt. Für die Entwicklung effizienter Algorithmen sowohl unter dem Gesichtspunkt der Optimierung für den Einzelprozessor als auch der Parallelisierung oder Vektorisierung müssen jedoch Aspekte der Datennutzung und -verteilung und der Speichernutzung berücksichtigt werden. Hier erfolgt dies durch eine blockorientierte Betrachtungsweise. Wählt man diese als Ausgangspunkt, so wird man umgekehrt auf arithmetische Aspekte zurückgeführt.

4.4.1   Grundformen der Matrix-Multiplikation

Im Folgenden sehen wir die Initialisierung $\mathbb{C} = \mathbb{O}$ als gegeben an und betrachten nur noch die dann entstehende Dreifachschleife (4.4.1), aus der sich sechs verschiedene Versionen der Matrix-Multiplikation entsprechend den sechs möglichen Permutationen der Schleifen ableiten lassen:

$$\textbf{for} \underline{\quad} = 1 \textbf{ to} \underline{\quad} \textbf{ do}$$
$$\textbf{for} \underline{\quad} = 1 \textbf{ to} \underline{\quad} \textbf{ do}$$
$$\textbf{for} \underline{\quad} = 1 \textbf{ to} \underline{\quad} \textbf{ do} \quad c_{i,j} := c_{i,j} + a_{i,k} * b_{k,j}. \tag{4.4.3}$$

Diese Versionen unterscheiden sich wieder durch Zeilen- und Spaltenzugriffe sowie durch die Art der verwendeten Operationen (Skalarprodukt oder Triade). Alle Versionen sind parallel oder vektoriell geeignet. Unmittelbar einsichtig ist, dass alle $c_{i,j}$ voneinander unabhängig berechnet werden können. Alle folgenden Algorithmen enthalten dieselben arithmetischen Operationen, allerdings in jeweils anderer Reihenfolge. In diesem Abschnitt betrachten wir die sechs Grundalgorithmen, während im nächsten Abschnitt Modifikationen angegeben werden. Aufgrund des Schleifenrumpfes $c_{i,j} := c_{i,j} + a_{i,k} * b_{k,j}$ sind zwar alle Versionen mathematisch äquivalent. Die auftretenden Rundungsfehler sind jedoch nicht notwendig gleich, da ein Skalarprodukt anders ausgewertet wird als eine Triade. Dies wird im Folgenden jedoch nicht berücksichtigt. Bei den folgenden sechs Algorithmen geben wir jeweils zwei Schreibweisen an: eine komponentenweise Formulierung unter Umordnung der Dreifachschleife in (4.4.1) und eine Formulierung als Doppelschleife unter Angabe der Grundoperation in der ursprünglich innersten Schleife:

<u>*ijk*-Form (Innenprodukt-Algorithmus, Skalarprodukt-Algorithmus)</u>   (4.4.4)

$$
\begin{array}{lll}
\textbf{for } i := 1 \textbf{ to } n \textbf{ do} & \text{oder} & \textbf{for } i := 1 \textbf{ to } n \textbf{ do} \\
\quad \textbf{for } j := 1 \textbf{ to } m \textbf{ do} & & \quad \textbf{for } j := 1 \textbf{ to } m \textbf{ do} \\
\quad\quad \textbf{for } k := 1 \textbf{ to } q \textbf{ do} & & \quad\quad c_{i,j} := (\mathbb{a}_i, \mathbb{b}^j) \\
\quad\quad\quad c_{i,j} := c_{i,j} + a_{i,k} * b_{k,j} & &
\end{array}
$$

♦

<u>*jik*-Form (Innenprodukt-Algorithmus, Skalarprodukt-Algorithmus)</u> (4.4.5)

for $j := 1$ **to** m **do** oder **for** $j := 1$ **to** m **do**
  for $i := 1$ **to** n **do**   **for** $i := 1$ **to** n **do**
    for $k := 1$ **to** q **do** $c_{i,j} := \left(\mathbb{a}_i,\, \mathbb{b}^j \right)$
      $c_{i,j} := c_{i,j} + a_{i,k} * b_{k,j}.$ ◆

(4.4.4) und (4.4.5) entsprechen in der ersten Interpretation der Grundform, in der jedes $c_{i,j}$ als Skalarprodukt einer Zeile von $\mathbb{A}$ und einer Spalte von $\mathbb{B}$ berechnet wird. Sie unterscheiden sich nur in der Reihenfolge der Berechnung der $c_{i,j}$. Da diese parallel erfolgen kann, können (4.4.4) und (4.4.5) als äquivalent angesehen werden. In beiden Fällen wird sowohl zeilen- als auch spaltenweise auf Matrizen zugegriffen, so dass Speicherzugriffs-Konflikte nicht vermeidbar sind.

<u>*kij*-Form (zeilenweiser Außenprodukt-Algorithmus)</u> (4.4.6)

for $k := 1$ **to** q **do** oder **for** $k := 1$ **to** q **do**
  for $i := 1$ **to** n **do**   **for** $i := 1$ **to** n **do**
    for $j := 1$ **to** m **do** $\mathbb{c}_i := \mathbb{c}_i + a_{i,k} * \mathbb{b}_k$
      $c_{i,j} := c_{i,j} + a_{i,k} * b_{k,j}.$ ◆

In (4.4.6) wird $\mathbb{C}$ wird zeilenweise berechnet. Als Grundoperation der inneren Schleife werden Triaden $V = V + S*V$ verwendet. Dabei wird die jeweils k-te Zeile $\mathbb{b}_k$ von $\mathbb{B}$ bei der Berechnung aller Zeilen von $\mathbb{C}$ in der innersten Schleife benutzt. Jedes $\mathbb{b}_k$ muss also nur einmal geladen werden, während alle Zeilen von $\mathbb{C}$ bei jedem Durchlauf durch die k-Schleife erneut geladen und wieder gespeichert werden müssen.

<u>*kji*-Form (spaltenweiser Außenprodukt-Algorithmus)</u> (4.4.7)

for $k := 1$ **to** q **do** oder **for** $k := 1$ **to** q **do**
  for $j := 1$ **to** m **do**   **for** $j := 1$ **to** m **do**
    for $i := 1$ **to** n **do** $\mathbb{c}^j := \mathbb{c}^j + \mathbb{a}^k * b_{k,j}$
      $c_{i,j} := c_{i,j} + a_{i,k} * b_{k,j}.$ ◆

Auch dieser Algorithmus verwendet Triaden, jedoch erfolgt der Zugriff auf Matrizen grundsätzlich spaltenweise, insbesondere wird $\mathbb{C}$ spaltenweise berechnet. Nachteilig ist auch hier, dass jeweils die j-te Spalte $\mathbb{c}^j$ für jeden Durchlauf durch die k-Schleife, also insgesamt q-mal, erneut geladen und wieder gespeichert werden muss.

<u>*jki*-Form (spaltenweise orientierter Mittelprodukt-Algorithmus)</u> (4.4.8)

for $j := 1$ **to** m **do** oder **for** $j := 1$ **to** m **do**
  for $k := 1$ **to** q **do**   **for** $k := 1$ **to** q **do**
    for $i := 1$ **to** n **do** $\mathbb{c}^j := \mathbb{c}^j + \mathbb{a}^k * b_{k,j}$
      $c_{i,j} := c_{i,j} + a_{i,k} * b_{k,j}.$ ◆

(4.4.8) ähnelt der *kij*-Form. Als Grundoperation werden jedoch *verallgemeinerte Triaden* $V = \sum S*V$ (auch als gaxpy-Operation bezeichnet verwendet). Die jeweils j-te Spalte wird nun nur einmal geladen und verbleibt in Vektorregistern oder dem Cache, falls dieser groß genug ist, bis ihre Berechnung abgeschlossen ist. Eine zeilenweise orientierte Variante zu (4.4.8) lautet:

<u>*ikj*-Form (zeilenweise orientierter Mittelprodukt-Algorithmus)</u>   (4.4.9)

$$
\begin{array}{lll}
\textbf{for } i := 1 \textbf{ to } n \textbf{ do} & \text{oder} & \textbf{for } i := 1 \textbf{ to } n \textbf{ do} \\
\quad \textbf{for } k := 1 \textbf{ to } q \textbf{ do} & & \quad \textbf{for } k := 1 \textbf{ to } q \textbf{ do} \\
\quad\quad \textbf{for } j := 1 \textbf{ to } m \textbf{ do} & & \quad\quad \mathbb{c}_i := \mathbb{c}_i + a_{i,k} * \mathbb{b}_k \\
\quad\quad\quad c_{i,j} := c_{i,j} + a_{i,k} * b_{k,j}. & &
\end{array}
$$

$\blacklozenge$

Tab. 4.4.1 fasst noch einmal die wesentlichen Eigenschaften zusammen. Alle sechs Algorithmen besitzen die arithmetische Komplexität $2\,m\,n\,q$. In allen Varianten wird die gleiche Zuweisung $c_{i,j} := c_{i,j} + a_{i,k} * b_{k,j}$ ausgeführt. Sie unterscheiden sich in der Art und Anzahl der Speicherzugriffe, der jeweiligen Grundoperation und der maximalen Parallelität. In Tab. 4.4.1 geben wir die Vektorlänge, also die Länge der jeweils innersten Schleife, und die Parallelität als Produkt der Länge der jeweiligen äußeren Schleifen unter der vorläufigen Annahme an, dass auf einzelnen Prozessoren jeweils die Grundoperation als Teilaufgabe ausgeführt wird. Ferner ist die Gesamtanzahl der Lese- und Schreiboperationen auf Spalten oder Zeilen der beteiligten Matrizen angegeben, wobei deren Länge nicht berücksichtigt ist. Bei den folgenden Überlegungen zur Wahl einer im Einzelfall geeigneten Version wird implizit unterstellt, dass $n \approx m \approx q$. Dies bedeutet, dass die Auswahl eines Algorithmus, die nach Kriterien wie Art der Speicherzugriffe oder Grundoperation erfolgt

Tab. 4.4.1 Vergleich der sechs *ijk*-Formen der Matrix-Multiplikation

Algorithmus	*ijk, jik*	*kij*	*kji*	*jki*	*ikj*
Zugriff auf $\mathbb{A}$	Zeilen	Komponenten	Spalten	Spalten	Komponenten
Zugriff auf $\mathbb{B}$	Spalten	Zeilen	Komponenten	Komponenten	Zeilen
Zugriff auf $\mathbb{C}$	Komponenten	Zeilen	Spalten	Spalten	Zeilen
Grundoperation	Skalarprodukt	Triade	Triade	verallgem. Triade	verallgem. Triade
Vektorlänge	q	m	n	n	m
max. Anzahl paralleler Vektoroperationen	nm	nq	mq	mq	nq
Speicherzugriffe	$2nm$	$(2n+1)q$	$(2m+1)q$	$(2+q)m$	$(2+q)n$

ist, gegebenenfalls noch einmal unter dem Gesichtspunkt unterschiedlicher Schleifenlängen revidiert werden muss. Grundsätzlich werden unter FORTRAN auf allen Rechnertypen die Versionen mit spaltenweisem Zugriff vorgezogen, da diese das Risiko von Speicherzugriffs-Konflikten mindern. Bei Programmiersprachen wie C, C++, in denen Matrizen zeilenweise abgespeichert werden, werden zeilenweise orientierte Versionen gewählt. Die vorangehende Diskussion basiert ausschließlich auf der Umordnung der Dreifachschleife in (4.4.1), wobei die zweite Schreibweise eine Identifizierung der Grundoperation in der jeweils innersten Schleife (Skalarprodukt, einfache oder verallgemeinerte Triade) gestattet. Diese "eindimensionale" Sichtweise wurde bei der Optimierung für Vektorprozessoren eingeführt. Unter dem Gesichtspunkt der Parallelisierung mit einer höheren Granularität bietet eher (4.4.2) einen Ansatzpunkt. Analoge Algorithmen mit nur einer, potentiell parallelisierbaren Schleife erhält man aus den sechs Grundformen, indem man dort nur die jeweils äußerste Schleife berücksichtigt. Die diesbezüglichen Varianten in Tab. 4.4.2 sind ebenfalls dimensionsorientiert: Eine Parallelisierung erfolgt über eine der drei Dimensionen. Als Teilaufgaben erhält man nun neben verallgemeinerten Triaden $\Sigma\, S * V$ auch Matrix-Vektor-Operationen $M \times V$ bzw. $V^T \times M$ sowie dyadische Produkte $V \times V^T$ mit Matrixergebnis.

Tab. 4.4.2 Algorithmen zur Matrix-Multiplikation mit einer Zählschleife

Version	Algorithmus	Teilaufgabe
ijk	**for** $i := 1$ **to** n **do** $\quad c_i := a_i * B$	$V^T \times M$
jik	**for** $j := 1$ **to** m **do** $\quad c^j := A * b^j$	$M \times V$
kij, kji	**for** $k := 1$ **to** q **do** $\quad C := C + a^k * b_k$	$V \times V^T$ + Reduktion
jki	**for** $j := 1$ **to** m **do** $\quad c^j := \sum_{k=1}^{q} a^k * b_{k,j} \;\left(= A\,b^j\right)$	$\Sigma\, S * V$
ikj	**for** $i := 1$ **to** n **do** $\quad c_i := \sum_{k=1}^{q} a_{i,k} * b_k \;\left(= a_i B\right)$	$\Sigma\, S * V$

Beide obigen Betrachtungsweisen reichen grundsätzlich nicht allein zur Herleitung effizienter Algorithmen aus. Sowohl für eine flexible Parallelisierung als auch im Hinblick auf eine eventuelle Einzelprozessoroptimierung bietet es sich an, ein allgemeineres Blockkonzept zu verwenden. Hierzu wird jede der drei Matrizen A, B und C mit einer Blockstruktur

$$\begin{pmatrix} C_{1,1} & \cdots & C_{1,r} \\ \vdots & & \vdots \\ C_{s,1} & \cdots & C_{s,r} \end{pmatrix} = \begin{pmatrix} A_{1,1} & \cdots & A_{1,t} \\ \vdots & & \vdots \\ A_{s,1} & \cdots & A_{s,t} \end{pmatrix} \begin{pmatrix} B_{1,1} & \cdots & B_{1,r} \\ \vdots & & \vdots \\ B_{t,1} & \cdots & B_{t,r} \end{pmatrix}$$

versehen, und es wird ausgenutzt, dass die Matrix-Multiplikation auf Basis der Komponenten

$$c_{i,j} := \sum_{k=1}^{q} a_{i,k} b_{k,j} \; (1 \le i \le n,\; 1 \le j \le m)$$

mathematisch äquivalent zur Matrix-Multiplikation auf Basis der Multiplikation

$$C_{i,j} := \sum_{k=1}^{t} A_{i,k} B_{k,j} \; (1 \le i \le s,\; 1 \le j \le r)$$

von Teilmatrizen ist. Diese müssen so dimensioniert sein, dass alle auftretenden Matrixoperationen definiert sind. In Analogie zu (4.4.1) lautet die allgemeine blockorientierte Grundform

<u>Matrix-Multiplikation – Grundform der allgemeinen Blockversion</u> (4.4.10)

> **for** $j := 1$ **to** r **do**
> **for** $i := 1$ **to** s **do**
> $\quad C_{i,j} := O$
> $\quad$ **for** $k := 1$ **to** t **do** $C_{i,j} := C_{i,j} + A_{i,k} B_{k,j}$ $\qquad\qquad\qquad\quad\blacklozenge$

mit Matrix-Additionen $M+M$ und -Multiplikationen $M \times M$ als Grundoperationen. Wir beginnen die folgende Diskussion mit den sechs ijk-Formen (4.4.4)-(4.4.9), betrachten dann die in Tab. 4.4.2 verfolgte Strategie, um schließlich im nächsten Unterabschnitt zu allgemeineren blockorientierten Algorithmen überzugehen.

Mikroprozessoren Falls auch abhängige Multiplikationen und Additionen verkettet werden können, empfiehlt sich unter den sechs Grundformen zunächst die ijk- oder die jik-Form. Je nach dem Grad der wegen des teils zeilenweisen Zugriffs auf Matrizen unvermeidlichen Speicherzugriffsprobleme ist unter Umständen in FORTRAN die jki-Form (ikj in C) vorzuziehen, die – zumindest bei $n \approx m \approx q$ – die Anzahl der Speicherzugriffe im Vergleich zur kij- und kji-Form deutlich reduziert und auch einen ersten Ansatz, aber nicht die Lösung zur Behandlung von Cachezugriffsproblemen bietet. Effiziente Algorithmen sind nur Blockvarianten zu erreichen. Ferner spielt auch auf Mikroprozessoren die Länge der inneren Schleife eine Rolle.

Vektorprozessoren Grundsätzlich ist eine Triade, besser eine verallgemeinerte Triade, dem Skalarprodukt vorzuziehen. Die jki- bzw. ikj-Form reduziert – zumindest bei $n \approx m \approx q$ – die Anzahl der Speicherzugriffe im Vergleich zur kij- und kji-Form deutlich und bietet auch einen Ansatz dafür, die zu bearbeitenden Vektoren solange in Vektorregistern zu halten, bis alle darauf auszuführenden Operationen beendet sind. Im Allgemeinen wird daher unter den sechs Grundformen die jki- bzw. ikj-Form gewählt, sofern dies nicht zu einer viel kleineren Vektorlänge als in einer der anderen Schleifen führt. Da die Spalten- beziehungsweise Zeilenlänge nicht immer kleiner oder gleich der Größe eines Vektorregisters ist, muss in der Regel auch hier mit dem mehrfachen Nachladen der Spalten gerechnet werden, so dass der Vorteil der verallgemeinerten Triaden nicht zum Tragen kommt. Einen Ausweg bieten auch hier blockorientierte Versionen.

Parallelrechner mit gemeinsamem Speicher Um eine größtmögliche Granularität zu gewährleisten, werden die geschachtelten Schleifen von außen nach innen aufgeteilt und damit parallelisiert. Bei Vektorprozessoren folgt man dem Prinzip

- Parallelisierung äußerer Schleifen
- Vektorisierung innerer Schleifen,

wobei in den inneren Schleifen eine ausreichende Vektorlänge garantiert werden muss. Wir betrachten zunächst die sechs ijk-Formen (4.4.4)-(4.4.9). Dort wird auf den einzelnen Prozessoren die Grundoperation als Teilaufgabe ausgeführt, so dass mit der in Tab. 4.4.1 angegebenen Parallelität gearbeitet werden kann. Dabei werden folgende Koeffizienten von den einzelnen Prozessoren berechnet:

Version ijk:	eine Komponente $c_{i,j}$ auf Prozessor $P(i,j)$,	$1 \le i \le n, 1 \le j \le m$
Version jik:	eine Komponente $c_{i,j}$ auf Prozessor $P(j,i)$,	$1 \le i \le n, 1 \le j \le m$
Version kij:	Teile einer Zeile c_i auf Prozessor $P(k,i)$,	$1 \le k \le q, 1 \le j \le m$
Version kji:	Teile einer Spalte c^j auf Prozessor $P(k,j)$,	$1 \le k \le q, 1 \le j \le m$
Version jki:	Teile einer Spalte c^j auf Prozessor $P(j,k)$,	$1 \le j \le m, 1 \le k \le q$
Version ikj:	Teile einer Zeile c_i auf Prozessor $P(i,k)$,	$1 \le i \le n, 1 \le k \le q.$

Die Auswahl des Algorithmus wird von der Prozessorarchitektur, das heißt der darauf optimalen Grundoperation, der Länge der innersten Schleife und vom Grad der Parallelität bestimmt. Die beiden äußeren Schleifen können grundsätzlich vollständig parallel abgearbeitet werden. Es können jedoch Speicherzugriffsprobleme dadurch auftreten, dass verschiedene Prozessoren gleichzeitig auf dieselben Zeilen oder Spalten von A und B zugreifen. Dies erfordert zwar keine Synchronisation innerhalb des Programms, löst aber automatisch eine solche durch die Speicherverwaltung des Laufzeitsystems des Rechners aus. Dieser Effekt tritt bei allen sechs Versionen auf. Stellvertretend modifizieren wir (4.4.4) und (4.4.5).

ijk-/jik-Form für Parallelrechner mit gemeinsamem Speicher   (4.4.11)

$\{$**for** $i := 1$ **to** n ; **for** $j := 1$ **to** $m\}$ **do parallel on** $P(i,j)$ $c_{i,j} := \left(a_i, b^j\right)$.   ◆

Bei den anderen vier Formen tritt ein weiteres Problem auf. Jeder Prozessor berechnet eine Spalte oder eine Zeile von C nur teilweise. Um diese vollständig zu berechnen, ist entweder eine Sequentialisierung oder eine Reduktions-Summation über bestimmte Prozessoren erforderlich. Dies sei am Beispiel von (4.4.7) bzw. (4.4.8) demonstriert.

kji-/jki-Form für Parallelrechner mit gemeinsamem Speicher   (4.4.12)

$\{$**for** $j := 1$ **to** m; **for** $k := 1$ **to** $q\}$ **do parallel on** $P(k,j)$ $c^{j,k} := a^k * b_{k,j}$

for $j := 1$ **to** m **do parallel**

    barrier $(P(1,j),...,P(q,j))$

    sum$(c^j; c^{j,1},...,c^{j,q})$ **on** $(P(1,j),...,P(q,j))$.   ◆

Nach der parallelen Berechnung der Zwischenergebnisse $c^{j,k}$ auf mq Prozessoren müssen die m Spalten von C durch m parallele Reduktions-Summationen ermittelt werden. Nach der Doppelschleife wird synchronisiert. Analog geht man bei (4.4.6) und (4.4.9) vor. Wegen der zusätzlichen Reduktions-Summation in den anderen Versionen können parallele Versionen von (4.4.4) und (4.4.5) analog zu (4.4.11) auf diesen Rechnern an Attraktivität gewinnen.

In den obigen Beispielen wird unterstellt, dass die mögliche Parallelität voll ausgenutzt wird. Sollte dies aus Mangel an einer ausreichenden Anzahl von Prozessoren nicht möglich oder aufgrund einer zu geringen Granularität nicht sinnvoll sein, so muss der jeweilige Algorithmus für eine geringere Prozessoranzahl angepasst werden. In diesem Fall bieten sich die Versionen aus Tab. 4.4.2 an, in denen die Granularität auf Kosten der Parallelität eingeschränkt wird. Als Beispiel betrachten wir den Fall, dass in einer parallelen Version von (4.4.8) die Reduktions-Summation vermieden werden soll. Unter Verzicht auf die Parallelisierung der k-Schleife erhält man bei gleichzeitig vergrößerter Granularität folgende aus der *jki*-Form abgeleitete Variante:

$$\text{**for** } j := 1 \text{ **to** } m \text{ **do parallel on** } P(j) \quad c^j := \sum_{k=1}^{q} a^k * b_{k,j}. \tag{4.4.13}$$

Die obigen Ansätze beruhen auf der Ausnutzung der Parallelität von einer oder zwei der drei Schleifen. Grundsätzlich kann die Parallelität aller drei Schleifen ausgenutzt werden. Der folgende Algorithmus setzt die Verfügbarkeit von $m\,n\,q$ Prozessoren voraus. O.B.d.A. sei $q = 2^p$.

$$\{\text{**for** } i := 1 \text{ **to** } n; \text{ **for** } j := 1 \text{ **to** } m; \text{ **for** } k := 1 \text{ **to** } q\} \text{ **do parallel on** } P(i,j,k) \tag{4.4.14}$$
$$c_{i,j}^{(k)} := a_{i,k} * b_{k,j}$$

$$\{\textbf{for } i := 1 \textbf{ to } n; \textbf{ for } j := 1 \textbf{ to } m\}\,\textbf{do parallel}$$
$$\textbf{sum}(c_{i,j}; c_{i,j}^{(1)},\dots,c_{i,j}^{(q)}) \textbf{ on } (\mathrm{P}(i,j,1),\dots,\mathrm{P}(i,j,q)).$$

Der erste Teil besitzt die maximale Parallelität $m\,n\,q$, jedoch die Minimalgranularität von einer Operation. Alle Additionen müssen als komponentenweise Reduktionen durchgeführt werden. Es ist offensichtlich, dass – abgesehen von der theoretischen Implementation als systolisches Feld – dieser Extremfall nicht praktikabel ist, da die maximale Parallelität im ersten Schritt mit einer minimalen Granularität und einem maximalen Synchronisationsaufwand erkauft wird.

Parallelrechner mit verteiltem Speicher Wir nehmen zunächst wieder an, dass die äußeren beiden Schleifen parallelisiert werden, die Grundoperation in der innersten Schleife also die elementare Teilaufgabe auf jedem Prozessor ist. Wir betrachten (4.4.11) und (4.4.12):

<table>
<tr><td colspan="2"><u>ijk-/jik-Form für Parallelrechner mit verteiltem Speicher</u>
<u>Prozessor P(i,j), $i = 1,\dots,n$, $j = 1,\dots,m$:</u></td><td align="right">(4.4.15)</td></tr>
</table>

Eingabedaten:	Zeile $\mathbb{a} \cong \mathbb{a}_i$, Spalte $\mathbb{b} \cong \mathbb{b}^j$
Ausgabedaten:	$c \cong c_{i,j}$

$$c := (\mathbb{a}, \mathbb{b}). \qquad\qquad\qquad \blacklozenge$$

Analog erhält man die *jik*-Form. Beide Versionen erfordern keinerlei Kommunikation. Bei der Parallelisierung von (4.4.7) können wir auf (4.4.12) zurückgreifen.

<table>
<tr><td colspan="2"><u>kji-/jki-Form für Parallelrechner mit verteiltem Speicher</u>
<u>Prozessor P(k,j), $k = 1,\dots,q$, $j = 1,\dots,m$:</u></td><td align="right">(4.4.16)</td></tr>
</table>

Eingabedaten:	Koeffizient $b \cong b_{k,j}$, Spalte $\mathbb{a} \cong \mathbb{a}^k$
Ausgabedaten:	$\mathbb{c} \cong \mathbb{c}^{j,k}$
Ausgabedaten auf P($1,j$):	Spalte $\mathbb{c} \cong \mathbb{c}^j$

$$\mathbb{c} := \mathbb{a} * b$$
$$\textbf{sum}(\mathbb{c}; \mathbb{c}) \textbf{ on } (\mathrm{P}(1,j),\dots,\mathrm{P}(q,j)) \textbf{ to } \mathrm{P}(1,j). \qquad\qquad \blacklozenge$$

Eine Kommunikation erfolgt hier implizit in den Reduktionen bei der Akkumulation der Ergebnisse. Analog geht man bei den Versionen *ikj* und *kij* vor.

Matrix-Multiplikationen treten meist in komplexeren Anwendungen auf. Dann sind die Anfangs- und die Endverteilung von $\mathbb{A}$, $\mathbb{B}$ und $\mathbb{C}$ auf die Prozessoren in der Regel vorgegeben. Diese bestimmt fast immer die zu wählende Version, da die Umverteilung von Matrizen zu Datentransfers erheblichen Umfangs führt. Die damit einhergehende zeitintensive Kommunikation ist nur zu rechtfertigen, wenn mit den neu verteilten Daten weitere Teilaufgaben zu bearbeiten sind. Bei allen sechs Versionen sind die Matrizen $\mathbb{A}$ und $\mathbb{B}$ zu Beginn nicht disjunkt verteilt, wenn nm, mq oder nq Prozessoren verwendet werden. In (4.4.15) muss beispielsweise zu Beginn jede Spalte $\mathbb{b}^j$ auf insgesamt n Prozessoren P(i,j), $1 \le i \le n$, liegen, und jede Zeile $\mathbb{a}_i$ wird auf jedem der m Prozessoren P(i,j), $1 \le j \le m$, benötigt. Die beiden Matrizen müssen folglich zu Beginn der Rechnung mehrfach bereitstehen. Ähnliches gilt für die anderen Versionen. Dies kann eine erhebliche Einschränkung bedeuten, da genau dies nicht vorausgesetzt werden kann. Die Tabelle 4.4.3 fasst die für die sechs Versionen erforderliche Verteilung der drei Matrizen zusammen.

Tab. 4.4.3 Vergleich der sechs *ijk*-Formen auf Parallelrechnern mit verteiltem Speicher

Algorithmus	*ijk, jik*	*kij*	*kji*	*jki*	*ikj*
Verteilung $\mathbb{A}$	Zeilen	Komponenten	Spalten	Spalten	Komponenten
Verteilung $\mathbb{B}$	Spalten	Zeilen	Komponenten	Komponenten	Zeilen
Verteilung $\mathbb{C}$	Komponenten	Zeilen	Spalten	Spalten	Zeilen
Grundoperation	Skalarprodukt	Triade	Triade	verallgem. Triade	verallgem. Triade
Reduktion	nein	ja	ja	ja	ja
Prozessoren	*nm*	*nq*	*mq*	*mq*	*nq*
Kommunikation	nein	ja	ja	ja	ja

Wie bei den Algorithmen für Parallelrechner mit gemeinsamem Speicher können unter Verzicht auf eine Ebene der Parallelität bei gleichzeitiger Vergrößerung der Granularität (Block-) Versionen formuliert werden, die ohne Reduktion auskommen. Bei verteiltem Speicher ist dann keine Kommunikation mehr erforderlich. Als Beispiel wird noch einmal (4.4.13) betrachtet.

<u>Prozessor P(j), $j = 1,....,m$:</u> $\qquad$ (4.4.17)

Eingabedaten:	Matrix $\mathbb{A}$, Spalte $\mathbb{b} \cong \mathbb{b}^j$
Ausgabedaten:	Spalte $\mathbb{c} \cong \mathbb{c}^j$

$$\mathbb{c} := \sum_{k=1}^{q} \mathbb{a}^k * b_k. \qquad \blacklozenge$$

Grundsätzlich gilt für die aus Tab. 4.4.2 abgeleiteten Varianten, dass mit der Erhöhung der Granularität der Teilaufgaben und der Verringerung der Anzahl der Prozessoren ein erhöhter Bedarf an Eingangsdaten und ein größerer Umfang der Ausgabe je Prozessor einhergeht. Im Beispiel benötigt jeder Prozessor neben je einer Spalte von $\mathbb{B}$ und $\mathbb{C}$ die gesamte Matrix $\mathbb{A}$. Für die anderen Varianten aus Tab. 4.4.2 gilt Ähnliches. Falls Eingangs- oder Ausgangsdaten nicht dort liegen, wo sie benötigt werden, resultiert auch hier ein Kommunikationsaufwand meist erheblichen Umfangs. Das Extrembeispiel (4.4.14) lautet für einen Parallelrechner mit verteiltem Speicher

<u>Prozessor P(i,j,k), $i = 1,....,n$, $j = 1,....,m$, $k = 1,....,q$:</u> $\qquad$ (4.4.18)

Eingabedaten:	Koeffizienten $a \cong a_{i,k}$, $b \cong b_{k,j}$,
Ausgabedaten:	$c \cong c_{i,j}^{(k)}$
Ausgabedaten auf P($i,j,1$):	$c \cong c_{i,j}$

$$c := a * b$$

sum(c; c) **on** (P($i,j,1$),....,P(i,j,q)) **to** P($i,j,1$). $\qquad \blacklozenge$

Zu Beginn müssen die Matrizen $\mathbb{A}$ und $\mathbb{B}$ q-mal jeweils komponentenweise auf *nm* Prozessoren verteilt bereitstehen. Bei den Reduktionen wird jeder Summand einzeln zwischen Prozessoren verschickt. Am Ende enthält jeder der Prozessoren $P(i,j,1)$ eine Ergebniskomponente $c_{i,j} \equiv c_{i,j}^{(1)}$. Zu den Nachteilen des Algorithmus (4.4.14) für einen gemeinsamen Speicher kommt ein maximaler Kommunikationsaufwand aufgrund einer Maximalanzahl an Nachrichten minimaler Länge.

In den meisten der bisher vorgestellten Algorithmen wurde die Anordnung der Prozessoren nicht oder nur andeutungsweise über den Prozessorindex berücksichtigt. In diesem Zusammenhang sei an das Modell des systolischen Feldes erinnert. Ein Beispiel für die Matrix-Multiplikation wurde in Abb. 3.1.33 angegeben. Mit genau $n*n$ geeignet angeordneten und spezialisierten Prozessoren lässt sich die Matrix-Multiplikation in n Schritten mit der Parallelität n^2 ausführen.

4.4.2 Blockalgorithmen zur Matrix-Multiplikation

Die im vorangehenden Abschnitt vorgestellten Algorithmen basieren letztlich alle auf den sechs ijk-Grundformen, die sich aus der Formulierung der Matrix-Multiplikation als Algorithmus mit einer dreifach geschachtelten Schleife ergeben. Im vorangehenden Abschnitt hat sich angedeutet, dass die sechs Grundformen zur Herleitung effizienter Algorithmen nicht ausreichen:

- Bei Parallelrechnern wird die durch die zu parallelisierenden Schleifen gegebene Parallelität vollständig ausgenutzt. Die Verwendung einer geringeren Anzahl von Prozessoren bei gleichzeitig anwachsender Granularität kann so nicht beschrieben werden.

- Algorithmen, die auf Vektorprozessoren die optimale Nutzung von Vektorregistern etwa durch verallgemeinerte Triaden erzwingen, und solche, die eine optimale Nutzung von Caches durch mehrfache Nutzung von im Cache befindlichen Daten gestatten, können nicht vollständig formuliert werden.

In allen drei Fällen liegt die Ursache darin, dass die sechs Grundformen sich an der Spalten- und Zeilenstruktur der Matrizen orientieren. Zugriffe auf die Matrizen erfolgen entweder komponentenweise oder in einzelnen Spalten oder Zeilen. Die oben genannten Probleme können durch Blockalgorithmen umgangen werden, in denen Zugriffe auf der Basis von Matrixblöcken, das heißt Untermatrizen geeigneter Größenordnung, ausgeführt werden.

Optimale Vektorregisternutzung Wir betrachten zunächst Vektorprozessoren. Unter den sechs Grundformen der Matrixmultiplikation erscheint zunächst für FORTRAN-Programme die jki-Form (4.4.8) aufgrund der Verwendung spaltenorientierter verallgemeinerter Triaden als vielversprechend. Für C/C++ gilt dies sinngemäß für die ikj-Form (4.4.9). Die jki-Form ist durch m Matrix-Vektor-Multiplikationen – für jede Spalte c^j eine – definiert. Bei Berechnung einer Spalte c^j muss diese, falls $n > vl$, bei jedem Durchlauf durch die k-Schleife erneut geladen und geschrieben werden. Die nur zu lesende Matrix $\mathbb{A}$ ist bei jedem Durchlauf durch die j-Schleife neu zu laden. In Wirklichkeit wird daher anstelle von (4.4.8) der folgende Algorithmus ausgeführt.

$$
\begin{aligned}
&\textbf{for } j := 1 \textbf{ to } m \textbf{ do} \\
&\quad \textbf{for } k := 1 \textbf{ to } q \textbf{ do} \\
&\quad\quad \textbf{for } l := 1 \textbf{ step } vl \textbf{ to } n \textbf{ do} \quad c^{j,l} := c^{j,l} + a^{k,l} * b_{k,j}.
\end{aligned}
\tag{4.4.19}
$$

Hier seien Teilspalten von $\mathbb{A}$ und $\mathbb{C}$ gemäß $c^{j,l} := \left(c_{i,j} \right)_{i=l}^{l+vl-1}$, $a^{k,l} := \left(a_{i,k} \right)_{i=1}^{l+vl-1}$ definiert. Die Bilanz der Speicherzugriffe lautet:

Laden$m \times$ Matrix $\mathbb{A}$odermq Spalten der Länge n
Laden/Speichern$2 \times q \times$ Matrix $\mathbb{C}$oder$2qm$ Spalten der Länge n.

Nimmt man o.B.d.A. an, dass $vl \mid n$ gilt, so sind insgesamt $3mqn/vl$ Vektoren der Länge vl zu laden oder zu speichern. Auf der Basis einzelner Komponenten sind für $N = n = m = q$ insgesamt

$$3N^3 \text{ Speicherzugriffe für } 2N^3 \text{ arithmetische Operationen}$$

erforderlich, eine ungünstige Bilanz. Mit der zu (4.4.6) führenden Blockbildung erhält man

<u>*jki*-Form mit Blockzeilen</u>(4.4.20)

for $j := 1$ **to** m **do**   oder   **for** $j := 1$ **to** m **do**
  for $l := 1$ **step** vl **to** n **do**   **for** $l := 1$ **step** vl **to** n **do**
    for $k := 1$ **to** q **do**   **for** $k := 1$ **to** q **do**
      for $i := l$ **to** $\min(l+vl-1, n)$ **do** $\mathbb{c}^{j,l} := \mathbb{c}^{j,l} + \mathbb{a}^{k,l} * b_{k,j}$
        $c_{i,j} := c_{i,j} + a_{i,k} * b_{k,j}$.   ♦

Nunmehr sind nur noch erforderlich:

Laden$m \times$ Matrix $\mathbb{A}$odermq Spalten der Länge n
Laden/Speichern$2 \times$ Matrix $\mathbb{C}$oder$m$ Spalten der Länge n,

also $(2+q)\,m\,n/vl$ Vektorzugriffe der Länge vl oder, falls $vl \mid n$ für $N = n = m = q$, insgesamt

$$(2+N)N^2 \text{ Speicherzugriffe für } 2N^3 \text{ arithmetische Operationen.}$$

Die Anzahl der Speicherzugriffe wird etwa auf ein Drittel verringert, so dass das Verhältnis von Speicherzugriffen pro arithmetische Operation für hinreichend große N von 3:2 auf etwa 1:2 vermindert wird. Analog kann eine zeilenorientierte *ikj*-Form mit Blockspalten betrachtet werden.

Auf Vektorprozessoren, auf denen die Anzahl und die Länge von Vektorregistern (Fujitsu, NEC, Hitachi) variabel ist und vom Compiler festgelegt wird, sind die obigen Modifikationen nur bedingt anwendbar. Durch die Festlegung von Blockgrößen kann man dem Compiler indirekt eine Vektorregisterlänge "nahelegen", ohne jedoch sicher sein zu können, ob diese auch so gesetzt wird. Dies setzt auch ferner voraus, dass der Anwender eine Vorstellung über die jeweils optimale Registeranzahl und -länge hat. Letztlich ist eine diesbezügliche Optimierung nur durch eine sehr detaillierte Maschinenkenntnis und Assemblerprogrammierung erreichbar. Die Blockbildung gehört häufig zu den Optimierungsstrategien von Compilern oder Präprozessoren. Durch Optimierungsversuche des Anwenders werden letztere unter Umständen unterlaufen.

Optimale Nutzung von Cachespeichern Die obige Strategie für Vektorprozessoren ist grundsätzlich auch bei der Cacheoptimierung anwendbar. Jedoch ist in diesem Fall eine Blockbildung auf der Basis von Untermatrizen mit mehr als einer Zeile und Spalte sinnvoller. Jede Cache Line enthält cl fortlaufende Elemente eines Feldes. Befindet sich eine gerade benötigte Zahl nicht im Cache, so wird die gesamte Cache Line, die die Zahl enthält, aus dem Hauptspeicher in den Cache geladen. Unter Umständen werden davon $cl-1$ Daten nicht benötigt. Auf Rechnern mit Cachespeichern kann <u>jedes</u> Inkrement ungleich 1 zu erheblichen Zeiteinbußen führen. Die spaltenorientierte *jki*-Form (4.4.8) hat in einem FORTRAN-Programm zunächst den Vorteil, dass auf $\mathbb{A}$ und $\mathbb{C}$ in der innersten Schleife spaltenweise, also mit Inkrement 1, zugegriffen wird und dass ferner durch die Anordnung der j- und der k-Schleife auch jeweils Teilspalten von $\mathbb{B}$ in den

Cache geladen werden. Ungünstig ist jedoch, dass bei jedem Durchlauf durch die innere Schleife ein anderes $c_{i,j}$ bearbeitet wird. Zum einen werden jeweils nur wenige Operationen je Speicherzugriff auf $c_{i,j}$ ausgeführt, zum anderen muss – mit Ausnahme sehr kleiner Matrizen – die Cache Line, die das jeweilige $c_{i,j}$ enthält, mit großer Wahrscheinlichkeit bei jedem Durchlauf durch die k-Schleife vom Cache in den Hauptspeicher und beim nächsten Durchlauf wieder in den Cache geladen werden. Dies kann mit der jik-Form (4.4.5) vermieden werden. Als Grundoperation erhält man ein Skalarprodukt, also eine Vektorreduktion. Jedes $c_{i,j}$ wird insgesamt nur einmal aus dem Speicher in den Cache geladen und nur einmal aus dem Cache in den Hauptspeicher zurückgeschrieben. Die Anordnung der j- und der i-Schleife führt ferner dazu, dass jeweils eine Teilspalte von $\mathbb{C}$ im Cache gehalten werden kann. Auf $\mathbb{A}$ wird zeilenweise, also in einem FORTRAN-Programm mit dem Inkrement m, zugegriffen. Ferner muss neben $\mathbb{A}$ auch $\mathbb{B}$ mehrfach, nämlich insgesamt n-mal, geladen werden. Sinngemäß sind Versionen mit spaltenweisem Zugriff in C-Programmen zu betrachten. Auf Maschinen mit kombinierten Additions-Multiplikations-Einheiten, die in einem Takt eine Multiplikation und eine Addition ausführen können, tritt zusätzlich ein Ungleichgewicht zwischen den zwei Ladeoperationen und der einen arithmetischen Operation in der innersten Schleife auf. Dies widerspricht dem Ziel, die Anzahl der Speicherzugriffe im Vergleich zu der Anzahl der arithmetischen Operationen zu minimieren. Durch die Definition geeigneter Blockverfahren kann dieses Missverhältnis beseitigt werden. Im Gegensatz zu der vektororientierten, eindimensionalen Blockbildung für Vektorprozessoren werden hier zweidimensionale Blöcke in Gestalt von Teilmatrizen gebildet:

<u>jik-Form mit Blockbildung</u>   (4.4.21)

> **for** $jj := 1$ **step** bl **to** m **do**
> **for** $ii := 1$ **step** bl **to** n **do**
> **for** $kk := 1$ **step** bl **to** q **do**
>> **for** $j := jj$ **to** $jj+bl-1$ **do**
>> **for** $i := ii$ **to** $ii+bl-1$ **do**
>>> $s := c_{i,j}$
>>> **for** $k := kk$ **to** $kk+bl-1$ **do** $\quad s := s + a_{i,k} * b_{k,j}$
>>> $c_{i,j} := s.$ ♦

In (4.4.21) werden durch die äußeren drei Schleifen für jede der drei Matrizen $\mathbb{A}$, $\mathbb{B}$, $\mathbb{C}$ Teilblöcke der Größe $bl \times bl$ festgelegt. Die Größe bl ist so zu bemessen, dass jeweils drei Teilfelder der Größe $bl \times bl$ in den Cache passen, wobei eine gewisse Reserve für einzelne Größen wie etwa Indexvariablen zu berücksichtigen ist, um sicherzustellen, dass die drei Teilfelder im Cache verbleiben. O.B.d.A. sei bl ein Teiler von m, n, q. Der temporäre Skalar s drückt aus, dass die Skalarprodukte jeweils in einem Register zu akkumulieren sind. Dieser Programmiertrick ist auf einigen Maschinen erforderlich. (4.4.21) kann nun mit entsprechend definierten Teilmatrizen als

> **for** $jj := 1$ **step** bl **to** m **do**   (4.4.22)
> **for** $ii := 1$ **step** bl **to** n **do**
>> $\mathbb{C}_{ii,jj} := \mathbb{0}$
>> **for** $kk := 1$ **step** bl **to** q **do** $\quad \mathbb{C}_{ii,jj} := \mathbb{C}_{ii,jj} + \mathbb{A}_{ii,kk} \mathbb{B}_{kk,jj}$

interpretiert werden. (4.4.22) beruht auf Operationen auf Teilmatrizen, wobei die in den drei inneren Schleifen von (4.4.21) enthaltene Information, wie diese auszuführen sind, verloren gegangen ist. Jede Teilmatrix $\mathbb{C}_{ii,jj}$ wird nur einmal in den Cache geladen und erst nach ihrer vollständigen Berechnung einmalig in den Hauptspeicher geschrieben. Die Teilmatrizen $\mathbb{A}_{ii,kk}$ und $\mathbb{B}_{kk,jj}$ müssen zwar mehrfach nachgeladen werden, die Gesamtanzahl der Ladevorgänge zwischen Cache und Hauptspeicher wird jedoch etwa um den Faktor bl verringert.

Das als zweites Problem genannte ungünstige Verhältnis zwischen Speicherzugriffen und arithmetischen Operationen kann auf der Basis von (4.4.21) behoben werden. Durch jeweils zweifaches Abrollen der j- und der i-Schleife in der k-Schleife kann ein optimales Gleichgewicht zwischen Ladeoperationen und Kombinationen von Multiplikation und Addition erzielt werden. In der innersten Schleife stehen nun 4 kombinierte Operationen Addition-Multiplikation den vier Ladeoperationen bezüglich $a_{i,k}$, $a_{i+1,k}$, $b_{k,j}$, $b_{k,j+1}$ gegenüber.

<u>*jik*-Form mit Blockbildung und Abrollen</u>   (4.4.23)

for $jj := 1$ **step** bl **to** m **do**
for $ii := 1$ **step** bl **to** n **do**
for $kk := 1$ **step** bl **to** q **do**
    for $j := jj$ **step** 2 **to** $jj+bl-1$ **do**
    for $i := ii$ **step** 2 **to** $ii+bl-1$ **do**
        $s_{00} := c_{i,j}$
        $s_{01} := c_{i,j+1}$
        $s_{10} := c_{i+1,j}$
        $s_{11} := c_{i+1,j+1}$
        for $k := kk$ **to** $kk+bl-1$ **do**
            $s_{00} := s_{00} + a_{i,k} * b_{k,j}$
            $s_{01} := s_{01} + a_{i,k} * b_{k,j+1}$
            $s_{10} := s_{10} + a_{i+1,k} * b_{k,j}$
            $s_{11} := s_{11} + a_{i+1,k} * b_{k,j+1}$
        $c_{i,j} \quad := s_{00}$
        $c_{i,j+1} \quad := s_{01}$
        $c_{i+1,j} \quad := s_{10}$
        $c_{i+1,j+1} := s_{11}.$ ♦

Allgemeine parallele Blockverfahren Die obigen Beispiele lassen sich in den Kontext allgemeinerer Blockverfahren einordnen. Auf der Basis von (4.4.10) betrachten wir zunächst:

<u>Grundform der allgemeinen Blockversion</u>   (4.4.24)

$\{$**for** $k := 1$ **to** t; **for** $j := 1$ **to** r, **for** $i := 1$ **to** $s\}$ **do parallel** $\quad \mathbb{C}_{i,j,k} := \mathbb{A}_{i,k}\mathbb{B}_{k,j}$

$\{$**for** $j := 1$ **to** r, **for** $i := 1$ **to** $s\}$ **do parallel** $\qquad \mathbb{C}_{i,j} := \sum_{k=1}^{t} \mathbb{C}_{i,j,k}.$ ♦

Grundoperationen sind nun Matrix-Multiplikationen und Reduktions-Summationen, hier jedoch von Teilmatrizen. Formal rekursiv wird man somit auf das Ausgangsproblem zurückgeführt. (4.4.24) stellt einerseits die Grundlage für die folgenden parallelen Blockalgorithmen dar. Andererseits umfassen die hier notierten Algorithmen alle vorher diskutierten Varianten als Spezialfälle. Die allgemeine Formulierung von (4.4.24ff) enthält keine konkrete Angaben zu arithmetischen Details, insbesondere nicht zur Ausführung der Matrix-Multiplikationen $\mathbb{C}_{i,j,k} := \mathbb{A}_{i,k}\mathbb{B}_{k,j}$. Hierfür reicht die datenorientierte Betrachtungsweise bei der Blockbildung nicht aus. Sofern es sich um "echte" Matrixmultiplikationen handelt, muss auf einen der vorher vorgestellten Algorithmen zurückgegriffen werden. Bei parallelen Versionen ist insbesondere eine optimale Einprozessorvariante zu wählen. (4.4.24) kann noch etwas verallgemeinert werden. Die Zerlegung von $\mathbb{A}$, $\mathbb{B}$ und $\mathbb{C}$ in Teilmatrizen führt zu einer Zerlegung der Indexbereiche $\{1,...,m\}$, $\{1,...,n\}$ bzw. $\{1,...,q\}$ in s, r bzw. t nicht notwendig gleich große, aber zumindest zusammenhängende Teilbereiche. Allgemeiner kann man in Analogie zur Herleitung von (4.3.12) die Indexbereiche in Partitionen von disjunkten, aber nicht notwendig zusammenhängenden Teilmengen

$$\{1,...,m\} = \bigcup_{i=1}^{s} I_i, \quad \{1,...,n\} = \bigcup_{j=1}^{r} J_j, \quad \{1,...,q\} = \bigcup_{k=1}^{t} K_k.$$

zerlegen und (4.4.24) sowie die im Folgenden genannten Versionen unmittelbar umformulieren. Hierauf wird jedoch in diesem Zusammenhang verzichtet. Für *Mikro- und Vektorprozessoren* bildet (4.4.10) die Grundform für Blockalgorithmen der vorgestellten Art. Für *Parallelrechner mit gemeinsamem Speicher* erhält man aus (4.4.24):

<u>allgemeine Blockform für Parallelrechner mit gemeinsamem Speicher</u>   (4.4.25)

   $\{$**for** $k := 1$ **to** t; **for** $j := 1$ **to** r; **for** $i := 1$ **to** $s\}$ **do parallel on** $\mathrm{P}(i,j,k)$
      $\mathbb{C}_{i,j,k} := \mathbb{A}_{i,k}\mathbb{B}_{k,j}$
   $\{$**for** $j := 1$ **to** r; **for** $i := 1$ **to** $s\}$ **do parallel**
      barrier $(\mathrm{P}(i,j,1),...,\mathrm{P}(i,j,t))$
      sum$(\mathbb{C}_{i,j}; \mathbb{C}_{i,j,1},...,\mathbb{C}_{i,j,t})$ **on** $(\mathrm{P}(i,j,1),...,\mathrm{P}(i,j,t))$.   ◆

Unter der Annahme, dass rst Prozessoren zur Verfügung stehen, berechnen zunächst alle Prozessoren parallel jeweils eine Teilmatrix $\mathbb{C}_{i,j,k}$. Um die entsprechenden Teilblöcke $\mathbb{C}_{i,j}$ des Ergebnisses zu erhalten, müssen rs Reduktions-Summationen parallel durchgeführt werden. Eine Synchronisation ist nur bezüglich der jeweils maximal t an jeder Reduktion beteiligten Prozessoren erforderlich. Als Spezialfall mit 1×1-Blöcken erhalten wir den Algorithmus (4.4.14). Für *Parallelrechner mit verteiltem Speicher* formuliert man mittels (4.4.24):

<u>allgemeine Blockform für Parallelrechner mit verteiltem Speicher</u>   (4.4.26)
<u>Prozessor $\mathrm{P}(k,j,i)$, $k = 1,...,t$, $j = 1,...,r$, $i = 1,...,s$</u>

Eingabedaten:	Teilblöcke $\mathbb{A} \triangleq \mathbb{A}_{i,k}$, $\mathbb{B} \triangleq \mathbb{B}_{k,j}$
Ausgabedaten:	Teilblock $\mathbb{C} \triangleq \mathbb{C}_{i,j,k}$
Ausgabedaten auf $\mathrm{P}(i,j,1)$:	Teilblock $\mathbb{C} \triangleq \mathbb{C}_{i,j} \equiv \mathbb{C}_{i,j,1}$

$\mathbb{C} := \mathbb{A}\mathbb{B}$

sum$(\mathbb{C};\mathbb{C})$ **on** $(\mathrm{P}(i,j,1),...,\mathrm{P}(i,j,t))$ **to** $\mathrm{P}(i,j,1)$.   ◆

Der Kommunikationsbedarf innerhalb des Algorithmus ist auf die jeweils maximal t an jeder Reduktion beteiligten Prozessoren beschränkt.

4.4.3 Beispiel zur Einzelprozessor-Optimierung

Wir betrachten eine Matrix-Multiplikation $C := A * B$ zweier 1000×1000-Matrizen auf einem RISC-Prozessor IBM Power 3-II (375 MHz) mit einer maximalen Gleitpunktleistung von 1,5 Gflop/s. Die drei Matrizen werden in Feldern der Größe $(1024+m) \times 1024$ gespeichert. Im folgenden wird nicht der (aussichtslose) Versuch unternommen, in einer Programmiersprache (hier FORTRAN) einen optimalen Code für eine spezielle Prozessorarchitektur zu finden. Es soll vielmehr anhand eher willkürlicher Parametervariationen beispielhaft die mögliche Wirkung einiger der in diesem und dem vorangehenden Kapitel erwähnten Optimierungstechniken aufgezeigt werden. Die Option -O3 beschreibt für den verwendeten *xlf*-Compiler die höchste Optimierungsstufe, in der eine Codemodifikation keinesfalls zu einer Änderung der (Gleitpunkt-)Ergebnisse führt. Die weiter gehende Stufe -O4 lässt Codemodifikationen zu, die im Rahmen der Genauigkeit der maschineninternen Gleitpunktarithmetik zu abweichenden Ergebnissen führen können.

Tab. 4.4.4 Array Padding für die *ijk*-Formen auf einem RISC-Prozessor (Angaben in Mflop/s)

	$m = 0$		$m = 15$		$m = 31$		$m = 63$	
	$-O3$	$-O4$	$-O3$	$-O4$	$-O3$	$-O4$	$O3$	$O4$
ijk	8	428	17	803	17	797	16	727
jik	7	430	16	820	15	816	17	758
jki	176	429	183	809	170	784	185	716
ikj	3	428	8	803	8	833	8	714
kij	3	431	8	809	8	806	8	738
kji	110	426	130	836	108	769	109	760

Tab. 4.4.4 zeigt Ergebnisse für die sechs *ijk*-Formen (4.4.5)- (4.4.9). Für $m = 0$ sind die Matrizen in Feldern der Größe [1..1024, 1..1024] gespeichert, so dass das Risiko von Cache Misses und Page Faults besonders hoch ist. Die Ergebnisse für -O3 zeigen dies mehr als deutlich. Die Versionen *ikj* und *kij* mit zeilenweisem Zugriff auf zwei der drei Matrizen erzeugen ein Maximum an derartigen Zugriffskonflikten und liefern mit 3 Mflop/s bei einer theoretischen maximalen Prozessorleistung von 1.500 Mflop/s die mit Abstand schlechtesten Ergebnisse. Die Versionen *ijk* und *jik* mit dem Skalarprodukt als Grundoperation bieten zwar die Möglichkeit, Zwischenergebnisse in Registern zu halten. Da der Zugriff auf eine der beiden Operandenmatrizen weiterhin zeilenweise erfolgt, bleibt ein großes Konfliktpotenzial, so dass die Geschwindigkeit mit 7 - 8 Mflop/s nur etwa verdoppelt wird. Die Versionen *jki* und *kji* mit spaltenweisem Zugriff auf zwei der drei Matrizen und Triaden beziehungsweise verallgemeinerten Triaden als Grundoperation sind mit 110 Mflop/s und 176 Mflop/s um fast zwei Größenordnungen schneller. Die unter diesen Umständen schnellste Variante ist *jki* mit verallgemeinerten Triaden. Die Vergrößerung der Zeilendimension (Array Padding, vgl. (3.2.25)) um einen Wert $m > 0$ beschleunigt die vier ungünstigen Varianten um mehr als das Doppelte auf immer noch völlig indiskutable Werte, während der Effekt bei *jki* und *kji* gering bis kaum messbar ist. Dabei liefern verschiedene Werte von m kaum

abweichende Ergebnisse. Bei der Optimierungsstufe -O4 bietet sich ein vollkommen anderes Bild. Alle sechs *ijk*-Formen werden offensichtlich intern durch denselben optimierten Code ersetzt, der nunmehr zu einer Geschwindigkeit von etwa 430 Mflop/s führt. Die Wahl eines Wertes $m > 0$ ergibt Geschwindigkeiten von mehr als 800 Mflop/s, wobei messbare Unterschiede für verschiedene m auftreten können.

Tab. 4.4.5 Blockbildung für die *jki*–Form auf einem RISC-Prozessor (Angaben in Mflop/s)

bl	$-O3$	$-O4$
0	183	809
4	201	180
16	230	303
64	364	390

Tab. 4.4.5 zeigt den Versuch der Blockbildung in der *jki*-Version für $m = 15$. Bei -O3 führt die Bildung von Blöcken zu einer signifikanten, für die angegebenen Blockgrößen 0, 4, 16, 64 monoton wachsenden Geschwindigkeit, die jedoch weniger als die Hälfte der 803 Mflop/s für -O4 ohne Blockbildung erreicht. Der Versuch, die im FORTRAN-Quellcode eingeführte Blockbildung mit der Compileroption -O4 weiter zu optimieren, senkt die Geschwindigkeit auf 180-390 Mflop/s. Für die Blockgröße $bl = 4$ fällt die Geschwindigkeit sogar unter diejenige bei -O3-Optimierung. Die Blockbildung "per Hand" unterläuft offensichtlich eine interne Optimierung durch Blockbildung des Compilers bei $-O4$. Das Abrollen der *j*-Schleife in der *jki*-Form führt für $-O3$

Tab. 4.4.6 Abrollen für die *jki*–Form auf einem RISC-Prozessor (Angaben in Mflop/s)

r	$-O3$	$-O4$
1	183	809
2	342	943
3	412	775
4	447	990
5	451	990

und für -O4 zu einer starken Beschleunigung (Tab. 4.4.6). Bei $-O4$ wird fast 1 Glop/s erreicht. (4.4.27) zeigt beispielhaft das vierfache Abrollen.

jik-Form mit vierfaches Abrollen   (4.4.27)

> **for** $jj := 1$ **step** 4 **to** N **do**
> **for** $kk := 1$ **step** 4 **to** N **do**
> **for** $ii := 1$ **step** 4 **to** N **do**
> > **for** $j := jj$ **to** $jj+3$ **do**
> > **for** $k := kk$ **to** $kk+3$ **do'**
> > **for** $i := ii$ **to** $ii+3$ **do**

$$c_{i,j} := c_{i,j} + a_{i,k} * b_{k,j}$$

$$c_{i,j+1} := c_{i,j+1} + a_{i,k} * b_{k,j+1}$$

$$c_{i+1,j} := c_{i+1,j} + a_{i+1,k} * b_{k,j}$$

$$c_{i+1,j+1} := c_{i+1,j+1} + a_{i+1,k} * b_{k,j+1} \qquad \blacklozenge$$

Tab. 4.4.7 stellt noch einmal die schlechteste Version *ikj* verschiedenen Optimierungsversuchen der Version *jki* und dem Aufruf der Implementierung der BLAS-Routine DGEMM in der Numerik-Bibliothek ESSL von IBM gegenüber. Wie bereits erwähnt, können in der Optimierungsstufe -O3 durch verschiedene Maßnahmen Beschleunigungen erreicht werden, wobei optimale Parameterkonstellationen unter genauerer Berücksichtigung der Prozessoreigenschaften herausgefunden werden müssen. Diese Optimierung ist jedoch einer –O4-Optimierung meist unterlegen. Optimierungsversuche im Quellcode bei der in der Regel zu verwendenden –O4-Optimierung können sich sogar als kontraproduktiv erweisen. Stehen wie im hier diskutierten Fall der Matrix-Multiplikation hochoptimierte Bibliotheksroutinen zur Verfügung, so ist deren Geschwindigkeit durch einen FORTRAN-Code kaum zu erreichen. Im Beispiel erzielt DGEMM 1.273 Mflop/s bei einem theoretischen Prozessormaximum von 1.500 Mflop/s.

Tab. 4.4.7 Beispiele für Optimierungsstrategien bei der Matrix-Multiplikation

		– O3	– O4
ikj		3	428
jki	$m = 0$	176	429
jki	$m = 15$	183	809
jki	$m = 15\ bl = 64\ r = 2$	453	449
jki	$m = 15\ bl = 64$	364	390
jki	$m = 15\ r = 5$	451	990
DGEMM (ESSL)		1199	1273

Abschließend sei erwähnt, daß die Geschwindigkeit auch in Abhängigkeit der Problemgröße N variiert. Mit wachsendem N wächst die Geschwindigkeit nicht notwendig monoton an. Gerade angesichts der heute vergleichsweise komplizierten Speicherhierarchien machen sich die verschiedenartigsten Einflüsse bemerkbar, die häufig zu in Abhängigkeit von N durchaus sehr unregelmäßigen Geschwindigkeitskurven führen.

Die in Tab. 4.4.7 aufgeführten extremen Unterschiede zwischen 3 Mflop/s und 1273 Mflop/s für eine simple Matrix-Multiplikation illustrieren noch einmal den häufig überaus großen Einfluss von Speicherzugriffs-Konflikten (jeglicher Art) und untermauern ferner die Notwendigkeit der bestmöglichen Einzelprozessor-Optimierung in parallelen Algorithmen. Die ausgefeilteste Parallelisierung ist wertlos, wenn die auf den einzelnen Prozessoren auszuführenden Teilaufgaben nicht hinreichend optimiert sind.

4.5   Rekurrente Relationen und Differenzengleichungen

In vielen numerischen Verfahren treten Datenabhängigkeiten auf, die im Wesentlichen oder sogar ausschließlich sequentiell behandelt werden müssen. Diese Problematik liegt bereits bei Elementaralgorithmen vor. Häufig lassen sich jedoch alternative Algorithmen angeben, die zumindest teilweise vektorisierbar oder parallelisierbar sind.

4.5.1   Allgemeine rekurrente Relationen

Bei vielen Berechnungen ermittelt man das Ergebnis mittels einer Folge $x_1,...,x_n$ mathematischer Objekte wie reeller Zahlen, Vektoren oder Matrizen, wobei jedes x_i von vorher berechneten x_j abhängen kann. Die diese Abhängigkeit beschreibenden Gleichungen werden *rekurrente Gleichungen* genannt. Zusammen mit den notwendigen Anfangswerten für gewisse x_k erhält man eine *rekurrente Relation*. Ist bei Zahlenfolgen nur das letzte Element x_n von Interesse, spricht man von einer *rekurrenten Relation mit skalarem Ergebnis*, andernfalls *mit Vektorergebnis*.

Bsp. 4.5.1 1) Die in Abschnitt 4.1 behandelten Reduktionsoperationen, vor allem die Summation mit skalarem Ergebnis (einfache Summation) oder Vektorergebnis (Partialsummen).

2) Das Skalarprodukt zweier Vektoren $\mathbf{x} = (x_1,...,x_n)^{\mathrm{T}}$ und $\mathbf{y} = (y_1,...,y_n)^{\mathrm{T}}$ kann als eine lineare rekurrente Relation 1. Ordnung aufgefasst werden:

$$z_0 := 0$$
$$z_k := z_{k-1} + x_k\,y_k,\ \ 1 \le k \le n.$$

3) Das Horner-Schema zur Berechnung von $p_n(x_0) := \sum_{i=0}^{n} a_i\, x_0^i$ ist ebenfalls eine lineare rekurrente Relation 1. Ordnung mit skalarem Ergebnis:

$$p_0 := a_n$$
$$p_k := a_{n-k} + x_0\, p_{k-1},\ \ 1 \le k \le n.$$

4) Die LU-Zerlegung einer Tridiagonalmatrix

$$\mathbb{A} := \begin{pmatrix} a_1 & b_1 & & 0 \\ c_2 & a_2 & b_2 & \\ & \ddots & \ddots & \ddots \\ 0 & & c_n & a_n \end{pmatrix}, \quad \mathbb{L} := \begin{pmatrix} 1 & & & 0 \\ l_2 & 1 & & \\ & \ddots & \ddots & \\ 0 & & l_n & 1 \end{pmatrix}, \quad \mathbb{U} := \begin{pmatrix} u_1 & b_1 & & 0 \\ & \ddots & \ddots & \\ & & u_{n-1} & b_{n-1} \\ 0 & & & u_n \end{pmatrix}$$

führt nach dem Ausmultiplizieren von $\mathbb{L}\,\mathbb{U}$ und Koeffizientenvergleich auf eine nichtlineare rekurrente Relation 1. Ordnung mit Vektorergebnis:

$$\begin{aligned} u_1 &:= a_1 \\ l_k &:= c_k\,/u_{k-1} \\ u_k &:= a_k - l_k\, b_{k-1}, \qquad 2 \le k \le n. \end{aligned} \tag{4.5.1}$$

5) Dreieckssysteme $\mathbb{L}\,x = c$ mit einer unteren Dreiecksmatrix

$$
\mathbb{L} = \begin{pmatrix}
a_{1,1} & & & & \\
a_{2,1} & a_{2,2} & & & \\
\vdots & & \ddots & & 0 \\
\vdots & & & \ddots & \\
\vdots & & & & a_{n-1,n-1} \\
a_{n,1} & \cdots & \cdots & \cdots & a_{n,n-1} & a_{n,n}
\end{pmatrix}
$$

(analog einer oberen Dreiecksmatrix) können wie folgt gelöst werden:

$$
\textbf{for } k := 1 \textbf{ to } n \textbf{ do } \quad x_k := \frac{1}{a_{k,k}}\left(c_k - \sum_{j=1}^{k-1} a_{k,j}\, x_j\right). \tag{4.5.2}\blacklozenge
$$

Für die Auswertung von (4.5.1) in 4) kann ein Algorithmus angegeben werden, der ein Beispiel dafür liefert, wie eine bescheidene Parallelität mit einem überproportional hohen arithmetischen Aufwand erkauft wird, der letztlich zu einem unbrauchbaren Algorithmus führt. Der im folgenden hergeleitete Algorithmus besitzt eine eher historische Bedeutung, ist jedoch zur Verdeutlichung dieser häufig auftretenden Problematik nützlich. Die *nichtlineare rekurrente Relation* in (4.5.1) lässt sich in eine *lineare rekurrente Relation 2. Ordnung* und diese in eine lineare *rekurrente Relation 1. Ordnung für Vektoren* umschreiben. Hierzu setzen wir zunächst die Definition der l_k direkt in diejenige der u_k ein:

$$
\begin{aligned}
u_1 &:= a_1 \\
u_k &:= a_k - c_k\, b_{k-1} / u_{k-1}, \quad 2 \le k \le n.
\end{aligned} \tag{4.5.3}
$$

Sind alle u_k bekannt, so können die

$$
l_k := c_k / u_{k-1}, \, 2 \le k \le n, \tag{4.5.4}
$$

parallel berechnet werden. Die Multiplikation der zweiten Zuweisung in (4.5.3) mit u_{k-1} ergibt

$$
u_k u_{k-1} = a_k u_{k-1} - c_k b_{k-1}.
$$

Mit der Definition

$$
q_0 := 1; \quad q_1 := a_1; \quad q_k := u_k\, q_{k-1} \tag{4.5.5}
$$

folgen nun die Gleichungen

$$
u_k = \frac{q_k}{q_{k-1}} \quad \text{und} \quad \frac{q_k}{q_{k-1}}\frac{q_{k-1}}{q_{k-2}} = a_k \frac{q_{k-1}}{q_{k-2}} - c_k\, b_{k-1}, \tag{4.5.6}
$$

das heißt

$$
q_k = a_k q_{k-1} - c_k b_{k-1} q_{k-2}, \, 2 \le k \le n. \tag{4.5.7}
$$

Die nichtlineare rekurrente Relation (4.5.3) ist somit in die lineare rekurrente Relation 2. Ordnung (4.5.7) transformiert worden. Mit

$$\mathfrak{q}_k := \begin{pmatrix} q_k \\ q_{k\text{-}1} \end{pmatrix}, \, 1 \le k \le n; \quad \mathbb{G}_k := \begin{pmatrix} a_k & -c_k\,b_{k-1} \\ 1 & 0 \end{pmatrix}, 2 \le k \le n, \tag{4.5.8}$$

erhält man

$$\mathfrak{q}_k := \mathbb{G}_k\,\mathfrak{q}_{k-1}, \, k := 2(1)n.$$

Daraus folgt schließlich

$$\mathfrak{q}_k = \left(\prod_{j=2}^{k} \mathbb{G}_j \right) \mathfrak{q}_1. \tag{4.5.9}$$

Das Matrixprodukt $\prod_{j=2}^{k} \mathbb{G}_j$ kann für $2 \le k \le n$ mittels einer Reduktion kaskadenartig ausgewertet werden. Hierzu wird eine Parallelisierung auf formal n Prozessoren unterstellt. Zu Beginn erhält jeder Prozessor $P(j)$ die Matrix $\mathbb{G}_j^{(0)} := \mathbb{G}_j$, $j = 1\,(1)n$, wobei $\mathbb{G}_1^{(0)} := \mathbb{I}$. Am Ende hat jeder Prozessor $P(k)$ ($2 \le k \le n$) eines der Matrixprodukte, nämlich $\prod_{j=2}^{k} \mathbb{G}_j$ ausgewertet. O.B.d.A. gelte $n = 2^l$. Mit $\mathbb{G}_j^{(r)} := \mathbb{I}$ für $j \le 1$, $0 \le r \le l$, sind zu berechnen:

$$\begin{aligned} &\textbf{for } k := 1 \textbf{ to } n \textbf{ do parallel on } P(k) \\ &\quad \textbf{for } r := 0 \textbf{ to } l\text{-}1 \textbf{ do } \mathbb{G}_k^{(r+1)} := \mathbb{G}_k^{(r)}\,\mathbb{G}_{k-2^r}^{(r)} \\ &\quad \mathfrak{q}_k := \mathbb{G}_k^{(l)}\,\mathfrak{q}_1. \end{aligned} \tag{4.5.10}$$

In der Reduktion mit Matrixergebnis (4.5.10) werden sämtliche Zwischenergebnisse benötigt (vergleiche Abschnitt 4.1). Mit (4.5.5) werden parallel die u_k und dann aus (4.5.4) die l_k berechnet. In diesem Algorithmus bleiben somit sämtliche Prozessoren bis zur Beendigung der Ausführung des Algorithmus aktiv. Der vollständig sequentielle Algorithmus wurde durch eine Reduktion teilparallelisiert. In den einzelnen Schritten fällt folgender arithmetischer Aufwand an:

(4.5.4), (4.5.5), (4.5.8)   Berechnung der l_k, u_k, $\mathbb{G}_k^{(0)}$: je n

(4.5.9)   Berechnung der $\mathbb{G}_j^{(r)}$, $r > 0$: $\approx (12 \log_2 n - 9)\, n$

(4.5.9)   Berechnung von $\mathfrak{q}_k$: $4n$.

Insgesamt sind etwa $12n \log_2 n$ arithmetische Operationen auszuführen. Im Vergleich zu den $4n-4$ Operationen für (4.5.1) bzw. (4.5.3)/(4.5.4) ist die arithmetische Komplexität des parallelen Algorithmus somit um einen Faktor von etwa $3n \log_2 n$ größer, das Verhältnis wächst folglich sogar logarithmisch mit n.

4.5.2   Lineare rekurrente Relationen und lineare Differenzengleichungen

Für den wichtigen Spezialfall linearer rekurrenter Relationen stehen verschiedene Algorithmen zur Verfügung, die im Vergleich zur rein sequentiellen Arbeitsweise zu Beschleunigungen führen können. Die erreichbare Parallelität bleibt jedoch beschränkt.

Ein *lineares rekurrentes System* $R[n,m]$ der Ordnung m für n Gleichungen, $m \le n-1$, ist durch

$$\mathrm{R}[n,m]: \qquad x_k := \begin{cases} 0 & k \le 0 \\ d_k + \displaystyle\sum_{j=k-m}^{k-1} a_{k,j} x_j & 1 \le k \le n \end{cases} \tag{4.5.11}$$

definiert. Die Bezeichung *rekurrente Relation* wurde, ausgehend von Aufgaben wie der Reduktions-Summation, unter dem Gesichtspunkt der Parallelisierung von Ausdrücken mit Datenabhängigkeiten geprägt. Die Definition (4.5.11) stimmt offensichtlich mit der mathematischen Definition einer linearen Differenzengleichung m–ter Ordnung überein. Mit der Koeffizientenmatrix

$$\mathbb{A} = \begin{pmatrix}
0 & \cdots & \cdots\ \cdots\ \cdots & & \cdots & & \cdots\ \cdots & 0 \\
a_{2,1} & 0 & & & & & & \vdots \\
a_{3,1} & a_{3,2} & 0 & & & & & \vdots \\
\vdots & & \ddots & 0 & & & & \vdots \\
a_{m+1,1} & & & \ddots & 0 & & & \vdots \\
0 & a_{m+2,2} & & & \ddots & 0 & & \vdots \\
\vdots & & \ddots & & & a_{n-m+1,n-m} & 0 & \vdots \\
\vdots & & & \ddots & & \vdots & \ddots & 0 & \vdots \\
0 & \cdots & \cdots\ \cdots & 0 & a_{n,n-m} & & \cdots\ a_{n,n-1} & 0
\end{pmatrix}$$

ist (4.5.11) in Matrix-Vektor-Notation äquivalent zu

$$\mathbb{x} = \mathbb{A}\mathbb{x} + \mathbb{d}, \quad \mathbb{x} = (x_1,\dots,x_n)^{\mathrm{T}}, \ \mathbb{d} = (d_1,\dots,d_n)^{\mathrm{T}}. \tag{4.5.12}$$

$\mathbb{A}$ kann als "einseitige" Bandmatrix der Bandbreite m interpretiert werden, in der nur die ersten m unteren Nebendiagonalen besetzt sind. Grundsätzlich können die Algorithmen aus Abschnitt 4.3 für Matrix-Vektor-Multiplikationen angepasst werden, jedoch unter expliziter Berücksichtigung von Abhängigkeiten in der Zuweisung $\mathbb{x} := \mathbb{A}\mathbb{x} + \mathbb{d}$. Wegen $m < n$ bietet es sich ferner an, die obige $n \times n$-Matrix $\mathbb{A}$ zur Speicherplatzersparnis mit der Zuordnung

$$\hat{a}_{i,j} \leftrightarrow a_{i+1,i+1+j}, \ j = -m,\dots,-1, i = -j,\dots,n-1,$$

durch eine $(n-1) \times m$-Rechteckmatrix (4.5.13) zu ersetzen (vergleiche Abschnitt 4.3.2). Die Algorithmen des Abschnitts 4.5.2.1 sind entsprechend zu modifizieren, was hier aus Gründen der Übersichtlichkeit nicht erfolgt.

$$\widehat{\mathbb{A}} = \begin{pmatrix}
0 & & 0 & \hat{a}_{1,-1} \\
0 & & \hat{a}_{2,-2} & \hat{a}_{2,-1} \\
0 & \cdot{}^{\cdot} & \hat{a}_{3,-2} & \\
\hat{a}_{m,-m} & \cdot{}^{\cdot} & & \\
\hat{a}_{m+1,-m} & & \vdots & \vdots \\
\vdots & & \hat{a}_{n-2,-2} & \hat{a}_{n-2,-1} \\
\hat{a}_{n-1,-m} & \cdots & \hat{a}_{n-1,-2} & \hat{a}_{n-1,-1}
\end{pmatrix} = \begin{pmatrix}
0 & & 0 & a_{2,1} \\
0 & & a_{3,1} & a_{3,2} \\
0 & \cdot{}^{\cdot} & a_{4,2} & \\
a_{m+1,1} & \cdot{}^{\cdot} & & \\
a_{m+2,2} & & \vdots & \vdots \\
\vdots & & a_{n-1,n-3} & a_{n-1,n-2} \\
a_{n,n-m} & \cdots & a_{n,n-2} & a_{n,n-1}
\end{pmatrix} \tag{4.5.13}$$

(4.5.12) kann ferner als lineares Gleichungssystem mit Dreiecksgestalt formuliert werden (siehe 5) in Bsp. 4.5.1):

$$(\mathbb{I} - \mathbb{A})\, x = \mathbb{d}. \tag{4.5.14}$$

4.5.2.1 Algorithmen für lineare rekurrente Relationen m–ter Ordnung

In einigen älteren Vektorrechnern etwa von Hitachi, NEC, Cyber/ETA wurden Rekursionen wie $x_i := x_i + d_i$ oder $x_i := a_i^* x_i + d_i$ durch entsprechende rückkoppelnde Verbindungen in den arithmetischen Einheiten hardwaremäßig realisiert. Hierdurch wurden Beschleunigungen um Faktoren von bis zu 3.5 im Vergleich zur sequentiellen Ausführung erreicht. Diese Möglichkeit berücksichtigen wir jedoch nicht, sondern betrachten nur geeignete Algorithmen. Zur Auswertung von (4.5.12) bietet sich die zeilenweise Matrix-Vektor-Multiplikation $x := \mathbb{A}\,x + \mathbb{d}$ an:

> **for** $i := 1$ **to** n **do**
>
> $\quad x_i := d_i;$ **for** $k := \max(1, i{-}m)$ **to** $i{-}1$ **do** $\; x_i := x_i + a_{i,k}\, x_k.$ $\hspace{2em}$ (4.5.15)

Dabei treten Pseudo-Abhängigkeiten auf. Die i–Schleife ist sequentiell abzuarbeiten, die innere Schleife kann als Skalarprodukt zweier Vektoren ausgeführt werden, wobei die Vektorlänge zwischen 1 und m schwankt. Eine Alternative bietet auch hier die spaltenweise Multiplikation. Der *Column-Sweep-Algorithmus* mit Triaden als Grundoperation erzeugt eine Parallelität der inneren Schleife, die durch die maximale Bandbreite m der obigen Matrix begrenzt wird.

> $x := \mathbb{d}$
>
> **for** $k := 1$ **to** $n-1$ **do**
>
> $\quad$ **for** $i := k+1$ **to** $\min(k+m, n)$ **do** $\; x_i := x_i + a_{i,k}\, x_k.$ $\hspace{2em}$ (4.5.16)

Beide Versionen besitzen eine arithmetische Komplexität von $T_1 = m\,(2n - (m+1))$. Die parallele Zeitkomplexität von (4.5.16) beträgt $T_m = 2(n-1)$ für m Prozessoren. Daraus erhält man für (4.5.16) als theoretische Beschleunigung durch Parallelisierung

$$S_p = \frac{T_1}{T_m} = \frac{m\,(2n - (m+1))}{2\,(n-1)} = \begin{cases} \dfrac{n}{2} & \text{für}\quad m = n-1 \\[2ex] \dfrac{2n-3}{n-1} \approx 2 & \text{für}\quad m = 2. \end{cases}$$

Offensichtlich sind (4.5.15) und (4.5.16) beide für $m \ll n$ sehr ineffizient.

Vektorprozessoren Der Column-Sweep-Algorithmus (4.5.16) ist für hinreichend großes m gut geeignet, vor allem in FORTRAN wegen des spaltenweisen Zugriffs auf $\mathbb{A}$. In C, C++ bietet sich eher der Skalarprodukt-Algorithmus (4.5.17) an. Für *Mikroprozessoren* wird man unter dem Gesichtspunkt des Zugriffs auf $\mathbb{A}$ in FORTRAN auf den Column-Sweep-Algorithmus (4.5.16) zurückgreifen, während in C, C++ (4.5.15) vorteilhafter erscheint. Dabei ist jedoch nicht berücksichtigt, dass sich in beiden Fällen die Menge der jeweils benötigten Komponenten von x von Schritt zu Schritt um jeweils eine Komponente verschiebt, so dass gegebenenfalls Cache Lines immer wieder aus dem Speicher gelesen und nachfolgend zurückgeschrieben werden müssen. Dies kann durch Blockbildung gemildert werden. Wir betrachten o.B.d.A. nur den Fall $m = n-1$.

$$x := \mathrm{d} \tag{4.5.17}$$

for $kk := 1$ **step** bl **to** n **do**

for $ii := kk$ **step** bl **to** n **do**

    for $k := kk$ **to** $\min(kk+bl-1, n-1)$ **do**

    for $i := \max(ii, k+1)$ **to** $\min(ii+bl-1, n)$ **do** $x_i := x_i + a_{i,k}\, x_k.$

Die Spalten und Zeilen von $\mathbb{A}$, aber insbesondere auch der Vektor x, werden jeweils in Blöcke der Größe bl zerlegt, wobei bl unter Berücksichtigung der Cache Line-Länge zu wählen ist.

$$
\begin{pmatrix} x \\ x \\ x \\ x \\ x \\ x \\ x \\ x \\ x \end{pmatrix}
=
\begin{pmatrix}
0 \\
x\;0 \\
x\;x\;0 \\
x\;x\;x\;\;0 \\
x\;x\;x\;\;x\;0 \\
x\;x\;x\;\;x\;x\;0 \\
x\;x\;x\;\;x\;x\;x\;\;0 \\
x\;x\;x\;\;x\;x\;x\;\;x\;0 \\
x\;x\;x\;\;x\;x\;x\;\;x\;x\;0
\end{pmatrix}
\begin{pmatrix} x \\ x \\ x \\ x \\ x \\ x \\ x \\ x \\ x \end{pmatrix}
+
\begin{pmatrix} x \\ x \\ x \\ x \\ x \\ x \\ x \\ x \\ x \end{pmatrix}
$$

Abb. 4.5.1
Blockbildung in (4.5.17) für $n = 9$, $m = n-1$, $bl = 3$

In jedem Block von bl Spalten werden nacheinander alle Blöcke von jeweils bl Teilzeilen bearbeitet. Damit wird zumindest erreicht, dass die Anzahl der Lade- und Speicheroperationen von Teilvektoren der Länge bl von x um etwa den Faktor bl verringert wird.

Eine <u>Parallelisierung</u> von Algorithmus (4.5.15) kann nur in der inneren Schleife durch Aufteilung des Skalarproduktes erfolgen. Dies erfordert eine zusätzliche Reduktions-Summation. Die äußere i–Schleife ist sequentiell auszuführen. Die Indexmenge sei derart zerlegt, dass jeder Prozessor $P(l)$, $1 \le l \le p$, eine Menge S_l von Spaltenindizes von $\mathbb{A}$ bearbeitet:

$$\{1,\dots,n\} = \bigcup_{l=1}^{p} S_l, \quad S_l \cap S_q = \varnothing \;\; (l \neq q). \tag{4.5.18}$$

$P(l_i)$ bezeichne jeweils den Prozessor, der die i-te Spalte zur Bearbeitung erhalten hat. Ferner sei

$$P^{(i)} := \{l \mid l \in \{1,\dots,p\},\, S_l \cap \{1,\dots,i-1\} \neq \varnothing\},\; i = 2,\dots,n. \tag{4.5.19}$$

Parallelrechner mit gemeinsamem Speicher Mit (4.5.18), (4.5.19) erhält man:

<u>Zeilenorientierter Algorithmus aus (4.5.15)</u> $\hfill$ (4.5.20)

$x_1 := d_1$

for $i := 2$ **to** n **do**

    for $l \in P^{(i)}$ **do parallel on** $P(l)$ $\quad s_i^{(l)} := \displaystyle\sum_{k = \max\{1,\, i-m\},\, k \in S_l}^{i-1} a_{i,k}\, x_k$

    $\mathbf{sum}\big(s_i;\, (s_i^{(l)})_{l \in P^{(i)}}\big)$ **on** $\big(P(l)\colon l \in P^{(i)}\big)$

    $\mathbf{barrier}\,\big(P(l_i),\, P(l)\colon l \in P^{(i)}\big)$

    if $i \in S_l$ **then do on** $P(l_i)$ $\quad x_i := d_i + s_i$

    $\mathbf{barrier}\,\big(P(1),\dots,P(p)\big).$

$\hfill \blacklozenge$

250

Die abschließende Berechnung von x_i erfolgt jeweils auf P(l_i). Nach der Reduktions-Summation müssen die daran beteiligten Prozessoren mit P(l_i) synchronisiert werden. Auch am Ende jedes Durchlaufs durch die i-Schleife werden alle Prozessoren synchronisiert, da sich der Teilnehmerkreis an der Berechnung von x_{i+1} gegebenenfalls anders zusammensetzt. Abb. 4.5.2 illustriert beispielhaft Zuordnungen von Spalten an einen Prozessor und die benötigten Daten bei der Berechnung einer Komponente in (4.5.20).

$$
\begin{pmatrix} + \\ x \\ x \\ + \\ + \\ x \\ \boxed{x} \\ x \\ + \end{pmatrix}
=
\begin{pmatrix}
0 \\
+ & 0 \\
+ & x & 0 \\
+ & x & x & 0 \\
+ & x & x & + & 0 \\
+ & x & x & + & + & 0 \\
  & \boxed{x} & \boxed{x} & \boxed{+} & \boxed{+} & \boxed{x} & 0 \\
  &   & x & + & + & x & x & 0 \\
  &   &   & + & + & x & x & x & 0
\end{pmatrix}
\begin{pmatrix} + \\ \boxed{x} \\ \boxed{x} \\ \boxed{+} \\ \boxed{+} \\ \boxed{x} \\ x \\ x \\ + \end{pmatrix}
+
\begin{pmatrix} + \\ x \\ x \\ + \\ + \\ x \\ \boxed{x} \\ x \\ + \end{pmatrix}
$$

Abb. 4.5.2 Zuordnungen in (4.5.20) für $n = 9$, $m = 5$, $S_l = \{2,3,6,7,8\}$ (x fett) für einen Prozessor P(l) und benötigte Daten (eingerahmt) bei der Berechnung der Komponente $i = 7$

Dieser Algorithmus erscheint nicht attraktiv, da nur Teile von Skalarprodukten parallelisiert werden können. Die Granularität der Teilaufgaben beträgt maximal $2m-2$ Operationen. Auch analog zum Column-Sweep-Algorithmus (4.5.16) kann ein Algorithmus angegeben werden. Jeder Prozessor P(l), $1 \le l \le p$, erhält eine gewisse Anzahl Z_l von Zeilen von $\mathbb{A}$ zur Bearbeitung:

$$\{1,...,n\} = \bigcup_{l=1}^{p} Z_l, \quad Z_l \cap Z_q = \emptyset \ (l \ne q). \tag{4.5.21}$$

In jedem Schritt k arbeiten alle beteiligten Prozessoren gleichzeitig an derselben Spalte k.

<u>Spaltenorientierter Algorithmus aus (4.5.16)</u> (4.5.22)

    for $k := 0$ **to** $n-1$ **do**
        for $l := 1$ **to** p **do parallel on** P(l)
            if $k = 0$ **then** **for** $i \in Z_l$ **do** $x_i := d_i$
                    else   **for** $i \in \{k+1,...,\min\{k+m, n\}\} \cap Z_l$ **do** $x_i := x_i + a_{i,k} x_k$.   ◆

Abb. 4.5.3 illustriert beispielhaft Zuordnungen von Zeilen an einen Prozessor und die benötigten Daten bei der Behandlung einer Spalte in (4.5.22). Die Synchronisation erfolgt hier ohne explizite Erwähnung nach der Abarbeitung der l-Schleife in jedem Durchlauf durch die k–Schleife. Für (4.5.22) gelten ähnliche Bemerkungen wie für (4.5.20). Die Granularität der Teilaufgaben beträgt wie in (4.5.20) nur maximal $2m-2$ Operationen. Für im Vergleich zu n große Werte von m ($m < n$) wächst die Anzahl der Zeilen (Spalten) mit weniger als m nichtverschwindenden Elementen. In diesem Fall sollten die Zeilen (Spalten) nicht gleichmäßig bezüglich der Anzahl, sondern gleichmäßig bezüglich der arithmetischen Komplexität verteilt werden. Da in (4.5.22) spaltenweise vorgegangen wird, entfällt zumindest die Reduktions-Summation. In (4.5.20) wird bei jedem Durchlauf durch die äußere Schleife zweimal synchronisiert, während dies in (4.5.22) nur jeweils einmal erforderlich ist, so dass (4.5.20) insgesamt als weniger effizient erscheint.

$$
\begin{pmatrix} + \\ x \\ x \\ + \\ + \\ x \\ x \\ x \\ + \end{pmatrix}
=
\begin{pmatrix}
0 & & & & & & & & \\
x & 0 & & & & & & & \\
x & \boxed{x} & 0 & & & & & & \\
+ & \boxed{+} & + & 0 & & & & & \\
+ & \boxed{+} & + & + & 0 & & & & \\
x & \boxed{x} & x & x & x & 0 & & & \\
  & \boxed{x} & x & x & x & x & 0 & & \\
  & & x & x & x & x & x & 0 & \\
  & & & x & x & x & x & x & 0
\end{pmatrix}
\begin{pmatrix} x \\ \boxed{x} \\ x \\ x \\ x \\ x \\ x \\ x \\ + \end{pmatrix}
+
\begin{pmatrix} + \\ x \\ x \\ + \\ + \\ x \\ x \\ x \\ + \end{pmatrix}
$$

Abb. 4.5.3 Zuordnungen in (4.5.22) für $n = 9$, $m = 5$, $Z_l = \{2,3,6,7,8\}$ (x fett) für einen Prozessor $P(l)$ und benötigte Daten (eingerahmt) bei der Behandlung der Spalte $k = 2$

Parallelrechner mit verteiltem Speicher Die Matrix A kann zeilen- oder spaltenweise auf die Prozessoren verteilt sein. Aus (4.5.15) und (4.5.16) können somit zunächst vier Algorithmen abgeleitet werden, wobei wir uns jedoch auf die durch (4.5.20) und (4.5.22) gegebenen Versionen beschränken. Im Falle von (4.5.20) wird nun nicht nur die zu leistende Arbeit in Teilmengen von Spaltenindizes verteilt, sondern es werden die Spalten von A gemäß (4.5.18) auf die entsprechenden lokalen Speicher verteilt. Diejenigen Komponenten von x, die zu den einem Prozessor $P(l)$ zugeordneten Spaltenindizes S_l gehören, werden auf diesem berechnet und verbleiben dort, ohne dass sie an einen anderen Prozessor versandt werden müssen (Abb. 4.5.1). Daher muss nach keinem Durchlauf durch die l-Schleife an deren Ende synchronisiert werden. (4.5.24) stellt einen teilasynchronen Algorithmus dar, da jeder Prozessor alle Schritte i überspringt, an denen er nicht beteiligt ist und erst dann durch eine **barrier** aufgehalten wird, wenn er eine Teilsumme berechnet hat. Es sei $P(l_i)$ derjenige Prozessor, der jeweils die i–te Spalte erhalten hat. Auf $P(l_i)$ verbleibt neben dem x_{w_i} (lokal) $\cong x_i$ (global) auch das Ergebnis z der jeweiligen Reduktions-Summation. Die Kommunikation bleibt in diesem Algorithmus auf die Reduktions-Summation beschränkt. Die Größe der lokalen Felder ist hinsichtlich des Spaltenindex auf den Umfang $|S_l|$ der zugeordneten Menge S_l von Spaltenindizes begrenzt. Da im Algorithmus auf globale Indizes aus der Menge $\{1,\dots,n\}$ Bezug genommen wird, muss ermittelt werden, welchem lokalen Index welcher globale Index entspricht. Hierzu definieren wir ein lokales Feld w mit der Zuordnung

$$k = s_i \Leftrightarrow i = w_k, \ \forall\, i \in \{1,\dots,|S_l|\} \ \forall k \in \{1,\dots,n\}. \tag{4.5.23}$$

Im Feld w sind somit nur diejenigen Elemente besetzt, deren Index einem Element s_i entspricht.

<u>Zeilenorientierter Algorithmus aus (4.1.14)</u> (4.5.24)
<u>Prozessor $P(l)$, $l = 1,\dots,p$</u>

Spaltenindizes:	$S \cong S_l = \left\{ s_1,\dots,s_{|S_l|} \right\}$
lokal:	$w = (w_i)_{i=1}^{n}$
Eingabedaten:	$A = (a_{i,j})_{i=1,\,j=1}^{n,\ |S|} \cong A = (a_{i,j})_{i=1,\,j \in S}^{n},$
	$d = (d_j)_{j=1}^{|S|} \cong d = (d_j)_{j \in S}$
Ausgabedaten:	$d = (d_j)_{j=1}^{|S|} \cong d = (d_j)_{j \in S}$

if $1 \in S$ **then** $x_{w_1} := d_{w_1}$

for $i := 2$ **to** n **do**

   if $S \cap \{1,\dots,i\} \neq \varnothing$

   then $\quad z := \displaystyle\sum_{k=\max\{1,i-m\},\, k \in S}^{i-1} a_{i,w_k} x_{w_k}$

      sum $\left(x_{w_i};\, z\right)$ **on** $\left(P(j):\, j \in P^{(i)}\right)$ **to** $P(l_i)$

    barrier $\left(P(l_i),\, P(l):\, l \in P^{(i)}\right)$

    if $i \in S$ **then** $x_{w_i} := d_{w_i} + x_{w_i}.$ ♦

Im Falle von (4.5.22) sei $\mathbb{A}$ gemäß (4.5.21) in Zeilenblöcken auf die lokalen Speicher verteilt. $P(l_i)$ sei der Prozessor, der die i–te Zeile erhalten hat und auf dem x_i abgelegt wird. Ferner sei

$$P_{(k)} := \{l \mid l \in \{1,\dots,p\},\ k \notin Z_l,\ Z_l \cap \{k+1,\dots,\min\{k+m,n\}\} \neq \varnothing\},\ k = 1,\dots,n-1. \qquad (4.5.25)$$

An der Berechnung von x_i sind nicht notwendig alle Prozessoren beteiligt. Die Spalten werden nacheinander behandelt. Dabei kommen gegebenenfalls vorher nicht beteiligte Prozessoren hinzu. Daher müssen am Ende jedes Durchlaufs durch die k–Schleife sämtliche Prozessoren synchronisiert werden (Abb. 4.5.3). In Analogie zu (4.5.24) wird Bezug auf globale Zeilenindizes i genommen. Daher wird eine Zuordnung zu lokalen Indizes über ein lokales Feld v definiert:

$$i = z_j \Leftrightarrow j = v_i\ \forall\, j \in \{1,\dots,|Z_l|\}\ \forall\, i \in \{1,\dots,n\} \qquad (4.5.26)$$

<u>Spaltenorientierter Algorithmus aus (4.1.15)</u>   (4.5.27)
<u>Prozessor $P(l),\ l = 1,\dots,p$</u>

Zeilenindizes:	$Z \cong Z_l = \left\{z_1,\dots,z_{|Z_l|}\right\}$
lokal:	$\mathrm{v} = (v_i)_{i=1}^n,\ x$
Eingabedaten:	$\mathbb{A} = \left(a_{i,j}\right)_{i=1,j=1}^{|Z|,\ n} \cong \mathbb{A} = \left(a_{i,j}\right)_{i \in Z,\, j=1}^{n},$
	$\mathbb{d} = \left(d_j\right)_{j=1}^{|Z|} \cong \mathbb{d} = \left(d_j\right)_{j \in Z}$
Ausgabedaten:	$\mathbb{x} = \left(x_j\right)_{j=1}^{|Z|} \cong \mathbb{x} = \left(x_j\right)_{j \in Z}$

for $i := 1$ **to** $|Z|$ **do** $x_i := d_i$

for $k := 1$ **to** $n{-}1$ **do**

   if $l = l_k$ **then** $x := x_{v_k}$

        broadcast-send (x) **from** $P(l_k)$ **to** $\{P(j):\, j \in P_{(k)}\} \setminus P(l_k)$

      else   **broadcast-recv** (x) **from** $P(l_k)$ **to** $\{P(j):\, j \in P_{(k)}\} \setminus P(l_k)$

   for $i \in \{k+1,\dots,n\} \cap Z_l$ **do** $x_{v_i} := x_{v_i} + a_{v_i,k}\, x.$ ♦

In diesem Algorithmus arbeiten alle Prozessoren jeweils an derselben Spalte k. Die k–Schleife wird sequentiell abgearbeitet. Kein Prozessor kann den k–ten Schritt beginnen, ehe er nicht x_k erhalten hat. Daher sendet $P(l_k)$ die von ihm berechnete Komponente x_k mittels eines als blockierend angenommenen **broadcast** an alle Prozessoren, die diese im k-ten Schritt benötigen. Eine Synchronisation nach dem **broadcast** ist nicht notwendig, da mit Erhalt von x_k jeder Prozessor unabhängig von allen anderen die ihm zugeordneten Komponenten von x aktualisieren kann.

Der Wert von x_k wird von einem Prozessor im $(k-1)$-ten Schritt ermittelt und erst zu Beginn des k-ten Schrittes versandt. In diesem Sinn ist (4.5.27) eine *synchrone Version*, in der die k-Schleife synchronisiert wird. In der *asynchronen Version* (4.5.28) werden im Gegensatz zu (4.5.27) Komponenten x_k unmittelbar nach Abschluss ihrer Berechnung (und nicht erst im nächsten Schritt k) von dem Prozessor, auf dem die Berechnung beendet worden ist, an alle anderen versandt. Umgekehrt versucht jeder Prozessor die von ihm benötigten Komponenten schnellstmöglich von anderen Prozessoren zu erhalten. Insbesondere können zu jedem Zeitpunkt unterschiedliche Prozessoren an unterschiedlichen Spalten und damit Schritten k arbeiten. Dies rechtfertigt auch die Kennzeichnung als teilweise asynchroner Algorithmus.

<u>Asynchroner spaltenorientierter Algorithmus aus (4.1.15)/(4.1.26)</u>   (4.5.28)
<u>Prozessor P(l), $l = 1,...,p$:</u>

Daten wie (4.5.27)

for $i := 1$ **to** $|Z|$ **do** $x_i := d_i$
if $l = l_1$ **then** $x := x_{v_1}$

        send(x) **from** $\mathrm{P}(l_1)$ **to** $\{\mathrm{P}(j): j \in \mathrm{P}_{(1)}\} \setminus \mathrm{P}(l_1)$

for $k := 1$ **to** $n-1$ **do**

   if $Z_l \cap \{k+1,...,n\} \neq \varnothing$ **then**

      if $l \neq l_k$ **then receive**(x) **from** $\mathrm{P}(l_k)$

      for $i \in \{k+1,...,n\} \cap Z_l$ **do** $x_{v_i} := x_{v_i} + a_{v_i,k} x$

        if $i = k+1$ **and** $l = l_i$

        then $x := x_{v_i}$

           send(x) **from** $\mathrm{P}(l_i)$ **to** $\{\mathrm{P}(j): j \in \mathrm{P}_{(i)}\} \setminus \mathrm{P}(l_i)$.   ♦

Der Vielfach-**send**-Befehl anstelle eines **broadcast** soll ausdrücken, dass x_{k+1} jeweils unmittelbar nach seiner Berechnung mit einem nicht blockierenden **send** an alle Prozessoren versandt wird, die diese Komponente im Schritt $k+1$ benötigen. Letztere empfangen x_{k+1} als x mit einem blockierenden **receive** aber erst dann, wenn sie diese Komponente tatsächlich benötigen. (4.5.28) berücksichtigt jedoch noch nicht, dass ein Prozessor während der Bearbeitung eines Schrittes gegebenenfalls weitere Komponenten x_k erhält, die er noch gar nicht benötigt. Dies setzt voraus, dass er in der Lage ist, während der Rechnung weitere Nachrichten zu empfangen oder dass diese geeignet zwischengepuffert werden. Auch diese Problematik wird später im Zusammenhang mit der Gauß-Elimination noch einmal ausführlicher diskutiert.

4.5.2.2   Algorithmen für lineare rekurrente Relationen niedriger Ordnung

Die Nachteile des Column-Sweep-Algorithmus im Falle kleiner Werte von m lassen sich vermeiden. Für kleine m betrachten wir den *rekurrenten Produktform-Algorithmus*, der auf einer Matrixfaktorisierung mit nachfolgender Reduktion basiert. Für den Spezialfall $m = 1$ gibt es eine Reihe von Algorithmen, die sich daraus ergeben, dass dann $\mathbb{I} - A$ eine Bidiagonalmatrix

$$\mathbb{I} - A = \begin{pmatrix} 1 & & & & & \\ -a_2 & 1 & & & & \\ & -a_3 & 1 & & & \\ & & \ddots & \ddots & & \\ & & & \ddots & \ddots & \\ & & & & -a_n & 1 \end{pmatrix}$$

ist. Da diese wiederum als Spezialfall einer Tridiagonalmatrix angesehen werden kann, können Verfahren zur Lösung von linearen Gleichungssystemen mit tridiagonaler Koeffizientenmatrix angepasst werden. Als Beispiel hierzu betrachten wir nur die *Zyklische Reduktion.*

Rekurrenter Produktform-Algorithmus Die Lösung x eines Systems $R[n, m]\ x = Ax + d$ mit einer echten unteren Dreiecksmatrix A kann in der Form

$$x = (\mathbb{I} - A)^{-1} d = \mathbb{L}^{-1} d$$

dargestellt werden [Kog81]. Mit den Matrizen

$$\mathbb{M}_i := \begin{pmatrix} 1 & & & & & & & \\ & \ddots & & & & & & \\ & & 1 & & & O & & \\ & & a_{i+1,\,i} & \ddots & & & & \\ & O & \vdots & & \ddots & & & \\ & & a_{\min(n,\,i+m),\,i} & & & 1 & & \\ & & 0 & & & & \ddots & \\ & & \vdots & & O & & & \ddots & \\ & & 0 & & & & & 1 \end{pmatrix}, \ 1 \le i \le n,$$

erhält man die Faktorisierung

$$\mathbb{L}^{-1} = \mathbb{M}_n\, \mathbb{M}_{n-1} \ldots \mathbb{M}_1$$

und kann daher x aus

$$x = \mathbb{M}_n\, \mathbb{M}_{n-1} \ldots \mathbb{M}_1\, d$$

bestimmen. Durch Rekursives Doppeln lässt sich die Berechnung in $O(\log_2 n)$ Zeitschritten anstelle von $O(n)$ beim Column-Sweep-Algorithmus durchführen. Bei einer effizienten Realisierung des Produktform-Algorithmus mittels Rekursiven Doppelns werden die Matrix-Multiplikationen unter Ausnutzung der sehr dünnbesetzten Struktur durchgeführt. Es werden nur die tatsächlich notwendigen Operationen ausgeführt. Dies führt zu einem sehr komplexen Algorithmus, der hier nicht näher ausgeführt wird. Der Produktform-Algorithmus erfordert dennoch einen deutlich höheren arithmetischen Aufwand je Zeitschritt, nutzt aber mehr Prozessoren parallel aus.

Zyklische Reduktion Der sequentielle Algorithmus für eine lineare rekurrente Relation 1. Ordnung $R[n,1]$ lautet:

$$x_0 := 0; \; x_j := a_j\, x_{j-1} + d_j, \, j := 1(1)n \tag{4.5.29}$$

Zeitkomplexität: $2n$
arithmetische Komplexität: $2n$
Parallelität: $1.$

Die Anwendung des *Divide and Conquer-Prinzips* auf lineare rekurrente Relationen 1. Ordnung $R[n,1]$ führt zur *Zyklischen Reduktion*. Sie basiert auf der Idee, die Rekursion durch die Zusammenfassung von Gleichungen zu vermeiden:

$$\left.\begin{array}{l} x_j = a_j\, x_{j-1} + d_j \\ \qquad \uparrow \\ x_{j-1} = a_{j-1}\, x_{j-2} + d_{j-1} \end{array}\right\} \Rightarrow x_j = a_j\, a_{j-1}\, x_{j-2} + a_j\, d_{j-1} + d_j =: a_j^{(1)}\, x_{j-2} + d_j^{(1)}. \tag{4.5.30}$$

O.B.d.A. sei $n = 2^k$. Im Folgenden ist zu beachten, dass in parallelen Versionen in jedem Schritt jeweils alle Indizes 1 bis n behandelt werden, während in vektoriellen Versionen nur die jeweils tatsächlich erforderlichen Operationen durchgeführt werden. Aus (4.5.30) erhalten wir zunächst

$$\begin{array}{l} l := 1(1)k \\[4pt] \quad j := 1(1)n: \quad x_j = a_j^{(l)}\, x_{j-2^l} \qquad\quad + \qquad d_j^{(l)} \\[2pt] \qquad\qquad\qquad\qquad \uparrow \qquad\qquad\qquad\qquad \uparrow \\[2pt] \qquad\qquad\quad a_j^{(l)} := a_j^{(l-1)}\, a_{j-2^{l-1}}^{(l-1)} \quad d_j^{(l)} := a_j^{(l-1)}\, d_{j-2^{l-1}}^{(l-1)} + d_j^{(l-1)} \end{array} \tag{4.5.31}$$

mit den Anfangswerten $a_j^{(0)} := a_j$, $d_j^{(0)} := d_j$. Ferner gelte $a_j^{(l)} := d_j^{(l)} := x_j := 0$, falls $j \notin \{1,\dots,n\}$. Daraus erhält man schließlich

$$x_j = d_j^{(k)}, \, j = 1(1)n.$$

Damit formuliert man einen *parallelen Algorithmus:*

$$\mathtt{a}^0[1..n] := \mathtt{a}; \; \mathtt{d}^0[1..n] := \mathtt{d}; \; \mathtt{a}^0[1-2^{k-1}..0] := \mathtt{d}^0[1-2^{k-1}..0] := \mathtt{o} \tag{4.5.32}$$

for $l := 1$ **to** k **do**
  for $j := 1$ **to** n **do parallel**
    $a_j^{(l)} := a_j^{(l-1)}\, a_{j-2^{l-1}}^{(l-1)}$
    $d_j^{(l)} := a_j^{(l-1)}\, d_{j-2^{l-1}}^{(l-1)} + d_j^{(l-1)}$
$\mathtt{x} := \mathtt{d}^k$

Zeitkomplexität (nur Doppelschleife): $\log_2 n$
arithmetische Komplexität: $3n \log_2 n$
Parallelität (jeweils nur j–Schleife): $n.$

Bei der Berechnung der $d_j^{(l)}$ und $a_j^{(l)}$ werden immer alle n Indizes behandelt, also auch nicht benötigte Koeffizienten berechnet. Bei Verfügbarkeit von n Prozessoren ist dies jedoch unschädlich. Der Vorteil dieser Vorgehensweise zeigt sich bei der Ermittlung der Unbekannten. Wegen $n = 2^k$ gilt in (4.5.32) nach dem k–ten Schritt mit $l = k$ auch $j-2^l \le 0$ für <u>alle</u> $j \in \{1,..,n\}$ und damit unmittelbar $x_j := d_j^{(k)}$. Der zur Veranschaulichung eingeführte obere Index l führt bei einer praktischen Realisierung zu einem unnötig hohen Speicherplatzbedarf. Die Felder $\mathbb{a}$ und $\mathbb{d}$ können überschrieben werden. Da in jedem Schritt l alle Komponenten dieser Felder modifiziert werden, treten jedoch Abhängigkeiten auf, die es erforderlich machen, ein Hilfsfeld $\mathbb{h} \equiv \mathbb{h}[1,\ldots,n]$ einzuführen und $\mathbb{x}$ in den Zwischenergebnissen zunächst ebenfalls als ein solches zu verwenden.

<u>Parallele Zyklische Reduktion</u>   (4.5.33)

$\mathbb{a}\,[1-2^{k-1}..0] := \mathbb{d}\,[1-2^{k-1}..0] := \mathbb{0}$

for $l := 1$ **to** k **do**

    for $j := 1$ **to** n **do parallel** $x_j := a_j\, d_{j-2^{l-1}} + d_j$

$\qquad\qquad\qquad\qquad\qquad\qquad\qquad\quad h_j := a_j\, a_{j-2^{l-1}}$

    for $j := 1$ **to** n **do parallel** $a_j := h_j;\ d_j := x_j.$ ◆

Analog erhält man einen *vektoriellen Algorithmus*, in dem nur die unbedingt notwendigen Operationen ausgeführt werden: In jedem Schritt l werden zunächst nur die Gleichungen beibehalten, in die eingesetzt wird. Daher erfolgt die Berechnung der x_k in der Lösungsphase durch Einsetzen zuvor berechneter x_k in die jeweilige Gleichung $x_j = a_j^{(l)} x_{j-2^l} + d_j^{(l)}$ und deren Auflösung.

$\mathbb{a}^0 := \mathbb{a};\ \mathbb{d}^0 := \mathbb{d}$ (4.5.34)

for $l := 1$ **to** k **do**

    for $j := 2^l$ **step** 2^l **to** n **do**

$\qquad\qquad a_j^{(l)} := a_j^{(l-1)}\, a_{j-2^{l-1}}^{(l-1)}$

$\qquad\qquad d_j^{(l)} := a_j^{(l-1)}\, d_{j-2^{l-1}}^{(l-1)} + d_j^{(l-1)}$

$x_n := d_n^{(k)}$

for $l := k-1$ **step** -1 **to** 0 **do**

    for $j := 2^l$ **step** 2^{l+1} **to** $n-2^l$ **do** $x_j := (x_{j+2^l} - d_{j+2^l}^{(l)})\,/\,a_{j+2^l}^{(l)}$

arithmetische Komplexität: $5n-5$

Parallelität im l–ten Schritt : $n/2^l$ bzw. $(n+1)/2^{l+1}.$ ◆

Die Idee der Zyklischen Reduktion führt zu einer von Schritt zu Schritt variierenden Anzahl parallel ausführbarer Operationen. Auch hier kann der obere Index l vermieden werden. Im Gegensatz zu (4.5.32) bzw. (4.5.33) treten keine Abhängigkeiten auf, da immer nur die tatsächlich benötigten Komponenten modifiziert werden, so dass auf ein Hilfsfeld verzichtet werden kann.

<u>Vektorielle Zyklische Reduktion</u>   (4.5.35)

for $l := 1$ **to** k **do**

 for $j := 2^l$ **step** 2^l **to** n **do**

  $d_j := a_j d_{j-2^{l-1}} + d_j$

  $a_j := a_j a_{j-2^{l-1}}$

$x_n := d_n$

for $l := k-1$ **step** -1 **to** 0 **do**

 for $j := 2^l$ **step** 2^{l+1} **to** $n-2^l$ **do** $x_j := (x_{j+2^l} - d_{j+2^l}) / a_{j+2^l}.$ ◆

Der wesentliche Nachteil beider Varianten besteht im Zugriff mit Inkrementen der Form 2^l, was auf Parallelrechnern mit gemeinsamem Speicher, auf Vektor- und auf Mikroprozessoren sehr häufig zu Speicherzugriffs-, auf Vektorprozessoren insbesondere Bankkonflikten führt und auf Parallelrechnern mit verteiltem Speicher Zeitverluste mit sich bringen kann, wenn die physikalische Anordnung der Prozessoren und damit die Weglänge von Nachrichten eine nennenswerte Rolle spielt. Die obige Form der Zyklischen Reduktion stellt einen Spezialfall der Zyklischen Reduktion für Tridiagonalsysteme dar. In einem späteren Abschnitt wird für letztere eine Variante angegeben, in der große Zweierpotenzen als Inkremente vermieden werden. Dabei bleibt die lineare Indizierung erhalten, es wird jedoch bei jeder Modifikation eine neue Variable eingeführt, anstatt die alte zu überschreiben. In der Lösungsphase müssen die neuen Variablen Schritt für Schritt wieder beseitigt werden, was zusätzliche Speicheroperationen erfordert. Diese Variante kann unmittelbar für den vorliegenden Spezialfall übertragen werden.

Aufgrund der höheren arithmetischen Komplexität der Zyklischen Reduktion ist auf sequentiellen Rechnern, insbesondere RISC-Prozessoren, die sequentielle Variante (4.5.29) vorzuziehen. Als vektorieller Algorithmus ist (4.5.35) natürlich auch unmittelbar parallelisierbar. Aufgrund der geringen Granularität sind jedoch in der Regel andere Algorithmen vorzuziehen, die in den Abschnitten über Tridiagonalsysteme vorgestellt werden.

5   Lineare Gleichungssysteme

Die Lösung linearer Gleichungssysteme gehört zu den am häufigsten auftretenden Aufgabenstellungen der Numerischen Mathematik. Ohne Anspruch auf Vollständigkeit beschränken wir uns auf die Beschreibung von parallelen Verfahren und Algorithmen für einige gängige Aufgabenstellungen. Wir unterscheiden

- direkte Verfahren
- iterative Verfahren

für Systeme mit folgenden Typen von Koeffizientenmatrizen:

- vollbesetzte Matrizen
- dünnbesetzte Matrizen
  speziell
  - Tridiagonalmatrizen
  - Bandmatrizen
  - Blockmatrizen
  - Blocktridiagonalmatrizen
  - Dreiecksmatrizen.

Im Abschnitt 5.1.1 untersuchen wir unter unterschiedlichen Gesichtspunkten Versionen des Gauß-Algorithmus als dem bekanntesten direkten Verfahren für den allgemeinen Fall *vollbesetzter* Matrizen. Eine Matrix wird als vollbesetzt bezeichnet, wenn die überwiegende Anzahl von Elementen ungleich Null ist und ihre Anordnung keine spezielle Struktur erkennen lässt, so dass man bei der Untersuchung von Eigenschaften oder der Entwicklung von Verfahren davon ausgehen muss, dass grundsätzlich alle Elemente ungleich Null sein können. In *dünnbesetzten* Matrizen sind im Verhältnis zu ihrer Gesamtzahl nur "wenige" Matrixkomponenten ungleich Null. Die Koeffizientenmatrizen vieler linearer Gleichungssysteme besitzen eine sehr spezielle Struktur, deren Ausnutzung die Herleitung effizienter numerischer Verfahren gestattet. Die Struktur beruht auf einer der folgenden Eigenschaften:

- dünnbesetzte Matrix
- regelmäßiges Indexmuster der nichtverschwindenden Komponenten
- spezielles Bildungsgesetz bei der Berechnung der Komponenten.

Die Grundidee effizienter Verfahren besteht in diesem Fall darin, die Dünnbesetztheit oder die speziellen Bildungsgesetze auszunutzen, um im Vergleich zu vollbesetzten Matrizen den arithmetischen Aufwand – und auch den Speicherplatzbedarf – auf den unbedingt notwendigen Umfang zu reduzieren. Eine wesentliche Voraussetzung hierfür ist, dass die spezielle Matrixstruktur in jedem Schritt des jeweiligen Verfahrens erhalten bleibt. Die Ersparnis beträgt oft mehr als eine Größenordnung, von $O(N^3)$ auf $O(N^2)$ oder sogar $O(N \log_2 N)$. In den Abschnitten 5.1.3-5.1.5 betrachten wir direkte Verfahren für wichtige Beispiele von Matrizen mit spezieller Struktur: Bandmatrizen, Tridiagonalmatrizen und Blocktridiagonalmatrizen. Iterative Verfahren sind Gegenstand des Abschnitts 5.2.

5.1 Direkte Verfahren

Durch *direkte Verfahren* wird die Lösung in einer endlichen, von der Problemgröße abhängigen und vor der Durchführung des Verfahrens feststehenden Anzahl von Schritten berechnet. Wir untersuchen zunächst Varianten des Gauß-Algorithmus für Systeme mit vollbesetzter Koeffizientenmatrix. Für Bandmatrizen skizzieren wir zusätzlich ein Blockzerlegungsverfahren. Für die wichtigen Spezialfälle von Systemen mit tridiagonaler und blocktridiagonaler Koeffizientenmatrix betrachten wir mehrere Verfahren, die auf unterschiedlichen Ansätzen beruhen.

5.1.1 Vollbesetzte Matrizen

Im Folgenden betrachten wir lineare Gleichungssysteme der Gestalt

$$A x = b, \quad A = (a_{i,j})_{i,j=1}^{N} \text{ vollbesetzt und nichtsingulär}, \; b \in \mathbf{R}^N. \tag{5.1.1}$$

Wir stellen zunächst einige wichtige Eigenschaften des (sequentiellen) Gauß-Algorithmus zusammen. Danach untersuchen wir nacheinander Varianten mit und ohne *Pivotsuche* sowie Versionen für Systeme mit mehreren Koeffizientenmatrizen oder mehreren rechten Seiten.

5.1.1.1 Sequentieller Gauß-Algorithmus

Der Gauß-Algorithmus besteht aus zwei Teilschritten [Sto99]:

- Eliminationsphase: Reduktion des Gleichungssystems auf Dreiecksgestalt
- Lösungsphase: Lösung des Dreieckssystems.

In der Eliminationsphase werden in einer Folge von $N-1$ Schritten nacheinander in jeder Spalte der Koeffizientenmatrix A unterhalb der Hauptdiagonale Nullen erzeugt. Hierzu werden im jeweils k-ten Schritt, $k := 1(1)N-1$, die Gleichungen $k+1,\dots,N$ in (5.1.1) modifiziert. Die Modifikation erstreckt sich ausschließlich auf die Gleichungen, während die Lösung selbst durch diesen Prozess nicht verändert wird. Mit $A^{(1)} := A$; $b^1 := b$, erhält man zu Beginn des k-ten Schritts anstelle des Ausgangssystems (5.1.1)

$$A^{(k)} x = b^k, \quad A^{(k)} := \begin{pmatrix} a_{1,1}^{(1)} & a_{1,2}^{(1)} & & \cdots & a_{1,N}^{(1)} \\ & a_{2,2}^{(2)} & a_{2,3}^{(2)} & \cdots & a_{2,N}^{(2)} \\ & & \ddots & & \vdots \\ & & & a_{k,k}^{(k)} \cdots & a_{k,N}^{(k)} \\ & 0 & & \vdots \ddots & \vdots \\ & & & a_{N,k}^{(k)} \cdots & a_{N,N}^{(k)} \end{pmatrix}, \quad b^k := \begin{pmatrix} b_1^{(1)} \\ b_2^{(2)} \\ \vdots \\ b_k^{(k)} \\ \vdots \\ b_N^{(k)} \end{pmatrix}. \tag{5.1.2}$$

Im k-ten Schritt werden in der k-ten Spalte von $A^{(k)}$ die Elemente $a_{i,k}^{(k)}$, $i = k+1,\dots,N$, unterhalb der Diagonale zu Null zu transformiert. Dazu wird von der jeweils i-ten Gleichung das $a_{i,k}^{(k)}/a_{k,k}^{(k)}$ -fache der k-ten Gleichung abgezogen:

$$k := 1(1)N{-}1:$$
$$i := k{+}1(1)N: \quad \text{Gleichung } i := \text{Gleichung } i - a_{i,k}^{(k)}/a_{k,k}^{(k)} * \text{Gleichung } k. \tag{5.1.3}$$

Dabei werden der Teilblock und der Teilvektor

$$\mathbb{R}^{(k)} := (a_{i,j}^{(k)})_{i,j=k+1}^{N} \quad \text{und} \quad \mathbf{r}^k := \left(b_i^{(k)}\right)_{i=k+1}^{N}$$

erneut verändert. Im Folgenden bezeichnen wir $\left(\mathbb{R}^{(k)}, \mathbf{r}^k\right)$ als *Restsystem* im k-ten Schritt. Wir setzen dabei zunächst voraus, dass $a_{k,k}^{(k)} \neq 0 \ \forall\, k \in \{1,\dots,N\}$ gilt, so dass alle Divisionen durchführbar sind. Diese Annahme wird später ausführlicher diskutiert. Jeder der Eliminationsschritte lässt sich mittels der Matrizen

$$\mathbb{A}^{(k+1)} = \mathbb{G}^{(k)}\, \mathbb{A}^{(k)} \tag{5.1.4}$$

beschreiben, wobei die Matrizen $\mathbb{G}^{(k)}$ durch

$$\mathbb{G}^{(k)} = \begin{pmatrix} 1 & & & & & & & \\ & \ddots & & & & & 0 & \\ & & 1 & & & & & \\ & & & 1 & & & & \\ & & & -a_{k+1,k}^{(k)}/a_{k,k}^{(k)} & 1 & & & \\ & 0 & & \vdots & & \ddots & & \\ & & & \vdots & & & 1 & \\ & & & -a_{N,k}^{(k)}/a_{k,k}^{(k)} & & & & 1 \end{pmatrix}, \ k = 1,\dots,N{-}1, \tag{5.1.5}$$

definiert sind. Nach $N{-}1$ Schritten erhält man das Dreieckssystem (5.1.6), das, beginnend mit der letzten Gleichung, rückwärts durch einfaches Einsetzen aufgelöst werden kann:

$$\mathbb{U}\mathbf{x} = \mathbf{b}^N,\ \mathbb{U} \equiv \mathbb{A}^{(N)} = \begin{pmatrix} a_{1,1}^{(1)} & a_{1,2}^{(1)} & \cdots & a_{1,N-1}^{(1)} & a_{1,N}^{(1)} \\ & a_{2,2}^{(2)} & a_{2,3}^{(2)} & \cdots & a_{2,N}^{(2)} \\ & & a_{3,3}^{(3)} & a_{3,4}^{(3)} & \vdots \\ & & & \ddots & \ddots & \\ & \text{\huge 0} & & a_{N-1,N-1}^{(N-1)} & a_{N-1,N}^{(N-1)} \\ & & & & a_{N,N}^{(N)} \end{pmatrix}. \tag{5.1.6}$$

Zusammenfassend lässt sich das *Eliminationsverfahren von Gauß* – im Folgenden kurz als *Gauß-Algorithmus* bezeichnet – zur Lösung von (5.1.1) wie folgt beschreiben:

$$\mathbb{A}^{(1)} := \mathbb{A},\ \mathbf{b}^1 := \mathbf{b} \tag{5.1.7}$$

$\textbf{for } k := 1 \textbf{ to } N{-}1 \textbf{ do}$

$$\mathbb{A}^{(k+1)} := \mathbb{G}^{(k)}\, \mathbb{A}^{(k)}$$
$$\mathbf{b}^{k+1} := \mathbb{G}^{(k)}\, \mathbf{b}^k$$

$$\mathbf{x} := \left(\mathbb{A}^{(N)}\right)^{-1}\mathbf{b}^N.$$

Der als Bsp. 2.1.8 eingeführte Algorithmus stellt eine Umsetzung dieses Verfahrens dar. Mit

$$\mathbb{L} := \left(\mathbb{G}^{(1)}\right)^{-1}\left(\mathbb{G}^{(2)}\right)^{-1}\dots\left(\mathbb{G}^{(N-1)}\right)^{-1} \tag{5.1.8}$$

erhält man ferner die *LU-Zerlegung*

$$\mathbb{A} = \mathbb{L}\mathbb{U}. \tag{5.1.9}$$

Die Matrizen $\mathbb{G}^{(k)}$ unterscheiden sich von ihren Inversen $\left(\mathbb{G}^{(k)}\right)^{-1}$ lediglich durch die Minuszeichen vor den Quotienten $a_{i,k}^{(k)}/a_{k,k}^{(k)}$. Die Matrix $\mathbb{L}$ ist eine untere Dreiecksmatrix, deren Diagonale mit Einsen besetzt ist. Dieses Verfahren setzt voraus, dass die Divisionen durch $a_{k,k}^{(k)}$ durchführbar sind. Da $a_{k,k}^{(k)}$ eine $(k-1)$-fache Modifikation von $a_{k,k}$ darstellt, kann aus $a_{k,k} \neq 0$ nicht gefolgert werden, dass dies auch für $a_{k,k}^{(k)}$ gilt. Ferner kann eine nichtsinguläre Matrix durchaus Nullelemente in der Diagonalen besitzen. Zumindest für einige Klassen von Matrizen ist bekannt, dass keines der $a_{k,k}^{(k)}$ gleich Null wird und somit die Gauß-Elimination in der oben skizzierten Form durchgeführt werden kann. Der folgende Satz zeigt die Durchführbarkeit beispielhaft für zwei wichtige Matrixklassen. Hierfür greifen wir auf Ergebnisse und Bezeichnungen der linearen Algebra zurück, die in Anhang A zusammengefasst sind.

5.1.1 Satz. $\mathbb{A}$ *sei eine quadratische $N \times N$-Matrix, $\mathbb{b} \in \mathbf{R}^N$. Das Gaußsche Eliminationsverfahren kann in der Form (5.1.7) zur Lösung des Systems $\mathbb{A}\mathbb{x} = \mathbb{b}$ durchgeführt werden, falls*
a) $\mathbb{A}$ *positiv definit oder* b) $\mathbb{A}$ *eine H-Matrix ist.*

Beweis. a) Für eine positiv definite Matrix $\mathbb{A}$ gilt $(\mathbb{A}\mathbb{x}, \mathbb{x}) > 0 \ \forall \ \mathbb{x} \neq \mathbb{0}$ und damit insbesondere $a_{i,i} = (\mathbb{A}\mathbb{e}_i, \mathbb{e}_i) > 0 \ \forall \ i \in \{1,\dots,N\}$, wobei $\mathbb{e}_i := (\delta_{i,j})_{j=1}^N$. Betrachtet man $\mathbb{A}$ als Blockmatrix $\begin{pmatrix} \mathbb{M} & \mathbb{K} \\ \mathbb{H} & \mathbb{G} \end{pmatrix}$ mit $\mathbb{M} := (a_{1,1})$, $\mathbb{K} := (a_{1,j})_{j=2}^N$, $\mathbb{H} := (a_{i,1})_{i=2}^N$, $\mathbb{G} := (a_{i,j})_{i,j=2}^N$, so ist die Durchführung der Gauß-Elimination bezüglich der Restmatrix $\mathbb{G}$ äquivalent zur Bildung des Schur-Komplements von $\mathbb{A}$ bezüglich $\mathbb{G}$. Nach Lemma A.10b ist das Schur-Komplement $\mathbb{G} - \mathbb{H}\mathbb{M}^{-1}\mathbb{K} = \left(a_{i,j}^{(2)}\right)_{i,j=2}^N$ ebenfalls positiv definit, so dass insbesondere $a_{i,i}^{(2)} > 0 \ \forall \ i \in \{2,\dots,N\}$ gilt. Folglich kann auch der nächste Schritt der Elimination durchgeführt werden. Durch vollständige Induktion zeigt man analog die Ausführbarkeit aller weiteren Schritte.

b) Für eine H-Matrix $\mathbb{A}$ gilt $a_{i,i} > 0 \ \forall \ i \in \{1,\dots,N\}$. Mit derselben Blockstruktur wie in a) folgt aus Lemma A.10c), dass $\mathbb{G} - \mathbb{H}\mathbb{M}^{-1}\mathbb{K} = \left(a_{i,j}^{(2)}\right)_{i,j=2}^N$ eine H-Matrix ist, also $\forall \ i \in \{2,\dots,N\}$: $a_{i,i}^{(2)} > 0$ gilt. Durch vollständige Induktion zeigt man die Ausführbarkeit aller weiteren Schritte. $\blacklozenge$

Die Klasse der H-Matrizen umfasst die M-Matrizen, die unter anderem bei Differenzenverfahren für gewöhnliche und partielle Differentialgleichungen auftreten, sowie unter Zusatzbedingungen diagonaldominante Matrizen (Anhang A). Für positiv definite symmetrische Matrizen bietet sich eher das – hier nicht behandelte – *Cholesky-Verfahren* an, das ebenfalls ohne Pivotsuche auskommt, aber nur eine arithmetische Komplexität von $O(1/3 \, N^3)$ anstelle von $O(2/3 \, N^3)$ beim Gauß-Algorithmus besitzt [Sto99]. In diesem Verfahren wird ausgenutzt, dass sich bei symmetrischem positiv definitem $\mathbb{A}$ die LU-Zerlegung zu $\mathbb{A} = \mathbb{L}\mathbb{L}^T$, also $\mathbb{U} = \mathbb{L}^T$, vereinfacht.

Allgemein gilt, dass in jeder Zeile und Spalte einer nichtsingulären Matrix mindestens ein Element ungleich Null existieren muss. Durch Vertauschung von je zwei Zeilen oder Spalten in der Matrix kann man erreichen, dass ein verschwindendes Diagonalelement durch ein Element ungleich Null ersetzt wird. Die Vertauschung von Zeilen ist gleichbedeutend mit der Änderung der Reihenfolge der Gleichungen. Die Lösung ändert sich hierdurch nicht. Die Vertauschung von Spalten ist gleichbedeutend mit der Änderung der Numerierung der Unbekannten. Die Lösung ändert sich mit Ausnahme der Indizierung der Unbekannten ebenfalls nicht. Die Ausgangsmatrix A ist nichtsingulär. Gegebenenfalls nach geeigneter Wahl der Diagonalelemente durch Vertauschung ist auch $A^{(1)}$ invertierbar. Aus (5.1.6) folgt nun mit vollständiger Induktion, dass alle $A^{(k)}$ invertierbar sind. Daher können, unter Umständen nach Vertauschungen, immer nichtverschwindende Diagonalelemente gefunden werden, so dass die Gauß-Elimination durchführbar ist. Die Vertauschung von Zeilen in einem Gleichungssystem $Ax = b$ entspricht einer LU-Zerlegung einer zeilenorientierten Permutation P der Matrix A:

$$PA = LU.$$

Die Lösung erhält man dann aus

$$Lz = Pb; \; Ux = z.$$

Bei einer spaltenorientierten Permutation der Ausgangsmatrix

$$AP = LU$$

erfolgt die Lösung eines linearen Gleichungssystems $Ax = b$ gemäß

$$Lz = b, \; Uw = z, \; x = Pw.$$

In der Gauß-Elimination mit Pivotsuche werden grundsätzlich in jedem Schritt k Spalten- und/ oder Zeilenvertauschungen durchgeführt. Zur Verdeutlichung zeigt (5.1.10) zwei allgemeine Formen des Gauß-Algorithmus, in der jeweils nur Zeilen- oder nur Spaltenvertauschungen vorgenommen werden. Dabei bezeichnen $P_Z^{(k)}$ beziehungsweise $P_S^{(k)}$ die entsprechenden Permutationsmatrizen im k-ten Schritt. Eine Kombination beider Versionen ist leicht abzuleiten.

<u>Zeilenvertauschungen</u>	<u>Spaltenvertauschungen</u>	(5.1.10)

$$A^{(1)} := A, \; b^1 := b \qquad\qquad A^{(1)} := A, \; b^1 := b$$

for $k := 1$ **to** $N{-}1$ **do** $\qquad\qquad$ **for** $k := 1$ **to** $N{-}1$ **do**

$$A^{(k+1)} := G^{(k)}\left(P_Z^{(k)} A^{(k)}\right) \qquad\qquad A^{(k+1)} := G^{(k)}\left(A^{(k)} P_S^{(k)}\right)$$

$$b^{k+1} := G^{(k)}\left(P_Z^{(k)} b^k\right) \qquad\qquad b^{k+1} := G^{(k)} b^k$$

$$x := \left(A^{(N)}\right)^{-1} b^N \qquad\qquad x := \left(P_S^{(1)}\left(P_S^{(2)} \ldots \left(P_S^{(N-1)}\left(\left(A^{(N)}\right)^{-1} b^N\right)\right)\right)\right). \qquad \blacklozenge$$

5.1.2 Satz. *Das Gaußsche Eliminationsverfahren ist in der Form (5.1.10) mit geeigneten Vertauschungen zur Lösung jedes Systems* $Ax = b$ *mit einer nichtsingulären quadratischen* $N \times N$-*Matrix* A *und* $b \in \mathbf{R}^N$ *durchführbar.* $\qquad\qquad\qquad\qquad\qquad\qquad\qquad\qquad\qquad\qquad\qquad\blacklozenge$

Um die Lösbarkeit theoretisch sicherzustellen, kann man sich darauf beschränken, in (5.1.10) – dort wo erforderlich – entweder nur Zeilen- oder nur Spaltenvertauschungen vorzunehmen. Bei der numerischen Anwendung reicht es jedoch häufig nicht aus, nur nichtverschwindende Diagonalelemente zu erzeugen. Die Suche nach einem geeigneten Diagonalelement nennt man *Pivot-suche*. Werden im Vergleich zu den anderen Matrixelementen numerisch sehr kleine Diagonalelemente $a_{k,k}^{(k)}$ erzeugt, so kann die Division durch $a_{k,k}^{(k)}$ zu einer erheblichen Verstärkung von Rundungsfehlern führen. Eine erste Abhilfe kann in der Wahl eines betragsmäßig möglichst großen Elementes bestehen. Kompliziertere Strategien gewichten zu überprüfende Elemente mit der Summe der Beträge der anderen Elemente in der betreffenden Zeile oder Spalte. Es gibt viele Pivotstrategien. Die bekanntesten sind die Zeilen-, die Spalten- oder auch die Totalpivotsuche, in denen gewichtet oder ungewichtet nach dem betragsgrößten Element in der jeweiligen Restzeile, -spalte oder -matrix gesucht wird. In [Wi65] werden Stabilitätsuntersuchungen zu verschiedenensen Strategien durchgeführt. Es ist jedoch keine Strategie für allgemeine nicht-singuläre Matrizen bekannt, für die sich die Rundungsfehlerstabilität des Gauß-Algorithmus beweisen lässt.

Der Gauß-Algorithmus für Systeme mit vollbesetzten Koeffizientenmatrizen benötigt $O(2/3\ N^3)$ arithmetische Operationen. Daher und wegen der häufig auftretenden Probleme bei der Pivotsuche, insbesondere bei nicht sonderlich gut konditionierten Problemen, wird dieses Verfahren üblicherweise auch auf Parallel- und Vektorrechnern nur auf Systeme begrenzter Größe – meist mit etwa einigen hundert bis zu einigen tausend Gleichungen und Unbekannten – angewendet. Dies ist für die Parallelität und Granularität von Bedeutung. Der Gauß-Algorithmus und das Prinzip der Gauß-Elimination wird jedoch auch vielfach innerhalb anderer Verfahren angewendet. In diesem Abschnitt werden verschiedene Versionen unter unterschiedlichen Gesichtspunkten der Parallelisierung und auch Vektorisierung angegeben. Numerische Eigenschaften wie Rundungsfehlerstabilität werden hier nicht näher untersucht. Hierfür sei auf bekannte Ergebnisse der Numerischen Mathematik verwiesen [Hi02], [Sto99], [Wi65].

5.1.1.2 Gauß-Algorithmus ohne Pivotsuche

Wir gehen zunächst davon aus, dass keine Pivotsuche erforderlich ist und betrachten die Grundform des Gauß-Algorithmus

<u>Eliminationsphase</u> (5.1.11)

for $k := 1$ **to** $N{-}1$ **do**
    for $i := k{+}1$ **to** N **do**
        $l_{i,k} := -a_{i,k}/a_{k,k}$
        $b_i := b_i + l_{i,k}\,b_k$
        for $j := k{+}1$ **to** N **do** $a_{i,j} := a_{i,j} + l_{i,k}\,a_{k,j}$

<u>Lösungsphase</u>

$x_N := b_N/a_{N,N}$
for $k := N{-}1$ **step** -1 **to** 1 **do**
    $x_k := b_k$
    for $i := k{+}1$ **to** N **do** $x_k := x_k - a_{k,i}\,x_i$
    $x_k := x_k/a_{k,k}\,.$

                                                         ◆

Zur Durchführung auf einem Rechner können in (5.1.11) einige elementare Modifikationen vorgenommen werden. In der Elimination können die Matrizen $\mathbb{U}$, $\mathbb{L}$ und $\mathbb{A}^{(k)}$ die entsprechenden Teile von $\mathbb{A}$ überschreiben, sofern die ursprünglichen Komponenten von $\mathbb{A}$ nicht nach Beendigung des Algorithmus weiter benötigt werden. Insbesondere können die nichtverschwindenden Elemente von $\mathbb{U}$ im Feld $\mathbb{A}$ abgelegt werden. Dies ist in (5.1.11) bereits berücksichtigt. Da die Elemente unterhalb der Diagonalen zu Null transformiert werden, können auch die nichtverschwindenden Elemente $-l_{i,k} := a_{i,k} / a_{k,k}$ der Matrizen $\mathbb{G}^{(k)}$ in $\mathbb{A}$ abgelegt werden, so dass die Matrix $\mathbb{L}$ ebenfalls überflüssig wird. Ihre Koeffizienten werden in einer gesonderten Schleife berechnet und die zu Null transformierten Koeffizienten damit überschrieben. Dies ist möglich, da nach dem jeweils k-ten Eliminationsschritt die Spalten und Zeilen 1 bis k nicht mehr verändert werden. Die Elemente der k-ten Spalte von $\mathbb{L}$ stellen den Faktor dar, mit dem die k-te Gleichung im k-ten Schritt von den Gleichungen $k+1$ bis N des Systems $\mathbb{A}^{(k)}\mathbf{x} = \mathbf{b}^k$ subtrahiert wird.

Die Parallelität nimmt in der Eliminationsphase von Schritt zu Schritt ab. Die i-Schleife besitzt die Parallelität $N{-}k$. Möchte man jedoch die mögliche Parallelität $(N{-}k)^2$ ausnutzen, so muss die Berechnung der $a_{i,j} \equiv u_{i,j}$ in Gestalt einer i-j-Doppelschleife von der Berechnung der $l_{i,k}$ und b_i getrennt werden. Letztere wird in eine eigene Schleife der Parallelität oder Vektorlänge $N{-}k$ verlagert. Durch Vertauschung der i- und der j-Schleife kann ferner wahlweise spalten- oder zeilenweise gerechnet werden. Die Lösungsphase enthält eine rekurrente Relation, in der höchstens ein Skalarprodukt parallelisiert werden kann, dessen Länge mit k abnimmt.

<u>Eliminationsphase</u>   (5.1.12)

$\quad$ **for** $k := 1$ **to** $N{-}1$ **do** $\qquad\qquad\qquad\qquad$ Parallelität

$\qquad$ **for** $i := k+1$ **to** N **do**

$\qquad\quad a_{i,k} := -\,a_{i,k}/a_{k,k}$

$\qquad\quad b_i \;:= b_i + a_{i,k}\, b_k \qquad\qquad\qquad\qquad N{-}k$

$\qquad$ {**for** $i := k+1$ **to** N **do**; **for** $j := k+1$ **to** N **do**}

$\qquad\quad a_{i,j} := a_{i,j} + a_{i,k}\, a_{k,j} \qquad\qquad\qquad (N{-}k)^2$

<u>Lösungsphase</u>

$x_N := b_N / a_{N,N}$

for $k := N{-}1$ **step** -1 **to** 1 **do**

$\qquad x_k := b_k$

$\qquad$ **for** $i := k+1$ **to** N **do** $x_k := x_k - a_{k,i}\, x_i \qquad$ Skalarprodukt $N{-}k$

$\qquad x_k := x_k / a_{k,k}.$ ◆

Bei der folgenden systematischen Betrachtung des Gauß-Algorithmus beschränken wir uns auf die Modifikation der Matrix in der Eliminationsphase. Die Behandlung der rechten Seite bietet keine Besonderheiten. Die Lösungsphase erfordert die Behandlung eines linearen Systems mit Dreiecksgestalt, wozu Modifikationen der Verfahren des Abschnitts 4.5 eingesetzt werden, was in einem gesonderten Abschnitt nochmals kurz diskutiert wird. Die Matrixtransformation in der Gauß-Elimination besteht im Wesentlichen aus drei ineinander geschachtelten Schleifen. Diese Struktur ähnelt sehr derjenigen der Matrix-Multiplikation: Es lassen sich 6 Versionen gemäß den 6 möglichen Anordnungen von drei Schleifen angeben:

jik   ijk   kij   kji   ikj   jki:

<u>Gauß-Elimination für vollbesetzte Matrizen</u>(5.1.13)

Grundform: **for** _________

  for _________

   for _________

$$a_{i,j} := a_{i,j} - a_{i,k}\, a_{k,j}/a_{k,k}.$$

Wie bei der Matrix-Multiplikation unterscheiden sich diese Versionen durch die Art der Grundoperationen und durch die Art der Speicherzugriffe [DGK84]. Im Gegensatz zur Matrixmultiplikation enthält die jeweilige k-Schleife Abhängigkeiten, aufgrund derer die Ableitung der unterschiedlichen Versionen nicht mehr trivial ist. Ferner variiert die Länge $N-k$ der i- und der j-Schleifen von 1 bis $N-1$. Wir beschreiben die sechs möglichen Versionen entsprechend der Position der k-Schleife. Die von j unabhängige Berechnung der $l_{i,k} \equiv a_{i,k}$, $i > k$, wird – dort wo möglich – von der Berechnung der $u_{i,j} \equiv a_{i,j}$, $i \leq j$, getrennt. Die angegebene Anzahl der Speicherzugriffe beruht auf der Unterstellung unbegrenzt großer Pufferspeicher.

<u>*kij*-Form</u>(5.1.14)

for $k := 1$ **to** $N{-}1$ **do**
  for $i := k{+}1$ **to** N **do** $a_{i,k} := - a_{i,k}\,/\,a_{k,k}$ ($k < i$: $\mathbb{L}$)
  for $i := k{+}1$ **to** N **do**
    for $j := k{+}1$ **to** N **do** $a_{i,j} := a_{i,j} + a_{i,k}\, a_{k,j}$ ($i,j > k$: $\mathbb{R}^{(k)}$ bzw. $\mathbb{U}$)

Wesentliche Operation: Triade: $V \leftarrow V + V * S$
Speicherzugriff: Zeile a_i maximal $(N{-}1)$-mal laden und speichern
              Zeile a_k einmal laden.   ♦

Die Version *kij* stellt die üblicherweise als Gauß-Elimination eingeführte Form dar. Beim Durchlauf durch die k-Schleife werden in der jeweils k-ten Spalte unterhalb der Diagonale alle Elemente zu Null transformiert. Bei der Berechnung von $\mathbb{L}$ wird spaltenweise zugegriffen, bei der um eine Größenordnung aufwendigeren Transformation von $\mathbb{A}$ zu $\mathbb{U}$ zeilenweise. Letztere stellt die Modifikation der Restmatrix dar. Da die Reihenfolge der Modifikation aller $(N{-}k)^2$ Elemente der Restmatrix unerheblich ist, kann sofort auch die folgende analoge Version mit Spaltenzugriff angegeben werden. Diese Version entspricht der eingangs genannten "Ad hoc"-Modifikation. Die Berechnung von $\mathbb{L}$ erfolgt spaltenweise, bei den Transformationen von $\mathbb{A}$ zu $\mathbb{U}$ wird nun ebenfalls spaltenweise zugegriffen. Dabei werden Triaden mit spaltenweisem Zugriff verwendet. Dies entspricht dem Subtrahieren von Vielfachen von Spalten von anderen Spalten.

<u>*kji*-Form</u>(5.1.15)

for $k := 1$ **to** $N{-}1$ **do**
  for $i := k{+}1$ **to** N **do** $a_{i,k} := - a_{i,k}\,/\,a_{k,k}$ ($k < i$: $\mathbb{L}$)
  for $j := k{+}1$ **to** N **do**
    for $i := k{+}1$ **to** N **do** $a_{i,j} := a_{i,j} + a_{i,k}\, a_{k,j}$ ($i,j > k$: $\mathbb{R}^{(k)}$ bzw. $\mathbb{U}$)

Wesentliche Operation: Triade: $V \leftarrow V + V * S$

Speicherzugriff: Spalte a^j maximal $(N{-}1)$-mal laden und speichern
                              Spalte a^k einmal laden.   ◆

In (5.1.14) und (5.1.15) ist die Anzahl der Speicherzugriffe noch unnötig hoch, da in (5.1.14) die jeweils i-te Zeile und in (5.1.15) die j-te Spalte von A bei jedem Durchlauf durch die k-Schleife gespeichert und im nächsten Durchlauf erneut geladen werden muss, wobei jeweils $N{-}k$ Elemente benötigt werden. Abb. 5.1.1 illustriert die Nutzung und Modifikation der Daten im jeweils k-ten Schritt. Sie zeigt nochmals, dass sämtliche Anweisungen in der j-i-Doppelschleife zur Modifikation der $(N{-}k)\times(N{-}k)$-Restmatrix $R^{(k)}$ unabhängig voneinander ausgeführt werden könnten, während in (5.1.14) und (5.1.15) nur die Parallelität einer der beiden Schleifen ausgenutzt wird. In den folgenden beiden Versionen wird die k-Schleife als mittlere der drei Schleifen ausgeführt.

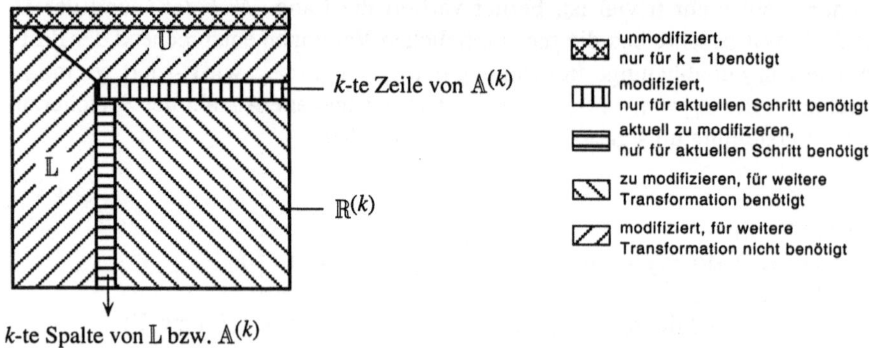

Abb. 5.1.1 k-ter Schritt der kji- und kij-Form

<u>jki-Form</u>   (5.1.16)

for $j := 2$ **to** N **do**
    for $i := j$ **to** N **do** $a_{i,j-1} := -\,a_{i,j-1}/a_{j-1,j-1}$ $(j{-}1 < i:\ L)$
    for $k := 1$ **to** $j{-}1$ **do**
        for $i := k{+}1$ **to** N **do** $a_{i,j} := a_{i,j} + a_{i,k}\,a_{k,j}$ $(i,j > k:\ R^{(j)}$ bzw. $U)$

Wesentliche Operation: verallgemeinerte Triade: $V \leftarrow \sum S * V$
Speicherzugriff: Spalte a^j einmal laden und speichern
                           Spalte a^k einmal laden.   ◆

Diese Version ist nicht unmittelbar einsichtig. In jedem Schritt j wird jeweils die j-te Spalte behandelt. Hierzu müssen zunächst die Transformationen der vorangehenden Eliminationsschritte $k := 1(1)j{-}1$ bezüglich der j-ten Spalte ausgeführt werden, bevor die Quotienten für die Erzeugung der Nullen für den Schritt $k = j$ berechnet werden können (Abb. 5.1.2). Durch die Verwendung verallgemeinerter Triaden kann die Anzahl der Speicherzugriffe reduziert werden. Diese erfolgen spaltenweise. Analog lässt sich eine Version ikj mit zeilenweisem Zugriff angeben.

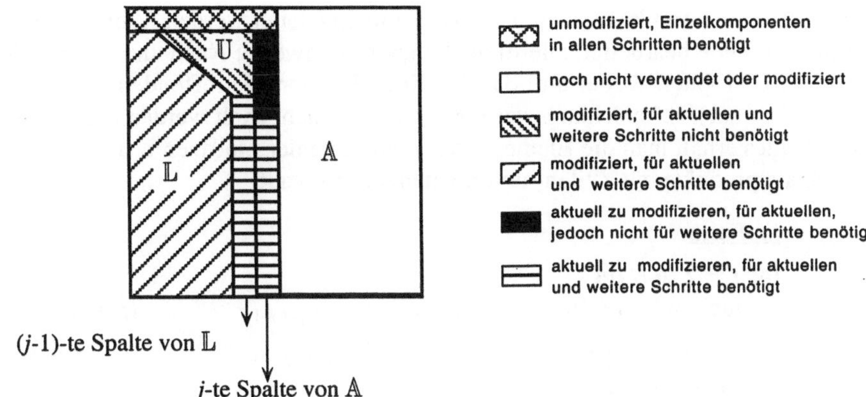

Abb. 5.1.2 j-ter Schritt der jki- und jik-Form

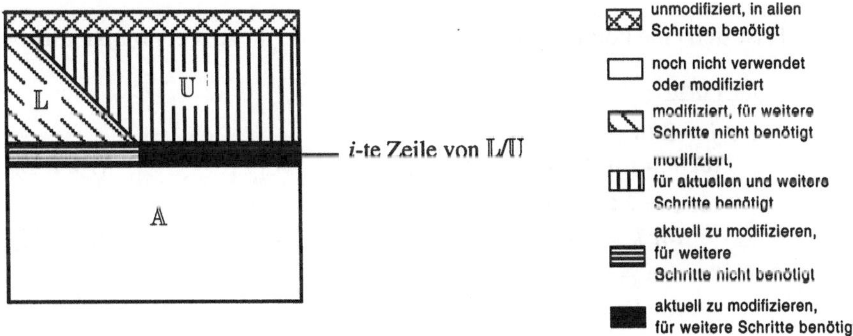

Abb. 5.1.3 i-ter Schritt der ikj- und ijk-Form

ikj-Form   (5.1.17)

for $i := 2$ **to** N **do**
   for $k := 1$ **to** $i{-}1$ **do**
      $a_{i,k} := -\, a_{i,k}\,/\,a_{k,k}$ $(k < i: \mathbb{L})$
      for $j := k{+}1$ **to** N **do** $a_{i,j} := a_{i,j} + a_{i,k}\, a_{k,j}$ $(i,j \geq k: \mathbb{R}^{(i)}$ bzw. $\mathbb{U})$

Wesentliche Operation: verallgemeinerte Triade: $V \leftarrow \sum S * V$
Speicherzugriff: Zeile a_i einmal laden und speichern
                      Zeile a_k maximal ($N{-}1$)-mal laden.   ◆

Im Gegensatz zu (5.1.16) wird zeilenweise vorgegangen. Im i-ten Schritt wird jeweils die i-te Zeile bearbeitet. Dazu müssen alle diese Zeile betreffenden Modifikationen für $k = 1,\dots,i{-}1$ nachgeholt werden. Als Ergebnis des i-ten Schrittes erhält man die Elemente der i-ten Zeile der Matrizen $\mathbb{L}$ und $\mathbb{U}$. Die Elemente der i-ten Zeile von $\mathbb{L}$ können nicht mehr in einer Schleife berechnet werden. Durch verallgemeinerte Triaden wird die Anzahl der Speicherzugriffe grundsätzlich reduziert, so dass (5.1.17) bei zeilenweiser Abspeicherung vorteilhaft ist (Abb. 5.1.3).

Die folgende *ijk*-Form kann analog zur *ikj*-Form abgeleitet werden (Abb. 5.1.3). Im i-ten Schritt wird die i-te Zeile bearbeitet, allerdings komponentenweise: Nacheinander werden alle Komponenten $a_{i,j}$ bearbeitet, wobei alle das jeweilige Element betreffenden Modifikationen aus den Schritten $k := 1(1)i{-}1$ beziehungsweise $k := 1(1)j{-}1$ nachgeholt werden müssen. Als Ergebnis des i-ten Schrittes erhält man die Elemente der i-ten Zeile der Matrizen $\mathbb{L}$ und $\mathbb{U}$. Als Grundoperation treten Skalarprodukte mit Zeilen- und Spaltenzugriffen auf.

<u>*ijk*-Form</u>   (5.1.18)

> **for** $i := 2$ **to** N **do**
>> **for** $j := 2$ **to** i **do** $a_{i,j-1} := -\,a_{i,j-1}/a_{j-1,j-1}$ $(j{-}1 < i\colon \mathbb{L})$
>>> **for** $k := 1$ **to** $j{-}1$ **do** $a_{i,j} := a_{i,j} + a_{i,k}\,a_{k,j}$ $(\mathbb{R}^{(i)} + \mathrm{diag}(\mathbb{U}))$
>> **for** $j := i{+}1$ **to** N **do**
>>> **for** $k := 1$ **to** $i{-}1$ **do** $a_{i,j} := a_{i,j} + a_{i,k}\,a_{k,j}$ $(j > i\colon \mathbb{U}{-}\mathrm{diag}(\mathbb{U}))$

Wesentliche Operation: Skalarprodukt: $S \leftarrow (V,V)$ $a_{i,j} := (\mathfrak{a}_i\,,\mathfrak{a}^j)$.   ♦

Analog lässt sich eine komponentenorientierte Version *jik* zu Version *jki* angeben.

<u>*jik*-Form</u>   (5.1.19)

> **for** $j := 2$ **to** N **do**
>> **for** $i := j$ **to** N **do** $a_{i,j-1} := -\,a_{i,j-1}/a_{j-1,j-1}$ $(j < i\colon \mathbb{L})$
>> **for** $i := 2$ **to** j **do**
>>> **for** $k := 1$ **to** $i{-}1$ **do** $a_{i,j} := a_{i,j} + a_{i,k}\,a_{k,j}$ $(j \geq i\colon \mathbb{U})$
>> **for** $i := j{+}1$ **to** N **do**
>>> **for** $k := 1$ **to** $j{-}1$ **do** $a_{i,j} := a_{i,j} + a_{i,k}\,a_{k,j}$ $(\mathbb{R}^{(j)})$

Wesentliche Operation: Skalarprodukt: $S \leftarrow (V,V)$ $a_{i,j} := (\mathfrak{a}_i, \mathfrak{a}^j)$.   ♦

Im Gegensatz zu (5.1.18) werden die Elemente von $\mathbb{L}$ in einer eigenen Schleife berechnet. Analog zur *jki*-Form wird jeweils die j-te Spalte behandelt. In jedem Schritt j müssen zunächst die Transformationen der vorangehenden Schritte $k := 1(1)j{-}1$ beziehungsweise $k := 1(1)i{-}1$ ausgeführt werden (Abb. 5.1.2). (5.1.19) kann als Modifikation des Crout-Algorithmus angesehen werden, der im Wesentlichen explizit die LU-Zerlegung $\mathbb{A} = \mathbb{L}\,\mathbb{U}$ vornimmt:

$$
\mathbb{A} = \begin{pmatrix} a_{1,1} & \cdots & a_{1,N} \\ \vdots & \ddots & \vdots \\ a_{N,1} & \cdots & a_{N,N} \end{pmatrix}, \quad
\mathbb{L} = \begin{pmatrix} 1 & & & \\ l_{2,1} & 1 & & 0 \\ \vdots & & \ddots & \\ \vdots & & & 1 \\ l_{N,1} & \cdots & \cdots & l_{N,N-1} & 1 \end{pmatrix}, \quad
\mathbb{U} = \begin{pmatrix} u_{1,1} & u_{1,2} & \cdots & \cdots & u_{1,N} \\ & u_{2,2} & & & \vdots \\ & & \ddots & & \vdots \\ & 0 & & u_{N-1,N-1} & u_{N,N-1} \\ & & & & u_{N,N} \end{pmatrix}
$$

Durch formale Multiplikation $\mathbb{L}\,\mathbb{U}$ und Komponentenvergleich mit $\mathbb{A}$ können bei Einhaltung einer geeigneten Reihenfolge die $u_{i,j}$ und $l_{i,j}$ berechnet werden:

$$\underline{\text{Crout-Algorithmus}} \qquad\qquad (5.1.20)$$

for $i := 1$ **to** N **do** $\quad l_{i,i} := 1$

for $j := 1$ **to** N **do**

$\qquad$ **for** $i := 1$ **to** j **do** $\qquad u_{i,j} := a_{i,j} - \sum_{k=1}^{i-1} l_{i,k}\, u_{k,j}$

$\qquad$ **for** $i := j+1$ **to** N **do** $\quad l_{i,j} := \dfrac{1}{u_{j,j}}\left(a_{i,j} - \sum_{k=1}^{j-1} l_{i,k}\, u_{k,j}\right).$ $\qquad\qquad$ ♦

In (5.1.19) wird $\mathbb{A}$ durch die entsprechenden Komponenten von $\mathbb{L}$ und $\mathbb{U}$ überschrieben. Die Divisionen werden aus der letzten Schleife herausgezogen und in einer eigenen Schleife ausgeführt.

Tab. 5.1.1 Vergleich der sechs *ijk-Formen* der Gauß-Elimination

Algorithmus	*kij*	*kji*	*jki*	*ikj*	*ijk*	*jik*
Zugriff auf A, U	Zeilen	Spalten, Komponenten	Spalten, Komponenten	Zeilen	Spalten	Spalten
Zugriff auf L	Komponenten	Spalten	Spalten	Komponenten	Zeilen	Zeilen
Berechnung von U	Zeilen	Spalten	Spalten	Zeilen	Komponenten	Komponenten
Berechnung von L	Spalten	Spalten	Spalten	Komponenten	Komponenten	Spalten, Komponenten
Grund-operation	Triade	Triade	verallgem. Triade	verallgem. Triade	Skalarprodukt	Skalarprodukt
durchschn. Vektorlänge	$\frac{2}{3}N$	$\frac{2}{3}N$	$\frac{2}{3}N$	$\frac{2}{3}N$	$\frac{1}{3}N$	$\frac{1}{3}N$
Speicher-zugriffe	$\frac{2N^3}{3}+\frac{N^2}{2}-\frac{N}{6}$	$\frac{2N^3}{3}+\frac{N^2}{2}-\frac{N}{6}$	$\frac{N^3}{3}+\frac{N^2}{2}-\frac{5N}{6}$	$\frac{N^3}{3}+\frac{N^2}{2}-\frac{5N}{6}$	$\frac{N^3}{3}+\frac{N^2}{2}-\frac{5N}{6}$	$\frac{N^3}{3}+\frac{N^2}{2}-\frac{5N}{6}$

In allen 6 Algorithmen (5.1.4)-(5.1.19) werden nach Art und Anzahl exakt die gleichen arithmetischen Operationen ausgeführt. Trotz der formal gleichen arithmetischen Zuweisungen können, wie bei der Matrix-Multiplikation, unterschiedliche Implementierungen von Skalarprodukt und (verallgemeinerten) Triaden zu unterschiedlichen Rundungsfehlern und damit zu unterschiedlichen numerischen Ergebnissen führen. Tab. 5.1.1 ähnelt der Tab. 4.4.1 für die Matrix-Multiplikation. Aus beiden Tabellen können im Wesentlichen die gleichen Schlüsse gezogen werden: Auf Vektorprozessoren wird man insbesondere wegen der auf die Hälfte reduzierten Anzahl von Speicherzugriffen und der Verwendung von Triaden die Versionen *jki* und *ikj* mit verallgemeinerten Triaden vorziehen, auf Mikroprozessoren kommen gegebenenfalls auch die Versionen *ijk* und *jik* mit Skalarprodukt in Frage. Die *ijk-* und die *jik-*Form gestatten es zwar, aufgrund des Skalarproduktes Zwischenergebnisse in Registern zu halten. Dieser Vorteil wird jedoch im Allgemeinen durch den gleichzeitigen zeilen- und spaltenweisen Zugriff wieder zunichte gemacht. Bei der Auswahl ist in begrenztem Maße auch die Art der Berechnung von $\mathbb{L}$ zu berücksichtigen. In den sich für zeilenweisen Zugriff anbietenden Versionen wird $\mathbb{L}$ entweder komponentenweise (Version *ikj*) oder spaltenweise berechnet (Version *kij*).

In Analogie zur Matrix-Multiplikation können für eine spezielle Rechnerumgebung optimale Versionen häufig nur durch weiter gehende Beschleunigungstechniken formuliert werden. Beispielsweise führen, wie bei der Matrix-Multiplikation, in (5.1.16) und (5.1.17) verallgemeinerte Triaden nur dann zu einer Verringerung der Anzahl der Speicherzugriffe, wenn die jeweilige Schleifenlänge, hier $N-k$, kleiner oder gleich der Vektorregister- beziehungsweise Cache Line-Länge ist. Andernfalls muss eine Blockbildung durch Aufteilung einer äußeren Schleife in einer inneren vorgenommen werden, was wir für (5.1.16) mit einer Blocklänge bl notieren.

jki-Form mit Blockbildung   (5.1.21)

> **for** $j := 2$ **to** N **do**
> > **for** $i := j$ **to** N **do** $a_{i,j-1} := - a_{i,j-1}/a_{j-1,j-1}$ $\qquad$ ($j-1 < i$: $\mathbb{L}$)
> > **for** $ii := 1$ **step** bl **to** N **do**
> > > **for** $k := 1$ **to** $j-1$ **do**
> > > > **for** $i := \max\{ii,k+1\}$ **to** $\min\{ii+bl-1,N\}$ **do**
> > > > > $a_{i,j} := a_{i,j} + a_{i,k}\, a_{k,j}$ $\qquad$ ($k < i$: $\mathbb{A}^{(j)}$ bzw. $\mathbb{U}$)   ◆

In der *ikj*-Form (5.1.17) mit überwiegend zeilenweisem Zugriff und verallgemeinerten Triaden als Grundoperation ist eine vergleichbare Blockbildung nicht möglich, da in jeder Zeile i für jedes $k \in \{1,\dots,i-1\}$ zunächst $a_{i,k} = - a_{i,k}/a_{k,k}$ berechnet wird, bevor die $a_{i,j}$ für $j \in \{k+1,\dots,N\}$ modifiziert werden können. Da zu diesen auch $a_{i,k+1}$ gehört, kann die j-Schleife nicht in Blöcke aufgeteilt werden.

Alle sechs Grundformen lassen parallele Formulierungen zu, von denen die meisten jedoch nur eine geringe Effizienz erwarten lassen. Zusammen mit den möglichen Verteilungen der Rechenarbeit ergibt sich eine große Vielfalt an denkbaren Varianten. Wir betrachten nur die beiden einfachsten Versionen auf der Basis der *kij*- und der *kji*-Form, da diese die vergleichsweise größte Granularität der Teilaufgaben ermöglichen und einen aussagekräftigen Eindruck von der Problematik der Parallelisierung der Gauß-Elimination vermitteln. Als geeignete Daten- beziehungsweise Arbeitsverteilung bietet sich die Verteilung nach (Gruppen von) Zeilen oder Spalten an.

Zeilenzuordnung   (5.1.22)

Jeder Prozessor P(l), $1 \leq l \leq p$, erhält durch eine Indexmenge Z_l beschriebene Zeilen von $\mathbb{A}$ zur Bearbeitung:

$$\{1,\dots,N\} = \bigcup_{l=1}^{p} Z_l, \quad Z_l \cap Z_q = \emptyset \ (l \neq q),$$

wobei $Z_l = \left\{ z_1^{(l)},\dots,z_{|Z_l|}^{(l)} \right\}$, $1 \leq l \leq p$.

Spaltenzuordnung

Jeder Prozessor P(l), $1 \leq l \leq p$, erhält durch eine Indexmenge S_l beschriebene Spalten von $\mathbb{A}$ zur Bearbeitung:

$$\{1,\dots,N\} = \bigcup_{l=1}^{p} S_l, \quad S_l \cap S_q = \emptyset \ (l \neq q),$$

wobei $S_l = \left\{ s_1^{(l)},\dots,s_{|S_l|}^{(l)} \right\}$, $1 \leq l \leq p$.   ◆

Da beim Gauß-Algorithmus von Schritt zu Schritt sowohl die Länge als auch die Anzahl der jeweils betroffenen (Teil-)Spalten und (Teil-)Zeilen abnimmt, muss sichergestellt werden, dass im Laufe der Rechnung nicht immer mehr Prozessoren inaktiv werden. Dies kann durch das folgende, als *zyklische Zuordnung* bekannte Schema verhindert werden, bei dem die Zeilen- beziehungsweise Spaltenindizes den Prozessoren modulo der Prozessoranzahl zugeordnet werden:

<u>zyklische Zeilen- beziehungsweise Spaltenzuordnung</u> $\qquad$ (5.1.23)

$$Z_l = \{i \mid 1 \le i \le N, l = i \bmod p\} \text{ bzw. } S_l = \{i \mid 1 \le i \le N, l = i \bmod p\}.$$

Einem Prozessor werden somit keine zusammenhängenden Zeilen-(Spalten-)bereiche zugeordnet. Es kann gezeigt werden, dass mit (5.1.23) die Anzahl der in jedem Schritt k, $1 \le k \le N-1$, von zwei beliebigen Prozessoren noch zu bearbeitenden Zeilen (Spalten) um maximal 1 differiert.

5.1.3 Satz. *Es bezeichne $Z_l^{(k)}$ beziehungsweise $S_l^{(k)}$ die Indexmenge der Zeilen (Version kij) beziehungsweise Spalten (Version kji), die von einem Prozessor $P(l)$, $1 \le l \le p$, im k-ten Schritt, $1 \le k \le N-1$, der Gauß-Elimination zu bearbeiten sind. Dann gilt für die Anzahl $|Z_l^{(k)}|$ und $|S_l^{(k)}|$ dieser Zeilen und Spalten bei zyklischer Zuordnung gemäß (5.1.23) folgende Aussage:*

$$\forall\, k \in \{1,\dots,N-1\} \;\; \forall\, l,q \in \{1,\dots,p\},\, l \ne q: \;\; \left|\,|Z_l^{(k)}| - |Z_q^{(k)}|\,\right| \le 1 \quad (\textit{Version kij})$$

$$\left|\,|S_l^{(k)}| - |S_q^{(k)}|\,\right| \le 1 \quad (\textit{Version kji}).$$

Beweis. Der Beweis wird o.B.d.A. für die *kij*-Form mit Zeilenzuordnung geführt. Zunächst gilt

$$N = zp + r, \, 0 \le r \le p-1, \, z,r \in \mathbf{N}_0.$$

Gemäß der zyklischen Zuordnung erhält man zu Beginn der Gauß-Elimination

$$|Z_l| = \begin{cases} z+1 & 1 \le l \le r \\ z & r+1 \le l \le p \end{cases} = zp + r, \, 0 \le r \le p-1, \, z,r \in \mathbf{N}_0.$$

Im k-ten Schritt, $1 \le k \le N-1$, sind nur noch die Zeilen $k+1,\dots,N$ zu bearbeiten. Die Zeilen $1,\dots,k$ sind bereits entfallen. Es gilt

$$k = z^{(k)} p + r^{(k)}, \, 0 \le r^{(k)} \le p-1, \, z^{(k)}, r^{(k)} \in \mathbf{N}_0.$$

Falls $z^{(k)} > 0$, so hat sich die Anzahl der von jedem Prozessor zu bearbeitenden Zeilen bereits um $z^{(k)}$ verringert. Ferner entfällt gegebenenfalls noch eine der $r^{(k)}$ restlichen Zeilen. Es gilt

$$|Z_l^{(k)}| = \begin{cases} z+1-z^{(k)}-1 = z-z^{(k)} & 1 \le l \le r^{(k)} \\ z+1-z^{(k)} & r^{(k)}+1 \le l \le r \\ z-z^{(k)} & r+1 \le l \le p \end{cases} \quad \text{falls } r^{(k)} \le r$$

$$|Z_l^{(k)}| = \begin{cases} z+1-z^{(k)}-1 = z-z^{(k)} & 1 \le l \le r \\ z-z^{(k)}-1 & r+1 \le l \le r^{(k)} \\ z-z^{(k)} & r^{(k)}+1 \le l \le p \end{cases} \quad \text{falls } r^{(k)} > r.$$

$\blacklozenge$

Aufgrund der zyklischen Zuordnung sind die Zeilen nach Satz 5.1.3 hinsichtlich ihrer Anzahl weitgehend gleichmäßig auf die Prozessoren verteilt. Andererseits sorgt die Indexlücke p dafür, dass sogar die einem Prozessor zugeordneten Zeilenindizes i, $i{+}p$, $i{+}2p$, $i{+}3p,\dots$ weitestgehend gleichmäßig über den Indexbereich $\{1,\dots,N\}$ verteilt sind. Eine Zeile i, $1 \le i \le N$, wird in allen Schritten k, $1 \le k \le N{-}1$, $k < i$, der kij-Version modifiziert. Dabei sind jeweils $N{-}k$ Komponenten betroffen. Zeilen mit größerem Index i werden somit öfter, also in mehr Schritten k, als solche mit kleinerem Index bearbeitet. Für jedes k erfordert die Bearbeitung jeder zu modifizierenden Zeile i unabhängig von i genau $2(N{-}k){+}1$ arithmetische Operationen. Insgesamt können mit dieser Zuordnung Daten und arithmetischer Aufwand annähernd gleichmäßig verteilt werden.

Unabhängig von der konkreten Zuordnung gilt, dass mit wachsendem k die Größe des Restproblems $(\mathbb{R}^{(k)}, \mathbf{r}^k)$ und damit die Anzahl der zu behandelnden Zeilen beziehungsweise Spalten abnehmen. Beim Übergang vom jeweils k-ten zum $(k{+}1)$-ten Schritt werden daher keine zusätzlichen Prozessoren an der Arbeit beteiligt. Ihre Anzahl bleibt entweder gleich oder kann um Eins abnehmen. Um dies zu berücksichtigen, definieren wir folgende Abkürzungen:

$$Z_l^{(k)} := Z_l \cap \{k,\dots,N\}, \; S_l^{(k)} := S_l \cap \{k,\dots,N\} \qquad\qquad (5.1.24)$$

$$\mathrm{P}_Z^{(k)} := \left\{\mathrm{P}(j) \,|\, Z_j^{(k)} \ne \varnothing\right\}, \; \mathrm{P}_S^{(k)} := \left\{\mathrm{P}(j) \,|\, S_j^{(k)} \ne \varnothing\right\}, \; k = 1,\dots,N,\, l = 1,\dots,p.$$

Die Mengen $Z_l^{(k)}$ und $S_l^{(k)}$ bezeichnen diejenigen der dem Prozessor $\mathrm{P}(l)$ zugeordneten Zeilen- beziehungsweise Spaltenindizes, die im k-ten beziehungsweise $(k{-}1)$-ten Schritt modifiziert werden. $\mathrm{P}_Z^{(k)}$ und $\mathrm{P}_S^{(k)}$ beschreibt die Prozessoren, die am jeweils k-ten Schritt beteiligt sind.

Parallelrechner mit gemeinsamem Speicher Im Folgenden wird eine *Arbeitsverteilung* in Gestalt einer beliebigen, aber festen Zuordnung von Zeilen oder Spalten zu insgesamt p Prozessoren unterstellt. Grundsätzlich greifen alle Prozessoren auf die Gesamtmatrix $\mathbb{A}$, also das globale Feld $\mathrm{a}[1..N,1..N]$ zu. Die Zuordnung zu einem Prozessor $\mathrm{P}(l)$ wird durch Indexmengen Z_l beziehungsweise S_l gemäß (5.1.22) beschrieben, wobei sich die zyklische Zuordnung (5.1.23) anbietet, ohne dass diese Eigenschaft im Folgenden explizit benutzt wird.

In der kij- und der kji-Form muss die k-Schleife grundsätzlich sequentiell abgearbeitet werden, so dass sich Parallelisierungsmöglichkeiten nur bei den inneren Schleifen bieten. Dies entspricht der inhaltlichen Interpretation, dass im k-ten Schritt eine $(N{-}k) \times (N{-}k)$-Restmatrix zu behandeln ist, wobei es unerheblich ist, ob dies zeilen- oder spaltenweise geschieht.

<u>kij-Form ($\mathbb{A}$ zeilenweise zugeordnet)</u> $\qquad\qquad\qquad\qquad\qquad\qquad$ (5.1.25)

$\qquad$ **for** $l := 1$ **to** p **do parallel on** $\mathrm{P}(l)$
$\qquad\qquad$ **for** $k := 1$ **to** $N{-}1$ **if** $Z_l^{(k+1)} \ne \varnothing$ **do**
$\qquad\qquad\qquad$ **for** $i := k{+}1$ **to** N, $i \in Z_l$ **do**
$\qquad\qquad\qquad\qquad$ $a_{i,k} := -a_{i,k} \,/\, a_{k,k}$
$\qquad\qquad\qquad\qquad$ **for** $j := k{+}1$ **to** N **do** $a_{i,j} := a_{i,j} + a_{i,k}\, a_{k,j}$
$\qquad\qquad\qquad$ **if** $k < N{-}1$ **then barrier** $\left(\mathrm{P}_Z^{(k+2)}\right).$ $\qquad\qquad\qquad\qquad\qquad$ ◆

In dieser Form bearbeitet jeder Prozessor "seine" Zeilen und berechnet zu jeder Zeile vorher den notwendigen Multiplikator. Die Synchronisation in der kij-Form nach jedem Durchlauf durch die

k-Schleife ist dadurch bedingt, dass im jeweils $(k+1)$-ten Schritt jeder dort aktive Prozessor die aktuellen Koeffizienten $a_{k+1,k+1},\ldots,a_{k+1,N}$ der Zeile $k+1$ benötigt, die zuletzt im k-ten Schritt durch den Prozessor modifiziert worden ist, dem diese Zeile fest zugeordnet ist. Am k-ten Schritt nehmen nur die Prozessoren teil, denen mindestens eine der Zeilen $k+1$ bis N zugeordnet ist $\left(\mathrm{P}(l) \in \mathrm{P}_Z^{(k+1)}\right)$. Beim Übergang vom k-ten zum $(k+1)$-ten Schritt kommen keine neuen Prozessoren hinzu. Da im $(k+1)$-ten Schritt eine Zeile weniger zu bearbeiten ist, wird vielmehr je nach Definition der Z_l entweder die gleiche Anzahl der Prozessoren oder einer weniger benötigt. Es reicht daher, die im $(k+1)$-ten Schritt aktiven Prozessoren zu synchronisieren.

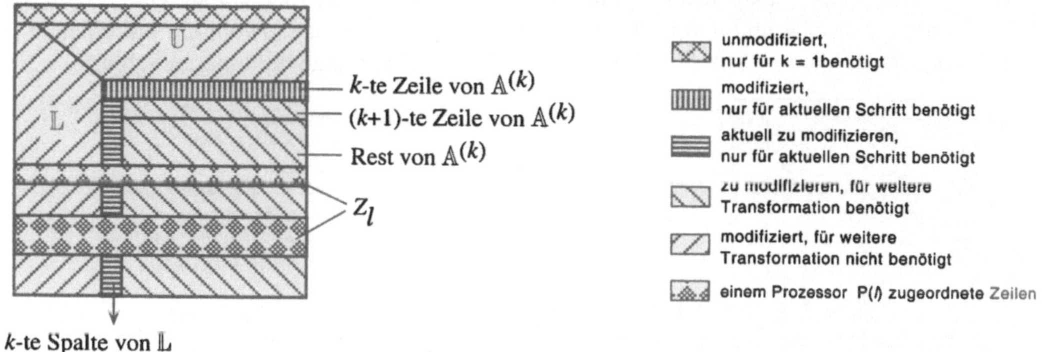

Abb. 5.1.4 k-ter Schritt der kji- und kij-Form, Zeilenzuordnung

Analog zu (5.1.12) erhält man eine kji/kij-Form, in der die i- und die j-Schleife vertauschbar sind.

<u>kji/kij-Form (A zeilenweise zugeordnet)</u>   (5.1.26)

> **for** $l := 1$ **to** p **do parallel on** $\mathrm{P}(l)$
>> **for** $k := 1$ **to** $N{-}1$ **if** $Z_l^{(k+1)} \neq \varnothing$ **do**
>>> **for** $i := k{+}1$ **to** $N,\ i \in Z_l$ **do** $a_{i,k} := -a_{i,k}/a_{k,k}$
>>> {**for** $i := k{+}1$ **to** $N,\ i \in Z_l$ **do**; **for** $j := k{+}1$ **to** N **do**} $a_{i,j} := a_{i,j} + a_{i,k}\,a_{k,j}$
>>> **if** $k < N{-}1$ **then barrier** $\left(\mathrm{P}_Z^{(k+2)}\right)$. ◆

Bei spaltenweiser Zuordnung erhält man ebenfalls eine kji/kij-Form:

<u>kji/kij-Form (A spaltenweise zugeordnet)</u>   (5.1.27)

> **for** $l := 1$ **to** p **do parallel on** $\mathrm{P}(l)$
>> **for** $k := 1$ **to** $N{-}1$ **if** $S_l^{(k)} \neq \varnothing$ **do**
>>> **if** $k \in S_l$ **then for** $i := k{+}1$ **to** N **do** $a_{i,k} := -a_{i,k}/a_{k,k}$
>>> **barrier** $\left(\mathrm{P}_S^{(k+1)}\right)$
>>> {**for** $j := k{+}1$ **to** $N,\ j \in S_l$ **do**; **for** $i := k{+}1$ **to** N **do**} $a_{i,j} := a_{i,j} + a_{i,k}\,a_{k,j}$
>>> **barrier** $\left(\mathrm{P}_S^{(k+1)}\right)$. ◆

Jeder Prozessor bearbeitet "seine" Spalten. Die Quotienten $a_{i,k}$ berechnet im k-ten Schritt jedoch nur der Prozessor, der die k-te Spalte zur Bearbeitung erhalten hat (Abb. 5.1.5). Daher müssen in jedem Durchlauf durch die k-Schleife die Prozessoren aus $P_S^{(k+1)}$ sowohl nach der Berechnung der $a_{i,k}$ als auch am Schleifenende synchronisiert werden.

Die Zuordnung in (5.1.25)-(5.1.27) regelt lediglich die Arbeitsverteilung, sagt aber nichts über die zeilen- oder spaltenweise Abspeicherung der Matrix aus. Beide Möglichkeiten sind prinzipiell zulässig. Es empfiehlt sich jedoch, die Zuordnung, das Speicherschema und auch die Reihenfolge der Teilschleifen in der Doppelschleife einander anzupassen, also in (5.1.26) als kij-Variante mit zeilenweiser Abspeicherung und Reihenfolge i-j und in (5.1.27) als kji-Variante mit spaltenweiser Abspeicherung und Reihenfolge j-i. Dies gewährleistet sowohl ein Inkrement 1 im Speicherzugriff als auch wegen $|S_l|, |Z_l| < N$ die größtmögliche Länge der inneren Schleife.

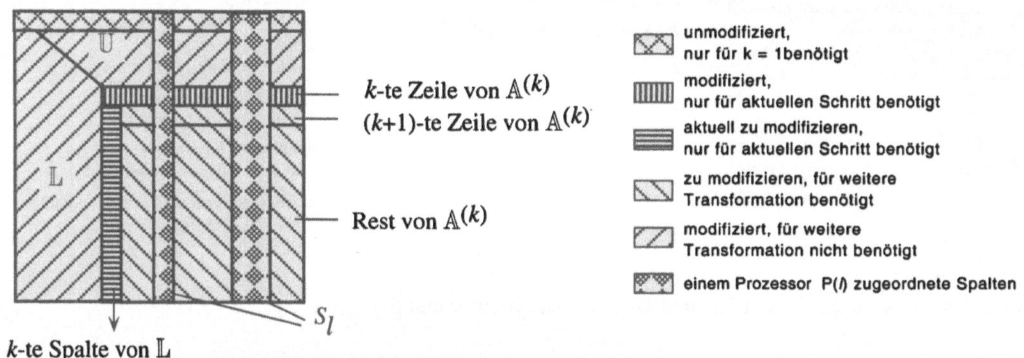

Abb. 5.1.5 k-ter Schritt der kji- und kij-Form, Spaltenzuordnung

In der jki-Form (5.1.16) kann nicht über j parallelisiert werden, da zur Modifikation der j-ten Spalte nacheinander Elemente $a_{i,k}$ aller vorangehenden Spalten $k = 1,\ldots,j{-}1$ benötigt werden. Es kann somit ausschließlich über die beiden innen liegenden i-Schleifen mit einer vergleichsweise geringen Granularität parallelisiert werden. Analoges gilt für die ikj-Form, in der nur die innere j-Schleife parallelisiert werden kann. In der ijk- und der jik-Form können schließlich nur die inneren k-Schleifen, also Skalarprodukte der Länge $j{-}1$ parallelisiert werden. Diese vier Varianten werden hier nicht weiter betrachtet.

In den Versionen kij und kji führt die Synchronisation nach jedem Durchlauf der k-Schleife dazu, dass sich alle Prozessoren im jeweils gleichen Schritt befinden. Die Abhängigkeit, die die Synchronisation erst erforderlich macht, besteht jedoch ausschließlich darin, dass im $(k+1)$-ten Schritt alle Prozessoren die im k-ten Schritt modifizierten Elemente $a_{k,k},\ldots,a_{k,N}$ (kij-Form) beziehungsweise die im $(k+1)$-ten Schritt berechneten Quotienten $a_{k,k},\ldots,a_{N,k}$ (kji-Form) benötigen. Somit kann der Umfang der Synchronisation in beiden Formen reduziert werden, wenn sichergestellt ist, dass die jeweils benötigte Teilzeile beziehungsweise -spalte rechtzeitig bereitsteht. Hierzu reicht es aus, dass der Prozessor, der die jeweils benötigten Elemente modifiziert, die Beendigung dieser Arbeit sofort an alle anderen Prozessoren meldet. Dies führt zu einem teilweise asynchronen Algorithmus.

kij-Form (teilasynchron, A zeilenweise zugeordnet)   (5.1.28)

$ready(1) :=$ **true**
for $l := 1$ **to** p **do parallel on** $P(l)$
   for $k := 1$ **to** $N{-}1$ **if** $Z_l^{(k+1)} \neq \varnothing$ **do**
      if $k \notin Z_l$ **then wait**$(ready(k))$
      for $i := k{+}1$ **to** $N,\ i \in Z_l$ **do**
         $a_{i,k} := -\,a_{i,k}/a_{k,k}$
         for $j := k{+}1$ **to** N **do** $a_{i,j} := a_{i,j} + a_{i,k}\,a_{k,j}$
         if $i = k+1$ **then post**$(ready(k{+}1))$.   ♦

Sowie der Prozessor, dem die k-te Zeile zugeordnet ist, die Elemente $a_{k,k},\dots,a_{k,N}$ berechnet hat, können alle Prozessoren mit dem Schritt $k{+}1$ beginnen. Da auf die Neuberechnung gewartet werden muss, was durch einen Nachrichtenaustausch mit **post/wait** bewerkstelligt wird, ist (5.1.28) kein rein asynchroner Algorithmus. Im Gegensatz zu (5.1.25) können sich jedoch zu einem gegebenen Zeitpunkt unterschiedliche Prozessoren in unterschiedlichen Schritten der k-Schleife befinden. Im günstigsten Fall werden sofort nach der Modifikation von $a_{k,k},\dots,a_{k,N}$ von einem anderen Prozessor $a_{k+1,k+1},\dots,a_{k+1,N}$ berechnet, so dass alle betroffenen Prozessoren mit dem Schritt $k{+}2$ beginnen können usw. Bei p Prozessoren kann die Differenz zwischen dem schnellsten und dem langsamsten Prozessor bis zu $p{-}2$ Schritten betragen. Dieses asynchrone Verfahren führt dazu, dass durch Synchronisation bedingte Stillstandszeiten weitgehend vermieden werden können. Ein Zeitgewinn wird insbesondere dann erreicht, wenn, anders als in (5.1.25), die Neuberechnung von $a_{k+1,k+1},\dots,a_{k+1,N}$ nicht durch einen daran nicht beteiligten, langsameren Prozessor verzögert wird, der den k-ten Schritt noch nicht beendet hat. Umgekehrt bietet (5.1.28) kaum einen Vorteil, wenn – eine im Wesentlichen gleichmäßige Lastverteilung vorausgesetzt – die Prozessoren ohne nennenswerte systembedingte Zeitverzögerungen arbeiten.

In (5.1.27) sind die Synchronisationszeiten durch das Warten auf die von jeweils einem Prozessor zu berechnenden Multiplikatoren $l_{i,k} \equiv a_{i,k}$ bedingt. Ähnlich wie im vorangehenden Algorithmus muss dieser Prozessor sofort den Abschluss der Berechnung an die anderen Prozessoren melden. Hier gilt analog zur vorangehenden Version, dass alle Spalten jeweils einem Prozessor fest zugeordnet sind und auch nur von diesem Prozessor modifiziert werden.

kji/kji-Form (teilasynchron, A spaltenweise zugeordnet)   (5.1.29)

for $l := 1$ **to** p **do parallel on** $P(l)$
   for $k := 1$ **to** $N{-}1$ **if** $S_l^{(k)} \neq \varnothing$ **do**
      if $k \in S_l$ **then for** $i := k{+}1$ **to** N **do** $a_{i,k} := -\,a_{i,k}/a_{k,k}$
             post$(ready(k))$
         else wait$(ready(k))$
     $\{$**for** $j := k{+}1$ **to** $N,\ j \in S_l$ **do**
         for $i := k{+}1$ **to** N **do**$\}$ $a_{i,j} := a_{i,j} + a_{i,k}\,a_{k,j}$.   ♦

In den obigen teilasynchronen Algorithmen ist nicht berücksichtigt, dass mehrere $ready$-Meldungen eintreffen können, während ein Prozessor an einem Schritt arbeitet. In diesem Falle müssen diese Nachrichten gepuffert werden. Dazu ist es erforderlich, dass die Nachrichten parallel zur Rechenarbeit empfangen werden können. Hierzu müssen die Routinen **post/wait** auf geeignet verwaltete Puffer zugreifen können. Dies ist jedoch eine Anforderung an die verwendete Synchronisationssoftware oder auch die Hardware und nicht an eine konkrete Anwendung. Es sei daran erinnert, dass eine ähnliche Vorgehensweise in Abschnitt 4.5.2.1 über rekurrente Relationen zu Algorithmus (4.5.24) – dort für Parallelrechner mit verteiltem Speicher – geführt hat.

Parallelrechner mit verteiltem Speicher Bei Parallelrechnern mit verteiltem Speicher ist die Zuordnung, etwa (5.1.23), als *Arbeits- und Datenverteilung* zu interpretieren. Im Wesentlichen können die Algorithmen für Parallelrechner mit gemeinsamen Speicher angepasst werden. Auch hier betrachten wir nur die *kij*- und die *kji*-Form. Für die anderen vier Versionen gilt das im Falle gemeinsamer Speicher Gesagte. Die geringere Granularität der Teilaufgaben in den Formen *ikj*, *jki*, *ijk* und *jik* wirkt sich durch einen größeren Einfluss des Kommunikationsaufwandes nachteilig auf die Effizienz aus. Gemäß der Zuordnung (5.1.22) benötigt jeder Prozessor $P(l)$, $1 \le l \le p$, vor allem folgende Daten:

$$\text{bei Zeilenzuordnung:} \quad Z_l,\ \mathrm{a}[1..|Z_l|,\ 1..N],$$
$$\text{bei Spaltenzuordnung} \quad S_l,\ \mathrm{a}[1..N,\ 1..|S_l|].$$

Die nunmehr lokalen Felder a besitzen nur noch die für die jeweilige Teilaufgabe unabdingbare Größe. Falls die jeweils k-te Spalte beziehungsweise Zeile von einem anderen Prozessor geholt werden muss, wird diese lokal in einem Feld $\mathrm{u}[1..N]$ abgelegt. Um die jeweils k-te Zeile oder Spalte der Gesamtmatrix $\mathbb{A}$ mit der entsprechenden Zeile oder Spalte der lokalen Matrix $\mathbb{A}$ identifizieren zu können, muss jedem Prozessor die Indexzuordnung zwischen einem lokalen Feld a und der Gesamtmatrix $\mathbb{A}$ bekannt sein. Zu den Zeilenindizes $Z_l = \{z_1,\ldots,z_{|Z_l|}\}$ und Spaltenindizes $S_l = \{s_1,\ldots,s_{|S_l|}\}$ in der globalen Matrix $\mathbb{A}$ definieren wir lokale Indexfelder $\mathrm{v}[1,\ldots,N]$ und $\mathrm{w}[1,\ldots,N]$. Zwischen Indizes k des globalen Feldes a aus der Menge Z_l und S_l und Indizes j des jeweiligen lokalen Feldes a gilt dann die Zuordnung (vergleiche Abschnitt 4.5.2.1)

$$\text{Zeilen:} \quad k = z_j \Leftrightarrow j = v_k,\ 1 \le j \le |Z_l|,\ k \in Z_l \subseteq \{1,\ldots,N\},$$
$$\text{Spalten:} \quad k = s_j \Leftrightarrow j = w_k,\ 1 \le j \le |S_l|,\ k \in S_l \subseteq \{1,\ldots,N\}.$$

Es bezeichne $P(l_k)$ den Prozessor, dem die k-te Zeile zugeordnet ist.

<u>*kij*-Form ($\mathbb{A}$ zeilenweise zugeordnet und verteilt)</u>
<u>Prozessor $P(l)$, $l = 1,\ldots,p$:</u>   (5.1.30)

Zeilenindizes:	$Z \triangleq Z_l = \{z_1,\ldots,z_{|Z_l|}\}$, $Z^{(k)} := Z_l^{(k)} = Z_l \cap \{k,\ldots,N\},\ k = 1,\ldots,N-1$
lokal:	Zahlen $\mathrm{u} = (u_i)_{i=1}^{N}$, Indizes $\mathrm{v} = (v_i)_{i=1}^{N}$
Ein-/Ausgabedaten:	$\mathbb{A} = (a_{i,j})_{i=1,\,j=1}^{|Z|,\ N} \triangleq \mathbb{A} = (a_{i,j})_{i \in Z,\,j=1}^{N}$

for $k := 1$ **to** $N{-}1$ **if** $Z^{(k)} \ne \varnothing$ **do**
    if $k \in Z$ **then** $\mathrm{u}[k..N] := \mathrm{a}[v_k,k..N]$
        broadcast-send$(u_k,\ldots,u_N)$ **from** $P(l)$ **to** $P_Z^{(k+1)}$

$$\textbf{else}\quad \textbf{broadcast-recv}(u_k,...,u_N)\ \textbf{from P}(l)\ \textbf{to P}_Z^{(k+1)}$$

$\textbf{for } i := k+1 \textbf{ to } N,\ i \in Z \textbf{ do}$

$\qquad a_{v_i,k} := -\,a_{v_i,k}/u_k$

$\qquad \textbf{for } j := k+1 \textbf{ to } N \textbf{ do } a_{v_i,j} := a_{v_i,j} + a_{v_i,k}\,u_j.$ ◆

kji-Form (A spaltenweise zugeordnet und verteilt) (5.1.31)
Prozessor P(l), $l = 1,...,p$:

Spaltenindizes:	$S \cong S_l = \{s_1,...,s_{|S_l|}\}$
	$S^{(k)} := S_l^{(k)} = S_l \cap \{k,...,N\},\ k = 1,...,N$
lokal:	Zahlen $\mathsf{u} = (u_i)_{i=1}^N$, Indizes $\mathsf{w} = (w_i)_{i=1}^N$
Ein-/Ausgabedaten:	$\mathsf{A} = (a_{i,j})_{i=1,j=1}^{N,\ |S|} \cong \mathsf{A} = (a_{i,j})_{i=1,j\in S}^N$

$\textbf{for } k := 1 \textbf{ to } N{-}1 \textbf{ if } S^{(k)} \neq \varnothing \textbf{ do}$

$\quad \textbf{if } k \in S \quad \textbf{then for } i := k+1 \textbf{ to } N \textbf{ do } u_i := a_{i,w_k} := -\,a_{i,w_k}/a_{k,w_k}$

$$\qquad\qquad \textbf{broadcast-send}(u_{k+1},...,u_N)\ \textbf{from P}(l)\ \textbf{to P}_S^{(k+1)}$$

$$\qquad\quad \textbf{else}\quad \textbf{broadcast-recv}(u_{k+1},...,u_N)\ \textbf{from P}(l)\ \textbf{to P}_S^{(k+1)}$$

$\quad \textbf{for } j := k+1 \textbf{ to } N,\ j \in S \textbf{ do}$

$\qquad \textbf{for } i := k+1 \textbf{ to } N \textbf{ do } a_{i,w_j} := a_{i,w_j} + u_i\,a_{k,w_j}.$ ◆

In (5.1.30) werden in jedem lokalen Speicher Zeilen, in (5.1.31) Spalten von A abgespeichert. Die Speicherung der Daten auf den Prozessoren entsprechend der Arbeitsverteilung ist unabdingbar, um den Kommunikationsaufwand in einem tragbaren Rahmen zu halten.

In Abb. 5.1.6 wird der Fall einer zeilenweisen Arbeitsverteilung bei spaltenweiser Datenverteilung skizziert. Jeder Prozessor P(l) verfügt zu Beginn nur über die in seinem Speicher abgelegten Spalten $(a_{i,j})_{i=1,\,j\in S_l}^N$. Zur Bearbeitung der ihm zugeordneten Zeilen $(a_{i,j})_{i\in Z_l\,j=1}^N$ müssen zu Beginn die fehlenden Elemente $(a_{i,j})_{i\in Z_l,\,j\notin S_l}$ sowie, falls $k=1 \notin Z_l$, auch $(a_{k,j})_{j\notin S_l}$, von anderen Prozessoren geholt werden. Folgt man der vorgegebenen Arbeits- und Datenverteilung, so müssten nun alle modifizierten $(a_{i,j})_{i=k+1,\,j\notin S_l}^N$ an die Prozessoren P(l) zurückgesandt werden, denen die Indizes $j \notin S_l$ zugeordnet sind, um sie dann in folgenden Schritten erneut zu holen. Andernfalls wäre die ursprüngliche Datenverteilung zerstört. Bereits vor dem ersten Schritt ist somit die Trennung von Speicher- und Aufgabenzuordnung ad absurdum geführt. Abgesehen von der Notwendigkeit zusätzlicher lokaler Hilfsfelder führt diese Strategie zu einem im Vergleich zu (5.1.30) oder (5.1.31) vielfach höheren Kommunikationsaufwand.

Die Interpretation von (5.1.30) und (5.1.31) als synchrone oder teilasynchrone Algorithmen hängt von der Implementierung der **broadcast**-Routine ab. In beiden Algorithmen muss im jeweils k-ten Schritt mit der korrekten k-ten Teilzeile beziehungsweise -spalte, hier durch das Hilfsfeld u ausgedrückt, gearbeitet werden, so dass jeder empfangende Prozess beim **broadcast**-Aufruf zwangsläufig auf das Eintreffen dieser Daten warten muss. Dies betrifft jedoch nicht den Empfang in Zwischenschritten, in denen Prozessoren zum Weiterleiten von Daten verwendet wer-

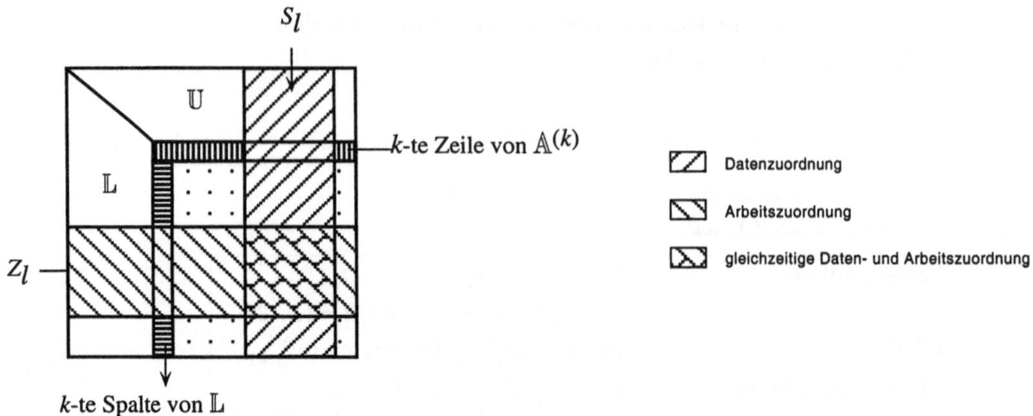

Abb. 5.1.6 k-ter Schritt der kji- und kij-Form, Arbeit zeilenweise zugeordnet, Daten spaltenweise verteilt

den. Wir unterstellen, dass **broadcast** ausschließlich an die im k-ten beziehungsweise $(k+1)$-ten Schritt aktiven Prozesse sendet. Falls der sendende Prozess auf die Bestätigung aller empfangenden Prozesse wartet, also ebenfalls blockiert, bevor er fortgesetzt wird, so erhält man einen synchronen Algorithmus, in dem bei jedem Durchlauf durch die k-Schleife nicht mehr am Ende, sondern an den Aufrufstelle von **broadcast** synchronisiert wird. Wartet der sendende Prozess nach dem Aussenden eine eventuelle Empfangsbestätigung nicht ab, so erhält man einen teilasynchronen Algorithmus. Ein Prozess, der ein **broadcast** ausgeführt hat, kann solange ohne Halt fortgeführt werden, bis in einem der folgenden Schritte k die benötigte Zeile(Spalte) k nicht mehr zu seinem Datenbereich gehört, also $k \notin Z_l$ ($k \notin S_l$) gilt, und er somit selbst an einem **broadcast**-Aufruf warten muss. In (5.1.30) kann die Asynchronität noch verstärkt werden, indem der (dann nicht blockierende) **broadcast**-Aufruf bereits im jeweils vorangehenden Schritt für $i = k+1$ direkt nach Berechnung der $(k+1)$-ten Teilzeile am Ende der k-Schleife abgesetzt wird.

<u>kij-Form (teilasynchron, $\mathbb{A}$ zeilenweise zugeordnet und verteilt)</u>   (5.1.32)
<u>Prozessor P(l), $l = 1,...,p$:</u>

Daten wie (5.1.30)

if $1 \in Z$ **then** $\mathbb{u}[1..N] := \mathbb{a}[v_1,1..N]$

    broadcast-send$(u_1,...,u_N)$ **from** P(l) **to** $P_Z^{(2)}$

for $k := 1$ **to** $N{-}1$ **if** $Z^{(k)} \neq \emptyset$ **do**

   if $k \notin Z^{(k)}$ **then broadcast-recv**$(u_k,...,u_N)$ **from** P(l) **to** $P_Z^{(k+1)}$

   for $i := k+1$ **to** N, $i \in Z$ **do**

     $a_{v_i,k} := -\,a_{v_i,k}/u_k$

     for $j := k+1$ **to** N **do** $a_{v_i,j} := a_{v_i,j} + a_{v_i,k}\,u_j$

     if $i = k+1$ **and** $k < N{-}1$

     then $\mathbb{u}[k+1..N] := \mathbb{a}[v_{k+1},k+1..N]$

       broadcast-send$(u_{k+1},...,u_N)$ **from** P(l) **to** $P_Z^{(k+2)}$.

Für die teilasynchronen Algorithmen gilt wieder, dass gegebenenfalls Daten für mehrere Schritte eintreffen, die noch nicht verarbeitet werden können. Diese müssen parallel zur Rechnung empfangen und zwischengepuffert werden können.

5.1.1.3 Gauß-Algorithmus mit Pivotsuche

Wie bereits erwähnt, ist die Gauß-Elimination nur für gewisse Klassen von Anwendungen ohne Pivotsuche durchführbar. Unter den vielen Varianten der Pivotsuche beschränken wir uns hier beispielhaft auf die häufig angewendete Zeilen- oder Spaltenpivotsuche nach dem betragsgrößten Element. Die Pivotsuche besteht aus zwei Teilen: der Bestimmung des Pivotelements und der Umordnung des Gleichungssystems. Die Pivotsuche erfolgt in einer Suchschleife. Die Umordnung besteht bei der Spalten-(Zeilen-)Pivotsuche aus der Vertauschung zweier Zeilen (Spalten). Diese Vertauschung kann explizit, aber auch implizit durch Vertauschung der entsprechenden Indizes erfolgen. Im zweiten Fall muss ein zusätzlicher Indexvektor mitgeführt werden, der den jeweils aktuellen Stand der Vertauschungen enthält. Die Spalten- oder Zeilenpivotsuche nach dem betragsgrößten Element in der j-ten Restspalte oder -zeile $\left(a_{i,j}\right)_{i=j}^{N}$ oder $\left(a_{j,i}\right)_{i=j}^{N}$ liefert einen Index l, für den gilt:

$$|a_{l,j}| = \max_{j \le i \le N} \{|a_{i,j}|\} \quad \text{oder} \quad |a_{j,l}| = \max_{j \le i \le N} \{|a_{j,i}|\}.$$

Bei impliziter Vertauschung wird ein Index $l = ind(m)$ ermittelt. Neben l wird zusätzlich der Ursprungsindex m benötigt. Im Folgenden verwenden wir abkürzend die Schreibweise

$$l := \text{isamax}(x_j,\ldots,x_N) \quad \text{bzw.} \quad (l,m) := \text{iisamax}((x_{ind(j)},j),\ldots,(x_{ind(N)},N))$$

für die Basisalgorithmen

$$
\begin{array}{lll}
t := |x_j|;\ l := j & \text{bzw.} & t := |x_{ind(j)}|,\ l := ind(j);\ m := j \\
\textbf{for } i := j+1 \textbf{ to } N \textbf{ do} & & \textbf{for } i := j+1 \textbf{ to } N \textbf{ do} \\
\quad \textbf{if } |x_i| > t \textbf{ then} & & \quad \textbf{if } |x_{ind(i)}| > t \textbf{ then} \\
\quad\quad t := |x_i|;\ l := i & & \quad\quad t := |x_{ind(i)}|;\ l := ind(i);\ m := i
\end{array}
\tag{5.1.33}
$$

auf einem Zahlenvektor $(x_i)_{i=j}^{N}$. Als Beispiel betrachten wir die jki-Form mit Spaltenpivotsuche sowohl mit expliziter als auch mit impliziter Vertauschung. Da die rechte Seite ebenfalls von eventuellen Vertauschungen betroffen ist, formulieren wir in (5.1.34) und (5.1.35) die vollständige Eliminationsphase des Gauß-Algorithmus. Die Lösungsphase, also die Berechnung von x, wird wie in (5.1.11) ausgeführt.

  <u>jki-Form mit Spaltenpivotsuche und explizitem Zeilentausch</u>   (5.1.34)

   for $j := 2$ **to** N **do**

    <u>Pivotsuche</u>

     $l := \text{isamax}(a_{j-1,j-1},\ldots,a_{N,j-1})$

<u>expliziter Zeilentausch</u>

$$b_{j-1} \leftrightarrow b_l$$

for $i := 1$ **to** N **do** $a_{j-1,i} \leftrightarrow a_{l,i}$

<u>Elimination</u>

for $i := j$ **to** N **do** $\quad a_{i,j-1} := - a_{i,j-1}/a_{j-1,j-1}$
$$b_i \quad := b_i + a_{i,k}\, b_k$$

for $k := 1$ **to** $j-1$ **do**
$\qquad$ **for** $i := k+1$ **to** N **do** $\quad a_{i,j} := a_{i,j} + a_{i,k}\, a_{k,j}$ $\qquad\qquad$ ♦

<u>*jki*-Form mit Spaltenpivotsuche und implizitem Zeilentausch</u> $\qquad\qquad$ (5.1.35)

for $i := 1$ **to** N **do** $ind(i) := i$
for $j := 2$ **to** N **do**
$\quad$ <u>Pivotsuche</u>

$\qquad (l,m) := \text{iisamax}((a_{ind(j-1),j-1},j-1),\ldots,(a_{ind(N),j-1},N))$

$\quad$ <u>impliziter Zeilentausch</u>

$\qquad ind(j-1) \leftrightarrow ind(m)$

$\quad$ <u>Elimination</u>

$\qquad$ **for** $i := j$ **to** N **do** $\quad a_{ind(i),j-1} := - a_{ind(i),j-1}/a_{ind(j-1),j-1}$
$$b_{ind(i)} \quad := b_{ind(i)} + a_{ind(i),k}\, b_{ind(k)}.$$

$\qquad$ **for** $k := 1$ **to** $j-1$ **do**
$\qquad\quad$ **for** $i := k+1$ **to** N **do** $\quad a_{ind(i),j} := a_{ind(i),j} + a_{ind(i),k}\, a_{ind(k),j}.$ $\qquad$ ♦

Bei der expliziten Vertauschung müssen in jedem Schritt k je zwei Zeilen (bei Zeilenpivotsuche Spalten) ausgetauscht werden, was zu zusätzlichen Speicherzugriffen im Umfang von jeweils $2N$ Zahlen führt. Dafür bleibt die Indizierung und damit die Form des Speicherzugriffs im Gesamtalgorithmus erhalten. Bei der impliziten Vertauschung müssen nur zwei Indizes vertauscht werden. Der Aufwand hierfür ist zu vernachlässigen. Dies wird mit einer indizierten und damit nichtlinearen Indizierung im Gesamtalgorithmus erkauft.

Jede Pivotsuche kann sich nur auf die im aktuellen Schritt zu behandelnden Teile der (teiltransformierten) Matrix $\mathbb{A}^{(k)}$ beziehen. Für die sechs Grundformen bedeutet dies :

- *kij, kji*: Es muss jeweils eine $(N{-}k) \times (N{-}k)$-Restmatrix, beginnend mit der Spalte k und der Zeile k, behandelt werden. Zeilen- und Spaltenpivotsuche sind möglich.
- *jki, jik*: Im j-ten Schritt wird die j-te Spalte bearbeitet, während Zeilen nicht vollständig aktualisiert werden. Daher ist nur Spaltenpivotsuche möglich.
- *ikj, ijk*: Im i-ten Schritt wird die i-te Zeile bearbeitet, während Spalten nicht vollständig aktualisiert werden. Daher ist nur Zeilenpivotsuche möglich.

Tab. 5.1.2 fasst diese Alternativen nochmals zusammen. Sowohl im Hinblick auf eine Optimierung als auch eine Parallelisierung ist die Art des Datenzugriffs von Bedeutung. Eine Spaltenpivotsuche geht zwar mit einem Spaltenzugriff einher. Bei der nachfolgenden Vertauschung sind jedoch Zeilen (explizit) oder Zeilenindizes (implizit) betroffen (Tab. 5.1.3).

Tab. 5.1.2 Pivotstrategien bei der Gauß-Elimination

	kij, kji	*jki, jik*	*ijk, ikj*
Spaltenpivotsuche	ja	ja	nein
Zeilenpivotsuche	ja	nein	ja

Tab. 5.1.3 Zugriffsart in Pivotstrategien bei der Gauß-Elimination

	Pivotsuche	explizite Vertauschung	implizite Vertauschung
Spaltenpivotsuche	Spaltenzugriff	Zeilen	Zeilenindizes
Zeilenpivotsuche	Zeilenzugriff	Spalten	Spaltenindizes

Zu den im vorangehenden Abschnitt genannten Entscheidungskriterien für die Auswahl einer der sechs Grundformen kommt somit noch die Auswahl einer Pivotstrategie hinzu. Da der Aufwand für die Pivotsuche in der Regel nicht vernachlässigt werden darf, muss besondere Sorgfalt angewendet werden. Bei der Auswahl einer Pivotstrategie muss Folgendes beachtet werden.

- Die Pivotstrategie hängt von den zur Verfügung stehenden Daten ab (Tab. 5.1.1).
- Die Grundversion ist nach bestimmten Effizienzkriterien ausgewählt worden. Diese lassen sich bei der Pivotsuche nicht immer durchhalten. Es muss jedoch sichergestellt werden, dass die Verminderung der Effizienz minimal gehalten wird.
- Es ist sogar möglich, dass sich bei der Auswahl einer geeigneten Pivotstrategie herausstellt, dass eine andere als die ohne Pivotsuche optimale Grundform verwendet werden muss.
- Unter dem Gesichtspunkt der Optimierung darf häufig keine der sechs Grundformen, sondern es muss wie bei der Matrix-Multiplikation eine blockorientierte Version gewählt werden.

Wählt man etwa die *jki*-Version, um einen spaltenweisen Zugriff mit verallgemeinerten Triaden zu erreichen, so muss eine Spaltenpivotsuche erfolgen. Diese erfordert zwar einen Spaltenzugriff. Bei der nachfolgenden Vertauschung hat man jedoch nur die Wahl zwischen einem Zeilenzugriff bei expliziter Vertauschung und der Einführung einer indirekten Indizierung in der Zeilendimension im Gesamtalgorithmus bei impliziter Vertauschung. Selbst bei formal optimaler Zugriffsart muss gegebenenfalls noch eine Blockbildung vorgenommen werden. Ein analoges Problem stellt sich bei der *ikj*-Form mit Zeilenpivotsuche.

Vektorprozessoren Die Pivotsuche ist als Suchschleife auf einem Vektor im Wesentlichen vektorisierbar, wobei die Effizienz auch von der Art des Speicherzugriffs (Zeile oder Spalte) abhängt. Hierzu lassen sich einfache Algorithmen angeben. Effizienter ist jedoch die Verwendung hochoptimierter Bibliotheksroutinen wie der BLAS-Routine ISAMAX, die wie *isamax* den Index des betragsgrößten Elementes in der j-ten Restspalte $\left(a_{i,j}\right)_{i=j}^{N}$ durch die Zuweisung

$$L = \text{ISAMAX}(N{-}J{+}1, A(J,J), 1) + J - 1$$

liefert. Vektorcompiler vektorisieren die entsprechenden Suchschleifen in (5.1.34) und (5.1.35) automatisch, allerdings kann man nicht die volle Leistung einer Vektoroperation erwarten.

Insgesamt wird eine Gauß-Elimination mit vektorisierbaren innersten Schleifen, Indexinkrement 1 bezüglich des Speicherzugriffs in der innersten Schleife, verallgemeinerten Triaden als Grundoperation und der Vermeidung des mehrfachen Nachladens von Daten, die sowohl gelesen als auch modifiziert werden, gesucht. Bei spaltenweiser Speicherung kommt eine *jki*-Variante (5.1.34) mit Spaltenpivotsuche und expliziter Zeilenvertauschung sowie zusätzlicher Blockbildung wie in (5.1.21) dieser Forderung am nächsten. Nur die Zeilenvertauschung beinhaltet Zeilenzugriffe. Aufgrund der zwangsläufigen Festlegung auf die Spaltenpivotsuche würde eine implizite Vertauschung zu einer im Hinblick auf die Vektorisierung ineffizienten indirekten Indizierung ausgerechnet in der zu vektorisierenden Zeilendimension führen.

Kombiniert man die *kji*-Version (5.1.15) mit einer Zeilenpivotsuche, so werden die Zeilenzugriffe auf die reine Pivotsuche reduziert, und es erfolgt ein Spaltentausch. Folglich ist die Spaltendimension von der indizierten Indizierung betroffen. Da diese Version nur Spaltenzugriffe erfordert, also sowohl bei der Berechnung der $a_{i,k}$, $k < i$, als auch der $a_{i,j}$, $j > k$, die jeweils innerste Schleife auf die Zeilendimension zugreift, kann ohne Ausnahme – auch bei der Berechnung der b_i – mit dem Indexinkrement 1 in der Zeilendimension gearbeitet werden. Es bleibt jedoch der Nachteil der einfachen Triaden als Grundoperation und damit des mehrfachen Nachladens der Spalten $a_{,j}$ in der k-Schleife. Eine Blockbildung hilft hier auch nicht weiter. Im Falle der zeilenweisen Abspeicherung bietet sich eine *ikj*-Variante mit Zeilenpivotsuche und expliziter Spaltenvertauschung an. Wie im Anschluss an (5.1.21) erwähnt, ist eine Blockbildung nicht sinnvoll möglich, so dass man für große Werte von $N{-}k$ nicht von den verallgemeinerten Triaden profitieren kann. Für die *kij*-Form (5.1.14) mit Spaltenpivotsuche gilt Ähnliches wie für die *kji*-Form (5.1.15) mit Zeilenpivotsuche. Die explizite Vertauschung ist grundsätzlich zeitaufwendig, aber mit einem dem Speicherschema gegebenenfalls widersprechenden Zugriff vektorisierbar. Die implizite Vertauschung führt zu einer indirekten Indizierung im gesamten Algorithmus. Bezieht sich diese nicht auf die vektorisierte Dimension, so ist die Vektorisierung nicht beeinträchtigt. Eine Vektorisierung über die indirekt indizierte Dimension führt zu Geschwindigkeitseinbußen.

Mikroprozessoren Die Pivotsuche erfolgt als Suche nach dem Index des betragsgrößten Elements in einem Vektor, also als Reduktionsfunktion unter Mitführung eines Index. Hierzu kommen die Verfahren des Abschnittes 4.5 in Frage. In der Praxis stehen jedoch meist genau für diese Aufgabe optimierte Bibliotheksroutinen zur Verfügung. Angestrebt werden Varianten, die es gestatten, Daten möglichst lange in Registern oder zumindest in Cache Lines zu halten. Eine indizierte Adressierung darf auch hier nur verwendet werden, wenn nicht der Laufindex der jeweils innersten Schleife betroffen ist. Es bieten sich wieder die *jki*-Variante (5.1.34) mit Spaltenpivotsuche und expliziter Zeilenvertauschung sowie zusätzlicher Blockbildung bei spaltenweiser Abspeicherung beziehungsweise die *kij*- oder die *ikj*-Variante mit Zeilenpivotsuche und expliziter Spaltenvertauschung ohne zusätzliche Blockbildung bei zeilenweiser Abspeicherung an. Eventuell sind auch die *ijk*-Form mit Spalten- oder die *jik*-Form mit Zeilenpivotsuche anwendbar.

Parallelrechner mit gemeinsamem Speicher Je nach Verteilung der Rechenarbeit erfolgt die Pivotsuche auf einem Prozessor oder verteilt. Im ersten Fall erhält man einen sequentiellen Teilcode, im zweiten eine parallelisierte Reduktion, die zu einem größeren Synchronisationsaufwand führt. Generell bietet sich die zweite Alternative bei sehr langen Spalten oder Zeilen und wenigen Prozessoren an, während die erste in jedem Falle bei kurzen Spalten beziehungsweise Zeilen zur Anwendung kommen sollte. Als Beispiel betrachten wir die *kij/kji*-Form mit Spalten- beziehungsweise mit Zeilenpivotsuche nach dem betragsgrößten Element und expliziter Vertauschung. Im Folgenden verwenden wir wieder die Abkürzungen aus (5.1.24). $P(l_k)$ bezeichne den Prozessor, dem die k-te Zeile zugeordnet ist. Ferner bezeichnen **isamax** und **iisamax** die über mehrere Prozessoren verteilte Ausführung, also kollektive Reduktionen (Abschnitt 4.1) zu *isamax* und *iisamax*, die hier nach Abschluss als synchronisiert angenommen werden.

<u>*kji/kij*-Form</u> (5.1.36)
<u>(A zeilenweise zugeordnet, Spaltenpivotsuche, expliziter Zeilentausch)</u>

for $l := 1$ **to** p **do parallel on** $P(l)$
   for $k := 1$ **to** $N{-}1$ **if** $Z_l^{(k)} \neq \varnothing$ **do**

<u>Spaltenpivotsuche und expliziter Zeilentausch</u>

$$m_l := \text{isamax}(a_{i,k},\, i \in Z_l^{(k)})$$

barrier $\left(P_Z^{(k)}\right)$

$$\textbf{isamax}\left(m;\, \left(a_{m_j,k}\right)_{P(j)\,\in\,P_Z^{(k)}}\right) \textbf{ on } P_Z^{(k)}$$

if $k \in Z_l$ **and** $m \neq k$ **then** $\text{a}[m,1..N] \leftrightarrow \text{a}[k,1..N]$
barrier $\left(P_Z^{(k+1)}\right)$

<u>Elimination</u>

for $i := k{+}1$ **to** N, $i \in Z_l$ **do** $a_{i,k} := -\,a_{i,k}\,/\,a_{k,k}$
for $\{l := k{+}1$ **to** N, $i \in Z_l$ **do**, **for** $j := k{+}1$ **to** N **do**$\}$ $a_{i,j} := a_{i,j} + a_{i,k}\,a_{k,j}$
barrier $\left(P_Z^{(k+1)}\right)$ ◆

Bei der Synchronisation wird berücksichtigt, dass bei der Pivotsuche die Prozessoren aus $P_Z^{(k)}$, bei der folgenden Elimination nur noch diejenigen aus $P_Z^{(k+1)}$ beteiligt sind. Bei expliziter Vertauschung von Zeilen oder Spalten wird der Inhalt ausgetauscht, der Umfang der Arbeitsverteilung bleibt jedoch unverändert. Die Vertauschung muss gesondert synchronisiert werden, da alle am k-ten Schritt beteiligten Prozessoren die k-te Zeile nach der Vertauschung benötigen.

Bei impliziter Vertauschung ändert sich die Zuordnung (hier der Zeilen) zu den einzelnen Schritten k. Vertauscht werden nur die globalen Indizes $ind(k)$ und $ind(m)$. Je nach Anzahl der Vertauschungen kann dies zu einer ungleichmäßigen Lastverteilung führen, falls aufgrund der Umordnungen Prozessoren vorzeitig inaktiv werden. Als Beispiel betrachten wir ein 9×9-System, dessen Zeilen oder Spalten zyklisch auf 3 Prozessoren verteilt seien:

P(1):	1	4	7
P(2):	2	5	8
P(3):	3	6	9.

Wir nehmen an, dass für $k = 1,\dots,N{-}1 = 8$ folgende Pivotindizes k' auftreten: 1, 4, 7, 2, 5, 8, 3, 6. Dann erhält man den in Tab. 5.1.4 angegebenen Verlauf. Für jeden Schritt k werden die aktuell zu transformierenden Zeilen (Spalten), die dabei aktiven Prozessoren entsprechend der ihnen zugeordneten Zeilen (Spalten), die Lastverteilung sowie in Fettdruck der Pivotindex angegeben. In diesem Extrembeispiel wird die Reihenfolge gemäß der zyklischen Zuordnung durch die Reihenfolge der Pivotindizes in eine Anordnung zusammenhängender Blöcke umgewandelt.

Tab. 5.1.4 Arbeitsverteilung für $N = 9$ auf drei Prozessoren bei impliziter Vertauschung

k	1		2		3		4		5		6		7		8	
Pivotindex	1		4		7		2		5		8		3		6	
Zeile | Proz.	**1**	**1**														
	2	2	**4**	**1**												
	3	3	3	3	**7**	**1**										
	4	1	2	2	2	2	**2**	**2**								
	5	2	5	2	5	2	5	2	**5**	**2**						
	6	3	6	3	6	3	6	3	6	3	**8**	**2**				
	7	1	7	1	3	3	3	3	3	3	3	3	**3**	**3**		
	8	2	8	2	8	2	8	2	8	2	6	3	6	3	**6**	**3**
	9	3	9	3	9	3	9	3	9	3	9	3	9	3	9	3
Lastverteilung	2–3–3		1–3–3		0–3–3		0–2–3		0–1–3		0–0–3		0–0–2		0–0–1	
Ende Proz.			P(1)						P(2)						P(3)	

Diese führt dazu, dass Prozessoren vorzeitig inaktiv werden, in diesem Fall P(1) nach $k = 2$, P(2) nach $k = 5$. Eine fast gleichmäßige Lastverteilung ist nur durch eine explizite Vertauschung zu erreichen. Die implizite Vertauschung ist im Falle verteilter Speicher grundsätzlich ineffizient.

<u>*kji/kij*-Form</u>   (5.1.37)
<u>(A zeilenweise zugeordnet, Spaltenpivotsuche, impliziter Zeilentausch)</u>

for $i := 1$ **to** N **do** $ind(i) := i$

for $l := 1$ **to** p **do parallel on** $P(l)$

    for $k := 1$ **to** $N{-}1$ **if** $Z_l^{(k)} \neq \varnothing$ **do**

<u>Pivotsuche und impliziter Zeilentausch</u>

$$(m_l, n_l) := \text{iisamax}\left(\left(a_{ind(i),k}, i\right), i \in Z_l^{(k)}\right)$$

$$\textbf{barrier}\left(P_Z^{(k)}\right)$$

$$\textbf{iisamax}\left((m,n); \left(a_{m_j,k}, n_j\right)_{P(j) \in P_Z^{(k)}}\right) \textbf{ on } P_Z^{(k)}$$

if $k \in Z_l$ **and** $k \neq n$ **then** $ind(k) \leftrightarrow ind(n)$

$$\textbf{barrier}\left(P_Z^{(k+1)}\right)$$

<u>Elimination</u>

for $i := k{+}1$ **to** N, $i \in Z_l$ **do** $a_{ind(i),k} := - a_{ind(i),k} / a_{ind(k),k}$

for $\{i := k{+}1$ **to** N, $i \in Z_l$ **do;** **for** $j := k{+}1$ **to** N **do**$\}$

$$a_{ind(i),j} := a_{ind(i),j} + a_{ind(i),k}\, a_{ind(k),j}$$

$$\textbf{barrier}\left(P_Z^{(k+1)}\right). \qquad\qquad\qquad \blacklozenge$$

Die Pivotsuche in der jeweils k-ten Restspalte erfolgt in vier Schritten:

1) Suche auf allen beteiligten Prozessoren $P(l) \in P_Z^{(k)}$ nach Index des lokalen Pivotelements, hier des betragsgrößten Elements, unter den jeweils zugeteilten Elementen $a_{j,k}$, $j \in Z_l$;

2) Suche nach dem Index des globalen Pivotelements, hier des betragsgrößten Elements, unter den in 1 ermittelten Elementen durch eine Reduktion über alle aktiven Prozessoren;

3) Explizite oder implizite Vertauschung der Zeilen m und k durch Prozessor $P(l_k)$.

4) Zusätzliche Synchronisationen vor der kollektiven Reduktion und vor der Elimination.

Wie schon im Fall von Vektor- und Mikroprozessoren diskutiert, wirkt sich die indizierte und damit unregelmäßige Indizierung in (5.1.37) auf eine Einzelprozessor-Optimierung der Teilaufgaben nachteilig aus, sofern die zu optimierende Dimension davon betroffen ist, und wiegt die vergleichsweise geringe Zeitersparnis durch den einfacheren Indextausch meist mehr als auf. In (5.1.38) betrachten wir (5.1.36) mit Zeilenpivotsuche und expliziter Spaltenvertauschung. Die Pivotsuche erfolgt wegen der Zeilenzuordnung auf nur einem Prozessor. Dies erspart die Reduktion, konzentriert aber den Suchaufwand auf einen Prozessor. Da ein Spaltentausch durchgeführt werden muss, sind im Hinblick auf die weitere Nutzung der Matrix in der hier nicht dargestellten Lösungsphase alle Prozessoren an diesem zu beteiligen und hierfür zu synchronisieren. Für die Pivotsuche müssen nur die im $(k+1)$-ten Schritt aktiven Prozessoren synchronisiert werden.

> *kji/kij*-Form   (5.1.38)
> (A zeilenweise zugeordnet, Zeilenpivotsuche, expliziter Spaltentausch)
>
> **for** $l := 1$ **to** p **do parallel on** $P(l)$
>   **for** $k := 1$ **to** $N-1$ **do**
> Pivotsuche und expliziter Spaltentausch
>   **if** $k \in Z_l$ **then** $m := \mathrm{isamax}(a_{k,k},\ldots,a_{k,N})$
>   **barrier** $(P(1),\ldots,P(p))$
>   **if** $m \neq k$ **then for** $i \in Z_l$ **do** $a_{i,k} \leftrightarrow a_{i,m}$
> Elimination
>   **for** $i := k+1$ **to** N, $i \in Z_l$ **do** $a_{i,k} := -a_{i,k}/a_{k,k}$
>   **for** $\{i := k+1$ **to** N, $i \in Z_l$ **do; for** $j := k+1$ **to** N **do**$\}$ $a_{i,j} := a_{i,j} + a_{i,k}\,a_{k,j}$
>   **barrier** $\left(P_Z^{(k+1)}\right)$.   ◆

Parallelrechner mit verteiltem Speicher Angesichts der Vielzahl möglicher Varianten beschränken wir uns exemplarisch auf die *kji/kij*-Form mit zeilenweiser Zuordnung und Abspeicherung sowie Zeilen- beziehungsweise Spaltenpivotsuche und expliziter Vertauschung. In (5.1.39) führt der Prozessor $P(l_k)$, dem die k-te Zeile zugeordnet ist, in dieser die Pivotsuche durch. Falls das Pivotelement ungleich $a_{v_k,k}$ ist, so vertauscht dieser Prozessor alle ihm zugeordneten Elemente in der k-ten Spalte mit den entsprechenden Elementen in der m-ten Spalte. Danach versendet er den Index m der Pivotspalte an alle Prozessoren, die ebenfalls die ihnen zugeordneten Elemente der k-ten und der m-ten Spalte vertauschen. Alle noch aktiven Prozessoren erhalten die Restzeile $\left(a_{v_k,k},\ldots,a_{v_k,N}\right)$ für die Elimination (Abb. 5.1.7a). Die (sequentielle) Pivotsuche auf einem Prozessor führt zu einer Ungleichverteilung der Arbeit. Die Kommunikation ist beschränkt auf den Versand des Pivotindex an alle und der Restzeile k an die noch aktiven Prozessoren.

<u>*kij*-Form (A zeilenweise zugeordnet und verteilt, Zeilenpivotsuche,</u>   (5.1.39)
<u>expliziter Spaltentausch)</u>
<u>Prozessor P(l), $l = 1,...,p$:</u>

> Daten wie (5.1.30)

for $k := 1$ **to** $N-1$ **do**

  <u>Zeilenpivotsuche und expliziter Spaltentausch</u>

  if $k \in Z$
  then $m := \mathrm{isamax}\left(a_{v_k,k},...,a_{v_k,N}\right)$
       if $m \neq k$ **then** $\mathrm{a}[1..|Z|,m] \leftrightarrow \mathrm{a}[1..|Z|,k]$
       $\mathrm{u}[k..N] := \mathrm{a}[v_k,k..N]$
       broadcast-send$(m,u_k,...,u_N)$ **from** $\mathrm{P}(l_k)$ **to** $\mathrm{P}_Z^{(k+1)}$
       broadcast-send(m) **from** $\mathrm{P}(l_k)$ **to** $(\mathrm{P}(1),...,\mathrm{P}(p)) \setminus \mathrm{P}_Z^{(k+1)}$
  else   **if** $\mathrm{P}(l) \in \mathrm{P}_Z^{(k+1)}$
       then   **broadcast-recv** $(m,u_k,...,u_N)$ **from** $\mathrm{P}(l_k)$ **to** $\mathrm{P}_Z^{(k+1)}$
       else   **broadcast-recv**(m) **from** $\mathrm{P}(l_k)$ **to** $(\mathrm{P}(1),...,\mathrm{P}(p)) \setminus \mathrm{P}_Z^{(k+1)}$
       if $m \neq k$ **then** $\mathrm{a}[1..|Z|,m] \leftrightarrow \mathrm{a}[1..|Z|,k]$

  <u>Elimination</u>

  for $i := k+1$ **to** $N,\ i \in Z$ **do**
      $a_{v_i,k} := -\,a_{v_i,k}\,/\,u_k$
      for $j := k+1$ **to** N **do** $a_{v_i,j} := a_{v_i,j} + a_{v_i,k}\,u_j.$ ♦

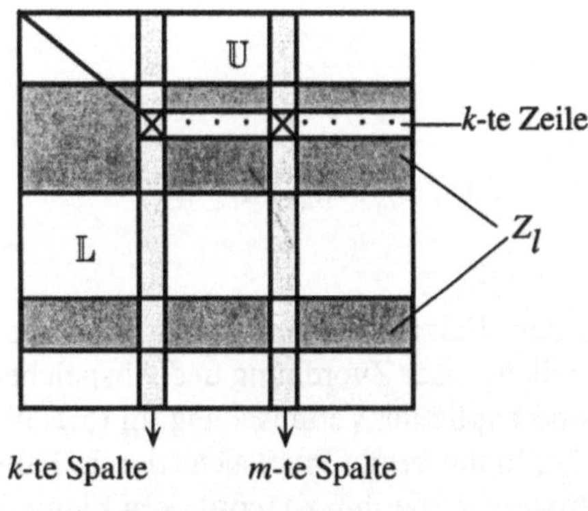

(a) Zeilenpivotsuche

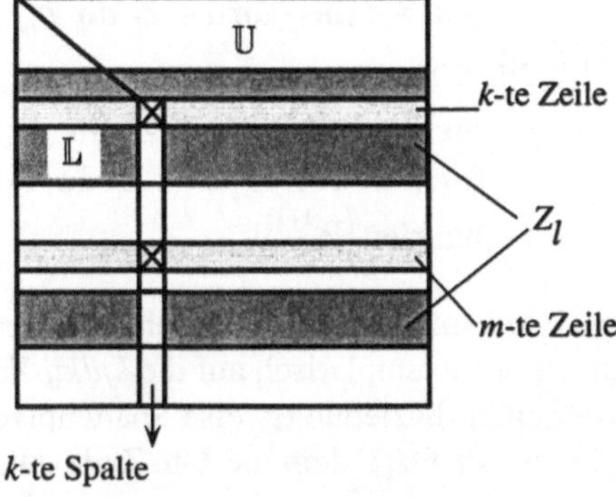

(b) Spaltenpivotsuche[4]

Abb. 5.1.7 k-ter Schritt der *kji*- und *kij*-Form, A zeilenweise zugeordnet und abgespeichert, Zeilen-beziehungsweise Spaltenpivotsuche

In (5.1.40) sind an der Pivotsuche in der k-ten Spalte nur alle aktiven Prozessoren beteiligt, da die Matrix zeilenweise verteilt ist (Abb. 5.1.7b).

<u>kij-Form (A zeilenweise zugeordnet und verteilt, Spaltenpivotsuche, (5.1.40)</u>
<u>expliziter Zeilentausch)</u>
<u>Prozessor P(l), $l = 1,\dots,p$:</u>

> Daten wie (5.1.30), zusätzlich lokal: Indizes s, $\mathbf{s} = (s_i)_{i=1}^{N}$

for $k := 1$ **to** $N{-}1$ **if** $Z^{(k)} \neq \varnothing$ **do**

 <u>Spaltenpivotsuche und expliziter Zeilentausch</u>

 $m := \mathrm{isamax}\big(a_{v_i,k},\, 1 \leq v_i \leq |Z|,\, i \geq k\big)$

 if $k \notin Z^{(k)}$

 then **gather-send** $\Big((u_j,s_j)_{j=1}^{\left|P_Z^{(k)}\right|};\, (a_{m,k},me)\Big)$ **from** $P_Z^{(k)}$ **to** $P(l_k)$

   broadcast-recv(s) **from** $P(l_k)$ **to** $P_Z^{(k)}$

   if $me = s$

   then **send** $(a_{m,1},\dots,a_{m,N})$ **to** $P(l_k)$

     $\mathbb{u}[k..N] := \mathbb{a}[m,k..N]$

     receive $(a_{m,1},\dots,a_{m,N})$ **from** $P(l_k)$

     broadcast-send$(u_k,\dots,u_N)$ **from** $P(me)$ **to** $P_Z^{(k+1)} \setminus P(l_k)$

   else **broadcast-recv**$(u_k,\dots,u_N)$ **from** $P(s)$ **to** $P_Z^{(k+1)} \setminus P(l_k)$

 else **gather-recv** $\Big((u_j,s_j)_{j=1}^{\left|P_Z^{(k)}\right|};\, (a_{m,k},me)\Big)$ **from** $P_Z^{(k)}$ **to** $P(l_k)$

   $n := isamax\big(u_1,\dots,u_{\left|P_Z^{(k)}\right|}\big)$

   $s := s_n$

   broadcast-send(s) **from** $P(l_k)$ **to** $P_Z^{(k)}$

   if $me \neq s$

   then **receive** $(u_1,\dots,u_N)$ **from** $P(s)$

     send $\big(a_{v_k,1},\dots,a_{v_k,N}\big)$ **to** $P(s)$

     $\mathbb{a}[v_k,1..N] := \mathbb{u}[1..N]$

   else $\mathbb{u}[k..N] := \mathbb{a}[m,k..N]$

     broadcast-send$(u_k,\dots,u_N)$ **from** $P(l_k)$ **to** $P_Z^{(k+1)} \setminus P(l_k)$

     if $m \neq v_k$ **then** $\mathbb{a}[m,1..N] \leftrightarrow \mathbb{a}[v_k,1..N]$

 <u>Elimination</u>

 for $i := k{+}1$ **to** $N,\, i \in Z$ **do**

  $a_{v_i,k} := -\, a_{v_i,k} / u_k$

  for $j := k{+}1$ **to** N **do** $a_{v_i,j} := a_{v_i,j} + a_{v_i,k}\, u_j.$ ♦

Jeder Prozessor bestimmt zunächst den Index des lokal betragsgrößten Elements in der zugeordneten Teilspalte. Danach ist der Index des global betragsgrößten Elements durch Vergleich aller lokal betragsgrößten Elemente $a_{m,k} \equiv a_{m_l,k}$, $P(l) \in P_Z^{(k)}$, zu bestimmen. Dieser Vorgang ist hier nicht über eine kollektive Reduktion, sondern explizit dargestellt, indem die globale Bestimmung auf dem Prozessor $P(l_k)$ erfolgt. Die Kommunikation erfolgt mittels **gather** (Abschnitt 3.2.5). Die Komponenten s_j des Feldes s geben die Absender $P(s_j)$ der von $P(l_k)$ zu empfangenden lokalen Maxima $u_j \equiv a_{m,k}$ an. Durch die Beteiligung aller aktiven Prozessoren an der Pivotsuche nimmt der Umfang der unvermeidbaren Kommunikation deutlich zu. Falls das Pivotelement nicht auf $P(l_k)$ zu finden ist, also $s \neq l_k$, müssen ferner die Zeilen m und k zwischen den beiden betroffenen Prozessoren $P(l_k)$ und $P(s)$ ausgetauscht werden. Insgesamt dürfte (5.1.40) meist zeitaufwendiger als (5.1.39) sein.

Die Diskussion zu Tab. 5.1.4 bezüglich der impliziten Vertauschung gilt auch bei verteiltem Speicher. Die implizite Vertauschung ist in diesem Fall ebenfalls grundsätzlich ineffizient. Es werden zwar zunächst nur Indizes ausgetauscht, so dass vordergründig der Umfang der Kommunikation reduziert wird. Die Änderung der Indizierung kann allerdings auch in diesem Fall zu einer ungleichen Lastverteilung führen, falls aufgrund der Umordnungen Prozessoren vorzeitig inaktiv werden. Ein Ungleichgewicht kann auch durch die Pivotsuche selbst verursacht werden, vor allem, wenn diese wie in (5.1.39) nur auf einem Prozessor erfolgt. Dieser Effekt kann durch teilasynchrone Algorithmen analog zu (5.1.32) zumindest teilweise überdeckt werden.

5.1.1.4   Gauß-Algorithmus ohne Pivotsuche für mehrere Systeme

Häufig sind simultan oder nacheinander mehrere lineare Gleichungssysteme zu lösen. Dabei sind mehrere rechten Seiten oder auch mehrere unterschiedliche Koeffizientenmatrizen zu behandeln. Dadurch wird eine zusätzliche Parallelitätsebene eingeführt. Die dazu erforderlichen Modifikationen sind elementar. Aufgrund der je nach Aufgabe und Rechnerumgebung sehr unterschiedlichen Auswirkungen werden sie im Folgenden dennoch zusammengestellt.

Systeme mit mehreren simultan zu behandelnden rechten Seiten   Es seien m lineare Gleichungssysteme mit derselben Koeffizientenmatrix und m unabhängigen rechten Seiten zu lösen:

$$\mathbb{A}\, x_l = y_l, \ 1 \leq l \leq m.$$

Es liegt nahe, die Matrixtransformation von der Behandlung der rechten Seiten zu trennen.

<u>Gauß-Algorithmus für mehrere rechte Seiten – vektoriell</u>   (5.1.41)
<u>Matrixtransformation</u>

transformiere $\mathbb{A}$ mit einer geeigneten vektoriellen Version der Gauß-Elimination
<u>Behandlung der rechten Seiten</u>   Vektorlänge

for $k := 1$ **to** $N{-}1$ **do**
    {**for** $i := k{+}1$ **to** N **do**; **for** $l := 1$ **to** m **do**} $\ y_{i,l} := y_{i,l} + a_{i,k}\, y_{k,l}$ $\max\{m, N{-}k\}$
for $l := 1$ **to** m **do** $\ x_{N,l} := y_{N,l}/a_{N,N}$ m
for $k := N{-}1$ **step** -1 **to** 1 **do**
    for $l := 1$ **to** m **do** $\ x_{k,l} := y_{k,l}$ m
    for $i := k{+}1$ **to** N **do**
        for $l := 1$ **to** m **do** $\ x_{k,l} := x_{k,l} - a_{k,i}\, x_{i,l}$ m
    for $l := 1$ **to** m **do** $\ x_{k,l} := x_{k,l}/a_{k,k}$ m.   ♦

In der i-l-Doppelschleife kann die Schleifenreihenfolge mittels eines geeigneten Schwellenwertes vertauscht werden, wobei wieder eine größere Vektorlänge gegen den Wechsel zwischen Zeilen- und Spaltenzugriff abzuwägen ist. In der vektoriellen Version besitzt meist die Maximierung der Vektorlänge Priorität. Dies läuft auf eine Maximierung der Parallelität in den innersten Schleifen hinaus und widerspricht im Allgemeinen der Maximierung der Granularität, die auf einem Parallelrechner im Vordergrund steht. In diesem Fall muss eine möglichst außen liegende Schleife parallelisiert werden. Hierzu führt man zunächst die von den rechten Seiten unabhängige Matrixmodifikation durch und behandelt dann parallel alle rechten Seiten vollständig:

<u>Gauß-Algorithmus für mehrere rechte Seiten – parallel (gemeinsamer Speicher)</u> (5.1.42)
<u>Matrixtransformation</u>

transformiere $\mathbb{A}$ mit einer geeigneten parallelen Version der Gauß-Elimination

<u>Behandlung der rechten Seiten</u>   Parallelität

for $l := 1$ **to** m **do parallel on** P(l) m
    for $k := 1$ **to** $N{-}1$ **do**
        for $i := k{+}1$ **to** N **do** $y_{i,l} := y_{i,l} + a_{i,k}\, y_{k,l}$
    $x_{N,l} := y_{N,l} / a_{N,N}$
    for $k := N{-}1$ **step** -1 **to** 1 **do**
        $x_{k,l} := y_{k,l}$
        for $i := k{+}1$ **to** N **do** $x_{k,l} := x_{k,l} - a_{k,i}\, x_{i,l}$ *Reduktion*
        $x_{k,l} := x_{k,l} / a_{k,k}.$ ◆

Auf Parallelrechnern mit gemeinsamem Speicher muss nach der Matrixtransformation synchronisiert werden, da alle Prozessoren die Matrix $\mathbb{A}$ benötigen. Die Behandlung der rechten Seiten kann vollkommen unabhängig erfolgen. Auf Parallelrechnern mit verteiltem Speicher können zwar ebenfalls die rechten Seiten unabhängig voneinander behandelt werden. Hierzu sind diese entsprechend auf die lokalen Speicher zu verteilen. Problematisch ist jedoch, dass die transformierte Matrix $\mathbb{A}$, die nach Abschluss der Eliminationsphase die nichtverschwindenden Koeffizienten von $\mathbb{L}$ und $\mathbb{U}$ enthält, von allen Prozessoren vollständig benötigt wird. Wenn, wie im obigen Beispiel, die *kij*/*kji*-Form verwendet wird, so liegt die zeilenweise Verteilung von $\mathbb{A}$ nahe. Nach der Eliminationsphase muss jeder der m Prozessoren seine Zeilen an andere Prozessoren verschicken. Schlimmstenfalls muss die transformierte Matrix $\mathbb{A}$ bis zu $(m{-}1)$-mal verschickt werden. Dies bedeutet, abgesehen von der Anzahl der Nachrichten, einen Kommunikationsaufwand von $O(m\,N^2)$ bei einem arithmetischen Aufwand von ebenfalls $O(m\,N^2)$ für die Behandlung der rechten Seiten. Als Alternative bleibt – zumindest für $N \ll m$ – die Matrixtransformation auf allen Prozessoren vollständig durchzuführen. Mit beiden Alternativen ist in den meisten Fällen durch eine Parallelisierung nur schwer ein Vorteil zu erzielen.

Systeme mit mehreren rechten Seiten und mehreren Koeffizientenmatrizen Es seien nacheinander m verschiedene Systeme mit verschiedenen Koeffizientenmatrizen zu behandeln. Dabei stellt der Lösungsvektor eines Systems die rechte Seite des jeweils nächsten Systems dar:

$$\mathbb{x}_0 := \mathbb{b}; \quad \mathbb{A}_l\, \mathbb{x}_l = \mathbb{x}_{l-1}, \quad l = 1\,(1)\,m.$$

Hier können die Matrixtransformationen vollständig von der Behandlung der rechten Seiten getrennt und für alle Matrizen parallel mit einer verhältnismäßig großen Granularität ausgeführt werden. Für die *kij/kji*-Form der Gauß-Elimination erhält man beispielsweise:

<u>Gauß-Algorithmus für mehrere Matrizen – vektoriell</u>   (5.1.43)

<u>Matrixtransformation</u>   Parallelität

for $k := 1$ **to** $N{-}1$ **do**

    $\{$**for** $l := 1$ **to** m **do**; **for** $i := k{+}1$ **to** N **do**$\}$ $\quad a_{i,k,l} := -\,a_{i,k,l}\,/\,a_{k,k,l}$ $m\,(N{-}k)$

    $\{$**for** $l := 1$ **to** m **do**; **for** $i := k{+}1$ **to** N **do**; **for** $j := k{+}1$ **to** N **do**$\}$

        $a_{i,j,l} := a_{i,j,l} + a_{i,k,l}\,a_{k,j,l}$ $m\,(N{-}k)^2$

<u>Behandlung der rechten Seiten</u>

for $l := 1$ **to** m **do**   1 (!)

    for $i := 1$ **to** N **do** $\;x_{i,l} := x_{i,l-1}$

    for $k := 1$ **to** $N{-}1$ **do**

        for $i := k{+}1$ **to** N **do** $\;x_{i,l} := x_{i,l} + a_{i,k,l}\,x_{k,l}$ $N{-}k$

    $x_{N,l} := -\,x_{N,l}\,/\,a_{N,N,l}$

    for $k := N{-}1$ **step** -1 **to** 1 **do**

        for $i := k{+}1$ **to** N **do** $x_{k,l} := x_{k,l} - a_{k,i,l}\,x_{i,l}$

    $x_{k,l} := x_{k,l}\,/\,a_{k,k,l}.$ ◆

Bei der Matrixtransformation kann nun die Ausführungsreihenfolge in einer Doppel- und einer Dreifachschleife geändert werden. Zu beachten ist, dass die parallele Bearbeitung der Matrizen A_l das Abspeichern aller dieser Matrizen erfordert, was zu einem erheblichen Mehrbedarf an Speicherplatz von insgesamt $m\,N^2$ führt.

<u>Gauß-Algorithmus für mehrere Matrizen – parallel (gemeinsamer Speicher)</u>   (5.1.44)

<u>Matrixtransformation</u>   Parallelität

for $l := 1$ **to** m **do parallel on** $P(l)$ m

    for $k := 1$ **to** $N{-}1$ **do**

        for $i := k{+}1$ **to** N **do** $\;a_{i,k,l} := -\,a_{i,k,l}\,/\,a_{k,k,l}$

        for $i := k{+}1$ **to** N **do**

            for $j := k{+}1$ **to** N **do** $\;a_{i,j,l} := a_{i,j,l} + a_{i,k,l}\,a_{k,j,l}$

<u>Behandlung der rechten Seiten</u>   wie beim vektoriellen Algorithmus.   ◆

Beim parallelen Algorithmus wird die *l*-Schleife nach außen gezogen, um eine möglichst große Granularität bei der Matrixtransformation zu erzielen. Beim vektoriellen Algorithmus wird diese Schleife nach innen gezogen, wo sie mit anderen Schleifen vertauscht werden kann. Die Behandlung der rechten Seiten erfolgt sequentiell, wobei jeder rechten Seite eine Matrix A_l zugeordnet ist. Bei dieser Problemstellung können auch effiziente Algorithmen für Parallelrechner mit verteiltem Speicher angegeben werden. Während die Matrixtransformationen (arithmetische Komplexität $O(N^3)$ je Matrix) parallel erfolgen, muss die Behandlung der rechten Seiten sequentiell durchgeführt werden (arithmetische Komplexität $O(N^2)$ je rechter Seite). Eine Behandlung aller rechten Seiten auf einem Prozessor würde eine Zuordnung

$$A_l \to P(l),\, l = 1,\dots,m; \quad x_l \to P(0),\, l = 1,\dots,m,$$

voraussetzen und nach den Matrixtransformationen einen Transport jeder transformierten Matrix A_l jeweils von $P(l),\, l = 1,\dots,m$, nach $P(0)$, also m Transporte von N^2 Zahlen zu einem Prozessor, erfordern. Dieses von vornherein ineffiziente Vorgehen ersetzen wir durch die Zuordnung

$$\left(A_l, x_{l-1}\right) \to P(l),\, l = 1,\dots,m,$$

und folgerichtig eine nach den Matrixtransformationen sequentielle, aber auf die Prozessoren verteilte Behandlung der rechten Seiten. Die Synchronisation erfolgt durch das "Weiterreichen" des jeweiligen Ergebnisses x_{l-1} von $P(l-1)$ als rechte Seite an Prozessor $P(l)$. Dies erfordert insgesamt nur m Transporte von jeweils N Zahlen, die zu dem nacheinander und nur jeweils zwischen zwei Prozessoren erfolgen. Wir nehmen an, dass $P(1)$ der Einfachheit halber bereits zu Beginn über den Vektor x_0 verfügt.

<u>Paralleler Algorithmus (verteilter Speicher)</u>   (5.1.45)
<u>Prozessor $P(l),\, l = 1,\dots,m$</u>

Eingabedaten:	$A = \left(a_{i,j}\right)_{i,j=1}^{N} \,\hat{=}\, A_l = \left(a_{i,j,l}\right)_{i,j=1}^{N}$
	$y = \left(y_i\right)_{i=1}^{N} \,\hat{=}\, x_{l-1} = \left(x_{i,l-1}\right)_{i=1}^{N}$
Ein-/Ausgabedaten:	$x = \left(x_i\right)_{i=1}^{N} \,\hat{=}\, x_l = \left(x_{i,l}\right)_{i=1}^{N}$

<u>Matrixtransformation</u>

transformiere $A \equiv A_l$ mit einer geeigneten Einprozessor-Version der Gauß-Elimination

<u>Behandlung der rechten Seite</u>

if $l \neq 1$ **then receive**(y) **from** $P(l-1)$

löse $A x = y$ mit der bereits auf Dreiecksgestalt tranformierten Matrix A

if $l \neq m$ **then send**(x) **to** $P(l+1)$.   ♦

5.1.1.5 Block-Gauß-Algorithmus

Die bisher diskutierten Varianten der Gauß-Elimination leiten sich aus der Zeilen- beziehungsweise Spaltenstruktur der Koeffizientenmatrix ab. Zur Einführung einer allgemeineren Blockstruktur betrachten wir die – hier vollbesetzte – $N \times N$-Koeffizientenmatrix A als Blockmatrix mit $n \times n$-Blöcken, wobei jeder Block $A_{i,j}$ selbst wieder eine $m \times m$-Matrix sei, also $N = mn$:

$$A = \begin{pmatrix} A_{1,1} & \cdots & A_{1,n} \\ \vdots & & \vdots \\ A_{n,1} & \cdots & A_{n,n} \end{pmatrix}, \quad A_{i,j} = \begin{pmatrix} a_{1,1}^{(i,j)} & \cdots & a_{1,m}^{(i,j)} \\ \vdots & & \vdots \\ a_{m,1}^{(i,j)} & \cdots & a_{m,m}^{(i,j)} \end{pmatrix}, \quad i,j = 1,\dots,n.$$

Analog zu dieser Aufteilung werden auch alle Vektoren als Blockvektoren geschrieben:

$$\mathbb{b} = \begin{pmatrix} \mathbb{b}_1 \\ \vdots \\ \mathbb{b}_n \end{pmatrix}, \quad \mathbb{b}_i = \begin{pmatrix} b_{i,1} \\ \vdots \\ b_{i,m} \end{pmatrix}, \quad \mathbb{x} = \begin{pmatrix} \mathbb{x}_1 \\ \vdots \\ \mathbb{x}_n \end{pmatrix}, \quad \mathbb{x}_i = \begin{pmatrix} x_{i,1} \\ \vdots \\ x_{i,m} \end{pmatrix}, \quad i = 1,\dots,n.$$

Der Gauß-Algorithmus kann übertragen werden, indem einzelne Koeffizienten durch Matrixblöcke und Komponenten von Vektoren durch Teilvektoren ersetzt werden. Divisionen werden dabei durch Multiplikationen mit inversen Matrizen ersetzt. Bei der praktischen Ausführung werden jedoch Matrizen nicht direkt invertiert, sondern es werden die entsprechenden linearen Gleichungssysteme gelöst. Dies kann beispielsweise wieder mit dem Gauß-Algorithmus für eine oder mehrere rechte Seiten geschehen. Einfache Additionen und Multiplikationen sind nun durch Vektor- und Matrix-Additionen und Matrix-Multiplikationen sowie Matrix-Vektor-Multiplikationen ersetzt worden. Anstelle von (5.1.3) erhält man hier in der Eliminationsphase

$$k := 1(1)n{-}1: \qquad\qquad\qquad\qquad\qquad\qquad\qquad\qquad\qquad (5.1.46)$$
$$\quad i := k{+}1(1)n :$$
$$\quad\quad \text{Blockgleichung } i := \text{Blockgleichung } i - \mathbb{A}_{i,k}^{(k)}\left(\mathbb{A}_{k,k}^{(k)}\right)^{-1} * \text{Blockgleichung } k.$$

Formal können alle *ijk*-Formen für eine Blockstruktur angepasst werden. Dabei tritt jedoch das Problem auf, dass den Quotienten $a_{i,k}/a_{k,k}$ des komponentenweisen Verfahrens nunmehr das Produkt $\mathbb{A}_{i,k}^{(k)}\left(\mathbb{A}_{k,k}^{(k)}\right)^{-1}$ entspricht, welches man in dieser Form wohl kaum auswerten wird. Stattdessen werden Blöcke $\left(\mathbb{A}_{k,k}^{(k)}\right)^{-1}\mathbb{A}_{k,j}$ berechnet. Da nun jedoch sowohl die ursprünglichen Blöcke $\mathbb{A}_{i,k}$, $i>k$, als auch $\mathbb{A}_{k,j}$, $k\leq j$, benötigt werden, können in der Matrix $\mathbb{L}$ im Gegensatz zu den komponentenweisen Versionen keine (Block-)Komponenten der Matrix $\mathbb{A}$ abgespeichert werden, so dass Hilfsfelder benötigt werden. Die arithmetische Komplexität stimmt mit derjenigen der komponentenweisen Versionen überein.

<u>Block-Gauß-Algorithmus (*kji*-Form)</u>   (5.1.47)
<u>Eliminationsphase</u>

for $k := 1$ **to** $n{-}1$ **do**
   $\mathbb{h} := \left(\mathbb{A}_{k,k}\right)^{-1}\mathbb{b}_k$
   for $i := k{+}1$ **to** n **do parallel** $\mathbb{b}_i := \mathbb{b}_i - \mathbb{A}_{i,k}\,\mathbb{h}$
   for $j := k{+}1$ **to** n **do parallel**
      $\mathbb{H} := \left(\mathbb{A}_{k,k}\right)^{-1}\mathbb{A}_{k,j}$
      for $i := k{+}1$ **to** n **do** $\mathbb{A}_{i,j} := \mathbb{A}_{i,j} - \mathbb{A}_{i,k}\,\mathbb{H}$

<u>Lösungsphase</u>

$\mathbb{x}_n := \left(\mathbb{A}_{n,n}\right)^{-1}\mathbb{b}_n$
for $k := n{-}1$ **step** -1 **to** 1 **do**
   $\mathbb{x}_k := \mathbb{b}_k$
   for $i := k{+}1$ **to** n **do** $\mathbb{x}_k := \mathbb{x}_k - \mathbb{A}_{k,i}\,\mathbb{x}_i$
   $\mathbb{x}_k := \left(\mathbb{A}_{k,k}\right)^{-1}\mathbb{x}_k.$

◆

Steht ausreichend Speicherplatz – zusätzlich $m^2 n = mN$ Speicherworte – zur Verfügung, so bietet sich folgende Alternative für die Eliminationsphase an:

<u>Eliminationsphase</u>   (5.1.48)

for $k := 1$ **to** $n-1$ **do**

$$\begin{pmatrix} \mathbb{H}_{k+1} \\ \vdots \\ \mathbb{H}_n \\ \mathbb{h} \end{pmatrix} := (\mathbb{A}_{k,k})^{-1} \begin{pmatrix} \mathbb{A}_{k,k+1} \\ \vdots \\ \mathbb{A}_{k,n} \\ \mathbb{b}_k \end{pmatrix}$$

    for $i := k+1$ **to** n **do parallel** $\mathbb{b}_i := \mathbb{b}_i - \mathbb{A}_{i,k}\,\mathbb{h}$

    {for $i := k+1$ **to** n **do; for** $j := k+1$ **to** n **do} parallel** $\mathbb{A}_{i,j} := \mathbb{A}_{i,j} - \mathbb{A}_{i,k}\,\mathbb{H}_j.$ ◆

Aufgrund der Blockstruktur verringert sich die Parallelität auf Werte $\le n$. Andererseits erhöht sich die Granularität aufgrund des Auftretens von Operationen auf Vektoren und Matrizen. Die Blockstruktur ermöglicht insbesondere die Formulierung von Blockalgorithmen für eine gezielte Einzelprozessor-Optimierung etwa auf RISC-Prozessoren. Die Effizienz hängt von der konkreten Aufteilung der Matrix, also der Wahl von n und m, in einer Anwendungsumgebung, das heißt der Rechnerarchitektur und dem zu lösenden System ab. Die Durchführbarkeit dieses Algorithmus ist schwieriger nachzuweisen als die der komponentenorientierten Versionen. Es muss sichergestellt werden, dass in jedem Schritt k die Untermatrix $\mathbb{A}_{k,k} \equiv \mathbb{A}_{k,k}^{(k)}$, die zudem nach meist mehreren Modifikationen von der Ausgangsmatrix $\mathbb{A}_{k,k} = \mathbb{A}_{k,k}^{(1)}$ abweicht, invertierbar ist. Eine Hauptuntermatrix einer invertierbaren Matrix muss selbst nicht invertierbar sein. Falls sie invertierbar ist, muss dies nicht für ihre Modifikationen $\mathbb{A}_{k,k}^{(k)}$ gelten. Schließlich ist eine "Pivotsuche" mit dem Ziel, eine invertierbare Hauptuntermatrix zu finden, nur in Ausnahmefällen denkbar. Die Durchführbarkeit kann für einige wichtige Matrixklassen im Wesentlichen mit den Hilfsmitteln aus Anhang A und Satz 5.1.1, nunmehr angewendet auf das Schur-Komplement der Blockmatrix $\begin{pmatrix} \mathbb{M} & \mathbb{K} \\ \mathbb{H} & \mathbb{G} \end{pmatrix}$ mit $\mathbb{M} := \mathbb{A}_{1,1}$, $\mathbb{K} := (\mathbb{A}_{1,j})_{j=2}^n$, $\mathbb{H} := (\mathbb{A}_{i,1})_{i=2}^n$, $\mathbb{G} := (\mathbb{A}_{i,j})_{i,j=2}^n$, bewiesen werden:

- H-Matrizen mit den Spezialfällen M-Matrizen und diagonaldominante Matrizen
- positiv definite Matrizen.

Für diese Matrixklassen gilt, dass die Haupteigenschaft (Positiv-Definitheit, Diagonaldominanz, M- oder H-Matrixeigenschaft für jede Hauptuntermatrix erhalten bleibt und auch durch die Transformationen bei der Gauß-Elimination nicht zerstört werden [BerPl79].

5.1.2   Dreieckssysteme

Dreieckssysteme $\mathbb{L}\,\mathbb{x} = \mathbb{c}$ mit einer unteren Dreiecksmatrix

$$\mathbb{L} = \begin{pmatrix} a_{1,1} & & & \\ a_{2,1} & a_{2,2} & & \text{\Large 0} \\ \vdots & & \ddots & \\ & & & a_{N-1,N-1} & \\ a_{N,1} & \cdots & & a_{N,N-1} & a_{N,N} \end{pmatrix}$$

als Koeffizientenmatrix (analog einer oberen Dreiecksmatrix) wurden schon als Beispiel 5 in Abschnitt 4.5 erwähnt. Die Formel (4.5.2)

$$\textbf{for } k := 1 \textbf{ to } N \textbf{ do } \quad x_k := \frac{1}{a_{k,k}}\left(c_k - \sum_{i=1}^{k-1} a_{k,i}\, x_i\right)$$

kann mit einem Skalarprodukt als Grundoperation zeilenweise gemäß

$$\textbf{for } k := 1 \textbf{ to } N \textbf{ do} \tag{5.1.49}$$

$$x_k := c_k$$
$$\textbf{for } i := 1 \textbf{ to } k{-}1 \textbf{ do } \quad x_k := x_k - a_{k,i}\, x_i$$
$$x_k := x_k / a_{k,k}$$

oder analog zum Column-Sweep-Algorithmus mit Triaden spaltenweise ausgewertet werden:

$$\mathbf{x} := \mathbf{c} \tag{5.1.50}$$

$$\textbf{for } k := 1 \textbf{ to } N \textbf{ do}$$
$$x_k := x_k / a_{k,k}$$
$$\textbf{for } i := k{+}1 \textbf{ to } N \textbf{ do } x_i := x_i - a_{i,k}\, x_k .$$

Aufgrund der Division kann nur eine Parallelisierung oder Vektorisierung der jeweils inneren Schleife (Skalarprodukt oder Triade) in Erwägung gezogen werden. Die Granularität ist jedoch entsprechend begrenzt.

5.1.3 Allgemeine Bandmatrizen

Lineare Gleichungssysteme $\mathbb{A}x = y$ mit Bandstruktur

$$\mathbb{A} = \begin{pmatrix} a_{1,1} & \cdots & a_{1,n+1} & & & 0 \\ \vdots & \ddots & & \ddots & & \\ a_{m+1,1} & & \ddots & & \ddots & \\ & \ddots & & \ddots & & a_{N-n,N} \\ & & \ddots & & \ddots & \vdots \\ 0 & & & a_{N,N-m} & \cdots & a_{N,N} \end{pmatrix}$$

treten in einer Vielzahl numerischer Anwendungen auf und rechtfertigen daher eine gesonderte Betrachtung. Die Matrix $\mathbb{A}$ wird als Bandmatrix der *Bandbreite* $m{+}n{+}1$ bezeichnet. Im Folgenden betrachten wir der Einfachheit halber nur den Fall $n = m$.

5.1.3.1 Gauß-Algorithmus

In der Gauß-Elimination für Bandmatrizen müssen in jeder Spalte maximal m Elemente unterhalb der Diagonale zu Null transformiert werden. Somit sind im jeweils k-ten Schritt höchstens m Gleichungen betroffen. Da in jeder Matrixzeile rechts der Diagonale ebenfalls nur höchstens m

Elemente stehen, werden auch dort nur jeweils maximal m Elemente modifiziert. Daher werden in der Gauß-Elimination und damit auch im gesamten Verfahren keine zusätzlichen Elemente, also kein "Fill-In", erzeugt. Die Bandstruktur bleibt erhalten. Hierzu müssen wir voraussetzen, dass keine Pivotsuche erforderlich ist, da andernfalls die Bandstruktur sofort zerstört würde. Nach der Elimination besitzt das System eine obere Dreiecksgestalt, wobei in der Matrix nur die Diagonale und m Superdiagonalen besetzt sind. O.B.d.A. betrachten wir nur die *kji*/*kij*-Form.

Gauß-Algorithmus für Bandmatrizen (*kji*/*kij*-Form)(5.1.51)

<u>Eliminationsphase</u>Parallelität

for $k := 1$ **to** $N-1$ **do**
    for $i := k+1$ **to** $\min(k+m, N)$ **do**
        $a_{i,k} := -a_{i,k}/a_{k,k}$$\min(m, N-k)$
        $y_i := y_i + a_{i,k}\, y_k$
        {**for** $i := k+1$ **to** $\min(k+m, N)$ **do**;
            for $j := k+1$ **to** $\min(k+m, N)$ **do**} $a_{i,j} := a_{i,j} + a_{i,k}\, a_{k,j}$$\leq m^2$

<u>Lösungsphase</u>

$x_N := y_N / a_{N,N}$

for $k := N-1$ **step** -1 **to** 1 **do**
    for $i := k+1$ **to** $\min(k+m, N)$ **do** $y_k := y_k - a_{k,i}\, x_i$*Reduktion*
$x_k := y_k / a_{k,k}$.

$\blacklozenge$

Aufgrund der Beibehaltung der Bandstruktur ist es üblich, die Matrix A nicht in einem $N{\times}N$-Feld zu speichern, sondern – wie bei der Matrix-Multiplikation – nur die nichtverschwindenden Koeffizienten in einem wesentlich kleineren Feld $a[1..N, -m..m]$ abzulegen. In (5.1.51) erfordert dies eine entsprechende Umindizierung. Unter dem Gesichtspunkt der Parallelität führt die geringere Anzahl von nichtverschwindenden Koeffizienten zu einer Verringerung der Granularität in einzelnen Schritten. Die Arbeits- beziehungsweise Datenverteilung muss – etwa gemäß (5.1.22) – mit dem Ziel einer gleichmäßigen Lastverteilung für die Bandgestalt modifiziert werden, da nie mehr als m Zeilen oder Spalten gleichzeitig bearbeitet werden. Dieser Algorithmus ist daher nur für hinreichend großes m von Interesse. Für wichtige Spezialfälle wie Tridiagonalmatrizen ($m = 1$) müssen andere Verfahren verwendet werden, die wir später behandeln werden.

5.1.3.2 Verallgemeinertes Verfahren von Wang

Im Gegensatz zur nachträglichen Parallelisierung des Gauß-Algorithmus für Bandmatrizen versuchen wir nun, durch eine Blockzerlegung eine parallele Struktur zu erzeugen, in die die Blockgröße und -anzahl als Maßstab für Granularität und die Anzahl der Teilaufgaben als Parameter eingehen. Das im Folgenden nur skizzierte Verfahren stellt eine Verallgemeinerung des Verfahrens von Wang für Tridiagonalsysteme [Wa81] (vergleiche Abschnitt 5.1.4.4) für Bandmatrizen dar. Eine ausführlichere Beschreibung findet sich in [Mei85]. Wir betrachten ein lineares Gleichungssystem $Ax = y$ mit einer Bandmatrix A der Bandbreite $2m+1$. Der Einfachheit halber sei angenommen, dass p Prozessoren zur Verfügung stehen und dass $N = KL$ mit $L := p$, $p \geq m$.

Folglich ist N durch p teilbar und p größer oder gleich der halben Bandbreite.

<u>Blockzerlegung – verallgemeinertes Verfahren von Wang</u>   (5.1.52)

<u>Zerlegung</u>: Die Matrix A wird in eine $L \times L$-Blockmatrix mit Blöcken der Größe $K \times K$ aufgeteilt. Die Diagonalblöcke haben wieder die Bandbreite $2m+1$. Jede Teilaufgabe besteht aus einer $K \times N$-Blockzeile (Subdiagonal-, Diagonal- und Superdiagonalblock).

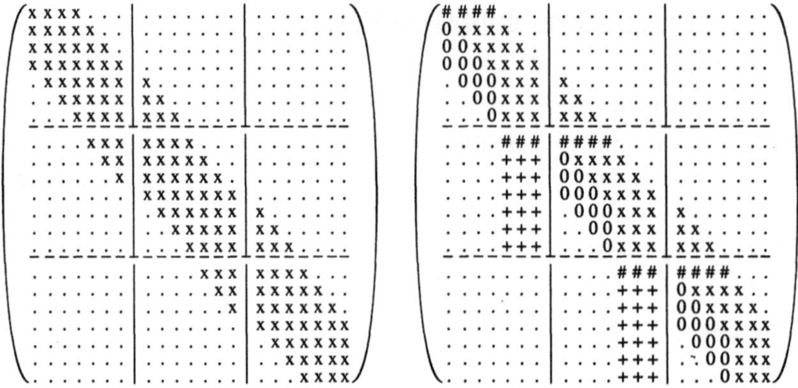

Abb. 5.1.8   Blockzerlegung nach Wang – Zerlegung und erster Schritt

<u>Schritt 1</u>: In allen Diagonalblöcken werden Koeffizienten in den Subdiagonalen eliminiert, aber jeweils nur in den Spalten 1 bis $K-m$. Hierzu wird die jeweils erste Zeile jeder Blockzeile verwendet (durch "#" markiert). Da in den Blockzeilen 2 bis L zu jeder Zeile auch m Elemente im jeweiligen Subdiagonalblock gehören, führt die Subtraktion eines Vielfachen der jeweils ersten Zeile zu je m neuen Elementen in den Spaltenpositionen $K-m+1$ bis K in allen Zeilen des jeweiligen Subdiagonalblocks (durch "+" markiert). In Schritt 1 wird jede Blockzeile unabhängig von den anderen bearbeitet.

<u>Schritt 2</u>: In allen Diagonal- und Superdiagonalblöcken werden mit Ausnahme der Spalten $K-m+1$ bis K jedes Diagonalblocks die Koeffizienten oberhalb der Diagonalen eliminiert. Dazu wird in jeder Blockzeile die Gauß-Elimination ab der jeweiligen Zeile $K-m$ rückwärts bis zur jeweils ersten Zeile und dann in den m Zeilen K bis $K-m+1$ des vorangehenden Blocks ausgeführt. Die Spalten $K-m+1$ bis K der Diagonalblöcke werden dabei mit neuen Koeffizienten vollständig aufgefüllt, die Spalten $K-m+1$ bis K der Superdiagonalblöcke in den Zeilen $K-m+1$ bis K. Auch dieser Schritt wird für alle Teilaufgaben parallel auf Blockzeilenebene ausgeführt. In diesem Schritt bestehen jedoch Abhängigkeiten zwischen den Teilaufgaben. Die Blockzeilen 1 bis $p-1$ benötigen zur Elimination in ihren Zeilen $K-m+1$ bis K die Zeilen 1 bis $K-m$ der jeweils nachfolgenden Teilaufgabe, wobei deren Modifikation im laufenden Schritt abgewartet werden muss. In den Blockzeilen 1 bis $p-1$ wird daher wie folgt verfahren:

- Modifikation der Zeilen 1 bis $K-m$
- Synchronisation
- Modifikation der Zeilen $K-m+1$ bis K.

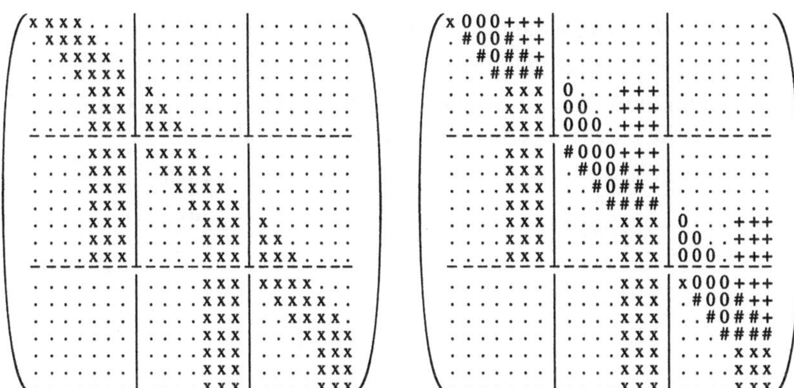

Abb. 5.1.9   Blockzerlegung nach Wang – zweiter Schritt

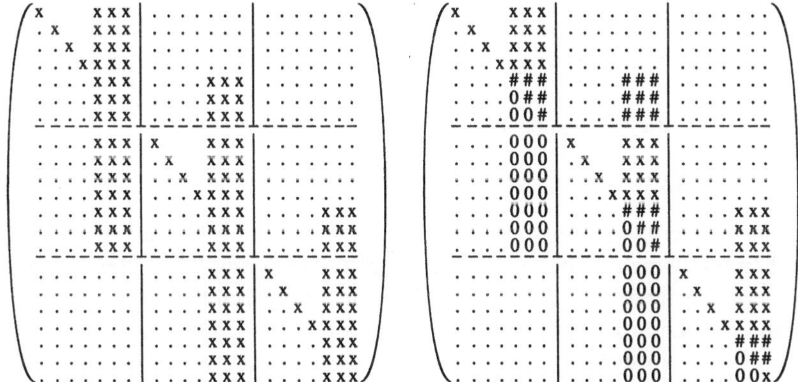

Abb. 5.1.10   Blockzerlegung nach Wang – dritter Schritt

<u>Schritt 3</u>: Die in Schritt 1 erzeugten Subdiagonalelemente werden wieder eliminiert. Dabei kann nicht mehr parallel auf der Ebene von Blockzeilen gearbeitet werden. In der Reihenfolge

i-ter Diagonal- und $(i+1)$-ter Subdiagonalblock, $i := 1\,(1)\,L{-}1$,
L-ter Diagonalblock,

werden nun nacheinander in den jeweiligen Spalten $K{-}m{+}1$ bis K in einem Diagonal- und dem darunterliegenden Subdiagonalblock die verbleibenden Subdiagonalelemente eliminiert. Die Parallelität reduziert sich auf die Verteilung der Zeilen bei der Modifikation jeder Spalte. Durch die Reduktion der Parallelität von Block- auf Spaltenebene sinkt auch die Granularität um eine Größenordnung. In Schritt 3 müssen die Teilaufgaben nach Behandlung jeder Spalte synchronisiert werden. Neue nichtverschwindende Elemente werden nicht erzeugt. Nach diesem Schritt ist $\mathbb{A}$ eine obere Dreiecksmatrix.

<u>Schritt 4</u>: Es gelten sinngemäß die Überlegungen zu Schritt 3. Die in Schritt 2 erzeugten Superdiagonalelemente werden in der Reihenfolge

i-ter Diagonalblock und $(i-1)$-ter Superdiagonalblock, $i := L\,(-1)\,2$, erster Diagonalblock.

eliminiert. Wie in Schritt 3 werden jeweils die zu eliminierenden Elemente in einer Spalte parallel bearbeitet. $\mathbb{A}$ ist nun diagonalisiert.

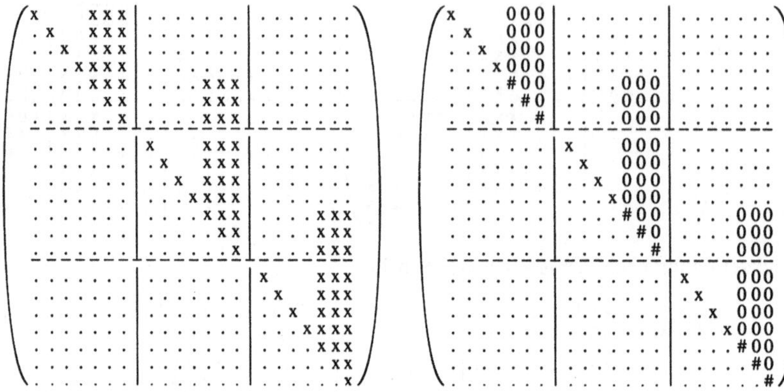

```
⎛ x   x x x │ . . . . . . . │ . . . . . . . ⎞      ⎛ x     0 0 0 │ . . . . . . . │ . . . . . . . ⎞
⎜ . x  x x x │ . . . . . . . │ . . . . . . . ⎟      ⎜ . x    0 0 0 │ . . . . . . . │ . . . . . . . ⎟
⎜ . . x x x x │ . . . . . . . │ . . . . . . . ⎟      ⎜ . . x  0 0 0 │ . . . . . . . │ . . . . . . . ⎟
⎜ . . . x x x x │ . . . . . . │ . . . . . . . ⎟      ⎜ . . . x 0 0 0 │ . . . . . . . │ . . . . . . . ⎟
⎜ . . . . x x x │ . . . x x x │ . . . . . . . ⎟      ⎜ . . . . # 0 0 │ . . . 0 0 0 │ . . . . . . . ⎟
⎜ . . . . . x x │ . . . x x x │ . . . . . . . ⎟      ⎜ . . . . . # 0 │ . . . 0 0 0 │ . . . . . . . ⎟
⎜ . . . . . . x │ . . . x x x │ . . . . . . . ⎟      ⎜ . . . . . . # │ . . . 0 0 0 │ . . . . . . . ⎟
⎜ . . . . . . . │ x   x x x │ . . . . . . . ⎟      ⎜ . . . . . . . │ x     0 0 0 │ . . . . . . . ⎟
⎜ . . . . . . . │ . x  x x x │ . . . . . . . ⎟      ⎜ . . . . . . . │ . x    0 0 0 │ . . . . . . . ⎟
⎜ . . . . . . . │ . . x x x x │ . . . . . . . ⎟      ⎜ . . . . . . . │ . . x  0 0 0 │ . . . . . . . ⎟
⎜ . . . . . . . │ . . . x x x x │ . . . . . . ⎟      ⎜ . . . . . . . │ . . . x 0 0 0 │ . . . . . . . ⎟
⎜ . . . . . . . │ . . . . x x x │ . . . x x x ⎟      ⎜ . . . . . . . │ . . . . # 0 0 │ . . . 0 0 0 ⎟
⎜ . . . . . . . │ . . . . . x x │ . . . x x x ⎟      ⎜ . . . . . . . │ . . . . . # 0 │ . . . 0 0 0 ⎟
⎜ . . . . . . . │ . . . . . . x │ . . . x x x ⎟      ⎜ . . . . . . . │ . . . . . . # │ . . . 0 0 0 ⎟
⎜ . . . . . . . │ . . . . . . . │ x   x x x ⎟      ⎜ . . . . . . . │ . . . . . . . │ x     0 0 0 ⎟
⎜ . . . . . . . │ . . . . . . . │ . x  x x x ⎟      ⎜ . . . . . . . │ . . . . . . . │ . x    0 0 0 ⎟
⎜ . . . . . . . │ . . . . . . . │ . . x x x x ⎟      ⎜ . . . . . . . │ . . . . . . . │ . . x  0 0 0 ⎟
⎜ . . . . . . . │ . . . . . . . │ . . . x x x x ⎟      ⎜ . . . . . . . │ . . . . . . . │ . . . x 0 0 0 ⎟
⎜ . . . . . . . │ . . . . . . . │ . . . . x x x ⎟      ⎜ . . . . . . . │ . . . . . . . │ . . . . # 0 0 ⎟
⎜ . . . . . . . │ . . . . . . . │ . . . . . x x ⎟      ⎜ . . . . . . . │ . . . . . . . │ . . . . . # 0 ⎟
⎝ . . . . . . . │ . . . . . . . │ . . . . . . x ⎠      ⎝ . . . . . . . │ . . . . . . . │ . . . . . . # ⎠
```

Abb. 5.1.11   Blockzerlegung nach Wang – vierter Schritt

$\underline{\text{Schritt 5}}$: $\quad x_i := y_i / a_{i,i}, \ i = 1,\dots,N.$ ♦

Ein wesentlicher Gesichtspunkt bei der Herleitung besteht darin, dass die Anzahl der während der Elimination zusätzlich erzeugten Koeffizienten möglichst klein gehalten wird. Das verallgemeinerte Verfahren von Wang benötigt einen mehrfach höheren arithmetischen Aufwand als der Gauß-Algorithmus und ist somit für *serielle Rechner* und *Mikroprozessoren* grundsätzlich ineffizient. Die Blockzerlegung führt über den Blockindex unter Aufteilung vorhandener Schleifen zu zusätzlichen Schleifen. Auf *Vektorprozessoren* werden daher Vektorlängen reduziert, was dieses Verfahren auf den ersten Blick für derartige Rechner als unattraktiv erscheinen lässt. Für sehr kleine Bandbreiten ermöglicht es jedoch die Einführung vorher nicht vorhandener Parallelität. Dies illustrieren wir für Tridiagonalmatrizen ($m = 1$) im nächsten Abschnitt.

Ordnet man gemäß (5.1.52) jede Blockzeile als Teilaufgabe einem Prozessor zu, so beschreibt (5.1.52) bereits die Arbeitsverteilung für einen *Parallelrechner*. Auf diesem kommt die gegenüber der Bearbeitung einzelner Schleifen im Gauß-Algorithmus im Durchschnitt größere Granularität bei der parallelen Behandlung ganzer Blöcke in den Schritten 1 und 2 zum Tragen. In den Schritten 3 bis 5 sinkt die Granularität wieder auf das Niveau einzelner Schleifen. In den Schritten 2, 3 und 4 wird die parallele Bearbeitung jeweils durch zusätzliche Synchronisationen unterbrochen. Auf einem *Parallelrechner mit gemeinsamem Speicher* können sich diese insbesondere in den Schritten 3 und 4 negativ bemerkbar machen. Bei *Parallelrechnern mit verteiltem Speicher* ändert sich die Situation jedoch grundlegend, da zusätzlich die Datenverteilung und damit der Umfang der Kommunikation zu berücksichtigen sind. Die Synchronisation erfolgt indirekt anläßlich der notwendigen expliziten Datentransporte. Im Schritt 1 arbeitet jeder Prozessor auf lokalen Daten. Im Schritt 2 benötigen die Prozessoren 2 bis L die Zeilen $K-m+1$ bis K ihres jeweiligen Vorgängers. Die Modifikation der Zeilen und ihr Transport müssen synchronisiert werden. In den Schritten 3 und 4 werden jeweils die in einer Spalte eines Blocks zu eliminierenden Elemente einzeln auf verschiedene Prozessoren verteilt. Dies führt letztlich dazu, dass in diesem Schritt der größte Teil der Koeffizienten in kleinsten Einheiten transportiert werden muss. Unter dem Gesichtspunkt des Aufwandes für Synchronisation und Kommunikation ist dies sehr unökonomisch. Es lassen sich Varianten angeben, die die Elimination in diesen Schritten in größeren Einheiten ermöglichen. Dies setzt jedoch ein kompliziertes Datenmanagement voraus [Gu87].

Die arithmetische Gesamtkomplexität gestattet zumindest im sequentiellen Fall einen ersten Vergleich mit anderen Verfahren. Zählt man – bei gleicher Gewichtung der vier Grundrechenarten – alle arithmetischen Operationen, so erhält man für große N einen Quotienten von

$$\frac{\text{Blockzerlegungsmethode}}{\text{sequentielle Gaußelimination}} \approx \frac{11\,m^2 + 8\,m + 1}{2\,m^2 + 5\,m + 1}.$$

Die Erzeugung paralleler oder vektorieller Strukturen wird durch einen erheblichen Mehraufwand erkauft. Für große Bandbreiten ergibt sich mehr als der fünffache arithmetische Aufwand gegenüber der sequentiellen Gauß-Elimination. Für $m = 1$ (Tridiagonalmatrix) bedeutet dies für große N ein Verhältnis von etwa 2,5. Durch Gewichtung paralleler oder vektorieller Operationen erhält man zumindest grobe Vergleiche mit anderen Verfahren (Gauß, Zyklische Reduktion) für verschiedene Rechnerarchitekturen. Da diesen Vergleichen recht pauschale Annahmen zugrunde liegen (müssen), unterbleiben in diesem Zusammenhang tiefergehende Betrachtungen. Dies gilt auch für die Wahl der Parameter K und L, von deren geeigneter Wahl die Effizienz von (5.1.52) wesentlich abhängt. Für Vektorprozessoren wird beispielsweise angegeben [Mei85]

$$K \approx \sqrt{\tfrac{3m+4}{8m+4}\,N}, \quad L = [N/K].$$

5.1.4 Tridiagonalmatrizen

Lineare Gleichungssysteme mit tridiagonaler Koeffizientenmatrix

$$\text{(a)} \; \mathbb{A} = \begin{pmatrix} a_1 & c_1 & & & 0 \\ b_1 & a_2 & c_2 & & \\ & \ddots & \ddots & \ddots & \\ & & b_{N-2} & a_{N-1} & c_{N-1} \\ 0 & & & b_{N-1} & a_N \end{pmatrix} \quad \text{oder} \; \text{(b)} \; \mathbb{A} = \begin{pmatrix} a_1 & c_1 & & & 0 \\ b_2 & a_2 & c_2 & & \\ & \ddots & \ddots & \ddots & \\ & & b_{N-1} & a_{N-1} & c_{N-1} \\ 0 & & & b_N & a_N \end{pmatrix} \quad (5.1.53)$$

sind in einer Vielzahl von numerischen Anwendungen zu lösen. Als Spezialfall ($m = 1$) der Bandmatrizen sind sie sehr einfach strukturiert. Es gibt verschiedene Ansätze zur Herleitung von parallelen und vektoriellen Algorithmen, die nennenswerte Effizienzsteigerungen im Vergleich zum in diesem Fall vollständig sequentiellen Gauß-Algorithmus gestatten. Für (5.1.53) schreiben wir abkürzend auch $\mathbb{A} = (b_{i-1}, a_i, c_i)_N$ beziehungsweise $\mathbb{A} = (b_i, a_i, c_i)_N$. O.B.d.A. wird im folgenden überwiegend nur die erste Form verwendet. Alle angegebenen Algorithmen lassen sich unter anderem für mehrere rechte Seiten oder spezielle Systeme verallgemeinern.

5.1.4.1   Gauß-Algorithmus

Wie in Kapitel 2 bemerkt, enthält die Anpassung des Gauß-Algorithmus für Bandmatrizen für den Fall $m = 1$ keinerlei parallele Struktur.

<u>Gauß-Algorithmus für Tridiagonalsysteme</u>   (5.1.54)

for $k := 1$ **to** $N-1$ **do**
$\quad z \quad := b_k/a_k$
$\quad y_{k+1} := y_{k+1} - z\, y_k$
$\quad a_{k+1} := a_{k+1} - z\, c_k$
$x_N := y_N/a_N$
for $k := N-1$ **step** -1 **to** 1 **do** $x_k := (y_k - c_k\, x_{k+1})/a_k.$ ◆

Diese Version erfordert einen arithmetischen Aufwand von etwa $8N$ Operationen bei einem Speicherplatzbedarf von etwa $5N$ Worten. Die Durchführbarkeit ist beispielsweise für die in Satz 5.1.1 genannten Matrixklassen gesichert. Insbesondere ist keine Pivotsuche erforderlich. Gilt für ein $i \in \{1,\dots,N-1\}$ die Gleichung $b_i c_i = 0$, so zerfällt das obige System in mindestens zwei kleinere Systeme. (5.1.54) ist nur dann (teil-)parallelisierbar, wenn mehrere rechte Seiten und/ oder Koeffizientenmatrizen simultan zu bearbeiten sind. Im Falle allgemeiner Tridiagonalmatrizen darf keine Pivotsuche erforderlich sein, da damit die Tridiagonalgestalt zerstört wird. Als zweiten Ansatz betrachten wir die LU-Zerlegung $\mathbb{A} = \mathbb{L}\,\mathbb{U}$ [You71] mit

$$\mathbb{A} = \begin{pmatrix} a_1 & c_1 & & & 0 \\ b_1 & a_2 & c_2 & & \\ & \ddots & \ddots & \ddots & \\ & & b_{N-2} & a_{N-1} & c_{N-1} \\ 0 & & & b_{N-1} & a_N \end{pmatrix}, \;\; \mathbb{L} = \begin{pmatrix} 1 & & & 0 \\ \gamma_2 & 1 & & \\ & \ddots & \ddots & \\ & & \gamma_{N-1} & 1 \\ 0 & & & \gamma_N & 1 \end{pmatrix}, \;\; \mathbb{U} = \begin{pmatrix} \alpha_1 & c_1 & & & 0 \\ & \alpha_2 & c_2 & & \\ & & \ddots & \ddots & \\ & & & \alpha_{N-1} & c_{N-1} \\ 0 & & & & \alpha_N \end{pmatrix}.$$

Zunächst werden die α_i und γ_i durch Multiplikation $\mathbb{L}\,\mathbb{U}$ und Koeffizientenvergleich in der Gleichung $\mathbb{A} = \mathbb{L}\,\mathbb{U}$ ermittelt. Statt $\mathbb{A}x = y$ werden dann nacheinander $\mathbb{L}\,g = y$, $\mathbb{U}x = g$ gelöst:

<u>Thomas-Algorithmus</u>   (5.1.55)
<u>Zerlegung</u>
$\quad \alpha_1 := a_1$
$\quad$ **for** $i := 2$ **to** N **do**
$\quad$(*) $\quad \gamma_i := b_{i-1}/\alpha_{i-1}$
$\qquad\quad \alpha_i := a_i - c_{i-1}\gamma_i$
<u>Vorwärtssubstitution</u>
$\quad g_1 := y_1$
(*) $\quad$ **for** $i := 2$ **to** N **do** $g_i := y_i - \gamma_i\, g_{i-1}$
<u>Rückwärtssubstitution</u>
$\quad x_N := g_N/\alpha_N$
(*) $\quad$ **for** $i := N-1$ **step** -1 **to** 1 **do** $x_i := (g_i - c_i\, x_{i+1})/\alpha_i.$ ◆

Auch hier gelten die obigen Kriterien für die Durchführbarkeit. (5.1.55) besitzt die gleiche arithmetische Komplexität wie (5.1.54). Zunächst verbleiben auch hier drei rekurrente Relationen. Wir führen Größen $d_i = 1/\alpha_i$ ein und fassen die Berechnung der d_i und der γ_i zusammen:

$$d_1 := 1/\alpha_1$$

for $i := 2$ **to** N **do** $\quad d_i := 1/(a_i - b_{i-1}\,c_{i-1}\,d_{i-1})$

for $i := 2$ **to** N **do parallel** $\quad \gamma_i := b_{i-1}\,d_{i-1}$.

Die Multiplikationen $b_{i-1}\,c_{i-1}$ können vor der Berechnung der d_i erfolgen, die Berechnung aller γ_i danach. Die Rekursion in der Rückwärtssubstitution kann analog durchgeführt werden, so dass wir folgenden modifizierten Algorithmus erhalten.

<u>Teilparallelisierter Thomas-Algorithmus</u> $\hfill$ (5.1.56)

<u>Zerlegung</u>

$\qquad$ **for** $i := 2$ **to** N **do parallel** $e_i := b_{i-1}\,c_{i-1}$

$\qquad d_1 := a_1$

(*) $\quad$ **for** $i := 2$ **to** N **do** $\quad d_i := 1/(a_i - e_i\,d_{i-1})$

$\qquad$ **for** $i := 2$ **to** N **do parallel** $\quad \gamma_i := b_{i-1}\,d_{i-1}$.

<u>Vorwärtssubstitution</u>

$\qquad g_1 := y_1$

(*) $\quad$ **for** $i := 2$ **to** N **do** $g_i := y_i - \gamma_i\,g_{i-1}$

<u>Rückwärtssubstitution</u>

$\qquad$ **for** $i := 1$ **to** N **do parallel** $\quad x_i := g_i\,d_i$

$\qquad$ **for** $i := 1$ **to** $N{-}1$ **do parallel** $\quad h_i := c_i\,d_i$

(*) $\quad$ **for** $i := N{-}1$ **step** -1 **to** 1 **do** $\quad x_i := x_i - h_i\,x_{i+1}$. $\hfill \blacklozenge$

Vorteilhaft ist die Halbierung der Anzahl der Divisionen auf N. Bei der Behandlung der rechten Seite sind keine Divisionen mehr auszuführen, was vor allem bei mehreren rechten Seiten von Vorteil ist. Der Gesamtaufwand steigt allerdings von etwa $8N$ auf etwa $11N$ Operationen. Der Speicherplatzbedarf wächst auf etwa $8N$. Angesichts der im Vergleich zur Addition und Multiplikation fast immer mehrfach aufwendigeren Division ist der Mehraufwand oft gerechtfertigt. Es sind aber weiterhin rekurrente Relationen zu bearbeiten. Somit ist mit (5.1.56) nur eine sehr begrenzte Parallelität oder Vektorisierbarkeit zu erreichen. Eine Parallelisierung der rekurrenten Relationen (siehe Beispiel 5 in Abschnitt 4.5.1) führt zu keinem akzeptablen Ergebnis, so dass man aus (5.1.54) insgesamt keinen brauchbaren parallelen oder vektoriellen Algorithmus erhält.

5.1.4.2 Zyklische Reduktion

Das in Abschnitt 4.5.2.2 vorgestellte Verfahren für lineare rekurrente Relationen erster Ordnung stellt den Spezialfall für Bidiagonalsysteme des folgenden Lösers für Tridiagonalsysteme dar. Die Idee zur Zyklischen Reduktion besteht darin, in jedem einer Folge von Schritten jeweils die

Anzahl der Gleichungen und Unbekannten in etwa zu halbieren. Hierzu werden in jedem Schritt jeweils drei benachbarte Gleichungen zu einer zusammengefasst, wobei gleichzeitig die Unbekannten mit den Indizes der entfallenden Gleichungen eliminiert werden. Schließlich verbleiben nur noch eine oder zwei Gleichungen. Nach deren Lösung werden die restlichen Unbekannten durch Einsetzen in die vorher eliminierten Gleichungen in umgekehrter Reihenfolge ermittelt. Wir unterstellen zunächst $N = 2^{k+1}-1$, $k \in \mathbf{N}$, und $\mathbb{A} = (b_{i-1}, a_i, c_i)_N$. Mit

$$\mathbb{A}^{(0)} := \mathbb{A}; \; \mathfrak{a}^0 := \mathfrak{a}; \; \mathfrak{b}^0 := \mathfrak{b}; \; \mathfrak{c}^0 := \mathfrak{c}; \; \mathfrak{y}^0 := \mathfrak{y};$$

wird – zunächst für $r := 1$ – jede zweite Gleichung und Unbekannte gemäß der Vorschrift

$$\text{Gl.}\, i \; := \; \text{Gl.}\, i \; - \; \left(\frac{b_{i-2^{r-1}}^{(r-1)}}{a_{i-2^{r-1}}^{(r-1)}}\right) * \text{Gl.}\,\{i-2^{r-1}\} \; - \; \left(\frac{c_i^{(r-1)}}{a_{i+2^{r-1}}^{(r-1)}}\right) * \text{Gl.}\,\{i+2^{r-1}\},$$

$i := 2^r \, (2^r) \, N+1-2^r$, eliminiert, wobei die Gleichungen $i-2^{r-1}$, i, $i+2^{r-1}$ lauten:

$$b_{i-2^r}^{(r-1)} x_{i-2^r} + a_{i-2^{r-1}}^{(r-1)} x_{i-2^{r-1}} + c_{i-2^{r-1}}^{(r-1)} x_i \qquad\qquad\qquad = y_{i-2^{r-1}}^{(r-1)} \qquad (5.1.57)$$

$$b_{i-2^{r-1}}^{(r-1)} x_{i-2^{r-1}} + a_i^{(r-1)} x_i \; + c_i^{(r-1)} x_{i+2^{r-1}} \qquad\qquad = y_i^{(r-1)}$$

$$b_i^{(r-1)} x_i \; + a_{i+2^{r-1}}^{(r-1)} x_{i+2^{r-1}} \; + c_{i+2^{r-1}}^{(r-1)} x_{i+2^r} = y_{i+2^{r-1}}^{(r-1)}.$$

Dabei wird der Wert aller Variablen mit den unteren Indizes 0 oder $N+1$ als 0 angenommen. Nach dem ersten Reduktionsschritt $r = 1$ ist die Anzahl der Gleichungen und Unbekannten etwa halbiert worden. Die einzelnen hierfür notwendigen Arbeitsschritte lauten für $r \in \{1,\dots,k\}$

for $i := 2^r$ **step** 2^r **to** $2^{k+1}- 2^r$ **do**

$$a_i^{(r)} := a_i^{(r-1)} - \frac{b_{i-2^{r-1}}^{(r-1)}}{a_{i-2^{r-1}}^{(r-1)}} \, c_{i-2^{r-1}}^{(r-1)} - \frac{c_i^{(r-1)}}{a_{i+2^{r-1}}^{(r-1)}} \, b_i^{(r-1)}$$

$$y_i^{(r)} := y_i^{(r-1)} - \frac{b_{i-2^{r-1}}^{(r-1)}}{a_{i-2^{r-1}}^{(r-1)}} \, y_{i-2^{r-1}}^{(r-1)} - \frac{c_i^{(r-1)}}{a_{i+2^{r-1}}^{(r-1)}} \, y_{i+2^{r-1}}^{(r-1)}$$

for $i := 2^r$ **step** 2^r **to** $2^{k+1}- 2^{r+1}$ **do**

$$b_i^{(r)} := - \frac{b_{i+2^{r-1}}^{(r-1)}}{a_{i+2^{r-1}}^{(r-1)}} \, b_i^{(r-1)}; \; c_i^{(r)} := - \frac{c_i^{(r-1)}}{a_{i+2^{r-1}}^{(r-1)}} \, c_{i+2^{r-1}}^{(r-1)}.$$

Das gemäß (5.1.57) entstandene Gleichungssystem $\mathbb{A}^{(r)} x^r = y^r$ mit

$$\begin{pmatrix} a_{2^r}^{(r)} & c_{2^r}^{(r)} & & & & 0 \\ b_{2^r}^{(r)} & a_{2^{r+1}}^{(r)} & c_{2^{r+1}}^{(r)} & & & \\ & \ddots & \ddots & \ddots & & \\ & & b_{N+1-3*2^r}^{(r)} & a_{N+1-2^{r+1}}^{(r)} & c_{N+1-2^{r+1}}^{(r)} & \\ 0 & & & b_{N+1-2^{r+1}}^{(r)} & a_{N+1-2^r}^{(r)} \end{pmatrix} \begin{pmatrix} x_{2^r} \\ x_{2^{r+1}} \\ \vdots \\ x_{N+1-2^{r+1}} \\ x_{N+1-2^r} \end{pmatrix} = \begin{pmatrix} y_{2^r}^{(r)} \\ y_{2^{r+1}}^{(r)} \\ \vdots \\ y_{N+1-2^{r+1}}^{(r)} \\ y_{N+1-2^r}^{(r)} \end{pmatrix}$$

der Größe $(N+1-2^r)/2^r$ besitzt die Struktur des Ausgangssystems, so dass erneut ein Reduktionsschritt durchgeführt werden kann. Die obigen Schritte werden für $r := 1(1)k$ wiederholt, bis schließlich für $r = k$ nur noch eine Gleichung zu lösen ist:

$$a_{2^k}^{(k)} x_{2^k} = y_{2^k}^{(k)}.$$

Danach werden in umgekehrter Reihenfolge die eliminierten Unbekannten aus den Systemen $A^{(r)} x^r = y^r$ durch Rücksubstitution berechnet. Wir erhalten folgenden Algorithmus.

<u>Zyklische Reduktion für Tridiagonalsysteme</u> $\hspace{2em}$ (5.1.58)

$a^0 := a$; $b^0 := b$; $c^0 := c$; $y^0 := y$

<u>Eliminations- oder Reduktionsphase</u>

for $r := 1$ **to** k **do**
$\quad$ **for** $i := 2^r$ **step** 2^r **to** $2^{k+1}-2^r$ **do**

$$e_i^{(r)} := -\frac{b_{i-2^{r-1}}^{(r-1)}}{a_{i-2^{r-1}}^{(r-1)}}; \quad f_i^{(r)} := -\frac{c_i^{(r-1)}}{a_{i+2^{r-1}}^{(r-1)}}$$

$$a_i^{(r)} := a_i^{(r-1)} + e_i^{(r)} c_{i-2^{r-1}}^{(r-1)} + f_i^{(r)} b_i^{(r-1)}$$

$$y_i^{(r)} := y_i^{(r-1)} + e_i^{(r)} y_{i-2^{r-1}}^{(r-1)} + f_i^{(r)} y_{i+2^{r-1}}^{(r-1)}$$

$\quad$ **for** $i := 2^r$ **step** 2^r **to** $2^{k+1}-2^{r+1}$ **do**

$$b_i^{(r)} := e_{i+2^r}^{(r)} b_i^{(r-1)}; \quad c_i^{(r)} := f_i^{(r)} c_{i+2^{r-1}}^{(r-1)}$$

<u>Lösungsphase</u>

$$x_{2^k} := y_{2^k}^{(k)} / a_{2^k}^{(k)}$$

for $r := k-1$ **step** -1 **to** 0 **do**

$$x_{2^r} := \left(y_{2^r}^{(r)} - c_{2^r}^{(r)} x_{2^{r+1}}\right) / a_{2^r}^{(r)}$$

$\quad$ **for** $i := 3*2^r$ **step** 2^{r+1} **to** $2^{k+1}-3*2^r$ **do** $\; x_i := \left(y_i^{(r)} - b_{i-2^r}^{(r)} x_{i-2^r} - c_i^{(r)} x_{i+2^r}\right) / a_i^{(r)}$

$$x_{N+1-2^r} := \left(y_{N+1-2^r}^{(r)} - b_{N+1-2^{r+1}}^{(r)} x_{N+1-2^{r+1}}\right) / a_{N+1-2^r}^{(r)}. \qquad \blacklozenge$$

Wir notieren zunächst folgende Eigenschaften der Zyklischen Reduktion:

- Mit einer einfachen Rechnung zeigt man, dass die Zyklische Reduktion äquivalent ist zur Anwendung des Gauß-Algorithmus auf ein permutiertes System $\mathbb{P} A \mathbb{P}^T x = \mathbb{P} b$. Daher ist die Zyklische Reduktion insbesondere unter den Bedingungen von Satz 5.1.1 durchführbar, unter denen der Gauß-Algorithmus ohne Pivotsuche durchführbar ist und die unter Permutationen erhalten bleiben. Dies gilt etwa, falls die Matrix A positiv definit, diagonaldominant oder eine M- oder H-Matrix ist (Anhang A). Im allgemeinen Fall wird die Tridiagonalgestalt durch eine eventuelle Pivotsuche zerstört. Die Permutation P lässt sich durch die Beziehung

$$i \equiv i(r,j) = 2^r(2j-1), \; 1 \le i \le N, \; 1 \le j \le 2^{k-r}, \; 0 \le r \le k,$$

beschreiben. Wir notieren für das Beispiel $N = 15$ die Permutation

$$\text{P:}\{1,2,3,4,5,6,7,8,9,10,11,12,13,14,15\} \rightarrow \{1,3,5,7,9,11,13,15,2,6,10,14,4,12,8\}$$

und mit der dazugehörigen Permutationsmatrix $\mathbb{P}$ die permutierte Koeffizientenmatrix

$$\mathbb{P}\,\mathbb{A}\,\mathbb{P}^{\mathrm{T}} = \left(\begin{array}{cccccccc|cccc|cc|c}
a_1 & 0 & 0 & 0 & 0 & 0 & 0 & 0 & c_1 & 0 & 0 & 0 & 0 & 0 & 0 \\
0 & a_3 & 0 & 0 & 0 & 0 & 0 & 0 & b_2 & 0 & 0 & 0 & c_3 & 0 & 0 \\
0 & 0 & a_5 & 0 & 0 & 0 & 0 & 0 & 0 & c_5 & 0 & 0 & b_4 & 0 & 0 \\
0 & 0 & 0 & a_7 & 0 & 0 & 0 & 0 & 0 & b_6 & 0 & 0 & 0 & 0 & c_7 \\
0 & 0 & 0 & 0 & a_9 & 0 & 0 & 0 & 0 & 0 & c_9 & 0 & 0 & 0 & b_8 \\
0 & 0 & 0 & 0 & 0 & a_{11} & 0 & 0 & 0 & 0 & b_{10} & 0 & 0 & c_{11} & 0 \\
0 & 0 & 0 & 0 & 0 & 0 & a_{13} & 0 & 0 & 0 & 0 & c_{13} & 0 & b_{12} & 0 \\
0 & 0 & 0 & 0 & 0 & 0 & 0 & a_{15} & 0 & 0 & 0 & b_{14} & 0 & 0 & 0 \\
\hline
b_1 & c_2 & 0 & 0 & 0 & 0 & 0 & 0 & a_2 & 0 & 0 & 0 & 0 & 0 & 0 \\
0 & 0 & b_5 & c_6 & 0 & 0 & 0 & 0 & 0 & a_6 & 0 & 0 & 0 & 0 & 0 \\
0 & 0 & 0 & 0 & b_9 & c_{10} & 0 & 0 & 0 & 0 & a_{10} & 0 & 0 & 0 & 0 \\
0 & 0 & 0 & 0 & 0 & 0 & b_{13} & c_{14} & 0 & 0 & 0 & a_{14} & 0 & 0 & - \\
\hline
0 & b_3 & c_4 & 0 & 0 & 0 & 0 & 0 & 0 & 0 & 0 & 0 & a_4 & 0 & 0 \\
0 & 0 & 0 & 0 & 0 & b_{11} & c_{12} & 0 & 0 & 0 & 0 & 0 & 0 & a_{12} & 0 \\
\hline
0 & 0 & 0 & b_7 & c_8 & 0 & 0 & 0 & 0 & 0 & 0 & 0 & 0 & 0 & a_8
\end{array}\right)$$

• Abb. 5.1.12 zeigt die Datenabhängigkeiten in der Zyklischen Reduktion für die Komponenten der Felder $\mathbb{a}$ und $\mathbb{x}$ oder $\mathbb{y}$. Analoge Diagramme erhält man für $\mathbb{b}$, $\mathbb{c}$ oder $\mathbb{e}$, $\mathbb{f}$.

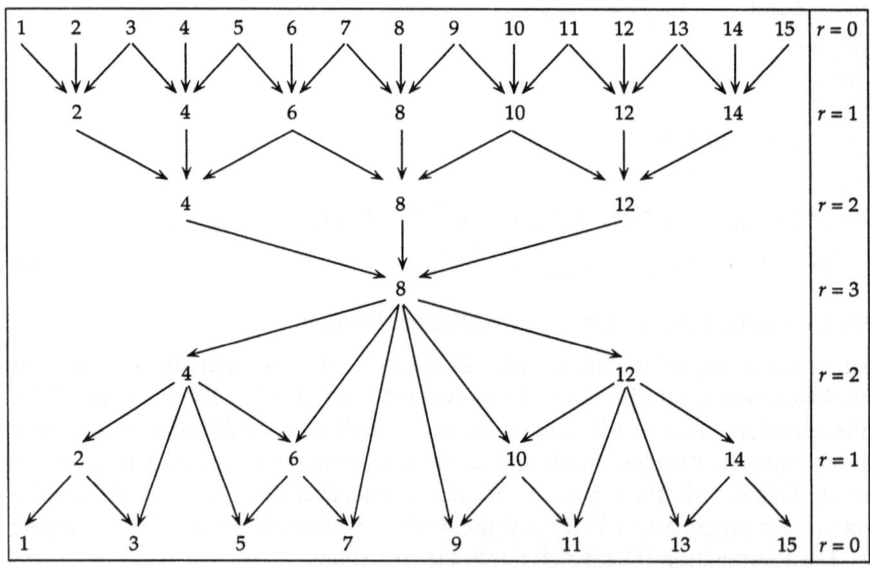

Abb. 5.1.12   Datenabhängigkeiten in der Zyklischen Reduktion für $N = 15$

• Bei der praktischen Ausführung kann der Speicherplatzbedarf durch Überschreiben erheblich verringert werden. Grundlage hierfür ist die Abbildung 5.1.13, die gleichzeitig auch Aussagen zur Parallelität ermöglicht. Zur Berechnung von $a_i^{(r)}$ werden mit $a_i^{(r-1)}$, $a_{i-2^{r-1}}^{(r-1)}$ und $a_{i+2^{r-1}}^{(r-1)}$ nur Komponenten benötigt, die im jeweils vorangehenden Schritt modifiziert worden sind. $a_{i-2^{r-1}}^{(r-1)}$ und $a_{i+2^{r-1}}^{(r-1)}$ werden nicht weiter modifiziert. $a_i^{(r)}$ kann somit $a_i^{(r-1)}$ überschreiben, falls die Ausgangsmatrix $\mathbb{A}$ nicht weiter benötigt wird. Dies bedeutet ferner, dass im jeweils r-ten Schritt alle $a_i^{(r)}$ unabhängig berechnet werden können und dass in diesem Fall zur Darstellung von $\mathbb{A}$ nur ein Feld $a[1..N]$ benötigt wird. Gleiches gilt zunächst für y. In jedem der Schritte $r := k\,(-1)\,0$ der Lösungsphase überschreiben Komponenten x_i jeweils die entsprechende Komponente $y_i^{(r)}$. Dabei stellt $y_i^{(r)}$ die abschließende Modifikation von y_i dar. Da die Variable x nur in der Lösungsphase benötigt wird, kann y durch x überschrieben werden, sofern die ursprüngliche rechte Seite y nach Lösung des Systems nicht weiter benötigt wird. Zur Berechnung von x_i werden ferner x_{i-2^r} und x_{i+2^r} benötigt, die beide in vorangehenden Schritten berechnet worden sind und nicht weiter modifiziert werden. Somit können im jeweils r-ten Schritt der Lösungsphase alle x_i unabhängig voneinander berechnet werden. Zur Darstellung von x und y wird insgesamt nur ein Feld $x[1..N]$ benötigt. Analog zeigt man die Parallelität der Berechnung aller $b_i^{(r)}$, $c_i^{(r)}$, $e_i^{(r)}$, $f_i^{(r)}$ im jeweils r-ten Schritt. Dabei können modifizierte Komponenten von c, e, f ihren vorherigen Wert überschreiben. Für c, e, f werden daher ebenfalls nur Felder der Länge N oder $N-1$ benötigt. Eine Besonderheit bildet die Variable $\mathbb{b}$ in der hier betrachteten Indizierung $\mathbb{A} = (b_{i-1}, a_i, c_i)_N$. In der Lösungsphase werden mit $b_{i-2^r}^{(r)}$ Komponenten mit gleichem Index aus mehreren Schritten r benötigt, die folglich bereits mindestens einmal modifiziert worden sind. Somit wird zur Darstellung von $\mathbb{b}$ ein Feld $\mathbb{b}[1..N-1, 0..k]$ benötigt. Im Fall $\mathbb{A} = (b_i, a_i, c_i)_N$ reicht $\mathbb{b}[1..N-1]$ aus.

- Unter diesen Umständen benötigt man insgesamt folgende Felder:

  $a[1..N]$, $c[1..N-1]$, $e[1..N]$, $f[1..N]$, $x[1..N]$ sowie $\mathbb{b}[1..N-1, 0..k]$ bzw. $\mathbb{b}[1..N-1]$.

Für (5.1.53b) kann der obere Index r vollständig entfallen, für (5.1.53a) muss er für $\mathbb{b}$ beibehalten werden. Der Speicherplatzbedarf dieser Version beträgt somit für $\mathbb{A} = (b_{i-1}, a_i, c_i)_N$ etwa $(6 + \log_2 N)N$ und für $\mathbb{A} = (b_i, a_i, c_i)_N$ etwa $6N$. Er hängt stärker von der konkreten Matrixgestalt ab als beim Gauß-Algorithmus. Später betrachten wir den Spezialfall $\mathbb{A} = (b, a, b)_N$ mit einem noch geringeren Bedarf. Die Betrachtung von Abb. 5.1.12 zeigt, dass im r-ten Schritt nur $2^{k+1-r}-1$ beziehungsweise $2^{k+1-r}-2$ Koeffizienten des Feldes $\mathbb{b}$ erzeugt und nachfolgend benötigt werden. Es wird somit viel Speicherplatz verschenkt, was durch ein später beschriebenes modifiziertes Indizierungsschema vermieden werden kann.

- Alle drei i-Schleifen weisen eine Parallelität oder Vektorlänge von $(N+1)/2^r-1$ im jeweils r-ten Schritt der Reduktionsphase auf. In der Lösungsphase beträgt die Parallelität $(N+1)/2^{r+1}$, falls die gesonderte Berechnung der jeweils ersten und letzten Komponente in jedem Durchlauf durch die r-Schleife durch die Einführung zusätzlicher Komponenten $x_0 := x_{N+1} := b_0^{(r)} := c_{N+1}^{(r)} := 0$ vermieden wird. Aufgrund der Parallelität ist die Zyklische Reduktion auch für eine oder wenige rechte Seiten sehr gut geeignet.

- Alle Varianten der Zyklischen Reduktion können für den Fall mehrerer simultaner rechter Seiten oder mehrerer Systemmatrizen modifiziert werden. Im Gegensatz zum Gauß-Algorithmus für Tridiagonalsysteme können die dann auftretenden Doppel- oder Mehrfachschleifen zur Erhöhung der Parallelität oder Vektorlänge (bei gleichzeitigem Wechsel zwischen Zeilen- und Spaltenzugriffen) vertauscht werden.

• Die Einführung der Parallelität wird mit dem Auftreten von Zweierpotenzen als Schleifeninkrementen erkauft. Vor allem auf Vektor- und Mikroprozessoren treten Speicherbank- und andere Speicherzugriffs-Konflikte auf. Auch dieser wesentliche Nachteil der Zyklischen Reduktion lässt sich durch das im Folgenden eingeführte Indizierungsschema weitgehend vermeiden.

• Der arithmetische Aufwand der Grundversion beträgt $O(17N)$ oder etwa $8N$ + Anzahl der rechten Seiten $* 9N$, im Vergleich zu $O(8N)$ oder etwa $3N$ + Anzahl der rechten Seiten $* 5N$ beim Gauß-Algorithmus. Somit ist eine rechner- und problemabhängige Mindestgröße N erforderlich, um den Mehraufwand durch Parallelisierung oder Vektorisierung zu kompensieren.

• Der obige Algorithmus für den Spezialfall $N = 2^{k+1}-1$ kann für allgemeines $N \in \mathbf{N}$ angepasst werden. Hierzu ist zu berücksichtigen, dass in diesem Spezialfall in jedem Schritt r eine ungerade Anzahl von Gleichungen zu behandeln ist und somit zur Elimination immer drei Gleichungen zusammengefasst werden können. Im allgemeinen Fall treten in der Regel auch Schritte r auf, in denen eine gerade Anzahl von Gleichungen zu behandeln ist. Für die jeweils letzte Komponente $i = N+1-2^r$ verbleiben in diesen Schritten dann anstelle von (5.1.57) nur die beiden folgenden Gleichungen. Dabei werden Gleichung und Unbekannte mit dem Index $i-2^{r-1}$ eliminiert:

$$b_{i-2^r}^{(r-1)} x_{i-2^r} + a_{i-2^{r-1}}^{(r-1)} x_{i-2^{r-1}} + c_{i-2^{r-1}}^{(r-1)} x_i = y_{i-2^{r-1}}^{(r-1)} \tag{5.1.59}$$

$$b_{i-2^{r-1}}^{(r-1)} x_{i-2^{r-1}} + a_i^{(r-1)} x_i = y_i^{(r-1)}.$$

• In Analogie zur einfachen Summation wird hier ein vollständig sequentieller Algorithmus (Gauß) mittels eines Divide and Conquer-Ansatzes durch einen teilweise parallelen Algorithmus ersetzt. Die Parallelität schwankt stark in den einzelnen Schritten. Die Granularität schwankt proportional zur Parallelität, wobei in jedem Schleifendurchlauf nur eine relativ geringe Anzahl an arithmetischen Operationen durchzuführen ist. Daher betrachten wir die Zyklische Reduktion nur als – gut geeigneten – *vektoriellen* Algorithmus.

Allerdings sind noch zwei Probleme zu lösen: der unverhältnismäßig hohe Speicherplatzbedarf für $\mathbb{b}$ und die Zweierpotenz-Inkremente. Letztere beruhen beide darauf, dass von Schritt zu Schritt immer mehr Komponenten und Gleichungen eliminiert werden, was zu wachsenden "Indexlücken" der Größe 2^r führt. Dem kann mit der folgenden Neuberechnung begegnet werden [Ker82]: Bei der Modifikation von Komponenten werden weder die alten Komponenten überschrieben, noch wird wie in der Ausgangsform (5.1.58) ein zusätzlicher oberer Index r eingeführt, sondern es wird für jede Modifikation eine neue Komponente eingeführt. Dabei wird fortlaufend, also linear, über alle Schritte r numeriert. Die Abb. 5.1.13 illustriert die Datenabhängigkeiten und die Indizierung der Felder $\mathbb{a}$ und $\mathbb{x}$ ($\mathbb{x} \equiv \mathbb{y}$) für $N = 15$. Diagramme für die anderen Felder können ähnlich abgeleitet werden. Während in der Reduktionsphase der Ausgangsversion (Abb. 5.1.12) bei jeder Berechnung ausschließlich auf Komponenten des jeweils vorangehenden Schrittes r zurückgegriffen wird, werden in jedem Schritt der Lösungsphase Komponenten aus unterschiedlichen Schritten r benötigt. Daher verursachen die neu eingeführten Komponenten in der Lösungsphase eine unregelmäßige Numerierung, die eine algorithmische Beschreibung verhindert. Dieses Problem kann behoben werden, indem die Neueinführung von Indizes in der Reduktion durch eine explizite Rückspeicherung in umgekehrter Reihenfolge bei der Lösung rück-

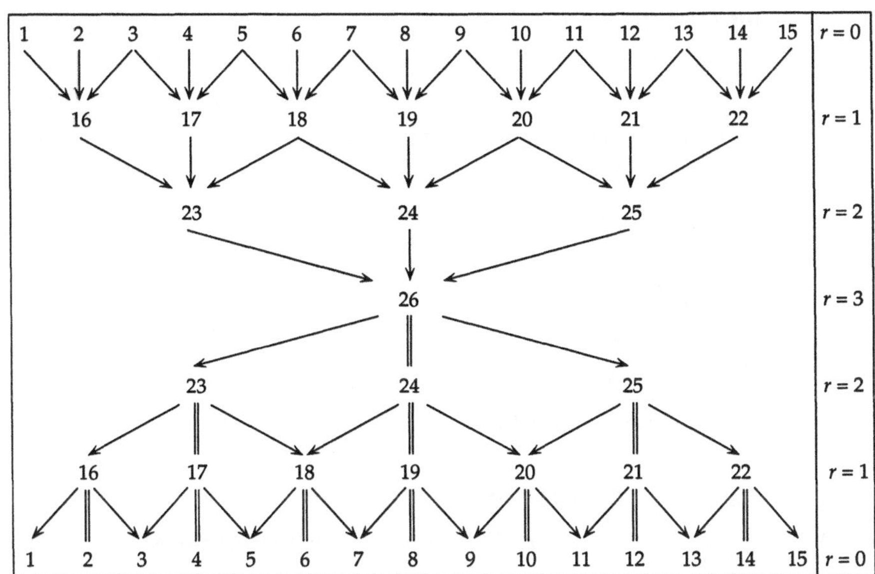

Abb. 5.1.13   Datenabhängigkeiten in der modifizierten Zyklischen Reduktion für $N = 15$
($\|$: explizite Rückspeicherung)

gängig gemacht wird. Mit dem folgenden Algorithmus (5.1.60) ist auch das Speicherplatzproblem für $\mathfrak{b}$ im Falle von (5.1.53a) gelöst: Die Feldgröße sinkt von $N \log_2 N$ auf etwa $N + (N+1)/2 + (N+1)/4 + \ldots + 1 \approx 2N$. Bei allen anderen Feldern verdoppelt sich der benötigte Speicherplatz von jeweils etwa N auf etwa $2N$. Andererseits treten nur noch 1 und 2 als Indexinkremente auf. Auch das nicht vermeidbare Inkrement 2 führt auf einigen Rechnern zu Geschwindigkeitsverlusten, die aber meist deutlich geringer als für höhere Zweierpotenzen ausfallen.

Die Fallunterscheidungen in der Lösungsphase von (5.1.58) dienen der Vermeidung des Zugriffs auf nicht existierende Komponenten x_0, x_{N+1}, b_0, c_N. Im Hinblick auf eine Optimierung für Vektor- und Mikroprozessoren ist jedoch die gesonderte Berechnung von Einzelkomponenten ineffizient. Daher werden im folgenden Algorithmus (5.1.60) x_0, x_{N+1}, b_0, c_N sowie in jedem Schritt $r \in \{0,\ldots,k\}$ zusätzlich x_n, $x_{n+(N+1)/2^r}$, b_n, $c_{n+(N+1)/2^r-1}$ eingeführt und mit Null vorbesetzt.

<u>Zyklische Reduktion mit modifiziertem Indexschema</u>   (5.1.60)

$n := 0; \; x_0 := x_{N+1} := b_0 := c_N := 0$

<u>Reduktionsphase</u>

for $r := 1$ **to** k **do**

$\quad a := n; \; n := a + (N+1)/2^{r-1} + 1$

$\quad x_n := x_{n+(N+1)/2^r} := b_n := c_{n+(N+1)/2^r-1} := 0$

for $j := 1$ **to** $(N+1)/2^r - 1$ **do**

$\qquad e_{n+j} := b_{a+2j-1}/a_{a+2j-1}$

$\qquad f_{n+j} := c_{a+2j}/a_{a+2j+1}$

$\qquad a_{n+j} := a_{a+2j} - e_{n+j}\,c_{a+2j-1} - f_{n+j}\,b_{a+2j}$

$\qquad x_{n+j} := x_{a+2j} - e_{n+j}\,x_{a+2j-1} - f_{n+j}\,x_{a+2j+1}$

for $j := 1$ **to** $(N+1)/2^r - 2$ **do**

$\qquad b_{n+j} := -\,e_{n+j}\,b_{a+2j}$

$\qquad c_{n+j} := -\,f_{n+j}\,c_{a+2j+1}$

<u>Lösungsphase</u>

$a := n;\ x_{a+2} := 0;\ x_{a+1} := x_{a+1}/a_{a+1}$

for $r := k-1$ **step** -1 **to** 0 **do**

$\qquad n := a;\ a := a - (N+1)/2^r - 1$

$\qquad$ **for** $j := 1$ **to** $(N+1)/2^{r+1}$ **do**

$\qquad\qquad x_{a+2j-1} := (x_{a+2j-1} - b_{a+2j-2}\,x_{n+j-1} - c_{a+2j-1}\,x_{n+j})/a_{a+2j-1}$

$\qquad\qquad x_{a+2j} := x_{n+j}.$ $\qquad\qquad\qquad\qquad\qquad\qquad\qquad\qquad\qquad\quad$ ♦

Die Parallelität aus (5.1.58) bleibt erhalten. Auch das explizite Umspeichern ist vollständig parallelisierbar oder vektorisierbar.

In allen Varianten der Zyklischen Reduktion kann folgende Modifikation nützlich sein. Eine Gleitpunkt-Division benötigt auf fast allen Rechnern deutlich mehr Zeit als eine Gleitpunkt-Addition oder -Multiplikation. Ersetzt man alle Komponenten a_{n+j} durch ihren Kehrwert $1/a_{n+j}$, so wächst die Komplexität der Reduktionsphase nach entsprechenden Umformungen von $O(8N)$ auf $O(11N)$, der Gesamtaufwand von $O(17N)$ auf $O(20N)$. Dies wird meist dadurch kompensiert, dass dabei N Divisionen durch etwa $3N$ Multiplikationen ersetzt werden. Unter dem Gesichtspunkt der Rundungsfehlerstabilität ist dieses Vorgehen nur für gut konditionierte, etwa strikt diagonaldominante Matrizen ratsam, da Divisionen x/y durch zwar mathematisch, aber nicht numerisch äquivalente Ausdrücke $x*(1/y)$ ersetzt werden. Hinsichtlich der arithmetischen Komplexität ist diese Variante besonders für den Fall von Systemen mit einer Koeffizientenmatrix und mehreren rechten Seiten von Interesse. Aus Effizienzgründen wird die Matrixtransformation nur einmal durchgeführt. Bei der Behandlung der rechten Seiten treten keine Divisionen mehr auf.

Die Abhängigkeit der Zyklischen Reduktion von der Koeffizientenmatrix lässt sich anhand des Beispiels $\mathbb{A} = (b, a, b)$ demonstrieren. Der Aufwand für die Matrixtransformation sinkt von $O(8N)$ und $O(11N)$ auf $O(8 \log_2 N)$ und $O(11 \log_2 N)$ und kann damit praktisch vernachlässigt werden. Der Gesamtaufwand entspricht somit etwa dem Aufwand für die Behandlung der rechten Seiten. Mit $O(7N)$ ist fast die Größenordnung des Gauß-Algorithmus ($O(8N)$) erreicht. In diesem Spezialfall ist bei ausreichender Rundungsfehlerstabilität die Verwendung der Kehrwerte der a_{n+j} schon bei einer rechten Seite attraktiv und wird daher in (5.1.61) berücksichtigt.

Zyklische Reduktion für Koeffizientenmatrizen der Gestalt $\mathbb{A} = (b, a, b)_N$ (5.1.61)

Behandlung der Matrix – Reduktionsphase

> $b_0 := b;\ a_0 := 1/a$
>
> **for** $r := 1$ **to** k **do**
>
>> $e_r\ := b_{r-1}\, a_{r-1}$
>>
>> $a_r\ := a_{r-1}/(1-2\,a_{r-1}\, e_r\, b_{r-1})$
>>
>> $b_r\ := -\, e_r\, b_{r-1}$

Behandlung der rechten Seite

> $n := 0;\ x_0 := x_{N+1} := 0$
>
> Reduktionsphase
>
> **for** $r := 1$ **to** k **do**
>
>> $a := n;\ n := a + (N+1)/2^{r-1} + 1;\ x_n := x_{n+(N+1)/2^r} := 0$
>>
>> **for** $i := 1$ **to** $(N+1)/2^r - 1$ **do** $x_{n+i} := x_{a+2i} - e_r\,(x_{a+2i-1} + x_{a+2i+1})$
>
> $a := n;\ x_{a+2} := 0;\ x_{a+1} := x_{a+1}\, a_k$
>
> Lösungsphase
>
> **for** $r := k-1$ **step** -1 **to** 0 **do**
>
>> $n := a;\ a := a - (N+1)/2^r - 1$
>>
>> **for** $i := 1$ **to** $(N+1)/2^{r+1}$ **do**
>>
>>> $x_{a+2i-1}\ := \big(x_{a+2i-1} - b_r\,(x_{n+i-1} + x_{n+i})\big)\, a_r$
>>>
>>> $x_{a+2i}\ := x_{n+i}.$ ◆

Bei streng diagonaldominanten Systemen werden unter Umständen die Nebendiagonalkoeffizienten $b_i^{(r)}$, $c_i^{(r)}$ für große r betragsmäßig so klein, dass auf ihre Berechnung in Abhängigkeit einer vorzugebenden Genauigkeit verzichtet und die Zyklische Reduktion entsprechend verkürzt werden kann. Zur Vereinfachung sei $a_i := a$, $1 \le i \le N$, $c_i := b_i := b$, $1 \le i \le N-1$. Andernfalls bildet man entsprechende Maxima und Minima in der folgenden Rechnung:

$$b^{(0)} := b;\ a^{(0)} := a$$

$$\left.\begin{aligned} b^{(r)} &:= -\frac{(b^{(r-1)})^2}{a^{(r-1)}} \\[1em] a^{(r)} &:= a^{(r-1)} - 2\frac{(b^{(r-1)})^2}{a^{(r-1)}} = a^{(r-1)} + 2b^{(r)} \end{aligned}\right\}\ r := 1\,(1)\log_2 N - 1 = k.$$

Mit $\quad \delta^{(0)} := \delta := |a/b|$ und

$$\delta^{(r)} := \left|\frac{a^{(r)}}{b^{(r)}}\right| = |2 - (\delta^{(r-1)})^2|,\ r := 1\,(1)\log_2 N - 1,$$

erhalten wir

$$\delta^{(r)} \approx \delta^{2^r} \quad \text{für} \ \ \delta \gg 2 \ . \tag{5.1.62}$$

Für $\delta \gg 2$ wird $1/\delta^{(r)}$ mit wachsendem r sehr schnell klein, so dass gilt:

$$b_r \approx 0, \ a_r \approx a_{r-1}. \tag{5.1.63}$$

Daher kann man sowohl die Reduktions- als auch die Lösungsphase mittels des Kriteriums

$$1/\delta^{(r)} < \varepsilon$$

mit vorgegebenem $\varepsilon > 0$ ab dem r–ten Schritt verkürzen. Diesen im Folgenden als t bezeichneten Schritt erhält man aus (5.1.62) und (5.1.63):

$$t := \left[\log_2 \left(- \frac{\log_2 \varepsilon}{\log_2 \delta} \right) \right] + 1.$$

Damit definiert man folgenden Algorithmus (beachte $N = 2^{k+1}-1$ und $t \le k$). Der obere Index r und die Variable $\mathbf{y}$ werden hier zur Verdeutlichung des Vorgehens beibehalten.

> $\underline{\text{Verkürzte Zyklische Reduktion für Koeffizientenmatrizen } \mathbb{A} = (b, a, b)_N}$ $\qquad$ (5.1.64)
>
> $t := \mathbf{int}\left(\log_2\left(-\log_2 \varepsilon / \log_2(|a/b|)\right)\right) + 1$
>
> $\underline{\text{Reduktionsphase}}$
>
> $b_0 := b; \ a_0 := 1/a$
>
> **for** $r := 1$ **to** t **do**
> $\qquad e_r \ := \ b_{r-1} \, a_{r-1}$
> $\qquad a_r \ := \ a_{r-1} / \left(1 - 2 \, a_{r-1} \, e_r \, b_{r-1} \right)$
> $\qquad b_r \ := \ -e_r b_{r-1}$
> $\qquad$ **for** $i := 2^r$ **step** 2^r **to** $N+1-2^r$ **do** $y_i^{(r-1)} := y_i^{(r-1)} + e_r\left(y_{i-2^{r-1}}^{(r-1)} + y_{i+2^{r-1}}^{(r-1)} \right)$
>
> $\underline{\text{Lösungsphase}}$
>
> **for** $r := k$ **step** -1 **to** t **do**
> $\qquad$ **for** $j := 2^r$ **step** 2^{r+1} **to** $2^{k+1}-2^r$ **do** $x_j := y_j^{(t)} \, a_t$
>
> **for** $r := t-1$ **step** -1 **to** 0 **do**
> $\qquad x_{2^r} := \left(y_{2^r}^{(r)} - b_r \, x_{2^{r+1}} \right) a_r$
> $\qquad$ **for** $i := 3*2^r$ **step** 2^{r+1} **to** $N+1-3*2^r$ **do** $x_i := \left(y_i^{(r)} - b_r \left(x_{i-2^r} + x_{i+2^r} \right) \right) a_r$
> $\qquad x_{N+1-2^r} := \left(y_{N+1-2^r}^{(r)} - b_r \, x_{N+1-2^{r+1}} \right) a_r \ .$ $\qquad\qquad\qquad\qquad\qquad\quad \blacklozenge$

Es werden zunächst immer diejenigen Schritte verkürzt, die eine geringe Vektorlänge und große Inkremente aufweisen. Allerdings werden damit auch nur Schritte mit einer geringen arithmetischen Komplexität verkürzt. Daher lohnt (5.1.64) nur für kleinere Werte von t. Es kann gezeigt werden, dass der durch die Verkürzung entstandene relative Fehler sich ebenfalls in der Größenordnung $O(\varepsilon)$ bewegt [Schw87]. In den verbleibenden Schritten sollten Zweierpotenz-Inkremente, die größer als 2 sind, mit der Strategie aus (5.1.60) beseitigt werden.

5.1.4.3 Kombination von Gauß-Algorithmus und Zyklischer Reduktion

Bei der Zyklischen Reduktion wird Parallelität auf Kosten eines höheren arithmetischen Aufwandes eingeführt, der nur bei hinreichend großer Parallelität kompensiert wird. Dies ist gleichbedeutend mit einer ausreichenden Systemgröße. Dieser Effekt kann durch eine Kombination von Gauß-Algorithmus und Zyklischer Reduktion gemildert werden. In der Zyklischen Reduktion erhält man nach jedem Reduktionsschritt ein um etwa die Hälfte kleineres Gleichungssystem mit der Struktur und den Eigenschaften des Ausgangssystems. Ist in einem Schritt $r = t$ der Reduktionsphase eine Größe erreicht, für die die Zyklische Reduktion keinen Vorteil mehr im Vergleich zum Gauß-Algorithmus bietet, so löst man dieses System mit letzterem, um anschließend die Schritte $r := t-2\,(-1)\,0$ der Lösungsphase der Zyklischen Reduktion auszuführen. Aufgrund der Struktur des durch die Zyklische Reduktion erzeugten Restsystems ist bei der Durchführung des Gauß-Algorithmus nur eine Umindizierung vorzunehmen. Es gelte wieder $N = 2^{k+1}-1$.

<u>Kombination Zyklische Reduktion-Gauß-Algorithmus:</u> $\qquad$ (5.1.65)

$x_0 := x_{N+1} := 0;\ \mathbf{a}^0 := \mathbf{a};\ \mathbf{b}^0 := \mathbf{b};\ \mathbf{c}^0 := \mathbf{c};\ \mathbf{y}^0 := \mathbf{y}$

<u>Zyklische Reduktion – anteilige Reduktionsphase</u>

for $r := 1$ **to** $t-1$ **do**

$\quad$ **for** $i := 2^r$ **step** 2^r **to** $N+1-2^r$ **do**

$$e_i^{(r)} := -\frac{b_{i-2^{r-1}}^{(r-1)}}{a_{i-2^{r-1}}^{(r-1)}};\ f_i^{(r)} := -\frac{c_i^{(r-1)}}{a_{i+2^{r-1}}^{(r-1)}}$$

$$a_i^{(r)} := a_i^{(r-1)} + e_i^{(r)}\,c_{i-2^{r-1}}^{(r-1)} + f_i^{(r)}\,b_i^{(r-1)}$$

$$y_i^{(r)} := y_i^{(r-1)} + e_i^{(r)}\,y_{i-2^{r-1}}^{(r-1)} + f_i^{(r)}\,y_{i+2^{r-1}}^{(r-1)}$$

$\quad$ **for** $i := 2^r$ **step** 2^r **to** $N+1-2^{r+1}$ **do**

$$b_i^{(r)} := e_{i+2^r}^{(r)}\,b_i^{(r-1)};\ c_i^{(r)} := f_i^{(r)}\,c_{i+2^{r-1}}^{(r-1)}$$

<u>Gauß-Algorithmus</u>

if $t = k+1$ **then** $x_{2^k} := y_{2^k}^{(k)}/a_{2^k}^{(k)}$

$\qquad$ **else** **for** $n := 2^{t-1}$ **step** 2^{t-1} **to** $N+1-2^t$ **do**

$$d := -\,b_n^{(t-1)}/a_n^{(t-1)}$$

$$a_{n+2^{t-1}}^{(t-1)} := a_{n+2^{t-1}}^{(t-1)} + d\,c_n^{(t-1)}$$

$$y_{n+2^{t-1}}^{(t-1)} := y_{n+2^{t-1}}^{(t-1)} + d\,y_n^{(t-1)}$$

$$x_{N+1-2^{t-1}} := y_{N+1-2^{t-1}}^{(t-1)}/a_{N+1-2^{t-1}}^{(t-1)}$$

$\qquad$ **for** $n := N+1-2^t$ **step** -2^{t-1} **to** 2^{t-1} **do**

$$x_n := \left(y_n^{(t-1)} - c_n^{(t-1)}\,x_{n+2^{t-1}}\right)/a_n^{(t-1)}$$

<u>Zyklische Reduktion – anteilige Lösungsphase</u>

for $r := t-2$ **step** -1 **to** 0 **do**

    for $i := 2^r$ **step** 2^{r+1} **to** $N+1-2^r$ **do**

$$x_i := \left(y_i^{(r)} - b_{i-2^r}^{(r)}\, x_{i-2^r} - c_i^{(r)}\, x_{i+2^r} \right) / a_i^{(r)}. \qquad \blacklozenge$$

Der Schrittindex t, der den Übergang zwischen Gauß-Algorithmus und Zyklischer Reduktion festlegt, kann im Allgemeinen nicht analytisch bestimmt werden. Er muss vielmehr als Erfahrungswert gewonnen werden, wobei in der Regel ein ausreichender Spielraum gegeben ist. Auch in (5.1.65) werden der obere Index r und die Variable y zur Verdeutlichung des Vorgehens beibehalten. Für kleine Systeme (beispielsweise etwa $N = 15\text{-}50$ auf CRAY-Vektorprozessoren) können durch eine Kombination merkliche Zeitgewinne erzielt werden [Web88].

5.1.4.4 Blockzerlegung – Verfahren von Wang und Modifikation von Johnsson

Die Zyklische Reduktion bietet einen Ansatz für effiziente vektorielle Algorithmen, ist jedoch im Allgemeinen aufgrund der relativ geringen Granularität der Teilaufgaben für Parallelrechner weniger geeignet. Um zu einem effizienten parallelen Ansatz zu gelangen, betrachten wir nochmals

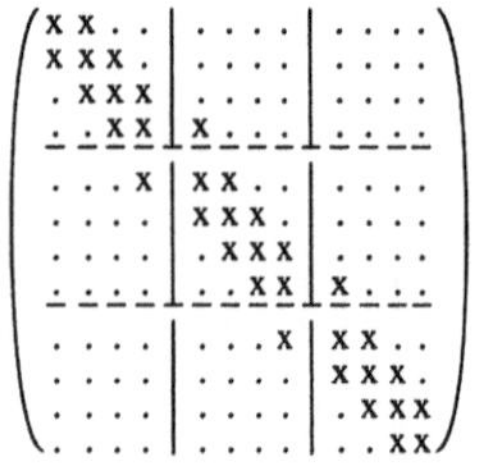

```
/ x x . . | . . . . | . . . \
| x x x . | . . . . | . . . |
| . x x x | . . . . | . . . |
| . . x x | x . . . | . . . |
| . . . x | x x . . | . . . |
| . . . . | x x x . | . . . |
| . . . . | . x x x | . . . |
| . . . . | . . x x | x . . . |
| . . . . | . . . x | x x . . |
| . . . . | . . . . | x x x . |
| . . . . | . . . . | . x x x |
\ . . . . | . . . . | . . x x /
```

Abb. 5.1.14 Blockzerlegung nach Wang – Ausgangszerlegung

die Blockzerlegung von Wang aus Abschnitt 5.1.3.2, nunmehr für den Spezialfall der Tridiagonalmatrizen. Dieses Verfahren beruht auf der in Abb. 5.1.14 illustrierten Zerlegung. In diesem Fall besitze die Koeffizientenmatrix die Gestalt $\mathbb{A} = \left(b_j,\, a_j,\, c_j \right)_N$. Die Dimension K eines Blocks und die Anzahl L der Blöcke seien so gewählt, dass $N = KL$ gilt. $(f_1,...,f_N)$ und $(g_1,...,g_N)$ bezeich-

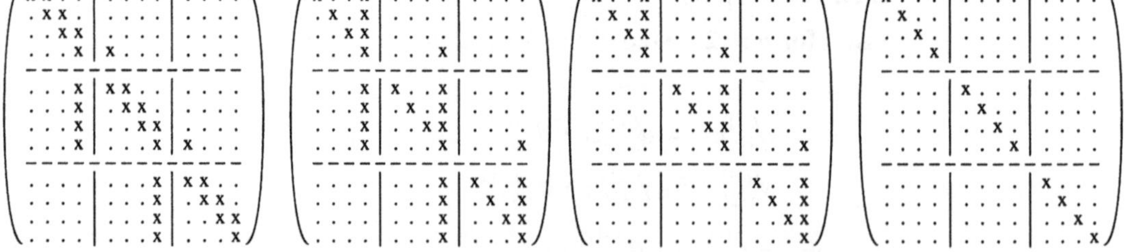

Abb. 5.1.15   Blockzerlegung nach Wang – Schritte 1- 4

nen Hilfsvektoren. Das folgende Verfahren beruht in Analogie zur Version für allgemeine Bandmatrizen darauf, dass zunächst parallel in allen Diagonalblöcken Sub- und danach Superdiagonalelemente eliminiert werden. Da hierbei die Kopplungen in den Nebendiagonalblöcken ignoriert werden, führt dies in letzteren zu zusätzlichen Matrixelementen, die nachfolgend wieder eliminiert werden müssen. Im letzten Schritt ist die Matrix vollständig auf Diagonalgestalt transformiert. Abb. 5.1.15 illustriert die einzelnen Schritte für $N = 12$, $L = 3$, $K = 4$.

Da auch dieser Algorithmus auf den vom Gauß-Algorithmus für Tridiagonalsysteme her bekannten Eliminationsschritten beruht, gelten die gleichen Bedingungen für die Durchführbarkeit (Satz 5.1.1). Insbesondere würde auch hier eine Pivotsuche die Matrixstruktur zerstören.

<u>Verfahren von Wang</u> $\hfill$ (5.1.66)

<u>Schritt 1:</u>

for $i := 1$ **to** $L{-}1$ **do parallel** $f_{iK+1} := b_{iK+1}$

for $i := 0$ **to** $L{-}1$ **do parallel**

    for $j := 2$ **to** K **do**

$$h := b_{iK+j}/a_{iK+j-1}$$
$$a_{iK+j} := a_{iK+j} - h\, c_{iK+j-1}$$
$$y_{iK+j} := y_{iK+j} - h\, y_{iK+j-1}$$
$$f_{iK+j} := -h\, f_{iK+j-1} \qquad (i \neq 0)$$

<u>Schritt 2:</u>

for $i := 1$ **to** L **do parallel** $g_{iK-1} := c_{iK-1}$

for $i := 0$ **to** $L{-}1$ **do parallel**

    for $j := K{-}1$ **step** -1 **to** 2 **do**

$$h := c_{iK+j-1}/a_{iK+j}$$
$$g_{iK+j-1} := -h\, g_{iK+j}$$
$$y_{iK+j-1} := y_{iK+j-1} - h\, y_{iK+j}$$
$$f_{iK+j-1} := f_{iK+j-1} - h\, f_{iK+j} \qquad (i \neq 0)$$

for $i := 1$ **to** $L{-}1$ **do parallel**

$$h := c_{iK}/a_{iK+1}$$
$$a_{iK} := a_{iK} - h\, f_{iK+1}$$
$$g_{iK} := -h\, g_{iK+1}$$
$$y_{iK} := y_{iK} - h\, y_{iK+1}$$

<u>Schritt 3:</u>

$$g_N := 0$$

for $i := 1$ **to** $L{-}1$ **do**

$$v := g_{iK+K}$$
$$g_{iK+K} := a_{iK+K}$$

for $j := 1$ **to** K **do parallel**

$\qquad h \quad\; := f_{iK+j}/a_{iK}$

$\qquad g_{iK+j} := g_{iK+j} - h\, g_{iK}$

$\qquad y_{iK+j} := y_{iK+j} - h\, y_{iK}$

$a_{iK+K} := g_{iK+K}$

$g_{iK+K} := v$

<u>Schritt 4:</u>

for $i := L{-}1$ **step** -1 **to** 1 **do**

$\qquad h := y_{iK+K}/a_{iK+K}$

$\qquad$ **for** $j := 1$ **to** K **do parallel** $\;\; y_{iK+j-1} := y_{iK+j-1} - h\, g_{iK+j-1}$

$h := y_K/a_K$

for $j := 1$ **to** $K{-}1$ **do parallel** $\;\; y_j := y_j - h\, g_j$

<u>Schritt 5:</u>

for $i := 1$ **to** N **do parallel** $\;\; x_i := y_i/a_i.$ ♦

In der vorliegenden Form ist die arithmetische Komplexität mit $O(20N)$ größer als diejenige der Zyklischen Reduktion mit $O(17N)$. (5.1.66) kann durch Schleifentausch (parallele Schleifen als innerste Schleifen) grundsätzlich vektorisiert werden. Die Vektorlänge beträgt $K{-}1$ und $L{-}1$, während sie bei der Zyklischen Reduktion zwischen N und 1 variiert. Aufgrund der höheren arithmetischen Komplexität ist das Verfahren von Wang auf *Vektorprozessoren* nicht das effizienteste Verfahren. (5.1.66) ist jedoch für *Parallelrechner mit gemeinsamem Speicher* prinzipiell geeignet. In den Schritten 1 und 2 erhält man eine ausreichende Granularität, da die Parallelisierung auf Blockebene erfolgt. In den Schritten 3 und 4 muss jedoch auf Komponentenebene parallelisiert werden, da nun die Blöcke nacheinander zu bearbeiten sind. Nachteilig auf Vektorrechnern und Parallelrechnern mit Vektorprozessoren ist die Tatsache, dass grundsätzlich die vom Gauß-Algorithmus her bekannten Eliminationsschritte verwendet werden, so dass eine Vektorisierung der inneren Schleifen in den Schritten 1 und 2 nicht möglich ist. Auf *Parallelrechnern mit verteiltem Speicher* kommt ferner das Problem hinzu, dass in den einzelnen Schritten unterschiedlich parallelisiert wird (Schritt 1 und 2 auf Blockebene, Schritt 3 und 4 auf Komponentenebene). Nach den Schritten 1 und 2 ist eine Umverteilung der Felder a, f, g, y unvermeidbar. Ferner muss in den Schritten 3 und 4, in denen zur Elimination auf Blöcke oder sogar nur auf einzelne Komponenten von Nachbarprozessoren zugegriffen wird, zusätzlich kommuniziert werden.

Das Verfahren von Wang wurde von Johnsson verbessert [Jo87]. Nach Schritt 2 lässt sich ein aus der jeweils letzten Gleichung und Unbekannten jedes Blocks bestehendes Tridiagonalsystem

$$\begin{pmatrix} a_K & g_K & & & & 0 \\ f_{2K} & a_{2K} & & g_{2K} & & \\ & \ddots & \ddots & & \ddots & \\ & & f_{(L-1)K} & a_{(L-1)K} & g_{(L-1)K} \\ 0 & & & f_{LK} & & a_{LK} \end{pmatrix} \begin{pmatrix} x_K \\ x_{2K} \\ \vdots \\ x_{(L-1)K} \\ x_{LK} \end{pmatrix} = \begin{pmatrix} y_K \\ y_{2K} \\ \vdots \\ y_{(L-1)K} \\ y_{LK} \end{pmatrix} \qquad (5.1.67)$$

isolieren, dessen Lösung das Problem entkoppelt und die Schritte 3-5 des Verfahrens von Wang vermeidet (vergleiche die eingerahmten Elemente in Abb. 5.1.16). Nach der Lösung des $L \times L$-Kopplungssystems können alle verbleibenden Unbekannten durch Einsetzen in die anderen Gleichungen gemäß dem Schema aus Abb. 5.1.16 parallel für alle Teilaufgaben ermittelt werden.

$$\underline{\text{Modifikation von Johnsson}} \qquad\qquad\qquad\qquad\qquad (5.1.68)$$

$\underline{\text{Schritte 1 und 2:}}$ wie (5.1.66)

$\underline{\text{Schritt 3:}}$ löse (5.1.67)

$\underline{\text{Schritt 4:}}$

for $j := 1$ **to** L **do parallel**

    if $j = 1$ **then** **for** $i := 1$ **to** $K{-}1$ **do** $x_i := (x_i - g_i\, x_K)/a_i$

          else **for** $i := (j{-}1)K{+}1$ **to** $jK{-}1$ **do** $x_i := (x_i - f_i\, x_{(j-1)K} - g_i\, x_{jK})/a_i$.   ♦

Im Gegensatz zu (5.1.66) ist neben den Schritten 1 und 2 auch Schritt 4 auf Blockebene parallelisierbar. Zur Lösung des $L \times L$-Tridiagonalsystems in Schritt 3 kann ein geeignetes Verfahren ausgewählt werden. Falls die Anzahl L der Teilaufgaben sehr viel kleiner als ihre Größe K ist, so kann der Aufwand hierfür vernachlässigt werden. (5.1.68) ist grundsätzlich ein geeignetes Verfahren für *Parallelrechner mit gemeinsamem Speicher*, falls $L \ll K$. Schritt 3 ist zu synchronisieren, und nach jeder parallelen Schleife unterstellen wir eine automatische Synchronisation. Als Vorteil dieser Variante erhalten wir, dass im Vergleich zu (5.1.66) der arithmetische Aufwand im günstigsten Fall – Schritt 3 mit Gauß – von O(20N) auf O(17N) sinkt und somit die Komplexität der Zyklischen Reduktion erreicht wird. Für *Vektorprozessoren* kann (5.1.68), gegebenenfalls unter Lösung von Schritt 3 mit Zyklischer Reduktion, eine Alternative zur Zyklischen Reduktion sein, falls $K \approx L$ (Abschnitt 5.1.3.2). Die Gaußschen Eliminationsschritte sind allerdings auf Vektorprozessoren unvorteilhaft. Zur Vektorisierung sind wieder alle parallelisierbaren Schleifen als innerste Schleifen zu verwenden.

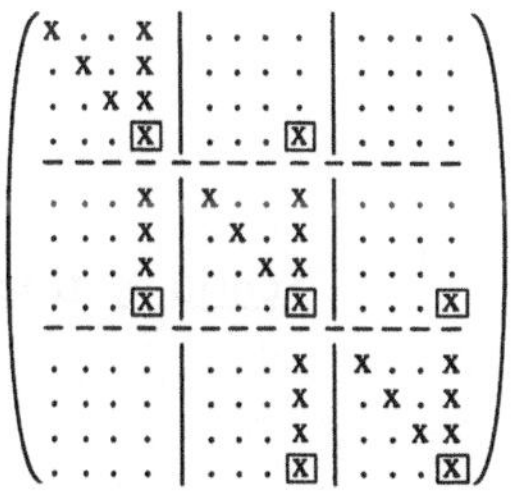

$$\begin{pmatrix}
x & . & . & x & | & . & . & . & . & | & . & . & . & . \\
. & x & . & x & | & . & . & . & . & | & . & . & . & . \\
. & . & x & x & | & . & . & . & . & | & . & . & . & . \\
. & . & . & \boxed{x} & | & . & . & . & \boxed{x} & | & . & . & . & . \\
\hline
. & . & . & x & | & x & . & . & x & | & . & . & . & . \\
. & . & . & x & | & . & x & . & x & | & . & . & . & . \\
. & . & . & x & | & . & . & x & x & | & . & . & . & . \\
. & . & . & \boxed{x} & | & . & . & . & \boxed{x} & | & . & . & . & \boxed{x} \\
\hline
. & . & . & . & | & . & . & . & x & | & x & . & . & x \\
. & . & . & . & | & . & . & . & x & | & . & x & . & x \\
. & . & . & . & | & . & . & . & x & | & . & . & x & x \\
. & . & . & . & | & . & . & . & \boxed{x} & | & . & . & . & \boxed{x}
\end{pmatrix}$$

Abb. 5.1.16 Modifikation von Johnsson

Für *Parallelrechner mit verteiltem Speicher* kann die Modifikation von Johnsson von Interesse sein, falls keine Vektorprozessoren Verwendung finden. Die Kommunikation beschränkt sich auf den Austausch der letzten Elemente jeder Teilaufgabe. Jeder Prozessor benötigt lokale Felder der Größe K oder $K{+}1$. Die Lösung von (5.1.67) erfordert zusätzliche Hilfsfelder auf P(0).

<u>Modifikation von Johnsson für Parallelrechner mit verteiltem Speicher</u>   (5.1.69)
<u>Prozessor P(me), $0 \leq me \leq L{-}1$</u>

<u>Schritt 1:</u>   **if** $me \neq 0$ **then** $f_1 := b_1$
     for $j := 2$ **to** K **do**
       $h \ := b_j / a_{j-1}$
       $a_j := a_j - h\, c_{j-1}$
       $y_j := y_j - h\, y_{j-1}$
       if $me \neq 0$ **then** $f_j := - h f_{j-1}$

<u>Schritt 2:</u> $g_{K-1} := c_{K-1}$
     for $j := K{-}1$ **step** -1 **to** 2 **do**
       $h \ \ \ := c_{j-1}/a_j$
       $g_{j-1} := - h\, g_j$
       $y_{j-1} := y_{j-1} - h\, y_j$
       if $me \neq 0$ **then** $f_{j-1} := f_{j-1} - h\, f_j$
     if $me \neq 0$ **then** **send**(a_1, f_1, g_1, y_1) **to** P($me{-}1$)
     if $me \neq L{-}1$ **then**   **receive** $(a_{K+1}, f_{K+1}, g_{K+1}, y_{K+1})$ **from** P($me{+}1$)
       $h \ \ \ := c_K / a_{K+1}$
       $a_K := a_K - h\, f_{K+1}$
       $g_K := - h\, g_{K+1}$
       $y_K := y_K - h\, y_{K+1}$

<u>Schritt 3:</u>   **if** $me \neq 0$ **then**   **send**(a_K, f_K, g_K, y_K) **to** P(0)
         else $\tilde{a}_1 := a_K; \ \tilde{f}_1 := f_K; \ \tilde{g}_1 := g_K; \ \tilde{y}_1 := y_K$
             for $j := 1$ **to** $L{-}1$ **do receive**$(\tilde{a}_{j+1}, \tilde{f}_{j+1}, \tilde{g}_{j+1}, \tilde{y}_{j+1})$ **from** P(j)
             löse $\left(\tilde{f}_j, \tilde{a}_j, \tilde{g}_j\right)_{j=1}^{L} \left(\tilde{x}_j\right)_{j=1}^{L} = \left(\tilde{y}_j\right)_{j=1}^{L}$
             for $j := 1$ **to** $L{-}1$ **do send**$(\tilde{x}_j, \tilde{x}_{j+1})$ **to** P(j)
             $x_K := \tilde{x}_1$

<u>Schritt 4:</u>   **if** $me = 0$ **then** **for** $i := 1$ **to** $K{-}1$ **do** $x_i := (x_i - g_i\, x_K)/a_i$
         else   **receive** (x_0, x_K) **from** P(0)
             for $i := 1$ **to** $K{-}1$ **do** $x_i := (x_i - f_i\, x_0 - g_i\, x_K)/a_i$.   ◆

Die Lösung des Kopplungssystems erfolgt hier willkürlich auf einem Prozessor (o.B.d.A. P(0)).
Dies ist etwa für $L \ll K$ sinnvoll. Grundsätzlich kann Schritt 3 auch parallel gelöst oder das Verfahren rekursiv angewendet werden. Beides setzt eine gewisse Mindestgröße von L voraus. In
diesem Falle wächst das Gewicht von Schritt 3 und mindert damit insgesamt die Effizienz.

5.1.4.5   Schur-Komplement-Verfahren

Die Nachteile des Verfahrens von Wang können durch das folgende *Schur-Komplement-Verfah-*

ren weitgehend vermieden werden. Dieses führt zu effizienten Algorithmen für Parallelrechner sowohl mit gemeinsamem als auch verteiltem Speicher. Gegeben sei ein Tridiagonalsystem

$$\mathbb{M}x = y, \quad \mathbb{M} = (b_{i-1}, a_i, c_i). \tag{5.1.70}$$

Ausgangspunkt ist die in Abb. 5.1.17 skizzierte Matrixaufteilung. Im Gegensatz zum Verfahren

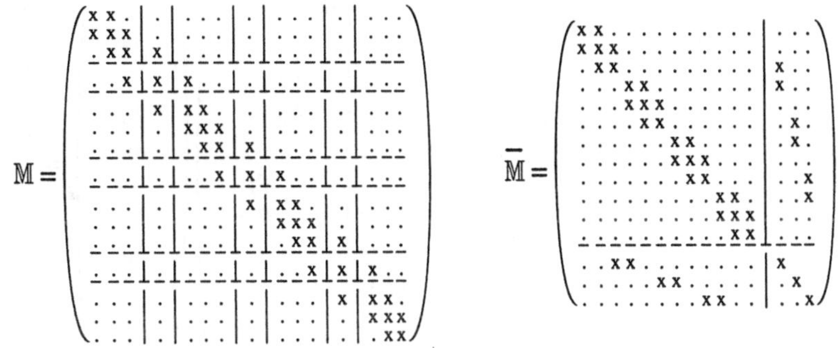

Abb. 5.1.17
Matrixzerlegung
und Permutation für
das Schur-Komple-
ment-Verfahren

von Wang (Abb. 5.1.14) werden nicht nur Blöcke, sondern zusätzlich Kopplungsgleichungen definiert. Die Kopplungsgleichungen und -unbekannten werden nach einer – lediglich – formalen Permutation als letzte im System notiert. Die Vektoren x und y werden analog permutiert. Mit einer geeigneten Permutationsmatrix $\mathbb{P}$ erhalten wir

$$\overline{\mathbb{M}}\,\overline{x} = \overline{y}, \quad \overline{\mathbb{M}} = \mathbb{P}\mathbb{M}\mathbb{P}^{-1} = \begin{pmatrix} \mathbb{M}_I & \mathbb{K} \\ \mathbb{H} & \mathbb{M}_\Gamma \end{pmatrix}, \quad \overline{x} = \mathbb{P}x = \begin{pmatrix} x^I \\ x^\Gamma \end{pmatrix}, \quad \overline{y} = \mathbb{P}y = \begin{pmatrix} y^I \\ y^\Gamma \end{pmatrix}. \tag{5.1.71}$$

Abb. 5.1.17 zeigt die Struktur von $\mathbb{M}$ und $\overline{\mathbb{M}}$ für $N = 15$, für $p = 4$ Prozessoren. Die Berechnung des Schur-Komplements

$$\mathbb{C}_\Gamma = \mathbb{M}_\Gamma - \mathbb{H}\,(\mathbb{M}_I)^{-1}\,\mathbb{K}, \quad w^\Gamma = y^\Gamma - \mathbb{H}\,(\mathbb{M}_I)^{-1}\,y^I$$

bezüglich des die Kopplungsgleichungen darstellenden Blocks $\mathbb{M}_\Gamma x^\Gamma = w^\Gamma$ liefert das *Kopplungssystem* $\mathbb{C}_\Gamma\,x^\Gamma = w^\Gamma$, durch dessen Lösung das Gesamtsystem entkoppelt wird. Wir illustrieren diese Idee zunächst für $N = 15$ und $p = 4$ Prozessoren. Nach formaler Permutation erhält man die Matrix (5.1.72) mit dem Kopplungsblock

$$\mathbb{M}_\Gamma = \begin{pmatrix} a_4 & 0 & 0 \\ 0 & a_8 & 0 \\ 0 & 0 & a_{12} \end{pmatrix}.$$

Die Bildung des Schur-Komplements ist äquivalent zur Anwendung der Block-Gauß-Elimination auf die obige 2×2-Blockmatrix aus (5.1.71) und führt zu einem 3×3-System

$$\begin{pmatrix} \tilde{a}_4 & \tilde{c}_4 & \\ \tilde{b}_4 & \tilde{a}_8 & \tilde{c}_8 \\ & \tilde{b}_8 & \tilde{a}_{12} \end{pmatrix} \begin{pmatrix} x_4 \\ x_8 \\ x_{12} \end{pmatrix} = \begin{pmatrix} w_4 \\ w_8 \\ w_{12} \end{pmatrix}$$

für die Unbekannten x_4, x_8, x_{12}. Nach deren Berechnung erhalten wir 4 entkoppelte tridiagonale Teilsysteme für die restlichen 12 Unbekannten.

$$
\left(\begin{array}{ccccccccccccccc}
a_1 & c_1 \\
b_1 & a_2 & c_2 \\
 & b_2 & a_3 & & & & & & & & & & & & c_3 \\
 & & & a_5 & c_5 & & & & & & & & & & b_4 \\
 & & & b_5 & a_6 & c_6 \\
 & & & & b_6 & a_7 & & & & & & & & & c_7 \\
 & & & & & & a_9 & c_9 & & & & & & & b_8 \\
 & & & & & & b_9 & a_{10} & c_{10} \\
 & & & & & & & b_{10} & a_{11} & & & & & & c_{11} \\
 & & & & & & & & & a_{13} & c_{13} & & & & b_{12} \\
 & & & & & & & & & b_{13} & a_{14} & c_{14} \\
 & & & & & & & & & & b_{14} & a_{15} \\
\hline
 & b_3 & c_4 & & & & & & & & & & & & a_4 \\
 & & & & b_7 & c_8 & & & & & & & & & & a_8 \\
 & & & & & & & b_{11} & c_{12} & & & & & & & & a_{12}
\end{array}\right)
\left(\begin{array}{c}
x_1 \\ x_2 \\ x_3 \\ x_5 \\ x_6 \\ x_7 \\ x_9 \\ x_{10} \\ x_{11} \\ x_{13} \\ x_{14} \\ x_{15} \\ \hline x_4 \\ x_8 \\ x_{12}
\end{array}\right)
=
\left(\begin{array}{c}
y_1 \\ y_2 \\ y_3 \\ y_5 \\ y_6 \\ y_7 \\ y_9 \\ y_{10} \\ y_{11} \\ y_{13} \\ y_{14} \\ y_{15} \\ \hline y_4 \\ y_8 \\ y_{12}
\end{array}\right)
\tag{5.1.72}
$$

Allgemein betrachten wir ein $N \times N$-Tridiagonalsystem (5.1.70) und p Prozessoren. Wir wählen $p{-}1$ durch die Indexmenge $\Gamma = \{l_1,\dots,l_{p-1}\}$, $0 < l_i < l_{i+1} < N$, $1 \le i \le p{-}2$, definierte Kopplungsgleichungen aus. Die restlichen Gleichungen werden in p tridiagonale Teilsysteme aufgeteilt

$$
\mathbb{T}_i\, \mathbf{x}^{I_i} = \mathbf{y}^{I_i},\ 1 \le i \le p,\ I_i = \{l_{i-1}{+}1,\dots,l_i{-}1\},
$$

wobei $l_0 := 0$, $l_p := N+1$, sei. Nach formaler Umordnung erhalten wir ein System (5.1.71) mit

$$
\mathbb{K} =
\left(\begin{array}{ccccccc}
\mathbb{K}_{0,1} & & & & & & \mathbb{0} \\
\mathbb{K}_{1,1} & \mathbb{K}_{1,2} \\
 & \ddots & \ddots \\
 & & \mathbb{K}_{i,i} & \mathbb{K}_{i,i+1} \\
 & & & \ddots & \ddots \\
 & & & & \mathbb{K}_{p-2,\,p-2} & \mathbb{K}_{p-2,\,p-1} \\
\mathbb{0} & & & & & \mathbb{K}_{p-1,\,p-1}
\end{array}\right)
$$

$$
\mathbb{H} =
\left(\begin{array}{ccccccc}
\mathbb{H}_{0,1} & \mathbb{H}_{1,1} & & & & & \mathbb{0} \\
 & \mathbb{H}_{1,2} & \mathbb{H}_{2,2} \\
 & & \ddots & \ddots \\
 & & & \mathbb{H}_{i-1,i} & \mathbb{H}_{i,i} \\
 & & & & \ddots & \ddots \\
 & & & & & \mathbb{H}_{p-3,\,p-2} & \mathbb{H}_{p-2,\,p-2} \\
\mathbb{0} & & & & & \mathbb{H}_{p-2,\,p-1} & \mathbb{H}_{p-1,\,p-1}
\end{array}\right),
$$

und der Reihenfolge $I_1, I_2,\dots,I_p$, Γ der Gleichungen und Gleichungsblöcke. Die Matrixblöcke

$$\mathbb{K}_{i-1,i} = \begin{pmatrix} 0 \\ c_{l_i-1} \end{pmatrix}, \; \mathbb{K}_{i,i} = \begin{pmatrix} b_{l_i} \\ 0 \end{pmatrix}, \; \mathbb{H}_{i,i} = \begin{pmatrix} c_{l_i} & 0 \end{pmatrix}, \; \mathbb{H}_{i-1,i} = \begin{pmatrix} 0 & b_{l_i-1} \end{pmatrix}$$

sind Vektoren. Der Algorithmus besteht aus den folgenden Schritten:

1) Bestimme die Koeffizienten des $(p-1) \times (p-1)$-Kopplungssystems, also das Schur-Komplement von $\mathbb{M}$ bezüglich $\mathbb{M}_\Gamma$:

$$\mathbb{C}_\Gamma = \mathbb{M}_\Gamma - \mathbb{H}\,(\mathbb{M}_I)^{-1}\,\mathbb{K}; \quad \mathbf{w}^\Gamma = \mathbf{y}^\Gamma - \mathbb{H}\,(\mathbb{M}_I)^{-1}\,\mathbf{y}^I$$

2) Löse das Kopplungssystem $\quad \mathbb{C}_\Gamma\,\mathbf{x}^\Gamma = \mathbf{w}^\Gamma$

3) Löse die Teilsysteme $\quad \mathbf{x}^I = (\mathbb{M}_I)^{-1}\,(\mathbf{y}^I - \mathbb{K}\,\mathbf{x}^\Gamma).$

Unter Berücksichtigung der speziellen Struktur des obigen Systems ist dies äquivalent zu

1)
$$w_{l_i} = y_{l_i} - \mathbb{H}_{i-1,i}\,(\mathbb{T}_i)^{-1}\,\mathbf{y}^{l_i} - \mathbb{H}_{i,i}\,(\mathbb{T}_{i+1})^{-1}\,\mathbf{y}^{l_{i+1}} \qquad (1 \le i \le p-1)$$

$$\tilde{a}_{l_i} = a_{l_i} - \mathbb{H}_{i-1,i}\,(\mathbb{T}_i)^{-1}\,\mathbb{K}_{i-1,i} - \mathbb{H}_{i,i}\,(\mathbb{T}_{i+1})^{-1}\,\mathbb{K}_{i,i} \qquad (1 \le i \le p-1)$$

$$\tilde{b}_{l_i} = -\,\mathbb{H}_{i,i+1}\,(\mathbb{T}_{i+1})^{-1}\,\mathbb{K}_{i,i} \qquad (1 \le i \le p-2)$$

$$\tilde{c}_{l_i} = -\,\mathbb{H}_{i,i}\,(\mathbb{T}_{i+1})^{-1}\,\mathbb{K}_{i,i+1} \qquad (1 \le i \le p-2)$$

2)
$$\mathbb{C}_\Gamma = \left(\tilde{b}_{l_{i-1}},\, \tilde{a}_{l_i},\, \tilde{c}_{l_i} \right)_{i=1}^{p-1}; \quad \mathbf{w}^\Gamma = \left(w_{l_i} \right)_{i=1}^{p}; \quad \mathbf{x}^\Gamma = \left(x_{l_i} \right)_{i=1}^{p}$$

$$\mathbf{x}^\Gamma = (\mathbb{C}_\Gamma)^{-1}\,\mathbf{w}^\Gamma$$

3)
$$\mathbf{x}^{l_1} = (\mathbb{T}_1)^{-1}\,\left(\mathbf{y}^{l_1} - \mathbb{K}_{0,1}\,\mathbf{x}_{l_1} \right)$$

$$\mathbf{x}^{l_i} = (\mathbb{T}_i)^{-1}\,\left(\mathbf{y}^{l_i} - \mathbb{K}_{i-1,i-1}\,\mathbf{x}_{l_{i-1}} - \mathbb{K}_{i-1,i}\,\mathbf{x}_{l_i} \right) \qquad (2 \le i \le p-1)$$

$$\mathbf{x}^{l_p} = (\mathbb{T}_p)^{-1}\,\left(\mathbf{y}^{l_p} - \mathbb{K}_{p-1,p-1}\,\mathbf{x}_{l_{p-1}} \right).$$

wobei

$$\mathbb{T}_i = \left(b_{j-1},\, a_j,\, c_j \right)_{j=l_{i-1}+1}^{l_i-1}, \quad \mathbf{x}^{l_i} = \left(x_j \right)_{j=l_{i-1}+1}^{l_i-1}, \quad \mathbf{y}^{l_i} = \left(y_j \right)_{j=l_{i-1}+1}^{l_i-1}.$$

Durch Anwendung des Distributivgesetzes in Schritt 3 kann erreicht werden, dass die in den Schritten 1 und 3 mehrfach benötigten Lösungen $(\mathbb{T}_i)^{-1}\,\mathbf{y}^{l_i}$ von Teilsystemen nur einmal berechnet werden müssen. Da im vorliegenden Fall die Matrizen $\mathbb{H}_{i,j}$ und $\mathbb{K}_{i,j}$ nur Vektoren sind, resultiert die Berechnung von $(\mathbb{T}_i)^{-1}\,\mathbb{K}_{j,l}$ in der Lösung von Systemen mit Vielfachen des ersten und letzten Einheitsvektors als rechten Seiten. Auch diese Lösungen werden mehrfach in Schritt 1 und 3 benötigt. Die Multiplikation eines Vektors mit $\mathbb{H}_{i,j}$ stellt nichts weiter als die gewichtete Extraktion der ersten beziehungsweise letzten Komponente dar. Unter Berücksichtigung dieser Modifikationen erhält man schließlich den folgenden Algorithmus. $\mathcal{L}_1$ und $\mathcal{L}_2$ bezeichnen geeignet zu wählende Verfahren zur Lösung der auftretenden Teilgleichungssysteme.

<u>Schur-Komplement-Verfahren für Tridiagonalsysteme (Grundversion)</u> $\hspace{2em}$ (5.1.73)

<u>Lösung von Teilsystemen</u>

for $i := 1$ **to** p **do parallel**

$\quad$ **if** $i = 1$ **then** $\qquad \begin{pmatrix} \mathbb{d}^{l_1} \\ \mathbb{v}^{l_1} \end{pmatrix} := \mathcal{L}_1\left(\mathbb{T}_1, \begin{pmatrix} \mathbb{y}^{l_1} \\ (0,..,0,c_{l_1-1})^{\mathrm{T}} \end{pmatrix} \right)$

$\quad$ **elseif** $i = p$ **then** $\begin{pmatrix} \mathbb{d}^{l_p} \\ \mathbb{u}^{l_p} \end{pmatrix} := \mathcal{L}_1\left(\mathbb{T}_p, \begin{pmatrix} \mathbb{y}^{l_p} \\ (b_{l_{p-1}},0,..,0)^{\mathrm{T}} \end{pmatrix} \right)$

$\quad$ **else** $\qquad\qquad \begin{pmatrix} \mathbb{d}^{l_i} \\ \mathbb{u}^{l_i} \\ \mathbb{v}^{l_i} \end{pmatrix} := \mathcal{L}_1\left(\mathbb{T}_i, \begin{pmatrix} \mathbb{y}^{l_i} \\ (b_{l_{i-1}},0,..,0)^{\mathrm{T}} \\ (0,..,0,c_{l_i-1})^{\mathrm{T}} \end{pmatrix} \right)$

$\qquad (i = p)$

<u>Berechnung der Koeffizienten des Kopplungssystems</u>

for $i := 1$ **to** $p{-}1$ **do parallel**

$\quad w_{l_i} := y_{l_i} - b_{l_i-1}\, d_{l_i-1} - c_{l_i}\, d_{l_i+1}$

$\quad \tilde{a}_{l_i} := a_{l_i} - b_{l_i-1}\, v_{l_i-1} - c_{l_i}\, u_{l_i+1}$

for $i := 1$ **to** $p{-}2$ **do parallel**

$\quad \tilde{b}_{l_i} := - b_{l_{i+1}-1}\, u_{l_{i+1}-1}$

$\quad \tilde{c}_{l_i} := - c_{l_i}\, v_{l_i+1}$

<u>Lösung des Kopplungssystems</u>

$\quad \mathbb{x}^{\Gamma} := \mathcal{L}_2\left(\mathbb{C}_\Gamma, \mathbb{w}^{\Gamma} \right)$

<u>Lösungsphase</u>

for $i := 1$ **to** p **do parallel**

$\quad \mathbb{x}^{l_1} := \mathbb{d}^{l_1} - x_{l_1}\, \mathbb{v}^{l_1} \qquad\qquad\qquad (i = 1)$

$\quad \mathbb{x}^{l_i} := \mathbb{d}^{l_i} - x_{l_{i-1}}\, \mathbb{u}^{l_i} - x_{l_i}\, \mathbb{v}^{l_i} \qquad (2 \le i \le p{-}1)$

$\quad \mathbb{x}^{l_p} := \mathbb{d}^{l_p} - x_{l_{p-1}}\, \mathbb{u}^{l_p} \qquad\qquad\quad (i = p).$ $\hspace{3em}$ ♦

Nach der parallelen Lösung aller p Systeme mit Koeffizientenmatrizen $\mathbb{T}_i$ (mit jeweils zwei oder drei rechten Seiten) können die $3p{-}5$ Koeffizienten der Kopplungsmatrix und die $p{-}1$ Komponenten der rechten Seite des Kopplungssystems mittels vier einfacher paralleler Operationen (Vektor-Additionen und -Multiplikationen der Länge $p{-}1$) berechnet werden. Nach Lösung des $(p{-}1)$ $\times (p{-}1)$-Kopplungssystems stehen auch die p Blöcke (Teilvektoren der Länge $l_{i+1}{-}l_i{-}1$) des Vektors $\mathbb{x}$ zur parallelen Berechnung bereit. Anstelle der erneuten Lösung von Teilsystemen kann dies mittels Vektor-Additionen und Multiplikationen Skalar*Vektor erfolgen. Das Verfahren (5.1.73) ist durchführbar, falls die Matrizen $\mathbb{C}_\Gamma$ und $\mathbb{T}_i$, $1 \le i \le p$, nichtsingulär sind und falls das jeweils konkret gewählte Verfahren $\mathcal{L}_1$ mit den Matrizen $\mathbb{T}_i$ sowie $\mathcal{L}_2$ mit $\mathbb{C}_\Gamma$ durchführbar ist. Um die Nichtsingularität der genannten Matrizen sicherzustellen, zeigen wir, dass letztere die hierfür wesentlichen Eigenschaften der Ausgangsmatrix $\mathbb{M}$ erben.

5.1.4 Lemma. *Ist $\mathbb{M}$ a) symmetrisch oder b) positiv definit oder c) eine H-Matrix, so besitzen $\overline{\mathbb{M}}$, ihr Schur-Komplement $\mathbb{C}_\Gamma = S(\overline{\mathbb{M}})$ bezüglich $\mathbb{M}_\Gamma$ und alle Matrizen $\mathbb{T}_i$, $1 \le i \le p$, in (5.1.71) jeweils dieselbe Eigenschaft.*

Beweis. Symmetrie und Positiv-Definitheit bleiben unter Permutationen erhalten. Als Hauptuntermatrizen von $\mathbb{M}$ und $\overline{\mathbb{M}}$ erben die Matrizen $\mathbb{T}_i$, $1 \le i \le p$, nach Lemma A.5 die Eigenschaften a)-c). Der Beweis für die Schur-Komplemente ist in Lemma A.9 enthalten. ◆

5.1.5 Korollar. *(1) Unter Voraussetzung b) oder c) von Lemma 5.1.4 sind $\mathbb{T}_i$, $1 \le i \le p$, und $\mathbb{C}_\Gamma$ nichtsingulär, folglich ist das Schur-Komplement-Verfahren (5.1.73) durchführbar, sofern das jeweils gewählte Verfahren $\mathcal{L}_1$ auf die Matrizen $\mathbb{T}_i$ und $\mathcal{L}_2$ auf $\mathbb{C}_\Gamma$ anwendbar ist.*
(2) Da $\mathbb{C}_\Gamma$ und $\mathbb{T}_i$, $1 \le i \le p$, (Block-)Tridiagonalmatrizen mit den Eigenschaften von $\mathbb{M}$ sind, kann (5.1.73) rekursiv durchgeführt werden. ◆

Anders als beim Blockverfahren von Wang kann zur Lösung der Teilsysteme mit den Matrizen $\mathbb{T}_i$ und des Kopplungssystems jeder geeignete Tridiagonallöser als Verfahren $\mathcal{L}_1$ beziehungsweise $\mathcal{L}_2$, insbesondere der Gauß-Algorithmus als optimaler sequentieller und die Zyklische Reduktion als optimaler vektorieller Algorithmus, gewählt werden. Die rekursive Anwendbarkeit ist in der Regel ineffizient und besitzt daher eine eher theoretische Bedeutung. Die relative Genauigkeit von (5.1.73) stimmt weitgehend mit derjenigen des Verfahrens von Wang überein, wobei Versionen mit Zyklischer Reduktion etwa bei diagonaldominanten Problemen eine um Größenordnungen bessere Genauigkeit als solche mit dem Gauß-Algorithmus besitzen. Andererseits fällt die mit einem Schur-Komplement-Verfahren erreichbare relative Genauigkeit deutlich geringer aus als die des Grundverfahrens. (5.1.73) mit Gauß-Algorithmus (Zyklischer Reduktion) als Teillöser ist ungenauer als die Anwendung des Gauß-Algorithmus (der Zyklischen Reduktion) auf das Gesamtsystem. Die arithmetische Komplexität beträgt bei Verwendung des Gauß-Algorithmus als Teillöser $O(18N)$, wobei eine Modifikation mit $O(17N)$ angegeben werden kann, und $O(29N)$ bei Verwendung der Zyklischen Reduktion. Im direkten Vergleich mit Gauß und Zyklischer Reduktion wird der Aufwand weniger als verdoppelt [Schw95]. Das Schur-Komplement-Verfahren ist ein typisches *paralleles Verfahren*, dessen wesentliches Merkmal die Erzeugung hoher Granularität bei der Lösung der Teilsysteme im ersten Schritt ist. Da dieser Schritt meist den größten Teil der Rechenzeit ausmacht, ist somit ein zumindest geeigneter paralleler Algorithmus gefunden. Der Preis der Parallelisierung besteht neben dem – nicht dramatisch – vergrößerten Speicherplatzbedarf und der erhöhten arithmetischen Komplexität in der geringeren Granularität in der Lösungsphase sowie in der zunächst grundsätzlich sequentiellen Lösung des Kopplungssystems. Der Zeitaufwand hierfür sollte im Vergleich zum Zeitaufwand für die Lösung eines Teilsystems vergleichsweise gering sein. Bei einer geringen Anzahl von Prozessoren kann dieser Schritt bei der Ermittlung des Zeitaufwandes vernachlässigt werden. Bei einer großen Prozessoranzahl kann auch für die Lösung des Kopplungssystems ein paralleler Löser eingesetzt werden. Eine größere Anzahl an Prozessoren sollte nur dann eingesetzt werden, wenn auch die Problemgröße (vor allem der Teilsysteme) entsprechend hoch ist.

Parallelrechner mit gemeinsamem Speicher (5.1.73) kann direkt ausgeführt werden. Nach jeder parallelen Schleife und nach Lösung des Kopplungssystems wird synchronisiert.

Parallelrechnern mit verteiltem Speicher Mit (5.1.73) erhält man das Verfahren (5.1.74), dem folgende Datenverteilung zugrunde liegt: O. B. d. A. sei $n \equiv n_i = l_i - l_{i-1} - 1$ Prozessor P(1) erhält von allen Feldern die n Komponenten mit Index aus der Menge I_1, die anderen Prozessoren P(i), $1 \leq i \leq p$, jeweils die n Komponenten aus $I_i \cup \{l_{i-1}\}$. Jeder Prozessor behandelt einen Block und, mit Ausnahme von P(1), die vorangehenden Kopplungsgleichung, die lokal den Index 0 erhalten.

<u>Schur-Komplement-Verfahren für Parallelrechner mit verteiltem Speicher</u>   (5.1.74)
<u>Prozessor P(me), $1 \leq me \leq p$</u>

<u>Lösung von Teilsystemen, Berechnung des Kopplungssystems</u>

if $me = 1$ **then**

$$\binom{d}{v} := \mathcal{L}_1\left(\mathbb{T}, \binom{y}{(0,..,0,c_n)^{\mathrm{T}}}\right)$$

   send(b_n, d_n, v_n) **to** P(2)

else if $me = p$ **then**

$$\binom{d}{u} := \mathcal{L}_1\left(\mathbb{T}, \binom{y}{(b_0,0,..,0)^{\mathrm{T}}}\right)$$

   receive(b_{-1}, d_{-1}, v_{-1}) **from** P($p-1$)

   $w \; := \; y_0 - b_{-1}\,d_{-1} - c_0\,d_1$

   $\tilde{a} \; := \; a_0 - b_{-1}\,v_{-1} - c_0\,u_1$

   send($w, \tilde{a}$) **to** P(1)

else

$$\begin{pmatrix} d \\ u \\ v \end{pmatrix} := \mathcal{L}_1\left(\mathbb{T}, \begin{pmatrix} y \\ (b_0,0,..,0)^{\mathrm{T}} \\ (0,..,0,c_n)^{\mathrm{T}} \end{pmatrix}\right)$$

   send(b_n, d_n, v_n) **to** P($me+1$)

   receive(b_{-1}, d_{-1}, v_{-1}) **from** P($me-1$)

   $w \; := \; y_0 - b_{-1}\,d_{-1} - c_0\,d_1$

   $\tilde{a} \; := \; a_0 - b_{-1}\,v_{-1} - c_0\,u_1$

   $\tilde{b} \; := \; -b_n\,u_n$

   $\tilde{c} \; := \; -c_0\,v_1$

   send($\tilde{a}, \tilde{b}, \tilde{c}, w$) **to** P(1)

<u>Lösung des Kopplungssystems</u>

if $me = 1$

then **for** $i := 2$ **to** p **do**   (*)

        if $i \neq p$ **then** **receive**$(\tilde{a}_{i-1}, \tilde{b}_{i-1}, \tilde{c}_{i-1}, w_{i-1})$ **from** $P(i)$

              else **receive**$(\tilde{a}_{p-1}, w_{p-1})$ **from** $P(p)$

      $x^\Gamma := \mathcal{L}_2\left(\mathbb{C}_\Gamma, w^\Gamma\right)$

      for $i := 2$ **to** p **do**

          if $i \neq p$ **then** **send**(x_{i-1}, x_i) **to** $P(i)$

             else **send**(x_{p-1}) **to** $P(p)$

      $x_{n+1} := x_1$

<u>Lösungsphase</u>

if $me = 1$ **then** $x := \mathbb{d} - x_{n+1}\, \mathbb{v}$

           else **if** $me = p$ **then** **receive** (x_0) **from** $P(1)$

                         $x := \mathbb{d} - x_0\, \mathbb{u}$

                   else **receive** (x_0, x_{n+1}) **from** $P(1)$

                         $x := \mathbb{d} - x_0\, \mathbb{u} - x_{n+1}\, \mathbb{v}.$ ♦

Die Kommunikation erfordert kaum Aufwand und ähnelt derjenigen im Verfahren von Johnsson. Bei der Aufstellung der Kopplungsgleichungen erhält jeder Prozessor höchstens eine Nachricht und sendet eine ab. In der Lösungsphase erhält jeder Prozessor maximal eine Nachricht. Vor der Lösung des Kopplungssystems erhält $P(1)$ von jedem anderen Prozessor genau eine Nachricht. Die Schleife (*) kann durch Empfang in beliebiger Reihenfolge unter Mitsendung des jeweiligen Prozessorindex oder besser kaskadenartig miteiner modifizierten **gather**-Operation optimiert werden. Nach der Lösung versendet $P(1)$ an alle anderen Prozessoren eine Nachricht. Insgesamt werden wenige Nachrichten kurzer Länge (ein bis vier Zahlen) versandt, die von der Gleichungsgröße unabhängig ist. Der einzige Engpass kann bei der Lösung des Kopplungssystems durch die Kommunikation zwischen $P(1)$ und den anderen Prozessoren entstehen. Bei großen Prozessorzahlen ist ein kaskadenartiges Versenden sinnvoll. Überlässt man dem $P(1)$ auch noch die endgültige Bildung der Koeffizienten des Kopplungssystems, so kann die Kommunikation zwischen den anderen Prozessoren unterbunden werden, ohne dass sich die Nachrichtenanzahl an $P(1)$ erhöht. Dies führt jedoch zu einer Vergrößerung des potentiell sequentiellen Teils des Algorithmus.

5.1.4.6 Vergleich

Die Vielfalt der Verfahren zur Lösung linearer Gleichungssysteme mit tridiagonaler Koeffizientenmatrix unterstreicht die Bedeutung dieser Aufgabenstellung. Die Auswahl eines geeigneten Verfahrens hängt von verschiedenen Faktoren ab. Die Angaben der Tab. 5.1.5 ermöglichen eine grobe Orientierung hinsichtlich der Grundversionen der hier vorgestellten Verfahren für ein System mit einer Koeffizientenmatrix gemäß (5.1.53). Für jeden Typus einer Rechnerarchitektur wird das grundsätzlich geeignete Verfahren im Falle eines Systems mit einer rechten Seite angegeben. Die letzte Spalte deutet an, dass in einer konkreten Anwendung weiter gehende Überlegungen erforderlich sind. Schon die Lösung eines Systems mit mehr als einer rechten Seite kann zur Verschiebung der Gewichtung führen.

Tab. 5.1.5   Vergleich verschiedener Löser für Tridiagonalsysteme mit Koeffizientenmatrix (5.1.53)
(PR: Parallelrechner, $L \equiv p$, $K \equiv n$)

	arithm. Komplexität			Eignung	Bedin-gung
	gesamt	Matrix-transform.	rechte Seite		
Gauß	$O(8N)$	$O(3N)$	$O(5N)$	sequentiell, Mikroprozessor Vektorprozessor	N bel. N klein
Zykl. Red.	$O(17N)$	$O(8N)$	$O(9N)$	Vektorprozessor	
Wang	$O(20N)$	$O(11N)$	$O(9N)$	PR (gem. Speicher) mit sequentiellen oder Mikroprozessoren	$[p \approx n]$
Johnsson	$O(17N)$	$O(8N)$	$O(9N)$	Vektorrechner PR (gem./vert. Speicher) mit sequentiellen oder Mikroprozessoren	$p \approx n$ $p \ll n$
Schur (mit Gauß)	$O(17N)$	$O(8N)$	$O(9N)$	PR (gem./vert. Speicher) mit sequentiellen oder Mikroprozessoren	$p \ll n$
Schur (mit Zykl. Red.)	$O(29N)$	$O(16N)$	$O(13N)$	PR (gem./vert. Speicher) mit Vektorprozessoren	$p \ll n$

5.1.5   Blocktridiagonalmatrizen

Lineare Gleichungssysteme mit *Blocktridiagonalmatrizen*

$$
M = \begin{pmatrix}
A_1 & C_1 & & & 0 \\
B_1 & A_2 & C_2 & & \\
& \ddots & \ddots & \ddots & \\
& & B_{q-2} & A_{q-1} & C_{q-1} \\
0 & & & B_{q-} & A_q
\end{pmatrix},
\tag{5.1.75}
$$

$A_i \in \mathbf{R}^{p_i \times p_i}$, $1 \le i \le q$, $B_i \in \mathbf{R}^{p_{i+1} \times p_i}$, $C_i \in \mathbf{R}^{p_i \times p_{i+1}}$, $1 \le i \le q-1$, $p_i \in \mathbf{N}$, $1 \le i \le q$,

treten unter anderem bei der numerischen Behandlung partieller Differentialgleichungen mit Differenzenverfahren auf. Als Beispiele direkter Lösungsverfahren seien die Anpassung des Block-Gauß-Algorithmus an die obige Gestalt oder die Blockzyklischen Reduktion [He78] genannt. Im folgenden beschränken wir uns auf einen Spezialfall und betrachten direkte Verfahren für Systeme mit $N \times N$-Koeffizientenmatrizen mit einer $q \times q$-Blockstruktur und Blöcken der Größe $p \times p$:

$$
M = \begin{pmatrix}
A & -T & & & 0 \\
-S & A & -T & & \\
& \ddots & \ddots & \ddots & \\
& & -S & A & -T \\
0 & & & -S & A
\end{pmatrix}, \quad A, S, T \in \mathbf{R}^{p \times p}, N = pq.
\tag{5.1.76}
$$

Die Ausnutzung der speziellen Gestalt gestattet die Herleitung besonders effizienter Verfahren, so genannter *Schneller Direkter Löser*. Hierunter versteht man Verfahren, deren Speicherplatzbedarf und deren arithmetische Komplexität um wenigstens eine Größenordnung unter denen klassischer Verfahren wie (Block-)Gauß-Algorithmus oder LU-Zerlegung liegen und die die Herleitung individuell angepasster Algorithmen mit parallelen oder vektoriellen Strukturen gestatten. Allerdings wird durch diese Gestalt der Kreis der möglichen Anwendungen stark eingeschränkt. Im Falle von Differenzenverfahren für elliptische partielle Randwertprobleme setzt eine Blocktridiagonalgestalt mit gleichen Blöcken in jeder Blockzeile ein Integrationsgebiet mit sehr regelmäßiger Geometrie und ein Gitter mit einer sehr regelmäßigen Struktur voraus: Zulässig sind etwa im 2D-Fall Rechtecke oder im 3D-Fall Quader mit konstanter Gitterschrittweite in jeder Dimension oder auch Kreise, Kugeln, Ellipsen, Kreiszylinder in Polar- oder Zylinderkoordinaten mit analogen Schrittweitenbeschränkungen [BGN70]. Die Forderung nach gleichen Blöcken $\mathbb{A}, \mathbb{S}, \mathbb{T}$ in jeder Blockzeile und deren verfahrensbedingt notwendige gegenseitige Vertauschbarkeit führt zu zusätzlichen Einschränkungen für die Gleichungskoeffizienten und die Randbedingungen. Als Testproblem wird häufig die Poisson-Gleichung gewählt:

$$\Delta u = u_{xx} + u_{yy} = f \quad \text{auf einem Rechteck I}$$
$$u \qquad\qquad = g \quad \text{auf dem Rand von I} \tag{5.1.77}$$

$$u \equiv u(x,y), \; g \equiv g(x,y), f \equiv f(x,y).$$

Bei der 5-Punkt-Diskretisierung auf einem Quadrat I mit zentralen Differenzenquotienten (Abb. 5.1.18) und konstanter Schrittweite $h = 1/(m+1)$ in beiden Koordinaten erhält man das lineare System $\mathbb{M}\, u = \mathbb{f}$, wobei $\mathbb{M}$ eine $N \times N$-Matrix beziehungsweise $m \times m$-Blockmatrix (5.1.76) mit

$$
\begin{array}{c}
u_{i,j+1} \\
| \\
u_{i-1,j} \;\rule{2cm}{0.4pt}\; u_{i,j} \;\rule{2cm}{0.4pt}\; u_{i+1,j} \\
| \\
u_{i,j-1}
\end{array}
$$

Abb. 5.1.18 zentraler Differenzenquotient

$m \times m$-Blöcken $\mathbb{A}$ und der $m \times m$-Einheitsmatrix $\mathbb{I}$ ist und wobei alle Vektoren in Blockvektoren analog zur Matrixstruktur zerlegt und die Randwerte in die rechte Seite eingearbeitet werden:

$$
\mathbb{M} = \begin{pmatrix}
\mathbb{A} & -\mathbb{I} & & & \mathbb{0} \\
-\mathbb{I} & \mathbb{A} & -\mathbb{I} & & \\
& \ddots & \ddots & \ddots & \\
& & -\mathbb{I} & \mathbb{A} & -\mathbb{I} \\
\mathbb{0} & & & -\mathbb{I} & \mathbb{A}
\end{pmatrix}, \quad
\mathbb{A} = \begin{pmatrix}
4 & -1 & & & 0 \\
-1 & 4 & -1 & & \\
& \ddots & \ddots & \ddots & \\
& & -1 & 4 & -1 \\
0 & & & -1 & 4
\end{pmatrix},
\tag{5.1.78}
$$

$$\mathbb{u} = (\mathbb{u}_1, \ldots \mathbb{u}_m), \; \mathbb{u}_i = (u_{i,1}, \ldots u_{i,m}), \; \mathbb{f} = (\mathbb{f}_1, \ldots \mathbb{f}_m), \; \mathbb{f}_i = (f_{i,1}, \ldots f_{i,m}), \; 1 \le i \le m,$$

$$f_{1,1} := h^2 f(x_1, y_1) - (g(x_0, y_1) + g(x_1, y_0))$$
$$f_{i,1} := h^2 f(x_i, y_1) - g(x_i, y_0), \qquad\qquad 2 \le i \le m-1$$
$$f_{m,1} := h^2 f(x_m, y_1) - (g(x_{m+1}, y_1) + g(x_m, y_0))$$

$$f_{1,j} := h^2 f(x_1, y_j) - g(x_0, y_j)$$
$$f_{i,j} := h^2 f(x_i, y_j),$$
$$f_{m,j} := h^2 f(x_m, y_j) - g(x_{m+1}, y_j)$$

$$2 \le i \le m-1 \;\Big\}\; 2 \le j \le m-1$$

$$f_{1,m} := h^2 f(x_1, y_m) - (g(x_0, y_m) + g(x_1, y_{m+1}))$$
$$f_{i,m} := h^2 f(x_i, y_m) - g(x_i, y_{m+1}), \qquad 2 \le i \le m-1$$
$$f_{m,m} := h^2 f(x_m, y_m) - (g(x_{m+1}, y_m) + g(x_m, y_{m+1})) \, .$$

Dieses Beispiel ist das bekannteste unter den folgenden, häufig für Testrechnungen verwendeten Modellproblemen elliptischer linearer Randwertaufgaben mit Dirichlet-Randbedingungen:

$$Lu = f \qquad \text{auf } \Omega = (x_1, x_2) \times (y_1, y_2) \text{ oder } \Omega = (x_1, x_2) \times (y_1, y_2) \times (z_1, z_2), \qquad (5.1.79)$$

$$x_i,\, y_i,\, z_i \in \mathbf{R},\, i = 1, 2,\; x_1 \le x_2,\, y_1 \le y_2,\, z_1 \le z_2,$$

$$u = g \qquad \text{auf dem Rand von } \Omega,$$

Diskretisierung mit den konstanten Schrittweiten

$$h = (x_2 - x_1)/(p+1),\; k = (y_2 - y_1)/(q+1),\; l = (z_2 - z_1)/(r+1):$$

a) 2D, Laplace-Operator $L = u_{xx} + u_{yy}$, $\Omega = (0,1) \times (0,1)$, 5-Punkt-Diskretisierung

$$\mathbb{A} = (-1, 4, -1),\; \mathbb{S} = \mathbb{T} = \mathbb{I}$$

b) 3D, Laplace-Operator $L = u_{xx} + u_{yy} + u_{zz}$, $\Omega = (0,1) \times (0,1) \times (0,1)$, 7-Punkt-Diskretisierung

$$\mathbb{A} = (-\mathbb{I}, \mathbb{B}, -\mathbb{I}),\, \mathbb{B} = (-1, 6, -1),\; \mathbb{S} = \mathbb{T} = \mathbb{I}$$

c) 2D, Laplace-Operator $L = u_{xx} + u_{yy}$, $\Omega = (0,1) \times (0,1)$, 9-Punkt-Diskretisierung

$$\mathbb{A} = (-4, 20, -4),\; \mathbb{S} = \mathbb{T} = (1, 4, 1)$$

d) 2D, $L = a(x)\, u_{xx} + b\, u_{yy} + c(x)\, u_x + d\, u_y$, $\Omega = (x_1, x_2) \times (y_1, y_2)$, 5-Punkt-Diskretisierung

$$\mathbb{A} = (-(a_i - \tfrac{h}{2} c_i),\, 2(a_i + b),\, -(a_i + \tfrac{h}{2} c_i)),$$
$$\mathbb{S} = -(b - \tfrac{h}{2}\, d)\, \mathbb{I},\; \mathbb{T} = -(b + \tfrac{h}{2}\, d)\, \mathbb{I}$$
$$h \le 2 \min \left\{ \frac{a(x)}{|c(x)|},\, \frac{b}{|d|} \right\} \; \forall\, x \in [x_1, x_2],\, a(x),\, c(x) > 0,\, b, d \text{ konstant}$$

e) 2D, $L = (a(x) u_x)_x + (b u_y)_y$, $\Omega = (x_1, x_2) \times (y_1, y_2)$, 5-Punkt-Diskretisierung, $a, b > 0$,

$$\mathbb{A} = (-a_{i-1/2},\, 2b + a_{i-1/2} + a_{i+1/2},\, -a_{i+1/2}),\; \mathbb{S} = \mathbb{T} = -b\, \mathbb{I}.$$

In den obigen Beispielen sind nur 5, 7 oder 9 Diagonalen mit nichtverschwindenden Koeffizienten belegt. Beispiel e) führt zu einer nichtsymmetrischen Matrix. In dreidimensionalen Anwendungen wie Beispiel b) erhält man als Systemmatrix $\mathbb{M}$ eine $q \times q$-Blocktridiagonalmatrix

$M = (-S, A, -T)$ mit Blöcken A, S, T der Größe $ps \times ps$, während A selbst eine $p \times p$-Blocktridiagonalmatrix $A = (-U, B, -V)$, mit Blöcken B, U, V der Größe $s \times s$ ist.

$$M = \begin{pmatrix} A & -T & & & 0 \\ -S & A & -T & & \\ & \ddots & \ddots & \ddots & \\ & & -S & A & -T \\ 0 & & & -S & A \end{pmatrix}, \qquad A = \begin{pmatrix} B & -V & & & 0 \\ -U & B & -V & & \\ & \ddots & \ddots & \ddots & \\ & & & -U & B & -V \\ 0 & & & & -U & B \end{pmatrix}, \tag{5.1.80}$$

$$M \in \mathbf{R}^{N \times N}, A, S, T \in \mathbf{R}^{ps \times ps}, B, U, V \in \mathbf{R}^{s \times s}, N = pqs.$$

In realen Anwendungen treten sehr große Matrizen auf. Schon im 2D-Fall sind Systemgrößen von $p = q \approx 10000$, das heißt $N = 100\,000\,000$ Unbekannte oder mehr, durchaus nicht unüblich. Die Herleitung "schneller Löser", die ausschließlich auf Anwendungen der eben genannten Art zugeschnitten sind, ist daher gerechtfertigt. (5.1.76) erhält man bei der Diskretisierung von Anwendungen mit Dirichlet-Randbedingungen. Liegen Neumann- oder periodische Randbedingungen vor, so ergeben sich modifizierte Koeffizientenmatrizen der Gestalt

$$M_N = \begin{pmatrix} A & -2T & & & 0 \\ -S & A & -T & & \\ & \ddots & \ddots & \ddots & \\ & & -S & A & -T \\ 0 & & & -2S & A \end{pmatrix}, M_P = \begin{pmatrix} A & -T & 0 & \cdots & 0 & -T \\ -S & A & -T & 0 & & 0 \\ 0 & \ddots & \ddots & \ddots & \ddots & \vdots \\ \vdots & \ddots & \ddots & \ddots & \ddots & 0 \\ 0 & & \ddots & -S & A & -T \\ -S & 0 & \cdots & 0 & -S & A \end{pmatrix}. \tag{5.1.81}$$

Die im Folgenden vorgestellten Verfahren werden für Systeme (5.1.76) formuliert, lassen sich aber unter zusätzlichen Voraussetzungen für Matrizen der Gestalt (5.1.81) modifizieren.

5.1.5.1 Blockzyklische Reduktion

Im Folgenden wird zunächst die *Blockzyklische Reduktion* als Verfahren für lineare Gleichungssysteme $Mx = y$, mit Koeffizientenmatrizen M der Gestalt (5.1.76) vorgestellt, wobei

$$q = 2^{k+1}-1, k \in \mathbf{N}, \ SA = AS, TA = AT, ST = TS \tag{5.1.82}$$

gelte. Analog zur Blockstruktur der Matrix werden auch die Vektoren blockweise aufgeteilt:

$$x = (x_1,...,x_q)^T, x_i = (x_{1,i},...,x_{p,i})^T, 1 \le i \le q.$$

Wir betrachten zunächst die Grundform der Blockzyklischen Reduktion: Es sei

$$A^{(0)} := A; \ S^{(0)} := S; \ T^{(0)} := T; \ y^0 := y;$$

$$\begin{pmatrix} A^{(0)} & -T^{(0)} & & & \\ -S^{(0)} & A^{(0)} & -T^{(0)} & & \\ & \ddots & \ddots & \ddots & \\ & & -S^{(0)} & A^{(0)} & -T^{(0)} \\ & & & -S^{(0)} & A^{(0)} \end{pmatrix} \begin{pmatrix} x_1 \\ x_2 \\ \vdots \\ x_{q-1} \\ x_q \end{pmatrix} = \begin{pmatrix} y_1^0 \\ y_2^0 \\ \vdots \\ y_{q-1}^0 \\ y_q^0 \end{pmatrix}.$$

Die Blockzyklische Reduktion basiert auf der komponentenweisen Zyklischen Reduktion, wobei die Einzelkomponenten durch Blockmatrizen ersetzt werden. In der Reduktionsphase werden in jedem Schritt jeweils jede zweite Blockgleichung und jeder zweite Block von Unbekannten eliminiert. Im ersten Schritt sind dies alle Blöcke von Gleichungen und Unbekannten mit ungeradem Index. Für $r := 1(1)k-1$ werden jeweils drei aufeinander folgende Blockgleichungen von links mit geeigneten Matrizen multipliziert und dann addiert:

$$j := 2^{r+1}(2^{r+1})2^{k+1}-2^{r+1}: \tag{5.1.83}$$

$$
\begin{aligned}
-\mathbb{S}^{(r)}\,x_{j-2^{r+1}} + \mathbb{A}^{(r)}\,x_{j-2^r} - \mathbb{T}^{(r)}\,x_j \qquad\qquad\qquad\quad &= y^r_{j-2^r}\big| * \mathbb{S}^{(r)} \\
-\mathbb{S}^{(r)}\,x_{j-2^r} + \mathbb{A}^{(r)}\,x_j - \mathbb{T}^{(r)}\,x_{j+2^r} \qquad\quad\ &= y^r_j \ \ \big| * \mathbb{A}^{(r)} \\
-\mathbb{S}^{(r)}\,x_j + \mathbb{A}^{(r)}\,x_{j+2^r} - \mathbb{T}^{(r)}\,x_{j+2^{r+1}} &= y^r_{j+2^r}\big| * \mathbb{T}^{(r)}.
\end{aligned}
$$

Unter Ausnutzung der Vertauschbarkeit der Blöcke erhält man die Gleichungen

$$-\left(\mathbb{S}^{(r)}\right)^2 x_{j-2^{r+1}} + \left(\left(\mathbb{A}^{(r)}\right)^2 - 2\mathbb{S}^{(r)}\,\mathbb{T}^{(r)}\right) x_j - \left(\mathbb{T}^{(r)}\right)^2 x_{j+2^{r+1}} = \mathbb{S}^{(r)}\,y^r_{j-2^r} + \mathbb{A}^{(r)}\,y^r_j + \mathbb{T}^{(r)}\,y^r_{j+2^r}.$$

Mit den Definitionen

$$\mathbb{S}^{(r+1)} := \left(\mathbb{S}^{(r)}\right)^2;\ \ \mathbb{T}^{(r+1)} := \left(\mathbb{T}^{(r)}\right)^2;\ \ \mathbb{A}^{(r+1)} := \left(\mathbb{A}^{(r)}\right)^2 - 2\,\mathbb{S}^{(r)}\mathbb{T}^{(r)}; \tag{5.1.84}$$

$$y^{r+1}_j := \mathbb{S}^{(r)}\,y^r_{j-2^r} + \mathbb{A}^{(r)}\,y^r_j + \mathbb{T}^{(r)}\,y^r_{j+2^r}$$

gehen diese in die neuen Gleichungen

$$-\mathbb{S}^{(r+1)}\,x_{j-2^{r+1}} + \mathbb{A}^{(r+1)}\,x_j - \mathbb{T}^{(r+1)}\,x_{j+2^{r+1}} = y^{r+1}_j,\ j := 2^{r+1}\,(2^{r+1})\,2^{k+1}-2^{r+1}.$$

über. Mittels vollständiger Induktion kann auch die Vertauschbarkeit von $\mathbb{A}^{(r)}$, $\mathbb{S}^{(r)}$, $\mathbb{T}^{(r)}$, $r = 1,\dots,k$, gezeigt werden. Wir illustrieren dieses Verfahren für $q = 7$, das heißt $k = 2$:

<u>Reduktionsphase:</u> $\hfill (5.1.85)$

$$
r = 0: \quad
\begin{pmatrix}
\mathbb{A}^{(0)} & -\mathbb{T}^{(0)} & & & & & \\
-\mathbb{S}^{(0)} & \mathbb{A}^{(0)} & -\mathbb{T}^{(0)} & & & & \\
 & -\mathbb{S}^{(0)} & \mathbb{A}^{(0)} & -\mathbb{T}^{(0)} & & & \\
 & & -\mathbb{S}^{(0)} & \mathbb{A}^{(0)} & -\mathbb{T}^{(0)} & & \\
 & & & -\mathbb{S}^{(0)} & \mathbb{A}^{(0)} & -\mathbb{T}^{(0)} & \\
 & & & & -\mathbb{S}^{(0)} & \mathbb{A}^{(0)} & -\mathbb{T}^{(0)} \\
 & & & & & -\mathbb{S}^{(0)} & \mathbb{A}^{(0)}
\end{pmatrix}
\begin{pmatrix} x_1 \\ x_2 \\ x_3 \\ x_4 \\ x_5 \\ x_6 \\ x_7 \end{pmatrix}
=
\begin{pmatrix} y^0_1 \\ y^0_2 \\ y^0_3 \\ y^0_4 \\ y^0_5 \\ y^0_6 \\ y^0_7 \end{pmatrix}
$$

$$
r = 1: \quad
\begin{pmatrix}
\mathbb{A}^{(1)} & -\mathbb{T}^{(1)} & \\
-\mathbb{S}^{(1)} & \mathbb{A}^{(1)} & -\mathbb{T}^{(1)} \\
 & -\mathbb{S}^{(1)} & \mathbb{A}^{(1)}
\end{pmatrix}
\begin{pmatrix} x_2 \\ x_4 \\ x_6 \end{pmatrix}
=
\begin{pmatrix} y^1_2 \\ y^1_4 \\ y^1_6 \end{pmatrix}
$$

$$r = 2: \quad \mathbb{A}^{(2)}\,x_4 = y^2_4$$

<u>Lösungsphase</u>

$$r = 2: \quad \mathbb{x}_4 = \left(\mathbb{A}^{(2)}\right)^{-1} \mathbb{y}_4^2$$

$$r = 1: \quad \mathbb{x}_2 = \left(\mathbb{A}^{(1)}\right)^{-1}\left(\mathbb{y}_2^1 + \mathbb{T}^{(1)}\mathbb{x}_4\right) \qquad \mathbb{x}_6 = \left(\mathbb{A}^{(1)}\right)^{-1}\left(\mathbb{y}_6^1 + \mathbb{S}^{(1)}\mathbb{x}_4\right)$$

$$r = 0: \quad \mathbb{x}_1 = \left(\mathbb{A}^{(0)}\right)^{-1}\left(\mathbb{y}_1^0 + \mathbb{T}^{(0)}\mathbb{x}_2\right) \qquad \mathbb{x}_3 = \left(\mathbb{A}^{(0)}\right)^{-1}\left(\mathbb{y}_3^0 + \mathbb{S}^{(0)}\mathbb{x}_2 + \mathbb{T}^{(0)}\mathbb{x}_4\right)$$

$$\mathbb{x}_5 = \left(\mathbb{A}^{(0)}\right)^{-1}\left(\mathbb{y}_5^0 + \mathbb{S}^{(0)}\mathbb{x}_4 + \mathbb{T}^{(0)}\mathbb{x}_6\right) \qquad \mathbb{x}_7 = \left(\mathbb{A}^{(0)}\right)^{-1}\left(\mathbb{y}_7^0 + \mathbb{S}^{(0)}\mathbb{x}_6\right).$$

Zwei schwerwiegende Nachteile machen diesen Algorithmus praktisch unbrauchbar:

- Er ist instabil. Ein Indiz hierfür ist bereits bei der Berechnung von $\mathbb{A}^{(r)}$ zu erkennen. Im einfachen Fall des Laplace-Operators liegen die Diagonalelemente in der Größenordnung von 6^{2^r}. Wegen $\mathbb{S}^{(r)} = \mathbb{T}^{(r)} = -\mathbb{I}$ führt dies bei der Berechnung der $\mathbb{y}_j^r$ schon für kleine Werte von r zu massiven Auslöschungseffekten. Letztere treten auch bei komplizierteren Anwendungen in ähnlichem Ausmaß auf. Vergleiche [BGN70] hinsichtlich einer detaillierten Fehleranalyse.
- $\mathbb{A}$ ist meist tridiagonal oder ähnlich einfach strukturiert, aber $\mathbb{A}^{(r)}$ mit wachsendem r immer voller besetzt. Der Vorteil einfach strukturierter Blöcke geht somit verloren.

5.1.5.2 Buneman-Algorithmus

Die Nachteile der Blockzyklischen Reduktion lassen sich mittels einer auf den ersten Blick einfachen Idee beheben [BGN70]. Die *stabilisierte blockzyklische Reduktion* wird als *Buneman-Algorithmus* bezeichnet. Die Multiplikationen mit den Matrizen $\mathbb{A}^{(r)}$ werden durch die Lösung einer Folge von jeweils 2^r linearen Gleichungssystemen der Größe $p \times p$ mit tridiagonaler Koeffizientenmatrix ersetzt. Diese Idee ist mit der Strategie vergleichbar, Algorithmen, die Multiplikationen mit großen Zahlen enthalten, die später zu großen Rundungsfehlern führen, so zu modifizieren, dass nur noch Divisionen durch diese Zahlen auftreten, die die Rundungsfehler umgekehrt sogar dämpfen. Diese Idee kann hier mittels folgender Schritte umgesetzt werden:

- Einführung spezieller Hilfsvektoren
- Faktorisierung der Matrizen $\mathbb{A}^{(r)}$.

Zunächst wird die Berechnung der $\mathbb{y}_j^r$ durch diejenige von neu einzuführenden Hilfsvektoren $\mathbb{p}_j^r$, $\mathbb{q}_j^r$ ersetzt. Diese werden über die Gleichungen

$$\mathbb{y}_j^r = \mathbb{A}^{(r)}\mathbb{p}_j^r + \mathbb{q}_j^r, \, j := 2^r(2^r)2^{k+1} - 2^r, \, r := 0(1)k,$$

definiert. Daraus kann unter Verwendung von

$$\mathbb{p}_j^0 := \mathbb{o}, \, \mathbb{q}_j^0 := \mathbb{y}_j, \, j := 1(1)q,$$

mit vollständiger Induktion die Berechnung der Hilfsvektoren abgeleitet werden [BGN70]:

$$r := 0(1)k-1, \, j := 2^{r+1}(2^{r+1})2^{k+1} - 2^{r+1}:$$

$$\mathbb{p}_j^{r+1} := \mathbb{p}_j^r + \left(\mathbb{A}^{(r)}\right)^{-1}\left\{\mathbb{S}^{(r)}\mathbb{p}_{j-2^r}^r + \mathbb{T}^{(r)}\mathbb{p}_{j+2^r}^r + \mathbb{q}_j^r\right\}$$

$$\mathbb{q}_j^{r+1} := \mathbb{S}^{(r)}\mathbb{q}_{j-2^r}^r + \mathbb{T}^{(r)}\mathbb{q}_{j+2^r}^r + 2\,\mathbb{S}^{(r)}\mathbb{T}^{(r)}\mathbb{p}_j^{r+1}.$$

Damit werden alle Multiplikationen mit Matrizen $\mathbb{A}^{(r)}$ vermieden. Es sind nur lineare Gleichungssysteme mit den $\mathbb{A}^{(r)}$ als Koeffizientenmatrizen zu lösen. Es bleibt das Problem der Berechnung der $\mathbb{A}^{(r)}$. Auch hierfür gibt es eine Abhilfe. Die Matrizen $\mathbb{A}^{(r)}$ stellen Matrixpolynome dar, die sich nach dem Bildungsgesetz der *Tschebyscheff-Polynome* berechnen lassen [Var62], [BB85]. Da sich jedes Polynom p_n n-ten Grades mit den Nullstellen λ_i, $i = 1,\ldots,n$, als Produkt

$$p_n(x) = \prod_{i=1}^{n} (x - \lambda_i)$$

darstellen lässt und da die (reellen) Nullstellen von Tschebyscheff-Polynomen bekannt sind, bietet es sich an, die Matrizen zu faktorisieren. Da die Matrizen $\mathbb{A}$, $\mathbb{S}$ und $\mathbb{T}$, also auch $\mathbb{A}$ und $\mathbb{U} := \sqrt{\mathbb{S}\,\mathbb{T}}$ vertauschbar sind, wobei die Wurzel $\sqrt{\mathbb{X}}$ einer Matrix als $\sqrt{\mathbb{X}} = +\mathbb{U}$ für $\mathbb{U}^2 = \mathbb{X}$ erklärt ist, gilt zunächst mit geeigneten Koeffizienten $c_{2j}^{(r)}$ für $r = 0,\ldots,k$ die Darstellung

$$\mathbb{A}^{(0)} = \mathbb{A};\ \mathbb{A}^{(r)} = \sum_{j=0}^{2^{r-1}} c_{2j}^{(r)}\, \mathbb{A}^{2j}\, \mathbb{U}^{2^r - 2j},\quad c_{2^r}^{(r)} = -1.$$

Wir ersetzen dieses Matrixpolynom durch ein reelles Polynom mit den Unbekannten a und u:

$$a^{(0)} = a;\ a^{(r)} = \sum_{j=0}^{2^{r-1}} c_{2j}^{(r)}\, a^{2j}\, u^{2^r - 2j}.$$

Da die Matrix $\mathbb{U}$ sicher nicht gleich der Nullmatrix ist, kann $u \neq 0$ angenommen werden. Wir können daher mit $x := a/u$ die Polynome

$$p_1(x) = x;\ p_{2^r}(x) = \sum_{j=0}^{2^{r-1}} c_{2j}^{(r)}\, x^{2j}$$

definieren. Für diese gilt offensichtlich

$$a^{(r)} = u^{2^r}\, p_{2^r}.$$

Die Polynome $a^{(r)}$ werden – vergleiche auch (5.1.84) – gemäß

$$a^{(0)} = a;\ a^{(r+1)} = \left(a^{(r)}\right)^2 - 2u^{2^{r+1}}$$

gebildet, woraus

$$p_1(x) = x;\ p_{2^{r+1}}(x) = \left(p_{2^r}(x)\right)^2 - 2$$

folgt. Für diese Polynome vom Grad 2^r gilt die Beziehung

$$p_{2^r}(2 \cos \theta) = 2 \cos(2^r\theta).$$

Für $r = 0$ ist dies offensichtlich. Gilt die Beziehung nun für ein $r \geq 1$, so folgt

$$p_{2^{r+1}}(2 \cos \theta) = \left(p_{2^r}(2 \cos \theta)\right)^2 - 2 = \left(2 \cos\left(2^r\theta\right)\right)^2 - 2 = 2 \cos\left(2^{r+1}\theta\right).$$

Jedes Polynom p_{2^r} besitzt somit den Grad 2^r und die 2^r Nullstellen

$$\lambda_j^{(r)} := 2\cos\theta_j^{(r)} = 2\cos\left\{\left(\frac{2j-1}{2^{r+1}}\right)\pi\right\}, \ 1 \le j \le 2^r, 0 \le r \le k.$$

Wir können daher schreiben

$$a^{(r)} = u^{2^r} p_{2^r}(x) = u^{2^r}\prod_{j=1}^{2^r}\left(x - \lambda_j^{(r)}\right) = \prod_{j=1}^{2^r}\left(a - 2\cos\left\{\left(\frac{2j-1}{2^{r+1}}\right)\pi\right\}u\right).$$

Dies kann unmittelbar auf die Matrizen übertragen werden:

$$A^{(r)} = \prod_{j=1}^{2^r}\left(A - 2\cos\left\{\left(\frac{2j-1}{2^{r+1}}\right)\pi\right\}U\right), \ 1 \le j \le 2^r, 0 \le r \le k.$$

A, S und T und U sind meist sehr einfach strukturiert. Durch die Faktorisierung werden die $A^{(r)}$ als Produkt von Matrizen mit der gleichen einfachen Struktur der Blöcke A, S und T dargestellt. Die Lösung eines linearen Gleichungssystems mit einer Koeffizientenmatrix $A^{(r)}$ kann somit durch eine Folge linearer Gleichungssysteme mit den Matrizen $A - 2\cos\left\{(2j-1)\pi/2^{r+1}\right\}U$ ersetzt werden. Die Multiplikationen mit $S^{(r)}$ und $T^{(r)}$ ersetzt man im Allgemeinen jeweils durch 2^r Multiplikationen mit S und T, falls S, $T \ne \alpha I$, $\alpha \in \mathbf{R}$. Insgesamt erhalten wir unter den Voraussetzungen

$$M = (-S, A, -T), \ M \ N\times N\text{-Matrix}, \ A, \ S, \ T \ p\times p\text{-Matrizen}, \tag{5.1.86}$$

$$N = pq, q = 2^{k+1}-1, k \in \mathbf{N},$$

$$AS = SA, TA = AT, ST = TS,$$

und mit den Abkürzungen

$$G_j^{(r)} := A - 2\cos\left\{\frac{2j-1}{2^{r+1}}\pi\right\}U, j := 1(1)2^r, r := 0(1)k, \tag{5.1.87}$$

$\mathcal{L}$: Lösungsverfahren für lineare Gleichungssysteme $G_j^{(r)}u = v$,

$$x_0 := x_{q+1} := 0; \ p_j^0 := 0, \ q_j^0 := y_j, j := 1(1)\,q,$$

$$S^{(0)} := S, T^{(0)} := T, S^{(r)} := \left(S^{(r-1)}\right)^2 := S^{2^r}, T^{(r)} := \left(T^{(r-1)}\right)^2 := T^{2^r}, r := 1(1)\,k,$$

die folgende Grundform des *Buneman-Algorithmus*:

<u>Reduktionsphase</u> (5.1.88)

for $r := 0$ **to** $k-1$ **do**

    for $j := 2^{r+1}$ **step** 2^{r+1} **to** $2^{k+1}-2^{r+1}$ **do**

$$p_j^{r+1} := p_j^r + \mathcal{L}\left(G_1^{(r)},...,\mathcal{L}\left(G_{2^r}^{(r)}, S^{(r)}p_{j-2^r}^r + T^{(r)}p_{j+2^r}^r + q_j^r\right)...\right)$$

$$q_j^{r+1} := S^{(r)}q_{j-2^r}^r + T^{(r)}q_{j+2^r}^r + 2S^{(r)}T^{(r)}p_j^{r+1}$$

<u>Lösungsphase</u>

for $r := k$ **step** -1 **to** 0 **do**

    for $j := 2^r$ **step** 2^{r+1} **to** $2^{k+1}-2^r$ **do**

$$x_j := p_j^r + \mathcal{L}\left(G_1^{(r)},...,\mathcal{L}\left(G_{2^r}^{(r)}, S^{(r)}x_{j-2^r} + T^{(r)}x_{j+2^r} + q_j^r\right)...\right). \qquad \blacklozenge$$

Die Auswahl des Verfahrens L zur Lösung der linearen Gleichungssysteme $G_j^{(r)}u = v$ in den einzelnen Schritten ist per Definition in (5.1.87) unmittelbar von der konkreten Gestalt der Matrizen A, S und T, also der Koeffizientenmatrix M abhängig. In 2D-Anwendungen ist – siehe (5.1.79) – A häufig eine Tridiagonal-, S und T eine Diagonal- oder Tridiagonalmatrix, so dass die $G_j^{(r)}$ insgesamt Tridiagonalgestalt besitzen. Es bieten sich daher die Verfahren aus dem Abschnitt 5.1.4 an. Aus Effizienzgründen verwendet man oft unterschiedliche Verfahren L in unterschiedlichen Schritten r. In 3D-Anwendungen wie (5.1.79b) besitzen die Matrizen $G_j^{(r)}$ selbst wieder die Blocktridiagonalgestalt (5.1.76), so dass als Verfahren L eine 2D-Version des Buneman-Algorithmus oder eine Variante der später vorgestellten EEA- oder FACR-Verfahren angewendet werden kann. Im Folgenden konzentrieren wir uns im Wesentlichen auf den 2D-Fall, wobei als Verfahren L der Gauß-Algorithmus oder Varianten der Zyklischen Reduktion für Tridiagonalsysteme zur Anwendung kommen. In (5.1.88) ist noch nicht berücksichtigt, dass für die Vektoren y, q und x nur ein Feld der Länge N und für p sogar nur der Länge $N/2$ benötigt wird, da Komponenten mit gleichem Index überschrieben werden können. Es kann darüber hinaus q durch x oder, falls y nach Anwendung des Buneman-Algorithmus nicht mehr benötigt wird, y durch x überschrieben werden. Ferner treten alle Matrizen $G_j^{(r)}$ als Koeffizienzenmatrizen sowohl in der Reduktions- und als auch der Lösungsphase bei der Lösung von linearen Gleichungssystemen mit einer abhängig von r unterschiedlichen Anzahl rechter Seiten auf. Es bietet sich daher an, die – vom gewählten Gleichungslöser abhängige – Transformation der Matrix von der Behandlung der rechten Seiten zu trennen und nur einmalig durchzuführen. Daher unterscheiden wir zwei Teilalgorithmen L_M (Matrixtransformation) und L_R (Behandlung der rechten Seiten). Die notwendige Speicherung aller transformierten Matrizen $G_j^{(r)}$ erfordert zusätzlichen Speicherplatz, der sich allerdings mit einer Größe von einigen wenigen N Speicherworten in einem akzeptablen Rahmen bewegt. Wir notieren in diesem zunächst sequentiellen Algorithmus sofort offensichtliche parallele Strukturen. Vergleiche hierzu auch Abb. 5.1.12, die wir hier blockweise interpretieren: Jeder Index stellt nunmehr einen Index eines der Teilvektoren $x_j \equiv q_j^r$ beziehungsweise $p_j \equiv p_j^r$ in der Reduktionsphase und x_j in der Lösungsphase dar.

<u>Buneman-Algorithmus</u>   (5.1.89)

<u>Reduktionsphase</u>

$\{$**for** $r := 0$ **to** k **do**; **for** $i := 1$ **to** 2^r **do**$\}$ **parallel** $G_i^{(r)} := L_M(G_i^{(r)})$

for $j := 2$ **step** 2 **to** $2^{k+1}-2$ **do parallel**

$\quad p_j := L_R(A, y_j)$

$\quad x_j := S y_{j-1} + T y_{j+1} + 2 S T y_j$

for $r := 1$ **to** $k-1$ **do**

$\quad$ **for** $j := 2^{r+1}$ **step** 2^{r+1} **to** $2^{k+1}-2^{r+1}$ **do parallel**

$\quad\quad p_j := p_j + L_R\big(G_1^{(r)},...., L_R\big(G_{2^r}^{(r)}, S^{(r)} p_{j-2^r} + T^{(r)} p_{j+2^r} + x_j\big)...\big)$

$\quad\quad x_j := S^{(r)} x_{j-2^r} + T^{(r)} x_{j+2^r} + 2 S^{(r)} T^{(r)} p_j$

<u>Lösungsphase</u>

for $r := k$ **step** -1 **to** 0 **do**
   for $j := 2^r$ **step** 2^{r+1} **to** $2^{k+1}-2^r$ **do parallel**

$$x_j := p_j + L_R\Big(\mathbb{G}_1^{(r)},...,L_R(\mathbb{G}_{2^r}^{(r)}, \mathbb{S}^{(r)} x_{j-2^r} + \mathbb{T}^{(r)} x_{j+2^r} + x_j)...\Big).$$ ♦

Der Buneman-Algorithmus ist im Wesentlichen dann durchführbar, wenn das (oder die) Verfahren L mit allen Matrizen $\mathbb{G}_i^{(r)}$ durchführbar ist (sind).

5.1.6 Satz. *Der Buneman-Algorithmus (5.1.89) liefert die Lösung des Systems* $\mathbb{M}\,x = y$, $\mathbb{M}$ *gemäß (5.1.86), unter den folgenden Voraussetzungen:*
a) $\mathbb{M}$ *ist nichtsingulär*
b) Das Verfahren L ist für die Koeffizientenstruktur von $\mathbb{A}$, $\mathbb{S}$, $\mathbb{T}$ *geeignet*
c) L ist mit allen Matrizen $\mathbb{G}_j^{(r)}$, $1 \leq j \leq 2^r, 0 \leq r \leq k$, *durchführbar.*   ♦

Insbesondere gilt (vergleiche Anhang A zur Notation):

5.1.7 Satz. *Falls eines der Verfahren für Tridiagonalsysteme aus Abschnitt 5.1.4 als Verfahren L gewählt wird, so ist dieses mit allen Matrizen* $\mathbb{G}_j^{(r)}$, $1 \leq j \leq 2^r, 0 \leq r \leq k$, *durchführbar, falls* $\langle \mathbb{A} \rangle - 2\,|\mathbb{U}|$ *oder* $\langle \mathbb{A} \rangle - 2\cos\big(\pi/2^{k+1}\big)\,|\mathbb{U}|$ *eine M-Matrix ist.*

Beweis. Es gilt mit Definition A.3, A.4, Lemma A.6 und (A.1) aus Anhang A

$$\langle \mathbb{A} \rangle - 2|\mathbb{U}| \leq \langle \mathbb{A} \rangle - 2\cos\left(\frac{\pi}{2^{k+1}}\right)|\mathbb{U}| \leq \langle \mathbb{A} \rangle - 2\left|\cos\left(\frac{2j-1}{2^{k+1}}\right)\right||\mathbb{U}| \leq \left\langle \mathbb{A} - 2\cos\left(\frac{2j-1}{2^{k+1}}\right)\mathbb{U}\right\rangle$$

für alle $1 \leq j \leq 2^r, 0 \leq r \leq k$. Falls $\langle \mathbb{A} \rangle - 2\,|\mathbb{U}|$ oder $\langle \mathbb{A} \rangle - 2\cos\big(\pi/2^{k+1}\big)\,|\mathbb{U}|$ eine M-Matrix ist, so gilt dies nach Lemma A.6 auch für alle $\mathbb{G}_j^{(r)}$. Die Behauptung folgt nun aus den Kriterien für die Durchführbarkeit der genannten Verfahren.   ♦

In [BGN70] wird nachgewiesen, dass der Buneman-Algorithmus im Gegensatz zur einfachen Blockzyklischen Reduktion tatsächlich stabil ist. Schon im sequentiellen Fall ist er sehr effizient. Der Gesamtaufwand beträgt etwa für eine 2D-Anwendung mit einer Tridiagonalmatrix $\mathbb{A}$ und Diagonalmatrizen $\mathbb{S}$ und $\mathbb{T}$, wobei für die Teilsysteme der Gauß-Algorithmus oder die Zyklische Reduktion verwendet werden, in Abhängigkeit von der konkreten Implementierung

Arithmetischer Aufwand:	$\approx 4\,N \log_2 q$ bis $\approx 12\,N \log_2 q$	Operationen
Speicherplatzbedarf:	$\approx 3N/2$ bis $9N$	Speicherworte.

Im Allgemeinen verursacht die Lösung der linearen Gleichungssysteme etwa 90% - 95% des arithmetischen Aufwandes. Dieser liegt mit $O(N \log_2 N)$ um mindestens eine Größenordnung unter dem von Gauß-Elimination ($O(N^3)$) oder auch der Block-Gauß-Elimination ($O(N^2)$). Man zählt daher den Buneman-Algorithmus zu den *Schnellen Direkten Lösern*. Es gibt verschiedene Varianten des Buneman-Algorithmus für verwandte Typen von Gleichungssystemen, die sich unter anderem aus der Diskretisierung von elliptischen partiellen Randwertproblemen mit Neumannschen oder periodischen Randbedingungen, aus 3D-Problemen sowie aus Problemen in Polarkoordinatendarstellung ergeben. Beispiele hierzu wurden zu Beginn von Abschnitt 5.1 genannt [BGN70]. Auch die Beschränkung $q = 2^{k+1}-1$ kann entfallen. In diesem Fall muss – analog zur einfachen Zyklischen Reduktion – in jedem Schritt r zwischen der Behandlung einer geraden oder einer ungeraden Anzahl von Blockgleichungen unterschieden werden. Der resultierende, recht komplizierte Algorithmus wird in [Swt77] detailliert untersucht.

Der Buneman-Algorithmus (5.1.89) weist auf verschiedenen Ebenen parallele Strukturen auf, so dass durch Parallelität ein weiterer Effizienzgewinn möglich ist:

Blockebene:

- Matrixtransformationen: Die Matrixtransformationen $\mathcal{L}_{\mathcal{M}}$ können für alle $\sum_{r=0}^{k} 2^r = q$ Matrizen $\mathbb{G}_j^{(r)}$ mit der Granularität $O(p)$ parallel ausgeführt werden.

- Behandlung der Blockvektoren – Parallelität der j-Schleifen: In jedem Schritt r der Reduktionsphase sind jeweils $2^{k-r}-1$ und in der Lösungsphase jeweils 2^{k-r} Blöcke der Größe p parallel zu behandeln.

Komponentenebene:

- In allen Schritten sind bei der Auswertung der rechten Seiten von Zuweisungen oder linearen Gleichungssystemen Vektor-Additionen und Matrix-Vektor-Multiplikationen mit der Parallelität p entsprechend der Blockgröße auszuführen. Die Granularität ist dann entsprechend deutlich kleiner als bei einer Parallelisierung auf Blockebene.

Als problematisch erweist sich auf Blockebene die sowohl in der Reduktions- als auch in der Lösungsphase mit wachsendem r abnehmende Parallelität von $2^{k-r}-1$ beziehungsweise 2^{k-r}. Anders als bei der komponentenweisen Zyklischen Reduktion nimmt die arithmetische Komplexität nicht proportional zur Parallelität ab. In jedem Schritt r von Reduktions- und Lösungsphase sind

Reduktion			Lösung		
r	Systeme	rechte Seiten	r	Systeme	rechte Seiten
0	1	127	7	128	1
1	2	63	6	64	2
2	4	31	5	32	4
3	8	15	4	16	8
4	16	7	3	8	16
5	32	3	2	4	32
6	64	1	1	2	64
			0	1	128

Tab. 5.1.6 Anzahl linearer Gleichungssysteme und rechter Seiten im Buneman-Algorithmus im 2D-Fall für $q = 255, k = 7$

nacheinander 2^r lineare Gleichungssysteme mit jeweils $2^{k-r}-1$ oder 2^{k-r} *parallel* zu behandelnden rechten Seiten zu lösen: Während mit wachsendem r die Anzahl der rechten Seiten abnimmt, wächst umgekehrt die Anzahl der unterschiedlichen Koeffizientenmatrizen an. Unter der meist zutreffenden Annahme, dass $\mathcal{L}_{\mathcal{M}}$ und $\mathcal{L}_{\mathcal{R}}$ jeweils eine arithmetische Komplexität gleicher Ordnung – für den 2D-Fall im Allgemeinen $O(N)$ – besitzen, bewegt sich der arithmetische Gesamtaufwand aller Schritte r etwa im gleichen Rahmen. Vergleiche hierzu das Beispiel in Tab. 5.1.6.

Erfolgt die Parallelisierung ausschließlich über die Anzahl der rechten Seiten, so besitzen die "mittleren", schwach parallelen Schritte mit größeren Werten von r einen unverhältnismäßig hohen Anteil an der Zeitkomplexität. Dies trifft etwa bei der Lösung der 2D-Beispiele in (5.1.79) zu, wenn als Verfahren L der unter dem Gesichtspunkt der geringsten arithmetischen Komplexität im sequentiellen Fall optimale Gauß-Algorithmus für Tridiagonalsysteme verwendet wird. Im parallelen Fall bietet es sich an, für größeren Werte von r ein Verfahren L mit einer größeren Parallelität auf der Komponentenebene unabhängig von der Anzahl der rechten Seiten zu verwenden. Als Beispiele seien wieder die Zyklische Reduktion oder eines der anderen Verfahren aus Abschnitt 5.1.4 genannt. Die Vorgehensweise kann beispielsweise wie folgt lauten:

"kleines" r: viele rechte Seiten, Parallelisierung über die Anzahl der rechten Seiten (äußere j-Schleifen), L = Gauß-Algorithmus

"großes" r: wenige rechte Seiten, Parallelisierung über die Anzahl p der Komponenten in jedem Block (innere i-Schleifen), L = Zyklische Reduktion.

Der optimale Schrittindex r für den Wechsel des Verfahrens ist problem-, verfahrens- und rechnerabhängig und kann mit einer beträchtlichen Toleranz aus der Erfahrung festgelegt werden. Da dies vor Ausführungsbeginn erfolgt, können auch die Matrixtransformationen $L_{\mathcal{M}}(\mathbb{G}_i^{(r)})$ vorab auf die zu verwendenden Verfahren L aufgeteilt werden. Im 3D-Fall kann auf der obersten Ebene eines der Verfahren dieses Abschnitts, etwa der 2D-Buneman-Algorithmus, als Verfahren L eingesetzt werden. Es müssen dann drei Dimensionen optimiert werden: Innerhalb jeder Anwendung von L muss dann zusätzlich berücksichtigt werden, dass letzteres in den einzelnen Schritten r im Allgemeinen mehrfach und parallel ausgeführt wird. Im 2D-Fall treten bei der Auswertung der rechten Seiten linearer Gleichungssysteme und der Zuweisungen Doppelschleifen

$$\{\textbf{for } j := 2^r \textbf{ step } 2^r \textbf{ to } q{+}1{-}2^r \textbf{ do; } \textbf{for } i := 1 \textbf{ to } p \textbf{ do}\} \textbf{ parallel} \qquad (5.1.90)$$

und bei Verwendung der Zyklischen Reduktion Doppelschleifen der Form

$$\{\textbf{for } j := 2^r \textbf{ step } 2^r \textbf{ to } q{+}1{-}2^r \textbf{ do; } \textbf{for } i := 2^r \textbf{ step } 2^r \textbf{ to } p{+}1{-}2^r \textbf{ do}\} \textbf{ parallel} \qquad (5.1.91)$$

auf, die jeweils beide parallel und in beliebiger Reihenfolge ausgeführt werden können. Im 3D-Fall sind entsprechend auch Dreifachschleifen zu optimieren.

Vektorprozessoren Der Buneman-Algorithmus kann sehr effizient vektorisiert werden, was allerdings mit einem gewissen Programmieraufwand einhergeht. Die wesentlichen Maßnahmen zur Optimierung der Vektorlänge sind dabei im 2D-Fall:

- L: Gauß-Algorithmus für "kleine" r, Vektorisierung der j-Schleifen (Blockindex)
  L: Zyklische Reduktion für "große" r, Vektorisierung der i-Schleifen (Komponentenindex)
- $L_{\mathcal{M}}$:   Vektorisierung über Matrixindex (hierfür eindimensionale Indizierung) als Laufindex der innersten Schleife
- bei Doppelschleifen (5.1.90), (5.1.91) Optimierung der Vektorlänge unter Abwägung des Einflusses großer Indexinkremente beim Wechsel zwischen Spalten- und Zeilenzugriff.

Vielfache von Zweierpotenzen als Indexinkremente oder allgemein große Indexinkremente mit der Konsequenz eines gegebenenfalls stark verlangsamten Speicherzugriffs aufgrund von Zugriffskonflikten treten nicht nur beim Wechsel zwischen Zeilen- und Spaltenzugriff auf. Analog zur einfachen Zyklischen Reduktion stellen die Inkremente 2^r auf Blockebene in den j-Schleifen und bei Verwendung der Zyklischen Reduktion als Verfahren $\mathcal{L}$ auch in den inneren i-Schleifen auf Komponentenebene das entscheidende Problem für die Effizienz des Buneman-Algorithmus (nicht nur) auf Vektorprozessoren dar. Eine Abhilfe bietet auch hier die für die einfache Zyklische Reduktion in (5.1.60) eingeführte Modifikation (Abb. 5.1.13). Für den Algorithmus (5.1.89) bedeutet dies, dass die Komponenten der Vektoren $\mathbf{x}_j \equiv \mathbf{q}_j^r$ und $\mathbf{p}_j \equiv \mathbf{p}_j^r$ in der Reduktionsphase und $\mathbf{x}_j$ in der Lösungsphase nicht überschrieben werden, sondern dass für jede Modifikation analog zum Indexschema in (5.1.60) ein neuer Index eingeführt wird, wobei über alle Schritte r fortlaufend und eindimensional indiziert wird. Analog zu (5.1.60) muss dann in der Lösungsphase eine explizite Rückspeicherung erfolgen, um die Einführung der neuen Blöcke rückgängig zu machen. Nach dieser Modifikation treten auf Blockebene nur noch Inkremente 1 und 2 auf. In den Schritten r, in denen die einfache Zyklische Reduktion als Verfahren $\mathcal{L}$ verwendet wird, treten zusätzlich Bankkonflikte auf Komponentenebene auf. Diesen kann mit (5.1.60) begegnet werden. Insgesamt bieten sich somit folgende Varianten dieser Strategie an: Modifikation

- nur auf Komponentenebene
- nur auf Blockebene
- sowohl auf Block- als auch auf Komponentenebene.

Die Situation gestaltet sich wesentlich komplizierter als bei der einfachen Zyklischen Reduktion. Einerseits ist eine Vermeidung von großen Inkrementen 2^r unabdingbar. Andererseits ist die aufwendigste der drei Varianten – Modifikation sowohl auf Block- als auch auf Komponentenebene – nicht zwangsläufig die erfolgreichste. Welche der drei Varianten jeweils sinnvoll ist, hängt unter anderem von der Anwendung, der Problemgröße und dem Verhältnis von Blockanzahl q und Blockgröße p, der konkreten Implementierung des Algorithmus und der verwendeten Rechnerumgebung ab. Insbesondere muss überprüft werden, auf welcher Ebene überhaupt Konflikte auftreten. Außerdem wird bei einer Modifikation auf jeder betroffenen Ebene der Speicherplatzbedarf jeweils verdoppelt, im Extremfall also vervierfacht. Auch der Aufwand wächst. Vor allem bei der Modifikation auf Blockebene darf der nicht unerhebliche Zeitaufwand für die Rückspeicherung keinesfalls vernachlässigt werden.

Zusammenfassend lassen sich die Eigenschaften des vektorisierten Buneman-Algorithmus wie folgt charakterisieren:

Nachteile: • ohne Modifikation Zugriff mit Inkrementen 2^r, insbesondere in den Schritten, in denen die Zyklische Reduktion verwendet wird
                  • Wechsel zwischen Spalten- und Zeilenzugriff bei Schleifentausch (Bildung großer Indexinkremente, die ein Vielfaches der Blocklänge betragen)
                  • abnehmende Vektorlänge mit wachsendem r

Vorteile: • insgesamt gut vektorisierbar
                  • verhältnismäßig geringer arithmetischer Aufwand und Speicherplatzbedarf.

Bei 3D-Anwendungen kommt eine dritte zu optimierende Dimension hinzu. Die optimierte Vermeidung von Vielfachen großer Zweierpotenzen als Indexinkremente in bis zu drei Dimensionen besitzt einen nicht zu unterschätzenden Komplexitätsgrad.

Serielle Rechner, Mikroprozessoren Auf einem hypothetischen rein seriellen Rechner bietet sich die Version mit dem geringsten arithmetischen Aufwand, also im 2D-Fall $\mathcal{L}$ = Gauß in allen Schritten, an. Maßnahmen zur Erhöhung der "Vektorlänge" sind irrelevant. Auch Speicherzugriffskonflikte werden durch eine rein serielle und damit "langsame" Architektur überdeckt. Auf Mikro- und insbesondere auf RISC-Prozessoren ist es kaum sinnvoll, eine größere Parallelität mit einem nennenswert höheren arithmetischen Aufwand zu erkaufen. Sehr wohl muss jedoch – insbesondere bei cachebasierten Architekturen – der Problematik eventueller Speicherzugriffs-Konflikte in erheblichem Maße Rechnung getragen werden. Die Erhöhung der "Vektorlänge", also der Parallelität in den innersten Schleifen, durch einen Wechsel zwischen Zeilen- und Spaltenzugriff ist dann nicht sinnvoll, wenn das Ergebnis dieser Aktion dem ursprünglichen Speicherschema widerspricht. Dies würde zu Indexinkrementen im Umfang einer Blockgröße p oder Vielfachen davon führen. Die Vermeidung von Indexinkrementen 2^r jeglicher Größe sowohl auf Komponenten- als auf Blockebene besitzt eine erhebliche Relevanz für die Effizienz des Verfahrens. Auf Komponentenebene wird die Füllung von Cache Lines beeinflusst. Schon ein Inkrement 2 kann hier zur Halbierung der Cachenutzung führen. Auf Blockebene kann ein Inkrement 2^r in Abhängigkeit von der Seitengröße sehr schnell zu Page Faults oder zumindest Modifikationen von Indextafeln mit entsprechenden Verzögerungen führen. Dagegen muss wieder der zusätzliche Aufwand für die Rückspeicherungen in der Lösungsphase gerechnet werden. Für 3D-Anwendungen mit einer weiteren Dimension ist entsprechend zu verfahren, wobei sich auf der obersten Ebene wieder der 2D-Buneman-Algorithmus als Verfahren $\mathcal{L}$ anbietet.

Parallelrechner Um bei einer Parallelisierung eine größere Granularität zu erhalten, als sie bei der Vektorisierung in Gestalt einzelner Schleifen auf Komponentenebene auftritt, sollte eine Parallelisierung zumindest auf Blockebene erfolgen. Dazu betrachtet man nochmals das Abhängigkeitsdiagramm Abb. 5.1.12. Nun bezeichne jeder Index einen Block. Als naheliegend erscheint eine Parallelisierung über die Anzahl der Blöcke, da in jedem Schritt r jeweils $2^{k-r}-1$ oder 2^{k-r} Blöcke unabhängig voneinander behandelt werden können. Dies entspricht der Parallelisierung der j-Schleifen im Algorithmus (5.1.89). Nachteilig ist jedoch auch hier, dass einerseits eine innere Schleife parallelisiert wird, also nach jedem Durchlauf durch die jeweilige r-Schleife kommuniziert oder synchronisiert werden muss, dass aber andererseits die Parallelität mit wachsendem r bei etwa gleichem Aufwand pro Schritt von 2^k-1 oder 2^k auf 1 abnimmt. Es liegt daher nahe, eine Parallelisierung anzustreben, in der nicht nach jedem Schritt r kommuniziert oder synchronisiert werden muss. Abbildung 5.1.20 zeigt eine Aufteilung auf maximal 2 Prozessoren. Aufgrund von Datenabhängigkeiten bezüglich des mittleren Blocks 2^k muss die Berechnungsreihenfolge grundlegend geändert werden. In der Reduktionsphase werden zunächst die Blöcke 1 bis 2^k-1 und 2^k+1 bis q in zwei großen Teilaufgaben (Ia, Ib) parallel für alle Schritte $r = 0$ bis $r = k-1$ abgearbeitet. Danach werden alle Reduktionsschritte $r = 0$ bis $r = k-1$ und der Lösungsschritt bezüglich $r = k$ des mittleren Blocks 2^k nacheinander ausgeführt (II). Schließlich werden die Schritte $r = k-1$ bis $r = 0$ Lösungsphase in zwei gleich großen, voneinander unabhängigen Teilaufgaben (IIIa, IIIb) für die Blöcke 1 bis 2^k-1 und 2^k+1 bis q ausgeführt. Jede der Teilaufgaben Ia, Ib und IIIa, IIIb hat wieder die gleiche Abhängigkeitsstruktur wie die gesamte Reduktions- beziehungsweise Lösungsphase. Daher kann das Aufteilungsprinzip für Reduktions- und Lösungsphase grundsätzlich erneut angewendet werden – diesmal auf einzelne Teilaufgaben. Schon bei nur zwei Prozessoren ist es problematisch, dass der "mittlere" Block separat, das heißt sequentiell oder zumindest mit einer um eine Größenordnung reduzierten Granularität bei erheblichem arithmetischen Aufwand behandelt werden muss. Bei vier Prozessoren sind zusätzlich die Blöcke 4 und 12 zwar parallel zueinander, aber in zusätzlichen Schritten zu bearbeiten. Es ist unschwer zu erkennen, dass dieser Algorithmus schon für kleinere Prozessorzahlen eine sehr ungünstige parallele Struktur besitzt. Mit wachsender Prozessorzahl steigt auch die Anzahl der Zusatzschritte, in denen immer mehr Blöcke separat mit einer geringeren Granularität behandelt werden müssen, wobei außerdem nicht die maximale Prozessoranzahl eingesetzt werden kann. Im 3D-Fall wächst zwar die Komplexität der einzelnen Teilaufgaben um eine Größenordnung. Die grundsätzliche Problematik bleibt jedoch erhalten. (5.1.92) stellt – vor allem bei mehr als zwei Prozessoren – einen sehr ineffizienten Algorithmus dar.

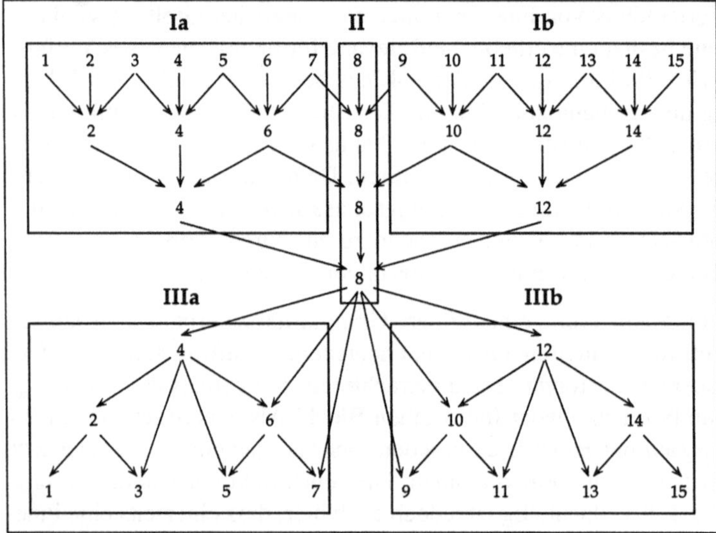

Abb. 5.1.19   Parallelisierung des Buneman-Algorithmus

Bei allen Versuchen der Parallelisierung stellt die mit wachsendem r ansteigende Anzahl nacheinander zu lösender linearer Gleichungssysteme mit wenigen rechten Seiten

$$x_0 \equiv b; \ G_i^{(r)} x_i = x_{i-1}, \ i := 1\,(1)\,2^r,$$

(5.1.92)

ein wesentliches Problem dar. In [Swt88] wird eine parallele Variante des Buneman-Algorithmus angegeben, in der die sequentielle Lösung der Systeme (5.1.92) vermieden wird. Dazu nutzt man folgenden Satz über die Partialbruchzerlegung aus:

5.1.8 Satz. *p und q seien zwei Polynome mit folgenden Eigenschaften:*

       a) p und q sind teilerfremd
       b) Grad p < Grad q = n
       c) q besitzt n verschiedene Nullstellen $\lambda_1,\dots,\lambda_n$.

Dann gilt

$$\frac{p(x)}{q(x)} = \sum_{j=1}^{n} \frac{c_j}{x - \lambda_j}, \ \textit{wobei} \ c_j = \frac{p(\lambda_j)}{q'(\lambda_j)}.$$

Im vorliegenden Zusammenhang gilt nun

$$A^{(r)} = \prod_{j=1}^{2^r} (A - \lambda_j^{(r)} U), \ \lambda_j^{(r)} = 2 \cos\left\{\frac{2j-1}{2^{r+1}}\pi\right\}.$$

Unter Verwendung von Tschebyscheff-Polynomen T_{2^r}, der Beziehung $AU = UA$ und Beachtung der Tatsache, dass $U \neq 0$ angenommen werden kann, wenden wir den obigen Satz mit $x := a/u$ auf

$$p(x) = 1, \ q(x) = u^{2^r} T_{2^r}(x) = u^{2^r} \prod_{j=1}^{2^r} (x - \lambda_j^{(r)})$$

an. Dann erhalten wir die Lösung der obigen Folge von Systemen als

$$x = \sum_{j=1}^{2^r} c_j^{(r)} (A - \lambda_j^{(r)} U)^{-1} b, \ c_j^{(r)} = \frac{1}{T_{2^r}'(\lambda_j^{(r)})}. \tag{5.1.93}$$

Damit ist die Folge von 2^r aufeinander folgenden, das heißt voneinander abhängigen Systemen durch eine Summe von 2^r voneinander unabhängigen Systemen ersetzt worden. Tab. 5.1.6 zeigt, dass gerade in den Schritten, in denen wenige Blöcke simultan zu behandeln sind, sehr viele sukzessive abzuarbeitende Systeme auftreten. Durch die obige Modifikation kann erreicht werden, dass in allen Schritten eine Granularität gleicher Größenordnung vorliegt. Die erforderliche Summation der Teillösungen führt zu zusätzlichem arithmetischen Aufwand. Wir formulieren einen Algorithmus für Parallelrechner mit gemeinsamem Speicher, wobei wir der Übersichtlichkeit halber ein zweidimensionales Prozessorfeld verwenden.

<u>Buneman-Algorithmus (Parallelrechner mit gemeinsamem Speicher)</u> (5.1.94)
<u>Reduktionsphase</u>

{for $r := 0$ **to** k **do; for** $i := 1$ **to** 2^r **do} parallel on** $P(j,i)$: $G_i^{(r)} := \mathcal{L}_{\mathcal{M}}(G_i^{(r)})$

for $r := 0$ **to** $k-1$ **do**

    for $j := 2^{r+1}$ **step** 2^{r+1} **to** $2^{k+1} - 2^{r+1}$ **do parallel on** $P(j,1)$

        $z_j := S^{(r)} p_{j-2^r}^r + T^{(r)} p_{j+2^r}^r + q_j^r$

    {for $j := 2^{r+1}$ **step** 2^{r+1} **to** $2^{k+1} - 2^{r+1}$ **do; for** $i := 1$ **to** 2^r **do} parallel on** $P(j,i)$

        $z_j^i := \mathcal{L}_{\mathcal{M}}(G_i^{(r)}, z_j)$

    for $j := 2^{r+1}$ **step** 2^{r+1} **to** $2^{k+1} - 2^{r+1}$ **do parallel**

        $z_j := \mathbf{sum}\left(c_1^{(r)} z_j^1, ..., c_{2^r}^{(r)} z_j^{2^r}\right)$ **on** $\left(P(j,1), ..., P(j,2^r)\right)$

    for $j := 2^{r+1}$ **step** 2^{r+1} **to** $2^{k+1} - 2^{r+1}$ **do parallel on** $P(j,1)$

        $p_j^{r+1} := p_j^r + z_j$

        $q_j^{r+1} := S^{(r)} q_{j-2^r}^r + T^{(r)} q_{j+2^r}^r + 2 S^{(r)} T^{(r)} p_j^{r+1}$

<u>Lösungsphase</u>

for $r := k$ **step** -1 **to** 0 **do**

    for $j := 2^r$ **step** 2^{r+1} **to** $2^{k+1}-2^r$ **do parallel on** $\mathrm{P}(j,1)$

$$\mathbb{z}_j := \mathbb{S}^{(r)}\mathbb{x}_{j-2^r} + \mathbb{T}^{(r)}\mathbb{x}_{j+2^r} + \mathbb{q}_j^r$$

    $\{$**for** $j := 2^r$ **step** 2^{r+1} **to** $2^{k+1}-2^r$ **do; for** $i := 1$ **to** 2^r **do**$\}$ **parallel on** $\mathrm{P}(j,i)$

$$\mathbb{z}_j^i := \mathcal{L}_{\mathcal{R}}(\mathbb{G}_i^{(r)}, \mathbb{z}_j)$$

    for $j := 2^r$ **step** 2^{r+1} **to** $2^{k+1}-2^r$ **do parallel**

$$\mathbb{z}_j := \mathbf{sum}\left(c_1^{(r)}\, \mathbb{z}_j^1, \ldots, c_{2^r}^{(r)}\, \mathbb{z}_j^{2^r}\right) \text{ on } (\mathrm{P}(j,1), \ldots, \mathrm{P}(j,2^r))$$

    for $j := 2^r$ **step** 2^{r+1} **to** $2^{k+1}-2^r$ **do parallel on** $\mathrm{P}(j,1)$

$$\mathbb{x}_j := \mathbb{p}_j^r + \mathbb{z}_j. \qquad\qquad\qquad\qquad\qquad\qquad\qquad \blacklozenge$$

Die Parallelität des Algorithmus ergibt sich aus der Anzahl der in einem Schritt r jeweils parallel zu bearbeitenden Blöcke (j-Schleifen), also (Blöcken von) rechten Seiten (Tab. 5.1.6) und aus der Anzahl der gemäß der obigen Umformung parallel zu bearbeitenden Matrizen (i-Schleifen). In (5.1.94) wird teils über die i-Schleifen, teils über die j-Schleifen, teils über i-j-Doppelschleifen mit vertauschbarer Reihenfolge parallelisiert. Außerdem treten bei der Aufsummierung der Teillösungen gemäß Satz 5.1.8 Vektor-Reduktions-Summationen auf. Im Gegensatz zum vorangehenden Algorithmus werden Teilaufgaben gleichmäßigerer Granularität auf die Prozessoren verteilt. Die Anzahl der benötigten Prozessoren schwankt jedoch stark. Während für die einfachen j-Schleifen etwa 2^{k-r} Prozessoren benötigt werden, finden in den Doppelschleifen bis zu 2^k Prozessoren Verwendung. Ähnliches gilt für j-Schleifen, die Reduktions-Summationen enthalten. Als Alternative bietet es sich daher an, nur über die Anzahl der verschiedenen Matrizen oder nur über die Anzahl der Blöcke der rechten Seiten – und damit auf (5.1.93) zu verzichten – zu parallelisieren, wobei für jeden Schritt r entschieden werden kann, welches die günstigere Variante ist. In diesem Falle verzichtet man aufgrund der Reduktion der Prozessorzahl auf einen Teil der Parallelität, wobei zusätzlich eine größere Granularität erreicht wird. Eine weitere Alternative besteht darin, für kleine r gemäß der (5.1.89) zu verfahren und für größere r die (5.1.93) anzuwenden, also die entsprechenden Schritte von (5.1.94) auszuführen.

(5.1.94) und die angedeuteten Varianten sind effiziente Algorithmen für *Parallelrechner mit gemeinsamem Speicher*. Für *Parallelrechner mit verteiltem Speicher* sind beide dagegen grundsätzlich ungeeignet. Die Parallelisierung sowohl über den Blockindex als auch den Index der Koeffizientenmatrizen $\mathbb{G}_i^{(r)}$ mit wechselnden Anzahlen in jeder Dimension (siehe Tab. 5.1.6) führen dazu, dass keine feste Zuordnung zwischen einem Prozessor und einem Paar (Matrix $\mathbb{G}_i^{(r)}$, rechte Seite) erfolgen kann. Hieraus resultiert eine aufwendige Kommunikation, mittels der in jedem Schritt r Matrizen und rechte Seiten in großem Umfang verschickt werden müssen. Würde in bestimmten Schritten nur über die Anzahl der rechten Seiten parallelisiert, so müssten sämtliche transformierten Matrizen für diesen Schritt an alle jeweils beteiligten Prozessoren verschickt werden. Ersatzweise müssten die Transformationen auf jedem dieser Prozessoren erneut vorgenommen werden. Würde in bestimmten Schritten nur über die Anzahl der Matrizen parallelisiert, so müssten entsprechend die rechten Seiten vielfach verschickt werden. In (5.1.94) trifft beides zu. Der resultierende Kommunikationsaufwand sprengt jeden Rahmen.

5.1.5.3 Eigenwert-Eigenvektor-Zerlegung

In diesem Abschnitt betrachten wir einen anderen Ansatz mit dem Ziel, von vornherein eine
größere Parallelität zu erreichen. Wir betrachten wieder ein lineares Gleichungssystem $\mathbb{M}\,x = y$,
wobei $\mathbb{M} = (\mathbb{S}, \mathbb{A}, \mathbb{T})$ gemäß (5.1.76) eine $q \times q$-Blockmatrix mit Blöcken $\mathbb{A}, \mathbb{S}, \mathbb{T}$ der Größe $p \times p$
sei. Alle Vektoren seien entsprechend dieser Struktur ebenfalls in Blöcke zerlegt:

$$x = \begin{pmatrix} x_1 \\ \vdots \\ x_q \end{pmatrix}, \ y = \begin{pmatrix} y_1 \\ \vdots \\ y_q \end{pmatrix}, \ x_j = \begin{pmatrix} x_{1,j} \\ \vdots \\ x_{p,j} \end{pmatrix}, \ y_j = \begin{pmatrix} y_{1,j} \\ \vdots \\ y_{p,j} \end{pmatrix}, \ 1 \le j \le q \, .$$

Damit lautet das zu lösende Gleichungssystem ausgeschrieben:

$$\begin{aligned}
\mathbb{A}\,x_1 + \mathbb{T}\,x_2 &= y_1 \\
\mathbb{S}\,x_{j-1} + \mathbb{A}\,x_j + \mathbb{T}\,x_{j+1} &= y_j \, , \ j = 2,\dots,q-1 \, . \\
\mathbb{S}\,x_{q-1} + \mathbb{A}\,x_q &= y_q
\end{aligned}$$

Wir betrachten zunächst die sogenannte *Eigenwert-Eigenvektor-Zerlegung* [BGN70]. Wir setzen
in (5.1.76) voraus, dass

$$\mathbb{A}\mathbb{T} = \mathbb{T}\mathbb{A}, \ \mathbb{A}\mathbb{S} = \mathbb{S}\mathbb{A}, \ \mathbb{A}, \ \mathbb{S}, \ \mathbb{T} \text{ symmetrisch.} \tag{5.1.95}$$

Unter diesen Voraussetzungen gibt es eine gemeinsame Orthonormalbasis der Matrizen $\mathbb{A}, \mathbb{S}, \mathbb{T}$
und damit eine Orthonormalmatrix Q derart, dass

$$Q^T \mathbb{A} Q = U, \ Q^T \mathbb{S} Q = V, \ Q^T \mathbb{T} Q = X.$$

U, V und X sind Diagonalmatrizen mit den Eigenwerten von $\mathbb{A}$, $\mathbb{S}$ und $\mathbb{T}$ in der Diagonalen. Die
Spalten der Matrix Q enthalten die Eigenvektoren von $\mathbb{A}$, $\mathbb{S}$ und $\mathbb{T}$. Mit der Blockdiagonalmatrix
$W := \mathrm{diag}_B(Q)_{i=1}^q$ mit q Blöcken Q der Größe $p \times p$ ist die Lösung von $\mathbb{M}\,x = y$ äquivalent zur Lösung des Systems

$$W^T \mathbb{M} W\, W^T x = W^T y, \tag{5.1.96}$$

ausgeschrieben:

$$\begin{aligned}
U\bar{x}_1 + X\bar{x}_2 &= \bar{x}_1 \\
V\bar{x}_{j-1} + U\bar{x}_j + X\bar{x}_{j+1} &= \bar{x}_j, \ j = 2,\dots,q-1, \\
V\bar{x}_{q-1} + U\bar{x}_q &= \bar{x}_q
\end{aligned} \tag{5.1.97}$$

mit

$$\bar{x}_j := Q^T x_j, \ \bar{y}_j := Q^T y_j, \ j = 1,2,\dots,q \, .$$

Wir unterstellen, dass die Eigenwerte und Eigenvektoren bekannt oder zumindest leicht berechenbar sind, und formulieren mit diesen (5.1.97) um: Für $i := 1(1)p$ erhält man

$$
\begin{aligned}
\lambda_i \bar{x}_{i,q\,i,1} + \omega_i \bar{x}_{i,q\,i,2} &= \bar{y}_{i,1}\\
\sigma_i \bar{x}_{i,q\,i,j-1} + \lambda_i \bar{x}_{i,q\,i,j} + \omega_i \bar{x}_{i,q\,i,j+1} &= \bar{y}_{i,j}, \quad j=2,\dots,q-1\,.\\
\sigma_i \bar{x}_{i,q\,i,q-1} + \lambda_i \bar{x}_{i,q} &= \bar{y}_{i,q}
\end{aligned}
\tag{5.1.98}
$$

Anstelle von (5.1.97) lösen wir ein – nur formal – umgeordnetes System $\widehat{\mathbb{M}}\widehat{\mathbb{x}} = \widehat{\mathbb{y}}$, indem in (5.1.97) Zeilen- und Spaltenindex formal vertauscht werden. Es sei

$$
\widehat{\mathbb{x}} = \begin{pmatrix} \widehat{\mathbb{x}}_1 \\ \vdots \\ \widehat{\mathbb{x}}_p \end{pmatrix},\;
\widehat{\mathbb{y}} = \begin{pmatrix} \widehat{\mathbb{y}}_1 \\ \vdots \\ \widehat{\mathbb{y}}_p \end{pmatrix},\;
\widehat{\mathbb{x}}_i = \begin{pmatrix} \bar{x}_{i,1} \\ \vdots \\ \bar{x}_{i,q} \end{pmatrix},\;
\widehat{\mathbb{y}}_i = \begin{pmatrix} \bar{y}_{i,1} \\ \vdots \\ \bar{y}_{i,q} \end{pmatrix},\; 1 \le i \le p\,.
$$

Anstelle der $q\times q$-Blockmatrix $\overline{\mathbb{M}} := \mathbb{W}^T\mathbb{M}\mathbb{W}$ mit der Blockgröße $p\times p$ betrachten wir

$$
\widehat{\mathbb{M}} = \operatorname{diag}\,(\mathbb{G}_i)_{i=1}^{p},\quad
\mathbb{G}_i = \begin{pmatrix}
\lambda_i & \omega_i & & & \\
\sigma_i & \lambda_i & \omega_i & & \\
 & \ddots & \ddots & \ddots & \\
 & & \sigma_i & \lambda_i & \omega_i \\
 & & & \sigma_i & \lambda_i
\end{pmatrix}_{q\times q}
,\; 1 \le i \le p,
$$

eine $p\times p$-Blockmatrix mit der Blockgröße $q\times q$. Zur Lösung von $\widehat{\mathbb{M}}\widehat{\mathbb{x}} = \widehat{\mathbb{y}}$ sind somit p symmetrische Tridiagonalsysteme zu behandeln, die parallel gelöst werden können. Danach ist eine Rücktransformation

$$
\mathbb{x}_j := \mathbb{Q}\,\bar{\mathbb{x}}_j,\; j := 1,\dots,q,
$$

vorzunehmen. Die Grobformulierung lautet nun:

<u>Eigenvektor-Eigenwert-Zerlegungs-Algorithmus (EEA)</u>   (5.1.99)

a)   Bestimme die Eigenvektoren von $\mathbb{A}$ und die Eigenwerte von $\mathbb{A}$, $\mathbb{S}$ und $\mathbb{T}$.

b)   Berechne $\bar{\mathbb{y}}_j := \mathbb{Q}^T\mathbb{y}_j, \quad j=1,2,\dots,q,$ parallel

c)   Löse $\mathbb{G}_i\,\widehat{\mathbb{x}}_i = \widehat{\mathbb{y}}_i, \quad i=1,2,\dots,p,$ parallel

d)   Berechne $\mathbb{x}_j = \mathbb{Q}\,\bar{\mathbb{x}}_j, \quad j=1,2,\dots,q,$ parallel.   ♦

Die Umordnung vor und nach Schritt c) erfolgt nur formal, um das aufwendige Umspeichern bei einem Dimensionswechsel, der hier sogar zweimal – vor und nach der Lösung der Tridiagonalsysteme – erfolgen müsste, zu vermeiden. Für das Beispiel $p=4$, $q=3$ notieren wir in Abb. 5.1.20 die transformierte Matrix $\overline{\mathbb{M}} := \mathbb{W}^T\mathbb{M}\mathbb{W}$ und die umgeordnete Matrix $\widehat{\mathbb{M}}$. Der Eigenvektor-Eigenwert-Zerlegungs-Algorithmus ist unter Effizienzgesichtspunkten nur dann sinnvoll einzusetzen, wenn Eigenvektoren und Eigenwerte mit tragbarem Aufwand zu berechnen sind. Bei verschiedenen Problemklassen – etwa (5.1.77)-(5.1.81) – sind diese sogar bekannt. Insbesondere die Komponenten der Eigenvektoren lassen sich dabei häufig durch die Funktionen Sinus und Cosinus ausdrücken. In diesen Fällen können die in den Schritten b) und d) erforderlichen Transformationen sehr schnell mittels der im folgenden Abschnitt behandelten Schnellen Fourier-Transformation FFT – die auch vergleichsweise gut vektorisierbar und parallelisierbar ist – durchführen.

$$\overline{M} = \begin{bmatrix} \lambda_1 & & & & \omega_1 & & & \\ & \lambda_2 & & & & \omega_2 & & \\ & & \lambda_3 & & & & \omega_3 & \\ & & & \lambda_4 & & & & \omega_4 \\ \sigma_1 & & & & \lambda_1 & & & & \omega_1 \\ & \sigma_2 & & & & \lambda_2 & & & & \omega_2 \\ & & \sigma_3 & & & & \lambda_3 & & & & \omega_3 \\ & & & \sigma_4 & & & & \lambda_4 & & & & \omega_4 \\ & & & & \sigma_1 & & & & \lambda_1 \\ & & & & & \sigma_2 & & & & \lambda_2 \\ & & & & & & \sigma_3 & & & & \lambda_3 \\ & & & & & & & \sigma_4 & & & & \lambda_4 \end{bmatrix}, \quad \widehat{M} = \begin{bmatrix} \lambda_1 & \omega_1 & & & & \\ \sigma_1 & \lambda_1 & \omega_1 & & & \\ & \sigma_1 & \lambda_1 & & & \\ \hline & & & \lambda_2 & \omega_2 & \\ & & & \sigma_2 & \lambda_2 & \omega_2 \\ & & & & \sigma_2 & \lambda_2 \\ \hline & & & & & & \lambda_3 & \omega_3 \\ & & & & & & \sigma_3 & \lambda_3 & \omega_3 \\ & & & & & & & \sigma_3 & \lambda_3 \\ \hline & & & & & & & & & \lambda_4 & \omega_4 \\ & & & & & & & & & \sigma_4 & \lambda_4 & \omega_4 \\ & & & & & & & & & & \sigma_4 & \lambda_4 \end{bmatrix} .$$

Abb. 5.1.20   Matrixumordnung im EEA

Unter Vernachlässigung des Aufwandes für Schritt a) sind dann im 2D-Fall folgende Berechnungen in (5.1.99) auszuführen:

b), d)	jeweils q 1D-FFT der Länge p
c)	Lösung von p Tridiagonalsystemen der Größe $q \times q$ und der Form (b, a, c).

Bei 3D-Anwendungen sind in b) und d) 2D-FFT auszuführen. Der arithmetische Aufwand für den EEA hängt unter den obigen Voraussetzungen im Wesentlichen von p und q und von der anzuwendenden FFT-Variante ab. Beispielsweise müssen im Falle der 5-Punkt-Diskretisierung des 2D-Laplace-Operators nur (reelle) 1D-Sinus-Transformationen durchgeführt werden. Der Gesamtaufwand beläuft sich dann auf etwa $(27 + 5 \log_2 p)N$ arithmetische Operationen. Erfordert die Anwendung den Einsatz komplexer 1D-FFT, so steigt der Aufwand auf eine Größenordnung von $10\, N \log_2 p$. Der EEA gehört mit einem Aufwand von weniger als $O(N \log_2 N)$ arithmetischen Operationen zu den *Schnellen Direkten Lösern*. Bei sequentieller Ausführung ist der EEA – abgesehen vom Fall $p \ll q$ – nicht notwendig schneller als der Buneman-Algorithmus. Grundsätzlich lässt sich, insbesondere für $p \approx q$, eine durchschnittlich größere Parallelität oder Vektorlänge erreichen. Diese wird jedoch in Abhängigkeit vom konkreten Problem gegebenenfalls durch eine größere arithmetische Komplexität des EEA aufgewogen. Ferner ist zu beachten, dass die formale Vertauschung von Spalten- und Zeilenindex real auf einen Wechsel zwischen Zeilen- und Spaltenzugriff mit den bekannten Konsequenzen hinausläuft: Verlangsamter Speicherzugriff bei "falscher" Zugriffsreihenfolge bei Mikro- und Vektorprozessoren, aber auch auf Parallelrechnern mit gemeinsamem Speicher, zusätzliche Synchronisationen bei letzteren. Eine Anwendung auf *Parallelrechnern mit verteiltem Speicher* verbietet sich aufgrund der dann damit verbundenen expliziten Änderung der Datenzuordnung in der Regel vollkommen: Bei jedem Dimensionswechsel sind alle Daten mindestens einmal mit Nachrichten der Länge von Einzelkomponenten zu transportieren.

5.1.5.4   FACR(l)-Algorithmus

Durch Kombination des Buneman-Algorithmus mit dem EEA-Algorithmus lässt sich ein Verfahren herleiten, welches wesentliche Vorteile beider vereint und wesentliche Nachteile vermeidet. Die Strategie dieses *FACR(Fourier analysis-cyclic reduction)-Algorithmus* [Sw77] besteht darin, nur solche Schritte des Buneman-Algorithmus auszuführen, in denen "hinreichend große" Restsysteme zu behandeln sind, also, beginnend mit dem ersten, einige Schritte der Reduktions- und die entsprechenden letzten Schritte der Lösungsphase. Die ausgelassenen "mittleren" Schritte werden durch Anwendung des EEA unter Verwendung einer jeweils geeigneten Version der auf das verbleibende, entsprechend kleinere Restsystem bearbeitet.

FACR(l)-Algorithmus ($1 \leq l \leq k$)   (5.1.100)

    a)   Schritte $r := 1(1)\,l$ der Reduktionsphase des Buneman-Algorithmus
    b)   Lösung des verbleibenden Systems der Blockdimension $(q{+}1)/2^l{-}1$ mit EEA
    c)   Schritte $r := l(-1)0$ der Lösungsphase des Buneman-Algorithmus.   ◆

Es werden diejenigen Schritte des Buneman-Algorithmus ausgeführt, in denen "wenige" Gleichungssysteme mit "hinreichend" vielen rechten Seiten zu lösen sind. Die problematischen Schritte für größere Werte von r werden vermieden. Diese Schritte werden durch Anwendung des EEA auf das jeweilige, entsprechend kleinere Restsystem bearbeitet. Der arithmetische Aufwand für den FACR-Algorithmus bewegt sich je nach Wahl von l zwischen dem des Buneman-Algorithmus ($l = k = \log_2(q{+}1)-1$) und demjenigen des EEA-Verfahrens ($l = -1$). Der optimale Wert für l hängt sehr vom konkreten Problem und dem verwendeten Rechner ab. In [Sw77] werden Testrechnungen für einfache 2D-Anwendungen beschrieben. Für die Poisson-Gleichung beispielsweise wählt man oft $l = 1$, $l = 2$ oder $l = 3$ auf seriellen Rechnern und $l = 0$ oder $l = 1$ auf Vektorrechnern. Es sei nochmals an die für Schritt b) erforderliche Symmetriebedingung in (5.1.95) des EEA-Algorithmus erinnert. Auf *Parallelrechnern mit gemeinsamem Speicher* bietet der FACR-Algorithmus in der Regel eine ausgewogene Kombination von großer Parallelität und Granularität, wobei zwischen den einzelnen Schritten synchronisiert werden muss. In der parallelen Lösung der Teilsysteme im EEA erfolgt in Schritt b) ein Wechsel der Dimension, über die parallelisiert wird. Diese erschwert oder verhindert sogar, wie bereits beim EEA-Algorithmus erwähnt, die Formulierung des Algorithmus für *Parallelrechner mit verteiltem Speicher*.

5.1.5.5   Vergleich

Im Gegensatz zu den Verfahren zur Lösung einfacher Tridiagonalsysteme ist ein aussagekräftiger Vergleich im Falle der schnellen Löser schon für die hier betrachteten speziellen Anwendungen (5.1.76)-(5.1.81) aufgrund der diversen Einflußgrößen wie Rechnerumgebung, Dimension, Blockgrößen und Anzahl, konkrete Gestalt der Koeffizienten, Verfahren $\mathcal{L}$ im Buneman-Algorithmus, Version der FFT im EEA-Algorithmus kaum möglich. Wir beschränken uns daher auf zusammenfassende Bemerkungen. Die arithmetische Komplexität der schnellen direkten Löser, oft auch vereinfachend als *Fast Poisson Solvers* bezeichnet liegt im 2D-Fall mit O($N \log_2 N$) um mindestens eine Größenordnung unter der klassischer Verfahren wie etwa der Block-Gauß-Elimination ($O(N^2)$). Auch der Speicherplatzbedarf beträgt nur $O(N)$ und ist damit deutlich geringer als der klassischer direkter Verfahren. Bei 3D-Anwendungen gelten ähnliche Verhältnisse. Die schnellen Löser sind daher bereits bei sequentieller Rechnung von großem Interesse. Auf *Parallelrechnern mit verteiltem Speicher* sind die Algorithmen der vorangehenden Abschnitte grundsätzlich ungeeignet. Als Auswege bleiben das Ausweichen auf ein iteratives Verfahren oder die Nutzung der Technik der Gebietszerlegung, die Gegenstand des Kapitels 7 ist. Unter anderem wird dort ein Schur-Komplement-Verfahren für Blocktridiagonalmatrizen in Analogie zu dem Verfahren aus Abschnitt 5.1.4.5 für einfache Tridiagonalsysteme angegeben.

Falls die Symmetriebedingung in (5.1.95) nicht erfüllt ist, bietet sich auf den verbleibenden Architekturtypen unter den hier untersuchten Verfahren nur eine geeignete Variante des Buneman-Algorithmus an. Auf *Parallelrechnern mit gemeinsamem Speicher* sollte dabei auch (5.1.94) in Betracht gezogen werden. Ist die Symmetriebedingung erfüllt, so erhält man bei geeigneter Wahl von l für *serielle, Vektor-* und *Mikroprozessoren* sowie *Parallelrechner mit gemeinsamem Speicher* mit FACR optimale Algorithmen. Vor allem bei Mikroprozessoren sind Indexinkremente ungleich 1 auf ein Minimum zu reduzieren, die aufgrund des zweifachen Dimensionswechsels in Schritt b) des FACR-Algorithmus zwangsläufig auftreten, so dass gegebenenfalls mit einem etwas größeren l, also mehr Schritten des Buneman-Algorithmus gerechnet werden muss, wobei auch bei letzterem eine Variante mit den Inkrementen 1 und 2 angewendet werden sollte. Ähnlich muss auf Vektorprozessoren vorgegangen werden. In den EEA-Schritten ist eine vektorisierte FFT-Version einzusetzen (siehe Kapitel 6). Auf Parallelrechnern mit gemeinsamem Speicher muss zumindest innerhalb von Schritt b) bei der Anwendung von EEA vor und nach der Lösung der Tridiagonalsysteme synchronisiert werden.

Der Buneman-Algorithmus lässt bei der Matrixtransformation $\mathcal{L}_{\mathcal{M}}$ den Einsatz von maximal q Prozessoren zu, bei der Behandlung der rechten Seite $\mathcal{L}_{\mathcal{R}}$ in Abhängigkeit von r zwischen $(q+1)/2$ und 1 Prozessor. In der parallelisierten Version (5.1.94) können im Teil $\mathcal{L}_{\mathcal{M}}$ ebenfalls q Prozessoren eingesetzt werden, während bei Ausführung von $\mathcal{L}_{\mathcal{R}}$ zumindest bei der Lösung der Teilgleichungssysteme eine Parallelität zwischen $(q+1)/2$ und $(q+1)/4$ aufrechterhalten werden kann (Tab. 5.1.6). In den EEA-Schritten (siehe (5.1.99)) des FACR-Algorithmus kann eine Parallelität von p beziehungsweise $(q+1)/2^l-1$, der Blockdimension der Restsystems, gewährleistet werden. In Extremfällen wie $p \gg q$ ist es auch denkbar, nur den EEA einzusetzen ($l = -1$).

5.2   Iterative Verfahren

Bei vielen Aufgabenstellungen ist der Einsatz direkter Verfahren wegen unzureichender oder nur schwer nachweisbarer mathematischer Eigenschaften wie Durchführbarkeit oder Rundungsfehlerstabilität, eines hohen Speicherplatzbedarfs, eines überproportional hohen arithmetischen Aufwandes oder einer zu komplizierten Handhabung nicht sinnvoll. Als Alternative bieten sich *Iterationsverfahren* an. Das Prinzip der *Iteration*, der *schrittweisen Annäherung*, beschreibt eine allgemeine Vorgehensweise, der sich Verfahren der unterschiedlichsten Art zuordnen lassen. In jedem Iterationsverfahren wird, beginnend mit einem geeigneten Startwert, eine Folge von Näherungslösungen des gegebenen Problems berechnet. Dabei wird jede neue Näherung unter Verwendung vorangehender Näherungen berechnet. Nachzuweisen ist zunächst, dass das Verfahren wohldefiniert ist, das heißt, dass die Näherungen berechenbar sind und insbesondere den Definitionsbereich des Problems nicht verlassen. Ferner ist zu zeigen, dass die Folge von Näherungen konvergiert und dass der Grenzwert eine Lösung des gegebenen Problems darstellt. Ein Iterationsverfahren wird bei der praktischen Anwendung nach endlich vielen *Iterationsschritten* abgebrochen, wobei die erreichte Genauigkeit in der Regel nach jedem Schritt mittels eines *Abbruch-* oder *Konvergenzkriteriums* überprüft wird. Die Anzahl der erforderlichen Iterationsschritte ist daher nicht vorab bekannt. Somit kann auch der für die Schnelligkeit eines Verfahrens im Anwendungsfall maßgebliche Zeitaufwand nicht im Voraus bestimmt werden. Schrittanzahl und Zeitaufwand sind problem- und verfahrensabhängig und werden letztlich durch die geforderte Genauigkeit bestimmt. Sie können bestenfalls abgeschätzt werden. Als Maß für Geschwindigkeitsabschätzungen, vor allem beim Verfahrensvergleich, wird die *asymptotische Konvergenzgeschwindigkeit* betrachtet. Diese drückt den Faktor aus, um den der Näherungsfehler asymptotisch in jedem Schritt reduziert wird. Auch dieser Faktor kann meist nur abgeschätzt werden.

Iterationsverfahren gibt es in großer Anzahl für die unterschiedlichsten Anwendungen. Viele Verfahren bieten die Auswahl zwischen einer großen Anzahl von Varianten, wobei oft eine geringere Anzahl von Iterationsschritten mit einem höheren Zeitaufwand pro Schritt erkauft werden muss. Die Bestimmung eines optimalen Verfahrens ist häufig nicht trivial. Iterationsverfahren besitzen den Vorteil, dass sie flexibel und mit einem vergleichsweise geringen Arbeitsaufwand an konkrete Aufgabenstellungen angepasst werden können. Angesichts des sehr allgemeinen Charakters des Iterationsprinzips ist es kaum möglich, eine umfassende Beschreibung aller bekannten Verfahren und ihrer Eigenschaften zu geben. Wir verweisen hierfür auf die umfangreiche Literatur zu sequentiellen Iterationsverfahren und beschränken uns in den folgenden Abschnitten auf die Untersuchung der Parallelisierung von Iterationsverfahren zur Lösung linearer Gleichungssysteme. Ein großer Teil der angestellten Überlegungen kann sinngemäß auch auf Verfahren für nichtlineare Gleichungssysteme übertragen werden, die wir nicht näher untersuchen. Eine Iteration ist per Definition ein sequentieller Prozess. Parallele Strukturen finden sich grundsätzlich nur auf der Ebene des einzelnen Iterationsschrittes. Hinzu kommt die effiziente (Teil-)Parallelisierung eines Abbruchkriteriums, da letzteres fast immer bezüglich des Gesamtproblems überprüft werden muss und daher den Charakter einer Reduktion besitzt, also bei paralleler Iteration Synchronisation oder Kommunikation erfordert. Entsprechend der großen Vielfalt möglicher Anwendungen des Iterationsprinzips kann ein Iterationsschritt aus den unterschiedlichsten Elementen bestehen, von einigen wenigen isolierten arithmetischen Operationen über Standardoperationen der linearen Algebra, der Lösung von (Teil-)Gleichungssystemen, der verschachtelten Anwendung beliebiger numerischer Verfahren bis hin zur Lösung komplexer Probleme. Insbesondere alle in den vorangehenden Abschnitten behandelten Konstrukte und Verfahren können in einem Iterationsverfahren Verwendung finden. Wir beschränken uns daher auf die Betrachtung ausgewählter Aspekte der Parallelität. Sofern nicht anders angegeben, betrachten wir der Einfachheit halber nur die Lösung von Gleichungssystemen

$$\mathbf{f}(\mathbf{x}) = \mathbf{0}, \quad \mathbf{f} : \mathbf{R}^N \to \mathbf{R}^N, \tag{5.2.1}$$

mittels Iterationsverfahren

$$\mathbf{x}^{k+1} := \mathbf{g}(\mathbf{x}^k), \ k = 0,1,2,\ldots, \ \mathbf{g} : \mathbf{R}^N \to \mathbf{R}^N, \tag{5.2.2}$$

in denen zur Berechnung einer neuen Näherung ausschließlich die jeweils zuletzt berechnete Näherung verwendet wird. Im Folgenden betrachten wir ausschließlich lineare Systeme. Der *asymptotische Konvergenzfaktor* eines gegen eine Lösung x^* der *Fixpunktgleichung* $x^* = g(x^*)$ konvergenten Iterationsverfahrens I kann als

$$R(I) := \sup\left\{\limsup_{k \to \infty} (\|x^k - x^*\|)^{1/k} \,\Big|\, \{x^k\}_{k \in N_0} \in \mathcal{K}\right\}, \tag{5.2.3}$$

definiert werden, wobei $\mathcal{K}$ die Menge aller durch I erzeugten Iterationsfolgen $\{x^k\}_{k \in N_0}$ und $\|\cdot\|$ eine Norm auf $\mathbf{R}^N$ bezeichne. Vergleiche [OR70], [Var62], Kap. 3.2 oder [Fr90], Anh. A.

5.2.1 Parallele Iterationsverfahren und Abbruchkriterien

Wir setzen im Folgenden voraus, dass in einem parallelen Iterationsverfahren jeder Prozessor $P(i)$, $1 \leq i \leq p$, genau eine von p Teilaufgaben bearbeitet. Dabei wird in jedem Iterationsschritt ein Anteil x_i^{k+1} an der neuen Näherung $x^{k+1} = \left(x_1^{k+1}, x_2^{k+1}, \ldots, x_p^{k+1}\right)^T$ mittels einer Vorschrift g_i berechnet. Grundsätzlich sind auch Überschneidungen der Teilaufgaben und damit auch der Teilnäherungen x_i^{k+1} denkbar. Zur Berechnung von x_i^{k+1} werden meist auch Daten anderer Teilaufgaben benötigt. Im Extremfall wird zur Berechnung jeder Teilnäherung die vollständige alte Näherung x^k benötigt. Die allgemeine Schreibweise lautet daher $x_i^{k+1} := g_i(x^k)$. Die nach jedem Iterationsschritt durchzuführende Überprüfung des Abbruchkriteriums muss grundsätzlich global, also in einer ausgewählten Teilaufgabe stattfinden, die das Ergebnis der Überprüfung allen anderen Teilaufgaben mitteilt. Zur Auswertung des Kriteriums wird $x^{k+1} = \left(x_1^{k+1}, x_2^{k+1}, \ldots, x_p^{k+1}\right)^T$ und meist auch x^k benötigt. Je nach Ausgestaltung des Kriteriums kann mit der Auswertung ein nicht zu vernachlässigender arithmetischer Aufwand verbunden sein. Häufig beruht ein Abbruchkriterium auf der Auswertung einer geeigneten Norm, etwa der Maximums- oder der Euklidischen Norm. Die Berechnung einer Norm besteht aus Vektor- oder Matrixoperationen mit nachfolgender Reduktionsoperation wie etwa der Maximumsbildung und ist daher relativ gut vektorisierbar. Auf Parallelrechnern ist es oft möglich, zumindest einen Teil der Auswertung auf die einzelnen Prozessoren zu verlagern und damit die Lastverteilung zu verbessern.

Ein Iterationsverfahren für *Parallelrechner mit gemeinsamem Speicher* besitzt die folgende grundsätzliche Gestalt. Es sei daran erinnert, dass in diesem Modell alle Prozessoren denselben Programmcode ausführen. Arbeitsaufteilungen erfolgen in parallelen Zählschleifen:

$$k := 0 \tag{5.2.4}$$

```
<Initialisierungen>
sync(P(1),...,P(p))
repeat
    for i := 1 to p do parallel on P(i)
        k := k+1
        x_i^k := g_i(x^{k-1})
        sync(P(1),...,P(p))
        if i = 1 then do on P(1)
```

$$Abbruchkriterium\_erf\ddot{u}llt := AbbrKr\left(\mathbf{x}_1^k, \mathbf{x}_2^k, \ldots, \mathbf{x}_p^k\right)$$

sync$(\mathrm{P}(1), \ldots, \mathrm{P}(p))$

until *Abbruchkriterium_erfüllt.*

Am Ende von Zählschleifen kann eine automatische Synchronisation des Datenzugriffs unterstellt werden, die hier jedoch der Deutlichkeit halber noch einmal explizit angegeben ist. Alle Prozessoren warten durch Überprüfung einer logischen Variablen *Abbruchkriterium_erfüllt* an der Synchronisationsstelle auf das Ergebnis der auf einem ausgewählten Prozessor, hier willkürlich P(1), mit einer Funktion *AbbrKr* durchgeführten Auswertung des Abbruchkriteriums auf der globalen Variablen x. Mit der Synchronisation wird gleichzeitig sichergestellt, dass zu dieser Auswertung durch P(1) und zur Berechnung neuer Näherungen im nächsten Schritt $k+1$ von allen Prozessoren dieselben, im k-ten Schritt aktuell berechneten Teilnäherungen herangezogen werden. Es bezeichne $\mathbf{e} := \left(\mathbf{e}_1, \mathbf{e}_2, \ldots, \mathbf{e}_p\right)^\mathrm{T} \in \mathbf{R}^N$ einen Fehlervektor für die Gesamtaufgabe, wobei $\mathbf{e}_i$ den zur jeweils i-ten Teilaufgabe gehörigen Fehlervektor angibt. Dann gilt im oben erwähnten Beispiel der Maximums- und der Euklidischen Vektornorm

$$\|\mathbf{e}\|_\infty = \max_{1 \le i \le p} \{\|\mathbf{e}_i\|_\infty\} \quad \text{und} \quad \|\mathbf{e}\|_2 = \left(\sum_{i=1}^{p} \|\mathbf{e}_i\|_2^2\right)^{1/2}.$$

Die Auswertung $\|\mathbf{e}_i\|_2^2$ beziehungsweise $\|\mathbf{e}_i\|_\infty$ kann auf den Einzelprozessoren erfolgen. Die endgültige Berechnung der Norm und die Überprüfung des Konvergenzkriteriums erfolgt dann durch Akkumulation der Teilauswertungen durch eine Reduktion und gegebenenfalls zusätzliche Operationen auf einem ausgewählten Prozessor, hier o.B.d.A. P(1). Auf Parallelrechnern mit gemeinsamem Speicher erfolgt die Überprüfung mittels globaler Variablen (etwa einer **real**-Variable für den Wert der Norm und einer logischen Variable für das Ergebnis der Überprüfung). Der Zugriff auf diese Variablen muss exakt synchronisiert werden. Im Fall der Maximumsnorm reicht es sogar aus, lokal jeweils einen logischen Wert zu berechnen und global nur noch logische Werte zu vergleichen. Man berechnet zum Beispiel auf allen P(i), $1 \le i \le p$,

$$AbbrKrit\_lokal_i := \|\mathbf{e}_i\|_\infty < \varepsilon,$$

um dann auf P(1) zu vergleichen

$$AbbrKrit\_global := AbbrKrit\_lokal_1 \tag{5.2.5}$$

for $i := 2$ **to** p **do while** *AbbrKrit_global* **do**
$\quad AbbrKrit\_global := AbbrKrit\_global$ **and** $AbbrKrit\_lokal_i.$

Eine Unabhängigkeit der Teilaufgaben besteht im Allgemeinen nur bezüglich der Ausführung jeweils eines Iterationsschrittes. In der Regel benötigen Teilaufgaben in jedem Iterationsschritt auch Daten aus anderen Teilaufgaben. Aufgrund dieser Abhängigkeiten muss ein Abbruchkriterium grundsätzlich immer von allen Teilaufgaben erfüllt sein, bevor diese gemeinsam beendet werden. Selbst im Falle eines auf der Maximumsnorm basierenden Konvergenzkriteriums reicht es nicht aus, dass dieses lokal in einer Teilaufgabe erfüllt ist, um letztere sofort abzubrechen, während andere Teilaufgaben weiter bearbeitet werden. Die Erfüllung eines Konvergenzkriteriums durch eine Teilaufgabe bedeutet noch nicht zwangsläufig, dass deren Daten für die eventuell notwendige weitere Verwendung in anderen Teilaufgaben hinreichend genau sind.

Auf einem *Parallelrechner mit verteiltem Speicher* erfordert die Konvergenzprüfung eine Kommunikation aller Prozessoren mit demjenigen, der die endgültige Überprüfung vornimmt. Dieser erhält alle Teilauswertungen und teilt dann allen anderen das Ergebnis der Überprüfung mit. Das Aufwandsargument trifft hier noch stärker zu als bei einem Parallelrechner mit gemeinsamem Speicher. Die notwendige Kommunikation kann gegebenenfalls auch kaskadenförmig ausgeführt werden. Als Grundalgorithmus auf jedem Prozessor P(me), $1 \le me \le p$, erhält man

$$k := 0 \qquad\qquad (5.2.6)$$

> **repeat**
>> **broadcast-send**($\mathbb{x}_{loc}^k$) **from** P(me)
>>
>> **for** $i := 1$ **to** p **do**
>>> **broadcast-recv**($\mathbb{z}$) **from** P($j(i)$); $\mathbb{x}_{j(i)}^k := \mathbb{z}$
>>
>> $\mathbb{x}_{loc}^{k+1} := \mathbb{g}_{loc}(\mathbb{x}^k)$
>>
>> **if** $me = 1$
>>
>> **then** **gather-recv**$\left(\left(\mathbb{x}_1^{k+1}, \ldots, \mathbb{x}_p^{k+1}\right); \mathbb{x}_{loc}^{k+1}\right)$ **from** (P(1),...,P(p)) **to** P(1)
>>
>> $\qquad\qquad$ *Abbruchkriterium_erfüllt* := *AbbrKr*$\left(\mathbb{x}_{loc}^{k+1}, \mathbb{x}_2^{k+1}, \ldots, \mathbb{x}_p^{k+1}\right)$
>>
>> $\qquad\qquad$ **broadcast-send**(*Abbruchkriterium_erfüllt*)
>>
>> **else** **gather-send**$\left(\left(\mathbb{x}_1^{k+1}, \ldots, \mathbb{x}_p^{k+1}\right); \mathbb{x}_{loc}^{k+1}\right)$ **from** (P(1),...,P(p)) **to** P(1)
>>
>> $\qquad\qquad$ **broadcast-recv**(*Abbruchkriterium_erfüllt*) **from** P(1)
>>
>> $k := k+1$
>
> **until** *Abbruchkriterium_erfüllt*.

Hierbei bezeichnet $\mathbb{g}_{loc}$ die für einen Prozessor jeweils lokal anzuwendende Berechnungsvorschrift und $\mathbb{x}_{loc}^{k+1}$ die zu berechnende Teilnäherung, während $\mathbb{x}^k$ die globale vollständige neue Näherung angibt. Der Übersichtlichkeit halber wird auch hier der Iterationsindex k bei jeder Komponente explizit angegeben. Zu Beginn der **repeat-until**-Schleife werden die zur Berechnung der neuen Iterierten benötigten Daten ausgetauscht. Die indirekte Indizierung $j(i)$ signalisiert, dass die Reihenfolge des Eingangs der anderen Teilvektoren unerheblich ist, sofern nur klar ist, um welchen Teilvektor es sich jeweils handelt. Vereinfachend wird hier angenommen, dass jeder Prozessor Daten von allen anderen Prozessoren benötigt. Im konkreten Anwendungsfall ist die Kommunikation auf die tatsächlich benötigten Daten zu beschränken.

Die obige Vorgehensweise beschreibt die grundsätzliche Gestalt eines *synchronen Iterationsverfahrens*, der üblicherweise auf Parallelrechnern verwendeten Form von Iterationsverfahren:

* In jedem Iterationsschritt berechnet jeder Prozessor eine neue Näherung für den ihm zugeordneten Aufgabenanteil (Teilaufgabe).
* Am Ende jedes Iterationsschrittes werden alle Prozessoren (Teilaufgaben) synchronisiert.
* Dabei wird ein Abbruchkriterium überprüft, dessen Ergebnis gemeinsam für alle Teilaufgaben über eine Fortführung oder Beendigung der Ausführung des Verfahrens entscheidet.
* Zu jedem Zeitpunkt befinden sich alle Prozessoren in demselben Iterationsschritt.

Dieses Vorgehen hat den Vorteil, dass sich alle Teilaufgaben zu jedem Zeitpunkt auf dem gleichen Informationsstand befinden, jedoch auch den Nachteil, dass an den Synchronisationspunkten Wartezeiten auftreten. Bei vielen Aufgabenstellungen ist es schon bei der Formulierung von Teilaufgaben nicht möglich, eine gleichmäßige Lastverteilung zu gewährleisten, und bei der praktischen Ausführung in einer konkreten Rechnerumgebung muss selbst im Falle einer theoretisch gleichmäßigen Lastverteilung damit gerechnet werden, dass rechnerbedingte Verzögerungen auftreten, die durch die hard- und softwaremäßige Realisierung der Verwaltung paralleler Prozesse verursacht werden (Laufzeitsystem, Prozessorkopplung, Parallelisierungssoftware auf unterschiedlichen Ebenen, Einfluss von System- oder konkurrierenden fremden Anwendungsprozessen usw.). In der Konsequenz treten regelmäßig Wartezeiten bei verschiedenen Prozessoren auf. In einem späteren Abschnitt werden alternativ *asynchrone Iterationsverfahren* betrachtet. Diese gestatten es, für gewisse Klassen von Anwendungen Stillstandszeiten zu verringern, indem am Ende jedes Iterationssschrittes nicht an einem Synchronisationspunkt auf die im nächsten Schritt benötigten, jeweils neuesten Daten anderer Teilaufgaben gewartet wird, sondern bei Bedarf auf die gerade verfügbaren, gegebenenfalls noch nicht aktualisierten Daten anderer Teilaufgaben zugegriffen wird.

5.2.2   Iterationsverfahren für lineare Gleichungssysteme

Zur Lösung linearer Gleichungssysteme $\mathbb{A}x = y$, oder in der Notation von (5.2.1)

$$\mathbb{f}: \mathbf{R}^N \to \mathbf{R}^N \, , \, \mathbb{f}(x) = o, \, \mathbb{f}(x) \equiv \mathbb{A}x - y,$$

stehen unterschiedliche Typen von Iterationsverfahren zur Verfügung. Wir betrachten in den folgenden Abschnitten drei unterschiedliche Klassen von Verfahren:

- Zerlegungsverfahren
- Verfahren der Konjugierten Gradienten (CG-Verfahren)
- Mehrgitterverfahren

sowie in einem gesonderten Abschnitt Grundlagen

- asynchroner Iterationsverfahren.

5.2.2.1   Zerlegungsverfahren

Eine wichtige Klasse von Iterationsverfahren zur Lösung linearer Gleichungssysteme $\mathbb{A}x = y$ kann mit Hilfe von Zerlegungen

$$\mathbb{A} = \mathbb{M} - \mathbb{N} \tag{5.2.7}$$

der $N \times N$-Koeffizientenmatrix $\mathbb{A}$ in Matrizen $\mathbb{M}$ und $\mathbb{N}$ formuliert werden, wobei $\mathbb{M}$ als invertierbar vorauszusetzen ist. Mit einem geeigneten Startvektor x^0 erhält man die Vorschrift

$$x^{k+1} := \mathbb{M}^{-1}(\mathbb{N}x^k + y), \, k := 0,1,2,\dots \, . \tag{5.2.8}$$

Diese Verfahren werden als *Zerlegungsverfahren* bezeichnet. Im Allgemeinen ist es ineffizient, bei der Berechnung von x^{k+1} die Inverse M^{-1} explizit zu bilden. x^{k+1} wird durch die Lösung eines linearen Gleichungssystems mit der Koeffizientenmatrix M und einem Verfahren $\mathcal{L}$ berechnet:

$$x^{k+1} := \mathcal{L}(M, Nx^k + y), \quad k := 0,1,2,\dots \, . \tag{5.2.9}$$

Diese Formulierung lässt eine Vielzahl von Verfahren zu, die adäquat an konkrete Aufgabenstellungen problemabhängig unter Gesichtspunkten wie einfache Durchführbarkeit, Geschwindigkeit, Genauigkeit und Parallelisierung oder Vektorisierung angepasst werden. Wir erwähnen explizit auch *zweistufige Verfahren*. In gewissen Anwendungen, etwa aus dem Bereich der Gebietszerlegung (siehe Kapitel 7), ist eine Zerlegung (5.2.7) vorgegeben. Unter geeigneten Voraussetzungen kann jedoch der Aufwand pro Iterationsschritt und damit der Gesamtzeitaufwand gesenkt werden, ohne in jedem Schritt ein System $M u = v$ vollständig zu lösen. Es werden vielmehr in jedem äußeren Schritt gemäß (5.2.9) einige Schritte eines zweiten, inneren Iterationsverfahrens ausgeführt. Hierzu definieren wir eine zweite Zerlegung

$$M = P - Q, \quad P \text{ invertierbar}, \tag{5.2.10}$$

und legen eine Anzahl l *innerer Schritte* fest. Damit formulieren wir das Verfahren

$$k := 0,1,2,\dots : \tag{5.2.11}$$
$$x^{k+1,0} := x^k$$
$$j := 0(1)l-1: \quad x^{k+1,j+1} := \mathcal{L}(P, Nx^k + Qx^{k+1,j} + y)$$
$$x^{k+1} := x^{k+1,l}.$$

In komplexeren Varianten können sowohl die Anzahl innerer Schritte l als auch die Zerlegungen in Abhängigkeit von k und j variieren. Unter dem Gesichtspunkt der Parallelisierung sind zweistufige Verfahren interessant, weil eine Synchronisation oder Kommunikation nur in der äußeren Iteration durchzuführen ist und die – in Nx^k benötigten – ausgetauschten Daten somit für jeweils alle l inneren Schritte eines äußeren Schrittes verwendet werden.

Iterationsverfahren sind oft flexibler bei der Ausnutzung spezieller Matrixstrukturen. Als Beispiel seien dünn und unregelmäßig besetzte Matrizen genannt, wie sie in Differenzenverfahren und Finite-Element-Verfahren für partielle Differentialgleichungen auf Gebieten mit unregelmäßiger Geometrie auftreten. Aber auch die in (5.1.76)-(5.1.81) skizzierten Beispiele stellen geeignete Modellprobleme dar. Vor allem bei der 5-Punkt-Diskretisierung (5.1.78) der *Poisson-Gleichung* (5.1.77) sind maximal 5 Diagonalen mit nichtverschwindenden Koeffizienten einfachster Art belegt, so dass es sowohl aufgrund des benötigten Speicherplatzes als auch des arithmetischen Aufwandes von großem Interesse ist, diese Struktur so weit wie möglich auszunutzen.

Es existiert eine umfangreiche Literatur zu Verfahren der Gestalt (5.2.9). Wir beschränken uns auf das Zitat eines allgemeinen Konvergenzsatzes aus [Var62], wo diese Verfahren ausführlich untersucht werden. Für die *Iterationsmatrix* H verwenden wir im Folgenden die Abkürzung

$$H = M^{-1} N. \tag{5.2.12}$$

Für zweistufige Verfahren (5.2.11) mit festem l erhält man

$$\mathbb{H} = \left(\mathbb{P}^{-1}\,\mathbb{Q}\right)^{l} + \sum_{i=0}^{l-1} \left(\mathbb{P}^{-1}\,\mathbb{Q}\right)^{i}\mathbb{P}^{-1}\,\mathbb{N}. \qquad\qquad (5.2.13)$$

5.2.1 Satz. *Es gelte* $\mathbb{H}\in \mathbf{R}^{N\times N}$, $\mathrm{c}\in\mathbf{R}^{N}$. *Das Verfahren*

$$\mathrm{x}^{k} = \mathbb{H}\,\mathrm{x}^{k} + \mathrm{c}, \ k := 0,1,2,...,$$

konvergiert genau dann bei beliebiger Wahl eines Startvektors $\mathrm{x}^{0}\in\mathbf{R}^{N}$ *gegen die eindeutige Lösung* x^{*} *der Fixpunktgleichung* $\mathrm{x}^{*} = \mathbb{H}\,\mathrm{x}^{*} + \mathrm{c}$, *wenn* $\rho(\mathbb{H}) < 1$.

Beweis. [Var62], Kap. 3.2.   ♦

Für $\mathbb{H} = \mathbb{M}^{-1}\mathbb{N}$, $\mathrm{c} = \mathbb{M}^{-1}\mathrm{y}$ ist diese Gleichung wegen $\mathrm{x}^{*} = \mathbb{H}\,\mathrm{x}^{*} + \mathrm{c} = \mathbb{M}^{-1}\!\left(\mathbb{N}\,\mathrm{x}^{*} + \mathrm{y}\right)$ äquivalent zu $\mathbb{A}\,\mathrm{x}^{*} = (\mathbb{M} - \mathbb{N})\,\mathrm{x}^{*} = \mathrm{y}$. Der obige Satz ist Ausgangspunkt für eine Vielzahl von Konvergenzuntersuchungen bei Zerlegungsverfahren. Es gilt in jeder Norm auf $\mathbf{R}^{N}$ für alle $k\in\mathbf{N}_{0}$

$$\left\|\mathrm{x}^{k+1} - \mathrm{x}^{*}\right\| \le \left\|\mathbb{H}\right\|\left\|\mathrm{x}^{k} - \mathrm{x}^{*}\right\| \le ... \le \left\|\mathbb{H}\right\|^{k+1}\left\|\mathrm{x}^{0} - \mathrm{x}^{*}\right\| \qquad (5.2.14)$$

$$\left\|\mathrm{x}^{k+1} - \mathrm{x}^{k}\right\| \le \left\|\mathbb{H}\right\|\left\|\mathrm{x}^{k} - \mathrm{x}^{k-1}\right\| \le ... \le \left\|\mathbb{H}\right\|^{k}\left\|\mathrm{x}^{1} - \mathrm{x}^{0}\right\|.$$

Mittels Satz A.11 kann ein Zusammenhang zwischen der Konvergenzgeschwindigkeit und $\rho(\mathbb{H})$ hergestellt werden. Für das Verfahren (5.2.9) gilt ([Fr90], Satz A.2.6)

$$R(I) = \rho(\mathbb{H}).$$

Somit liefert der Spektralradius $\rho(\mathbb{H})$ auch einen Maßstab für die asymptotische Konvergenzgeschwindigkeit. Die Auswahlmöglichkeit unter einer oft großen Anzahl von Varianten nährt den Wunsch nach einem Geschwindigkeitsvergleich. Stellvertretend zitieren wir einen Vergleichssatz aus der Theorie der nichtnegativen Matrizen, auf den beispielsweise bei der Anwendung von Verfahren (5.2.9) auf die Modellprobleme (5.1.76)-(5.1.81) zurückgegriffen werden kann.

5.2.2 Satz. *Gegeben seien zwei Zerlegungen* $\mathbb{A} = \mathbb{M}_{1} - \mathbb{N}_{1} = \mathbb{M}_{2} - \mathbb{N}_{2}$. $\mathbb{A}$, $\mathbb{M}_{1}$, $\mathbb{M}_{2}$ *seien invertierbar. Es gelte komponentenweise:* $\mathbb{A}^{-1} > 0$, $(\mathbb{M}_{1})^{-1}$, $(\mathbb{M}_{2})^{-1} \ge 0$ *sowie* $\mathbb{N}_{2}\neq\mathbb{N}_{1}$, $\mathbb{N}_{2}\ge\mathbb{N}_{1}$, $\mathbb{N}_{1}\neq 0$. *Dann folgt*

$$0 < \rho\!\left((\mathbb{M}_{1})^{-1}\mathbb{N}_{1}\right) < \rho\!\left((\mathbb{M}_{2})^{-1}\mathbb{N}_{2}\right) < 1.$$

Beweis. [Var62], Th. 3.15.

Für Zerlegungen, bei denen die Komponenten der Matrix $\mathbb{A}$ so auf $\mathbb{M}$ und $\mathbb{N}$ verteilt werden, dass $m_{i,j} = a_{i,j} \Leftrightarrow n_{i,j} = 0$, $n_{i,j} = a_{i,j} \Leftrightarrow m_{i,j} = 0$, $1 \le i,j \le N$, gilt, sagt dieser Satz aus, dass unter den obigen Voraussetzungen die asymptotische Konvergenzgeschwindigkeit um so größer ist, je mehr Komponenten von $\mathbb{A}$ in $\mathbb{M}$ gelegt werden. Bei wachsender asymptotischer Konvergenzgeschwindigkeit kann grundsätzlich vermutet werden, dass die Anzahl k der tatsächlich bis zum Erreichen einer vorgegebenen Genauigkeit benötigten Iterationsschritte abnimmt. Mit (5.2.14) und Satz A.12 erhält man bei vorgegebenem $\varepsilon > 0$ eine grobe Abschätzung für die Mindestschrittanzahl

$$k > \frac{\log\left(\varepsilon/c_{2}\right)}{\log\left(\rho(\mathbb{H})\right)} \quad \text{oder} \quad k+1 > \frac{\log\left(\varepsilon/c_{1}\right)}{\log\left(\rho(\mathbb{H})\right)} \qquad\qquad (5.2.15)$$

mit $c_1 = \|x^0 - x^*\|$ oder $c_2 = \|x^1 - x^0\|$. Andererseits nimmt häufig – beispielsweise bei der eben genannten Belegung von M und N – mit wachsender asymptotischer Konvergenzgeschwindigkeit der arithmetische Aufwand je Schritt zu. Ein hinsichtlich der Rechenzeit optimales Verfahren muss beide Gesichtspunkte gegeneinander abwägen. Typischerweise erhält man einen u-förmigen Verlauf für den Gesamtaufwand in Abhängigkeit vom Umfang der Belegung von M.

5.2.2.1.1 Relaxationsverfahren

Die zahlreichen Varianten des *Relaxationsverfahrens* gehen ursprünglich auf die klassischen Jacobi- und Gauß-Seidel-Verfahren, die wahrscheinlich bekanntesten und ältesten Iterationsverfahren zur Lösung linearer Gleichungssysteme, zurück. Auch wenn diese Verfahren in den meisten Anwendungen den Ansprüchen nicht mehr genügen und durch schnellere Verfahren ersetzt worden sind, so werden sie dennoch weiter angewendet, insbesondere als Bestandteil anderer Verfahren wie Mehrgitter-Verfahren oder Verfahren der Konjugierten Gradienten. Ausgehend von der Matrixzerlegung

$$A = D - L - U,$$

wobei D die Diagonalmatrix mit den Diagonalelementen von A, L die linke untere Dreiecksmatrix mit den Koeffizienten $-a_{i,j}$, $i > j$, und U die rechte obere Dreiecksmatrix mit den Koeffizienten $-a_{i,j}$, $j > i$ bezeichnet, formuliert man mit der Zerlegung

$$M = \frac{1}{\omega} D, \quad N = \frac{1-\omega}{\omega} D + L + U$$

das *Relaxationsverfahren* vom *Jacobi-Typ*

$$\begin{aligned}
x^{k+1} &= (1-\omega)x^k + \omega D^{-1}((L+U)\,x^k + y) \\
&= \{(1-\omega)I + \omega D^{-1}(L+U)\}x^k + \omega D^{-1}y \\
&= \omega D^{-1}\left(\left\{\tfrac{1-\omega}{\omega}D + L + U\right\}x^k + y\right), \quad k := 0,1,2,\ldots,
\end{aligned}$$

ausgeschrieben

$$x_i^{(k+1)} := (1-\omega)\,x_i^{(k)} + \frac{\omega}{a_{i,i}}\left(\sum_{j=1}^{i-1} a_{i,j}\,x_j^{(k)} + \sum_{j=i+1}^{N} a_{i,j}\,x_j^{(k)} + y_i\right), \quad i := 1(1)N, \; k := 0,1,2,\ldots. \tag{5.2.16}$$

Mit der Zerlegung

$$M = \frac{1}{\omega} D - L, \quad N = \frac{1-\omega}{\omega} D + U$$

erhält man das *Relaxationsverfahren* vom *Gauß-Seidel-Typ*

$$\begin{aligned}
x^{k+1} &= (1-\omega)\,x^k + \omega D^{-1}(Lx^{k+1} + Ux^k + y) \\
&= (I - \omega D^{-1}L)^{-1}\{(1-\omega)I + \omega D^{-1}U\}x^k + (I - \omega D^{-1}L)^{-1}\omega D^{-1}y \\
&= (D - \omega L)^{-1}\{((1-\omega)D + \omega U)\}x^k + (D - \omega L)^{-1}\omega y, \quad k := 0,1,2,\ldots,
\end{aligned}$$

ausgeschrieben

$$x_i^{(k+1)} := (1-\omega)\,x_i^{(k)} + \frac{\omega}{a_{i,i}}\left(\sum_{j=1}^{i-1} a_{i,j}x_j^{(k+1)} + \sum_{j=i+1}^{N} a_{i,j}x_j^{(k)} + y_i\right),\ i:=1(1)N,\ k:=0,1,2,\dots\ . \quad (5.2.17)$$

Das Verfahren $\mathcal{L}$ in jedem Iterationsschritt degeneriert hier zur komponentenweisen Division und zur Auflösung eines Dreieckssystems. Der Parameter ω bezeichnet den *Relaxationsparameter*, der bei geschickter Wahl die (asymptotische) Konvergenzgeschwindigkeit erheblich vergrößern kann. Für $\omega > 1$ spricht man von einem *Überrelaxations-* oder *SOR-(successive overrelaxation)-Verfahren*. Die Bezeichung *SOR-Verfahren* hat sich allerdings für alle $\omega > 0$ eingebürgert. Diese Verfahren sind vielfach untersucht worden. Eine Übersicht über die Vielzahl an Varianten und ihre Eigenschaften wie Genauigkeit, Konvergenz und Konvergenzgeschwindigkeit findet man unter anderem in [Var62], [You71], [Sto90]. Für $\omega = 1$ konvergieren das Jacobi-Verfahren, wenn $\rho(\mathbb{H}) = \rho(\mathbb{D}^{-1}(\mathbb{L}+\mathbb{U})) < 1$ gilt, und das Gauß-Seidel-Verfahren, wenn $\rho(\mathbb{H}) = \rho((\mathbb{D}-\mathbb{L})^{-1}\mathbb{U}) < 1$ gilt. Dies ist etwa dann der Fall, wenn $\mathbb{A}$ eine H-Matrix, vor allem strikt diagonaldominant ist. Es gibt jedoch viele andere Konvergenzaussagen. Das SOR-Gauß-Seidel-Verfahren konvergiert, falls $\rho_{SOR\text{-}GS} = \rho((\mathbb{D}-\omega\mathbb{L})^{-1}((1-\omega)\mathbb{D}+\omega\mathbb{U})) < 1$. Dies gilt zum Beispiel in folgenden Fällen:

5.2.3 Satz. *Es gelte:*   a) $\mathbb{A}$ *sei eine H-Matrix (Anh. A) und* $0 < \omega < \dfrac{2}{1 + \rho(|\mathbb{D}^{-1}(\mathbb{L}+\mathbb{U})|)}$

   oder   b) $\mathbb{A}$ *sei symmetrisch und positiv definit und* $0 < \omega < 2$.

Dann konvergieren das SOR-Jacobi-Verfahren (5.2.16) und das SOR-Gauß-Seidel-Verfahren (5.2.17) für jeden beliebigen Startvektor $\mathbb{x}^0$ *gegen die eindeutige Lösung der Gleichung* $\mathbb{A}\mathbb{x} = \mathbb{y}$.

Beweis. a) [Var62], Th. 3.6, b) [Fr90], Satz 8.2.2.   ◆

Da in jedem Schritt Jacobi-artiger Verfahren nur auf Komponenten des vorangehenden Schritts zugegriffen wird, entstehen keine Abhängigkeiten. Bei Gauß-Seidel-artigen Verfahren werden bei Berechnung der jeweils i-ten Komponente des Vektors $\mathbb{x}^{k+1}$ alle im konkreten Iterationsschritt schon berechneten Komponenten 1 bis $i-1$ sofort weiterverwendet. Dieses im sequentiellen Fall nahe liegende Vorgehen erzeugt Abhängigkeiten $x_j^{(k+1)} \to x_i^{(k+1)}$, $j < i$, die nur zu einer Parallelität auf der Ebene einzelner Skalarprodukte wechselnder Länge führen. Beim Jacobi-Verfahren können in jedem Iterationsschritt alle Komponenten parallel berechnet werden. Da in Gauß-Seidel-artigen Verfahren die jeweils neueste verfügbare Information verwendet wird, liegt der Gedanke nahe, dass auch ihre asymptotische Konvergenzgeschwindigkeit höher als diejenige Jacobi-artiger Verfahren ist. In der Tat gilt etwa folgende Aussage.

5.2.4 Satz. $\mathbb{A}$ *sei eine M-Matrix. Dann gilt*

$$\rho((\mathbb{D}-\mathbb{L})^{-1}\mathbb{U}) \le \rho(\mathbb{D}^{-1}(\mathbb{L}+\mathbb{U})) < 1.$$

Beweis. [Var62], Th. 3.14 und Th. 3.15.   ◆

In diesem Falle ist eine höhere Konvergenzgeschwindigkeit (Gauß-Seidel) gegen Parallelität (Jacobi) abzuwägen. Die Aussage von Satz 5.2.4 gilt jedoch nicht notwendig für allgemeinere Matrizen $\mathbb{A}$. In [Var62] und [You71] finden sich entsprechende Gegenbeispiele. Aussagekräftige

Angaben über (vor allem Konvergenz-) Eigenschaften und detaillierte Vergleiche dieser beiden Verfahren sind im Allgemeinen nur für konkrete Anwendungsklassen möglich. Aufgrund des vergleichsweise hohen Aufwandes von etwa $2\,N^2$ Gleitpunktoperationen für N Komponenten in jedem Iterationsschritt werden SOR-Gauß-Seidel- oder Jacobi-Verfahren nur selten für vollbesetzte Matrizen eingesetzt. Eine Vektorisierung auf der Basis von Skalarprodukten führt zwar zu einer hohen Geschwindigkeit, die jedoch durch den hohen Aufwand wieder relativiert wird. Eine Parallelisierung leidet, insbesondere bei verteiltem Speicher, darunter, dass zur Berechnung jeder Komponente jeweils zwar $2N$ Gleitpunktoperationen auszuführen sind, hierfür aber alle anderen, also insgesamt N Komponenten benötigt werden, so dass ein vergleichsweise hoher Bedarf an Synchronisation oder vor allem Kommunikation besteht. Über lange Zeit wurden SOR-Verfahren vorrangig zur Lösung von verschiedenen Typen dünnbesetzter Matrizen verwendet. Wir betrachten das Modellproblem (5.1.77)-(5.1.78), die 5-Punkt-Diskretisierung der Poisson-Gleichung. Die einfache Matrixgestalt mit wenigen, regelmäßig auf die Matrix verteilten nichtverschwindenden Koeffizienten ist auch für Iterationsverfahren günstig, da deren Eigenschaften relativ leicht zu untersuchen sind und da der Aufwand pro Iterationsschritt sehr gering ist. Um Fallunterscheidungen zu vermeiden, ergänzen wir in (5.1.78) den Vektor $\mathbf{u}$ in beiden Komponenten jeweils um die Indizes 0 und $m+1$, um die Randwerte aufzunehmen:

$$u_{i,j} = g(x_i,\, y_j),\, [i \in \{0,m+1\} \wedge j \in \{1,\dots,m\}] \vee [j \in \{0,m+1\} \wedge i \in \{1,\dots,m\}].$$

Daraus ergibt sich in (5.1.78) nun unmittelbar

$$f_{i,j} = h^2\, f(x_i,\, y_j),\ 1 \le i,j \le m.$$

Für das lineare Gleichungssystem $\mathbf{A}\mathbf{u} = \mathbf{f}$ lautet die Vorschrift für einen Schritt des Jacobi-SOR-Verfahrens ausgeschrieben ($i,j := 1\,(1)\,m,\ k := 0,1,2\dots$)

$$u_{i,j}^{(k+1)} := (1-\omega)u_{i,j}^{(k)} + \frac{\omega}{4}\left(u_{i,j-1}^{(k)} + u_{i-1,j}^{(k)} + u_{i,j+1}^{(k)} + u_{i+1,j}^{(k)} + f_{i,j}\right), \tag{5.2.18}$$

und des Gauß-Seidel-SOR-Verfahrens

$$u_{i,j}^{(k+1)} := (1-\omega)u_{i,j}^{(k)} + \frac{\omega}{4}\left(u_{i,j-1}^{(k+1)} + u_{i-1,j}^{(k+1)} + u_{i,j+1}^{(k)} + u_{i+1,j}^{(k)} + f_{i,j}\right). \tag{5.2.19}$$

In algorithmischer Form treten die Abhängigkeiten ($u_{i-1,j}^{(k+1)} \to u_{i,j}^{(k+1)}$) beim Gauß-Seidel-Typ noch deutlicher zutage. Ein Iterationsschritt der beiden Verfahren lautet jeweils:

Jacobi-SOR: $\mathbf{v} := \mathbf{u}$ (5.2.20)

           for $j := 1$ **to** m **do**

           for $i := 1$ **to** m **do**

$$u_{i,j} := (1-\omega)\,v_{i,j} + \frac{\omega}{4}\,(v_{i-1,j} + v_{i,j-1} + v_{i,j+1} + v_{i+1,j} + f_{i,j})$$

Gauß-Seidel-SOR: **for** $j := 1$ **to** m **do**   (5.2.21)

           for $i := 1$ **to** m **do**

$$u_{i,j} := (1-\omega)\,u_{i,j} + \frac{\omega}{4}\,(u_{i-1,j} + u_{i,j-1} + u_{i,j+1} + u_{i+1,j} + f_{i,j}).$$

Für das hier betrachtete Beispiel können asymptotische Konvergenzraten explizit angegeben werden. Für die Matrix $A \equiv A_S = (-I, B, -I)$, $B = (-1, 4, -1)$ erhält man beim Jacobi (J)- und beim Gauß-Seidel (GS)-Verfahren, also $\omega = 1$, [Var62], [You90]:

$$\rho_J := \rho(D^{-1}(L+U)) = \cos\left(\frac{\pi}{m+1}\right) \approx 1 - \tfrac{1}{2}\pi^2 h^2, \quad \rho_{GS} := \rho((D-L)^{-1}U) = \rho_J^2 \approx 1 - \pi^2 h^2. \quad (5.2.22)$$

Das Jacobi-Verfahren benötigt somit asymptotisch die doppelte Schrittanzahl. In diesem Beispiel lassen sich, ebenso wie für andere Anwendungen, etwa (5.1.76)-(5.1.81), der optimale Wert für den Relaxationsparameter und der asymptotische Konvergenzfaktor des Gauß-Seidel-SOR- und des Jacobi-SOR-Verfahrens explizit angeben ([Var62], Kap. 4.3):

$$\omega_{opt} = \frac{2}{1+\sqrt{1-\rho_{GS}}}, \quad \rho_{SOR-GS} = \rho((D - \omega L)^{-1}((1-\omega)D + \omega U)) = \omega_{opt} - 1$$

$$\omega_{opt} = \frac{2}{1+\sqrt{1-\rho_J}}, \quad \rho_{SOR-J} = \rho((1-\omega)I + \omega D^{-1}(L+U)) = \omega_{opt} - 1. \qquad (5.2.23)$$

Der optimale Parameter ω_{opt} ist meist nur schwer oder nur näherungsweise zu bestimmen. Das Modellproblem zeigt, dass schon eine leicht von ω_{opt} abweichende Wahl von ω zu einer merklichen Verlangsamung führen kann. Tab. 5.2.1 zeigt für das Beispiel (5.1.78) die in diesem Beispiel höhere Geschwindigkeit des Gauß-Seidel-Verfahrens im Vergleich zum Jacobi-Verfahren sowie den merklichen Effekt der Relaxation in den SOR-Verfahren. Alle Verfahren werden jedoch mit wachsender Systemgröße immer langsamer. Der Parallelität der Jacobi-Verfahren (maximal m^2 bei einer Granularität von einer Komponente) steht ihre in diesem Fall um den Faktor 2 (GS:J) und 1,4 (SOR-GS:SOR-J) geringere asymptotische Konvergenzgeschwindigkeit gegenüber. Ähnliches gilt für viele andere Beispiele. Angesichts der Sequentialität der (SOR-) Gauß-Seidel-Verfahren ist der Gewinn durch die Parallelität der (SOR-)Jacobi-Verfahren in jedem Falle um ein Vielfaches höher als diese Faktoren. Für Anwendungen wie das Modellproblem (5.1.77) lassen sich jedoch Modifikationen angeben, die die Abhängigkeiten im Gauß-

Tab. 5.2.1 Asymptotischer Konvergenzfaktor ρ und Mindestschrittanzahl k für $\varepsilon = 10^{-14}$ und $c = 1$ in
(5.2.15) für (SOR-)Jacobi- und Gauß-Seidel-Verfahren für (5.1.78)

h	ρ_J	ρ_{GS}	ρ_{SOR-J}	ρ_{SOR-GS}
0,1	0,950652	0,901304	0,636468	0,521885
0,01	0,999506	0,999013	0,956536	0,939081
0,001	0,999995	0,999990	0,995566	0,993736
0,0001	0,999999	0,999999	0,999555	0,999371

h	k_J	k_{GS}	k_{SOR-J}	k_{SOR-GS}
0,1	637	310	71	50
0,01	65308	32646	725	513
0,001	6532413	3266198	7256	5131
0,0001	653242899	326621442	72557	51306

Seidel-Verfahren vermeiden. Wir betrachten nochmals die obige Diskretisierung, o.B.d.A. auf einem Quadrat. Das resultierende lineare Gleichungssystem gemäß (5.1.78) und die Verfahren (5.2.18)-(5.2.21) beruhen darauf, dass die inneren Gitterpunkte links unten beginnend zeilenweise durchlaufen werden. Diese Durchlaufordnung wird im folgenden als *Standardschema* bezeichnet. Durch Änderung der *Durchlaufreihenfolge* erhält man modifizierte Gleichungssysteme

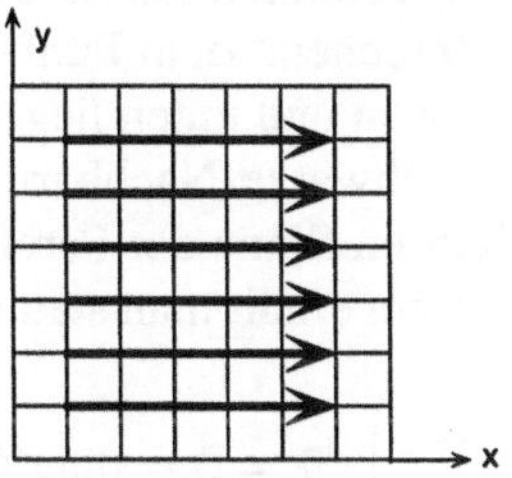

Abb. 5.2.1
Standardschema ($m = 6$)

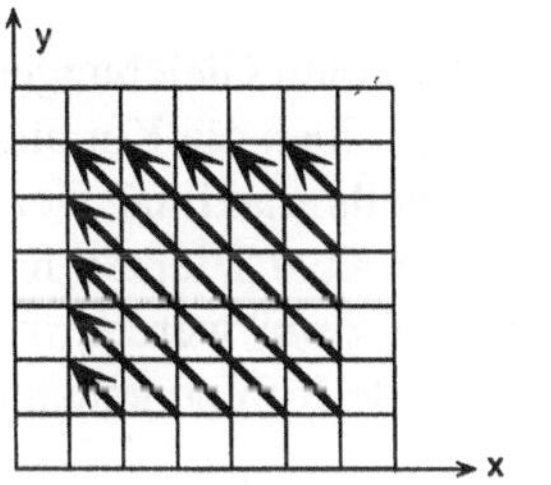

Abb. 5.2.2
Diagonalschema ($m = 6$)

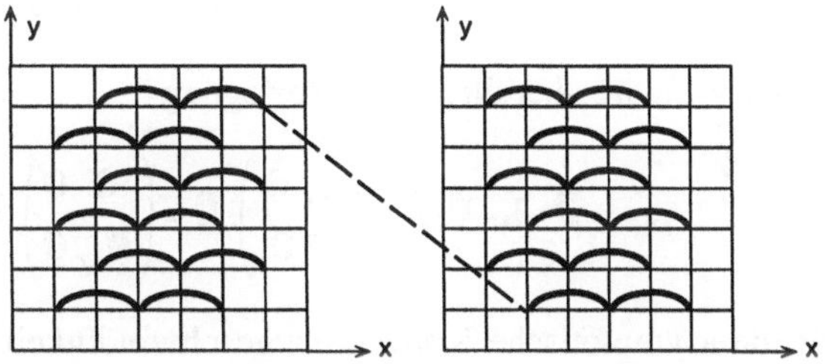

Abb. 5.2.3
Schachbrett- oder Rot-Schwarz-Schema ($m = 6$)

und damit modifizierte Verfahren. Abb. 5.2.1-Abb. 5.2.3 zeigen für $m = 6$ die jeweilige Durchlaufreihenfolge durch das Gitter und damit die Bearbeitungsreihenfolge der Gitterpunkte. Die *Indizierung* wird nicht explizit geändert. Abhängigkeit oder Unabhängigkeit der Berechnung lässt sich an dem im jeweils rechten Teil der Abbildungen skizzierten Differenzenstern ablesen. Eine nahe liegende Methode zur Vermeidung von Abhängigkeiten besteht darin, die Gitterpunkte diagonal zu durchlaufen (*Diagonal- oder Wavefront-Schema* in Abb. 5.2.2). Dabei ist jedoch die Parallelität oder Vektorlänge starken Schwankungen unterworfen (1 bis m). Markiert man die Gitterpunkte wie ein Schachbrett, so erhält man zwei verschiedene Sätze von Gitterpunkten. Dies wird als *Schachbrettschema* oder auch, entsprechend der englischen Bezeichnung "red-black-order", als *Rot-Schwarz-Schema* bezeichnet. Es werden nacheinander alle roten und dann alle schwarzen Punkte bearbeitet. Entsprechend dem Fünf-Punkt-Modell hängt jeder Punkt von seinen vier unmittelbar links, rechts, oben und unten liegenden Nachbarn ab. Zur Berechnung jedes roten Punktes werden somit vier schwarze Nachbarn und jedes schwarzen Punktes vier rote Nachbarn benötigt. Abhängigkeiten im Sinne der Parallelisierung oder Vektorisierung treten damit nicht mehr auf. Im Modellproblem erhält man statt (5.1.78) das permutierte System

$$\mathbb{A}\mathbf{u} = \mathbf{f}, \ \mathbb{A} \equiv \mathbb{A}_{RS} = \begin{pmatrix} \mathbb{D}_r & \mathbb{M}_{r,s} \\ \mathbb{M}_{s,r} & \mathbb{D}_s \end{pmatrix}, \ \mathbb{D}_r = \mathbb{D}_s = \mathrm{diag}(4)_{N/2}, \ \mathbf{u} = \begin{pmatrix} \mathbf{u}_r \\ \mathbf{u}_s \end{pmatrix}, \ \mathbf{f} = \begin{pmatrix} \mathbf{f}_r \\ \mathbf{f}_s \end{pmatrix}. \tag{5.2.24}$$

Die Diagonalmatrix $\mathbb{D}_r$ gehört zu den roten Gleichungen, $\mathbb{D}_s$ zu den schwarzen. Entsprechend sind $\mathbf{u}$ und $\mathbf{f}$ aufgeteilt. $\mathbb{M}_{r,s}$ und $\mathbb{M}_{s,r}$ beschreiben die Kopplungen zwischen roten und schwarzen Gleichungen. $\mathbb{M}_{r,s}$ und $\mathbb{M}_{s,r}$ besitzen jeweils maximal vier Nebendiagonalen, so dass in jeder Zeile höchstens vier nichtverschwindende Koeffizienten mit dem Wert -1 auftreten. Ausgehend von einem geeigneten Startvektor $\mathbf{u}_s^0 := \mathbf{u}_r^0 := \mathbf{u}^0$ werden in jedem Iterationsschritt jeweils zwei Halbschritte ausgeführt, innerhalb derer alle Komponenten parallel berechnet werden können:

$$k := 0,1,\ldots: \quad \mathbf{u}_r^{k+1} := (1 - \omega)\,\mathbf{u}_r^k + \omega\,(\mathbb{D}_r)^{-1}\big(\mathbf{f}_r - \mathbb{M}_{r,s}\,\mathbf{u}_s^k\big) \tag{5.2.25}$$
$$\mathbf{u}_s^{k+1} := (1 - \omega)\,\mathbf{u}_s^k + \omega\,(\mathbb{D}_s)^{-1}\big(\mathbf{f}_s - \mathbb{M}_{s,r}\,\mathbf{u}_r^{k+1}\big).$$

Dieses Verfahren beruht auf der Zerlegung

$$\mathbb{A}_{RS} = \widehat{\mathbb{D}} - \widehat{\mathbb{L}} - \widehat{\mathbb{U}}, \ \widehat{\mathbb{D}} = \begin{pmatrix} \mathbb{D}_r & 0 \\ 0 & \mathbb{D}_s \end{pmatrix}, \ \widehat{\mathbb{L}} = \begin{pmatrix} 0 & 0 \\ \mathbb{M}_{s,r} & 0 \end{pmatrix}, \ \widehat{\mathbb{U}} = \begin{pmatrix} 0 & \mathbb{M}_{r,s} \\ 0 & 0 \end{pmatrix}. \tag{5.2.26}$$

Für die asymptotische Konvergenzgeschwindigkeit des SOR-Verfahrens bei Rot-Schwarz-Anordnung erhält man folgendes Ergebnis.

5.2.5 Satz. *Für das Verfahren (5.2.25) gilt bei Anwendung auf das Gleichungssystem (5.2.24)*

a) $\rho_{SOR-GS}^{(RS)} = \rho\big((\widehat{\mathbb{D}} - \omega\,\widehat{\mathbb{L}})^{-1}\big((1 - \omega)\,\widehat{\mathbb{D}} + \omega\,\widehat{\mathbb{U}}\big)\big) < 1$ *für alle* $\omega \in (0,2)$

b) $\rho_{SOR-GS}^{(RS)}$ *ist minimal für* $\omega \equiv \omega_{opt}$ *aus (5.2.23)*

c) $\rho_{SOR-GS}^{(RS)} = \rho_{SOR-GS}$ *für* ρ_{SOR-GS} *aus (5.2.23).*

Beweis. [Var62], [You71] oder [Fr90], Satz 10.3.3.   ◆

Die asymptotische Konvergenzgeschwindigkeit des bei Rot-Schwarz-Anordnung parallelisierbaren SOR-Gauß-Seidel-Verfahrens ist somit mit derjenigen des bei Standardanordnung rein sequentiellen SOR-Gauß-Seidel-Verfahrens bei gleichem optimalem ω sogar identisch. Die Aussagen von Satz 5.2.5 sind allerdings nicht allgemein übertragbar. Bei jedem Wechsel der Durchlaufordnung durch die Unbekannten (Gitterpunkte in den Beispielen (5.1.75)-(5.1.81)) geht zwar die resultierende Koeffizientenmatrix, hier A_{RS}, aus der ursprünglichen Matrix, hier A_S, durch eine Permutation hervor. Dies gilt jedoch nicht für die sich aus den unterschiedlichen Zerlegungen ergebenden unterschiedlichen Iterationsmatrizen. Schon im obigen Beispiel gilt bereits $(\mathbb{D} - \omega\,\mathbb{L})^{-1}\!\left((1-\omega)\,\mathbb{D} + \omega\,\mathbb{U}\right) \neq (\widehat{\mathbb{D}} - \omega\,\widehat{\mathbb{L}})^{-1}\!\left((1-\omega)\,\widehat{\mathbb{D}} + \omega\,\widehat{\mathbb{U}}\right)$. Auf Parallelrechnern mit gemeinsamem Speicher oder Vektorprozessoren wird ein Schritt von (5.2.25) mit einer Vektorlänge von etwa $m/2$ ausgeführt, allerdings wird nun grundsätzlich das Inkrement 2 verwendet:

$$
\begin{array}{ll}
\text{rote Punkte:} & \textbf{for } j := 1 \textbf{ step } 2 \textbf{ to } m \textbf{ do} \\
 & \qquad \textbf{for } i := 1 \textbf{ step } 2 \textbf{ to } m \textbf{ do} \quad u_{i,j} := \dots \\
 & \textbf{for } j := 2 \textbf{ step } 2 \textbf{ to } m{-}1 \textbf{ do} \\
 & \qquad \textbf{for } i := 2 \textbf{ step } 2 \textbf{ to } m{-}1 \textbf{ do } \; u_{i,j} := \dots \\[4pt]
\text{schwarze Punkte:} & \textbf{for } j := 1 \textbf{ step } 2 \textbf{ to } m \textbf{ do} \\
 & \qquad \textbf{for } i := 2 \textbf{ step } 2 \textbf{ to } m{-}1 \textbf{ do } \; u_{i,j} := \dots \\
 & \textbf{for } j := 2 \textbf{ step } 2 \textbf{ to } m{-}1 \textbf{ do} \\
 & \qquad \textbf{for } i := 1 \textbf{ step } 2 \textbf{ to } m \textbf{ do} \quad u_{i,j} := \dots \, .
\end{array}
$$

Das Schachbrett- oder Rot-Schwarz-Schema wurde zu *Mehrfarbschemata* verallgemeinert, um parallele SOR-Verfahren auch für kompliziertere Differenzensterne wie (5.1.79b) oder (5.1.79c) zu erhalten. Ohne auf Einzelheiten einzugehen, sei auf [AdJo86], [ALY88] oder [AdOr82] verwiesen. Eine weitere Modifikation erhält man, wenn man von einer anderen Art der Fünf-Punkt-Diskretisierung ausgeht. Das kartesische Koordinatensystem wird mittels der Transformation

$$
\tilde{x} := (y+x)/\sqrt{2}; \quad \tilde{y} := (y-x)/\sqrt{2} \quad \text{bzw.} \quad \begin{pmatrix} \tilde{x} \\ \tilde{y} \end{pmatrix} := \frac{1}{\sqrt{2}} \begin{pmatrix} 1 & 1 \\ -1 & 1 \end{pmatrix} \begin{pmatrix} x \\ y \end{pmatrix}
$$

um $45°$ gedreht. Der Diskretisierungsfehler hat wie bei der Standarddiskretisierung die Ordnung $O(h^2)$ [Ge88]. Der Vorteil dieser Variante liegt darin, dass auch in den Gauß-Seidel-artigen Verfahren sowohl die Abhängigkeiten beseitigt worden sind als auch eine Vektorlänge beziehungsweise Parallelität von m durchgehend erhalten und auch nur das Inkrement 1 verwendet wird. Man beachte den Faktor 2 in der Inhomogenität. Bei zeilenweiser Durchlaufordnung erhält man:

<u>Gauß-Seidel-artiges XSOR-Verfahren</u> (5.2.27)

$$
\begin{array}{l}
\textbf{for } k := 0,1,2,\dots \textbf{ do} \\
\quad \textbf{for } i := 1 \textbf{ to } m \textbf{ do} \\
\qquad \textbf{for } j := 1 \textbf{ to } m \textbf{ do parallel} \\
\qquad\quad u_{i,j} := (1-\omega)\,u_{i,j} + \dfrac{\omega}{4}\left(u_{i-1,j-1} + u_{i+1,j-1} + u_{i-1,j+1} + u_{i+1,j+1} + 2f_{i,j}\right).
\end{array}
\qquad \blacklozenge
$$

Die obigen Verfahren werden als *Punktverfahren* bezeichnet, da die Komponenten (Gitterpunkte) einzeln nach- oder parallel zueinander berechnet werden. Im Gegensatz zu den allgemeineren Verfahren (5.2.16)/(5.2.17) ist bei den Differenzenverfahren (5.2.18)-(5.2.21), den klassischen Anwendungen der SOR-Verfahren, der Aufwand pro Iterationsschritt mit 6 Gleitpunktoperationen pro Komponente (bei Vorabberechnung von $1-\omega$ und $\omega/4$) äußerst gering. Das SOR-Jacobi-, das SOR-Gauß-Seidel-Verfahren mit Schachbrettanordnung und auch (5.2.27) lassen sich in diesem Beispiel gut vektorisieren. Auf einem Parallelrechner ist dieser Aufwand bei Ausnutzung der maximalen Parallelität von m^2 beim SOR-Jacobi-Verfahren oder $m^2/2$ beim SOR-Gauß-Seidel-Verfahren mit Schachbrettanordnung identisch mit der Granularität der Teilaufgaben. Angesichts von vier benötigten "fremden" Komponenten $u_{i-1,j}$, $u_{i,j-1}$, $u_{i,j+1}$, $u_{i+1,j}$ pro berechneter Komponente $u_{i,j}$ entsteht ein in der Regel unverhältnismäßig hoher Synchronisations- und insbesondere bei verteiltem Speicher Kommunikationsaufwand, der höchstens in eher theoretischen Modellen wie systolischen Feldern keine Rolle spielt. Ist eine Mindestgranularität der Teilaufgaben zu gewährleisten, so kann die maximale Parallelität nicht voll ausgenutzt werden. Im Fall einer Einzelprozessor-Optimierung verhindert die Nutzung der maximalen Parallelität im obigen Beispiel das Abrollen von Schleifen auf Vektor- oder RISC-Prozessoren (siehe (3.2.23)). Daher wird man bei Parallelisierung eines der obigen SOR-Verfahren jeder Teilaufgabe eine gewisse Menge von Komponenten zuordnen. Im Gegensatz zu den *Punktverfahren* werden in den im Folgenden diskutierten *Blockverfahren* die Komponenten von vornherein auf der Basis von Blöcken modifiziert, wobei Teilgleichungssysteme zu lösen sind. Im Falle von Systemen aus Diskretisierungen von Differentialgleichungen läuft dies auf eine Gebietszerlegung hinaus. Diese Problematik ist Gegenstand des Kapitels 7.

SOR-Verfahren sind sehr variantenreich. Die obigen Betrachtungen zum Modellproblem (5.1.78) können leicht für Aufgaben wie etwa (5.1.79)-(5.1.81) angepasst werden. Eine Parallelisierung erfolgt auf der Ebene des Iterationsschrittes. Ihr Effekt ist gegen die zu erwartende Anzahl von Iterationsschritten, also näherungsweise gegen die asymptotische Konvergenzgeschwindigkeit, abzuwägen. SOR-Verfahren sind in den Fällen, in denen Schnelle Direkte Löser anwendbar sind, diesen deutlich unterlegen. Ein Indiz hierfür ist die Tatsache, dass in den erwähnten Modellproblemen ρ_J, ρ_{GS}, ρ_{SOR-J}, $\rho_{SOR-GS} \to 1$ für $h \to 0$ gilt. Dies bedeutet, dass alle SOR-artigen Verfahren in diesen Beispielen mit verfeinerter Schrittweite immer langsamer werden. Wie alle Iterationsverfahren besitzen SOR-Verfahren Vorteile bei unregelmäßig dünnbesetzten Systemen, wie sie etwa bei Differenzenverfahren für Randwertprobleme auf Gebieten mit unregelmäßiger Geometrie entstehen. Aber auch bei diesem Anwendungstyp sind SOR-Verfahren durch wesentliche effizientere Verfahren wie CG- oder Mehrgitterverfahren ersetzt worden, als deren Bestandteil SOR-Verfahren aber noch eine wichtige Rolle spielen.

5.2.2.1.2   Blockverfahren

Einen allgemeineren Zugang zu parallelen Verfahren auf der Basis von (5.2.9) erhält man durch die Definition von *Blockverfahren*. Grundlage ist eine Aufteilung der Koeffizientenmatrix

$$A = \begin{pmatrix} A_{1,1} & \cdots & A_{1,m} \\ \vdots & \ddots & \vdots \\ A_{n,1} & \cdots & A_{n,m} \end{pmatrix} \tag{5.2.28}$$

in $m\,n$ geeignet zu wählende Blöcke $A_{i,j}$, $1 \le i \le n$, $1 \le j \le m$, und analog aller auftretenden Vektoren in m Teilvektoren. O. B. d. A. sei hier $n = m$. Anstelle von Zerlegungen

$$A = \left(a_{i,j}\right)^{N}_{i,j=1} = M - N,\; a_{i,j} = m_{i,j} - n_{i,j},\; 1 \le i,j \le N,$$

auf Komponentenbasis betrachten wir Zerlegungen auf Blockbasis

$$A = \left(A_{i,j}\right)^{m}_{i,j=1} = M - N,\; A_{i,j} = M_{i,j} - N_{i,j},\; 1 \le i,j \le m.$$

Die Blockbildung erleichtert die Formulierung und Abgrenzung von Teilaufgaben und damit die Festlegung von deren Granularität. Eine häufig benutzte Zerlegung basiert auf der Wahl des (Block-)Tridiagonalanteils $M = \mathrm{diag}_B(A_{i,i-1}, A_{i,i}, A_{i,i+1})^{m}_{i=1}$ von A. Im Beispiel der SOR-Verfahren definieren wir die Zerlegungen

$$M = \frac{1}{\omega} D,\; N = \frac{1-\omega}{\omega} D + L + U \quad \text{bzw.} \quad M = \frac{1}{\omega} D - L,\; N = \frac{1-\omega}{\omega} D + U \tag{5.2.29}$$

$$D = \begin{pmatrix} A_{1,1} & 0 & \cdots & 0 \\ 0 & \ddots & \ddots & \vdots \\ \vdots & \ddots & \ddots & 0 \\ 0 & \cdots & 0 & A_{m,m} \end{pmatrix},\; L = \begin{pmatrix} 0 & \cdots & & 0 \\ A_{2,1} & \ddots & & \vdots \\ \vdots & \ddots & \ddots & \vdots \\ A_{m,1} & \cdots & A_{m,m-1} & 0 \end{pmatrix},\; U = \begin{pmatrix} 0 & A_{1,2} & \cdots & A_{1,m} \\ \vdots & \ddots & \ddots & \vdots \\ \vdots & & \ddots & A_{m-1,m} \\ 0 & \cdots & & 0 \end{pmatrix}$$

und erhalten analog zu (5.2.16), (5.2.17), nun aber auf Blockbasis, die folgenden Blockverfahren. In jedem Iterationsschritt ist für jeden Blockindex $i \in \{1,\dots,m\}$ ein lineares System mit einem geeigneten Verfahren $\mathcal{L}$ zu lösen. Während beim Gauß-Seidel-Verfahren Parallelität durch die Struktur der Systeme $\mathcal{L}(A_{i,i}, z)$, auf der Ebene der Matrix-Vektor-Multiplikationen, beschränkt ist, können im Jacobi-Verfahren in jedem Schritt alle m Teilsysteme parallel gelöst werden.

<u>Block-Jacobi-SOR-Verfahren:</u> $\hfill$ (5.2.30)

for $k := 0,1,2,\dots$ **do**
    for $i := 1$ **to** m **do parallel**

$$x_i^{k+1} := (1 - \omega)x_i^k + \omega\,\mathcal{L}\left(A_{i,i},\; \sum_{j=0}^{i-1} A_{i,j}\, x_j^k + \sum_{j=i+1}^{m} A_{i,j}\, x_j^k + f_i\right) \qquad \blacklozenge$$

<u>Block-Gauß-Seidel-SOR-Verfahren</u> $\hfill$ (5.2.31)

for $k := 0,1,2,\dots$ **do**
    for $i := 1$ **to** m **do** $x_i^{k+1} := (1 - \omega)x_i^k + \omega\,\mathcal{L}\left(A_{i,i},\; \sum_{j=0}^{i-1} A_{i,j}\, x_j^{k+1} + \sum_{j=i+1}^{m} A_{i,j}\, x_j^k + f_i\right). \qquad \blacklozenge$

Das einfachste parallele Blockverfahren, o. B. d. A. mit einer Mindestgranularität m mit $N = m^2$, erhält man als Jacobi-Verfahren durch Aufteilung der Indizes und Wahl von

$$x_i = \mathrm{diag}(x_j)^{im}_{j=(i-1)m+1},\; A_{i,i} = \mathrm{diag}(a_{j,j})^{im}_{j=(i-1)m+1},\; 1 \le i \le m.$$

In (5.2.30)/(5.2.31) werden sämtliche Teilvektoren $\left(x_1^k,\dots,x_m^k\right)$ zur Berechnung einer Näherung x_i^{k+1} benötigt. Bezüglich des Aufwandes gelten daher sinngemäß die Bemerkungen zu den Punktverfahren (5.2.16) und (5.2.17). Interpretiert man im Standardschema aus Abb. 5.2.1 jede Gitterzeile als Einheit, so erhält man die *Linien-SOR-Verfahren* (5.2.32) und (5.2.33). In diesem werden alle inneren Punkte auf einer Gitterzeile jeweils gleichzeitig erneuert. Im Modellproblem

(5.1.78) führt dies entsprechend der Matrixstruktur $\mathbb{A} = (-\mathbb{I}, \mathbb{B}, -\mathbb{I})$ zu Blockgleichungen

$$-x_{i-1} + \mathbb{B}x_i - x_{i+1} = f_i,\ 1 \le i \le m;\ x_0 = x_{m+1} = 0.$$

Das Gauß-Seidel- beziehungsweise das Jacobi-Schema wird bezüglich des Gitters zeilenweise angewendet. Alle Punkte einer Gitterzeile werden als Einheit berechnet:

<u>Linien-Jacobi-SOR-Verfahren</u>   (5.2.32)

   for $k := 0,1,2,....$ **do**
      for $i := 1$ **to** m **do parallel** $x_i^{k+1} := (1 - \omega)x_i^k + \omega\, \mathcal{L}\big(\mathbb{B}, x_{i-1}^k + x_{i+1}^k + f_i\big)$ ◆

<u>Linien-Gauß-Seidel-SOR-Verfahren</u>   (5.2.33)

   for $k := 0,1,2,....$ **do**
      for $i := 1$ **to** m **do** $x_i^{k+1} := (1 - \omega)x_i^k + \omega\, \mathcal{L}\big(\mathbb{B}, x_{i-1}^{k+1} + x_{i+1}^k + f_i\big).$ ◆

Im Vergleich zu den entsprechenden Punkt-Verfahren (siehe Tab. 5.2.1) vergrößert sich die asymptotische Konvergenzgeschwindigkeit mindestens um den Faktor 2. Aber es sind nun in jedem Schritt m Tridiagonalsysteme, hier der Gestalt $\mathbb{B} = (-1,\ 4,\ -1)$, zu lösen. Im parallelen Jacobi-Verfahren werden zur Berechnung von x_i^{k+1} auf Gitterzeile i nur die Näherungen x_{i-1}^k und x_{i+1}^k auf den benachbarten Gitterzeilen $i-1$ und $i+1$ benötigt. Fasst man mehrere der hier m Gitterzeilen zu je einer Teilaufgabe zusammen, etwa p Teilaufgaben zu je n Gitterzeilen mit je m Komponenten, also $N = m^2$, $m = np$, so erhält man eine primitive Form der Gebietszerlegung, die sich algebraisch über Blockdiagonalmatrizen $\mathbb{M} = \mathrm{diag}_{\mathbb{B}}(\mathbb{C})_{i=1}^p$, $\mathbb{C} = \mathrm{diag}_{\mathbb{B}}(\mathbb{B})_{i=1}^n$ definieren lässt. Für einen Parallelrechner mit verteiltem Speicher erhält man beispielsweise folgenden Algorithmus:

<u>SOR-Linien-Jacobi-Verfahren auf Prozessor P(i), $1 \le i \le p$:</u>   (5.2.34)

   for $k := 0,1,2,....$ **do**
     for $i := 1$ **to** n **do**
       $x_i^{k+1} := (1 - \omega)x_i^k + \omega\, \mathcal{L}\big(\mathbb{B}, x_{i-1}^k + x_{i+1}^k + f_i\big)$
       if $i = 1$ **then** **send**(x_n^{k+1}) **to** P(2)
                          receive(x_{n+1}^{k+1}) **from** P(2)
       elseif $i = p$ **then** **send**(x_1^{k+1}) **to** P($p-1$)
                           receive(x_0^{k+1}) **from** P($p-1$)
       else   **send**(x_1^{k+1}) **to** P($i-1$)
                           send(x_n^{k+1}) **to** P($i+1$)
                           receive(x_0^{k+1}) **from** P($i-1$)
                           receive(x_{n+1}^{k+1}) **from** P($i+1$).   ◆

Bei einer Granularität von n Gitterzeilen sind für jede Teilaufgabe Synchronisation und Kommunikation auf die lokale Abstimmung mit, sofern vorhanden, dem vorangehenden und dem nachfolgenden Nachbarn beschränkt. Bei verteiltem Speicher bedeutet dies, dass jede Teilaufgabe zur Berechnung von n Gitterzeilen mit insgesamt $n\,m$ Komponenten in jedem Schritt maximal 2 Gitterzeilen mit je m Komponenten an die beiden Nachbaraufgaben versendet und maximal 2 Gitterzeilen erhält. In der konkreten Anwendung wird das Verhältnis von Granularität und Parallelität durch Festlegung der Parameter n und p in Abhängigkeit vom tatsächlichen Zeitaufwand für Rechnung und Kommunikation oder Synchronisation gesteuert.

5.2.2.1.3 Mehrfachzerlegungen

Bereits in den fünfziger Jahren wurden mit dem Ziel der Erhöhung der asymptotischen Konvergenzgeschwindigkeit Verfahren untersucht, in denen in jedem Schritt nach dem Schema

$$x^{k+1} := \sum_{i=0}^{m} \alpha_i x^{k+1,i}, \ k = 0,1,\dots, \ \sum_{i=0}^{m} \alpha_i = 1, \ \alpha_i \geq 0, \tag{5.2.35}$$

zunächst mehrere Näherungen $x^{k+1,i}$ berechnet werden, aus denen mit Gewichtungsfaktoren α_i die neue Iterierte x^{k+1} bestimmt wird. Die α_i, m und die Berechnungsvorschriften sind so zu optimieren, dass die angestrebte Erhöhung der asymptotischen Konvergenzgeschwindigkeit nicht durch den Mehraufwand pro Schritt zunichte gemacht wird. In [Var62], Kap. 5, werden *semi-iterative Verfahren* beschrieben. Da in (5.2.35) die Zwischennäherungen $x^{k+1,i}$ grundsätzlich parallel berechnet werden können, bietet sich die Herleitung paralleler Verfahren an. In Verallgemeinerung von (5.2.35) betrachten wir hierzu *Mehrfachzerlegungen* der Koeffizientenmatrix A:

5.2.6 Definition. *Gegeben sei eine nichtsinguläre $N \times N$-Matrix A. Eine Folge von Zerlegungen $A = M_l - N_l$, $1 \leq l \leq m$, und nichtnegativer $N \times N$-Diagonalmatrizen E_l, $1 \leq l \leq m$, mit*

$$E_l = \left(\delta_{i,j}\, e_{i,i}^{(l)}\right)_{i,j=1}^{N}, \ e_{i,i}^{(l)} \geq 0, \ 1 \leq i \leq N, \ \sum_{l=1}^{m} E_l = I, \tag{5.2.36}$$

wird als Mehrfachzerlegung *oder* Multisplitting *von A bezeichnet.* ◆

Alle M_l seien invertierbar und das Verfahren $\mathcal{L}$ anwendbar. Die einfache Gewichtung in (5.2.35) wird durch eine komponentenweise Gewichtung mit geeigneten *Gewichtungsmatrizen* E_l ersetzt.

<u>Mehrfachzerlegungs- oder Multisplitting-Verfahren</u> (5.2.37)

    for $k := 0,1,2,\dots$ **do**
        for $l := 1$ **to** m **do parallel** $\quad x^{k+1,l} := \mathcal{L}(M_l, N_l x^k + y)$

$$x^{k+1} := \sum_{l=1}^{m} E_l\, x^{k+1,l}.$$

    ◆

Am Ende jedes Iterationsschrittes wird durch die Gewichtung eine gemeinsame Näherung x^{k+1} für alle Teilprozesse ermittelt. Im jeweils nächsten Schritt werden alle Zwischennäherungen $x^{k+2,l}$ auf der Grundlage von x^{k+1} berechnet. Alternativ bietet es sich an, auf eine Gewichtung nach jedem Schritt zu verzichten. In den *Mehrfachzerlegungs-Verfahren vom Schwarz-Typ* wird in jedem der m Teilprozesse eine eigene Folge $\left(x^{k,l}\right)_{k \in N_0}$, $1 \leq l \leq m$, von Näherungen berechnet:

<u>Schwarz-Mehrfachzerlegungs-Verfahren</u> (5.2.38)

    for $k := 0,1,2,\dots$ **do**
        for $l := 1$ **to** m **do parallel** $\quad x^{k+1,l} := \mathcal{L}(M_l, N_l x^{k,l} + y)$.   ◆

Unter gewissen Voraussetzungen konvergiert jede der m verschiedenen Folgen von Näherungen gegen denselben Grenzwert x^*. Bei praktischer Rechnung wird die Iteration nach endlich vielen Schritten abgebrochen. Als Näherungslösung wählt man *nach* Abschluss der Iteration entweder eine der m Näherungen aus dem letzten Schritt oder gewichtet diese. Unter Effizienzgesichtspunkten erscheinen (5.2.37) und (5.2.38) in dieser allgemeinen Form nicht attraktiv. (5.2.38) kann vollständig parallel berechnet werden. In (5.2.37) werden in jedem Schritt die Einzelnäherungen parallel berechnet und nachfolgend mittels einer Reduktion gewichtet. In beiden Verfahren ist jedoch kaum etwas gewonnen, da die Parallelisierung zunächst mit einem Aufwand erkauft wird, der mindestens um einen Faktor der Größenordnung m anwächst. Während viele Eigenschaften, vor allem Konvergenzaussagen, schon auf der Basis der obigen Formulierungen abgeleitet werden können, werden bei der praktischen Anwendung (5.2.37) und (5.2.38) als *Blockverfahren* eingesetzt. Um den Aufwand insgesamt zu reduzieren, werden die Näherungskomponenten blockweise auf die Teilprozesse verteilt, und es wird in jedem Prozess nur ein Teil der jeweiligen Näherung berechnet. Dabei sind auch Überlappungen der Indexbereiche zugelassen. Die Multisplitting-Verfahren (5.2.37) (vergleiche unter anderem [Fr90], [OW85], [NePl87]) lassen sich auf einen rein algebraischen Hintergrund zurückführen. Angesichts von Aussagen wie in Satz 5.2.2 kann man mit der Vergrößerung – und damit Überlappung – der den Prozessen jeweils zugeordneten Blöcke eine Erhöhung der asymptotischen Konvergenzgeschwindigkeit erreichen. Bei geschickter Wahl der Verfahrensparameter erreicht man trotz des gestiegenen Aufwandes pro Schritt insgesamt eine Beschleunigung. Die Gewichtung wird nur auf den sich jeweils überlappenden Indexbereichen erforderlich. Den in Abschnitt 5.2.2.1.2 skizzierten Verfahrenstyp erhält man als Spezialfall für nichtüberlappende Blöcke.

Die Verfahren vom *Schwarz-Typ* sind auf die Schwarzsche Alternierende Prozedur zurückzuführen [Schw1890]. Diese bildet die Grundlage für Gebietszerlegungverfahren zur Lösung von Randwertproblemen für Partielle Differentialgleichungen. Durch überlappende Aufteilung des Integrationsgebietes in Teilgebiete, Formulierung von Teilaufgaben auf den Teilgebieten und anschließende Diskretisierung erhält man ein algebraisches, hier lineares Gleichungssystem, für dessen Lösung (Block-)Verfahren vom Typ (5.2.38) hergeleitet werden können. Jeder Prozess berechnet nur die Komponenten zu genau einem Teilproblem. Die ihm zugeordneten Näherungen werden mit Komponenten anderer Prozesse zu Vektoren der Länge N "aufgefüllt", da die Teilprobleme in der Regel nicht entkoppelt sind und somit jeder Prozess Komponenten anderer Prozesse benötigt. Auf einer Überlappung nutzt jeder der daran beteiligten Prozesse ausschließlich die von ihm berechneten Näherungskomponenten. Da somit in jedem Iterationsschritt gewisse Komponenten mehrfach berechnet werden, erzeugt jeder Prozess eine eigene Folge von Näherungen. Zum "Auffüllen" und zur Festlegung der auf den Überlappungen von jedem Prozess genutzten und berechneten Komponenten definiert man *Auswahlmatrizen*

$$\mathbb{E}_{l,n} = \left(\delta_{i,j}\, e_{i,i}^{(l,n)}\right)_{i,j=1}^{N}, \ e_{i,i}^{(l,n)} \in \{0,1\}, \ 1 \le i \le N, \ 1 \le l, n \le m, \ \sum_{l=1}^{m} \mathbb{E}_{l,n} = 1, \ 1 \le n \le m. \qquad (5.2.39)$$

Diese Matrizen mit den Komponenten 0 oder 1 beschreiben den Anteil jedes Prozesses am Gesamtproblem. Sie ersetzen die in den Multisplittingverfahren verwendeten *Gewichtungsmatrizen* $\mathbb{E}_l$ aus (5.2.36). Anstelle von (5.2.38) erhält man nun

<u>verallgemeinerte Mehrfachzerlegungs-Verfahren vom Schwarz-Typ</u>   (5.2.40)

for $k := 0,1,2,\dots$ **do**

    for $l := 1$ **to** m **do parallel** $\mathbf{x}^{k+1,l} := \mathcal{L}(\mathbb{M}_l, \mathbb{N}_l\, \mathbf{x}^{k,l} + \mathbf{y})$

    for $l := 1$ **to** m **do parallel** $\mathbf{x}^{k+1,l} := \displaystyle\sum_{j=1}^{m} \mathbb{E}_{l,j}\, \mathbf{x}^{k+1,j}.$

In (5.2.37) und (5.2.40) sind die $\mathbb{M}_l$, $\mathbb{N}_l$, $\mathbb{E}_l$ oder $\mathbb{E}_{l,j}$ so zu definieren, dass jeder Prozess tatsächlich nur die ihm zugeordneten Komponenten berechnet. Lässt man in (5.2.39) allgemeiner

$$e_{i,i}^{(l,n)} \in [0,1],\ 1 \le i \le N,\ 1 \le l, n \le m, \tag{5.2.41}$$

zu, so erhält man ein verallgemeinertes Verfahren, welches mit $\mathbf{x}^{k,l} := \mathbf{x}^k$, $1 \le l \le m$, $k = 0,1,\dots$ und $\mathbb{E}_{l,j} := \mathbb{E}_l$, $1 \le j \le m$, Multisplitting-Verfahren und mit $e_{i,i}^{(l,n)} \in \{0,1\}$, $1 \le i \le N$, Verfahren vom Schwarz-Typ als Spezialfälle enthält. In allen drei Varianten wird grundsätzlich am Ende der parallelen l-Schleife synchronisiert oder kommuniziert. In (5.2.37) und der Verallgemeinerung (5.2.40)/(5.2.41) folgt eine Reduktions-Summation. Der tatsächliche Umfang der Kommunikation geht aus den obigen Formulierungen nicht hervor. Er hängt von der konkreten Problemstellung ab. Bei der Ausführung werden, wie gerade erwähnt, in jeder Teilaufgabe nur die ihr zugeordneten Komponenten berechnet. Während (5.2.37)-(5.2.40) Kopplungen oder Überlappungen aller Teilaufgaben untereinander zulassen, werden bei der realen Anwendung nur die im konkreten Fall tatsächlich existenten Kopplungen, etwa zwischen je zwei benachbarten Teilaufgaben bei einfachen Überlappungen, berücksichtigt und damit die Anzahl und der Umfang der Kommunikationen auf ein Minimum reduziert. In Kapitel 7 diskutieren wir die Formulierung von (parallelen) Blockverfahren vom Typ (5.2.37)-(5.2.40) und die Problematik der Überlappung bei Anwendungen der Gebietszerlegung sowie der Kommunikation für konkrete Blockstrukturen. Hier beschränken wir uns zunächst auf ein allgemeines Konvergenzresultat für (5.2.40)/(5.2.41). Da in diesem Verfahrenstyp m Folgen von Näherungen gleichzeitig berechnet werden, definieren wir die $mN \times mN$-Matrix $\mathbb{H}$ und die Vektoren $\mathbf{x}^k$, $\mathbf{y}$ der Länge mN

$$\mathbb{H} := \begin{pmatrix} \mathbb{E}_{1,1}\,\mathbb{M}_1^{-1}\mathbb{N}_1 & \cdots & \mathbb{E}_{1,m}\,\mathbb{M}_m^{-1}\mathbb{N}_m \\ \vdots & \ddots & \vdots \\ \mathbb{E}_{m,1}\,\mathbb{M}_1^{-1}\mathbb{N}_1 & \cdots & \mathbb{E}_{m,m}\,\mathbb{M}_m^{-1}\mathbb{N}_m \end{pmatrix},\ \mathbf{c} := \begin{pmatrix} \displaystyle\sum_{j=1}^{m} \mathbb{E}_{1,j}\,\mathbb{M}_j^{-1}\,\mathbf{y} \\ \vdots \\ \displaystyle\sum_{j=1}^{m} \mathbb{E}_{m,j}\,\mathbb{M}_j^{-1}\,\mathbf{y} \end{pmatrix}$$

$$\mathbf{x}^k := \left(\mathbf{x}^{k,1},\dots,\mathbf{x}^{k,m}\right)^{\mathrm{T}},\ k = 0,1,\dots\ .$$

(5.2.40) geht dann über in die Fixpunktform

$$\mathbf{x}^{k+1} := \mathbb{H}\mathbf{x}^k + \mathbf{c},\ k = 0,1,\dots\ . \tag{5.2.42}$$

Der folgende Konvergenzsatz kann in mehrfacher Hinsicht verallgemeinert werden [FrSchw97].

5.2.7 Satz. *Gegeben seien*

1)   eine nichtsinguläre $N \times N$-Matrix $\mathbb{A}$,

2)   eine Folge von Zerlegungen

$$\mathbb{A} := \mathbb{M}_l - \mathbb{N}_l, \; \mathbb{M}_l = \left(m_{i,j}^{(l)}\right)_{i,j=1}^{N}, \; \mathbb{N}_l = \left(n_{i,j}^{(l)}\right)_{i,j=1}^{N}, \; 1 \le l \le m,$$

mit der Eigenschaft $m_{i,j}^{(l)} = a_{i,j} \Leftrightarrow n_{i,j}^{(l)} = 0$, $n_{i,j}^{(l)} = a_{i,j} \Leftrightarrow m_{i,j}^{(l)} = 0$, $1 \le i,j \le N$.

3)   Die nichtnegativen Diagonalmatrizen $\mathbb{E}_{l,n}$, $1 \le l, n \le m$ seien gemäß (5.2.41) definiert.

4) $\mathbb{A}$ sei eine M-Matrix.

5)   Es gelte $\mathbb{N}_l \ge 0$, $1 \le l \le m$.

Dann gilt:

a)   (5.2.42) ist wohldefiniert

b)   Ist $\mathbf{x}^*$ die Lösung des linearen Gleichungssystems $\mathbb{A}x^* = \mathbf{y}$, so ist $\mathbf{x}^* = \left(x^*,\ldots,x^*\right)^{\mathrm{T}}$ Fixpunkt der Gleichung $\mathbf{x}^* = \mathbb{H}\,\mathbf{x}^* + \mathbf{c}$.

c)   Es gilt $\rho(\mathbb{H}) < 1$. Damit ist $\mathbf{x}^*$ eindeutig und (5.2.42) konvergiert für jede Wahl von $\mathbf{x}^0$ gegen $\mathbf{x}^*$.

Beweis. a) Wegen 4) sind mit Lemma A.6 alle $\mathbb{M}_l$ M-Matrizen, also invertierbar.

b) Für alle $l \in \{1,\ldots,m\}$ gilt $\mathbf{y} = \mathbb{A}x^* = \left(\mathbb{M}_l - \mathbb{N}_l\right)x^*$. Die Matrizen $\mathbb{M}_l$ gehen gemäß 2) aus $\mathbb{A}$ durch Nullsetzung von Nebendiagonalelementen hervor. sind. Es folgt $x^* = \mathbb{M}_l^{-1}\left(\mathbb{N}_l\,x^* + \mathbf{y}\right)$, $1 \le l \le m$, und für den l-ten Block von $\mathbb{H}\,\mathbf{x}^* + \mathbf{c}$:

$$\left(\mathbb{H}\,\mathbf{x}^* + \mathbf{c}\right)_l = \sum_{j=1}^{m} \mathbb{E}_{l,j}\,\mathbb{M}_j^{-1}\,\mathbb{N}_j\,x^* + \sum_{j=1}^{m} \mathbb{E}_{l,j}\,\mathbb{M}_j^{-1}\,\mathbf{y}$$

$$= \sum_{j=1}^{m} \mathbb{E}_{l,j}\,\mathbb{M}_j^{-1}\left(\mathbb{N}_j\,x^* + \mathbf{y}\right) = \sum_{j=1}^{m} \mathbb{E}_{l,j}\,x^* = x^*, \; 1 \le l \le m.$$

$\mathbf{x}^* = \left(x^*,\ldots,x^*\right)^{\mathrm{T}}$ erfüllt somit die Fixpunktgleichung.

c) Falls $\rho(\mathbb{H}) < 1$, so ist $\mathbf{I} - \mathbf{H}$ invertierbar und $\mathbf{x}^* = \left(\mathbf{I} - \mathbf{H}\right)^{-1}\mathbf{y}$ eindeutige Lösung der Fixpunktgleichung $\mathbf{x}^* = \mathbb{H}\,\mathbf{x}^* + \mathbf{c}$. Somit bleibt $\rho(\mathbb{H}) < 1$ zu zeigen. Es sei $\mathbf{e} = \left(1,\ldots,1\right)^{\mathrm{T}}$. Da $\mathbb{A}$ eine M-Matrix ist, existiert $\mathbb{A}^{-1} \ge 0$ und es gilt $u = \mathbb{A}^{-1}\mathbf{e} > o$. Es folgt

$$\mathbb{M}_l^{-1}\,\mathbb{N}_l\,u = \mathbb{M}_l^{-1}\left(\mathbb{M}_l - \mathbb{A}\right)u = \left(\mathbb{I} - \mathbb{M}_l^{-1}\mathbb{A}\right)u = u - \mathbb{M}_l^{-1}\mathbf{e} < u.$$

Mit $\mathbf{u} = \left(u,\ldots,u\right)^{\mathrm{T}}$ folgt für den jeweils l-ten Block $(\mathbb{H}\,\mathbf{u})_l$, $1 \le l \le m$, von $\mathbb{H}\,\mathbf{u}$

$$(\mathbb{H}\,\mathbf{u})_l = \sum_{j=1}^{m} \mathbb{E}_{l,j}\,\mathbb{M}_j^{-1}\,\mathbb{N}_j\,u < \sum_{j=1}^{m} \mathbb{E}_{l,j}\,u = u, \tag{5.2.43}$$

also $\mathbb{H}\,\mathbf{u} < \mathbf{u}$. Durch

$$\|\mathbf{x}\|_{\mathbf{u}} := \max_{1 \le i \le mN} |x_i|/u_i \quad \forall\, \mathbf{x} \in \mathbf{R}^{mN}$$

ist eine Vektornorm auf $\mathbf{R}^{mN}$ mit der zugehörigen Matrixnorm

$$|\mathbf{A}|_{\mathbf{u},\mathbf{u}} := \max_{1 \le i \le mN} \frac{\left(\sum_{j=1}^{mN} |a_{i,j}|\, u_j\right)}{u_i} \quad \forall\, \mathbb{A} \in \mathbf{R}^{mN \times mN}$$

definiert. Aus $\mathbf{Hu} < \mathbf{u}$ erhält man nun $\|\mathbf{H}\|_{\mathbf{u},\mathbf{u}} < 1$ Da in jeder Matrixnorm $\|.\|$ auf $\mathbf{R}^{mN}$ für jede Matrix $\mathbb{A} \in \mathbf{R}^{mN \times mN}$ die Beziehung $\rho(\mathbf{A}) \le \|\mathbf{A}\|$ gilt, ist nun auch Teil b) nachgewiesen. $\quad\blacklozenge$

Satz 5.2.7 liefert eine wichtige Grundlage für die Anwendung von Schwarz-Verfahren (5.2.38) oder, allgemeiner (5.2.40), in der Gebietszerlegung. Unter den angegebenen Voraussetzungen konvergieren alle Folgen von Iterierten eines Schwarz-Verfahrens gegen dieselbe, eindeutige Lösung. Dies gilt insbesondere für die Komponenten, die Überlappungen entsprechen.

5.2.2.2 Verfahren der konjugierten Gradienten (CG-Verfahren)

Das Verfahren der Konjugierten Gradienten (CG-Verfahren) [HeSt52], [BB85] passt nicht unmittelbar in das zu Anfang des Abschnitts 5.2 angegebene Schema (5.2.2). Theoretisch ist das CG-Verfahren ein direktes Verfahren, da es die exakte Lösung eines eindeutig lösbaren linearen Gleichungssystems der Größe $N \times N$ als letzten Wert einer Folge von Vektoren $\mathbf{x}^k$, $k := 0(1)\, n$, $n < N$, liefern würde. Das CG-Verfahren kann aber auch als iteratives Verfahren angesehen werden. Die $\mathbf{x}^k$ stellen Näherungen der Lösung dar, die mit wachsendem k verbessert werden. Daher ist es möglich, dass bereits nach weniger als $N-1$ Schritten eine hinreichend genaue Näherung der Lösung erreicht wird. Andererseits treten bei der praktischen Ausführung auf einem Rechner Rundungsfehler auf, die errechnete Näherungen verfälschen und die notwendige Schrittanzahl vergrößern. Das CG-Verfahren wird in allen einführenden Lehrbüchern zur Numerischen Mathematik behandelt. Wir beschränken uns daher darauf, die Idee des Verfahrens zu skizzieren. Zu lösen sei ein lineares Gleichungssystem $\mathbb{A}\,\mathbf{x} = \mathbf{y}$, wobei $\mathbb{A}$ positiv definit und symmetrisch sei. Die Lösung $\mathbf{x}$ kann als eindeutiges Minimum eines quadratischen Funktionals $f \colon \mathbf{R}^N \to \mathbf{R}^N$ interpretiert werden:

$$\mathbf{x} = \min_{\mathbf{z}\,\in\,\mathbf{R}^N} f(\mathbf{z}), \quad f(\mathbf{z}) = \tfrac{1}{2}\mathbf{z}^{\mathrm{T}}\mathbb{A}\mathbf{z} - \mathbf{z}^{\mathrm{T}}\mathbf{y},\ \mathbf{z} \in \mathbf{R}^N . \tag{5.2.44}$$

Anstelle von (5.2.44) wird, beginnend mit einem Startvektor $\mathbf{x}^0$, eine Folge von theoretisch maximal N Näherungen

$$\mathbf{x}^{k+1} := \mathbf{x}^k + \alpha_k\, \mathbb{d}^k,\ k = 0,1,\ldots,n-1,\ n \le N, \tag{5.2.45}$$

berechnet. Hierzu wird das Funktional f wie folgt minimiert. Ausgehend von einem Punkt $\mathbf{x}$ und einer Richtung $\mathbb{d}$, $\mathbf{x}, \mathbb{d} \in \mathbf{R}^N$, erhält man

$$\min_{\alpha\,\in\,\mathbf{R}^N} f(\mathbf{x}+\alpha\,\mathbb{d}) \quad \text{für}\quad \alpha := -\frac{(\mathbb{A}\mathbf{x}-\mathbf{y})^{\mathrm{T}}\mathbb{d}}{\mathbb{d}^{\mathrm{T}}\mathbb{A}\mathbb{d}}. \tag{5.2.46}$$

Damit berechnet man in jedem Schritt von (5.2.45) mittels einer noch festzulegenden *Richtung* $\mathbb{d}^k$

eine *Länge* α_k und erhält eine neue Näherung x^{k+1}. (5.2.45)/(5.2.46) ist ein Ansatz für ein Minimierungsverfahren. Wählt man die Vektoren d^k als Einheitsvektoren $d^k := \left(\delta_{i,k}\right)_{i=1}^{N}$, so stellen N Schritte von (5.2.46) einen Schritt des Gauß-Seidel-Verfahrens dar. Wählt man d^k als Residuum $d^k := r^k = A x^k - y$, das gleichzeitig der Gradient von f an der Stelle x^k ist, so erhält man das *Verfahren des steilsten Abstiegs*. Im CG-Verfahren werden die d^k aus den Residuen von x^k abgeleitet.

5.2.8 Definition. *Eine Folge von n Vektoren* $d^0,\dots,d^{n-1} \in \mathbf{R}^N \setminus \{0\}$ *heißt* A-konjugiert *oder* A-orthogonal, *wenn*

$$\left(d^i\right)^T A d^j = 0 \ \textit{für} \ i \neq j, \ 0 \leq i,j \leq n-1. \qquad \blacklozenge$$

Zu einer Folge von $d^0,\dots,d^{n-1}$ A-konjugierter Vektoren definieren wir nun zunächst folgendes *Verfahren der konjugierten Richtungen:*

$$
\begin{aligned}
k := 0\,(1)\,n-1: \quad r^k &:= A x^k - y \\
\alpha_k &:= -\frac{\left(r^k\right)^T d^k}{\left(d^k\right)^T A d^k} \\
x^{k+1} &:= x^k + \alpha_k d^k.
\end{aligned}
\qquad (5.2.47)
$$

Für dieses Verfahren erhält man folgende Aussage.

5.2.9 Satz. *Die letzte Näherung* x^n *des Verfahrens (5.2.47) minimiert das Funktional f auf dem affinen Teilraum aller Vektoren*

$$x^0 + \sum_{i=0}^{n-1} c_i\, d^i, \, c_i \in \mathbf{R}.$$

Beweis. [BB85], Satz 3.7.5.

Damit ist gezeigt, dass, falls nicht schon $r^k = 0$, also $A x^k = y$ für ein $k < N$ gilt, spätestens der Vektor x^N das Minimum von (5.2.44), also die Lösung von $A\, x = y$ liefert, falls die gewählten $d^0,\dots,d^{N-1}$ linear unabhängig sind. Es sei nun n die kleinste Zahl, für die $r^k \neq 0$, $k = 0,\dots,n-1$, gilt. Mittels des Schmidtschen Orthogonalisierungsverfahrens [Sto99] kann aus einer Folge linear unabhängiger Vektoren eine Folge *A-konjugierter* Vektoren erzeugt werden [BB85]. Aus den Residuen $r^0,\dots,r^{n-1}$ werden *A-konjugierte* Vektoren $d^0,\dots,d^{n-1}$ für (5.2.47) berechnet:

$$
\begin{aligned}
d^0 &:= -\,r^0 \\
d^k &:= -\,r^k + \sum_{i=0}^{k-1} \frac{\left(r^k\right)^T A d^i}{\left(d^i\right)^T A d^i}\, d^i, \, k := 1(1)n-1.
\end{aligned}
\qquad (5.2.48)
$$

Die lineare Unabhängigkeit der r^k wird durch vollständige Induktion gezeigt und ist Teil des folgenden Satzes. Es bezeichne $\mathrm{span}\{u^1,\dots,u^k\}$ den von Vektoren $u^1,\dots,u^k$ aufgespannten Unterraum.

5.2.10 Satz. *Für die mit dem Verfahren (5.2.47)/(5.2.48) berechneten Vektoren* $d^0,\dots,d^{n-1}$ *und* $r^0,\dots,r^{n-1}$, *wobei n die kleinste Zahl sei, für die $r^n = 0$ gilt, sind folgende Aussagen gültig:*

a) $r^0, \ldots, r^{n-1}$ *sind paarweise orthogonal, also insbesondere linear unabhängig.*

b) $\forall\, k \in \{0, \ldots, n-1\}: \mathrm{span}\{r^0, \ldots, r^k\} = \mathrm{span}\{d^0, \ldots, d^k\} = \mathrm{span}\{r^0,\, A\, r^0, \ldots, A^k\, r^0\}.$

Beweis. [BB85], Lemma 3.7.3, Satz 3.7.8, Lemma 3.7.9.   ◆

Damit sind alle Komponenten des CG-Verfahrens bestimmt und besitzen die notwendigen Eigenschaften. (5.2.47) liefert nun zusammen mit (5.2.48) folgendes Verfahren.

<u>Basisformulierung des CG-Verfahrens</u>   (5.2.49)

$k := 0;\ r^0 := A\, x^0 - y;\ d^0 := r^0$

while $\| r^k \|_2^2 = (r^k)^T r^k \geq \varepsilon$ **do**

$$\alpha_k \ := \ -\frac{(r^k)^T d^k}{(d^k)^T A\, d^k}$$

$$x^{k+1} := x^k + \alpha_k d^k$$

$$r^{k+1} := A\, x^{k+1} - y$$

$$\beta_k \ := \ -\frac{(r^{k+1})^T A\, d^k}{(d^k)^T A\, d^k}$$

$$d^{k+1} := r^{k+1} + \beta_k d^k$$

$$k \quad := \ k + 1$$

                                                                                       ◆

Es existieren unterschiedliche Formulierungen für CG-Verfahren. Beispielsweise lassen sich die Matrix-Vektor-Multiplikationen teilweise vermeiden. Durch Umformungen erhält man

$$\alpha_k \ := \ \frac{(r^k)^T r^k}{(d^k)^T A\, d^k}, \quad \beta_k \ := \ \frac{(r^{k+1})^T r^{k+1}}{(r^k)^T r^k}.$$ (5.2.50)

Die Formel für β_k zeigt die Problematik des CG-Verfahrens. Je mehr sich x^k der Lösung x nähert, um so mehr nähert sich $r^k = A\, x^k - y$ dem Nullvektor. Andererseits wird durch $\| r^k \|_2^2 = (r^k)^T r^k$ dividiert. Wie bereits früher erwähnt, ist ein Skalarprodukt mit einem Wert nahe 0 ein "klassischer Kandidat" für Auslöschungseffekte. Dieser Zusammenhang liefert den Grund dafür, dass ein CG-Verfahren im Allgemeinen im Widerspruch zu den theoretischen Ergebnissen die Lösung nicht in endlich vielen Schritten berechnet, sondern sich wie ein Iterationsverfahren verhält. Dabei kann häufig ein typischer Verlauf beobachtet werden. Zunächst nähert sich die Folge der x^k bis zu einem gewissen Punkt der Lösung x, um sich dann wieder von ihr zu entfernen. Dies hat seine Ursache in der zum Teil heftigen Auslöschung. Insgesamt zeigt die Fehlerentwicklung in Abhängigkeit von k meist ein schwankendes Verhalten. Es ist daher von größtem Interesse, die Entwicklung des Fehlers zu kontrollieren. Da A als positiv definite und symmetrische Matrix N positive Eigenwerte besitzt, bietet sich die Verwendung der *spektralen Konditionszahl*

$$K(A) := \| A^{-1} \|_{2,2}\, \| A \|_{2,2} = \frac{\lambda_{max}(A)}{\lambda_{min}(A)}$$

als Quotient des größten und des kleinsten Eigenwertes von $\mathbb{A}$ an. Es bezeichne

$$\| \mathbb{x} \|_{\mathbb{A}} := \sqrt{\mathbb{x}^{\mathrm{T}} \mathbb{A} \, \mathbb{x}}$$

die *Energienorm* auf $\mathbf{R}^N$ bezüglich $\mathbb{A}$ und T_k das *Tschebyscheff-Polynom k-ten Grades*, das für $|x| \geq 1$ wie folgt geschrieben werden kann [Var62]

$$T_k(x) = \tfrac{1}{2}\big[(x + \sqrt{x^2 - 1}\,)^k + (x - \sqrt{x^2 - 1}\,)^k\big].$$

Unter Verwendung der *Krylov-Unterräume* $\mathbb{x}^0 + \mathrm{span}\left\{\mathbb{r}^0, \mathbb{A}\,\mathbb{r}^0, \ldots, \mathbb{A}^k\,\mathbb{r}^0\right\}$ und der Sätze 5.2.9 und 5.2.10 kann folgende Ungleichung gezeigt werden.

5.2.11 Satz.

$$\| \mathbb{x}^k - \mathbb{x} \|_{\mathbb{A}} \leq \left[T_k\left(\frac{\mathrm{K}(\mathbb{A}) + 1}{\mathrm{K}(\mathbb{A}) - 1} \right) \right]^{-1} \| \mathbb{x}^0 - \mathbb{x} \|_{\mathbb{A}}.$$

Beweis. [BB85], (3.7.8). ◆

Insbesondere erhält man aus dieser Beziehung zu gegebenem $\varepsilon > 0$ für die kleinste Zahl $k \equiv k(\varepsilon)$, für die $\| \mathbb{x}^k - \mathbb{x} \|_{\mathbb{A}} \leq \varepsilon \| \mathbb{x}^0 - \mathbb{x} \|_{\mathbb{A}}$ gilt, die Abschätzung

$$k(\varepsilon) \leq \tfrac{1}{2} \sqrt{\mathrm{K}(\mathbb{A})} \, \ln\left(\frac{2}{\varepsilon}\right) + 1. \tag{5.2.51}$$

Die Anzahl notwendiger Iterationsschritte zur Erreichung einer vorgegebenen Genauigkeit sinkt also mit fallender Konditionszahl $\mathrm{K}(\mathbb{A})$. Es liegt daher der Versuch nahe, das System $\mathbb{A}\mathbb{x} = \mathbb{y}$ durch ein äquivalentes System $\widehat{\mathbb{A}}\widehat{\mathbb{x}} = \widehat{\mathbb{y}}$ zu ersetzen, für das $\mathrm{K}(\widehat{\mathbb{A}}) < \mathrm{K}(\mathbb{A})$ gilt. Dazu wählt man eine geeignete positiv definite Matrix $\mathbb{B}$. Mittels der Cholesky-Zerlegung $\mathbb{B} = \mathbb{W}\,\mathbb{W}^{\mathrm{T}}$ schreibt man

$$\mathbb{W}^{-1}\,\mathbb{y} = \mathbb{W}^{-1}\mathbb{A}\mathbb{x} = \mathbb{W}^{-1}\mathbb{A}\,\mathbb{W}^{-\mathrm{T}}\,\mathbb{W}^{\mathrm{T}}\mathbb{x}$$

und erhält

$$\widehat{\mathbb{A}}\widehat{\mathbb{x}} = \widehat{\mathbb{y}} \quad \text{mit} \quad \widehat{\mathbb{A}} := \mathbb{W}^{-1}\mathbb{A}\mathbb{W}^{-\mathrm{T}}; \; \widehat{\mathbb{y}} := \mathbb{W}^{-1}\mathbb{y}; \; \widehat{\mathbb{x}} := \mathbb{W}^{\mathrm{T}}\mathbb{x}. \tag{5.2.52}$$

Formuliert man das CG-Verfahren für $\widehat{\mathbb{A}}\widehat{\mathbb{x}} = \widehat{\mathbb{y}}$ mit der ebenfalls positiv definiten Matrix $\widehat{\mathbb{A}}$ und drückt dann $\widehat{\mathbb{A}}, \widehat{\mathbb{x}}, \widehat{\mathbb{y}}$ durch $\mathbb{A}, \mathbb{x}, \mathbb{y}$ und $\mathbb{W}$ beziehungsweise $\mathbb{B}$ aus, so erhält man das CG-Verfahren mit *Präkonditionierung* (5.2.53). Aufgrund der oben angedeuteten Problematik werden CG-Verfahren im Allgemeinen nur mit einer *Präkonditionierung* verwendet. Im Vergleich zum Basisverfahren (5.2.49) ist in jedem Schritt zusätzlich ein lineares Gleichungssystem mit der Koeffizientenmatrix $\mathbb{B}$ und einem geeigneten Verfahren $\mathcal{L}$ zu lösen.

<u>CG-Verfahren mit Präkonditionierung</u>   (5.2.53)

$k := 0; \; \mathbb{r}^0 := \mathbb{A}\mathbb{x}^0 - \mathbb{y}; \; \mathbb{z}^0 := \mathcal{L}(\mathbb{B}, \mathbb{r}^0); \; \mathbb{w}^0 := \mathbb{r}^0$

$$\textbf{while } \left(\mathbf{r}^k\right)^{\mathrm{T}} \mathbf{z}^k \geq \varepsilon \textbf{ do}$$

$$\alpha_k \quad := \frac{\left(\mathbf{r}^k\right)^{\mathrm{T}} \mathbf{z}^k}{\left(\mathbf{w}^k\right)^{\mathrm{T}} \mathbb{A}\, \mathbf{w}^k}$$

$$\mathbf{x}^{k+1} := \mathbf{x}^k - \alpha_k\, \mathbf{w}^k$$

$$\mathbf{r}^{k+1} := \mathbf{r}^k - \alpha_k\, \mathbb{A}\, \mathbf{w}^k$$

$$\mathbf{z}^{k+1} := \mathcal{L}\left(\mathbb{B}, \mathbf{r}^{k+1}\right)$$

$$\beta_k \quad := \frac{\left(\mathbf{r}^{k+1}\right)^{\mathrm{T}} \mathbf{z}^k}{\left(\mathbf{r}^k\right)^{\mathrm{T}} \mathbf{z}^k}$$

$$\mathbf{w}^{k+1} := \mathbf{z}^{k+1} + \beta_k\, \mathbf{w}^k$$

$$k \quad := k+1 \qquad \qquad \blacklozenge$$

Da nur gefordert wird, dass $\mathbb{B}$ symmetrisch und positiv definit ist, bestehen viele Möglichkeiten der Wahl dieser Matrix. Wegen $K(\mathbb{M}) \geq 1$ für jede Matrix $\mathbb{M}$ wäre $K(\widehat{\mathbb{A}}) = 1$ ein optimales Ergebnis. Dieses ist jedoch nur für $\widehat{\mathbb{A}} = \alpha\, \mathbb{A}$, $\alpha \in \mathbf{R} \setminus \{0\}$ erreichbar. Bei der numerischen Durchführung wäre damit nichts gewonnen. Andererseits gilt offensichtlich $K(\widehat{\mathbb{A}}) = K(\mathbb{A})$ für $\mathbb{B} = \mathbb{I}$. Es ist somit nicht unwahrscheinlich, eine nennenswerte Beschleunigung auch schon mit Matrizen $\mathbb{B}$ zu erzielen, die keine allzu gute Approximation von $\mathbb{A}$ darstellen. Grundsätzlich sind folgende Gesichtspunkte bei der Wahl der positiv definiten und symmetrischen Matrix $\mathbb{B}$ und des Verfahrens $\mathcal{L}$ zu beachten und gegeneinander abzuwägen:

a) $K(\widehat{\mathbb{A}}) < K(\mathbb{A})$.
b) Systeme $\mathbb{B}\,\mathbf{u} = \mathbf{v}$ sind "leicht" zu lösen.
c) $\mathcal{L}$ ist effizient anwendbar.

Für die Wahl des Präkonditionierers $\mathbb{B}$ gibt es auch unter den obigen drei Gesichtspunkten eine Fülle von Möglichkeiten. Im Folgenden skizzieren wir einige oft angewandte Beispiele. Viele Präkonditionierer gehen auf *Zerlegungsverfahren* mit einer Iterationsmatrix $\mathbb{H} = \mathbb{M}^{-1}\, \mathbb{N}$ aus einer Matrixzerlegung $\mathbb{A} = \mathbb{M} - \mathbb{N}$, $\mathbb{M}$ symmetrisch und positiv definit, zurück. Nach k Schritten dieses (inneren) Iterationsverfahrens

$$\mathbf{u}^0 = \mathbf{o}; \ \textbf{for } i := 0\ \textbf{to}\ k\text{--}1\ \textbf{do}\ \ \mathbf{u}^{i+1} := \mathbb{M}^{-1}\left(\mathbb{N}\mathbf{u}^i + \mathbf{v}\right) \qquad (5.2.54)$$

erhält man

$$\mathbf{u}^k = \left(\mathbb{I} + \mathbb{H} + \ldots + \mathbb{H}^{k-1}\right) \mathbb{M}^{-1}\, \mathbf{v}.$$

Somit ist $\mathbf{u}^k$ Lösung des Systems

$$\mathbb{B}\,\mathbf{u} = \mathbf{v}, \quad \mathbb{B} = \mathbb{M}\left(\mathbb{I} + \mathbb{H} + \ldots + \mathbb{H}^{k-1}\right)^{-1}. \qquad (5.2.55)$$

Ein systematisches Vorgehen bietet der Ansatz von $\mathbb{B}$ als Matrixpolynom (siehe Satz 5.2.10)

$$\mathbb{B} = \mathbb{M}\left(\alpha_0 \mathbb{I} + \alpha_1 \mathbb{H} + \ldots + \alpha_{k-1} \mathbb{H}^{k-1}\right)^{-1}$$

und die Bestimmung der Koeffizienten $\alpha_0,\dots,\alpha_{k-1}$ derart, dass $K(\widehat{A})$ beziehungsweise das Residuum $\widehat{A}\widehat{x}-\widehat{y}$ minimiert werden. Der arithmetische Aufwand pro Schritt ist allerdings sehr hoch, so dass die Reduktion der Schrittanzahl dadurch häufig mehr als kompensiert wird.

Im Allgemeinen wählt man $B = M$ Für das Zerlegungsverfahren $x^k := M^{-1}(N\,x^k + y)$ mit dem asymptotischen Konvergenzfaktor $\rho(H) = \rho(M^{-1}N)$ erhält man als Mindestanzahl $k \equiv k(\varepsilon)$ bis zum Erreichen einer gegebenen Genauigkeit $\varepsilon > 0$ die Ungleichung

$$k(\varepsilon) \le k_Z := \frac{\ln\left(1/\varepsilon\right)}{\ln\left(\frac{1}{\rho(M^{-1}N)}\right)} + 1 = \frac{\ln(\varepsilon)}{\ln\left(\rho(M^{-1}N)\right)} + 1. \tag{5.2.56}$$

Im CG-Verfahren mit dem Vorkonditionierer $B = M$ ist die Matrix $\widehat{A}$ aus (5.2.52) ähnlich zu $B^{-1}A = M^{-1}A$. Für die spektrale Konditionszahl erhält man die Abschätzung

$$K(\widehat{A}) \le \frac{1 + \rho(M^{-1}N)}{1 - \rho(M^{-1}N)}$$

und damit anstelle von (5.2.51)

$$k(\varepsilon) \le k_{CG} := \frac{1}{2}\sqrt{\frac{1 + \rho(M^{-1}N)}{1 - \rho(M^{-1}N)}}\; \ln\left(\frac{2}{\varepsilon}\right) + 1. \tag{5.2.57}$$

Der Vergleich von (5.2.56) und (5.2.57) liefert

$$\frac{k_{CG}}{k_Z} \approx \frac{1}{2}\, f\!\left(\rho(M^{-1}N)\right) \frac{\ln(2/\varepsilon)}{\ln(1/\varepsilon)} \quad \text{mit} \quad f(s) := \ln\left(\frac{1}{s}\right)\sqrt{\frac{1+s}{1-s}}. \tag{5.2.58}$$

Die Funktion f fällt monoton und verhält sich wie

$$f(s) \approx \sqrt{2(1-s)} + O\!\left((1-s)^{3/2}\right) \quad \text{für} \quad s \to 1-. \tag{5.2.59}$$

Am Beispiel der (SOR-)Jacobi- und Gauß-Seidel-Verfahren hatten wir illustriert, dass bei Anwendung von Zerlegungsverfahren auf Gleichungssysteme, die bei der Diskretisierung von Differentialgleichungen mit Differenzenverfahren auftreten, mit Verfeinerung der Gitterschrittweite h (und damit der Vergrößerung des Systems) die asymptotische Konvergenzgeschwindigkeit immer mehr abnimmt: $\rho(M^{-1}N) \to 1$ für $h \to 0$. (5.2.58) zeigt, dass gerade in diesem für Zerlegungsverfahren äußerst ungünstigen Fall durch ein präkonditioniertes CG-Verfahren eine besonders starke Beschleunigung zu erzielen ist. Das CG-Verfahren konvergiert sogar noch dann, wenn $\lambda_{max}(M^{-1}N) \le -1$, wenn also das Zerlegungsverfahren divergiert.

Die einfachsten Fälle einer Präkonditionierung mit einer Zerlegung erhält man für $B = M = D$ und $B = M = D - L$, also dem Analogon zum Jacobi- und zum Gauß-Seidel-Verfahren. Auf sequentiellen Rechnern werden CG-Verfahren häufig mit einem aus dem SSOR-Verfahren [You71], [Var62] abgeleiteten Präkonditionierer verwendet:

$$M = \frac{1}{\omega(2-\omega)} (\mathbb{D} - \omega L) \, \mathbb{D}^{-1} \, (\mathbb{D} - \omega L^T).$$

Wie beim SOR-Verfahren stellt sich das Problem der Parallelisierung, das auch hier durch geeignete Durchlaufordnungen durch die Unbekannten gewährleistet werden kann. Unter dem Namen *ICCG (Incomplete Cholesky decomposition – conjugate gradients)* werden Verfahren zusammengefasst, die auf eine Zerlegung

$$A = \mathbb{M} - \mathbb{R}, \, \mathbb{M} = \mathbb{L}\,\mathbb{L}^T \tag{5.2.60}$$

zurückgehen, wobei $\mathbb{L}$ so gewählt wird, dass vorgegebene Bedingungen erfüllt werden. Das in jedem Schritt auftretende Gleichungssystem wird gemäß

$$\mathbb{L}^T t = s; \, \mathbb{L}s = u$$

gelöst. Als Grundlage der Wahl von $\mathbb{L}$ wird häufig der Erhalt einer bestimmten Matrixstruktur, etwa einer Bandstruktur, bei Durchführung der Cholesky-Zerlegung vorgeschrieben. Es werden nur diejenigen Koeffizienten von $\mathbb{L}$ berechnet, die in die vorgegebene Struktur einzuordnen sind. Der "Rest" $\mathbb{R}$ wird dann als $\mathbb{R} = \mathbb{L}\mathbb{L}^T - A$ ermittelt. Wir notieren zunächst die *vollständige Cholesky-Zerlegung* in der Form $A = \mathbb{L}\mathbb{D}\mathbb{L}^T$, um Wurzelberechnungen zu vermeiden, und schreiben hierzu übergangsweise $A = \mathbb{L}\mathbb{U}, \, \mathbb{U} = \mathbb{D}\mathbb{L}^T$:

$$a_{i,j} = \sum_{k=1}^{\min(i,j)} l_{i,k} u_{k,j}, \text{ wobei } u_{i,j} = \frac{l_{j,i}}{d_i}, \, 1 \leq i \leq N. \tag{5.2.61}$$

Wir geben nun eine Indexmenge

$$\hat{I} \subseteq \{(i,j) \mid 1 \leq i,j \leq N, \, i < j\}, \, I = \hat{I} \cup \{(i,i) \mid 1 \leq i \leq N\},$$

derjenigen Indexpaare (i, j), $j \leq i$ vor, zu denen der Koeffizient l_{ij} nicht verschwinden soll. Die *unvollständige Cholesky-Zerlegung* lautet dann:

$$\left. \begin{aligned} u_{i,j} &:= \left\{ \begin{array}{ll} a_{i,j} - \sum_{k=1}^{\min(i,j)} l_{i,k} u_{k,j} & (i,j) \in I \\ 0 & (i,j) \notin I \end{array} \right\} , \, j = i,\dots,N, \\ d_i &:= u_{i,i} \\ l_{j,i} &:= \frac{u_{i,j}}{d_i}, \, j=i+1,\dots,N, \end{aligned} \right\} , \, i=1,\dots,N. \tag{5.2.62}$$

Die Durchführbarkeit ist beispielsweise unter folgender Bedingung gegeben.

5.2.12 Satz. *Die unvollständige Cholesky-Zerlegung zu einer vorgegebenen Indexmenge I ist durchführbar, falls A eine symmetrische M-Matrix (und damit insbesondere positiv definit) ist.*

Beweis. [BB85], Satz 3.7.14, [GoOr96], Kap. 9.2. ♦

Mit der Wahl $\mathbb{B} = \mathbb{M}$ aus (5.2.60) kann durch die unvollständige Cholesky-Zerlegung der Auf-

wand für die Präkonditionierung kontrolliert werden. Unter dem Gesichtspunkt des Aufwandes
pro Iterationsschritt ist, wie bereits angedeutet, eine mehr oder weniger willkürliche Wahl eines
Präkonditionierers möglich. Beispielsweise wird bei linearen Systemen, die aus Diskretisierungen partieller Differentialgleichungen entstehen, etwa solchen mit Blocktridiagonal- oder Bandmatrizen, als Präkonditionierer oft eine schmale Bandmatrix mit den mittleren drei oder zumindest wenigen Diagonalen oder ähnlich einfache Matrizen gewählt. Auch Blockdiagonalmatrizen
kommen häufig vor. Es gibt viele andere Ansätze für die Konstruktion problemadäquater Präkonditionierer, die hier nicht diskutiert werden können.

Das präkonditionierte CG-Verfahren ist bei geeigneter Wahl der Verfahrensparameter eines der
effizientesten Verfahren zur Lösung symmetrischer positiv definiter linearer Gleichungssysteme,
das den klassischen Iterationsverfahren häufig überlegen ist, aber auch in einer gewissen Konkurrenz zu den im nächsten Abschnitt untersuchten Mehrgitterverfahren steht. Die Effizienz
hängt im konkreten Einzelfall von der Gestalt der Matrizen $\mathbb{A}$ und $\mathbb{B}$ und der Wahl des Verfahrens $\mathcal{L}$ ab. Je nach dem Gewicht des in jedem Schritt zu lösenden linearen Gleichungssystems
mit der Koeffizientenmatrix $\mathbb{B}$ kann das CG-Verfahren auch als Beschleunigung des dort verwendeten, eventuell sogar direkten Verfahrens interpretiert werden. Es gibt auch Untersuchungen
zu CG-Verfahren für nichtlineare Gleichungssysteme. In den letzten Jahren wurden verstärkt
CG-artige Verfahren für nichtsymmetrische und nicht positiv definite Systeme diskutiert. Bekannte Vertreter sind das *Verfahren der minimalen Residuen* (GMRES) oder das *Verfahren der
bikonjugierten Gradienten* (BCG) mit diversen Varianten ([GoOr96], Kap. 9.3).

In CG-Verfahren finden sich grundsätzlich nur sehr einfache parallele Strukturen mit einer vergleichsweise geringen Granularität: Vektor-Additionen, Triaden, Skalarprodukte und Matrix-
Vektor-Multiplikationen. Bei Nutzung der Techniken für die entsprechenden Basisalgorithmen
oder einschlägiger Unterprogramm-Bibliotheken können CG-Verfahren äußerst effizient für Vektorprozessoren und Mikroprozessoren mit Cachearchitekturen optimiert werden. Eine Parallelisierung, die auf der Ebene des einzelnen Iterationsschrittes erfolgt, wird durch die im
Allgemeinen beschränkte Granularität beeinträchtigt. Einen Spielraum für die gezielte Schaffung
paralleler Strukturen bietet nur die Wahl des Präkonditionierers $\mathbb{B}$ und die Lösung der Systeme $\mathbb{B}$
$\mathbb{u} = \mathbb{v}$. Dabei werden grundsätzlich die Kenntnisse aus den vorangehenden Kapiteln eingesetzt.

Unter dem Gesichtspunkt der Vektorisierung kann beispielsweise die Matrix $\mathbb{I} + \mathbb{H} + \ldots + \mathbb{H}^{k-1}$
aus (5.2.55) explizit verwendet und als abgeschnittene Neumannsche Reihe zur Darstellung von
$(\mathbb{I} - \mathbb{H})^{-1}$ interpretiert werden. Die Berechnung dieser abgeschnittenen Reihe erfordert Matrix-Additionen und Matrix-Multiplikationen. Insbesondere vektorielle ICCG-Verfahren wurden mehr-
fach untersucht. Unter dem Gesichtspunkt der Parallelisierung werden vielfach Blockverfahren
zur Lösung von $\mathbb{B}\,\mathbb{u} = \mathbb{v}$ angewendet. Dabei wird $\mathbb{B}$ als Blockdiagonalmatrix

$$\mathbb{B} = \begin{pmatrix} \mathbb{B}_1 & & 0 \\ & \ddots & \\ 0 & & \mathbb{B}_p \end{pmatrix}$$

mit geeigneten Blöcken $\mathbb{B}_i$ definiert. Eine einfache Wahl stellt $\mathbb{B}_i = \mathbb{A}_{i,i}$ mit Diagonalblöcken $\mathbb{A}_{i,i}$
aus $\mathbb{A}$ dar. Vielfach wurden präkonditionierte CG-Verfahren im Rahmen von Gebietszerlegungs-
verfahren untersucht. Aus der großen Anzahl von Veröffentlichungen zu – auch parallelen und

vektoriellen – CG-Verfahren seien noch [CGM85], [DuMe88], [KiJo84], [MeVV77] erwähnt.

5.2.2.3 Mehrgitterverfahren

Mit einer detaillierteren Analyse des Näherungsfehlers $e^k = u^k - u$ von SOR-Verfahren bei der Lösung von linearen Gleichungssystemen $\mathbb{L}\,u = f$, die aus der Anwendung von Differenzenverfahren auf partielle Differentialgleichungen wie den Modellproblemen in Abschnitt 5.1.5 entstehen, kann gezeigt werden, dass die in diesem Fall sehr langsame Konvergenz auf die unzureichende Verringerung ganz bestimmter Fehleranteile zurückzuführen ist, während andere Anteile stark gedämpft werden. Diese Beobachtung bildet die Grundlage für die *Mehrgitterverfahren*, die sehr effizient nicht nur auf die genannten Modellprobleme, sondern auch auf eine Vielzahl anderer praxisrelevanter Probleme angewendet werden können. Das zu lösende Problem kann als diskrete Form $\mathbb{L}_h$ eines linearen Operators auf einem Gitter Ω_h mit der Gitterweite = Schrittweite $h = 1/(N+1)$ interpretiert werden. Die wesentliche Idee besteht darin, jeweils nach einigen Schritten eines geeigneten Relaxationsverfahrens $\mathcal{R}$ eine Fehlerkorrektur auf einem gröberen Gitter Ω_H mit einer größeren Schrittweite $H > h$ vorzunehmen. $\mathcal{R}$ und H sind so zu wählen, dass auf Ω_H im Wesentlichen nur die weniger gedämpften Fehleranteile "sichtbar" sind. Die Fehlerkorrektur bleibt somit vorwiegend auf letztere beschränkt. Danach erfolgt eine weitere Glättung. Der k-te Schritt, $k \in \mathbf{N}_0$, eines derartigen Zweigitterverfahrens besitzt folgende Gestalt:

<u>Zweigitterverfahren</u> $\hspace{4cm}$ (5.2.63)

Näherung $\hat{u}_h = u^k$ für $u = u_h$ auf Ω_h, $h = h_0$

<u>GlättungTeil I:</u>

Ausführung von ν_1 ($\nu_1 \geq 0$) Glättungsschritten auf $\hat{u}_h$: $\hspace{2cm}$ $w_h := \mathcal{R}^{\nu_1}(\hat{u}_h; \mathbb{L}_h, f_h)$

<u>Grobgitter-Korrektur:</u>

Berechnung des Defekts: $\hspace{5cm}$ $d_h := f_h - \mathbb{L}_h\,w_h$

Restriktion des Defekts auf ein gröberes Gitter Ω_H: $\hspace{1.5cm}$ $d_H := \mathbb{I}_h^H\,d_h$

Lösung v_H der *Defektgleichung* auf Ω_H: $\hspace{2.5cm}$ $\mathbb{L}_H\,v_H = d_H$

Interpolation der Korrektur auf das feinere Gitter Ω_h: $\hspace{1.5cm}$ $v_h := \mathbb{I}_H^h\,v_H$

Korrigierte Approximation auf Ω_h: $\hspace{3cm}$ $w_h := w_h + v_h$

<u>Glättung Teil II:</u>

Ausführung von ν_2 ($\nu_2 \geq 0$) Glättungsschritten auf w_h: $\hspace{1.5cm}$ $u^{k+1} := \mathcal{R}^{\nu_2}(w_h; \mathbb{L}_h, f_h)$. $\hspace{0.5cm}$ ◆

Bei der Lösung der *Defektgleichung* ist ein kleineres lineares Gleichungssystem $\mathbb{L}_H\,z_H = g_H$ mit der gleichen Struktur wie $\mathbb{L}\,u = f$ zu lösen. Es bietet sich daher an, auch die Defektgleichung nur näherungsweise zu lösen und hierfür das obige Vorgehen rekursiv auf einer geschachtelten Folge fortschreitend gröberer Gitter $\Omega_l \equiv \Omega_{h_l}$, $l = 0(1)L$, zu wiederholen. Die auf dem gröbsten Gitter verbleibende Defektgleichung wird direkt gelöst, anschließend werden die Korrekturen Schritt für Schritt auf das jeweils feinere Gitter interpoliert und gegebenenfalls nochmals geglättet. Durch die Beschränkung auf gröbere Gitter sind entsprechend weniger Gitterpunkte an den Korrekturen beteiligt, was gleichzeitig den Aufwand jedes Korrekturschrittes erheblich reduziert. Durch geschickte Wahl aller Verfahrensparameter kann eine sehr hohe Genauigkeit bei deutlich reduziertem Aufwand erreicht werden. (5.2.64) skizziert eine von mehreren möglichen Realisierungen des k-ten Schritts, $k \in \mathbf{N}_0$, eines Mehrgitterverfahrens mit L Gittern $\Omega_l \equiv \Omega_{h_l}$, $l = 0(1)L$, und Teilsystemen der Gestalt $\mathbb{L}_l\, \mathbf{z}_l = \mathbf{g}_l$, $\mathbb{L}_l \equiv \mathbb{L}_{h_l}$, $\mathbf{z}_l \equiv \mathbf{z}_{h_l}$, $\mathbf{g}_l \equiv \mathbf{g}_{h_l}$, sowie Operatoren $\mathbb{I}_l^k \equiv \mathbb{I}_{h_l}^{h_k}$:

<u>Mehrgitterverfahren</u>   (5.2.64)

Näherung $\mathbf{u}_0 := \mathbf{u}_0^k \equiv \mathbf{u}^k$ für $\mathbf{u} \equiv \mathbf{u}_h$ auf $\Omega_0 \equiv \Omega_h$

for $l := 0$ **to** $L{-}1$ **do**

    <u>Glättung Teil I:</u>

    Ausführung von ν_1 ($\nu_1 \geq 0$) Glättungsschritten auf $\mathbf{u}_l$: $\mathbf{u}_l := \mathcal{R}^{\nu_1}\left(\mathbf{u}_l;\, \mathbb{L}_l,\, \mathbf{f}_l\right)$

    <u>Grobgitter-Korrektur Teil I:</u>

    Berechnung des Defekts: $\mathbf{d}_l := \mathbf{f}_l - \mathbb{L}_l\, \mathbf{u}_l$

    Restriktion des Defekts auf ein gröberes Gitter Ω_{l+1}: $\mathbf{d}_{l+1} := \mathbb{I}_l^{l+1}\, \mathbf{d}_l$

    Rekursion: $\mathbf{f}_{l+1} := \mathbf{d}_{l+1}$

                                                           $\mathbf{u}_{l+1} := 0$

Direkte Lösung der Defektgleichung auf Ω_L: $\mathbf{u}_L := \mathbb{L}_L^{-1}\, \mathbf{f}_L$

for $l := L{-}1$ **step** -1 **to** 0 **do**

    <u>Grobgitter-Korrektur Teil II:</u>

    Interpolation der Grobgitterkorrektur: $\mathbf{v}_l := \mathbb{I}_{l+1}^l\, \mathbf{u}_{l+1}$

    Korrigierte Approximation auf Ω_l: $\mathbf{u}_l := \mathbf{u}_l + \mathbf{v}_l$

    <u>Glättung Teil II:</u>

    Ausführung von ν_2 ($\nu_2 \geq 0$) Glättungsschritten auf $\mathbf{u}_l$: $\mathbf{u}_l := \mathcal{R}^{\nu_2}\left(\mathbf{u}_l;\, \mathbb{L}_l,\, \mathbf{f}_l\right)$

$\mathbf{u}^{k+1} := \mathbf{u}_0$ ♦

Setzt man die Schritte ineinander ein und definiert mit der Zerlegung $\mathbb{L}_l = \mathbb{M}_l - \mathbb{N}_l$, $0 \leq l \leq L{-}1$, auf dem l-ten Gitter die Iterationsmatrix $\mathbb{R}_l := (\mathbb{M}_l)^{-1}\mathbb{N}_l$ zum Relaxationsverfahren $\mathcal{R}$, so lässt sich (5.2.64) in der kompakten Form

$$\mathbf{u}^{k+1} := \mathbb{H}\mathbf{u}^k + \mathbf{c}, \; k = 0,1,\ldots, \qquad\qquad\qquad (5.2.65)$$

$$\mathbb{H}_L := \mathbb{L}_L; \; \mathbb{H}_l := \mathbb{R}_l^{\nu_2}\, \mathbb{K}_l\, \mathbb{R}_l^{\nu_1}; \; \mathbb{K}_l := \mathbb{E}_l - \mathbb{I}_{l+1}^l\, \mathbb{H}_{l+1}\, \mathbb{I}_l^{l+1}\, \mathbb{L}_l, \; l = 0(1)L{-}1; \; \mathbb{H} := \mathbb{H}_0,$$

schreiben, worin (5.2.63) als Spezialfall $L = 1$ enthalten ist. Hierbei bezeichnet $\mathbb{E}_l$ die Einheitsmatrix der Dimension $N_l \times N_l$, $N_l = 1/h_l - 1$, und $\mathbf{c}$ die Inhomogenität jedes Gesamtschrittes k. Zum Nachweis der Konvergenz ist $\rho(\mathbb{H}) < 1$ zu zeigen. Dies ist jedoch im Allgemeinen nur für eine konkrete Anwendung $\mathbb{L}$ und unter Berücksichtigung der Wahl der Verfahrensparameter wie Relaxationsverfahren $\mathcal{R}$, Schrittanzahlen ν_1, ν_2, Gitteranzahl L, Restriktionsoperatoren $\mathbb{I}_l^{l+1}$ und Interpolationsoperatoren (auch als *Prolongationen* bezeichnet) $\mathbb{I}_{l+1}^l$ sowie Art des Zyklus (siehe unten) möglich. Wir illustrieren dies anhand der Diskretisierung des Randwertproblems

$$- u''(x) = f(x),\, x \in (0,1),\, u(0) = u(1) = 0, \tag{5.2.66}$$

mit zentralen Differenzenquotienten und der Schrittweite $h = 1/(N+1)$, N ungerade. Wir erhalten ein $N \times N$-System

$$\mathbb{L}_h\, \mathbb{u}_h = \mathbb{f}_h,\ \mathbb{L}_h = \frac{1}{h^2}(-1, 2, -1)_N. \tag{5.2.67}$$

Wir wählen eine gewichtete Restriktion und eine gewichtete Interpolation mit $H = 2h$:

$$\mathbb{I}_h^H = \frac{1}{4}\begin{pmatrix} 1 & 2 & 1 & & & \\ & 1 & 2 & 1 & & \\ & & \ddots & \ddots & \ddots & \\ & & & 1 & 2 & 1 \\ & & & & 1 & 2 & 1 \end{pmatrix}_{(N-1)/2 \times N}, \quad \mathbb{I}_H^h = \frac{1}{2}\begin{pmatrix} 1 & & & & \\ 2 & & & & \\ 1 & 1 & & & \\ & 2 & & & \\ & 1 & 1 & & \\ & & 2 & & \\ & & 1 & \ddots & \\ & & & \ddots & \\ & & & \ddots & 1 \\ & & & & 2 \\ & & & & 1 \end{pmatrix}_{N \times (N-1)/2}.$$

Bei Anwendung des Zweigitterverfahrens (5.2.63) mit dem Jacobi-Verfahren auf dieses Beispiel gilt $\mathbb{H} = \mathbb{R}^{\nu_2}\,\mathbb{K}\,\mathbb{R}^{\nu_1}$, $\mathbb{K} = \mathbb{E}_h - \mathbb{I}_H^h\, \mathbb{L}_H^{-1}\, \mathbb{I}_h^H\, \mathbb{L}_h$. Man zeigt $\rho(\mathbb{H}) = \rho(\mathbb{R}^\nu\, \mathbb{K})$, $\nu = \nu_1 + \nu_2$, und erhält damit

$$\rho(\mathbb{H}) \le m_\nu < 1 \ \forall\, \nu > 0,\ m_\nu \text{ unabhängig von } h. \tag{5.2.68}$$

In einem Mehrgitterverfahren wird eine gewisse Gesamtanzahl n von Relaxationsschritten ausgeführt. Dies entspricht n/ν Mehrgitterschritten, wobei der Fehler mindestens um $(\rho(\mathbb{H}))^{n/\nu}$ reduziert wird. Wegen (5.2.68) ist es sinnvoll, ν so zu wählen, dass $m_\nu^{1/\nu}$ minimiert wird. Im obigen Beispiel erhält man die in Tab. 5.2.2 angegebenen Werte. Da in dieser Betrachtung der für ν_1 und ν_2 Relaxationsschritte jeweils nur einmal anfallende Aufwand für die Grobgitterkorrektur nicht be-

Tab. 5.2.2 Dämpfungsfaktoren m_ν bzw. $m_\nu^{1/\nu}$ im Beispiel (5.2.66)/(5.2.67)

ν	1	2	3	4	5	...	ν
m_ν	0.5	0.25	0.125	$0.08\bar{3}$	0.06708	...	$\approx 1/\nu\, e$
$m_\nu^{1/\nu}$	0.5	0.5	**0.5**	0.537	0.582	...	≈ 1

rücksichtigt ist, bietet es sich an, eine möglichst große Anzahl an Glättungsschritten durchzuführen, falls der minimale Wert $m_\nu^{1/\nu}$ für mehrere ν auftritt, hier also $\nu = 3$.

Wir betrachten im Folgenden die Auswirkung der Glättung $\mathbb{R}_h^{\nu_1} \equiv \mathbb{R}_l^{\nu_1}$, $\mathbb{R}_h^{\nu_2} \equiv \mathbb{R}_l^{\nu_2}$ und der Grobgitterkorrektur $\mathbb{K}_h \equiv \mathbb{K}_l$ etwas genauer. $\mathbb{L}_h$ besitzt die Eigenwerte und Eigenvektoren

$$\lambda_j = \frac{2}{h^2}(1 - \cos(j\pi h)) \text{ und } \mathbb{v}_j = (\sin(ij\pi h))_{i=1}^N, j = 1,\dots,N.$$

Dann besitzt die Matrix $\mathbb{R} = \mathbb{E}_h - \omega\, \mathbb{D}_h^{-1}\, \mathbb{L}_h = \mathbb{E}_h - \frac{\omega}{2}\, h^2\, \mathbb{L}_h$ des Jacobi-Relaxationsverfahrens dieselbe Eigenbasis zu den Eigenwerten

$$\mu_j = 1 - \frac{\omega}{2} h^2 \lambda_j = 1 - \omega(1 - \cos(j\pi h)), j = 1,\dots,N.$$

Der Näherungsfehler $e^k = u^k - u$ und der Fehler $\mathbb{R}e^k$ nach einem Relaxationsschritt im k-ten Schritt können mit geeigneten Koeffizienten α_j nach den Eigenvektoren v_j entwickelt werden:

$$e^k = \sum_{j=1}^{N} \alpha_j v_j, \quad \overline{e^k} := \mathbb{R}e^k = \sum_{j=1}^{N} \mu_j \alpha_j v_j.$$

$|\mu_j|$ beschreibt die Fehlerdämpfung des j-ten Frequenzanteils durch einen Schritt des gewählten Relaxationsverfahrens. In Abhängigkeit von ω werden niedrige (j klein) und hohe (j groß) Frequenzen durch das Jacobi-Verfahren in diesem Beispiel unterschiedlich gedämpft. Für $\omega = 1$ werden sehr kleine und sehr große Frequenzen nur mit einem Faktor der Größenordnung $1 - \pi^2 h^2/2$ gedämpft, für $\omega > 1$ erfolgt keine Glättung. Die hohen Frequenzen werden jedoch bei Unterrelaxation, das heißt $\omega < 1$, hier etwa $\omega = 1/2$ und, noch besser, für $\omega = 2/3$, nachhaltig gedämpft. Wir definieren den maximalen Glättungsfaktor für die höheren Frequenzen

$$\bar{\mu} := \max_{N/2+1 \leq j \leq N}^{N} |\mu_j|.$$

Im obigen Beispiel erhält man für verschiedene ω folgende Werte für $\bar{\mu}$.

Tab. 5.2.3 Glättungsfaktoren der höheren Frequenzen im Beispiel (5.2.66)/(5.2.67)

ω	1/2	2/3	1	> 1
$\bar{\mu}$	1/2	1/3	$1 - \pi^2 h^2/2$	keine Glättung

Insbesondere gilt mit den Abkürzungen $c := \cos(jh\pi/2)$, $s := \sin(jh\pi/2)$

$$\begin{aligned} \mathbb{R}^v v_j &= c^{2v} v_j \\ \mathbb{R}^v v_{N-j} &= s^{2v} v_{N-j} \end{aligned}, \ j = 1,\dots,N/2. \tag{5.2.69}$$

In einem Glättungsschritt werden somit kleine Frequenzen ($1 \leq j \leq N/2$) kaum gedämpft, während höhere Frequenzen mit mindestens dem Faktor $1/2^v$ stark gedämpft werden. Für die Grobgitterkorrektur gilt in diesem Beispiel

$$\begin{aligned} \mathbb{K}v_j &= s^2 \left(v_j + v_{N-j}\right) \\ \mathbb{K}v_{N-j} &= c^2 \left(v_j + v_{N-j}\right) \end{aligned}, \ j = 1,\dots,N/2. \tag{5.2.70}$$

Die bei der ersten Glättung kaum gedämpften niedrigen Frequenzen j erhalten bei der Grobgitterkorrektur jeweils Anteile der vorher gedämpften hohen Frequenz $N-j$. Deren Summe wird jedoch in der Grobgitterkorrektur mit s^2 gedämpft. Die vorher gedämpften hohen Frequenzen $N-j$ erhalten bei der Korrektur jeweils Anteile der vorher kaum gedämpften niedrigen Frequenz j. Deren Summe wird auch in der Grobgitterkorrektur durch den Faktor c^2 kaum gedämpft. Dies erfolgt erst in dem zweiten Glättungsschritt (5.2.69).

Führt man die obige Untersuchung für ein Gauß-Seidel-Verfahren mit Schachbrett-Anordnung durch, so erhält man eine schlechtere Glättung, während die Grobgitterkorrektur – allerdings ausschließlich – in diesem einfachen eindimensionalen Beispiel die exakte Lösung liefert. Aufgrund der andersartigen Zielsetzung können bei Mehrgitterverfahren Varianten von Relaxationsverfahren eine Rolle spielen, die bei Betrachtung reiner Relaxationsverfahren als weniger effizient verworfen werden (Unterrelaxation $\omega \leq 1$, Jacobi statt Gauß-Seidel usw.). Während bei den reinen Relaxationsverfahren die asymptotische Konvergenzgeschwindigkeit betrachtet wird, interessiert man sich innerhalb der Mehrgitterverfahren für die Glättungseigenschaften einzelner Schritte für bestimmte Fehleranteile. Im Falle der (zweidimensionalen) Laplace-Gleichung erhält man ein ähnliches Resultat, ebenfalls mit einer Präferenz für das unterrelaxierte Jacobi-Verfahren. In Analogie zum eindimensionalen Fall wählt man häufig eine gewichtete Restriktion und eine bilineare Interpolation (in Gitterschreibweise)

$$I_h^{2h} := \frac{1}{16} \begin{bmatrix} 1 & 2 & 1 \\ 2 & 4 & 2 \\ 1 & 2 & 1 \end{bmatrix}_h^{2h} \qquad I_{2h}^h := \frac{1}{4} \begin{bmatrix} 1 & 2 & 1 \\ 2 & 4 & 2 \\ 1 & 2 & 1 \end{bmatrix}_{2h}^h .$$

Die scheinbar naheliegende Injektion

$$I_h^{2h} := \begin{bmatrix} 0 & 0 & 0 \\ 0 & 1 & 0 \\ 0 & 0 & 0 \end{bmatrix}_h^{2h}$$

als Restriktionsoperator führt im Allgemeinen nicht zu einer befriedigenden Fehlerdämpfung.

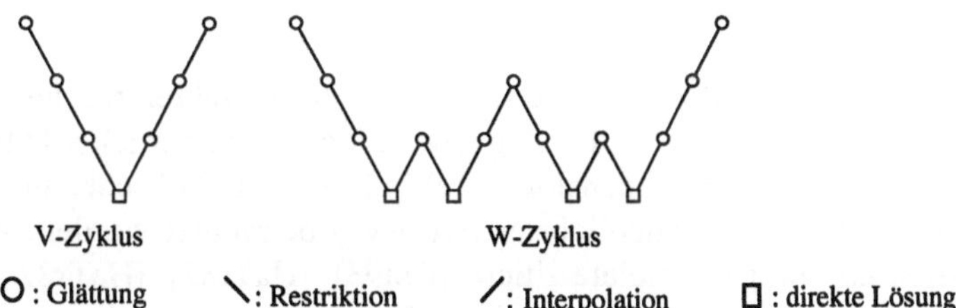

Abb. 5.2.4   V- und W-Zyklen bei 4 Gitterebenen

In (5.2.64) werden im jeweils k-ten Iterationsschritt zunächst im Wechsel auf jeder Gitterebene Glättungsschritte und Restriktionen auf das jeweils nächstgröbere Gitter ausgeführt, bis das gröbste Gitter erreicht ist. Auf diesem wird das Restsystem direkt gelöst. Es schließen sich auf jeder Gitterebene in umgekehrter Folge im Wechsel Interpolationen auf das jeweils nächstfeinere Gitter und Glättungsschritte an, bis das feinste Gitter erreicht ist. Die letzte Näherung wird als u^{k+1} bezeichnet. Abb. 5.2.4 illustriert dieses Vorgehen für den Fall von vier Gitterebenen. Aus offensichtlichen Gründen wird diese Vorgehensweise als *V-Zyklus* bezeichnet. Die Anzahl der Gitterebenen hängt unter anderem von der gewünschten Genauigkeit ab. Das Restsystem sollte einerseits vergleichsweise klein sein. Andererseits muss eine möglichst hohe Genauigkeit dieser Lösung erreicht werden, da die entsprechenden Näherungen auf alle feineren Gitter interpoliert werden. In vielen Fällen haben sich sogenannte *W-Zyklen* bewährt, bei denen mehrfach auf dem gröbsten Gitter gelöst und zwischenzeitlich auf feinere Gitter zurückgegangen wird. *W-Zyklen* führen oft zu einem besseren Konvergenzverhalten, wobei die geringere Schrittanzahl durch den Mehraufwand pro Schritt zum Teil kompensiert wird. Der Konvergenznachweis für *V-Zyklen* kann allerdings leichter als für *W-Zyklen* geführt werden. Zur Bestimmung eines Startwertes u^0 auf dem feinsten Gitter kann man wie folgt vorgehen: Beginnend mit einer bis auf Rundungsfehler exakten Lösung auf dem gröbsten Gitter wird ein Halbzyklus von Glättungen und Interpolationen auf allen Ebenen bis zum feinsten Gitter ausgeführt.

(5.2.71) beschreibt einen V-Zyklus (5.2.64) für beliebiges $L \in \mathbb{N}$ unter Beschränkung auf die tatsächlich benötigten Variablen, wobei von einem gegebenen Startvektor u^0 ausgegangen wird.

<u>Mehrgitterverfahren - V-Zyklus</u>   (5.2.71)

$$u_0 := u; \ f_0 := f$$

for $l := 0$ **to** $L-1$ **do**
$$u_l := \mathcal{R}^{\nu 1}\left(u_l; \mathbb{L}_l, f_l\right)$$
$$f_{l+1} := \mathbb{I}_l^{l+1}\left(f_l - \mathbb{L}_l\, u_l\right)$$
$$u_{l+1} := \mathbb{O}$$
$$u_L := \mathbb{L}_L^{-1}\, f_L$$

for $l := L-1$ **step** -1 **to** 0 **do**
$$u_l := u_l + \mathbb{I}_{l+1}^l\, u_{l+1}$$
$$u_l := \mathcal{R}^{\nu 2}\left(u_l; \mathbb{L}_l, f_l\right)$$
$$u^{k+1} := u_0.$$ ◆

Seit Mitte der siebziger Jahre sind Mehrgitterverfahren für die unterschiedlichsten Aufgabenstellungen zur numerischen Lösung gewöhnlicher und partieller Differentialgleichungen (unter anderem zwei- und dreidimensionale, elliptische, parabolische, auch nichtlineare Probleme, Diskretisierungen unterschiedlichster Art usw.) betrachtet worden. Aus der umfangreichen Literatur seien nur einige Beispiele zitiert: [Bra93], [HaTr82], [HaTr82-1], [Hb85], [HaTr91]. Neben unterschiedlichen Ansätzen zu einer Theorie von Approximations- und Konvergenzeigenschaften wurde eine Vielzahl von Varianten und Anwendungen untersucht. Wie im obigen eindimensionalen Beispiel andeutungsweise demonstriert, lassen sich Mehrgitterverfahren für viele, insbesondere elliptische und auch parabolische Modellprobleme aufgrund der Struktur von deren Eigenwerten und -vektoren mit einer *Fourier-Analyse* des Näherungsfehlers detailliert untersuchen.

Die Hauptschwierigkeit bei der Optimierung und Parallelisierung von Mehrgitterverfahren resultiert aus der Verwendung mehrerer Gitter unterschiedlicher Größe. Beim Übergang von feineren zu immer gröberen Gittern innerhalb eines Mehrgitterzyklus führen diese zu schnell wachsenden Indexinkrementen und zu Restsystemen immer kleinerer Granularität. Zudem zeigt (5.2.71), dass bei u und f alle Zwischenergebnisse gespeichert werden müssen, also einschließlich der Randwerte, grundsätzlich Felder $u = (u_l)_{l=0}^L$, $u_l = \left(u_{i,j}^{(l)}\right)_{i,j=0}^{m+1}$, $f = (f_l)_{l=0}^L$, $f_l = \left(f_{i,j}^{(l)}\right)_{i,j=0}^{m+1}$, benötigt werden.

Abb. 5.2.5 illustriert dies anhand eines zweidimensionalen Problems für drei Gitter, $L = 2$, $N = 7$

und jeweilige Verdopplung der Schrittweite ($h_{l+1} = 2h_l$, $l = 0,1$). Beim Übergang zu einem gröberen Gitter verringert sich die Anzahl der relevanten Gitterpunkte etwa auf ein Viertel. Die Granularität der Teilaufgabe auf dieser Ebene ist entsprechend kleiner. Allgemein sei ein $m \times m$-Gitter gegeben, o.B.d.A. mit $m \equiv m_0 = 2^{L+1}-1$ in $N \equiv N_0 = m_0^2$. Bei Beibehaltung jedes zweiten Index in jeder Dimension erhält man bei Übergang von einem $m_l \times m_l$-Gitter zu einem gröberen $m_{l+1} \times m_{l+1}$-Gitter, $N_{l+1} = m_{l+1}^2$, mit $m_0 := m := 1/h-1$ die Beziehung

$$m_{l+1} = (m_l - 1)/2 = 2^{L-1}-1,\ 0 \le l \le L-1.$$

Der arithmetische Aufwand auf den gröberen Gittern nimmt in diesem 2D-Beispiel ebenfalls von Ebene zu Ebene etwa um den Faktor 4 ab. In einem V-Zyklus beträgt daher der Rechenaufwand auf dem feinsten Gitter etwa 3/4, auf allen gröberen Gittern zusammen etwa 1/4 des Gesamtaufwandes. In einem W-Zyklus ist der Anteil der gröberen Gitter etwas höher. Die Bedeutung der im folgenden beschriebenen Probleme auf gröberen Gittern wird daher durch ihren vergleichsweise geringen Anteil etwas relativiert. Da die Punkte auf einem gröberen Gitter auch Bestandteil des jeweils feineren Gitters sind, verdoppelt sich bei gitterpunktabhängigen Feldern das Indexinkrement in beiden Dimensionen: $\mathbb{u}_h \equiv \mathbb{u} = \left(u_{i,j}\right)_{i,j=1}^{m}$, $\mathbb{u}_{2h} \equiv \mathbb{u} = \left(u_{2i,2j}\right)_{i,j=1}^{(m-1)/2}$ bei zwei Gittern.

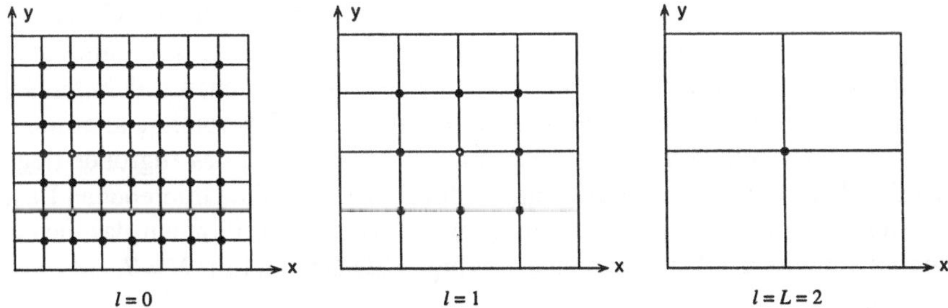

Abb. 5.2.5   Beispiel einer Gitterstruktur in einem Mehrgitterverfahren

Die Beibehaltung der Gitternumerierung des feinsten Gitters für alle nachfolgenden gröberen Gitter führt letztlich außerdem zu Zweierpotenzen unterschiedlicher Größenordnung als Indexinkrementen, die auf *Mikro- und Vektorprozessoren* die bekannten Speicherzugriffs-Konflikte verursachen können. In Analogie zu dem bei der Zyklischen Reduktion beschriebenen Vorgehen führen wir bei jedem betroffenen Feld anstelle einer zusätzlichen Dimension für den Ebenenindex l in jeder Dimension eine lineare Indizierung über alle Ebenen ein. Gegeben sei ein $m \times m$-Gitter. Dann gilt für $\mathbb{u}$ (analog für $\mathbb{f}$)

$$\mathbb{u} = (\mathbb{u}_l)_{l=0}^{L},\ \mathbb{u}_l = \left(u_{i_l+i,\,j_l+j}\right)_{i,j=0}^{m_l+1},\ i_0 := 0;\ i_{l+1} := i_l + m_l + 2,\ 0 \le l \le L-1, \tag{5.2.72}$$

sowie hier $j_l := i_l$, $0 \le l \le L$. Wegen $N_{l+1} < 4N_l$ sinkt der Speicherplatzbedarf bei jedem betroffenen Feld von $(L+1)\,(m+2)^2$, also $O(N \log_2 m)$, auf unter $16/9\,N$. Mit einem speziellen Speicherschema kann der Bedarf weiter auf maximal etwa $4/3\,N$ gesenkt werden. Für das Beispiel $L = 2$, $m_0 = 7$, $m_1 = 3$, $m_2 = 1$ erhält man anstelle von $9 \times 9 \times 3$-Feldern $(9+5) \times 9$-Felder gemäß dem Schema

$$
\begin{pmatrix}
\times\times\times\times\times\times\times\times & \times\times\times\times\times \\
\times\times\times\times\times\times\times\times & \times\times\times\times\times \\
\times\times\times\times\times\times\times\times & \times\times\times\times\times \\
\times\times\times\times\times\times\times\times & \times\times\times\times\times \\
\times\times\times\times\times\times\times\times & \times\times\times\times\times \\
\times\times\times\times\times\times\times\times & \times\times\times\,0\,0 \\
\times\times\times\times\times\times\times\times & \times\times\times\,0\,0 \\
\times\times\times\times\times\times\times\times & \times\times\times\,0\,0 \\
\times\times\times\times\times\times\times\times & 0\,0\,0\,0\,0
\end{pmatrix}.
$$

Ferner zeigt Algorithmus (5.2.71), dass auf jeder Ebene l nur Komponenten aus der nächstgröberen Ebene $l+1$ benötigt werden. Da alle Gitterpunkte einer Ebene auch Punkte des nächstgröberen Gitters sind und die Gitterschrittweite im nächstgröberen Gitter in jeder Dimension verdoppelt wird, treten nur noch 1 und 2 als Indexinkremente auf. Anders als etwa bei der Zyklischen Reduktion mit reduzierten Inkrementen, ist keine explizite Rückspeicherung erforderlich, um eine konsistente Indizierung zu gewährleisten. Die Rückspeicherung wird ersetzt durch die Prolongation beziehungsweise Interpolation zwischen einem Gitter l und einem Gitter $l+1$. Nach Lösung dieses Problems sind die Bestandteile eines Mehrgitterverfahrens (Relaxationsschritte, Restriktion und Interpolation) grundsätzlich gut vektorisierbar. Die Vektorlänge nimmt auf gröberen Gittern stark ab, so dass auf sehr groben Gittern sequentiell gerechnet werden sollte. Der vektorielle Algorithmus ist zwar automatisch parallel, eine Parallelisierung auf Schleifenebene der obigen Algorithmen leidet jedoch unter der auf gröberen Gittern geringen Granularität. Wie schon im Zusammenhang mit den reinen Relaxationsverfahren erwähnt, ist es sinnvoller, jedem Prozessor einen bestimmter Bereich an Gitterpunkten (also Unbekannten) auf dem feinsten Gitter fest zuzuordnen. Da alle Punkte auf einem gröberen Gitter auch Gitterpunkte aller feineren Gitter sind, ist somit eine feste Gitteraufteilung – oder in der Terminologie des zugrunde liegenden kontinuierlichen Problems eine Gebietszerlegung – erfolgt, die über alle Gitterebenen Bestand hat. Insbesondere werden Kommunikation beziehungsweise Synchronisation auf das unvermeidbare Maß beschränkt. Vergleiche Abb. 5.2.6 zu dem obigen 2D-Beispiel für $N = 7$.

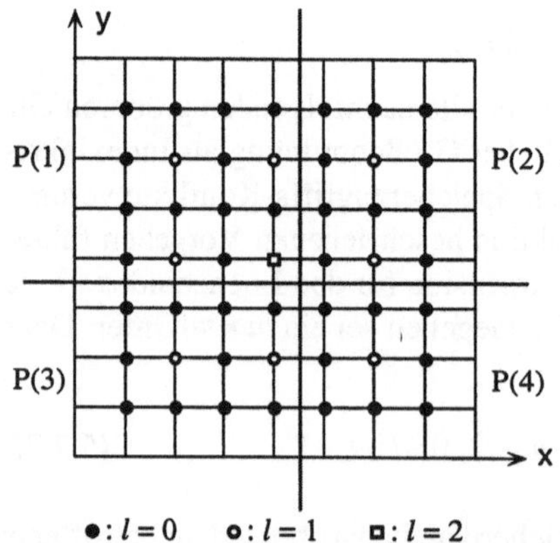

Abb. 5.2.6
Parallelisierung für $N = 7$, $L = 2$ und vier Prozessoren

Zur Berechnung von Näherungen auf Gitterpunkten an Teilgittergrenzen werden auf jeder Gitterebene für Relaxationsschritte, Restriktionen und Prolongationen Punkte aus Nachbargebieten benötigt. In (5.2.73) betrifft dies Komponenten von u_l bei der Auswertung der rechten Seite im Relaxationsverfahren $\mathcal{R}$ und der Interpolation $\mathbb{I}_{l+1}^{l}$ auf feinere Gitter sowie Komponenten des Defekts

d_l bei dessen Restriktion I_l^{l+1} auf gröbere Gitter. Daher muss nicht nur nach jedem vollständigen Mehrgitterschritt global, sondern in jedem Schritt beim Wechsel zwischen einem feineren und einem gröberen Gitter lokal – bezüglich benachbarter Teilgitter – synchronisiert oder kommuniziert werden. (5.2.73) illustriert dies für den V-Zyklus (5.2.71) für Parallelrechner mit verteiltem und mit gemeinsamem Speicher. Bei verteiltem Speicher wird der lokale Code für einen Prozessor P(i), $1 \le i \le p$, angegeben, wobei die Indizierung x^{loc} das lokale Feld bezeichnet, welches auf jedem Prozessor zur Aufnahme des ihm zugewiesenen Anteils an einer Variablen x erforderlich ist. In dem globalen Code für gemeinsamen Speicher bezeichnet $x^{(i)}$ das jeweils zugewiesene Teilfeld aus einem globalen Feld x. Bei Operatoren bezeichnen diese Indizierungen jeweils den lokalen, an die Teilaufgabe angepassten Operator (verteilter Speicher) beziehungsweise die Einschränkung des jeweiligen globalen Operators auf das Teilproblem (gemeinsamer Speicher). Ein fehlender Index loc beziehungsweise (i) bei u und d auf der rechten Seite einer Zuweisung bedeutet, dass aktualisierte Komponenten aus anderen Teilaufgaben benötigt werden. Zum besseren Verständnis wird der algorithmisch nicht benötigte Index l für die Gitterebenen beibehalten.

verteilter Speicher Prozessor P(i), $1 \le i \le p$	gemeinsamer Speicher $\hfill$ (5.2.73)

verteilter Speicher
Prozessor P(i), $1 \le i \le p$

$$u_0^{loc} := u^{loc}; \quad u_0^{(i)} := u^{(i)}$$

lokaler Datenaustausch (u_l)

for $l := 0$ **to** $L{-}1$ **do**

$$u_l^{loc} := \mathcal{R}^{\nu_1}\left(u_l; L_l^{loc}, f_l^{loc}\right)$$
$$d_l^{loc} := \left(f_l - L_l\, u_l\right)^{loc}$$

lokaler Datenaustausch (d_l, u_l)

$$f_{l+1}^{loc} := \left(I_l^{l+1}\right)^{loc} d_l$$
$$u_{l+1}^{loc} := 0$$

if $i = 1$ **then** $u_L^{loc} := \left(L_L^{loc}\right)^{-1} f_L^{loc}$

lokaler Datenaustausch (u_l)

for $l := L{-}1$ **step** -1 **to** 0 **do**

$$u_l^{loc} := u_l^{loc} + \left(I_{l+1}^{l}\right)^{loc} u_{l+1}$$

lokaler Datenaustausch (u_l)

$$u_l^{loc} := \mathcal{R}^{\nu_2}\left(u_l; L_l^{loc}, f_l^{loc}\right)$$
$$u_{loc}^{k+1} := u_0^{loc}$$

globaler Datenaustausch
Überprüfung der Konvergenz

gemeinsamer Speicher

for $i := 1$ **to** p **do parallel on** P(i)
$$u_0^{(i)} := u^{(i)}; \quad f_0^{(i)} := f^{(i)}$$

barrier (P(1),…,P(p))

for $l := 0$ **to** $L{-}1$ **do**
  for $i := 1$ **to** p **do parallel on** P(i)
$$u_l^{(i)} := \mathcal{R}^{\nu_1}\left(u_l; L_l^{(i)}, f_l^{(i)}\right)$$
$$d_l^{(i)} := \left(f_l - L_l\, u_l\right)^{(i)}$$
  barrier (P(1),…,P(p))
$$f_{l+1}^{(i)} := \left(I_l^{l+1}\right)^{(i)} d_l$$
$$u_{l+1}^{(i)} := 0$$

if $i = 1$ **then** $u_L^{(i)} := \left(L_L^{(i)}\right)^{-1} f_L^{(i)}$

barrier (P(1),…,P(p))

for $l := L{-}1$ **step** -1 **to** 0 **do**
  for $i := 1$ **to** p **do parallel on** P(i)
$$u_l^{(i)} := u_l^{(i)} + \left(I_{l+1}^{l}\right)^{(i)} u_{l+1}$$
  barrier (P(1),…,P(p))
$$u_l^{(i)} := \mathcal{R}^{\nu_2}\left(u_l; L_l^{(i)}, f_l^{(i)}\right)$$
$$u^{k+1,i} := u_0^{(i)}$$

barrier (P(1),…,P(p))
Überprüfung der Konvergenz. $\hfill\blacklozenge$

Die vergleichsweise häufige Synchronisation beziehungsweise Kommunikation kann theoretisch verringert werden, indem diese nur einmal in jedem vollständigen Mehrgitterschritt anlässlich der Überprüfung des Konvergenzkriteriums erfolgt. In der Nähe der Teilgebietsgrenzen wird dann allerdings auf allen Ebenen l Information aus dem vorangehenden Schritt k anstelle aktueller Korrekturen aus Glättung, Restriktion und Prolongation des Schrittes $k+1$ verwendet. Abgesehen von der dann meist höheren Anzahl von Mehrgitterschritten widerspricht dies der Mehrgitteridee und kann die Stabilität des Verfahrens beeinträchtigen. Eine ausführliche Betrachtung der Parallelisierung von Mehrgitter-Verfahren anhand einer speziellen Anwendung wird in [Hub97] angestellt, wo auch eine umfangreiche Literaturliste zu finden ist.

5.2.3 Asynchrone Iterationsverfahren

Wie in Abschnitt 5.2.1 erwähnt, kann man auch bei parallelen Iterationsverfahren nicht von vornherein einen optimalen Beschleunigungsfaktor erwarten. Im Regelfall ist damit zu rechnen, dass nicht alle Prozessoren ihre Teilaufgabe innerhalb eines Iterationsschritts zu derselben Zeit beenden. Am Synchronisationspunkt am Ende eines Iterationsschrittes treten im Allgemeinen Wartezeiten auf. Die Idee der *asynchronen* (oder *chaotischen*) *Iteration* besteht darin, eventuelle Wartezeiten von Prozessoren dadurch zu vermeiden, dass – auch am Ende jedes Iterationsschrittes – die Teilaufgaben (Prozessoren) nicht mehr synchronisiert werden. Jeder Prozessor, der einen Iterationsschritt beendet hat, beginnt sofort mit dem nächsten Schritt, ohne auf die aktuellen Zwischenergebnisse langsamerer Prozessoren zu warten. Die Vermeidung von durch Synchronisation bedingten Stillstandszeiten wird somit dadurch erkauft, dass schnellere Prozessoren mit gegebenenfalls noch nicht aktualisierten Daten weiterarbeiten. Insbesondere befinden sich in einem asynchronen Iterationsverfahren zu einem gegebenen Zeitpunkt im Allgemeinen alle Prozessoren in der Bearbeitung unterschiedlicher Iterationsschritte. In diesem Abschnitt wird zunächst die Grundform eines asynchronen Iterationsverfahrens beschrieben. Es folgen Konvergenzaussagen für asynchrone Verfahren zur Lösung linearer Gleichungssysteme sowie Bemerkungen zur praktischen Realisierung. Asynchrone Iterationsverfahren zur Lösung linearer oder nichtlinearer Systeme sind unter den verschiedensten Aspekten [SzYu99], [FrSchw95] untersucht worden. In [Fr90] finden sich Literaturangaben zu älteren Arbeiten wie [Bd78], [ChMi69].

Bisher haben wir synchrone Iterationsverfahren

$$\mathbf{x}^{k+1} := g(\mathbf{x}^k),\ k := 0,1,2,\dots, \tag{5.2.74}$$

untersucht, wobei in diesem Zusammenhang $g: \mathbf{R}^N \to \mathbf{R}^N$ angenommen wurde. Bei Parallelisierung auf p Prozessoren erhält jeder Prozessor eine durch eine Indexmenge I_i beschriebene Anzahl von Komponenten zur Bearbeitung, also

$$\{1,\dots,N\} = \bigcup_{i=1}^{p} I_i.$$

Im Folgenden betrachten wir jedoch nicht die Zuordnung der Komponenten auf die Prozessoren, sondern interessieren uns nur dafür, ob eine Komponente zu einem gegebenen Zeitpunkt durch irgendeinen der Prozessoren aktualisiert wird oder nicht. Konkret betrachten wir eine Folge von

Zeitpunkten $t(0)<t(1)<t(2)<\ldots<t(k)<\ldots$ und identifizieren im folgenden Iterationsverfahren den Iterationsindex k mit dem Zeitpunkt $t(k)$. Die Indexmenge $L_k \subseteq \{1,\ldots,N\}$ beschreibt dann die Menge der Komponenten, die zum Zeitpunkt $t(k)$ aktualisiert werden. Die Indizes $n_i(k) \in \mathbf{N}_0$, $i \in \{1,\ldots,N\}$, geben den Iterationschritt $n_i(k)$ beziehungsweise den Zeitpunkt $t(n_i(k))$ an, aus dem die jeweilige i-te Komponente $x_i^{(n_i(k))}$ stammt, die zur Neuberechnung von $\mathbf{x}^{k+1}$ zum Zeitpunkt $t(k)$ verwendet wird. Zu einem Zeitpunkt $t(k)$ wird somit mindestens eine Komponente durch einen der Prozessoren neu berechnet. $\mathbf{x}^{k+1}$ beschreibt den "Zustandsvektor" zu diesem Zeitpunkt. Im Hinblick auf die Wohldefiniertheit des Verfahrens und die später nachzuweisende Konvergenz müssen die Indexmengen L_k und die $n_i(k)$ Einschränkungen unterworfen werden, die in der folgenden allgemeinen Definition enthalten sind [Bd78], [Fr90]:

5.2.13 Definition. *Gegeben seien* $\forall\, k \in \mathbf{N}$ *N-Tupel* $\{n_1(k),\ldots,n_N(k)\} \in \mathbf{N}_0^N$ *und Indexmengen* $L_k \subseteq \{1,\ldots,N\}$. *Es gelte* $\forall\, i \in \{1,\ldots,N\}$

a) $\qquad \forall\, k \in \mathbf{N}_0\colon n_i(k) \le k$

b) $\qquad \lim_{k \to \infty} n_i(k) = \infty$

c) $\qquad |\{k \mid i \in L_k\}| = \infty.$

Zu dem synchronen Verfahren (5.2.74) definieren wir das asynchrone Verfahren

$$\mathbf{x}^0 \in \mathbf{R}^N,\ \forall\, k \in \mathbf{N}_0\colon x_i^{(k+1)} := \begin{cases} x_i^{(k)} & i \notin L_k \\ g(x_1^{(n_1(k))},\ldots,x_N^{(n_N(k))}) & i \in L_k. \end{cases} \qquad (5.2.75) \quad \blacklozenge$$

Die Einschränkung a) besagt nichts anderes, als dass trivialerweise nur bereits früher berechnete Komponenten zur Berechnung neuer Komponenten herangezogen werden können. Bedingung c) bedeutet, dass die Menge $\{k \mid i \in L_k\}$ unendlich viele Elemente besitzt und somit jede Komponente x_i unendlich oft, also regelmäßig, aktualisiert wird. Bedingung b) besagt, dass bei Neuberechnungen nicht auf Zwischenergebnisse zurückgegriffen werden darf, deren Aktualisierung zu weit zurückliegt. Wegen Bedingung c) ist dabei sichergestellt, dass der Fall $i \notin L_k$ und damit $n_i(k) = n_i(k-1)$ nur endlich oft eintreten kann. Im Folgenden beschränken wir uns auf die Betrachtung von Verfahren für lineare Gleichungssysteme $\mathbf{A}\mathbf{x} = \mathbf{y}$. Anstelle von (5.2.75) erhält man

$$\mathbf{x}^0 \in \mathbf{R}^N,\ \forall\, k \in \mathbf{N}_0\colon x_i^{(k+1)} := \begin{cases} x_i^{(k)} & i \notin L_k \\ \mathbb{H}_i\,(x_1^{(n_1(k))},\ldots,x_N^{(n_N(k))})^{\mathrm{T}} + c_i & i \in L_k, \end{cases} \qquad (5.2.76)$$

wobei $\mathbf{c} = \mathbf{M}^{-1}\,\mathbf{y}$ und $\mathbb{H}_i$ die i-te Zeile der Iterationsmatrix $\mathbb{H} = \mathbf{M}^{-1}\,\mathbf{N}$ aus der Zerlegung $\mathbf{A} = \mathbf{M} - \mathbf{N}$ des jeweiligen Verfahrens bezeichnet. Die bekannten synchronen Verfahren sind als Spezialfälle enthalten, beispielsweise

Jacobi-Verfahren: $\qquad \mathbb{H} = \mathbf{D}^{-1}\,\mathbf{B},\ \forall\, k \in \mathbf{N}_0\colon L_k = \{1,\ldots,N\},\ n_i^{(k)} = k \qquad (5.2.77)$

Gauß-Seidel-Verfahren: $\mathbb{H} = (\mathbb{D} - \mathbf{L})^{-1}\,\mathbf{U},$

$\qquad\qquad\qquad\qquad \forall\, k \in \mathbf{N}_0\colon L_k = \{l_k\},\ l_k = k \bmod N,\ n_i^{(k)} = k.$

Da im synchronen Jacobi-Verfahren alle Komponenten gleichzeitig berechnet werden, entspricht (5.2.76) der üblichen Schreibweise. Im Gauß-Seidel-Verfahren werden alle Komponenten einzeln nacheinander berechnet. In (5.2.76) findet somit die Neuberechnung jeder Komponente zu einem anderen Zeitpunkt statt. Folglich entsprechen die Iterierten x^{kN} aus (5.2.76), (5.2.77) den Iterierten x^k der üblichen synchronen Formulierung aus Abschnitt 5.2.2.3. Zum Nachweis der Konvergenz des Verfahrens (5.2.76) muss zu Def. 5.2.13 nur eine zusätzliche Bedingung gestellt werden [Fr90], [ChMi69]:

5.2.14 Satz. $\mathbb{A}$ *sei nichtsingulär. Es gelte* $\rho(|\mathbb{H}|) < 1$. *Dann konvergiert das Verfahren (5.2.76) unter den Bedingungen aus Def. 5.2.13 unabhängig von der Wahl des Startvektors* $\mathrm{x}^0 \in \mathbf{R}^N$ *gegen die Lösung* $\mathrm{x}^* \in \mathbf{R}^N$ *der Gleichung* $\mathbb{A}\mathrm{x} = \mathrm{y}$:

$$\lim_{k \to \infty} \mathrm{x}^k = \mathrm{x}^* = \mathbb{A}^{-1}\,\mathrm{y}.$$

Beweis. $\mathbb{A}\mathrm{x}^* = (\mathbb{M} - \mathbb{N})\mathrm{x}^* = \mathrm{y}$ ist äquivalent zu $\mathrm{x}^* = \mathbb{M}^{-1}(\mathbb{N}\mathrm{x}^* + \mathrm{y}) = \mathbb{H}\mathrm{x}^* + \mathrm{c}$. Wegen $\rho(|\mathbb{H}|) < 1$ gibt es $\varepsilon > 0$, so dass für den Spektralradius $\rho(\mathbb{H}(\varepsilon))$ der komponentenweise positiven Matrix

$$\mathbb{H}(\varepsilon) = |\mathbb{H}| + \varepsilon \begin{pmatrix} 1 & \cdots & 1 \\ \vdots & & \vdots \\ 1 & \cdots & 1 \end{pmatrix}$$

gilt: $\rho(\mathbb{H}(\varepsilon)) < 1$. Aus dem Satz von Perron-Frobenius (Anh. A, Satz A.11) folgt die Existenz eines komponentenweise positiven Vektors $\mathrm{u} > 0$ mit $\mathbb{H}(\varepsilon)\,\mathrm{u} = \rho(\mathbb{H}(\varepsilon))\,\mathrm{u}$, also gilt

$$|\mathbb{H}|\,\mathrm{u} < \mathbb{H}(\varepsilon)\,\mathrm{u} = \rho(\mathbb{H}(\varepsilon))\,\mathrm{u}. \tag{5.2.78}$$

Wegen $\mathrm{u} > 0$ gibt es eine Zahl $\gamma > 0$ derart, dass

$$|\mathrm{x}^* - \mathrm{x}^0| \leq \gamma\,\mathrm{u}. \tag{5.2.79}$$

Wir zeigen zunächst durch vollständige Induktion die Gültigkeit der Beziehung

$$|\mathrm{x}^* - \mathrm{x}^k| \leq \gamma\,\mathrm{u} \quad \forall\, k \in \mathbf{N}_0. \tag{5.2.80}$$

Für $k = 0$ folgt dies aus (5.2.79). Es gelte nun (5.2.80) bis zu einem $k \geq 0$. Für $i \notin L_k$ gilt

$$\left| x_i^* - x_i^{(k+1)} \right| = \left| x_i^* - x_i^{(k)} \right| \leq \gamma\,u_i. \tag{5.2.81}$$

Im Folgenden bezeichne $\mathbb{H}_i$ die i-te Zeile von $\mathbb{H}$. Für $i \in L_k$ erhalten wir

$$\begin{aligned} \left| x_i^* - x_i^{(k+1)} \right| &= \left| \mathbb{H}_i\,\mathrm{x}^* + c_i - \mathbb{H}_i\,(x_1^{(n_1(k))}, \ldots, x_N^{(n_N(k))})^{\mathrm{T}} - c_i \right| \\ &\leq |\mathbb{H}_i| \left| \mathrm{x}^* - (x_1^{(n_1(k))}, \ldots, x_N^{(n_N(k))})^{\mathrm{T}} \right|. \end{aligned}$$

Aus Def. 5.2.13a wissen wir, dass $n_i(k) \leq k \ \forall\, i \in \{1, \ldots, N\}$, folglich gilt nach (5.2.81)

$$\left| x_i^* - x_i^{(n_i(k))} \right| \leq \gamma\,u_i \quad \forall\, i \in \{1, \ldots, N\}.$$

Zusammen mit (5.2.78) erhalten wir für alle $i \in \{1,\dots,N\}$

$$|x_i^* - x_i^{(k+1)}| \le \gamma |\mathbb{H}_i| \mathfrak{u} < \gamma \rho(\mathbb{H}(\varepsilon))\, u_i < \gamma u_i,$$

womit (5.2.80) bewiesen ist. Als nächstes zeigen wir, ebenfalls mittels vollständiger Induktion, die Existenz einer Folge

$$\left(k_q\right)_{q \in \mathbf{N}_0},\, k_q \in \mathbf{N}_0 \tag{5.2.82}$$

mit

$$\forall\, q \in \mathbf{N}_0\, \exists\, k_q \in \mathbf{N}_0\, \forall\, k \ge k_q\colon |\mathbf{x}^* - \mathbf{x}^k| \le \gamma \rho(\mathbb{H}(\varepsilon))^q\, \mathfrak{u}. \tag{5.2.83}$$

Für $q = 0$ und $k_0 = 0$ ist dies durch (5.2.80) gerade bewiesen worden. Es gelte (5.2.83) nun bis zu einem Index $q \ge 0$. Zu zeigen ist, dass (5.2.83) auch für den Index $q+1$ mit einem noch zu konstruierenden k_{q+1} gültig ist. Zunächst definieren wir

$$\forall\, i \in \{1,\dots,N\}\colon l_i := \min\{l \in \mathbf{N}\,|\, \forall\, k \ge l\colon n_i(k) \ge k_q\}.$$

Wegen Def. 5.2.13b existieren diese Zahlen, und damit auch

$$r := \max_{1 \le i \le N} l_i.$$

Neben $k \ge n_i(k)$ gilt mit Def. 5.2.13a für $k \ge l_i$ die Beziehung $n_i(k) \ge k_q$ also insbesondere

$$r \ge n_i(r) \ge k_q. \tag{5.2.84}$$

Für $k \ge r$ werden somit bei der Berechnung von Iterierten $\mathbf{x}^{k+1}$ ausschließlich Iterierte $\mathbf{x}^j$ mit $j \ge k_q$ verwendet. Wir definieren nun die Zahl

$$k_{q+1} := \min\left\{k \in \mathbf{N}_0\,\Big|\, k \ge r \wedge \bigcup_{i=r}^{k} L_i = \{1,\dots,N\}\right\},$$

die aufgrund von Def. 5.2.13c existiert. Die Definition von k_{q+1} stellt sicher, dass im Vergleich zu $\mathbf{x}^r$ nach der Berechnung aller $\mathbf{x}^k$ mit $k \ge k_{q+1}$ alle Komponenten mindestens einmal aktualisiert worden sind. Wir weisen nun (5.2.83) für $q+1$ und $k \ge k_{q+1}$ nach. Für festes $k \ge k_{q+1}$ sei

$$\forall\, i \in \{1,\dots,N\}\colon m_i := \max\{l \in \mathbf{N}\,|\, k \ge l \wedge i \in L_l\}.$$

Gemäß dieser Definition wurde die i-te Komponente von $\mathbf{x}^k$ zuletzt bei der m_i-ten Iteration neu berechnet. Nach Definition von k_{q+1} gilt ferner $\forall\, i \in \{1,\dots,N\}\colon m_i \ge r$. Wegen $m_i \ge r \ge l_i$ folgt hieraus insbesondere

$$n_j(m_i) \ge k_q\ \forall\, i,j \in \{1,\dots,N\}.$$

Nach diesen Vorbereitungen erhalten wir schließlich für $k \ge k_{q+1}$ die Ungleichung

$$\begin{aligned}
\left| x_i^* - x_i^{(k)} \right| &= \left| x_i^* - x_i^{(m_i)} \right| & (5.2.85)\\[4pt]
&= \left| \mathbb{H}_i\, \mathbf{x}^* + c_i - \mathbb{H}_i\, (x_1^{(n_1(m_i))},\dots,x_N^{(n_N(m_i))})^{\mathrm{T}} - c_i \right|\\[4pt]
&\le |\mathbb{H}_i|\, \left| \mathbf{x}^* - (x_1^{(n_1(m_i))},\dots,x_N^{(n_N(m_i))})^{\mathrm{T}} \right|.
\end{aligned}$$

Gemäß Induktionsannahme gilt

$$\forall\, j \in \{1,\dots,N\}:\ \left| x_j^* - x_j^{(n_j(m_i))} \right| \le \gamma\, \rho(\mathbb{H}(\varepsilon))^q\, u_j$$

und daher mit (5.2.85)

$$\forall\, i \in \{1,\dots,N\}:\ \left| x_i^* - x_i^{(k)} \right| \le \gamma\, |\mathbb{H}_i|\, \rho(\mathbb{H}(\varepsilon))^q\, \mathfrak{u}$$

und schließlich mit (5.2.78)

$$\forall\, i \in \{1,\dots,N\}:\ \left| x_i^* - x_i^{(k)} \right| \le \gamma\, \rho(\mathbb{H}(\varepsilon))^{q+1}\, u_i,$$

womit auch die Induktion für (5.2.83) und wegen $\rho(\mathbb{H}(\varepsilon)) < 1$ auch der Beweis des Satzes abgeschlossen sind.   ◆

Der folgende, hier nur zitierte Satz kann als Umkehrung von Satz 5.2.14 angesehen werden .

5.2.15 Satz. *Es gelte* $\rho(\mathbb{H}) \ge 1$. *Dann gibt es Mengen* $L_k \subseteq \{1,\dots,N\}$ *und eine Folge von N-Tupeln* $\{n_1(k),\dots,n_N(k)\} \in \mathbf{N}_0^N$, $k = 1,2,\dots$, *dergestalt, dass bei geeigneter Wahl des Startvektors* $\mathbf{x}^* \in \mathbf{R}^N$ *das zugehörige asynchrone Iterationsverfahren eine Folge* $(\mathbf{x}^k)_{k \in \mathbf{N}_0}$ *erzeugt, deren Grenzwert* $\lim_{k \to \infty} \mathbf{x}^k$ *nicht existiert.*

Beweis. [Fr90], [ChMi69]   ◆

Auch ein asynchrones Iterationsverfahren wird bei der praktischen Anwendung nach einer endlichen Anzahl von Schritten abgebrochen. Allerdings muss davon ausgegangen werden, dass sich zu jedem gegebenen Zeitpunkt jeder Prozessor in einem anderen Iterationsschritt befindet. Auch bei asynchronen Verfahren rechtfertigt die vorzeitige Erfüllung des Abbruchkriteriums nicht die vorzeitige Beendigung der entsprechenden Teilaufgaben: Das vorgegebene Kriterium muss grundsätzlich in allen Teilaufgaben gleichzeitig erfüllt sein, ehe Konvergenz eintritt. Eine Schwierigkeit tritt daher bei der Überprüfung des Abbruchkriteriums auf, da auch die Überprüfung selbst nicht synchronisiert werden darf. Daher wird das Abbruchkriterium in <u>jeder</u> Teilaufgabe überprüft, und zwar grundsätzlich nach jedem Iterationsschritt. Hierzu holt sich jede Teilaufgabe die fehlenden Informationen von den anderen Teilaufgaben und entscheidet dann selbst nach der vollständigen Auswertung über die Fortführung der Iteration. Dieses Vorgehen ist bei der Verwendung von l_p-Normen $\|\mathfrak{e}\|_p = \sqrt[p]{\sum_{i=1}^N |e_i|^p}$ aufwendig. Günstiger sind Normen wie die Maximumsnorm, bei denen schon von jeder Teilaufgabe ein lokales Abbruchkriterium ausgewertet werden kann. Seine Nichterfüllung in der jeweils eigenen Teilaufgabe führt automatisch zu deren Fortsetzung. Ist das Kriterium in einer Teilaufgabe P(i) lokal erfüllt, so holt sich diese nacheinander die lokalen Auswertungen von den anderen Teilaufgaben P(j), $i \ne j$. Sowie darunter die erste gefunden wird, die das Kriterium lokal nicht erfüllt, setzt $P(i)$ seine Iteration fort.

Parallelrechner mit gemeinsamem Speicher Anstelle von (5.2.4)/(5.2.5) ist folgendes Vorgehen angemessen – hier für das Beispiel der Maximumsnorm. Die lokale Hilfsvariable *hilf* verhindert, dass ein anderer Prozessor während der Auswertung von $AbbrKrit\_lokal_i$ auf ein nicht aussagefähiges Zwischenergebnis zugreift.

<u>Asynchrone Iteration</u> (5.2.86)

> **for** $i := 1$ **to** p **do parallel on** $P(i)$
> $\quad k_i := 0$
> $\quad AbbrKrit\_lokal_i :=$ **false**
> $\quad$ <Initialisierungen>
> $\quad$ **repeat**
> $\quad\quad k_i := k_i + 1$
> $\quad\quad \mathrm{x} := g_i(\mathrm{x})$
> $\quad\quad$ <Berechnung Fehlervektor e>
> $\quad\quad hilf := \|\mathrm{e}_i\|_\infty < \varepsilon$
> $\quad\quad AbbrKrit\_lokal_i := hilf$
> $\quad\quad AbbrKrit\_gesamt_i := AbbrKrit\_lokal_i$
> $\quad\quad$ **for** $j := 1$ **to** p, $i \neq j$ **do while** $AbbrKrit\_gesamt_i$ **do**
> $\quad\quad\quad AbbrKrit\_gesamt_i := AbbrKrit\_gesamt_i$ **and** $AbbrKrit\_lokal_j$
> $\quad$ **until** $AbbrKrit\_gesamt_i$. ♦

Parallelrechner mit verteiltem Speicher Sowohl die Beschaffung von Daten für die Berechnung der Iterierten aus anderen Teilaufgaben als auch die Konvergenzprüfung erfordern eine explizite Kommunikation. Hierzu werden einseitige Kommunikationsroutinen benötigt (vergleiche Abschnitt 3.2.5), die üblicherweise als **get** und **put** oder ähnlich bezeichnet werden. Im folgenden Algorithmus (5.2.87) wird die Routine **get** verwendet. **get** holt Daten aus einem fremdem Speicher zu dem Zeitpunkt, zu dem die Daten benötigt werden, ohne dass jedoch der Bearbeitungsstand der Daten mit dem liefernden Prozessor synchronisiert wird.

<u>Asynchrone Iteration – Prozessor $P(i)$, $1 \leq i \leq p$</u> (5.2.87)

> $\quad k := 0$
> $\quad$ <Initialisierungen>
> $\quad$ **repeat**
> $\quad\quad k := k + 1$
> $\quad\quad$ **for** $j := 1$ **to** p, $i \neq j$ **do get**(x_j) **from** $P(j)$
> $\quad\quad \mathrm{x}_{loc} := g(\mathrm{x}_1,\ldots,\mathrm{x}_{i-1},\mathrm{x}_{loc},\mathrm{x}_{i+1},\ldots,\mathrm{x}_p)$
> $\quad\quad$ <Berechnung Fehlervektor e>
> $\quad\quad AbbrKrit\_lokal := \|\mathrm{e}\|_\infty < \varepsilon$

> *AbbrKrit_gesamt* := *AbbrKrit_lokal*
>
> **for** j := 1 **to** p, $i \neq j$ **do while** *AbbrKrit_gesamt* **do**
>
> **get**(*AbbrKrit_lokal*) **from** P(j)
>
> *AbbrKrit_gesamt* := *AbbrKrit_gesamt* **and** *AbbrKrit_lokal*
>
> **until** *AbbrKrit_gesamt*.   ◆

Die praktische Realisierung des Abbruchs asynchroner Verfahren wird auch in [SaBe96] oder [ElB96] untersucht. Während die Konvergenz asynchroner Iterationsverfahren unter gewissen Voraussetzungen bewiesen werden kann, ist ein theoretischer Geschwindigkeitsvergleich eines synchronen und des dazugehörigen asynchronen Verfahrens äußerst schwierig. Hierfür sind bisher keine befriedigenden Ergebnisse bekannt. Es gibt einige Vergleichssätze wie etwa in [FSS97], die jedoch in konkreten Anwendungen kaum eine Hilfestellung geben. Auf der einen Seite erwartet man eine Beschleunigung durch eine bessere Auslastung von Prozessoren, die sonst Wartezeiten zu absolvieren hätten. Auf der anderen Seite werden bei dieser vorzeitigen oder zusätzlichen Auslastung von Prozessoren häufig noch nicht hinreichend aktualisierte Daten aus Teilaufgaben anderer Prozessoren verwendet. Die "schnelleren" Prozessoren führen somit vorgezogene oder zusätzliche Rechnungen unter Verwendung von gegebenenfalls veralteten Daten durch. Die damit erzeugten Zwischenergebnisse tragen unter Umständen nicht notwendig oder nicht ausreichend zur Verbesserung des Ergebnisses bei. Praktische Erfahrungen zeigen, dass sich je nach Anwendung mit asynchroner Iteration sehr wohl Beschleunigungen erreichen lassen, aber auch Verlangsamung eintreten kann, ohne dass man in jedem Fall das jeweilige Ausmaß vorhersagen kann. Eine grundsätzliche Empfehlung lautet, dass das Lastungleichgewicht nicht allzu groß sein sollte, da dann zu lange mit "falschen" Daten gerechnet wird. Schon eine in der Größe stark abweichende Teilaufgabe kann Probleme bereiten.

Als Beispiel betrachten wir aus [FrSchw95] eine nichtlineare Poisson-Gleichung (5.1.77) mit

$$f \equiv f(x,y,u) = u + u^2,\ g \equiv g(x,y) \equiv 1,\ \mathrm{I} = (0,1) \times (0,1).$$

Dieses Beispiel nehmen wir zum Anlass, die Herleitung eines nichtlinearen Iterationsverfahrens zu skizzieren. Die 5-Punkt-Diskretisierung mit konstanter Schrittweite führt zu einem nichtlinearen Gleichungssystem mit $N = m^2$ Unbekannten

$$\mathbb{F}(\mathrm{u}) = \mathrm{o};\ \mathbb{F}(\mathrm{u}) = (f_{i,j}(u))_{i,j=1}^{m} \tag{5.2.88}$$

$$f_{i,j}(u) = 4\,u_{i,j} + h^2\,(u_{i,j} + u_{i,j}^2) - u_{i-1,j} - u_{i+1,j} - u_{i,j-1} - u_{i,j+1},\ 1 \leq i,j \leq m$$

$$u_{i,j} = 1\ \text{für}\ i \in \{0, m+1\}\ \text{oder}\ j \in \{0, m+1\}.$$

Das Intervall $[0, 1]^N$ stellt eine Einschließung der eindeutigen Lösung u^* dieses Systems dar und liefert somit einen Startvektor für ein Newton-artiges Iterationsverfahren

$$\mathrm{x}^{k+1} := \mathcal{L}(\mathrm{M}(\mathrm{x}^k),\ \mathrm{N}\mathrm{x}^k + \mathrm{c}),\ k = 0, 1, 2, \ldots,$$

mit einer Zerlegung $\mathbb{F}'(\mathrm{x}) = \mathrm{M}(\mathrm{x}) - \mathrm{N}$ der Funktionalmatrix $\mathbb{F}'(\mathrm{x})$ von f. Es kann gezeigt werden, dass man beginnend mit $\mathrm{x}^0 := \mathrm{o}$ eine Folge von unteren und mit $\mathrm{y}^0 := (1)_{i=1,\ldots,N}$ eine Folge von oberen Schranken der Lösung erhält, die beide monoton von unten beziehungweise oben gegen die Lösung konvergieren:

$$x^k \leq u^* \leq y^k \; \forall \, k \in \mathbf{N}_0, \quad x^k \uparrow u^*, \, y^k \downarrow u^*, \, k \to \infty.$$

Alternativ kann man ein Intervall-Verfahren [FrSchw95] anwenden, in dem anstelle reeller Zahlen abgeschlossene Intervalle verwendet werden, für die spezielle intervallarithmetische Operationen definiert werden können:

$$u^* \in [x^k, y^k] \; \forall \, k \in \mathbf{N}_0, \quad [x^k, y^k] \to u^*, \, k \to \infty.$$

Für Anwendungen wie (5.2.88) kann die Konvergenz gegen die Lösung für den synchronen und den asynchronen Fall bewiesen werden. Mit einem Rot-Schwarz-Schema wie in Abb. 5.2.3 erhalten wir ein für die Nichtlinearität angepasstes Newton-artiges Gauß-Seidel-Verfahren

$$\begin{aligned}
u_r^{k+1} &:= \left(\mathbb{D}_r(u_r^k)\right)^{-1}(c_r - \mathbb{M}_{r,s}\, u_s^k) \\
u_s^{k+1} &:= \left(\mathbb{D}_s(u_s^k)\right)^{-1}(c_s - \mathbb{M}_{s,r}\, u_r^{k+1})
\end{aligned}, \quad k = 0, 1, 2, \ldots,$$

in Anlehnung an (5.2.25) mit einer Zerlegung

$$A_{RS}(x) = \widehat{\mathbb{D}}(x) - \widehat{\mathbb{L}} - \widehat{\mathbb{U}}, \; \widehat{\mathbb{D}}(x) = \begin{pmatrix} \mathbb{D}_r(x) & 0 \\ 0 & \mathbb{D}_s(x) \end{pmatrix}, \; \widehat{\mathbb{L}} = \begin{pmatrix} 0 & 0 \\ \mathbb{M}_{s,r} & 0 \end{pmatrix}, \; \widehat{\mathbb{U}} = \begin{pmatrix} 0 & \mathbb{M}_{r,s} \\ 0 & 0 \end{pmatrix}$$

analog zu (5.2.26), in der $\mathbb{D}_r(u_r^k)$, $\mathbb{D}_s(u_s^k)$ die Diagonalelemente von $F'(x)$ zu den roten und schwarzen Punkten bezeichnen. Bei synchroner Iteration muss nach jedem Halbschritt synchronisiert werden. Bei asynchroner Iteration gemäß (5.2.75) entfällt jegliche Synchronisation. Die folgenden Ergebnisse wurden mit einer relativen Genauigkeit von 10^{-6} auf einem Vektor-Parallelrechner Cray Y-MP mit 8 Vektorprozessoren und auf einem Parallelrechner Sequent Symmetry S81 mit 24 Prozessoren Intel 80386 + 80387 mit Weitek WTL 3167 Vektor-Zusatzprozessoren und gemeinsamem Speicher berechnet. Diese Rechner sind inzwischen längst vom Markt verschwunden. Die Ergebnisse liefern jedoch einen typischen Vergleich von synchroner und asynchroner Iteration. Qualitativ gleiche Ergebnisse erhält man für ein entsprechendes lineares Problem für das lineare Gauß-Seidel-Verfahren mit Rot-Schwarz-Schema. Als Problemgröße wählen wir $m = 30$ Punkte in jeder Dimension, also $N = 900$. Die $m = 30$ Gitterzeilen werden jeweils möglichst gleichmäßig auf die jeweils eingesetzten Prozessoren verteilt.

Tab. 5.2.4 Minimale und maximale Iterationszahlen bei synchroner und asynchroner Iteration für $N = 30$

p	1	2	3	4	5	6	7	8
synchron	1226	1226	1226	1226	1226	1226	1226	1226
asynchron, minimal	1226	1278	1251	1356	1251	1254	1328	1587
asynchron, maximal	1226	1185	1162	1093	1139	1155	966	1167

Tab. 5.2.4 zeigt die Anzahl der Iterationsschritte auf der Cray. Während diese bei synchroner Iteration auf allen Prozessoren konstant ist, variiert sie bei asynchroner Iteration in Abhängigkeit von der individuellen Belastung, vor allem der Größe der jeweiligen Teilaufgabe. Für jede Pro-

zessoranzahl $p \in \{1,\dots,8\}$ werden die minimale und die maximale Schrittanzahl über alle Prozessoren angegeben. Abb. 5.2.7 und Abb. 5.2.8 zeigen die Beschleunigung

$$S_p = \frac{\text{Zeit synchroner bzw. asynchroner Algorithmus auf } p \text{ Prozessoren}}{\text{Zeit synchroner Algorithmus auf einem Prozessor}}$$

in Abhängigkeit von der Anzahl p der eingesetzten Prozessoren für Cray Y-MP und Sequent S81. Der asynchrone Algorithmus ist, wie erhofft, nicht langsamer als der synchrone Algorithmus. In den Fällen, in denen die 30 Gitterzeilen nicht gleichmäßig auf p Prozessoren verteilt werden können, ist er teilweise signifikant schneller.

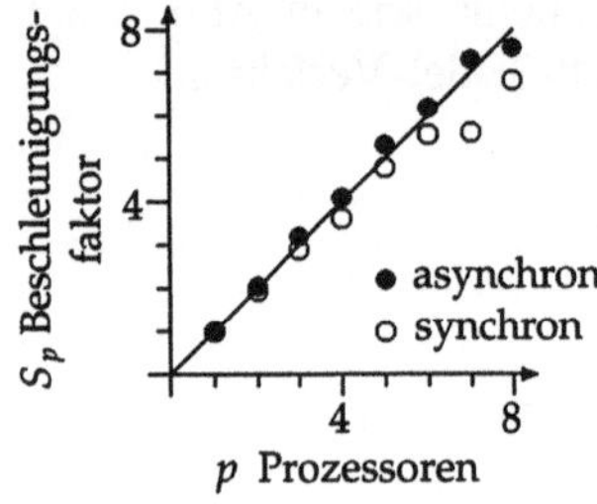

Abb. 5.2.7
Ergebnisse auf CRAY Y-MP für $N = 30$ und $p = 1 - 8$ Prozessoren

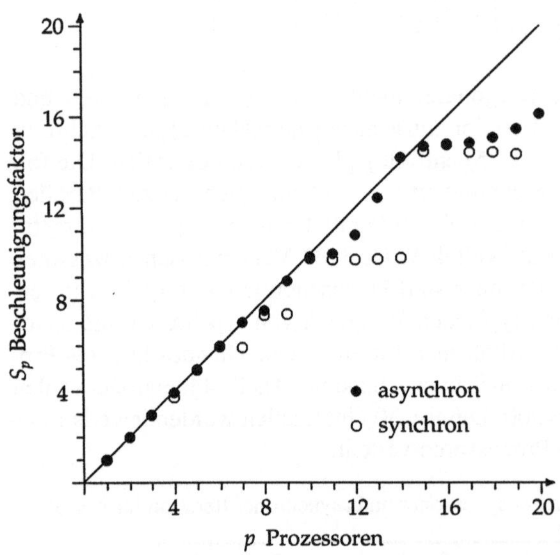

Abb. 5.2.8 Ergebnisse auf Sequent Symmetry S81 für $N = 30$ und $p = 1 - 20$ Prozessoren

Faktoren $S_p > p$ sind dadurch zu erklären, dass im Vergleich zur synchronen Iteration mit fester Iterationszahl über alle Prozessoren bei der asynchronen Iteration die geringere Iterationsanzahl bei Prozessoren mit größeren Teilaufgaben den Effekt auf die (Verweil-)Zeit der höheren Schrittzahl bei Prozessoren mit kleineren Teilaufgaben überwiegt. Vergleiche hierzu Tab. 5.2.4.

6   Schnelle Fourier-Transformation

Stellvertretend für Integral-Transformationen wie die Fourier-, die Laplace- oder die Rader-Transformation betrachten wir Algorithmen für die diskrete Form der bekanntesten Transformation, der Fourier-Transformation.

6.1   Problemstellung

Die diskrete Fourier-Transformation (DFT) – hier zunächst in ihrer eindimensionalen Form

$$\hat{x}_j = \sum_{k=0}^{N-1} x_k\, e^{i\frac{2\pi jk}{N}}, j := 0(1)N{-}1, x_k \in \mathbf{R} \text{ oder } x_k \in \mathbf{C}, \tag{6.1.1}$$

besitzt eine große Bedeutung bei der Bearbeitung einer Vielzahl von Aufgaben nicht nur in verschiedenen Bereichen der Mathematik, sondern auch in der Physik, Elektrotechnik, Nachrichtentechnik, Bild- und Signalverarbeitung und anderen Gebieten. In der Numerischen Mathematik wird die Fourier-Transformation unter anderem innerhalb Schneller Direkter Löser, in der Fourier-Analyse bei der Untersuchung von Mehrgitterverfahren oder in den in diesem Buch nicht behandelten Spektralverfahren angewendet. Als Beispiele für weitere mathematische Anwendungen seien genannt: Berechnung der Auto-Korrelation, Kreuz-Korrelation und das Glätten von Zeitreihen, Übergang vom Zeit- in den Frequenzbereich, Lösung linearer partieller Differentialgleichungen, Berechnung von Faltungen. Als Spezialfall erwähnen wir die mittels der Beziehung $e^{ix} = \cos(x) + i\sin(x)$ leicht abzuleitenden Berechnung von Summen der Gestalt

$$\hat{x}_j = \sum_{k=0}^{N-1} x_k \cos(jk\varphi) \text{ oder } \hat{x}_j = \sum_{k=0}^{N-1} x_k \sin(jk\varphi), 0 \le j \le N{-}1, 0 \le \varphi \le 2\pi. \tag{6.1.2}$$

Diese Aufgabe ist uns im FACR- und im EEA-Algorithmus in Abschnitt 5.1 begegnet. Kaum ein Verfahren besitzt eine ähnliche Bandbreite von Anwendungsmöglichkeiten. Zur DFT gibt es eine beinahe unübersehbare Anzahl an Untersuchungen, Varianten und Algorithmen.

Die Komplexität von (6.1.1) und (6.1.2) ist mit $O(N^2)$ komplexen oder reellen Operationen recht hoch. Durch Ausnutzung der Eigenschaften der Einheitswurzeln $e^{i\,2\pi j/N}$, $0 \le j \le N{-}1$, insbesondere der Periodizität, durch geschickte Matrixfaktorisierungen und geeignete Permutationen lassen sich jedoch Algorithmen angeben, die die arithmetische Komplexität auf $O(N \log_2 N)$ Operationen senken und damit das Niveau der Schnellen Direkten Löser erreichen – und daher unter anderem innerhalb dieser eingesetzt werden können. Diese Algorithmen zur DFT fasst man unter dem Begriff *Schnelle Fourier-Transformation FFT (Fast Fourier Transform)* zusammen. Faktorisierungen und Permutationen bilden auch die Grundlage für parallele und vektorielle Varianten der FFT. Die DFT (6.1.1) lässt sich als Matrixtransformation

$$\hat{\mathbf{x}} = \mathbb{T}\mathbf{x}, \quad \mathbb{T} = (w^{jk})_{j,k=0}^{N-1}, w = e^{i\frac{2\pi}{N}}, \tag{6.1.3}$$

schreiben. Offenbar ist $1/\sqrt{N}\ \mathbb{T}$ eine unitäre Matrix ($1/N\ \mathbb{T}\,\mathbb{T}^* = \mathbb{I}$, $\mathbb{T}^* = \overline{\mathbb{T}}^T$). Folglich gilt

$$x = \frac{1}{N}\,\mathbb{T}^*\,\hat{x}. \tag{6.1.4}$$

Die Darstellung für $\mathbb{T}$ lässt sich vereinfachen, indem die Beziehungen $w^j = w^{j \bmod N}$, $j \in \mathbb{N}$, und $w^{N/2+j} = -w^j$, $0 \le j \le N/2-1$, $w^{N/2} = -1$, $w^N = 1$, ausgenutzt werden. Für $N = 8$ erhalten wir

$$\mathbb{T} = \begin{pmatrix}
1 & 1 & 1 & 1 & 1 & 1 & 1 & 1 \\
1 & w & w^2 & w^3 & w^4 & w^5 & w^6 & w^7 \\
1 & w^2 & w^4 & w^6 & w^8 & w^{10} & w^{12} & w^{14} \\
1 & w^3 & w^6 & w^9 & w^{12} & w^{15} & w^{18} & w^{21} \\
1 & w^4 & w^8 & w^{12} & w^{16} & w^{20} & w^{24} & w^{28} \\
1 & w^5 & w^{10} & w^{15} & w^{20} & w^{25} & w^{30} & w^{35} \\
1 & w^6 & w^{12} & w^{18} & w^{24} & w^{30} & w^{36} & w^{42} \\
1 & w^7 & w^{14} & w^{21} & w^{28} & w^{35} & w^{42} & w^{49}
\end{pmatrix} = \begin{pmatrix}
1 & 1 & 1 & 1 & 1 & 1 & 1 & 1 \\
1 & w & w^2 & w^3 & -1 & -w & -w^2 & -w^3 \\
1 & w^2 & -1 & -w^2 & 1 & w^2 & -1 & -w^2 \\
1 & w^3 & -w^2 & w & -1 & -w^3 & w^2 & -w \\
1 & -1 & 1 & -1 & 1 & -1 & 1 & -1 \\
1 & -w & w^2 & -w^3 & -1 & w & -w^2 & w^3 \\
1 & -w^2 & -1 & w^2 & 1 & -w^2 & -1 & w^2 \\
1 & -w^3 & -w^2 & -w & -1 & w^3 & w^2 & w
\end{pmatrix}. \tag{6.1.5}$$

6.2 Sequentielle Algorithmen

Die *Fast-Fourier-Transform (FFT)* wurde erstmals in [CoTu65] beschrieben, wobei eine Komponentenformulierung gewählt wurde. Wir verwenden eine in diesem Zusammenhang übersichtlichere Form als spezielle Faktorisierung der Matrix $\mathbb{T}$ [Wa80], [HRS77]. Stellvertretend betrachten wir die $\sqrt{2}$–*FFT* für $N = 2^n$, $n \in \mathbb{N}$. Die Idee der FFT besteht darin, das Problem (6.1.1) in zwei Teilprobleme gleicher Art, aber jeweils halber Größe zu zerlegen und diesen Vorgang rekursiv zu wiederholen. Anstelle von $\hat{x} = \mathbb{T}x$ untersuchen wir die permutierte Transformation $\hat{x}^1 = \mathbb{P}\mathbb{T}x$ mit der Matrix $\mathbb{P} \equiv \mathbb{P}_N$ zur *Perfect-Shuffle-Permutation* $P \equiv P_N$ (Abb. 6.2.1).

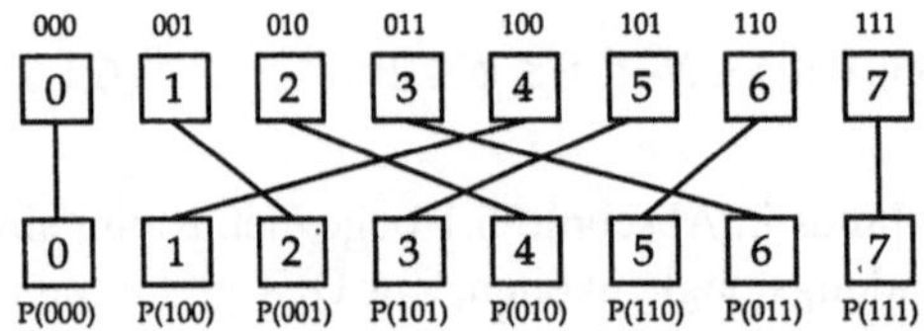

Abb. 6.2.1
Perfect-Shuffle-Permutation für $N = 8$

Diese erzeugt für $N = 2^n$ aus einer geordneten Indexliste $\{i \mid 0 \le i \le N/2-1\}$ die Permutation

$$P(i) = \begin{cases} 2i & \text{für } 0 \le i \le N/2-1 \\ 2i+1-N & \text{für } N/2 \le i \le N-1. \end{cases}$$

Besitzt ein Index i, $0 \le i \le N-1$, die Binärdarstellung

$$i = (i_{n-1}, i_{n-2}, \cdots, i_0) = \sum_{j=0}^{n-1} i_j 2^j, \quad i_j \in \{0,1\}, 0 \le j \le n,$$

so erzeugt die Anwendung der Perfect-Shuffle-Permutation eine zyklischen Linksverschiebung:

$$P(i) = (i_{n-2}, i_{n-3}, \cdots, i_0, i_{n-1}).$$

Wir betrachten zunächst das Beispiel $N = 8$. Mit $P(0,1,2,3,4,5,6,7) = (0,2,4,6,1,3,5,7)$ und den Bezeichnungen $\mathbb{T}_3 = \mathbb{T}$, $\mathbb{Z}_3 = \mathbb{P}_8 \equiv \mathbb{P}$, erhalten wir

$$
\hat{\mathbb{x}}^1 =
\begin{pmatrix}
\hat{x}_0 \\ \hat{x}_2 \\ \hat{x}_4 \\ \hat{x}_6 \\ \hat{x}_1 \\ \hat{x}_3 \\ \hat{x}_5 \\ \hat{x}_7
\end{pmatrix}
=
\left(
\begin{array}{cccc|cccc}
1 & 1 & 1 & 1 & 1 & 1 & 1 & 1 \\
1 & w^2 & -1 & -w^2 & 1 & w^2 & -1 & -w^2 \\
1 & -1 & 1 & -1 & 1 & -1 & 1 & -1 \\
1 & -w^2 & -1 & w^2 & 1 & -w^2 & -1 & w^2 \\
1 & w & w^2 & w^3 & -1 & -w & -w^2 & -w^3 \\
1 & w^3 & -w^2 & w & -1 & -w^3 & w^2 & -w \\
1 & -w & w^2 & -w^3 & -1 & w & -w^2 & w^3 \\
1 & -w^3 & -w^2 & -w & -1 & w^3 & w^2 & w
\end{array}
\right)
\begin{pmatrix}
x_0 \\ x_1 \\ x_2 \\ x_3 \\ x_4 \\ x_5 \\ x_6 \\ x_7
\end{pmatrix}
=: \mathbb{Z}_3 \mathbb{T}_3 \, \mathbb{x}
\qquad (6.2.1)
$$

In $\hat{\mathbb{x}}^1$ sind zunächst die Komponenten mit geradem und dann die mit ungeradem Index angeordnet. In der Matrix $\mathbb{T}$ werden dabei die Zeilen entsprechend permutiert. Die 8×8-Matrix $\mathbb{Z}_3 \mathbb{T}_3$ in (6.2.1) besitzt eine spezielle Blockgestalt, die sich nach dem Schema

$$
\mathbb{Z}_3 \mathbb{T}_3 = \mathbb{P} \mathbb{T} =
\begin{pmatrix} \mathbb{W} & \mathbb{W} \\ \mathbb{V} & v\mathbb{V} \end{pmatrix}
=
\begin{pmatrix} \mathbb{W} & \mathbb{W} \\ \mathbb{V} & -\mathbb{V} \end{pmatrix}
=
\begin{pmatrix} \mathbb{W} & \mathbb{O} \\ \mathbb{O} & \mathbb{W} \end{pmatrix}
\begin{pmatrix} \mathbb{I} & \mathbb{I} \\ \mathbb{C} & -\mathbb{C} \end{pmatrix}
\qquad (6.2.2)
$$

faktorisieren lässt. Mit den Bezeichnungen

$$
\mathbb{P} \equiv \mathbb{P}_8, \ \mathbb{T} \equiv \mathbb{T}_3, \ v = w^4 = -1, \ \mathbb{C} \equiv \mathbb{C}_3 = \left(\delta_{k,j} w^k \right)_{k,j=0}^3, \ \mathbb{I} \equiv \mathbb{I}_4 = \left(\delta_{k,j} \right)_{k,j=0}^3,
$$

erhalten wir aus (6.2.2) im ersten Schritt

$$
\hat{\mathbb{x}}^1 = \mathbb{Z}_3 \mathbb{T}_3 \, \mathbb{x} = \mathbb{T}_2 \mathbb{S}_3 \, \mathbb{x}
\qquad (6.2.3)
$$

unter Verwendung der Faktorisierung

$$
\mathbb{Z}_3 \mathbb{T}_3 =
\left(
\begin{array}{cccc|cccc}
1 & 1 & 1 & 1 & 1 & 1 & 1 & 1 \\
1 & w^2 & -1 & -w^2 & 1 & w^2 & -1 & -w^2 \\
1 & -1 & 1 & -1 & 1 & -1 & 1 & -1 \\
1 & -w^2 & -1 & w^2 & 1 & -w^2 & -1 & w^2 \\
1 & w & w^2 & w^3 & -1 & -w & -w^2 & -w^3 \\
1 & w^3 & -w^2 & w & -1 & -w^3 & w^2 & -w \\
1 & -w & w^2 & -w^3 & -1 & w & -w^2 & w^3 \\
1 & -w^3 & -w^2 & -w & -1 & w^3 & w^2 & w
\end{array}
\right)
$$

$$
=
\left(
\begin{array}{cccc|cccc}
1 & 1 & 1 & 1 & 0 & 0 & 0 & 0 \\
1 & w^2 & -1 & -w^2 & 0 & 0 & 0 & 0 \\
1 & -1 & 1 & -1 & 0 & 0 & 0 & 0 \\
1 & -w^2 & -1 & w^2 & 0 & 0 & 0 & 0 \\
0 & 0 & 0 & 0 & 1 & 1 & 1 & 1 \\
0 & 0 & 0 & 0 & 1 & w^2 & -1 & -w^2 \\
0 & 0 & 0 & 0 & 1 & -1 & 1 & -1 \\
0 & 0 & 0 & 0 & 1 & -w^2 & -1 & w^2
\end{array}
\right)
\left(
\begin{array}{cccc|cccc}
1 & 0 & 0 & 0 & 1 & 0 & 0 & 0 \\
0 & 1 & 0 & 0 & 0 & 1 & 0 & 0 \\
0 & 0 & 1 & 0 & 0 & 0 & 1 & 0 \\
0 & 0 & 0 & 1 & 0 & 0 & 0 & 1 \\
1 & 0 & 0 & 0 & -1 & 0 & 0 & 0 \\
0 & w & 0 & 0 & 0 & -w & 0 & 0 \\
0 & 0 & w^2 & 0 & 0 & 0 & -w^2 & 0 \\
0 & 0 & 0 & w^3 & 0 & 0 & 0 & -w^3
\end{array}
\right)
= \mathbb{T}_2 \mathbb{S}_3.
$$

In einem zweiten Schritt wird die Matrix $\mathbb{T}_2$ weiter transformiert. Wegen $w^2 = e^{i\,2*2\pi/8} = e^{i\,1*2\pi/4}$,

$-1 = w^4 = e^{i\,4*2\pi/8} = e^{i\,2*2\pi/4},\ -w^2 = w^6 = e^{i\,6*2\pi/8} = e^{i\,3*2\pi/4}$ ist in (6.2.2) die Matrix

$$\mathbb{W} = \begin{pmatrix} 1 & 1 & 1 & 1 \\ 1 & w^2 & -1 & -w^2 \\ 1 & -1 & 1 & -1 \\ 1 & -w^2 & -1 & w^2 \end{pmatrix}$$

identisch mit der Transformationsmatrix $\mathbb{T}$ für $N = 4$. Das obige Vorgehen kann daher auf die beiden 4×4-Matrizen $\mathbb{W}$ in

$$\begin{pmatrix} \mathbb{W} & 0 \\ 0 & \mathbb{W} \end{pmatrix}$$

angewendet werden. Zunächst werden mittels der Permutation $P \equiv P_4$, also $P(0,2,4,6) = (0,4,2,6)$, $P(1,3,5,7) = (1,5,3,7)$, in (6.2.1) beide Zeilenblöcke und damit auch die beiden Teilvektoren von $\hat{\mathbf{x}}^1$ erneut umgeordnet. Anstelle von (6.2.3) gilt nun

$$\hat{\mathbf{x}}^2 = \mathbb{Z}_2\,\hat{\mathbf{x}}^1 = \begin{pmatrix} \hat{x}_0 \\ \hat{x}_4 \\ \hat{x}_2 \\ \hat{x}_6 \\ \hat{x}_1 \\ \hat{x}_5 \\ \hat{x}_3 \\ \hat{x}_7 \end{pmatrix} = \left(\begin{array}{cccc|cccc} 1 & 1 & 1 & 1 & 0 & 0 & 0 & 0 \\ 1 & -1 & 1 & -1 & 0 & 0 & 0 & 0 \\ 1 & w^2 & -1 & -w^2 & 0 & 0 & 0 & 0 \\ 1 & -w^2 & -1 & w^2 & 0 & 0 & 0 & 0 \\ 0 & 0 & 0 & 0 & 1 & 1 & 1 & 1 \\ 0 & 0 & 0 & 0 & 1 & -1 & 1 & -1 \\ 0 & 0 & 0 & 0 & 1 & w^2 & -1 & -w^2 \\ 0 & 0 & 0 & 0 & 1 & -w^2 & -1 & w^2 \end{array}\right) (\mathbb{S}_3\mathbf{x}) = (\mathbb{Z}_2\,\mathbb{T}_2)\,(\mathbb{S}_3\mathbf{x}) \tag{6.2.4}$$

mit $\mathbb{Z}_2 = \begin{pmatrix} P_4 & 0 \\ 0 & P_4 \end{pmatrix}$. Die Faktorisierung der Matrix $P_4\mathbb{W}$ liefert jeweils

$$P_4\mathbb{W} = \left(\begin{array}{cc|cc} 1 & 1 & 1 & 1 \\ 1 & -1 & 1 & -1 \\ 1 & w^2 & -1 & -w^2 \\ 1 & -w^2 & -1 & w^2 \end{array}\right) = \left(\begin{array}{cc|cc} 1 & 1 & 0 & 0 \\ 1 & -1 & 0 & 0 \\ 0 & 0 & 1 & 1 \\ 0 & 0 & 1 & -1 \end{array}\right)\left(\begin{array}{cc|cc} 1 & 0 & 1 & 0 \\ 0 & 1 & 0 & 1 \\ 1 & 0 & -1 & 0 \\ 0 & w^2 & 0 & -w^2 \end{array}\right) = \mathbb{X}_2\mathbb{Y}_2 \tag{6.2.5}$$

und somit wieder die Gestalt (6.2.2), allerdings bei halber Größe, mit

$$P \equiv P_4,\ \mathbb{T} \equiv \mathbb{W},\ \nu = e^{i\,2*2\pi/4} = -1,\ \mathbb{C} \equiv \mathbb{C}_2 = \left(\delta_{k,j}w^{2k}\right)^1_{k,j=0},\ \mathbb{I} \equiv \mathbb{I}_2 = \left(\delta_{k,j}\right)^1_{k,j=0}.$$

Wir erhalten eine Faktorisierung der Gestalt

$$\mathbb{Z}_2\,\mathbb{T}_2 = \begin{pmatrix} P_4\mathbb{W} & 0 \\ 0 & P_4\mathbb{W} \end{pmatrix} = \begin{pmatrix} \mathbb{X}_2 & 0 \\ 0 & \mathbb{X}_2 \end{pmatrix}\begin{pmatrix} \mathbb{Y}_2 & 0 \\ 0 & \mathbb{Y}_2 \end{pmatrix} = \mathbb{T}_1\,\mathbb{S}_2.$$

Damit wird (6.2.4) zu

$$\hat{\mathbb{x}}^2 = (\mathbb{Z}_2\, \mathbb{T}_2)\,(\mathbb{S}_3 \mathrm{x})$$

$$= \begin{pmatrix} \hat{x}_0 \\ \hat{x}_4 \\ \hline \hat{x}_2 \\ \hat{x}_6 \\ \hline \hat{x}_1 \\ \hat{x}_5 \\ \hline \hat{x}_3 \\ \hat{x}_7 \end{pmatrix} = \left(\begin{array}{cc|cc|cc|cc} 1 & 1 & 0 & 0 & 0 & 0 & 0 & 0 \\ 1 & -1 & 0 & 0 & 0 & 0 & 0 & 0 \\ \hline 0 & 0 & 1 & 1 & 0 & 0 & 0 & 0 \\ 0 & 0 & 1 & -1 & 0 & 0 & 0 & 0 \\ \hline 0 & 0 & 0 & 0 & 1 & 1 & 0 & 0 \\ 0 & 0 & 0 & 0 & 1 & -1 & 0 & 0 \\ \hline 0 & 0 & 0 & 0 & 0 & 0 & 1 & 1 \\ 0 & 0 & 0 & 0 & 0 & 0 & 1 & -1 \end{array}\right) \left(\begin{array}{cc|cc|cc|cc} 1 & 0 & 1 & 0 & 0 & 0 & 0 & 0 \\ 0 & 1 & 0 & 1 & 0 & 0 & 0 & 0 \\ \hline 1 & 0 & -1 & 0 & 0 & 0 & 0 & 0 \\ 0 & w^2 & 0 & -w^2 & 0 & 0 & 0 & 0 \\ \hline 0 & 0 & 0 & 0 & 1 & 0 & 1 & 0 \\ 0 & 0 & 0 & 0 & 0 & 1 & 0 & 1 \\ \hline 0 & 0 & 0 & 0 & 1 & 0 & -1 & 0 \\ 0 & 0 & 0 & 0 & 0 & w^2 & 0 & -w^2 \end{array}\right) (\mathbb{S}_3\mathrm{x}) \qquad (6.2.6)$$

$$= (\mathbb{T}_1\, \mathbb{S}_2)\,(\mathbb{S}_3 \mathrm{x})$$

transformiert. Die Matrix $\mathbb{T}_1$ enthält vier Diagonalblöcke der Gestalt

$$\begin{pmatrix} \mathbb{I} & \mathbb{I} \\ \mathbb{C} & -\mathbb{C} \end{pmatrix}$$

aus (6.2.2), hier mit $\mathbb{I} = \mathbb{C} = \mathbb{I}_1 = 1$. Jeder Block stellt eine Fourier-Transformation für $N = 2$ dar. Sie wird daher nicht weiter behandelt und als $\mathbb{S}_1 = \mathbb{T}_1$ bezeichnet. Insgesamt erhalten wir somit

$$\hat{\mathbb{x}}^2 = \mathbb{S}_1\,\mathbb{S}_2\,\mathbb{S}_3\,\mathrm{x}. \qquad (6.2.7)$$

Im Vektor $\hat{\mathbb{x}}^2$ sind die Komponenten von $\hat{\mathbb{x}}$ permutiert: $\hat{\mathbb{x}}^2 = \mathbb{R}\hat{\mathbb{x}}$ mit $\mathbb{R} = \mathbb{R}_1\mathbb{R}_2\mathbb{R}_3$, $\mathbb{R}_1 := \mathbb{I}$. $\mathbb{R}$ bezeichnet die *Bit-Umkehr-Transformation* in $n-1$ Schritten, die aus der Anwendung von *Perfect-Shuffle-Permutationen* unterschiedlicher Größe entsteht: Bezeichnet $\mathrm{bin}(k) = (k_{n-1}, k_{n-2}, \ldots, k_1, k_0)$ die Binärdarstellung einer Zahl $k \in \mathbf{N}$, $0 \le k \le 2^n-1$, $k = \sum_{j=0}^{n-1} k_j 2^j$, $k_j \in \{0, 1\}$, $0 \le j \le n-1$, so gilt $\mathrm{R}(\mathrm{bin}(k)) = (k_0, k_1, \ldots, k_{n-2}, k_{n-1})$. Beispielsweise enthält die Binärdarstellung des Index der jeweils i-ten Komponente im Vektor $\hat{\mathbb{x}}^2 = \left(\hat{x}_0\ \hat{x}_4\ \hat{x}_2\ \hat{x}_6\ \hat{x}_1\ \hat{x}_5\ \hat{x}_3\ \hat{x}_7\right)^{\mathrm{T}}$ die Bits der Darstellung von i in umgekehrter Reihenfolge $\mathrm{R}(\mathrm{bin}(i))$, etwa $\mathrm{bin}(6) = 110 = \mathrm{R}(011) = \mathrm{R}(\mathrm{bin}(3))$. Die Komponenten von $\hat{\mathbb{x}}$ erscheinen in der richtigen Reihenfolge, wenn die Permutation rückgängig gemacht wird:

$$\hat{\mathbb{x}} = \mathbb{R}\hat{\mathbb{x}}^2 = \mathbb{R}^2\,\mathbb{T}\mathrm{x} = \mathbb{R}\,\mathbb{T}'\mathrm{x} \ \text{mit}\ \mathbb{T}' := \mathbb{R}\,\mathbb{T}. \qquad (6.2.8)$$

Im Hinblick auf die spätere Herleitung paralleler und vektorieller Algorithmen zerlegen wir die Matrizen $\mathbb{S}_i$ weiter in ein Produkt aus einer Diagonalmatrix $\mathbb{D}_i$ mit Potenzen der Einheitswurzeln und einer Blockmatrix $\mathbb{Q}_i$, die nur 1 oder -1 als nichtverschwindende Komponenten enthält. Für $N = 2^3 = 8$ erhält man beispielsweise mit $\mathbb{T}' := \mathbb{R}\,\mathbb{T}$

$$\mathbb{T}' = \mathbb{S}_1\,\mathbb{S}_2\,\mathbb{S}_3 = \mathbb{D}_1\,\mathbb{Q}_1\,\mathbb{D}_2\,\mathbb{Q}_2\,\mathbb{D}_3\,\mathbb{Q}_3 \qquad (6.2.9)$$

$$\mathbb{D}_1 = \mathrm{diag}(1,1,1,1,1,1,1,1),\ \mathbb{D}_2 = \mathrm{diag}(1,1,1,w^2,1,1,1,w^2),\ \mathbb{D}_3 = \mathrm{diag}(1,1,1,1,1,w,w^2,w^3)$$

$$\mathbb{Q}_3 = \mathbb{B}_3, \quad \mathbb{B}_3 = \begin{pmatrix} \mathbb{I}_4 & \mathbb{I}_4 \\ \mathbb{I}_4 & -\mathbb{I}_4 \end{pmatrix}$$

$$Q_2 = \begin{pmatrix} B_2 & O \\ O & B_2 \end{pmatrix}, \qquad B_2 = \begin{pmatrix} I_2 & I_2 \\ I_2 & -I_2 \end{pmatrix}$$

$$Q_1 = \begin{pmatrix} B_1 & O & O & O \\ O & B_1 & O & O \\ O & O & B_1 & O \\ O & O & O & B_1 \end{pmatrix}, \quad B_1 = \begin{pmatrix} 1 & 1 \\ 1 & -1 \end{pmatrix} = \begin{pmatrix} I_1 & I_1 \\ I_1 & -I_1 \end{pmatrix}.$$

Zur Illustration der folgenden Überlegungen notieren wir in Tab. 6.2.1 die Auswertung von $y = T'x$ für $N = 16$, hier der Übersichtlichkeit halber mit einem Hilfsfeld y, während Abb. 6.2.2 die Datenabhängigkeiten und die Umordnung der Komponenten durch die FFT illustriert.

Tab. 6.2.1 FFT – Auswertung von $y = T'x$ für $N = 16$

	$i = 1$	$i = 2$	$i = 3$	$i = 4$	
x_0	$y_0 := x_0 + x_8$	$y_0 := y_0 + y_4$	$y_0 := y_0 + y_2$	$y_0 := y_0 + y_1$	$y_0 = \hat{x}_0$
x_1	$y_1 := x_1 + x_9$	$y_1 := y_1 + y_5$	$y_1 := y_1 + y_3$	$y_1 := y_0 - y_1$	$y_1 = \hat{x}_8$
x_2	$y_2 := x_2 + x_{10}$	$y_2 := y_2 + y_6$	$y_2 := (y_0 - y_2)w^0$	$y_2 := y_2 + y_3$	$y_2 = \hat{x}_4$
x_3	$y_3 := x_3 + x_{11}$	$y_3 := y_3 + y_7$	$y_3 := (y_1 - y_3)w^4$	$y_3 := y_2 - y_3$	$y_3 = \hat{x}_{12}$
x_4	$y_4 := x_4 + x_{12}$	$y_4 := (y_0 - y_4)w^0$	$y_4 := y_4 + y_6$	$y_4 := y_4 + y_5$	$y_4 = \hat{x}_2$
x_5	$y_5 := x_5 + x_{13}$	$y_5 := (y_1 - y_5)w^2$	$y_5 := y_5 + y_7$	$y_5 := y_4 - y_5$	$y_5 = \hat{x}_{10}$
x_6	$y_6 := x_6 + x_{14}$	$y_6 := (y_2 - y_6)w^4$	$y_6 := (y_4 - y_6)w^0$	$y_6 := y_6 + y_7$	$y_6 = \hat{x}_6$
x_7	$y_7 := x_7 + x_{15}$	$y_7 := (y_3 - y_7)w^6$	$y_7 := (y_5 - y_7)w^4$	$y_7 := y_6 - y_7$	$y_7 = \hat{x}_{14}$
x_8	$y_8 := (x_0 - x_8)w^0$	$y_8 := y_8 + y_{12}$	$y_8 := y_8 + y_{10}$	$y_8 := y_8 + y_9$	$y_8 = \hat{x}_1$
x_9	$y_9 := (x_1 - x_9)w^1$	$y_9 := y_9 + y_{13}$	$y_9 := y_9 + y_{11}$	$y_9 := y_8 - y_9$	$y_9 = \hat{x}_9$
x_{10}	$y_{10} := (x_2 - x_{10})w^2$	$y_{10} := y_{10} + y_{14}$	$y_{10} := (y_8 - y_{10})w^0$	$y_{10} := y_{10} + y_{11}$	$y_{10} = \hat{x}_5$
x_{11}	$y_{11} := (x_3 - x_{11})w^3$	$y_{11} := y_{11} + y_{15}$	$y_{11} := (y_9 - y_{11})w^4$	$y_{11} := y_{10} - y_{11}$	$y_{11} = \hat{x}_{13}$
x_{12}	$y_{12} := (x_4 - x_{12})w^4$	$y_{12} := (y_8 - y_{12})w^0$	$y_{12} := y_{12} + y_{14}$	$y_{12} := y_{12} + y_{13}$	$y_{12} = \hat{x}_3$
x_{13}	$y_{13} := (x_5 - x_{13})w^5$	$y_{13} := (y_9 - y_{13})w^2$	$y_{13} := y_{13} + y_{15}$	$y_{13} := y_{12} - y_{13}$	$y_{13} = \hat{x}_{11}$
x_{14}	$y_{14} := (x_6 - x_{14})w^6$	$y_{14} := (y_{10} - y_{14})w^4$	$y_{14} := (y_{12} - y_{14})w^0$	$y_{14} := y_{14} + y_{15}$	$y_{14} = \hat{x}_7$
x_{15}	$y_{15} := (x_7 - x_{15})w^7$	$y_{15} := (y_{11} - y_{15})w^6$	$y_{15} := (y_{13} - y_{15})w^4$	$y_{15} := y_{14} - y_{15}$	$y_{15} = \hat{x}_{15}$

In jedem Schritt $i = 1, \ldots, n$ der FFT werden zur Aktualisierung eines Komponentenpaares mit den Indizes j und $j + N/2^i$ ausschließlich diese beiden Komponenten benötigt. Das resultierende, für die FFT charakteristische Abhängigkeitsmuster wird im Englischen als "butterfly" (Schmetterling) bezeichnet und ist Grundlage eines Großteils der weiteren Überlegungen. Die gestrichelten Linien und die Hell-/Dunkel-Markierung in Abb. 6.2.2 deuten mögliche Blockeinteilungen an, die wir später nutzen. (6.2.9) zeigt, dass die permutierte Transformation $T' = RT$ der Größe $N = 2^n$ als Folge von Matrix-Multiplikationen geschrieben werden kann:

$$T' = S_1 S_2 \ldots S_n. \tag{6.2.10}$$

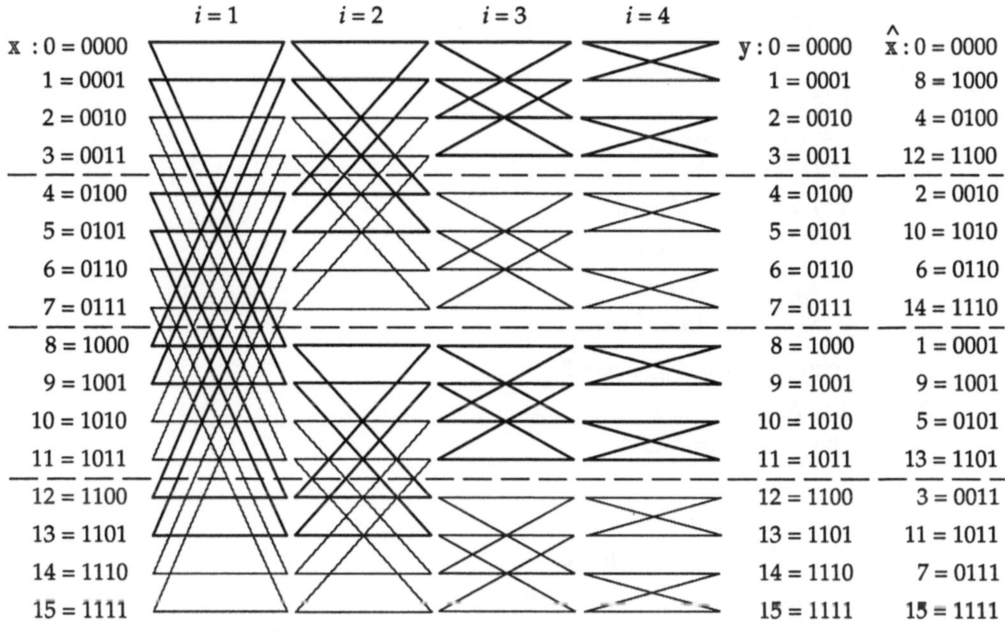

Abb. 6.2.2   FFT – Datenabhängigkeiten in der Auswertung von $y = \mathbb{T}x$ für $N = 16$

Die Anwendung einer Matrix $\mathbb{S}_i$ bildet Linearkombinationen von Elementpaaren, die im resultierenden Vektor 2^{i-1} Plätze voneinander entfernt liegen. Die $\mathbb{S}_i$ können weiter zerlegt werden:

$$\mathbb{S}_i = \mathbb{D}_i\,\mathbb{Q}_i, \quad i := 1(1)n \tag{6.2.11}$$

$\mathbb{D}_i$: Diagonalmatrix von Potenzen von w

$$\mathbb{D}_i = \text{diag}_B\big(\mathbb{E}_i, \ldots, \mathbb{E}_i\big)_{2^{n-i}}, \quad \mathbb{E}_i = \begin{pmatrix} \mathbb{I}_{2^{i-1}} & 0 \\ 0 & \mathbb{W}_i \end{pmatrix}, \quad \mathbb{W}_i = \text{diag}\big(w^{j2^{n-i}},\, j = 0(1)2^{i-1}-1\big)$$

$\mathbb{Q}_i$: Blockdiagonalmatrix mit 2^{n-i} identischen Blöcken

$$\mathbb{Q}_i = \text{diag}_B\big(\mathbb{B}_i, \ldots, \mathbb{B}_i\big)_{2^{n-i}}, \quad \mathbb{B}_i = \begin{pmatrix} \mathbb{I}_{2^{i-1}} & \mathbb{I}_{2^{i-1}} \\ \mathbb{I}_{2^{i-1}} & -\mathbb{I}_{2^{i-1}} \end{pmatrix},$$

$\mathbb{I}_i$ Einheitsmatrix k-ter Ordnung.

Die abschließende Bit-Umkehr-Transformation R (mit $\mathbb{R} = \mathbb{R}^{-1}$) erhält man als Produkt von Blockdiagonalmatrizen $\mathbb{R}_i$ mit jeweils 2^{n-i} Perfect-Shuffle-Permutationen der Größe 2^i:

$$\mathbb{R} = \mathbb{R}_2\mathbb{R}_3\ldots\mathbb{R}_{n-1}\mathbb{R}_n = \mathbb{R}_n^{-1}\mathbb{R}_{n-1}^{-1}\ldots\mathbb{R}_2^{-1}, \quad \mathbb{R}_i = \text{diag}_B(\mathbb{P}_{2^i})_{2^{n-i}}. \tag{6.2.12}$$

In (6.2.13) notieren wir einen sequentiellen Algorithmus für die 1D-FFT $\hat{x} = \mathbb{T}x = \mathbb{R}\mathbb{T}x$. Wir unterstellen im Folgenden, dass die Potenzen $w_j := w^j$, $0 \le j \le N/2-1$, bereits tabelliert vorliegen. Andernfalls benötigt man zusätzlich $N/2-2$ komplexe Multiplikationen.

Sequentielle FFT – Auswertung von $\hat{\mathbf{x}} := \mathbb{T}\mathbf{x}$ $\qquad\qquad\qquad\qquad\qquad$ (6.2.13)

$\hat{\mathbf{x}} := \mathbf{x}$

for $i := 1$ **to** n **do**

$\quad$ **for** $k := 1$ **to** 2^{i-1} **do**

$\qquad$ $l := (k-1)\, 2^{n-i+1}$

$\qquad$ **for** $j := 0$ **to** $N/2^{i} - 1$ **do**

$\qquad\quad$ $u := \hat{x}_{l+j};\ v := \hat{x}_{l+N/2^{i}+j}$

$\qquad\quad$ $\hat{x}_{l+j} \qquad := u + v$

$\qquad\quad$ $\hat{x}_{l+N/2^{i}+j} := (u - v)\, w_{2^{i-1}j}$

Bit-Umkehrtransformation $\hat{\mathbf{x}} := \mathbb{R}\hat{\mathbf{x}}$

for $j := 1$ **to** $N-2$ **do**

$\quad$ $j_0 := j;\ k := 0;\ k_0 := N/2$

$\quad$ **for** $i := 1$ **to** n **do**

$\qquad$ $k := k + (j_0\ \textbf{mod}\ 2)\, k_0$

$\qquad$ $j_0 := j_0\ \textbf{div}\ 2;\ k_0 := k_0\ \textbf{div}\ 2$

$\quad$ **if** $k > j$ **then** $u := \hat{x}_j;\ \hat{x}_j := \hat{x}_k;\ \hat{x}_k := u.$ $\qquad\qquad\qquad\qquad$ ◆

Wir nehmen an, dass $\mathbf{x}$ nicht überschrieben werden darf. Für die Auswertung von $\mathbb{T}\mathbf{x}$ werden nur zwei Hilfsvariablen u, v benötigt. Darf $\mathbf{x}$ überschrieben werden, so kann $\mathbb{T}\mathbf{x}$ sogar auf einem einzigen Feld $\hat{\mathbf{x}} \equiv \mathbf{x}$ berechnet werden. Die $\sqrt{2}$ – FFT für $N = 2^n$, $n \in \mathbf{N}$, besitzt eine Komplexität von

$$N \log_2 N \text{ komplexen Additionen} + 1/2\, N \log_2 N \text{ komplexen Multiplikationen.}$$

Die arithmetische Komplexität ist in allen Schritten $i = 1, \ldots, n$ gleich. Bei der Zeitkomplexität ist zusätzlich der Aufwand für die Bit-Umkehrtransformation zu berücksichtigen. In (6.2.13) wird $\hat{\mathbf{x}} := \mathbb{R}\hat{\mathbf{x}}$ in Anlehnung an [HRS77] ausgeführt, indem für jeden Index $i = 1, \ldots, N-2$ zunächst der Index k berechnet wird, für den $\mathrm{bin}(k) = R(\mathrm{bin}(j))$ gilt. Falls $k > j$, so werden $\hat{x}_j$ und $\hat{x}_k$ vertauscht (beachte $\mathrm{bin}(0) = R(\mathrm{bin}(0))$, $\mathrm{bin}(N-1) = R(\mathrm{bin}(N-1))$). Dieses Vorgehen ist mit $3\,(N-2)/2$ Speicheroperationen und $O(N \log_2 N)$ Integer-Operationen verbunden. Stehen Shift-Funktionen **shiftr** (Rechts-Shift um ein Bit) und **shiftl** (Links-Shift um ein Bit) zur Verfügung, so ist es effizienter, diese anstelle der Operationen **mod** 2 und **div** 2 zu verwenden:

$$j\ \textbf{div}\ 2 = \textbf{shiftr}(j);\quad k\ \textbf{mod}\ 2 = k - \textbf{shiftl}(\textbf{shiftr}(k)).$$

Die grundsätzlich weniger attraktive Alternative besteht in der Ausführung von Perfect-Shuffle-Permutationen gemäß (6.2.12), was insbesondere zu $N \log_2 N$ Speicheroperationen (jeweils Lesen und Schreiben) und zur Notwendigkeit eines Hilfsfeldes $\mathbf{y}$ führt:

for $i := n-1$ **step** -1 **to** 1 **do** $\qquad\qquad\qquad\qquad\qquad\qquad$ (6.2.14)

$\quad$ $\mathbf{y} := \hat{\mathbf{x}}$

$\quad$ **for** $k := 1$ **to** 2^{i-1} **do**

$\qquad$ $l := (k-1)\, 2^{n-i+1}$

$$\textbf{for } j := 0 \textbf{ to } N/2^i - 1 \textbf{ do}$$

$$\hat{x}_{l+2j} \quad := y_{l+j}$$

$$\hat{x}_{l+2j+1} := y_{l+N/2^i+j}.$$

In vielen Anwendungen wird die FFT später von ihrer Umkehrtransformation gefolgt. Sofern die dazwischenliegenden Schritte dies erlauben, werden diese auf den durch die FFT umgeordneten Daten ausgeführt, so dass die Notwendigkeit der zweifachen Umordnung entfällt. Falls letztere nicht vermeidbar ist, gibt es sogenannte *selbstsortierende* Algorithmen, in denen die Umordnung in die einzelnen Schritten der FFT integriert wird und die Komponenten am Ende in der richtigen Reihenfolge anfallen. Dies ist im allgemeinen effizienter als die explizite Bit-Umkehr-Transformation am Ende der FFT. Ein Beispiel lernen wir im nächsten Abschnitt kennen.

Der folgende Algorithmus (6.2.15) für die Auswertung von $\hat{x} = \mathbb{T}x$ zeigt das grundsätzliche Vorgehen auf einer *cachebasierten Architektur*. Gerade im Falle der FFT hängt die Effizienz cachebasierter Algorithmen entscheidend von der Nutzung der Hardwareeigenschaften ab, was im Rahmen dieses Buches nicht geleistet werden kann. In starker Vereinfachung nehmen wir lediglich an, dass von den Feldern x, $\hat{x}$ jeweils $C = 2^l$, o.B.d.A. $l \leq n$, Komponenten im Cache gehalten werden können, ohne dass weitere Informationen über dessen Struktur bekannt seien. Da die Schritte $i = 1,\ldots,n$ nacheinander ausgeführt werden müssen, wird in jedem Schritt i der Cache $N/C = 2^{n-l}$-mal geladen (Abb. 6.2.2 für $N = 16$). Um die jeweils im Cache befindlichen Daten bestmöglich zu nutzen, basiert (6.2.15) auf der vollständigen Berechnung einer jeweils möglichst großen Anzahl von "butterflies" (BF) vor einem Nachladen. In jedem Schritt sind 2^{i-1} Gruppen zu 2^{n-i} "butterflies" zu berechnen. Im Cache können sich die Komponenten für 2^{l-1} "butterflies" befinden. In den Schritten $i = 1,\ldots,n-l$ muss innerhalb einer Gruppe von "butterflies" insgesamt $2^{n-l-(i-1)}$-mal (nach)geladen werden. Da zu jedem "butterfly" jeweils zwei Komponenten mit Index j und $j + N/2^i$ gehören, werden beim Nachladen für jeden Prozessor zwei unzusammenhängende Speicherbereiche in den Cache geladen, während sich für $i = n-l+1,\ldots,n$ im Cache 2^{i-1-l} vollständige Gruppen befinden.

<u>Sequentielle FFT für Prozessor mit Cache – Auswertung von $\hat{x} := \mathbb{T}x$</u>　　　(6.2.15)

$$\hat{x} := x$$

$\textbf{for } i := 1 \textbf{ to } n{-}l \textbf{ do}$

　　$\textbf{for } r := 1 \textbf{ to } 2^{i-1} \textbf{ do}$　　　　　　　　　BF-Gruppen

　　　　$j_r := (r{-}1)\, 2^{n-i+1}$　　　　　　　　　　　Anfang BF-Gruppe

　　　　$\textbf{for } k := 1 \textbf{ to } 2^{n-l-(i-1)} \textbf{ do}$　　　Cacheladungen pro BF-Gruppe

　　　　　　$j_k := j_r + (k{-}1)\, 2^{l-1}$　　　　　　　Anfang Cacheladung in BF-Gruppe

　　　　　　$\textbf{for } j := j_k \textbf{ to } j_k + 2^{l-1} - 1 \textbf{ do}$

　　　　　　　　$u := \hat{x}_j;\ v := \hat{x}_{j+N/2^i}$

　　　　　　　　$\hat{x}_j \qquad := u + v$

　　　　　　　　$\hat{x}_{j+N/2^i} := (u-v)\, w_{2^{i-1}(j-j_k)}$

$$
\begin{aligned}
&\textbf{for } k := 1 \textbf{ to } 2^{n-l} \textbf{ do} && \text{Cacheladungen}\\
&\quad j_k := (k-1)\, 2^l && \text{Anfang Cacheladung}\\
&\quad \textbf{for } i := n-l+1 \textbf{ to } n \textbf{ do}\\
&\quad\quad \textbf{for } r := 1 \textbf{ to } 2^{i-1-l} \textbf{ do} && \text{BF-Gruppen pro Cacheladung}\\
&\quad\quad\quad j_r := j_k + (r-1)\, 2^{n-i+1} && \text{Anfang BF-Gruppe in Cacheladung}\\
&\quad\quad\quad \textbf{for } j := j_r \textbf{ to } j_r + 2^{n-i} - 1 \textbf{ do}\\
&\quad\quad\quad\quad u := \hat{x}_j;\ v := \hat{x}_{j+N/2^i}\\
&\quad\quad\quad\quad \hat{x}_j \quad\ := u + v\\
&\quad\quad\quad\quad \hat{x}_{j+N/2^i} := (u - v)\, w_{2^{i-1}(j-j_k)}. && \blacklozenge
\end{aligned}
$$

Zur Ausführung der Bit-Umkehr-Transformation $\hat{\mathfrak{x}} := \mathbb{R}\hat{\mathfrak{x}}$ in (6.2.15) skizzieren wir beispielhaft eine Modifikation des Vorgehens aus (6.2.13). Die Berechnung der Indizes j und $k \equiv k(j)$, $j = 0,\dots,N-1$, der jeweils zu vertauschenden Komponenten $\hat{x}_j$ und $\hat{x}_k$ ist weder von der Auswertung von $\hat{\mathfrak{x}} := \mathbb{T}'\mathrm{x}$ abhängig, noch bestehen Abhängigkeiten zwischen verschiedenen j. Die Indexberechnung kann daher von der eigentlichen Vertauschung getrennt und in die j-Schleifen in (6.2.15) integriert werden, wobei Shift-Operationen verwendet werden sollten. Die Integration in die j-Schleifen besitzt vor allem den Vorteil, dass die erforderlichen logischen und Integer-Operationen parallel zu den Gleitpunktoperationen in diesen Schleifen ausgeführt werden können und somit dieser Teil der Umkehrtransformation keinen nennenswerten Zusatzaufwand verursacht. Die Berechnung jedes $k \equiv k(j)$ zieht sich über alle Schritte $i = 1,\dots,n$ hin, da sich die i-Schleifen im Gegensatz zu (6.2.13) außen befinden. Daher müssen für alle j die jeweils aktuellen Werte von k, k_0, j_0 in Integer-Hilfsfeldern $\mathbb{k}$, $\mathbb{j}_0$, $\mathbb{k}_0$ der Länge N zwischengespeichert werden. Nur die tatsächliche Umspeicherung wird abschließend in einer eigenen Schleife ausgeführt.

Die FFT besitzt eine arithmetische Komplexität in der Größenordnung schneller Löser. Die Algorithmen (6.2.13) und (6.2.15) bieten grundsätzlich Ansätze für eine Parallelisierung oder Vektorisierung. Die i-Schleifen müssen in jedem Fall sequentiell abgearbeitet werden.

6.3　　Vektorielle Algorithmen

Die Vektorlänge in den j-Schleifen im i-ten Schritt der Auswertung von $\hat{\mathfrak{x}} := \mathbb{T}\mathrm{x}$ in (6.2.13) und im zweiten Teil von (6.2.15) beträgt $N/2^i$ und wird somit von Schritt zu Schritt halbiert. Im ersten Teil von (6.2.15) erreicht man in der j-Schleife eine Vektorlänge von 2^{l-1}. In der Bit-Umkehr-Transformation ist die j-Schleife in (6.2.13) bei Umordnung als innerste Schleife (mit Hilfsfeldern) vektorisierbar. In (6.2.14) ist die j-Schleife vektorisierbar.

Im *Pease-Algorithmus* [Pea68], [Wa80] wird die Vektorlänge durch geschickte Anwendung der Perfect-Shuffle-Permutation $P \equiv P_N$ in fast allen Schritten auf $N/2$ angehoben. Für die Matrix $\mathbb{P}$ des Perfect-Shuffle-Permutation gilt $\mathbb{P}^{(n-1)} = \mathbb{P}$ und damit mit den Matrizen $\mathbb{Q}_i$ aus (6.2.11)

$$
\mathbb{Q}_2 = \mathbb{P}\mathbb{Q}_1\mathbb{P}^{-1},\ \mathbb{Q}_3 = \mathbb{P}^2\mathbb{Q}_1\mathbb{P}^{-2},\dots,\mathbb{Q}_n = \mathbb{P}^{n-1}\mathbb{Q}_1\mathbb{P}^{-(n-1)}. \tag{6.3.1}
$$

Dann gehen (6.2.10), (6.2.11) über in

$$T' = \prod_{i=1}^{n} (Q_1 \, P \, C_i) = \prod_{i=1}^{n} (P \, Q_n \, C_i) \tag{6.3.2}$$

mit den Diagonalmatrizen

$$C_n := I, \; C_i := P^{-i} D_{i+1} P^i, \; 1 \le i \le n-1. \tag{6.3.3}$$

Der *Pease-Algorithmus* basiert auf der Auswertung der Beziehung

$$\hat{x} = R \, T' \, x, \; T' = \prod_{i=1}^{n} (P \, Q_n \, C_i). \tag{6.3.4}$$

Somit sind n Matrix-Vektor-Multiplikationen der Gestalt $P \, Q_n C_i \, y$ und abschließend weiterhin die Bit-Umkehr-Transformation R auszuführen. Die Multiplikation $z := Py$ eines Vektors y mit P erfolgt durch zwei Vektor-Zuweisungen der Länge $N/2$ mit dem Inkrement 2:

$$z_{2i} := y_i, \; z_{2i+1} := y_{i+N/2}, \; 0 \le i \le N/2-1.$$

Im Folgenden bezeichne y_0 die erste und y_1 die zweite Hälfte eines Vektors y mit einer geraden Anzahl von Komponenten, also $y = (y_0, y_1)^T$. Eine Multiplikation $z := Q_n y$ wird durch zwei Vektor-Additionen der Länge $N/2$ realisiert:

$$z = \begin{pmatrix} y_0 + y_1 \\ y_0 - y_1 \end{pmatrix}.$$

Die Matrizen C_i aus (6.3.3) besitzen die Gestalt

$$C_i = \mathrm{diag}_B(I_{N/2}, M_i), \tag{6.3.5}$$

wobei die Diagonalmatrizen M_i mit $M_n := I_{N/2}$ beginnend, rekursiv berechnet werden können:

$$M_i := M_{i+1} Z_i, \; i := n-1(-1)1. \tag{6.3.6}$$

In der Diagonalmatrix Z_i steht an der (k,k)-ten Position, $0 \le k \le N/2-1$, $N = 2^n$, der Wert $w^{2^{i-1}}$, falls das Bit $n-i-1$ (Zählung von rechts) in der Binärdarstellung $\mathrm{bin}(k) = (k_{n-1}, k_{n-2}, \ldots, k_1, k_0)$ von k gleich 1 ist, sonst steht dort der Wert 1. Im Beispiel $N = 8 = 2^3$, $n = 3$, erhält man:

$$Z_2 = \mathrm{diag}(1, w^2, 1, w^2), \; Z_1 = \mathrm{diag}(1, 1, w, w), \tag{6.3.7}$$

$$M_3 = \mathrm{diag}(1,1,1,1), \; M_2 = \mathrm{diag}(1, w^2, 1, w^2), \; M_1 = \mathrm{diag}(1, w^2, w, w^3).$$

Da die Matrizen M_i und Z_i Diagonalmatrizen mit Potenzen von w als Koeffizienten sind, ist es nicht notwendig, (6.3.6) mittels komplexer Multiplikationen auszuwerten. Unter Kenntnis der als tabelliert angenommenen $w_k \equiv w^k$, $0 \le i \le N/2-1$, reicht es aus, anstelle der Potenzen in den M_i an der jeweiligen Position den Index durch logische und Integer-Operationen zu ermitteln. Die folgende Berechnung der Matrizen Z_i ist als Beispiel anzusehen. Die tatsächliche Berechnung ist von der Verfügbarkeit logischer (Vektor-)Operationen in einer konkreten Programmierumgebung abhängig. Um aus einer Binärdarstellung $\mathrm{bin}(k)$, $0 \le k \le N/2-1$, das j-te Bit k_j, $0 \le j \le n-1$, zu extrahieren, definieren wir einen Bitvektor

$$\mathrm{mask}^j = \left(\delta_{i,n-1-j}\right)_{i=0}^{n-1} = \left(0 \ldots 0\; 1_{n-1-j}\; 0 \ldots 0\right)^{\mathrm{T}},$$

der nur im j-ten Bit, also in der Position $n-1-j$, eine 1 enthält. Wir interpretieren auch $\mathrm{bin}(k) \equiv \mathrm{bin}(k)$ als Bitvektor und erhalten k_j durch eine logische UND-Vektoroperation der Länge n:

$$\left(0 \ldots 0\; k_j\; 0 \ldots 0\right)^{\mathrm{T}} = \mathrm{bin}(k) \wedge \mathrm{mask}^j.$$

Falls nicht direkt auf k_j zugegriffen werden kann, interpretiert man das Ergebnis wieder als Zahl $\mathrm{int}(0 \ldots 0\; k_j\; 0 \ldots 0)$ und vergleicht diese mit 0. Die im Vektor $\mathbf{z}^i := (z_0^i, \ldots, z_{N/2-1}^i)$ zusammengefassten Indizes beziehungsweise Exponenten der in einer Matrix $\mathbb{Z}_i$ benötigten $w_k \equiv w^k$ erhält man aus

$$z_k^i := \begin{cases} 2^{i-1} & \text{falls } k_{n-i-1} = 1 \\ 0 & \text{falls } k_{n-i-1} = 0 \end{cases}, \quad 0 \le k \le N/2-1.$$

Den Vektor $\mathbf{m}^i = \left(m_j^{(i)}\right)_{j=0}^{N/2-1}$ der Indizes der in einer Diagonalmatrix $\mathbb{M}_i$ benötigten w_k berechnet man nun mit (6.3.6) durch Addition der entsprechenden Indexvektoren (jeweils der Länge $N/2$):

$$\mathbf{m}^n := \mathbf{0}; \; \mathbf{m}^i := \mathbf{m}^{i+1} + \mathbf{z}^i, \; i := n-1\,(-1)\,1.$$

Der zuletzt berechnete Vektor $\mathbf{m}^1$ ist außerdem identisch mit dem Resultat der Bit-Umkehr-Transformation der Länge $N/2$:

$$\mathrm{bin}\left(m_j^1\right) = \mathrm{R}(\mathrm{bin}(j)), \; 0 \le j \le N/2-1.$$

Hieraus erhält man sofort auch die Bit-Umkehr-Transformation der Länge N:

$$\mathrm{R}(bin(0), bin(1), bin(2), \ldots, bin(N-1)) = (bin(2*\mathbf{m}^1), bin(2*\mathbf{m}^1+1))$$

$$= (bin(2*m_0^{(1)}), \ldots, bin(2*m_{N/2-1}^{(1)}), bin(2*m_0^{(1)}+1), \ldots, bin(2*m_{N/2-1}^{(1)}+1)). \tag{6.3.8}$$

Insgesamt lässt sich der *Pease-Algorithmus* (6.3.4) wie folgt formulieren, wobei ein Hilfsvektor $\mathbf{y} = \left(\mathbf{y}_0, \mathbf{y}_1\right)^{\mathrm{T}}$ – der Übersichtlichkeit halber der Länge N – verwendet wird.

<u>Vektorielle FFT – Pease-Algorithmus</u>   (6.3.9)

$\mathbf{m}^n := \mathbf{0}; \; \mathbf{y} := \mathbf{x}$

for $i := n-1$ **step** -1 **to** 1 **do**
    $\mathrm{mask} := \mathbf{0}; \; mask_{n-i-1} := 1$
    for $k := 0$ **to** $N/2-1$ **do**
        if $\mathrm{int}\!\left(\mathrm{bin}(k) \wedge \mathrm{mask}^{n-i-1}\right) \neq 0$ **then** $z_k^{(i)} := 2^{i-1}$ **else** $z_k^{(i)} := 0$
    $\mathbf{m}^i := \mathbf{m}^{i+1} + \mathbf{z}^i$

$$i := 1 \textbf{ to } n\text{--}1 \textbf{ do}$$

$\textbf{for } j := 0 \textbf{ to } N/2\text{--}1 \textbf{ do } \quad y_{j+N/2} := w_{m_j^{(i)}} * y_{j+N/2}$

$$y := \begin{pmatrix} y_0 + y_1 \\ y_0 - y_1 \end{pmatrix}$$

$\textbf{for } j := 0 \textbf{ to } N/2\text{--}1 \textbf{ do } \quad \hat{x}_{2j} := y_j;\ \hat{x}_{2j+1} := y_{j+N/2}$

$$y := \hat{x}$$

$\textbf{for } j := 0 \textbf{ to } N/2\text{--}1 \textbf{ do}$

$$\hat{x}_{2m_j^{(1)}} := y_j$$

$$\hat{x}_{2m_j^{(1)}+1} := y_{j+N/2}.$$

$\qquad\qquad\qquad\qquad\qquad\qquad\qquad\qquad\qquad\qquad\qquad\qquad\qquad\qquad\qquad\qquad\qquad\blacklozenge$

Mit Ausnahme der Umordnung $\hat{x} := \mathbb{R}y$ weist (6.3.9) somit eine Parallelität beziehungsweise Vektorlänge von $N/2$ auf. Allerdings erhält man auch in diesem Algorithmus das Ergebnis zunächst weiter in permutierter Form. Der Pease-Algorithmus besitzt die gleiche arithmetische Komplexität an komplexen Gleitkommaoperationen wie der sequentielle Algorithmus. Hinzu kommen jeweils $\log_2 N - 1$ Integer-Vektor-Additionen der Länge $N/2$ und UND-Vektoroperationen auf Bitvektoren der Länge n. Diese liefern auch gleich die Indexfolge für die Bit-Umkehr-Transformation, so dass im Wesentlichen der gleiche Gesamtaufwand wie im sequentiellen Fall anfällt. Bei Verzicht auf die Bit-Umkehr-Transformation reicht ein Hilfsvektor y der Größe $N/2$.

Beim *Stockham-Algorithmus* [Wa80], [Coc67] fallen die Ergebnisse in der richtigen Reihenfolge an: $\hat{x} = \mathbb{T}x$. Wir betrachten folgende Faktorisierung der Matrix $\mathbb{T}$ in (6.1.5), zunächst für $N = 8$:

$$\mathbb{T} \equiv \mathbb{T}_1 = \left(\begin{array}{cccc|cccc} 1 & 1 & 1 & 1 & 0 & 0 & 0 & 0 \\ 0 & 0 & 0 & 0 & 1 & w & w^2 & w^3 \\ 1 & w^2 & -1 & -w^2 & 0 & 0 & 0 & 0 \\ 0 & 0 & 0 & 0 & 1 & w^3 & -w^2 & w \\ 1 & -1 & 1 & -1 & 0 & 0 & 0 & 0 \\ 0 & 0 & 0 & 0 & 1 & -w & w^2 & -w^3 \\ 1 & -w^2 & -1 & w^2 & 0 & 0 & 0 & 0 \\ 0 & 0 & 0 & 0 & 1 & -w^3 & -w^2 & -w \end{array}\right) \begin{pmatrix} \mathbb{I}_4 & \mathbb{I}_4 \\ \mathbb{I}_4 & -\mathbb{I}_4 \end{pmatrix} \equiv \mathbb{T}_2 \mathbb{U}_1$$

$\mathbb{T}_2$ enthält in jeder Zeile nur halb so viele Elemente ungleich Null wie $\mathbb{T}_1$. $\mathbb{T}_2$ seinerseits lässt sich in zwei Matrizen $\mathbb{T}_3$ und $\mathbb{U}_2$ faktorisieren, wobei $\mathbb{T}_3$ in jeder Zeile nur halb so viele Elemente ungleich Null enthält wie $\mathbb{T}_2$:

$$\mathbb{T}_2 = \left(\begin{array}{cccc|cccc} 1 & 1 & 0 & 0 & 0 & 0 & 0 & 0 \\ 0 & 0 & 1 & w & 0 & 0 & 0 & 0 \\ 0 & 0 & 0 & 0 & 1 & w^2 & 0 & 0 \\ 0 & 0 & 0 & 0 & 0 & 0 & 1 & w^3 \\ 1 & -1 & 0 & 0 & 0 & 0 & 0 & 0 \\ 0 & 0 & 1 & -w & 0 & 0 & 0 & 0 \\ 0 & 0 & 0 & 0 & 1 & -w^2 & 0 & 0 \\ 0 & 0 & 0 & 0 & 0 & 0 & 1 & -w^3 \end{array}\right) \left(\begin{array}{cccc|cccc} 1 & 0 & 1 & 0 & 0 & 0 & 0 & 0 \\ 0 & 1 & 0 & 1 & 0 & 0 & 0 & 0 \\ 0 & 0 & 0 & 0 & 1 & 0 & w^2 & 0 \\ 0 & 0 & 0 & 0 & 0 & 1 & 0 & w^2 \\ 1 & 0 & -1 & 0 & 0 & 0 & 0 & 0 \\ 0 & 1 & 0 & -1 & 0 & 0 & 0 & 0 \\ 0 & 0 & 0 & 0 & 1 & 0 & -w^2 & 0 \\ 0 & 0 & 0 & 0 & 0 & 1 & 0 & -w^2 \end{array}\right) \equiv \mathbb{T}_3 \mathbb{U}_2.$$

Da $\mathbb{T}_3$ genauso dünn besetzt ist wie $\mathbb{U}_1$ und $\mathbb{U}_2$, ist die Zerlegung beendet. Mit $\mathbb{U}_3 := \mathbb{T}_3$ erhält man die Faktorisierung

$$\mathbb{T} = \mathbb{U}_3\,\mathbb{U}_2\,\mathbb{U}_1. \tag{6.3.10}$$

Jedes $\mathbb{U}_i$ kann in der Form $\mathbb{U}_i = \mathbb{V}_i\,\mathbb{E}_i$ geschrieben werden, wobei $\mathbb{V}_i$ dasselbe Nichtnullmuster wie $\mathbb{U}_i$ besitzt, aber nur 1 oder -1 als Koeffizienten enthält, und $\mathbb{E}_i$ eine Diagonalmatrix ist. Somit gilt

$$\mathbb{T} = \mathbb{V}_3\,\mathbb{E}_3\,\mathbb{V}_2\,\mathbb{E}_2\,\mathbb{V}_1\,\mathbb{E}_1 \quad \text{mit} \tag{6.3.11}$$
$$\mathbb{E}_1 = \mathbb{I}_8, \quad \mathbb{E}_2 = \mathrm{diag}\,(1,1,1,1,1,1,w^2,w^2), \quad \mathbb{E}_3 = \mathrm{diag}\,(1,1,1,w,1,w^2,1,w^3)\,.$$

Im allgemeinen Fall $N = 2^n$ ergibt sich eine Zerlegung in dünn besetzte Matrizen

$$\mathbb{T} = \mathbb{V}_n\,\mathbb{E}_n\,\mathbb{V}_{n-1}\,\mathbb{E}_{n-1} \ldots \mathbb{V}_1\,\mathbb{E}_1, \quad \mathbb{E}_1 = \mathbb{I}_N \tag{6.3.12}$$

$$\text{mit} \quad \mathbb{V}_i = \begin{pmatrix}
\mathbb{I}_{2^{n-i}} & \mathbb{I}_{2^{n-i}} & 0 & 0 & \cdots & 0 & 0 \\
0 & 0 & \mathbb{I}_{2^{n-i}} & \mathbb{I}_{2^{n-i}} & \cdots & 0 & 0 \\
\vdots & \vdots & \vdots & \vdots & \ddots & & \\
0 & 0 & 0 & 0 & \cdots & \mathbb{I}_{2^{n-i}} & \mathbb{I}_{2^{n-i}} \\
\mathbb{I}_{2^{n-i}} & -\mathbb{I}_{2^{n-i}} & 0 & 0 & \cdots & 0 & 0 \\
0 & 0 & \mathbb{I}_{2^{n-i}} & -\mathbb{I}_{2^{n-i}} & \cdots & 0 & 0 \\
\vdots & \vdots & \vdots & \vdots & \ddots & & \\
0 & 0 & 0 & 0 & & \mathbb{I}_{2^{n-i}} & -\mathbb{I}_{2^{n-i}}
\end{pmatrix}.$$

Zur Darstellung der $\mathbb{E}_i$ benutzen wir die *verallgemeinerte Perfect-Shuffle-Permutation* $\mathrm{P}(N, 2^k)$. Eine Indexmenge wird in $N/2^k$ Gruppen von 2^k Komponenten unterteilt. Die einfache Perfect-Shuffle-Permutation wird dann auf die Gruppen anstelle von einzelnen Komponenten angewendet [KoLa79]. Als Beispiel betrachten wir

$$\mathrm{P}(8, 1)(0\,|\,1\,|\,2\,|\,3\,|\,4\,|\,5\,|\,6\,|\,7) \;=\; (0\,|\,2\,|\,4\,|\,6\,|\,1\,|\,3\,|\,5\,|\,7)$$
$$\mathrm{P}(8, 2)(0,1\,|\,2,3\,|\,4,5\,|\,6,7) \qquad =\; (0,1\,|\,4,5\,|\,2,3\,|\,6,7).$$

Für die Umkehroperation $\mathrm{P}^{-1}(N, 2^k)$ gilt in diesem Beispiel:

$$\mathrm{P}^{-1}(8, 1)(0\,|\,1\,|\,2\,|\,3\,|\,4\,|\,5\,|\,6\,|\,7) \;=\; (0\,|\,4\,|\,1\,|\,5\,|\,2\,|\,6\,|\,3\,|\,7)$$
$$\mathrm{P}^{-1}(8, 2)(0,1\,|\,2,3\,|\,4,5\,|\,6,7) \qquad =\; (0,1\,|\,4,5\,|\,2,3\,|\,6,7) \qquad =\; \mathrm{P}(8, 2)(0,1\,|\,2,3\,|\,4,5\,|\,6,7).$$

Mit $\mathbb{P}_i$, der Matrix zur Permutation $\mathrm{P}(N, 2^{n-i})$, können wir die Matrizen $\mathbb{E}_i$ in (6.3.12) in der Form:

$$\mathbb{E}_i = \mathbb{P}_i\,\mathbb{H}_i\,\mathbb{P}_i^{-1} \tag{6.3.13}$$

schreiben, wobei die Matrizen $\mathbb{H}_i$ die Gestalt

$$\mathbb{H}_i = \mathrm{diag}_{\mathrm{B}}(\mathbb{I}_{N/2}, \mathbb{G}_i) \tag{6.3.14}$$

mit Diagonalmatrizen $\mathbb{G}_i$ besitzen. Sei nun $\mathbb{F}_i$ eine Diagonalmatrix, deren (k,k)-tes Element, $k = 0,\ldots,N/2-1$, den Wert $w^{2^{n-i}}$ besitzt, falls das Bit in Position $n-i$ der Binärdarstellung von k gleich

1 ist. Sonst wird dieses Element gleich 1 gesetzt. Mit $\mathbb{G}_1 := \mathbb{I}_{N/2}$ definieren wir rekursiv

$$\mathbb{G}_i := \mathbb{F}_i\, \mathbb{G}_{i-1},\ i := 2(1)n. \tag{6.3.15}$$

Damit gilt schließlich

$$\mathbb{T} = \mathbb{V}_n\, \mathbb{P}_n\, \mathbb{H}_n\, \mathbb{P}_n^{-1}\, \mathbb{V}_{n-1}\, \mathbb{P}_{n-1}\, \mathbb{H}_{n-1}\, \mathbb{P}_{n-1}^{-1} \cdots \mathbb{P}_2^{-1}\, \mathbb{V}_1. \tag{6.3.16}$$

Die Formel (6.3.16) lässt sich durch schrittweise Faktorisierung, wie im obigen Beispiel geschehen, überprüfen. Man kann darüber hinaus leicht verifizieren, dass gilt

$$\mathbb{V}_i\, \mathbb{P}_i = \mathbb{V}_1,\ i := 1(1)n, \tag{6.3.17}$$

so dass aus (6.3.16) folgende Formel für den Stockham-Algorithmus hervorgeht:

$$\mathbb{T} = \mathbb{V}_1\, \mathbb{H}_n\, \mathbb{P}_n^{-1}\, \mathbb{V}_1\, \mathbb{H}_{n-1}\, \mathbb{P}_{n-1}^{-1} \cdots \mathbb{P}_2^{-1}\, \mathbb{V}_1. \tag{6.3.18}$$

Wegen (6.3.18) besteht der Stockham-Algorithmus ebenfalls aus n Schritten. Jeder Schritt besteht aus Transformationen, die durch das Matrixprodukt $\mathbb{V}_1\, \mathbb{H}_i\, \mathbb{P}_i^{-1}$ mit $\mathbb{H}_1\mathbb{P}_1^{-1} = \mathbb{I}$ dargestellt sind.

Der Stockham-Algorithmus ähnelt formal dem Pease-Algorithmus: Vektor-Additionen der Länge $N/2$, (verallgemeinerte) Perfect-Shuffle-Permutationen, Multiplikationen mit Diagonalmatrizen. Auch der Stockham-Algorithmus besitzt eine arithmetische Komplexität von $N\log_2 N$ komplexen Additionen und $1/2\,N\log_2 N$ komplexen Multiplikationen, die durchgehend mit Vektoroperationen der Länge $N/2$ ausgeführt werden können. Die Matrizen $\mathbb{F}_i$ und $\mathbb{G}_i$ können in Analogie zum Pease-Algorithmus mittels Integer- und logischen Operationen berechnet werden. Durch Anwendung verallgemeinerter Perfect-Shuffle-Permutationen erhält man jedoch die Komponenten von $\hat{\mathbf{x}}$ sofort in der richtigen Reihenfolge, so dass die Bit-Umkehr-Transformation zum Schluss entfällt. Der Stockham-Algorithmus gehört zu den *selbstsortierenden* Varianten der FFT.

6.4 Parallele Algorithmen

Die Herleitung von Algorithmen für die FFT beruht wesentlich auf der Anwendung von Perfect-Shuffle-Permutationen. Die damit verbundenen Datenumordnungen stellen das Hauptproblem bei der Entwicklung paralleler Algorithmen für die FFT dar. Jeder Algorithmus für eine FFT der Größe $N = 2^n$ besteht aus $n = \log_2 N$ Schritten sowie gegebenenfalls der anschließenden Ausführung der Bit-Umkehr-Transformation oder der vorherigen Berechnung der N-ten Einheitswurzeln. Im Hinblick auf die Existenz selbstsortierender Algorithmen wird die Bit-Umkehr-Transformation im folgenden nicht mehr explizit betrachtet. Einfache parallele Algorithmen erhält man formal aus (6.2.13) durch Parallelisierung der k-Schleife bei der Auswertung von $\hat{\mathbf{x}} := \mathbb{T}\mathbf{x}$ und der j-Schleife bei der Auswertung von $\hat{\mathbf{x}} := \mathbb{R}\hat{\mathbf{x}}$ sowie aus (6.2.15) durch Parallelisierung der k- oder r-Schleife. Dabei kann die Granularität auf Kosten der Parallelität durch gemeinsame Parallelisierung von k- und j-Schleifen in (6.2.13) und k-, r- und j-Schleifen in (6.2.15) mit nachfolgender Blockbildung erhöht werden. Die Konzentration auf innerste Schleifen in Vektoralgorithmen führt grundsätzlich zu einer geringeren Granularität, die ebenfalls durch Blockbildung erhöht werden kann. Weder Pease- noch Stockham-Algorithmus stellen jedoch attraktive Kandidaten für eine Parallelisierung dar. Im Folgenden beschreiben wir detaillierter mögliche Vorgehensweisen bei der Entwicklung paralleler Algorithmen für die FFT. Wir betrachten nur den Fall von *Parallelrechnern mit verteiltem Speicher*. Die dabei angewendeten Prinzipien der Parallelisierung lassen sich in einfacher Weise zur Herleitung entsprechender Algorithmen für *Parallelrechner mit gemeinsamem Speicher* heranziehen. Wir beschränken uns auf die Auswertung von $\hat{x} := \mathbb{T}'x$.

Bei Parallelisierung der k-Schleife in (6.2.13) erhält man im i-ten Schritt, $1 \le i \le n$, 2^{i-1} Teilaufgaben mit $N/2^{i-1}$ Komponenten, wobei jeweils $N/2^{i-1}$ komplexe Additionen und $1/2*N/2^{i-1}$ komplexe Multiplikationen auszuführen sind. Da die Berechnung von $\hat{x}_{l+N/2^i+j}$ mit einer komplexen Addition (äquivalent zu zwei reellen Additionen) und Multiplikation (äquivalent zu zwei reellen Additionen und vier reellen Multiplikationen) den vierfachen Aufwand der Berechnung von $\hat{x}_{l+j}$ mit einer komplexen Addition erfordert, wäre eine weitere Aufteilung im i-ten Schritt nur bei entsprechender Gewichtung sinnvoll. Im jeweils $(i+1)$-ten Schritt wird jede Teilaufgabe aus dem i-ten Schritt in zwei Teilaufgaben der Größe $N/2^i$ zerlegt, wobei die jeweils erste (zweite) Teilaufgabe die ersten (zweiten) $N/2^i$ Komponenten zur Berechnung erhält. Hierfür werden keine zusätzlichen Komponenten benötigt. Beginnend mit einem Prozessor für $i = 1$ verdoppelt sich die Prozessoranzahl von Schritt zu Schritt, wobei jeder Prozessor aus Schritt i die erste Hälfte seiner Daten weiter nutzt und die zweite Hälfte an einen der "neuen" Prozessoren in Schritt $i+1$ sendet. (6.4.1) benötigt maximal $N/2$ Prozessoren bei einer minimalen Granularität von zwei Komponenten pro Teilaufgabe für $i = n$. Bei Einsatz von weniger Prozessoren ist die Kommunikation bei entsprechend größerer Granularität bereits für ein $i < n$ beendet.

<u>FFT – Parallelisierung von (6.2.13)</u>   (6.4.1)
<u>Auswertung von $y = \mathbb{T}'x$ – Prozessor $P(me)$, $0 \le me \le N/2-1$</u>

if $me = 0$ **then** $ll := 1$; $y := x$ **else receive** $(ll, y_0, \ldots, y_{2^{n-ll+1}-1})$
for $i := ll$ **to** n **do**
   for $j := 0$ **to** $2^{n-i}-1$ **do**
      $u := y_j$; $v := y_{j+N/2^i}$
      $y_j \qquad := u + v$
      $y_{j+N/2^i} := (u - v)\, w_{2^{i-1}\,j}$
   if $i < n$ **then send** $(i+1, y_{2^{n-i}}, \ldots, y_{2^{n-i+1}-1})$ **to** $P(me + 2^{n-(i+1)})$

Eingangsdaten auf $P(0)$: $(x_0, \ldots, x_{N-1})$
Ausgangsdaten auf $P(i)$, $0 \le i \le N/2-1$ $(\hat{x}_k \cong y_{2i},\ \hat{x}_{k+N/2} \cong y_{2i+1})$, $bin(k) = R(bin(2i))$,
                                     $bin(k+N/2) = R(bin(2i+1))$.   ♦

Abb. 6.4.1 zeigt das Kommunikationsschema für (6.4.1) am Beispiel $N = 16$ für 8 Prozessoren. Jeder Prozessor erhält nur einmal eine Nachricht und wird dadurch im "richtigen" Schritt i aktiviert. Er bleibt in allen folgenden Schritten aktiv und aktiviert seinerseits in jedem Schritt einen weiteren Prozessor. Nachteilig an diesem Algorithmus ist die von Schritt zu Schritt zunehmende Anzahl an Prozessoren bei gleichzeitig proportional abnehmender Granularität der Teilaufgaben.

Eine effizientere Alternative bietet der Einsatz einer ab dem ersten Schritt festen Anzahl von $P = 2^p$ Prozessoren, $0 \le p \le n-1$, wobei die Eingangsdaten x in Blöcke der Größe $N/P = 2^{n-p}$ aufgeteilt

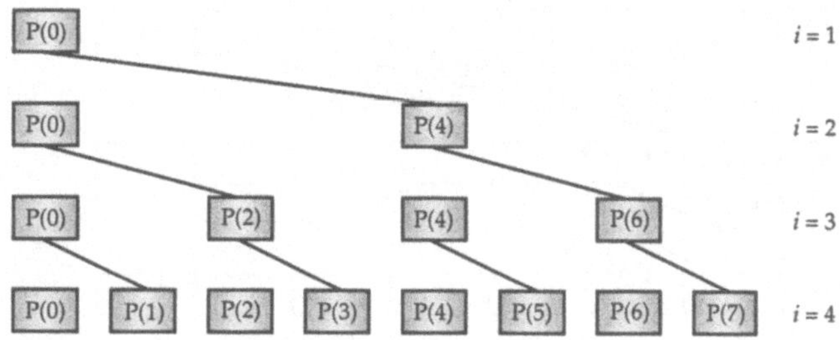

Abb. 6.4.1   Kommunikationsschema für (6.4.1) für $N = 16$ und 8 Prozessoren

werden. Vergleiche die Blockbildung durch die gestrichelten Linien in Abb. 6.2.2 für $N = 16 = 2^4$ und $P = 4 = 2^2$. Damit verringert sich grundsätzlich die Zeitkomplexität, allerdings nicht in jedem Schritt proportional zur Prozessoranzahl. Jeder Prozessor bearbeitet zwar über alle Schritte hinweg den ihm fest zugewiesenen Datenblock mit 2^{n-p} Komponenten. Während in den Schritten $i = p + 1$ bis $i = n$ eine optimale Lastverteilung gegeben ist, sind in jedem der Schritte $i = 1$ bis $i = p$ Teilaufgaben unterschiedlicher arithmetischer Komplexität zu bearbeiten. Diese reicht von 2^{n-p} komplexen Additionen bis zu 2^{n-p} komplexen Additionen plus 2^{n-p} komplexen Multiplikationen oder, äquivalent, von $2 * 2^{n-p}$ bis zu $8 * 2^{n-p}$ reellen Gleitpunktoperationen, so dass in jedem dieser Schritte ein Ungleichgewicht bis zu einem Faktor 4 auftreten kann. Dieses Ungleichgewicht wird in Abhängigkeit vom verwendeten Prozessortyp durch die parallele oder verkettete Ausführung von Additionen und Multiplikationen gemildert. Da zudem jeder Prozessor mehrfach in aufeinander folgenden Schritten Aufgaben unterschiedlicher arithmetischer Komplexität bearbeitet, würde eine Aufteilung der Teilaufgaben im Sinne einer optimalen Lastverteilung auch in den Schritten $i \leq p$ zu einer ständig wechselnden Datenzuordnung und damit zu einer sehr komplexen und aufwendigen Kommunikation führen.

In der hier diskutierten Form tauscht im Algorithmus (6.4.2) jeder der P Prozessoren in den Schritten $i = 1,\ldots,p$ seine 2^{n-p} Daten mit genau einem anderen Prozessor aus. Ausschließlich in diesen Schritten wird kommuniziert, wobei jeweils insgesamt alle N Komponenten versandt werden. Ab dem Schritt $i = p+1$ ist der Indexabstand so klein, dass die von jedem Prozessor benötigten Daten bereits vollständig auf diesem liegen (Abb. 6.4.2, Tab. 6.2.1). In jedem der Schritte $i = 1,\ldots,n$ sind insgesamt N komplexe Additionen $+$ $N/2$ komplexe Multiplikationen, also $5\,N$ reellen Gleitkommaoperationen auszuführen. Als Verhältnis von reeller arithmetischer Komplexität zum Kommunikationsaufwand erhält man

$$\frac{5N \log_2 N}{N \log_2 P} = 5\,\frac{n}{p},$$

so dass auf jeder versandten Komponente zumindest mehrere Operationen ausgeführt werden. Da jeder Prozessor nur den ihm fest zugeordneten Datenbereich kennt, muss zunächst in jedem Schritt mittels des Prozessorindex festgestellt werden, welcher Art die jeweils auszuführende Aufgabe ist. Jeder Index $0 \leq me \leq P-1$ besitzt eine Darstellung $\mathrm{bin}(me) = (m_{p-1}, m_{p-2}, \ldots, m_1, m_0)$ mit p Bit. Falls im i-ten Schritt $m_{p-i} = 0$ gilt, so sind ausschließlich Additionen auszuführen. Andernfalls sind Subtraktionen mit nachfolgender Multiplikation auszuführen. In diesem Fall muss ferner festgestellt werden, mit welchem $w_j \equiv w^j$ multipliziert werden muss.

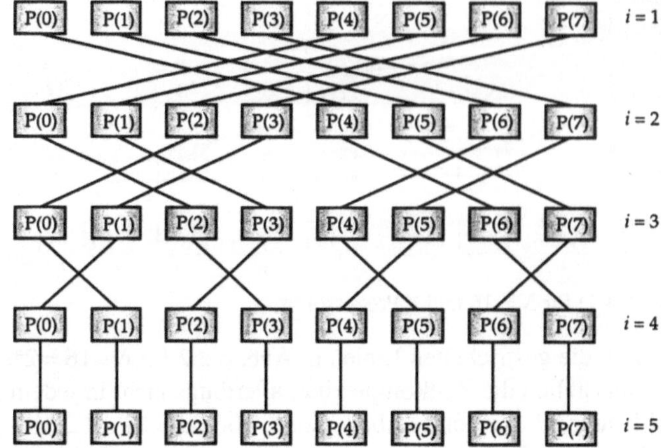

Abb. 6.4.2   Kommunikation in (6.4.2) für $N \geq 32$ und $P = 8$ Prozessoren

Dies erfolgt durch Berechnung des Index der ersten vom jeweiligen Prozessor zu bearbeitenden Komponente $me\, 2^{n-p}$ und durch Bestimmung von deren Position relativ zu dem Block von insgesamt 2^{n-i} in dieser Art zu modifizierender Komponenten. In den Schritten $i = p+1,\ldots,n$ bearbeitet jeder Prozessor 2^{i-p-1} Datenblöcke der Größe 2^{n-i+1}, wobei je zur Hälfte beide Modifikationstypen (Addition bzw. Subtraktion und Multiplikation) auftreten. Auch hier sind die Indizes der jeweils benötigten w_j zu bestimmen (Tab. 6.2.1, Abb. 6.2.2).

<u>Parallele FFT – gleichmäßige Komponentenaufteilung</u>   (6.4.2)
<u>Auswertung von $y = \mathbb{T}'x$ auf Prozessor P(me), $0 \leq me \leq P{-}1$</u>

$y := x$

for $i := 1$ **to** p **do**

   if $bin(me)_{p-i} = 0$

     then receive $(z_0,\ldots,z_{2^{n-p}-1})$ **from** P($me + 2^{p-i}$)

          send $(y_0,\ldots,y_{2^{n-p}-1})$ **to**   P($me + 2^{p-i}$)

     for $j := 0$ **to** $2^{n-p}-1$ **do** $y_j := y_j + z_j$

   else $k = me\, 2^{n-p} \bmod 2^{n-i}$

     receive $(z_0,\ldots,z_{2^{n-p}-1})$ **from** P($me - 2^{p-i}$)

     send $(y_0,\ldots,y_{2^{n-p}-1})$ **to**   P($me - 2^{p-i}$)

     for $j := 0$ **to** $2^{n-p}-1$ **do** $y_j := (z_j - y_j)\, w_{2^{i-1}(k+j)}$

for $i := p+1$ **to** n **do**

   for $r := 0$ **to** $2^{i-p-1}-1$ **do**

     for $j := r\, 2^{n-i+1}$ **to** $r\, 2^{n-i+1} + 2^{n-i} - 1$ **do**

       $u := y_j;\ v := y_{j+N/2^i}$

       $y_j \quad\ := u + v$

       $y_{j+N/2^i} := (u - v)\, w_{2^{i-1}(j - r\, 2^{n-i+1})}$

$$\text{Eingangsdaten auf } P(i), \ 0 \le i \le P-1: \qquad \left(y_0 \cong x_{i\,2^{n-p}},\ldots,y_{2^{n-p}-1} \cong x_{(i+1)\,2^{n-p}-1}\right)$$

$$\text{Ausgangsdaten auf } P(i), \ 0 \le i \le P-1: \qquad \left(y_0 \cong \hat{x}_{R(i\,2^{n-p})},\ldots,y_{2^{n-p}-1} \cong \hat{x}_{R((i+1)\,2^{n-p}-1)}\right). \ \blacklozenge$$

Die ungleiche Lastverteilung in (6.4.2) kann vermieden werden, wenn statt der Definition von Teilaufgaben durch feste Zuordnung von zusammenhängenden Indexbereichen eine Zuordnung von Gruppen von "butterflies" wie im cachebasierten Algorithmus (6.2.15) vorgenommen wird. Anstelle von Indexblöcken der Größe $N/P = 2^{n-p}$ erhält jeder Prozessor ebenfalls 2^{n-p} Komponenten, nun jedoch in Gestalt von 2^{n-p-1} "butterflies". In den ersten p Schritten werden 2^{i-1} Gruppen zu je 2^{n-i} "butterflies" auf 2^p Prozessoren verteilt, so dass jede Gruppe von 2^{p-i+1} Prozessoren bearbeitet wird. In den Schritten $i = p+1,\ldots,n$ bearbeitet jeder Prozessor 2^{i-p-1} vollständige Gruppen zu je 2^{n-i} "butterflies" (Abb. 6.2.2) die zugeordneten Gruppen von "butterflies" sind abwechselnd hell und dunkel markiert). Im Gegensatz zu (6.4.2) hat jeder Prozessor im jeweils i-ten Schritt 2^{n-p-1} Komponenten y_j zu je einer komplexen Addition aus der "ersten Hälfte" eines "butterfly" und 2^{n-p-1} Komponenten z_j zu einer komplexen Addition und einer komplexen Multiplikation aus der "zweiten Hälfte" zu berechnen. Das Schema aus Abb. 6.4.2 bleibt bezüglich der beteiligten Prozessoren und des Kommunikationsumfangs erhalten, wobei der geänderten Zuordnung entsprechend andere Komponenten verschickt werden. Während in (6.4.2) von jedem Prozessor $P(me)$, $0 \le me \le P-1$, bei fester Zuordnung eines Blocks von 2^{n-p} Komponenten vor jedem der ersten p Schritte jeweils 2^{n-p} weitere Komponenten geholt werden, werden in (6.4.3) von jedem Prozessor nach jedem der ersten p Schritte jeweils 2^{n-p-1} Komponenten y_j (z_j) der zweiten (ersten) Hälfte von "butterflies" geholt, falls $bin(me)_{p-i} = 0$ ($bin(me)_{p-i} = 1$).

<u>FFT – gleichmäßige Lastverteilung – Auswertung von $\mathbf{y} = \mathbb{T}\mathbf{x}$</u>   (6.4.3)
<u>Prozessor $P(me)$, $0 \le me \le P-1$</u>

for $i := 1$ **to** p **do**
   $k = me \bmod 2^{p-i+1}$
   for $j := 0$ **to** $2^{n-p-1}-1$ **do** 2^{p-i+1} Prozessoren je Gruppe
      $u := y_j;\ v := z_j$
      $y_j := u + v$
      $z_j := (u - v)\, w_{2^{i-1}(k\,2^{n-p-1}+j)}$
   if $bin(me)_{p-i} = 0$ **and** $i < n$
   then   **send** $(z_0,\ldots,z_{2^{n-p-1}-1})$ **to** $P(me + 2^{p-i})$
           receive $(z_0,\ldots,z_{2^{n-p-1}-1})$ **from** $P(me + 2^{p-i})$
   else   **send** $(y_0,\ldots,y_{2^{n-p-1}-1})$ **to** $P(me - 2^{p-i})$
           receive $(y_0,\ldots,y_{2^{n-p-1}-1})$ **from** $P(me - 2^{p-i})$

for $i := p+1$ **to** n **do**
   for $r := 1$ **to** 2^{i-p-1} **do** 2^{i-p-1} Gruppen je Prozessor
      $k := (r-1)\, 2^{n-i}$
      for $j := 0$ **to** $2^{n-i}-1$ **do**
         $u := y_{j+k};\ v := z_{j+k}$

$$y_{j+k} := u + v$$

$$z_{j+k} := (u - v)\, w_{2^{i-1}j}$$

Daten auf $P(i)$, $0 \le i \le P-1$:

Eingang: $\left(y_j \cong x_{i\,2^{n-p-1}+j}\right)_{j=0}^{2^{n-p-1}-1}$, $\left(z_j \cong x_{N/2+i\,2^{n-p-1}+j}\right)_{j=0}^{2^{n-p-1}-1}$

Ausgang: $\left(y_j \cong \hat{x}_{R(i\,2^{n-p}+2j)}\right)_{j=0}^{2^{n-p-1}-1}$, $\left(z_j \cong \hat{x}_{R(i\,2^{n-p}+2j+1)}\right)_{j=0}^{2^{n-p-1}-1}$. $\blacklozenge$

6.5   Mehrdimensionale FFT

Die Transformation mehrdimensionaler Felder stellt eine häufige Anwendung der FFT dar. Als Beispiel sei der Einsatz der FFT im EEA- oder im FACR-Algorithmus aus Abschnitt 5.1.5 genannt. Wir beschränken uns hier auf den zweidimensionalen Fall

$$\hat{x}_{j,l} = \sum_{m=0}^{N-1} \sum_{k=0}^{N-1} x_{k,m}\, e^{i\frac{2\pi jk}{N}} e^{i\frac{2\pi lm}{N}},\, j,l := 0(1)N-1,\, x_{k,m} \in \mathbf{R}\ \text{oder}\ x_{k,m} \in \mathbf{C}. \tag{6.5.1}$$

Grundsätzlich kann eine mehrdimensionale FFT auf die 1D-FFT zurückgeführt werden:

$$\hat{x}_{j,l} = \sum_{m=0}^{N-1} \left(\sum_{k=0}^{N-1} x_{k,m}\, e^{i\frac{2\pi jk}{N}} \right) e^{i\frac{2\pi lm}{N}},\, j,l := 0(1)N-1. \tag{6.5.2}$$

Hierzu werden zunächst N unabhängige 1D-FFT der Länge N in der einen Richtung, etwa den Spalten $\mathbf{x}^m$, $m := 0\,(1)\,N-1$ von $\mathbf{X}$, und danach N unabhängige 1D-FFT der Länge N in der anderen Richtung (hier auf den vorher transformierten Zeilen $\hat{\mathbf{x}}_j$, $j := 0\,(1)\,N-1$ von $\hat{\mathbf{X}}$) ausgeführt:

$$\hat{\mathbf{x}}^m = \mathbb{T}\mathbf{x}^m,\, m := 0(1)N-1,\quad \text{wobei}\quad \hat{x}_{j,m} = \sum_{k=0}^{N-1} x_{k,m}\, e^{i\frac{2\pi jk}{N}},\, j := 0(1)N-1, \tag{6.5.3}$$

$$\hat{\hat{\mathbf{x}}}_j = \mathbb{T}\hat{\mathbf{x}}_j,\, j := 0(1)N-1,\quad \text{wobei}\quad \hat{\hat{x}}_{j,l} = \sum_{m=0}^{N-1} \hat{x}_{j,m}\, e^{i\frac{2\pi lm}{N}},\, l := 0(1)N-1.$$

Auf einem *Vektorprozessor* setzt man die m-Schleife im ersten und die j-Schleife im zweiten Teil als innerste Schleifen, auf einem *Parallelrechner mit gemeinsamem Speicher* als äußerste Schleifen, um eine konstante Vektorlänge oder Parallelität von N zu erreichen. Zu beachten ist der Wechsel zwischen Zeilen- und Spaltenzugriff. Auf einem *Parallelrechner mit verteiltem Speicher* profitiert man zunächst von der Parallelität in der einen (allgemein in allen bis auf einer) Dimension, wenn $\mathbf{X}$ vorher auf P Prozessoren, $P \le N$, verteilt wird (hier spaltenweise und der Einfachheit halber $P|N$). Im zweiten Schritt hat jeder Prozessor 1D-FFT auf N/P Zeilen durchzuführen. Ein Algorithmus für einen *Parallelrechner mit gemeinsamem Speicher* könnte lauten:

$$\textbf{for } p := 0 \textbf{ to } P-1 \textbf{ do parallel on } P(p) \tag{6.5.4}$$
$$\quad \textbf{for } m := p\, N/P \textbf{ to } (p+1)N/P-1 \textbf{ do } \hat{\mathbf{x}}^m = \mathbb{T}\mathbf{x}^m$$

for $p := 0$ **to** $P-1$ **do parallel on** $P(p)$
    for $j := p\,N/P$ **to** $(p+1)N/P-1$ **do** $\hat{\hat{\mathfrak{x}}}_j = \mathbb{T}\hat{\mathfrak{x}}_j.$

In einer konkreten Implementierung werden alle benötigten Zeilen und Spalten von $\mathbf{x}, \hat{\mathbf{x}}, \hat{\hat{\mathbf{x}}}$ in einem lokalen Feld $y[0..N{-}1,0..N/P{-}1]$ abgelegt. Bei *verteiltem Speicher* müssen vor dem zweiten Schritt die vorher spaltenweise zugeordneten Daten umverteilt werden. Jeder Prozessor $P(me)$, $0 \le me \le P-1$, verfügt in den nun von ihm zu bearbeitenden Zeilen $\hat{\mathfrak{x}}_j$, $j \in I(me) := \{me\,N/P, \dots,$ $(me+1)N/P-1\}$ nur über die Komponenten $\hat{\mathfrak{x}}_{j,k}$, $k \in I(me)$, mit gleichem Index. Die fehlenden

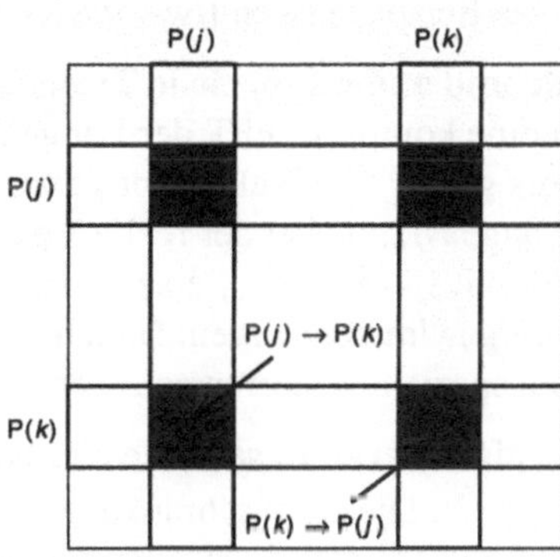

Abb. 6.5.1
Kommunikation zwischen zwei Prozessoren in der 2D-FFT

Blöcke dieser Zeilen für $p \neq me$ müssen daher noch von den anderen Prozessoren geholt werden, während die Komponenten mit Zeilenindex $i \notin I(me)$ aus den vorhandenen Spalten $j \in I(me)$ auf die anderen Prozessoren verteilt werden. Die Daten(um-)verteilung auf $P(me)$ wird wie folgt durchgeführt (jeweils $j = 0\,(1)\,N-1$, $m = 0, \dots, N/P-1$):

vor Schritt 1: Spalten $x_{j,\,m + me\,N/P}$,   nach Schritt 1: Spalten $\hat{x}_{j,\,m + me\,N/P}$

vor Schritt 2: Zeilen $\hat{x}_{m + me\,N/P,\,j}$,   nach Schritt 2: Zeilen $\hat{\hat{x}}_{m + me\,N/P,\,j}.$

Abb. 6.5.1 illustriert die vom Austausch betroffenen Komponentenbereiche des Gesamtfeldes $\hat{\mathbf{x}}$ bei der Kommunikation zwischen zwei Prozessoren $P(j)$ und $P(k)$. Man erhält folgenden Algorithmus für eine 2D-FFT (ohne Bit-Umkehrtransformationen). Die aus Gründen der Übersichtlichkeit verwendeten **send**- und **receive**-Operationen sollten bei der konkreten Durchführung durch effizientere **gather**- und **scatter**-Operationen ersetzt werden.

<u>Mehrdimensionale FFT –</u>   (6.5.5)
<u>Auswertung von $\hat{\hat{\mathbf{x}}} = \mathbb{T}'\mathbf{x}$ – Prozessor $P(me)$, $0 \le me \le P-1$</u>

for $m := 0$ **to** $N/P-1$ **do** $\hat{\mathfrak{x}}^m = \mathbb{T}\mathbf{x}^m$
for $p := 0$ **to** $P-1$, $p \neq me$ **do**
    send $\big(\hat{x}_{i,j}\colon i = pN/P, \dots, (p+1)N/P-1,\ j = 0, \dots, N/P-1\big)$ **to** $P(p)$
    receive $\big(\hat{x}_{i,j}\colon i = 0, \dots, N/P-1,\ j = pN/P, \dots, (p+1)N/P-1\big)$ **from** $P(p)$
for $j := 0$ **to** $N/P-1$ **do** $\hat{\hat{\mathfrak{x}}}_j = \mathbb{T}\hat{\mathfrak{x}}_j.$ ◆

6.6   Bemerkungen zu weiteren Algorithmen

Die obigen Algorithmen stehen stellvertretend für eine Vielzahl anderer Varianten und Anwendungen. Aus der sehr umfangreichen Literatur werden im Folgenden zu typischen Anwendungen der DFT und FFT exemplarisch einige Referenzen angegeben. Einfache Codes für Standardanwendungen findet man beispielsweise in [/www/NR]. Auf verschiedenen Webseiten wird versucht, einen aktuellen Überblick über Web-Referenzen, Literatur und verfügbare Software zu geben. Als Beispiele seien [/www/SK], [/www/DSP] genannt.

Reelle und andere spezielle Transformationen Falls der zu transformierende Vektor x reell ist, kann eine komplexe FFT der Länge N angewendet werden, indem der Imaginärteil des Eingabevektors gleich dem Nullvektor gesetzt wird. Effizienter ist die Anwendung einer komplexen FFT der Länge $N/2$, wobei der reelle Vektor x der Länge N durch einen komplexen Vektor y der Länge $N/2$ mit $y_i = x_{2i} + x_{2i+1}$ ersetzt wird. Die endgültige Berechnung von $\hat{x}$ erfordert dann noch einige wenige Umrechnungen. Gleiches gilt für rein reelle Sinus- und Cosinus-Transformationen und andere spezielle Transformationen (gerade, ungerade, rein imaginär usw.) [/www/NR].

FFT mit anderen Basen Die hier behandelten Versionen der FFT basieren alle auf der $\sqrt{2}$-FFT, also $N = 2^n$. Diese Einschränkung ist jedoch nicht notwendig. Es gibt verschiedene Algorithmen, die auf einer allgemeineren Faktorisierung $N = N_1 * N_2 * \ldots * N_k$ beruhen. Insbesondere sind hier *Primfaktoralgorithmen* zu nennen, bei denen die N_i als teilerfremd vorausgesetzt werden. Vergleiche hierzu unter anderem [Te83-1], [Te85]. Typische Zerlegungen sind $N = 2^r\, 3^s\, 5^t$, aber auch größere Faktoren als 5 finden Verwendung. Entsprechend dem Prinzip der Zerlegung in kleinere, gleichartige Teilaufgaben (hier FFT's) lassen sich Teilprobleme beinahe beliebiger Größenordnung erzeugen, was zur Steuerung von Vektorlänge, Granularität und Parallelität, aber auch zur Ausnutzung spezieller Hardwareeigenschaften wie Größe von Vektorregistern und Caches verwendet werden kann. Diese Vorgehensweise ist in einschlägigen Softwarebibliotheken üblich. Für die nach der Faktorisierung auftretenden kleineren Basisgrößen 2,3,5,7,9,... werden individuelle und hochoptimierte Codes verwendet [/www/FFTW].

Selbstsortierende Algorithmen Der Ergebnisvektor einer FFT wird grundsätzlich in permutierter Form erzeugt. Für den Fall, dass das Ergebnis in korrekter Anordnung benötigt wird, wurden gerade unter dem Gesichtspunkt der Anwendung auf Parallel- und Vektorrechnern, auf denen Sortiervorgänge eher ineffizient sind, verschiedene Algorithmen entwickelt, die die abschließende, explizite Umordnung durch Integration in die einzelnen Schritte der Auswertung von $\hat{x} = \mathrm{T}x$ vermeiden. Als Beispiel haben wir den Vektoralgorithmus von Stockham kennen gelernt. Vergleiche [Te83-1], [Te83-2], [Te85] bezüglich einer systematischen Herangehensweise.

Chaining, Cacheoptimierung, Speicherzugriffs- und Datentransport-Konflikte Da bis in die siebziger Jahre Gleitpunkt-Multiplikationen deutlich aufwendiger als Gleitpunkt-Additionen waren, stand zunächst die Minimierung der Anzahl der Multiplikationen auf Kosten zusätzlicher Additionen im Vordergrund. Auf heutigen Rechnern sind Multiplikationen nur noch unwesentlich oder gar nicht zeitaufwendiger als Additionen, so dass der Gesamtaufwand minimiert werden muss. Auf Vektorprozessoren mit Chaining muss umgekehrt die Anzahl der Additionen minimiert werden, da in der FFT fast alle Multiplikationen mit Additionen verkettet werden können und somit "kostenlos" anfallen. Ferner treten auf Vektorprozessoren typische Speicherzugriffs-Konflikte und auf Parallelrechnern Kommunikationsprobleme auf, da die Schnelligkeit der FFT – wie die vieler anderer "schneller" Algorithmen, die spezielle Matrixstrukturen ausnutzen – darauf beruht, dass nur auf im jeweiligen Schritt tatsächlich benötigte Daten zurückgegriffen wird. Dies führt, wie schon mehrfach gezeigt, zum Zugriff auf Feldern mit Inkrementen ungleich 1. Analog zu den genannten Verfahren können auch bei der FFT entsprechende Vorkehrungen getroffen werden, um dies weitgehend zu vermeiden [FLPR99], [Te84], [Sw82], [Sw84], [Wa80]. Bei-spielsweise finden sich unter [/www/FFTW] Software, Benchmarks und eine Vielzahl von Refe-renzen zur FFTW-Bibliothek, einer verbreiteten Sammlung effizienter FFT-Algorithmen für un-terschiedlichste Anwendungen und Rechnerarchitekturen.

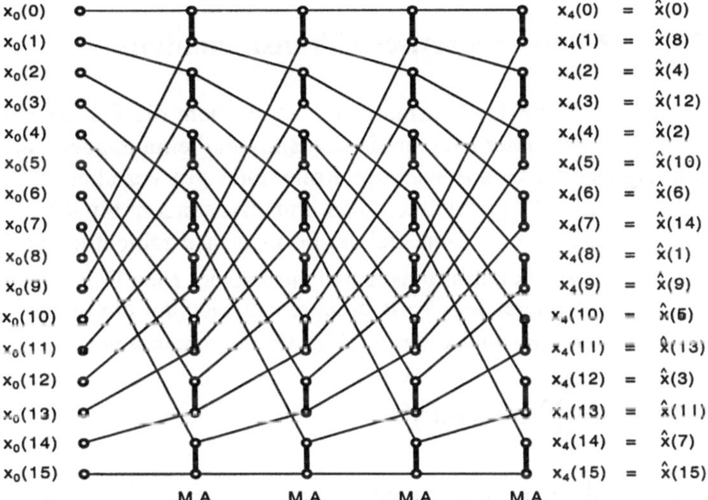

Abb. 6.6.1   Perfect-Shuffle-Netzwerk für Hardware-FFT

Hardwarerealisierung der FFT Die Bedeutung der FFT in vielen Anwendungen, vor allem der Signal- und Bildverarbeitung, insbesondere auch in der Medizin (Computertomographie), hat zu hardwaremäßigen Realisierungen der FFT in Gestalt spezieller Rechner oder Zusatzprozessoren geführt. Wir betrachten das folgende Beispiel aus [Sto71]. Für $N = 2^n$ mit $w = e^{j\,2\pi/N}$ und Binärdar-stellungen $r = (r_{n-1}, r_{n-2}, \ldots, r_1, r_0)$ natürlicher Zahlen r definieren wir die Indexfunktionen

$$f(r,k) = (r_{n-1}, \cdots, r_{n-k+1}, 0, r_{n-k-1}, \cdots, r_0)$$
$$h(r,k) = (r_{n-1}, \cdots, r_{n-k+1}, 1, r_{n-k-1}, \cdots, r_0)$$
$$g(r,k) = (r_{n-k}, \cdots, r_{n-1}, 0, \cdots, 0)$$
$$R(r) = (r_0, r_1, \cdots, r_{n-1}) = g(r,n).$$

Beginnend mit $x \equiv x_0$ werden in n Schritten jeweils parallel alle Komponenten modifiziert.

<u>Parallele Hardware-FFT – Prozessor P(j), $j = 0,...,N-1$</u>   (6.6.1)

$z_j \leftarrow w^j$; $x_j \leftarrow x_0(j)$

for $k = 1$ **until** n **do** $\hat{x}_j \leftarrow x_{f(j,k)} + z_{g(j,k)}\, x_{h(j,k)}$

$\hat{x}_j \leftarrow x_{R(j)}$.   ◆

Bei Realisierung als systolisches Feld mit N Prozessoren modifiziert jeder Prozessor in jedem
Schritt $k = 1,...,n$ eine Komponente. Die Parallelität beträgt durchgehend N (bei $P < N$ Prozesso-
ren entsprechend P/N). Voraussetzung ist die Kopplung der Prozessoren durch ein n-stufiges
Netzwerk von hardwaremäßig realisierten Perfect-Shuffle-Permutationen. Abb. 6.6.1 zeigt den
Ablauf für $N = 16$. Die Zeitkomplexität beträgt $T_P = O(\log_2 N)$ bei $P = N$ Prozessoren.

6.7   Zahlentheoretische Transformation

Zahlentheoretische Transformationen – vor allem die Fermatsche zahlentheoretische Transformation – spielen unter anderem in der Bildverarbeitung, aber auch bei der Lösung partieller Differentialgleichungen eine wichtige Rolle. Dies gilt vor allem für Ausführung auf Rechnern, die
keine hardwaremäßige Gleitkommaarithmetik, sondern bit-serielle Arithmetik oder bit-adressier-
bare Speicherplätze besitzen. Bei der Fermatschen zahlentheoretischen Transformation [HoJe88]
wird die Arithmetik definitionsgemäß modulo der t-ten Fermatschen Zahl $F_t = 2^{2^t} + 1$ ausgeführt.
Die zu transformierenden Werte beschränken sich auf die Integer-Zahlen $0, 1, ..., F_t-1$. Sie sind
also aus einem *Ring* zu wählen. Ziel ist die Berechnung von

$$\hat{x}_j = \sum_{k=0}^{n-1} \alpha^{kj}\, x_k \;(\textbf{mod } F_t)\,.$$ (6.7.1)

α sei dabei die n-te Einheitswurzel (mod F_t). Sie spielt im betrachteten Ring der ganzen Zahlen
$\{0, 1, ..., F_t-1\}$ dies gleiche Rolle wie die Zahl w bei der DFT in **C**. Dementsprechend übertragen
sich alle dort entwickelten Algorithmen sinngemäß.

Einen wichtigen Spezialfall Fermatscher zahlentheoretischer Transformationen – die Rader-
Transformation (RT) – erhält man, falls α eine Potenz von 2 ist. Dann lassen sich <u>alle</u> Multiplikationen in (6.1.48) durch Shiften mit $b = 2^t+1$ Bit (mit $2^b = -1$ mod F_t) ausführen. Bei bit-seriellen
oder bit-adressierbaren Rechnern, wie etwa in den achtziger Jahren dem ICL DAP [VW95], lassen sich die scheinbar notwendigen Shift-Operationen bei Multiplikationen durch Adressierung
der entsprechenden Bits im Speicher vermeiden. Die Multiplikation einer Zahl aus dem Ring mit
α^{kj} dauert dann nicht länger als die zur Normalisierung ohnehin nötige Subtraktion.

7 Gebietszerlegung

7.1 Aufgabenstellung

Bei der Entwicklung paralleler Algorithmen lässt sich eine ausreichende Granularität der Teilaufgaben, insbesondere zur Überdeckung des auf Parallelrechnern mit verteiltem Speicher in vielen Fällen erheblichen Kommunikationsaufwandes durch einen hinreichend umfangreichen "Rechenaufwand", am besten erreichen, wenn parallele Strukturen frühzeitig, das heißt auf einer möglichst hohen Ebene der Problemlösung, geschaffen werden. Im Kapitel 5 wurden (parallele) Lösungsverfahren für unterschiedliche Typen linearer Gleichungssysteme hergeleitet. Dabei hat sich gezeigt, etwa im Falle der *Schnellen Direkten Löser*, dass diese Ebene der Parallelisierung für Parallelrechner mit verteiltem Speicher nicht immer ausreichend ist. Gleichungssysteme stellen eine bereits sehr konkrete Ebene der mathematischen Problemlösung dar. Im Falle der numerischen Lösung partieller Differentialgleichungen sind sie das Resultat der Diskretisierung eines kontinuierlichen Problems durch Anwendung beispielsweise eines Differenzen-, Finite-Elemente- oder Finite-Volumen-Verfahrens. In diesem Abschnitt stellen wir eine Vorgehensweise vor, in der die Parallelisierung grundsätzlich auf der Ebene des kontinuierlichen Problems, gegebenenfalls sogar schon während der Modellbildung vorgenommen wird. Das *Prinzip der Gebietszerlegung* wurde zunächst zur Lösung linearer elliptischer partieller Randwertprobleme eingeführt, später aber auch vielfach bei der Behandlung parabolischer und hyperbolischer Probleme sowie für nichtlineare und zeitabhängige Aufgaben eingesetzt.

Anstatt ein Randwertproblem auf dem gesamten Integrationsgebiet, etwa $\Omega \subset \mathbf{R}^2$ oder $\Omega \subset \mathbf{R}^3$, zu diskretisieren, das resultierende Gleichungssystem aufzustellen und dieses mit einem geeigneten Verfahren zu lösen, wird Ω durch eine Gebietszerlegung zunächst in Teilgebiete Ω_i zerlegt. Auf jedem Teilgebiet wird eine Teilaufgabe formuliert, die im Wesentlichen die Struktur und die Eigenschaften des Gesamtproblems besitzt. Die Teilaufgaben sind nicht notwendig voneinander unabhängig. Da das Ausgangsproblem mehr oder weniger willkürlich aufgeteilt worden ist, bleiben im Allgemeinen Kopplungen zwischen den Teilaufgaben bestehen, deren Behandlung einen entscheidenden Bestandteil jedes Verfahrens der Gebietszerlegung darstellt. Die Definition von Teilgebieten und -aufgaben kann mit unterschiedlichen Zielsetzungen vorgenommen werden:

* Entkopplung des Gesamtproblems in unabhängige Teilprobleme
  Ziel: parallele Bearbeitung mit ausreichender Granularität

* Formulierung individuell angepasster Teilaufgaben
  Ziel: Arbeitsteilung, flexible Anpassung an inhomogene Problemstrukturen

* Anwendung spezieller Lösungstechniken auf Teilgebieten
  Ziel: flexible Anpassung an inhomogene Problemstrukturen

* Nutzung eines verteilten Speichers
  Ziel: Lösung von Problemen mit sehr hohem Speicherplatzbedarf.

Das Prinzip der Gebietszerlegung besteht somit im Wesentlichen darin, durch die getrennte Lö-

sung von Problemen auf Teilgebieten und der aus der Aufteilung resultierenden Kopplungsgleichungen flexibler und effizienter arbeiten zu können als bei der Lösung eines nicht unterteilten
Gesamtgleichungssystems mit einem herkömmlichen Verfahren. Die Nutzung eines großen
Speichers spielt auch in Zeiten der Verfügbarkeit massivparalleler Rechner eine nicht zu ver-
nachlässigende Rolle. Die Gebietszerlegung bietet die Möglichkeit, die akkumulierte Speicherka-
pazität von massivparallelen Rechnern mit verteiltem Speicher für Aufgaben mit sehr hohem
Speicherplatzbedarf einzusetzen. Andererseits sind derartige Rechner nicht überall zugänglich.
Speicherplatzintensive Aufgaben können unter Anwendung von Gebietszerlegungsverfahren
ebenso auf einem Cluster von Rechnern bearbeitet werden, wobei der Rahmen zwischen wenigen
"Superrechnern" und Netzen mit einer großen Anzahl von Arbeitsplatzrechnern gespannt ist.
Eine Gebietszerlegung kann ferner dazu dienen, durch die Definition abgegrenzter Teilaufgaben
mit wohldefinierten Schnittstellen umfangreiche Aufgabenstellungen arbeitsteilig auf unterschiedlichen Rechnern durchzuführen. Dies wird beispielsweise in der Industrie bei sehr großen
Projekten angewendet, an denen mehrere, häufig an unterschiedlichen Orten angesiedelte Ar-
beitsgruppen beteiligt sind. Eine Gebietszerlegung kann auch dazu genutzt werden, inhomogene
Aufgabenstellungen in übersichtliche Teilaufgaben zu zerlegen, für die individuell geeignete Lösungsverfahren angewendet werden können. Als Beispiel seien aufwendige Strömungsprobleme
mit unregelmäßigen Geometrien oder uneinheitlichen Genauigkeitsanforderungen im Integrationsgebiet genannt. Anstelle unübersichtlicher Diskretisierungen mit komplizierten Gittern auf
dem Gesamtgebiet werden Teilgebiete definiert, die eine individuell angepasste Diskretisierung
auf einem einfachen Gitter und die Lösung mit einem effizienten numerischen Verfahren ermöglichen sollen. Gleiches gilt für die Zerlegung komplizierter Geometrien in Teilgebiete einfacher
Struktur. Effiziente Gebietszerlegungsverfahren für realistische Anwendungen entstehen durch
eine Abstimmung von physikalischen Gegebenheiten, mathematischer Modellbildung, dem Einsatz analytischer und numerischer Techniken und der Rechnerumgebung.

Aus der umfangreichen Literatur sei beispielhaft auf die folgenden grundlegenden Arbeiten verwiesen, die den mathematischen Hintergrund und die wesentlichen mathematischen Probleme bei
der Gebietszerlegung beschreiben, die allerdings sehr fundierte mathematische Kenntnisse voraussetzen: [BPS86a], [BPS86b], [BPS87], [BPS88], [BPS89], [CGW89], [GMP88], [Hb93],
[KeGr87], [Li88], [Li89], [SBG96]. Im Rahmen dieser Einführung in die Parallele Numerik beschränken wir uns auf den obigen ersten Punkt – Einsatz der Gebietszerlegung zur Parallelisierung – und auf eine vorwiegend algebraische Sichtweise. In diesem Falle steht die gleichmäßige
Lastverteilung und die Reduktion der Synchronisation und Kommunikation im Vordergrund.

7.2   Gebietszerlegung mit zwei Teilgebieten

Wir erläutern das Prinzip der Gebietszerlegung anhand eines einfachen Beispiels. Dazu betrachten wir ein lineares elliptisches Randwertproblem mit Dirichlet-Randbedingungen

$$
\begin{aligned}
Lu &= f \text{ auf } \Omega \in \mathbf{R}^2 \\
u &= r \text{ auf } \partial\Omega
\end{aligned}
\tag{7.2.1}
$$

mit einem linearen Operator L. Das Gebiet Ω wird in zwei Teilgebiete $\Omega = \Omega_1 \cup \Omega_2$ zerlegt. $\partial\Omega$
bezeichne den Rand von Ω. Grundsätzlich kann eine nichtüberlappende Zerlegung (Abb. 7.2.1a)

$$\Omega = \Omega_1 \cup \Omega_2 \cup \Gamma,\ \Omega_1 \cap \Omega_2 = \varnothing,\ \overline{\Omega} = \overline{\Omega_1} \cup \overline{\Omega_2},\ \Gamma \cap (\Omega_1 \cup \Omega_2) = \varnothing,\ \overline{\Gamma} = \overline{\Omega_1} \cap \overline{\Omega_2}, \quad (7.2.2)$$

wobei $\overline{\Omega}$ den Abschluss eines (offenen) Gebietes Ω bezeichne, oder eine überlappende Zerlegung

$$\Omega = \Omega_1 \cup \Omega_2,\ \Omega_1 \cap \Omega_2 \neq \varnothing,\ \Gamma_{1,2} \subset \Omega_1,\ \Gamma_{2,1} \subset \Omega_2,\ \Gamma_{1,2} \cap \Omega_2 = \varnothing,\ \Gamma_{2,1} \cap \Omega_1 = \varnothing, \quad (7.2.3)$$

(Abb. 7.2.1b) vorgenommen werden. Im ersten Fall werden die beiden Gebiete durch einen künstlich eingeführten Rand Γ getrennt, auf dem die Lösung u – mit Ausnahme eventueller Punkte auf $\Gamma \cap \partial\Omega$ – unbekannt ist. Im zweiten Fall gibt es ein Überlappungsgebiet $\Omega_1 \cap \Omega_2$. Jedes der beiden Gebiete erhält dann zusätzlich einen künstlich eingeführten Randabschnitt Γ_{12} beziehungsweise Γ_{21}, der im Inneren des jeweils anderen Gebietes liegt: $\Gamma_{12} \subset \Omega_1,\ \Gamma_{21} \subset \Omega_2$.

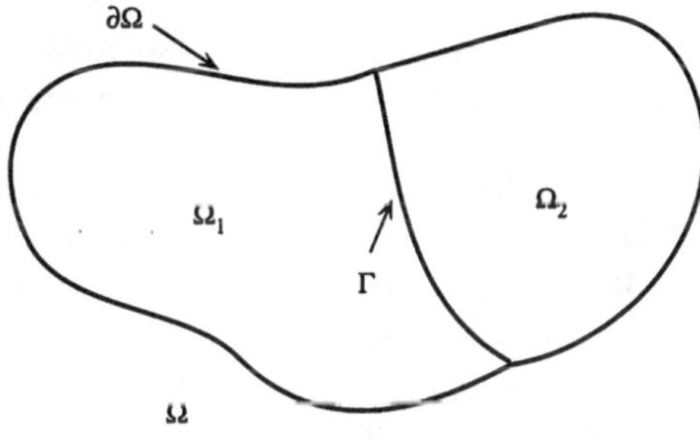

Abb. 7.2.1a
nichtüberlappende Zerlegung

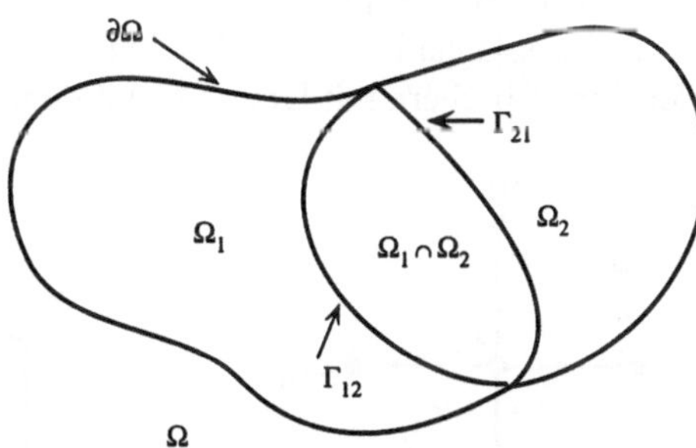

Abb. 7.2.1b
überlappende Zerlegung

Die nichtüberlappende Zerlegung bildet den Ausgangspunkt für ein direktes Verfahren auf der Basis des *Schur-Komplement-Prinzips*. Die überlappende Zerlegung wird uns zu iterativen Verfahren auf der Basis der *Schwarzschen Alternierenden Prozedur (SAP)* führen.

Bei *nichtüberlappender Zerlegung* gemäß Abb. 7.2.1a wird zur Lösung von (7.2.1) ein *direktes Verfahren* hergeleitet, welches grundsätzlich auf folgender Vorgehensweise aufbaut:

$$\text{a)} \quad \text{Berechne} \quad u_\Gamma := u|_\Gamma \quad\quad\quad (7.2.4)$$

$$\text{b)} \quad \text{Löse} \quad \begin{cases} Lu|_{\Omega_i} &= -f|_{\Omega_i} \\ u|_{\partial\Omega \cap \partial\overline{\Omega_i}} &= r_{\partial\Omega \cap \partial\overline{\Omega_i}},\ i = 1,2. \\ u|_\Gamma &= u_\Gamma \end{cases}$$

Dabei ist offensichtlich, dass aufgrund der weiter bestehenden Kopplung zwischen den Teilproblemen der Schritt a) nicht unabhängig von den Teilaufgaben auf Ω_1 und Ω_2 ausgeführt werden kann. Nach einer Diskretisierung formulieren wir ein lineares Gleichungssystem $\mathbb{A}x = y$ gemäß

$$\mathbb{A} = \begin{pmatrix} \mathbb{L}_1 & 0 & \mathbb{K}_1 \\ 0 & \mathbb{L}_2 & \mathbb{K}_2 \\ \mathbb{H}_1 & \mathbb{H}_2 & \mathbb{G} \end{pmatrix}, \quad x = \begin{pmatrix} x_{\Omega_1} \\ x_{\Omega_2} \\ x_\Gamma \end{pmatrix}, \quad y = \begin{pmatrix} y_{\Omega_1} \\ y_{\Omega_2} \\ y_\Gamma \end{pmatrix} \tag{7.2.5}$$

mit Blockdiagonalgestalt. Dabei bezeichnen

$\mathbb{L}_i\, x_{\Omega_i} = y_{\Omega_i},\ i = 1,2$ Teilsysteme für die inneren Punkte der Gebiete Ω_i

$\mathbb{G}\, x_\Gamma = y_\Gamma$ Teilsystem für die Punkte auf dem künstlichen Rand $\Gamma \setminus \partial\Omega$

$\mathbb{K}_i,\ i = 1,2$ Kopplung zwischen dem Gebiet Ω_i und $\Gamma \setminus \partial\Omega$

$\mathbb{H}_i,\ i = 1,2$ Kopplung zwischen $\Gamma \setminus \partial\Omega$ und dem Gebiet Ω_i.

Um nach der Berechnung von x_Γ die Entkopplung der Teilprobleme und damit die parallele Durchführbarkeit von (7.2.4b) zu gewährleisten, muss die erste 2×2-Block-Hauptuntermatrix in (7.2.5) Blockdiagonalgestalt besitzen. Hierzu muss die Diskretisierung einer Einschränkung unterworfen werden: Analog zur nichtüberlappenden Zerlegung des Integrationsgebietes darf es keine direkte Kopplung zwischen inneren Punkten unterschiedlicher Gebiete geben. Im Falle eines Differenzenverfahrens bedeutet dies, dass ein Differenzenstern für einen inneren Punkt des einen Gebietes nur auf innere Punkte dieses Gebietes sowie Punkte auf dem Rand des Gesamtgebietes und des künstlichen Randes, jedoch nicht auf innere Punkte des Nachbargebietes zurückgreifen darf. Ein Stern mit Ursprung auf dem künstlichen Rand kann in beide Gebiete greifen.

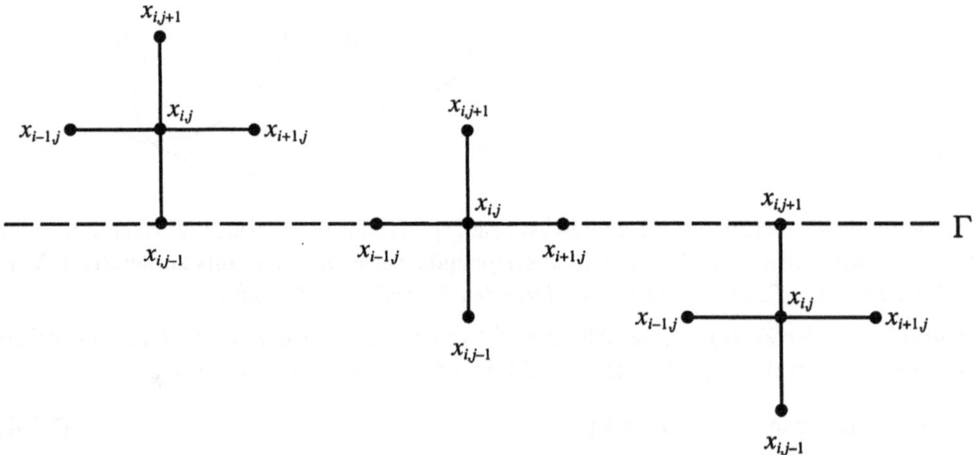

Abb. 7.2.2   Beispiel für eine zulässige Diskretisierung in (7.2.3)

Abb. 7.2.2 zeigt das Beispiel einer zulässigen 5-Punkt-Diskretisierung. Zulässig sind in diesem Fall auch 7-Punkt- oder kompakte 9-Punkt-Sterne, jedoch keine Sterne, die um den zentralen Punkt $x_{i,j}$ Punkte $x_{k,l}$ mit $|i-k| > 1$ oder $|j-l| > 1$ benötigen.

Zur numerischen Realisierung von (7.2.4) transformiert man (7.2.5) durch Block-Gauß-Elimination auf obere Dreiecksgestalt. Anstelle der letzten Blockzeile erhält man dann:

$$\mathbb{C}\,x_\Gamma = g \quad \text{mit} \quad \begin{aligned} \mathbb{C} &:= \mathbb{G} - \mathbb{H}_1\,(\mathbb{L}_1)^{-1}\mathbb{K}_1 - \mathbb{H}_2\,(\mathbb{L}_2)^{-1}\mathbb{K}_2 \\ g &:= y_\Gamma - \mathbb{H}_1\,(\mathbb{L}_1)^{-1}y_{\Omega_1} - \mathbb{H}_2\,(\mathbb{L}_2)^{-1}y_{\Omega_2}. \end{aligned} \tag{7.2.6}$$

Die Lösung dieses Systems liefert die im Vektor x_Γ zusammengefassten Unbekannten auf dem künstlichen Rand Γ. Die Matrix $\mathbb{C}$ wird dabei oft als *Kopplungs-* oder *Kapazitätsmatrix* bezeichnet. Danach löst man zwei voneinander unabhängige Systeme auf den beiden Teilgebieten:

$$\mathbb{L}_i\,x_{\Omega_i} = y_{\Omega_i} - \mathbb{K}_i\,x_\Gamma \;\Leftrightarrow\; x_{\Omega_i} = (\mathbb{L}_i)^{-1}\left(y_{\Omega_i} - \mathbb{K}_i\,x_\Gamma\right),\; i = 1,2. \tag{7.2.7}$$

Eine *überlappende Zerlegung* wie in Abb. 7.2.1b wird zur Herleitung eines *iterativen Verfahrens* gewählt. Dabei unterscheiden wir grundsätzlich eine *multiplikative* und eine *additive Form*. In der multiplikativen Form wird zunächst das Randwertproblem (7.2.1) unter Einschränkung auf das Teilgebiet Ω_1 gelöst. Da der künstliche Rand Γ_{21} im Inneren von Ω_2 liegt, stehen auf diesem keine Werte zur Verfügung. Daher wird eine Startfunktion s auf Γ_{21} vorgegeben. Nach Lösung des ersten Randwertproblems wird ein Randwertproblem (7.2.1) unter Einschränkung auf das Teilgebiet Ω_2 gelöst. Als Werte auf dem künstlichen Rand Γ_{12} stehen nun Näherungswerte aus der zuvor erfolgten Behandlung des ersten Problems zur Verfügung, da Γ_{12} im Innern von Ω_1 liegt. Danach wird wieder das erste Teilproblem unter Nutzung der letzten Näherung aus dem zweiten Problem auf dem künstlichen Rand Γ_{21} gelöst. Diese Prozedur wird iterativ wiederholt, da aufgrund der Näherungswerte auf den künstlichen Rändern immer nur Näherungsprobleme gelöst werden. Auf dem Überlappungsgebiet wird in jeder der beiden Teilaufgaben eine Näherungslösung berechnet. Unter bestimmten Voraussetzungen lässt sich zeigen, dass dieses Verfahren gegen die Lösung des Ursprungsproblems (7.2.1) konvergiert.

<u>multiplikative SAP</u><u>additive SAP</u>(7.2.8)

$$\boxed{u_2^0\big|_{\Gamma_{21}}} := s \qquad\qquad \boxed{u^0} := s$$

for $n := 0,1,\ldots$ **do**   **for** $n := 0,1,\ldots$ **do**

$$\begin{aligned} Lu_1^{n+1}\big|_{\Omega_1} &= -f\big|_{\Omega_1} \\ u_1^{n+1}\big|_{\partial\Omega\cap\partial\Omega_1} &= r\big|_{\partial\Omega\cap\partial\Omega_1} \\ u_1^{n+1}\big|_{\Gamma_{21}} &= u_2^n\big|_{\Gamma_{21}} \end{aligned} \qquad\qquad \begin{aligned} Lu_1^{n+1}\big|_{\Omega_1} &= -f\big|_{\Omega_1} \\ u_1^{n+1}\big|_{\partial\Omega\cap\partial\Omega_1} &= r\big|_{\partial\Omega\cap\partial\Omega_1} \\ u_1^{n+1}\big|_{\Gamma_{21}} &= u_2^n\big|_{\Gamma_{21}} \end{aligned}$$

$$\begin{aligned} Lu_2^{n+1}\big|_{\Omega_2} &= -f\big|_{\Omega_2} \\ u_2^{n+1}\big|_{\partial\Omega\cap\partial\Omega_2} &= r\big|_{\partial\Omega\cap\partial\Omega_2} \\ u_2^{n+1}\big|_{\Gamma_{12}} &= \boxed{u_1^{n+1}\big|_{\Gamma_{12}}} \end{aligned} \qquad\qquad \begin{aligned} Lu_2^{n+1}\big|_{\Omega_2} &= -f\big|_{\Omega_2} \\ u_2^{n+1}\big|_{\partial\Omega\cap\partial\Omega_2} &= r\big|_{\partial\Omega\cap\partial\Omega_2} \\ u_2^{n+1}\big|_{\Gamma_{12}} &= \boxed{u_1^n\big|_{\Gamma_{12}}}. \end{aligned}$$

$\blacklozenge$

Die Schwarzsche Alternierende Prozedur (SAP) wurde vor mehr als 100 Jahren in der multiplikativen Form zur konstruktiven Lösung kontinuierlicher elliptischer Probleme eingeführt [Schw1890]. Sie lässt sich für eine beliebige Zahl von Teilgebieten verallgemeinern. Dabei werden in jedem Näherungsschritt nacheinander Teilprobleme unter Verwendung der letzten Näherungen auf den künstlichen Rändern des zugehörigen Teilgebietes gelöst.

Unter dem Gesichtspunkt der Parallelisierung ist die multiplikative Prozedur nicht brauchbar. Alternativ bietet sich eine additive Variante an, in der in jedem Iterationsschritt alle Teilprobleme parallel gelöst werden, wobei die in anderen Teilaufgaben berechneten Näherungswerte auf den künstlichen Rändern sämtlich aus dem vorangehenden Schritt stammen. Die Unterschiede zwischen beiden Varianten sind in (7.2.8) durch Einrahmung gekennzeichnet. Die SAP erfordert nicht die einschränkende Bedingung des direkten Verfahrens an eine Diskretisierung und kann für kompliziertere Aufgabenstellungen und flexibler eingesetzt werden. Das Prinzip der SAP hat zu den unterschiedlichsten Formulierungen und Anwendungen geführt. Es gibt SAP-Verfahren für elliptische, parabolische, hyperbolische, nichtlineare und zeitabhängige Probleme mit Differenzen-, Finite-Elemente- oder Finite-Volumen-Verfahren, insbesondere auch auf Integrationsgebieten komplexer Geometrie unter Einsatz beinahe aller nur denkbaren Lösungsverfahren für innerhalb der SAP auftretende lineare Gleichungssysteme. Gerade bei komplexeren Anwendungen mit unterschiedlichen Diskretisierungen auf den Teilgebieten, nichtäquidistanten Gittern oder komplizierteren Gebieten besteht sowohl bei Differenzen- als auch Finite-Element- oder Finite-Volumen-Verfahren das mathematische Hauptproblem darin, Konsistenz-, Konvergenz- oder auch Stabilitätseigenschaften des jeweiligen diskreten Gesamtproblems zu untersuchen. Hierzu zählt insbesondere die Erhaltung der Ordnung des Diskretisierungsfehlers bei überlappenden, gegebenenfalls unterschiedlichen (Teil-)Diskretisierungen. In den am Ende von Abschnitt 7.1 genannten Übersichtsartikeln werden diverse Anwendungen beschrieben und die hier angedeuteten Probleme untersucht. Wir beschränken uns auf einfache Modellprobleme und betrachten die Gebietszerlegung ausschließlich unter dem Gesichtspunkt der Parallelisierung.

7.3 Schur-Komplement-Verfahren

Die Vorschrift (7.2.4) lässt sich formal auf eine beliebige Anzahl $k+1$ von Gebieten verallgemeinern. Wir betrachten hierzu eine nichtüberlappende Zerlegung

$$\Omega = \bigcup_{i=1}^{k+1} \Omega_i \cup \Gamma, \quad \Omega_i \cap \Omega_j = \emptyset \text{ für } i \neq j, \tag{7.3.1}$$

$$\Gamma \cap \bigcup_{i=1}^{k+1} \Omega_i = \emptyset, \quad \overline{\Omega} = \bigcup_{i=1}^{k+1} \overline{\Omega}_i, \quad \Gamma = \bigcup_{\substack{i,j=1 \\ i>j}}^{k+1} \left(\overline{\Omega}_i \cap \overline{\Omega}_j \right),$$

in $k+1$ Teilgebiete und künstliche Ränder. Γ bezeichne die Vereinigung aller künstlichen Ränder. Wir unterstellen erneut, dass im diskretisierten System keine direkten Kopplungen zwischen Gitterpunkten im Inneren unterschiedlicher Gebiete bestehen. Anstelle von (7.2.5) betrachten wir daher nun ein lineares Gleichungssystem $\mathbb{A}x = y$ mit

$$\mathbb{A} = \begin{pmatrix} \mathbb{L}_1 & & & \mathbb{K}_1 \\ & \ddots & & \vdots \\ & & \mathbb{L}_{k+1} & \mathbb{K}_{k+1} \\ \hline \mathbb{H}_1 & \cdots & \mathbb{H}_{k+1} & \mathbb{G} \end{pmatrix}, \quad x = \begin{pmatrix} x_{\Omega_1} \\ \vdots \\ x_{\Omega_{k+1}} \\ \hline x_\Gamma \end{pmatrix}, \quad y = \begin{pmatrix} y_{\Omega_1} \\ \vdots \\ y_{\Omega_{k+}} \\ \hline y_\Gamma \end{pmatrix}. \tag{7.3.2}$$

Dabei bezeichnen

$$L_i\, x_{\Omega_i} = y_{\Omega_i},\ i = 1,\dots,k{+}1 \qquad \text{Teilsysteme für die inneren Punkte der Gebiete } \Omega_i$$

$$G\, x_\Gamma = y_\Gamma \qquad\qquad\qquad \text{Teilsystem für die Punkte auf den künstlichen Rändern } (\Gamma)$$

$$K_i,\ i = 1,\dots,k{+}1 \qquad\qquad \text{Kopplung zwischen dem Gebiet } \Omega_i \text{ und } \Gamma$$

$$H_i,\ i = 1,\dots,k{+}1 \qquad\qquad \text{Kopplung zwischen } \Gamma \text{ und dem Gebiet } \Omega_i.$$

Wir fassen (7.3.2) formal zu einem Blocksystem $Ax = y$ mit

$$A = \begin{pmatrix} A_\Omega & K \\ H & A_\Gamma \end{pmatrix},\quad x = \begin{pmatrix} x_\Omega \\ x_\Gamma \end{pmatrix},\quad y = \begin{pmatrix} y_\Omega \\ y_\Gamma \end{pmatrix} \tag{7.3.3}$$

zusammen. Es bezeichnen

$$A_\Omega = \begin{pmatrix} L_1 & & \\ & \ddots & \\ & & L_{k+1} \end{pmatrix},\ H = \begin{pmatrix} H_1 & \cdots & H_{k+1} \end{pmatrix},\ K = \begin{pmatrix} K_1 \\ \vdots \\ K_{k+1} \end{pmatrix},\ A_\Gamma = G,$$

die Koeffizientenmatrizen für die Aufgaben auf den Teilgebieten Ω_i, $i = 1,\dots,k{+}1$, und für die Kopplungen jedes Teilgebietes zur Vereinigung der künstlichen Ränder Γ sowie für die Gleichungen auf letzterer und

$$x_\Omega = \begin{pmatrix} x_{\Omega_1} \\ \vdots \\ x_{\Omega_{k+1}} \end{pmatrix},\quad y_\Omega = \begin{pmatrix} y_{\Omega_1} \\ \vdots \\ y_{\Omega_{k+1}} \end{pmatrix},$$

die Blockvektoren für die Lösung beziehungsweise die rechte Seite auf der Vereinigung aller Teilgebiete und x_Γ, y_Γ die Vektoren für die Lösung beziehungsweise die rechte Seite auf Γ. Nach Berechnung der Kopplungsmatrix

$$C_\Gamma = A_\Gamma - H (A_\Omega)^{-1} K \tag{7.3.4}$$

und der rechten Seite

$$g = y_\Gamma - H (A_\Omega)^{-1} y_\Omega \tag{7.3.5}$$

und anschließender Lösung des Kopplungssystems

$$x_\Gamma = (C_\Gamma)^{-1} g \tag{7.3.6}$$

sind die Teilprobleme entkoppelt und können mittels

$$x_\Omega = (A_\Omega)^{-1}(y_\Omega - K\, x_\Gamma) = (A_\Omega)^{-1} y_\Omega - (A_\Omega)^{-1} K\, x_\Gamma \tag{7.3.7}$$

gelöst werden. Schreibt man (7.3.4), (7.3.5), (7.3.7) blockweise aus, so erhält man:

$$\begin{pmatrix} C_\Gamma \\ g \end{pmatrix} = \begin{pmatrix} A_\Gamma \\ y_\Gamma \end{pmatrix} - \sum_{i=1}^{k+1} H_i\, (L_i)^{-1} \begin{pmatrix} K_i \\ y_{\Omega_i} \end{pmatrix} \tag{7.3.8}$$

$$x_{\Omega_i} = (\mathbb{L}_i)^{-1}\left(y_{\Omega_i} - \mathbb{K}_i\, x_\Gamma\right) = (\mathbb{L}_i)^{-1}\, y_{\Omega_i} - (\mathbb{L}_i)^{-1}\,\mathbb{K}_i\, x_\Gamma,\ i = 1,\dots,k{+}1. \qquad (7.3.9)$$

Dieses Vorgehensweise entspricht weitestgehend derjenigen des Schur-Komplement-Verfahrens für Tridiagonalsysteme in Abschnitt 5.1.4.5. Es wird lediglich ein eindimensionales durch ein mehrdimensionales Problem ersetzt, so dass die Eigenschaften von Matrizen und Vektoren anstelle derjenigen einzelner reeller Komponenten zu beachten sind. Nach Lösung des Kopplungssystems sind die Teilprobleme zwar entkoppelt und damit parallel lösbar. Allerdings müssen zur Aufstellung des Kopplungssystems lineare Gleichungssysteme auf allen Teilgebieten, noch dazu mit einer größeren Anzahl rechter Seiten gelöst werden. Die mehrfache Lösung von Gleichungssystemen mit der Koeffizientenmatrix A_Ω in (7.3.4), (7.3.5) und (7.3.7) kann durch Anwendung von Distributiv- und Assoziativgesetz so reduziert werden, dass nur noch $(A_\Omega)^{-1}\mathbb{K}$ und $(A_\Omega)^{-1}y_\Omega$ – und dies jeweils nur einmal – berechnet werden müssen, sofern hierfür ausreichender Speicherplatz zur Verfügung steht. Trotzdem verursacht allein die Aufstellung des Kopplungssystems im allgemeinen bereits 80% - 95% des gesamten Rechenaufwandes des Schur-Komplement-Verfahrens. Die auf den ersten Blick bestechende Idee, die "großen" Teilgebiete durch die Lösung eines vergleichsweise "kleinen" Kopplungssystems zu entkoppeln, führt daher nicht unmittelbar zu einem befriedigenden Ergebnis. Die Effizienz des Verfahrens wächst mit dem Grad der Ausnutzung spezieller Problemeigenschaften. Daher werden wir im folgenden weitere Einschränkungen des Anwendungsbereichs vornehmen.

Zunächst präzisieren wir die Definition der künstlichen Ränder. Dies führt zu Einschränkungen für die Gebietszerlegung. Wir nehmen an, dass jedes Gebiet an höchstens zwei Nachbargebiete grenzt und dass je zwei künstliche Ränder keine gemeinsamen Punkte im Gesamtgebiet Ω besitzen. Dies kann wie folgt formalisiert werden:

$$\overline{\Omega_i} \cap \overline{\Omega_{i+1}} = \Gamma_i,\ i = 1,\dots,k,\quad \overline{\Omega_i} \cap \overline{\Omega_j} = \varnothing\ \text{für}\,|i-j| > 1,\quad \Gamma_i \cap \Gamma_j \cap \Omega = \varnothing\ \text{für}\ i \neq j. \qquad (7.3.10)$$

Abb. 7.3.1 zeigt Beispiele für gemäß dieser Definition zulässige beziehungsweise unzulässige Zerlegungen. Im 2D-Fall sind Zerlegungen mit streifenähnlicher Gestalt zulässig. Mit dieser

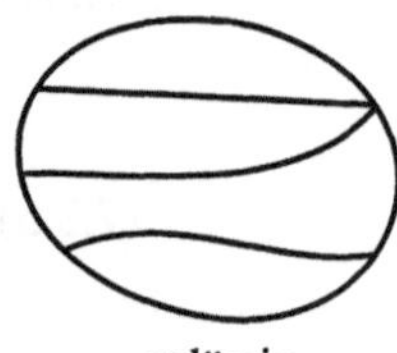

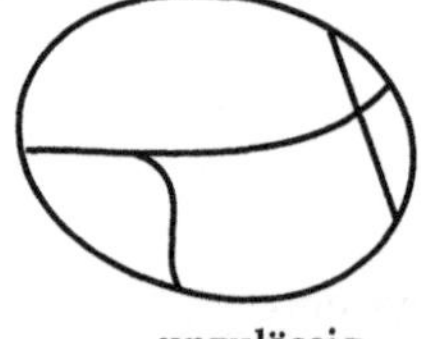

Abb. 7.3.1   nicht überlappende Gebietszerlegung gemäß (7.3.10)

Festlegung ist gewährleistet, dass je zwei Gebiete an genau einem gemeinsamen Rand aneinander grenzen, der ihnen zudem eindeutig zugeordnet ist. Damit gibt es zu $k{+}1$ Gebieten k künstliche Ränder Γ_i, $1 \le i \le k$, die – mit Ausnahme eventueller Schnittpunkte auf dem Rand des Gesamtgebietes – disjunkt sind. Schur-Komplement-Verfahren können auch für Probleme formuliert werden, die nicht der Beschränkung (7.3.10) unterliegen. Diese bildet jedoch die Grundlage für die im Folgenden verwendete Matrixstruktur, die eine recht einfache Handhabung gestattet und zu einem letztlich effizienten Verfahren führen kann. Mit (7.3.10) besitzt A_Γ Blockdiagonalgestalt

$$A_\Gamma = \begin{pmatrix} \mathbb{R}_1 & & & \\ & \mathbb{R}_2 & & \\ & & \ddots & \\ & & & \mathbb{R}_k \end{pmatrix},$$

(7.3.11)

während die Kopplungsmatrizen $\mathbb{H}$ und $\mathbb{K}$ zu Blockbidiagonalmatrizen werden:

$$\mathbb{K} = \begin{pmatrix} \mathbb{K}_{1,1} & & & \\ \mathbb{K}_{2,1} & \mathbb{K}_{2,2} & & \\ & \ddots & \ddots & \\ & & \mathbb{K}_{k,k-1} & \mathbb{K}_{k,k} \\ & & & \mathbb{K}_{k+1,k} \end{pmatrix}, \quad \mathbb{H} = \begin{pmatrix} \mathbb{H}_{1,1} & \mathbb{H}_{1,2} & & \\ & \mathbb{H}_{2,2} & \ddots & \\ & & \ddots & \mathbb{H}_{k-1,k} \\ & & & \mathbb{H}_{k,k} & \mathbb{H}_{k,k+1} \end{pmatrix}.$$

(7.3.12)

Entsprechend werden Vektoren zerlegt:

$$x_\Gamma = \begin{pmatrix} x_{\Gamma_1} \\ \vdots \\ x_{\Gamma_k} \end{pmatrix}, \, y_\Gamma = \begin{pmatrix} y_{\Gamma_1} \\ \vdots \\ y_{\Gamma_k} \end{pmatrix}.$$

Die Vektoren x_{Γ_i} und y_{Γ_i} bezeichnen die auf dem künstlichen Rand Γ_i, $1 \le i \le k$, genauer auf $\Gamma_i \cap \Omega$, liegenden Unbekannten und die entsprechenden Komponenten der rechten Seite. Die Matrizen $\mathbb{R}_i$, $1 \le i \le k$, enthalten die diesen Punkten entsprechenden Koeffizienten aus der Diskretisierung. Bei einem Differenzenverfahren sind dies die auf dem künstlichen Rand liegenden Koeffizienten aus einem Differenzenstern. $\mathbb{K}_{j,i}$ beschreibt die Kopplung zwischen Gebiet Ω_j und Rand Γ_i. Umgekehrt beschreibt $\mathbb{H}_{j,i}$ die Kopplung zwischen Γ_j und Ω_i. Schreibt man nun (7.3.3) blockweise aus, so erhält man die Gleichungen

$$\mathbb{R}_i \, x_{\Gamma_i} = y_{\Gamma_i} - \mathbb{H}_{i,i} \, x_{\Omega_i} - \mathbb{H}_{i,i+1} \, x_{\Omega_{i+1}}, \, i = 1,..,k,$$

(7.3.13)

für die Punkte auf allen Rändern Γ_i, $i = 1,..,k$, während die Gleichungen für die inneren Punkte aller Gebiete Ω_i, $i = 1,..,k+1$, durch

$$\begin{aligned} \mathbb{L}_1 \, x_{\Omega_1} &= y_{\Omega_1} - \mathbb{K}_{1,1} \, x_{\Gamma_1} & (i = 1) \\ \mathbb{L}_i \, x_{\Omega_i} &= y_{\Omega_i} - \mathbb{K}_{i,i-1} \, x_{\Gamma_{i-1}} - \mathbb{K}_{i,i} \, x_{\Gamma_i} & (i = 2,...,k) \\ \mathbb{L}_{k+1} \, x_{\Omega_{k+1}} &= y_{\Omega_{k+1}} - \mathbb{K}_{k+1,k} \, x_{\Gamma_k} & (i = k+1) \end{aligned}$$

(7.3.14)

beschrieben werden. Die Kopplungsmatrix besitzt nun die Gestalt einer Blocktridiagonalmatrix

$$\mathbb{C} = \begin{pmatrix} \mathbb{F}_1 & \mathbb{D}_2 & & & 0 \\ \mathbb{B}_2 & \mathbb{F}_2 & \mathbb{D}_3 & & \\ & \ddots & \ddots & \ddots & \\ & & \mathbb{B}_{k-1} & \mathbb{F}_{k-1} & \mathbb{D}_k \\ 0 & & & \mathbb{B}_k & \mathbb{F}_k \end{pmatrix}$$

(7.3.15)

mit den Blockkomponenten

$$\mathbb{F}_i = \mathbb{R}_i - \mathbb{H}_{i,i} \left(\mathbb{L}_i\right)^{-1} \mathbb{K}_{i,i} - \mathbb{H}_{i,i+1} \left(\mathbb{L}_{i+1}\right)^{-1} \mathbb{K}_{i+1,i}, \; 1 \le i \le k, \tag{7.3.16}$$

$$\mathbb{B}_i = -\mathbb{H}_{i,i} \left(\mathbb{L}_i\right)^{-1} \mathbb{K}_{i,i-1}, \; \mathbb{D}_i = -\mathbb{H}_{i-1,i} \left(\mathbb{L}_i\right)^{-1} \mathbb{K}_{i,i}, \; 2 \le i \le k,$$

während sich die rechte Seite des Kopplungssystems aus

$$g_i = y_{\Gamma_i} - \mathbb{H}_{i,i} \left(\mathbb{L}_i\right)^{-1} y_{\Omega_i} - \mathbb{H}_{i,i+1} \left(\mathbb{L}_{i+1}\right)^{-1} y_{\Omega_{i+1}}, \; 1 \le i \le k, \tag{7.3.17}$$

ergibt. Nach Lösung des Kapazitätssystems $\mathbb{C} x_\Gamma = g$ erhält man anstelle von (7.3.9)

$$
\begin{aligned}
x_{\Omega_1} &= \left(\mathbb{L}_1\right)^{-1} y_{\Omega_1} - \left(\left(\mathbb{L}_1\right)^{-1} \mathbb{K}_{1,1}\right) x_{\Gamma_1} \\
x_{\Omega_i} &= \left(\mathbb{L}_i\right)^{-1} y_{\Omega_i} - \left(\left(\mathbb{L}_i\right)^{-1} \mathbb{K}_{i,i}\right) x_{\Gamma_i} - \left(\left(\mathbb{L}_i\right)^{-1} \mathbb{K}_{i,i-1}\right) x_{\Gamma_{i-1}}, \quad i = 2,..,k, \\
x_{\Omega_{k+1}} &= \left(\mathbb{L}_{k+1}\right)^{-1} y_{\Omega_{k+1}} - \left(\left(\mathbb{L}_{k+1}\right)^{-1} \mathbb{K}_{k+1,k}\right) x_{\Gamma_k},
\end{aligned}
\tag{7.3.18}
$$

wobei durch Nutzung der Assoziativität der Matrix-Multiplikation die Mehrfachlösung der Teilsysteme vermieden wird. Die obigen Beziehungen gestatten es uns nun, parallele Algorithmen für das Schur-Komplement-Verfahren unter den obigen Einschränkungen zu formulieren.

<u>Schur-Komplement-Verfahren (gemeinsamer Speicher)</u> (7.3.19)
<u>Schritt 1: Lösung von Teilsystemen</u>

for $i := 1$ **to** $k+1$ **do parallel**
  if $i = 1$ **then**
$$\begin{pmatrix} w_1 \\ U_1 \end{pmatrix} := \mathcal{L}_1\left(\mathbb{L}_1, \begin{pmatrix} y_{\Omega_1} \\ \mathbb{K}_{1,1} \end{pmatrix}\right)$$

  elseif $2 \le i \le k$ **then**
$$\begin{pmatrix} w_i \\ U_i \\ V_i \end{pmatrix} := \mathcal{L}_1\left(\mathbb{L}_i, \begin{pmatrix} y_{\Omega_i} \\ \mathbb{K}_{i,i} \\ \mathbb{K}_{i,i-1} \end{pmatrix}\right)$$

  elseif $i = k+1$ **then**
$$\begin{pmatrix} w_{k+1} \\ V_{k+1} \end{pmatrix} := \mathcal{L}_1\left(\mathbb{L}_{k+1}, \begin{pmatrix} y_{\Omega_{k+1}} \\ \mathbb{K}_{k+1,k} \end{pmatrix}\right)$$

<u>Schritt 2: Berechnung der Koeffizienten des Kopplungssystems</u>

for $i := 1$ **to** k **do parallel**
$$g_i := y_{\Gamma_i} - \mathbb{H}_{i,i} \, w_i - \mathbb{H}_{i,i+1} \, w_{i+1}$$
$$\mathbb{F}_i := \mathbb{R}_i - \mathbb{H}_{i,i} \, U_i - \mathbb{H}_{i,i+1} \, V_{i+1}$$

for $i := 2$ **to** k **do parallel**
$$\mathbb{B}_i := -\mathbb{H}_{i,i} \, V_i$$
$$\mathbb{D}_i := -\mathbb{H}_{i-1,i} \, U_i$$

<u>Schritt 3: Lösung des Kopplungssystems</u>
$$x_\Gamma := \mathcal{L}_2\left(\mathbb{C}_\Gamma, g\right)$$

Schritt 4: Lösungsphase

for $i := 1$ **to** $k+1$ **do parallel**

    if $i = 1$ **then** $x_{\Omega_1} := w_1 - U_1\, x_{\Gamma_1}$

    elseif $2 \le i \le k$ **then** $x_{\Omega_i} := w_i - U_i\, x_{\Gamma_i} - V_i\, x_{\Gamma_{i-1}}$

    elseif $i = k+1$ **then** $x_{\Omega_{k+1}} := w_{k+1} - V_{k+1}\, x_{\Gamma_k}.$ ♦

Zur Lösung der Teilsysteme wird man im Allgemeinen ein anderes Verfahren als zur Lösung des Kopplungssystems verwenden, was durch die Unterscheidung von $\mathcal{L}_1$ und $\mathcal{L}_2$ gekennzeichnet wird. Dies schließt nicht aus, dass darüber hinaus auf unterschiedlichen Teilgebieten auch unterschiedliche Löser verwendet werden. Grundsätzlich ist jedes direkte oder iterative Verfahren zur Lösung eines linearen Gleichungssystems denkbar. Man erhält ein weitgehend paralleles Verfahren, in dessen parallelen Schritten zwischen $k-1$ und $k+1$ Prozessoren benötigt werden. Der tatsächliche Grad der Parallelität wird vom Verhältnis des Aufwandes zur Lösung des Kopplungssystems zu dem für alle anderen Schritte bestimmt. Dieses Verhältnis kann bei einer vergleichsweise geringen Anzahl großer Gebiete als hinreichend klein angenommen werden. Der Hauptaufwand in diesem Verfahren fällt im ersten Schritt bei der Lösung der Teilsysteme an.

Bei *verteiltem Speicher* werden $k+1$ Prozessoren eingesetzt. Jedem Prozessor P(i) wird fest das Gebiet Ω_i und der davorliegende Rand Γ_{i-1} zugeordnet ($\Gamma_0 := \Gamma_{k+1} := \varnothing$). Auf Prozessor P($i$), $i = 2,\ldots,k+1$, wird zusätzlich die $(l-1)$-te Blockzeile des Kopplungssystems berechnet, dessen Lösung auf Prozessor P(1) erfolgt. Prozessor P(i) werden somit folgende Daten zugeteilt:

$$K^l \equiv K_{i,i-1},\; K^r \equiv K_{i,i},\; H^l \equiv H_{i-1,i-1},\; H^r \equiv H_{i-1,i},\; L \equiv L_i,\; R \equiv R_{i-1},$$

$$x_\Omega \equiv x_{\Omega_i},\; y_\Omega \equiv y_{\Omega_i},\; x_\Gamma \equiv x_{\Gamma_{i-1}},\; y_\Gamma \equiv y_{\Gamma_{i-1}}.$$

Die Kommunikation beschränkt sich auf den Versand folgender Daten:

    <u>Schritt 1:</u>   Ein Teilvektor der Länge von y_{Ω_i} und ein bzw. zwei Matrixblöcke der Größe von $K_{i,i}$ bzw. $K_{i,i-1}$ von P(i) an P($i+1$), $i = 1,\ldots,k$,

    <u>Schritt 1,2:</u>   Ein Teilvektor der Länge von $y_{\Gamma_{i-1}}$ und drei (zwei) Matrixblöcke der Größe von R_{i-1} von P(i) an P(1), $i = 2,\ldots,k+1$,

    <u>Schritt 3,4:</u>   zwei (ein) Vektor(en) der Länge von $x_{\Gamma_{i-1}}$, x_{Γ_i} von P(1) an P(i), $2 \le i \le k+1$.

Die Lösung des Kopplungssystems kann auch auf einem anderen oder mehreren Prozessoren erfolgen. Auch die endgültige Berechnung von C_Γ und x_Γ kann im Detail anders geregelt werden.

<u>Schur-Komplement-Verfahren (verteilter Speicher)</u>   (7.3.20)
<u>Prozessor P(*me*), $1 \le me \le k+1$</u>

<u>Schritt 1, 2: Lösung von Teilsystemen, Berechnung des Kopplungssystems</u>

if $me = 1$ **then**

$$\binom{w}{U} = \mathcal{L}_1\!\left(L, \binom{y_\Omega}{K^r}\right)$$

send(w, $\mathbb{U}$) **to** P(2)

else if *me* = 2 **then**

$$\begin{pmatrix} w \\ \mathbb{U} \\ \mathbb{V} \end{pmatrix} = \mathcal{L}_1\left(\mathbb{L}, \begin{pmatrix} y_\Omega \\ \mathbb{K}^r \\ \mathbb{K}^l \end{pmatrix} \right)$$

send(w, $\mathbb{U}$, $\mathbb{V}$) **to** P(3)

receive(w^-, $\mathbb{U}^-$) **from** P(1)

$g := y_\Gamma - \mathbb{H}^l w^- - \mathbb{H}^r w$

$\mathbb{F} := \mathbb{R} - \mathbb{H}^l \mathbb{U}^- - \mathbb{H}^r \mathbb{V}$

$\mathbb{D} := - \mathbb{H}^r \mathbb{U}$

send($\mathbb{F}$, $\mathbb{D}$, g) **to** P(1)

else if *me* = $k+1$ **then**

$$\begin{pmatrix} w \\ \mathbb{V} \end{pmatrix} = \mathcal{L}_1\left(\mathbb{L}, \begin{pmatrix} y_\Omega \\ \mathbb{K}^l \end{pmatrix} \right)$$

receive(w^-, $\mathbb{U}^-$, $\mathbb{V}^-$) **from** P(k)

$g := y_\Gamma - \mathbb{H}^l w^- - \mathbb{H}^r w$

$\mathbb{F} := \mathbb{R} - \mathbb{H}^l \mathbb{U}^- - \mathbb{H}^r \mathbb{V}$

$\mathbb{B} := - \mathbb{H}^l \mathbb{V}^-$

send($\mathbb{F}$, $\mathbb{B}$, g) **to** P(1)

else

$$\begin{pmatrix} w \\ \mathbb{U} \\ \mathbb{V} \end{pmatrix} = \mathcal{L}_1\left(\mathbb{L}, \begin{pmatrix} y_\Omega \\ \mathbb{K}^r \\ \mathbb{K}^l \end{pmatrix} \right)$$

send(w, $\mathbb{U}$, $\mathbb{V}$) **to** P($i+1$)

receive(w^-, $\mathbb{U}^-$, $\mathbb{V}^-$) **from** P($i-1$)

$g := y_\Gamma - \mathbb{H}^l w^- - \mathbb{H}^r w$

$\mathbb{F} := \mathbb{R} - \mathbb{H}^l \mathbb{U}^- - \mathbb{H}^r \mathbb{V}$

$\mathbb{B} := - \mathbb{H}^l \mathbb{V}^-$

$\mathbb{D} := - \mathbb{H}^r \mathbb{U}$

send($\mathbb{F}$, $\mathbb{B}$, $\mathbb{D}$, g) **to** P(1)

Schritt 3: Lösung des Kopplungssystems

if *me* = 1

then   **for** $i := 2$ **to** $k+1$ **do**

    if $i = 2$ **then receive** $\left(\mathbb{F}_1, \mathbb{D}_2, g_1 \right)$ **from** P(2)

    elseif $i = 3,\dots,k$ **then receive** $\left(\mathbb{F}_{i-1}, \mathbb{B}_{i-1}, \mathbb{D}_i, g_{i-1} \right)$ **from** P(i)

    else $i = k+1$ · **then receive** $\left(\mathbb{F}_k, \mathbb{B}_{k-1}, g_k \right)$ **from** P($k+1$)

$$\mathbb{x}_\Gamma := \mathcal{L}^2\left(\mathbb{C}_\Gamma, \mathbb{g}\right)$$

for $i := 2$ **to** $k+1$ **do**

   if $i \neq k+1$ **then**   **send**$(\mathbb{x}_{\Gamma_{i-1}}, \mathbb{x}_{\Gamma_i})$ **to** $P(i)$

      else   **send**$(\mathbb{x}_{\Gamma_k})$ **to** $P(k+1)$

$$\mathbb{x}^r := \mathbb{x}_{\Gamma_1}$$

<u>Schritt 4: Lösungsphase</u>

if $me = 1$ **then** $\mathbb{x} := \mathbb{w} - \mathbb{U}\,\mathbb{x}^r$

   elseif $me = k+1$ **then** **receive** $(\mathbb{x}^l)$ **from** $P(1)$

      $$\mathbb{x} := \mathbb{w} - \mathbb{V}\,\mathbb{x}^l$$

   else **receive** $(\mathbb{x}^l, \mathbb{x}^r)$ **from** $P(1)$

      $$\mathbb{x} := \mathbb{w} - \mathbb{U}\,\mathbb{x}^r - \mathbb{V}\,\mathbb{x}^l.\qquad\qquad\blacklozenge$$

Die Durchführbarkeit von (7.3.19) und (7.3.20) kann durch einfache Anpassung von Lemma 5.1.4 und Korollar 5.1.5 gezeigt werden.

7.3.1 Lemma. Ist $\mathbb{M}$ (a) symmetrisch, (b) positiv definit oder (c) eine H-Matrix, so gilt dies jeweils auch für $\overline{\mathbb{M}}$, ihr Schur-Komplement $\mathbb{C}_\Gamma = \mathbb{S}(\overline{\mathbb{M}})$ bezüglich $\mathbb{M}_\Gamma$ und alle $\mathbb{L}_i$, $1 \leq i \leq k+1$. $\qquad\blacklozenge$

7.3.2 Korollar. (1) Unter Voraussetzung (b) oder (c) von Lemma 7.3.1 sind $\mathbb{C}_\Gamma$ und $\mathbb{L}_i$, $1 \leq i \leq k+1$, nichtsingulär, folglich ist das Schur-Komplement-Verfahren (7.3.19) beziehungsweise (7.3.20) durchführbar, sofern das jeweils gewählte Verfahren $\mathcal{L}_1$ auf die Matrizen $\mathbb{L}_i$ und $\mathcal{L}_2$ auf $\mathbb{C}_\Gamma$ anwendbar ist.

(2) Da $\mathbb{C}_\Gamma$ und $\mathbb{L}_i$, $1 \leq i \leq k+1$, Blocktridiagonalmatrizen mit den Eigenschaften von $\mathbb{M}$ sind, kann (7.3.19) bzw. (7.3.20) rekursiv durchgeführt werden. $\qquad\blacklozenge$

Die Algorithmen (7.3.19) und (7.3.20) beschreiben die grundsätzliche parallele Struktur des Schur-Komplement-Verfahrens. Die tatsächliche Effizienz des Verfahrens hängt jedoch von der Struktur der Teilaufgaben ab. Diese bestimmt vor allem die Auswahl der Lösungsverfahren $\mathcal{L}_i$ und den Aufwand für die Matrix-Multiplikationen. Allgemein muss man von vollbesetzten Matrizen ausgehen, die beispielsweise mit dem (Block-)Gauß-Verfahren gelöst werden. Der daraus resultierende, überaus große Aufwand lässt das Verfahren in dieser allgemeinen Form als ineffizient erscheinen. Die Herleitung anhand einer Diskretisierung eines partiellen Randwertproblems deutet jedoch an, dass man das obige Verfahren meist auf dünnbesetzte Matrizen anwenden wird, die zudem noch eine sehr regelmäßige Struktur aufweisen. In diesem Falle ist der Einsatz "Schneller Direkter Löser" als $\mathcal{L}_1$ denkbar. Auch die Matrix-Multiplikationen können sich erheblich vereinfachen. Konkrete Aussagen können jedoch nur anhand konkreter Anwendungen erfolgen. Wir betrachten exemplarisch als einfachsten Fall das Modellproblem (5.1.75), die Poisson-Gleichung auf dem Einheitsquadrat mit Dirichlet-Randbedingungen

$$-\Delta u = f \text{ auf } \Omega := (0,1) \times (0,1)$$
$$u \quad = g \text{ auf } \partial\Omega$$

und einer Diskretisierung mit zentralen Differenzen und der Schrittweite $h_x = 1/(n+1)$ in x-Richtung und $h_y = 1/(p+1)$ in y-Richtung, also einem 5-Punkt-Differenzenoperator. Die folgenden Überlegungen lassen sich leicht auf andere Anwendungen übertragen. Vergleiche etwa (5.1.77).

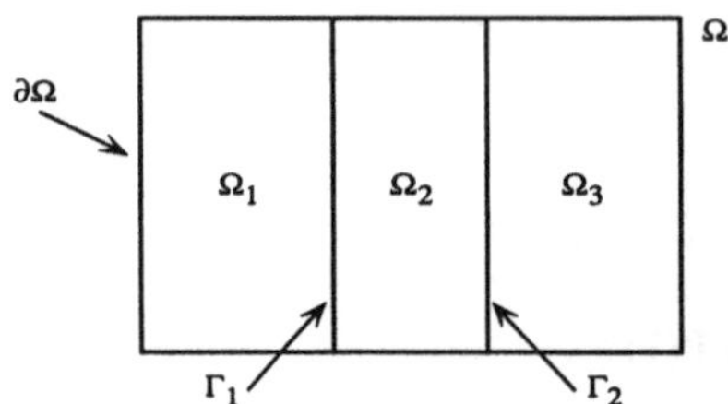

Abb. 7.3.2
Streifenzerlegung für $k = 2$

Wir zerlegen Ω in y-Richtung in Streifen Ω_i, $i = 1,..,k+1$, der Höhe $l_i = (m_i + 1)\, h_y$. Jedes Teilgebiet Ω_i besitzt n innere Punkte in x-Richtung und m_i innere Punkte in y-Richtung. Ω besitzt somit n innere Punkte in x-Richtung und $p := m+k$ innere Punkte in y-Richtung, wobei $m := \sum_{i=1}^{k+1} m_i$. Damit erhalten wir in (7.3.2)-(7.3.3) ein lineares Gleichungssystem $\mathbb{A}x = y$ mit

$$\mathbb{A} \in \mathbf{R}^{N \times N},\, N = (m+k)\,n,\quad \mathbb{A}_\Omega \in \mathbf{R}^{mn \times mn},\quad \mathbb{A}_\Gamma \in \mathbf{R}^{kn \times kn}, \qquad (7.3.21)$$

$$\mathbb{L}_i = (-\mathbb{I}, \mathbb{R}, -\mathbb{I})_{m_i} \in \mathbf{R}^{m_i n \times m_i n},\, i = 1,..,k+1,\quad \mathbb{I}, \mathbb{R} = (-1, 4, -1)_n \in \mathbf{R}^{n \times n},$$

$$\mathbb{R}_i \equiv \mathbb{R} = (-1, 4, -1)_n,\, i = 1,..,k,\quad \mathbb{K} \in \mathbf{R}^{mn \times n},\quad \mathbb{H} = \mathbb{K}^{\mathrm{T}} \in \mathbf{R}^{n \times mn}.$$

Die Gleichungen für die inneren Punkte in allen Streifen Ω_i, $i = 1,...,k+1$, werden somit durch $m_i n \times m_i n$-Teilsysteme, die Gleichungen für die Punkte in allen Rändern Γ_i, $i = 1,...,k$, durch $n \times n$-Teilsysteme beschrieben. Die $mn \times n$-Matrix $\mathbb{K}$ berücksichtigt die Kopplungen zwischen Gebieten und Rändern, die $n \times mn$-Matrix $\mathbb{H}$ berücksichtigt die Kopplungen zwischen Rändern und Gebieten. Eine Teilmatrix $\mathbb{K}_{i,j}$ beschreibt die Kopplung zwischen dem Gebiet Ω_i und dem Rand Γ_j und eine Matrix $\mathbb{H}_{j,i}$ die Kopplung zwischen dem Rand Γ_j und dem Gebiet Ω_i. Diese Matrizen sind sehr dünn besetzt. Sie enthalten aus dem 5-Punkt-Differenzenoperator an verschiedenen Stellen -1 als Koeffizienten:

$$\mathbb{K}_{i+1,i} = \left(\frac{-\mathbb{I}_{n \times n}}{\mathbb{0}_{(m_i-1)*n \times n}} \right),\quad \mathbb{K}_{i,i} = \left(\frac{\mathbb{0}_{(m_i-1)*n \times n}}{-\mathbb{I}_{n \times n}} \right),\quad \mathbb{H}_{i,j} = \mathbb{K}_{j,i}^{\mathrm{T}},\, i = 1,...,k,\, 0 \le i-j \le 1.$$

Die Lösung der Systeme mit den Koeffizientenmatrizen $\mathbb{L}_i$ kann in diesem Fall beispielsweise mit dem Buneman- oder dem FACR-Algorithmus, jeweils in einer Version für mehrere rechte Seiten erfolgen. Matrix-Multiplikationen $\mathbb{K}_{i,j} X$ oder $\mathbb{K}_{i,j}^{\mathrm{T}} X$ laufen nun lediglich auf die Extraktion des ersten oder letzten $n \times n$-Blocks aus einer Matrix X hinaus. Dies kann bei verschiedenen Verfahren $\mathcal{L}$ durch entsprechend reduzierte Spezialversionen berücksichtigt werden. Auch Einheitsvektoren als rechte Seiten wie im Falle der Matrizen $\mathbb{K}_{i,j}$ vereinfachen häufig einen Gleichungslöser $\mathcal{L}$ erheblich. Es bleibt lediglich das Problem der Lösung des Kopplungssystems mit Blocktridiagonalgestalt und vollbesetzten Blöcken. Im Falle gleicher Streifenbreite $m_i \equiv m$, $1 \le i \le k+1$, hat die Kopplungsmatrix eine symmetrische Gestalt

$$\mathbb{C} = \begin{pmatrix} \mathbb{F} & \mathbb{B} & & \mathbb{0} \\ \mathbb{B} & \ddots & \ddots & \\ & \ddots & \ddots & \mathbb{B} \\ \mathbb{0} & & \mathbb{B} & \mathbb{F} \end{pmatrix}.$$

Die Blöcke $\mathbb{B}$, $\mathbb{F}$ sind zwar weiter vollbesetzt, aufgrund der einfachen Gestalt ist jedoch der Einsatz eines angepassten direkten Verfahrens $\mathcal{L}$ denkbar. Bei unterschiedlicher Blockgröße kann man sich jedoch die Tatsache zunutze machen, dass man in dieser speziellen Anwendung, der Fünf-Punkt-Diskretisierung des Laplace-Operators, über wesentlich mehr Informationen verfügt, insbesondere Eigenwerte und Eigenvektoren kennt. Das folgende Verfahren wird ausführlich in [ChRe87] diskutiert. Mit den Abkürzungen

$$\mathbb{Z} = (\mathbb{z}_1,\ldots,\mathbb{z}_n), \quad \mathbb{z}_j = \sqrt{\frac{2}{n+1}}\,(\sin(j\pi h), \sin(2j\pi h),\ldots, \sin(nj\pi h))^{\mathrm{T}}, \, j = 1,..,n,$$

sowie

$$\gamma_j = \left(1 + \frac{\sigma_j}{2} + \sqrt{\sigma_j + \frac{1}{4}\sigma_j^2}\right)^{-2}, \quad \sigma_j = 4\sin^2\left(\frac{j\pi h}{2}\right), \quad j = 1,..,n,$$

erhalten wir folgenden

7.3.3 Satz. Die Matrizen $\mathbb{B}_i$ und $\mathbb{F}_i$ haben dieselben Eigenvektoren: Es gilt

$$\mathbb{Z}^{\mathrm{T}}\mathbb{F}_i\mathbb{Z} = \mathbb{S}_i = \mathrm{diag}(\lambda_{i,1},\ldots,\lambda_{i,n}), \quad \mathbb{Z}^{\mathrm{T}}\mathbb{B}_i\mathbb{Z} = \mathbb{T}_i = \mathrm{diag}(\mu_{i,1},\ldots,\mu_{i,n})$$

$$\text{mit} \quad \lambda_{i,j} = -\left(\frac{1+\gamma_j^{m_i+1}}{1-\gamma_j^{m_i+1}} + \frac{1+\gamma_j^{m_{i+1}+1}}{1-\gamma_j^{m_{i+1}+1}}\right)\sqrt{\sigma_j + \frac{\sigma_j^2}{4}}, \quad \mu_{i,j} = \sqrt{\gamma_j^{m_i}}\left(\frac{1-\gamma_j}{1-\gamma_j^{m_i+1}}\right). \qquad \blacklozenge$$

Mit diesem Ergebnis und der in Abschnitt 5.1.5.3 für den Eigenwert-Eigenvektor-Algorithmus vorgestellten Vorgehensweise lässt sich die explizite Berechnung der Blöcke $\mathbb{B}_i$, $\mathbb{D}_i$, $\mathbb{F}_i$ des Kopplungssystems vermeiden. Durch Wechsel des Zugriffs zwischen Block- und Komponentenindex und Anwendung der FFT wird die Lösung des Kopplungssystems auf diejenige von tridiagonalen Gleichungssystemen zurückgeführt. Das Kopplungssystem $\mathbb{C}\,\mathbb{x}_\Gamma = \mathbb{g}$ hat auf Blockebene die Form

$$\begin{aligned}
\mathbb{F}_1\,\mathbb{x}_{\Gamma_1} + \mathbb{B}_2\,\mathbb{x}_{\Gamma_2} & & = \mathbb{g}_1 \\
\mathbb{B}_i\,\mathbb{x}_{\Gamma_{i-1}} + \mathbb{F}_i\,\mathbb{x}_{\Gamma_i} + \mathbb{B}_{i+1}\,\mathbb{x}_{\Gamma_{i+1}} & = \mathbb{g}_i \\
\mathbb{B}_k\,\mathbb{x}_{\Gamma_{k-1}} + \mathbb{F}_k\,\mathbb{x}_{\Gamma_k} & = \mathbb{g}_k.
\end{aligned}$$

Zunächst kann dieses System mit Hilfe von Satz 7.3.3 in das System

$$\begin{pmatrix} \mathbb{S}_1 & \mathbb{T}_2 & & & \mathbb{0} \\ \mathbb{T}_2 & & & & \\ & \ddots & \ddots & \ddots & \\ & & & & \mathbb{T}_k \\ \mathbb{0} & & & \mathbb{T}_k & \mathbb{S}_k \end{pmatrix} \begin{pmatrix} \hat{\mathbb{x}}_{\Gamma_1} \\ \hat{\mathbb{x}}_{\Gamma_2} \\ \vdots \\ \hat{\mathbb{x}}_{\Gamma_{k-1}} \\ \hat{\mathbb{x}}_{\Gamma_k} \end{pmatrix} = \begin{pmatrix} \hat{\mathbb{g}}_1 \\ \hat{\mathbb{g}}_2 \\ \vdots \\ \hat{\mathbb{g}}_{k-1} \\ \hat{\mathbb{g}}_k \end{pmatrix} \text{ mit } \hat{\mathbb{g}}_i = \mathbb{Z}^{\mathrm{T}}\mathbb{g}_i, \, \hat{\mathbb{x}}_{\Gamma_i} = \mathbb{Z}^{\mathrm{T}}\mathbb{x}_{\Gamma_i}, \qquad (7.3.22)$$

überführt werden. Durch Vertauschung von Zeilen- und Spaltenzugriff erhalten wir anstelle von

(7.3.22) insgesamt n unabhängige Tridiagonalsysteme der Größe $k \times k$

$$
\mathbb{G}_j \bar{\mathbb{x}}_j = \bar{\mathbb{g}}_j, \quad
\mathbb{G}_j = \begin{pmatrix}
\lambda_{1,j} & \mu_{2,j} & & & \\
\mu_{2,j} & \lambda_{2,j} & \mu_{3,j} & & \\
& \ddots & \ddots & \ddots & \\
& & \mu_{k-1,j} & \lambda_{k-1,j} & \mu_{k,j} \\
& & & \mu_{k,j} & \lambda_{k,j}
\end{pmatrix}, \quad
\bar{\mathbb{x}}_j = \begin{pmatrix}
x_{j,1} \\ x_{j,2} \\ \vdots \\ x_{j,k-1} \\ x_{j,k}
\end{pmatrix}, \quad
\bar{\mathbb{g}}_j = \begin{pmatrix}
g_{j,1} \\ g_{j,2} \\ \vdots \\ g_{j,k-1} \\ g_{j,k}
\end{pmatrix}, \quad 1 \le j \le n.
$$

Wir verwenden ferner eine Zerlegung des Vektors $\mathbb{w}$ aus (7.3.19):

$$
\mathbb{w}_i := \begin{pmatrix} \mathbb{w}_i^1 \\ \vdots \\ \mathbb{w}_i^{m_i} \end{pmatrix}, \quad
\mathbb{w}_i^j := \begin{pmatrix} w_{1,i}^j \\ \vdots \\ w_{n,i}^j \end{pmatrix}, \quad j = 1, ..., m_i, \ i = 1, ..., k{+}1.
$$

Damit formulieren wir das folgende Verfahren (7.3.23) [ChRe87]. Mittels des Gleichungslösers $\mathcal{L}_1$ werden lineare Systeme mit den Koeffizientenmatrizen $\mathbb{L}_i$ mit mehreren rechten Seiten jeweils sowohl in Schritt 1 als auch in Schritt 3 gelöst. Daher trennen wir, soweit möglich, die zu $\mathcal{L}_1$ gehörige Matrixtransformation, etwa beim Gauß-Algorithmus die Transformation auf Dreiecksgestalt, durch separate Berechnung und Überschreibung $\mathbb{L}_i := \mathcal{L}_{\mathcal{M}}^1(\mathbb{L}_i)$, $1 \le i \le k{+}1$, von der Behandlung aller rechten Seiten gemäß der Vorschrift $\mathbb{z} := \mathcal{L}_{\mathcal{R}}^1(\mathbb{L}_i, \mathbb{u})$, $1 \le i \le k{+}1$, was beim Gauß-Algorithmus der parallelen Lösung aller zu behandelnden Dreieckssysteme entspricht.

<u>DDFPS (Domain-Decomposed Fast Poisson Solver)</u>   (7.3.23)

<u>Schritt 1: Lösung von Teilsystemen</u>

for $i := 1$ **to** $k{+}1$ **do parallel**

    if $\quad i = 1 \quad$ **then** $\mathbb{L}_1 \quad := \mathcal{L}_{\mathcal{M}}^1(\mathbb{L}_1); \quad \mathbb{w}_1 \quad := \mathcal{L}_{\mathcal{R}}^1(\mathbb{L}_1, \mathbb{y}_{\Omega_1})$

    elseif $2 \le i \le k$ **then** $\mathbb{L}_i \quad := \mathcal{L}_{\mathcal{M}}^1(\mathbb{L}_i); \quad \mathbb{w}_i \quad := \mathcal{L}_{\mathcal{R}}^1(\mathbb{L}_i, \mathbb{y}_{\Omega_i})$

    elseif $i = k{+}1 \quad$ **then** $\mathbb{L}_{k+1} := \mathcal{L}_{\mathcal{M}}^1(\mathbb{L}_{k+1}); \quad \mathbb{w}_{k+1} := \mathcal{L}_{\mathcal{R}}^1(\mathbb{L}_{k+1}, \mathbb{y}_{\Omega_{k+1}})$

<u>Schritt 2: Berechnung der rechten Seite des Kopplungssystems</u>

for $i := 1$ **to** k **do parallel**

$$\mathbb{g}_i := \mathbb{y}_{\Gamma_i} + \mathbb{w}_i^{m_i} + \mathbb{w}_{i+1}^1$$

$$\widehat{\mathbb{g}}_i := \mathrm{FFT}^{-1}(\mathbb{g}_i) = \mathbb{Z}^{\mathrm{T}} \mathbb{g}_i$$

<u>Schritt 3: Lösung des Kopplungssystems</u>

for $j := 1$ **to** n **do parallel** $\quad \bar{\mathbb{x}}_j := \mathcal{L}_2(\mathbb{G}_j, \bar{\mathbb{g}}_j)$

<u>Schritt 4: Lösungsphase</u>

for $i := 1$ **to** k **do parallel** $\quad \widehat{\mathbb{g}}_i := \mathrm{FFT}^{-1}(\mathbb{g}_i) = \mathbb{Z}^{\mathrm{T}} \mathbb{g}_i$

for $i := 1$ **to** $k+1$ **do parallel**

    if $i = 1$ **then**

$$\mathbb{u}_1 := \mathcal{L}_{\mathcal{R}}^1\left(\mathbb{L}_1,\left(\mathbb{x}_{\Gamma_1},0,\ldots,0\right)^{\mathrm{T}}_{m_1 n}\right)$$

$$\mathbb{x}_{\Omega_1} := \mathbb{w}_1 + \mathbb{u}_1$$

    elseif $2 \leq i \leq k$ **then**

$$\begin{pmatrix}\mathbb{u}_i\\ \mathbb{v}_i\end{pmatrix} := \mathcal{L}_{\mathcal{R}}^1\left(\mathbb{L}_i,\begin{pmatrix}\left(\mathbb{x}_{\Gamma_i},0,\ldots,0\right)^{\mathrm{T}}_{m_i n}\\ \left(0,\ldots,0,\mathbb{x}_{\Gamma_{i-1}}\right)^{\mathrm{T}}_{m_i n}\end{pmatrix}\right)$$

$$\mathbb{x}_{\Omega_i} := \mathbb{w}_i + \mathbb{u}_i + \mathbb{v}_i$$

    elseif $i = k+1$ **then**

$$\mathbb{v}_{k+1} := \mathcal{L}_{\mathcal{R}}^1\left(\mathbb{L}_{k+1},\left(\left(\mathbb{x}_{\Gamma_k},0,\ldots,0\right)^{\mathrm{T}}_{m_k n}\right)\right)$$

$$\mathbb{x}_{\Omega_{k+1}} := \mathbb{w}_{k+1} + \mathbb{v}_{k+1}$$
                                                ♦

Der Übergang von $\widehat{g}$ zu $\overline{g}$ und von $\widehat{\mathbb{x}}$ zu $\overline{\mathbb{x}}$ bedeutet auf einem Parallelrechner mit gemeinsamem Speicher lediglich einen Wechsel in der Zugriffsreihenfolge auf Zeilen und Spalten. Bei verteiltem Speicher wird eine echte Umverteilung und damit Datentransporte erforderlich. Während dies beim EEA-Algorithmus die Eignung für Parallelrechner mit verteiltem Speicher infrage stellt, kann man bei (7.3.23) zu einem anderen Ergebnis kommen, da nur $2k$ Vektoren der Länge n betroffen sind, wobei die Gesamtsystemgröße $(m+k)n \times (m+k)n$ mit $m := \sum_{i=1}^{k+1} m_i$ beträgt, wobei die m_i die Gitterzeilenanzahl des i-ten Gebietes angibt. Die Berechnung der $\mathbb{w}_i$ in Schritt 1 kann auch als numerische Lösung der $k+1$ entkoppelten Randwertprobleme

$$\begin{aligned}
L_i\, w_i &= y_{\Omega_i} && \text{auf}\,\Omega_i\\
w_i &= r_i && \text{auf}\,\partial\Omega \cap \Omega_i\\
w_i &= 0 && \text{auf}\,\Gamma_{i-1}\\
w_i &= 0 && \text{auf}\,\Gamma_i
\end{aligned} \qquad (7.3.24)$$

und die Berechnung der $\mathbb{x}_{\Omega_i}$ in Schritt 4 als Lösung von

$$\begin{aligned}
L_i\, x_i &= y_{\Omega_i} && \text{auf}\,\Omega_i\\
x_i &= r_i && \text{auf}\,\partial\Omega \cap \Omega_i\\
x_i &= x_{\Gamma_{i-1}} && \text{auf}\,\Gamma_{i-1}\\
x_i &= x_{\Gamma_i} && \text{auf}\,\Gamma_i,
\end{aligned} \qquad (7.3.25)$$

interpretiert werden, wobei $\Gamma_0 := \Gamma_{k+1} := \varnothing$. Falls alle Streifen die gleiche Größe besitzen, vereinfacht sich das obige Verfahren weiter. In diesem Falle ist nach Anwendung der FFT nur noch ein Diagonalsystem zu lösen [ChRe87].

7.3.4 Satz. Wenn $m_i \equiv m$, $1 \leq i \leq k+1$, dann hat die Kopplungsmatrix die Form

$$\mathbb{C} = \begin{pmatrix} \mathbb{F} & \mathbb{B} & & 0\\ \mathbb{B} & \ddots & \ddots & \\ & \ddots & \ddots & \mathbb{B}\\ 0 & & \mathbb{B} & \mathbb{F} \end{pmatrix},$$

und die Eigenwerte von $\mathbb{C}$ sind gegeben durch

$$\alpha_{i,j} = \lambda_j + \mu_j \cos\left(\frac{i\pi}{k+1}\right), \ i = 1,\dots,k, j = 1,\dots,n,$$

wobei λ_j die Eigenwerte von $\mathbb{F}$ und μ_j die Eigenwerte von $\mathbb{B}$ sind. Die Eigenvektoren $v_{i,j}$ sind das direkte Produkt der Vektoren w_j und

$$z_i = \left(\sin\left(\frac{i\pi}{k+1}\right), \sin\left(2\,\frac{i\pi}{k+1}\right),\dots, \sin\left(k\,\frac{i\pi}{k+1}\right)\right)^{\mathrm{T}},$$

das heißt

$$v_{i,j} = z_i \otimes w_j = \left(\left(\sin\left(\frac{i\pi}{k+1}\right)\right) w_j,\ \left(\sin\left(\frac{2\pi}{k+1}\right)\right) w_j,\ \cdots,\ \left(\sin\left(\frac{ki\pi}{k+1}\right)\right) w_j\right)^{\mathrm{T}}. \qquad \blacklozenge$$

Im Falle komplizierterer Geometrien sind die Kapazitätsmatrix und auch das Kapazitätssystem nur sehr aufwendig zu berechnen und zu lösen. Anstelle direkter Löser werden in dieser Situation eher iterative Verfahren, meist präkonditionierte CG-Verfahren, verwendet. Die Präkonditionierung ist erforderlich, da das Kopplungssystem häufig schlecht konditioniert ist, was sich auf die Fehlerentwicklung und auf die Konvergenz auswirkt [Cha87].

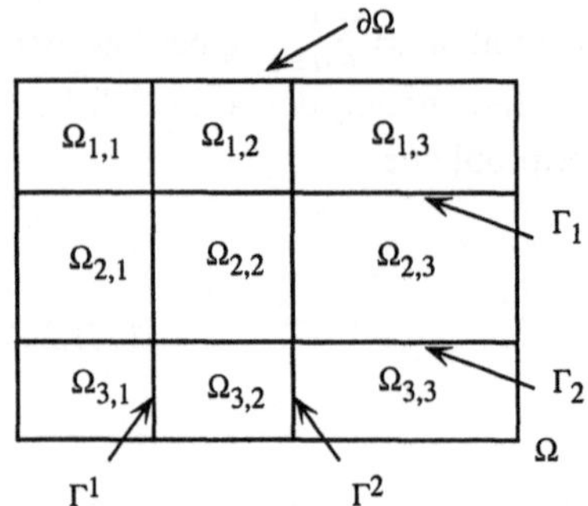

Abb. 7.3.3
Streifenzerlegung für $k = 2$

Die einfache Struktur der hier zugelassenen Probleme und damit der obigen Algorithmen beruht wesentlich auf den Einschränkungen an die Diskretisierung (hier die Differenzensterne) und die Gebietszerlegung. Die Einschränkung auf kompakte Differenzensterne, in denen jeder Punkt $u_{i,j}$ nur mit maximal einem Nachbarpunkt $u_{k,l}$ in jeder Richtung gekoppelt ist ($|i-k|,|j-l| \leq 1$ im 2D-Fall), garantiert, dass keine Kopplungen zwischen inneren Punkten zweier Gebiete bestehen und die Matrix $\mathbb{A}_\Omega$ in (7.3.3) somit Blockdiagonalgestalt besitzt (Abb. 7.2.2). Die Einschränkung (7.3.10) auf streifenförmige Gebiete gewährleistet, dass nur Kopplungen zu höchsten zwei Nachbargebieten bestehen, so dass in jeder Blockzeile des Systems höchstens zwei Kopplungsmatrizen $\mathbb{K}_{i,i-1}$, $\mathbb{K}_{i,i}$ oder $\mathbb{H}_{i,i}$, $\mathbb{H}_{i,i+1}$ stehen. Die Aufhebung der genannten Beschränkungen führt sofort zu wesentlich komplexeren Gleichungssystemen und Algorithmen, die zwar die gleichen Lösungseigenschaften aufweisen können, jedoch um ein Vielfaches aufwendiger zu lösen sind. Verwendet man beispielsweise anstelle der Streifenzerlegung aus Abb. 7.3.2 eine Rechteckzerlegung wie in Abb. 7.3.3, also eine laut Abb. 7.3.1 "unzulässige" Zerlegung, so bestehen schon im Fall der erwähnten Differenzensterne Kopplungen zu bis zu vier Nachbargebieten und bei Sieben- oder Neun-Punkt-Sternen zusätzlich zu bis zu vier Kreuzungspunkten von künstlichen Rändern.

In der Koeffizientenmatrix führt dies zu bis zu vier Kopplungsmatrizen $\mathbb{K}_{i,j}$ und $\mathbb{H}_{i,j}$ in jeder Blockzeile sowie zusätzlichen Einträgen und auch Gleichungen für die Kreuzungspunkte der künstlichen Ränder. Die obigen Algorithmen müssen aufwendig modifiziert werden. Schur-Komplement-Verfahren können dagegen für die oben erwähnten einfachen Gebietszerlegungen sehr effizient sein, vor allem dann, wenn das Kopplungssystem in Bezug auf das Gesamtproblem klein ist, also vergleichsweise wenige, aber große Teilgebiete gewählt werden.

7.4 Schwarzsche Alternierende Prozedur und Multisplitting-Verfahren

Die Handhabung von Schur-Komplement-Verfahren kann sich als sehr kompliziert erweisen. Das Prinzip der Schwarzschen Alternierenden Prozedur (SAP) bietet einen allgemeinen Ansatz für die Herleitung von Iterationsverfahren für die unterschiedlichsten Anwendungen. Wir beschränken uns auf eine vorwiegend algebraische Sichtweise unter dem Aspekt der Parallelisierung. Wir betrachten der Einfachheit halber wieder ein lineares Problem (7.2.1) auf einem Gebiet

$$\Omega = \bigcup_{i=1}^{k+1} \Omega_i, \tag{7.4.1}$$

wobei aneinander grenzende Teilgebiete überlappen können (Abb. 7.2.1b). $\partial\Omega$ bezeichne den Rand von Ω. Für $i \neq j$ bezeichne $\Gamma_{i,j}$ den durch die Zerlegung entstehenden künstlichen Rand von Ω_j in Ω_i und $\Gamma_{j,i}$ denjenigen von Ω_i in Ω_j, das heißt

$$\Gamma_{i,j} \subset \Omega_i, \ \Gamma_{i,j} \subset \overline{\Omega}_j \setminus \partial\Omega, \ \Gamma_{j,i} \subset \Omega_j, \ \Gamma_{j,i} \subset \overline{\Omega}_i \setminus \partial\Omega. \tag{7.4.2}$$

Im Gegensatz zum Schur-Komplement-Verfahren liegt ein künstlicher Rand immer im Inneren eines Nachbargebietes. Es bezeichne

$$\Gamma_i = \bigcup_{\substack{j=1 \\ j \neq i}}^{k+1} \Gamma_{j,i}, \ \Gamma = \bigcup_{i,j=1}^{k+1} \Gamma_{i,j} \tag{7.4.3}$$

die Vereinigung aller künstlichen Ränder von Ω_i, $i = 1,\dots,k+1$, beziehungsweise die Gesamtmenge aller künstlichen Ränder. Abb. 7.4.1 zeigt als zweidimensionales Beispiel die Zerlegung eines Rechtecks in drei überlappende Streifen.

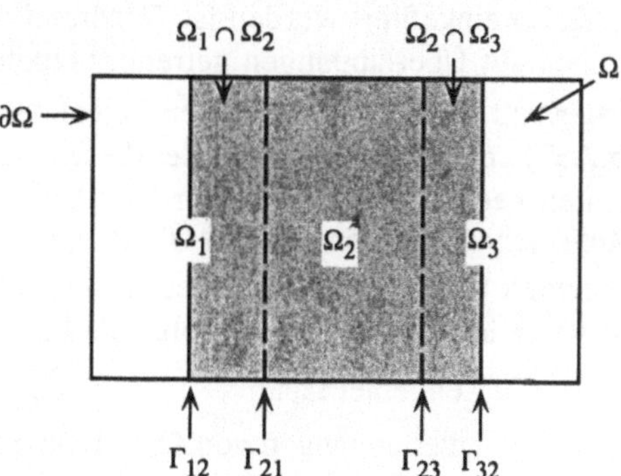

Abb. 7.4.1
Überlappende Streifenzerlegung für $k = 2$

Nach geeigneter Diskretisierung erhalten wir ein (hier lineares) Gleichungssystem $\mathbb{A}\,\mathbb{x} = \mathbb{y}$ der Größe $N \times N$, wenn die Diskretisierung des Gesamtproblems auf Ω mit N inneren Punkten erfolgt. Unabhängig von der Dimension von Ω seien im diskretisierten System die Gitterpunkte und damit auch die Komponenten des Gleichungssystems zunächst linear indiziert: $\mathbb{A} = \left(a_{j,l}\right)_{j,l=1}^{N}$, $\mathbb{x} = \left(x_j\right)_{j=1}^{N}$, $\mathbb{y} = \left(y_j\right)_{j=1}^{N}$. In Anlehnung an die Terminologie aus Abschnitt 7.2 erhalten wir formal das folgende additive Verfahren (7.4.5) vom Schwarz-Typ als diskrete und auf $k \geq 2$ verallgemeinerte Form der kontinuierlichen additiven SAP (7.2.8). Auf jedem (diskretisierten) Teilgebiet Ω_i wird mit einem Verfahren $\mathcal{L}_i$ (gegebenenfalls einheitlich $\mathcal{L}_i \equiv \mathcal{L}$) ein lineares Gleichungssystem $\mathbb{L}_i\, \mathbb{x}_{\Omega_i} = \mathbb{y}_{\Omega_i} - \mathbb{K}_i\, \mathbb{x}_\Gamma$ gelöst. In (7.2.1) entspricht dies der Diskretisierung des Randwertproblems

$$
\begin{aligned}
L_i x_i &= y_{\Omega_i} && \text{auf}\,\Omega_i \\
x_i &= r_i && \text{auf}\,\partial\Omega \setminus \Gamma_i \\
x_i &= x_{\Gamma_i} && \text{auf}\,\Gamma_i.
\end{aligned}
\tag{7.4.4}
$$

Aufgrund der überlappenden Gebietszerlegung muss die Lösung iterativ erfolgen, da die Komponenten $\mathbb{x}_{\Gamma_i}$ auf den künstlichen Rändern von Ω_i selbst Unbekannte des Gesamtproblems sind. Die Matrix $\mathbb{K}_i$ enthält die Komponenten von $\mathbb{A}$, die zur Beschreibung der Kopplungen von Ω_i mit anderen Gebieten benötigt werden:

$$
\begin{aligned}
&\textbf{for } n := 0,\,1,\,2,\dots \textbf{ do} \\
&\quad \textbf{for } i := 1 \textbf{ to } k{+}1 \textbf{ do parallel} \quad \mathbb{x}_{\Omega_i}^{n+1} := \mathcal{L}_i\!\left(\mathbb{L}_i,\, \mathbb{y}_{\Omega_i} - \mathbb{K}_i\, \mathbb{x}_{\Gamma_i}^{n}\right).
\end{aligned}
\tag{7.4.5}
$$

In (7.4.5) werden mehr als N Komponenten berechnet: Zu inneren (Gitter-)Punkten, die in einer Überlappung liegen, wird in jeder Teilaufgabe, deren Gebiet einen nichtleeren Durchschnitt mit dieser Überlappung besitzt, eine eigene Näherung berechnet. Die Diskretisierung erzeugt auf jedem Teilgebiet Ω_i, $i = 1,\dots,k{+}1$, jeweils N_i innere Punkte, also eine Problemgröße von $N_i \times N_i$, $i = 1,\dots,k{+}1$, auf den einzelnen Teilgebieten. Einschließlich der mehrfachen Näherungen auf den Überlappungen werden in jedem Iterationsschritt $N' := \sum_{i=1}^{k+1} N_i$, $N \leq N' \leq (k{+}1)N$, Komponenten berechnet. $N'{-}N$ gibt die Gesamtzahl aller Komponenten auf Überlappungen an.

(7.4.5) beschreibt ein reines SAP-Verfahren (5.2.37), das in allgemeinerer Form in Abschnitt 5.2.2.1.3 eingeführt worden ist: Während der gesamten Iteration werden die mehrfachen Näherungen auf Überlappungen getrennt beibehalten, so dass $k{+}1$ Näherungsfolgen $\mathbb{x}_{\Omega_1}^n,\dots,\mathbb{x}_{\Omega_{k+1}}^n$ mit insgesamt $N' \geq N$ Komponenten berechnet werden. Alternativ können Multisplitting-Verfahren (5.2.37) angewendet werden. Bei diesen werden zwar in jedem Schritt zunächst auch N' Komponenten berechnet. Letztere werden aber vor dem nächsten Schritt $n{+}1$ durch Gewichtung der Mehrfachnäherungen auf den Überlappungen zu einer gemeinsamen Näherung $\mathbb{x}_\Omega^{n+1}$ mit N Komponenten reduziert, in der jeder Gitterpunkt auf einer Überlappung nur mit genau einem Wert vertreten ist. Wir verwenden folgende Indexmengen:

$$
\begin{aligned}
&\text{Teilgebiet }\Omega_i: && \text{Indexmenge } I_i \subseteq \{1,\dots,N\}, \quad |I_i| = N_i, \quad 1 \leq i \leq k{+}1, \\
&\text{Überlappungen von }\Omega_i: && \text{Indexmenge } G_i \subseteq I_i, \quad\quad\;\; |G_i| \leq |I_i|, \quad 1 \leq i \leq k{+}1.
\end{aligned}
$$

Damit erhalten wir den folgenden parallelen Algorithmus für ein Multisplitting-Verfahren (hier rein algebraisch, also ohne Konvergenzüberprüfung - siehe Abschnitt 5.2.1)

$$\textbf{for } n := 0, 1, 2,\dots \textbf{ do} \qquad\qquad\qquad (7.4.6)$$

$$\textbf{for } i := 1 \textbf{ to } k{+}1 \textbf{ do parallel}$$

$$x^{n+1}_{\Omega_i} := \mathcal{L}_i\big(\mathbb{L}_i, y_{\Omega_i} - \mathbb{K}_i\, x^n_{\Gamma_i}\big)$$

$$\textbf{for } j \in G_i \textbf{ do } \big(x^{n+1}_{\Omega_i}\big)_j := \sum_{\substack{l=1 \\ \Omega_i \cap \Omega_l \neq \varnothing}}^{k+1} e^{(i)}_{l,j}\big(x^{n+1}_{\Omega_l}\big)_j$$

$$\text{mit} \qquad \sum_{\substack{l=1 \\ \Omega_i \cap \Omega_l \neq \varnothing}}^{k+1} e^{(i)}_{l,j} = 1,\ 1 \le i \le k{+}1.$$

Während (7.4.5) unmittelbar als Grundlage für einen Algorithmus auf *Parallelrechnern mit gemeinsamem Speicher* dienen kann, muss (7.4.6) noch präzisiert werden:

$$\textbf{for } n := 0, 1, 2,\dots \textbf{ do} \qquad\qquad\qquad (7.4.7)$$

$$\textbf{for } i := 1 \textbf{ to } k{+}1 \textbf{ do parallel on } P(i)$$

$$x^{n+1}_{\Omega_i} := \mathcal{L}_i\big(\mathbb{L}_i, y_{\Omega_i} - \mathbb{K}_i\, x^n_{\Gamma_i}\big)$$

$$\textbf{for } j \in G_i \textbf{ do } \textbf{sum}\Big(\big(x^{n+1}_{\Omega_i}\big)_j,\ e^{(i)}_{l,j}\big(x^{n+1}_{\Omega_l}\big)_j\colon 1 \le l \le k{+}1,\ \Omega_i \cap \Omega_l \neq \varnothing\Big)$$

$$\textbf{on}\,\big(P(l)\colon 1 \le l \le k{+}1,\ \Omega_i \cap \Omega_l \neq \varnothing\big).$$

Schließlich können beide Verfahren gemäß (5.2.40) verallgemeinert werden. In allen drei Fällen ist insgesamt anstelle eines formalen $(k{+}1)N \times (k{+}1)N$ - Gesamtproblems (5.2.42) real nur ein Problem der Größe $N' \times N'$ zu lösen. Dabei unterliegen in Multisplitting-Verfahren nur diejenigen Komponenten einer echten Gewichtung, die in einer Überlappung liegen, so dass in mehreren Teilaufgaben jeweils eine gesonderte Näherung berechnet wird. In der obigen Form berechnet jeder Prozessor die jeweils gemeinsamen neuen Näherungskomponenten auf Überlappungen. Diese Mehrfachberechnungen derselben Werte können meist in Abhängigkeit von der konkreten Gebietszerlegung durch geeignete Strategien vermieden werden, da die Summation in (7.4.6) durch Reduktionen erfolgt, vor und nach denen grundsätzlich automatisch synchronisiert wird.

Formal erhalten wir eine Mehrfachzerlegung $A = M_i - N_i$, $i = 1,\dots, m = k{+}1$, gemäß Abschnitt 5.2.2.1.3, indem wir jede $N_i \times N_i$ - Matrix $\mathbb{L}_i$ unter Definition einer Indexreihenfolge zu einer $N \times N$-Block-Diagonalmatrix M_i aufblähen, im einfachsten Fall $I_i = \{l_i{+}1,\dots,r_i{-}1\}$, $l_1 := 0$, $r_{k+1} := N{+}1$, $r_i \ge l_{i+1}$, $1 \le i \le k$, bei fortlaufender Numerierung:

$$M_i := \begin{pmatrix} a_{1,1} & & & & & & \mathbb{0} \\ & \ddots & & & & & \\ & & a_{l_i,l_i} & & & & \\ & & & \mathbb{L}_i & & & \\ & & & & a_{r_i,r_i} & & \\ & & & & & \ddots & \\ \mathbb{0} & & & & & & a_{N,N} \end{pmatrix}, \quad N_i := A - M_i. \qquad (7.4.8)$$

Durch Definition von Gewichtungsmatrizen

$$\mathbb{E}_{l,i} = \left(\delta_{j,n}\, e^{(l,i)}_{j,j}\right)^{N}_{j,n=1},\ e^{(l,i)}_{j,j} \in \begin{cases}[0,1] & j \in I_i \\ 0 & j \in \{1,\dots,N\}\setminus I_i\end{cases},\ \sum_{l=1}^{k+1}\mathbb{E}_{l,i}=1,\ 1\le i, l\le k+1, \qquad (7.4.9)$$

wird gewährleistet, dass unabhängig vom Verfahrenstyp in der i-ten Teilaufgabe nur die dieser zugeordneten N_i Komponenten bearbeitet werden. Durch die Aufblähung erhalten wir Verfahren des im Abschnitt 5.2.2.1.3 beschriebenen Typs, so dass die für diese geltenden Ergebnisse, vor allem der Konvergenzsatz 5.2.7, gültig sind. Formal entsprechen diese additiven Verfahren Block-Gauß-Seidel-Verfahren mit überlappenden Indexbereichen. In dem hier nicht behandelten multiplikativen Fall werden die Teilaufgaben in jedem Iterationsschritt in einer festzulegenden

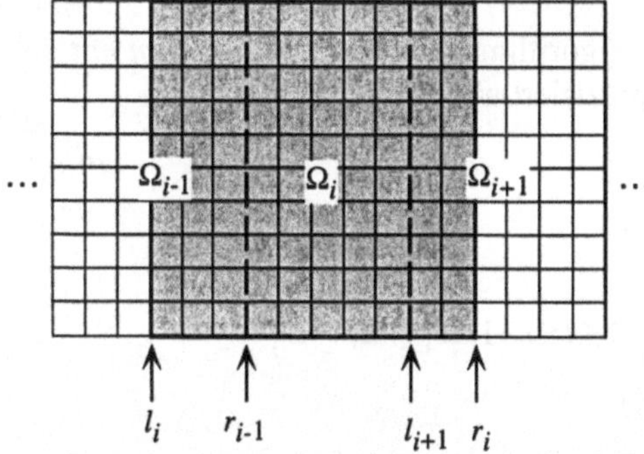

Abb. 7.4.2 Gittermodell

Reihenfolge bearbeitet, was einem überlappenden Block-Jacobi-Verfahren entspricht. Das einfache Block-Jacobi- beziehungsweise Block-Gauß-Seidel-Verfahren erhält man, wenn alle Überlappungen minimal sind, wenn also keine Überlappung innere Punkte enthält, sondern nur aus künstlichen Rändern besteht. Abb. 7.4.2 zeigt den Ausschnitt einer überlappenden Streifen-Zerlegung für ein Teilgebiet Ω_i und seine beiden Nachbarn im diskretisierten Problem, zur Vereinfachung mit einem für alle Teilgebiete einheitlichen, äquidistanten Gitters. Die künstlichen Ränder entsprechen Gitterzeilen: Ω_i wird von den beiden künstlichen Rändern l_i und r_i begrenzt. Eine *minimale Überlappung* eines Gebiets Ω_i mit dem Nachbargebiet Ω_{i+1} liegt für $r_i = l_{i+1}+1$ vor.

Bei der Herleitung von Algorithmen für *Parallelrechner mit verteiltem Speicher* nehmen wir an, dass zur Bearbeitung eines inneren Punktes auf einem Teilgebiet Ω_i nur Punkte aus Ω_i selbst einschließlich der Überlappungen mit anderen Teilgebieten sowie aus der Vereinigung Γ_i der künstlichen Ränder von Ω_i benötigt werden. Für das Beispiel von Differenzensternen bedeutet dies, dass deren Arme bei der Berechnung von inneren Punkten im Gitter auf Ω_i maximal bis auf einen der künstlichen Ränder $\Gamma_{j,i}$, jedoch nicht in $\Omega_j \setminus \overline{\Omega}_i$ hinein reichen dürfen. Dies beschränkt die Kommunikation zwischen je zwei Teilaufgaben auf den Austausch von künstlichen Rändern beim SAP-Verfahren sowie zusätzlich der Punkte auf Überlappungen bei Multisplitting-Verfahren. Für das i-te lokale Teilproblem erhalten wir mit den Bezeichnungen $\Omega_{loc} \equiv \Omega_i$, $\Gamma_{loc} \equiv \Gamma_i$, $I \equiv I_i$, $\mathcal{L} \equiv \mathcal{L}_i$, $\mathbb{K} \equiv \mathbb{K}_i$, $\mathbb{L} \equiv \mathbb{L}_i$ und $x^n_{\Gamma_{loc}} := \left\{ x^n_{\Gamma_{l,i}} \,\middle|\, 1 \le l \le k+1, l \ne i, \Gamma_{l,i} \ne \varnothing \right\}$ im Falle des reinen SAP-Verfahrens

> <u>SAP-Verfahren – Teilaufgabe i – Prozessor P(i), $1 \le i \le k+1$</u> $\hfill$ (7.4.10)
>
> **for** $l := 1$ **to** $k+1$ **do** $\; log_l := \Omega_i \cap \Omega_l \ne \varnothing$
>
> **for** $n := 0, 1, 2, \ldots$ **do**
> $$x^{n+1}_{\Omega_{loc}} := \mathcal{L}\left(\mathbb{L}, y_{\Omega_{loc}} - \mathbb{K}\, x^n_{\Gamma_{loc}}\right)$$
> $\quad$ **for** $l := 1$ **to** $k+1$ **do**
> $\qquad$ **if** log_l **then** **send** $(x^{n+1}_{\Gamma_{i,l}})$ **to** P(l)
> $\qquad\qquad$ **receive** $(x^{n+1}_{\Gamma_{l,i}})$ **from** P(l) $\hfill\blacklozenge$

sowie im Falle eines reinen Multisplitting-Verfahrens

> <u>Multisplitting-Verfahren – Teilaufgabe i – Prozessor P(i), $1 \le i \le k+1$</u> $\hfill$ (7.4.11)
>
> **for** $l := 1$ **to** $k+1$ **do** $\; log_l := \Omega_i \cap \Omega_l \ne \varnothing$
>
> **for** $n := 0, 1, 2, \ldots$ **do**
> $$x^{n+1}_{\Omega_{loc}} := \mathcal{L}\left(\mathbb{L}, y_{\Omega_{loc}} - \mathbb{K}\, x^n_{\Gamma_{loc}}\right)$$
> $\quad$ **for** $l := 1$ **to** $k+1$ **do**
> $\qquad$ **if** log_l **then** **send** $\left(x^{n+1}_{\Gamma_{i,l}}, \left(x^{n+1}_{\Omega_i}\right)_{\Omega_i \cap \Omega_l}\right)$ **to** P(l)
> $\qquad\qquad$ **receive** $\left(x^{n+1}_{\Gamma_{l,i}}, \left(x^{n+1}_{\Omega_l}\right)_{\Omega_i \cap \Omega_l}\right)$ **from** P(l)
> $$\quad \text{\textbf{for} } j \in G_i \text{ \textbf{do} } \left(x^{n+1}_{\Omega_{loc}}\right)_j := \sum_{\substack{l=1 \\ \Omega_i \cap \Omega_l \ne \varnothing}}^{k+1} e^{(i)}_{l,j}\left(x^{n+1}_{\Omega_l}\right)_j \hfill\blacklozenge$$

(jeweils rein algebraisch). In (7.4.10) und (7.4.11) verfüge jede Teilaufgabe zu Beginn über $x^0_{\Gamma_{loc}}$.

Die vollständige Lösung der (hier linearen) Gleichungssysteme $\mathbb{L}\, x_i = y_i$ in jeder Teilaufgabe in (7.4.6), (7.4.7) und (7.4.10), (7.4.11) in jedem Iterationsschritt ist nicht notwendig effizient. Gerade aufgrund der Kopplungen zwischen den Teilaufgaben werden jeweils Gleichungssysteme theoretisch exakt gelöst, die selbst inexakte Aufgaben darstellen, da die von anderen Teilaufgaben übernommenen Kopplungskomponenten auch nur Näherungen darstellen. Es werden somit in jedem Schritt inexakte Probleme exakt gelöst. Besonders offensichtlich wird dies im Falle der hier als Beispiel dienenden Randwertprobleme. Schon im kontinuierlichen Fall ist in jedem Schritt in jeder Teilaufgabe ein Randwertproblem wie (7.4.4) mit den Näherungswerten $x^n_i = x^n_{\Gamma_i}$, also inexakten Randwerten, auf den künstlichen Rändern Γ_i zu lösen. Es bietet sich daher in vielen Fällen an, die inexakten Probleme nur näherungsweise lösen. Um den Aufwand je Iterationsschritt und den Gesamtaufwand zu senken, führt man neben der äußeren Iteration, die ein Block-Jacobi-Verfahren (sequentieller, multiplikativer Fall) und ein Block-Gauß-Seidel-Verfahren (paralleler, additiver Fall) darstellt, durch geeignete Zerlegungen $\mathbb{L}_i = \mathbb{P}_i - \mathbb{Q}_i$, $i = 1, \ldots, k+1$, bzw. $\mathbb{L} = \mathbb{P} - \mathbb{Q}$ eine *innere Iteration* ein, indem zur Lösung der Teilgleichungssysteme in jedem Iterationsschritt als Verfahren $\mathcal{L}$ selbst nur einige wenige Schritte, häufig sogar nur ein Schritt, eines beliebigen geeigneten Iterationsverfahrens ausgeführt werden. Man erhält eines der zweistufigen Verfahren aus Abschnitt 5.2.2.1, hier jedoch als Blockverfahren mit überlappenden Blöcken in der *äußeren Iteration.* Synchronisation oder Kommunikation erfolgen dann nur jeweils einmal in jedem äußeren Iterationsschritt. Beispielsweise in [Rod85] werden anhand eines Modellproblems – Differenzenverfahren für die Poisson-Gleichung auf einem Rechteck – die einfachsten Varianten: außen Block-Gauß-Seidel oder Block-Jacobi, innen Block- oder Punkt-Gauß-Seidel oder Block-Jacobi – untersucht [RLY89].

Wie bereits erwähnt, beruhen Multisplitting-Verfahren auf einem rein algebraischen Hintergrund, während SAP-Verfahren ihren Ursprung in einem konstruktiven Beweisverfahren der Existenz von Lösungen (kontinuierlicher) elliptischer Randwertprobleme haben. Bei der numerischen Anwendung auf diskretisierte Probleme in Gestalt von Gleichungssystemen unterscheiden sich beide nur in der Behandlung der Mehrfachnäherungen auf den Überlappungsbereichen. Durch die Vergrößerung letzterer erhofft man sich eine größere Konvergenzgeschwindigkeit, deren Effekt den gleichzeitigen Mehraufwand pro Schritt möglichst deutlich übertreffen soll. Hierzu gibt es sowohl für Multisplitting- als auch reine SAP-Verfahren theoretische und praktische Untersuchungen [BFNS00], [FrSchw97]. Die numerischen Ergebnisse zeigen, dass eine meist kleine Überlappung, beispielsweise $r_i - l_{i+1} \in \{2,3,4\}$ in Abb. 7.4.2, eine oft nennenswerte Verbesserung der klassischen Block-Jacobi- oder Block-Gauß-Seidel-Verfahren mit minimaler Überlappung, etwa $r_{i-1} = l_i + 1$, $1 \leq i \leq k+1$, erbringt, während bei größeren Überlappungen der Mehraufwand pro Schritt nicht mehr durch eine höhere Konvergenzgeschwindigkeit, das heißt eine niedrigere Schrittanzahl, kompensiert wird. Bis zum heutigen Tage gibt es jedoch nur wenige Ergebnisse zur theoretischen Untermauerung dieser Beobachtungen. Es liegen nur einige Aussagen eher allgemeiner Art und mit beschränkter praktischer Relevanz wie etwa in [BjWi89], [FrSchw97] oder [BFNS00] vor. Als numerisches Beispiel aus [FrSchw97] zum Einfluss der Überlappung betrachten wir ein Dirichlet-Problem (5.1.79e)

$$Lu = f, L = ((1+2x)u_x)_x + ((0.133 + 1.2y)u_y)_y + u, I = (0,1) \times (0,1). \tag{7.4.12}$$

$$u(x,y) = \begin{cases} y & \text{für } x = 0 \\ 2y & \text{für } x = 1 \end{cases} \qquad u(x,y) = \begin{cases} x/2 & \text{für } y = 1 \\ 1.1x & \text{für } y = 0 \end{cases}$$

und wenden ein Differenzenverfahren mit einer 5-Punkt-Diskretisierung mit N Punkten, $N = pq, p = q = 256$ an. Das Rechteck ist in 16 gleiche Streifen der Größe $(16 + 2l) \times 256$ unterteilt, wobei l die Anzahl der überlappenden Gitterlinien pro Überlappung beschreibt. Die Ergebnisse wurden auf einer IBM RS6000-Workstation auf einem Prozessor für ein einfaches zweistufiges SAP-Jacobi-Verfahren (außen Block-Jacobi, innen Punkt-Jacobi) mit vier inneren Iterationsschritten je äußerem Schritt ermittelt. Die Resultate für ein Multisplitting-Verfahren weichen davon nur geringfügig ab. Die Iteration wird bei einer relativen Genauigkeit von 10^{-14} abgebrochen. Schon

Tab 7.4.1 Einfluss der Überlappung

$2l$	1	2	4	6	8	10	12	14	16	18
It (außen)	61	46	45	44	44	44	44	44	44	44
Zeit (Sek)	28,6	22,6	23,2	24,2	26,2	26,4	28,3	28,7	29,8	31,2

bei einer Überlappung von einer Gitterlinie auf jeder der beiden Seiten eines Streifengebietes sinkt die Anzahl der äußeren Iterationen drastisch von 61 auf 46 ab. Bei Vergrößerung der Überlappung stagniert die Anzahl der Iterationsschritte ab $l = 3$ bei 44, während der mit Verbreiterung der Überlappung anwachsende Aufwand pro Schritt schnell zu stetig anwachsenden Rechenzeiten führt (Tab. 7.4.1)

Zur Illustration des typischen Parallelisierungseffekts eines Gebietszerlegungsverfahrens betrachten wir ein leicht abgewandeltes Beispiel

$$Lu = f, \, L = ((1+0.02x)\, u_x)_x + ((1 + 0.002y)\, u_y))_y + \alpha u, \, \mathrm{I} = (0,1) \times (0,c), \qquad (7.4.13)$$

$$u(x,y) = \left\{ \begin{array}{ll} y & \text{für } x = 0 \\ 2y & \text{für } x = 1 \end{array} \right. \quad u(x,y) = \left\{ \begin{array}{ll} x/2 & \text{für } y = c \\ 1.1x & \text{für } y = 0 \end{array} \right.,$$

$$h = 1/(p+1), \, c = (q+1)\, h.$$

In Tab. 7.4.2 notieren wir für das eben genannte SAP-Verfahren – die Ergebnisse für Multisplitting-Verfahren sind fast identisch – die in diesem Beispiel erreichbare Skalierung auf einer Cray T3D unter Nutzung von Message Passing mit PVM. Wir wählen $\alpha = 0.1$, 4 innere Iterationen, $ov = 1$ und $p = 500$, $q = 2^{k+7}$, $0 \le k \le 8$. in (7.4.13). Tab. 7.4.2 zeigt Werte für 2^k, $0 \le k \le 8$, Prozessoren, wobei die Teilproblemgröße für $k > 1$ konstant $500 \times (2^7 + 2)$ und für $k = 0$ mangels Überlappung 500×2^7 Gitterpunkte beträgt. Die Anzahl $L = 2^k$ der Teilprobleme und damit die Gesamtproblemgröße wächst für $k > 1$ proportional zur Prozessoranzahl. Die Anwendung skaliert gut auf der Cray T3D: Bis zu 64 Prozessoren bleiben die Anzahl an äußeren Iterationen und die Zeit pro Schritt fast konstant, erst für mehr als 64 Prozessoren beginnen beide leicht anzuwachsen.

Tab 7.4.2 Skalierung bei proportional zur Prozessoranzahl wachsender Problemgröße

q	128	256	512	1024	2048	4096	8192	16384	32768
Prozessoren	1	2	4	8	16	32	64	128	256
It (außen)	158	162	162	163	163	164	167	171	181
Zeit (Sek)	68,1	70,7	71,4	71,9	71,9	72,5	74,0	78,0	85,6
Zeit/It (sek)	0,431	0,436	0,441	0,441	0,441	0,442	0,443	0,456	0,473

Tab 7.4.3 Parallelisierung bei fester Problemgröße

Prozessoren $proc$	$q/L + 2$	It (außen)	Zeit (Sek)	$S_p = T_2/T_{proc}$	$E = S_p/proc*2$
2	8194	29	98,93	1,00	1,00
4	4098	30	50,07	1,98	0,99
8	2050	31	25,95	3,81	0,95
16	1026	31	12,94	7,65	0,95
32	514	31	6,99	14,15	0,88
64	258	32	3,43	28,85	0,90
128	130	32	2,01	49,02	0,77
256	66	32	1,86	53,18	0,42

Tab. 7.4.3 zeigt die Beschleunigungsfaktoren für eine wachsende Anzahl L von Teilgebieten

(Prozessoren) bei fester Problemgröße $p \times (q/L+2)$. Wir wählen $\alpha = 1.0$, 4 innere Iterationen, ov = 1 und $p = 64$, $q = 16384$ in (7.4.13). Der Fall $L = 1$ konnte aufgrund von Speicherplatzbeschränkungen nicht gerechnet werden. Daher wird die Beschleunigung S_p als Quotient der Zeit T_2 für zwei Prozessoren und der Zeit T_{proc} für $proc$ Prozessoren angegeben. Die Effizienz nimmt zunächst sehr langsam ab, wobei dies zum Teil auch damit begründet ist, daß aufgrund der Überlappung die Teilproblemgröße bei Verdopplung der Prozessoranzahl nur um einen Faktor knapp unter 2 abnimmt. Für große Prozessorzahlen macht sich der Einfluss der Kommunikation immer stärker bemerkbar, da pro Teilgebiet immer weniger Gitterzeilen der Länge 64 zu bearbeiten sind, die Anzahl der von jedem Prozessor zu empfangenden oder zu versendenden Gitterzeilen der Länge 64 jedoch konstant bei jeweils 2 bleibt. In diesem Beispiel zeigt sich deutlich die Notwendigkeit einer Mindestgranularität.

Abschließend sei bemerkt, dass Mehrfachüberlappungen sehr schnell kompliziert werden können. Unterteilt man beispielsweise das Rechteck in Abb. 7.4.1 nicht nur vertikal in Streifen, sondern führt zusätzlich noch horizontal eine Dreiteilung durch, so erhält man insgesamt neun Teilgebiete. Für das mittlere (und damit jedes innere Teilgebiet in größeren Aufteilungen) erhält man die in Abb. 7.4.3 skizzierte Situation: Das insgesamt grau unterlegte Gebiet ist an vier Einfachüberlappungen (mittelgrau) mit jeweils einem Nachbargebiet und an vier Vierfachüberlappungen

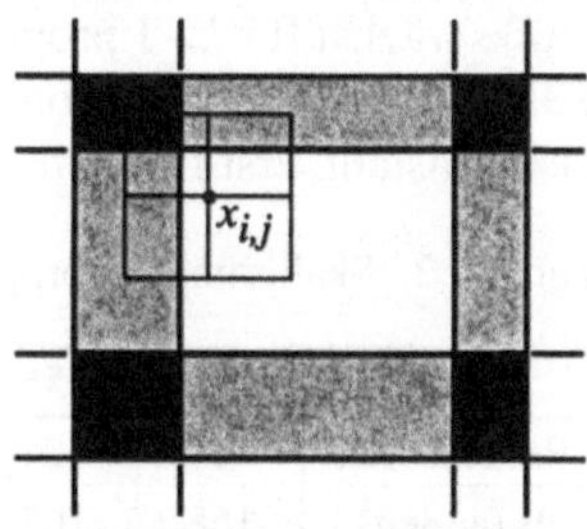

Abb. 7.4.3 Überlappende Rechteckzerlegung

(dunkelgrau) beteiligt. Es sei erwähnt, dass bei der Aufstellung der zu lösenden Teilsysteme große Sorgfalt erforderlich ist, um sowohl die Wohldefiniertheit als oft auch die Lösbarkeitseigenschaften des entstehenden Gesamtsystems oder auch Konvergenzeigenschaften des verwendeten Schwarz-Verfahrens sicherzustellen. Das wesentliche Problem besteht in einer im Gesamtproblem konsistenten Komponentenauswahl bei der Verwendung von Daten aus Überlappungen. Wenn etwa in Abb. 7.4.3 in einem Differenzenverfahren der Differenzenstern für einen inneren Punkt $x_{i,j}$ in eine Vierfachüberlappung ragt, muss systematisch festgelegt werden, welche der vier möglichen Komponenten zur Berechnung herangezogen wird.

A   Anhang

A.1 Bezeichnungen

$a,\dots,z$	(reelle, komplexe oder ganze) Zahlen
$\alpha,\dots,\omega$	(reelle, komplexe oder ganze) Zahlen
$\mathbb{a},\dots,\mathbb{z}$	Vektoren in mathematischen Formeln oder Felder in Algorithmen
$\mathbb{A},\dots,\mathbb{Z}$	Matrizen
$\mathbb{a}^1,\dots,\mathbb{a}^N$	Spalten einer $N\times N$-Matrix $\mathbb{A}=(a_{i,j})_{i,j=1}^N$
$\mathbb{a}_1,\dots,\mathbb{a}_N$	Zeilen einer $N\times N$-Matrix $\mathbb{A}=(a_{i,j})_{i,j=1}^N$
$a:=b$	Zuweisung des Wertes eines arithmetischen Ausdrucks b an eine Variable a
$[x]$	$[x]:=\max\{n\mid n\in\mathbf{N},\,n<x\}$ für $x\in\mathbf{R}$,
$\mid I\mid$	Betrag (Anzahl der Elemente) einer Menge I
$i\mid j$	ganze Zahl i teilt ganze Zahl j ohne Rest
$\cong$	$\mathbb{a}\cong\mathbb{b}$: Datenfeld $\mathbb{a}$ in Datentyp und Elementanzahl ist äquivalent einem Datenfeld $\mathbb{b}$
$i:=j(k)l$	Zählschleife $i:=j,\,j+k,\,j+2k,\,\dots,l$

$(b_{i-1},a_i,c_i)_N$
bzw.
$(b_i,a_i,c_i)_N$

Tridiagonalmatrix
$$\begin{pmatrix} a_1 & c_1 & & & 0 \\ b_1 & a_2 & c_2 & & \\ & \ddots & \ddots & \ddots & \\ & & b_{N-2} & a_{N-1} & c_{N-1} \\ 0 & & & b_{N-1} & a_N \end{pmatrix}$$
bzw.
$$\begin{pmatrix} a_1 & c_1 & & & 0 \\ b_2 & a_2 & c_2 & & \\ & \ddots & \ddots & \ddots & \\ & & b_{N-1} & a_{N-1} & c_{N-1} \\ 0 & & & b_N & a_N \end{pmatrix}$$

$(\mathbb{B}_{i-1},\mathbb{A}_i,\mathbb{C}_i)_n$
bzw.
$(\mathbb{B}_i,\mathbb{A}_i,\mathbb{C}_i)_n$

Blocktridiagonalmatrix
$$\begin{pmatrix} \mathbb{A}_1 & \mathbb{C}_1 & & & 0 \\ \mathbb{B}_1 & \mathbb{A}_2 & \mathbb{C}_2 & & \\ & \ddots & \ddots & \ddots & \\ & & \mathbb{B}_{n-2} & \mathbb{A}_{n-1} & \mathbb{C}_{n-1} \\ 0 & & & \mathbb{B}_{n-1} & \mathbb{A}_n \end{pmatrix}$$
bzw.
$$\begin{pmatrix} \mathbb{A}_1 & \mathbb{C}_1 & & & 0 \\ \mathbb{B}_2 & \mathbb{A}_2 & \mathbb{C}_2 & & \\ & \ddots & \ddots & \ddots & \\ & & \mathbb{B}_{n-1} & \mathbb{A}_{n-1} & \mathbb{C}_{n-1} \\ 0 & & & \mathbb{B}_n & \mathbb{A}_n \end{pmatrix}$$

$\mathrm{diag}_{\mathrm{B}}(\mathbb{B}_i)_{i=1}^n$ Blockdiagonalmatrix
$$\begin{pmatrix} \mathbb{B}_1 & & 0 \\ & \ddots & \\ 0 & & \mathbb{B}_n \end{pmatrix}$$

$\mathbb{o},\mathbb{O}$ Nullvektor $\mathbb{o}=(0)_{i=1}^N$, Nullmatrix $\mathbb{O}=(0)_{i,j=1}^N$

A.2 Definitionen und Hilfsergebnisse

Im folgenden stellen wir einige Definitionen und Hilfsergebnisse aus der Theorie der positiv definiten und nichtnegativen Matrizen zusammen, die bei der Untersuchung numerischer Verfahren zur Lösung linearer Gleichungssysteme in Kapitel 5 von Nutzen sind. Hierzu existiert eine umfangreiche Literatur. Wir verweisen insbesondere auf [Var62], [BerPl79].

A.1 Definition. *Für* $\mathbb{A}, \mathbb{B} \in \mathbf{R}^{N \times M}$ *definieren wir*

$$\mathbb{A} \leq \mathbb{B} \Leftrightarrow a_{i,j} \leq b_{i,j} \; \forall\, i \in \{1,\dots,N\} \; \forall\, j \in \{1,\dots,M\}$$
$$\mathbb{A} < \mathbb{B} \Leftrightarrow a_{i,j} < b_{i,j} \; \forall\, i \in \{1,\dots,N\} \; \forall\, j \in \{1,\dots,M\}$$

$\leq$ *ist eine* natürliche Halbordnung. $\mathbb{A}$ *heißt* nichtnegativ (positiv), *falls* $\mathbb{A} \geq 0$ *($\mathbb{A} > 0$).* ◆

A.2 Definition. *Eine $N \times N$-Matrix $\mathbb{A}$ heißt*

a) positiv definit $\qquad\qquad\qquad :\Leftrightarrow (\mathbb{A}x, x) > 0 \;\; \forall\, x \in \mathbf{R}^N, x \neq 0$

b) diagonaldominant $\qquad\qquad :\Leftrightarrow |a_{i,i}| \geq \sum\limits_{\substack{i,j=1 \\ i \neq j}}^{N} |a_{i,j}| \;\; \forall\, i \in \{1,\dots,N\}$

c) streng diagonaldominant $\qquad :\Leftrightarrow |a_{i,i}| > \sum\limits_{\substack{i,j=1 \\ i \neq j}}^{N} |a_{i,j}| \;\; \forall\, i \in \{1,\dots,N\}$

d) irreduzibel $\qquad\qquad\qquad\quad :\Leftrightarrow$ *Es existiert keine Permutation $\mathbb{P}$ so, dass $\mathbb{P}\,\mathbb{M}\,\mathbb{P}^{-1}$ obere Dreiecksgestalt besitzt*

e) irreduzibel diagonaldominant $\; :\Leftrightarrow$ $\mathbb{A}$ *ist irreduzibel und diagonaldominant mit echter Ungleichheit für mindestens ein i .* ◆

A.3 Definition. *Zu einer $N \times N$-Matrix $\mathbb{A}$ bezeichnet die durch*

$$\langle a_{i,j} \rangle := \begin{cases} |a_{i,i}| & \text{if } i = j \\ -|a_{i,j}| & \text{if } i \neq j \end{cases}$$

definierte Matrix $<\mathbb{A}> = \left(\langle a_{i,j} \rangle \right)_{i,j=1}^{N}$ *die Begleitmatrix sowie*

$$|\mathbb{A}| := \left(|a_{i,j}| \right)_{i,j=1}^{N}$$

den Betrag *von* $\mathbb{A}$. ◆

Es gelten die Beziehungen

$$\langle \mathbb{A} \pm \mathbb{B} \rangle \geq \langle \mathbb{A} \rangle - |\mathbb{B}| \tag{A.1}$$

$$\langle \mathbb{A} \rangle^{-1} \geq |\mathbb{A}^{-1}| \qquad \text{[Os37].} \tag{A.2}$$

A.4 Definition. *Eine $N \times N$-Matrix $\mathbb{A}$ heißt*

a) L-Matrix $\;\; :\Leftrightarrow \;\; a_{i,j} \leq 0 \;\; \forall\, i,j \in \{1,\dots,N\},\, i \neq j,\, a_{i,i} > 0,\; \forall\, i \in \{1,\dots,N\}.$

b) M-Matrix $\;\; :\Leftrightarrow \;\; a_{i,j} \leq 0 \;\; \forall\, i,j \in \{1,\dots,N\},\, i \neq j,$ *und $\mathbb{A}$ ist nichtsingulär mit einer komponentenweise nichtnegativen Inversen $\mathbb{A}^{-1} \geq 0$.*

c) H-Matrix $\quad:\Leftrightarrow\quad a_{i,j} \leq 0 \ \forall \ i,j \in \{1,\dots,N\}$, $i \neq j$, *und* $\langle A \rangle$ *ist eine M-Matrix.* ◆

A.5 Lemma. *Jede Hauptuntermatrix* $A' := \left(a_{i,j}\right)_{i,j=k}^{l}$, $1 \leq k \leq l \leq N$, *einer positiv definiten bzw. einer M-(H-)Matrix ist selbst eine positiv definite bzw. M-(H-) Matrix.* ◆

A.6 Lemma. A *sei eine M-Matrix,* B *eine L-Matrix, und es gelte* $B \geq A$. *Dann ist auch* B *eine M-Matrix.* ◆

A.7 Lemma. *Eine N×N-Matrix* A *ist eine H-Matrix, falls eine der folgenden Bedingungen erfüllt ist:*
a) A *ist eine M-Matrix*
b) $\langle A \rangle$ *ist nichtsingulär und diagonaldominant*
c) A *streng diagonaldominant*
d) A *ist irreduzibel diagonaldominant*
e) A *ist symmetrisch, und* $\langle A \rangle$ *ist positiv definit.* ◆

Vergleiche hierzu beispielsweise [BerPl79], [Fr90], [Var62].

A.8 Lemma. *Eine Matrix* A *mit* $a_{i,j} \leq 0 \ \forall \ i,j \in \{1,\dots,N\}$ *ist eine M-Matrix genau dann, wenn ein Vektor* $u > 0$ *existiert, so dass* $Au > 0$. [Fan60]. ◆

A.9 Definition. *Zu einer N×N-Matrix*

$$M = \begin{pmatrix} A & K \\ H & G \end{pmatrix}$$

mit quadratischen Blöcken A *und* G, A *nichtsingulär, bezeichnet*

$$S(M) := G - H A^{-1} K$$

das Schur-Komplement *von* M *bezüglich* G. ◆

A.10 Lemma. *Die Matrix* $M = \begin{pmatrix} A & K \\ H & G \end{pmatrix}$ *sei*
     a) M *symmetrisch*
oder *b) positiv definit*
oder *c) eine H- Matrix.*
Dann besitzt ihr Schur-Komplement $S(M)$ *dieselbe Eigenschaft.*

Beweis: a) Mit M sind auch A und G symmetrisch und es gilt $H = K^T$. Hieraus folgt

$$S(M)^T = G^T - (H A^{-1} K)^T = G^T - K^T (A^{-1})^T H^T = S(M).$$

b) Mit M ist auch A positiv definit, also invertierbar. Wir definieren

$$T = \begin{pmatrix} I & 0 \\ -H A^{-1} & I \end{pmatrix}.$$

Dann ist $\mathbb{M}$ ähnlich einer Matrix

$$\mathbb{T}\,\mathbb{M}\,\mathbb{T}^{-1} = \begin{pmatrix} \mathbb{A}' & \mathbb{K} \\ \mathbb{H}' & \mathbb{G} - \mathbb{H}\mathbb{A}^{-1}\mathbb{K} \end{pmatrix},$$

so dass beide dasselbe Spektrum besitzen. Als Hauptuntermatrix von $\mathbb{T}\mathbb{M}\mathbb{T}^{-1}$ ist die Matrix $\mathbb{G} - \mathbb{H}\mathbb{A}^{-1}\mathbb{K}$ ebenfalls positiv definit.

c) Wenn $\mathbb{M}$ eine H-Matrix ist, so sind

$$\langle \mathbb{M} \rangle = \begin{pmatrix} \langle \mathbb{A} \rangle & -|\mathbb{K}| \\ -|\mathbb{H}| & \langle \mathbb{G} \rangle \end{pmatrix}$$

und damit nach Lemma A.5 $\langle \mathbb{A} \rangle$ und $\langle \mathbb{G} \rangle$ M-Matrizen, insbesondere ist $\langle \mathbb{A} \rangle$ invertierbar mit $\langle \mathbb{A} \rangle^{-1} \geq \mathbb{0}$. Mit (A.1) und (A.2) notieren wir

$$\langle \mathbb{S}(\mathbb{M}) \rangle = \langle \mathbb{G} - \mathbb{H}\,\mathbb{A}^{-1}\,\mathbb{K} \rangle \geq \langle \mathbb{G} \rangle - |\mathbb{H}\,\mathbb{A}^{-1}\,\mathbb{K}|$$
$$\geq \langle \mathbb{G} \rangle - |\mathbb{H}||\mathbb{A}^{-1}||\mathbb{K}| \geq \langle \mathbb{G} \rangle - |\mathbb{H}|\langle \mathbb{A} \rangle^{-1}|\mathbb{K}| = \mathbb{S}(\langle \mathbb{M} \rangle).$$

Per Definition gilt $\langle \mathbb{S}(\mathbb{M}) \rangle_{i,j} \leq 0$ für $i \neq j$, folglich auch $\mathbb{S}(\langle \mathbb{M} \rangle)_{i,j} \leq 0$ für $i \neq j$.

Wenn $\mathbb{M}$ eine H-Matrix ist, so ist ferner nach Definition $\langle \mathbb{M} \rangle$ eine M-Matrix. Insbesondere existiert ein Vektor $\mathbb{w} > \mathbb{0}$, so dass auch $\langle \mathbb{M} \rangle \mathbb{w} > \mathbb{0}$. Es sei $\mathbb{w} = (\mathbb{u}, \mathbb{v})^{\mathrm{T}}$, wobei $\mathbb{u}$ die Dimension von $\mathbb{A}$ und $\mathbb{v}$ diejenige von $\mathbb{G}$ besitze. Dann gilt $\langle \mathbb{M} \rangle (\mathbb{u}, \mathbb{v})^{\mathrm{T}} > \mathbb{0}$, folglich $\langle \mathbb{A} \rangle \mathbb{u} > \mathbb{K}\mathbb{v}$ und $\langle \mathbb{G} \rangle \mathbb{v} > |\mathbb{H}|\mathbb{u}$ sowie $\mathbb{u} > \langle \mathbb{A} \rangle^{-1}\mathbb{K}\mathbb{v}$. Hieraus schließen wir

$$\langle \mathbb{S}(\mathbb{M}) \rangle \mathbb{v} \geq \mathbb{S}(\langle \mathbb{M} \rangle) \mathbb{v} = \left(\langle \mathbb{G} \rangle - |\mathbb{H}|\langle \mathbb{A} \rangle^{-1}|\mathbb{K}| \right) \mathbb{v} > \langle \mathbb{G} \rangle \mathbb{v} - |\mathbb{H}|\mathbb{u} > \mathbb{0}.$$

Aus Lemma A.8 folgt nun, dass $\langle \mathbb{S}(\mathbb{M}) \rangle$ eine M-Matrix und damit $\mathbb{S}(\mathbb{M})$ eine H-Matrix ist.   ♦

A.11 Satz. *(Satz von Perron-Frobenius) Für eine komponentenweise nichtnegative quadratische Matrix $\mathbb{A} \in \mathbf{R}^{N \times N}$, $\mathbb{A} \geq \mathbb{0}$, gilt:*

a) $\rho(\mathbb{A})$ ist Eigenwert von $\mathbb{A}$.

b) Zu dem Eigenwert $\rho(\mathbb{A})$ gibt es einen nichtnegativen Eigenvektor $\mathbb{u} \in \mathbf{R}^{N}$, $\mathbb{u} \geq \mathbb{0}$, $\mathbb{u} \neq \mathbb{0}$, so dass
$$\mathbb{A}\mathbb{u} = \rho(\mathbb{A})\mathbb{u}$$

Beweis: [Var62], Th. 2.1 und 2.7.   ♦

A.12 Satz. *Es sei eine Matrix $\mathbb{A} \in \mathbf{R}^{N \times N}$. Zu jedem $\varepsilon > 0$ gibt es eine Vektornorm $\|.\|_{\varepsilon}$ dergestalt, dass für die dazugehörige Matrixnorm $\|.\|_{\varepsilon,\varepsilon}$ gilt:*

$$\|\mathbb{A}\|_{\varepsilon,\varepsilon} \leq \rho(\mathbb{A}) + \varepsilon.$$

Beweis: [Sto99], S. 23f.   ♦

Literaturverzeichnis

[AdJo86]   Adams, L.; Jordan, H.: Is SOR Color-blind? SIAM J. Sc. St. Comp. **7** (1986) 490–501.

[AdOr82]   Adams, L.; Ortega, J.: A Multicolour SOR Method for Parallel Computation. In: Proc. of the 1982 Int. Conf on Parallel Processing, Bellaire, MI, August 1982, 53–56.

[ALY88]   Adams, L.; LeVeque, R.; Young, D.: Analysis of the SOR Iteration for the 9-point Laplacian. SIAM J. Num. Anal. **25** (1988) 1156–1180.

[BB85]   Bunse, W.; Bunse-Gerstner, A.: Numerische Lineare Algebra. Stuttgart: Teubner 1985

[Bd78]   Baudet, G.: Asynchronous Iterative Methods for Multiprocessors. J. Ass. Comp. Mach. **25** (1978) 226–244.

[BerPl79]   Berman, A.; Plemmons, R.: Nonnegative Matrices in the Mathematical Sciences. New York: Academic Press 1979. Nachdruck: Philadelphia: SIAM 1994.

[BFNS00]   Benzi, M.; Frommer, A.; Nabben, R.; Szyld, D. B.: Algebraic theory of multiplicative Schwarz methods. Num. Math. **89** (2001) 605–639.

[BGN70]   Buzbee, B. L.; Golub, G. II.; Nielson, C. W.: On Direct Methods for Solving Poisson's Equations. SIAM J. Num. Anal. **7** (1970) 627–655.

[BjWi89]   Bjørstad, P.; Widlund, O. B.: To overlap or not to overlap: A note on domain decomposition methods for elliptic problems. SIAM J. Sc. St. Comp. **10** (1989) 1053–1061.

[BNS00]   Benzi, M.; Nabben, R.; Szyld, D. B.: Algebraic theory of multiplicative Schwarz methods. Num. Math. **89** (2001) 605–639.

[BPS86a]   Bramble, J. H.; Pasciak, J. E.; Schatz, A. H.: An iterative method for elliptic problems on regions partioned into substructures. Math. Comp. **46** (1986) 361–369.

[BPS86b]   Bramble, J. H.; Pasciak, J. E.; Schatz, A. H.: The construction of preconditioners for elliptic problems by substructuring I. Math. Comp. **47** (1986) 103–134.

[BPS87]   Bramble, J. H.; Pasciak, J. E.; Schatz, A. H.: The construction of preconditioners for elliptic problems by substructuring II. Math. Comp. **49** (1987) 10–16.

[BPS88]   Bramble, J. H.; Pasciak, J. E.; Schatz, A. H.: The construction of preconditioners for elliptic problems by substructuring III. Math. Comp. **51** (1988) 415–430.

[BPS89]   Bramble, J. H.; Pasciak, J. E.; Schatz, A. H.: The construction of preconditioners for elliptic problems by substructuring IV. Math. Comp. **53** (1989) 1–24.

[Bra93]   Bramble, J. H.: Multigrid Methods. Harlow: Longman 1993.

[CGM85]   Concus, P.; Golub, G. H.; Meurant, G.: Block preconditioning for the conjugate gradient method. SIAM J. Sci. Stat. Comp. **5** (1985) 220–252.

[CGW89]   Chan, T. F.; R. G. Glowinski; Périaux, J.; Widlund, O. B. (Hrsg.): Proceedings of the Second International Symposium on Domain Decomposition Methods for Partial Differential Equations. Proceedings, Philadelphia: SIAM 1989.

[Cha87]   Chan, T. F.: Analysis of preconditioners for domain decomposition. SIAM J. Num. Anal. **24** (1987) 382–390.

[ChMi69]   Chazan, D.; Miranker, W.: Chaotic Relaxation. Lin. Alg. Appl. **2** (1969) 199–222.

[ChRe87]   Chan, T. F.; Resasco, D.: A domain-decomposed fast Poisson solver on a rectangle. SIAM J. Sci. Stat.Comp. **8** (1987) 14–26.

[Coc67]   Cochran, W. T.; et. al.: What is the fast Fourier transform? IEEE Trans. Audio and Electroacoustics, **VAU-15** (1967) 45–55

[CoTu65]   Cooley, J. W.; Tukey, J. W.: An algorithm for the machine calculation of complex Fourier series. Math. Comp. **19** (1965) 297–301.

[DDHH87]   Dongarra, J. J.; Du Croz, J.; Hammarling, S.; Hanson, R. J.: A proposal for a set of level 3 Basic Linear Algebra Subprograms. Report CSS 212. Harwell: Computer Science and Systems Division, AERE Harwell, 1987.

[DGK84]   Dongarra, J. J.; Gustavsson, F.; Karp, A.: Implementing linear algebra algorithms for dense matrices on a vector pipeline machine. SIAM Rev. **26** (1984) 91–112.

[Do83]   Dongarra, J. J.: Redesigning Linear Algebra Algorithms. In: Proc. 1. International Colloquium on Vector and Parallel Computing in Scientific Applications, Bulletin de la Direction des Etudes et Recherches, EDF, Série C, **1** (1983) 51–59.

[DuMe88]   Duff, I. S.; Meurant, G. A.: The effect of ordering on preconditioned conjugate gradients. Report CSS 221. Harwell: Computer Science and Systems Division, AERE Harwell, 1988.

[ElB96]   El Baz, D.: A method of terminating asynchronous iterative algorithms on message passing systems. Par. Alg. Appl. **9** (1996) 153–158.

[Fan60]   Fan, K.: Note on M-Matrices. Quart. J. Math. Oxford series (2) **11** (1960) 43–49.

[FLPR99]   Frigo, M.; Leiserson, C. E.; Prokop, H.; Ramachandran, S.: Cache-Oblivious Algorithms. In: Proceedings of the 40th Annual Symposium on Foundations of Computer Science, FOCS '99, 17-18 October 1999. New York 1999.

[Fly72]   Flynn, M.: Some Computer Organizations and their Effectiveness. IEEE TC, Bd. C21. **9** (1972) 948–960.

[Fr90]   Frommer, A.: Lineare Gleichungssysteme auf Parallelrechnern. Braunschweig: Vieweg 1990.

[FrSchw95]   Frommer, A.; Schwandt, H.: Asynchronous Parallel Methods for Enclosing Solutions of Nonlinear Equations. Comp. Appl. Math. **60** (1995) 47–62.

[FrSchw97]   Frommer, A.; Schwandt, H.: A Unified Representation and Theory of Algebraic Additive Schwarz and Multisplitting Methods. SIAM J. Matrix. Anal. Appl. **18** (1997) 893–912.

[FSS97]   Frommer, A.; Schwandt, H.; Szyld, D. B.: Asynchronous Weighted Additive Schwarz Methods. Electr. Trans. Num. Anal. **5** (1997) 48–61.

[Ge88]   Gentzsch, W.: Computational Fluid Dynamics: Algorithms and Supercomputers. Agardograph Nr. 311, Neuilly, 1988.

[GMP88]   Glowinski, R. G.; Golub, G. H.; Meurant, G. A.; Périaux, J. (Hrsg.): First International Symposium on Domain Decomposition Methods for Partial Differential Equations. Proceedings, Jan. 1987. Philadelphia: SIAM 1988.

[GoOr96]   Golub, G. H.; Ortega, J. M.: Scientific Computing – Eine Einführung in das wissenschaftliche Rechnen und Parallele Numerik. Stuttgart: Teubner 1996.

[GoVL89]   Golub, G. H.; van Loan, C.: Matrix Computations. Baltimore: John Hopkins 1989

[Gu87]   Gutheil, I.: Implementation einer parallelen Partitionsmethode zur Lösung linearer Gleichungssysteme mit Bandmatrix auf einer simulierten MIMD-Architektur mit lokalem Speicher. Mitteilungen der GI-Arbeitsgruppe PARS, Nr. 4, 1987, 114–121.

[HaTr82]   Hackbusch, W.; Trottenberg, U.: Multigrid Methods. Berlin: Springer 1982.

[HaTr82-1]   Hackbusch, W.; Trottenberg, U. (Hrsg.): Multigrid methods. Proceedings of the Conference at Köln-Porz, Nov. 23-27 198. Lecture Notes in Mathematics 960. Berlin: Springer 1982.

[HaTr91]   Hackbusch, W.; Trottenberg, U.: Multigrid Methods III. Basel: Birkhäuser 1991.

[Hb85]   Hackbusch, W.: Multi-Grid-Methods and Application. Berlin: Springer 1985.

[Hb93]   Hackbusch, W.: Iterative Lösung großer schwachbesetzter Gleichungssysteme. Stuttgart: Teubner 1993.

[HB84]   Hwang, K.; Briggs, F. A.: Computer Architectures and Parallel Processing. New York: McGraw Hill 1984

[He78]   Heller, D.: A survey of parallel algorithms in numerical linear algebra. SIAM Review **20** (1978) 740–777.

[HeSt52]   Hestenes, M. R.; Stiefel, E.: Methods of Conjugate Gradients for Solving Linear Systems. J. Res. Nat. Bur. Standards **49** (1952) 409–436.

[Hi02]   Higham, N. J.: Accuracy and Stability of Numerical Algorithms. 2. Auflage Philadelphia: SIAM 2002.

[HoJe88]   Hockney, R. W.; Jesshope, C. R.: Parallel Computers. 2. Auflage Bristol: Adam Hilger 1988.

[Hoß83] Hoßfeld, F.: Parallele Algorithmen. Informatik – Fachberichte 64. Berlin-Heidelberg-New York: Springer 1983.

[HRS77] Schwarz, H. R.: Elementare Darstellung der schnellen Fouriertransformation. Computing 18 (1977) 107–116.

[HRS91] Schwarz, H. R.: Methode der finiten Elemente. 3. Auflage Stuttgart: Teubner 1991

[Hub97] Huber, W.: Paralleles Rechnen. München: Oldenbourg 1997

[IEEE85] ANSI/IEEE, IEEE Standard for Binary Floating-Point Arithmetic. Std 754 - 1985. IEEE: New York 1985.

[Jo87] Johnsson, S. L.: Solving tridiagonal systems on ensemble architectures. SIAM J. Sc. St. Comp. 8 (1987) 354–389.

[KeGr87] Keyes, D. E.; Gropp, W. D.: A Comparison of Domain Decomposition Techniques for Elliptical Partial Differential Equations and their Parallel Implementation. SIAM J. Sci. Stat. Comp. 8 (1987) s166–s202.

[Ker82] Kershaw, D. S.: Solution of single tridiagonal linear systems and vectorization of the ICCG algorithm on the CRAY-1. In: Rodrigue, G. (ed.): Parallel Computations, New York: Academic Press 1982, 85–99.

[KiJo84] Kightley, J. R.; Jones, I. P.: A comparison of conjugate gradient preconditionings for three-dimensional problems on a CRAY-1. Report CSS 162. Harwell: Computer Science and Systems Division, AERE Harwell, 1984.

[Kog81] Kogge, P. M.: The Architecture of Pipelined Computers. New York: McGraw-Hill 1981.

[KoLa79] Korn, D. G.; Lambiotte, J. J.: Computing the fast Fourier transform on a vector computer. Math. Comp. 33 (1979) 977–992.

[KSR92] Kendall Square Research. KSR technical summary. Waltham, Massachusetts: Kendall Square Research 1992.

[Kul89] Kulisch, U. (Hrsg.): Wissenschaftliches Rechnen mit Ergebnisverifikation – Eine Einführung. Braunschweig: Vieweg 1989.

[LHKK79] Lawson, C. L.; Hanson, R. J.; Kincaid, D. R.; Krogh, F .T.: Basic Linear Algebra subprograms for FORTRAN usage. ACM Trans. Math. Softw. 5 (1979) 308–323.

[Li88] Lions, P.-L.: On the Schwarz alternating Method I. In [GMP88], 1–42.

[Li89] Lions, P.-L.: On the Schwarz alternating Method II: Stochastic interpretation and order properties. In [CGW89], 47–71.

[Mei85] Meier, U.: A parallel partition method for solving banded systems of linear equations. Parallel Computing 1 (1985) 33–43.

[MeVV77] Meijering, J. A.; van der Vorst, H. A.: An iterative solution method for linear systems of which the coefficient matrix is a symmetric M-matrix. Math. Comp.

31 (1977) 148–162.

[NePl87]   Neumann, M.; Plemmons, R.: Convergence of parallel multisplitting iterative methods for M-matrices. Lin. Alg. Appl. **88/89** (1987) 199–222.

[OR70]   Ortega, J. M.; Rheinboldt, W. C.: Iterative Solution of Nonlinear Equations in Several Variables. New York: Academic Press 1970.

[Os37]   Ostrowski, A. M.: Über die Determinanten mit überwiegender Hauptdiagonale. Comment. Math. Helv. **10** (1937) 69–96.

[OW85]   O'Leary, D. P.; White, R. E.: Multi-splittings of matrices and parallel solution of linear systems. SIAM J. Alg. Disc. Math. **6** (1985) 630–640.

[Pea68]   Pease, M. C.: An adaption of the fast Fourier transform for parallel processing. JACM **15** (1968) 252–264.

[Po80-1]   Postel, J.: Internet Protocol. RFC 760. USC/Information, Sciences Institute, January 1980, ftp:/www/ftp.isi.edu/in-notes/rfc760.txt.

[Po80-2]   Postel, J.: Transmission Control Protocol. RFC 761. USC/Information, Sciences Institute, January 1980, ftp:/www/ftp.isi.edu/in-notes/rfc761.txt.

[Po80-3]   Postel, J.: User Datagram Protocol. RFC 768. USC/Information, Sciences Institute, August 1980, ftp:/www/ftp.isi.edu/in-notes/rfc768.txt.

[RLY89]   Rodrigue, G.; Li Shan, K.; Yu Hui, L.: Convergence and comparison analysis of some numerical Schwarz methods. Num. Math. **56** (1989) 123–138.

[Rod85]   Rodrigue, G.: Inner/outer iterative methods and numerical Schwarz algorithms. Parallel Computing **2** (1985) 205–218.

[Rö83]   Rönsch, W.: Stabilitäts- und Zeituntersuchungen arithmetischer Ausdrücke auf dem Vektorrechner Cray-1S. Dissertation, Naturwissenschaftliche Fakultät TU Braunschweig 1983.

[SaBe96]   Savari, S. A.; Bertsekas, D. P.: Finite termination of asynchronous iterative algorithms. Par. Comp. **22** (1996) 39–56.

[SBG96]   Smith, B.; Bjørstad, P.; Gropp, W.: Domain Decomposition. Cambridge: Cambridge University Press 1996.

[Schw87]   Schwandt:, H.: A Truncated Cyclic Reduction Algorithm for Interval Arithmetic Tridiagonal Systems of Equations. Int. J. Comp. Math. **21** (1987) 161–184.

[Schw95]   Schwandt, H.: The Parallel Solution of Tridiagonal and Block Tridiagonal Systems of Equations by a Schur Complement Method. Parallel Alg. Appl. **6** (1995) 207–227.

[Schw1890]   Schwarz, H. A.: Gesammelte mathematische Abhandlungen. Bd. 2. Berlin: Springer 1890, 133–134.

[Sto90]   Stoer, J.; Bulirsch, R.: Einführung in die Numerische Mathematik II. 3. Auflage Berlin: Springer 1990

[Sto99]   Stoer, J.: Einführung in die Numerische Mathematik I. 8. Auflage Berlin:

Springer 1999

[Sw77]   Swarztrauber, P. N.: The methods of Cyclic Reduction, Fourier Analysis and the FACR algorithm for the discrete solution of Poisson's equation on a rectangle. SIAM Review **19** (1977) 490–501.

[Sw79]   Swarztrauber, P. N.: A Parallel Algorithm for Solving General Tridiagonal Equations. Math. Comp. **33** (1979) 185–199.

[Sw82]   Swarztrauber, P. N.: Vectorizing the FFT´s. In: Parallel Computations. New York: Academic Press 1982.

[Sw84]   Swarztrauber, P. N.: FFT algorithms for vector computers. Par. Comp. **1** (1984) 45–63.

[Swt77]   Sweet, R.: A cyclic reduction algorithm for solving block tridiagonal systems of arbitrary dimension. SIAM J. Num. Anal. **14** (1977) 706–720.

[Swt88]   Sweet, R.: A parallel and vector variant of the cyclic reduction algorithm. SIAM J. Sci. Stat. Comp. **9** (1988) 761–765.

[SzYu99]   D. B. Szyld; Xu, Jian-Jun: Convergence of some asynchronous nonlinear multisplitting methods. Numerical Algorithms **25** (2000) 347–361

[Te83-1]   Temperton, C.: Self-Sorting mixed-radix Fast Fourier Transforms. J. Comp. Phys. **52** (1983) 1–23.

[Te83-2]   Temperton, C.: A note on prime factor FFT algorithms. J. Comp. Phys. **52** (1983) 198–204.

[Te84]   Temperton, C.: Fast Fourier Transforms on the Cyber 205. In: J. S. Kowalik (Ed.), High Speed Computation. Berlin: Springer 1984, 403–416.

[Te85]   Temperton, C.: Implementation of a self-sorting in place prime factor FFT algorithm. J. Comp. Phys. **58** (1985) 283–299.

[Var62]   Varga, R. S.: Matrix Iterative Analysis. Englewood Cliffs: Prentice Hall 1962.

[Vgr83]   Vandergraft, J. S.: Introduction to numerical computations. New York: Academic Press 1983.

[VW95]   Vollmar, R.; Worsch, T.: Modelle der Parallelverarbeitung. Stuttgart: Teubner 1995.

[Wa81]   Wang, H. H.: A parallel method for tridiagonal equations. ACM Trans. Math. Soft. **7** (1981) 170–183.

[Wa80]   Wang, H. H.: On vectorizing the Fast Fourier Transform. BIT **20** (1980) 233–243.

[Web88]   Weberpals, H.; Bessenrodt-Weberpals, M.: A fast vector algorithm for solving tridiagonal linear equations. Parallel Computing **9** (1988) 367–372

[Wi65]   Wilkinson, J.: The Algebraic Eigenvalue Problem. Oxford: Clarendon Press 1965

[WS95]   Waldschmidt, K. (Hrsg.): Parallelrechner: Architekturen-Systeme-Werkzeuge. Stuttgart: Teubner 1995

[You71]   Young, D. M.: Iterative solution of large linear systems. Academic Press, New York, 1971.

WWW-Referenzen

[/www/Beo]   http:/www/www.beowulf.org

[/www/BLAS]   http:/www/www.netlib.org/blas

[/www/CLiC]   http:/www/www.tu-chemnitz.de/urz/anwendungen/CLIC

[/www/Cray]   http:/www/www.cray.de

[/www/NEC]   http:/www/www.nec.com

[/www/DSP]   http:/www/momonga.t.u-tokyo.ac.jp/~ooura/fftlinks.html

[/www/FBSD]   http:/www/www.freebsd.org

[/www/FFTW]   http:/www/www.fftw.org

[/www/F95]   http:/www/www.rrzn.uni-hannover.de/Dokumentation/Handbuecher/Fortran95.html

[/www/gcc]   http:/www/www.sunsite.ualberta.ca/Documentation/Gnu/gcc-2.95.2/html_chapter/cpp_toc.html

[/www/HP]   http:/www/www.hewlett-packard.de

[/www/HPF]   http:/www/dacnet.rice.edu/Depts/CRPC/HPFF/index.cfm

[/www/IBM]   http:/www/www.ibm.de

[/www/IBM1]   The POWER4 Processor Introduction and Tuning Guide. IBM Red Books, SG24-7041, www.redbooks.ibm.com/redbooks/SG247041.html

[/www/IBM2]   http:/www/www-1.ibm.com/servers/eserver/pseries/hardware/whitepapers/power4.html

[/www/IBM3]   http:/www/www-1.ibm.com/servers/eserver/clusters

[/www/IBM-LC]   N. Snyder: IBM Linux Clusters, White Paper, August 2002. http:/www/www-1.ibm.com/servers/eserver/clusters/whitepapers/linux_wp.html

[/www/IBM-SP]   http:/www/www-1.ibm.com/servers/de/eserver/pseries/hardware/largescale

[/www/KAI]   http:/www/developer.intel.com/software/products/trans/kai

[/www/LIN]   http:/www/www.netlib.org/linpack

[/www/LPK]   http:/www/www.netlib.org/lapack

[/www/LPK01]   J. J. Dongarra: Performance of Various Computers Using Standard Linear Equation Software. Computer Science Department, Technical Report CS-89-

85, University of Tennessee, Knoxville. Jeweils aktuelle Version unter: http:/www/www.netlib.org/benchmark/performance.ps

[/www/MPI]   http:/www/www.mpi-forum.org

[/www/Myr]   http:/www/www.myricom.com

[/www/NAG]   http:/www/www.nag.co.uk/numeric/numerical_libraries.asp

[/www/OP]   http:/www/www.openmp.org

[/www/PSRV]   http:/www/www.psrv.com

[/www/PVM]   http:/www/www.csm.ornl.gov/pvm/pvm_home.html

[/www/R14]   http:/www/www.top500.org/ORSC/2002/r14000.html

[/www/SGI1]   http:/www/www.sgi.de

[/www/SGI2]   http:/www/scv.bu.edu/SCV/Origin2000

[/www/SK]   http:/www/ourworld.compuserve.com/homepages/steve_kifowit/fft.htm

[/www/SPEC]   http:/www/www.specbench.org

[/www/SPK]   http:/www/www.netlib.org/scalapack

[/www/Sun]   http:/www/www.sun.de

[/www/TOP]   http:/www/www.top500.org

[/www/TP]   http:/www/www.afm.sbu.ac.uk/transputer

[/www/UPC]   http:/www/upc.nersc.gov

Sachverzeichnis

Abbruchkriterium
    asynchron 388
    synchron 347
Abhängigkeit 26
    Daten- **19**, 23, 27, 54, 62, 126, 244, 247,
        304
    Pseudo- 21, 128, 248
Abhängigkeitsdiagramm 23
Abrollen von Schleifen **134**, 219, 239, 243
Adressierung
    indirekte 53
    lineare 53
    nichtlineare 53
Algorithmus 33
    Außenprodukt- 229
    Block-Gauß- 291
    Buneman- 329, **331**
        paralleler 339
        sequentieller 337
        vektorieller 335
    Column-Sweep- **248**, 249
    Crout- 269
    EEA- **342**, 344, 433
    FACR- 344
    Fan-In- 194
    Gauß- 26, 82, **259**, 260
        für Bandmatrizen 294
        für Tridiagonalmatrizen 27, 300
        ijk-Form **264**
            ijk 268
            ikj 267
            jik 268
            jki 266
                mit Blockbildung 270
                mit Pivotsuche 279
            kij **265**, 272, 276, 278, 286, 287
                teilasynchron 275
            kij/kji 273, **283**, 284, 285
            kji **265**, 277
        mehrere Koeffizientenmatrizen 289
        mit Pivotsuche 279

    ohne Pivotsuche 263
    paralleler 272, 276, 285
        mit Pivotsuche 282
    sequentieller 259, 299
    vektorieller
        mit Pivotsuche 281
    Innenprodukt- *siehe* Skalarprodukt-
    Log-Sum- 194
    Mittelprodukt- **229**, 230
    paralleler 31
    Pease- 404
    rekurrenter Produktform- 254
    sequentieller **22**, 31
    Skalarprodukt- **228**, 249
    Stockham- 405
    Thomas- 300
    vektorieller 32
    Wagenrad- 213
Amdahls Gesetz 187, 188
Anwendung
    skalierbare 187
    verteilte 11, 13
Architektur
    ccNUMA- **72**, 111
    CISC- 60
    NUMA- 72
    RISC- 12, **60**
    SMP- 71
    superskalare 62
Arithmetik 38
Array Padding **137**, 165, 241
Array-Rechner *siehe* Rechner, Feld-
Array-Syntax 22
Ausführung
    parallele 20, 31, 38, 39
    sequentielle 20, 31, 39, 42
    spekulative 99
    vektorielle 20, 32, 39
    verkettete 38, 50
Auslastung 25
Auslöschung 194, 212, 329, 369

Bandbreite
    Kommunikations- **74**, 75, 185
    Speicher- 98, **160**
barrier 142
Basisalgorithmen 192
Batchbetrieb 33
Baumstruktur 75
Befehl 33
Befehlssteuerung 38
Benchmark 176
Bibliothek
    BLAS- 153
    FFTW- 415
    LAPACK- 155
    Message Passing- 151
    SCALAPACK- 155
    Unterprogramm- 141
Bit 36
bit-parallel 34
bit-seriell 34, 416
BLAS 153, 192
Block-Gauß-Elimination 317, 421
Blockbildung 133, 216, 217, 218, 219, 220,
    249
broadcast **145**, 222
Bus 40, 74
Byte 36
C 151
Cache 52, 60, **64**, 159, 160, 164, 237
    L1- 61, 64, 101, 160
    L2- 61, 64, 101, 160
    L3- 61, 64, 101, 160
Cache Line **64**, 97, 133, 160, 218
Cache Miss **64**, 67, 133, 138, 160, 216,
    241, 337
Cache-Kohärenz **73**, 162
ccNUMA *siehe* Architektur, ccNUMA-
Cluster 13, **76**, **77**, 81, 94, 117, 183, 418
    Beowulf- 78
    heterogener 117
    homogener 118
    Linux- 119
Compilerdirektive, Pseudo- 125
Crossbar 40
Datenflussgraph 19
Datenformat 36
Datenlokalität 162
Datenübertragungsprotokoll 79, 117

Datenverteilung 158
dedizierter Betrieb **80**, 118, 119, 172
Defektgleichung 375
DFT *siehe* Transformation, Fourier-,
    diskrete
Differenzengleichung, lineare 247
Direktiven 138
Dirichlet-Randbedingungen 326, 418
Diskretisierung
    5-Punkt- 325, 326, 420, 431, 440
    7-Punkt- 326, 420
    9-Punkt- 326, 420
Divide and Conquer **23**, 194, 201, 204, 209,
    255, 306
Dreieckssystem 245, 293, 432
Durchsatz 33, 43
Effizienz 187
Eigenwert-Eigenvektor-Zerlegung *siehe*
    Algorithmus, EEA-
Einheit
    Adress- 38
    Arithmetische 37
    Fixpunkt- 38, 45, 61
    Funktionale 34, **37**, 164
        parallele Nutzung 50
        skalare 45
        Überlappung *siehe* Verkettung
        vektorielle 45
        Verkettung 50
    Gleitpunkt- 38, 45, 61
    Logische 37, 45
    Reziproke 87
Elementaralgorithmen 153
Eliminationsverfahren von Gauß *siehe*
    Algorithmus, Gauß-
Ethernet **80**, 117, 185
Fast Poisson Solver *siehe* Schneller
    Direkter Löser
FDDI 119, 185
Feld, systolisches 82
FFT *siehe* Transformation, Fourier- ,
    Schnelle
Fixpunktform 365
Fixpunktgleichung 347, 352
flop/s 171
FMA-Instruktion 213
FORTRAN 151
FORTRAN 77 168

FORTRAN 90 123, 124, 168
FORTRAN 95 21, 22, 32, 123, 168
gather 130, **148**, 222
Gebietszerlegung *siehe* Zerlegung, Gebiets-
get 144
Glättung 375
Granularität **30**, 157, 162, 195, 196, 417
   minimale 193
Grobgitter-Korrektur 375
Großrechner 43
Halbordnung, natürliche 444
Hauptspeicher 41
High Performance FORTRAN 72, 124,
   140, 165
Horner-Schema 244
HPF *siehe* High Performance FORTRAN
Hypercube **75**, 113
IEEE-Standard 38
Instruktion 60
Interpolation 375
Iteration *siehe* Verfahren, Iterations-
Job 33
KAP 126
Kommunikation **30**, 69, 73, 124, 141, 161,
   167, 169, 190, 427, 438
   einseitige **144**, 389
   kollektive 143, **145**
   Punkt-zu-Punkt 143
   Punkt-zu-Punkt- 144
   zweiseitige 144
Konditionszahl, spektrale 369
Kontrollfluss 84
Konvergenzfaktor, asymptotischer 347, 356
Konvergenzkriterium 346
Kopplung 30, 420, 423
Kopplungsgleichung 318, 418
Kopplungsmatrix *siehe* Matrix, Kopplungs-
Kopplungssystem 317, 319, 434
Krylov-Unterraum 370
L1-Cache *siehe* Cache, L1-
L2-Cache *siehe* Cache, L2-
L3-Cache *siehe* Cache, L3-
LAN *siehe* local area network
Laplace-Operator 326, 431
Lastverteilung **30**, 157, 196, 283, 288, 350,
   411
   gleichmäßige 31
Leistung 35, 176

LINPACK-Test 176
Linux-Cluster *siehe* Cluster, Linux-
Load/Store-Pipeline **56**, 98, 160
local area network 79
LU-Zerlegung 244, 261, 300
Maschinenbefehl *siehe* Instruktion
Maschinentakt 39
Maschinenzahlen 38
Maschinenzyklus 39
Maskenmethode 130
Matrix
   Band- 225, **294**
      Bandbreite 294
   Begleit- 444
   Betrag einer 444
   Blockdiagonal- 443
   Blocktridiagonal- **324**, 425, 443
   diagonaldominante 444
   dünnbesetzte **258**, 429
   Gewichtungs- 364
   H- 444
   irreduzibel diagonaldominante 444
   irreduzible 444
   Iterations- 351
   Kopplungs- 320, 421
   L- 444
   M- 444
   nichtnegative 444
   positiv definite 444
   positive 444
   streng diagonaldominante 444
   Tridiagonal- 299, 443
   vollbesetzte 214, **258**, 259
Matrix-Matrix-Operation 153, **227**
Matrix-Multiplikation 82, 166, **227**, 239,
   292, 426, 429, 430
   Blockbildung 231, 236
      allgemeine 239
   für Mikroprozessoren 232
   ijk-Form
      ijk 228
      ijk/jik
         parallele 233, 234
      ikj 230
      jik 229
         Blockbildung 238
         Blockbildung und Abrollen 239
      jki 166, **229**, 237

Abrollen 243
kij 229
kji 229
kji/jki 233
parallele 234
parallele 232, 234
vektorielle 232
Matrix-Vektor-Multiplikation **214**, 227, 247, 248, 292, 369, 374
Abrollen und Blockbildung 219
Blockbildung 216, 217, 218
für Bandmatrizen 225
für dünnbesetzte Matrizen 227
für Tridiagonalmatrizen 223
parallele 219, 221
Matrix-Vektor-Operation 153, **214**
Message Passing **124**, 127, 143, 151, 167
Message Passing Interface 106, 117, **151**, 175
Metacomputing 79
Mikroprogrammspeicher *siehe* Speicher, Mikroprogramm-
MIMD 84
MPI *siehe* Message Passing Interface
MPI-2 106
MPMD 84
Multisplitting *siehe* Zerlegung, Mehrfach-
Nächste-Nachbarn-Struktur 75
Netzwerk 42, 161
NUMA *siehe* Architektur, NUMA-
OCCAM 122
OpenMP 140
Operation, skalare 54
Optimierung 13, 122, 125, 126, 157, 163
out of order processing 99
page *siehe* Speicherseite
Page Fault **65**, 116, 133, 160, 241, 337
Paging **65**, 160, 164
Parallel Virtual Machine 106, 117, **151**
Parallelisierung 13, 122, 125, 126, 138, 157
automatische 131
Parallelität
Daten- 84
Funktions- 84
Parallelrechner *siehe* Rechner, Parallel-
Partialbruchzerlegung 338
Permutation
Perfect-Shuffle- **394**, 397, 402

verallgemeinerte 406
Ping-Pong-Test 183
Pipeline 40
Pipelineprinzip 54
Pipelining 34, 62
Pivotsuche **263**
Spalten- **279**, 280, 283, 284, 287
Total- 263
Zeilen- **279**, 280, 285, 286
Poisson-Gleichung 28, 325, 351, 440
Präkonditionierung **370**, 434
Präprozessor 125
Programm 33
Programmiermodell 84
Programmiersprache 122
Prolongation *siehe* Interpolation
Prozess 33
Prozessor 69
CISC- **60**, 69, 94
Feld- 69
Mikro- 32, **60**, 166, 214, 226, 232, 249, 282, 337, 381, 401
RISC- 32, 40, 60, 63, 69, 94
sequentieller 40
serieller *siehe* sequentieller
Skalar- 45
Vektor- 12, 40, **44**, 45, 69, 163, 166, 181, 208, 214, 223, 226, 232, 249, 281, 315, 335, 381, 391, 404, 405
put 144
PVM *siehe* Parallel Virtual Machine
Rand, künstlicher 28, 419, 422, 424
Randwertaufgabe 326
receive 144
Rechenwerk 38
Rechenzeit 170
Rechner
Feld- 36, 82
massivparalleler 12, 94
MPP- *siehe* massivparalleler
Parallel- **12**, 40, 68, 94
mit gemeinsamem Speicher **69**, 70, 142, 161, 163, 166, 197, 219, 224, 226, 232, 249, 272, 315, 322, 347, 383, 389, 391, 412, 426, 437
mit verteiltem Speicher **71**, 143, 161, 163, 167, 202, 221, 224,

226, 234, 251, 276, 285, 315, 322, 349, 383, 389, 408, 427, 437, 438
Parallel-Vektor- **70**, 94, 391
PVP- *siehe* Parallel-Vektor-
serieller 181, 337
SMP- **71**, 99
Vektor- 44, 85
von Neumann- 11, 42
Rechnerarchitektur 35
reduce 150
Reduktion 150
Blockzyklische 327
stabilisierte *siehe* Algorithmus,
Buneman-
kollektive 143
partielle 193
vollständige 193
Zyklische
für rekurrente Relationen 255
für Tridiagonalmatrizen 301
Kombination mit Gauß-Algorithmus 311
mit modifiziertem Indexschema 307
verkürzte 310
Reduktionsoperation 152, 155, **192**, 220, 223, 244
Region, parallele **139**, 198
Register **39**, 43, 60, 64, 66, 132, 159, 164, 214, 226, 238, 269
Skalar- **52**, 215
Vektor- 48, **52**, 57, 128, 133, 159, 164, 213, 215, 218, 236
Vektormasken- 49
Rekursives Doppeln **24**, 255
Relation
rekurrente 193, **244**, 264
asynchroner Algorithmus 253
lineare 245, **246**, 248
parallele 249, 251
vektorielle 249
nichtlineare 245
Restriktion 375
Ringstruktur 75
lineare 75
Routing 73
dynamisches 73
statisches 73

Rundungsfehlerstabilität 193
SAP *siehe* Schwarzsche Alternierende Prozedur
scatter 130, **148**, 223
Schema
Diagonal- **357**, 358
Mehrfarb- 359
Rot-Schwarz 391
Rot-Schwarz- 357
Schachbrett- 358
Standard- 357
Wavefront- 358
Schnelle Fourier-Transformation *siehe* Transformation, Fourier-, Schnelle
Schneller Direkter Löser **325**, 333, 360, 393, 429
Schur-Komplement 261, 293, 419, 445
Schwarzsche Alternierende Prozedur **364**, 419, 421
additive 421
multiplikative 421
Segmentierung 39, 45
send 144
SIMD 84
SISD 84
Skalar, temporärer 164, 238
Skalarprodukt **212**, 228, 230, 244, 250, 269, 374
Skalierbarkeit 74
specmark 176
Speedup-Faktor 186
Speicher
entfernte 161
gemeinsamer 69
globaler *siehe* gemeinsamer
Haupt- **41**, 56, 60, 64, 160, 164
lokaler 69
Puffer- **41**, 64
verteilter 69, **71**, 143
virtuell gemeinsamer **71**, 153, 162, 163, 167
virtueller 65
Speicherbank **41**, 64
Speicherbank-Konflikt **55**, 88, 160, 164, 210, 213, 257, 306, 336
Speicherhierarchie 40
Speicherseite 65
Speicherwort 36

Speicherzugriffs-Konflikt 70, 88, **160**, 229,
　　230, 257, 306, 337, 381, 415
SPMD 84, 124, 167
Stillstandszeit 31
Summation
　　einfache 244
　　　　parallele 23, 197, 202
　　　　sequentielle 22
　　　　vektorielle 208
　　für Mikroprozessoren 211
　　Kaskaden- 194
　　Partialsummen 244
　　　　parallele 199, 204
　　　　vektorielle 208
　　Reduktions- **150**, 213, 219, 220, 233,
　　　　239, 240, 249, 250, 251, 340, 365,
　　　　437
Switch 81, 95, 101
　　Crossbar- 74
Synchronisation **30**, 141, 142, 166, 169
TCP/IP 117
Timesharing 43
Transformation
　　Bit-Umkehr- 397
　　Fermatsche 416
　　Fourier-
　　　　diskrete 393
　　　　Schnelle 82, 342, 344, **394**, 431
　　　　　　allgemeine Basen 414
　　　　　　mehrdimensionale 412, 413
　　　　　　parallele 408, 410, 411
　　　　　　　　Hardware 416
　　　　　　reelle 414
　　　　　　selbstsortierende 407, 414
　　　　　　sequentielle 400
　　　　　　vektorielle 404, 405
　　Matrix- 264, 288, 290, 291, 332, 334,
　　　　393
　　Rader- 416
　　zahlentheoretische 416
Transformation, Fourier- 393
Triade **57**, 212, 214, 228, 229, 230, 248,
　　269, 374
　　verallgemeinerte **229**, 230, 266, 269
Tschebyscheff-Polynom 330, 339, 370
Twisted Pair 80
Überlappung 440
　　minimale 438

Überlappungsgebiet 419
Überrelaxation 354
UDP 117
Umlaufzeit 43
Unified Parallel C 124
Unterrelaxation 378, 379
UPC *siehe* Unified Parallel C
V-Zyklus 379
VAST 125
Vektor-Vektor-Operation 153, 212
Vektoren 32
　　A-konjugierte 368
　　A-orthogonale *siehe* A-konjugierte
Vektorisierung 122, 125, 126, 138, 157, 163
Vektoroperation **19**, 20, 48
Vektorrechner 12
Verbindungen, redundante 75
Verbindungsnetzwerk, schaltendes 74
Verfahren
　　Block- 360, 364
　　Block-Gauß-Seidel- 438, 439, 440
　　Block-Jacobi- 438, 439, 440
　　CG- 367, **369**
　　　　mit Präkonditionierung 370
　　Cholesky- 261
　　der Konjugierten Gradienten *siehe* CG-
　　des steilsten Abstiegs 368
　　direktes **259**, 419
　　Gauß-Seidel
　　　　Newtona-artiges 391
　　Gauß-Seidel- 353
　　ICCG- 373
　　Iterations- **345**, 421
　　　　asynchrones 350, 384, **385**, 389
　　　　äußeres 439
　　　　inneres 439
　　　　nichtlineares 390
　　　　Punkt- 359
　　　　synchrones 349
　　　　zweistufiges 351
　　iteratives *siehe* Iterations-
　　Jacobi- 353
　　Mehrfachzerlegungs- 363
　　Mehrgitter- 375, **376**
　　Multisplitting- **363**, 437, 438, 439, 440
　　Newton-artiges 390
　　parallele 14
　　Punkt-Gauß-Seidel- 440

Relaxations- 353
SAP- **421**, 438, 440
  additives 436
  multiplikatives 421
Schur-Komplement-
  für Tridiagonalsysteme **317**
    paralleles 320, 322
  Gebietszerlegungs- 422, **426**, 427
Schwarz-Mehrfachzerlegungs- 363
  verallgemeinertes 365
semi-iteratives 363
SOR- 354
  Block-Gauß-Seidel- 361
  Block-Jacobi- 361
  Gauß-Seidel- 355
  Jacobi- 355
  Linien- 361
  Linien-Gauß-Seidel- 362
  Linien-Jacobi- 362
SSOR- 372
Wang- 313
  Modifikation von Johnsson 315
  verallgemeinertes 295
XSOR- 359
Zerlegungs- 350, 371
Zweigitter- 375
Verkettung 50, 213
Vertauschung
  explizite **279**, 280, 283, 285, 286
  implizite **279**, 280, 284
Verzweigung 48
VSM *siehe* Speicher, virtuell gemeinsamer
W-Zyklus 380
WAN *siehe* wide area network
wide area network 79
wireless local area network 81
WLAN *siehe* wireless local area network
wort-parallel 34
wort-seriell 34
Zählschleifen 21
Zeit
  CPU- 171
  Latenz- **74**, 115, 183
  Real- 171
  Startup- **50**, 87, 180, 182
  Stillstands- **31**, 384
  Verweil- 33, **171**
Zeitkomplexität

lineare 24
logarithmische 24
Zeitmessung 35, 170, **171**
Zerlegung
  Cholesky- 370
    unvollständige 373
    vollständige 373
  Gebiets- 14, 28, 29, 382, **418**
    nichtüberlappende **418**, 424
    überlappende **419**, 421
  Mehrfach- **363**, 437
Zuordnung
  Spalten- **270**, 276
    zyklische 271
  Zeilen- **270**, 276
    zyklische 271
  zyklische **271**, 283